駿台

東大入試詳解25年

数学 理科

第3版

2023~1999

問題編

駿台文庫

東大入試詳解

数学 理科

第3版

2023~1999

問題編

駿台文庫

▶ 目次 

●整　数

●図形と式

●三角関数

●数　列

●平面ベクトル

●積分（面積）

●積分（体積）

●空間図形

●行　列　**範囲外**

◆分野別（難易度順）

（　）内は解答・解説編のページ番号

〔　〕*：一部現行課程出題範囲外の内容含む

2001 年度〔3〕　易　… 90 (560)
2019 年度〔2〕　やや易　… 24 (140)
2021 年度〔5〕　標準　… 19 (106)
2016 年度〔1〕　標準　… 33 (208)
2013 年度〔2〕　標準　… 45 (284)
2012 年度〔1〕　標準　… 48 (308)
2010 年度〔1〕　標準　… 56 (356)
2009 年度〔5〕　標準　… 63 (403)
2023 年度〔3〕　やや難　… 11 (33)
2022 年度〔4〕　やや難　… 15 (69)
2014 年度〔4〕　やや難　… 42 (264)
2004 年度〔4〕　やや難　… 80 (508)
2000 年度〔4〕　難　… 95 (584)

●積分（数式）

2019 年度〔1〕　易　… 24 (137)
2002 年度〔5〕　易　… 87 (548)
2022 年度〔1〕　やや易　… 13 (59)
2021 年度〔3〕　やや易　… 18 (96)
2023 年度〔1〕　標準　… 10 (20)
2014 年度〔3〕　標準　… 41 (260)
2006 年度〔6〕　標準　… 74 (477)
2001 年度〔2〕　標準　… 89 (557)
2015 年度〔6〕　やや難　… 38 (247)
2010 年度〔2〕　やや難　… 56 (360)
2007 年度〔6〕　やや難　… 71 (450)
1999 年度〔6〕　難　… 99 (619)

●積分（面積）

2020 年度〔3〕　やや易　… 21 (123)
2010 年度〔4〕　標準　… 58 (371)
2011 年度〔3〕　やや難　… 53 (335)
2008 年度〔6〕　やや難　… 68 (430)
2004 年度〔3〕　やや難　… 80 (505)

●積分（体積）

2015 年度〔3〕　易　… 37 (234)
2012 年度〔3〕　易　… 49 (314)
2022 年度〔5〕　標準　… 15 (76)
2005 年度〔6〕　標準　… 78 (495)
2003 年度〔3〕　標準　… 83 (525)
2000 年度〔6〕*　標準　… 96 (593)
2020 年度〔5〕　やや難　… 22 (129)
2018 年度〔6〕　やや難　… 29 (179)
2017 年度〔6〕　やや難　… 32 (202)
2016 年度〔6〕　やや難　… 35 (221)
2009 年度〔4〕　やや難　… 63 (399)
2008 年度〔3〕　やや難　… 67 (417)
2004 年度〔5〕　やや難　… 81 (511)
2023 年度〔6〕　難　… 12 (50)
2013 年度〔6〕　難　… 47 (303)
2011 年度〔6〕　難　… 55 (350)

●空間図形

2023 年度〔4〕　やや易　… 11 (40)
2016 年度〔3〕　やや易　… 34 (214)
2014 年度〔1〕　やや易　… 39 (252)

2023 年

解答時間：150 分
配　　点：120 点

第　1　問

(1) 正の整数 k に対し，

$$A_k = \int_{\sqrt{k\pi}}^{\sqrt{(k+1)\pi}} \left|\sin(x^2)\right| dx$$

とおく。次の不等式が成り立つことを示せ。

$$\frac{1}{\sqrt{(k+1)\pi}} \leqq A_k \leqq \frac{1}{\sqrt{k\pi}}$$

(2) 正の整数 n に対し，

$$B_n = \frac{1}{\sqrt{n}} \int_{\sqrt{n\pi}}^{\sqrt{2n\pi}} \left|\sin(x^2)\right| dx$$

とおく。極限 $\lim_{n\to\infty} B_n$ を求めよ。

第　2　問

黒玉 3 個，赤玉 4 個，白玉 5 個が入っている袋から玉を 1 個ずつ取り出し，取り出した玉を順に横一列に 12 個すべて並べる。ただし，袋から個々の玉が取り出される確率は等しいものとする。

(1) どの赤玉も隣り合わない確率 p を求めよ。

(2) どの赤玉も隣り合わないとき，どの黒玉も隣り合わない条件付き確率 q を求めよ。

第　3　問

a を実数とし，座標平面上の点 $(0, a)$ を中心とする半径 1 の円の周を C とする。

(1) C が，不等式 $y > x^2$ の表す領域に含まれるような a の範囲を求めよ。

(2) a は (1) で求めた範囲にあるとする。C のうち $x \geqq 0$ かつ $y < a$ を満たす部分を S とする。S 上の点 P に対し，点 P での C の接線が放物線 $y = x^2$ によって切り取られてできる線分の長さを L_{P} とする。$L_{\mathrm{Q}} = L_{\mathrm{R}}$ となる S 上の相異なる 2 点 Q, R が存在するような a の範囲を求めよ。

第　4　問

座標空間内の 4 点 O(0, 0, 0), A(2, 0, 0), B(1, 1, 1), C(1, 2, 3) を考える。

(1) $\overrightarrow{\mathrm{OP}} \perp \overrightarrow{\mathrm{OA}}$, $\overrightarrow{\mathrm{OP}} \perp \overrightarrow{\mathrm{OB}}$, $\overrightarrow{\mathrm{OP}} \cdot \overrightarrow{\mathrm{OC}} = 1$ を満たす点 P の座標を求めよ。

(2) 点 P から直線 AB に垂線を下ろし，その垂線と直線 AB の交点を H とする。$\overrightarrow{\mathrm{OH}}$ を $\overrightarrow{\mathrm{OA}}$ と $\overrightarrow{\mathrm{OB}}$ を用いて表せ。

(3) 点 Q を $\overrightarrow{\mathrm{OQ}} = \dfrac{3}{4}\overrightarrow{\mathrm{OA}} + \overrightarrow{\mathrm{OP}}$ により定め，Q を中心とする半径 r の球面 S を考える。S が三角形 OHB と共有点を持つような r の範囲を求めよ。ただし，三角形 OHB は 3 点 O, H, B を含む平面内にあり，周とその内部からなるものとする。

第 5 問

整式 $f(x)=(x-1)^2(x-2)$ を考える。

(1) $g(x)$ を実数を係数とする整式とし，$g(x)$ を $f(x)$ で割った余りを $r(x)$ とおく。$g(x)^7$ を $f(x)$ で割った余りと $r(x)^7$ を $f(x)$ で割った余りが等しいことを示せ。

(2) a, b を実数とし，$h(x)=x^2+ax+b$ とおく。$h(x)^7$ を $f(x)$ で割った余りを $h_1(x)$ とおき，$h_1(x)^7$ を $f(x)$ で割った余りを $h_2(x)$ とおく。$h_2(x)$ が $h(x)$ に等しくなるような a, b の組をすべて求めよ。

第 6 問

O を原点とする座標空間において，不等式 $|x| \leqq 1,\ |y| \leqq 1,\ |z| \leqq 1$ の表す立方体を考える。その立方体の表面のうち，$z<1$ を満たす部分を S とする。

以下，座標空間内の 2 点 A, B が一致するとき，線分 AB は点 A を表すものとし，その長さを 0 と定める。

(1) 座標空間内の点 P が次の条件 (i), (ii) をともに満たすとき，点 P が動きうる範囲 V の体積を求めよ。

(i) $\mathrm{OP} \leqq \sqrt{3}$

(ii) 線分 OP と S は，共有点を持たないか，点 P のみを共有点に持つ。

(2) 座標空間内の点 N と点 P が次の条件 (iii), (iv), (v) をすべて満たすとき，点 P が動きうる範囲 W の体積を求めよ。必要ならば，$\sin\alpha=\dfrac{1}{\sqrt{3}}$ を満たす実数 α $\left(0<\alpha<\dfrac{\pi}{2}\right)$ を用いてよい。

(iii) $\mathrm{ON}+\mathrm{NP} \leqq \sqrt{3}$

(iv) 線分 ON と S は共有点を持たない。

(v) 線分 NP と S は，共有点を持たないか，点 P のみを共有点に持つ。

2022 年

解答時間：150 分
配　　点：120 点

第　1　問

次の関数 $f(x)$ を考える。

$$f(x) = (\cos x)\log(\cos x) - \cos x + \int_0^x (\cos t)\log(\cos t)\,dt \quad \left(0 \leqq x < \frac{\pi}{2}\right)$$

(1) $f(x)$ は区間 $0 \leqq x < \dfrac{\pi}{2}$ において最小値を持つことを示せ。

(2) $f(x)$ の区間 $0 \leqq x < \dfrac{\pi}{2}$ における最小値を求めよ。

第　2　問

数列 $\{a_n\}$ を次のように定める。

$$a_1 = 1, \quad a_{n+1} = a_n^2 + 1 \qquad (n = 1, 2, 3, \cdots\cdots)$$

(1) 正の整数 n が 3 の倍数のとき，a_n は 5 の倍数となることを示せ。

(2) k, n を正の整数とする。a_n が a_k の倍数となるための必要十分条件を k, n を用いて表せ。

(3) a_{2022} と $(a_{8091})^2$ の最大公約数を求めよ。

第　3　問

O を原点とする座標平面上で考える。座標平面上の 2 点 $S(x_1, y_1)$, $T(x_2, y_2)$ に対し，点 S が点 T から十分離れているとは，

$$|x_1 - x_2| \geqq 1 \quad \text{または} \quad |y_1 - y_2| \geqq 1$$

が成り立つことと定義する。

不等式

$$0 \leqq x \leqq 3, \quad 0 \leqq y \leqq 3$$

が表す正方形の領域を D とし，その 2 つの頂点 A(3, 0), B(3, 3) を考える。さらに，次の条件 (i), (ii) をともに満たす点 P をとる。

(i) 点 P は領域 D の点であり，かつ，放物線 $y = x^2$ 上にある。

(ii) 点 P は，3 点 O, A, B のいずれからも十分離れている。

点 P の x 座標を a とする。

(1) a のとりうる値の範囲を求めよ。

(2) 次の条件 (iii), (iv) をともに満たす点 Q が存在しうる範囲の面積 $f(a)$ を求めよ。

(iii) 点 Q は領域 D の点である。

(iv) 点 Q は，4 点 O, A, B, P のいずれからも十分離れている。

(3) a は (1) で求めた範囲を動くとする。(2) の $f(a)$ を最小にする a の値を求めよ。

第　4　問

座標平面上の曲線

$$C:\quad y = x^3 - x$$

を考える。

(1) 座標平面上のすべての点 P が次の条件 (i) を満たすことを示せ。

(i) 点 P を通る直線 ℓ で，曲線 C と相異なる 3 点で交わるものが存在する。

(2) 次の条件 (ii) を満たす点 P のとりうる範囲を座標平面上に図示せよ。

(ii) 点 P を通る直線 ℓ で，曲線 C と相異なる 3 点で交わり，かつ，直線 ℓ と曲線 C で囲まれた 2 つの部分の面積が等しくなるものが存在する。

第　5　問

座標空間内の点 A(0, 0, 2) と点 B(1, 0, 1) を結ぶ線分 AB を z 軸のまわりに 1 回転させて得られる曲面を S とする。S 上の点 P と xy 平面上の点 Q が $\mathrm{PQ} = 2$ を満たしながら動くとき，線分 PQ の中点 M が通過しうる範囲を K とする。K の体積を求めよ。

第 6 問

O を原点とする座標平面上で考える。0 以上の整数 k に対して，ベクトル $\overrightarrow{v_k}$ を

$$\overrightarrow{v_k} = \left(\cos\frac{2k\pi}{3}, \sin\frac{2k\pi}{3}\right)$$

と定める。投げたとき表と裏がどちらも $\frac{1}{2}$ の確率で出るコインを N 回投げて，座標平面上に点 $\mathrm{X}_0, \mathrm{X}_1, \mathrm{X}_2, \cdots\cdots, \mathrm{X}_N$ を以下の規則 (i), (ii) に従って定める。

(i) X_0 は O にある。

(ii) n を 1 以上 N 以下の整数とする。X_{n-1} が定まったとし，X_n を次のように定める。

- n 回目のコイン投げで表が出た場合，

$$\overrightarrow{\mathrm{OX}_n} = \overrightarrow{\mathrm{OX}_{n-1}} + \overrightarrow{v_k}$$

により X_n を定める。ただし，k は 1 回目から n 回目までのコイン投げで裏が出た回数とする。

- n 回目のコイン投げで裏が出た場合，X_n を X_{n-1} と定める。

(1) $N=8$ とする。X_8 が O にある確率を求めよ。

(2) $N=200$ とする。X_{200} が O にあり，かつ，合計 200 回のコイン投げで表がちょうど r 回出る確率を p_r とおく。ただし $0 \leqq r \leqq 200$ である。p_r を求めよ。また p_r が最大となる r の値を求めよ。

2021 年

解答時間：150 分
配　　点：120 点

第　1　問

a, b を実数とする。座標平面上の放物線

$$C: \quad y = x^2 + ax + b$$

は放物線 $y = -x^2$ と 2 つの共有点を持ち，一方の共有点の x 座標は $-1 < x < 0$ を満たし，他方の共有点の x 座標は $0 < x < 1$ を満たす。

(1) 点 (a, b) のとりうる範囲を座標平面上に図示せよ。

(2) 放物線 C の通りうる範囲を座標平面上に図示せよ。

第　2　問

複素数 a, b, c に対して整式 $f(z) = az^2 + bz + c$ を考える。i を虚数単位とする。

(1) α, β, γ を複素数とする。$f(0) = \alpha$, $f(1) = \beta$, $f(i) = \gamma$ が成り立つとき，a, b, c をそれぞれ α, β, γ で表せ。

(2) $f(0)$, $f(1)$, $f(i)$ がいずれも 1 以上 2 以下の実数であるとき，$f(2)$ のとりうる範囲を複素数平面上に図示せよ。

第　3　問

関数

$$f(x)=\frac{x}{x^2+3}$$

に対して，$y=f(x)$ のグラフを C とする。点 $\mathrm{A}(1,\ f(1))$ における C の接線を

$$\ell:\quad y=g(x)$$

とする。

(1) C と ℓ の共有点で A と異なるものがただ 1 つ存在することを示し，その点の x 座標を求めよ。

(2) (1) で求めた共有点の x 座標を α とする。定積分

$$\int_{\alpha}^{1}\{f(x)-g(x)\}^2dx$$

を計算せよ。

第　4　問

以下の問いに答えよ。

(1) 正の奇数 K,L と正の整数 A,B が $KA=LB$ を満たしているとする。K を 4 で割った余りが L を 4 で割った余りと等しいならば，A を 4 で割った余りは B を 4 で割った余りと等しいことを示せ。

(2) 正の整数 a,b が $a>b$ を満たしているとする。このとき，$A={}_{4a+1}\mathrm{C}_{4b+1}$, $B={}_{a}\mathrm{C}_{b}$ に対して $KA=LB$ となるような正の奇数 K,L が存在することを示せ。

(3) a,b は (2) の通りとし，さらに $a-b$ が 2 で割り切れるとする。${}_{4a+1}\mathrm{C}_{4b+1}$ を 4 で割った余りは ${}_{a}\mathrm{C}_{b}$ を 4 で割った余りと等しいことを示せ。

(4) ${}_{2021}\mathrm{C}_{37}$ を 4 で割った余りを求めよ。

<u>2021 年　　入試問題</u>

第　5　問

α を正の実数とする。$0 \leqq \theta \leqq \pi$ における θ の関数 $f(\theta)$ を，座標平面上の 2 点 $\mathrm{A}(-\alpha,\ -3)$, $\mathrm{P}(\theta+\sin\theta,\ \cos\theta)$ 間の距離 AP の 2 乗として定める。

(1) $0<\theta<\pi$ の範囲に $f'(\theta)=0$ となる θ がただ 1 つ存在することを示せ。

(2) 以下が成り立つような α の範囲を求めよ。

$0 \leqq \theta \leqq \pi$ における θ の関数 $f(\theta)$ は，区間 $0<\theta<\dfrac{\pi}{2}$ のある点において最大になる。

第　6　問

定数 $b,\ c,\ p,\ q,\ r$ に対し，

$$x^4+bx+c=(x^2+px+q)(x^2-px+r)$$

が x についての恒等式であるとする。

(1) $p \neq 0$ であるとき，$q,\ r$ を $p,\ b$ で表せ。

(2) $p \neq 0$ とする。$b,\ c$ が定数 a を用いて

$$b=(a^2+1)(a+2), \quad c=-\left(a+\frac{3}{4}\right)(a^2+1)$$

と表されているとき，有理数を係数とする t についての整式 $f(t)$ と $g(t)$ で

$$\{p^2-(a^2+1)\}\{p^4+f(a)p^2+g(a)\}=0$$

を満たすものを 1 組求めよ。

(3) a を整数とする。x の 4 次式

$$x^4+(a^2+1)(a+2)x-\left(a+\frac{3}{4}\right)(a^2+1)$$

が有理数を係数とする 2 次式の積に因数分解できるような a をすべて求めよ。

2020 年

解答時間：150 分
配　　点：120 点

第　1　問

a, b, c, p を実数とする。不等式

$$ax^2+bx+c>0$$
$$bx^2+cx+a>0$$
$$cx^2+ax+b>0$$

をすべて満たす実数 x の集合と，$x>p$ を満たす実数 x の集合が一致しているとする。

(1) a, b, c はすべて 0 以上であることを示せ。

(2) a, b, c のうち少なくとも 1 個は 0 であることを示せ。

(3) $p=0$ であることを示せ。

第　2　問

平面上の点 P, Q, R が同一直線上にないとき，それらを 3 頂点とする三角形の面積を $\triangle\mathrm{PQR}$ で表す。また，P, Q, R が同一直線上にあるときは，$\triangle\mathrm{PQR}=0$ とする。

A, B, C を平面上の 3 点とし，$\triangle\mathrm{ABC}=1$ とする。この平面上の点 X が

$$2\leqq\triangle\mathrm{ABX}+\triangle\mathrm{BCX}+\triangle\mathrm{CAX}\leqq 3$$

を満たしながら動くとき，X の動きうる範囲の面積を求めよ。

2020 年　入試問題

第　3　問

$-1 \leqq t \leqq 1$ を満たす実数 t に対して，

$$x(t) = (1+t)\sqrt{1+t}$$
$$y(t) = 3(1+t)\sqrt{1-t}$$

とする。座標平面上の点 $\mathrm{P}(x(t),\ y(t))$ を考える。

(1) $-1 < t \leqq 1$ における t の関数 $\dfrac{y(t)}{x(t)}$ は単調に減少することを示せ。

(2) 原点と P の距離を $f(t)$ とする。$-1 \leqq t \leqq 1$ における t の関数 $f(t)$ の増減を調べ，最大値を求めよ。

(3) t が $-1 \leqq t \leqq 1$ を動くときの P の軌跡を C とし，C と x 軸で囲まれた領域を D とする。原点を中心として D を時計回りに 90° 回転させるとき，D が通過する領域の面積を求めよ。

第　4　問

n, k を，$1 \leqq k \leqq n$ を満たす整数とする。n 個の整数

$$2^m \quad (m = 0,\ 1,\ 2,\ \cdots\cdots,\ n-1)$$

から異なる k 個を選んでそれらの積をとる。k 個の整数の選び方すべてに対しこのように積をとることにより得られる ${}_n\mathrm{C}_k$ 個の整数の和を $a_{n,k}$ とおく。例えば，

$$a_{4,3} = 2^0 \cdot 2^1 \cdot 2^2 + 2^0 \cdot 2^1 \cdot 2^3 + 2^0 \cdot 2^2 \cdot 2^3 + 2^1 \cdot 2^2 \cdot 2^3 = 120$$

である。

(1) 2 以上の整数 n に対し，$a_{n,2}$ を求めよ。

(2) 1 以上の整数 n に対し，x についての整式

$$f_n(x) = 1 + a_{n,1}x + a_{n,2}x^2 + \cdots\cdots + a_{n,n}x^n$$

を考える。$\dfrac{f_{n+1}(x)}{f_n(x)}$ と $\dfrac{f_{n+1}(x)}{f_n(2x)}$ を x についての整式として表せ。

(3) $\dfrac{a_{n+1,k+1}}{a_{n,k}}$ を n, k で表せ。

第　5　問

座標空間において，xy 平面上の原点を中心とする半径 1 の円を考える。この円を底面とし，点 $(0,\ 0,\ 2)$ を頂点とする円錐（内部を含む）を S とする。また，点 $\mathrm{A}(1,\ 0,\ 2)$ を考える。

(1) 点 P が S の底面を動くとき，線分 AP が通過する部分を T とする。平面 $z = 1$ による S の切り口および，平面 $z = 1$ による T の切り口を同一平面上に図示せよ。

(2) 点 P が S を動くとき，線分 AP が通過する部分の体積を求めよ。

第 6 問

以下の問いに答えよ。

(1) $A,\ \alpha$ を実数とする。θ の方程式

$$A\sin 2\theta - \sin(\theta + \alpha) = 0$$

を考える。$A > 1$ のとき，この方程式は $0 \leqq \theta < 2\pi$ の範囲に少なくとも 4 個の解を持つことを示せ。

(2) 座標平面上の楕円

$$C:\quad \frac{x^2}{2} + y^2 = 1$$

を考える。また，$0 < r < 1$ を満たす実数 r に対して，不等式

$$2x^2 + y^2 < r^2$$

が表す領域を D とする。D 内のすべての点 P が以下の条件を満たすような実数 $r\,(0 < r < 1)$ が存在することを示せ。また，そのような r の最大値を求めよ。

条件：C 上の点 Q で，Q における C の接線と直線 PQ が直交するようなものが少なくとも 4 個ある。

2019年

解答時間：150分
配　　点：120点

第　1　問

次の定積分を求めよ。

$$\int_0^1 \left(x^2 + \frac{x}{\sqrt{1+x^2}}\right)\left(1 + \frac{x}{(1+x^2)\sqrt{1+x^2}}\right)dx$$

第　2　問

一辺の長さが 1 の正方形 ABCD を考える。3 点 P, Q, R はそれぞれ辺 AB, AD, CD 上にあり，3 点 A, P, Q および 3 点 P, Q, R はどちらも面積が $\frac{1}{3}$ の三角形の 3 頂点であるとする。

$\frac{\mathrm{DR}}{\mathrm{AQ}}$ の最大値，最小値を求めよ。

第　3　問

座標空間内に 5 点 $A(2,\ 0,\ 0)$, $B(0,\ 2,\ 0)$, $C(-2,\ 0,\ 0)$, $D(0,\ -2,\ 0)$, $E(0,\ 0,\ -2)$ を考える。線分 AB の中点 M と線分 AD の中点 N を通り，直線 AE に平行な平面を α とする。さらに，p は $2 < p < 4$ をみたす実数とし，点 $P(p,\ 0,\ 2)$ を考える。

(1) 八面体 PABCDE の平面 $y = 0$ による切り口および，平面 α の平面 $y = 0$ による切り口を同一平面上に図示せよ。

(2) 八面体 PABCDE の平面 α による切り口が八角形となる p の範囲を求めよ。

(3) 実数 p が (2) で定まる範囲にあるとする。八面体 PABCDE の平面 α による切り口のうち $y \geqq 0,\ z \geqq 0$ の部分を点 $(x,\ y,\ z)$ が動くとき，座標平面上で点 $(y,\ z)$ が動く範囲の面積を求めよ。

第　4　問

n を 1 以上の整数とする。

(1) $n^2 + 1$ と $5n^2 + 9$ の最大公約数 d_n を求めよ。

(2) $(n^2 + 1)(5n^2 + 9)$ は整数の 2 乗にならないことを示せ。

第　5　問

以下の問いに答えよ。

(1) n を 1 以上の整数とする。x についての方程式

$$x^{2n-1}=\cos x$$

は，ただ一つの実数解 a_n をもつことを示せ。

(2) (1) で定まる a_n に対し，$\cos a_n > \cos 1$ を示せ。

(3) (1) で定まる数列 $a_1, a_2, a_3, \cdots\cdots, a_n, \cdots\cdots$ に対し，

$$a=\lim_{n\to\infty} a_n, \qquad b=\lim_{n\to\infty} a_n^n, \qquad c=\lim_{n\to\infty}\frac{a_n^n-b}{a_n-a}$$

を求めよ。

第　6　問

複素数 $\alpha, \beta, \gamma, \delta$ および実数 a, b が，次の 3 条件をみたしながら動く。

条件 1 ： $\alpha, \beta, \gamma, \delta$ は相異なる。

条件 2 ： $\alpha, \beta, \gamma, \delta$ は 4 次方程式 $z^4-2z^3-2az+b=0$ の解である。

条件 3 ： 複素数 $\alpha\beta+\gamma\delta$ の実部は 0 であり，虚部は 0 でない。

(1) $\alpha, \beta, \gamma, \delta$ のうち，ちょうど 2 つが実数であり，残りの 2 つは互いに共役な複素数であることを示せ。

(2) b を a で表せ。

(3) 複素数 $\alpha+\beta$ がとりうる範囲を複素数平面上に図示せよ。

2018年

解答時間：150分
配　　点：120点

第　1　問

関数

$$f(x) = \frac{x}{\sin x} + \cos x \qquad (0 < x < \pi)$$

の増減表をつくり，$x \to +0$, $x \to \pi - 0$ のときの極限を調べよ。

第　2　問

数列 a_1, a_2, …… を

$$a_n = \frac{{}_{2n+1}\mathrm{C}_n}{n!} \qquad (n = 1,\ 2,\ \cdots\cdots)$$

で定める。

(1) $n \geqq 2$ とする。$\dfrac{a_n}{a_{n-1}}$ を既約分数 $\dfrac{q_n}{p_n}$ として表したときの分母 $p_n \geqq 1$ と分子 q_n を求めよ。

(2) a_n が整数となる $n \geqq 1$ をすべて求めよ。

第 3 問

放物線 $y=x^2$ のうち $-1 \leqq x \leqq 1$ をみたす部分を C とする。座標平面上の原点 O と点 A(1, 0) を考える。$k>0$ を実数とする。点 P が C 上を動き，点 Q が線分 OA 上を動くとき，

$$\overrightarrow{\mathrm{OR}}=\frac{1}{k}\overrightarrow{\mathrm{OP}}+k\overrightarrow{\mathrm{OQ}}$$

をみたす点 R が動く領域の面積を $S(k)$ とする。

$S(k)$ および $\displaystyle\lim_{k\to+0}S(k)$，$\displaystyle\lim_{k\to\infty}S(k)$ を求めよ。

第 4 問

$a>0$ とし，

$$f(x)=x^3-3a^2x$$

とおく。次の 2 条件をみたす点 $(a,\ b)$ の動きうる範囲を求め，座標平面上に図示せよ。

条件 1：方程式 $f(x)=b$ は相異なる 3 実数解をもつ。

条件 2：さらに，方程式 $f(x)=b$ の解を $\alpha<\beta<\gamma$ とすると $\beta>1$ である。

第　5　問

複素数平面上の原点を中心とする半径 1 の円を C とする。点 $\mathrm{P}(z)$ は C 上にあり，点 $\mathrm{A}(1)$ とは異なるとする。点 P における円 C の接線に関して，点 A と対称な点を $\mathrm{Q}(u)$ とする。$w=\dfrac{1}{1-u}$ とおき，w と共役な複素数を $\overline{w}$ で表す。

(1) u と $\dfrac{\overline{w}}{w}$ を z についての整式として表し，絶対値の商 $\dfrac{|w+\overline{w}-1|}{|w|}$ を求めよ。

(2) C のうち実部が $\dfrac{1}{2}$ 以下の複素数で表される部分を C' とする。点 $\mathrm{P}(z)$ が C' 上を動くときの点 $\mathrm{R}(w)$ の軌跡を求めよ。

第　6　問

座標空間内の 4 点 $\mathrm{O}(0,\ 0,\ 0)$，$\mathrm{A}(1,\ 0,\ 0)$，$\mathrm{B}(1,\ 1,\ 0)$，$\mathrm{C}(1,\ 1,\ 1)$ を考える。
$\dfrac{1}{2}<r<1$ とする。点 P が線分 OA，AB，BC 上を動くときに点 P を中心とする半径 r の球（内部を含む）が通過する部分を，それぞれ V_1，V_2，V_3 とする。

(1) 平面 $y=t$ が V_1，V_3 双方と共有点をもつような t の範囲を与えよ。さらに，この範囲の t に対し，平面 $y=t$ と V_1 の共通部分および，平面 $y=t$ と V_3 の共通部分を同一平面上に図示せよ。

(2) V_1 と V_3 の共通部分が V_2 に含まれるための r についての条件を求めよ。

(3) r は (2) の条件をみたすとする。V_1 の体積を S とし，V_1 と V_2 の共通部分の体積を T とする。V_1，V_2，V_3 を合わせて得られる立体 V の体積を S と T を用いて表せ。

(4) ひきつづき r は (2) の条件をみたすとする。S と T を求め，V の体積を決定せよ。

2017年

解答時間：150分
配　　点：120点

第　1　問

実数 a, b に対して

$$f(\theta) = \cos 3\theta + a\cos 2\theta + b\cos\theta$$

とし，$0 < \theta < \pi$ で定義された関数

$$g(\theta) = \frac{f(\theta) - f(0)}{\cos\theta - 1}$$

を考える。

(1) $f(\theta)$ と $g(\theta)$ を $x = \cos\theta$ の整式で表せ。

(2) $g(\theta)$ が $0 < \theta < \pi$ の範囲で最小値 0 をとるための a, b についての条件を求めよ。また，条件をみたす点 $(a,\ b)$ が描く図形を座標平面上に図示せよ。

第　2　問

座標平面上で x 座標と y 座標がいずれも整数である点を格子点という。格子点上を次の規則に従って動く点Pを考える。

(a) 最初に，点Pは原点Oにある。

(b) ある時刻で点Pが格子点 $(m,\ n)$ にあるとき，その1秒後の点Pの位置は，隣接する格子点 $(m+1,\ n)$, $(m,\ n+1)$, $(m-1,\ n)$, $(m,\ n-1)$ のいずれかであり，また，これらの点に移動する確率は，それぞれ $\dfrac{1}{4}$ である。

(1) 点Pが，最初から6秒後に直線 $y = x$ 上にある確率を求めよ。

(2) 点Pが，最初から6秒後に原点Oにある確率を求めよ。

第　5　問

第 3 問

複素数平面上の原点以外の点 z に対して，$w = \dfrac{1}{z}$ とする。

(1) α を 0 でない複素数とし，点 α と原点 O を結ぶ線分の垂直二等分線を L とする。点 z が直線 L 上を動くとき，点 w の軌跡は円から 1 点を除いたものになる。この円の中心と半径を求めよ。

(2) 1 の 3 乗根のうち，虚部が正であるものを β とする。点 β と点 β^2 を結ぶ線分上を点 z が動くときの点 w の軌跡を求め，複素数平面上に図示せよ。

第 4 問

$p = 2 + \sqrt{5}$ とおき，自然数 $n = 1, 2, 3, \cdots$ に対して

$$a_n = p^n + \left(-\frac{1}{p}\right)^n$$

と定める。以下の問いに答えよ。ただし設問 (1) は結論のみを書けばよい。

(1) a_1, a_2 の値を求めよ。

(2) $n \geqq 2$ とする。積 $a_1 a_n$ を，a_{n+1} と a_{n-1} を用いて表せ。

(3) a_n は自然数であることを示せ。

(4) a_{n+1} と a_n の最大公約数を求めよ。

第　5　問

k を実数とし，座標平面上で次の2つの放物線 C, D の共通接線について考える。

$$C: \quad y = x^2 + k$$
$$D: \quad x = y^2 + k$$

(1) 直線 $y = ax + b$ が共通接線であるとき，a を用いて k と b を表せ。ただし $a \neq -1$ とする。

(2) 傾きが2の共通接線が存在するように k の値を定める。このとき，共通接線が3本存在することを示し，それらの傾きと y 切片を求めよ。

第　6　問

点Oを原点とする座標空間内で，一辺の長さが1の正三角形OPQを動かす。また，点A(1, 0, 0)に対して，∠AOPを θ とおく。ただし $0^\circ \leqq \theta \leqq 180^\circ$ とする。

(1) 点Qが(0, 0, 1)にあるとき，点Pの x 座標がとりうる値の範囲と，θ がとりうる値の範囲を求めよ。

(2) 点Qが平面 $x = 0$ 上を動くとき，辺OPが通過しうる範囲を K とする。K の体積を求めよ。

2016年

解答時間：150分
配　　点：120点

第　1　問

eを自然対数の底, すなわち$e=\lim_{t\to\infty}\left(1+\frac{1}{t}\right)^t$とする。すべての正の実数$x$に対し, 次の不等式が成り立つことを示せ。

$$\left(1+\frac{1}{x}\right)^x < e < \left(1+\frac{1}{x}\right)^{x+\frac{1}{2}}$$

第　2　問

A, B, Cの3つのチームが参加する野球の大会を開催する。以下の方式で試合を行い, 2連勝したチームが出た時点で, そのチームを優勝チームとして大会は終了する。

(a) 1試合目でAとBが対戦する。

(b) 2試合目で, 1試合目の勝者と, 1試合目で待機していたCが対戦する。

(c) k試合目で優勝チームが決まらない場合は, k試合目の勝者と, k試合目で待機していたチームが$k+1$試合目で対戦する。ここでkは2以上の整数とする。

なお, すべての対戦において, それぞれのチームが勝つ確率は$\frac{1}{2}$で, 引き分けはないものとする。

(1) nを2以上の整数とする。ちょうどn試合目でAが優勝する確率を求めよ。

(2) mを正の整数とする。総試合数が$3m$回以下でAが優勝したとき, Aの最後の対戦相手がBである条件付き確率を求めよ。

第 3 問

a を $1 < a < 3$ をみたす実数とし, 座標空間内の4点 $\mathrm{P}_1(1, 0, 1)$, $\mathrm{P}_2(1, 1, 1)$, $\mathrm{P}_3(1, 0, 3)$, $\mathrm{Q}(0, 0, a)$ を考える。直線 $\mathrm{P}_1\mathrm{Q}$, $\mathrm{P}_2\mathrm{Q}$, $\mathrm{P}_3\mathrm{Q}$ と xy 平面の交点をそれぞれ R_1, R_2, R_3 として, 三角形 $\mathrm{R}_1\mathrm{R}_2\mathrm{R}_3$ の面積を $S(a)$ とする。$S(a)$ を最小にする a と, そのときの $S(a)$ の値を求めよ。

第 4 問

z を複素数とする。複素数平面上の3点 $\mathrm{A}(1)$, $\mathrm{B}(z)$, $\mathrm{C}(z^2)$ が鋭角三角形をなすような z の範囲を求め, 図示せよ。

第　5　問

k を正の整数とし，10進法で表された小数点以下 k 桁の実数

$$0.a_1a_2\cdots a_k = \frac{a_1}{10} + \frac{a_2}{10^2} + \cdots + \frac{a_k}{10^k}$$

を1つとる。ここで, $a_1, a_2, \cdots, a_k$ は0から9までの整数で, $a_k \neq 0$ とする。

(1) 次の不等式をみたす正の整数 n をすべて求めよ。

$$0.a_1a_2\cdots a_k \leqq \sqrt{n} - 10^k < 0.a_1a_2\cdots a_k + 10^{-k}$$

(2) p が $5 \cdot 10^{k-1}$ 以上の整数ならば，次の不等式をみたす正の整数 m が存在することを示せ。

$$0.a_1a_2\cdots a_k \leqq \sqrt{m} - p < 0.a_1a_2\cdots a_k + 10^{-k}$$

(3) 実数 x に対し，$r \leqq x < r+1$ をみたす整数 r を $[x]$ で表す。$\sqrt{s} - [\sqrt{s}\,] = 0.a_1a_2\cdots a_k$ をみたす正の整数 s は存在しないことを示せ。

第　6　問

座標空間内を, 長さ2の線分ABが次の2条件(a), (b)をみたしながら動く。

(a) 点Aは平面 $z = 0$ 上にある。

(b) 点C$(0, 0, 1)$が線分AB上にある。

このとき, 線分ABが通過することのできる範囲を K とする。K と不等式 $z \geqq 1$ の表す範囲との共通部分の体積を求めよ。

2015年

解答時間：150分
配　　点：120点

第 1 問

正の実数 a に対して，座標平面上で次の放物線を考える。

$$C: \quad y = ax^2 + \frac{1-4a^2}{4a}$$

a が正の実数全体を動くとき，C の通過する領域を図示せよ。

第 2 問

どの目も出る確率が $\frac{1}{6}$ のさいころを1つ用意し，次のように左から順に文字を書く。

さいころを投げ，出た目が 1，2，3 のときは文字列 A A を書き，4 のときは文字 B を，5 のときは文字 C を，6 のときは文字 D を書く。さらに繰り返しさいころを投げ，同じ規則に従って，A A，B，C，D をすでにある文字列の右側につなげて書いていく。

たとえば，さいころを 5 回投げ，その出た目が順に 2，5，6，3，4 であったとすると，得られる文字列は，

A A C D A A B

となる。このとき，左から 4 番目の文字は D，5 番目の文字は A である。

(1) n を正の整数とする。n 回さいころを投げ，文字列を作るとき，文字列の左から n 番目の文字が A となる確率を求めよ。

(2) n を 2 以上の整数とする。n 回さいころを投げ，文字列を作るとき，文字列の左から $n-1$ 番目の文字が A で，かつ n 番目の文字が B となる確率を求めよ。

第　3　問

a を正の実数とし，p を正の有理数とする。

座標平面上の 2 つの曲線 $y = ax^p \ (x > 0)$ と $y = \log x \ (x > 0)$ を考える。この 2 つの曲線の共有点が 1 点のみであるとし，その共有点を Q とする。

以下の問いに答えよ。必要であれば，$\displaystyle\lim_{x\to\infty} \frac{x^p}{\log x} = \infty$ を証明なしに用いてよい。

(1) a および点 Q の x 座標を p を用いて表せ。

(2) この 2 つの曲線と x 軸で囲まれる図形を，x 軸のまわりに 1 回転してできる立体の体積を p を用いて表せ。

(3) (2) で得られる立体の体積が 2π になるときの p の値を求めよ。

第　4　問

数列 $\{p_n\}$ を次のように定める。

$$p_1 = 1, \quad p_2 = 2, \quad p_{n+2} = \frac{p_{n+1}^2 + 1}{p_n} \quad (n = 1,\ 2,\ 3,\ \cdots)$$

(1) $\dfrac{p_{n+1}^2 + p_n^2 + 1}{p_{n+1}\,p_n}$ が n によらないことを示せ。

(2) すべての $n = 2,\ 3,\ 4,\ \cdots$ に対し，$p_{n+1} + p_{n-1}$ を p_n のみを使って表せ。

(3) 数列 $\{q_n\}$ を次のように定める。

$$q_1 = 1, \quad q_2 = 1, \quad q_{n+2} = q_{n+1} + q_n \quad (n = 1,\ 2,\ 3,\ \cdots)$$

すべての $n = 1,\ 2,\ 3,\ \cdots$ に対し，$p_n = q_{2n-1}$ を示せ。

第　5　問

m を 2015 以下の正の整数とする。${}_{2015}\mathrm{C}_m$ が偶数となる最小の m を求めよ。

第　6　問

n を正の整数とする。以下の問いに答えよ。

(1) 関数 $g(x)$ を次のように定める。

$$g(x)=\begin{cases}\dfrac{\cos(\pi x)+1}{2} & (\ |x|\leqq 1 \text{ のとき}) \\ 0 & (\ |x|>1 \text{ のとき})\end{cases}$$

$f(x)$ を連続な関数とし，p，q を実数とする。$|x|\leqq\dfrac{1}{n}$ をみたす x に対して $p\leqq f(x)\leqq q$ が成り立つとき，次の不等式を示せ。

$$p\leqq n\int_{-1}^{1}g(nx)f(x)\,dx\leqq q$$

(2) 関数 $h(x)$ を次のように定める。

$$h(x)=\begin{cases}-\dfrac{\pi}{2}\sin(\pi x) & (\ |x|\leqq 1 \text{ のとき}) \\ 0 & (\ |x|>1 \text{ のとき})\end{cases}$$

このとき，次の極限を求めよ。

$$\lim_{n\to\infty} n^2\int_{-1}^{1}h(nx)\log(1+e^{x+1})\,dx$$

2014年

解答時間：150 分
配　　点：120 点

第　1　問

1 辺の長さが 1 の正方形を底面とする四角柱 OABC−DEFG を考える。3 点 P，Q，R を，それぞれ 辺AE，辺BF，辺CG 上に，4 点O，P，Q，R が同一平面上にあるようにとる。四角形 OPQR の面積を S とおく。また，$\angle$AOP を α，$\angle$COR を β とおく。

(1)　S を $\tan\alpha$ と $\tan\beta$ を用いて表せ。

(2)　$\alpha+\beta=\dfrac{\pi}{4}$，$S=\dfrac{7}{6}$ であるとき，$\tan\alpha+\tan\beta$ の値を求めよ。さらに，$\alpha \leqq \beta$ のとき，$\tan\alpha$ の値を求めよ。

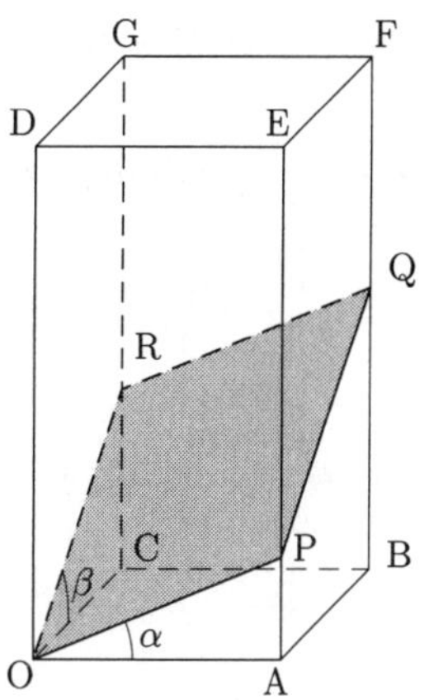

2014

第　2　問

a を自然数（すなわち 1 以上の整数）の定数とする。

白球と赤球があわせて 1 個以上入っている袋 U に対して，次の操作 $(*)$ を考える。

$(*)$　袋 U から球を 1 個取り出し，

(i)　取り出した球が白球のときは，袋 U の中身が白球 a 個，赤球 1 個となるようにする。

(ii)　取り出した球が赤球のときは，その球を袋 U へ戻すことなく，袋 U の中身はそのままにする。

はじめに袋 U の中に，白球が $a+2$ 個，赤球が 1 個入っているとする。この袋 U に対して操作 $(*)$ を繰り返し行う。

たとえば，1 回目の操作で白球が出たとすると，袋 U の中身は白球 a 個，赤球 1 個となり，さらに 2 回目の操作で赤球が出たとすると，袋 U の中身は白球 a 個のみとなる。

n 回目に取り出した球が赤球である確率を p_n とする。ただし，袋 U の中の個々の球の取り出される確率は等しいものとする。

(1)　p_1，p_2 を求めよ。

(2)　$n \geqq 3$ に対して p_n を求めよ。

(3)　$\displaystyle\lim_{m\to\infty}\frac{1}{m}\sum_{n=1}^{m} p_n$ を求めよ。

2014年　入試問題

第 3 問

u を実数とする。座標平面上の 2 つの放物線

$$C_1:\quad y=-x^2+1$$
$$C_2:\quad y=(x-u)^2+u$$

を考える。C_1 と C_2 が共有点をもつような u の値の範囲は，ある実数 a，b により，$a \leqq u \leqq b$ と表される。

(1)　a，b の値を求めよ。

(2)　u が $a \leqq u \leqq b$ をみたすとき，C_1 と C_2 の共有点を $\mathrm{P}_1(x_1,\ y_1)$，$\mathrm{P}_2(x_2,\ y_2)$ とする。ただし，共有点が 1 点のみのときは，P_1 と P_2 は一致し，ともにその共有点を表すとする。

$$2\left|x_1 y_2 - x_2 y_1\right|$$

を u の式で表せ。

(3)　(2) で得られる u の式を $f(u)$ とする。定積分

$$I=\int_a^b f(u)\,du$$

を求めよ。

2014年　　入試問題

第　4　問

p, q は実数の定数で, $0 < p < 1$, $q > 0$ をみたすとする。関数

$$f(x) = (1-p)x + (1-x)(1-e^{-qx})$$

を考える。

以下の問いに答えよ。必要であれば, 不等式 $1 + x \leqq e^x$ がすべての実数 x に対して成り立つことを証明なしに用いてよい。

(1)　$0 < x < 1$ のとき, $0 < f(x) < 1$ であることを示せ。

(2)　x_0 は $0 < x_0 < 1$ をみたす実数とする。数列 $\{x_n\}$ の各項 x_n $(n = 1, 2, 3, \cdots)$ を,

$$x_n = f(x_{n-1})$$

によって順次定める。$p > q$ であるとき,

$$\lim_{n \to \infty} x_n = 0$$

となることを示せ。

(3)　$p < q$ であるとき,

$$c = f(c), \quad 0 < c < 1$$

をみたす実数 c が存在することを示せ。

第 5 問

r を 0 以上の整数とし，数列 $\{a_n\}$ を次のように定める。

$$a_1 = r, \quad a_2 = r+1, \quad a_{n+2} = a_{n+1}(a_n + 1) \quad (n = 1, 2, 3, \cdots)$$

また，素数 p を 1 つとり，a_n を p で割った余りを b_n とする。ただし，0 を p で割った余りは 0 とする。

(1)　自然数 n に対し，b_{n+2} は $b_{n+1}(b_n+1)$ を p で割った余りと一致することを示せ。

(2)　$r=2$，$p=17$ の場合に，10 以下のすべての自然数 n に対して，b_n を求めよ。

(3)　ある 2 つの相異なる自然数 n，m に対して，

$$b_{n+1} = b_{m+1} > 0, \quad b_{n+2} = b_{m+2}$$

が成り立ったとする。このとき，$b_n = b_m$ が成り立つことを示せ。

(4)　a_2，a_3，a_4，$\cdots$ に p で割り切れる数が現れないとする。このとき，a_1 も p で割り切れないことを示せ。

第　6　問

座標平面の原点を O で表す。

線分 $y=\sqrt{3}x$ $(0 \leqq x \leqq 2)$ 上の点 P と，線分 $y=-\sqrt{3}x$ $(-2 \leqq x \leqq 0)$ 上の点 Q が，線分 OP と線分 OQ の長さの和が 6 となるように動く。このとき，線分 PQ の通過する領域を D とする。

(1)　s を $0 \leqq s \leqq 2$ をみたす実数とするとき，点 (s, t) が D に入るような t の範囲を求めよ。

(2)　D を図示せよ。

2013年

解答時間：150分
配　　点：120点

第　1　問

実数 a, b に対し平面上の点 $\mathrm{P}_n(x_n,\ y_n)$ を

$$(x_0,\ y_0) = (1,\ 0)$$
$$(x_{n+1},\ y_{n+1}) = (ax_n - by_n,\ bx_n + ay_n) \quad (n = 0,\ 1,\ 2,\ \cdots)$$

によって定める。このとき，次の条件 (i)，(ii) がともに成り立つような $(a,\ b)$ をすべて求めよ。

(i)　$\mathrm{P}_0 = \mathrm{P}_6$

(ii)　$\mathrm{P}_0,\ \mathrm{P}_1,\ \mathrm{P}_2,\ \mathrm{P}_3,\ \mathrm{P}_4,\ \mathrm{P}_5$ は相異なる。

第　2　問

a を実数とし，$x > 0$ で定義された関数 $f(x)$，$g(x)$ を次のように定める。

$$f(x) = \frac{\cos x}{x}$$
$$g(x) = \sin x + ax$$

このとき $y = f(x)$ のグラフと $y = g(x)$ のグラフが $x > 0$ において共有点をちょうど 3 つ持つような a をすべて求めよ。

第 3 問

A，B の 2 人がいる。投げたとき表裏の出る確率がそれぞれ $\frac{1}{2}$ のコインが 1 枚あり，最初は A がそのコインを持っている。次の操作を繰り返す。

(i)　A がコインを持っているときは，コインを投げ，表が出れば A に 1 点を与え，コインは A がそのまま持つ。裏が出れば，両者に点を与えず，A はコインを B に渡す。

(ii)　B がコインを持っているときは，コインを投げ，表が出れば B に 1 点を与え，コインは B がそのまま持つ。裏が出れば，両者に点を与えず，B はコインを A に渡す。

そして A，B のいずれかが 2 点を獲得した時点で，2 点を獲得した方の勝利とする。たとえば，コインが表，裏，表，表と出た場合，この時点で A は 1 点，B は 2 点を獲得しているので B の勝利となる。

(1)　A，B あわせてちょうど n 回コインを投げ終えたときに A の勝利となる確率 $p(n)$ を求めよ。

(2)　$\sum_{n=1}^{\infty} p(n)$ を求めよ。

第 4 問

$\triangle$ABC において $\angle\mathrm{BAC} = 90°$，$|\overrightarrow{\mathrm{AB}}| = 1$，$|\overrightarrow{\mathrm{AC}}| = \sqrt{3}$ とする。$\triangle$ABC の内部の点 P が

$$\frac{\overrightarrow{\mathrm{PA}}}{|\overrightarrow{\mathrm{PA}}|} + \frac{\overrightarrow{\mathrm{PB}}}{|\overrightarrow{\mathrm{PB}}|} + \frac{\overrightarrow{\mathrm{PC}}}{|\overrightarrow{\mathrm{PC}}|} = \overrightarrow{0}$$

を満たすとする。

(1)　$\angle\mathrm{APB}$，$\angle\mathrm{APC}$ を求めよ。

(2)　$|\overrightarrow{\mathrm{PA}}|$，$|\overrightarrow{\mathrm{PB}}|$，$|\overrightarrow{\mathrm{PC}}|$ を求めよ。

第　5　問

次の命題 P を証明したい。

命題 P　次の条件 (a), (b) をともに満たす自然数（1 以上の整数）A が存在する。

(a)　A は連続する 3 つの自然数の積である。

(b)　A を 10 進法で表したとき，1 が連続して 99 回以上現れるところがある。

以下の問いに答えよ。

(1)　y を自然数とする。このとき不等式

$$x^3 + 3yx^2 < (x+y-1)(x+y)(x+y+1) < x^3 + (3y+1)x^2$$

が成り立つような正の実数 x の範囲を求めよ。

(2)　命題 P を証明せよ。

第　6　問

座標空間において，xy 平面内で不等式 $|x| \leqq 1$，$|y| \leqq 1$ により定まる正方形 S の 4 つの頂点を A$(-1, 1, 0)$，B$(1, 1, 0)$，C$(1, -1, 0)$，D$(-1, -1, 0)$ とする。正方形 S を，直線 BD を軸として回転させてできる立体を V_1，直線 AC を軸として回転させてできる立体を V_2 とする。

(1)　$0 \leqq t < 1$ を満たす実数 t に対し，平面 $x = t$ による V_1 の切り口の面積を求めよ。

(2)　V_1 と V_2 の共通部分の体積を求めよ。

2012年

解答時間：150分
配　　点：120点

第　1　問

次の連立不等式で定まる座標平面上の領域 D を考える。

$$x^2 + (y-1)^2 \leqq 1, \quad x \geqq \frac{\sqrt{2}}{3}$$

直線 ℓ は原点を通り，D との共通部分が線分となるものとする。その線分の長さ L の最大値を求めよ。また，L が最大値をとるとき，x 軸と ℓ のなす角 $\theta\left(0 < \theta < \dfrac{\pi}{2}\right)$ の余弦 $\cos\theta$ を求めよ。

第　2　問

図のように，正三角形を 9 つの部屋に辺で区切り，部屋 P，Q を定める。1 つの球が部屋 P を出発し，1 秒ごとに，そのままその部屋にとどまることなく，辺を共有する隣の部屋に等確率で移動する。球が n 秒後に部屋 Q にある確率を求めよ。

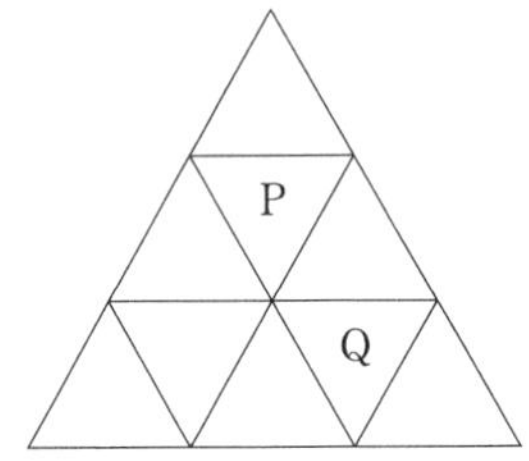

第　3　問

座標平面上で2つの不等式

$$y \geqq \frac{1}{2}x^2,\ \ \frac{x^2}{4}+4y^2 \leqq \frac{1}{8}$$

によって定まる領域をSとする。Sをx軸のまわりに回転してできる立体の体積をV_1とし，y軸のまわりに回転してできる立体の体積をV_2とする。

(1)　V_1とV_2の値を求めよ。

(2)　$\dfrac{V_2}{V_1}$の値と1の大小を判定せよ。

第　4　問

nを2以上の整数とする。自然数(1以上の整数)のn乗になる数をn乗数と呼ぶことにする。以下の問いに答えよ。

(1)　連続する2個の自然数の積はn乗数でないことを示せ。

(2)　連続するn個の自然数の積はn乗数でないことを示せ。

第 5 問

行列 $A=\begin{pmatrix} a & b \\ c & d \end{pmatrix}$ が次の条件(D)を満たすとする。

(D)　A の成分 a，b，c，d は整数である。また，平面上の4点(0，0)，$(a,\ b)$，$(a+c,\ b+d)$，$(c,\ d)$は，面積1の平行四辺形の4つの頂点をなす。

$B=\begin{pmatrix} 1 & 1 \\ 0 & 1 \end{pmatrix}$ とおく。次の問いに答えよ。

(1)　行列 BA と $B^{-1}A$ も条件(D)を満たすことを示せ。

(2)　$c=0$ ならば，A に B，B^{-1} のどちらかを左から次々にかけることにより，4個の行列 $\begin{pmatrix} 1 & 0 \\ 0 & 1 \end{pmatrix}$，$\begin{pmatrix} -1 & 0 \\ 0 & 1 \end{pmatrix}$，$\begin{pmatrix} 1 & 0 \\ 0 & -1 \end{pmatrix}$，$\begin{pmatrix} -1 & 0 \\ 0 & -1 \end{pmatrix}$ のどれかにできることを示せ。

(3)　$|a| \geqq |c| > 0$ とする。BA，$B^{-1}A$ の少なくともどちらか一方は，それを $\begin{pmatrix} x & y \\ z & w \end{pmatrix}$ とすると

$$|x|+|z|<|a|+|c|$$

を満たすことを示せ。

第 6 問

2×2 行列 $P=\begin{pmatrix} p & q \\ r & s \end{pmatrix}$ に対して

$$\mathrm{Tr}(P)=p+s$$

と定める。

a，b，c は $a \geqq b > 0$，$0 \leqq c \leqq 1$ を満たす実数とする。行列 A，B，C，D を次で定める。

$$A=\begin{pmatrix} a & 0 \\ 0 & b \end{pmatrix},\ B=\begin{pmatrix} b & 0 \\ 0 & a \end{pmatrix},\ C=\begin{pmatrix} a^c & 0 \\ 0 & b^c \end{pmatrix},\ D=\begin{pmatrix} b^{1-c} & 0 \\ 0 & a^{1-c} \end{pmatrix}$$

また実数 x に対し $U(x)=\begin{pmatrix} \cos x & -\sin x \\ \sin x & \cos x \end{pmatrix}$ とする。

このとき以下の問いに答えよ。

(1) 各実数 t に対して，x の関数

$$f(x)=\mathrm{Tr}\left(\left(U(t)AU(-t)-B\right)U(x)\begin{pmatrix} 1 & 0 \\ 0 & -1 \end{pmatrix}U(-x)\right)$$

の最大値 $m(t)$ を求めよ。(ただし，最大値をとる x を求める必要はない。)

(2) すべての実数 t に対し

$$2\,\mathrm{Tr}(U(t)CU(-t)D) \geqq \mathrm{Tr}(U(t)AU(-t)+B)-m(t)$$

が成り立つことを示せ。

2011年

解答時間：150分
配　　点：120点

第　1　問

座標平面において，点P(0，1)を中心とする半径1の円をCとする。aを$0<a<1$を満たす実数とし，直線$y=a(x+1)$とCとの交点をQ，Rとする。

(1) △PQRの面積$S(a)$を求めよ。

(2) aが$0<a<1$の範囲を動くとき，$S(a)$が最大となるaを求めよ。

第　2　問

実数xの小数部分を，$0\leqq y<1$かつ$x-y$が整数となる実数yのこととし，これを記号$\langle x\rangle$で表す。実数aに対して，無限数列$\{a_n\}$の各項a_n $(n=1,2,3,\cdots)$を次のように順次定める。

(i) $a_1=\langle a\rangle$

(ii) $\begin{cases} a_n\neq 0 \text{ のとき，} a_{n+1}=\left\langle \dfrac{1}{a_n}\right\rangle \\ a_n=0 \text{ のとき，} a_{n+1}=0 \end{cases}$

(1) $a=\sqrt{2}$のとき，数列$\{a_n\}$を求めよ。

(2) 任意の自然数nに対して$a_n=a$となるような$\dfrac{1}{3}$以上の実数aをすべて求めよ。

(3) aが有理数であるとする。aを整数pと自然数qを用いて$a=\dfrac{p}{q}$と表すとき，q以上のすべての自然数nに対して，$a_n=0$であることを示せ。

2011年　入試問題

第 3 問

L を正定数とする。座標平面の x 軸上の正の部分にある点 $\mathrm{P}(t,\ 0)$ に対し，原点 O を中心とし点 P を通る円周上を，P から出発して反時計回りに道のり L だけ進んだ点を $\mathrm{Q}(u(t),\ v(t))$ と表す。

(1) $u(t)$, $v(t)$ を求めよ。

(2) $0 < a < 1$ の範囲の実数 a に対し，積分

$$f(a) = \int_a^1 \sqrt{\{u'(t)\}^2 + \{v'(t)\}^2}\, dt$$

を求めよ。

(3) 極限 $\displaystyle\lim_{a \to +0} \frac{f(a)}{\log a}$ を求めよ。

2011

第 4 問

座標平面上の 1 点 $\mathrm{P}\left(\dfrac{1}{2},\ \dfrac{1}{4}\right)$ をとる。放物線 $y = x^2$ 上の 2 点 $\mathrm{Q}(\alpha, \alpha^2)$, $\mathrm{R}(\beta, \beta^2)$ を，3 点 P, Q, R が QR を底辺とする二等辺三角形をなすように動かすとき，$\triangle$PQR の重心 $\mathrm{G}(X, Y)$ の軌跡を求めよ。

第 5 問

p, qを2つの正の整数とする。整数a, b, cで条件

$$-q \leqq b \leqq 0 \leqq a \leqq p, \quad b \leqq c \leqq a$$

を満たすものを考え，このようなa, b, cを$[a,\ b\,;c]$の形に並べたものを$(p,\ q)$パターンと呼ぶ。各$(p,\ q)$パターン$[a,\ b\,;c]$に対して

$$w([a,\ b\,;c]) = p - q - (a + b)$$

とおく。

(1) $(p,\ q)$パターンのうち，$w([a,\ b\,;c]) = -q$となるものの個数を求めよ。また，$w([a,\ b\,;c]) = p$となる$(p,\ q)$パターンの個数を求めよ。

以下$p = q$の場合を考える。

(2) sを整数とする。$(p,\ p)$パターンで$w([a,\ b\,;c]) = -p + s$となるものの個数を求めよ。

(3) $(p,\ p)$パターンの総数を求めよ。

2011年　入試問題

第　6　問

⑴ x, y を実数とし，$x>0$ とする。t を変数とする 2 次関数 $f(t)=xt^2+yt$ の $0 \leqq t \leqq 1$ における最大値と最小値の差を求めよ。

⑵ 次の条件を満たす点 $(x,\ y)$ 全体からなる座標平面内の領域を S とする。

$x>0$ かつ，実数 z で $0 \leqq t \leqq 1$ の範囲の全ての実数 t に対して

$$0 \leqq xt^2+yt+z \leqq 1$$

を満たすようなものが存在する。

S の概形を図示せよ。

⑶ 次の条件を満たす点 $(x,\ y,\ z)$ 全体からなる座標空間内の領域を V とする。

$0 \leqq x \leqq 1$ かつ，$0 \leqq t \leqq 1$ の範囲の全ての実数 t に対して，

$$0 \leqq xt^2+yt+z \leqq 1$$

が成り立つ。

V の体積を求めよ。

2010年

解答時間：150分
配　　点：120点

第 1 問

3辺の長さが a と b と c の直方体を，長さが b の1辺を回転軸として 90° 回転させるとき，直方体が通過する点全体がつくる立体を V とする。

(1) V の体積を a, b, c を用いて表せ。

(2) $a+b+c=1$ のとき，V の体積のとりうる値の範囲を求めよ。

第 2 問

(1) すべての自然数 k に対して，次の不等式を示せ。

$$\frac{1}{2(k+1)}<\int_0^1 \frac{1-x}{k+x}\,dx<\frac{1}{2k}$$

(2) $m>n$ であるようなすべての自然数 m と n に対して，次の不等式を示せ。

$$\frac{m-n}{2(m+1)(n+1)}<\log\frac{m}{n}-\sum_{k=n+1}^{m}\frac{1}{k}<\frac{m-n}{2mn}$$

第　3　問

2つの箱LとR，ボール30個，コイン投げで表と裏が等確率$\dfrac{1}{2}$で出るコイン1枚を用意する。xを0以上30以下の整数とする。Lにx個，Rに$30-x$個のボールを入れ，次の操作(#)を繰り返す。

(#)　箱Lに入っているボールの個数をzとする。コインを投げ，表が出れば箱Rから箱Lに，裏が出れば箱Lから箱Rに，$K(z)$個のボールを移す。ただし，$0 \leqq z \leqq 15$のとき$K(z)=z$，$16 \leqq z \leqq 30$のとき$K(z)=30-z$とする。

m回の操作の後，箱Lのボールの個数が30である確率を$P_m(x)$とする。たとえば$P_1(15)=P_2(15)=\dfrac{1}{2}$となる。以下の問(1)，(2)，(3)に答えよ。

(1)　$m \geqq 2$のとき，xに対してうまくyを選び，$P_m(x)$を$P_{m-1}(y)$で表せ。

(2)　nを自然数とするとき，$P_{2n}(10)$を求めよ。

(3)　nを自然数とするとき，$P_{4n}(6)$を求めよ。

第　4　問

Oを原点とする座標平面上の曲線

$$C:\quad y=\frac{1}{2}x+\sqrt{\frac{1}{4}x^2+2}$$

と，その上の相異なる2点$P_1(x_1,\ y_1)$，$P_2(x_2,\ y_2)$を考える。

(1) $P_i\ (i=1,\ 2)$を通るx軸に平行な直線と，直線$y=x$との交点を，それぞれ$H_i\ (i=1,\ 2)$とする。このとき$\triangle OP_1H_1$と$\triangle OP_2H_2$の面積は等しいことを示せ。

(2) $x_1<x_2$とする。このときCの$x_1\leqq x\leqq x_2$の範囲にある部分と，線分P_1O，P_2Oとで囲まれる図形の面積を，y_1，y_2を用いて表せ。

第　5　問

Cを半径1の円周とし，AをC上の1点とする。3点P, Q, RがAを時刻$t=0$に出発し，C上を各々一定の速さで，P，Qは反時計回りに，Rは時計回りに，時刻$t=2\pi$まで動く。P, Q, Rの速さは，それぞれm，1，2であるとする。（したがって，QはCをちょうど一周する。）ただし，mは$1\leqq m\leqq 10$をみたす整数である。$\triangle PQR$がPRを斜辺とする直角二等辺三角形となるような速さmと時刻tの組をすべて求めよ。

第　6　問

四面体OABCにおいて，4つの面はすべて合同であり，$\mathrm{OA}=3$，$\mathrm{OB}=\sqrt{7}$，$\mathrm{AB}=2$であるとする。また，3点O，A，Bを含む平面をLとする。

(1) 点Cから平面Lにおろした垂線の足をHとおく。$\overrightarrow{\mathrm{OH}}$を$\overrightarrow{\mathrm{OA}}$と$\overrightarrow{\mathrm{OB}}$を用いて表せ。

(2) $0<t<1$をみたす実数tに対して，線分OA，OB各々を$t:1-t$に内分する点をそれぞれP_t，Q_tとおく。2点P_t，Q_tを通り，平面Lに垂直な平面をMとするとき，平面Mによる四面体OABCの切り口の面積$S(t)$を求めよ。

(3) tが$0<t<1$の範囲を動くとき，$S(t)$の最大値を求めよ。

2009年

解答時間：150分
配　　点：120点

第　1　問

自然数 $m \geqq 2$ に対し，$m-1$ 個の二項係数

$${}_m\mathrm{C}_1,\ {}_m\mathrm{C}_2,\ \cdots,\ {}_m\mathrm{C}_{m-1}$$

を考え，これらすべての最大公約数を d_m とする。すなわち d_m はこれらすべてを割り切る最大の自然数である。

(1) m が素数ならば，$d_m = m$ であることを示せ。

(2) すべての自然数 k に対し，$k^m - k$ が d_m で割り切れることを，k に関する数学的帰納法によって示せ。

(3) m が偶数のとき d_m は 1 または 2 であることを示せ。

第　2　問

実数を成分にもつ行列 $A=\begin{pmatrix} a & b \\ c & d \end{pmatrix}$ と実数 r，s が下の条件(i)，(ii)，(iii)をみたすとする。

(i)　$s>1$

(ii)　$A\begin{pmatrix} r \\ 1 \end{pmatrix}=s\begin{pmatrix} r \\ 1 \end{pmatrix}$

(iii)　$A^n\begin{pmatrix} 1 \\ 0 \end{pmatrix}=\begin{pmatrix} x_n \\ y_n \end{pmatrix}$　$(n=1,\ 2,\ \cdots)$とするとき，$\lim_{n\to\infty} x_n=\lim_{n\to\infty} y_n=0$

このとき以下の問に答えよ。

(1)　$B=\begin{pmatrix} 1 & r \\ 0 & 1 \end{pmatrix}^{-1}A\begin{pmatrix} 1 & r \\ 0 & 1 \end{pmatrix}$ を a，c，r，s を用いて表せ。

(2)　$B^n\begin{pmatrix} 1 \\ 0 \end{pmatrix}=\begin{pmatrix} z_n \\ w_n \end{pmatrix}$　$(n=1,\ 2,\ \cdots)$とするとき，$\lim_{n\to\infty} z_n=\lim_{n\to\infty} w_n=0$ を示せ。

(3)　$c=0$ かつ $|a|<1$ を示せ。

第　3　問

スイッチを1回押すごとに，赤，青，黄，白のいずれかの色の玉が1個，等確率 $\frac{1}{4}$ で出てくる機械がある。2つの箱LとRを用意する。次の3種類の操作を考える。

(A)　1回スイッチを押し，出てきた玉をLに入れる。

(B)　1回スイッチを押し，出てきた玉をRに入れる。

(C)　1回スイッチを押し，出てきた玉と同じ色の玉が，Lになければその玉をLに入れ，Lにあればその玉をRに入れる。

(1)　LとRは空であるとする。操作(**A**)を5回おこない，さらに操作(**B**)を5回おこなう。このときLにもRにも4色すべての玉が入っている確率 P_1 を求めよ。

(2)　LとRは空であるとする。操作(**C**)を5回おこなう。このときLに4色すべての玉が入っている確率 P_2 を求めよ。

(3)　LとRは空であるとする。操作(**C**)を10回おこなう。このときLにもRにも4色すべての玉が入っている確率を P_3 とする。$\frac{P_3}{P_1}$ を求めよ。

第　4　問

aを正の実数とし，空間内の2つの円板

$$D_1=\{(x,\ y,\ z)\mid x^2+y^2\leqq 1,\ z=a\},$$
$$D_2=\{(x,\ y,\ z)\mid x^2+y^2\leqq 1,\ z=-a\}$$

を考える。D_1をy軸の回りに180°回転してD_2に重ねる。ただし回転はz軸の正の部分をx軸の正の方向に傾ける向きとする。この回転の間にD_1が通る部分をEとする。Eの体積を$V(a)$とし，Eと$\{(x,\ y,\ z)\mid x\geqq 0\}$との共通部分の体積を$W(a)$とする。

(1)　$W(a)$を求めよ。

(2)　$\displaystyle\lim_{a\to\infty}V(a)$を求めよ。

第　5　問

(1)　実数xが$-1<x<1$，$x\neq 0$をみたすとき，次の不等式を示せ。

$$(1-x)^{1-\frac{1}{x}}<(1+x)^{\frac{1}{x}}$$

(2)　次の不等式を示せ。

$$0.9999^{101}<0.99<0.9999^{100}$$

2009年　入試問題

第　6　問

平面上の2点P，Qの距離をd(P，Q)と表すことにする。平面上に点Oを中心とする一辺の長さが1000の正三角形$\triangle A_1A_2A_3$がある。$\triangle A_1A_2A_3$の内部に3点B_1，B_2，B_3を，$d(A_n, B_n)=1$（$n=1, 2, 3$）となるようにとる。また，

$$\vec{a_1}=\overrightarrow{A_1A_2},\quad \vec{a_2}=\overrightarrow{A_2A_3},\quad \vec{a_3}=\overrightarrow{A_3A_1}$$
$$\vec{e_1}=\overrightarrow{A_1B_1},\quad \vec{e_2}=\overrightarrow{A_2B_2},\quad \vec{e_3}=\overrightarrow{A_3B_3}$$

とおく。$n=1, 2, 3$のそれぞれに対して，時刻0にA_nを出発し，$\vec{e_n}$の向きに速さ1で直進する点を考え，時刻tにおけるその位置を$P_n(t)$と表すことにする。

(1)　ある時刻tで$d(P_1(t), P_2(t))\leqq 1$が成立した。ベクトル$\vec{e_1}-\vec{e_2}$と，ベクトル$\vec{a_1}$とのなす角度をθとおく。このとき$|\sin\theta|\leqq\dfrac{1}{1000}$となることを示せ。

(2)　角度θ_1，θ_2，θ_3を$\theta_1=\angle B_1A_1A_2$，$\theta_2=\angle B_2A_2A_3$，$\theta_3=\angle B_3A_3A_1$によって定義する。$\alpha$を$0<\alpha<\dfrac{\pi}{2}$かつ$\sin\alpha=\dfrac{1}{1000}$をみたす実数とする。(1)と同じ仮定のもとで，$\theta_1+\theta_2$の値のとる範囲を$\alpha$を用いて表せ。

(3)　時刻t_1，t_2，t_3のそれぞれにおいて，次が成立した。

$$d(P_2(t_1), P_3(t_1))\leqq 1,\ d(P_3(t_2), P_1(t_2))\leqq 1,\ d(P_1(t_3), P_2(t_3))\leqq 1$$

このとき，時刻$T=\dfrac{1000}{\sqrt{3}}$において同時に

$$d(P_1(T), O)\leqq 3,\ d(P_2(T), O)\leqq 3,\ d(P_3(T), O)\leqq 3$$

が成立することを示せ。

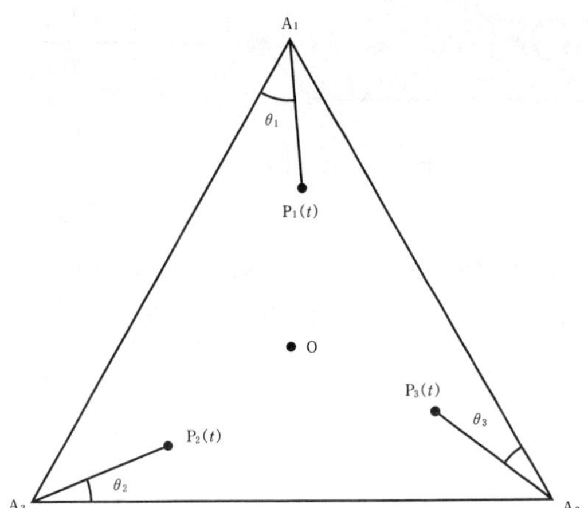
A1
θ1
P1(t)
O
P3(t)
θ3
P2(t)
θ2
A2
A3

2008年

解答時間：150分
配　　点：120点

第　1　問

座標平面の点(x, y)を$(3x+y, -2x)$へ移す移動fを考え，点Pが移る行き先を$f(\mathrm{P})$と表す。fを用いて直線l_0, l_1, l_2, … を以下のように定める。

・l_0は直線$3x+2y=1$である。

・点Pがl_n上を動くとき，$f(\mathrm{P})$が描く直線をl_{n+1}とする($n=0, 1, 2, \cdots$)。

以下l_nを1次式を用いて$a_nx+b_ny=1$と表す。

(1)　a_{n+1}, b_{n+1}をa_n, b_nで表せ。

(2)　不等式$a_nx+b_ny>1$が定める領域をD_nとする。D_0, D_1, D_2, … すべてに含まれるような点の範囲を図示せよ。

第　2　問

白黒2種類のカードがたくさんある。そのうちk枚のカードを手もとにもっているとき，次の操作(**A**)を考える。

(**A**)　手持ちのk枚の中から1枚を，等確率$\frac{1}{k}$で選び出し，それを違う色のカードにとりかえる。

以下の問(1)，(2)に答えよ。

(1)　最初に白2枚，黒2枚，合計4枚のカードをもっているとき，操作(**A**)をn回繰り返した後に初めて，4枚とも同じ色のカードになる確率を求めよ。

(2)　最初に白3枚，黒3枚，合計6枚のカードをもっているとき，操作(**A**)をn回繰り返した後に初めて，6枚とも同じ色のカードになる確率を求めよ。

第　3　問

(1)　正八面体のひとつの面を下にして水平な台の上に置く。この八面体を真上から見た図(平面図)を描け。

(2)　正八面体の互いに平行な2つの面をとり，それぞれの面の重心をG_1，G_2とする。G_1，G_2を通る直線を軸としてこの八面体を1回転させてできる立体の体積を求めよ。ただし八面体は内部も含むものとし，各辺の長さは1とする。

第　4　問

放物線 $y=x^2$ 上に2点P, Qがある。線分PQの中点の y 座標を h とする。

(1) 線分PQの長さ L と傾き m で，h を表せ。

(2) L を固定したとき，h がとりうる値の最小値を求めよ。

第　5　問

自然数 n に対し，$\dfrac{10^n-1}{9}=\overbrace{111\cdots111}^{n\text{個}}$ を $\boxed{n}$ で表す。たとえば $\boxed{1}=1$，$\boxed{2}=11$，$\boxed{3}=111$ である。

(1) m を0以上の整数とする。$\boxed{3^m}$ は 3^m で割り切れるが，3^{m+1} では割り切れないことを示せ。

(2) n が27で割り切れることが，$\boxed{n}$ が27で割り切れるための必要十分条件であることを示せ。

第　6　問

座標平面において，媒介変数 t を用いて

$$\begin{cases} x=\cos 2t \\ y=t\sin t \end{cases} \qquad (0\leqq t\leqq 2\pi)$$

と表される曲線が囲む領域の面積を求めよ。

2007年

解答時間：150分
配　　点：120点

第　1　問

n と k を正の整数とし，$P(x)$ を次数が n 以上の整式とする。整式 $(1+x)^k P(x)$ の n 次以下の項の係数がすべて整数ならば，$P(x)$ の n 次以下の項の係数は，すべて整数であることを示せ。ただし，定数項については，項それ自身を係数とみなす。

第　2　問

n を2以上の整数とする。平面上に $n+2$ 個の点 O，P_0，P_1，…，P_n があり，次の2つの条件をみたしている。

① $\angle P_{k-1}OP_k = \dfrac{\pi}{n}$ $(1 \leqq k \leqq n)$，$\angle OP_{k-1}P_k = \angle OP_0P_1$ $(2 \leqq k \leqq n)$

② 線分 OP_0 の長さは1，線分 OP_1 の長さは $1+\dfrac{1}{n}$ である。

線分 $P_{k-1}P_k$ の長さを a_k とし，$s_n = \displaystyle\sum_{k=1}^{n} a_k$ とおくとき，$\displaystyle\lim_{n\to\infty} s_n$ を求めよ。

第　3　問

座標平面上の2点P，Qが，曲線 $y=x^2$ $(-1 \leqq x \leqq 1)$ 上を自由に動くとき，線分PQを1：2に内分する点Rが動く範囲を D とする。ただし，P＝QのときはR＝Pとする。

(1) a を $-1 \leqq a \leqq 1$ をみたす実数とするとき，点 (a, b) が D に属するための b の条件を a を用いて表せ。

(2) D を図示せよ。

第　4　問

以下の問いに答えよ。

(1) 実数 a に対し，2次の正方行列 A，P，Q が，5つの条件 $A=aP+(a+1)Q$，$P^2=P$，$Q^2=Q$，$PQ=O$，$QP=O$ をみたすとする。ただし $O=\begin{pmatrix} 0 & 0 \\ 0 & 0 \end{pmatrix}$ である。このとき，$(P+Q)A=A$ が成り立つことを示せ。

(2) a は正の数として，行列 $A=\begin{pmatrix} a & 0 \\ 1 & a+1 \end{pmatrix}$ を考える。この A に対し，(1)の5つの条件をすべてみたす行列 P，Q を求めよ。

(3) n を2以上の整数とし，$2 \leqq k \leqq n$ をみたす整数 k に対して $A_k=\begin{pmatrix} k & 0 \\ 1 & k+1 \end{pmatrix}$ とおく。行列の積 $A_n A_{n-1} A_{n-2} \cdots A_2$ を求めよ。

第　5　問

表が出る確率が p，裏が出る確率が $1-p$ であるような硬貨がある。ただし，$0<p<1$ とする。この硬貨を投げて，次のルール(**R**)の下で，ブロック積みゲームを行う。

(**R**)
① ブロックの高さは，最初は 0 とする。
② 硬貨を投げて表が出れば高さ 1 のブロックを 1 つ積み上げ，裏が出ればブロックをすべて取り除いて高さ 0 に戻す。

n を正の整数，m を $0 \leqq m \leqq n$ をみたす整数とする。

(1) n 回硬貨を投げたとき，最後にブロックの高さが m となる確率 p_m を求めよ。

(2) (1)で，最後にブロックの高さが m 以下となる確率 q_m を求めよ。

(3) ルール(**R**)の下で，n 回の硬貨投げを独立に 2 度行い，それぞれ最後のブロックの高さを考える。2 度のうち，高い方のブロックの高さが m である確率 r_m を求めよ。ただし，最後のブロックの高さが等しいときはその値を考えるものとする。

第　6　問

以下の問いに答えよ。

(1) $0<x<a$ をみたす実数 x，a に対し，次を示せ。

$$\frac{2x}{a} < \int_{a-x}^{a+x} \frac{1}{t}\,dt < x\left(\frac{1}{a+x}+\frac{1}{a-x}\right)$$

(2) (1)を利用して，次を示せ。

$$0.68 < \log 2 < 0.71$$

ただし，$\log 2$ は 2 の自然対数を表す。

2006年

解答時間：150分
配　　点：120点

第　1　問

O を原点とする座標平面上の4点 P_1, P_2, P_3, P_4 で，条件

$$\overrightarrow{OP}_{n-1}+\overrightarrow{OP}_{n+1}=\frac{3}{2}\overrightarrow{OP}_n \qquad (n=2,\ 3)$$

を満たすものを考える。このとき，以下の問いに答えよ。

(1) P_1, P_2 が曲線 $xy=1$ 上にあるとき，P_3 はこの曲線上にはないことを示せ。

(2) P_1, P_2, P_3 が円周 $x^2+y^2=1$ 上にあるとき，P_4 もこの円周上にあることを示せ。

第　2　問

コンピュータの画面に，記号○と×のいずれかを表示させる操作をくり返し行う。このとき，各操作で，直前の記号と同じ記号を続けて表示する確率は，それまでの経過に関係なく，p であるとする。

最初に，コンピュータの画面に記号×が表示された。操作をくり返し行い，記号×が最初のものも含めて3個出るよりも前に，記号○が n 個出る確率を P_n とする。ただし，記号○が n 個出た段階で操作は終了する。

(1) P_2 を p で表せ。

(2) $n \geqq 3$ のとき，P_n を p と n で表せ。

第　3　問

O を原点とする座標平面上に，y 軸上の点 P$(0,\ p)$ と，直線 $m : y=(\tan\theta)x$ が与えられている。ここで，$p>1$，$0<\theta<\dfrac{\pi}{2}$ とする。

いま，傾きが a の直線 ℓ を対称軸とする対称移動を行うと，原点 O は直線 $y=1$ 上の，第1象限の点 Q に移り，y 軸上の点 P は直線 m 上の，第1象限の点 R に移った。

(1) このとき，$\tan\theta$ を a と p で表せ。

(2) 次の条件を満たす点 P が存在することを示し，そのときの p の値を求めよ。

条件：どのような θ $\left(0<\theta<\dfrac{\pi}{2}\right)$ に対しても，原点を通り直線 ℓ に垂直な直線は $y=\left(\tan\dfrac{\theta}{3}\right)x$ となる。

第　4　問

次の条件を満たす組 $(x,\ y,\ z)$ を考える。

条件(A)：$x,\ y,\ z$ は正の整数で，$x^2+y^2+z^2=xyz$ および $x\leqq y\leqq z$ を満たす。

以下の問いに答えよ。

(1) 条件(A)を満たす組 $(x,\ y,\ z)$ で，$y\leqq 3$ となるものをすべて求めよ。

(2) 組 $(a,\ b,\ c)$ が条件(A)を満たすとする。このとき，組 $(b,\ c,\ z)$ が条件(A)を満たすような z が存在することを示せ。

(3) 条件(A)を満たす組 $(x,\ y,\ z)$ は，無数に存在することを示せ。

第　5　問

$a_1=\dfrac{1}{2}$ とし，数列 $\{a_n\}$ を漸化式

$$a_{n+1}=\frac{a_n}{(1+a_n)^2} \qquad (n=1,\ 2,\ 3,\ \cdots)$$

によって定める。このとき，以下の問いに答えよ。

(1) 各 $n=1,\ 2,\ 3,\ \cdots$ に対し $b_n=\dfrac{1}{a_n}$ とおく。
$n>1$ のとき，$b_n>2n$ となることを示せ。

(2) $\displaystyle\lim_{n\to\infty}\frac{1}{n}(a_1+a_2+\cdots+a_n)$ を求めよ。

(3) $\displaystyle\lim_{n\to\infty} na_n$ を求めよ。

第　6　問

$x>0$ を定義域とする関数 $f(x)=\dfrac{12(e^{3x}-3e^x)}{e^{2x}-1}$ について，以下の問いに答えよ。

(1) 関数 $y=f(x)$ $(x>0)$ は，実数全体を定義域とする逆関数を持つことを示せ。すなわち，任意の実数 a に対して，$f(x)=a$ となる $x>0$ がただ1つ存在することを示せ。

(2) 前問(1)で定められた逆関数を $y=g(x)$ $(-\infty<x<\infty)$ とする。このとき，定積分 $\displaystyle\int_8^{27} g(x)\,dx$ を求めよ。

2005年

解答時間：150分
配　　点：120点

第　1　問

$x > 0$ に対し $f(x) = \dfrac{\log x}{x}$ とする。

(1) $n = 1, 2, \ldots$ に対し $f(x)$ の第 n 次導関数は，数列 $\{a_n\}$，$\{b_n\}$ を用いて

$$f^{(n)}(x) = \frac{a_n + b_n \log x}{x^{n+1}}$$

と表されることを示し，a_n，b_n に関する漸化式を求めよ。

(2) $h_n = \displaystyle\sum_{k=1}^{n} \frac{1}{k}$ とおく。h_n を用いて a_n，b_n の一般項を求めよ。

2005

第　2　問

$|z| > \dfrac{5}{4}$ となるどのような複素数 z に対しても $w = z^2 - 2z$ とは表されない複素数 w 全体の集合を T とする。すなわち，

$$T = \left\{ w \;\middle|\; w = z^2 - 2z \text{ ならば } |z| \leqq \frac{5}{4} \right\}$$

とする。このとき，T に属する複素数 w で絶対値 $|w|$ が最大になるような w の値を求めよ。

第　3　問

関数$f(x)$を

$$f(x)=\frac{1}{2}x\{1+e^{-2(x-1)}\}$$

とする。ただし，eは自然対数の底である。

(1)　$x>\frac{1}{2}$ならば$0\leqq f'(x)<\frac{1}{2}$であることを示せ。

(2)　x_0を正の数とするとき，数列$\{x_n\}$ $(n=0,1,\ldots)$を，$x_{n+1}=f(x_n)$によって定める。$x_0>\frac{1}{2}$であれば，

$$\lim_{n\to\infty}x_n=1$$

であることを示せ。

第　4　問

3以上9999以下の奇数aで，a^2-aが10000で割り切れるものをすべて求めよ。

第　5　問

Nを1以上の整数とする。数字$1, 2, \ldots, N$が書かれたカードを1枚ずつ，計N枚用意し，甲，乙のふたりが次の手順でゲームを行う。

(i) 甲が1枚カードをひく。そのカードに書かれた数をaとする。ひいたカードはもとに戻す。

(ii) 甲はもう1回カードをひくかどうかを選択する。ひいた場合は，そのカードに書かれた数をbとする。ひいたカードはもとに戻す。ひかなかった場合は，$b = 0$とする。
$a + b > N$の場合は乙の勝ちとし，ゲームは終了する。

(iii) $a + b \leqq N$の場合は，乙が1枚カードをひく。そのカードに書かれた数をcとする。ひいたカードはもとに戻す。$a + b < c$の場合は乙の勝ちとし，ゲームは終了する。

(iv) $a + b \geqq c$の場合は，乙はもう1回カードをひく。そのカードに書かれた数をdとする。$a + b < c + d \leqq N$の場合は乙の勝ちとし，それ以外の場合は甲の勝ちとする。

(ii)の段階で，甲にとってどちらの選択が有利であるかを，aの値に応じて考える。以下の問いに答えよ。

(1) 甲が2回目にカードをひかないことにしたとき，甲の勝つ確率をaを用いて表せ。

(2) 甲が2回目にカードをひくことにしたとき，甲の勝つ確率をaを用いて表せ。

ただし，各カードがひかれる確率は等しいものとする。

第　6　問

r を正の実数とする。xyz 空間において

$$x^2 + y^2 \leqq r^2$$
$$y^2 + z^2 \geqq r^2$$
$$z^2 + x^2 \leqq r^2$$

をみたす点全体からなる立体の体積を求めよ。

2004年

解答時間：150分
配　　点：120点

第　1　問

xy 平面の放物線 $y=x^2$ 上の 3 点 P，Q，R が次の条件をみたしている。

△PQR は一辺の長さ a の正三角形であり，点 P，Q を通る直線の傾きは $\sqrt{2}$ である。

このとき，a の値を求めよ。

第　2　問

自然数の 2 乗になる数を平方数という。以下の問いに答えよ。

(1) 10 進法で表して 3 桁以上の平方数に対し，10 の位の数を a，1 の位の数を b とおいたとき，$a+b$ が偶数となるならば，b は 0 または 4 であることを示せ。

(2) 10 進法で表して 5 桁以上の平方数に対し，1000 の位の数，100 の位の数，10 の位の数，および 1 の位の数の 4 つすべてが同じ数となるならば，その平方数は 10000 で割り切れることを示せ。

2004

第　3　問

半径10の円 C がある。半径3の円板 D を，円 C に内接させながら，円 C の円周に沿って滑ることなく転がす。円板 D の周上の一点をPとする。点Pが，円 C の円周に接してから再び円 C の円周に接するまでに描く曲線は，円 C を2つの部分に分ける。それぞれの面積を求めよ。

第　4　問

関数 $f_n(x)$ $(n=1,2,3,\ldots)$ を次のように定める。

$$f_1(x)=x^3-3x$$

$$f_2(x)=\{f_1(x)\}^3-3f_1(x)$$

$$f_3(x)=\{f_2(x)\}^3-3f_2(x)$$

以下同様に，$n \geqq 3$ に対して関数 $f_n(x)$ が定まったならば，関数 $f_{n+1}(x)$ を

$$f_{n+1}(x)=\{f_n(x)\}^3-3f_n(x)$$

で定める。

このとき，以下の問いに答えよ。

(1)　a を実数とする。$f_1(x)=a$ をみたす実数 x の個数を求めよ。

(2)　a を実数とする。$f_2(x)=a$ をみたす実数 x の個数を求めよ。

(3)　n を3以上の自然数とする。$f_n(x)=0$ をみたす実数 x の個数は 3^n であることを示せ。

第　5　問

rを正の実数とする。xyz空間内の原点O(0, 0, 0)を中心とする半径1の球をA，点P(r, 0, 0)を中心とする半径1の球をBとする。球Aと球Bの和集合の体積をVとする。ただし，球Aと球Bの和集合とは，球Aまたは球Bの少なくとも一方に含まれる点全体よりなる立体のことである。

(1) Vをrの関数として表し，そのグラフの概形をかけ。

(2) $V=8$となるとき，rの値はいくらか。四捨五入して小数第1位まで求めよ。

注意：円周率πは　$3.14<\pi<3.15$　をみたす。

第　6　問

片面を白色に，もう片面を黒色に塗った正方形の板が3枚ある。この3枚の板を机の上に横に並べ，次の操作を繰り返し行う。

さいころを振り，出た目が1，2であれば左端の板を裏返し，3，4であればまん中の板を裏返し，5，6であれば右端の板を裏返す。

たとえば，最初，板の表の色の並び方が「白白白」であったとし，1回目の操作で出たさいころの目が1であれば，色の並び方は「黒白白」となる。さらに2回目の操作を行って出たさいころの目が5であれば，色の並び方は「黒白黒」となる。

(1) 「白白白」から始めて，3回の操作の結果，色の並び方が「黒白白」となる確率を求めよ。

(2) 「白白白」から始めて，n回の操作の結果，色の並び方が「白白白」または「白黒白」となる確率を求めよ。

注意：さいころは1から6までの目が等確率で出るものとする。

2003年

解答時間：150分
配　点：120点

第　1　問

a, b, c を実数とし，$a \neq 0$ とする。

2次関数 $f(x) = ax^2 + bx + c$ が次の条件 (A), (B) を満たすとする。

(A)　$f(-1) = -1$,　$f(1) = 1$

(B)　$-1 \leqq x \leqq 1$ を満たすすべての x に対し，

$$f(x) \leqq 3x^2 - 1$$

このとき，積分 $I = \int_{-1}^{1} (f'(x))^2 dx$ の値のとりうる範囲を求めよ。

第　2　問

Oを原点とする複素数平面上で6を表す点をA，$7 + 7i$ を表す点をBとする。ただし，i は虚数単位である。正の実数 t に対し，

$$\frac{14(t-3)}{(1-i)t-7}$$

を表す点Pをとる。

(1)　∠APBを求めよ。

(2)　線分OPの長さが最大になる t を求めよ。

第　3　問

xyz 空間において，平面 $z=0$ 上の原点を中心とする半径2の円を底面とし，点 $(0,0,1)$ を頂点とする円錐(すい)を A とする。

次に，平面 $z=0$ 上の点 $(1,0,0)$ を中心とする半径1の円を H，平面 $z=1$ 上の点 $(1,0,1)$ を中心とする半径1の円を K とする。H と K を2つの底面とする円柱を B とする。

円錐 A と円柱 B の共通部分を C とする。

$0 \leqq t \leqq 1$ を満たす実数 t に対し，平面 $z=t$ による C の切り口の面積を $S(t)$ とおく。

(1)　$0 \leqq \theta \leqq \frac{\pi}{2}$ とする。$t=1-\cos\theta$ のとき，$S(t)$ を θ で表せ。

(2)　C の体積 $\int_0^1 S(t)\,dt$ を求めよ。

第　4　問

2次方程式 $x^2-4x-1=0$ の2つの実数解のうち大きいものを α，小さいものを β とする。

$n=1, 2, 3, \cdots$ に対し，

$$s_n=\alpha^n+\beta^n$$

とおく。

(1)　s_1，s_2，s_3 を求めよ。また，$n \geqq 3$ に対し，s_n を s_{n-1} と s_{n-2} で表せ。

(2)　β^3 以下の最大の整数を求めよ。

(3)　α^{2003} 以下の最大の整数の1の位の数を求めよ。

第　5　問

さいころをn回振り，第1回目から第n回目までに出たさいころの目の数n個の積をX_nとする。

(1) X_nが5で割り切れる確率を求めよ。

(2) X_nが4で割り切れる確率を求めよ。

(3) X_nが20で割り切れる確率をp_nとおく。

$$\lim_{n\to\infty}\frac{1}{n}\log(1-p_n)$$

を求めよ。

注意：さいころは1から6までの目が等確率で出るものとする。

第　6　問

円周率が 3.05 より大きいことを証明せよ。

2002年

解答時間：150分
配　　点：120点

第　1　問

2つの放物線

$$y = 2\sqrt{3}\,(x - \cos\theta)^2 + \sin\theta$$
$$y = -2\sqrt{3}\,(x + \cos\theta)^2 - \sin\theta$$

が相異なる2点で交わるような一般角 θ の範囲を求めよ。

第　2　問

n は正の整数とする。x^{n+1} を $x^2 - x - 1$ で割った余りを

$$a_n x + b_n$$

とおく。

(1) 数列 a_n，b_n，$n = 1, 2, 3, \cdots$，は

$$\begin{cases} a_{n+1} = a_n + b_n \\ b_{n+1} = a_n \end{cases}$$

を満たすことを示せ。

(2) $n = 1, 2, 3, \cdots$ に対して，a_n，b_n は共に正の整数で，互いに素であることを証明せよ。

第　3　問

xyz 空間内の原点 O(0, 0, 0) を中心とし，点 A(0, 0, −1) を通る球面を S とする。S の外側にある点 P(x, y, z) に対し，OP を直径とする球面と S との交わりとして得られる円を含む平面を L とする。点 P と点 A から平面 L へ下した垂線の足をそれぞれ Q，R とする。このとき，

$$\mathrm{PQ} \leqq \mathrm{AR}$$

であるような点 P の動く範囲 V を求め，V の体積は 10 より小さいことを示せ。

第　4　問

a は正の実数とする。xy 平面の y 軸上に点 P(0, a) をとる。関数

$$y = \frac{x^2}{x^2 + 1}$$

のグラフを C とする。C 上の点 Q で次の条件を満たすものが原点 O(0, 0) 以外に存在するような a の範囲を求めよ。

条件：Q における C の接線が直線 PQ と直交する。

第　5　問

Oを原点とするxyz空間に点$\mathrm{P}_k\left(\dfrac{k}{n},\ 1-\dfrac{k}{n},\ 0\right)$，$k=0,\ 1,\ \cdots,\ n$，をとる。また，$z$軸上$z \geqq 0$の部分に，点$\mathrm{Q}_k$を線分$\mathrm{P}_k\mathrm{Q}_k$の長さが1になるようにとる。三角錐（すい）$\mathrm{OP}_k\mathrm{P}_{k+1}\mathrm{Q}_k$の体積を$V_k$とおいて，極限

$$\lim_{n \to \infty} \sum_{k=0}^{n-1} V_k$$

を求めよ。

第 6 問

N を正の整数とする。$2N$ 個の項からなる数列

$$\{a_1,\ a_2,\ \cdots,\ a_N,\ b_1,\ b_2,\ \cdots,\ b_N\}$$

を

$$\{b_1,\ a_1,\ b_2,\ a_2,\ \cdots,\ b_N,\ a_N\}$$

という数列に並べ替える操作を「シャッフル」と呼ぶことにする。並べ替えた数列は b_1 を初項とし，b_i の次に a_i，a_i の次に b_{i+1} が来るようなものになる。また，数列 $\{1,\ 2,\cdots,\ 2N\}$ をシャッフルしたときに得られる数列において，数 k が現れる位置を $f(k)$ で表す。

たとえば，$N=3$ のとき，$\{1,\ 2,\ 3,\ 4,\ 5,\ 6\}$ をシャッフルすると $\{4,\ 1,\ 5,\ 2,\ 6,\ 3\}$ となるので，$f(1)=2$，$f(2)=4$，$f(3)=6$，$f(4)=1$，$f(5)=3$，$f(6)=5$ である。

(1) 数列 $\{1,\ 2,\ 3,\ 4,\ 5,\ 6,\ 7,\ 8\}$ を3回シャッフルしたときに得られる数列を求めよ。

(2) $1\leqq k\leqq 2N$ を満たす任意の整数 k に対し，$f(k)-2k$ は $2N+1$ で割り切れることを示せ。

(3) n を正の整数とし，$N=2^{n-1}$ のときを考える。数列 $\{1,\ 2,\ 3,\cdots,\ 2N\}$ を $2n$ 回シャッフルすると，$\{1,\ 2,\ 3,\cdots,\ 2N\}$ にもどることを証明せよ。

2001 年

解答時間：150 分
配　　点：120 点

第　1　問

半径 r の球面上に 4 点 A，B，C，D がある。四面体 ABCD の各辺の長さは，$AB=\sqrt{3}$，$AC=AD=BC=BD=CD=2$ を満たしている。このとき r の値を求めよ。

第　2　問

次の等式を満たす関数 $f(x)$ $(0 \leqq x \leqq 2\pi)$ がただ一つ定まるための実数 a，b の条件を求めよ。また，そのときの $f(x)$ を決定せよ。

$$f(x)=\frac{a}{2\pi}\int_0^{2\pi}\sin(x+y)f(y)dy+\frac{b}{2\pi}\int_0^{2\pi}\cos(x-y)f(y)dy$$
$$+\sin x+\cos x$$

ただし，$f(x)$ は区間 $0 \leqq x \leqq 2\pi$ で連続な関数とする。

2001

第 3 問

実数 $t > 1$ に対し，xy 平面上の点

$$\mathrm{O}(0,\ 0),\ \mathrm{P}(1,\ 1),\ \mathrm{Q}\left(t,\ \frac{1}{t}\right)$$

を頂点とする三角形の面積を $a(t)$ とし，線分 OP，OQ と双曲線 $xy = 1$ とで囲まれた部分の面積を $b(t)$ とする。このとき

$$c(t) = \frac{b(t)}{a(t)}$$

とおくと，関数 $c(t)$ は $t > 1$ においてつねに減少することを示せ。

第 4 問

複素数平面上の点 $a_1,\ a_2, \cdots, a_n, \cdots$を

$$\begin{cases} a_1 = 1,\ a_2 = i, \\ a_{n+2} = a_{n+1} + a_n\ (n = 1,\ 2, \cdots) \end{cases}$$

により定め

$$b_n = \frac{a_{n+1}}{a_n}\ (n = 1,\ 2, \cdots)$$

とおく。ただし，i は虚数単位である。

(1)　3点 b_1，b_2，b_3 を通る円 C の中心と半径を求めよ。

(2)　すべての点 b_n $(n = 1,\ 2, \cdots)$ は円 C の周上にあることを示せ。

2001年　入試問題

第　5　問

容量1リットルの m 個のビーカー（ガラス容器）に水が入っている。$m \geqq 4$ で空（から）のビーカーは無い。入っている水の総量は1リットルである。また x リットルの水が入っているビーカーがただ一つあり，その他のビーカーには x リットル未満の水しか入っていない。

このとき，水の入っているビーカーが2個になるまで，次の(a)から(c)までの操作を，順に繰り返し行う。

(a)　入っている水の量が最も少ないビーカーを一つ選ぶ。

(b)　さらに，残りのビーカーの中から，入っている水の量が最も少ないものを一つ選ぶ。

(c)　次に，(a)で選んだビーカーの水を(b)で選んだビーカーにすべて移し，空になったビーカーを取り除く。

この操作の過程で，入っている水の量が最も少ないビーカーの選び方が一通りに決まらないときは，そのうちのいずれも選ばれる可能性があるものとする。

(1)　$x < \dfrac{1}{3}$ のとき，最初に x リットルの水の入っていたビーカーは，操作の途中で空になって取り除かれるか，または最後まで残って水の量が増えていることを証明せよ。

(2)　$x > \dfrac{2}{5}$ のとき，最初に x リットルの水の入っていたビーカーは，最後まで x リットルの水が入ったままで残ることを証明せよ。

第 6 問

コインを投げる試行の結果によって，数直線上にある2点A，Bを次のように動かす。

表が出た場合：点Aの座標が点Bの座標より大きいときは，AとBを共に正の方向に1動かす。そうでないときは，Aのみ正の方向に1動かす。

裏が出た場合：点Bの座標が点Aの座標より大きいときは，AとBを共に正の方向に1動かす。そうでないときは，Bのみ正の方向に1動かす。

最初2点A，Bは原点にあるものとし，上記の試行を n 回繰り返してAとBを動かしていった結果，A，Bの到達した点の座標をそれぞれ a，b とする。

(1) n 回コインを投げたときの表裏の出方の場合の数 2^n 通りのうち，$a=b$ となる場合の数を X_n とおく。X_{n+1} と X_n の間の関係式を求めよ。

(2) X_n を求めよ。

(3) n 回コインを投げたときの表裏の出方の場合の数 2^n 通りについての a の値の平均を求めよ。

2000年

解答時間：150分
配　　点：120点

第　1　問

AB = AC, BC = 2 の直角二等辺三角形 ABC の各辺に接し，ひとつの軸が辺 BC に平行な楕円の面積の最大値を求めよ。

第　2　問

複素数平面上の原点以外の相異なる2点 P(α)，Q(β) を考える。P(α)，Q(β) を通る直線を l，原点から l に引いた垂線と l の交点を R(w) とする。ただし，複素数 γ が表す点 C を C(γ) とかく。このとき，

「$w = \alpha\beta$ であるための必要十分条件は，P(α)，Q(β) が中心 A$\left(\frac{1}{2}\right)$，半径 $\frac{1}{2}$ の円周上にあることである。」

を示せ。

第　3　問

$a>0$ とする。正の整数 n に対して，区間 $0 \leqq x \leqq a$ を n 等分する点の集合

$$\left\{0,\ \frac{a}{n},\ \cdots,\ \frac{n-1}{n}a,\ a\right\}$$

の上で定義された関数 $f_n(x)$ があり，次の方程式を満たす。

$$\begin{cases} f_n(0)=c, \\ \dfrac{f_n((k+1)h)-f_n(kh)}{h}=\{1-f_n(kh)\}f_n((k+1)h) \end{cases}$$

$$(k=0,\ 1,\ \cdots,\ n-1)$$

ただし，$h=\dfrac{a}{n}$，$c>0$ である。

このとき，以下の問いに答えよ。

(1)　$p_k=\dfrac{1}{f_n(kh)}$ $(k=0,\ 1,\ \cdots,\ n)$ とおいて p_k を求めよ。

(2)　$g(a)=\lim\limits_{n\to\infty} f_n(a)$ とおく。$g(a)$ を求めよ。

(3)　$c=2,\ 1,\ \dfrac{1}{4}$ それぞれの場合について，$y=g(x)$ の $x>0$ でのグラフをかけ。

第　4　問

座標平面上を運動する3点P，Q，Rがあり，時刻tにおける座標が次で与えられている。

$$\text{P}：\ x = \cos t, \qquad y = \sin t$$

$$\text{Q}：\ x = 1 - vt, \qquad y = \frac{\sqrt{3}}{2}$$

$$\text{R}：\ x = 1 - vt, \qquad y = 1$$

ただし，vは正の定数である。この運動において，以下のそれぞれの場合にvのとりうる値の範囲を求めよ。

(1)　点Pと線分QRが時刻0から2πまでの間ではぶつからない。

(2)　点Pと線分QRがただ一度だけぶつかる。

第　5　問

次の条件を満たす正の整数全体の集合をSとおく。

「各けたの数字はたがいに異なり，どの2つのけたの数字
の和も9にならない。」

ただし，Sの要素は10進法で表す。また，1けたの正の整数はSに含まれるとする。

このとき次の問いに答えよ。

(1)　Sの要素でちょうど4けたのものは何個あるか。

(2)　小さい方から数えて2000番目のSの要素を求めよ。

2000年　入試問題

第　6　問

(1)　a, b, cを正の実数とするとき,

$$\begin{pmatrix} 1 & a & 0 \\ 0 & 1 & 0 \\ 0 & 0 & 1 \end{pmatrix}\begin{pmatrix} 1 & 0 & 0 \\ 0 & 1 & b \\ 0 & 0 & 1 \end{pmatrix}\begin{pmatrix} 1 & c & 0 \\ 0 & 1 & 0 \\ 0 & 0 & 1 \end{pmatrix}=\begin{pmatrix} 1 & 0 & 0 \\ 0 & 1 & x \\ 0 & 0 & 1 \end{pmatrix}\begin{pmatrix} 1 & y & 0 \\ 0 & 1 & 0 \\ 0 & 0 & 1 \end{pmatrix}\begin{pmatrix} 1 & 0 & 0 \\ 0 & 1 & z \\ 0 & 0 & 1 \end{pmatrix}$$

を満たす実数x, y, zをa, b, cで表せ。

(2)　a, b, cが$1 \leqq a \leqq 2$, $1 \leqq b \leqq 2$, $1 \leqq c \leqq 2$の範囲を動くとき, (1)のx, y, zを座標とする点(x, y, z)が描く立体をKとする。立体Kを平面$y = t$で切った切り口の面積を求めよ。

(3)　この立体Kの体積を求めよ。

1999年

解答時間：150分
配　　点：120点

第　1　問

(1)　一般角 θ に対して $\sin\theta$, $\cos\theta$ の定義を述べよ。

(2)　(1)で述べた定義にもとづき，一般角 α, β に対して

$$\sin(\alpha+\beta) = \sin\alpha\cos\beta + \cos\alpha\sin\beta,$$
$$\cos(\alpha+\beta) = \cos\alpha\cos\beta - \sin\alpha\sin\beta$$

を証明せよ。

第　2　問

複素数 $z_n (n = 1, 2, \cdots)$ を

$$z_1 = 1,\ z_{n+1} = (3+4i)z_n + 1$$

によって定める。ただし i は虚数単位である。

(1)　すべての自然数 n について

$$\frac{3\times 5^{n-1}}{4} < |z_n| < \frac{5^n}{4}$$

が成り立つことを示せ。

(2)　実数 $r>0$ に対して，$|z_n| \leqq r$ を満たす z_n の個数を $f(r)$ とおく。このとき，

$$\lim_{r\to+\infty}\frac{f(r)}{\log r}$$

を求めよ。

1999

第 3 問

pを$0 < p < 1$を満たす実数とする。

(1) 四面体ABCDの各辺はそれぞれ確率pで電流を通すものとする。このとき，頂点AからBに電流が流れる確率を求めよ。ただし，各辺が電流を通すか通さないかは独立で，辺以外は電流を通さないものとする。

(2) (1)で考えたような2つの四面体ABCDとEFGHを図のように頂点AとEでつないだとき，頂点BからFに電流が流れる確率を求めよ。

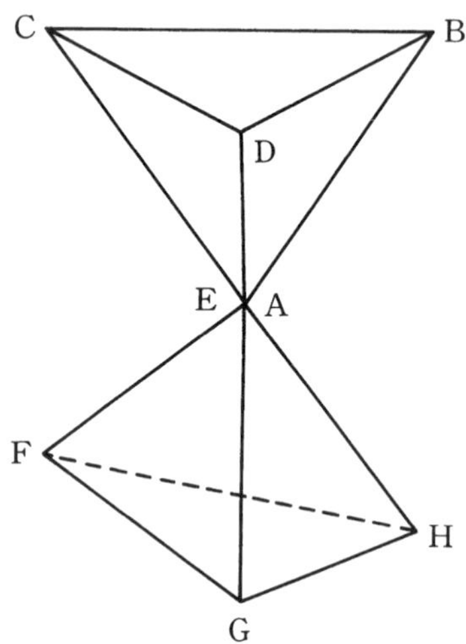

第　4　問

xyz 空間において xy 平面上に円板 A があり xz 平面上に円板 B があって以下の2条件を満たしているものとする。

(a)　A，B は原点からの距離が1以下の領域に含まれる。

(b)　A，B は一点Pのみを共有し，Pはそれぞれの円周上にある。

このような円板 A と B の半径の和の最大値を求めよ。ただし，円板とは円の内部と円周をあわせたものを意味する。

第　5　問

(1)　k を自然数とする。m を $m = 2^k$ とおくとき，$0 < n < m$ を満たすすべての整数 n について，二項係数 ${}_m\mathrm{C}_n$ は偶数であることを示せ。

(2)　以下の条件を満たす自然数 m をすべて求めよ。

条件：$0 \leqq n \leqq m$ を満たすすべての整数 n について二項係数 ${}_m\mathrm{C}_n$ は奇数である。

第　6　問

$\int_0^{\pi} e^x \sin^2 x \, dx > 8$ であることを示せ。ただし，$\pi = 3.14\cdots$は円周率，$e = 2.71\cdots$は自然対数の底である。

東大入試詳解

第3版①20231110

東大入試詳解

数学 理科

第3版

2023~1999

解答・解説編

駿台文庫

はじめに

もはや21世紀初頭と呼べる時代は過ぎ去った。連日のように技術革新を告げるニュースが流れる一方で，国際情勢は緊張と緩和をダイナミックに繰り返している。ブレイクスルーとグローバリゼーションが人類に希望をもたらす反面，未知への恐怖と異文化・異文明間の軋轢が史上最大級の不安を生んでいる。

このような時代において，大学の役割とは何か。まず上記の二点に対応するのが，人類の物心両面に豊かさをもたらす「研究」と，異文化・異文明に触れることで多様性を実感させ，衝突の危険性を下げる「交流」である。そしてもう一つ重要なのが，人材の「育成」である。どのような人材育成を目指すのかは，各大学によって異なって良いし，実際各大学は個性を発揮して，結果として多様な人材育成が実現されている。

では，東京大学はどのような人材育成を目指しているか。実は答えはきちんと示されている。それが「東京大学憲章」（以下「憲章」）と「東京大学アドミッション・ポリシー」（以下「AP」）である。もし，ただ偏差値が高いから，ただ就職に有利だからなどという理由で東大を受験しようとしている人がいるなら，「憲章」と「AP」をぜひ読んでほしい。これらは東大の Web サイト上でも公開されている。

「憲章」において，「公正な社会の実現，科学・技術の進歩と文化の創造に貢献する，世界的視野をもった市民的エリート」の育成を目指すとはっきりと述べられている。そして，「AP」ではこれを強調したうえで，さらに期待する学生像として「入学試験の得点だけを意識した，視野の狭い受験勉強のみに意を注ぐ人よりも，学校の授業の内外で，自らの興味・関心を生かして幅広く学び，その過程で見出されるに違いない諸問題を関連づける広い視野，あるいは自らの問題意識を掘り下げて追究するための深い洞察力を真剣に獲得しようとする人」を歓迎するとある。つまり東大を目指す人には，「広い視野」と「深い洞察力」が求められているのである。

当然，入試問題はこの「AP」に基づいて作成される。奇を衒った問題はない。よく誤解されるように超難問が並べられているわけでもない。しかし，物事を俯瞰的にとらえ，自身の知識を総動員して総合的に理解する能力が不可欠となる。さまざまな事象に興味を持ち，主体的に学問に取り組んできた者が高い評価を与えられる試験なのである。

本書に収められているのは，その東大の過去の入試問題25年分と，解答・解説である。問題に対する単なる解答に留まらず，問題の背景や関連事項にまで踏み込んだ解説を掲載している。本書を繰り返し学習することによって，広く，深い学びを実践してほしい。

「憲章」「AP」を引用するまでもなく，真摯に学問を追究し，培った専門性をいかして，公共的な責任を負って活躍することが東大を目指すみなさんの使命と言えるであろう。本書が，「世界的視野をもった市民的エリート」への道を歩みだす一助となれば幸いである。

駿台文庫 編集部

目次

※本書の「解答・解説」は出題当時の内容であり，現在の学習指導要領や科目等と異なる場合があります。

出題分析と入試対策

年度	問題	内　容	分　野	難易度
23	第1問	定積分で定義された数列の不等式の証明と，その数列の和で表される数列の極限を求める。	積分(数式)	標準
	第2問	黒，赤，白の玉を1列に並べるときの赤が隣り合わない確率と，赤が隣り合わないとき黒が隣り合わない条件付き確率を求める。(理文共通の問題)	確率・場合の数	標準
	第3問	中心$(0,\ a)$の円Cが領域$y>x^2$に含まれ，Cの接線で，放物線から切り取られる線分の長さが等しくなるようなものが2本存在するaの条件を求める。	微　分	やや難
	第4問	座標空間内の4点O，A，B，Cに対し，ある条件をみたす点P，H，Qを定め，中心Q，半径rの球面Sが三角形OHBと共有点をもつrの条件を求める。	空間図形	やや易
	第5問	$f(x)=(x-1)^2(x-2)$のとき，2次式$h(x)$に対し，$h(x)^7$を$f(x)$で割った余りを$h_1(x)$とし，$h_1(x)^7$を$f(x)$で割った余り$h_2(x)$が$h(x)$と等しくなる条件を求める。	方程式・不等式	やや難
	第6問	立方体の箱の中心に一端を固定した線分または折れ線が，いくつかの条件をみたしながら動くときの，他端の動きうる範囲の体積を求める。	積分(体積)	難

出題分析と入試対策

年度	問題	内　　容	分　野	難易度
	第1問	ある区間において積分を用いて定義された関数が最小値をもつことを示し，その最小値を求める。	積分(数式)	やや易
	第2問	一般項を求めることが困難な漸化式で定義された正の整数列を題材とする整数問題。（理文類似の問題）	整　数	難
	第3問	2点が「十分離れている」ということを定義しておいて，いくつかの点から「十分離れている」点の存在範囲を調べる。	図形と式	やや易
22	第4問	直線と3次関数のグラフの共有点の個数に関する証明と，直線が3次関数のグラフと囲む2つの部分の面積が等しくなるように動くときの通過範囲を求める問題。	微　分	やや難
	第5問	座標空間において，円錐面上を動く点と平面上を動く点を端点とする線分の中点が存在する範囲の体積を求める。	積分(体積)	標準
	第6問	コイン投げの結果に応じて，与えられた規則に従って定められた点が，原点にある確率を求める。（理文類似の問題）	確率・場合の数	難
	第1問	座標平面上の2つの放物線についての共有点に関する条件を求め，そのもとで一方の放物線の通りうる範囲を求める。（理文共通の問題）	図形と式	やや易
	第2問	複素数の連立方程式を解き，複素数の線型結合で表される値のとりうる範囲を複素数平面上に図示する。	複素数平面	標準
	第3問	分数関数とそのグラフ上の1点における接線の関数との差の2乗の定積分を計算する。	積分(数式)	やや易
21	第4問	主に，$a-b$ が2で割り切れるとき，${}_{4a+1}\mathrm{C}_{4b+1}$ を4で割った余りが ${}_a\mathrm{C}_b$ を4で割った余りと等しいことを証明する。（理文共通の問題）	整　数	難
	第5問	$f'(q)=0$ となる θ の存在の論証と，$f(\theta)$ が $0<\theta<\dfrac{\pi}{2}$ のある点において最大となる条件を求める。	微　分	標準
	第6問	主に，2次，3次の項を欠く有理数係数の4次式を有理数係数の2次式の積に因数分解できる条件を求める。	方程式・不等式	やや難

出題分析と入試対策

年度	問題	内　　容	分　野	難易度
20	第1問	3つの2次以下の不等式をすべて満たす実数の集合の形が与えられたとき，その集合を決定する。	方程式・不等式	標準
	第2問	平面上で，動点によって定まる3つの三角形の面積の和の範囲から，動点が動きうる範囲の面積を求める。	図形と式	標準
	第3問	媒介変数表示で与えられた曲線と x 軸で囲まれた領域を原点のまわりに $90°$ 回転させるときに通過する領域の面積を求める。	積分(面積)	やや易
	第4問	n 個の2の累乗から異なる k 個を選んで作った積の総和を係数にもつ整式の整除関係から，係数の比の値を求める。　(理文共通の問題)	数　列	難
	第5問	座標空間において，円錐を動く動点と定点を端点とする線分が通過する部分の体積を求める。	積分(体積)	やや難
	第6問	三角関数を含む方程式の解の個数を利用して，楕円の法線が4回以上通る点について考察する。	三角関数	難
19	第1問	与えられた定積分を求める。	積分(数式)	易
	第2問	正方形の辺上の3動点が“面積一定”の条件を満たしながら動くときの2線分の長さの比の最大値・最小値を求める。　(理文類似の問題)	微　分	やや易
	第3問	座標空間内の八面体の平面による切り口が八角形となる条件を求め，その yz 平面上への正射影の一部の面積を求める。	空間図形	やや難
	第4問	整数 n^2+1 と $5n^2+9$ の最大公約数を求め，2つの整数の積が整数の2乗にならないことを証明する。	整　数	標準
	第5問	方程式の実数解として定められる数列がただ一つ存在することを証明し，その数列に関する極限を求める。	極　限	標準
	第6問	相異なる4解をもち2解ずつの積の和が純虚数であるような4次方程式の2解の和が複素数平面上で動く範囲を求める。	複素数平面	やや難

出題分析と入試対策

年度	問題	内　容	分　野	難易度
18	第1問	$f(x)=\dfrac{x}{\sin x}+\cos x\ (0<x<\pi)$ の増減表をつくり，定義域の端点における極限を調べる。	微　分	易
	第2問	$a_n=\dfrac{{}_{2n+1}\mathrm{C}_n}{n!}$ で定められる数列が整数となる自然数 n を求める。（理文類似の問題）	整　数	標準
	第3問	2つの動点からベクトルを用いて定められる点が動く領域の面積と，その極限を求める。（理文類似の問題）	平面ベクトル	標準
	第4問	3次方程式が相異なる3実数解をもち，真ん中の解が1より大きい条件を求める。（理文一部共通の問題）	微　分	易
	第5問	複素数平面において，円の接線に関する対称点を求め，その点から定まる点の軌跡を求める。	複素数平面	難
	第6問	座標空間において，折れ線上を球の中心が動くときに球が通過する部分の体積を求める。	積分(体積)	やや難
17	第1問	θ の関数を $\cos\theta$ の整式で表し，最小値0をとるための条件を求める。	2次関数	易
	第2問	座標平面上の原点から出発してランダムウォークする動点が6秒後に特定の位置にある確率を求める。（理文類似の問題）	確率・場合の数	標準
	第3問	複素数平面上の変換 $w=\dfrac{1}{z}$ による直線及び線分の像を求める。	複素数平面	標準
	第4問	与えられた数式が満たす3項間漸化式を求め，自然数の列であることを論証し，隣接2項の最大公約数を求める。（理文共通の問題）	整　数	標準
	第5問	直線 $y=x$ に関して対称な2つの放物線の共通接線が3本あることを証明する。	2次曲線	標準
	第6問	ある条件を満たしながら座標空間内を動く正三角形の一辺が通過しうる範囲の体積を求める。	積分(体積)	やや難

出題分析と入試対策

年度	問題	内　　容	分　野	難易度
16	第1問	自然対数の底 e を上下から評価する不等式を証明する。	微　分	標準
	第2問	巴戦で戦う3チームのうち特定のチームが2連勝して優勝する確率を求める。　(理文類似の問題)	確率・場合の数	標準
	第3問	z 軸上の1点を通る3直線と xy 平面の交点を3頂点とする三角形の面積の最小値を求める。	空間図形	やや易
	第4問	複素数平面上の3点が鋭角三角形の頂点をなす条件を求め，複素数平面上に図示する。	複素数平面	標準
	第5問	正の整数の正の平方根の小数部分に関して，いくつかのことを論証する。	整　数	やや難
	第6問	z 軸上の定点を通り，xy 平面上に一端をおく長さ2の線分が通過してできる立体のうち一部分の体積を求める。	積分(体積)	やや難
15	第1問	正のパラメタ a を含む2次関数で表される放物線の通過領域を求める。	図形と式	やや易
	第2問	AA，B，C，Dの各文字を確率的につなげてできる文字列に関する確率を求める。(理文類似の問題)	確率・場合の数	標準
	第3問	べき関数と対数関数で表される2曲線の共有点が1点のみの条件を求め，回転体の体積を計算する。	積分(体積)	易
	第4問	非線型3項間漸化式で定められる数列に関し，いくつかの性質を証明する。	数　列	標準
	第5問	${}_{2015}\mathrm{C}_m$ が偶数となる最小の正整数 $m\,(\leqq 2015)$ を求める。	整　数	やや難
	第6問	特殊な関数を用いて表される定積分を評価し，それが利用できる形に帰着させて数列の極限を求める。	積分(数式)	やや難

年度	問題	内容	分野	難易度
14	第1問	平面による四角柱の切り口の面積を求め，$\tan\alpha$ と $\tan\beta$ の対称式から $\tan\alpha+\tan\beta$，$\tan\alpha$ の値を求める。	空間図形	やや易
	第2問	ある操作を繰り返して，n 回目に赤球が取り出される確率を求め，それを用いて極限を計算する。（理文一部共通の問題）	確率・場合の数	易
	第3問	2つの放物線が共有点をもつ条件を求め，共有点 $(x_1,\ y_1)$，$(x_2,\ y_2)$ について $2\lvert x_1y_2-x_2y_1\rvert$ を計算し，それを共有点をもつ範囲で定積分する。	積分（数式）	標準
	第4問	関数を評価して漸化式で定められる数列の極限値を証明することと，方程式の解の存在を証明する。	微　分	やや難
	第5問	非線型3項間漸化式で定められる整数を素数で割った余りの数列に関して，いくつかの性質を証明する。（理文一部共通の問題）	整　数	やや難
	第6問	2つの線分上に両端を置きながら動く線分の通過領域を求め，図示する。（理文類似の問題）	図形と式	標準
13	第1問	回転拡大の1次変換で定められる平面上の点列 $\{P_n\}$ が，$P_0=P_6$ かつ $P_k\ (k=0, 1, 2, 3, 4, 5)$ は相異なるように，変換の条件を定める。	行　列（範囲外）	やや易
	第2問	2つの関数のグラフが $x>0$ においてちょうど3つの共有点を持つような文字定数 a の条件を求める。	微　分	標準
	第3問	2人のうち一方がコインを投げ，表裏によって1点を獲得するか相手にコインを渡し，先に2点獲得すれば勝者となるゲームにおいて，勝者となる確率を求める。（理文一部共通の問題）	確率・場合の数	やや難
	第4問	直角三角形の内部の点Pから3つの頂点に向かう単位ベクトルの和がゼロベクトルであるとき，2つずつのベクトルのなす角と点Pの位置を求める。	平面ベクトル	標準
	第5問	連続する3つの自然数の積で表され，1が連続して99回以上現れるところがあるような自然数が存在することを証明する。	整　数	難
	第6問	正方形の周と内部を S として，S の2つの対角線をそれぞれ軸として回転してできる2つの立体の共通部分の体積を求める。	積分（体積）	難

出題分析と入試対策

年度	問題	内　　　容	分　野	難易度
12	第1問	原点を通る直線と円の弓形領域との共通部分の線分の長さの最大値とそのときの方向角の余弦の値を求める。	微　分	標準
	第2問	正三角形を分割してできる9つの部屋を1秒ごとに移動するときの，n 秒後に特定の部屋にある確率を求める。（理文共通の問題）	確率・場合の数	標準
	第3問	放物線と楕円で囲まれる領域を x 軸のまわりと y 軸のまわりに回転してできる立体の体積をそれぞれ求め，その大小を比べる。	積分(体積)	易
	第4問	連続する2個の自然数の積と連続する n 個の自然数の積がともに n 乗数ではないことを論証する。	整　数	難
	第5問	行列式が ±1 であるような整数成分の2次行列について，いくつかの性質を論証し，絶対値のついた不等式を証明する。	行　列 (範囲外)	標準
	第6問	変数を含む特別な形をした行列のトレース(対角和)についてその最大値を求め，さらにその最大値を含む絶対不等式を証明する。	行　列 (範囲外)	やや難
11	第1問	円の中心，および，円と直線の2交点とで作られる三角形の面積が最大となるときの直線の傾きを求める。	図形と式	易
	第2問	逆数の小数部分の作る数列について，主に定数数列となる条件を求め，初項が有理数の小数部分の場合に途中から0になることを論証する。（理文一部共通の問題）	整　数	やや難
	第3問	曲線を媒介変数表示して，曲線の長さを表す定積分を計算し，極限を求める。	積分(面積)	やや難
	第4問	放物線上に頂点をもつ二等辺三角形の底辺の両端が動くときの，重心の軌跡を求める。（理文共通の問題）	図形と式	標準
	第5問	ある不等式の条件を満たす整数の組を $(p,\ q)$ パターンと呼び，それがある特定の条件を満たすときの個数を求める。（理文一部共通の問題）	確率・場合の数	標準
	第6問	2次関数の最大値と最小値の差を求め，それに関連する条件を満たす領域を図示し，さらにある条件を満たす立体の体積を求める。	積分(体積)	難

出題分析と入試対策

年度	問題	内　　容	分　野	難易度
10	第1問	直方体の90°回転による通過点全体の体積と，3辺の和が1のときの体積の値域を求める。	微　分	標準
	第2問	$\displaystyle\int_0^1 \frac{1-x}{k+x}dx$ を $\dfrac{1}{2(k+1)}$ と $\dfrac{1}{2k}$ で評価し，$\log\dfrac{m}{n}-\displaystyle\sum_{k=n+1}^{m}\frac{1}{k}$ を $\dfrac{m-n}{2(m+1)(n+1)}$ と $\dfrac{m-n}{2mn}$ で評価する。	積分(数式)	やや難
	第3問	2つの箱の間でボールを移動する操作をくり返した後の確率について，漸化式を作り確率を求める。（理文一部共通の問題）	確率・場合の数	標準
	第4問	曲線 $y=\dfrac{1}{2}x+\sqrt{\dfrac{1}{4}x^2+2}$ の弧と，その両端と原点を結ぶ線分とで囲まれる部分の面積を求める。	積分(面積)	標準
	第5問	円周上を一定の速さで動く3点が直角二等辺三角形を作る条件を求める。（理文共通の問題）	整　数	標準
	第6問	4つの面がすべて合同な四面体の，1つの面に垂直な平面による断面積とその最大値を求める。	空間図形	やや難
09	第1問	二項係数の有限列の最大公約数と素数に関する論証。（理文一部共通の問題）	整　数	やや難
	第2問	行列の計算及び行列の n 乗によって定義される数列の極限に関する論証。	行　列 （範囲外）	標準
	第3問	4色の玉が等確率で出る機械と3種類の操作について，反復試行の確率を求める。（理文共通の問題）	確率・場合の数	易
	第4問	空間に浮かぶ円板を回転してできる立体の体積とそれに関連する極限を求める。	積分(体積)	やや難
	第5問	$-1<x<1$，$x\neq 0$ のもとで $(1-x)^{1-\frac{1}{x}}<(1+x)^{\frac{1}{x}}$ を示し，$0.9999^{101}<0.99<0.9999^{100}$ を示す。	微　分	標準
	第6問	ベクトルの設定された巨大な正三角形の各頂点から速さ1で直進する，3動点間の距離に関する論証。	平面ベクトル	難

年度	問題	内　　容	分　野	難易度
08	第1問	1次変換によってうつる領域の列の共通部分を図示する。	数　列	標準
	第2問	白黒の色をとりかえる操作を繰り返し，初めて同色になる確率を求める。　（理文類似の問題）	確率・場合の数	標準
	第3問	正八面体を，対面の重心を通る直線のまわりに回転してできる立体の体積を求める。	積分(体積)	やや難
	第4問	放物線上の2動点を両端とする長さ一定の線分の中点のy座標の最小値を求める。	微　分	易
	第5問	数字の1が3^m個及びn個並んだ自然数の剰余に関する論証。	整　数	やや難
	第6問	$x=\cos 2t$，$y=t\sin t\ (0 \leqq t \leqq 2\pi)$で表される曲線が囲む領域の面積を求める。	積分(面積)	やや難
07	第1問	$(1+x)^kP(x)$のn次以下の項の係数が整数ならば，$P(x)$のn次以下の項の係数も整数であることの論証。	整　数	標準
	第2問	相似な三角形の列の，辺の長さの和の極限を求める。	極　限	標準
	第3問	放物線弧上の2動点を両端とする線分を$1:2$に内分する点の動く範囲を求める。	図形と式	標準
	第4問	行列Aを，$P^2=P$，$Q^2=Q$，$PQ=O$，$QP=O$を満たす行列P，Qを用いて分解し，積を計算する。	行　列 (範囲外)	標準
	第5問	ブロック積みゲームの最後の高さがどうなるかに関する確率を求める。　（理文共通の問題）	確率・場合の数	やや易
	第6問	定積分の不等式の証明と，それを利用して$0.68<\log 2<0.71$を示す。	積分(数式)	やや難

出題分析と入試対策

年度	問題	内容	分野	難易度
06	第1問	$\overrightarrow{\mathrm{OP}}_{n-1}+\overrightarrow{\mathrm{OP}}_{n+1}=\frac{3}{2}\overrightarrow{\mathrm{OP}}_n$ を満たす点 P_n と曲線に関する論証。	平面ベクトル	易
	第2問	画面上に○と×を表示させる操作を繰り返し行う場合の確率を求める。（理文類似の問題）	確率・場合の数	易
	第3問	xy 平面上の直線に関する点の対称移動と，ある条件を満たす点の存在を示す。	図形と式	やや難
	第4問	$x^2+y^2+z^2=xyz$ かつ $x \leqq y \leqq z$ を満たす正整数の組 $(x,\ y,\ z)$ が無数に存在することを示す。	整　数	標準
	第5問	$a_1=\frac{1}{2}$，$a_{n+1}=\frac{a_n}{(1+a_n)^2}$ で定められる数列 $\{a_n\}$ について，$\lim_{n\to\infty} na_n$ を求める。	極　限	やや難
	第6問	$f(x)=\frac{12(e^{3x}-3e^x)}{e^{2x}-1}$ の逆関数の存在の論証と逆関数の定積分を計算する。	積分（数式）	標準
05	第1問	$f(x)=\frac{\log x}{x}$ のとき，$f^{(n)}(x)=\frac{a_n+b_n\log x}{x^{n+1}}$ であることの証明と a_n，b_n の漸化式，一般項を求める。	極　限	やや易
	第2問	$w=z^2-2z$ ならば，$\lvert z\rvert \leqq \frac{5}{4}$ である複素数 w で，$\lvert w\rvert$ が最大になるものを求める。	複素数平面	やや難
	第3問	解けない漸化式で定められる数列の極限値を，平均値の定理を利用して証明する。	極　限	易
	第4問	a^2-a が，10000 で割り切れるような奇数 a を 3 以上 9999 以下の範囲で求める。（理文共通の問題）	整　数	標準
	第5問	あるルールに基づく 2 人の間のゲームで，一方が勝つ確率を，2 つの状況について求める。（理文共通の問題）	確率・場合の数	標準
	第6問	xyz 空間内の 2 つの円柱の内部の共通部分と，もう 1 つの円柱の外側との，共通部分の体積を求める。	積分（体積）	標準

出題分析と入試対策

年度	問題	内　　容	分　野	難易度
04	第1問	放物線上に3頂点をもち，一辺の傾きが与えられた正三角形の辺の長さを求める。（理文共通の問題）	図形と式	標準
	第2問	平方数の位の数の性質と平方数の性質に関する論証問題。	整　数	標準
	第3問	内サイクロイドの1つの弧によって分けられる円の2つの部分の面積を求める。	積分（面積）	やや難
	第4問	3次関数の合成関数の式を左辺にもつ方程式について，実数解の個数を求めることと証明する問題。（理文類似の問題）	微　分	やや難
	第5問	2つの球の和集合の体積 V を求めることと，$V=8$ となる中心間距離の近似値を求める。	積分（体積）	やや難
	第6問	3枚の正方形の板の色の並びが推移していくときの，3回後と n 回後に特定の状態になる確率を求める。（理文類似の問題）	確率・場合の数	標準
03	第1問	不等式の成立条件からパラメタの変域を調べ，定積分の値域を求める。（理文ほぼ共通の問題）	2次関数	やや易
	第2問	複素数平面上の2定点から動点を見込む角度，及び原点と動点間の距離の最大を調べる。	複素数平面	標準
	第3問	xyz 空間内の円錐と円柱の共通部分の切り口の面積と共通部分の体積を求める。	積分（体積）	標準
	第4問	2次方程式の2解 α，β について，$\alpha^n+\beta^n$ の満たす漸化式と，β^3 以下の整数，α^{2003} 以下の最大の整数の1の位の数を求める。（理文類似の問題）	整　数	標準
	第5問	さいころを n 回振って出た目の積が，5，4，20 のそれぞれで割り切れる確率と極限を求める。	確率・場合の数	標準
	第6問	円周率が3.05より大きいことを証明する。	三角関数	標準

出題分析と入試対策

年度	問題	内　　容	分　野	難易度
02	第1問	三角関数を係数にもつ2つの放物線が相異なる2点で交わる条件を求める。（理文ほぼ共通の問題）	三角関数	易
	第2問	x^{n+1} を x^2-x-1 で割った余りの2つの係数数列に関する論証。（理文共通の問題）	整　数	やや易
	第3問	xyz 空間内の球面とその外部の動点Pについて，ある条件を満たすPの動く範囲とその体積を求める。	空間図形	標準
	第4問	曲線 $y=\dfrac{x^2}{x^2+1}$ の原点以外の点での法線の y 切片の値域を求める。	微　分	易
	第5問	xyz 空間内の三角錐の列について，各体積の和の極限を求める。	積分（数式）	易
	第6問	有限数列を「シャッフル」して並び替えたとき，ある回数で元に戻ることを証明する。	整　数	やや難
01	第1問	正三角形と二等辺三角形を面にもつ，四面体の外接球の半径を求める。（理文共通の問題）	空間図形	やや易
	第2問	定積分を含む関数等式を満たす関数 $f(x)$ がただ一つ定まるための条件と $f(x)$ を求める。	積分（数式）	標準
	第3問	二つの図形の面積の比で表される関数が減少関数であることを示す。	微　分	易
	第4問	漸化式で定められた複素数平面上の点列がすべて同一円周上にあることを示す。	複素数平面	標準
	第5問	m 個のビーカーに総量 $1\,l$ の水が入っている状態から，ある操作によってビーカーを減らしていくことに関する論証問題。	方程式・不等式	やや難
	第6問	コインを投げて数直線上の2点をある規則によって動かしていくときの，2点の座標が等しくなる場合の数と座標の平均を求める。（理文一部共通の問題）	確率・場合の数	難

出題分析と入試対策

年度	問題	内容	分野	難易度
00	第1問	直角二等辺三角形に内接する楕円の面積の最大値を求める。	2次曲線	標準
	第2問	複素数平面上の2点 α, β と, α, β に付随して定まる点 w についての論証問題。(理文共通の問題)	複素数平面	難
	第3問	ある関数の満たす方程式から数列の漸化式を導き, 一般項や極限を求め, 3通りのグラフをかく。	極　限	標準
	第4問	単位円周上の動点と y 軸に平行のまま動く線分とがぶつかるための条件を求める。	微　分	難
	第5問	各けたの数字はたがいに異なり, どの2つのけたの数字の和も9にならないような整数に関する個数と順序の問題。	確率・場合の数	やや易
	第6問	$x=\dfrac{bc}{a+c}$, $y=a+c$, $z=\dfrac{ab}{a+c}$ (a, b, c はすべて1以上2以下)で表される点 (x, y, z) が描く立体の体積を求める。	積分(体積) (範囲外含む)	標準
99	第1問	三角関数 $\sin\theta$, $\cos\theta$ の定義と加法定理の証明を問う。(理文共通の問題)	三角関数	易
	第2問	漸化式で定義された複素数列 z_n について, $\lvert z_n\rvert$ の不等式の証明と $\lvert z_n\rvert$ の個数に関する極限を求める。	複素数平面	やや難
	第3問	四面体でできた回路上で, ある点からある点へ電流が流れる確率を求める。(理文ほぼ同様の問題)	確率・場合の数	標準
	第4問	半径1の球面内で, 1点のみを周で共有する2つの円板の, 半径の和の最大値を求める。	空間図形	やや難
	第5問	$0<n<2^k$ のすべての n について ${}_{2^k}\mathrm{C}_n$ が偶数であることの証明と, $0\leqq n\leqq m$ のすべての n について, ${}_m\mathrm{C}_n$ が奇数となる m を求める。	整　数	難
	第6問	$\displaystyle\int_0^\pi e^x\sin x\,dx>8$ であることを証明する。	積分(数式)	難

出題分析と対策

◆分量とパターン◆

例年, 6題出題されており, すべて論述式問題である。解答用紙は2枚で, 第1, 2, 4, 5問が2枚の表面, 第3, 6問がそれぞれの裏面である。第3, 6問は, 他の問題の2倍のスペースがある。近年になるにつれ, (1), (2)等の小設問に分かれている問題が増加してきた。

出題分析と入試対策

◆内容◆

東大数学(理科)の問題について，いくつか目立つ点を挙げておく。

① 他大学に比べ，図形，とくに立体図形に関連した問題が多く出題される。

② 平面座標・空間座標と微積分の関連した問題も，ほとんど毎年出ている。

③ 確率と数列，数列と極限など，複数の単元に渡る内容の問題がよく出る。

④ 整数に関する問題，不等式による評価など論証力を重視する出題が多い。

⑤ 確率・複素数平面分野と数学Ⅲの微積分野の問題はほぼ必ず出題される。

各年度により多少の相違はあるものの，概ね上の特徴を堅持している。

過去25年を遡って論評すると，99，00年度にはそれ以前の易化傾向が一変して，手強い問題が多く，再び従前の東大らしさが戻ってきた感が強かった。しかし，手強すぎる問題はやはり選抜試験には向かないと判断したのだろうか，01，02年度には少なくとも超難問は姿を消した。

03，04，05，06，07年度も，02年度と同様にある程度高いレベルにあるものの，超難問と言えるものはなく，個々の問題については実力差が十分反映されるものであった。ただし，例年見られたような極端に易しい問題が姿を消し，どの問題のレベルも均一化された感じになった。したがって，6題のセットとしてはボリューム感が高まり，難度は高くなったといえよう。数学の得意な受験生には大いに有利に働き，そうでない受験生には相当な苦戦を強いる出題となっている。08，09年度は，本格的な立体図形の問題や整数問題，評価の問題が見られるなど，重量感があり，難化の方向への“揺り戻し”が感じられる。ただ，全6題中5題ないし6題が(1)，(2)ないしは(1)，(2)，(3)と小設問に分かれており，実力差を反映させようという配慮があると思われる。そして，10，11，12，13年度は，難化のレベルを維持し，“揺り戻し”を強める一方で，4～5題を小設問に分けることで選抜試験として機能させようとしたと考えられる。

14，15年度の問題は図形的考察を要する問題が例年よりやや少ないものの，定石的な問題，数学的解釈力や対称性・周期性など着想がカギになる問題等，東大らしさが随所に現れている。12年度のように計算する問題が多いセットと似ている点もあり，13年度のような重量級の問題セットとは様相を異にしている。問題ごとの難易差が明確でどの問題を解くべきかの見極めが重要になるという点では12年度，13年度と同様であった。

16年度は，前半3題が解きやすく，後半3題が解きにくいセットで，全体的にここ数年ではやや易しくなったが小設問に分かれている問題が2題と減少したため，数学の実力差が得点差に反映されやすかった。しかし，17年度は様相が一変した。全問とも小設問に分かれた取り組みやすい問題ばかりであり，問題ごとの難易差もほとんどなく，全体的に東大としては極めて易しいといってよい。数学をきちんと学んでいない受験生を振るい落とそうという意図が明確に現れているセットであった。

18 年度は，17 年度の易化の反動か，例年の難易度に戻った。問題ごとの難易の差がはっきりしているので，それをしっかり見極めることが大切であろう。19 年度は，18 年度よりやや難易度が上がり，数学の実力差がよりはっきりと出るセットであった。

20，21，22 年度も，難易度は高めのままである。21 年度は珍しく立体・空間図形の問題が見られず計算主体の問題が多かったが，どの問題も困難を感じる部分を含み，完答することは難しい。22 年度は 5 年振りに確率の問題が復活し，難問であった。

23 年度は難易度の高さを保ったまま，微分・積分とその応用・立体図形が重視されている。確率や整数の代わりの整式の問題など東大理科の特徴が随所に見られ，時間内にすべて完答するのは不可能に近い。確かな基礎力とともに健全な発想力・立体感覚が必要であり，全体的に論述力も要求される。

いずれの年度も，本物の数学の学力を有する受験生の選別を図ろうとする意図が感じられる。

◆難易度◆

25 年分の出題を難易度の面から見ると，

(易しい問題) 1～2 題 + (標準的な問題) 2～3 題 + (難しい問題) 1～2 題

というのが平均であろう。

個別年度については表に提示したものが平均的受験生の感覚であろう。

◆入試対策◆

1° 分析の結果から，高校の教科書の各章をしっかり勉強するだけでなく，

- 中学で学んだ図形の知識のうち，大学入試にも役立つような事項
- 教科書の章別ではとり上げる機会が少なく弱点になっている事項
- 教科書ではいくつかの章にまたがるため，学習がおろそかな事項
- 毎年のように出題される空間・平面図形とその体積・面積の問題

などを積極的に研究しておくのも，重要な対策の一つである。

2° 記述力・論証力をつけるために，問題を解くときには，

- 答を出すだけではなくて，論理的構成がはっきりするように書く

ということを平素から実行していなければならない。特に，近年証明問題は必ず出題され，数学の内容を日本語の文章として正しく述べることができるか否かも重視

されている。

3° 問題の難易度は毎年一定とは限らない。

難しい問題が多ければ，各自の得点とともに平均点も下がることになる。したがって，完答できる問題が少なくてもあわててはいけない。自分のわかったところまでを明確に書いて，そこまでの部分点を確保することを心掛けるのがよい。むしろ大切なのは，易しい問題を確実にものにすることである。ここでつまらぬ失敗をすると，正解に達する人が多いために，かなりの差をつけられてしまう。特に⑴，⑵等の小設問に分かれている場合，小設問ごとに得点できそうか否かの検討も大切になってくる。結局，“難しくてもあせらず，易しくてもあなどらず”，自分の力を出し切るようにするのが重要な対策である。理系志望であるからには，数学6題のうち

＜3題分の完答，残り3題分中の部分点確保＞

を努力目標としてがんばりたい。

4° 正統的な数学の学習をしよう。

たとえば，99年度第1問のような三角関数を正しく学んでいれば“できて当然”の問題や，02年度第4問，第5問，08年度第4問，12年度第3問，17年度第1問，第3問⑴，18年度第1問，19年度第1問のような教科書レベルの問題，09年度第3問や10年度第6問⑴，11年度第6問⑴，17年度第4問⑴,⑵,⑶のような大学受験生であれば必ずできなければいけないレベルの問題，03年度第6問や04年度第5問⑵の「円周率」という基本用語の根本理解に関する問題などは，解法テクニックの習得一辺倒の受験対策に対する，大学側からの警鐘といえるだろう。これに限らず東大の問題は，問題文の「数学的読解」と「数学的構成手法や概念の理解」をベースにして，「その場で自力解決できる能力」を鍛えること，換言すれば，小手先の技術ではなく，「本格的な実力」の養成を図ることが，最も重要な対策であることを示しているといえる。したがって，出そうな問題だけを反復練習したり，問題や解き方を無闇に丸暗記するのではなく，上に記したような総合的観点のもとで，深い考察を積み重ねつつ，本質をつかみとる読解力，思考力と精密な論述力・計算力を，演習を通じて鍛えていくことが重要である。とりわけ，「答案の論理的表現力」も高いレベルで要求されていることに注意しておきたい(東大のホームページの「高等学校段階までの学習で身につけてほしいこと」の【数学】を熟読されたい)。

過去の東大入試問題の徹底的な研究は，最良の対策である。

2023年

第 1 問

解 答

(1) $$A_k=\int_{\sqrt{k\pi}}^{\sqrt{(k+1)\pi}}|\sin(x^2)|dx$$

において，$t=x^2$ と置換すると，$k\pi \leqq t \leqq (k+1)\pi$ において，

$$\begin{cases}\sin(x^2)=\sin t\\ dt=2xdx,\ x=\sqrt{t}\end{cases}$$

x	$\sqrt{k\pi}$	$\to$	$\sqrt{(k+1)\pi}$
t	$k\pi$	$\to$	$(k+1)\pi$

と対応するので，

$$A_k=\int_{k\pi}^{(k+1)\pi}|\sin t|\frac{dt}{2\sqrt{t}}=\int_{k\pi}^{(k+1)\pi}\frac{|\sin t|}{2\sqrt{t}}dt \quad \cdots\cdots①$$

となる。

ここで，$|\sin t| \geqq 0$ であるから，$k\pi \leqq t \leqq (k+1)\pi$ において，

$$\frac{|\sin t|}{2\sqrt{(k+1)\pi}} \leqq \frac{|\sin t|}{2\sqrt{t}} \leqq \frac{|\sin t|}{2\sqrt{k\pi}}$$

が成立し，この各辺を $t=k\pi$ から $t=(k+1)\pi$ まで積分すると，

$$\int_{k\pi}^{(k+1)\pi}\frac{|\sin t|}{2\sqrt{(k+1)\pi}}dt \leqq \int_{k\pi}^{(k+1)\pi}\frac{|\sin t|}{2\sqrt{t}}dt \leqq \int_{k\pi}^{(k+1)\pi}\frac{|\sin t|}{2\sqrt{k\pi}}dt$$

すなわち，

$$\frac{1}{2\sqrt{(k+1)\pi}}\int_{k\pi}^{(k+1)\pi}|\sin t|dt \leqq \int_{k\pi}^{(k+1)\pi}\frac{|\sin t|}{2\sqrt{t}}dt \leqq \frac{1}{2\sqrt{k\pi}}\int_{k\pi}^{(k+1)\pi}|\sin t|dt \quad \cdots\cdots②$$

が得られる。

しかるに，$|\sin t|$ は周期 π をもつので，

$$\int_{k\pi}^{(k+1)\pi}|\sin t|dt=\int_0^{\pi}|\sin t|dt=\int_0^{\pi}\sin t\,dt=\Big[-\cos t\Big]_0^{\pi}=2 \quad \cdots\cdots③$$

である。

よって，①，②，③ より，

$$\frac{1}{\sqrt{(k+1)\pi}} \leqq A_k \leqq \frac{1}{\sqrt{k\pi}} \quad \cdots\cdots④$$

が成り立つ。

(2)
$$B_n=\frac{1}{\sqrt{n}}\int_{\sqrt{n\pi}}^{\sqrt{2n\pi}}|\sin(x^2)|\,dx=\frac{1}{\sqrt{n}}\sum_{k=n}^{2n-1}A_k \quad \cdots\cdots ⑤$$

であるから，④と⑤より，

$$\frac{1}{\sqrt{n}}\sum_{k=n}^{2n-1}\frac{1}{\sqrt{(k+1)\pi}} \leqq B_n \leqq \frac{1}{\sqrt{n}}\sum_{k=n}^{2n-1}\frac{1}{\sqrt{k\pi}} \quad \cdots\cdots ⑥$$

が成り立つ。

ここで，$n\to\infty$ のとき，⑥の

$$(\text{左端})=\frac{1}{\sqrt{n}}\sum_{k=n+1}^{2n}\frac{1}{\sqrt{k\pi}}=\frac{1}{n}\sum_{k=n+1}^{2n}\frac{1}{\sqrt{\frac{k}{n}\pi}}$$

$$\to\int_1^2\frac{1}{\sqrt{\pi x}}\,dx=\left[\frac{2\sqrt{x}}{\sqrt{\pi}}\right]_1^2=\frac{2(\sqrt{2}-1)}{\sqrt{\pi}}$$

$$(\text{右端})=\frac{1}{n}\sum_{k=n}^{2n-1}\frac{1}{\sqrt{\frac{k}{n}\pi}}$$

$$\to\int_1^2\frac{1}{\sqrt{\pi x}}\,dx=\left[\frac{2\sqrt{x}}{\sqrt{\pi}}\right]_1^2=\frac{2(\sqrt{2}-1)}{\sqrt{\pi}}$$

となるから，はさみうちの原理により，

$$\lim_{n\to\infty}B_n=\boldsymbol{\frac{2(\sqrt{2}-1)}{\sqrt{\pi}}}$$

である。

解説

1°　(1)で不等式を証明し，(2)で極限を求める，という問題の形式から，(2)は B_n を評価してその両端の極限を求めてはさみうちすればよい，という方針は見通せるであろう。問題は(1)の不等式の証明であり，初めから躓きやすい設問である。定積分 A_k を直接計算することは困難であるので，定積分と不等式の定理に基づいて，A_k を評価することを考えるしかない。とはいえ，その評価は単純ではない。本問は2023年度の問題セットの中では得点しておきたい問題であるが，試験場では難しく感じる問題であり，合否を分ける一題といえよう。

2°　定積分と不等式の定理とは，

$a<b$ とする。区間 $[a,\ b]$ で連続な関数 $f(x)$，$g(x)$ について，

区間 $[a,\ b]$ でつねに $f(x) \leqq g(x)$ ならば $\int_a^b f(x)\,dx \leqq \int_a^b g(x)\,dx$ が成り立つ。

等号は，区間 $[a,\ b]$ でつねに $f(x)=g(x)$ であるときに限って成り立つ。

というものである。この定理を応用する場合の要点は，“定積分を評価するにはその被積分関数を評価せよ”，ということであり，(1)では，A_k の被積分関数 $|\sin(x^2)|$ を評価しようとするのが直接的な適用である。しかし，それでは(1)の不等式を示すことができない。この点をどう打開するかが(1)のポイントである。示すべき不等式の両端が $\dfrac{1}{\sqrt{(k+1)\pi}}$，$\dfrac{1}{\sqrt{k\pi}}$ という分数形で分母が積分区間の両端の形と同じであること，及び被積分関数が $|\sin(x^2)|$ であることに注目すると，「x^2 を置換」すればよいことに気づくであろう。$t=x^2$ と置換すれば，

$$A_k=\int_{k\pi}^{(k+1)\pi}\frac{|\sin t|}{2\sqrt{t}}dt$$

となり，被積分関数が $\dfrac{|\sin t|}{2\sqrt{t}}$，積分区間が $k\pi \leqq t \leqq (k+1)\pi$ となるので，このあとは，被積分関数 $\dfrac{|\sin t|}{2\sqrt{t}}$ を

$$\frac{|\sin t|}{2\sqrt{(k+1)\pi}} \leqq \frac{|\sin t|}{2\sqrt{t}} \leqq \frac{|\sin t|}{2\sqrt{k\pi}}$$

と評価し，$|\sin t|$ が周期 π をもつことに注意して両端の積分を実行すればよい。分数形を，分子はそのままにして分母を変えることで評価することは，慣れていないと難しく感じるかもしれないが，これは通常の学習において経験することであろう。

3°　③の $\int_{k\pi}^{(k+1)\pi}|\sin t|\,dt=\int_0^{\pi}|\sin t|\,dt$ は，左辺の積分において $t-k\pi=u$ と置換すると，$|\sin t|$ が周期 π をもつので，

$$|\sin t|=|\sin(u+k\pi)|=|\sin u|$$

であることからわかる。これは $y=|\sin t|$ のグラフと t 軸とで囲まれる部分の面積を考えてもわかるが，“周期 π をもつ”ことを記しておけば，この等式の証明までは解答に記す必要はないであろう。

4°　(2)では，⑤であることに注目して，⑥のように評価するところまではよいだろ

う。そして ⑥ の両端の形を見れば，この両端の極限は区分求積法によれば求められることにもすぐに気付くであろう。

区分求積法の基本形は，

$$\lim_{n\to\infty}\sum_{k=1}^{n} f(x_k)\Delta x=\int_a^b f(x)\,dx \quad \left(\text{ただし，}\Delta x=\frac{b-a}{n}\text{，}x_k=a+k\Delta x\right) \quad \cdots\cdots㋐$$

であり，この式において，$a=0$，$b=1$ とした場合の

$$\lim_{n\to\infty}\frac{1}{n}\sum_{k=1}^{n} f\left(\frac{k}{n}\right)=\int_0^1 f(x)\,dx \quad \cdots\cdots㋑$$

が用いられることが多い。この公式において，Σ 記号の上端・下端の値のズレは有限値なら気にする必要はなく，$k=1$ から $k=n$ までの和が $k=0$ から $k=n-1$ までの和になっていても極限は変わらない。

しかし，本問では Σ 記号の上端・下端の値が，この公式を直接適用できる形ではない点に注意せねばならない。公式を適用しようとするのではなく，図を描いてどの部分の面積に相当するかを確認するのが間違いないであろう。⑥ の左端の式は，図 1 の各長方形の横幅が $\frac{1}{n}$ であることに注意すると，図 1 の斜線部の面積に相当するので，

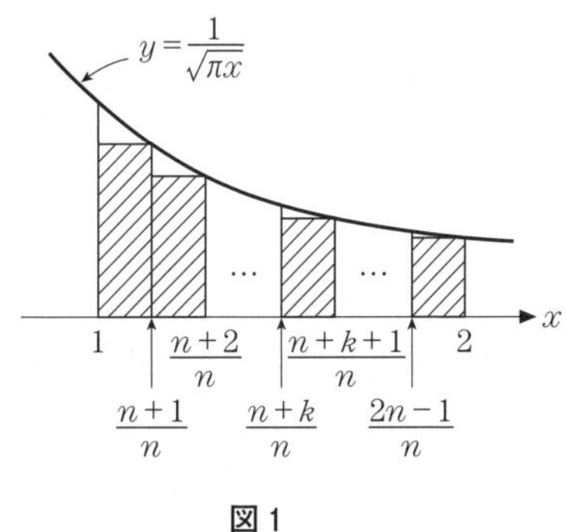

図 1

$$\lim_{n\to\infty}\frac{1}{n}\sum_{k=n+1}^{2n}\frac{1}{\sqrt{\frac{k}{n}\pi}}=\int_1^2\frac{1}{\sqrt{\pi x}}\,dx$$

となることがわかる。**解** **答** はこの方法に基づいている。

また，図 2 のように $y=\frac{1}{\sqrt{x}}$ のグラフを考えれば，図 2 の各長方形の横幅が $\frac{\pi}{n}$ であることに注意し，

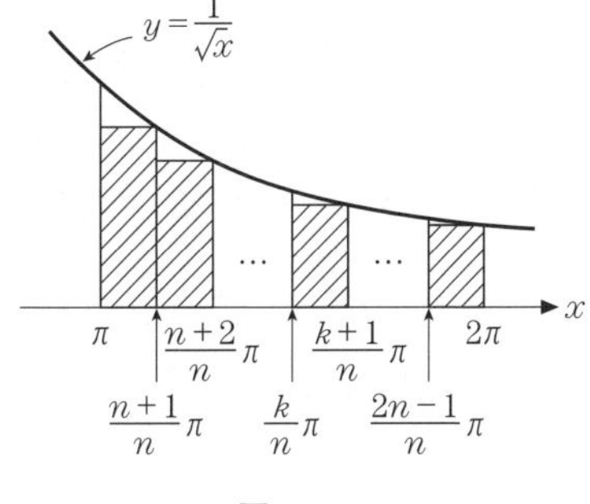

図 2

$$\lim_{n\to\infty}\frac{1}{n}\sum_{k=n+1}^{2n}\frac{1}{\sqrt{\frac{k}{n}\pi}}$$

$$=\lim_{n\to\infty}\frac{1}{\pi}\cdot\frac{\pi}{n}\sum_{k=n+1}^{2n}\frac{1}{\sqrt{\frac{k\pi}{n}}}$$

$$=\frac{1}{\pi}\int_{\pi}^{2\pi}\frac{1}{\sqrt{x}}\,dx$$

$$=\frac{1}{\pi}\Big[2\sqrt{x}\Big]_{\pi}^{2\pi}$$

$$=\frac{2(\sqrt{2\pi}-\sqrt{\pi})}{\pi}=\frac{2(\sqrt{2}-1)}{\sqrt{\pi}}$$

としてもよい。

あるいは，$\sum$ 記号の上端・下端の値を ㋐ や ㋑ の形にしようと考えて，

$$\lim_{n\to\infty}\frac{1}{n}\sum_{k=n+1}^{2n}\frac{1}{\sqrt{\frac{k}{n}\pi}}=\lim_{n\to\infty}\frac{1}{\sqrt{\pi}}\cdot\frac{1}{n}\sum_{k=1}^{n}\frac{1}{\sqrt{1+\frac{k}{n}}}$$

$$=\frac{1}{\sqrt{\pi}}\int_{0}^{1}\frac{1}{\sqrt{1+x}}\,dx$$

$$=\frac{1}{\sqrt{\pi}}\Big[2\sqrt{1+x}\Big]_{0}^{1}=\frac{2(\sqrt{2}-1)}{\sqrt{\pi}}$$

としてもよい。

区分求積の仕方は1通りとは限らないのである。

5° ⑥ の両端は，区分求積法によらず，それぞれをさらに評価してつぎのように極限を求めることもできる。

たとえば，⑥ の左端について，

$$\frac{1}{\sqrt{n}}\sum_{k=n+1}^{2n}\frac{1}{\sqrt{k\pi}}=\frac{1}{\sqrt{n\pi}}\sum_{k=n+1}^{2n}\frac{2}{2\sqrt{k}}=\frac{1}{\sqrt{n\pi}}\sum_{k=n+1}^{2n}\frac{2}{\sqrt{k}+\sqrt{k}}$$

であって，これは，

$$\frac{1}{\sqrt{n\pi}}\sum_{k=n+1}^{2n}\frac{2}{\sqrt{k}+\sqrt{k+1}}<\frac{1}{\sqrt{n\pi}}\sum_{k=n+1}^{2n}\frac{2}{\sqrt{k}+\sqrt{k}}<\frac{1}{\sqrt{n\pi}}\sum_{k=n+1}^{2n}\frac{2}{\sqrt{k-1}+\sqrt{k}}$$

……(＊)

と評価できる。(＊)の左端は，

$$\frac{1}{\sqrt{n\pi}}\sum_{k=n+1}^{2n}\frac{2}{\sqrt{k}+\sqrt{k+1}}=\frac{2}{\sqrt{n\pi}}\sum_{k=n+1}^{2n}(\sqrt{k+1}-\sqrt{k})$$

$$=\frac{2}{\sqrt{n\pi}}\{\sqrt{2n+1}-\sqrt{n+1}\}$$

$$=\frac{2}{\sqrt{\pi}}\left(\sqrt{2+\frac{1}{n}}-\sqrt{1+\frac{1}{n}}\right)$$

$$\to\frac{2(\sqrt{2}-1)}{\sqrt{\pi}}\quad(n\to\infty)$$

となり，(＊)の右端も同様になる。

この考え方で解決できる問題は，1990年度東大理科第1問で出題されている。

第 2 問

解答

黒玉，赤玉，白玉を順にB，R，Wで表すことにする。

B3個，R4個，W5個の合計12個から1個ずつ取り出した玉を，順に横一列に12個すべて並べる並べ方をN通りとすると，

$N=12!$

であり，このおのおのは同様に確からしい。

(1) N通りのうち，

「どのRも隣り合わない並べ方」　……Ⓐ

をr通りとする。

Ⓐは，

「BとWの計8個を一列に並べて，これら8個の玉と玉の間または
両端の9カ所から4カ所選んでRを1個ずつ並べる並べ方」

と1対1に対応するので，

$$r=8!\cdot{}_9C_4\cdot4!=8!\cdot\frac{9!}{4!\cdot5!}\cdot4!=8!\cdot\frac{9!}{5!}$$

である。

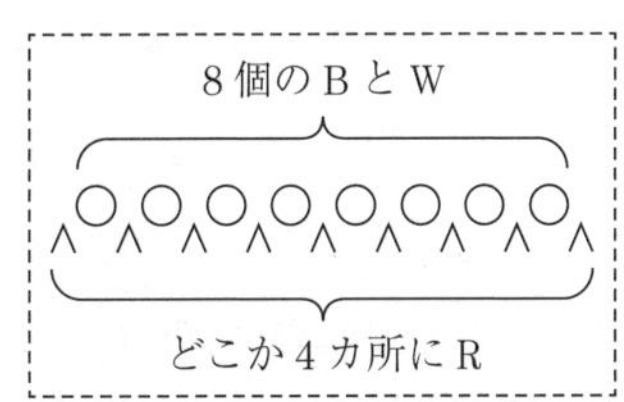

よって，

$$p=\frac{r}{N}=\frac{8!\cdot9!}{12!\cdot5!}=\frac{8\cdot7\cdot6}{12\cdot11\cdot10}=\mathbf{\frac{14}{55}}$$

である。

(2) どのRも隣り合わないとき，(1)のr通りのおのおのが同様に確からしい。

そこで，r通りのうち，

「どのRも隣り合わず，かつ，どのBも隣り合わない並べ方」　……Ⓑ

をs通りとすると，求める条件付き確率qは，

$$q=\frac{s}{r}$$

で与えられる。

そこで，sを求めよう。

そのために，まずWとBを並べ，次にRをⒷとなるように並べると考え，WとBを並べるときにBが何個隣り合うかで場合分けする。

(i)　Bが3個とも隣り合うとき，隣り合う3個のBを1個の玉とみてXで表すと，まず，X内のBの並べ方は，

$3!$ 通り

である。次に，この$3!$通りのおのおのの並べ方に対し，5個のWを1列に並べ，これら5個の玉と玉の間または両端の6カ所から1カ所選んでXを入れるときの並べ方は，

$5!\cdot 6$ 通り

である。さらに，この$5!\cdot 6$通りのおのおのの並べ方に対し，

“X内の3個のBの玉と玉の間2カ所”

および

“5個のWと1個のXの計6個の玉と玉の間または両端の7カ所から選んだ2カ所”

の計4カ所にRを1個ずつ並べる。その並べ方は，

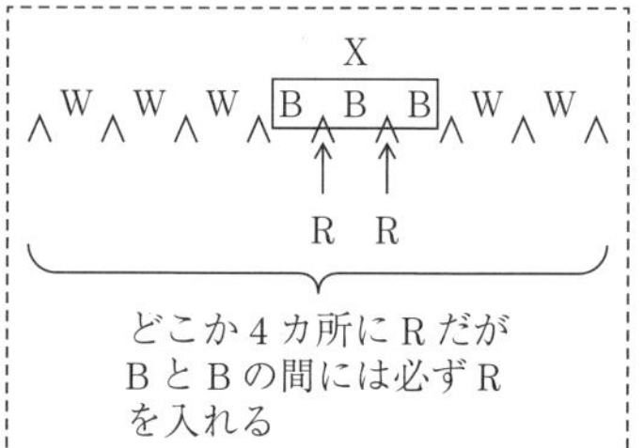

${}_7C_2\cdot 4!$ 通り

であるから，この場合のⒷは，

$$3!\cdot 5!\cdot 6\cdot {}_7C_2\cdot 4! = 3!\cdot 5!\cdot 6\cdot \frac{7!}{2!\cdot 5!}\cdot 4! = 3\cdot 6\cdot 7!\cdot 4!\ (\text{通り})$$

である。

(ii)　Bが2個だけ隣り合うとき，隣り合う2個のBを1個の玉とみてYで表すと，まず，Y内のBの並べ方は，どの2個のBかにも注意し，

${}_3C_2\cdot 2! = 3!$ （通り）

である。次に，この$3!$通りのおのおのに対し，5個のWを1列に並べ，これら5個の玉と玉の間または両端の6カ所から2カ所選んでBとYを入れるときの並べ方は，

$5!\cdot {}_6C_2\cdot 2!$ 通り

である。さらに，この$5!\cdot {}_6C_2\cdot 2!$通りのおのおのの並べ方に対し，

“Y 内の 2 個の B の玉と玉の間 1 カ所”
および
“5 個の W，1 個の B，1 個の Y の計 7 個の玉と玉の間または両端の 8 カ所から選んだ 3 カ所”
の計 4 カ所に R を 1 個ずつ並べる。その並べ方は，

Y
∧W∧W∧W∧B∧W∧[B∧B]∧W∧
R
どこか 4 カ所に R だが B と B の間には必ず R を入れる

$$_8C_3 \cdot 4!\ 通り$$

であるから，この場合の Ⓑ は，

$$3! \cdot 5! \cdot {}_6C_2 \cdot 2! \cdot {}_8C_3 \cdot 4! = 3! \cdot 5! \cdot \frac{6!}{2! \cdot 4!} \cdot 2! \cdot \frac{8!}{3! \cdot 5!} \cdot 4! = 6! \cdot 8!\ (通り)$$

である。

(iii)　B が隣り合うことがないとき，まず，5 個の W を 1 列に並べ，これら 5 個の玉と玉の間または両端の 6 カ所から 3 カ所選んで B を 1 個ずつ並べる並べ方は，

$$5! \cdot {}_6C_3 \cdot 3!\ 通り$$

である。次に，この $5! \cdot {}_6C_3 \cdot 3!$ 通りのおのおのの並べ方に対し，
“5 個の W と 3 個の B の計 8 個の玉と玉の間または両端の 9 カ所から選んだ 4 カ所”
に R を 1 個ずつ並べる並べ方は，

$$_9C_4 \cdot 4!\ 通り$$

であるから，この場合の Ⓑ は，

$$5! \cdot {}_6C_3 \cdot 3! \cdot {}_9C_4 \cdot 4! = 5! \cdot \frac{6!}{3! \cdot 3!} \cdot 3! \cdot \frac{9!}{4! \cdot 5!} \cdot 4! = 5! \cdot 9!\ (通り)$$

である。

以上，(i)，(ii)，(iii) より，

$$\begin{aligned} s &= 3 \cdot 6 \cdot 7! \cdot 4! + 6! \cdot 8! + 5! \cdot 9! \\ &= 8! \cdot 6 \cdot 3 \cdot (3 + 5 \cdot 4 \cdot 2 + 5 \cdot 4 \cdot 3) \\ &= 8! \cdot 6 \cdot 3 \cdot 103 \end{aligned}$$

であるから，

$$q = \frac{s}{r} = \frac{8! \cdot 6 \cdot 3 \cdot 103 \cdot 5!}{8! \cdot 9!} = \frac{6 \cdot 3 \cdot 103}{9 \cdot 8 \cdot 7 \cdot 6} = \mathbf{\frac{103}{168}}$$

である。

解説

1°　2022 年度に引き続き，確率が出題された。2021 年度までの 5 年間ほど確率が出題されなかったので，この先しばらくはかつてのように毎年出題され続けるかもしれない。2022 年度の確率は難問であったが，文理共通に出題された本問は，東大理科としては標準的で，2023 年度のセットの中ではしっかり得点しておきたい問題である。

「隣り合わない」確率の問題は教科書や問題集等にもあり，(1) は確実に解けなければいけない基本問題である。(2) の条件付き確率も考え方は難しくなく ((1) の場合の数を“分母”として考えればよい)，場合の数を数える際の場合分けがポイントになる。試験場では混乱してしまうかもしれないが，適切に分類して手際よく処理する能力は，東大理科が従来から要求しているものである。

2°　さて，本問は (1)，(2) ともに“場合の数の比”として求める確率の問題であり，「何を同様の確からしさとみるか」を明確にすることが第一歩である。問題文に「袋から個々の玉が取り出される確率は等しいものとする」とあるので，黒，赤，白の合計 12 個の玉を 1 列に並べる並べ方のそれぞれが等確率である，ということに紛れはない。その際，各玉はすべて相異なるものとして区別することが確率の原則である。それゆえ，(1) では相異なる 12 個の順列の数

$$12!\ \text{通り}$$

のおのおのを等確率とみるのが基本である。**解答**はこの方針に基づいて，“分母”を 12! とし，これと同じ基準で“分子”の場合の数を数えた。

これに対して，本問では赤玉あるいは黒玉が隣り合うか否かが問題となっており，“色の配列”だけに注目すればよいことから，相異なる 12 カ所の場所のうちどの場所にどの色が並ぶか，と考えれば，

$${}_{12}C_3 \cdot {}_9C_4 \cdot {}_5C_5 = {}_{12}C_3 \cdot {}_9C_4\ (\text{通り})$$

のおのおのが等確率と考えることもできる。この考え方でも玉の 1 個 1 個は相異なるものとして区別していることに注意しよう。すなわち，12! 通りのうち色の配列が同一である順列が同じ個数ずつあることから，それらを“束(たば)”とみてその束のおのおのが同様に確からしい，と考えているのである。

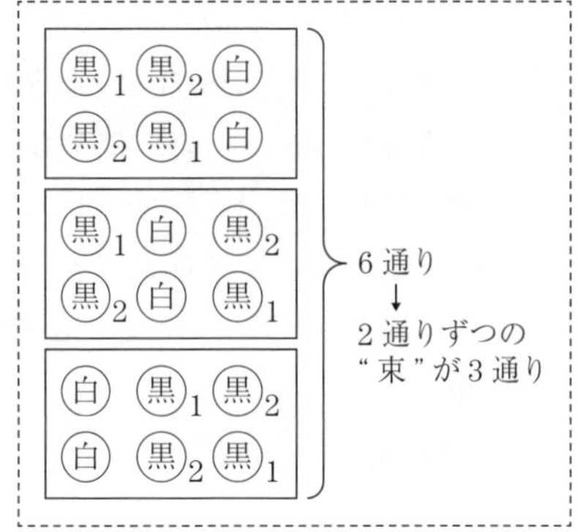

たとえば，黒玉2個と白玉1個の合計3個の順列は3!=6(通り)であるが，この中には黒黒白，黒白黒，白黒黒という3通りの色の配列がそれぞれ2!通りずつ(2個の黒玉は黒1，黒2と区別しているので，黒玉の順列は2!通り)あるので，$\dfrac{3!}{2!}=3$(通り) のおのおのが同様に確からしい，としてよい。

“分母”と同じ基準で“分子”も数えれば正しい結果が得られるのである。“色の配列”だけに注目した解答は，解説 4°で述べることにする。

3° 「隣り合わない」場合の数は，

「隣り合ってもよいものを並べ，その間または両端に隣り合ってはいけないものを入れていく」

場合の数と1対1に対応することに基づいて考えるのが基本である。これは学習しておかなければならないことである。「～でない」という否定条件の場合の数を直接数えるのは大変であり，肯定条件の隣り合ってよいものを先に並べて，その後，調整することがポイントである。

これに基づけば，(1)は容易に解決する。(2)も同様に考えればよいのであるが，赤玉と黒玉が両方とも隣り合ってはいけない場合を数えなければならず，直接的には難しい。赤玉か黒玉のどちらか一方はあとで隣り合わないように並べることにし，他方の色の玉と白玉を先に並べることを考えるとよい。このとき，

＜方針1＞　白玉と赤玉を先に並べて，黒玉を，赤玉も黒玉も隣り合わないように並べる

＜方針2＞　白玉と黒玉を先に並べて，赤玉を，赤玉も黒玉も隣り合わないように並べる

という2通りの方針が考えられる。このとき，＜方針1＞では，先に並べる赤玉が隣り合う場合は，その間に後で並べる黒玉を入れなければならず，＜方針2＞では，先に並べる黒玉が隣り合う場合は，その間に後で並べる赤玉を入れなければならない，ということに注意しなければならない。それゆえ，＜方針1＞では先に玉を並べる際に赤玉が何個隣り合うか，＜方針2＞では先に玉を並べる際に黒玉が何個隣り合うか，で場合分けする必要がある。この場合分けを丁寧に行って数えるこ

とが(2)のポイントである。黒玉の個数(3個)の方が赤玉の個数(4個)より少ないので，<方針2>の方が場合分けが少なくて済む。そこで，**解答**では<方針2>に拠ったのである。<方針1>でも解決できるので，各自考察してみるとよい。やや煩雑ではあるが，検算の一手段になる。

4° "色の配列"だけに注目すると，つぎのような計算になる。**解答**のB，R，W，Ⓐ，Ⓑなどを用いることにして，簡略に記すことにする。

別解

B3個，R4個，W5個の合計12個を横一列に並べる色の配列を M 通りとすると，

$$M={}_{12}C_3\cdot{}_9C_4$$

であり，このおのおのは同様に確からしい。

(1) M 通りのうち，Ⓐとなる色の配列を t 通りとすると，BとWの色の配列が ${}_8C_3$ 通り，その後のRの入れ方が ${}_9C_4$ 通りであるから，

$$t={}_8C_3\cdot{}_9C_4$$

である。

よって，

$$p=\frac{t}{M}=\frac{{}_8C_3}{{}_{12}C_3}=\frac{8\cdot7\cdot6}{12\cdot11\cdot10}=\mathbf{\frac{14}{55}}$$

である。

(2) t 通りのうち，Ⓑとなる色の配列を u 通りとし，u を求めるために，**解答**と同様にBが何個隣り合うかで場合分けする。

(i) Bが3個とも隣り合うとき，**解答**のXを用い，5個のWを1列に並べ，これら5個の玉と玉の間または両端の6カ所から1カ所選んでXを入れるときの色の配列は，

6通り

であり，この6通りのおのおのの並べ方に対し，**解答**と同様に4カ所にRを入れる。その並べ方の色の配列は，

${}_7C_2$ 通り

であるから，この場合のⒷは，

$$6\cdot{}_7C_2=6\cdot\frac{7!}{2!\cdot5!}=6\cdot7\cdot3\ (\text{通り})$$

である。

(ii) Bが2個だけ隣り合うとき，**解** **答**のYを用い，まず，5個のWを1列に並べ，これら5個の玉と玉の間または両端の6カ所から2カ所選んでBとYを入れるときの色の配列は，

$_6C_2\cdot 2!$ 通り

である。次に，この $_6C_2\cdot 2!$ 通りのおのおのの並べ方に対し，**解** **答**と同様に4カ所にRを入れる。その並べ方の色の配列は，

$_8C_3$ 通り

であるから，この場合の Ⓑ は，

$$_6C_2\cdot 2!\cdot {}_8C_3=\frac{6!}{2!\cdot 4!}\cdot 2!\cdot\frac{8!}{3!\cdot 5!}=6\cdot 5\cdot 8\cdot 7\ (\text{通り})$$

である。

(iii) Bが隣り合うことがないとき，まず，5個のWを1列に並べ，これら5個の玉と玉の間または両端の6カ所から3カ所選んでBを入れるときの色の配列は，

$_6C_3$ 通り

である。次に，この $_6C_3$ 通りのおのおのの並べ方に対し，**解** **答**と同様に4カ所にRを入れる。その並べ方の色の配列は，

$_9C_4$ 通り

であるから，この場合の Ⓑ は，

$$_6C_3\cdot {}_9C_4=\frac{6!}{3!\cdot 3!}\cdot\frac{9!}{4!\cdot 5!}=5\cdot 9\cdot 8\cdot 7\ (\text{通り})$$

である。

以上，(i)，(ii)，(iii) より，

$$\begin{aligned}u&=6\cdot 7\cdot 3+6\cdot 5\cdot 8\cdot 7+5\cdot 9\cdot 8\cdot 7\\&=7\cdot 6\cdot(3+5\cdot 8+5\cdot 3\cdot 4)\\&=7\cdot 6\cdot 103\end{aligned}$$

であるから，

$$q=\frac{u}{t}=\frac{7\cdot 6\cdot 103}{_8C_3\cdot {}_9C_4}=\frac{7\cdot 6\cdot 103}{8\cdot 7\cdot 3\cdot 7\cdot 6}=\boldsymbol{\frac{103}{168}}$$

である。

5° (2) では余事象を利用することもできる。すなわち，

「どのRも隣り合わず，かつ，Bが隣り合う並べ方」　……Ⓒ

を考えて，r を“分母”とする場合の Ⓒ の場合の数を a 通りとすると，

$$q=1-\frac{a}{r}$$

で与えられる。

Ⓒにおいては，少なくとも2個のBが隣り合うことに注意して，

(ア)　初めに，3個のBが隣り合う場合を重複して数える

(イ)　その後，重複する場合を数えて除く

と考えてaを求めるとよい。(ア)，(イ)はつぎのようになる。

(ア)　隣り合う2個のBを1個の玉とみてZで表すと，まず，Z内のBの並べ方が，3個中どの2個のBかにも注意し，

$${}_3C_2\cdot 2!=3!\text{（通り）}$$

である。次に，この3!通りのおのおのに対し，5個のW，1個のB，1個のZの並べ方が，

$$7!\text{（通り）}$$

である。さらに，この7!通りのおのおのに対し，W，B，Zの計7個の玉の間または両端の8カ所から4カ所選んでRを1個ずつ並べるときの並べ方が，

$${}_8C_4\cdot 4!=\frac{8!}{4!\cdot 4!}\cdot 4!=\frac{8!}{4!}\text{（通り）}$$

であるから，(ア)の場合の数は，

$$3!\cdot 7!\cdot\frac{8!}{4!}=\frac{7!\cdot 8!}{4}\text{（通り）}$$

である。

(イ)　この$\frac{7!\cdot 8!}{4}$通りのうち3個のBが隣り合う場合，すなわち，BZまたはZBと並ぶ場合は，BZまたはZBを1個の玉とみてGで表すと，まず，G内の並べ方が，

$$3!\text{（通り）}$$

である。次に，この3!通りのおのおのに対し，5個のWと1個のGの並べ方が，

$$6!\text{（通り）}$$

である。さらに，この6!通りのおのおのに対し，W，Gの計6個の玉の間または両端の7カ所から4カ所選んでRを1個ずつ並べるときの並べ方が，

$${}_7C_4\cdot 4!=\frac{7!}{4!\cdot 3!}\cdot 4!=\frac{7!}{3!}\text{（通り）}$$

であるから，(イ)の場合の数は，

$$3!\cdot 6!\cdot\frac{7!}{3!}=6!\cdot 7!\text{（通り）}$$

である。

以上，(ア)，(イ)より，

$$a=\frac{7!\cdot 8!}{4}-6!\cdot 7!=6!\cdot 7!\cdot(2\cdot 7-1)=6!\cdot 7!\cdot 13$$

であるから，

$$q=1-\frac{a}{r}=1-\frac{6!\cdot 7!\cdot 13\cdot 5!}{8!\cdot 9!}=1-\frac{65}{168}=\frac{103}{168}$$

となる。

なお，“分母”を t 通りとした場合の余事象による解答も同様にできる。各自で考えてみてもらいたい。

第 3 問

解答

(1)　C 上の点は，$(\cos\varphi,\ a+\sin\varphi)$ $(-\pi<\varphi\leqq\pi)$ と表せるから，

「C が，不等式 $y>x^2$ の表す領域に含まれる」

$\iff$「不等式

$$a+\sin\varphi>\cos^2\varphi \quad \cdots\cdots① \qquad \cdots\cdots Ⓐ$$

が，$-\pi<\varphi\leqq\pi$ なるすべての φ に対して成り立つ」

である。

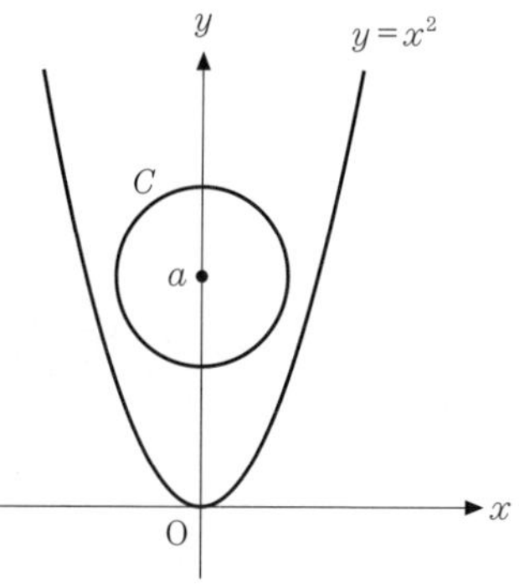

ここで，

$$① \iff a+\sin\varphi>1-\sin^2\varphi$$

$$\iff a>-\left(\sin\varphi+\frac{1}{2}\right)^2+\frac{5}{4} \quad \cdots\cdots②$$

であり，φ が $-\pi<\varphi\leqq\pi$ を変化するとき，$\sin\varphi$ は，

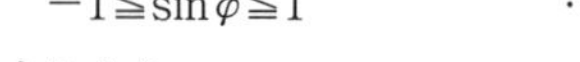

$$-1\leqq\sin\varphi\leqq 1 \quad \cdots\cdots③$$

を変化するから，

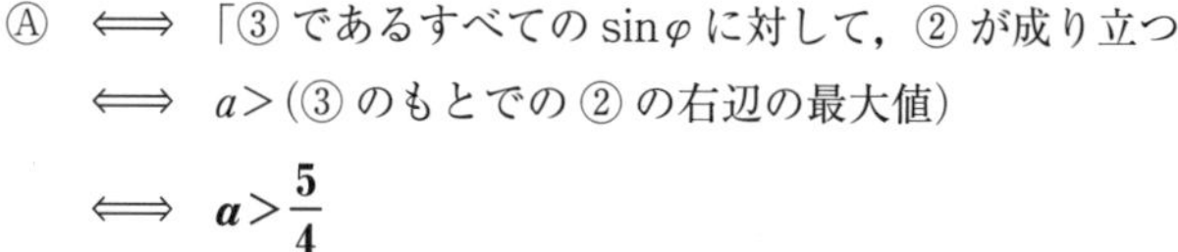

Ⓐ $\iff$「③であるすべての $\sin\varphi$ に対して，②が成り立つ」

$\iff$ $a>$(③のもとでの②の右辺の最大値)

$\iff$ $\boldsymbol{a>\frac{5}{4}}$

である。これが求める a の範囲である。

(2) A(0, a)とすると，S 上の点Pは，y 軸の負の向きから $\overrightarrow{\mathrm{AP}}$ まで反時計回りに測った右図の角 θ を用いて

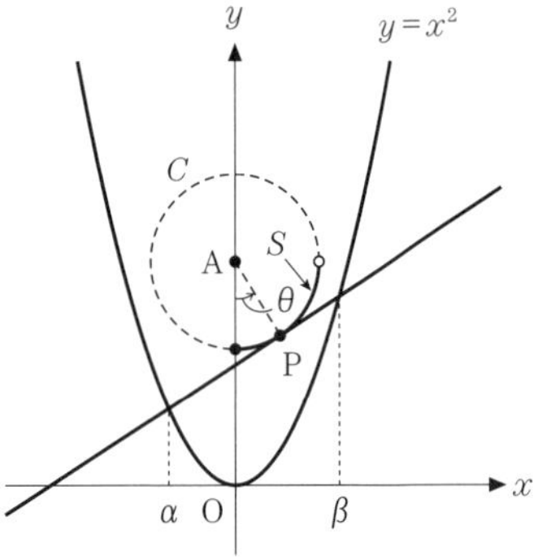

$$\mathrm{P}(\sin\theta,\ a-\cos\theta)\quad\left(0\leqq\theta<\frac{\pi}{2}\right)\quad\cdots\cdots④$$

と表せる。

まず，この θ を用いて L_{P} を表そう。

④で表される点Pでの C の接線は，

$\overrightarrow{\mathrm{AP}}=\begin{pmatrix}\sin\theta\\-\cos\theta\end{pmatrix}$ が法線ベクトルであるから，

$$\sin\theta(x-\sin\theta)+(-\cos\theta)\{y-(a-\cos\theta)\}=0$$

すなわち，

$$y=(\tan\theta)x+a-\frac{1}{\cos\theta}\quad\cdots\cdots④$$

と表される。この④と $y=x^2$ と連立させて，y を消去し整理すると，

$$x^2=(\tan\theta)x+a-\frac{1}{\cos\theta}\ \text{より，}\ x^2-(\tan\theta)x-a+\frac{1}{\cos\theta}=0\quad\cdots\cdots⑤$$

を得る。この x の2次方程式⑤の2実解を α，β $(\alpha<\beta)$ とすると，

$$\left.\begin{matrix}\alpha\\\beta\end{matrix}\right\}=\frac{1}{2}\left(\tan\theta\pm\sqrt{\tan^2\theta+4a-\frac{4}{\cos\theta}}\right)$$

であるから，

$$\begin{aligned}L_{\mathrm{P}}&=\sqrt{1+\tan^2\theta}\cdot(\beta-\alpha)\\&=\sqrt{1+\tan^2\theta}\cdot\sqrt{\tan^2\theta+4a-\frac{4}{\cos\theta}}\\&=\sqrt{\frac{1}{\cos^2\theta}}\cdot\sqrt{\frac{1}{\cos^2\theta}-1+4a-\frac{4}{\cos\theta}}\quad\cdots\cdots⑥\end{aligned}$$

と表される。

そこで，次に

$$u=\frac{1}{\cos\theta}\quad\cdots\cdots⑦$$

とおくと，⑥より，

$$\begin{aligned}L_{\mathrm{P}}&=\sqrt{u^2}\cdot\sqrt{u^2-1+4a-4u}\\&=\sqrt{u^4-4u^3+(4a-1)u^2}\quad\cdots\cdots⑧\end{aligned}$$

と表され，

$$\text{“}0 \leqq \theta < \frac{\pi}{2} \text{ を満たす } \theta \text{ と，} u \geqq 1 \text{ を満たす } u \text{ が1対1に対応する”}$$

……(＊)

から，⑧の$\sqrt{}$内を $f(u)$ とおくと，

「$L_Q = L_R$ となる S 上の相異なる2点Q，Rが存在する」

$\iff$ 「$f(u_1)=f(u_2)$ かつ $u_1 \geqq 1$ かつ $u_2 \geqq 1$ を満たす相異なる u_1，u_2 が存在する」 ……Ⓑ

である。

よって，Ⓑであるような a の範囲を求めればよく，そのために $f(u)$ の増減を調べる。

$$f'(u) = 4u^3 - 12u^2 + 2(4a-1)u$$
$$= 4u\left\{\left(u - \frac{3}{2}\right)^2 + 2a - \frac{11}{4}\right\}$$

であることと，

$$a > \frac{5}{4} \text{ のもとでは，} f'(1) = 2(4a-5) > 0$$

であることより，$f'(u)$ の符号変化の様子は $2a - \dfrac{11}{4}$ が0以上か否かで場合が分かれる。

(i)　$2a - \dfrac{11}{4} \geqq 0$，すなわち，$a \geqq \dfrac{11}{8}$ のとき，

右図を参照することにより，$u \geqq 1$ における $f(u)$ の増減は下表のようになる。

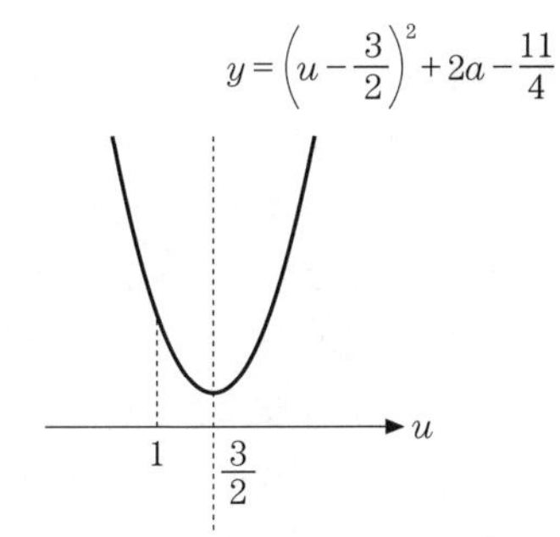

u	1	…	$\frac{3}{2}$	…
$f'(u)$		+		+
$f(u)$		↗		↗

したがって，$f(u)$ は $u \geqq 1$ において単調に増加し，Ⓑは成立しない。

(ii) $2a-\frac{11}{4}<0$, すなわち, $\frac{5}{4}<a<\frac{11}{8}$ のとき,

右図を参照することにより,

$$\left(u-\frac{3}{2}\right)^2+2a-\frac{11}{4}=0 \text{ の 2 解}$$

$$\left.\begin{matrix}\gamma\\ \delta\end{matrix}\right\}=\frac{3}{2}\pm\sqrt{\frac{11}{4}-2a}\quad(\gamma<\delta)$$

を用いて, $u\geqq 1$ における $f(u)$ の増減は下表のようになる。

u	1	$\cdots$	γ	$\cdots$	δ	$\cdots$
$f'(u)$		$+$	0	$-$	0	$+$
$f(u)$		↗		↘		↗

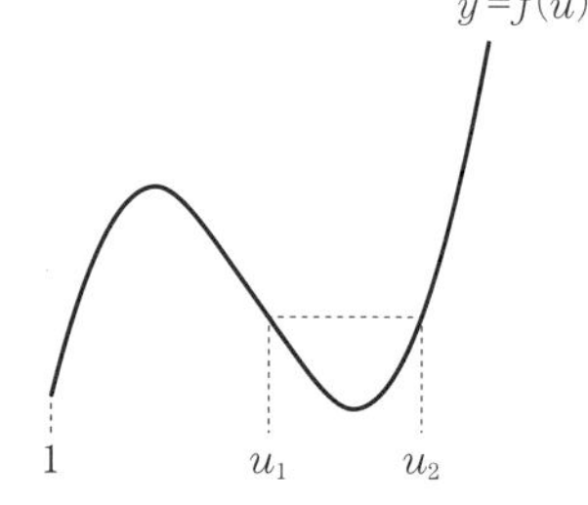

したがって, 曲線 $y=f(u)$ の概形は右図のようになり, Ⓑ が成立する。

以上から, 求める a の範囲は,

$$\boldsymbol{\frac{5}{4}<a<\frac{11}{8}}$$

である。

解説

1° 座標平面上の円, 放物線, 直線に関する問題で, 数学Ⅱの図形と方程式, 微分法の分野の問題である。このような座標に関する問題も, 東大理科では頻出であり, 特に本問のように $y=x^2$ を題材とする問題が多いのは東大の特徴である。

さて, 本問は, (1) は基本問題で確実に得点すべき問題であるが, (2) はパラメタをどう設定すればよいかなど, 自由度があって初めに見通しが立たず, ある程度計算を進めてみないとわからないという点で, 難しい問題である。(2) ではどのような方針を採るにせよ, 最終的には 4 次関数の極値問題に帰着される。そのことを掴むには時間を要するので, 試験場では他の問題との兼ね合いで, (2) を解き切るのかそうでないかの判断を迫られることになるであろう。

なお, 2021 年度, 2022 年度, 2023 年度と, 理科でも数学Ⅱの範囲の微分法の問題が連続して出題されている。数学Ⅲ・数学Ⅱと区別することなく微積分法の学習をしっかりとしておかねばならないことは当然である。

2° (1)は，**解答**のようにC上の点をパラメタ表示してしまえば，素直に不等式$y>x^2$に代入してその成立条件を考えるだけで解決に向かう。これが最も簡明な方法であろう。

解答の方法とは別に，放物線$y=x^2$の上側の領域にCが含まれる条件を，

「(Cの中心Aのy座標)＞(Cの半径)

かつ

(中心Aと放物線$y=x^2$上の動点Tとの距離の最小値)＞(Cの半径)」 ……Ⓒ

と捉えるのもよい。

すなわち，$a>1$のもとで，A$(0,\ a)$と放物線$y=x^2$上の動点T$(x,\ y)$(ただし，$y=x^2$)との距離の2乗

$$\begin{aligned}\mathrm{AT}^2&=(x-0)^2+(y-a)^2\\&=y+(y-a)^2\quad(x^2=y\ \text{であることを用いた})\\&=y^2-(2a-1)y+a^2\\&=\left(y-\frac{2a-1}{2}\right)^2+\frac{4a-1}{4}\end{aligned}$$

において，yの変域が$y\geqq 0$であり，$a>1$のもとでは$\dfrac{2a-1}{2}>0$であることに注意すると，AT^2の最小値は，$\dfrac{4a-1}{4}$であるから，

$$\text{Ⓒ}\iff a>1\ \text{かつ}\ \frac{4a-1}{4}>1$$

$$\iff a>\frac{5}{4}$$

である。

これ以外にも，Cが放物線$y=x^2$に上側から接するときのaの値を，接点における$y=x^2$の法線がCの中心を通ることなどを利用して求め$\left(a=\dfrac{5}{4}\text{になる}\right)$，その値よりも$a$が大きいことが必要十分であることを幾何的に説明するなど，いくつか方法はある。いずれの方法に拠るにしても，容易に解決する問題である。

3° (2)は，幾何的考察では何もわからないので，とりあえず適当なパラメタを設定してL_{P}を表してみるしかない。点PがSという円弧上にあるので，円に馴染みやすい三角関数を利用する，すなわち，角度をパラメタにとって表すのが自然な方法

であろう。その際，**解答**の(1)のように設定して φ の範囲を $-\frac{\pi}{2} \leqq \varphi < 0$ に限定してもよいが，**解答**のように $0 \leqq \theta < \frac{\pi}{2}$ なる角 θ をとると，接線の傾きが $\tan\theta$ となってきれいになることを見通しておくとよい（θ が，x 軸の正の向きから接線まで反時計回りに測った角に等しいことを見抜いておくとよい）。その後は，点Pにおける C の接線を立式し，放物線 $y=x^2$ との交点の座標を求め，L_{P} を表す式⑥を求める，という手順になる。ここまでの計算において，**解答**では，

・法線ベクトルが $\begin{pmatrix} a \\ b \end{pmatrix}$ で点 $(x_0,\ y_0)$ を通る直線の方程式は，

$$a(x-x_0)+b(y-y_0)=0$$

と表される

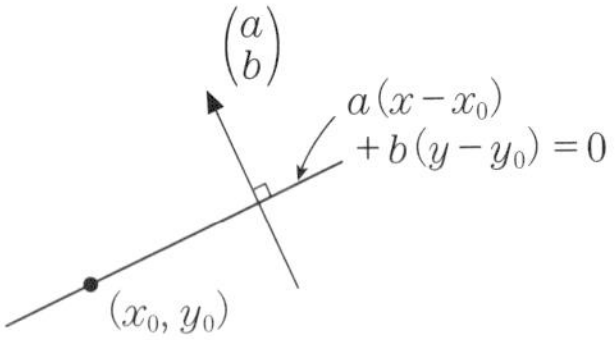

・傾き m の直線上の，$x=x_1$，$x=x_2$ である2点間の距離は，

$$\sqrt{1+m^2}\,|x_1-x_2|$$

で与えられる

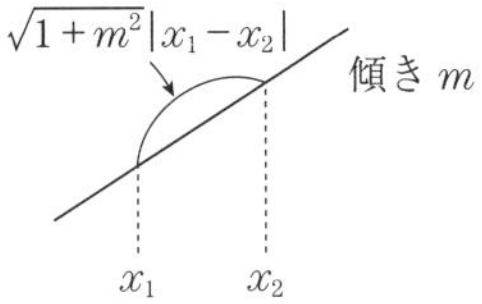

という基本事項を用いている。なお，点Pにおける C の接線を立式する際は，円の接線

の公式

・円 $(x-\alpha)^2+(y-\beta)^2=r^2$ 上の点 $(x_0,\ y_0)$ における接線は，

$$(x_0-\alpha)(x-\alpha)+(y_0-\beta)(y-\beta)=r^2$$

と表される

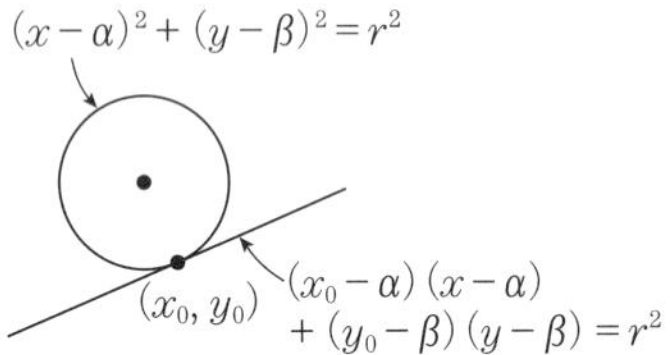

を用いてもよい。

なお，x の2次方程式⑤が相異なる2実解をもつことは，(1)のもとでは幾何的に自明であるので，特に触れる必要はないだろう。

4°　さて，L_{P} を⑥のように表せば，その形から⑦の置き換えをして⑧のように表そうとすることは自然であろう。そうすると，問題の要求をⒷのように言い換えることができ，この言い換えが本間のキーポイントになる。また，その前提として，(＊)のように θ と u の対応関係を押さえておくことも重要である。Ⓑは，

「$f(u)=k$ かつ $u \geqq 1$ を満たす u が2個以上存在するような実数 k がとれる」　……Ⓑ′

と表現することもできる。いずれにしても Ⓑ のように言い換えさえすれば，その後は $f(u)$ のグラフの概形を調べるつもりになればよいことがわかるだろう。結局，4次関数 $f(u)$ が $u \geqq 1$ の範囲に極値をもつような a の条件を求める，という4次関数の極値の配置問題に帰着する。それゆえ，Ⓑ を考察するには，微分法を利用して，導関数の符号の変化をみる，という定型的な作業を踏襲すればよく，丁寧に場合分けを行えばよい。**解** **答** では，グラフを利用して $f'(u)$ の符号の説明をしたが，

(i)　$2a-\frac{11}{4} \geqq 0$，すなわち，$a \geqq \frac{11}{8}$ のとき，$u \geqq 1$ において，

$$f'(u)=4u\left\{\left(u-\frac{3}{2}\right)^2+2a-\frac{11}{4}\right\} \geqq 0$$

(ii)　$2a-\frac{11}{4}<0$，すなわち，$\frac{5}{4}<a<\frac{11}{8}$ のとき，$\left(u-\frac{3}{2}\right)^2+2a-\frac{11}{4}=0$ の2解

$$\left.\begin{matrix}\gamma\\ \delta\end{matrix}\right\}=\frac{3}{2}\pm\sqrt{\frac{11}{4}-2a}\quad(\gamma<\delta)$$

を用いて

$$f'(u)=4u(u-\gamma)(u-\delta)$$

と変形できることから，$u \geqq 1$ においては，$u=\gamma$ と $u=\delta$ の前後で符号が変化する

のように，式変形によって，導関数の符号の説明をしてもよい。

5°　L_P を表す際のパラメタの取り方は，解答の θ 以外にもいくつか考えられる。例えば，

(ア)　接線の式を $y=mx+n$ とおいて m と n の関係を導き，L_P を表す

(イ)　接線と放物線 $y=x^2$ の2交点の x 座標を α，β とおいて，α，β の関係を導き，L_P を表す

などの方法も考えられる。これらは，直線が放物線から切り取られる線分の長さが，**解説** **3°** に記した公式 $\sqrt{1+m^2}|x_1-x_2|$ によって与えられることに着眼して，この公式に表れる傾きや交点の x 座標をパラメタにとるとよいのでは，という着想に基づく。

(ア)の方針によるあらすじはつぎのようになる。

直線 $mx-y+n=0$ が円 $C: x^2+(y-a)^2=1$ に接することから，中心との距離を考え，

$$\frac{|m\cdot 0-a+n|}{\sqrt{m^2+(-1)^2}}=1 \qquad \therefore \quad |-a+n|=\sqrt{m^2+1}$$

$\therefore \quad a-n=\sqrt{m^2+1}$　（∵　PはS上ゆえ，$n<a$）

$\therefore \quad n=a-\sqrt{m^2+1}$

よって，接線は $y=mx+a-\sqrt{m^2+1}$ と表され，これと $y=x^2$ を連立させて，xの2次方程式を作り，その2解を用い，**解答**と同様にしてL_Pを立式すればよい。その際，$u=\sqrt{1+m^2}$ とおけば，**解答**の式⑧が得られる。

また，(イ)の方針によるあらすじはつぎのようになる。

2点$(\alpha,\ \alpha^2)$，$(\beta,\ \beta^2)$ $(\alpha<\beta)$を通る直線の方程式は，

$$y=\frac{\alpha^2-\beta^2}{\alpha-\beta}(x-\alpha)+\alpha^2 \qquad \therefore \quad y=(\alpha+\beta)x-\alpha\beta$$

このあとは，上のmを$\alpha+\beta$で，nを$-\alpha\beta$で置き換えれば，まったく同様の議論になる。

いずれにしても，適当に置き換える(変数変換する)ことで，4次関数の極値の配置問題に帰着するが，置き換え(変数変換)をするときは，置き換える前の変数と置き換えた後の変数の対応関係に細心の注意を払っておかねばならない。

第 4 問

解答

$$\mathrm{O}(0,\ 0,\ 0),\ \mathrm{A}(2,\ 0,\ 0),\ \mathrm{B}(1,\ 1,\ 1),\ \mathrm{C}(1,\ 2,\ 3) \qquad \cdots\cdots①$$

である。

(1)
$$\overrightarrow{\mathrm{OP}}\perp\overrightarrow{\mathrm{OA}},\ \overrightarrow{\mathrm{OP}}\perp\overrightarrow{\mathrm{OB}},\ \overrightarrow{\mathrm{OP}}\cdot\overrightarrow{\mathrm{OC}}=1 \qquad \cdots\cdots②$$

より，

$$\overrightarrow{\mathrm{OP}}\cdot\overrightarrow{\mathrm{OA}}=0,\ \overrightarrow{\mathrm{OP}}\cdot\overrightarrow{\mathrm{OB}}=0,\ \overrightarrow{\mathrm{OP}}\cdot\overrightarrow{\mathrm{OC}}=1$$

であり，P$(a,\ b,\ c)$とおくと，①も用い，

$$2a=0,\ a+b+c=0,\ a+2b+3c=1$$

であるから，これらをa，b，cの連立方程式として解くと，

$$a=0,\ b=-1,\ c=1$$

と定まる。よって，

$$\mathbf{P(0,\ -1,\ 1)} \qquad \cdots\cdots③$$

である。

(2)　点Hは，

(i)　直線AB上にある

(ii) $\overrightarrow{PH} \perp \overrightarrow{AB}$

をともに満たす点として定められる。

(i) より，

$$\overrightarrow{PH}=\overrightarrow{PA}+t\overrightarrow{AB} \quad \cdots\cdots④$$

となる実数 t が存在して，(ii) より，

$$\overrightarrow{PH}\cdot\overrightarrow{AB}=0 \quad \cdots\cdots⑤$$

であるから，④ を ⑤ に代入すると，$\overrightarrow{AB}\neq\vec{0}$ に注意し，

$$(\overrightarrow{PA}+t\overrightarrow{AB})\cdot\overrightarrow{AB}=0 \qquad \therefore \quad t=-\frac{\overrightarrow{PA}\cdot\overrightarrow{AB}}{|\overrightarrow{AB}|^2}$$

これを成分で計算すると，①，③ より $\overrightarrow{PA}=(2,\ 1,\ -1)$，$\overrightarrow{AB}=(-1,\ 1,\ 1)$ であるから，

$$t=-\frac{-2+1-1}{3}=\frac{2}{3}$$

となり，④ より，

$$\overrightarrow{PH}=\overrightarrow{PA}+\frac{2}{3}\overrightarrow{AB}$$

と表される。これを，始点を O にして書き直すことにより，

$$\overrightarrow{OH}-\overrightarrow{OP}=\overrightarrow{OA}-\overrightarrow{OP}+\frac{2}{3}(\overrightarrow{OB}-\overrightarrow{OA}),$$

すなわち，

$$\overrightarrow{OH}=\boldsymbol{\frac{1}{3}\overrightarrow{OA}+\frac{2}{3}\overrightarrow{OB}} \quad \cdots\cdots⑥$$

と表される。

(3) 点 R を，$\overrightarrow{OR}=\frac{3}{4}\overrightarrow{OA}$ を満たす点として定めると，点 Q は，

$$\overrightarrow{OQ}=\overrightarrow{OR}+\overrightarrow{OP} \quad \cdots\cdots⑦$$

により定められる。

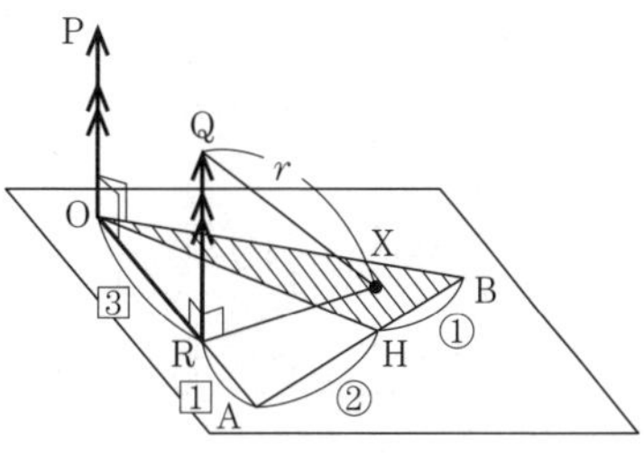

このとき，

$$\overrightarrow{QR}\perp(\text{平面 OHB}) \quad \cdots\cdots⑧$$

である。

なぜなら，まず，② より，

$$\overrightarrow{OP}\perp(\text{平面 OAB}) \quad \cdots\cdots⑨$$

であり，次に，⑥ より，

“点 H は線分 AB を 2：1 に内分する点” ……⑩

であるから，

“平面OHBと平面OABは同一の平面”　……⑪

である。さらに，⑦より，

$\overrightarrow{\mathrm{OQ}}-\overrightarrow{\mathrm{OR}}=\overrightarrow{\mathrm{OP}}$，すなわち，$\overrightarrow{\mathrm{RQ}}=\overrightarrow{\mathrm{OP}}$　……⑫

であるから，⑨と⑪および⑫から，⑧であることがわかる。

さて，Qを中心とする半径rの球面Sが三角形OHBと共有点を持つようなrの範囲とは，三角形OHB上の動点をXとすると，

$|\overrightarrow{\mathrm{QX}}|$の取りうる値の範囲　……(＊)

にほかならず，⑧であることと，⑫と③より$|\overrightarrow{\mathrm{QR}}|=|\overrightarrow{\mathrm{OP}}|=\sqrt{2}$であることにより，

$$|\overrightarrow{\mathrm{QX}}|=\sqrt{|\overrightarrow{\mathrm{QR}}|^2+|\overrightarrow{\mathrm{RX}}|^2}=\sqrt{2+|\overrightarrow{\mathrm{RX}}|^2}\quad\cdots\cdots⑬$$

であるから，

$|\overrightarrow{\mathrm{RX}}|$の取りうる値の範囲　……(＊＊)

がわかれば，⑬により，(＊)もわかる。

そこで，(＊＊)を調べよう。

いま，点Hは，点Pから直線ABへ下ろした垂線と直線ABの交点であることと⑨から，$\overrightarrow{\mathrm{OH}}\perp\overrightarrow{\mathrm{AB}}$を満たす。このことと，$\overrightarrow{\mathrm{OR}}=\dfrac{3}{4}\overrightarrow{\mathrm{OA}}$と⑩により，平面OHB上で，右図のようになっている。

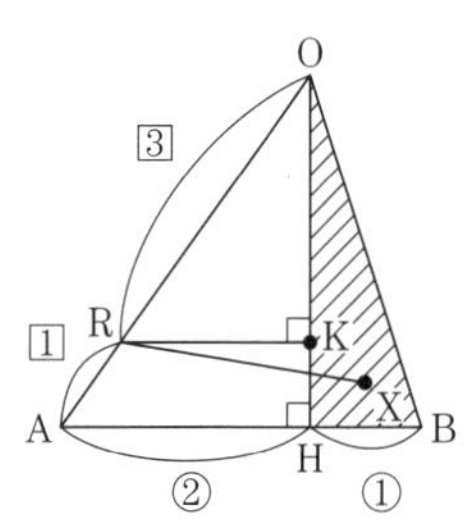

したがって，点Rから線分OHへ下ろした垂線と直線OHの交点をKとすると，図を参照して，(＊＊)は，

$$|\overrightarrow{\mathrm{RK}}|\leqq|\overrightarrow{\mathrm{RX}}|\leqq\max\{|\overrightarrow{\mathrm{RO}}|,\ |\overrightarrow{\mathrm{RB}}|\}\quad\cdots\cdots⑭$$

である。ここで，実数p, qに対して$\max\{p,\ q\}$はpとqのうちの最大値を表す。

しかるに，

$$|\overrightarrow{\mathrm{RK}}|=\frac{3}{4}|\overrightarrow{\mathrm{AH}}|=\frac{3}{4}\cdot\frac{2}{3}|\overrightarrow{\mathrm{AB}}|=\frac{3}{4}\cdot\frac{2}{3}\cdot\sqrt{3}=\frac{\sqrt{3}}{2}$$

$$|\overrightarrow{\mathrm{RO}}|=\frac{3}{4}|\overrightarrow{\mathrm{OA}}|=\frac{3}{4}\cdot 2=\frac{3}{2}$$

$$|\overrightarrow{\mathrm{RB}}|=|\overrightarrow{\mathrm{OB}}-\overrightarrow{\mathrm{OR}}|=\left|\left(-\frac{1}{2},\ 1,\ 1\right)\right|=\frac{3}{2}\quad\left(\because\ \overrightarrow{\mathrm{OR}}=\frac{3}{4}\overrightarrow{\mathrm{OA}}=\left(\frac{3}{2},\ 0,\ 0\right)\right)$$

であるから，⑭より$|\overrightarrow{\mathrm{RX}}|$の取りうる値の範囲は，

$$\frac{\sqrt{3}}{2}\leqq|\overrightarrow{\mathrm{RX}}|\leqq\frac{3}{2}$$

であり，それゆえ ⑬ より，$|\overrightarrow{QX}|$ の取りうる値の範囲は，

$$\sqrt{2+\left(\frac{\sqrt{3}}{2}\right)^2} \leqq |\overrightarrow{QX}| \leqq \sqrt{2+\left(\frac{3}{2}\right)^2}$$

である。

したがって，求める r の範囲は，

$$\boldsymbol{\frac{\sqrt{11}}{2} \leqq r \leqq \frac{\sqrt{17}}{2}}$$

である。

解説

1°　東大理科では頻出の空間図形の問題である。2023年度は第6問にも立体図形の体積の問題があり，例年よりも立体・空間図形の出題比率が高い。東大理科を目指す受験生は，立体・空間感覚を十分に鍛えておくことが望まれる。本問は，体積との融合ではなく空間図形単独の出題であり，共通テストの空間ベクトルの問題をきちんと解決できる能力があれば，満点も可能な問題である。特に(1)，(2)は確実に得点すべき基本問題である。(3)は(1)，(2)の結果を踏まえ，図形の位置関係を捉えなければならず，最終的には平面図形の問題に帰着するが，試験場ではやや難しく感じたかもしれない。とはいえ(1)，(2)が親切なヒントになる設問であり，2023年度の6題の中では解きやすい問題であって，合否のカギを握る問題になった可能性もある。この程度はクリアしなければならない，という指標となる問題である。

2°　(1)は解説不要であろう。単なる計算問題である。

(2)も，3点A，B，Hの共線条件と PH⊥AB の垂直条件をベクトルで書き直せばよいだけである。ちなみに(2)の解決手順を一般化すると，いわゆる正射影ベクトルの公式が得られる。

一般に，$\overrightarrow{a}$ を，$\overrightarrow{l}$ を方向ベクトルとする直線上に正射影したベクトルを $\overrightarrow{x}$ とすると，

$$\overrightarrow{x}=\frac{\overrightarrow{a}\cdot\overrightarrow{l}}{|\overrightarrow{l}|^2}\overrightarrow{l}$$

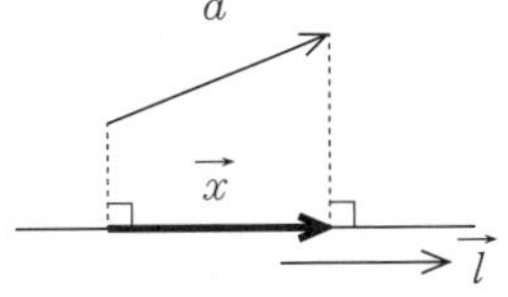

と表される(各自証明してみよ)。これを用いると，(2)は，

$$\overrightarrow{OH}=\overrightarrow{OA}+\overrightarrow{AH}=\overrightarrow{OA}+\frac{\overrightarrow{AP}\cdot\overrightarrow{AB}}{|\overrightarrow{AB}|^2}\overrightarrow{AB}$$

$$=\overrightarrow{\mathrm{OA}}+\frac{2}{3}\overrightarrow{\mathrm{AB}}=\overrightarrow{\mathrm{OA}}+\frac{2}{3}(\overrightarrow{\mathrm{OB}}-\overrightarrow{\mathrm{OA}})$$

$$=\frac{1}{3}\overrightarrow{\mathrm{OA}}+\frac{2}{3}\overrightarrow{\mathrm{OB}}$$

と求められるが，本問ではこれを公式として用いることは避ける方が無難であろう。導出過程の記述を要求されているとみるべきで，これは検算用にとどめておくのがよい。

なお，(2)における最終結果の表現は一意的である。$\overrightarrow{\mathrm{OA}}$ と $\overrightarrow{\mathrm{OB}}$ はともに $\vec{0}$ でなく，平行でもない，すなわち，線型独立なベクトルであるからである。

3°　(3)は，(1)，(2)の結果から得られる情報から，座標空間内の図形の位置関係を把握し，問題の要求を解答の(＊)のように言い換えて，最終的に(＊＊)の考察に持ち込むことがポイントである。

まず，設問(1)と(2)からわかることを整理しておこう。

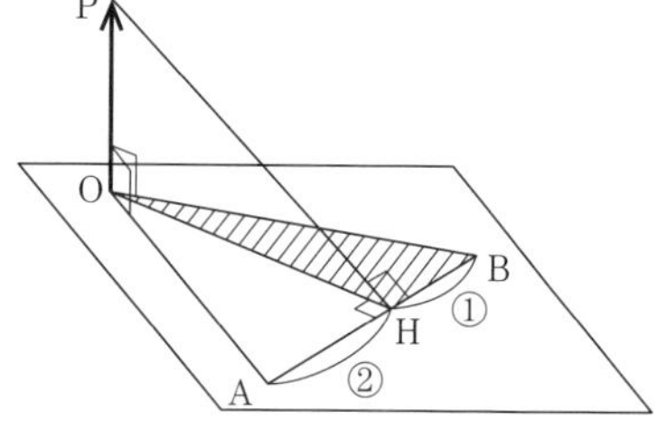

(1)の設問の条件から，解答の⑨となっており，(2)の設問の条件と結果より，$\overrightarrow{\mathrm{PH}}\perp\overrightarrow{\mathrm{AB}}$ であって，解答の⑩がわかる。この段階で，$\overrightarrow{\mathrm{OH}}\perp\overrightarrow{\mathrm{AB}}$ であることに気づいておきたい(右図)。なぜなら，解答の⑨により，$\overrightarrow{\mathrm{OP}}\perp\overrightarrow{\mathrm{AB}}$ であって $\overrightarrow{\mathrm{AB}}$ は $\overrightarrow{\mathrm{OP}}$ と $\overrightarrow{\mathrm{PH}}$ の双方に垂直であるから，$\overrightarrow{\mathrm{AB}}\perp$(平面 OHP)であり，それゆえ $\overrightarrow{\mathrm{OH}}\perp\overrightarrow{\mathrm{AB}}$ であるからである。このことは「三垂線の定理」からわかるので，解答では特に説明を加えなかった。「三垂線の定理」とはつぎのような定理であり，これは教科書にもあるので各自で証明を確認しておいてもらいたい。

＜三垂線の定理＞

点Pとそれを含まない平面 α があり，また，α 上に点Oとそれを含まない直線 l があり，さらに直線 l 上に点Aがあるとき，

(1)　$\mathrm{PO}\perp\alpha$ かつ $\mathrm{OA}\perp l \Longrightarrow \mathrm{PA}\perp l$

(2)　$\mathrm{PO}\perp\alpha$ かつ $\mathrm{PA}\perp l \Longrightarrow \mathrm{OA}\perp l$

(3)　$\mathrm{PA}\perp l$ かつ $\mathrm{OA}\perp l$ かつ $\mathrm{PO}\perp\mathrm{OA} \Longrightarrow \mathrm{PO}\perp\alpha$

が成り立つ。

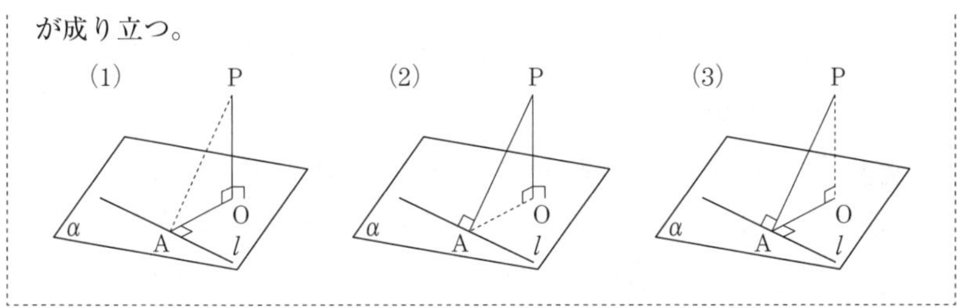

4° 次に，(3)の設問の条件にある点Qの定め方から，**解答**の⑫がわかり，それゆえ⑧がわかる。すなわち，点Rは，点Qから平面OHB(平面OAB)に下ろした垂線の足なのである。これを押さえることが解決への大きなカギになる。さらに，このとき点Rは平面OHB上の点で三角形OHBの外部の点であることにも注意しておこう。なお，$\overrightarrow{OR}=\dfrac{3}{4}\overrightarrow{OA}$ となる点Rを導入しておかないと，答案の記述がとても大変になるので，適宜必要に応じて記号化することに慣れておきたい。

さて，設問の「Qを中心とする半径rの球面Sが三角形OHBと共有点を持つようなrの範囲」を，このまま実直に考察しようとすると，球面Sと平面OHBの交わりの円を考えて……，とやりたくなるが，交わりの円を持ち出すとやや煩雑になる。「球面」が「定点から等距離にある点の集合」であることに基づけば，点Qと三角形OHB上の動点Xとの距離の値域，すなわち，**解答**の(＊)を求めればよい，と言い換えることができて，この言い換えにより視界が開ける。

要するに，

「空間に浮かんだ平面(本問では平面OAB)上の三角形領域(本問では三角形OHB)内を動く動点と，その平面外の空間の定点(本問では点Q)との距離の値域」 ……(☆)

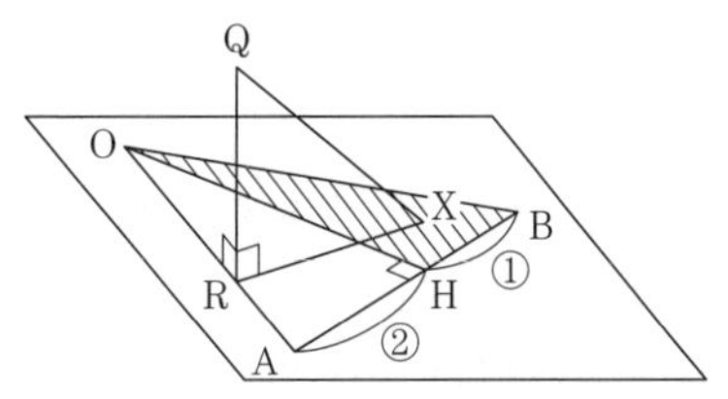

が問題となっているのである。初めから(☆)のような問題文であれば，類題の経験もあるであろう。ここにも東大の要求する「数学的読解力」が効いてくるのである。

(☆)のような問題の解決のポイントは，平面外の定点から平面に垂線を下ろし，その垂線の足と平面上の動点とで作る直角三角形に三平方の定理を適用して，垂線の足と平面上の動点との距離の値域に帰着させることであった。垂線の足が，本問では，(3)の問題文で与えられた $\overrightarrow{\mathrm{OQ}}=\dfrac{3}{4}\overrightarrow{\mathrm{OA}}+\overrightarrow{\mathrm{QP}}$ の $\dfrac{3}{4}\overrightarrow{\mathrm{OA}}$ を $\overrightarrow{\mathrm{OR}}$ としたときの点 R となっているのである。

5° 解答の(＊＊)まで話を持ってくれば，平面 OAB 上の問題になる。三角形 OAB は与えられているし，点 R や H も確定しているので全く難しくはない。視察により，解答の ⑭ がすぐにわかるであろう。⑭ の端から端までの値をすべて取りうることは，幾何的に認めてしまってよいであろう。

第 5 問

解答

以下では，x についての式($Q(x)$等の記号で表された式)はすべて整式であるとする。

(1)　$g(x)$ を $f(x)$ で割った余りが $r(x)$ であることから，

$$g(x)=f(x)Q(x)+r(x) \qquad \cdots\cdots(＊)$$

となる $Q(x)$ が存在して，このとき，二項定理により，

$$\begin{aligned} g(x)^7 &= \{f(x)Q(x)+r(x)\}^7 \\ &= \sum_{k=0}^{7} {}_7\mathrm{C}_k\{f(x)Q(x)\}^{7-k}r(x)^k \\ &= \sum_{k=0}^{6} {}_7\mathrm{C}_k\{f(x)Q(x)\}^{7-k}r(x)^k+r(x)^7 \qquad \cdots\cdots① \end{aligned}$$

と表すことができる。

ここで，① の第1項の

「$\sum_{k=0}^{6} {}_7\mathrm{C}_k\{f(x)Q(x)\}^{7-k}r(x)^k$ は $f(x)$ で割り切れる。」　……②

よって，① と ② より，$g(x)^7$ を $f(x)$ で割った余りと $r(x)^7$ を $f(x)$ で割った余りは等しい。

(2)　(1)の $g(x)$ が(2)の $h(x)^7$ であるとすれば，(1)の $r(x)$ が(2)の $h_1(x)$ に相当する。

このとき，(1)で示した事実から，

「$\{h(x)^7\}^7$ を $f(x)$ で割った余りと $h_1(x)^7$ を $f(x)$ で割った余りは等しい。」　……③

したがって，$h(x)^7$ を $f(x)$ で割った余りを $h_1(x)$ とおくとき，

「$h_1(x)^7$ を $f(x)$ で割った余り $h_2(x)$ が $h(x)$ に等しくなる」　……④

ことは，③ を考え合わせると，

「$\{h(x)^7\}^7$ を $f(x)$ で割った余りが $h(x)$ に等しくなる」 ……Ⓐ

ことにほかならず，このⒶは，

「$h(x)^{49}-h(x)$ が $f(x)$ で割り切れる」 ……Ⓑ

ことと同値である。

それゆえ，Ⓑとなるような実数 a，b の組のすべてが求めるものである。

さて，

$$F(x)=h(x)^{49}-h(x)=h(x)\{h(x)^{48}-1\}$$

とおくと，

Ⓑ $\Longleftrightarrow$ 「$F(x)$ が $f(x)=(x-1)^2(x-2)$ で割り切れる」

$\Longleftrightarrow$ $F(1)=0$ かつ $F'(1)=0$ かつ $F(2)=0$ ……Ⓒ

であり，さらに，

$$\begin{aligned}F'(x)&=49h(x)^{48}h'(x)-h'(x)\\&=h'(x)\{49h(x)^{48}-1\}\end{aligned}$$

であることに注意すると，Ⓒは，

$$\begin{cases}h(1)\{h(1)^{48}-1\}=0 & \cdots\cdots⑤\\ h'(1)\{49h(1)^{48}-1\}=0 & \cdots\cdots⑥\\ h(2)\{h(2)^{48}-1\}=0 & \cdots\cdots⑦\end{cases}$$

がすべて成り立つことと同値である。

ここで，$h(x)=x^2+ax+b$ であって，

“$h(1)=1+a+b$，$h(2)=4+2a+b$ はともに実数”

であることと，

“$X(X^{48}-1)=0$ を満たす実数 X は，-1，0，1 以外にない”

ことに注意すると，⑤と⑦より，

$1+a+b=-1,\ 0,\ 1$ ……⑤′

$4+2a+b=-1,\ 0,\ 1$ ……⑦′

を得る。

⑤′，すなわち，$h(1)=-1$，0，1 のもとでは，$49h(1)^{48}-1\neq0$ であるから，⑥より，

$h'(1)=0$，すなわち，$2+a=0$ （$\because$ $h'(x)=2x+a$） ……⑧

である。

よって，⑧と⑤′を連立させると，

$(a,\ b)=(-2,\ 0)$，$(-2,\ 1)$，$(-2,\ 2)$

を得て，このうち⑦′を満たす組は，

$(a,\ b)=(\mathbf{-2},\ \mathbf{0}),\ (\mathbf{-2},\ \mathbf{1})$

のみであり，これが⑤かつ⑥かつ⑦を満たす実数a，bの組のすべてである。

解説

1° 2023年度は整数問題が見られなかったが，本問は，東大理科頻出の整数問題の代わりに出題されたものとみることができる。整式と整数は割り算の原理をはじめとして類似の性質があり，2020年度にも整式に関する問題が出題されている。整数と整式は対比して学習を積んでおくとよい。

本問の(1)は容易な問題であり，得点源である。それに対し，(2)は(1)を利用して問題を言い換えること，及び整式の除法に関するやや発展的な事実を用いることなどの点から，試験場では難しく感じる問題であろう。近年は整数・整式分野の問題は高級な，それゆえ受験生にとって難しい問題の出題が続いている。表現力も含めて十分に対策しておくべき分野といえよう。

なお，この**解説**内においても，xについての式($Q(x)$等の記号で表された式)はすべて整式，すなわち，多項式であるとする。

2° (1)は，まずは割り算の原理(商と余りの関係)に基づいて，**解答**の(＊)を準備することが第一歩である。自分で商に相当する整式$Q(x)$を用意するのである。整式の除法の基礎はすべて割り算の原理にある。その後は7乗を考えるので，二項定理を利用するのが明快であろう。整数でn乗が問題になるときは二項定理を想起する，というのは定番の考え方であり，それは整式の場合でも同様である。整数の合同式の性質で，合同式の両辺をn乗しても合同，という性質を証明する際なども二項定理が利用できた。それと同様の考え方である。二項定理絡みの問題は，東大理科では他大学に比してよく出題される。深く研究しておくべき定理である。

3° (1)では二項定理を利用する以外に，「余りが等しい」ことを「差が割り切れる」と言い換えて証明する手もある。すなわち，

「$g(x)^7$を$f(x)$で割った余りと$r(x)^7$を$f(x)$で割った余りは等しい」

ことは，

「$g(x)^7-r(x)^7$が$f(x)$で割り切れる」　……(☆)

ことであるから，(☆)を示せばよい。

しかるに，$g(x)$を$f(x)$で割った余りが$r(x)$であるとき，

「$g(x)-r(x)$が$f(x)$で割り切れる」

ことと，

$$g(x)^7-r(x)^7=\{g(x)-r(x)\}\{g(x)^6+g(x)^5r(x)+\cdots\cdots+g(x)r(x)^5+r(x)^6\}$$

であることから，(☆)が示される。ここで因数分解の公式

$$a^n-b^n=(a-b)(a^{n-1}+a^{n-2}b+a^{n-3}b^2+\cdots\cdots+ab^{n-2}+b^{n-1})$$

を用いており，これは極めて重要な公式である。

4° (2)では，問題に現れる $h(x)^7$ が(1)の $g(x)$ であるとみて(このとき $h_1(x)$ が(1)の $r(x)$ に相当する)，(1)の事実を利用し，**解答**の③を用意することが最初のポイントである。そうすると，問題で与えられた**解答**の④は，Ⓐのように言い換えられる。これが2番目のポイントである。さらに，**解説** **3°** でも触れたように，ⒶをⒷのように言い換えて目標をⒷとなるような実数 a，b の組をすべて求めることに帰着させることが3番目のポイントである。ここまでの事情は，整数の合同式と同様の記号を用意すると説明しやすい。

一般に，$g_1(x)-g_2(x)$ が $f(x)(\neq 0)$ で割り切れることを，

$$g_1(x)\equiv g_2(x)\pmod{f(x)}$$

と表すことにすれば，これは $g_1(x)$ を $f(x)$ で割った余りが，$g_2(x)$ を $f(x)$ で割った余りに等しいことを意味し，(1)により，

$$g(x)\equiv r(x)\pmod{f(x)}\implies g(x)^7\equiv r(x)^7\pmod{f(x)}\quad\cdots\cdots(*)$$

が成立する。

すると，(2)の $h_1(x)$，$h_2(x)$ の定義により，

$$h(x)^7\equiv h_1(x)\pmod{f(x)}\text{ かつ }h_1(x)^7\equiv h_2(x)\pmod{f(x)}\quad\cdots\cdots(**)$$

であるから，(＊)の性質を用いれば，(＊＊)のとき，

$$\{h(x)^7\}^7\equiv h_1(x)^7\equiv h_2(x)\pmod{f(x)}$$

すなわち，

$$h(x)^{49}\equiv h_2(x)\pmod{f(x)}$$

となることから，$h_2(x)=h(x)$ であるとは，

$$h(x)^{49}\equiv h(x)\pmod{f(x)}$$

であることにほかならず，これは**解答**のⒷを示している。

5° Ⓑを目標に据えた後は，因数定理の利用がポイントになる。

一般に，

「整式 $F(x)$ が $x-\alpha$ で割り切れる」 $\iff$ $F(\alpha)=0$

はよく知っているであろう。これも割り算の原理から証明されるのであった。

しかし，本問では，$f(x)$ が $(x-1)^2(x-2)$ であって，$(x-1)^2$ という平方因数を

有するので，上の因数定理を利用するだけでは解決しない。因数定理の拡張版として，二次式で割り切れる条件について，

> 「$\alpha \neq \beta$ とするとき，整式 $F(x)$ が $(x-\alpha)(x-\beta)$ で割り切れる」
> $\iff$ $F(\alpha)=0$ かつ $F(\beta)=0$
> 「整式 $F(x)$ が $(x-\alpha)^2$ で割り切れる」 $\iff$ $F(\alpha)=0$ かつ $F'(\alpha)=0$

を身につけておきたい。証明は，やはり割り算の原理に基づく。

$F'(\alpha)$ は $F(x)$ を関数とみたときの $x=\alpha$ における微分係数である。これは，多項式で表される関数のグラフが，直線と $x=\alpha$ の点で接する条件は，y を消去して得られる x の方程式が $x=\alpha$ を重解にもつことである，という事実に対応するものである。これを利用しないと本問を手早くは解決できず，知識の有無で差がつくことになる。駿台生であれば，この定理は前期教材で学習済みのはずである。

6° ⑵の最後の処理では実数条件も効いてくる。$X^{48}-1=0$ を満たす実数 X が -1 と 1 だけであることは，複素数平面を学習している理系の受験生にとっては自明なことであろう。最後は丁寧な計算が要求されるが，**解答**の⑤，⑥，⑦をすべて満たすような a，b を求めねばならないことを老婆心ながら注意しておこう。文字が2個で式が3個であるので，条件過多のように見えるが，問題文に「等しくなるような」とあるので，そうなるための必要十分条件として a，b の組を求めねばならないのである。

第 6 問

解答

不等式 $|x|\leqq 1$ かつ $|y|\leqq 1$ かつ $|z|\leqq 1$ の表す立方体を T とし，T の8個の頂点を，

A$(1,\ 1,\ 1)$，B$(-1,\ 1,\ 1)$，C$(-1,\ -1,\ 1)$，
D$(1,\ -1,\ 1)$，E$(1,\ 1,\ -1)$，F$(-1,\ 1,\ -1)$，
G$(-1,\ -1,\ -1)$，H$(1,\ -1,\ -1)$

とおく(図1)。このとき，問題の S は，T の表面のうち面ABCD(周も含む)を除いた部分である。

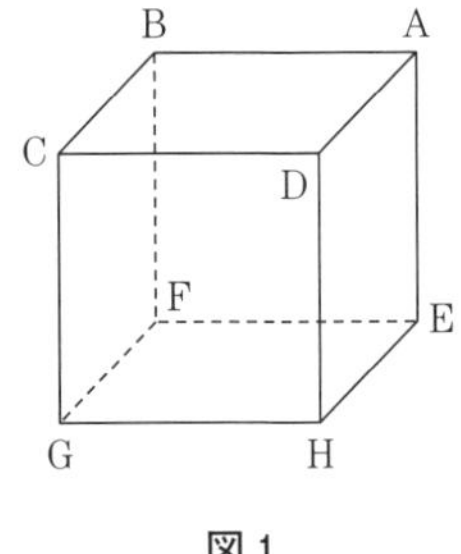

図1

また，方程式 $x^2+y^2+z^2=3$ で表される，中心O$(0,\ 0,\ 0)$，半径 $\sqrt{3}$ の球面を K とし，K とその内部を J とする。このとき，K の

直径 $2\sqrt{3}$ は T の対角線（$=\mathrm{AG}=\mathrm{BH}=\mathrm{CE}=\mathrm{DF}$）の長さに一致し，

「T は K に内接する」　……（＊）

ことに注意する（図2）。

(1)　条件(i)より，点Pは J 内を動き，そのもとでは，条件(ii)より，点Pが動きうる範囲 V は，

a)　点Pが S 上を動くときの線分OPの通過領域 V_1

b)　点Pが K 上かつ線分OPが面ABCDと共有点を持つように動くときの線分OPの通過領域 V_2

の2つに分けられる。

よって，（＊）にも注意すると，

- $V=V_1\cup V_2$, $V_1\cap V_2=\varnothing$
- V_1 は，Oを頂点とし T の各面を底面とする6個の合同な正四角錐に T を分割したときの5個分の領域
- V_2 は，Oを頂点とし J を図2のように6個に分割したときの1個分の領域

である（図2，図3参照）。

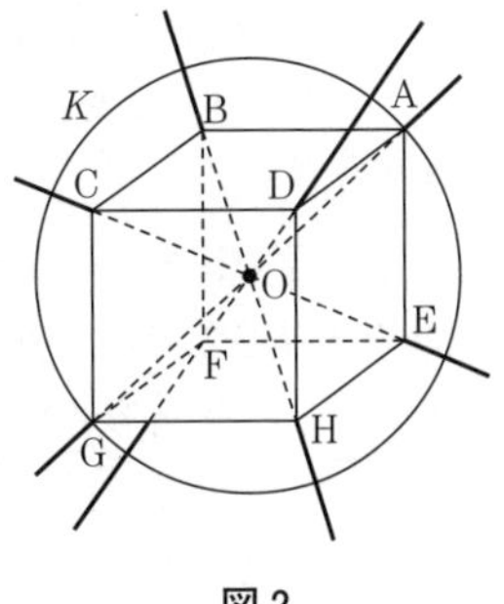

図2

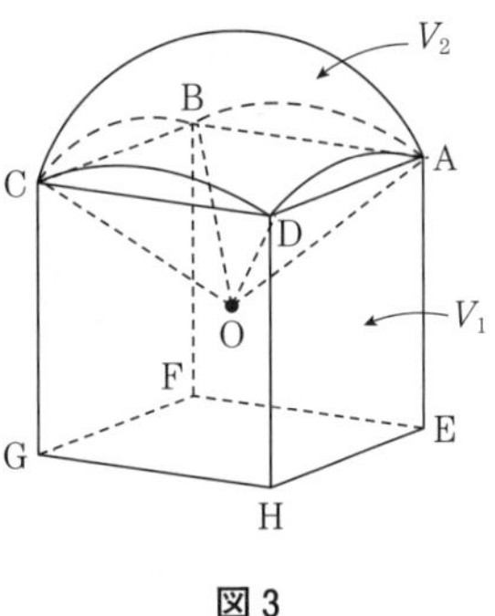

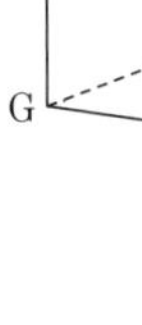
図3

よって，

$$(V\text{ の体積})=(V_1\text{ の体積})+(V_2\text{ の体積})$$
$$=\frac{5}{6}\cdot(T\text{ の体積})+\frac{1}{6}\cdot(J\text{ の体積})$$
$$=\frac{5}{6}\cdot 2^3+\frac{1}{6}\cdot\frac{4}{3}\pi(\sqrt{3})^3$$
$$=\mathbf{\frac{20}{3}+\frac{2\sqrt{3}}{3}\pi}$$

である。

(2)　まず，点Pが条件(i)，(ii)をともに満たすとき，N＝Oとすれば，条件(iii)，(iv)，(v)はすべて満たされるので，$V\subset W$ である。

次に，点Pが条件(iii)，(iv)，(v)をすべて満たすが，条件(i)，(ii)のうち少なくとも1つを満たさないとき，すなわち，$\mathrm{P}\in W$ かつ $\mathrm{P}\notin V\,(=V_1\cup V_2)$ である場合を考察する。

$\mathrm{P}\in W$ かつ $\mathrm{P}\notin V\,(=V_1\cup V_2)$ のとき，

「点Nは辺AB，BC，CD，DAのいずれかの辺上にある」　……(☆)

としてよい。

なぜなら，$P\notin V$ と条件(v)より線分OPと S はP以外の共有点を持ち，$P\in W$ より $N\in V$ であるから，

「"三角形ONPの内部または辺ON"と"面ABCDの周"は共有点を持つ」……◎

ことになる。この◎の共有点をMとすると，

$$\mathrm{OM}+\mathrm{MP}\leqq\mathrm{ON}+\mathrm{NP}\leqq\sqrt{3}$$

となり，条件(iii)，(iv)，(v)はNをMに代えても成立するからである(図4参照)。

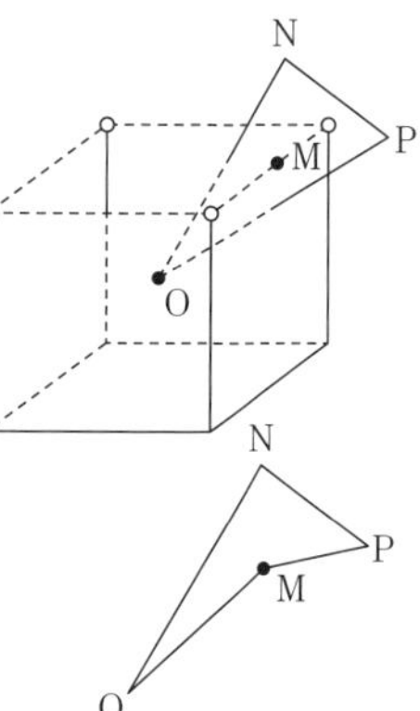

図4

さて，(☆)のもとで，点Nが辺AB上を動くときの点Pの動きうる範囲を W_1 とすると，W_1 は，

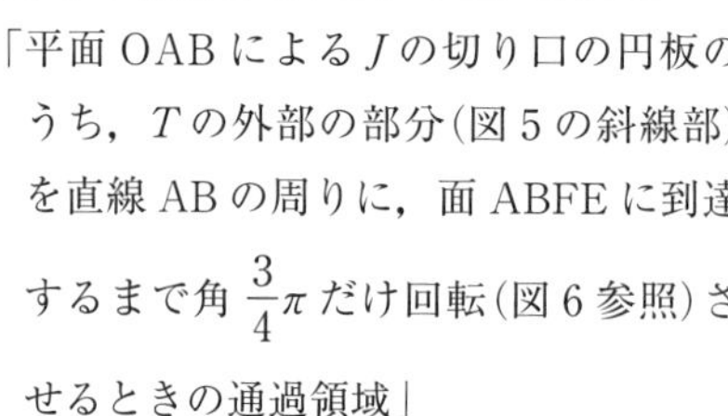

「平面OABによる J の切り口の円板のうち，T の外部の部分(図5の斜線部)を直線ABの周りに，面ABFEに到達するまで角 $\frac{3}{4}\pi$ だけ回転(図6参照)させるときの通過領域」

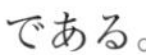

である。

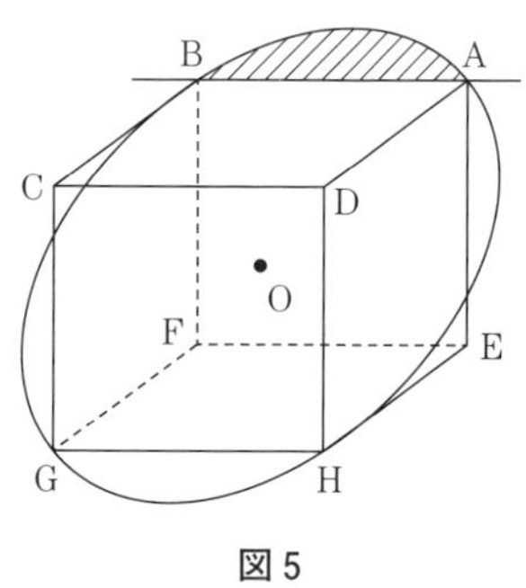

図5

よって，W_1 の体積は，図7の斜線部を s 軸の周りに $\frac{3}{4}\pi$ 回転してできる立体の体積に等しい。

"s＝一定"なる平面によるその立体の断面積は，

$$\frac{1}{2}\cdot(\sqrt{3-s^2}-\sqrt{2})^2\cdot\frac{3}{4}\pi$$

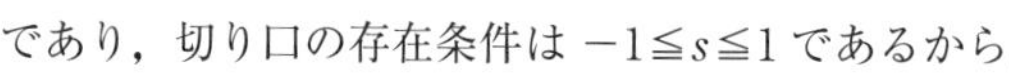

(∵　図7の円の方程式が $s^2+(t+\sqrt{2})^2=3$ であることより，切り口は半径が $\sqrt{3-s^2}-\sqrt{2}$，中

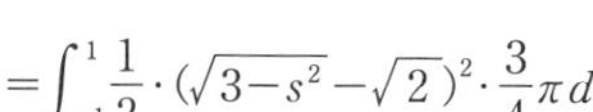

心角が $\frac{3}{4}\pi$ の扇形となる)

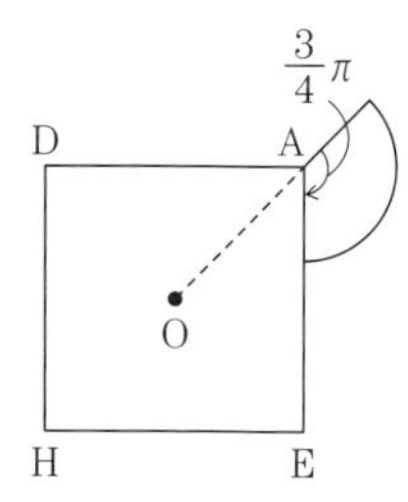

図6

であり，切り口の存在条件は $-1\leqq s\leqq 1$ であるから，

(W_1 の体積)

$$=\int_{-1}^{1}\frac{1}{2}\cdot(\sqrt{3-s^2}-\sqrt{2})^2\cdot\frac{3}{4}\pi\,ds$$

$$=\frac{1}{2}\cdot\frac{3}{4}\pi\cdot 2\int_0^1(\sqrt{3-s^2}-\sqrt{2})^2 ds$$

$$(\because\ (\sqrt{3-s^2}-\sqrt{2})^2 \text{ は偶関数})$$

$$=\frac{3}{4}\pi\cdot\left\{\int_0^1(5-s^2)\,ds-2\sqrt{2}\int_0^1\sqrt{3-s^2}\,ds\right\}$$

$$=\frac{3}{4}\pi\cdot\left\{\left[5s-\frac{s^3}{3}\right]_0^1-2\sqrt{2}\cdot(\text{図8の斜線部の面積})\right\}$$

$$=\frac{3}{4}\pi\cdot\left\{\frac{14}{3}-2\sqrt{2}\cdot\left(\frac{1}{2}\cdot(\sqrt{3})^2\cdot\alpha+\frac{1}{2}\cdot 1\cdot\sqrt{2}\right)\right\}$$

$$=\left(2-\frac{9\sqrt{2}}{4}\alpha\right)\pi$$

である。

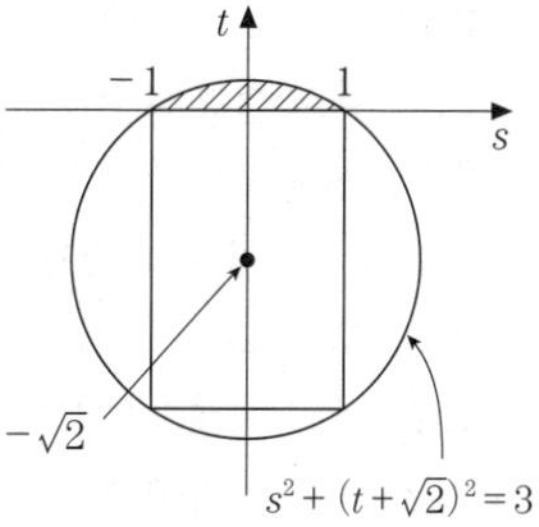

図7

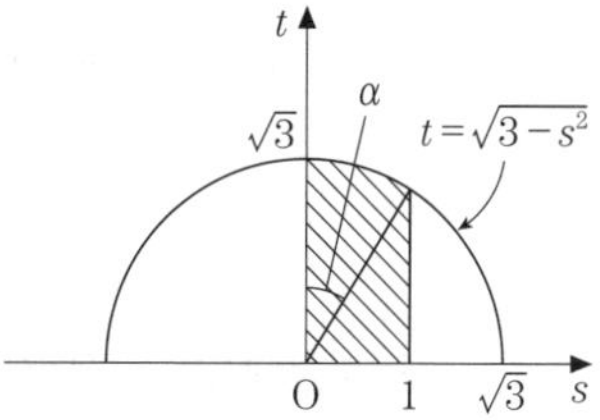

図8

また，点Nが辺BC，CD，DA上を動くときの点Pの動きうる範囲を順に W_2，W_3，W_4 とすると，W_k $(k=1,\ 2,\ 3,\ 4)$ はすべて合同であって，どの2つも高々1点のみしか共有しない。

以上から，

$$(W\text{ の体積})=(V\text{の体積})+4\cdot(W_1\text{ の体積})$$

$$=\frac{20}{3}+\frac{2\sqrt{3}}{3}\pi+4\cdot\left(2-\frac{9\sqrt{2}}{4}\alpha\right)\pi$$

$$=\mathbf{\frac{20}{3}+\left(8+\frac{2\sqrt{3}}{3}-9\sqrt{2}\,\alpha\right)\pi}$$

である。

解説

1°　東大理科では圧倒的頻出の立体の体積問題であり，対策していた受験生も多かったであろう。しかし，本問はその対策が役立たないかのような難度であり，2023年度の最難問である。(1)だけなら何とかなるかもしれないが，(2)をきちんと時間内に解き切るのは，他の問題との兼ね合いもあり，至難の業といってよい。第6問に配置されていることも考慮すると，本問を“捨て問”にしても大きな差はつかないであろう。特に数学が不得手な場合は，本問の考察で時間ロスを防ぐことが合格への戦略上重要となる。とはいえ，本問のようなレベルであっても結果を導き出せるような実力を培っておこう，と数学の実力を高める気概を抱いてもらいたい。難問であっても，決して手が出ない問題ではない。通常の学習の素材としては取り組み甲斐があって，空間感覚を鍛えるのに格好の素材である。また，このレベルの問題では，厳密な答案を作ることよりも，解決の核心が何かを事実として述べ手早く結果を提示する，という答案作成上の要領も押さえておきたい。

なお，問題文が，(1)と(2)で通し番号の条件(i)，(ii)，(iii)，(iv)，(v)となっているので，(2)では(1)を満たすことを前提とするような錯覚をしかねない。誤解を極力少なくする問題文にして貰いたいところであるが，早とちりしないよう，注意深く問題文を読む習慣をつけよう。

2° 本問の解決のポイントは，与えられた条件を幾何学的に正しく解釈して，体積を求めるべき対象の立体の概形を考えてみることにある。定積分で立体の体積を求める問題では，しばしば立体の概形がわからなくても，断面積さえ定式化できれば体積が求められる，という類いのものがあり，それはそれで定積分の威力と醍醐味を実感できる恰好の素材なのであるが，やはり，図形問題はまず目で見ることが第一手なのだ，という強烈なメッセージが本問には込められているように感じる。いわば，“図形的読解力”が要求されており，数学の言葉で表された表現を図形化する能力，また答案を作成するために自分のイメージした図形を数学の言葉として言語化し相手に伝える能力，その両方の能力が要求されている。高度な図形的情報処理能力が必要である。

3° さて，概形を考えてみよう。Sと名付けられた図形は，上面だけが空いている1辺の長さ2の立方体の箱のようなものをイメージするとよいだろう。ただし，Sには$z<1$の条件が付随するので，上面の縁はSに含まれないことに注意しよう。そして，条件(i)，(iii)はどちらも$\sqrt{3}$以下という条件で，(i)は直線状の長さの条件，(iii)は折れ線状の長さの条件であるから，長さが$\sqrt{3}$のタコ糸のようなものを用意し，その一端を立方体の箱の中心である原点Oに固定し，タコ糸のどこかに点Pがあるとして，もう一端を動かしてみることを想像してみるとよいだろう。(1)は，Oに一端を固定して他端をピンっと引っ張って動かすイメージ，(2)は，Oに一端を固定して，さらにタコ糸の途中の点をどこかに固定して，他端を動かすイメージである。(1)も(2)も，点Pは，Oを中心とする半径$\sqrt{3}$の球面の外部に出ることはない。また，立

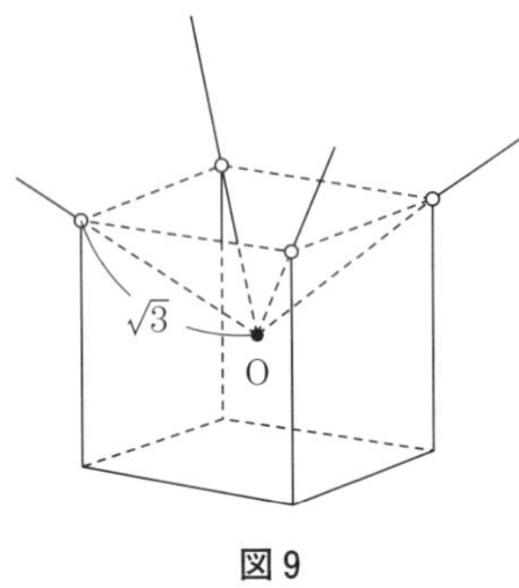

図9

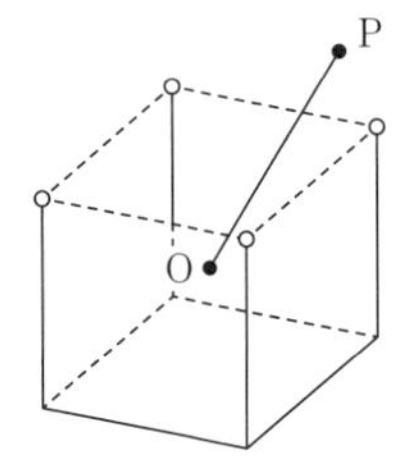

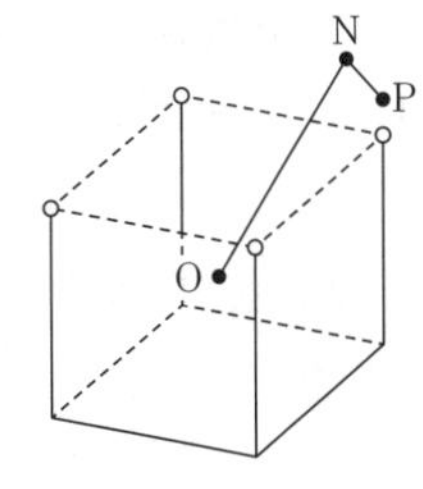

方体の一辺の長さ2に注意すると，立方体の対角線のちょうど半分の長さがタコ糸の長さになっていることにも気づくはずである。

(1)は，条件(i)，(ii)を満たすようにタコ糸を動かすと，まず条件(ii)から，箱の内部と側面および底面全体をタコ糸(の一部)が動きうることはわかるはずである。次いで，箱の外部では，タコ糸を真っすぐピンと引っ張ったまま，タコ糸が立方体の箱の上面の縁に触れるように動かすときのタコ糸の通過する部分と，タコ糸の先端の点の軌跡である球面の一部が境界面となるような立体となる。これと立方体を合わせた立体が V である。これがわかれば(1)は難しくない。体積計算の仕方は，解答のようにしてもよいし，立方体の内部の部分と外部の部分に分けて計算してもよい。いずれにしても"六等分"に分割することが計算上のポイントになる。

(2)は，点Nと点Pの2個の点が動くことが，問題を難しくしている。このような場合，一方の点を固定する，という考え方をすることがポイントであり，そのような考え方をする問題は過去の東大で何度も出題されている。ここではまず点Nを固定することを考えるとよい。いわばタコ糸の途中の点を固定するのである。固定する点Nは，条件(iii)から $\mathrm{ON} \leqq \sqrt{3}$ を満たすことが必要で，加えて条件(ii)と類似の条件(iv)があるので，(1)の立体 V 内に固定される(ただし，厳密には S 上は除かねばならない)ことがわかる。特に N=O のときは，(1)とまったく同じになるので，(1)で考えた立体 V は W の一部となり，V 以外にどこを点Pが動きうるかが問題の核心となる。

そこで V 内で点Nを固定すると，点Pの動きうる範囲は，条件(iii)より中心N，半径 $\sqrt{3}-\mathrm{ON}$ の球面とその内部(これを K_{N} と名付けよう)で，そのうち条件(v)を満たす部分である。K_{N} が，**解 答** の球面 K に内接することは，条件(iii)が中心間距離と半径の差の条件を示していることからわかるし，そもそも K の外部に点Pがくることはないのでほぼ自明なことである。K_{N} は大部分は V に含まれるのであるが，点Nが箱の上面の縁の辺AB，BC，CD，DAに近いところに固定されている場合は V の外部にはみ出してもよい部分があり，その立体が問題となる。タコ糸の途中の点を箱の上面の縁に近いところに固定して先端を動かしてみることを想像してみるとよい。結局は，点Nが辺AB，BC，CD，DA上にあるときの点Pの動きうる範囲を正しく捉えることがキーポイントになる。そのことを，**解説**

4°，**5°** で触れることにしよう。

4° (2)において，W のうち V 以外の部分は，点 N が辺 AB，BC，CD，DA 上にあるときを考えればよいこと，すなわち，解答の(☆)としてよいことの理由は，解答程度に記しておけばよいであろう。(☆)についてもう少し詳しく説明するとつぎのようになる。

点 P が条件(iii)，(iv)，(v)をすべて満たすが，条件(i)，(ii)のうち少なくとも 1 つを満たさないとき(すなわち，$P \in W$ かつ $P \notin V\ (=V_1 \cup V_2)$ であるとき)，条件(iii)を満たすならば，三角不等式より

$$OP \leqq ON + NP \leqq \sqrt{3}$$

であるから，条件(i)は満たされる。それゆえ，条件(ii)が満たされないことになり，

「線分 OP と S は，共有点を持ち，かつ，その共有点は
　P 以外の点である。」　……ⓐ

さらに，点 P が条件(iii)，(iv)を満たすとき，

・$ON \leqq ON + NP$ と(iii)より $ON \leqq \sqrt{3}$ であるから，点 N は条件(i)を満たす点 P になりうる

・条件(iv)より，点 N は条件(ii)のうち「点 P のみを共有点に持つ」という条件以外を満たす点 P になりうる

の 2 つが成り立つので，後者の事実と条件(v)も考え合わせると，点 N は(1)の点 P が動きうる範囲のうち S 上を除く部分，すなわち，

「$N \in V$ であって，線分 ON は S と共有点を持たない」　……ⓑ

ように動く。

よって，ⓐより三角形 ONP の内部または辺 ON と S は共有点を持ち，ⓑによりその共有点は S 上にはないから，S の限界である $z=1$ の部分，つまり面 ABCD の周と三角形 ONP の内部または辺 ON は共有点を持つことになり，解答の◎がわかる。

そこで◎の共有点を M とすると，M は S 上の点ではなく，線分 OM および線分 MP は S と共有点を持たない。さらに，直線 PM と線分 ON の交点を Q とすると，三角不等式により，

$$\begin{aligned} OM + MP &\leqq OQ + QM + MP \\ &= OQ + QP \end{aligned}$$

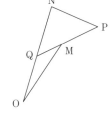

図 10

$\leqq \mathrm{OQ}+\mathrm{QN}+\mathrm{NP}$

$=\mathrm{ON}+\mathrm{NP}$

$\leqq\sqrt{3}$

であるから，点Mは条件(iii)，(iv)，(v)のNの条件をすべて満たす。それゆえ(☆)，すなわち，点Pが条件(iii)，(iv)，(v)をすべて満たすが，条件(i)，(ii)を満たさないとき(すなわち，$\mathrm{P}\in W$ かつ $\mathrm{P}\notin V\,(=V_1\cup V_2)$ であるとき)の点Pの動きうる範囲を調べるには，点Nが辺AB，BC，CD，DAのいずれかの辺上にあるとしてよいのである。

5° 点Nが辺AB，BC，CD，DA上にあるとしてよいことを掴めば，対称性から，点Nが辺AB上にある場合だけを調べれば十分であることはよいだろう。このとき，点Pの動きうる範囲は，**解説 3°** のタコ糸を点Oからピンと張って，辺AB上の1点Nにタコ糸上の1点を固定して，もう一端を自由に動かすことをイメージしてみるとよい。

3点O，N，Pが一直線上に並ぶとき，その3点は平面OAB上にある。それゆえ，点Nを辺AB上で動かせば，3点O，N，Pが一直線上に並ぶときの点Pの動きうる範囲は，

「平面OABによる J の切り口のうち，立方体 T の外部の部分」

となる。これが図5の斜線部である。このとき，**解答** の(＊)に注意すると，平面OABによる J の切り口の円は，長方形ABGHの外接円になる。

さらに，点Nにおいてタコ糸を折り曲げてもよいことをイメージすれば，3点O，N，Pが一直線上でないときは，

「図5の斜線部を辺ABの周りに回転してできる立体」

が，点Pが動きうる範囲である。ただし，条件(v)と，もともと W のうち V 以外の部分を考えていることに注意すると，

「回転角は，図6のように面ADHEに垂直な方向から見た場合，半直線OAから辺AEまで時計回りに測った角 $\dfrac{3}{4}\pi$」

である。そして，このように回転してできる立体が，**解答** で定義した球面 K の外部になることがないことは，既に **解説 3°** でも触れたが，再度喚起しておこう。

以上のようなことは，W の概形がある程度イメージできていないと，ややわかりにくいと思われる。模型を作ったり，コンピューター・グラフィックスを駆使し

たりして，実際に目で見てみる経験を積むのが，やはり効果的である。

6°　W のうち V 以外の部分が回転体の一部であることがわかれば，あとは回転前の図形を適当に座標系にのせて定積分の計算に持ち込めばよい。ここまでくればルーティンの計算で，容易いであろう。解答のように平面 OAB 上に st 座標系を設定して，円の方程式を用意して計算を進めるのが間違いない方法である。

定積分の計算において，

$$\int_0^1 \sqrt{3-s^2}\,ds$$

の計算は，置換積分してもよいが，解答のように円の一部の面積に結び付けて計算するのが常套手段である。その方が，問題文で与えられた実数 α の用い方にも気づきやすいであろう。

解答の最後で，W_k ($k=1$, 2, 3, 4) がどの 2 つも高々 1 点(頂点 A，B，C，D) しか共有しないことを述べたのは，これにより，W_1 の体積を 4 倍すればよいことを保証したのである。この事実は幾何的に自明としてよいであろう。

2022 年

第 1 問

解答

(1)
$$f(x)=(\cos x)\log(\cos x)-\cos x+\int_0^x(\cos t)\log(\cos t)\,dt$$

のとき,

$$f'(x)=(-\sin x)\log(\cos x)+(\cos x)\cdot\frac{1}{\cos x}(-\sin x)$$
$$-(-\sin x)+(\cos x)\log(\cos x)$$
$$=(\cos x-\sin x)\log(\cos x)$$

である。

$0\leqq x<\frac{\pi}{2}$ において, $\cos x$ が減少関数, $\sin x$ が増加関数であることより,

$\cos x-\sin x$ は減少関数で, $x=\frac{\pi}{4}$ のときの値は 0 であるから,

$0\leqq x<\frac{\pi}{4}$ において, $\cos x-\sin x>0$

$\frac{\pi}{4}<x<\frac{\pi}{2}$ において, $\cos x-\sin x<0$

$\log(\cos x)$ は, $x=0$ のときの値が 0 であり,

$0<x<\frac{\pi}{2}$ において, $\log(\cos x)<0$

であることに注意すると, 区間 $0\leqq x<\frac{\pi}{2}$ における $f(x)$ の増減は右表のようになる。

よって, $f(x)$ は区間 $0\leqq x<\frac{\pi}{2}$ において最小値をもつ。

x	0	…	$\frac{\pi}{4}$	…	$\left(\frac{\pi}{2}\right)$
$f'(x)$	0	−	0	+	
$f(x)$		↘		↗	

(2) (1) より, $f(x)$ の区間 $0\leqq x<\frac{\pi}{2}$ における最小値は,

$$f\left(\frac{\pi}{4}\right)=\frac{1}{\sqrt{2}}\log\frac{1}{\sqrt{2}}-\frac{1}{\sqrt{2}}+\int_0^{\frac{\pi}{4}}(\cos t)\log(\cos t)\,dt \quad \cdots\cdots①$$

である。

ここで，部分積分法により，

$$\int_0^{\frac{\pi}{4}}(\cos t)\log(\cos t)\,dt=\Big[(\sin t)\log(\cos t)\Big]_0^{\frac{\pi}{4}}-\int_0^{\frac{\pi}{4}}(\sin t)\cdot\frac{1}{\cos t}(-\sin t)\,dt$$

$$=\frac{1}{\sqrt{2}}\log\frac{1}{\sqrt{2}}+\int_0^{\frac{\pi}{4}}\frac{\sin^2 t}{\cos t}dt \qquad \cdots\cdots②$$

であり，

$$\frac{\sin^2 t}{\cos t}=\frac{1-\cos^2 t}{\cos t}=\frac{1}{\cos t}-\cos t$$

より，

$$\int_0^{\frac{\pi}{4}}\frac{\sin^2 t}{\cos t}dt=\int_0^{\frac{\pi}{4}}\frac{1}{\cos t}dt-\Big[\sin t\Big]_0^{\frac{\pi}{4}}=\int_0^{\frac{\pi}{4}}\frac{1}{\cos t}dt-\frac{1}{\sqrt{2}} \qquad \cdots\cdots③$$

である。さらに，

$$\frac{1}{\cos t}=\frac{\cos t}{\cos^2 t}=\frac{\cos t}{1-\sin^2 t}=\frac{1}{(1+\sin t)(1-\sin t)}\cos t$$

$$=\frac{1}{2}\left(\frac{1}{1+\sin t}+\frac{1}{1-\sin t}\right)\cos t$$

より，

$$\int_0^{\frac{\pi}{4}}\frac{1}{\cos t}dt=\left[\frac{1}{2}(\log|1+\sin t|-\log|1-\sin t|)\right]_0^{\frac{\pi}{4}}=\left[\frac{1}{2}\log\left|\frac{1+\sin t}{1-\sin t}\right|\right]_0^{\frac{\pi}{4}}$$

$$=\frac{1}{2}\log\frac{1+\frac{1}{\sqrt{2}}}{1-\frac{1}{\sqrt{2}}}=\frac{1}{2}\log\frac{\sqrt{2}+1}{\sqrt{2}-1}=\frac{1}{2}\log(\sqrt{2}+1)^2$$

$$=\log(\sqrt{2}+1) \qquad \cdots\cdots④$$

である。

①，②，③，④より，求める最小値は，

$$f\left(\frac{\pi}{4}\right)=\frac{1}{\sqrt{2}}\log\frac{1}{\sqrt{2}}-\frac{1}{\sqrt{2}}+\frac{1}{\sqrt{2}}\log\frac{1}{\sqrt{2}}+\log(\sqrt{2}+1)-\frac{1}{\sqrt{2}}$$

$$=\boldsymbol{-\frac{1}{\sqrt{2}}\log 2+\log(\sqrt{2}+1)-\sqrt{2}}$$

である。

解説

1°　2022年度の問題の中で最も取り組みやすい問題であり，数学Ⅲの微分・積分の計算を正確に行うだけの問題である。完答したい。

2° (1)は関数 $f(x)$ を微分して増減を調べるだけである。

$$f'(x)=(\cos x-\sin x)\log(\cos x) \quad \cdots\cdots⑤$$

を得るところまでは，問題ないだろう。

本問は，本来は，設問(2)だけでよいものが，設問(1)がわざわざ独立して出題されていることを考えると，⑤のあと，すぐに増減表を書くのではなく，⑤の符号について言及しておくのが，無難であろう。

まず，$0<x<\dfrac{\pi}{2}$ において，$0<\cos x<1$ であることから，$\log(\cos x)<0$ であることは，問題ないだろう。すると，

$$\cos x-\sin x \quad \cdots\cdots⑥$$

の符号が問題になる。

解答では，⑥が減少関数であることと，$x=\dfrac{\pi}{4}$ のときの値が0であることを用いて，⑥の符号を調べたのである。

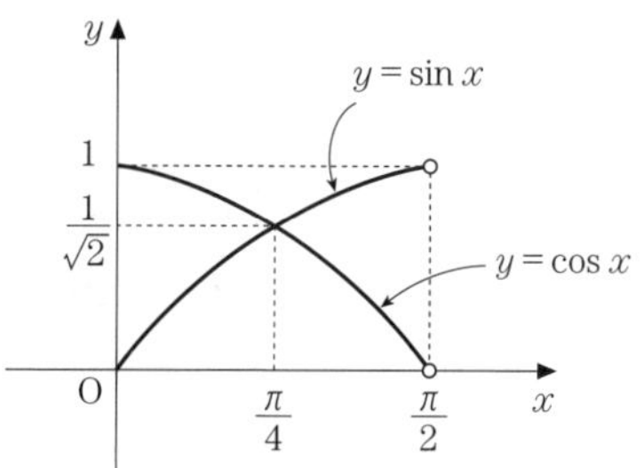

同じことであるが，$\cos x$，$\sin x$ のグラフの上下関係に着目して，⑥の符号を調べてもよい。

他にも，例えば，三角関数の合成を用いて，

$$\cos x-\sin x=-\sqrt{2}\sin\left(x-\frac{\pi}{4}\right)$$

と変形することにより，

$0\leqq x<\dfrac{\pi}{4}$ において⑥の符号は正，$\dfrac{\pi}{4}<x<\dfrac{\pi}{2}$ において⑥の符号は負

とすることもできる。

3° (2)においては，定積分

$$\int_0^{\frac{\pi}{4}}(\cos t)\log(\cos t)\,dt \quad \cdots\cdots⑦$$

を計算することになる。

⑦の被積分関数は，対数関数との積の形をしているから，まず第1手としては，部分積分法を用いることになろう。すると，直ちに，定積分

$$\int_0^{\frac{\pi}{4}}\frac{1}{\cos t}\,dt \quad \cdots\cdots⑧$$

の計算に帰着する。

⑧を計算する方法はいくつかあるが，**解答**で示したものは，それらの中で最もオーソドックスなものである。すなわち，⑧の被積分関数が，

$$\frac{1}{\cos t}=\frac{\cos t}{\cos^2 t}=\frac{1}{1-\sin^2 t}(\sin t)'$$

であることに着目する方法である。このあとの計算が分かりにくいようであれば，

$$u=\sin t$$

と置換して，

$$\int_0^{\frac{\pi}{4}}\frac{1}{\cos t}dt=\int_0^{\frac{\pi}{4}}\frac{1}{1-\sin^2 t}(\sin t)'dt$$
$$=\int_0^{\frac{1}{\sqrt{2}}}\frac{1}{1-u^2}du=\int_0^{\frac{1}{\sqrt{2}}}\frac{1}{(1+u)(1-u)}du$$
$$=\int_0^{\frac{1}{\sqrt{2}}}\frac{1}{2}\left(\frac{1}{1+u}+\frac{1}{1-u}\right)du$$
$$=\frac{1}{2}\Big[\log|1+u|-\log|1-u|\Big]_0^{\frac{1}{\sqrt{2}}}=\frac{1}{2}\left[\log\left|\frac{1+u}{1-u}\right|\right]_0^{\frac{1}{\sqrt{2}}}$$

のように計算をすすめてもよいだろう。

いずれにせよ，⑧の計算はできるようにしておきたい。各自，他の方法も研究してみるとよい。

第 2 問

解答

はじめに，

$a_1=1$，$a_{n+1}=a_n{}^2+1$ $(n=1,\ 2,\ 3,\ \cdots\cdots)$ ……①

より，

数列 $\{a_n\}$ の各項は正の整数である ……②

ことを注意しておく。

(1) ①より，

$$a_1=1\equiv 1 \pmod 5$$

であり，$a_n\equiv 1 \pmod 5$ とすると，

$$a_{n+1}=a_n{}^2+1\equiv 1^2+1=2 \pmod 5$$
$$a_{n+2}=a_{n+1}{}^2+1\equiv 2^2+1=5\equiv 0 \pmod 5$$
$$a_{n+3}=a_{n+2}{}^2+1\equiv 0^2+1=1 \pmod 5$$

より，$a_{n+3} \equiv a_n \pmod 5$ となるから，a_n ($n=1, 2, 3, \cdots\cdots$) を5で割った余りは，1，2，0の繰り返しである。

よって，n が3の倍数のとき，a_n は5の倍数である。

(2) (i) $k=1$ のとき，$a_k=1$ であるから，すべての n に対して a_n は a_k の倍数である。

(ii) $k \geqq 2$ のとき

①，② より，

$$0 < a_1 < a_2 < \cdots\cdots < a_{k-1} < a_k$$

であるから，a_1，a_2，……，a_{k-1}，a_k を a_k で割った余りは，それぞれ a_1，a_2，……，a_{k-1}，0 となる。また，

$$a_{k+1} = a_k{}^2 + 1 \equiv 0^2 + 1 = 1 = a_1 \pmod{a_k}$$

であり，$a_l \equiv a_m \pmod{a_k}$ とすると，

$$a_{l+1} = a_l{}^2 + 1 \equiv a_m{}^2 + 1 = a_{m+1} \pmod{a_k}$$

となるから，a_n ($n=1, 2, 3, \cdots\cdots$) を a_k で割った余りは，a_1，a_2，……，a_{k-1}，0 の繰り返しである。

よって，a_n が a_k の倍数となるのは，n が k の倍数であるとき，また，そのときに限る。

(i)，(ii) より，a_n が a_k の倍数となるための必要十分条件は，

n が k の倍数であること

である。

(3) $8091 = 2022 \cdot 4 + 3$ より $8091 \equiv 3 \pmod{2022}$ であるから，(2) の過程より，

$$a_{8091} \equiv a_3 = 5 \pmod{a_{2022}}$$

であり，

$$a_{8091}{}^2 \equiv 5^2 = 25 \pmod{a_{2022}}$$

すなわち，

$$a_{8091}{}^2 = q a_{2022} + 25 \quad (q \text{ はある整数})$$

が成り立つ。よって，ユークリッドの互除法により，

($a_{8091}{}^2$ と a_{2022} の最大公約数)＝(a_{2022} と 25 の最大公約数)　　……③

である。

また，2022は3の倍数であるから，(1) より，

a_{2022} は5の倍数である。　　……④

さて，

$$a_1 = 1 \equiv 1 \pmod{25}$$

であり，$a_n \equiv 1 \pmod{25}$ とすると，

$$a_{n+1}=a_n{}^2+1\equiv 1^2+1=2 \pmod{25}$$

$$a_{n+2}=a_{n+1}{}^2+1\equiv 2^2+1=5 \pmod{25}$$

$$a_{n+3}=a_{n+2}{}^2+1\equiv 5^2+1\equiv 1 \pmod{25}$$

より，$a_{n+3}\equiv a_n \pmod{25}$ となるから，a_n（$n=1,\ 2,\ 3,\ \cdots\cdots$）を 25 で割った余りは，1，2，5 の繰り返しである。よって，

a_{2022} は 25 の倍数ではない。　……⑤

④，⑤ より，a_{2022} と 25 の最大公約数は 5 であるから，③ より，

$a_{8091}{}^2$ と a_{2022} の最大公約数は **5**

である。

解説

1°　本問の(2)以降は，2022 年度の問題の中では，最も着想力が必要なもののうちの 1 つであり，限られた時間内で完答するのは難しいが，(解答を見ることなく)時間をかけてじっくり取り組めば，得られるものは多いであろう。

2°　(1) は，

「正の整数 n が 3 の倍数のとき，a_n は 5 の倍数となることを示せ」

と，はっきりと証明の目標が書かれているが，(2) は，

「a_n が a_k の倍数となるための必要十分条件を k，n を用いて表せ」

と，自分で必要十分条件を求めることが要求されており，1 段レベルが高くなっている。そして，(3) の解決には，(1)，(2) の結果を用いるだけではなく，(1)，(2) を解決する過程を発展させることが必要になるのである。

3°　それでは，(1) から順に見ていこう。

もちろん，数列 $\{a_n\}$ の一般項を n の式で表そうと考えるのではない。a_1 から順に a_2，a_3，…… を 5 で割った余りを調べてみるところである。

合同式の法を 5 として，

$$a_1=1,\ a_2=a_1{}^2+1=2,\ a_3=a_2{}^2+1=5\equiv 0,\ a_4=a_3{}^2+1\equiv 0^2+1=1$$

であるから，

$a_4\equiv a_1\equiv 1$　……⑥

となる。

a_{n+1} を 5 で割った余りは，a_n を 5 で割った余りから決まる　……⑦

から，一旦 ⑥ となれば，それ以降

$a_5\equiv a_2\equiv 2,\ a_6\equiv a_3\equiv 0,\ \cdots\cdots$

となるのである。すなわち，

a_n ($n=1$，2，3，……) を5で割った余りは，1，2，0の繰り返し

となるのである。

以上のことをまとめたものが，上の 解 答 である。

4° 次に，(2)を見てみよう。

$k=1$ のときは，$a_k=1$ であり，すべての n に対して a_n は a_k の倍数であるから，以下，$k\geqq 2$ のときを考える。

今度は，合同式の法を a_k とする。

まず，当然，$a_k\equiv 0$ であるから，

$$a_{k+1}=a_k{}^2+1\equiv 1=a_1$$

が成り立つ。すると，⑦と同様，

a_{n+1} を a_k で割った余りは，a_n を a_k で割った余りから決まる

ことに注意すると，(1)と同様にして，

a_n ($n=1$，2，3，……) を a_k で割った余りは，

a_1，a_2，……，a_{k-1}，a_k をそれぞれ a_k で割った余りの繰り返し

であることになる。

問題は，(a_k を a_k で割った余りは0であるから)

a_1，a_2，……，a_{k-1} をそれぞれ a_k で割った余りに0が現れるかどうか

ということである。

これを解決するポイントになるのは，

数列 $\{a_n\}$ は(狭義)単調増加数列である　……⑧

ということである。このことは，言われてみれば，①から明らかなことであるが，⑧に気付くことが，着想的に難しいのである。

⑧より，

$$0<a_1<a_2<\cdots\cdots<a_{k-1}<a_k$$

であるから，

a_1，a_2，……，a_{k-1} をそれぞれ a_k で割った余りに0は現れない

ことが分かり，(2)が解決することになるのである。

ちなみに，$a_3=5$ であるから，(2)の結果により，

a_n が5の倍数となるための必要十分条件は，n が3の倍数であること

であり，これからも，(1)が解決することになる。

5°　最後に，(3) を見てみよう。

(1) により，a_{2022} と a_{8091} はともに 5 の倍数であるが，このことだけでは，a_{2022} と $a_{8091}{}^2$ の最大公約数を求めることはできない。

(2) を利用することを考えるのであるが，8091 は 2022 の倍数ではないから，直接 (2) を利用することはできない。しかし，(2) の過程から，「a_n $(n=1,\ 2,\ 3,\ \cdots\cdots)$ を a_{2022} で割った余りは，a_1，a_2，……，a_{2021}，0 の繰り返し」であるから，

$$a_{8091}\equiv a_3 \pmod{a_{2022}}，すなわち，a_{8091}\equiv 5 \pmod{a_{2022}}$$

であり，

$$a_{8091}{}^2\equiv 25 \pmod{a_{2022}} \qquad \cdots\cdots⑨$$

が得られることになる。これは，何を意味するのだろうか。

⑨ は，$a_{8091}{}^2$ を a_{2022} で割った余りが 25 であることを意味するから，ユークリッドの互除法により，

$$(a_{8091}{}^2 と a_{2022} の最大公約数)=(a_{2022} と 25 の最大公約数)$$

が成り立つ。このことを掴むことが，(3) を解決するための最大のポイントである。

そして，(1) より，a_{2022} は 5 の倍数であるから，

a_{2022} が 25 の倍数でなければ，a_{2022} と 25 の最大公約数は 5

a_{2022} が 25 の倍数であれば，a_{2022} と 25 の最大公約数は 25

となり，解決する。

あとは，(1) と同様にして，a_n $(n=1,\ 2,\ 3,\ \cdots\cdots)$ を 25 で割った余りを調べればよいのである。

第 3 問

解 答

(1)　領域 D の点であり，かつ，3 点 O，A，B のいずれからも十分離れている点の存在範囲は図 1 の網目部分（境界を含む）であるから，条件 (i)，(ii) をともに満たす点 P の x 座標 a のとりうる値の範囲は，

$$\boldsymbol{1\leqq a\leqq\sqrt{3}} \qquad \cdots\cdots①$$

である。

図 1

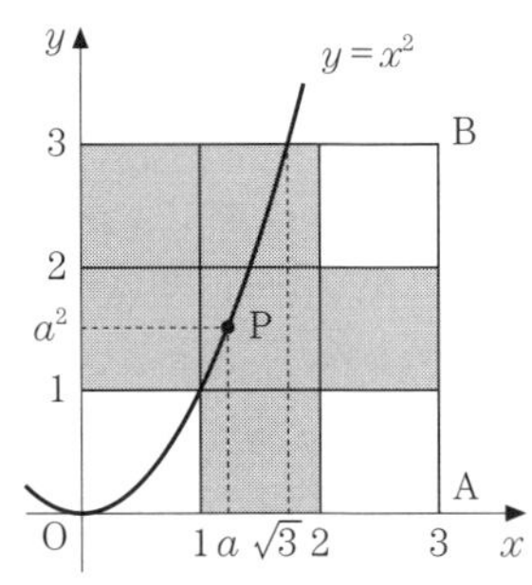

(2)　① のとき，

$$0\leqq a-1<1,\ 2\leqq a+1<3$$

$$0\leqq a^2-1\leqq 2,\ 2\leqq a^2+1\leqq 4$$

が成り立つことに注意する。

(a)　$1 \leqq a \leqq \sqrt{2}$ のとき

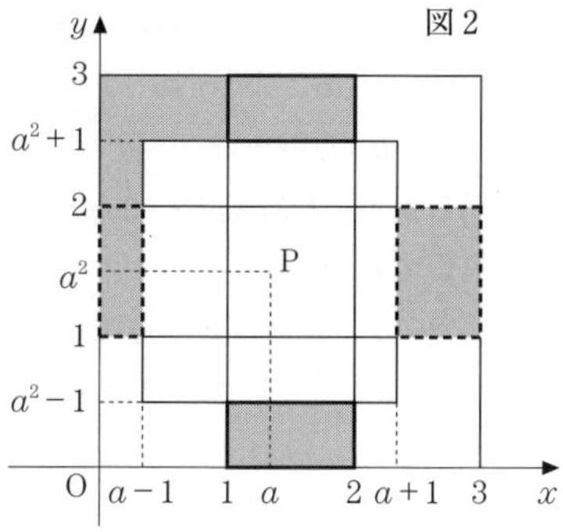

$$0 \leqq a^2-1 \leqq 1,\ 2 \leqq a^2+1 \leqq 3$$

であるから，条件(iii)，(iv)をともに満たす点Qが存在しうる範囲は，図2の網目部分(境界を含む)である。

太実線で囲まれた2つの部分の面積の和が1，太点線で囲まれた2つの部分の面積の和も1であることに注意すると，求める面積は，

$$\begin{aligned} f(a) &= 1+1+[1-\{1-(a-1)\}\{(a^2+1)-2\}] \\ &= 3-(2-a)(a^2-1) \\ &= a^3-2a^2-a+5 \end{aligned}$$

である。

(b)　$\sqrt{2} \leqq a \leqq \sqrt{3}$ のとき

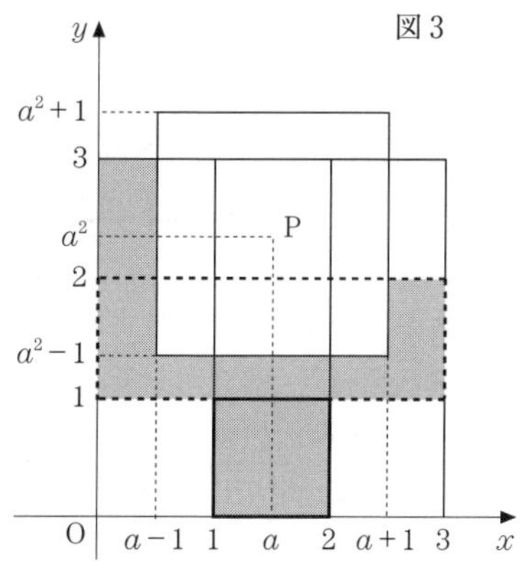

$$1 \leqq a^2-1 \leqq 2,\ 3 \leqq a^2+1 \leqq 4$$

であるから，条件(iii)，(iv)をともに満たす点Qが存在しうる範囲は，図3の網目部分(境界を含む)である。

太実線で囲まれた正方形の面積が1，太点線で囲まれた長方形の面積が3であることに注意すると，求める面積は，

$$\begin{aligned} f(a) &= 1+[3-2\cdot\{2-(a^2-1)\}] \\ &\qquad +(a-1)\cdot 1 \\ &= 4-2(3-a^2)+a-1 \\ &= 2a^2+a-3 \end{aligned}$$

である。

以上から，

$$\boldsymbol{f(a)=\begin{cases} a^3-2a^2-a+5 & (1 \leqq a \leqq \sqrt{2}\ \text{のとき}) \\ 2a^2+a-3 & (\sqrt{2} \leqq a \leqq \sqrt{3}\ \text{のとき}) \end{cases}}$$

である。

(3)　$g(a)=a^3-2a^2-a+5$，$h(a)=2a^2+a-3$ とおくと，

$$f(a)=\begin{cases} g(a) & (1 \leqq a \leqq \sqrt{2}\ \text{のとき}) \\ h(a) & (\sqrt{2} \leqq a \leqq \sqrt{3}\ \text{のとき}) \end{cases}$$

であり，$f(a)$ は①において連続である。

さて，$g'(a)=3a^2-4a-1$ は a^2 の係数が正の2次関数で，

$$g'(1)=-2<0,\quad g'(\sqrt{2})=5-4\sqrt{2}=\sqrt{25}-\sqrt{32}<0$$

であるから，$1\leqq a\leqq\sqrt{2}$ において $g'(a)<0$ となる。よって，$g(a)$ は $1\leqq a\leqq\sqrt{2}$ において減少する。

また，$\sqrt{2}\leqq a\leqq\sqrt{3}$ において，$2a^2$，a はともに増加するから，$h(a)=2a^2+a-3$ も $\sqrt{2}\leqq a\leqq\sqrt{3}$ において増加する。

以上から，$f(a)$ を最小にする a の値は，

$$a=\boldsymbol{\sqrt{2}}$$

である。

解説

1° 問題文が長く，一見したところ避けたくなる問題であるが，実のところ，2022年度の問題の中では，第1問と並び，得点しやすい問題である。見た目で解くことがないようにしたい。

2° (1)では，領域 D の点であり，かつ，3点O，A，Bのいずれからも十分離れている点の存在範囲が，**解答**の図1の網目部分であることが分かればよいだけである。

もし，例えば，Oから十分離れている点Pの存在範囲が分かりにくければ，「十分離れている」を否定して，

P$(x,\ y)$ がOから十分離れて「いない」

$\iff$ $|x-0|<1$ かつ $|y-0|<1$

とすることにより，領域 D の点であり，かつ，3点O，A，Bの少なくとも1つから十分離れて「いない」点の存在範囲が，右図の斜線部分であることをもとに考えてもよい。

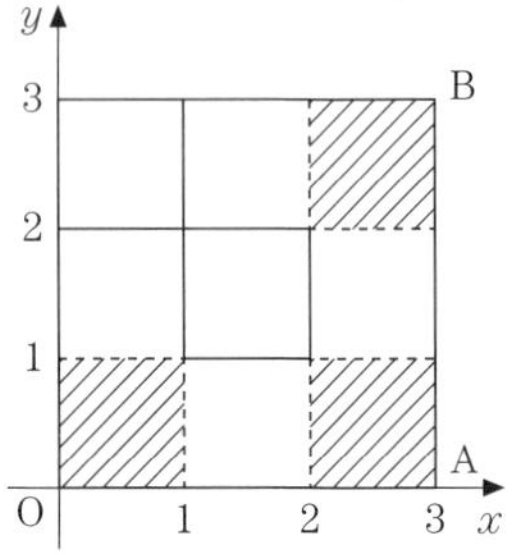

3° (2)では，$1\leqq a\leqq\sqrt{3}$ のとき，

$$0\leqq a-1<1,\ 2\leqq a+1<3\ ;\ 0\leqq a^2-1\leqq 2,\ 2\leqq a^2+1\leqq 4$$

が成り立つことから，

a^2-1 と1の大小；a^2+1 と3の大小

すなわち，

a^2 と2の大小

によって分類し，条件(iii)，(iv)をともに満たす点Qの存在範囲を捉えればよい。

解答では，面積 $f(a)$ の計算を少々上手く処理しているが，実直に長方形の面積の和として計算しても大したことはない。

(2)でも，**2°** と同様，否定を考えて，

　　領域 D の点で，4 点 O，A，B，P の少なくとも 1 つから十分離れて「いない」ような点の存在範囲

を考え(下図の斜線部分)，その面積を 9 から引くことにより，$f(a)$ を求めてもよい。各自，試みよ。

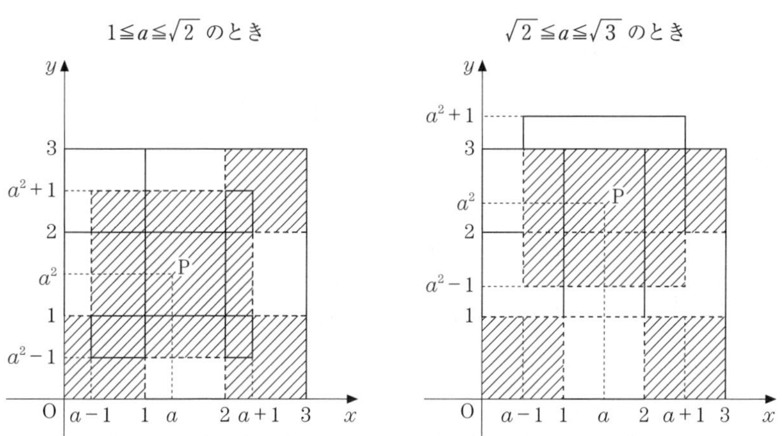

4° (3)は，(2)ができた人に対する「ボーナス問題」である。

解答では，関数 $f(a)$ を表す式が $a=\sqrt{2}$ を境に変わることに十分注意を払って解答を作ったが，受験生のレベルでは，「つなぎ目」のことを気にせず関数を微分したりなどして解答を作っても，許されるだろう。

第 4 問

解答

(1)　点Pの座標を P$(a,\ b)$ とする。x 軸に垂直な直線は曲線 $C : y=x^3-x$ とただ 1 点でしか交わらないから，Pを通り C と相異なる 3 点で交わる直線 ℓ の方程式は，

$$\ell : y=m(x-a)+b$$

とおける。

C と ℓ の交点の x 座標は，x の 3 次方程式 $x^3-x=m(x-a)+b$，すなわち，

$$x^3-(m+1)x+am-b=0 \qquad \cdots\cdots①$$

の実数解であるから，

すべての実数 a，b に対して，① が相異なる3実数解をもつような実数 m が存在する　……②

ことを示せばよい。

① の左辺を $f(x)$ とおくと，① の実数解は，曲線 $y=f(x)$ と x 軸の共有点の x 座標であるから，① が相異なる3実数解をもつ条件は，$f(x)$ が極大値，極小値をもち，それらが異符号であることである。

$$f'(x)=3x^2-(m+1)$$

であるから，その条件は，

$$m+1>0 \text{ かつ } f\left(-\sqrt{\frac{m+1}{3}}\right)f\left(\sqrt{\frac{m+1}{3}}\right)<0 \qquad \cdots\cdots③$$

である。

ここで，

$$f\left(-\sqrt{\frac{m+1}{3}}\right)f\left(\sqrt{\frac{m+1}{3}}\right)$$
$$=\left\{\frac{2}{3}(m+1)\sqrt{\frac{m+1}{3}}+am-b\right\}\left\{-\frac{2}{3}(m+1)\sqrt{\frac{m+1}{3}}+am-b\right\}$$
$$=(am-b)^2-\frac{4}{27}(m+1)^3$$

は m^3 の係数が負の m の3次式であるから，すべての実数 a，b に対して，十分大きな m をとれば，③ が成り立つ。

よって，② が成り立つ。

(2)　まず，直線 ℓ で，曲線 C と相異なる3点で交わり，かつ，ℓ と C で囲まれた2つの部分の面積が等しくなるようなものは，原点Oを通るものであることを示す。

$y=x^3-x$ が奇関数であることより，C はOに関して対称であるから，Oを通り C と相異なる3点で交わる直線と C で囲まれた2つの部分の面積は等しい。

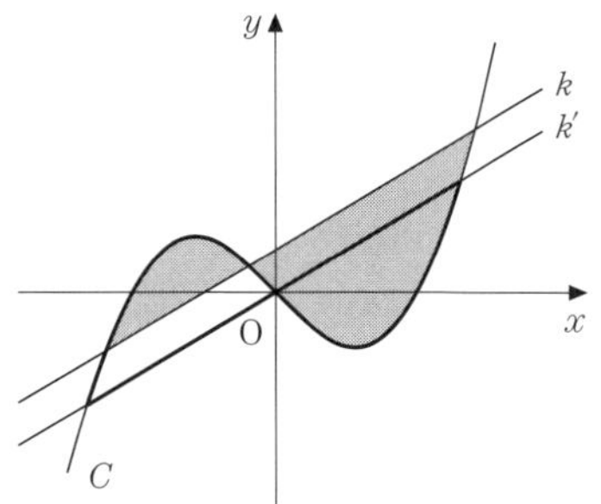

また，C と相異なる3点で交わる直線 k がOを通らないとすると，Oを通り k と平行な直線 k' は C と相異なる3点で交わり，かつ，k' と C で囲まれた2つの部分の面積

は等しいから，k と C で囲まれた2つの部分の面積は等しくない。

よって，条件(ii)を満たす点Pは，Oを通り C と相異なる3点で交わるような直線上の点であるから，そのようなPの存在範囲は，

Oを通り C と相異なる3点で交わるような直線　……④

の通過範囲である。

$y=x^3-x$ のとき $y'=3x^2-1$ であることより，C のOにおける接線の傾きは -1 であるから，④であるような直線の傾きは，-1 より大きいすべての実数値である。

以上から，求める範囲は，Oを通り傾きが -1 より大きいような直線の通過範囲であり，右図の網目部分のようになる。ただし，境界は，Oのみ含み点線上の点は含まない。

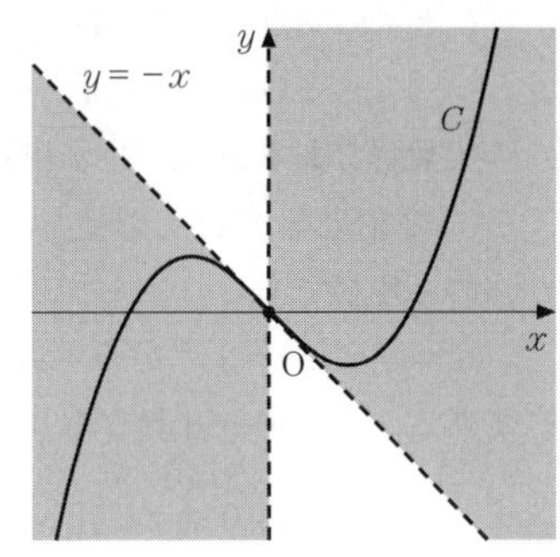

解説

1°　(1)，(2)ともに特に難しいところはないが，試験中には難しく感じた受験生もいたであろう。

2°　(1)では，点P$(a,\ b)$を通る直線の方程式を

$$y=m(x-a)+b$$

とおいて，曲線 C の方程式と連立して得られる x の3次方程式①に対して，②が成り立つことを示そうと考えればよい。

①が相異なる3実数解をもつ条件③，すなわち，

$$m+1>0$$

$$\text{かつ}\ (am-b)^2-\frac{4}{27}(m+1)^3<0 \quad \cdots\cdots⑤$$

を求める部分は，これまで何度もやったことがあるであろう。

あとは，(任意に固定された実数 a，b に対して，)この条件を満たす実数 m が存在することを示せばよいのである。

⑤の左辺は m^3 の係数が負の m の3次式であるから，(そのグラフを思い浮かべれば，)十分大きな実数 m に対して⑤が成り立つことが分かり，解決する。

その他に，

C と相異なる3点で交わる直線 ℓ を動かしたときの ℓ の通過範囲が
全平面である

ことを示す，という方針も考えられる。その方針による解答は，次のようになる。

【(1)の 別解 】

Cと相異なる3点で交わる直線ℓはx軸に垂直ではないから，その方程式は，

$$y=mx+n \qquad \cdots\cdots⑥$$

とおける。

Cとℓの交点のx座標は，xの3次方程式 $x^3-x=mx+n$，すなわち，

$$x^3-(m+1)x=n \qquad \cdots\cdots⑦$$

の実数解であるから，⑦が相異なる3実数解をもつようなm，nの条件を求める。

⑦の左辺を$g(x)$とおくと，⑦の実数解は，曲線 $y=g(x)$ と直線 $y=n$ の共有点のx座標である。

$$g'(x)=3x^2-(m+1)$$

であるから，⑦が相異なる3実数解をもつ条件は，

$$m+1>0 \text{ かつ } g\left(\sqrt{\frac{m+1}{3}}\right)<n<g\left(-\sqrt{\frac{m+1}{3}}\right) \qquad \cdots\cdots⑧$$

である。

ここで，

$$g\left(\pm\sqrt{\frac{m+1}{3}}\right)=\mp\frac{2}{3}(m+1)\sqrt{\frac{m+1}{3}} \quad \text{（複号同順）}$$

であるから，⑧は，

$$m>-1 \text{ かつ } -\frac{2}{3}(m+1)\sqrt{\frac{m+1}{3}}<n<\frac{2}{3}(m+1)\sqrt{\frac{m+1}{3}} \qquad \cdots\cdots⑨$$

となる。

よって，条件(i)を満たす点Pは，⑨を満たすm，nに対するℓ上の点であるから，そのようなPの存在範囲は，

m，nが⑨を満たして変化するときの直線⑥の通過範囲W

である。したがって，Wがxy平面全体であることを示せばよい。

まず，x，mを固定してnのみ変化させるとき，⑥上の点のy座標がとり得る値の範囲は，

$$xm-\frac{2}{3}(m+1)\sqrt{\frac{m+1}{3}}<y<xm+\frac{2}{3}(m+1)\sqrt{\frac{m+1}{3}} \qquad \cdots\cdots⑩$$

である。

次に，xは固定したままでmを変化させる。⑩の左辺，右辺をそれぞれ

$$h(m)=xm-\frac{2}{3}(m+1)\sqrt{\frac{m+1}{3}},\quad k(m)=xm+\frac{2}{3}(m+1)\sqrt{\frac{m+1}{3}}$$

とおくと,

$$\lim_{m\to\infty} h(m) = \lim_{m\to\infty}\left\{xm - \frac{2}{3}(m+1)\sqrt{\frac{m+1}{3}}\right\} = -\infty$$

$$\lim_{m\to\infty} k(m) = \lim_{m\to\infty}\left\{xm + \frac{2}{3}(m+1)\sqrt{\frac{m+1}{3}}\right\} = \infty$$

であるから, x は固定したままで m を変化させるとき, y がとり得る値の範囲は, 実数全体である。

以上から, x を固定して m, n を変化させたとき, y がとり得る値の範囲は, 実数全体である。これは, ⑥ の通過範囲 W が xy 平面全体であることを意味する。

これで, 証明された。

3° ⑵ では, 3 次関数のグラフ C に対して, C は原点 O に関して対称であり,

> 直線 ℓ で, 曲線 C と相異なる 3 点で交わり, かつ, ℓ と C で囲まれた 2 つの部分の面積が等しくなるようなものは, C の対称中心 O を通る

ことはよく知られているが, もちろん, このことを証明なしに解答で用いることは許されないだろう。

> ℓ が O を通り C と相異なる 3 点で交わる直線であるとき, ℓ と C で囲まれた 2 つの部分の面積が等しい

ことは, 明らかである。問題は,

> ℓ が C と相異なる 3 点で交わり, かつ, ℓ と C で囲まれた 2 つの部分の面積が等しいとき, ℓ は O を通る

ことを示すことである。

解答 では, 平行線を引くことによりそのことを示したが, 計算のみで示せば, 次のようになる。

ℓ が C と相異なる 3 点で交わるとき, C, ℓ の方程式をそれぞれ $y=F(x)$, $y=G(x)$, 交点の x 座標を α, β, γ $(\alpha<\beta<\gamma)$ とすると, 方程式 $F(x)=G(x)$, すなわち,

$$F(x)-G(x)=0$$

の解が α, β, γ であるから,

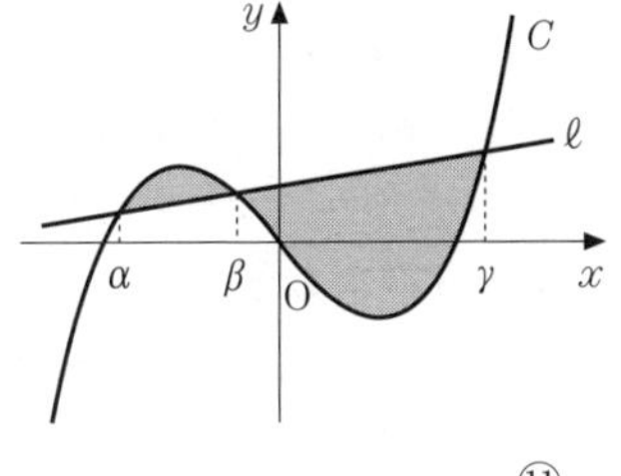

$$F(x)-G(x)=(x-\alpha)(x-\beta)(x-\gamma) \quad \cdots\cdots ⑪$$

と因数分解される。

ℓ と C で囲まれた 2 つの部分の面積が等しい条件は,

$$\int_\alpha^\beta\{F(x)-G(x)\}dx=\int_\beta^\gamma\{G(x)-F(x)\}dx$$

$$\therefore\quad \int_\alpha^\beta\{F(x)-G(x)\}dx-\int_\beta^\gamma\{G(x)-F(x)\}dx=0$$

$$\therefore\quad \int_\alpha^\beta\{F(x)-G(x)\}dx+\int_\beta^\gamma\{F(x)-G(x)\}dx=0$$

$$\therefore\quad \int_\alpha^\gamma\{F(x)-G(x)\}dx=0 \qquad \cdots\cdots⑫$$

であるが，部分積分法を用いて計算すると，

$$\int_\alpha^\gamma\{F(x)-G(x)\}dx=\int_\alpha^\gamma(x-\alpha)\cdot(x-\beta)(x-\gamma)dx$$

$$=\left[\frac{1}{2}(x-\alpha)^2\cdot(x-\beta)(x-\gamma)\right]_\alpha^\gamma-\int_\alpha^\gamma\frac{1}{2}(x-\alpha)^2\cdot\{2x-(\beta+\gamma)\}dx$$

$$=-\frac{1}{2}\int_\alpha^\gamma(x-\alpha)^2\cdot\{2x-(\beta+\gamma)\}dx$$

$$=-\frac{1}{2}\left\{\left[\frac{1}{3}(x-\alpha)^3\cdot\{2x-(\beta+\gamma)\}\right]_\alpha^\gamma-\int_\alpha^\gamma\frac{1}{3}(x-\alpha)^3\cdot 2dx\right\}$$

$$=-\frac{1}{2}\left\{\frac{1}{3}(\gamma-\alpha)^3(\gamma-\beta)-\frac{2}{3}\left[\frac{1}{4}(x-\alpha)^4\right]_\alpha^\gamma\right\}$$

$$=-\frac{1}{2}\left\{\frac{1}{3}(\gamma-\alpha)^3(\gamma-\beta)-\frac{1}{6}(\gamma-\alpha)^4\right\}$$

$$=-\frac{1}{12}(\gamma-\alpha)^3\{2(\gamma-\beta)-(\gamma-\alpha)\}$$

$$=-\frac{1}{12}(\gamma-\alpha)^3(\alpha-2\beta+\gamma)$$

となるから，⑫ は，

$$\alpha-2\beta+\gamma=0 \qquad \cdots\cdots⑬$$

と同値である。

⑪ の両辺の x^2 の係数を比較すると，

$$0=-(\alpha+\beta+\gamma) \qquad \therefore\quad \alpha+\beta+\gamma=0 \qquad \cdots\cdots⑭$$

である(3 次方程式 $F(x)-G(x)=0$ に対して解と係数の関係を用いても，⑭ が得られる)から，⑭，⑬ を辺々引くと，

$$3\beta=0 \qquad \therefore\quad \beta=0$$

となる。

C は O を通っているから，ℓ も O を通る。

4° **解答** では，④ であるような直線 ℓ の傾き m の範囲を図形的に求めたが，計算のみで求めれば次のようになる。

④ であるような直線 ℓ の方程式を $y=mx$ とおくと，C と ℓ の交点の x 座標は，x の 3 次方程式

$$x^3-x=mx,\ \text{すなわち},\ x\{x^2-(m+1)\}=0$$

の実数解である。これが相異なる 3 実数解をもつような m の範囲は，

$$m+1>0 \qquad \therefore \quad m>-1$$

である。

5° また，**解答** では，O を通り傾き m が -1 より大きいような直線の通過範囲を図形的に図示したが，「m の存在条件」を考えて，次のように求めることもできる。

m が

$$m>-1 \qquad \cdots\cdots⑮$$

を満たして変化するとき，直線

$$y=mx \qquad \cdots\cdots⑯$$

が通過する範囲は，

⑮ かつ ⑯ を満たす m が存在するような点$(x,\ y)$全体の集合

である。

⑯ を m について整理すると

$$xm=y \qquad \cdots\cdots⑰$$

となるから，mz 平面上で ⑰ の両辺のグラフを考えることにより，m の方程式 ⑰ が ⑮ の範囲に解をもつ条件は，

- $x<0$ のとき，$y<x\cdot(-1) \qquad \therefore \quad y<-x$
- $x=0$ のとき，$y=0$
- $x>0$ のとき，$y>x\cdot(-1) \qquad \therefore \quad y>-x$

となる。

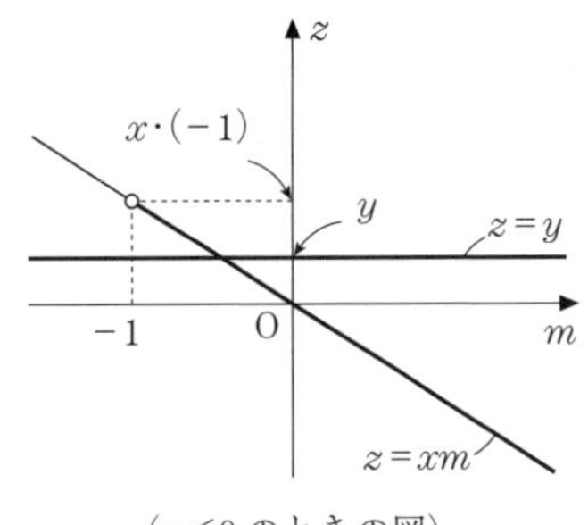

（$x<0$ のときの図）

第 5 問

解 答

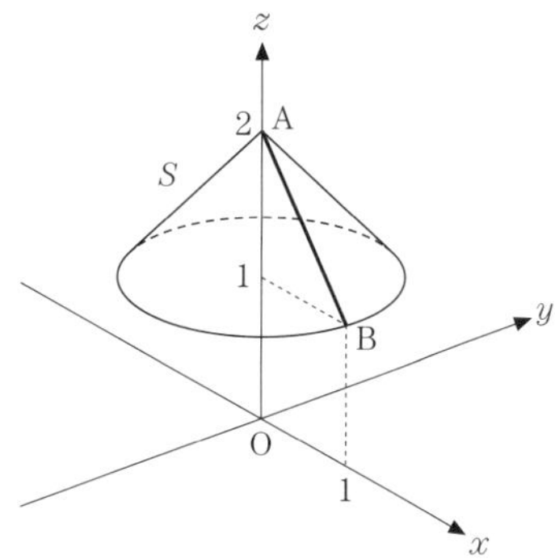

z 軸に垂直な平面 $\alpha : z=t$ による K の切り口を D とする。

線分 PQ の中点 M が α 上にあるのは点 P の z 座標が $2t$ のときであるから，D が存在する条件は，

$$1 \leqq 2t \leqq 2 \qquad \therefore \quad \frac{1}{2} \leqq t \leqq 1$$

である。

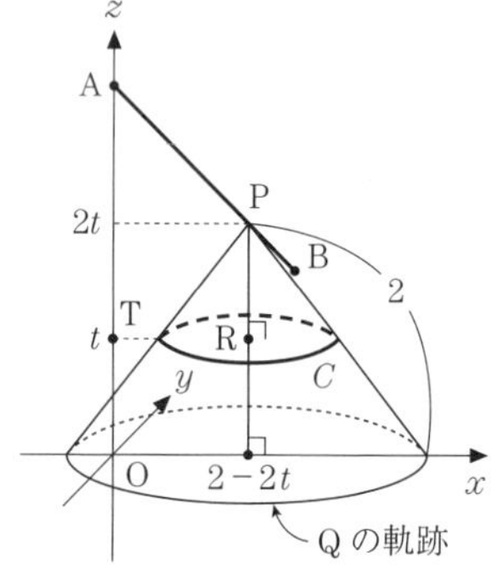

曲面 S は線分 AB を z 軸のまわりに 1 回転させて得られる曲面であるから，P が線分 AB 上にあるときの M の存在範囲を C とすると，C を z 軸のまわりに 1 回転させるときの通過範囲が D である。

P が線分 AB 上にあるとき，その座標は P$(2-2t,\ 0,\ 2t)$ であり，そのとき，点 Q は，xy 平面上で点 $(2-2t,\ 0,\ 0)$ を中心とする半径

$$\sqrt{2^2-(2t)^2}=2\sqrt{1-t^2}$$

の円周上を動くから，M は，α 上で点 R$(2-2t,\ 0,\ t)$ を中心とする半径 $\sqrt{1-t^2}$ の円周上を動く。その円周が C である。

点 T$(0,\ 0,\ t)$ と C 上の動点 M の間の距離 TM の最大値，最小値をそれぞれ r_M，r_m とすると，

$$r_M=2-2t+\sqrt{1-t^2},\quad r_m=|2-2t-\sqrt{1-t^2}|$$

であり，D は α 上で T を中心とする半径 r_M，r_m の同心円によってはさまれた部分になる。

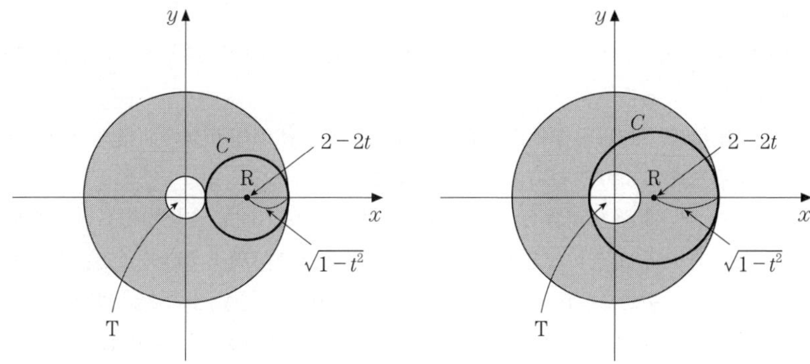

よって，Dの面積を$S(t)$とすると，

$$S(t)=\pi({r_M}^2-{r_m}^2)=8\pi(1-t)\sqrt{1-t^2}$$
$$=8\pi(\sqrt{1-t^2}-t\sqrt{1-t^2})$$

であり，Kの体積Vは，

$$V=\int_{\frac{1}{2}}^{1}S(t)\,dt$$

で与えられる。

ここで，$\int_{\frac{1}{2}}^{1}\sqrt{1-t^2}\,dt$ は右図の網目部分の面積を表すから，

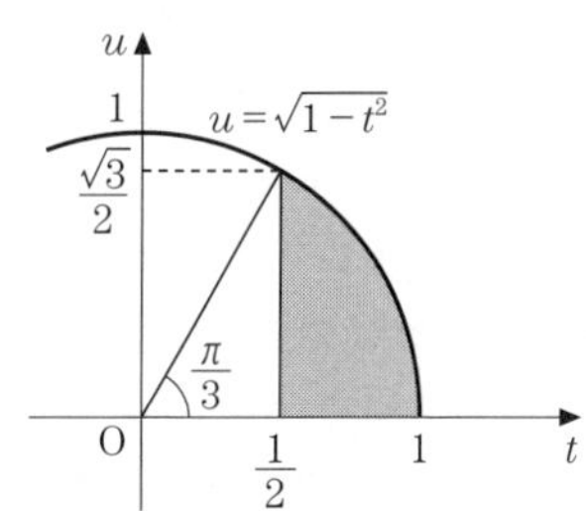

$$\int_{\frac{1}{2}}^{1}\sqrt{1-t^2}\,dt=\frac{1}{2}\cdot1^2\cdot\frac{\pi}{3}-\frac{1}{2}\cdot\frac{1}{2}\cdot\frac{\sqrt{3}}{2}$$
$$=\frac{\pi}{6}-\frac{\sqrt{3}}{8}$$

であり，また，

$$\int_{\frac{1}{2}}^{1}t\sqrt{1-t^2}\,dt=\left[-\frac{1}{3}(1-t^2)^{\frac{3}{2}}\right]_{\frac{1}{2}}^{1}$$
$$=\frac{1}{3}\left(\frac{3}{4}\right)^{\frac{3}{2}}=\frac{\sqrt{3}}{8}$$

である。

以上から，求める体積は，

$$V=8\pi\left\{\left(\frac{\pi}{6}-\frac{\sqrt{3}}{8}\right)-\frac{\sqrt{3}}{8}\right\}=\mathbf{\frac{4}{3}\pi^2-2\sqrt{3}\,\pi}$$

である。

解説

1° 東大で頻出の，立体の体積を求める問題である。過去の問題と比べると，比較的取り組み易いであろう。

2° 立体の体積は，ある座標軸に垂直な平面による立体の切り口の面積を求め，それを積分することにより求めるのが基本である。

本問の場合，曲面 S が線分 AB を z 軸のまわりに 1 回転させて得られたものであること，点 P を固定したとき，点 Q が xy 平面上で円周上を動くこと，したがって，線分 PQ の中点 M が z 軸に垂直な平面上で円周上を動くこと，以上のことから，立体 K が z 軸のまわりの回転体であることを考慮すれば，立体 K の体積を求めるのに，K を z 軸に垂直な平面で切ったときの断面積を求め，それを積分しよう，という方針が立つだろう。

3° M の z 座標を t とすると，P の z 座標は $2t$ である。P は S と平面 $z=2t$ の交わりである円周上にあるが，まず，P が線分 AB 上にあるときを考えると，（線分 AB の方程式が $x+z=2$，$y=0$，$1\leqq z\leqq 2$ であることから）P の座標は $\mathrm{P}(2-2t,\ 0,\ 2t)$ であり，そのとき，M は，平面 $z=t$ 上で，点 $\mathrm{R}(2-2t,\ 0,\ t)$ を中心とする半径 $\sqrt{1-t^2}$ の円周 C 上を動く。その円周 C を点 $\mathrm{T}(0,\ 0,\ t)$ のまわりに 1 回転させて得られる図形が，$z=t$ による K の切り口 D である。ここまでは，問題ないだろう。

4° 問題は，このあとである。

T のまわりに回転する図形 C は円周であって円板ではない。よって，回転の中心 T が C の外部にあるときだけでなく，内部にあるときでも，D は，T を中心とする 2 円ではさまれた円環領域になるのである。T が C の内部にあるとき，D が円板になると勘違いしないことが肝心である！

すると，$z=t$ による K の切り口の面積 $S(t)$ は，T が C の外部にあるか内部にあるかにかかわらず，

$$
\begin{aligned}
S(t)&=\pi\{(2-2t+\sqrt{1-t^2})^2-|2-2t-\sqrt{1-t^2}|^2\}\\
&=\pi\{(2-2t+\sqrt{1-t^2})^2-(2-2t-\sqrt{1-t^2})^2\}\\
&=8\pi(1-t)\sqrt{1-t^2}
\end{aligned}
$$

となるのである。

5° $S(t)$ を，$1\leqq 2t\leqq 2$，すなわち，$\dfrac{1}{2}\leqq t\leqq 1$ の範囲で積分すると，K の体積 V が得られるのであるが，定積分

$$\int_{\frac{1}{2}}^{1}\sqrt{1-t^2}\,dt$$

について，解答で示したような，半円の一部分の面積として求める手法は，東大受験生であれば常識としておかなければならない。また，定積分

$$\int_{\frac{1}{2}}^{1} t\sqrt{1-t^2}\,dt$$

については，

$$t=-\frac{1}{2}(1-t^2)'$$

に注意して，

$$\int_{\frac{1}{2}}^{1} t\sqrt{1-t^2}\,dt=-\frac{1}{2}\int_{\frac{1}{2}}^{1}(1-t^2)^{\frac{1}{2}}\cdot(1-t^2)'\,dt$$
$$=-\frac{1}{2}\left[\frac{2}{3}(1-t^2)^{\frac{3}{2}}\right]_{\frac{1}{2}}^{1}$$

とすればよい。

第 6 問

解答

まず，

$$\overrightarrow{v_k}=\left(\cos\frac{2k\pi}{3},\ \sin\frac{2k\pi}{3}\right)=\begin{cases}(1,\ 0) & (k\equiv 0\ (\mathrm{mod}\,3)\ \text{のとき})\\ \left(-\frac{1}{2},\ \frac{\sqrt{3}}{2}\right) & (k\equiv 1\ (\mathrm{mod}\,3)\ \text{のとき})\\ \left(-\frac{1}{2},\ -\frac{\sqrt{3}}{2}\right) & (k\equiv 2\ (\mathrm{mod}\,3)\ \text{のとき})\end{cases}$$

である。

規則(ii)において，

$\overrightarrow{\mathrm{X}_{n-1}\mathrm{X}_n}=(1,\ 0)$，$\overrightarrow{\mathrm{X}_{n-1}\mathrm{X}_n}=\left(-\frac{1}{2},\ \frac{\sqrt{3}}{2}\right)$，$\overrightarrow{\mathrm{X}_{n-1}\mathrm{X}_n}=\left(-\frac{1}{2},\ -\frac{\sqrt{3}}{2}\right)$，

$\overrightarrow{\mathrm{X}_{n-1}\mathrm{X}_n}=(0,\ 0)$ であることをそれぞれ →，↖，↙，×で表すことにする。

表と裏がどちらも $\frac{1}{2}$ の確率で出るコインを N 回投げるとき，表裏の出方は 2^N 通りあり，これらは同様に確からしい。

また，N 回のうち →，↖，↙，×の回数をそれぞれ a，b，c，d とすると，点 X_N が原点Oにある条件は，

$$a+b+c+d=N$$

$$\text{かつ}\ a(1,\ 0)+b\left(-\frac{1}{2},\ \frac{\sqrt{3}}{2}\right)+c\left(-\frac{1}{2},\ -\frac{\sqrt{3}}{2}\right)+d(0,\ 0)=(0,\ 0)$$

$$\therefore\quad a+b+c+d=N\ \text{かつ}\ a-\frac{1}{2}(b+c)=0\ \text{かつ}\ \frac{\sqrt{3}}{2}(b-c)=0$$

$$\therefore\quad a+b+c+d=N\ \text{かつ}\ a=b=c$$

である。

(1) $a=b=c=m$ とおくと，$d=8-3m$ である。

(i) $m=0$ であるのは，8回とも裏が出る場合であるから，1通りである。

(ii) $m=1$ であるのは，X_n の動きが

$$\underbrace{\rightarrow\cdots\rightarrow}_{x_1\text{個}}\times\underbrace{\nwarrow\cdots\nwarrow}_{y_1\text{個}}\times\underbrace{\swarrow\cdots\swarrow}_{z_1\text{個}}\times\underbrace{\rightarrow\cdots\rightarrow}_{x_2\text{個}}\times\underbrace{\nwarrow\cdots\nwarrow}_{y_2\text{個}}\times\underbrace{\swarrow\cdots\swarrow}_{z_2\text{個}}$$

において

$$\begin{cases}x_1+x_2=1,\ x_1\geqq 0,\ x_2\geqq 0\\ y_1+y_2=1,\ y_1\geqq 0,\ y_2\geqq 0\\ z_1+z_2=1,\ z_1\geqq 0,\ z_2\geqq 0\end{cases}$$

となるときである。このような整数 x_1，x_2 の組は $(0,\ 1)$，$(1,\ 0)$ の2個であり，整数 y_1，y_2 の組の個数，整数 z_1，z_2 の組の個数もそれぞれ2個ずつである。

よって，$m=1$ である場合は，2^3 通りである。

(iii) $m=2$ であるのは，X_n の動きが

$$\rightarrow\rightarrow\times\nwarrow\nwarrow\times\swarrow\swarrow$$

である場合の1通りである。

以上から，求める確率は，

$$\frac{1+2^3+1}{2^8}=\mathbf{\frac{5}{128}}$$

である。

(2) $a=b=c=m$ とおくと，$r=3m$ となるから，

r が3の倍数でないとき，$p_r=0$

である。

次に，$r=3m$ のとき，$d=200-3m$ であり，$d+1=3(67-m)$ であることに注意すると，X_{200} がOにあるのは，X_n の動きが

$$\underbrace{\rightarrow\cdots\rightarrow}_{x_1\text{個}}\times\underbrace{\nwarrow\cdots\nwarrow}_{y_1\text{個}}\times\underbrace{\swarrow\cdots\swarrow}_{z_1\text{個}}\times\underbrace{\rightarrow\cdots\rightarrow}_{x_2\text{個}}\times\underbrace{\nwarrow\cdots\nwarrow}_{y_2\text{個}}\times\underbrace{\swarrow\cdots\swarrow}_{z_2\text{個}}\times$$

$$\cdots\cdots\times\underbrace{\rightarrow\cdots\rightarrow}_{x_{67-m}\text{個}}\times\underbrace{\nwarrow\cdots\nwarrow}_{y_{67-m}\text{個}}\times\underbrace{\swarrow\cdots\swarrow}_{z_{67-m}\text{個}}$$

において

$$\begin{cases} x_1+x_2+\cdots\cdots+x_{67-m}=m,\ x_1\geqq 0,\ x_2\geqq 0,\ \cdots\cdots,\ x_{67-m}\geqq 0 \\ y_1+y_2+\cdots\cdots+y_{67-m}=m,\ y_1\geqq 0,\ y_2\geqq 0,\ \cdots\cdots,\ y_{67-m}\geqq 0 \\ z_1+z_2+\cdots\cdots+z_{67-m}=m,\ z_1\geqq 0,\ z_2\geqq 0,\ \cdots\cdots,\ z_{67-m}\geqq 0 \end{cases}$$

となるときである。このような整数 x_1, x_2, ……, x_{67-m} の組は, m 個の○と $66-m$ 個の｜を1列に並べ

$$\underbrace{\bigcirc\cdots\bigcirc}_{x_1\text{個}}\big|\underbrace{\bigcirc\cdots\bigcirc}_{x_2\text{個}}\big|\cdots\cdots\big|\underbrace{\bigcirc\cdots\bigcirc}_{x_{67-m}\text{個}}$$

とすることにより得られるから，その個数は

$$\frac{66!}{m!(66-m)!}={}_{66}\mathrm{C}_m$$

である。また，整数 y_1, y_2, ……, y_{67-m} の組の個数，整数 z_1, z_2, ……, z_{67-m} の組の個数もそれぞれ ${}_{66}\mathrm{C}_m$ である。よって，$p_{3m}=\dfrac{({}_{66}\mathrm{C}_m)^3}{2^{200}}$ である。

以上から，求める確率は，

$$p_r=\begin{cases} \dfrac{\left({}_{66}\mathrm{C}_{\frac{r}{3}}\right)^3}{2^{200}} & (r\text{ が 3 の倍数のとき}) \\ 0 & (r\text{ が 3 の倍数でないとき}) \end{cases}$$

である。

また，$0\leqq m\leqq 65$ のとき，

$$\frac{{}_{66}\mathrm{C}_{m+1}}{{}_{66}\mathrm{C}_m}=\frac{\dfrac{66!}{(m+1)!(65-m)!}}{\dfrac{66!}{m!(66-m)!}}=\frac{66-m}{m+1}$$

であり，

$$\frac{66-m}{m+1}>1 \iff 66-m>m+1 \iff 2m<65$$

$$\frac{66-m}{m+1}<1 \iff 66-m<m+1 \iff 2m>65$$

であることにより，

$0\leqq m\leqq 32$ のとき，$\dfrac{{}_{66}\mathrm{C}_{m+1}}{{}_{66}\mathrm{C}_m}>1$，すなわち，${}_{66}\mathrm{C}_m<{}_{66}\mathrm{C}_{m+1}$

$33\leqq m\leqq 65$ のとき，$\dfrac{{}_{66}\mathrm{C}_{m+1}}{{}_{66}\mathrm{C}_m}<1$，すなわち，${}_{66}\mathrm{C}_m>{}_{66}\mathrm{C}_{m+1}$

であるから，${}_{66}\mathrm{C}_m$ が最大となるのは $m=33$，すなわち $3m=99$ のときである。

よって，p_r が最大となる r の値は，

$$r=\mathbf{99}$$

である。

解説

1° 2022年度の問題の中では，第2問と並び，考える力が問われるものの1つである。問題文が長く，状況を捉えるのに時間がかかる上に，解決するのに何をすればよいのかが掴みにくい。

2° 点Xがはじめ原点O(X_0とする)にあるとしてコインを N 回投げるとき，コインを投げる毎に X_0 から X_1，X_1 から X_2，……，X_{N-1} から X_N に移動していくと考える。

1回の移動の変位は $(1,\ 0)$，$\left(-\frac{1}{2},\ \frac{\sqrt{3}}{2}\right)$，$\left(-\frac{1}{2},\ -\frac{\sqrt{3}}{2}\right)$，$(0,\ 0)$ のいずれか

である。

最初のポイントは，コインを N 回投げるとき，移動の変位が $(1,\ 0)$，$\left(-\frac{1}{2},\ \frac{\sqrt{3}}{2}\right)$，$\left(-\frac{1}{2},\ -\frac{\sqrt{3}}{2}\right)$，$(0,\ 0)$ である回数をそれぞれ a，b，c，d とすると，

$$\overrightarrow{OX_N}=a(1,\ 0)+b\left(-\frac{1}{2},\ \frac{\sqrt{3}}{2}\right)+c\left(-\frac{1}{2},\ -\frac{\sqrt{3}}{2}\right)+d(0,\ 0)$$

であることから，

X_N がOと一致する，すなわち，$\overrightarrow{OX_N}=\vec{0}$ となるのは，$a=b=c$ のときである

ことを掴むことである。

よって，

X_N がOと一致するためには，N 回のうち表が出る回数は3の倍数でなければならない　……①

ことになる。

まず，ここまでが分からないと，話が始まらない。

3° このあとは，設問(1)を解決しようとすることが，状況の把握に役立つだろう。

$N=8$ のとき，① より，表が出る回数は，0，3，6 のいずれかである。

まず，表が6回出る場合を考えてみよう。

表が出ることを○，裏が出ることを×で表すと，コインを8回投げたときの結果は，6個の○と2個の×を1列に並べたものによって表される。

例えば，

○○×○×○○○

のように並んでいる場合，Xの移動の変位は，(見易くするために，移動の変位が$(1,\ 0)$，$\left(-\frac{1}{2},\ \frac{\sqrt{3}}{2}\right)$，$\left(-\frac{1}{2},\ -\frac{\sqrt{3}}{2}\right)$，$(0,\ 0)$であることをそれぞれ→，↖，↙，×で表すと，)

→→×↖×↙↙↙

となる(この場合，X_8はOにならない)。すなわち，最初に裏が出るまでの移動の向きは→であり，裏が出る毎に，移動の向きが変わっていくのである。

よって，2個の×に対して，その前後，間にある○の個数を

$$\underbrace{○\cdots○}_{x\text{個}}\times\underbrace{○\cdots○}_{y\text{個}}\times\underbrace{○\cdots○}_{z\text{個}}$$

とすると(このように解釈することが本問の最大のポイントであり，×に対して，その前後，間にある○の個数を設定するのであり，反対に，○の前後，間に×が並んでいると考えるとうまくいかない！)，

→の向きの移動がx回，↖の向きの移動がy回，↙の向きの移動がz回

となるからX_8がOにあるのは，

$x=y=z$ かつ $x+y+z=6$，すなわち，$x=y=z=2$

の場合のみである。

次に，表が3回出る場合を考えてみよう。

コインを8回投げたときの結果は，3個の○と5個の×を1列に並べたものによって表され，5個の×に対して，その前後，間にある○の個数を

$$\underbrace{○\cdots○}_{x_1\text{個}}\times\underbrace{○\cdots○}_{y_1\text{個}}\times\underbrace{○\cdots○}_{z_1\text{個}}\times\underbrace{○\cdots○}_{x_2\text{個}}\times\underbrace{○\cdots○}_{y_2\text{個}}\times\underbrace{○\cdots○}_{z_2\text{個}}$$

とすると，

→の向きの移動がx_1+x_2回

↖の向きの移動がy_1+y_2回

↙の向きの移動がz_1+z_2回

となるから，X_8がOにあるのは，

$x_1+x_2=y_1+y_2=z_1+z_2$ かつ $(x_1+x_2)+(y_1+y_2)+(z_1+z_2)=3$

すなわち，$x_1+x_2=y_1+y_2=z_1+z_2=1$

の場合である。

4° 以上のことが分かれば，設問(2)において p_r を求めるには，r が 3 の倍数のときのみを考えればよく，$r=3m$ とおくと，裏が出る回数は $200-3m$ であり，$3m$ 個の○と $200-3m$ 個の×を並べたものを考えるとき，×の前後，間は $201-3m$ か所あり，$201-3m$ が 3 の倍数であることから，

$$\underbrace{○\cdots○}_{x_1\text{個}}\times\underbrace{○\cdots○}_{y_1\text{個}}\times\underbrace{○\cdots○}_{z_1\text{個}}\times\underbrace{○\cdots○}_{x_2\text{個}}\times\underbrace{○\cdots○}_{y_2\text{個}}\times\underbrace{○\cdots○}_{z_2\text{個}}\times$$

$$\cdots\cdots\times\underbrace{○\cdots○}_{x_{67-m}\text{個}}\times\underbrace{○\cdots○}_{y_{67-m}\text{個}}\times\underbrace{○\cdots○}_{z_{67-m}\text{個}}$$

となり，X_{200} が O にあるのは，

$$\begin{aligned}&x_1+x_2+\cdots\cdots+x_{67-m}\\&=y_1+y_2+\cdots\cdots+y_{67-m}\\&=z_1+z_2+\cdots\cdots+z_{67-m}\\&=m\end{aligned}\qquad\cdots\cdots②$$

の場合であることは，もう大丈夫であろう。

② を満たす 0 以上の整数 x_1，……，x_{67-m} の組の個数，0 以上の整数 y_1，……，y_{67-m} の組の個数，0 以上の整数 z_1，……，z_{67-m} の組の個数(それらは，もちろん，すべて等しい)が重複組合せの考え方を用いて求められることは，東大受験生に説明の必要はないだろう。

5° 最後の，${}_{66}\mathrm{C}_m$ $(m=0,\ 1,\ \cdots\cdots,\ 66)$ が最大となる m の値を求める部分については，解答用紙のスペースを考えれば，

・n が偶数のとき，${}_n\mathrm{C}_r$ $(r=0,\ 1,\ \cdots\cdots,\ n)$ が最大となる r の値は，$\dfrac{n}{2}$

・n が奇数のとき，${}_n\mathrm{C}_r$ $(r=0,\ 1,\ \cdots\cdots,\ n)$ が最大となる r の値は，

$\dfrac{n-1}{2}$ と $\dfrac{n+1}{2}$

であることを認めて解答を作っても許されるかもしれない。上の **解** **答** では，念のため，$\dfrac{{}_{66}\mathrm{C}_{m+1}}{{}_{66}\mathrm{C}_m}$ と 1 の大小を比較することにより ${}_{66}\mathrm{C}_m$ $(m=0,\ 1,\ \cdots\cdots,\ 66)$ の増減を調べ，${}_{66}\mathrm{C}_m$ $(m=0,\ 1,\ \cdots\cdots,\ 66)$ が最大となる m の値が $m=33$ であることを証明しておいたのである(上で述べた事実も同様にして証明される。各自試みよ)。

2021年

第 1 問

解答

$$C : y=x^2+ax+b \quad \cdots\cdots ①$$

$$y=-x^2 \quad \cdots\cdots ②$$

「放物線 C は放物線②と2つの共有点を持ち，一方の共有点の x 座標は $-1<x<0$ を満たし，他方の共有点の x 座標は $0<x<1$ を満たす」

……Ⓐ

(1) 放物線 C と放物線②の共有点の x 座標は，①と②から y を消去して得られる x の2次方程式

$$x^2+ax+b=-x^2$$

すなわち，

$$2x^2+ax+b=0 \quad \cdots\cdots ③$$

の実数解に一致する。

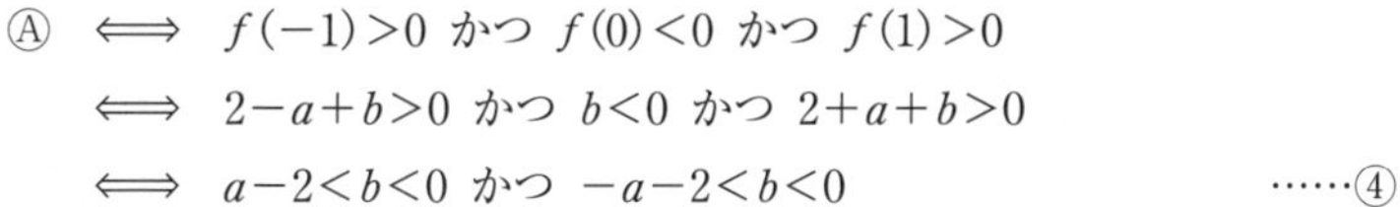

そこで，③の左辺を $f(x)$ とおき，$f(x)$ のグラフを考察すると，グラフは下に凸の放物線であるから，

Ⓐ $\iff f(-1)>0$ かつ $f(0)<0$ かつ $f(1)>0$

$\iff 2-a+b>0$ かつ $b<0$ かつ $2+a+b>0$

$\iff a-2<b<0$ かつ $-a-2<b<0$ ……④

であり，これを図示して下図斜線部が点 $(a,\ b)$ のとりうる範囲である。ただし，境界線上の点は含まない。

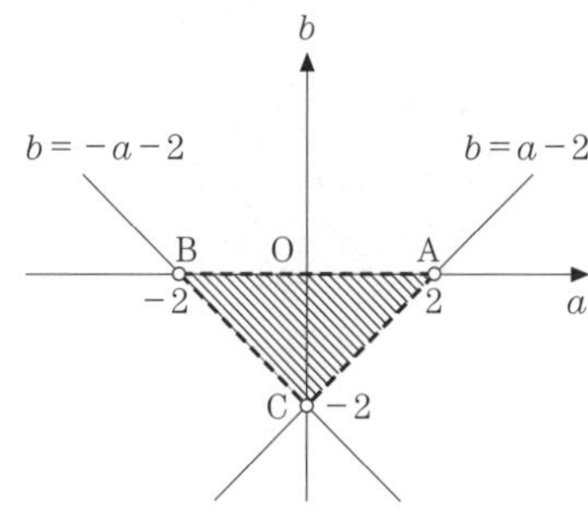

(2)　放物線 C の通りうる範囲は，

「① かつ ④ を満たす a，b が存在する」　……Ⓑ

ような点 $(x,\ y)$ 全体の集合である。

そこで，ab 平面上で考察すると，① は ab 平面上の直線

$$xa+b+x^2-y=0 \quad \cdots\cdots①'$$

であり，④ は (1) で図示した領域を表すので，

Ⓑ $\iff$ 「直線 ①′ と領域 ④ とが共有点を持つ」　……Ⓒ

である。

ここで，④ の表す三角形領域の頂点を A$(2,\ 0)$，B$(-2,\ 0)$，C$(0,\ -2)$ とおき，①′ の左辺を $F(a,\ b)$ とおくと，領域 ④ の形状に注意し，

Ⓒ $\iff$ 「“点 A と点 B が直線 ①′ に関して反対側にある”
または “点 B と点 C が直線 ①′ に関して反対側にある”
または “点 C と点 A が直線 ①′ に関して反対側にある”」

$\iff$ $F(2,\ 0)\cdot F(-2,\ 0)<0$ または $F(-2,\ 0)\cdot F(0,\ -2)<0$
または $F(0,\ -2)\cdot F(2,\ 0)<0$

$\iff$ $(2x+x^2-y)(-2x+x^2-y)<0$
または $(-2x+x^2-y)(-2+x^2-y)<0$
または $(-2+x^2-y)(2x+x^2-y)<0$　……Ⓓ

である。

よって，Ⓓ を図示して，放物線 C の通りうる範囲は下図斜線部である。ただし，境界線上の点は含まない。

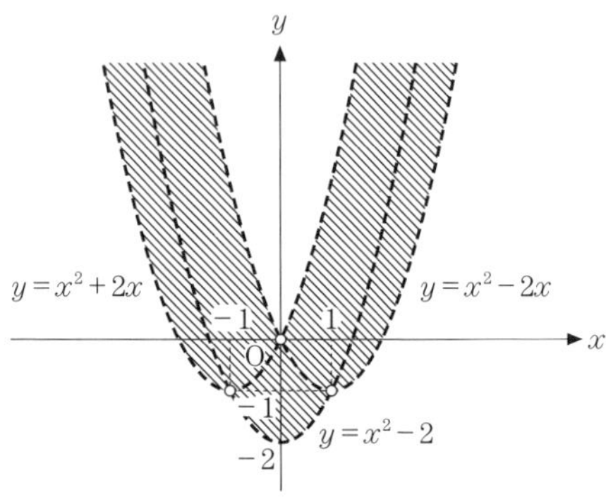

解説

1° (1) は 2 次方程式の解の配置問題と同じで基本問題である。(2) は通過領域の問題であり，東大理科では頻出タイプである。考え方は決まっているものの，本問の場合，処理の仕方はいくつかの方針が考えられ，どの方針でも場合分けが避けられない。コツコツやればよいのだが，手数が掛かり図示にも手間取るかもしれず，時間を要する。得点差がつきやすい問題であっただろう。努力が報われる問題であるだけに，しっかり満点が取れるようにしておきたい問題である。

2° (1) は Ⓐ の必要十分条件として a と b の条件を求めればよい。直接 2 つの放物線を考察するやり方は曲線同士なので答案として通用しない。そこで，共有点の x 座標が，① と ② から y を消去して得られる x の方程式の実数解に一致するという事実に着目して，x の方程式を同値変形し，一方のグラフを直線にして 2 つのグラフの共有点として捉え直せばよい。同値変形の仕方はいくつか考えられるが，ここでは 2 つのパラメタ a，b を含むので，素直に一方の辺に全て移項し，③ の左辺のグラフの放物線と右辺のグラフの x 軸との共有点の x 座標に言い換えて処理すればよいだろう。

3° (2) の解決に向かうための第一のポイントは，求める通過範囲を D とすると，

$(x,\ y)\in D \iff$ ① かつ ④ を満たす a，b が存在する　……Ⓑ

という同値関係を押え，さらに (1) の結果の利用を考えて，

$(x,\ y)\in D \iff$ ab 平面上で直線 ①′ と領域 ④ とが共有点を持つ　……Ⓒ

と言い換えることである。この考え方は東大理科の受験生であれば身についていなければならない。

第二のポイントは，Ⓒ となる x，y の条件を具体的にどのように求めるか，その方針を定めることである。いくつかの方針が考えられる。

<方針 1>　直線 ①′ の傾き $-x$ と，領域 ④ の境界線の傾き -1，0，1 との大小で場合分けする

<方針 2>　直線 ①′ の b 切片 $y-x^2$ が，領域 ④ の上側，内部，下側のどこにあるかで場合分けする

<方針 3>　領域 ④ の 3 頂点のうち少なくとも 2 つが直線 ①′ に関して反対側にあることに注目する

<方針 4>　領域 ④ の 3 頂点のすべてが直線 ①′ に関して同じ側（①′ 上を含む）になることはないことに注目する

などである。**解答** では<方針 3>に基づいている。

4°　<方針3>は，領域④が三角形という形状であることに注目している。直線①′が領域④と共有点を持つのは，領域④の三角形の3辺（両端除く）の少なくとも1つと直線①′が1点で交わることと同じである。すなわち，三角形の3頂点をA，B，Cとすれば，A，B，Cのうちいずれか2つが直線①′に関して反対側にあることと同じである，と捉えているのである。

一般に，直線 $l: ax+by+c=0$ が2点 $\mathrm{P}(x_1,\ y_1)$，$\mathrm{Q}(x_2,\ y_2)$ を両端とする線分PQと両端以外で1点のみを共有する条件は，点Pと点Qが l に関して反対側にあることであり，それは $f(x,\ y)=ax+by+c$ とおくと，

$$f(x_1,\ y_1)\cdot f(x_2,\ y_2)<0 \qquad \cdots\cdots(*)$$

が成り立つことである。なぜなら，xy 平面全体は，

$f(x,\ y)=0$ を満たす点 $(x,\ y)$ の集合
（これは直線 $f(x,\ y)=0$ である）

$f(x,\ y)>0$ を満たす点の集合（これを $f(x,\ y)$ の正領域という）

$f(x,\ y)<0$ を満たす点の集合（これを $f(x,\ y)$ の負領域という）

の3個に分けられ，点Pと点Qが l に関して反対側にあるとは，PとQの一方が $f(x,\ y)$ の正領域にあり他方が負領域にあることゆえ，$(*)$が成り立つことが必要十分であるからである。

この考えに基づくと，**解答**のように機械的に処理できて効率がよい。

なお，最後の図示は次のようにすると手早い。

たとえば，$(2x+x^2-y)(-2x+x^2-y)<0$ の表す領域（$(2x+x^2-y)(-2x+x^2-y)$ の負領域）は，境界線

$$2x+x^2-y=0 \text{ と } -2x+x^2-y=0$$

によって平面全体が4個の領域に分かれるので，代表点を取って不等式の左辺の符号を調べ，正なら境界線を挟んだ隣りの領域から，負ならその領域から境界線を挟んで交互に斜線を引いていけば直ちに図示できる。正領域の隣は負領域，負領域の隣は正領域であるからである。具体的には，例えば点 $(0,\ 1)$ を取ると，

$$(2x+x^2-y)(-2x+x^2-y)=(2\cdot0+0^2-1)(-2\cdot0+0^2-1)=1>0$$

であるから点 $(0,\ 1)$ の属する領域は $(2x+x^2-y)(-2x+x^2-y)<0$ の表す領域に含まれず，境界線を挟んだその隣りから斜線を引き，あとは境界線を境にして交互に斜線を引いていけばよい。

これと同様にすれば，<方針4>も簡単である。<方針4>はいわば“余事象”から考えようとしているもので，直線①′が領域④と共有点を持たないのは，三

角形の領域 ④ の頂点 A，B，C がすべて直線 ①′ の片側か直線 ①′ 上にあることである。その条件は **解答** の $F(a,\ b)$ を用いると，

“$F(2,\ 0)\geqq 0$ かつ $F(-2,\ 0)\geqq 0$ かつ $F(0,\ -2)\geqq 0$”

または “$F(2,\ 0)\leqq 0$ かつ $F(-2,\ 0)\leqq 0$ かつ $F(0,\ -2)\leqq 0$”

であるから，この条件の表す領域以外の領域が求めるものである。

5°　(2) の<方針 1>による解答のあらすじは次のようになる。Ⓒ までは **解答** と同じである。

①′ は

$$b=-xa+y-x^2$$

と変形できて，$g(a)=-xa+y-x^2$ とおくと，Ⓒ の条件は，視察により，

$$\begin{cases}\cdot\ -x\leqq -1\ のとき, & g(-2)>0\ かつ\ g(2)<0\\ \cdot\ -1\leqq -x\leqq 0\ のとき, & g(2)<0\ かつ\ g(0)>-2\\ \cdot\ 0\leqq -x\leqq 1\ のとき, & g(0)>-2\ かつ\ g(-2)<0\\ \cdot\ 1\leqq -x\ のとき, & g(-2)<0\ かつ\ g(2)>0\end{cases}$$

が成り立つことである。これを整理して結果を得る。

また，(2) の<方針 2>による解答のあらすじは次のようになる。やはり Ⓒ までは **解答** と同じであり，上の $g(a)$ を用いると，Ⓒ の条件は，視察により，

$$\begin{cases}\cdot\ y-x^2\leqq -2\ のとき, & g(-2)>0\ または\ g(2)>0\\ \cdot\ -2<y-x^2<0\ のとき, & -x\ は任意,\ それゆえ,\ x\ は任意\\ \cdot\ 0\leqq y-x^2\ のとき, & g(-2)<0\ または\ g(2)<0\end{cases}$$

が成り立つことである。これを整理して結果を得る。

<方針 1>も<方針 2>も大差ない。まずはしっかり細かいところまで計算して図示してみてもらいたい。大切なことは方針を決めたら最後まで正しくやり抜くことである。

なお，<方針 1>，<方針 2>を採る場合は，(1) で求めた領域が b 軸に関し対称であることと，放物線 C の式 ① が a を $-a$ に代えると y 軸に関し対称な放物線になることに最初に注目しておくと，C の通過範囲が y 軸に関し対称であることが先にわかるので，場合分けの煩雑さを軽減できる。すなわち，点 $(a,\ b)$ が ④ の表す領域内にあれば，点 $(-a,\ b)$ も ④ の表す領域内にあり，$y=x^2+ax+b$ の表す放物線と $y=x^2+(-a)x+b$ の表す放物線は y 軸に関し対称であるから，通過範囲も y 軸に関し対称になる。それゆえ，通過範囲は $x\geqq 0$ の範囲で調べれば十分なのである。

6°　(2) では Ⓑ を押えたうえで，Ⓒ とせずに，Ⓑ となる $(x,\ y)$ の集合が，

「① において x を固定して a, b を ④ の範囲で変化させるときの y の値域を求める」 ……(☆)

という方法で得られることを利用するのも見通しがよい。これは求める通過範囲を x 軸に垂直に切って直接見ていこうとする考え方で，受験数学の世界では“ファクシミリの原理”などと言われている。そのあらすじは次のようになる。ただし，$\min(p,\ q)$ は p と q のうちの最小値を，$\max(p,\ q)$ は p と q のうちの最大値を表す数学の記号である。

① で x を固定して，y を a と b の関数とみて a と b を ④ の範囲で変化させるときの y の値域を求めるために，(y が b の増加関数であることが ① 式からわかるので) まず a を固定して b を変化させて考え，ついで a を変化させる。

(ア) $-2<a<0$ の範囲で a を固定するとき，b は

$$-a-2<b<0$$

を変化するから，① の y の値域は，

$$x^2+ax-a-2<y<x^2+ax \quad \cdots\cdots ㋐$$

である。

ついで a を $-2<a<0$ の範囲で変化させる。㋐ の左端を $m_1(a)=(x-1)a+x^2-2$, 右端を $M(a)=xa+x^2$ とおくと，$x \fallingdotseq 1$, $x \fallingdotseq 0$ のときは $m_1(a)$, $M(a)$ は a の1次関数であるから，y の値域は，

$$\min\{m_1(-2),\ m_1(0)\}<y<\max\{M(-2),\ M(0)\}$$

すなわち，

$$\min(x^2-2x,\ x^2-2)<y<\max(x^2-2x,\ x^2) \quad \cdots\cdots Ⓔ$$

である。

(イ) $a=0$ と固定するとき，b は，

$$-2<b<0$$

を変化するから，① の y の値域は，

$$x^2-2<y<x^2 \quad \cdots\cdots Ⓕ$$

であり，これで y の値域は確定する。

(ウ) $0<a<2$ の範囲で a を固定するとき，b は

$$a-2<b<0$$

を変化するから，① の y の値域は，

$$x^2+ax+a-2<y<x^2+ax \quad \cdots\cdots ㋑$$

である。

ついで a を $0<a<2$ の範囲で変化させる。㋑ の左端を

$m_2(a)=(x+1)a+x^2-2$，右端を $M(a)=xa+x^2$ とおくと，$x\neq-1$，$x\neq0$ のときは $m_2(a)$，$M(a)$ は a の1次関数であるから，y の値域は，

$$\min\{m_2(0),\ m_2(2)\}<y<\max\{M(0),\ M(2)\}$$

すなわち，

$$\min(x^2-2,\ x^2+2x)<y<\max(x^2,\ x^2+2x) \quad \cdots\cdots Ⓖ$$

である。

以上，「Ⓔ または Ⓕ または Ⓖ」は $x=\pm1$，0のときにも結果的に通用する（←各自確認すること）ので，これを図示すればよい。図示する際は，たとえば，$\min(x^2-2x,\ x^2-2)$ では，x^2-2x と x^2-2 のどちらが小さいかを式で判断するよりも，$y=x^2-2x$ と $y=x^2-2$ のグラフを両方描いておいて，下になっている方を辿る，というようにグラフの上下で判断すると能率よく図示できる。max についても同様である。各自手を動かしてしっかりした答案を作ってみるとよい。

第 2 問

解答

$$f(z)=az^2+bz+c \quad (a,\ b,\ c \text{は複素数})$$

(1)　α，β，γ を複素数として，$f(0)=\alpha$，$f(1)=\beta$，$f(i)=\gamma$ が成り立つとき，

$$\begin{cases} c=\alpha & \cdots\cdots ① \\ a+b+c=\beta & \cdots\cdots ② \\ -a+bi+c=\gamma & \cdots\cdots ③ \end{cases}$$

が成り立つ。

① を ② と ③ に代入して c を消去すると，

$$\begin{cases} a+b=\beta-\alpha & \cdots\cdots ④ \\ -a+bi=\gamma-\alpha & \cdots\cdots ⑤ \end{cases}$$

となり，④+⑤，④$\times i-$⑤ より，

$$\begin{cases} (1+i)b=\beta+\gamma-2\alpha \\ (1+i)a=(1-i)\alpha+i\beta-\gamma \end{cases}$$

となるから，それぞれ b，a について解くと，

$$b=\frac{\beta+\gamma-2\alpha}{1+i}=\frac{(\beta+\gamma-2\alpha)(1-i)}{(1+i)(1-i)}=(-1+i)\alpha+\frac{1-i}{2}\beta+\frac{1-i}{2}\gamma$$

$$a=\frac{(1-i)\alpha+i\beta-\gamma}{1+i}=\frac{\{(1-i)\alpha+i\beta-\gamma\}(1-i)}{(1+i)(1-i)}$$

$$=-i\alpha+\frac{1+i}{2}\beta-\frac{1-i}{2}\gamma$$

が得られる。

以上から，求める a，b，c は順に

$$-i\alpha+\frac{1+i}{2}\beta-\frac{1-i}{2}\gamma,\ (-1+i)\alpha+\frac{1-i}{2}\beta+\frac{1-i}{2}\gamma,\ \alpha$$

である。

(2)　(1)の結果を用いると，

$$\begin{aligned}f(2)&=4a+2b+c\\&=4\left(-i\alpha+\frac{1+i}{2}\beta-\frac{1-i}{2}\gamma\right)+2\left\{(-1+i)\alpha+\frac{1-i}{2}\beta+\frac{1-i}{2}\gamma\right\}+\alpha\\&=(-1-2i)\alpha+(3+i)\beta+(-1+i)\gamma\end{aligned}\quad\cdots\cdots⑥$$

と表される。

よって，α，β，γ が

$$1\leqq\alpha\leqq2\ \text{かつ}\ 1\leqq\beta\leqq2\ \text{かつ}\ 1\leqq\gamma\leqq2\quad\cdots\cdots⑦$$

を満たしながら変化するときの⑥で表される $f(2)$ のとりうる範囲を複素数平面上に図示すればよい。

ここで，

$$z_1=-1-2i,\ z_2=3+i,$$
$$z_3=-1+i$$

とおくと，⑥は

$$f(2)=\alpha z_1+\beta z_2+\gamma z_3\quad\cdots\cdots⑥'$$

となる。

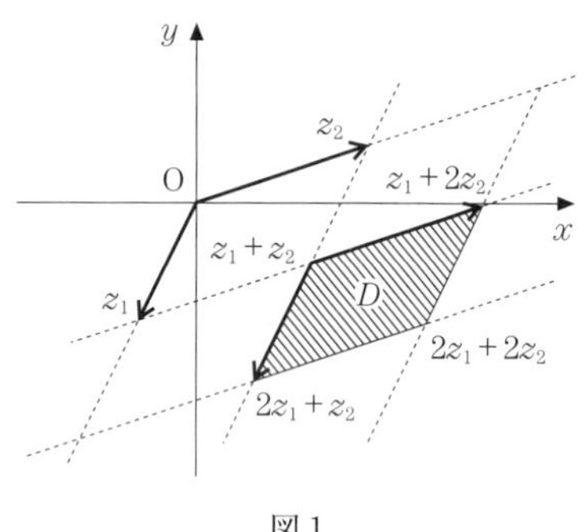

図1

そこでまず，α と β を⑦の範囲で変化させると，$\alpha z_1+\beta z_2$ のとりうる範囲は，複素数平面上で図1のような，点 z_1+z_2 を始点とし，z_1，z_2 に対応するベクトルで張られる平行四辺形の周と内部であり，これを D とする。

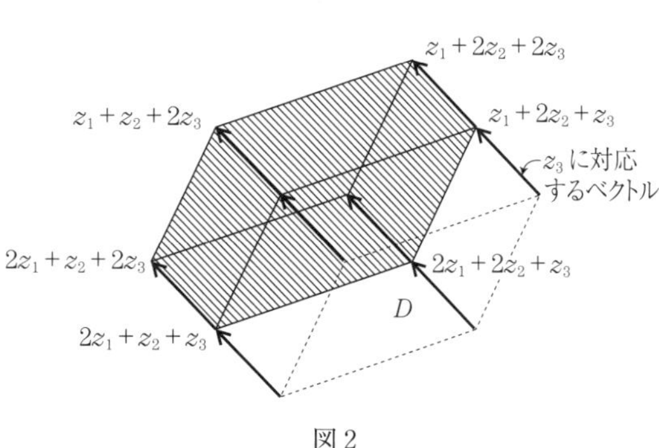

図2

ついで，γ を⑦の範囲で変化させると，$f(2)$ のとりうる範囲は，複素数平面上で D を γz_3 に対応するベク

トルだけ平行移動させるときの D の通過範囲である（図 2 参照）。

よって，求める範囲は，

$$2z_1+2z_2+z_3=3-i,\ z_1+2z_2+z_3=4+i,$$
$$z_1+2z_2+2z_3=3+2i,\ z_1+z_2+2z_3=i,$$
$$2z_1+z_2+2z_3=-1-i,\ 2z_1+z_2+z_3=-2i$$

を頂点とする図 3 のような六角形の周と内部である。

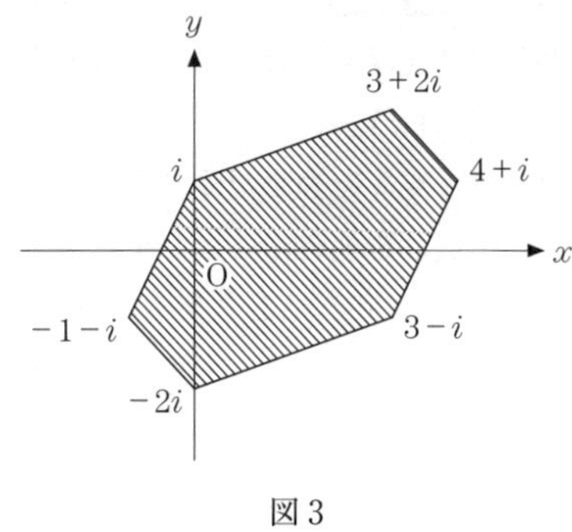

図 3

解説

1°　見かけは複素数平面の問題であるが，実質的にはベクトルの問題といえよう。(1) は極めて容易であるものの，(2) は 6 文字 a，b，c，α，β，γ が含まれ，混乱しやすい。伝統的に東大が好んで出題する，複数の変数を含む式が表す図形に関する問題で，実数平面上の問題であれば類題の経験もあるかもしれないが，複素数平面上で考察する点で難度が上がっている。(1) を確実に得点し，(2) をどうするかを他の問題と時間との兼ね合いで判断することになろう。完答は難しくないので，合否を分ける一題となる可能性もある。受験生の実力が反映される良問である。

2°　(1) は a，b，c の連立 1 次方程式を解くだけである。複素数係数であっても実数係数のときと全く同様であり，1 文字ずつ消去していけばよい。

3°　(2) が主問題である。$f(2)$ のとりうる範囲を求めるのに，“α，β，γ が独立に 1 以上 2 以下の範囲を変化する” ことを押さえることが最初のポイントである。α，β，γ を 1 以上 2 以下のどのような値にしても，(1) の結果より必ず複素数 a，b，c が定まるからである。

そこで，$f(2)$ を (1) の結果を用いて α，β，γ で表してさらに “α，β，γ について整理” し，ベクトルの見方をしようとすることが次のポイントである。すなわち，$f(2)$ を α，β，γ について整理すると，

$$f(2)=\alpha z_1+\beta z_2+\gamma z_3$$

の形となるので，z_1，z_2，z_3 に対応する３つのベクトルの線型結合（実数倍の和 $\alpha\overrightarrow{x}+\beta\overrightarrow{y}+\gamma\overrightarrow{z}$ の形のベクトルを $\overrightarrow{x}$ と $\overrightarrow{y}$ と $\overrightarrow{z}$ の線型結合または１次結合という）と見ればよい。もっとも，α, β, γ を３つ同時に動かすと混乱しそうである。１つずつ動かす，あるいは２つの平面ベクトルの線型結合なら慣れているであろうから，α, β, γ のうち２つを変化させて，その後３つ目を動かす，というように段階的に考察していくのがよい（**解** **答** では後者の考え方で処理している）。この種の考え方は東大の過去の問題で何度も使われているものである。ベクトルの線型結合の表す図形の解説は不要であろう。

複素数は，複素数平面上で「点」を表すだけでなく，上のように「ベクトル」と見ることもできるし，また複素数を加えることで平行移動，複素数を掛けることで回転移動のように「変換の作用素」と見ることもできる。場面に応じて柔軟に見方・捉え方を変え，その場面に相応しい見方・捉え方をすることが複素数の問題の一般的なポイントである。

4° (2) で $f(2)$ のとりうる範囲を求める際に，

$$f(2)=x+yi\quad(x,\ y\text{ は実数})\qquad\cdots\cdots(*)$$

の形に表して，$f(2)$ の実部 x と虚部 y の組 $(x,\ y)$ のとりうる範囲を考えようとする方針も考えられなくはない。ただし，x と y のとりうる範囲を“独立に”考えようとするのは誤りである。すなわち，

$$f(2)=-\alpha+3\beta-\gamma+(-2\alpha+\beta+\gamma)i$$

より，

$$x=-\alpha+3\beta-\gamma\qquad\cdots\cdots㋐$$

$$y=-2\alpha+\beta+\gamma\qquad\cdots\cdots㋑$$

であり，

$$1\leqq\alpha\leqq2\text{ かつ }1\leqq\beta\leqq2\text{ かつ }1\leqq\gamma\leqq2\qquad\cdots\cdots⑦$$

のもとで，

$$-2+3\cdot1-2\leqq x\leqq-1+3\cdot2-1\text{ より，}-1\leqq x\leqq4\qquad\cdots\cdots㋒$$

$$-2\cdot2+1+1\leqq y\leqq-2\cdot1+2+2\text{ より，}-2\leqq y\leqq2\qquad\cdots\cdots㋓$$

であるから，「㋒ かつ ㋓」の表す領域を図示してしまう誤りである。

㋐ と ㋑ の式を見ればわかるように，どちらも α, β, γ で表されており，x が ㋒ 内のある値をとるとき，α, β, γ の値の組が限定されるから，y の取る値も限定される。それゆえ x と y は ㋒ 内と ㋓ 内の値を“独立に”取ることはできないので

ある。α, β, γ が⑦の範囲を動くとき $f(2)$ のとりうる値は「㋒かつ㋓」の範囲に入っていなければならないが，「㋒かつ㋓」の範囲を隅から隅までくまなくとりうるとは限らないのである。これは「㋒かつ㋓」が α, β, γ が存在するための必要条件であって，十分条件ではない，ということである。実際，図示してみるとそのことは明白である（右図）。

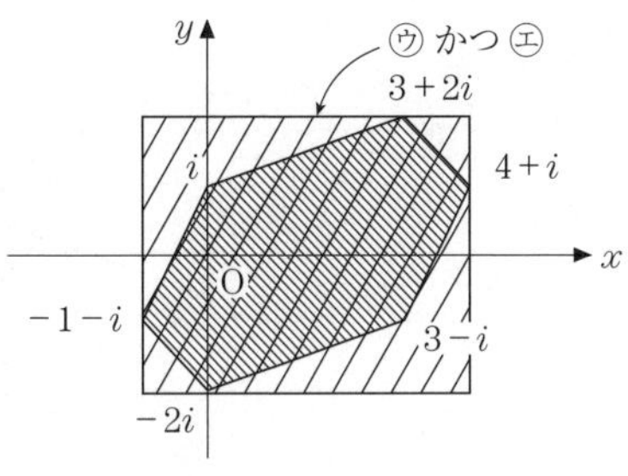

5°　上の **4°** のように実部と虚部を設定して $f(2)$ のとりうる範囲を求めるには，次のようにすればよい。あらすじを述べよう。

（＊）で表される $f(2)$ のとりうる範囲は，

「㋐かつ㋑かつ⑦をみたす α, β, γ が存在する」　……Ⓐ

ような点 $(x,\ y)$ 全体の集合である。

そこで，㋐と㋑を連立させて α, β について解くと，

$$\alpha=\frac{x-3y+4\gamma}{5},\quad \beta=\frac{2x-y+3\gamma}{5}$$

となるので，これを⑦に代入して，α と β の存在条件は，

$$1\leqq\frac{x-3y+4\gamma}{5}\leqq 2 \text{ かつ } 1\leqq\frac{2x-y+3\gamma}{5}\leqq 2$$

が成り立つことである。これを γ について解いて整理すると，

$$\frac{5-x+3y}{4}\leqq\gamma\leqq\frac{10-x+3y}{4} \text{ かつ } \frac{5-2x+y}{3}\leqq\gamma\leqq\frac{10-2x+y}{3}$$

となるので，⑦を満たす γ の存在条件は，

$$1\leqq\frac{10-x+3y}{4} \text{ かつ } \frac{5-x+3y}{4}\leqq 2 \text{ かつ } 1\leqq\frac{10-2x+y}{3}$$

$$\text{かつ } \frac{5-2x+y}{3}\leqq 2 \text{ かつ } \frac{5-x+3y}{4}\leqq\frac{10-2x+y}{3}$$

$$\text{かつ } \frac{5-2x+y}{3}\leqq\frac{10-x+3y}{4}$$

である。これを整理することにより，

Ⓐ　$\Longleftrightarrow$　$x-3y\leqq 6$ かつ $x-3y\geqq -3$ かつ $2x-y\leqq 7$

かつ $2x-y\geqq -1$ かつ $x+y\leqq 5$ かつ $x+y\geqq -2$

であり，これを図示することで結果を得る。

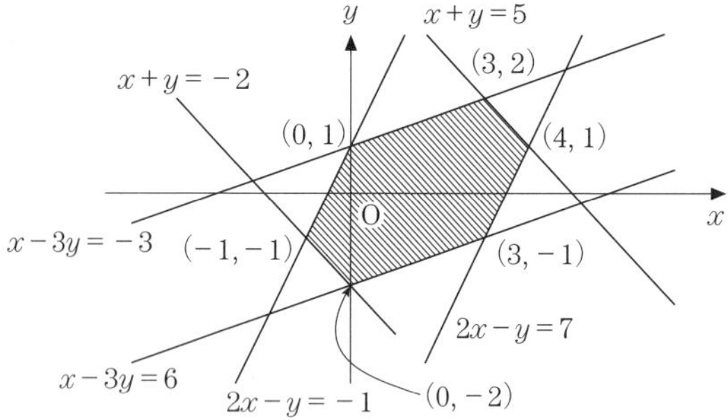

なお，この考え方は第１問の存在条件の考え方と同様である。

第 3 問

解 答

(1)　$f(x)=\dfrac{x}{x^2+3}$ のとき，

$$f'(x)=\frac{1\cdot(x^2+3)-x\cdot 2x}{(x^2+3)^2}$$

$$=\frac{-x^2+3}{(x^2+3)^2}$$

であるから，点 $\mathrm{A}(1,\ f(1))$ における接線 ℓ は，

$$y=f'(1)(x-1)+f(1),\ \text{すなわち，}\ y=\frac{1}{8}(x-1)+\frac{1}{4}$$

と表され，

$$g(x)=\frac{1}{8}(x-1)+\frac{1}{4}$$

$$=\frac{1}{8}x+\frac{1}{8}$$

である。

よって，C と ℓ の共有点の x 座標は，x の方程式

$$f(x)=g(x),\ \text{すなわち，}\ \frac{x}{x^2+3}=\frac{1}{8}x+\frac{1}{8}$$

の実数解で，これは

$$8x=(x+1)(x^2+3) \iff x^3+x^2-5x+3=0$$
$$\iff (x-1)^2(x+3)=0$$
$$\iff x=1 \text{ または } x=-3$$

と同値変形できる。

したがって，C と ℓ の共有点で A と異なるものとしては，その x 座標が

−3

である点 $(-3,\ f(-3))\ (=(-3,\ g(-3)))$ のただ1つが存在する。

(2) (1)の結果より $\alpha=-3$ であり，求める定積分を

$$I=\int_{-3}^{1}\{f(x)-g(x)\}^2dx$$

とおくと，

$$\{f(x)-g(x)\}^2=\{f(x)\}^2-2f(x)g(x)+\{g(x)\}^2$$

であるから，

$$I_1=\int_{-3}^{1}\{f(x)\}^2dx,\quad I_2=\int_{-3}^{1}f(x)g(x)\,dx,\quad I_3=\int_{-3}^{1}\{g(x)\}^2dx$$

とおくと，

$$I=I_1-2I_2+I_3$$

である。

ここで，I_1，I_2 においては $x=\sqrt{3}\tan\theta\left(-\frac{\pi}{2}<\theta<\frac{\pi}{2}\right)$ と置換すると，

$$\begin{cases} dx=\dfrac{\sqrt{3}}{\cos^2\theta}d\theta \\ \dfrac{1}{x^2+3}=\dfrac{1}{3\tan^2\theta+3}=\dfrac{1}{3}\cos^2\theta \end{cases}$$

x	-3	→	1
θ	$-\frac{\pi}{3}$	→	$\frac{\pi}{6}$

のように対応するので，

$$I_1=\int_{-3}^{1}\left(\frac{x}{x^2+3}\right)^2dx=\int_{-\frac{\pi}{3}}^{\frac{\pi}{6}}\left(\sqrt{3}\tan\theta\cdot\frac{1}{3}\cos^2\theta\right)^2\frac{\sqrt{3}}{\cos^2\theta}d\theta$$
$$=\frac{\sqrt{3}}{3}\int_{-\frac{\pi}{3}}^{\frac{\pi}{6}}\tan^2\theta\cdot\cos^2\theta\,d\theta=\frac{\sqrt{3}}{3}\int_{-\frac{\pi}{3}}^{\frac{\pi}{6}}\sin^2\theta\,d\theta$$
$$=\frac{\sqrt{3}}{3}\int_{-\frac{\pi}{3}}^{\frac{\pi}{6}}\frac{1-\cos2\theta}{2}d\theta=\frac{\sqrt{3}}{6}\left[\theta-\frac{1}{2}\sin2\theta\right]_{-\frac{\pi}{3}}^{\frac{\pi}{6}}=\frac{\sqrt{3}}{12}\pi-\frac{1}{4}$$

$$I_2=\int_{-3}^{1}\frac{x}{x^2+3}\left(\frac{1}{8}x+\frac{1}{8}\right)dx$$
$$=\frac{1}{8}\int_{-\frac{\pi}{3}}^{\frac{\pi}{6}}\left(\sqrt{3}\tan\theta\cdot\frac{1}{3}\cos^2\theta\right)(\sqrt{3}\tan\theta+1)\frac{\sqrt{3}}{\cos^2\theta}d\theta$$

$$=\frac{1}{8}\int_{-\frac{\pi}{3}}^{\frac{\pi}{6}}(\sqrt{3}\tan^2\theta+\tan\theta)\,d\theta=\frac{1}{8}\int_{-\frac{\pi}{3}}^{\frac{\pi}{6}}\left\{\sqrt{3}\left(\frac{1}{\cos^2\theta}-1\right)-\frac{(\cos\theta)'}{\cos\theta}\right\}d\theta$$

$$=\frac{1}{8}\Big[\sqrt{3}(\tan\theta-\theta)-\log|\cos\theta|\Big]_{-\frac{\pi}{3}}^{\frac{\pi}{6}}=\frac{1}{2}-\frac{\sqrt{3}}{16}\pi-\frac{1}{16}\log 3$$

である。また，

$$I_3=\int_{-3}^{1}\left(\frac{1}{8}x+\frac{1}{8}\right)^2dx=\frac{1}{64}\int_{-3}^{1}(x+1)^2dx$$

$$=\frac{1}{64}\left[\frac{1}{3}(x+1)^3\right]_{-3}^{1}=\frac{1}{12}$$

であるから，

$$I=\frac{\sqrt{3}}{12}\pi-\frac{1}{4}-2\left(\frac{1}{2}-\frac{\sqrt{3}}{16}\pi-\frac{1}{16}\log 3\right)+\frac{1}{12}$$

$$=\boldsymbol{\frac{5\sqrt{3}}{24}\pi+\frac{1}{8}\log 3-\frac{7}{6}}$$

である。

解説

1°　数学Ⅲの微積分法に関する計算問題である。特に高度な計算は要求しておらず，正確に遂行すればよいだけである。しかし，(2)の定積分の計算はうっかりミスをしやすく，時間もそれなりにかかるので，試験場の緊張状態においては難しく感じるかもしれない。2021 年度の中では完答したい問題である。(2)のような定積分の計算は 2019 年度の第 1 問を彷彿とさせる。基本的計算力をしっかり身につけてきてほしい，という東大からのメッセージが今年も発出されていたことになる。

2°　(1)は一意的に存在することの証明であるが，「その点の x 座標を求めよ」という問いかけから示唆されるように，x の方程式 $f(x)=g(x)$ を具体的に解こうとしてみればよい。C の $x=1$ での接線が $y=g(x)$ であるから，$f(x)=g(x)$ は $x=1$ を必ず解に持つことに注意すれば，あっけなく解決する。(1)は極めて易しい問題である。

3°　(2)の定積分は計算するだけとはいえ，被積分関数をよく観察した上で実行しないと苦労することになり，計算の要領がポイントになる。$f(x)-g(x)$ を通分してから 2 乗の展開などやり出すと大変である。

まずは $g(x)$ が 1 次式であるから，2 乗しても 2 次式で積分が簡単であることに着目したい。そうすれば，$g(x)$ はカタマリのまま扱うのがよさそうだと考えられ，それゆえ $f(x)$ と $g(x)$ をカタマリのまま 2 乗の展開をして計算するとよさそうだと判断できる。$f(x)$ や $\{f(x)\}^2$ は $\dfrac{1}{x^2+3}$ を含むので，置換積分の定石通り

$x=\sqrt{3}\tan\theta$ と置換すればよい。**解** **答** はこの方針に沿ったものである。

4° I_2 の計算ではもう少し工夫できる。

一般に，分数式で表される関数の積分において，分数式の

(分子の次数)≧(分母の次数) のときは，分子を分母で割り算して，

(整式)＋(真分数式［分子の次数が分母の次数より小さい分数式])

の形にし，可能なら真分数式をさらに部分分数分解して積分するのが定石である。

$I_2=\displaystyle\int_{-3}^{1}\frac{x}{x^2+3}\left(\frac{1}{8}x+\frac{1}{8}\right)dx=\frac{1}{8}\int_{-3}^{1}\frac{x(x+1)}{x^2+3}dx$ では，被積分関数の $\dfrac{x(x+1)}{x^2+3}$ が

$$\frac{x(x+1)}{x^2+3}=1+\frac{x-3}{x^2+3}=1+\frac{x}{x^2+3}-\frac{3}{x^2+3} \qquad \cdots\cdots ㋐$$

と変形できるので，右端の式の各項を項別に積分すればよい。このとき，第 2 項の積分は，

$$\int_{-3}^{1}\frac{x}{x^2+3}dx=\int_{-3}^{1}\frac{1}{2}\cdot\frac{(x^2+3)'}{x^2+3}dx=\frac{1}{2}\Bigl[\log(x^2+3)\Bigr]_{-3}^{1}=-\frac{1}{2}\log 3$$

のように，置換しなくても直接計算できる。第 3 項の積分は $x=\sqrt{3}\tan\theta$ と置換することになる。

なお，I_1 についても，被積分関数が，

$$\left(\frac{x}{x^2+3}\right)^2=\frac{x^2+3-3}{(x^2+3)^2}=\frac{1}{x^2+3}-\frac{3}{(x^2+3)^2} \qquad \cdots\cdots ㋑$$

と変形できるので，㋐ と ㋑ の変形を両方用いて，

$$\begin{aligned}I_1-2I_2&=\int_{-3}^{1}\left\{\frac{1}{x^2+3}-\frac{3}{(x^2+3)^2}-2\cdot\frac{1}{8}\left(1+\frac{x}{x^2+3}-\frac{3}{x^2+3}\right)\right\}dx\\&=\int_{-3}^{1}\left\{\frac{7}{4}\cdot\frac{1}{x^2+3}-\frac{3}{(x^2+3)^2}-\frac{1}{4}\cdot\frac{x}{x^2+3}-\frac{1}{4}\right\}dx\\&=\frac{7}{4}\int_{-3}^{1}\frac{1}{x^2+3}dx-3\int_{-3}^{1}\frac{1}{(x^2+3)^2}dx-\frac{1}{4}\int_{-3}^{1}\frac{x}{x^2+3}dx-\frac{1}{4}\int_{-3}^{1}dx\end{aligned}$$

としてから，$\displaystyle\int_{-3}^{1}\frac{1}{x^2+3}dx$，$\displaystyle\int_{-3}^{1}\frac{1}{(x^2+3)^2}dx$，$\displaystyle\int_{-3}^{1}\frac{x}{x^2+3}dx$ の計算に帰着させることができる。

$\displaystyle\int_{-3}^{1}\frac{1}{x^2+3}dx$ と $\displaystyle\int_{-3}^{1}\frac{1}{(x^2+3)^2}dx$ については，$x=\sqrt{3}\tan\theta$ の置換積分をすれば

よく，$\int_{-3}^{1}\frac{x}{x^2+3}dx$ は上に述べたように直接積分できる。このような工夫もできるが，取っ掛かりはやはり $f(x)$ と $g(x)$ をカタマリのまま2乗の展開をすることにある。

第 4 問

解 答

この解答では，合同式はすべて4を法として用い，mod 4 は省略する。

(1)　正の奇数 K，L と正の整数 A，B が $KA=LB$ を満たしているとき，

$$KA\equiv LB \quad \cdots\cdots①$$

である。

K を4で割った余りが L を4で割った余りと等しいならば，

$$K\equiv L$$

であるから，これより，

$$KB\equiv LB \quad \cdots\cdots②$$

である。

よって，① と ② より，

$$KA\equiv KB,\ \text{すなわち，}\ K(A-B)\equiv 0 \quad \cdots\cdots③$$

であり，“奇数 K と4は互いに素”であるから，③ より，

$$A-B\equiv 0,\ \text{すなわち，}\ A\equiv B$$

である。つまり，A を4で割った余りは B を4で割った余りと等しい。

(2)　一般に，a_0，a_1，…，a_n の $n+1$ 個の積 $a_0\cdot a_1\cdot a_2\cdot\cdots\cdot a_n$ を $\prod_{k=0}^{n}a_k$ で表すことにする。すなわち，

$$\prod_{k=0}^{n}a_k=a_0\cdot a_1\cdot a_2\cdot\cdots\cdot a_n$$

であり，これは積であるから，交換法則や結合法則が成り立つことに注意する。

さて，正の整数 a，b が $a>b$ を満たしているとき，

$$\begin{aligned}{}_{4a+1}\mathrm{C}_{4b+1}&=\frac{4a+1}{4b+1}\cdot\frac{4a}{4b}\cdot\frac{4a-1}{4b-1}\cdot\frac{4a-2}{4b-2}\cdot\frac{4a-3}{4b-3}\cdot\frac{4a-4}{4b-4}\cdot\cdots\cdot\frac{4a-4b+1}{1}\\&=\frac{4a+1}{4b+1}\cdot\prod_{k=0}^{4b-1}\frac{4a-k}{4b-k}\end{aligned} \quad \cdots\cdots④$$

$$ {}_aC_b=\frac{a}{b}\cdot\frac{a-1}{b-1}\cdot\frac{a-2}{b-2}\cdot\frac{a-3}{b-3}\cdot\frac{a-4}{b-4}\cdot\cdots\cdot\frac{a-b+1}{1} $$

$$ =\prod_{k=0}^{b-1}\frac{a-k}{b-k} \qquad \cdots\cdots⑤ $$

である。

ここで，④ の一部の $\displaystyle\prod_{k=0}^{4b-1}\frac{4a-k}{4b-k}$ について，4 個おきに積をとり，分子・分母が 4 の倍数の各分数は 4 で約分し，分子・分母が 4 で割って 2 余る各分数は 2 で約分すると，

$$ \prod_{k=0}^{4b-1}\frac{4a-k}{4b-k}=\prod_{l=0}^{b-1}\frac{4a-4l}{4b-4l}\cdot\prod_{l=0}^{b-1}\frac{4a-(4l+1)}{4b-(4l+1)}\cdot\prod_{l=0}^{b-1}\frac{4a-(4l+2)}{4b-(4l+2)}\cdot\prod_{l=0}^{b-1}\frac{4a-(4l+3)}{4b-(4l+3)} $$

$$ =\prod_{l=0}^{b-1}\frac{a-l}{b-l}\cdot\prod_{l=0}^{b-1}\frac{4a-(4l+1)}{4b-(4l+1)}\cdot\prod_{l=0}^{b-1}\frac{2a-(2l+1)}{2b-(2l+1)}\cdot\prod_{l=0}^{b-1}\frac{4a-(4l+3)}{4b-(4l+3)} \qquad \cdots\cdots⑥ $$

となる。この ⑥ の第一項の積 $\displaystyle\prod_{l=0}^{b-1}\frac{a-l}{b-l}$ は，⑤ と同じであるから，④，⑤，⑥ より，

$$ {}_{4a+1}C_{4b+1}=\frac{4a+1}{4b+1}\cdot{}_aC_b\cdot\prod_{l=0}^{b-1}\frac{4a-(4l+1)}{4b-(4l+1)}\cdot\prod_{l=0}^{b-1}\frac{2a-(2l+1)}{2b-(2l+1)}\cdot\prod_{l=0}^{b-1}\frac{4a-(4l+3)}{4b-(4l+3)} \qquad \cdots\cdots⑦ $$

$$ ={}_aC_b\cdot\frac{(4a+1)\prod_{l=0}^{b-1}\{4a-(4l+1)\}\cdot\prod_{l=0}^{b-1}\{2a-(2l+1)\}\cdot\prod_{l=0}^{b-1}\{4a-(4l+3)\}}{(4b+1)\prod_{l=0}^{b-1}\{4b-(4l+1)\}\cdot\prod_{l=0}^{b-1}\{2b-(2l+1)\}\cdot\prod_{l=0}^{b-1}\{4b-(4l+3)\}} \qquad \cdots\cdots⑦' $$

である。

そして，⑦′ の ${}_aC_b$ 以外の部分について，

- 分子に現れる $4a+1$，$4a-(4l+1)$，$2a-(2l+1)$，$4a-(4l+3)$ ($l=0$，1，2，……，$b-1$) はすべて正の奇数であるから，その積も正の奇数で，この積を L とおく
- 分母に現れる $4b+1$，$4b-(4l+1)$，$2b-(2l+1)$，$4b-(4l+3)$ ($l=0$，1，2，……，$b-1$) はすべて正の奇数であるから，その積も正の奇数で，この積を K とおく

ことにすれば，⑦′ より，

$$ {}_{4a+1}C_{4b+1}={}_aC_b\cdot\frac{L}{K}，すなわち，K\cdot{}_{4a+1}C_{4b+1}=L\cdot{}_aC_b $$

が成り立つ。

したがって，$A={}_{4a+1}C_{4b+1}$，$B={}_aC_b$ に対して $KA=LB$ となるような正の奇数

K, L が存在する。

(3) A, B, K, L は(2)で定義したものとする。

⑦ の ${}_a\mathrm{C}_b$ 以外の各分数の分子・分母の差について,

$$\begin{cases} \cdot\ (4a+1)-(4b+1)=4(a-b) \\ \cdot\ \{4a-(4l+1)\}-\{4b-(4l+1)\}=4(a-b) \quad (l=0,\ 1,\ 2,\ \cdots\cdots,\ b-1) \\ \cdot\ \{2a-(2l+1)\}-\{2b-(2l+1)\}=2(a-b) \quad (l=0,\ 1,\ 2,\ \cdots\cdots,\ b-1) \\ \cdot\ \{4a-(4l+3)\}-\{4b-(4l+3)\}=4(a-b) \quad (l=0,\ 1,\ 2,\ \cdots\cdots,\ b-1) \end{cases}$$

であり，$a-b$ が 2 で割り切れるとき，これらはすべて 4 の倍数であるから，各分数の分子・分母を 4 で割った余りは等しい。

したがって，⑦′ の ${}_a\mathrm{C}_b$ 以外の分数の分子の積 L，分母の積 K は 4 で割った余りが等しい。

よって，(1)により，$A={}_{4a+1}\mathrm{C}_{4b+1}$ を 4 で割った余りは $B={}_a\mathrm{C}_b$ を 4 で割った余りと等しい。

(4)
$$2021=4\cdot505+1,\ 37=4\cdot9+1,\ 505-9 \text{ は } 2 \text{ の倍数}$$
$$505=4\cdot126+1,\ 9=4\cdot2+1,\ 126-2 \text{ は } 2 \text{ の倍数}$$

であるから，(3)の事実を繰り返し用い,

$${}_{2021}\mathrm{C}_{37}\equiv{}_{505}\mathrm{C}_9\equiv{}_{126}\mathrm{C}_2 \qquad \cdots\cdots⑧$$

である。さらに,

$${}_{126}\mathrm{C}_2=\frac{126\cdot125}{2\cdot1}=63\cdot125\equiv3\cdot1=3 \qquad \cdots\cdots⑨$$

であるから，⑧ と ⑨ より，${}_{2021}\mathrm{C}_{37}$ を 4 で割った余りは,

3

である。

解説

1° 東大で頻出の整数問題であり，二項係数絡みも頻出の題材で，2020 年度に引き続き題材とされている。(1)は整数の基本的な事柄が身についていれば解決できるレベルの問題である。しかし，(2)は定型的な問題ではなく，2021 年度の中では最も難しく感じるであろう。試験場では難問といってよい。もっとも，実直に手を動かして具体的に書き出してみると，解決の急所を発見することができ，一気に(3), (4)も解決に向かう。予備知識や解法のテクニックの習得の多さではなく，現場での思考力がモノをいう良問といえる。知識ではなく手を動かして考えることができるかを問うている点が，本問が文科との共通問題となっている所以ではなかろう

か。解法のパターン暗記一辺倒ではない数学との取り組みをしてもらいたい，との東大からのメッセージが込められた問題である。通常の数学学習の格好の素材となる問題であるので，じっくり研究してみるとよいだろう。

実際の受験生の立場としては，他の問題のことも考えると，(2)が難しく手が出ない場合でも，(4)は(3)の事実を使えば解決できるので，(1)と(4)のみを解いて，残りは後回しにするのが実戦的であろう。(3)が出来ていないのに，その事実を用いて(4)を解いたとしても得点があるかどうかはわからない。しかし白紙や明らかな間違いを書いて提出するよりは，正しいことを書いて提出する方がまだましである。数学で差をつけたい受験生は本問を完答することで一歩リードできる。

2° (1)は感覚的に明らかと思えるであろうが，そのことを論理的に表現することが求められている。“余りが等しい”とは“差が割り切れる”ことに他ならない（これは基本である)。したがって，$KA=LB$ のもとで，

$K-L$ が4で割り切れる $\Longrightarrow$ $A-B$ が4で割り切れる

が成り立つことを示せばよい，と言い換えてみるとわかりやすい。すなわち，

$K-L$ が4で割り切れる $\Longrightarrow$ $(K-L)B$ が4で割り切れる
$\Longrightarrow$ $KB-LB$ が4で割り切れる
$\Longrightarrow$ $KB-KA$ が4で割り切れる
$(\because\ KA=LB)$
$\Longrightarrow$ $K(B-A)$ が4で割り切れる

までは問題ないであろう。(1)のポイントは，このあと，

$K(B-A)$ が4で割り切れる $\Longrightarrow$ $B-A$ が4で割り切れる

と導かれる，すなわち，$B-A$ が4で割り切れる根拠が「奇数と4は互いに素」にあることをしっかり明示することにある。以上のことを合同式を用いて表現したのが**解答**である。念のため，

・「$a\equiv b \pmod{m}$」とは，「$a-b$ が m で割り切れる」ことが定義である
・「“c と m が互いに素”であるとき，
$ca\equiv cb \pmod{m}$ $\Longrightarrow$ $a\equiv b \pmod{m}$ が成り立つ」(c と m が互いに素であるとき，$c(a-b)$ が m で割り切れるならば $a-b$ が m で割り切れる)

ことなどを確認しておこう。

(老婆心ながら言及しておくと，上の「$K-L$ が4で割り切れる $\Longrightarrow$ $(K-L)B$ が4で割り切れる」の部分は，「$K-L$ が4で割り切れる $\Longrightarrow$ $(K-L)A$ が4

で割り切れる」としても，その後同様に示すことができる。各自確認してみてもらいたい。)

3°　(2)が本問の難所である。$KA=LB$ となる正の奇数 K，L の「存在証明」であるから，具体的に正の奇数 K，L を求めてしまおうとすることが素直な方針となる。そのためには，$KA=LB$ が $A=\dfrac{L}{K}B$ であることから，$A={}_{4a+1}\mathrm{C}_{4b+1}$ が $B={}_a\mathrm{C}_b$ で表されるはずだと予想し，${}_{4a+1}\mathrm{C}_{4b+1}$ と ${}_a\mathrm{C}_b$ を具体的に書き下してみようとする「実験」が解決への手掛かりとなる。すなわち，普段 ${}_5\mathrm{C}_3=\dfrac{5\cdot4\cdot3}{3\cdot2\cdot1}$ と計算するように，${}_{4a+1}\mathrm{C}_{4b+1}$，${}_a\mathrm{C}_b$ を素朴に書き下してみればよい（文字式のままでやりにくい場合は，(3)のことも見据えて $a=4$，$b=2$ などと具体的な数字にして書き下してみるのもよい）。実際，

$${}_{4a+1}\mathrm{C}_{4b+1}=\frac{(4a+1)\cdot4a\cdot(4a-1)(4a-2)(4a-3)(4a-4)\cdots\cdots\{4a-(4b-4)\}\{4a-(4b-3)\}\{4a-(4b-2)\}\{4a-(4b-1)\}}{(4b+1)\cdot4b\cdot(4b-1)(4b-2)(4b-3)(4b-4)\cdots\cdots\{4b-(4b-4)\}\{4b-(4b-3)\}\{4b-(4b-2)\}\{4b-(4b-1)\}}$$

$${}_a\mathrm{C}_b=\frac{a(a-1)(a-2)(a-3)(a-4)\cdots\cdots\{a-(b-4)\}\{a-(b-3)\}\{a-(b-2)\}\{a-(b-1)\}}{b(b-1)(b-2)(b-3)(b-4)\cdots\cdots\{b-(b-4)\}\{b-(b-3)\}\{b-(b-2)\}\{b-(b-1)\}}$$

であるが，これを眺めているだけでなく，分子・分母の連続する積を1つ1つ分数の分子・分母に分けて分数の積に分解して考察することが決定的なポイントになる。つまり，

$${}_{4a+1}\mathrm{C}_{4b+1}=\frac{4a+1}{4b+1}\cdot\frac{4a}{4b}\cdot\frac{4a-1}{4b-1}\cdot\frac{4a-2}{4b-2}\cdot\frac{4a-3}{4b-3}\cdot\frac{4a-4}{4b-4}\cdots\cdot\frac{4a-(4b-4)}{4b-(4b-4)}\cdot\frac{4a-(4b-3)}{4b-(4b-3)}\cdot\frac{4a-(4b-2)}{4b-(4b-2)}\cdot\frac{4a-(4b-1)}{4b-(4b-1)}\quad\cdots\cdots\text{Ⓐ}$$

$${}_a\mathrm{C}_b=\frac{a}{b}\cdot\frac{a-1}{b-1}\cdot\frac{a-2}{b-2}\cdot\frac{a-3}{b-3}\cdot\frac{a-4}{b-4}\cdots\cdot\frac{a-(b-4)}{b-(b-4)}\cdot\frac{a-(b-3)}{b-(b-3)}\cdot\frac{a-(b-2)}{b-(b-2)}\cdot\frac{a-(b-1)}{b-(b-1)}\quad\cdots\cdots\text{Ⓑ}$$

として，Ⓐ，Ⓑ の右辺をよく見ると気付くことがあるだろう。

それは，Ⓐ の右辺の分数の積を，2つ目の分数から4つごとに取り出すと，

・$\dfrac{4a}{4b}\cdot\dfrac{4a-4}{4b-4}\cdots\cdot\dfrac{4a-(4b-4)}{4b-(4b-4)}=\dfrac{a}{b}\cdot\dfrac{a-1}{b-1}\cdots\cdot\dfrac{a-(b-1)}{b-(b-1)}$　……Ⓒ

・$\dfrac{4a-1}{4b-1}\cdot\dfrac{4a-5}{4b-5}\cdots\cdot\dfrac{4a-(4b-3)}{4b-(4b-3)}$　……Ⓓ

$$\cdot\ \frac{4a-2}{4b-2}\cdot\frac{4a-6}{4b-6}\cdot\cdots\cdot\frac{4a-(4b-2)}{4b-(4b-2)}=\frac{2a-1}{2b-1}\cdot\frac{2a-3}{2b-3}\cdot\cdots\cdot\frac{2a-(2b-1)}{2b-(2b-1)}\quad\cdots\cdots\text{Ⓔ}$$

$$\cdot\ \frac{4a-3}{4b-3}\cdot\frac{4a-7}{4b-7}\cdot\cdots\cdot\frac{4a-(4b-1)}{4b-(4b-1)}\quad\cdots\cdots\text{Ⓕ}$$

となり，Ⓒ の右辺に Ⓑ が現れていること，Ⓓ，Ⓔ の右辺，Ⓕ は分子・分母がともに奇数であることからその積も奇数であることがわかる。それゆえ，Ⓓ，Ⓔ の右辺，Ⓕ に現れる各分数のすべての分子の積と $4a+1$ との積を L，Ⓓ，Ⓔ の右辺，Ⓕ に現れる各分数のすべての分母の積と $4b+1$ との積を K とすれば，目標とする正の奇数 K，L の具体例が求められたことになり，証明が終わる。**解答**

では以上のことを，記述の手間を省くために「記号 $\prod_{k=0}^{n}a_k$」（$\prod$ は“パイ”と読む）を用いて記述したものである。これは $\sum_{k=0}^{n}a_k$ が和を表す記号であるのと同様に，積を表す数学の記号である。教科書にはないが，使い慣れると便利である。“積”であるから，

$$\prod_{k=0}^{n}a_kb_k=\prod_{k=0}^{n}b_ka_k\,,\quad \prod_{k=0}^{n}a_kb_k=\left(\prod_{k=0}^{n}a_k\right)\left(\prod_{k=0}^{n}b_k\right),\quad \frac{\prod_{k=0}^{n}a_k}{\prod_{k=0}^{n}b_k}=\prod_{k=0}^{n}\frac{a_k}{b_k}$$

などが成り立つことは自明である。

なお，(2) では $A={}_{4a+1}\mathrm{C}_{4b+1}$ と $B={}_{a}\mathrm{C}_{b}$ に含まれる素因数 2 の個数が一致することを示せば証明されることになるが，この方針では (2) は解決できても (3) には繋がりにくいので，得策ではない。

4° (3) は問題文の「a，b は (2) の通りとし」や「${}_{4a+1}\mathrm{C}_{4b+1}$ を 4 で割った余りは ${}_{a}\mathrm{C}_{b}$ を 4 で割った余りと等しい」の表現から，(1)，(2) と関連がありそうだと見通せる。そうすると，${}_{4a+1}\mathrm{C}_{4b+1}$，${}_{a}\mathrm{C}_{b}$ がそれぞれ (1) の A，B になるはずで（これは (2) の定義通り），したがって

「(2) の K と L（これらは正の奇数であることが (2) で示されている）に対して，$a-b$ が 2 で割り切れるとき，K を 4 で割った余りが L を 4 で割った余りと等しい」

ことを示せばよい，と目標を設定することができる。ところが，(2) で **3°** に解説したような実験をしていれば，$\dfrac{4a+1}{4b+1}$ および Ⓓ，Ⓕ に現れる各分数の分子と分母との差は 4 の倍数であり，Ⓔ の右辺に現れる各分数の分子と分母の差も“$a-b$ が 2

で割り切れる”とき 4 の倍数であることに着眼できるであろう。つまり，(2) の実験が“$a-b$ が 2 で割り切れる”という仮定がなぜあるのかという疑問が解明されるのと同時に (3) の証明にもつながるのである。やはり，(2) の実験が決定的なポイントになる。

5°　(4) は (3) の事実を使えば一瞬であるが，結果だけでなく，(3) の事実における前提条件を満たすことを確認し，それを答案に明記して使うことに注意しよう。

第 5 問

解答

(1)
$$f(\theta)=(\theta+\sin\theta+\alpha)^2+(\cos\theta+3)^2$$

であるから，

$$\begin{aligned} f'(\theta)&=2(\theta+\sin\theta+\alpha)(1+\cos\theta)+2(\cos\theta+3)(-\sin\theta)\\ &=2\{(\theta+\alpha)(1+\cos\theta)+\sin\theta(1+\cos\theta)-(\cos\theta+3)\sin\theta\}\\ &=2\{(\theta+\alpha)(1+\cos\theta)-2\sin\theta\} \qquad \cdots\cdots① \end{aligned}$$

である。これより，

$$\begin{aligned} f''(\theta)&=2\{1\cdot(1+\cos\theta)+(\theta+\alpha)(-\sin\theta)-2\cos\theta\}\\ &=2\{1-\cos\theta-(\theta+\alpha)\sin\theta\} \qquad \cdots\cdots② \end{aligned}$$

$$\begin{aligned} f'''(\theta)&=2\{\sin\theta-1\cdot\sin\theta-(\theta+\alpha)\cos\theta\}\\ &=-2(\theta+\alpha)\cos\theta \qquad \cdots\cdots③ \end{aligned}$$

となる。

よって，$\alpha>0$ のもとでは，$0\leqq\theta\leqq\pi$ において $\theta+\alpha>0$ であり，③ より表 1 を得る。

θ	0	$\cdots$	$\dfrac{\pi}{2}$	$\cdots$	π
$f'''(\theta)$		$-$	0	$+$	
$f''(\theta)$		↘		↗	

表 1

さらに，② より，

$$f''(0)=0,\quad f''(\pi)=4>0 \qquad \cdots\cdots④$$

であるから，表 1 と ④ より，

$$f''(\theta)=0 \text{ かつ } 0<\theta<\pi$$

となる θ がただ 1 つ存在し，それを θ_1 とおくと，やはり表 1 と ④ より，

$f''(\theta)$ は $\theta=\theta_1$ の前後で符号を負から正へ変える

ことから，表2を得る。

θ	0	$\cdots$	θ_1	$\cdots$	π
$f''(\theta)$		$-$	0	$+$	
$f'(\theta)$		↘		↗	

表2

そして，① より，

$f'(0)=4\alpha>0$，$f'(\pi)=0$ ……⑤

であるから，表2と ⑤ より，

$f'(\theta)=0$ かつ $0<\theta<\pi$ ……⑥

となる θ がただ1つ存在する。

(2) ⑥ となる θ を θ_0 とすると，表2と ⑤ より，

$f'(\theta)$ は $\theta=\theta_0$ の前後で符号を正から負へ変える ……⑦

ことから，表3を得る。

θ	0	$\cdots$	θ_0	$\cdots$	π
$f'(\theta)$		$+$	0	$-$	
$f(\theta)$		↗		↘	

表3

したがって，$0\leqq\theta\leqq\pi$ において $f(\theta)$ は $\theta=\theta_0$ で最大となるから，θ_0 が $0<\theta_0<\dfrac{\pi}{2}$ を満たすような α の範囲が求めるものであり，その条件は表2と ⑤ および $\theta=\theta_0$ が ⑥ を満たすことから，

$$f'\left(\frac{\pi}{2}\right)<0,\ \text{すなわち},\ 2\left(\frac{\pi}{2}+\alpha-2\right)<0$$

と同値である。

よって，$\alpha>0$ も考え，求める α の範囲は，

$$\mathbf{0<\boldsymbol{\alpha}<2-\frac{\pi}{2}}$$

である。

解説

1° (1) は，$0<\theta<\pi$ における θ の方程式 $f'(\theta)=0$ の解の存在性と一意性を示す問題であり，第 3 問 (1) に引き続いて“ただ 1 つの存在”の証明である。2021 年度の他の問題はすべて (1) が易しいが，本問は(2)が易しく (1) が主問題である。$f'(\theta)=0$ を満たす θ を計算だけで求めることはできないので，グラフを考察することを念頭に置いて示せばよい，という方針は立つであろう。その点では比較的取り組みやすい問題である。(2) は (1) が解決できれば容易であろう。(1) ができた人へのボーナスみたいなものである。2021 年度の中では完答したい問題の一つである。

2° (1) では，まず $f'(\theta)$ を準備するのはよいであろう。その後，$f'(\theta)$ の式だけでは何もわからないので，$f''(\theta)$ を計算してその符号から $f'(\theta)$ の増減を調べようとするのが素直な方針であろう。ところが $f''(\theta)$ の符号はその表式からは不明であるので，再度 θ で微分しようと考えれば，$f'''(\theta)$ が簡単な形になることから解決へ向かう。**解** **答** はこの方針を具体化したものである。これは $y=f'(\theta)$ のグラフと横軸の θ 軸が $0<\theta<\pi$ の範囲で 1 個だけ共有点をもつことを示すことと同じであり，“存在”の証明は次の「中間値の定理＜その 1＞」に基づいている。

> 中間値の定理＜その 1＞
>
> 関数 $f(x)$ が閉区間 $[a,\ b]$ で連続で，$f(a)$ と $f(b)$ が異符号ならば，a と b の間に $f(x)=0$ をみたす x が少なくとも 1 つ存在する。

この定理は連続関数について，“存在”を主張する重要な定理である。本問では，$f'''(\theta)$ が存在するので $f''(\theta)$ と $f'(\theta)$ が連続であることは自明であり，**解** **答** の θ_1 の存在と θ_0 の存在の主張のためにこの定理を 2 度用いていることになる。すなわち，$f''\left(\dfrac{\pi}{2}\right)<0$ かつ $f''(\pi)=4>0$ であることから $\theta_1\left(\dfrac{\pi}{2}<\theta_1<\pi\right)$ の存在を，また $f'(0)=4a>0$ かつ $f'(\theta_1)<0$ であることから $\theta_0(0<\theta_0<\theta_1)$ の存在を主張しているのである。**解** **答** では，$f''\left(\dfrac{\pi}{2}\right)<0$，$f'(\theta_1)<0$ を明示していないが，前者は増減表と $f''(0)=0$ から，後者は増減表と $f'(\pi)=0$ からわかる。それゆえ，$f''(0)=0$，$f'(\pi)=0$ の記述は省けない。なお，“ただ 1 つ”（一意性）は，存在の証明と同時に証明されることになり，特に難しい点はない。やはり $y=f'(\theta)$ のグラフを念頭におくことがポイントである。

3° (2) は，(1) の考察から $f'(\theta)$ の符号がわかる（⑦ を述べておくことが肝心！）ので，$f(\theta)$ が $\theta=\theta_0$ で最大となることがわかる。それゆえ，問題文の“区間 $0<\theta<\dfrac{\pi}{2}$

のある点において最大になる”とは“$0<\theta_0<\frac{\pi}{2}$ が成り立つ”ことに他ならず，これをさらに(1)の考察を踏まえて $f'\left(\frac{\pi}{2}\right)<0$ と言い換えることがポイントである。これも $y=f'(\theta)$ のグラフを考察しようとすればよい（グラフを描く必要はない）。

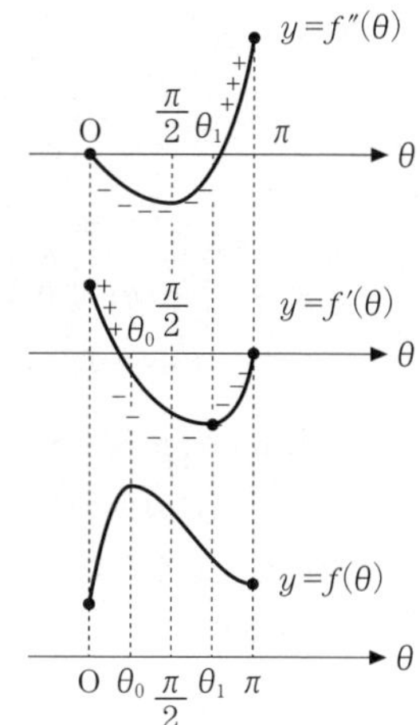

4° 解答 のように $f'(\theta)$ を直接考察するだけでなく，次のように $f'(\theta)=0$ を $0<\theta<\pi$ のもとで同値変形して簡単な形にして示すのも明快である。

別解

(1)
$$f(\theta)=(\theta+\sin\theta+\alpha)^2+(\cos\theta+3)^2$$

であり，$0<\theta<\pi$ のもとでは $1+\cos\theta\neq 0$ ゆえ，

$$\begin{aligned}f'(\theta)&=2(\theta+\sin\theta+\alpha)(1+\cos\theta)+2(\cos\theta+3)(-\sin\theta)\\&=2\{(\theta+\alpha)(1+\cos\theta)+\sin\theta(1+\cos\theta)-(\cos\theta+3)\sin\theta\}\\&=2\{(\theta+\alpha)(1+\cos\theta)-2\sin\theta\}\\&=2(1+\cos\theta)\left(\theta+\alpha-\frac{2\sin\theta}{1+\cos\theta}\right)\end{aligned}\quad\cdots\cdots㋐$$

である。それゆえ，$0<\theta<\pi$ のもとでは，

$$f'(\theta)=0 \iff \theta+\alpha-\frac{2\sin\theta}{1+\cos\theta}=0$$

$$\iff \frac{2\sin\theta}{1+\cos\theta}-\theta=\alpha \quad\cdots\cdots㋑$$

であるから，㋑の左辺を $g(\theta)$ とおくと，

「$0<\theta<\pi$ の範囲に $g(\theta)=\alpha$ となる θ がただ1つ存在する」　……Ⓐ

ことを示せばよい。

ここで，$g(\theta)$ は $0\leqq\theta<\pi$ で連続であり，

$$g(\theta)=\frac{2\cdot 2\sin\frac{\theta}{2}\cos\frac{\theta}{2}}{2\cos^2\frac{\theta}{2}}-\theta=2\tan\frac{\theta}{2}-\theta \quad\cdots\cdots㋒$$

であるから，$0<\theta<\pi$ のもとでは，

$$g'(\theta)=2\cdot\frac{1}{2}\cdot\frac{1}{\cos^2\frac{\theta}{2}}-1$$

$$=\frac{1-\cos^2\frac{\theta}{2}}{\cos^2\frac{\theta}{2}}>0$$

となる。

よって，$g(\theta)$ は $0\leqq\theta<\pi$ において単調に増加し，㋒ より，

$$g(0)=0,\quad \lim_{\theta\to\pi-0} g(\theta)=\infty$$

であることから，$\alpha>0$ のとき，

$g(\theta)=\alpha$ かつ $0<\theta<\pi$ ……㋓

を満たす θ がただ1つ存在し，Ⓐ が成立する。

(2) ㋐ より，

$f'(\theta)=2(1+\cos\theta)\{\alpha-g(\theta)\}$ ……㋔

であり，㋓ となる θ を θ_0 とすると，(1) の考察より，

$\theta=\theta_0$ の前後で $\alpha-g(\theta)$ は正から負へ符号を変える。 ……㋕

よって，㋔，㋕ および $0<\theta<\pi$ では $1+\cos\theta>0$ であることから，$f(\theta)$ の増減は下表のようになる。

θ	(0)	$\cdots$	θ_0	$\cdots$	(π)
$f'(\theta)$		$+$	0	$-$	
$f(\theta)$		↗		↘	

したがって，θ_0 が $0<\theta_0<\frac{\pi}{2}$ を満たすような α の範囲が求めるものであり，その条件は (1) の考察より，

$$g\left(\frac{\pi}{2}\right)>\alpha,\ \text{すなわち},\ 2-\frac{\pi}{2}>\alpha$$

であるから，$\alpha>0$ も考え，

$$\boldsymbol{0<\alpha<2-\frac{\pi}{2}}$$

である。

5° **別解** では，$f'(\theta)=0$ に含まれる文字定数 α を分離することを考えて同値変形している。これは方程式の実数解をグラフを利用して考察する場合の常套手段である。$f'(\theta)=0$ を α について解くつもりになれば，必然的に $1+\cos\theta$ で両辺を割ることになるが，$0<\theta<\pi$ において $1+\cos\theta>0$ であるから，㋑ のように同値変形で

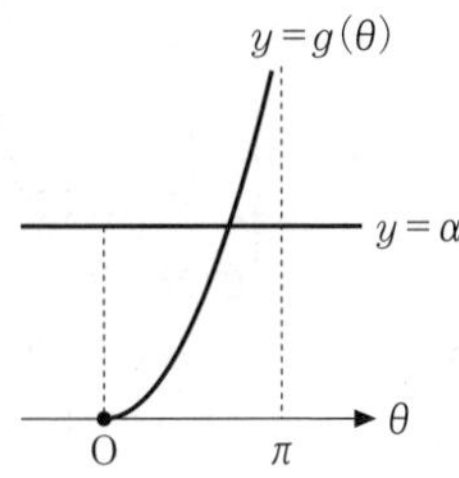

きる。そこで，㋑ の左辺を $g(\theta)$ とおき $y=g(\theta)$ と $y=\alpha$ のグラフを念頭において考察すればよい。

$g(\theta)$ を ㋒ のように変形したのは，$\theta\to\pi-0$ の極限を調べやすくするためであり，$g'(\theta)$ の計算は ㋒ のように変形せずに遂行しても，

$$g'(\theta)=2\cdot\frac{\cos\theta(1+\cos\theta)-\sin\theta(-\sin\theta)}{(1+\cos\theta)^2}-1$$
$$=2\cdot\frac{1+\cos\theta}{(1+\cos\theta)^2}-1$$
$$=\frac{1-\cos\theta}{1+\cos\theta}$$

となることから，$0<\theta<\pi$ において $g'(\theta)>0$ は容易に示される。“$1+\cos\theta$, $1-\cos\theta$ を見たら半角を作れ” というのは三角関数の定石でもある。

なお，**別解** のようにする場合は，$\displaystyle\lim_{\theta\to\pi-0} g(\theta)=\infty$ の記述は省けないことに注意する。また，**別解** もつぎの「中間値の定理<その 2>」に基づいて “存在” の証明をしていることになる。

> 中間値の定理<その 2>
>
> 関数 $f(x)$ が閉区間 $[a,\ b]$ で連続で，$f(a)\neq f(b)$ ならば，$f(a)$ と $f(b)$ の間の任意の値 m に対して，
>
> $$f(c)=m$$
>
> となるような実数 c が a と b の間に少なくとも 1 つ存在する。

6° **別解** のようにした場合でも ⑵ の考え方は **解答** と同様である。㋕ を述べて，求める条件を $g\left(\dfrac{\pi}{2}\right)>\alpha$ と言い換えることがポイントになる。

第 6 問

解答

定数 b, c, p, q, r に対し，

$$x^4+bx+c=(x^2+px+q)(x^2-px+r) \qquad \cdots\cdots①$$

が x についての恒等式であるためには，右辺を展開して整理すると，

$$x^4+(-p^2+q+r)x^2+p(r-q)x+qr \qquad \cdots\cdots②$$

となるので，② と ① の左辺の係数を比較して，

$$\begin{cases}-p^2+q+r=0 & \cdots\cdots ③\\ p(r-q)=b & \cdots\cdots ④\\ qr=c & \cdots\cdots ⑤\end{cases}$$

が成り立つことが必要十分である。

(1)　$p \neq 0$ のとき，④ より，

$$r-q=\frac{b}{p} \quad \cdots\cdots ④'$$

を得るので，(③−④′)÷2，(③＋④′)÷2 より，

$$\boldsymbol{q=\frac{1}{2}\left(p^2-\frac{b}{p}\right)} \quad \cdots\cdots ⑥$$

$$\boldsymbol{r=\frac{1}{2}\left(p^2+\frac{b}{p}\right)} \quad \cdots\cdots ⑦$$

と表される。

(2)　$p \neq 0$ のもとでは，⑥ と ⑦ を ⑤ に代入すると，

$$\frac{1}{4}\left(p^2-\frac{b}{p}\right)\left(p^2+\frac{b}{p}\right)=c \text{ より，} p^4-\frac{b^2}{p^2}=4c$$

すなわち，

$$p^6-4cp^2-b^2=0 \quad \cdots\cdots ⑧$$

が成り立ち，この ⑧ に

$$b=(a^2+1)(a+2),\ c=-\left(a+\frac{3}{4}\right)(a^2+1) \quad \cdots\cdots ⑨$$

を代入すると，

$$p^6+(4a+3)(a^2+1)p^2-(a^2+1)^2(a+2)^2=0$$

となり，左辺を因数分解すると，

$$\{p^2-(a^2+1)\}\{p^4+(a^2+1)p^2+(a^2+1)(a+2)^2\}=0 \quad \cdots\cdots ⑩$$

となる。

よって，$p \neq 0$ とすると，⑨ のとき，

$$\{p^2-(a^2+1)\}\{p^4+f(a)p^2+g(a)\}=0 \quad \cdots\cdots ⑪$$

を満たす有理数係数の t の整式 $f(t)$，$g(t)$ として，⑪ と ⑩ を比較し，

$$\boldsymbol{f(t)=t^2+1,\ g(t)=(t^2+1)(t+2)^2}$$

が 1 組求められる。

(3)　$$F(x)=x^4+(a^2+1)(a+2)x-\left(a+\frac{3}{4}\right)(a^2+1)$$

とおくと，

「$F(x)$ が有理数係数の 2 次式の積に因数分解される」　……Ⓐ

とき，$F(x)$ の x^4 の係数は 1 であるから，各因数に適当な有理数を掛けることによりどちらの x^2 の係数も 1 であるとしてよい。

したがって，Ⓐ のとき，

$$F(x)=(x^2+Px+Q)(x^2+Rx+S) \quad (P,\ Q,\ R,\ S \text{ は有理数})$$

と表すことができて，この両辺の x^3 の係数を比較すると，

$P+R=0$ より，$R=-P$

となるから，結局，

$$F(x)=(x^2+px+q)(x^2-px+r) \quad (p,\ q,\ r \text{ は有理数}) \quad \cdots\cdots Ⓑ$$

の形となり，これは ① で p，q，r が有理数でかつ b と c が ⑨ の形のものに他ならない。

そこで，Ⓐ のとき，Ⓑ の形を考えればよく，③，④，⑤ および $p \neq 0$ のときは ⑴，⑵ の結果を用いることができる。

(i)　$p=0$ のとき，④ より $b=0$ であるから，a が整数のもとでは ⑨ より

$a=-2$

でなければならず，このとき，⑨ より $c=\dfrac{25}{4}$ であることと ③，⑤ より，

$q+r=0$ かつ $qr=\dfrac{25}{4}$，よって，$q^2=r^2=-\dfrac{25}{4}$

を得るが，これを満たす有理数 q，r は存在しない。

(ii)　$p \neq 0$ のとき，p は ⑩ を満たすが，a が整数で p が有理数のとき

$p^4+(a^2+1)p^2+(a^2+1)(a+2)^2>0$

であるから，⑩ より，

$$p^2-(a^2+1)=0 \quad \cdots\cdots ⑫$$

を得る。

ここで，a は整数であるから a^2+1 も整数であり，⑫ から有理数 p の 2 乗 $p^2(=a^2+1)$ は整数となるから，p も整数である。そうすると，⑫ が，

$(p-a)(p+a)=1$

と変形できることから，可能な組合せは，

$(p-a,\ p+a)=(1,\ 1),\ (-1,\ -1)$，つまり，$(p,\ a)=(1,\ 0),\ (-1,\ 0)$

以外になく，いずれにしても，

$a=0$

でなければならない。このとき ⑨ より $b=2$ で，⑥，⑦ から q，r は有理数となる。

以上，(i)，(ii) から，Ⓐ となるような整数 a は，

0

がすべてである。

解説

1° (3) が最終目標であり，x^3 と x^2 の項を欠く x の有理数係数の 4 次式が有理数係数の 2 次式の積に因数分解できる条件を問う問題である。東大理科にしては珍しい数式に関する問題で，2020 年度の第 1 問のような論証問題と同様に，新傾向の問題といえよう。(1) は基本的問題であるものの，(2) は問題の意味が分かりにくくて戸惑うかもしれず，(3) は論理的に穴の無い答案にするのに苦労する，という点で完答しにくい問題である。文字がたくさん現れていて錯綜しやすく，何を目標にすればよいかがわかりにくいであろう。(1) だけをきちんと解いて，あとは他の問題との兼ね合いで取り組み方を決めるのが実戦的であったであろう。設問ごとの意味が分かりにくい問題は，最終目標をまず単独で考えてみるのも一法で，本問では (3) が直接問われたと想定して考察してみると，なぜ恒等式が与えられているのか，またその後に (1)，(2) の設問がなぜあるのか，が少しは見えてくるのではないだろうか。

2° (1) の解説は特に必要ないであろう。恒等式となる条件を係数比較により求めて，そこから q，r を p，b で表せばよい。$p \neq 0$ の前提が効くことに注意しよう。

3° (2) は，一見何をすればよいかがわかりにくいであろう。b，c ははじめに与えられた x の恒等式 ① の左辺の係数である。それが定数 a を用いて ⑨ の形で表されているとき，p と a の満たす等式で ⑪ の形になるものを求めたい，ということである。もっと端的に言えば，① が x の恒等式であることから p の満たす等式を求めたい，ということである。それゆえ，① が x の恒等式となる条件から考えていけばよい。① が x の恒等式となる条件は「③ かつ ④ かつ ⑤」である。このうち (1) では ③ と ④ を用いただけで結果が得られた。ということは，① が x の恒等式となる条件を (1) ではまだ全部は使い切ってないことになる。(2) の解決のポイントは，① が x の恒等式となる条件のうち，(1) でまだ使っていない式 ⑤ に着目することである。(1) の結果の ⑥，⑦ を ⑤ に代入して q と r を消去すれば，⑨ のもとでは p と a だけの等式が得られ，それを整理すると $p^2-(a^2+1)$ を因数にもつような p と a の等式 ⑩ が得られるのである。「1 組求めよ」ということなので，⑪ と

形が同じになれば（すなわち，$p^2-(a^2+1)$ で括り出せる形になれば），係数を見比べることで $f(t)$，$g(t)$ がわかるが“有理数を係数とする”ことを確認しておきたい。

4° (3)は，与えられた4次式を直接因数分解しようとしてもすぐにはわからない。そこで，有理数係数の2次式を2つ用意して未定係数法の方針を採ることが第一のポイントになる。この方針を採ることで，① が用意されている理由や(2)の意図もわかってくるからであり，結局 Ⓑ の形で有理数 p，q，r を求めればよいことがわかる。すなわち，**解答**の $F(x)$ について，

$$F(x)=(Ax^2+Bx+C)(Gx^2+Hx+I) \quad \cdots\cdots◎$$

ただし，A，B，C，G，H，I はすべて有理数で $A\neq0$，$G\neq0$

と因数分解できるとすると，と考えるのが素直な方法でかつ有効な方法である。**解答**では右辺の因数の x^2 の係数をはじめから1にしているが，これは次のように説明される。上の◎は，$A\neq0$，$G\neq0$ ゆえ，

$$F(x)=AG\left(x^2+\frac{B}{A}x+\frac{C}{A}\right)\left(x^2+\frac{H}{G}x+\frac{I}{G}\right)$$

と変形できて，$F(x)$ の x^4 の係数が1であることから $AG=1$ である。ゆえに，

$$F(x)=\left(x^2+\frac{B}{A}x+\frac{C}{A}\right)\left(x^2+\frac{H}{G}x+\frac{I}{G}\right)$$

とおけて，A, B, C, G, H, I がすべて有理数のとき，$\frac{B}{A}$，$\frac{C}{A}$，$\frac{H}{G}$，$\frac{I}{G}$ もすべて有理数であるから，これらをあらためて順に P, Q, R, S としたものが**解答**である。これは，

「有理数は四則演算について閉じている」

という有理数の構造が基礎になっている。

5° さて，(3)の第二のポイントは，**解答**の Ⓑ の形を押えたうえで，$p=0$ と $p\neq0$ の場合分けをすることである。(1)，(2)は $p\neq0$ の前提があるが，(3)にはない。このことがヒントにもなっている。どちらの場合でも ① が x の恒等式となる条件の ③，④，⑤ は使えることに注意する。$p=0$ のときは具体的に q と r を求めようとすれば，この場合があり得ないことがわかる。$p\neq0$ のときは(1)，(2)の事実が使えるが，(1)の結果は(2)で用いているので，主に(2)の事実を利用することになる。すなわち，このとき求める有理数 p が ⑩ を満たすものであることを利用するのである。⑩ を p の方程式として解くつもりになればよい。その際，a が整数，p が有理数であることから，結局 p も整数になるので，簡単な2次不定方程式の整数解

問題に帰着する。この部分は，有理数の定義に戻って次のように説明することができる。すなわち，⑫ より，

$$p^2=a^2+1$$

であり，p は 0 でない有理数であるから，

$$\left(\frac{s}{t}\right)^2=a^2+1 \quad (s \text{ と } t \text{ は互いに素な整数で，} t>0)$$

すなわち，

$$\frac{s^2}{t^2}=a^2+1$$

となる s，t が存在する。a は整数であるから a^2+1 は整数で，$\dfrac{s^2}{t^2}$ も整数でなければならないが，s と t は互いに素な整数ゆえ s^2 と t^2 も互いに素な整数であるから，$t^2=1$，したがって $t=1$ でなければならない。これは p が整数であることを示している。

6°　なお，(3) の問題文は「因数分解できるような a をすべて求めよ」となっているので，因数分解できるための必要十分条件として整数 a を求めよ，ということである。実際 $a=0$ のとき，$F(x)=x^4+2x-\dfrac{3}{4}$ であって，

$$x^4+2x-\frac{3}{4}=\left(x^2+x-\frac{1}{2}\right)\left(x^2-x+\frac{3}{2}\right)$$

と有理数係数の 2 次式の積に因数分解される。

2020年

第 1 問

解答

不等式

$$ax^2+bx+c>0 \quad \cdots\cdots ①$$

$$bx^2+cx+a>0 \quad \cdots\cdots ②$$

$$cx^2+ax+b>0 \quad \cdots\cdots ③$$

をすべて満たす実数 x の集合を S,

$$x>p \quad \cdots\cdots ④$$

を満たす実数 x の集合を T とすると，与えられた条件は，

$$S=T \quad \cdots\cdots ⑤$$

である。

(1) $a<0$ とすると，十分大きな実数 x に対してつねに $ax^2+bx+c<0$ となるから，④ を満たす実数 x で ① を満たさないものが存在する。すなわち，T の要素で S の要素でないものが存在する。これは ⑤ に矛盾するから，$a\geqq 0$ が成り立つ。

同様にして，$b<0$ とすると，④ を満たす実数 x で ② を満たさないものが存在するから，$b\geqq 0$ であり，$c<0$ とすると，④ を満たす実数 x で ③ を満たさないものが存在するから，$c\geqq 0$ である。

よって，a，b，c はすべて 0 以上である。

(2) a，b，c がいずれも 0 でないとすると，(1) より，a，b，c はすべて正である。すると，絶対値が十分大きな負の実数 x に対してつねに ①，②，③ のすべてが成り立つから，①，②，③ をすべて満たす実数 x で ④ を満たさないものが存在する。すなわち，S の要素で T の要素でないものが存在する。これは ⑤ に矛盾するから，a，b，c のうち少なくとも 1 個は 0 である。

(3) (1)，(2) より a，b，c はすべて 0 以上で，少なくとも 1 個は 0 である。

$a=0$ かつ $b\geqq 0$ かつ $c\geqq 0$ とすると，

① かつ ② かつ ③

$\iff$ $bx+c>0$ かつ $(bx+c)x>0$ かつ $cx^2+b>0$

$\iff$ $bx+c>0$ ……①′ かつ $x>0$ ……②′ かつ $cx^2+b>0$ ……③′

である。ここで，$b=0$ かつ $c=0$ とすると，①′ を満たす実数 x は存在しないから，

S は空集合となり，⑤ に矛盾する。よって，b，c のうち一方は正，他方は 0 以上である。すると，②′ のとき，①′，③′ はともに成り立つから，S は ②′ を満たす実数 x の集合と一致する。よって，⑤ より，$p=0$ である。

$a\geqq 0$ かつ $b=0$ かつ $c\geqq 0$，あるいは，$a\geqq 0$ かつ $b\geqq 0$ かつ $c=0$ としても，同様にして，$p=0$ である。

解説

1° 東大理科の数学では，近年は，第 1 問が最も取っ付きやすく解答しやすい問題の出題が続いていたが，2020 年度は，数学的な内容は簡単であるものの，受験生にとっては解答が書きにくい問題が出題され，試験会場で焦った受験生も多かったであろう。

2° (1) は，背理法を用いればよい。

$a<0$ とすると，2 次不等式 ① を満たす実数 x の集合は，

$\alpha<x<\beta$ (ただし，$\alpha<\beta$) の形，あるいは，空集合

である。よって，④ を満たす実数 x で ① を満たさないものが存在し，⑤ は成り立たない。したがって，$a\geqq 0$ である。

同様にして，$b\geqq 0$，$c\geqq 0$ である。

3° (2) も，やはり，背理法を用いればよい。すなわち，a，b，c がすべて正であるとして，矛盾を導けばよい。

$a>0$ より，2 次不等式 ① を満たす実数 x の集合は，

$x<\alpha$ または $\beta<x$ (ただし，$\alpha\leqq\beta$) の形，あるいは，実数全体

であり，② を満たす実数 x の集合，③ を満たす実数 x の集合も同様である。

よって，①，②，③ をすべて満たす実数 x で ④ を満たさないものが存在し，⑤ は成り立たない。

4° (3) については，論理の飛躍がない解答は，なかなか書きにくい。

上の **解答** では，$a=0$ かつ $b\geqq 0$ かつ $c\geqq 0$ のとき，① かつ ② かつ ③ を

$bx+c>0$ ……①′ かつ $x>0$ ……②′ かつ $cx^2+b>0$ ……③′

と言いかえた後，

②′ のとき，①′，③′ がともに成り立つ　……(＊)

ことを示した。$b\geqq 0$，$c\geqq 0$ より，(＊)であることは明らかであると思う人もいるかと思われるが，それは間違いである。$b=0$ かつ $c=0$ のとき，①′ を満たす実数 x は存在しないのである！　そして，$b>0$ または $c>0$ とすると，

・$b>0$ かつ $c\geqq 0$ のとき，

$$x>0 \Longrightarrow bx>0 \text{ かつ } cx^2\geqq 0 \Longrightarrow bx+c>0 \text{ かつ } cx^2+b>0$$

・$b\geqq 0$ かつ $c>0$ のとき，

$$x>0 \Longrightarrow bx\geqq 0 \text{ かつ } cx^2>0 \Longrightarrow bx+c>0 \text{ かつ } cx^2+b>0$$

となるから，(＊)である。

また，a，b，c のうち何個が0であるかで場合分けすることにより，次のように解答を作ってもよい。

【(3)の 別解 】

(1)，(2)より，a，b，c はすべて0以上で，少なくとも1個は0である。

(i)　a が0で b，c が正のとき

①かつ②かつ③

$$\Longleftrightarrow bx+c>0 \text{ かつ } (bx+c)x>0 \text{ かつ } cx^2+b>0$$

$$\Longleftrightarrow bx+c>0 \text{ ……①}' \text{ かつ } x>0 \text{ ……②}' \text{ かつ } cx^2+b>0 \text{ ……③}'$$

である。$b>0$，$c>0$ より，②′のとき，①′，③′はともに成り立つから，S は②′を満たす実数 x の集合と一致する。よって，⑤より，$p=0$ である。

「b が0で c，a が正のとき」，「c が0で a，b が正のとき」も同様である。

(ii)　a，b が0で c が正のとき

$$\text{①かつ②かつ③} \Longleftrightarrow c>0 \text{ かつ } cx>0 \text{ かつ } cx^2>0$$

$$\Longleftrightarrow x>0 \text{ かつ } x^2>0$$

$$\Longleftrightarrow x>0$$

であるから，S は $x>0$ を満たす実数 x の集合と一致する。よって，⑤より，$p=0$ である。

「b，c が0で a が正のとき」，「c，a が0で b が正のとき」も同様である。

(iii)　a，b，c がすべて0のとき

①，②，③をすべて満たす実数 x の集合は空集合であるから，⑤は成り立たない。すなわち，このような場合はない。

以上から，いずれの場合も，$p=0$ である。

第 2 問

解　答

$S=\triangle \mathrm{ABX}+\triangle \mathrm{BCX}+\triangle \mathrm{CAX}$ とおく。

(i)　X が △ABC の内部にあるとき

$$S=\triangle ABC=1$$

であるから，

$$2\leqq S\leqq 3 \qquad \cdots\cdots①$$

は成り立たない。

(ii) Xが直線BCに関してAと反対側，直線ABに関してCと同じ側，直線CAに関してBと同じ側(境界を含む)にあるとき

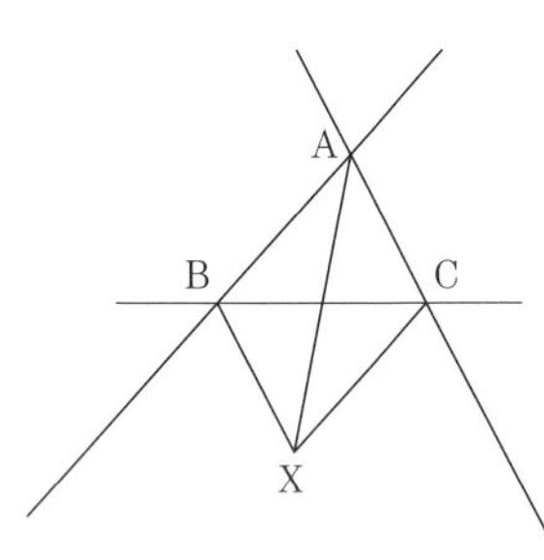

$$\begin{aligned}S&=(\triangle ABX+\triangle CAX)+\triangle BCX\\&=(\triangle BCX+\triangle ABC)+\triangle BCX\\&=2\triangle BCX+1\end{aligned}$$

であるから，①となるのは，

$$\frac{1}{2}\leqq\triangle BCX\leqq 1 \qquad \cdots\cdots②$$

のときである。

$\triangle ABC$においてBCを底辺とみたときの高さをh_A，$\triangle BCX$においてBCを底辺とみたときの高さをh_Xとすると，

$$\triangle ABC=\frac{1}{2}BC\cdot h_A=1,\quad \triangle BCX=\frac{1}{2}BC\cdot h_X$$

より，

$$\begin{aligned}② &\iff \frac{1}{2}\leqq\frac{1}{2}BC\cdot h_X\leqq 1\\&\iff \frac{1}{BC}\leqq h_X\leqq\frac{2}{BC}\\&\iff \frac{1}{2}h_A\leqq h_X\leqq h_A\end{aligned}$$

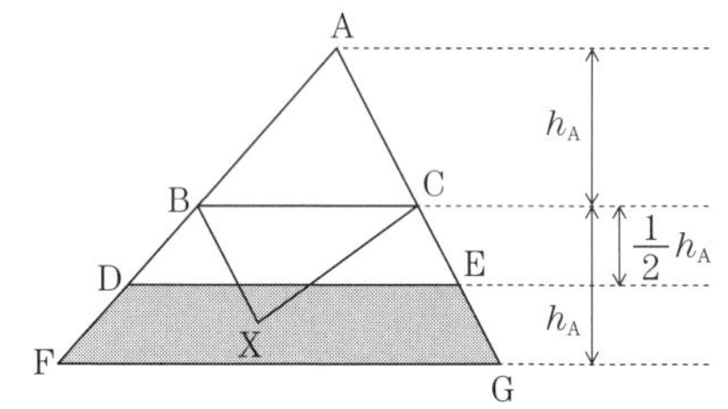

となるから，Xの動きうる範囲は右図の台形DEGFとなり，その面積は，

$$\triangle AFG-\triangle ADE=2^2\triangle ABC-\left(\frac{3}{2}\right)^2\triangle ABC=\frac{7}{4}$$

である。ここで，相似な図形の面積比が相似比の2乗に等しいことを用いた。

「Xが直線CAに関してBと反対側，直線BCに関してAと同じ側，直線ABに関してCと同じ側(境界を含む)にあるとき」，「Xが直線ABに関してCと反対側，直線CAに関してBと同じ側，直線BCに関してAと同じ側(境界を含む)にあるとき」も同様である。

(iii) Xが直線ABに関してCと反対側，直線CAに関してBと反対側(境界を含む)にあるとき

$$
\begin{aligned}
S&=(\triangle \mathrm{ABX}+\triangle \mathrm{CAX})+\triangle \mathrm{BCX}\\
&=(\triangle \mathrm{BCX}-\triangle \mathrm{ABC})+\triangle \mathrm{BCX}\\
&=2\triangle \mathrm{BCX}-1
\end{aligned}
$$

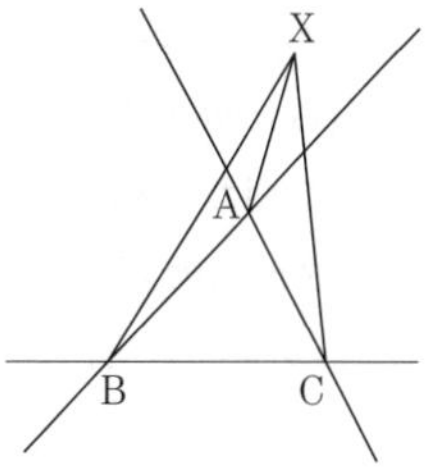

であるから，①となるのは，

$$\frac{3}{2}\leqq \triangle \mathrm{BCX}\leqq 2 \quad \cdots\cdots③$$

のときである。

(ii)のときと同様に h_{A}，h_{X} を定めると，

$$
\begin{aligned}
③ &\iff \frac{3}{2}\leqq \frac{1}{2}\mathrm{BC}\cdot h_{\mathrm{X}}\leqq 2\\
&\iff \frac{3}{\mathrm{BC}}\leqq h_{\mathrm{X}}\leqq \frac{4}{\mathrm{BC}}\\
&\iff \frac{3}{2}h_{\mathrm{A}}\leqq h_{\mathrm{X}}\leqq 2h_{\mathrm{A}}
\end{aligned}
$$

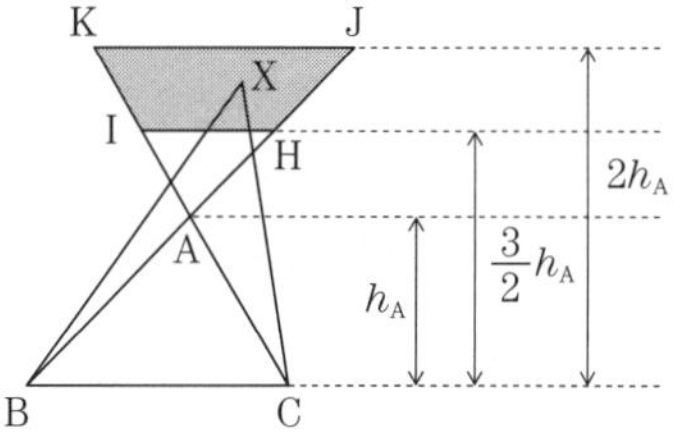

となるから，Xの動きうる範囲は右図の台形HIKJとなり，その面積は，

$$\triangle \mathrm{AJK}-\triangle \mathrm{AHI}=1^2\triangle \mathrm{ABC}-\left(\frac{1}{2}\right)^2\triangle \mathrm{ABC}=\frac{3}{4}$$

である。

「Xが直線BCに関してAと反対側，直線ABに関してCと反対側(境界を含む)にあるとき」,「Xが直線CAに関してBと反対側，直線BCに関してAと反対側(境界を含む)にあるとき」も同様である。

以上から，求める面積は，

$$3\cdot\frac{7}{4}+3\cdot\frac{3}{4}=\boldsymbol{\frac{15}{2}}$$

である。

解説

1°　内容的には高校数学を必要としない図形問題であるが，小問に分かれていないこともあり，試験会場では難しく感じた受験生もいたことだろう。

2°　Xが△ABCの内部および周にあるときには，

$$\triangle \mathrm{ABX}+\triangle \mathrm{BCX}+\triangle \mathrm{CAX}=\triangle \mathrm{ABC}=1$$

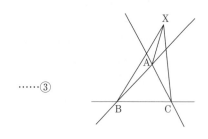

であり，①が成り立たないことはすぐに分かるだろう。

よって，Xが△ABCの外部にあるときが問題である。

図をいくつか描いてみれば，△ABCの外部を直線AB，BC，CAによって6つの部分に分けて，場合分けすればよいことに気付くだろう。さらに，6つの部分のうち3つずつは同様に処理できることも分かるはずである。そして，面積の計算には，相似が利用できることも見えてくるだろう。

3° 図形的処理をメインにせず，適当に座標を定めて解決することもできる。

xy座標系を，Aが原点，B，Cの座標がそれぞれB$(a,\ 0)$ $(a>0)$，C$(b,\ c)$ $(c>0)$となるよう定める。△ABC$=1$より，

$$\frac{1}{2}ac=1$$

である。

$$\overrightarrow{\mathrm{AX}}=s\overrightarrow{\mathrm{AB}}+t\overrightarrow{\mathrm{AC}}=s(a,\ 0)+t(b,\ c)$$

とおくと，Xの座標はX$(as+bt,\ ct)$となる。このとき，

・A$(0,\ 0)$，B$(a,\ 0)$，X$(as+bt,\ ct)$より，

$$\triangle\mathrm{ABX}=\frac{1}{2}a|ct|=\frac{1}{2}ac|t|=|t|$$

・$\overrightarrow{\mathrm{BC}}=(b-a,\ c)$，$\overrightarrow{\mathrm{BX}}=(a(s-1)+bt,\ ct)$より，

$$\triangle\mathrm{BCX}=\frac{1}{2}|(b-a)ct-\{a(s-1)+bt\}c|=\frac{1}{2}ac|-s-t+1|$$
$$=|s+t-1|$$

・A$(0,\ 0)$，C$(b,\ c)$，X$(as+bt,\ ct)$より，

$$\triangle\mathrm{CAX}=\frac{1}{2}|b\cdot ct-(as+bt)c|=\frac{1}{2}ac|-s|=|s|$$

となるから，$S=\triangle\mathrm{ABX}+\triangle\mathrm{BCX}+\triangle\mathrm{CAX}$ とおくと，

$$S=|s|+|t|+|s+t-1|$$

と表される。

あとは，s，t，$s+t-1$の符号によって場合分けし，

$$2\leqq S\leqq 3 \qquad \cdots\cdots①$$

を満たすXの範囲を求め，その面積を計算すればよい。

例えば，$s\geqq 0$かつ$t\geqq 0$かつ$s+t-1\geqq 0$のときには，

$$S=s+t+(s+t-1)=2(s+t)-1$$

となるから，

$$①\iff\frac{3}{2}\leqq s+t\leqq 2$$

となる（これは，解答の(ii)の場合に相当する）。

残りの詳細は，読者の研究課題としよう。

第 3 問

解答

(1)　$-1<t\leqq 1$ において，

$$\frac{y(t)}{x(t)}=\frac{3(1+t)\sqrt{1-t}}{(1+t)\sqrt{1+t}}=3\sqrt{\frac{1-t}{1+t}}=3\sqrt{\frac{2}{1+t}-1}$$

の根号内は t の減少関数であるから，t の関数 $\dfrac{y(t)}{x(t)}$ は単調に減少する。

(2)

$$f(t)=\sqrt{\{x(t)\}^2+\{y(t)\}^2}=\sqrt{\{(1+t)\sqrt{1+t}\}^2+\{3(1+t)\sqrt{1-t}\}^2}$$
$$=\sqrt{(1+t)^2\{(1+t)+9(1-t)\}}=\sqrt{2(1+t)^2(5-4t)}$$

であるから，$-1\leqq t\leqq 1$ における t の関数 $f(t)$ の増減は，関数

$$g(t)=(1+t)^2(5-4t)$$

の増減と一致する。

$$g'(t)=2(1+t)\cdot(5-4t)+(1+t)^2\cdot(-4)$$
$$=2(1+t)\{(5-4t)-2(1+t)\}$$
$$=6(1+t)(1-2t)$$

より，$-1\leqq t\leqq 1$ における $g(t)$ の増減は右の表のようになるから，$f(t)$ は，

t	-1	$\cdots$	$\frac{1}{2}$	$\cdots$	1
$g'(t)$		$+$	0	$-$	
$g(t)$		↗		↘	

$-1\leqq t\leqq\dfrac{1}{2}$ において増加，$\dfrac{1}{2}\leqq t\leqq 1$ において減少し，$f(t)$ の最大値は，

$$\sqrt{2g\left(\frac{1}{2}\right)}=\sqrt{2\cdot\left(\frac{3}{2}\right)^2\cdot 3}=\boldsymbol{\frac{3\sqrt{6}}{2}}$$

である。

(3)　t の関数 $x(t)=(1+t)\sqrt{1+t}$ は，$-1\leqq t\leqq 1$ において $x(-1)=0$ から $x(1)=2\sqrt{2}$ まで単調に増加する。また，t の関数 $y(t)=3(1+t)\sqrt{1-t}$ は，$y(-1)=0$，$y(1)=0$ を満たし，$-1<t<1$ において $y(t)>0$ を満たす。さらに，(1)より，$-1<t\leqq 1$ において OP の傾

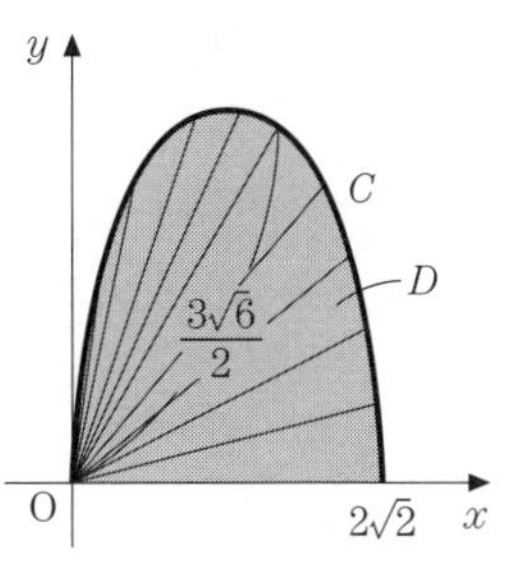

図 1

きは単調に減少し，(2) より，OP の長さの最大値は $\dfrac{3\sqrt{6}}{2}$ である。ゆえに，曲線 C は図 1 の太線部分，領域 D は図 1 の網目部分のようになる。

よって，原点を中心として D を時計回りに 90° 回転させるとき，D が通過する領域は図 2 の網目部分のようになり，太線で囲んだ 2 つの部分は合同である。

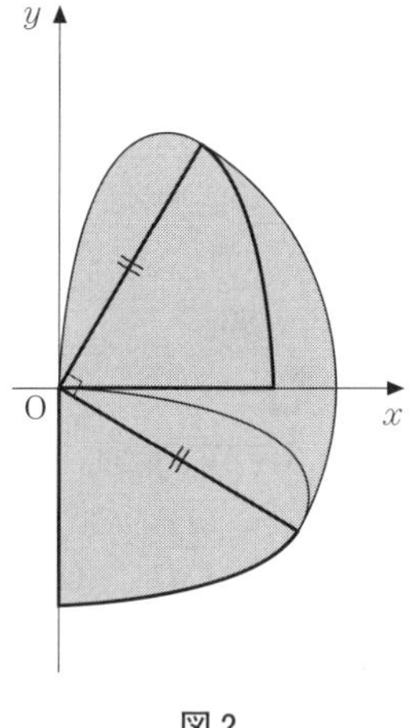

図 2

したがって，求める面積は，D の面積と半径 $\dfrac{3\sqrt{6}}{2}$ の四分円の面積の和である。

D の面積を S_1 とすると，

$$S_1=\int_0^{2\sqrt{2}} y\,dx$$

$$=\int_{-1}^{1} y(t)x'(t)\,dt$$

$$=\int_{-1}^{1} 3(1+t)\sqrt{1-t}\cdot\frac{3}{2}\sqrt{1+t}\,dt$$

$$\left(\because\quad x(t)=(1+t)^{\frac{3}{2}}\right)$$

$$=\frac{9}{2}\int_{-1}^{1}(1+t)\sqrt{1-t^2}\,dt$$

$$=\frac{9}{2}\int_{-1}^{1}\sqrt{1-t^2}\,dt\quad(\because\quad t\sqrt{1-t^2}\text{ は奇関数})$$

$$=\frac{9}{2}\cdot(\text{半径 1 の半円の面積})$$

$$=\frac{9}{2}\cdot\frac{\pi}{2}=\frac{9}{4}\pi$$

であり，半径 $\dfrac{3\sqrt{6}}{2}$ の四分円の面積を S_2 とすると，

$$S_2=\frac{1}{4}\cdot\pi\left(\frac{3\sqrt{6}}{2}\right)^2=\frac{27}{8}\pi$$

であるから，求める面積は，

$$S_1+S_2=\frac{9}{4}\pi+\frac{27}{8}\pi=\boldsymbol{\frac{45}{8}}\pi$$

である。

解説

1° 2020年度の問題の中では最も取っ付きのよい問題であり，合格のためには，高得点を取りたい問題である。

2° (1)，(2)では，一般に，0以上の値をとる t の関数 $\varphi(t)$ に対して，$\sqrt{\varphi(t)}$ が増加(あるいは減少)する t の範囲と $\varphi(t)$ が増加(あるいは減少)する t の範囲が一致することを用いている。

ちなみに，(2)において，t の関数 $f(t)=(1+t)\sqrt{2(5-4t)}$ を直接微分すると，

$$f'(t)=1\cdot\sqrt{2(5-4t)}+(1+t)\cdot\frac{1}{2\sqrt{2(5-4t)}}(-8)$$
$$=\frac{2(5-4t)-4(1+t)}{\sqrt{2(5-4t)}}=\frac{6(1-2t)}{\sqrt{2(5-4t)}}$$

となり，これから $f(t)$ の増減が分かることになる。

3° t の関数 $x(t)$ の増減，$y(t)$ の符号，(1)，(2)の結果を考慮すれば，原点を中心として D を時計回りに90°回転させるとき，D が通過する領域がどのようなものであるかが把握できることになる。その面積が，D の面積と半径 $\frac{3\sqrt{6}}{2}$ の四分円の面積の和であることが掴めれば，解決できたも同然である。

D の面積を求めるには，C の媒介変数表示を用いて置換積分を行うことにより，

$$\int_0^{2\sqrt{2}} y\,dx=\int_{-1}^1 y(t)x'(t)\,dt$$
$$=\int_{-1}^1 3(1+t)\sqrt{1-t}\cdot\frac{3}{2}\sqrt{1+t}\,dt$$
$$=\frac{9}{2}\int_{-1}^1(\sqrt{1-t^2}+t\sqrt{1-t^2})\,dt$$

とした後は，$t\sqrt{1-t^2}$ が奇関数であることから $\int_{-1}^1 t\sqrt{1-t^2}\,dt=0$ であること，および，$\int_{-1}^1\sqrt{1-t^2}\,dt$ が半径1の半円の面積と等しいことに着目すればよいのである。

半径 $\frac{3\sqrt{6}}{2}$ の四分円の面積については，解説の必要はないであろう。

第 4 問

解答

(1)
$$(2^0+2^1+2^2+\cdots\cdots+2^{n-1})^2=(2^0)^2+(2^1)^2+(2^2)^2+\cdots\cdots+(2^{n-1})^2+2a_{n,\,2}$$

において，

$$2^0+2^1+2^2+\cdots\cdots+2^{n-1}=\frac{2^n-1}{2-1}=2^n-1$$

$$(2^0)^2+(2^1)^2+(2^2)^2+\cdots\cdots+(2^{n-1})^2=4^0+4^1+4^2+\cdots\cdots+4^{n-1}$$

$$=\frac{4^n-1}{4-1}=\frac{4^n-1}{3}$$

であるから，

$$a_{n,\ 2}=\frac{1}{2}\left\{(2^n-1)^2-\frac{4^n-1}{3}\right\}$$

$$=\frac{1}{2}\cdot\frac{1}{3}(2^n-1)\{3(2^n-1)-(2^n+1)\}$$

$$=\boldsymbol{\frac{1}{3}(2^n-1)(2^n-2)}$$

である。

(2)　x についての整式

$$(1+2^0x)(1+2^1x)(1+2^2x)\cdots\cdots(1+2^{n-1}x)\qquad\cdots\cdots①$$

を考えると，これは定数項が 1 の n 次式である。また，$1\leqq k\leqq n$ のとき，x^k の項は，n 個の単項式 2^0x，2^1x，2^2x，……，$2^{n-1}x$ から異なる k 個を選んで積をとったものすべてに対する和であるから，x^k の係数は $a_{n,\ k}$ である。よって，① は $f_n(x)$ に他ならない。すなわち，

$$f_n(x)=(1+2^0x)(1+2^1x)(1+2^2x)\cdots\cdots(1+2^{n-1}x)$$

である。

これより，

$$f_{n+1}(x)=(1+2^0x)(1+2^1x)(1+2^2x)\cdots\cdots(1+2^{n-1}x)(1+2^nx)$$

$$f_n(2x)=(1+2^0\cdot 2x)(1+2^1\cdot 2x)(1+2^2\cdot 2x)\cdots\cdots(1+2^{n-1}\cdot 2x)$$

$$=(1+2^1x)(1+2^2x)(1+2^3x)\cdots\cdots(1+2^nx)$$

となるから，

$$f_{n+1}(x)=f_n(x)(1+2^nx)\qquad\cdots\cdots②$$

$$f_{n+1}(x)=(1+2^0x)f_n(2x)\qquad\therefore\quad f_{n+1}(x)=(1+x)f_n(2x)\qquad\cdots\cdots③$$

すなわち，

$$\frac{f_{n+1}(x)}{f_n(x)}=\boldsymbol{1+2^nx},\ \frac{f_{n+1}(x)}{f_n(2x)}=\boldsymbol{1+x}$$

である。

(3)　②，すなわち，

$$\cdots\cdots+a_{n+1,\ k+1}x^{k+1}+\cdots\cdots=(\cdots\cdots+a_{n,\ k}x^k+a_{n,\ k+1}x^{k+1}+\cdots\cdots)(1+2^nx)$$

の両辺の x^{k+1} の係数を比べることにより，

$$a_{n+1,\ k+1}=2^n a_{n,\ k}+a_{n,\ k+1} \quad \cdots\cdots④$$

が得られ，③，すなわち，

$$\cdots\cdots+a_{n+1,\ k+1}x^{k+1}+\cdots\cdots=(1+x)\{\cdots\cdots+a_{n,\ k}(2x)^k+a_{n,\ k+1}(2x)^{k+1}+\cdots\cdots\}$$

の両辺の x^{k+1} の係数を比べることにより，

$$a_{n+1,\ k+1}=2^k a_{n,\ k}+2^{k+1}a_{n,\ k+1} \quad \cdots\cdots⑤$$

が得られる。ただし，$k=n$ のとき，$a_{n,\ k+1}=0$ と定める。

④$\times 2^{k+1}-$⑤ より，

$$(2^{k+1}-1)a_{n+1,\ k+1}=(2^{k+1}2^n-2^k)a_{n,\ k}$$

$$\therefore\quad \frac{a_{n+1,\ k+1}}{a_{n,\ k}}=\frac{2^{k+1}2^n-2^k}{2^{k+1}-1}=\boldsymbol{\frac{2^k(2^{n+1}-1)}{2^{k+1}-1}}$$

である。

解説

1°　(1)は容易であるが，(2)は，2020年度の問題の中では，着想的に最も難しい問題であろう。

2°

$$f_n(x)=(1+2^0x)(1+2^1x)(1+2^2x)\cdots\cdots(1+2^{n-1}x)$$

であることに気が付けば，(2)は簡単に解決するが，試験会場でこのことに気付くことは，なかなか難しいであろう。

3°　$\dfrac{f_{n+1}(x)}{f_n(x)}$ が x についての整式になるのであれば，$f_{n+1}(x)$ が $n+1$ 次式，$f_n(x)$ が n 次式であることから，それは1次式であり，$\dfrac{f_{n+1}(x)}{f_n(x)}=a+bx$ とおくと，

$$f_{n+1}(x)=f_n(x)(a+bx) \quad \cdots\cdots⑥$$

でなければならない。$f_{n+1}(x)$，$f_n(x)$ の定数項はともに1であるから，⑥の両辺の定数項を比較することにより，$a=1$ でなければならない。また，$f_{n+1}(x)$ の x^{n+1} の係数は $2^0\cdot2^1\cdot2^2\cdots\cdots\cdot2^{n-1}\cdot2^n$，$f_n(x)$ の x^n の係数は $2^0\cdot2^1\cdot2^2\cdots\cdots\cdot2^{n-1}$ であるから，⑥の両辺の x^{n+1} の係数を比較することにより，$b=2^n$ でなければならない。よって，②でなければならない。実際に②が成り立つことを示すには，②の両辺の定数項がともに1であることから，$0\leqq k\leqq n$ を満たす任意の整数 k に対して，②の両辺の x^{k+1} の係数が等しいこと，すなわち，④が成り立つことを示せばよいことになる。ただし，$k=0$ のとき $a_{n,\ k}=1$，$k=n$ のとき $a_{n,\ k+1}=0$ と定めることにする。

4°　また，$\dfrac{f_{n+1}(x)}{f_n(2x)}$ が x についての整式になるのであれば，$f_{n+1}(x)$ が $n+1$ 次式，$f_n(2x)$ が n 次式であることから，それは 1 次式であり，$\dfrac{f_{n+1}(x)}{f_n(2x)}=c+dx$ とおくと，

$$f_{n+1}(x)=f_n(2x)(c+dx) \quad \cdots\cdots⑦$$

でなければならない。$f_{n+1}(x)$，$f_n(2x)$ の定数項はともに 1 であるから，⑦ の両辺の定数項を比較することにより，$c=1$ でなければならない。また，$f_{n+1}(x)$ の x^{n+1} の係数は $2^0\cdot2^1\cdot2^2\cdots\cdots2^{n-1}\cdot2^n$，$f_n(2x)$ の x^n の係数も $2^0\cdot2^1\cdot2^2\cdots\cdots2^{n-1}\cdot2^n$ であるから，⑦ の両辺の x^{n+1} の係数を比較することにより，$d=1$ でなければならない。よって，③ でなければならない。実際に ③ が成り立つことを示すには，③ の両辺の定数項がともに 1 であることから，$0\leqq k\leqq n$ を満たす任意の整数 k に対して，③ の両辺の x^{k+1} の係数が等しいこと，すなわち，⑤ が成り立つことを示せばよいことになる。ただし，$k=0$ のとき $a_{n,\ k}=1$，$k=n$ のとき $a_{n,\ k+1}=0$ と定めることにする。

5°　以上の考察を踏まえると，$0\leqq k\leqq n$ を満たす任意の整数 k に対して，④，⑤ が成り立つことを示せば，(2) が解決することになる。それだけでなく，(2) を経由することなく，(3) が解決することになる。

6°　参考までに，$a_{n,\ k}$ の定義に基づいて，④，⑤ を直接証明してみよう。

n 個の異なる数 c_1，c_2，……，c_n から異なる k 個を選んで積をとったものすべてに対する和を $S_k(c_1,\ c_2,\ \cdots\cdots,\ c_n)$ と表すことにする。

$1\leqq k\leqq n-1$ のとき，$n+1$ 個の整数 2^0，2^1，2^2，………，2^{n-1}，2^n から異なる $k+1$ 個を選んで積をとったものすべてに対する和を，2^n を含む異なる $k+1$ 個を選んで積をとったものすべてに対する和と 2^n を含まない異なる $k+1$ 個を選んで積をとったものすべてに対する和に分けることにより，

$$\begin{aligned} a_{n+1,\ k+1}&=S_{k+1}(2^0,\ 2^1,\ 2^2,\ \cdots\cdots,\ 2^{n-1},\ 2^n)\\ &=2^n\cdot S_k(2^0,\ 2^1,\ 2^2,\ \cdots\cdots,\ 2^{n-1})+S_{k+1}(2^0,\ 2^1,\ 2^2,\ \cdots\cdots,\ 2^{n-1})\\ &=2^n a_{n,\ k}+a_{n,\ k+1} \end{aligned}$$

となるから，④ が成り立つ。$a_{n+1,\ 1}=2^0+2^1+2^2+\cdots\cdots+2^{n-1}+2^n$，$a_{n,\ 1}=2^0+2^1+2^2+\cdots\cdots+2^{n-1}$ であるから，$k=0$ のときも成り立ち，$a_{n+1,\ n+1}=2^0\cdot2^1\cdot2^2\cdots\cdots2^{n-1}\cdot2^n$，$a_{n,\ n}=2^0\cdot2^1\cdot2^2\cdots\cdots2^{n-1}$ であるから，$k=n$ のときも成り立つ。

また，$1\leqq k\leqq n-1$ のとき，$n+1$ 個の整数 2^0，2^1，2^2，……，2^n から異なる $k+1$ 個を選んで積をとったものすべてに対する和を，2^0 を含む異なる $k+1$ を選んで積

をとったものすべてに対する和と 2^0 を含まない異なる $k+1$ 個を選んで積をとったものすべてに対する和に分けることにより，

$$\begin{aligned} a_{n+1,\ k+1} &= S_{k+1}(2^0,\ 2^1,\ 2^2,\ \cdots\cdots,\ 2^n) \\ &= 2^0\cdot S_k(2^1,\ 2^2,\ \cdots\cdots,\ 2^n)+S_{k+1}(2^1,\ 2^2,\ \cdots\cdots,\ 2^n) \\ &= 2^0\cdot S_k(2\cdot 2^0,\ 2\cdot 2^1,\ \cdots\cdots,\ 2\cdot 2^{n-1}) \\ &\qquad +S_{k+1}(2\cdot 2^0,\ 2\cdot 2^1,\ \cdots\cdots,\ 2\cdot 2^{n-1}) \\ &= 2^0\cdot 2^k\cdot S_k(2^0,\ 2^1,\ \cdots\cdots,\ 2^{n-1})+2^{k+1}S_{k+1}(2^0,\ 2^1,\ \cdots\cdots,\ 2^{n-1}) \\ &= 2^k a_{n,\ k}+2^{k+1}a_{n,\ k+1} \end{aligned}$$

となるから，⑤ が成り立つ。$a_{n+1,\ 1}=2^0+2^1+2^2+\cdots\cdots+2^{n-1}+2^n$，$a_{n,\ 1}=2^0+2^1+2^2+\cdots\cdots+2^{n-1}$ であるから，$k=0$ のときも成り立ち，$a_{n+1,\ n+1}=2^0\cdot 2^1\cdot 2^2\cdot\cdots\cdots\cdot 2^{n-1}\cdot 2^n$，$a_{n,\ n}=2^0\cdot 2^1\cdot 2^2\cdot\cdots\cdots\cdot 2^{n-1}$ であるから，$k=n$ のときも成り立つ。

7° (3) は，②，③ の両辺の x^{k+1} の係数が等しいことを表す式 ④，⑤ から $a_{n,\ k+1}$ を消去して $a_{n+1,\ k+1}$ と $a_{n,\ k}$ の関係式を導けば解決する。

第 5 問

解 答

(1) 円錐 S の頂点 $(0,\ 0,\ 2)$ を B とする。

平面 $z=1$ による S の切り口は，S の底面を B を中心に $\frac{1}{2}$ 倍に相似縮小したものであるから，平面 $z=1$ 上で点 $(0,\ 0,\ 1)$ を中心とする半径 $\frac{1}{2}$ の円板(円の周および内部)である。

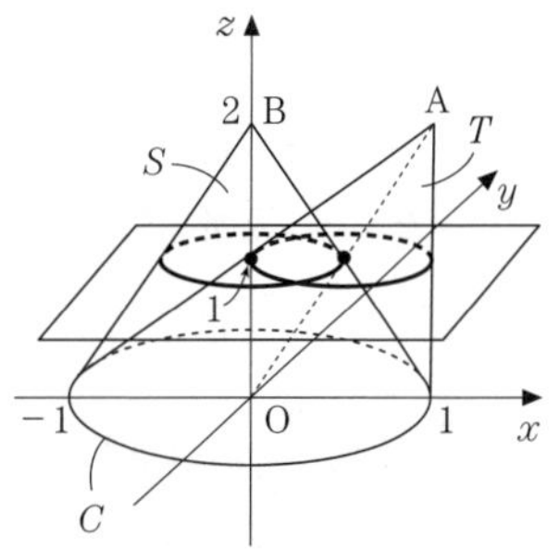

また，平面 $z=1$ による T の切り口は，S の底面を A$(1,\ 0,\ 2)$ を中心に $\frac{1}{2}$ 倍に相似縮小したものであるから，平面 $z=1$ 上で点 $\left(\frac{1}{2},\ 0,\ 1\right)$ を中心とする半径 $\frac{1}{2}$ の円板である。

それらを同一平面上に図示すると，右図のようになる。

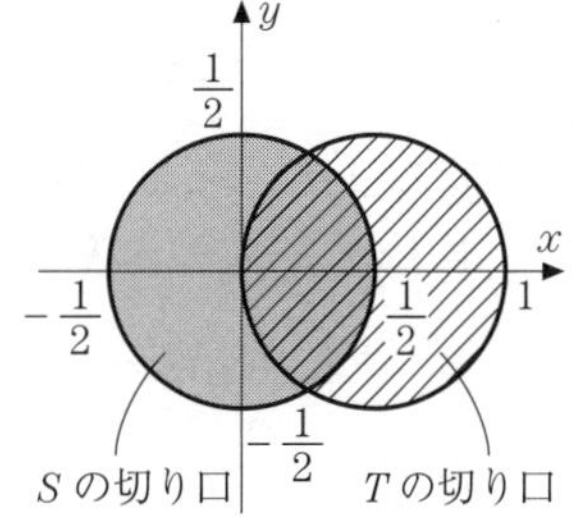

(2) 点 P が S を動くとき，線分 AP が通過する部分

を K とする。

z 軸上の点 $(0,\ 0,\ z)$（ただし，$0 \leqq z \leqq 2$）を通り z 軸に垂直な平面 α_z による K の切り口を K_z とする。

$z=2$ のとき K_z は線分 AB であるから，以下，$0 \leqq z < 2$ とする。

線分 AP が α_z と共有点をもつのは，P の z 座標 u が

$$0 \leqq u \leqq z \quad \cdots\cdots ①$$

を満たすときである。

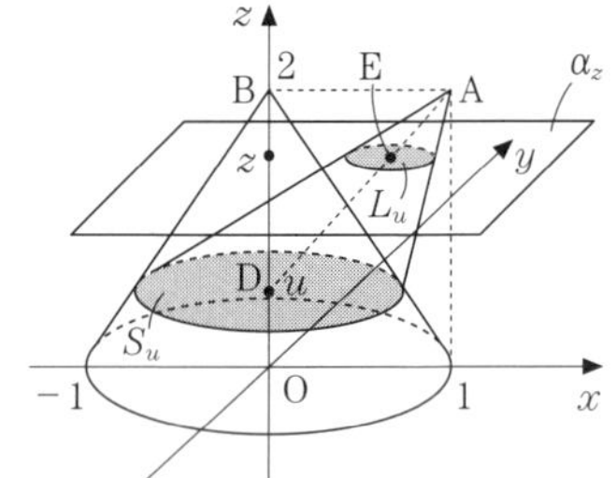

まず，u を固定して，P が平面 $z=u$ による S の切り口 S_u $\left(\text{点}(0,\ 0,\ u)\text{を中心とする半径 } \dfrac{2-u}{2} \text{ の円板である}\right)$ を動くとき，線分 AP と α_z の共有点が動く範囲 L_u は，S_u を A を中心に $\dfrac{2-z}{2-u}$ 倍に相似縮小した円板であるから，α_z 上で点 $\left(1-\dfrac{2-z}{2-u},\ 0,\ z\right)$ を中心とする半径 $\dfrac{2-z}{2}$ の円板である。

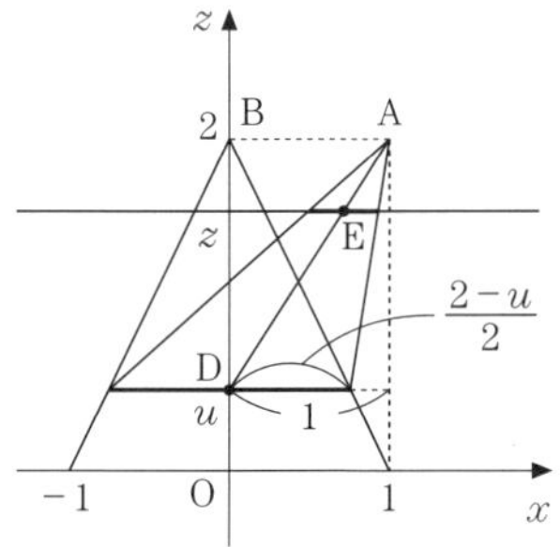

次に，u を ① の範囲で動かすとき，L_u が通過する部分が K_z である。

u を ① の範囲で動かすとき，L_u の中心の x 座標 $1-\dfrac{2-z}{2-u}$ は $\dfrac{z}{2}$ から 0 まで単調に減少し，L_u の半径 $\dfrac{2-z}{2}$ は u によらず一定であるから，K_z は右図の網目部分となる。

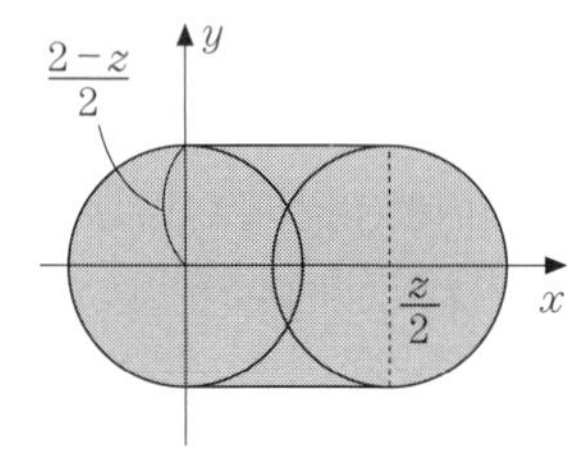

よって，K_z の面積 $S(z)$ は，

$$S(z)=\pi\left(\frac{2-z}{2}\right)^2+\frac{z}{2}\cdot\left(2\cdot\frac{2-z}{2}\right)=\frac{\pi}{4}(2-z)^2+\frac{1}{2}(2z-z^2)$$

となる（$z=2$ のとき $S(z)=0$ であるから，この結果は $z=2$ のときも正しい）。

以上から，K の体積は，

$$\int_0^2 S(z)\,dz=\left[-\frac{\pi}{12}(2-z)^3+\frac{1}{2}\left(z^2-\frac{1}{3}z^3\right)\right]_0^2=\mathbf{\frac{2}{3}}\pi+\mathbf{\frac{2}{3}}$$

である。

解説

1°　(1) は容易であるが，(2) で立体の切り口を捉えるときの考え方のヒントになっている。

2°　点 P が S を動くとき，線分 AP が通過する部分を K とする。(1) をヒントと考えれば，z 軸に垂直な平面 α_z：$z=$(一定)（ただし，$0\leqq z<2$）による K の切り口 K_z を考えて，その面積 $S(z)$ を積分することにより，K の体積を求めようという方針が立てられるだろう。その際，K_z を一気に捉えることは難しい。やはり (1) をヒントに，P が z 軸に垂直な平面 $z=u$（ただし，$0\leqq u\leqq z$ ……①）による S の切り口 S_u を動くときに限定すれば，線分 AP が通過する部分の平面 α_z による切り口 L_u は，円板 S_u を点 A を中心に相似縮小したものであるから，L_u も円板であることが分かり，u を動かしたときの L_u の通過範囲として，K_z が捉えられることになるのである。その際，円板 L_u の半径が u によらず一定であることから，L_u の中心の動きだけを考えればよいことがポイントである。

上の **解答** では図形的考察を主にしたが，ある程度，座標の計算を用いるのもよいだろう。例えば，円板 L_u の中心 E の座標は，円板 S_u の中心が点 D$(0,\ 0,\ u)$ であり，E が線分 DA を $z-u:2-z$ に内分する点であることから，

$$\overrightarrow{\mathrm{OE}}=\frac{(2-z)\overrightarrow{\mathrm{OD}}+(z-u)\overrightarrow{\mathrm{OA}}}{2-u}=\frac{2-z}{2-u}\begin{pmatrix}0\\0\\u\end{pmatrix}+\frac{z-u}{2-u}\begin{pmatrix}1\\0\\2\end{pmatrix}$$

となり，E$\left(\dfrac{z-u}{2-u},\ 0,\ z\right)$ である。E の x 座標 $\dfrac{z-u}{2-u}$ は，それを

$$\frac{z-u}{2-u}=1-\frac{2-z}{2-u}$$

と変形すると分かるように，u が ① の範囲を動くとき，$\dfrac{z}{2}$ から 0 まで単調に減少する。

これ以上 **解答** の補足は不要であろう。

3°　因みに，立体 K は，右図のように，

「底面が半径 1 の半円，高さが 2 である錐」と「底面が右図の△BFG，高さが AB の四面体 ABFG」と「底面が半径 1 の半円，高さが 2 である錐」を合わせたもの

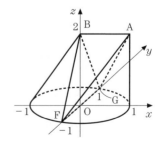

……(＊)

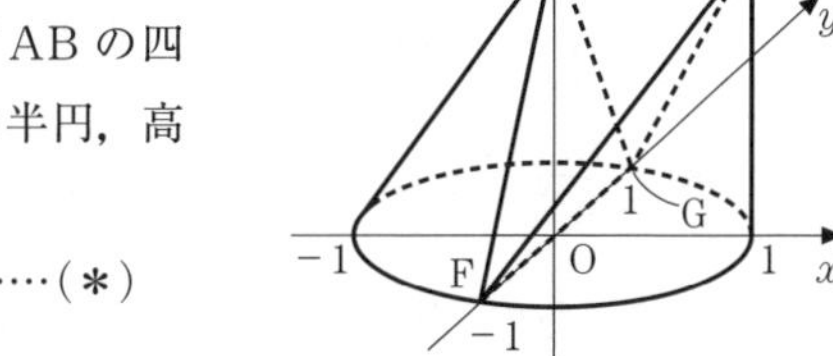

である。

底面が半径1の半円，高さが2である錐の体積が

$$\frac{1}{3}\cdot\frac{\pi}{2}\cdot 2=\frac{\pi}{3}$$

底面が△BFG，高さがABの四面体ABFGの体積が

$$\frac{1}{3}\cdot\left(\frac{1}{2}\cdot 2\cdot 2\right)\cdot 1=\frac{2}{3}$$

であることから，K の体積は，

$$\frac{\pi}{3}+\frac{2}{3}+\frac{\pi}{3}=\frac{2}{3}\pi+\frac{2}{3}$$

と求められることになる。

ただし，これを解答とするには，(＊)であることをきちんと説明する必要があるだろう。

第 6 問

解答 (1) $f(\theta)=A\sin 2\theta-\sin(\theta+\alpha)$ とおくと，$f(\theta)$ は $f(\theta+2\pi)=f(\theta)$ を満たすから，方程式 $f(\theta)=0$ が $0\leqq\theta<2\pi$ の範囲に少なくとも4個の解をもつことを示すには，$\frac{\pi}{4}\leqq\theta<\frac{9}{4}\pi$ の範囲に少なくとも4個の解をもつことを示せばよい。

$f(\theta)$ は連続関数であり，$A>1$，$-1\leqq\sin(\theta+\alpha)\leqq 1$ より，

$$f\left(\frac{\pi}{4}\right)=A-\sin\left(\frac{\pi}{4}+\alpha\right)>0,$$

$$f\left(\frac{3}{4}\pi\right)=-A-\sin\left(\frac{3}{4}\pi+\alpha\right)<0,$$

$$f\left(\frac{5}{4}\pi\right)=A-\sin\left(\frac{5}{4}\pi+\alpha\right)>0,$$

$$f\left(\frac{7}{4}\pi\right)=-A-\sin\left(\frac{7}{4}\pi+\alpha\right)<0,$$

$$f\left(\frac{9}{4}\pi\right)=f\left(\frac{\pi}{4}\right)>0$$

であるから，中間値の定理より，$f(\theta)=0$ は，$\frac{\pi}{4}<\theta<\frac{3}{4}\pi$，$\frac{3}{4}\pi<\theta<\frac{5}{4}\pi$，$\frac{5}{4}\pi<\theta<\frac{7}{4}\pi$，$\frac{7}{4}\pi<\theta<\frac{9}{4}\pi$ の各範囲に少なくとも1個ずつ解をもつ。

よって，$f(\theta)=0$ は $\frac{\pi}{4}\leqq\theta<\frac{9}{4}\pi$ の範囲に少なくとも4個の解をもつ。

(2)　領域 $D: 2x^2+y^2<r^2$ 内の点 P の座標は

$$\mathrm{P}\left(\frac{t}{\sqrt{2}}\cos\varphi,\ t\sin\varphi\right)\quad（ただし，0\leqq t<r,\ 0\leqq\varphi<2\pi\quad\cdots\cdots①）$$

とおくことができる。また，楕円 $C: \dfrac{x^2}{2}+y^2=1$ 上の点 Q の座標を

$$\mathrm{Q}(\sqrt{2}\cos\theta,\ \sin\theta)\quad（ただし，0\leqq\theta<2\pi\quad\cdots\cdots②）$$

とおくと，Q における C の接線の方向ベクトルは

$$\frac{d}{d\theta}\begin{pmatrix}\sqrt{2}\cos\theta\\ \sin\theta\end{pmatrix}=\begin{pmatrix}-\sqrt{2}\sin\theta\\ \cos\theta\end{pmatrix}\qquad\cdots\cdots③$$

であるから，Q における C の接線と直線 PQ が直交する条件は，③ と

$$\overrightarrow{\mathrm{QP}}=\begin{pmatrix}\dfrac{t}{\sqrt{2}}\cos\varphi-\sqrt{2}\cos\theta\\ t\sin\varphi-\sin\theta\end{pmatrix}\qquad\cdots\cdots④$$

が直交することであり，③ と ④ の内積を考えることにより，

$$-\sqrt{2}\sin\theta\cdot\left(\frac{t}{\sqrt{2}}\cos\varphi-\sqrt{2}\cos\theta\right)+\cos\theta\cdot(t\sin\varphi-\sin\theta)=0$$

$$\therefore\quad \sin\theta\cos\theta-t(\sin\theta\cos\varphi-\cos\theta\sin\varphi)=0$$

$$\therefore\quad \frac{1}{2}\sin 2\theta-t\sin(\theta-\varphi)=0\qquad\cdots\cdots⑤$$

となる。

よって，

「① を満たすすべての t，φ に対して，θ の方程式 ⑤ が ② の範囲に少なくとも 4 個の解をもつ」　……(＊)

ような実数 $r\,(0<r<1)$ が存在することを示し，そのような r の最大値を求めればよい。

$t=0$ のとき，（すべての φ に対して）⑤ は，$\theta=0,\ \dfrac{\pi}{2},\ \pi,\ \dfrac{3}{2}\pi$ の 4 個の解をもつ。

$0<t<r$ ……⑥ のとき，⑤ は，

$$\frac{1}{2t}\sin 2\theta-\sin(\theta-\varphi)=0\qquad\cdots\cdots⑦$$

と変形できる。

さて，$r=\dfrac{1}{2}$ とすると，⑥ を満たすすべての t に対して $\dfrac{1}{2t}>1$ であるから，(1)

より，（すべての φ に対して）⑦ は ② の範囲に少なくとも 4 個の解をもつ。

よって，$(*)$ であるような実数 $r\ (0<r<1)$ として，$r=\dfrac{1}{2}$ が存在する。

また，$r>\dfrac{1}{2}$ とすると，$t=\dfrac{1}{2}$ は ⑥ を満たし，⑦ で $t=\dfrac{1}{2}$，$\varphi=\dfrac{7}{4}\pi$ とした方程式

$$\sin 2\theta-\sin\left(\theta-\frac{7}{4}\pi\right)=0$$

を解くと，

$$\sin 2\theta=\sin\left(\theta-\frac{7}{4}\pi\right)$$

$$\therefore\quad 2\theta=\theta-\frac{7}{4}\pi+2n\pi \text{ または } 2\theta=\pi-\left(\theta-\frac{7}{4}\pi\right)+2n\pi \quad (n \text{ は整数})$$

$$\therefore\quad \theta=\frac{8n-7}{4}\pi \text{ または } \theta=\frac{8n+11}{12}\pi \quad (n \text{ は整数})$$

となるから，② の範囲にある解は，$\theta=\dfrac{\pi}{4}$，$\dfrac{11}{12}\pi$，$\dfrac{19}{12}\pi$ の 3 個であり，$(*)$ は成り立たない。

以上から，$(*)$ であるような実数 $r\ (0<r<1)$ の最大値は，

$$\boldsymbol{\frac{1}{2}}$$

である。

解説

1° (1) では，$\sin(\theta+\alpha)$ が $-1\leqq\sin(\theta+\alpha)\leqq 1$ を満たすことから，$A>1$ のとき，

$A\sin 2\theta$ の値が A であるような θ に対しては $A\sin 2\theta-\sin(\theta+\alpha)>0$，

$A\sin 2\theta$ の値が $-A$ であるような θ に対しては $A\sin 2\theta-\sin(\theta+\alpha)<0$

であることがポイントである。気付いてしまえば単純なことであるが，試験会場で焦ってしまうと，案外気付きにくいかもしれない。

上の 解答 では，関数 $f(\theta)=A\sin 2\theta-\sin(\theta+\alpha)$ が周期 2π の周期関数であることから，方程式 $f(\theta)=0$ が $0\leqq\theta<2\pi$ の範囲に少なくとも 4 個の解をもつことを，$\dfrac{\pi}{4}\leqq\theta<\dfrac{9}{4}\pi$ の範囲に少なくとも 4 個の解をもつことを示すことにより証明しているが，

$$f(0)=f(2\pi)=-\sin\alpha$$

であることから，$f(\theta)=0$ が，

・$-\sin\alpha\leqq 0$ のときには，$0\leqq\theta<\dfrac{\pi}{4}$ の範囲に少なくとも1個の解をもつ

・$-\sin\alpha>0$ のときには，$\dfrac{7}{4}\pi<\theta<2\pi$ の範囲に少なくとも1個の解をもつ

のようにして証明してもよい。

2° (2)では，まず，「QにおけるCの接線と直線PQが直交する」ということを，P，Qの座標を用いて定式化しないことには，解答が始まらない。

上の**解答**では，楕円 C 上の点Qの媒介変数表示 $\mathrm{Q}(\sqrt{2}\cos\theta,\ \sin\theta)$ を微分することによりQにおける C の接線の方向ベクトルを求め，それがベクトル $\overrightarrow{\mathrm{QP}}$ と直交することを内積を利用して数式で表すことにより，θ の方程式⑤を導いた。⑤は，次のようにして導くこともできる。

楕円 C 上の点 $\mathrm{Q}(\sqrt{2}\cos\theta,\ \sin\theta)$ における C の接線の方程式は，

$$\frac{\sqrt{2}\cos\theta}{2}x+\sin\theta\cdot y=1,\ \text{すなわち，}\ \cos\theta\cdot x+\sqrt{2}\sin\theta\cdot y=\sqrt{2}$$

であるから，Qにおける C の法線の方程式は，

$$-\sqrt{2}\sin\theta\cdot(x-\sqrt{2}\cos\theta)+\cos\theta\cdot(y-\sin\theta)=0$$

となる。Qにおける C の接線と直線PQが直交する条件は，Qにおける C の法線がPを通ることであるから，Pの座標を $\mathrm{P}\left(\dfrac{t}{\sqrt{2}}\cos\varphi,\ t\sin\varphi\right)$ とおくと，

$$-\sqrt{2}\sin\theta\cdot\left(\frac{t}{\sqrt{2}}\cos\varphi-\sqrt{2}\cos\theta\right)+\cos\theta\cdot(t\sin\varphi-\sin\theta)=0$$

となり，これを整理すると，⑤が得られる。

3° ここまでくれば，あとは，

「①を満たすすべての t，φ に対して，θ の方程式⑤が②の範囲に少なくとも4個の解をもつ」　……(＊)

ような実数 $r\,(0<r<1)$ が存在することを示し，そのような r の最大値を求めること

を考えればよい。

⑤の両辺を t で割れば(1)で考えた方程式と同じ形の方程式が得られることから，$t=0$ の場合を別扱いして処理した後，$0<t<r$ の場合を考えればよいことになる。

$\dfrac{1}{2t}>1$，すなわち，$t<\dfrac{1}{2}$ のとき，(1)より，θ の方程式⑦は②の範囲に少なくとも4個の解をもつ。よって，$r=\dfrac{1}{2}$ のときには，(＊)が成り立つ。

よって，$r>\dfrac{1}{2}$ のときには，①を満たす t，φ の中に，θ の方程式⑦が②の範囲に3個以下の解しかもたないものが存在することを示せば，(＊)であるような r の最大値は $\dfrac{1}{2}$ であることになり，問題が解決する。

(1)の方程式 $A\sin 2\theta-\sin(\theta+\alpha)=0$ において $A=1$ の場合，すなわち，方程式

$$\sin 2\theta=\sin(\theta+\alpha) \quad \cdots\cdots ⑧$$

を考える。⑧の左辺のグラフと右辺のグラフが点 $\left(\dfrac{\pi}{4},\ 1\right)$ で接するように

$$\alpha=\frac{\pi}{4}+2m\pi \quad (m \text{ は整数}) \quad \cdots\cdots ⑨$$

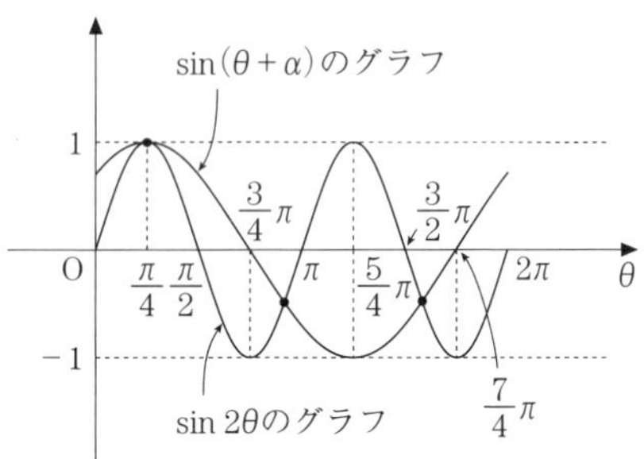

とすると，方程式⑧の②の範囲にある解は3個になると予想できる。実際に，⑨のときに⑧を解いてみると，②の範囲にある解が3個であることが確かめられる。

以上のことを念頭において，解答を作り上げればよいのである。

2019年

第 1 問

解答

$$I=\int_0^1\left(x^2+\frac{x}{\sqrt{1+x^2}}\right)\left(1+\frac{x}{(1+x^2)\sqrt{1+x^2}}\right)dx$$

において，

$$\left(x^2+\frac{x}{\sqrt{1+x^2}}\right)\left(1+\frac{x}{(1+x^2)\sqrt{1+x^2}}\right)$$

$$=x^2+\frac{x}{\sqrt{1+x^2}}+\frac{x^3}{(1+x^2)\sqrt{1+x^2}}+\frac{x^2}{(1+x^2)^2}$$

であるから，

$$I_1=\int_0^1 x^2dx,\quad I_2=\int_0^1\frac{x}{\sqrt{1+x^2}}dx,$$

$$I_3=\int_0^1\frac{x^3}{(1+x^2)\sqrt{1+x^2}}dx,\quad I_4=\int_0^1\frac{x^2}{(1+x^2)^2}dx$$

とおくと，

$$I=I_1+I_2+I_3+I_4$$

である。

ここで，

$$I_1=\left[\frac{1}{3}x^3\right]_0^1=\frac{1}{3}$$

$$I_2=\left[\sqrt{1+x^2}\,\right]_0^1=\sqrt{2}-1$$

$$I_3=\int_0^1 x^2\cdot\frac{x}{(1+x^2)^{\frac{3}{2}}}dx=\left[x^2\cdot\left(-\frac{1}{\sqrt{1+x^2}}\right)\right]_0^1-\int_0^1 2x\cdot\left(-\frac{1}{\sqrt{1+x^2}}\right)dx$$

$$=-\frac{1}{\sqrt{2}}+2I_2=-\frac{1}{\sqrt{2}}+2(\sqrt{2}-1)=\frac{3\sqrt{2}}{2}-2$$

であり，I_4 において $x=\tan\theta\left(-\frac{\pi}{2}<\theta<\frac{\pi}{2}\right)$ と置換すると，

$$\begin{cases} dx=\dfrac{1}{\cos^2\theta}d\theta \\ \dfrac{1}{1+x^2}=\dfrac{1}{1+\tan^2\theta}=\cos^2\theta \end{cases}$$

x	$0 \longrightarrow 1$
θ	$0 \longrightarrow \frac{\pi}{4}$

のように対応して，

$$I_4=\int_0^{\frac{\pi}{4}}\tan^2\theta\cdot(\cos^2\theta)^2\cdot\frac{1}{\cos^2\theta}d\theta$$
$$=\int_0^{\frac{\pi}{4}}\sin^2\theta d\theta$$
$$=\int_0^{\frac{\pi}{4}}\frac{1-\cos 2\theta}{2}d\theta$$
$$=\frac{1}{2}\left[\theta-\frac{1}{2}\sin 2\theta\right]_0^{\frac{\pi}{4}}=\frac{\pi}{8}-\frac{1}{4}$$

であるから，

$$I=\frac{1}{3}+(\sqrt{2}-1)+\left(\frac{3\sqrt{2}}{2}-2\right)+\left(\frac{\pi}{8}-\frac{1}{4}\right)$$
$$=\boldsymbol{\frac{\pi}{8}+\frac{5\sqrt{2}}{2}-\frac{35}{12}}$$

である。

解説

1°　定積分の計算が6大問中の1題として出題されたのは東大理科では初めてであり，2019年度の特徴的出題である。丁寧に計算するだけであり，東大理科を目指す受験生であれば，確実に得点したい問題である。受験生の計算力の低下が目立つのであろうか，2018年度の第1問も本問と同様な高等学校の定期考査程度の問題であり，東大理科の出題傾向が明確に変化しているといえよう。まずは最低限の計算力を身につけてきてほしいというメッセージであろう。

2°　基本問題とはいえ，見通しのよい計算をしないと苦労することになり，計算の要領がポイントになる。まずは被積分関数を展開し，解答のようにI_1，I_2，I_3，I_4を個別に計算するのが自然な方針であろう。それをせずにはじめから$x=\tan\theta$などと置換すると，解決不能ではないが，やや煩雑な計算をしなければならなくなる。

解答をみていくと，I_1は問題ないであろう。I_2については，

$$\frac{x}{\sqrt{1+x^2}}=\frac{1}{2}(1+x^2)^{-\frac{1}{2}}(1+x^2)'=\left\{(1+x^2)^{\frac{1}{2}}\right\}'$$

であることから直接原始関数がわかる。I_3 については，I_2 と同様に $\dfrac{x}{(1+x^2)^{\frac{3}{2}}}$ の原始関数が直ちにわかることに注目して部分積分法を利用した。I_4 については，置換積分における置換の定石「$\dfrac{1}{1+x^2}$ を含む積分では $x=\tan\theta$ と置換する」ことに従った。この置換は I_3 の計算でも有効であり，つぎのように計算できる。

$$\begin{aligned}I_3&=\int_0^1\frac{x^3}{(1+x^2)^{\frac{3}{2}}}dx=\int_0^{\frac{\pi}{4}}\frac{\tan^3\theta}{(1+\tan^2\theta)^{\frac{3}{2}}}\cdot\frac{1}{\cos^2\theta}d\theta\\&=\int_0^{\frac{\pi}{4}}\tan^3\theta\cos\theta\,d\theta=\int_0^{\frac{\pi}{4}}\frac{\sin^3\theta}{\cos^2\theta}d\theta\\&=\int_0^{\frac{\pi}{4}}\frac{\sin\theta(1-\cos^2\theta)}{\cos^2\theta}d\theta=\int_0^{\frac{\pi}{4}}\left(-\frac{(\cos\theta)'}{\cos^2\theta}-\sin\theta\right)d\theta\\&=\left[\frac{1}{\cos\theta}+\cos\theta\right]_0^{\frac{\pi}{4}}=\frac{3\sqrt{2}}{2}-2\end{aligned}$$

なお，I_2 と I_3 については，**解答**のようにせず，$t=1+x^2$ と置換して置換積分を実行しても容易に解決する。各自確認してもらいたい。

3° 被積分関数を展開した後，さらに式変形して，

$$\begin{aligned}&x^2+\frac{x}{\sqrt{1+x^2}}+\frac{x^3}{(1+x^2)\sqrt{1+x^2}}+\frac{x^2}{(1+x^2)^2}\\&=x^2+\frac{2x}{\sqrt{1+x^2}}-\frac{x}{(1+x^2)\sqrt{1+x^2}}+\frac{1}{1+x^2}-\frac{1}{(1+x^2)^2}\end{aligned}$$

としてから各項を積分してもよい。この場合第3項までは，

$$\begin{aligned}\int_0^1\left(x^2+\frac{2x}{\sqrt{1+x^2}}-\frac{x}{(1+x^2)^{\frac{3}{2}}}\right)dx&=\left[\frac{1}{3}x^3+2\sqrt{1+x^2}+\frac{1}{\sqrt{1+x^2}}\right]_0^1\\&=\frac{5\sqrt{2}}{2}-\frac{8}{3}\end{aligned}$$

とできる。また，第4項，第5項については，やはり $x=\tan\theta\left(-\dfrac{\pi}{2}<\theta<\dfrac{\pi}{2}\right)$ と置換することにより求められるが，大学以上では，$J_n=\displaystyle\int\frac{1}{(1+x^2)^n}dx$ $(n=1, 2, \cdots)$ については漸化式を作るのが常套手段である。部分積分すると，

$$J_{n+1}=\frac{1}{2n}\left\{\frac{x}{(1+x^2)^n}+(2n-1)J_n\right\}$$

となる（確かめてみよ）ので，J_1 さえ求められれば J_n は求められる。

第 2 問

解答

AP$=p$, AQ$=q$, DR$=r$ とおくと，3点P，Q，Rはそれぞれ辺AB，AD，CD上にあることから，

$0 \leqq p \leqq 1$ かつ $0 \leqq q \leqq 1$ かつ $0 \leqq r \leqq 1$ ……①

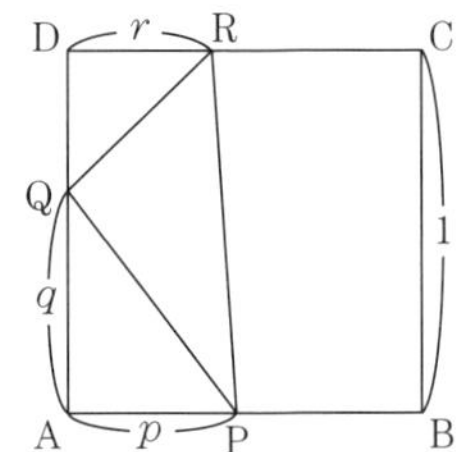

でなければならない。

ここで，$\triangle APQ=\dfrac{1}{3}$ より，

$$\frac{1}{2}pq=\frac{1}{3}\text{，すなわち，}q=\frac{2}{3p} \qquad \cdots\cdots②$$

を p，q は満たす。

また，$\triangle PQR=\dfrac{1}{3}$ より，台形APRDから $\triangle APQ$ と $\triangle DQR$ を除くと考えて，

$$\frac{1}{2}(p+r)\cdot 1-\frac{1}{3}-\frac{1}{2}(1-q)r=\frac{1}{3}\text{，すなわち，}p+qr=\frac{4}{3} \qquad \cdots\cdots③$$

を p，q，r は満たす。

② を ③ に代入すると，

$$p+\frac{2}{3p}\cdot r=\frac{4}{3}\text{ より，}r=\frac{3p}{2}\left(\frac{4}{3}-p\right)\text{，すなわち，}r=2p-\frac{3}{2}p^2 \qquad \cdots\cdots④$$

を得て，② と ④ を用いると，

$$\frac{DR}{AQ}=\frac{r}{q}=\left(2p-\frac{3}{2}p^2\right)\cdot\frac{3p}{2}\text{，すなわち，}\frac{DR}{AQ}=3p^2-\frac{9}{4}p^3 \qquad \cdots\cdots⑤$$

と表される。

ここで，p の変域は，

「① かつ ② かつ ④ を満たす q と r が存在する」 ……Ⓐ

ような p 全体の集合である。

そこで，② と ④ を ① に代入して q と r を消去し，

$$\text{Ⓐ} \iff 0 \leqq p \leqq 1 \text{ かつ } 0 \leqq \frac{2}{3p} \leqq 1 \text{ かつ } 0 \leqq 2p-\frac{3}{2}p^2 \leqq 1$$

$$\iff 0 \leqq p \leqq 1 \text{ かつ } p \geqq \frac{2}{3} \text{ かつ } 0 \leqq -\frac{3}{2}\left(p-\frac{2}{3}\right)^2+\frac{2}{3} \leqq 1$$

$$\iff \frac{2}{3} \leqq p \leqq 1 \qquad \cdots\cdots⑥$$

である。

よって，⑤ を $f(p)$ とおき，⑥ のもとで $f(p)$ の最大値 M，最小値 m を求めれば

よい。

$$f'(p)=6p-\frac{27}{4}p^2$$
$$=-\frac{27}{4}p\left(p-\frac{8}{9}\right)$$

より，右表を得る。

p	$\frac{2}{3}$	$\cdots$	$\frac{8}{9}$	$\cdots$	1
$f'(p)$		＋	0	－	
$f(p)$		↗		↘	

　したがって，

$$M=f\left(\frac{8}{9}\right)=\mathbf{\frac{64}{81}}$$
$$m=\min\left\{f\left(\frac{2}{3}\right),\ f(1)\right\}=\min\left\{\frac{2}{3},\ \frac{3}{4}\right\}=\mathbf{\frac{2}{3}}$$

である。

解説

1°　伝統的に東大が好んで出題する，複数の変化するものが絡む図形の最大最小問題である。(1)(2)等の誘導がなくても，三角形と四角形だけが対象であり，東大理科としては標準的である。確実に得点しておきたい2019年度のカギを握る問題であるが，受験生の実力が反映されて充分に差がついたことであろう。過去問の研究が功を奏する格好の例である。

2°　幾何的な考察だけでは困難なので，まずは適当に変数を設定して定式化を図ることが第一歩である。3つの動点が正方形の辺上を動くことと2つの三角形の面積が$\frac{1}{3}$となるように動くことから，“長さ”を変数に設定するのがよい。そこで**解答**のようにp，q，rを設定し，3点P，Q，Rの満たすべき条件をp，q，rで書き直す。p，q，rのように変数を3つ設定しても，等式の条件が②，③と2つあるので，最終的には1つの変数だけで表せることがはじめから見通せる。p，q，rは従属関係にあるのである。多変数を扱う場合，それらが従属関係にあるのか，独立に変化できるのかのチェックをすることは，基本的で大切なことである。

　1つの変数で表す際，どの1変数で他の2変数を表すかでその後の処理の手間が多少変わってくる。**解答**では，qとrをpで表して，最終的にpの3次関数の最大最小問題に帰着させた。$\frac{1}{2}pq=\frac{1}{3}$の条件から$q$は$p$で，$p$は$q$で表せるので，$p$か$q$のどちらかで表すことになるだろう。**解答**とは別に，pとrをqで表すと，

$\dfrac{1}{2}pq=\dfrac{1}{3}$ より $p=\dfrac{2}{3q}$ として ③ に代入し，$\dfrac{2}{3q}+qr=\dfrac{4}{3}$，

ゆえに，$r=\left(\dfrac{4}{3}-\dfrac{2}{3q}\right)\cdot\dfrac{1}{q}$

を得て，

$$\frac{\mathrm{DR}}{\mathrm{AQ}}=\frac{r}{q}=\left(\frac{4}{3}-\frac{2}{3q}\right)\cdot\frac{1}{q^2} \qquad \cdots\cdots（*）$$

と表される。この場合，（*）を q の分数関数として直接 q で微分し最大最小を調べることも可能であるが，計算ミスを犯しやすい。（*）の式をよく観察すれば，$\dfrac{1}{q}$ の 3 次関数であることがわかるので，$x=\dfrac{1}{q}$ と変数変換すれば x の 3 次関数となり，解 答と同様にして解決に向かう。闇雲に式をいじる前に式をよく観察する習慣をつけておきたい。

3°　さて，本問の最も重要なポイントは，残す 1 変数の変域を正しく押えることである。変域を誤ったのでは最大最小問題を解いたことにならないからである。

解 答では，p を残したので，q と r の満たすべき条件を正しく p に反映させねばならない。それが解 答の Ⓐ である。Ⓐ の必要十分条件を p で表すことで p の変域が得られる。そのためには，解 答のように q と r を代入して消去すればよい。そうすると，分数不等式を含む連立不等式

$$0\leqq p\leqq 1 \text{ かつ } 0\leqq\frac{2}{3p}\leqq 1 \text{ かつ } 0\leqq 2p-\frac{3}{2}p^2\leqq 1$$

を解かねばならなくなるが，$\dfrac{1}{2}pq=\dfrac{1}{3}$ の条件より $p>0$ が必要となることから，気軽に分母を払っても不等号の向きは変わらない。実際に連立不等式 $0\leqq p\leqq 1$ かつ $0\leqq\dfrac{2}{3p}\leqq 1$ を解くと，

$$\frac{2}{3}\leqq p\leqq 1$$

を得るが，このもとで三つ目の不等式 $0\leqq 2p-\dfrac{3}{2}p^2\leqq 1$ が成り立つことも確かめねばならない。解 答では平方完成して

$$0\leqq-\frac{3}{2}\left(p-\frac{2}{3}\right)^2+\frac{2}{3}\leqq 1$$

とし，これが $\dfrac{2}{3}\leqq p\leqq 1$ のもとではつねに成立することが見えるようにして変域 ⑥

を導いたのである。q のみを残す場合でも同様である。

そもそも Ⓐ 以前に ① を押えていなければ話にならないことに注意しよう。

4°　$\triangle$PQR の面積を定式化するには，解答のように台形から除くと考えてもよいし，

$$\triangle\mathrm{APQ}+\triangle\mathrm{PQR}=\frac{2}{3}$$

であることから，

$$\triangle\mathrm{APR}+\triangle\mathrm{AQR}=\frac{2}{3}\ \text{より，}\ \frac{1}{2}p\cdot 1+\frac{1}{2}qr=\frac{2}{3}$$

とするのも簡明である。

また，頂点 A を原点，辺 AB が x 軸上の 0 以上の部分，辺 AD が y 軸上の 0 以上の部分にあるように xy 座標系を設定すれば（座標を設定するのは長さを変数にとることと等価である），P$(p,\ 0)$，Q$(0,\ q)$，R$(r,\ 1)$ となり，$\overrightarrow{\mathrm{QP}}=\begin{pmatrix} p \\ -q \end{pmatrix}$，$\overrightarrow{\mathrm{QR}}=\begin{pmatrix} r \\ 1-q \end{pmatrix}$ であるから，ベクトルの成分を用いた三角形の面積の公式により，

$$\triangle\mathrm{PQR}=\frac{1}{2}|p(1-q)-(-q)r|=\frac{1}{2}\{p(1-q)+qr\}$$

（① により絶対値記号の中身は 0 以上）

と表される。いずれも手間としては解答と大差ない。

5°　最後の処理の部分では，3 次関数を微分して増減表（またはグラフ）を作ればよいが，最小値は変域の端点での関数値のどちらか小さい方である。解答で用いた記号 $\min(a,\ b)$ とは，a と b のうちの最小値を表す記号であり，“どちらか小さい方”を表す際に便利な記号である。

第 3 問

解答

与えられた点の座標から，

点 A，C，E，P はすべて平面 $y=0$ 上にあり，点 B と D は平面 $y=0$ に関して対称である　　……①

ことと，

点 M と N は平面 $y=0$ に関して対称であり，直線 AE は平面 $y=0$ 上にある　　……②

ことに注意する。それゆえ，

　　八面体 PABCDE は平面 $y=0$ に関して対称　……③

であり，

　　平面 α も平面 $y=0$ に関して対称

　　（したがって，（平面 α）⊥（平面 $y=0$））　……④

である。

(1) ① により，八面体 PABCDE の平面 $y=0$ による切り口は，

　　四角形 PCEA　……⑤

である。

また，② により，平面 α の平面 $y=0$ による切り口は，

　　2 点 $(1,\ 0,\ 0)$，$(0,\ 0,\ -1)$ を通る直線 $z=x-1$ かつ $y=0$　……⑥

である。

平面 $y=0$ 上の点 $\mathrm{P}(p,\ 0,\ 2)$ $(2<p<4)$ が直線 ⑥ のどちら側にあるか，すなわち，p と 3 との大小で場合を分けて，⑤ と ⑥ を同一平面上に図示すると図 1，図 2，図 3 のようになる。

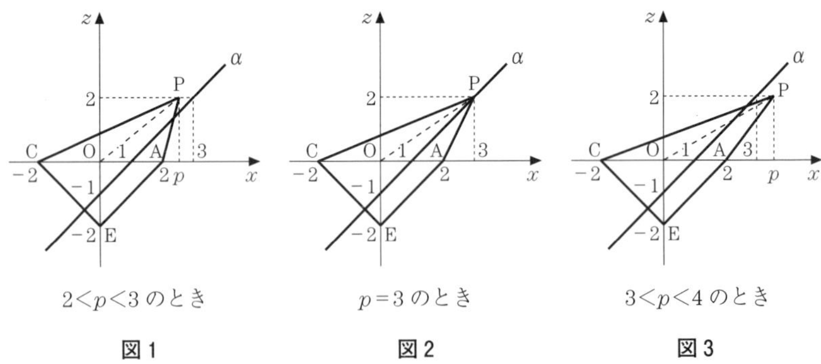

図 1　　図 2　　図 3

(2) 八面体 PABCDE の平面 α による切り口が八角形となる条件は，

　　8 つの面のすべてに α による切り口の線分が存在すること　……（＊）

である。

ここで，③，④ 及び点 B と点 D の平面 $y=0$ への正射影が原点 O であることに注意して (1) の図 1，2，3 を考察すると，

・p によらず α は辺（両端を除く）AB，AD，BE，DE，CE と共有点をもつ
・$2<p<3$ のとき，辺（両端を除く）PA と共有点をもち，PB，PD，PC とは共有点をもたない
・$p=3$ のとき，α は頂点 P を通り，辺（両端を除く）PA，PB，PD，PC とは共有点をもたない
・$3<p<4$ のとき，α は辺（両端を除く）PB，PD，PC と共有点をもつ

ことがわかる。

したがって，

$$(*) \iff \mathbf{3<p<4}$$

であり，これが求める p の範囲である。

(3)　求める面積を S とすると，S は，(2)のもとで，

八面体 PABCDE の平面 α による切り口の八角形を yz 平面（平面 $x=0$）上に正射影した図形のうち，$y\geqq 0$，$z\geqq 0$ を満たす部分　……◎

の面積である。

そこで，線分 MN の中点を L，辺 PB，PC と平面 α の交点をそれぞれ Q，R とすると，◎は四角形 LMQR を yz 平面上に正射影した四角形 OM′Q′R′ である。

ここで，(1)の図 3 において，

直線 ⑥ と直線 PO : $z=\dfrac{2}{p}x$ の交点は，$\left(\dfrac{p}{p-2},\ 0,\ \dfrac{2}{p-2}\right)$

直線 ⑥ と直線 PC : $z=\dfrac{2}{p+2}x+\dfrac{4}{p+2}$ の交点は，$\left(\dfrac{p+6}{p},\ 0,\ \dfrac{6}{p}\right)$

であり，

yz 平面上において，点 P の yz 平面上への正射影 P′ と点 B を通る直線 $z=2-y$ に $z=\dfrac{2}{p-2}$ を代入すると，$y=\dfrac{2(p-3)}{p-2}$ を得る

ことから，yz 平面上では，

$$\mathrm{Q}'\left(\frac{2(p-3)}{p-2},\ \frac{2}{p-2}\right),\ \mathrm{R}'\left(0,\ \frac{6}{p}\right)$$

と表され，S は右図網目部の面積である。

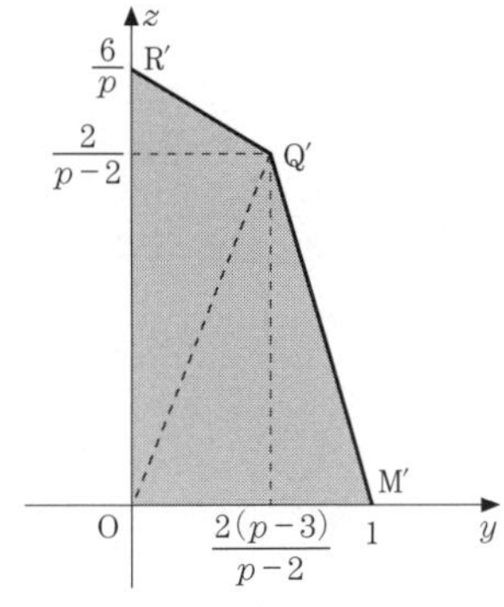

よって，

$$\begin{aligned} S&=\triangle \mathrm{OM'Q'}+\triangle \mathrm{OQ'R'}\\ &=\frac{1}{2}\cdot 1\cdot\frac{2}{p-2}+\frac{1}{2}\cdot\frac{6}{p}\cdot\frac{2(p-3)}{p-2} \end{aligned}$$

$$=\frac{\boldsymbol{7p-18}}{\boldsymbol{p(p-2)}}$$

である。

解説

1°　東大理科では頻出の立体図形の問題である。2018 年度のように体積を求める問題と融合することが多いが，2019 年度は立体図形単独の出題である。健全な立体感覚さえあれば，通常の高校 2 年生までの学習で解決できるものの，試験場ではやや難しく感じたであろう。また様子が掴めたとしても，(2) や (3) において結果に至る過程を論理的に記述する表現力も高いレベルで要求されている点で，難度が高いといえよう。本問を解くには，(1) がその後の問題を解決するうえで絶妙のアシストになっていることに着目できたか否かが決定的であり，出題者の親切心を感じる。

2°　まずは，与えられた八面体と平面 α の様子を幾何的に考察してみるのが第一歩であろう。下図は，$p=3.5$ として，GeoGebra という数式ソフトに八面体と平面 α を描かせたものである。立体感覚に優れている人はこのような様子が浮かぶであろう。この様子が思い浮かべば本問を解決するのに相当に有利である。試験場ではパソコンが使えないので，このような想像が働くよう，実際の模型やコンピュータグラフィックの図を真似て，日頃から手を動かして紙の上に描く経験を積むとよい。

余談であるが，GeoGebra には，極めて多彩な機能がある。下図も自動回転したり，自由に動かして様々な方向から見ることができる。フリーソフトなので，自由

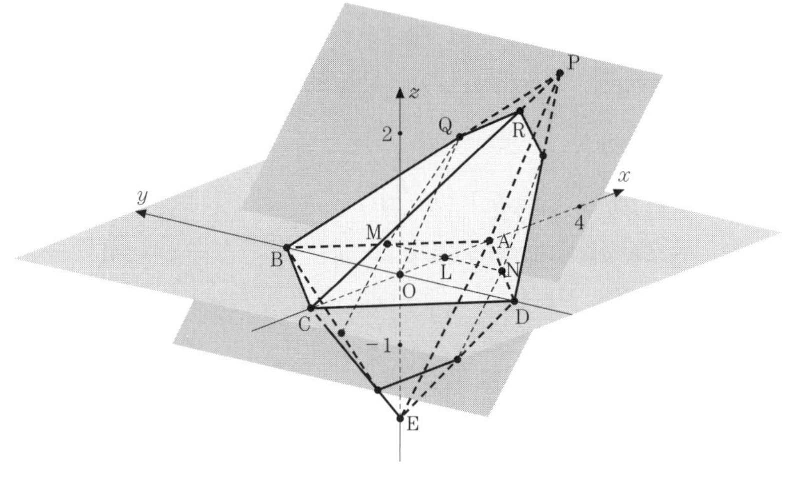

にダウンロードできる。興味ある読者は体感してみるとよい。

3°　とはいえ，上図が正確に想像できなくても着手できるように，(1)の設問が用意されている。(1)を解決するには，与えられた点の座標をすべて平面 $y=0$（xz 平面）上に正射影すればよい。ただし，点Pの位置はその x 座標 p の値によって変わることに注意が必要で，**解答**のように p の値で場合分けを要する。(1)は場合分けがなされていて図が正確に描かれていれば，説明はあまり書かなくても大丈夫だったのではないだろうか。

本問の八面体と平面 α は**解答**の③，④に記したように平面 $y=0$（xz 平面）に関して対称である。一般に，対称面をもつ立体を“面対称な立体”と呼ぶことにすると，面対称な立体は対称面による断面図を描き，対称面上に情報を集めて考察することが，その立体の全体像を把握するのに役立つことが多い。本問(1)はそれを誘導しているのである。

4°　(2)は，(1)ができた人であれば直観的に「$3<p<4$」という結果を導けるであろう。しかし，結果のみで説明が何もないのであれば，少なくとも満点は得られないであろう。

切り口が八角形となるには，切り口が8本の線分で囲まれていなければならず，切り口上には8個の頂点がなければならない。このことと，対称性などに注意して(1)で描いた図を参照すればよい。(1)の図1，2，3において，

・△OAEは，八面体の2つの面BAEとDAEが重なって見える部分
・△OCEは，八面体の2つの面BCEとDCEが重なって見える部分
・△OAPは，八面体の2つの面BAPとDAPが重なって見える部分
・△OCPは，八面体の2つの面BCPとDCPが重なって見える部分

である。それゆえ，切り口が八角形になるためには，(1)の図において，平面 α の切り口の直線が△OAE，△OCE，△OAP，△OCPのすべてと線分を共有することが必要十分である。**解答**ではこのことを，表現を変えて述べている。

5°　(3)は，「切り口のうち $y\geqq 0$，$z\geqq 0$ の部分を点 $(x,\ y,\ z)$ が動くとき，座標平面上で点 $(y,\ z)$ が動く範囲」という問題文の表現を，「切り口の yz 平面上への正射影のうち $y\geqq 0$，$z\geqq 0$ の部分」と読み替えるとわかりやすい。さらに，さしあたり“$y\geqq 0$，$z\geqq 0$”は無視して切り口全体を yz 平面上に正射影するとよい。八面体の yz 平面上への正射影は，p の値に関わらず一定であり，次図の正方形BP′DEとなる。また平面 α による切り口の八角形の yz 平面上への正射影は，次図の八角形Q′R′T′N′U′V′W′M′となる。この図の中で $y\geqq 0$，$z\geqq 0$ の部分に注目すればよい。

面積を求めるためには，（M′の座標は自明なので）右図の点Q′とR′の座標さえわかればよいから，**解答**では(1)の図3を利用して，xz平面上で2直線の交点を求めることにより，**解答**で定義した点QとRのz座標

$$z_{\mathrm{Q}}=\frac{2}{p-2},\quad z_{\mathrm{R}}=\frac{6}{p}$$

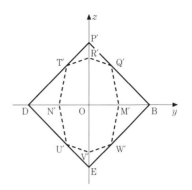

を求め，これを利用して，右図のyz平面上で直線P′B及びz軸との交点として点Q′とR′の座標を求めた。ここでも(1)の断面図が役立つのである。

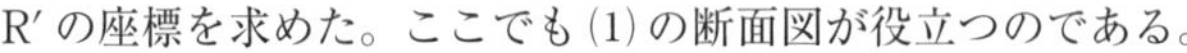

その方法とは別に，空間座標を利用して，直接点QとRの座標を求めてもよい。すなわち，

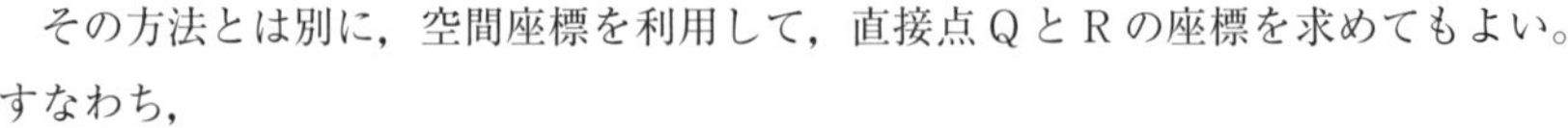

・点Qは辺PB上であるから，

$$\overrightarrow{\mathrm{OQ}}=\overrightarrow{\mathrm{OB}}+t\overrightarrow{\mathrm{BP}}$$

$$=\begin{pmatrix}0\\2\\0\end{pmatrix}+t\begin{pmatrix}p\\-2\\2\end{pmatrix}$$

$$=\begin{pmatrix}pt\\2-2t\\2t\end{pmatrix}\qquad\cdots\cdots㋐$$

となる実数t $(0<t<1)$が存在して，これが平面$\alpha:z=x-1$上にあることから，

$$2t=pt-1\ \text{より，}\ t=\frac{1}{p-2}$$

を得る。これを㋐に代入することにより，

$$\mathrm{Q}\left(\frac{p}{p-2},\ \frac{2(p-3)}{p-2},\ \frac{2}{p-2}\right)\text{，したがって，}\mathrm{Q}'\left(\frac{2(p-3)}{p-2},\frac{2}{p-2}\right)$$

と求められる。

・点Rは辺PC上であるから，

$$\overrightarrow{\mathrm{OR}}=\overrightarrow{\mathrm{OC}}+s\overrightarrow{\mathrm{CP}}$$

$$=\begin{pmatrix}-2\\0\\0\end{pmatrix}+s\begin{pmatrix}p+2\\0\\2\end{pmatrix}$$

$$=\begin{pmatrix}-2+(p+2)s\\0\\2s\end{pmatrix} \quad \cdots\cdots ㋑$$

となる実数 s $(0<s<1)$ が存在して，これが平面 $\alpha: z=x-1$ 上にあることから，

$$2s=-2+(p+2)s-1 \text{ より，} s=\frac{3}{p}$$

を得る。これを ㋑ に代入することにより，

$$\mathrm{R}\left(\frac{p+6}{p},\ 0,\ \frac{6}{p}\right)\text{，したがって，}\mathrm{R}'\left(0,\ \frac{6}{p}\right)$$

と求められる。

もっとも，点Rについてはベクトルを用いるよりも **解答** のように xz 平面上で2直線の交点として求める方が，手早いだろう。柔軟に考えたいところである。

なお，念のため言及しておくと，xyz 空間における平面 α の方程式は，平面 α が xz 平面に垂直，すなわち，y 軸に平行であることから，

$z=x-1$ （y は任意の実数）

と表される。これは xz 平面上では，xz 平面による α の切り口の直線の方程式と同一である。

第 4 問

解答

2つの整数 A と B に対して，A と B の最大公約数を $\gcd(A,\ B)$ で表すことにする。

また，整数の2乗になる数を平方数ということにする。

さらに，本問では n が1以上の整数であることに注意する。

(1) ユークリッドの互除法により，

$$\begin{aligned}d_n&=\gcd(n^2+1,\ 5n^2+9)\\&=\gcd(n^2+1,\ 5n^2+9-5(n^2+1))\\&=\gcd(n^2+1,\ 4) \quad \cdots\cdots ①\end{aligned}$$

である。

ここで，

・n が偶数のとき，n^2+1 は奇数であるから，① より，

$d_n=1$

・n が奇数のとき，$n=2k-1$（k は正の整数）とおけて，

$$\begin{aligned} n^2+1&=(2k-1)^2+1\\ &=4(k^2-k)+2 \end{aligned}$$

となり，n^2+1 は偶数だが 4 では割り切れないから，① より，

$d_n=2$

であるから，

$$d_n=\begin{cases} \mathbf{1} & (\boldsymbol{n}\text{ が偶数のとき}) \\ \mathbf{2} & (\boldsymbol{n}\text{ が奇数のとき}) \end{cases}$$

である。

(2)　一般に，素因数分解の一意性により，

「互いに素な 2 つの正の整数 a，b について，その積 ab が平方数ならば，a，b のそれぞれも平方数である」　……(＊)

が成立することに注意する。

さて，

「$(n^2+1)(5n^2+9)$ が平方数である」　……②

と仮定して矛盾が生じることを示そう。

(i)　n が偶数のとき，$d_n=1$ で n^2+1 と $5n^2+9$ は互いに素であるから，② ならば，

$n^2+1=l^2$　（l は正の整数）　……③

となる l が存在する。

しかるに，③ を変形すると，

$(l-n)(l+n)=1$　……③′

となり，

$l-n$ は整数，かつ，$l+n\geqq 2$　……④

であるから，③′ と ④ は 1 の約数が ±1 以外にないことに矛盾する。

(ii)　n が奇数のとき，$d_n=2$ であるから，

$n^2+1=2c$，$5n^2+9=2d$　（c と d は互いに素な正の整数）

となる c，d が存在して，② ならば 2^2cd が平方数ゆえ cd が平方数であるから，

$5n^2+9=2m^2$　（m は正の整数）　……⑤

となる m が存在する。

しかるに，⑤ を変形すると，

$5(n^2+1)=2(m^2-2)$　……⑤′

となり，“5と2は互いに素”であるから，

$m^2-2\equiv 0 \pmod{5}$，ゆえに，$m^2\equiv 2 \pmod{5}$ ……⑥

であるが，

$m\equiv 0,\ \pm 1,\ \pm 2 \pmod{5}$ のとき，順に $m^2\equiv 0,\ 1,\ 4 \pmod{5}$ ……⑦

となるから，⑥は⑦に矛盾する。

以上，(i)，(ii)より，②の仮定は誤りで，$(n^2+1)(5n^2+9)$ は平方数にならない。

解説

1°　東大理科頻出の整数問題であり，文字で表される整数が対象であるからセンター試験よりはレベルが高いが，他の問題と比較すれば手が付けやすい問題だろう。特に(1)は確実に完答したい問題である。(2)も背理法による証明の方針は立つだろうから，あとはどれだけ論理的に記述できるかの表現力が問われているといえよう。2019年度の中では合否を分ける問題の一つである。

2°　(1)は2つの整数 n^2+1 と $5n^2+9$ の形から，

$5n^2+9=5(n^2+1)+4$ ……◎

という関係に気付くであろう。したがって，ユークリッドの互除法から，n^2+1 と4の最大公約数を求めればよいこともすぐにわかる。その後は n^2+1 を4で割った余りがどうなるか，すなわち，n^2 を4で割った余りがどうなるか，を調べればよく，n の偶奇で場合分けすることがポイントになる。

一般に，

「平方数を4で割った余りが0と1以外にない」 ……(☆)

ことは，東大理科の受験生であれば学習済みであろう。この事実は，

・n が偶数なら，$n=2k$（k は整数）とおけて，$n^2=4k^2$

・n が奇数なら，$n=2k-1$（k は整数）とおけて，$n^2=4(k^2-k)+1$

となることから示すのが簡単であり，この経験が(1)の解決の基礎になる。本問でも，証明とともに(☆)をはじめに宣言しておけば，(2)で(☆)を利用する証明も考えられるので，重宝する。

なお，ユークリッドの互除法については，2017年度第4問でも問題にされているので，その解答解説も合わせて確認するとよいだろう。

3°　(2)はいろいろな証明法があるが，「整数の2乗にならない」という否定命題の論証であるから，まずは背理法で示そうと方針を立てるのが自然であろう。

そして，(1)を利用しようとすれば，当然 n の偶奇で場合分けすることになるが，

その際，**解答**の（＊）に注意しておきたい。（＊）は素因数分解の一意性からほぼ自明であり，本問に即して確認しておくとつぎのようになる。

(1)で求めた最大公約数 d_n を利用するには，

$n^2+1=ad_n$，$5n^2+9=bd_n$　（a と b は互いに素な正の整数）

となる a，b を設定することになる。このとき，② のもとでは，

$ab\cdot d_n{}^2$ が平方数となり，それゆえ，ab が平方数

となる。

さらに a が素因数 p をもつとすれば，ab が平方数であることから，

$ab=p^{2k}q$　（k は正の整数，p と q は互いに素）

となる正の整数 q が存在するが，a と b は互いに素であるから，

$a=p^{2k}a'$　（p と a' は互いに素）

となる正の整数 a' が存在し，a は素因数 p で偶数回割り切れる。よって，a は平方数になる。同様にして b も平方数になる。（本問では a と b が同時に 1 になることはないが，（＊）は a や b が 1 の場合も含めて一般に成り立つ。）

ここで，「素因数分解の一意性」とは，

「2 以上の整数は，素因数の順序を無視すれば，ただ 1 通りに素因数分解される」

という，素因数分解の可能性と一意性の両方を主張する定理である。証明は数学的帰納法を利用するのが一つの方法である。意欲ある読者は証明を考えてみるとよい。

4°　(2)において，n が偶数の場合に矛盾を示す方法として，**解答**の ③ を ③′ と変形する以外に，

$n>0$ より，$n^2<n^2+1<(n+1)^2$

であるから，③ は n^2 と $(n+1)^2$ が隣り合う平方数であることに矛盾する，とすることもできる。

5°　(2)において，n が奇数の場合に矛盾を示す方法として，**解答**では ⑤ を ⑤′ と変形して，平方数を 5 で割った余りに注目した。平方剰余にはすべての余りが現れるわけではないことに注目しているのである。⑤ を ⑤′ と変形するところは 1 次不定方程式の解法と同様である。これ以外の矛盾の導き方として，つぎのような方法も考えられる。

〈その 1〉

$n^2+1=2l^2$，$5n^2+9=2m^2$　（l と m は互いに素な正の整数）　……㋐

となる l, m が存在して，この２式から n^2 を消去すると（上の◎に代入するのと同じ），

$$2m^2=5\cdot 2l^2+4 \text{ より，} m^2-5l^2=2 \qquad \cdots\cdots ㋑$$

を得る。

しかるに，上の(☆)により，m^2-5l^2 を４で割った余りは，0，1，3 以外にないから，㋑ はこのことに矛盾する。

〈その2〉

㋐ の辺々の差をとると，

$$4(n^2+2)=2(m^2-l^2) \text{ より，} 2(n^2+2)=(m+l)(m-l) \qquad \cdots\cdots ㋒$$

を得て，

n^2+2 は奇数，$m+l$ と $m-l$ は偶奇が一致する

ことから，

㋒ の左辺は，2・(奇数)

㋒ の右辺は，奇数または４の倍数

であり，㋒ は，矛盾である。

6°　n を１以上の整数としているのは，$n=0$ も含めると，(2) の事実は成り立たないからである。

第 5 問

解答

(1)　$$x^{2n-1}=\cos x \quad (n \text{ は１以上の整数}) \qquad \cdots\cdots ①$$

について，

・$|x|>1$ のとき，$|x^{2n-1}|>1\geqq\cos x$

・$-1\leqq x<0$ のとき，$x^{2n-1}<0<\cos x$

であるから，x についての方程式 ① が実数解をもつとすれば，その実数解は区間 $0\leqq x\leqq 1$ にある。

さらに，$0\leqq x\leqq 1$ のとき，x の関数 x^{2n-1} と $\cos x$ はともに連続であり，

$$\begin{cases} \text{・関数 } x^{2n-1} \text{ は0から1まで単調に増加する} \\ \text{・関数 } \cos x \text{ は1から } \cos 1 \text{ まで単調に減少する} \end{cases} \qquad \cdots\cdots ②$$

であるから，① はただ一つの実数解 a_n をもつ。

(2)　(1) の過程から，a_n は

$$0<a_n<1 \qquad \cdots\cdots ③$$

を満たし，この ③ と ② により，

$$\cos a_n > \cos 1 \quad \cdots\cdots ④$$

である。

(3) (i) <u>a について：</u>

a_n は ① の解であるから，

$$a_n{}^{2n-1} = \cos a_n \quad \cdots\cdots ⑤$$

が成立し，④ と ⑤ より，

$$a_n{}^{2n-1} > \cos 1，ゆえに，a_n > (\cos 1)^{\frac{1}{2n-1}} \quad \cdots\cdots ⑥$$

が成立する。この ⑥ と ③ より，

$$(\cos 1)^{\frac{1}{2n-1}} < a_n < 1 \quad \cdots\cdots ⑦$$

を得て，

$n \to \infty$ のとき，(⑦ の左端) $\to (\cos 1)^0 = 1 =$ (⑦ の右端)

であるから，はさみうちの原理より，

$$a = \lim_{n\to\infty} a_n = \mathbf{1} \quad \cdots\cdots ⑧$$

である。

(ii) <u>b について：</u>

⑤ の両辺に a_n をかけて，③ に注意すると，

$$a_n{}^{2n} = a_n \cos a_n より，a_n{}^n = \sqrt{a_n \cos a_n} \quad \cdots\cdots ⑨$$

を得る。

よって，⑨ と ⑧ より，

$$b = \lim_{n\to\infty} a_n{}^n = \lim_{n\to\infty} \sqrt{a_n \cos a_n}$$
$$= \sqrt{1 \cdot \cos 1} = \sqrt{\mathbf{\cos 1}} \quad \cdots\cdots ⑩$$

である。

(iii) <u>c について：</u>

$f(x) = \sqrt{x \cos x}$ とおくと，⑧，⑨，⑩ より，

$$c = \lim_{n\to\infty} \frac{a_n{}^n - b}{a_n - a} = \lim_{n\to\infty} \frac{\sqrt{a_n \cos a_n} - \sqrt{\cos 1}}{a_n - 1} = \lim_{n\to\infty} \frac{f(a_n) - f(1)}{a_n - 1} \quad \cdots\cdots ⑪$$

である。

ここで，$f(x)$ は x が 1 に近いところで微分可能であり，

$$f'(x) = \frac{1 \cdot \cos x + x \cdot (-\sin x)}{2\sqrt{x \cos x}} = \frac{\cos x - x \sin x}{2\sqrt{x \cos x}} \quad \cdots\cdots ⑫$$

であるから，⑪ と ⑫ より，

$$c = f'(1) = \frac{\mathbf{\cos 1 - \sin 1}}{\mathbf{2\sqrt{\cos 1}}}$$

である。

解説

1° 解答量は多くなく，特別な技術等を要しないという点で，それほど困難はないはずであるが，(3)の3つの極限値は，それぞれ異なる技法で求めることになるためか，受験生の出来具合は特に(3)では非常によくない。1つ1つの技法は，いずれも東大理科の受験生であれば，必ずと言っていいほど学習経験を積んできているはずである。それが，(3)のようにセットで出題されると戸惑ってしまうのであろう。簡単な問題でも出題の仕方によって柔軟な思考力を試すことができるという好例であり，東大理科としては斬新な出題である。受験生は，型にはまった思考ではなく，問題ごとに柔軟に頭を働かせるよう，問題に即して考える習慣を培っておきたい。

2° (1)，(2)と(3)の a については，右図のようなグラフを念頭に置いておくとよい。(1)，(2)は右図よりほぼ自明であるが，その証明を数学的にきちんと記述せよ，という表現力が試されている。

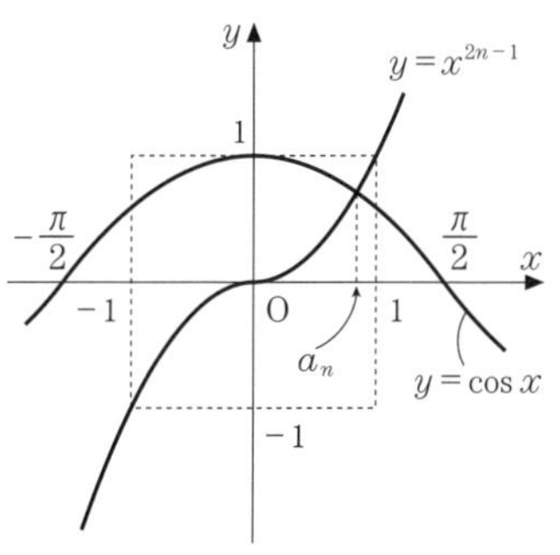

(1)のポイントは，x の区間を限定して証明すればよいこと，及びその限定した区間内での，x の関数としての①の両辺の挙動をきちんと述べることにある。①の左辺・右辺いずれも簡単な関数であるので，容易な問題といえよう。

(1)で $0 \leqq x \leqq 1$ での証明をする際は，**解** **答** のように説明する以外に

$$F(x)=x^{2n-1}-\cos x$$

とおけば，この区間で x^{2n-1} と $-\cos x$ の両方とも連続な単調増加関数であるから，

$F(x)$ は連続な単調増加関数

であり，

$$F(0)=-1<0,\ F(1)=1-\cos 1>0$$

であることから，①の実数解がただ一つ存在する，と説明してもよい。存在性については，連続関数に関する「中間値の定理」が基礎になる。

また，(2)は(1)の証明過程からほぼ自明であるが，**解** **答** の③と②を述べることがポイントになろう。

3° (3)の a は，グラフを考察すると結果が予想できる。その予想を正当化するための

ヒントが(2)であり，(2)の利用を考えて評価すればよい。たとえ(2)がなくても，a_n は n の簡単な式では表せないので，評価せざるを得ない。評価絡みの問題も東大理科では定番のものなので，充分トレーニングを積んでおきたい。(2)の不等式と，a_n の定義式の⑤を変形して利用することがポイントになる。

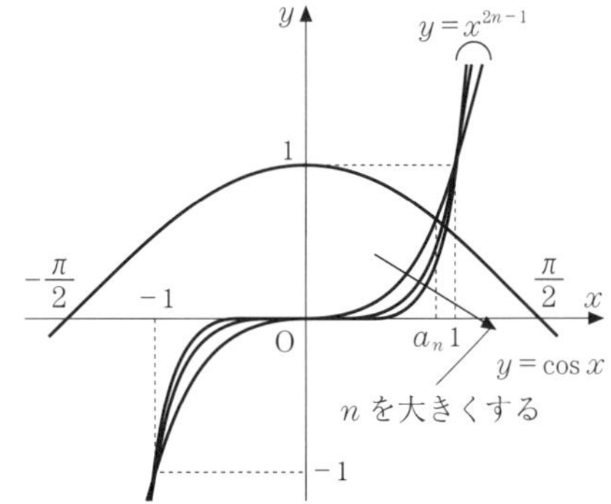

b はその直前の a を利用することを考えて，やはり⑤を変形して利用する。

c はその直前の a，b が正しく求められていれば，

$$\lim_{n\to\infty}\frac{\sqrt{a_n\cos a_n}-\sqrt{\cos 1}}{a_n-1}$$

という形をみてピンとくるものがあるであろう。**解答**では，$f(x)=\sqrt{x\cos x}$ の $x=1$ における微分可能性に着目して処理した。

$f'(1)$ に着目する代わりに平均値の定理を利用してもよい。

すなわち，$n\to\infty$ のとき $a_n\to 1$ であり，$f(x)=\sqrt{x\cos x}$ は $x=1$ に近いところ（近傍という）で微分可能であるから，a_n と1の区間に平均値の定理を用いることができて，

$$\frac{\sqrt{a_n\cos a_n}-\sqrt{\cos 1}}{a_n-1}=\frac{f(a_n)-f(1)}{a_n-1}=f'(c_n)$$

となる c_n が a_n と1の間に存在する。

$n\to\infty$ のとき $a_n\to 1$ であるから，はさみうちの原理により $c_n\to 1$ であり，$f'(x)$ が $x=1$ で連続であることから結果を得ることになる。

$\dfrac{f(a_n)-f(1)}{a_n-1}$ のような平均変化率の形をした数列の極限では，微分係数の定義に結び付ける，あるいは平均値の定理を利用する等は定石的な手法である。

第 6 問

解答

a，b は実数であるから，

「4次方程式

$$z^4-2z^3-2az+b=0 \qquad \cdots\cdots①$$

は実数係数である」　……Ⓐ

ことに注意する。

(1)　Ⓐ より，① が虚数解を1つもつとすれば，もう1つ虚数解をもち，それらは互いに共役な複素数である。

したがって，条件1と条件2に注意すると，

(i)　α，β，γ，δ は相異なる実数である

(ii)　α，β，γ，δ は相異なる虚数で，2つずつが互いに共役な複素数である

(iii)　α，β，γ，δ のうち，ちょうど2つが相異なる実数であり，残りの2つは互いに共役な複素数である

のいずれかが成立する。

ここで，

・(i) であると仮定すると，$\alpha\beta+\gamma\delta$ は実数で虚部は0であるから，条件3に矛盾する。

・(ii) であると仮定すると，一般性を失うことなく，

(ア) $\beta=\overline{\alpha}$ かつ $\delta=\overline{\gamma}$　または　(イ) $\gamma=\overline{\alpha}$ かつ $\delta=\overline{\beta}$

としてよく，

(ア) とすれば，$\alpha\beta+\gamma\delta=|\alpha|^2+|\gamma|^2$ は実数で虚部は0である

(イ) とすれば，$\alpha\beta+\gamma\delta=\alpha\beta+\overline{\alpha\beta}$ は実数で虚部は0である

ことから，いずれにしても条件3に矛盾する。

以上により，(iii) のみが成り立ち，(1) が示された。

(2)　(1) のもとで，α と β が実数，γ と δ が互いに共役な複素数とすると，$\delta=\overline{\gamma}$ ゆえ，

$$\alpha\beta+\gamma\delta=\alpha\beta+|\gamma|^2 \text{ は実数で虚部は0である}$$

ことから条件3に矛盾する。

よって，(1) のもとでは，条件1，条件3より，α と β の対称性，γ と δ の対称性も考慮すると，

α と γ は異なる実数，β と δ は虚数で互いに共役な複素数　……②

であるとしてよい。

② のもとでは，

$$\mathrm{Re}(\alpha\beta+\gamma\delta)=\frac{(\alpha\beta+\gamma\delta)+\overline{(\alpha\beta+\gamma\delta)}}{2}$$

$$=\frac{(\alpha\beta+\gamma\delta)+(\alpha\delta+\gamma\beta)}{2}$$

$$=\frac{(\alpha+\gamma)(\beta+\delta)}{2} \quad \cdots\cdots③$$

$$\mathrm{Im}(\alpha\beta+\gamma\delta)=\frac{(\alpha\beta+\gamma\delta)-\overline{(\alpha\beta+\gamma\delta)}}{2i}$$

$$=\frac{(\alpha\beta+\gamma\delta)-(\alpha\delta+\gamma\beta)}{2i}$$

$$=\frac{(\alpha-\gamma)(\beta-\delta)}{2i} \quad \cdots\cdots④$$

であり，条件3より，③は0で④は0でないから，

“$\alpha+\gamma=0$ または $\beta+\delta=0$” かつ “$\alpha-\gamma\neq0$ かつ $\beta-\delta\neq0$”

すなわち，

$\gamma=-\alpha\neq0$ または $\delta=-\beta\neq0$

である。それゆえ，

①は $\pm c\,(c\neq0)$ の形の2数を解にもつ。 ……⑤

そこで，c と $-c$ を①に代入すると，

$c^4-2c^3-2ac+b=0$

$c^4+2c^3+2ac+b=0$

がともに成り立つから，辺々の和・差をとると，$c\neq0$ にも注意し，

$2(c^4+b)=0$，すなわち，$b=-c^4$

$-4(c^2+a)c=0$，すなわち，$a=-c^2$

を得る。よって，c を消去して，

$\boldsymbol{b=-a^2}$ ……⑥

を得る。

(3) ⑥のとき，

$$① \iff z^4-2z^3-2az-a^2=0$$

$$\iff (z^2+a)(z^2-2z-a)=0$$

$$\iff z^2=-a \quad \cdots\cdots⑦$$

または

$$(z-1)^2=a+1 \quad \cdots\cdots⑧$$

であるから，②のもとでは，

「α と γ は⑦の異なる2解，β と δ は⑧の異なる2解」 ……Ⓑ

または

「α と γ は⑧の異なる2解，β と δ は⑦の異なる2解」 ……Ⓒ

となる。

ここで，複素数 $\alpha+\beta$ の実部を x，虚部を y とおく。

(I)　Ⓑのとき，②と条件1を満たす条件は，

$-a>0$ かつ $a+1<0$，すなわち，$a<-1$　……$⑨_1$

である。このもとで，⑦，⑧より，

$\alpha^2=-a$，$\mathrm{Re}(\beta)=1$，$\{\mathrm{Im}(\beta)\}^2=-(a+1)$

であるから，x，y は

$(x-1)^2=-a$，$y^2=-(a+1)$　……$⑨_2$

を満たし，$⑨_1$ かつ $⑨_2$ を満たす a の存在条件より，

$(x-1)^2-y^2=1$ かつ $y\neq0$

を得る。

(II)　Ⓒのとき，②と条件1を満たす条件は，

$a+1>0$ かつ $-a<0$，すなわち，$a>0$　……$⑩_1$

である。このもとで，⑦，⑧より，

$(\alpha-1)^2=a+1$，$\mathrm{Re}(\beta)=0$，$\{\mathrm{Im}(\beta)\}^2=a$

であるから，x，y は

$(x-1)^2=a+1$，$y^2=a$　……$⑩_2$

を満たし，$⑩_1$ かつ $⑩_2$ を満たす a の存在条件より，

$(x-1)^2-y^2=1$ かつ $y\neq0$

を得る。

したがって，複素数 $\alpha+\beta$ がとりうる範囲は，複素数平面上で，実部 x と虚部 y が

$(x-1)^2-y^2=1$ かつ $y\neq0$

を満たすような点全体の集合であり，図示すると右図のような

双曲線 $(x-1)^2-y^2=1$ から2点 (0，0) と (2，0) を除く部分

である。

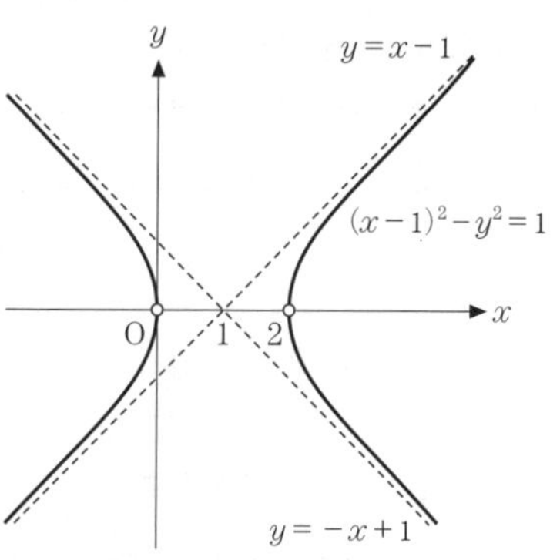

解説

1°　2019年度の問題の中では最も手が付けにくい問題であろう。一般に複素数平面の分野を苦手にしている受験生が多くいるこ

と，第6問に配置されていて時間不足になりやすいこと，場合分けが多く問題自体の難易度が高いこと，などから本問の出来具合は合否にさほど影響しなかったのではないだろうか。もっとも数学で高得点を狙いたい受験生であれば，本問は8割程度は得点すべき問題である。核心を掴みさえすれば，実直にやっても結果を得やすい問題でもあるからである。複素数平面分野からは現課程になってから必ず出題されていることに留意したい。

2°　条件2と設問(1)をみて，

「実数係数の n 次方程式（n は自然数）が虚数解をもつならば，
　その共役複素数である虚数も解にもつ」

という定理が主題の一つであることを掴むことが最初のポイントである。この定理は数学Ⅱの教科書の「高次方程式」の節に記載されている。“実数係数”の前提があることに注意しよう。証明は共役複素数の性質

$$\overline{\alpha+\beta}=\overline{\alpha}+\overline{\beta},\ \overline{\alpha-\beta}=\overline{\alpha}-\overline{\beta},\ \overline{\alpha\beta}=\overline{\alpha}\cdot\overline{\beta},\ \overline{\left(\frac{\alpha}{\beta}\right)}=\frac{\overline{\alpha}}{\overline{\beta}}\quad(\beta\neq 0)$$

を利用するのが一つの方法である。各自試みられたい。

この主題が掴めれば，(1)は，**解答**の(i)，(ii)，(iii)しか可能性がなく，(i)と(ii)があり得ないことを背理法で示そうとする方針が立つであろう。その際，条件3に注目することが第二のポイントである。条件3は(1)だけでなく，(2)以降を解くうえでも注目すべき本問全体でのカギになる強い条件である。そのことが見抜けるかは試験現場での思考力が試されているといえよう。

老婆心ながら確認しておくと，(ii)とすると矛盾が生じることを示す際に，基本事項

$$z\overline{z}=|z|^2,\ z+\overline{z}=2\mathrm{Re}(z)$$

であることを用いている。

3°　(2)は，(1)の事実と条件3から，**解答**の⑤を掴むことがポイントである。(1)を利用しようとすれば，α，β，γ，δ の虚実に注目するだろうし，それに加えて条件3に着目しておけば②としてよいことは直ちにわかるであろう。その際，②とともに，

　β と δ は異なる実数，α と γ は虚数で互いに共役な複素数

の場合を考える必要はない。条件3における $\alpha\beta+\gamma\delta$ は α と β を入れ替えても，γ と δ を入れ替えても不変であり，それゆえ，実数に α，γ，虚数に β，δ と名付けたと考えればよいからである。これを**解答**では“対称性から”としているので

ある。

②のもとで実直に，

$$\alpha=c,\ \gamma=d,\ \beta=p+qi,\ \delta=p-qi\quad (c,\ d,\ p,\ q\ \text{は実数で}\ c\neq d,\ q\neq 0)$$

と実部・虚部を設定すれば，再度条件3に着目することで⑤がわかるが，条件3を何度も用いる点に難点があるであろう。**解** **答**では，実部・虚部を設定せずに，基本事項

$$\mathrm{Re}(z)=\frac{z+\overline{z}}{2},\quad \mathrm{Im}(z)=\frac{z-\overline{z}}{2i}$$

を利用して，α，β，γ，δのままで議論することにより⑤のように，4次方程式①の4解のうち2解の形が決まることから結果を得ている。

また，**解** **答**の流れとは別に，4解の形を決めて係数比較してもよい。すなわち，$c+d=0$または$p=0$を導いた後，

(a)′　$c+d=0$のときは，$d=-c$ゆえ，

$$\begin{aligned}(①\text{の左辺})&=(z-c)(z+c)\{z-(p+qi)\}\{z-(p-qi)\}\\&=(z^2-c^2)(z^2-2pz+p^2+q^2)\end{aligned}$$

(b)′　$p=0$のときは，

$$\begin{aligned}(①\text{の左辺})&=(z-c)(z-d)(z-qi)(z+qi)\\&=\{z^2-(c+d)z+cd\}(z^2+q^2)\end{aligned}$$

となり，いずれの場合も，

$$(①\text{の左辺})=(z^2+A)(z^2+Bz+C)\quad (A,\ B,\ C\ \text{は実数で，}A\neq 0)$$

の形になる。これを展開して①の左辺と各項の係数を比較すれば，

$$\begin{cases}B=-2\\A+C=0\\AB=-2a\\AC=b\end{cases},\quad \text{すなわち，}\quad \begin{cases}B=-2\\A=a\\C=-a\\-A^2=b\end{cases}\qquad \cdots\cdots(*)$$

を得て，$A=a$と$-A^2=b$から結果が得られる。この流れの場合，上のように文字A，B，Cでおきかえると見通しがよいが，そのまま展開などすると混乱して解決不能に陥る可能性がある。また，この流れの場合は，(2)の段階で②であるための条件として，

“$A<0$ かつ $B^2-4C<0$” または “$A>0$ かつ $B^2-4C>0$”

を用意し，$(*)$と組めば，

$$a<-1\ \text{または}\ a>0$$

でなければならないことが，$b=-a^2$とともにわかる。

4°　(3) は，(2) の結果を利用すれば ① の 4 解の形が決まることを使えるかがポイントになる。(2) の結果から，① の左辺は因数分解できるのである。この点に意外に気付かないかもしれない。やはり (2) で仮定した ② のもとで議論するのがよい。そうすると解答の (I)，(II) の場合を考察することになり，$\alpha+\beta$ の実部 x と虚部 y が

(I)　$(x-1)^2=-a,\ y^2=-(a+1),\ a<-1$

(II)　$(x-1)^2=a+1,\ y^2=a,\ a>0$

を満たすことになるから，それぞれ a を"代入"によって消去すればよい。得られた結果には除外点が現れることに注意しよう。

なお，(2) で実部・虚部を設定して係数比較により処理した場合，その流れのまま(3)を解決することも可能であるが，やや煩雑である。(2) は出題者の親心であり，限られた時間内で処理する場合は前問の結果を利用する方針をまずは考えたい。

5°　(3) では (I)，(II) ともに結局，同じ双曲線から 2 点を除く部分

$$(x-1)^2-y^2=0 \text{ かつ } y\neq 0$$

が得られた。⑦，⑧ で a を $-a-1$ でおきかえると，⑦ と ⑧ の右辺が入れかわることと，(I)，(II) は実部の「1」が虚数 β に含まれることになるか，実数 α に含まれることになるかの相違にすぎないことから，$\alpha+\beta$ のように和をとれば同じ結果になるのである。

2018年

2018

第 1 問

解 答

$$f(x)=\frac{x}{\sin x}+\cos x \quad (0<x<\pi)$$

のとき,

$$f'(x)=\frac{1\cdot\sin x-x\cdot\cos x}{\sin^2 x}-\sin x=\frac{\sin x-x\cos x-\sin^3 x}{\sin^2 x}$$

$$=\frac{\sin x(1-\sin^2 x)-x\cos x}{\sin^2 x}=\frac{\sin x\cos^2 x-x\cos x}{\sin^2 x}$$

$$=\frac{(\sin x\cos x-x)\cos x}{\sin^2 x}$$

である。

ここで,

$$g(x)=\sin x\cos x-x$$

とおくと,

$$g'(x)=\cos x\cdot\cos x+\sin x\cdot(-\sin x)-1$$

$$=-2\sin^2 x<0 \quad (0<x<\pi)$$

および

$$g(0)=0$$

より,

$0<x<\pi$ において, $g(x)<0$

である。

以上から, $0<x<\pi$ における $f'(x)$ の符号は $\cos x$ の符号と反対であり, $f(x)$ の増減表は, 次のようになる。

x	(0)	$\cdots$	$\frac{\pi}{2}$	$\cdots$	(π)
$f'(x)$		$-$	0	$+$	
$f(x)$		↘	$\frac{\pi}{2}$	↗	

また，

$$x\to +0 \text{ のとき，} \frac{\sin x}{x}\to 1,\ \cos x\to 1$$

であることから，

$$\lim_{x\to +0} \boldsymbol{f(x)} = \lim_{x\to +0}\left(\frac{x}{\sin x}+\cos x\right)=\frac{1}{1}+1=\mathbf{2}$$

であり，

$0<x<\pi$ において，$\sin x>0$

$x\to\pi-0$ のとき，$x\to\pi\,(>0)$，$\sin x\to 0$，$\cos x\to -1$

であることから，

$$\lim_{x\to\pi-0} \boldsymbol{f(x)} = \lim_{x\to\pi-0}\left(\frac{x}{\sin x}+\cos x\right)=\boldsymbol{\infty}$$

である。

解説

1°　基本問題であり，しっかり得点したい。

2°

$$f'(x)=\frac{\sin x - x\cos x - \sin^3 x}{\sin^2 x} \quad \cdots\cdots①$$

を得るところまでは，問題ないだろう。この後，**解** **答** のように，

$$f'(x)=\frac{(\sin x\cos x - x)\cos x}{\sin^2 x} \quad \cdots\cdots②$$

と変形できれば，

$$g(x)=\sin x\cos x - x$$

の符号を調べることに帰着する。

ここで，

$$g(x)=\frac{1}{2}(\sin 2x - 2x)$$

と変形して

$\theta>0$ において，$\sin\theta<\theta$ が成り立つ　……(＊)

ことを用いれば，直ちに，

$0<x<\pi$ において，$g(x)<0$

であることが分かるが，本問は基本的な問題であるから，(＊)を既知としないで，きちんと証明を記述した方がよいだろう。

① を ② のように変形することに気付かなかったときには，例えば，次のように

すればよい。

①の分子を

$$h(x)=\sin x-x\cos x-\sin^3 x$$

とおくと，$f'(x)$ の符号は $h(x)$ の符号と一致する。

$$\begin{aligned}h'(x)&=\cos x-\{1\cdot\cos x+x\cdot(-\sin x)\}-3\sin^2 x\cos x\\&=(x-3\sin x\cos x)\sin x\end{aligned}$$

の $0<x<\pi$ における符号は

$$k(x)=x-3\sin x\cos x=x-\frac{3}{2}\sin 2x$$

の符号と一致し，

$$k'(x)=1-3\cos 2x$$

より，$k(x)$ の増減は右のようになるから（α，β は，$\cos 2x=\dfrac{1}{3}$ となる x の値である），$k(x)$ の符号，すなわち，$h'(x)$ の符号は，$0<x<\pi$ において，負から正へと変化する。

x	(0)	$\cdots$	α	$\cdots$	β	$\cdots$	(π)
$k'(x)$		$-$	0	$+$	0	$-$	
$k(x)$	(0)	↘		↗		↘	(π)

よって，$h(x)$ の増減は右のようになり（γ は，$h'(x)=0$ となる x の値である），$h(x)$ の符号は，負から正へと変化する。

x	(0)	$\cdots$	γ	$\cdots$	(π)
$h'(x)$		$-$	0	$+$	
$h(x)$	(0)	↘		↗	(π)

このことと，視察で，

$$h\left(\frac{\pi}{2}\right)=0$$

であることを見抜くことにより，$h(x)$ の符号，すなわち，$f'(x)$ の符号が

$$0<x<\frac{\pi}{2} \text{ において負，} \frac{\pi}{2}<x<\pi \text{ において正}$$

であることが分かり，$f(x)$ の増減が分かることになる。

3°　$x\to+0$ のときの極限については，三角関数の基本的極限値

$$\lim_{x\to 0}\frac{\sin x}{x}=1$$

を用いるだけである。

$x\to\pi-0$ のときの極限については，

$$\lim_{x\to\pi-0}\frac{x}{\sin x}=\infty$$

であることを，少し丁寧に記述しておくとよいだろう。

第 2 問

解 答

(1) $n \geqq 1$ のとき

$$a_n = \frac{{}_{2n+1}\mathrm{C}_n}{n!} = \frac{\dfrac{(2n+1)\cdot 2n \cdots\cdots (n+2)}{n!}}{n!} = \frac{(2n+1)\cdot 2n \cdots\cdots (n+2)}{(n!)^2}$$

であるから，$n \geqq 2$ のとき，

$$\frac{a_n}{a_{n-1}} = \frac{\dfrac{(2n+1)\cdot 2n \cdots\cdots (n+2)}{(n!)^2}}{\dfrac{(2n-1)(2n-2)\cdots\cdots(n+1)}{\{(n-1)!\}^2}} = \frac{(2n+1)\cdot 2n}{n+1}\cdot\left\{\frac{(n-1)!}{n!}\right\}^2$$

$$= \frac{(2n+1)\cdot 2n}{n+1}\cdot\left(\frac{1}{n}\right)^2 = \frac{2(2n+1)}{n(n+1)} = \frac{2n+1}{\dfrac{n(n+1)}{2}}$$

となる。

ここで，連続する 2 整数 n と $n+1$ の一方は偶数であるから，$\dfrac{n(n+1)}{2}$ は正の整数である。

また，2 つの正の整数 a，b の最大公約数を $(a,\ b)$ で表すことにすると，ユークリッドの互除法より，

$$(2n+1,\ n) = (n,\ 1) = 1$$

$$(2n+1,\ n+1) = (n+1,\ n) = (n,\ 1) = 1$$

であるから，$2n+1$ と n は互いに素，$2n+1$ と $n+1$ も互いに素である。

よって，$2n+1$ と $n(n+1)$ は互いに素であり，したがって，$2n+1$ と $\dfrac{n(n+1)}{2}$ は互いに素である。

以上から，$n \geqq 2$ のとき，$\dfrac{a_n}{a_{n-1}}$ を既約分数 $\dfrac{q_n}{p_n}$ として表したときの $p_n(\geqq 1)$，q_n は，

$$\boldsymbol{p_n = \frac{n(n+1)}{2},\quad q_n = 2n+1} \qquad \cdots\cdots ①$$

である。

(2) $n \geqq 2$ のとき，

$$\frac{a_n}{a_{n-1}}=\frac{q_n}{p_n}$$

の n を 2，3，……，n とした式を辺々かけることにより，

$$\frac{a_n}{a_1}=\frac{q_2q_3\cdots\cdots q_n}{p_2p_3\cdots\cdots p_n}$$

$$\therefore\quad a_n=\frac{a_1q_2q_3\cdots\cdots q_n}{p_2p_3\cdots\cdots p_n}\qquad\cdots\cdots②$$

である。

$a_1=\frac{{}_3\mathrm{C}_1}{1!}=3$ は整数であり，$p_2=3$ より，$a_2=\frac{a_1q_2}{p_2}$ も整数である。

$n\geqq3$ のとき，$p_3=6$ より，② の分母は偶数であるが，$a_1=3$ および ① より，② の分子は奇数の積であるから，a_n は整数ではない。

よって，a_n が整数となる n は，

$n=\mathbf{1,\ 2}$

である。

解説

1° (1) において，

$$\frac{a_n}{a_{n-1}}=\frac{2(2n+1)}{n(n+1)}\qquad\cdots\cdots③$$

を求めるところまでは，問題ないだろう。

③ の右辺の分母に現れる n と $n+1$ の一方は偶数であるから，③ の右辺は既約分数ではない。

③ の右辺の分母・分子を 2 で約分すると，

$$\frac{a_n}{a_{n-1}}=\frac{2n+1}{\frac{n(n+1)}{2}}\qquad\cdots\cdots④$$

が得られるが，④ の右辺が既約分数になっているのである。そのことは，

n と $n+1$ がともに $2n+1$ と互いに素　　……(＊)

であることから導かれるが，(＊)を示す方法は，いくつかある。

解 **答** では，ユークリッドの互除法（2 つの正の整数 a，b に対して，a を b で割った余りを r とすると，a と b の最大公約数が b と r の最大公約数と一致すること）を利用したが，他にも，

隣り合う 2 整数 n と $n+1$ が互いに素である

ことと

$$2n+1=n+(n+1)$$

であることから示すこともできる。また,

$$(2n+1)(2n+1)-8\cdot\frac{n(n+1)}{2}=1$$

に着目すると, $2n+1$ と $\frac{n(n+1)}{2}$ が互いに素であることを直接示すこともできる。詳細の検討は, 読者に任せることにしよう。

2° (2)では, (1)を利用することを考えて, まず, a_n を p_n, q_n を用いて表すことが, 解決の第1歩である。その後, (2)を解決するためには, **解** **答** を見れば分かるように, ④の右辺が既約分数であることは不要である。解決のために必要なことは, ④の右辺の分子が奇数であることと, $n=3$ のとき, ④の右辺の分母が偶数であることである。

3° (2)は, a_n が途中から単調減少することに着目して解くこともできる。

【(2)の **別解**】

(1)の過程より, $n\geqq2$ のとき, $\frac{a_n}{a_{n-1}}=\frac{2(2n+1)}{n(n+1)}$ であるから, $a_{n-1}>0$ に注意すると,

$$\begin{aligned}a_{n-1}>a_n \iff& \frac{a_n}{a_{n-1}}<1 \iff \frac{2(2n+1)}{n(n+1)}<1\\ \iff& 2(2n+1)<n(n+1) \iff n(n+1)-2(2n+1)>0\\ \iff& n(n-3)>2\end{aligned}$$

となり, $n\geqq4$ において, $a_{n-1}>a_n$ が成り立つ。

よって,

$n\geqq3$ において, a_n は単調減少

である。

また,

$$a_1=\frac{{}_3\mathrm{C}_1}{1!}=3$$

であり, $n\geqq2$ のとき, $a_n=\dfrac{2n+1}{\frac{n(n+1)}{2}}a_{n-1}$ であることより,

$$a_2=\frac{5}{3}a_1=5,\quad a_3=\frac{7}{6}a_2=\frac{35}{6},\quad a_4=\frac{9}{10}a_3=\frac{21}{4},$$

$$a_5=\frac{11}{15}a_4=\frac{77}{20},\ a_6=\frac{13}{21}a_5=\frac{143}{60},$$

$$a_7=\frac{15}{28}a_6=\frac{143}{112},\ a_8=\frac{17}{36}a_7=\frac{2431}{4032}(<1)$$

となるから，

$n\geqq 8$ において，$0<a_n<1$

が成り立つ。

以上から，a_n が整数となる n は，

$n=1,\ 2$

である。

第 3 問

解 答

曲線 C 上の点 P，線分 OA 上の点 Q の座標をそれぞれ

$\mathrm{P}(s,\ s^2)$ $(-1\leqq s\leqq 1$ ……①)，$\mathrm{Q}(t,\ 0)$ $(0\leqq t\leqq 1$ ……②)

とおくと，

$$\overrightarrow{\mathrm{OR}}=\frac{1}{k}\overrightarrow{\mathrm{OP}}+k\overrightarrow{\mathrm{OQ}}=\frac{1}{k}(s,\ s^2)+k(t,\ 0) \quad \cdots\cdots③$$

と表される。

まず，s を固定して t を ② の範囲で動かすと，点 R は，点 $\mathrm{T}\left(\frac{1}{k}s,\ \frac{1}{k}s^2\right)$ と点 T を x 軸の正の向きに k だけ平行移動した点 U を端点とする線分 TU 上を動く。

次に，s を ① の範囲で動かすとき，線分 TU が通過する範囲が，点 R が動く領域である。

$\mathrm{T}(x,\ y)$ とおくと，

$$x=\frac{1}{k}s,\ y=\frac{1}{k}s^2 \quad \cdots\cdots④$$

となる。④ の第 1 式より $s=kx$ であるから，④ の第 2 式および ① より，点 T の軌跡 C' は，

$$C'：y=kx^2 \quad \left(-\frac{1}{k}\leqq x\leqq\frac{1}{k}\right)$$

である。また，点 U の軌跡は，C' を x 軸の正の向きに k だけ平行移動した曲線である。

線分 TU の長さ k と C' の端点間の距離 $\frac{2}{k}$ の大小によって分類する。

(i)　$k \leqq \dfrac{2}{k}$，すなわち，$0 < k \leqq \sqrt{2}$ のとき

点 R が動く領域は，右図の網目部分のようになり，直線 $x=\dfrac{k}{2}$ に関して対称である。

図形 OBCD の面積は，

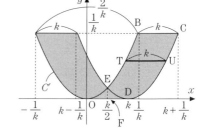

$$\int_0^{\frac{1}{k}} k\,dy = k \cdot \frac{1}{k} = 1$$

である。また，図形 OEF の面積は，

$$\int_0^{\frac{k}{2}} kx^2 dx = \left[\frac{k}{3}x^3\right]_0^{\frac{k}{2}} = \frac{k^4}{24}$$

である。

よって，

$$S(k) = 2\left(1-\frac{k^4}{24}\right) = 2-\frac{k^4}{12}$$

となる。

(ii)　$\dfrac{2}{k} \leqq k$，すなわち，$\sqrt{2} \leqq k$ のとき

点 R が動く領域は，下図の網目部分のようになり，直線 $x=\dfrac{k}{2}$ に関して対称である。

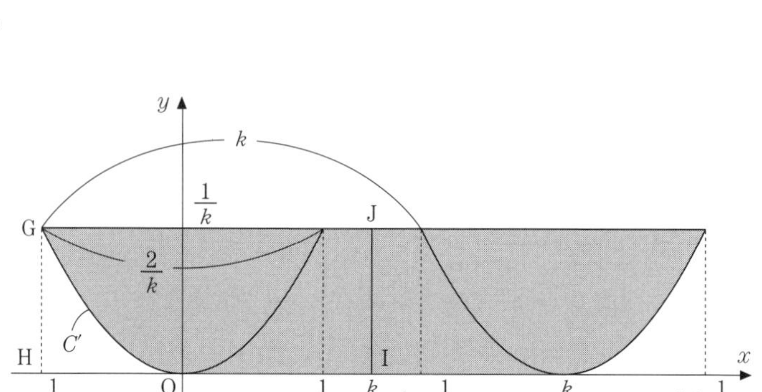

長方形 GHIJ の面積は，

$$\frac{1}{k}\left\{\frac{k}{2}-\left(-\frac{1}{k}\right)\right\} = \frac{1}{2}+\frac{1}{k^2}$$

である。また，図形 OGH の面積は，

$$\int_{-\frac{1}{k}}^{0} kx^2dx=\left[\frac{k}{3}x^3\right]_{-\frac{1}{k}}^{0}=\frac{1}{3k^2}$$

である。

よって，

$$S(k)=2\left\{\left(\frac{1}{2}+\frac{1}{k^2}\right)-\frac{1}{3k^2}\right\}=1+\frac{4}{3k^2}$$

となる。

以上から，

$$\boldsymbol{S(k)=\begin{cases}2-\dfrac{k^4}{12} & (0<k\leqq\sqrt{2}\ \text{のとき})\\[2ex] 1+\dfrac{4}{3k^2} & (\sqrt{2}\leqq k\ \text{のとき})\end{cases}}$$

であり，

$$\lim_{k\to+0}\boldsymbol{S(k)}=\lim_{k\to+0}\left(2-\frac{k^4}{12}\right)=2-0=\boldsymbol{2}$$

$$\lim_{k\to\infty}\boldsymbol{S(k)}=\lim_{k\to\infty}\left(1+\frac{4}{3k^2}\right)=1+0=\boldsymbol{1}$$

となる。

解説

1°　2つの動点P，Qによって定まる動点Rが動く領域を考えるという，東大が好んで出題するタイプの問題である。

2°　2点P，Qが「独立」に動くので，まず一方の点を固定して他方の点を動かしたときの点Rの軌跡を求め，次に固定していた点を動かしてその軌跡の通過する範囲を求めるという，いわゆる“予選・決勝法”が有効である。

解 答 では，まず点Pを固定して点Qを動かしたときの点Rの軌跡が線分TUであることを掴み，次に点Pを動かしたときに線分TUが通過する範囲を考えた。

逆に，まず点Qを固定して点Pを動かしてから，次に点Qを動かすと，次のようになる。

③において R$(x,\ y)$ とおくと，

$$x=\frac{1}{k}s+kt,\quad y=\frac{1}{k}s^2 \qquad \cdots\cdots⑤$$

となる。

まず，t を固定して s を ① の範囲で動かすと，点 R の軌跡 D は，⑤，① より，

$$y=\frac{1}{k}\{k(x-kt)\}^2 \text{ かつ } -1 \leqq k(x-kt) \leqq 1$$

$$\therefore \quad y=k(x-kt)^2 \text{ かつ } kt-\frac{1}{k} \leqq x \leqq kt+\frac{1}{k}$$

すなわち，

放物線 $y=k(x-kt)^2$ の $kt-\frac{1}{k} \leqq x \leqq kt+\frac{1}{k}$ の部分

となる。

次に，t を ② の範囲で動かすとき，D が通過する範囲が，点 R が動く領域である。② における kt の変域は $0 \leqq kt \leqq k$ であるから，それは，

放物線 $y=kx^2$ の $-\frac{1}{k} \leqq x \leqq \frac{1}{k}$ の部分が x 軸の正の向きに k だけ平行移動する間に通過する範囲

となる。

いずれにせよ，点 R が動く領域の形状が，k の値によって分類されることに注意しなければならない。

3°　点 R が動く領域の面積 $S(k)$ を求める際には，対称性に着目したり，x 軸方向に積分するだけでなく，y 軸方向の積分も利用するなど，工夫をして計算したい。

例えば，s が $0 \leqq s \leqq 1$ の範囲で変化するときに線分 TU が通過する範囲の面積は，線分 TU が y 軸に垂直な長さ k の線分で，$0 \leqq y \leqq \frac{1}{k}$ の範囲を動くことから，

$$\int_0^{\frac{1}{k}} k\,dy$$

で与えられる。

4°　k が十分小さいとき，k が十分大きいときの図を描いてみると，$S(k)$ の $k \to +0$ のときの極限が 2 であること，$k \to \infty$ のときの極限が 1 であることが納得できるだろう。

第 4 問

解答

$f(x)=x^3-3a^2x$ のとき，

$$f'(x)=3x^2-3a^2$$

$=3(x+a)(x-a)$

であるから，$a>0$ に注意すると，$f(x)$ の増減は右の表のようになり，曲線 $y=f(x)$ はその下の図のようになる。

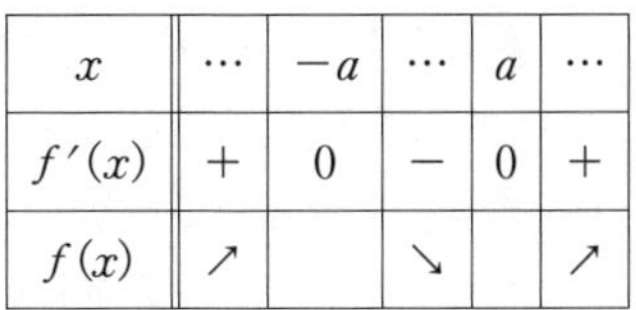

x	$\cdots$	$-a$	$\cdots$	a	$\cdots$
$f'(x)$	$+$	0	$-$	0	$+$
$f(x)$	↗		↘		↗

方程式 $f(x)=b$ の実数解は，曲線 $y=f(x)$ と直線 $y=b$ の共有点の x 座標であるから，方程式が $\alpha<\beta<\gamma$ を満たす3実数 α，β，γ を解にもつとき，β は，

$$-a<\beta<a$$

の範囲にある。

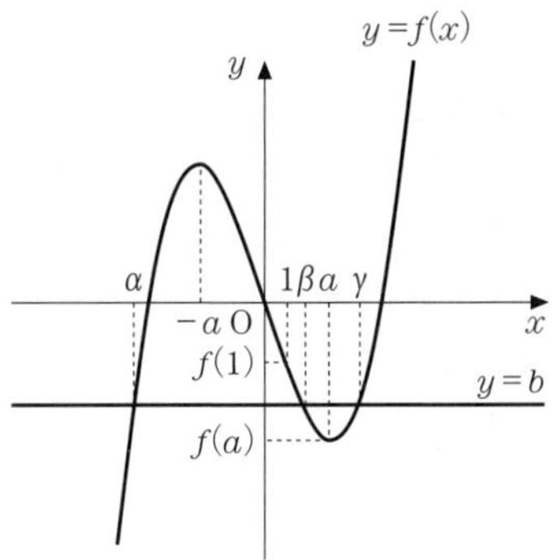

よって，与えられた2条件を満たすための条件は，

$$1<\beta<a$$

であり，

$$a>1 \text{ かつ } f(a)<b<f(1)$$

すなわち，

$$a>1 \text{ かつ } -2a^3<b<1-3a^2 \quad \cdots\cdots①$$

となる。

2曲線 $b=1-3a^2$，$b=-2a^3$ の共有点の a 座標が，方程式

$$1-3a^2=-2a^3$$

$$\therefore \quad 2a^3-3a^2+1=0$$

$$\therefore \quad (a-1)^2(2a+1)=0$$

の実数解であることから，2曲線が $a=1$ において接することに注意して，① を図示すると**右図の網目部分**となる。ただし，境界は含まない。

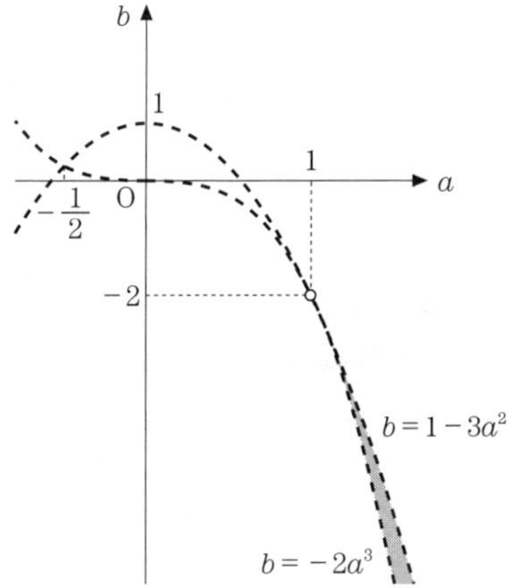

解説

1°　2018年度の問題の中で，最も易しい問題である。確実に完答したい。

2°　方程式 $f(x)=b$ の実数解が，曲線 $y=f(x)$ と直線 $y=b$ の共有点の x 座標であることに基づいて，考えればよい。

解 **答** と実質的に同じであるが，「$0<a\leqq 1$ とすると，$f(x)$ は $x>1$ において増加するから，方程式 $f(x)=b$ が 1 より大きい実数解を 2 個もつことはない。よって，$a>1$ が必要であり，このもとで，$f(x)=b$ が相異なる 3 実数解をもち，そのうち小さい方から 2 番目の解が 1 より大きくなるのは，曲線 $y=f(x)$ と直線 $y=b$ の共有点を考えて，

$$f(a)<b<f(1) \qquad \therefore \quad -2a^3<b<1-3a^2$$

のときである」のように議論してもよい。

3° 結果を図示する際には，2 曲線 $b=1-3a^2$，$b=-2a^3$ の共有点の座標を調べておくのが丁寧であろう。

第 5 問

解 **答**

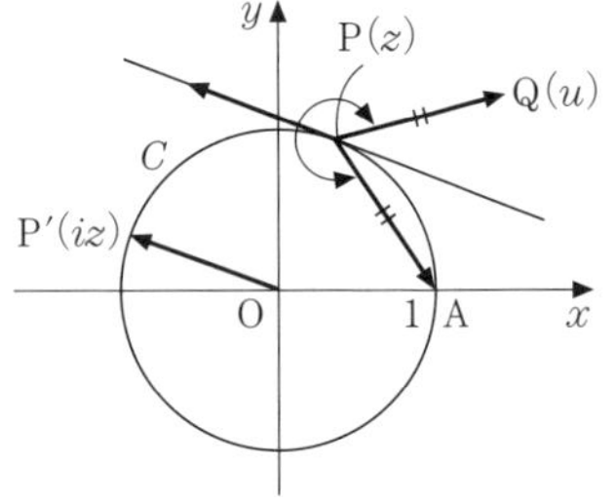

(1) 点 P(z) を原点のまわりに角 $\dfrac{\pi}{2}$ だけ回転した点を P′(iz) とすると，点 P における円 C の接線は $\overrightarrow{\mathrm{OP'}}$ と平行であるから，$\overrightarrow{\mathrm{PQ}}$ に対応する複素数 $u-z$ と iz の商 $\dfrac{u-z}{iz}$，$\overrightarrow{\mathrm{PA}}$ に対応する複素数 $1-z$ と iz の商 $\dfrac{1-z}{iz}$ は互いに共役複素数であり，

$$\frac{u-z}{iz}=\overline{\left(\frac{1-z}{iz}\right)} \qquad \cdots\cdots①$$

が成り立つ。

$|z|=1$ より，

$$|z|^2=1 \qquad \therefore \quad z\overline{z}=1 \qquad \therefore \quad \overline{z}=\frac{1}{z}$$

であることに注意すると，① の右辺は，

$$\frac{1-\overline{z}}{-i\overline{z}}=\frac{1-\dfrac{1}{z}}{-i\dfrac{1}{z}}=\frac{z-1}{-i}$$

となるから，① より，

$$\frac{u-z}{iz}=\frac{z-1}{-i} \qquad \therefore \quad u-z=-z(z-1)$$

$$\therefore \quad \boldsymbol{u=2z-z^2}$$

が得られる。

これより，

$$w=\frac{1}{1-u}=\frac{1}{1-(2z-z^2)}=\frac{1}{(z-1)^2} \qquad \cdots\cdots②$$

であり，したがって，

$$\overline{w}=\frac{1}{(\overline{z}-1)^2}=\frac{1}{\left(\frac{1}{z}-1\right)^2}=\frac{z^2}{(1-z)^2}=\frac{z^2}{(z-1)^2}$$

となるから，

$$\boldsymbol{\frac{\overline{w}}{w}=z^2}$$

となる。

以上から，

$$\boldsymbol{\frac{|w+\overline{w}-1|}{|w|}}=\left|\frac{w+\overline{w}-1}{w}\right|=\left|1+\frac{\overline{w}}{w}-\frac{1}{w}\right|$$
$$=|1+z^2-(z-1)^2|=|2z|=2|z|$$
$$\boldsymbol{=2}$$

となる。

(2)　(1)の結果を変形すると，

$$\frac{|2\mathrm{Re}(w)-1|}{|w|}=2 \qquad \therefore \quad \left|\mathrm{Re}(w)-\frac{1}{2}\right|=|w|$$

となる。$|w|$ は原点と点 R(w) の距離を表し，$\left|\mathrm{Re}(w)-\frac{1}{2}\right|$ は，座標平面上で，点 R と直線 $x=\frac{1}{2}$ の距離を表すから，点 R は，座標平面上で，原点を焦点，直線 $x=\frac{1}{2}$ を準線とする放物線 D 上にある。D は，点 $\left(-\frac{1}{4},\ 0\right)$ を焦点，直線 $x=\frac{1}{4}$ を準線とする放物線 $y^2=-x$ を x 軸の正の向きに $\frac{1}{4}$ だけ平行移動したものであるから，D の方程式は，

$$y^2=-\left(x-\frac{1}{4}\right) \qquad \cdots\cdots③$$

である。

また，② より，

$$\arg w = -2\arg(z-1)$$

であり，右図より，

$$\frac{2}{3}\pi \leqq \arg(z-1) \leqq \frac{4}{3}\pi$$

であるから，

$$-\frac{8}{3}\pi \leqq \arg w \leqq -\frac{4}{3}\pi$$

すなわち

$$-\frac{2}{3}\pi \leqq \arg w \leqq \frac{2}{3}\pi \qquad \cdots\cdots④$$

となる。

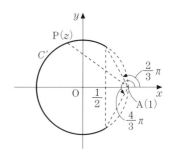

以上から，点 R(w) の軌跡は，③ のうち ④ を満たす部分であり，座標平面上で，③ と半直線

$$y = -\sqrt{3}x \quad (x \leqq 0)$$

の交点が $\left(-\frac{1}{2},\ \frac{\sqrt{3}}{2}\right)$ であることに注意して図示すると右図の太線部分となるから，**放物線 $\boldsymbol{y^2 = \frac{1}{4} - x}$ の $\boldsymbol{x \geqq -\frac{1}{2}}$ の部分**である。

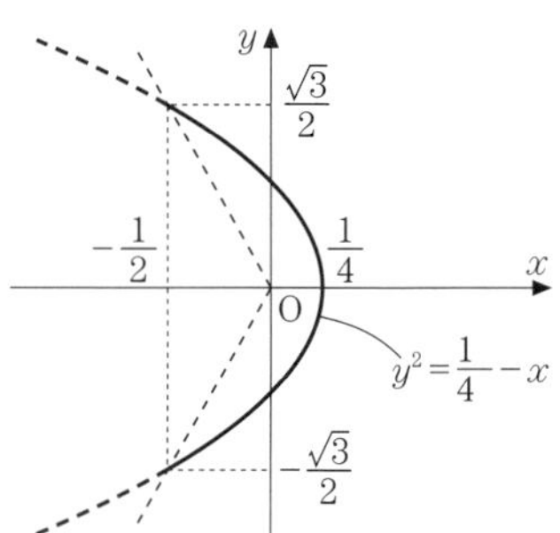

解説

1° まず，円の接線に関する A の対称点 Q を表す複素数 u を z を用いて表すことができないと始まらない。

解答 では，点 P(z) における円 C の接線 l の方向ベクトル $\overrightarrow{d}$ が複素数 iz に対応するベクトルであることから，l に関して 2 点 A(1)，Q(u) が対称であることを，

$\overrightarrow{\mathrm{PQ}}$ と $\overrightarrow{\mathrm{PA}}$ の大きさが等しく，かつ，$\overrightarrow{d}$ の向きから $\overrightarrow{\mathrm{PQ}}$ の向きまでの角と $\overrightarrow{d}$ の向きから $\overrightarrow{\mathrm{PA}}$ の向きまでの角の大きさが等しく異符号

すなわち，

$\dfrac{u-z}{iz}$ と $\dfrac{1-z}{iz}$ の絶対値が等しく，かつ，偏角の大きさが等しく異符号

すなわち，

$$\frac{u-z}{iz} \text{ と } \frac{1-z}{iz} \text{ は互いに共役複素数}$$

と捉え，z の絶対値が1であることから，$\overline{z}$ が z を用いて

$$\overline{z}=\frac{1}{z}$$

と表されることを用いて，u を z で表した。

u を z で表す方法は，他にもいろいろある。

1例を挙げておこう。

点Aから点Pにおける円 C の接線 l に下ろした垂線の足をHとすると，AH∥OPであることから，Hを表す複素数 h は

$$h=1+kz \quad (k \text{ は実数})$$

とおくことができ（このとき，$u=1+2kz$ となる），PH⊥OPより，$\dfrac{h-z}{z}$ は純虚数である。

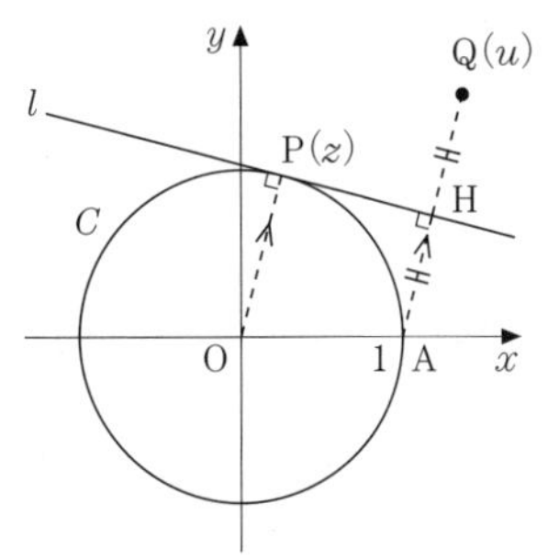

ここで，

$$\frac{h-z}{z}=\frac{1+(k-1)z}{z}=\frac{1}{z}+(k-1)$$

であるから，

$$\frac{h-z}{z} \text{ が純虚数} \iff \frac{1}{z}+(k-1)+\overline{\frac{1}{z}+(k-1)}=0$$

$$\iff \frac{1}{z}+(k-1)+\frac{1}{\overline{z}}+(k-1)=0$$

であり，$\overline{z}=\dfrac{1}{z}$ に注意すると，

$$2k=2-\left(z+\frac{1}{z}\right)$$

が得られる。

よって，

$$u=1+2kz=1+\left\{2-\left(z+\frac{1}{z}\right)\right\}z=1+2z-(z^2+1)$$

$$=2z-z^2$$

となる。

他の方法も，いろいろと考えてみるとよい。

2°　u を z で表すことができてしまえば，w と $\dfrac{\overline{w}}{w}$ を z で表すこと，それを用いて，

$\dfrac{|w+\overline{w}-1|}{|w|}$，すなわち，$\left|\dfrac{w+\overline{w}-1}{w}\right|$ を求めることは，難しくないだろう。

3°　(2) は，(1) の結果を，**解答** のように，

$$\left|\mathrm{Re}(w)-\frac{1}{2}\right|=|w|$$

と変形して，絶対値の幾何学的意味を考えると，点 R(w) は，座標平面上で，原点を焦点，直線 $x=\dfrac{1}{2}$ を準線とする放物線上にあることが分かるが，問題は，軌跡が放物線のどの部分であるのかということである。それを調べるには，(1) の解答の過程で現れる式 ② をもとにして，w の偏角 $\arg w$ の範囲を求めればよいのである。

4°　(2) は，(1) の結果を用いなくても解決できる。例えば，次のようにすればよい。

円 C のうち実部が $\dfrac{1}{2}$ 以下の複素数で表される部分 C' は，

$$|z|=1 \text{ かつ } \frac{z+\overline{z}}{2}\leqq\frac{1}{2} \qquad \cdots\cdots⑤$$

と表される。

さて，② は，

$$v=\frac{1}{z-1} \quad \cdots\cdots⑥,\quad w=v^2 \quad \cdots\cdots⑦$$

の合成変換である。

⑥ を z について解くと

$$z=1+\frac{1}{v}=\frac{v+1}{v}$$

であり，これを ⑤ に代入して整理すると，

$$\frac{v+\overline{v}}{2}=-\frac{1}{2} \text{ かつ } |v+1|\leqq1$$

となる（計算の詳細は，各自確認せよ）。$v=X+Yi$（X，Y は実数）とおくと，これは，

$$\text{直線 } X=-\frac{1}{2} \text{ の } |Y|\leqq\frac{\sqrt{3}}{2} \text{ の部分}$$

である。

よって，

$$v=-\frac{1}{2}+Yi \quad \left(|Y|\leqq\frac{\sqrt{3}}{2}\right)$$

とおいて，⑦に代入すると，

$$w=\frac{1}{4}-Y^2-Yi \quad \left(|Y|\leqq\frac{\sqrt{3}}{2}\right)$$

が得られ，点 $\mathrm{R}(w)$ の軌跡が，

放物線 $x=\frac{1}{4}-y^2$ の $-\frac{\sqrt{3}}{2}\leqq y\leqq\frac{\sqrt{3}}{2}$ の部分

であることが分かる。

5°　試験の本番中に完答することは難しい問題であるが，学習する価値のある問題である。いろいろと研究してみるとよいだろう。

第 6 問

解 答

(1)　平面 $y=t$ が V_1 と共有点をもつような t の範囲は

$$-r\leqq t\leqq r$$

であり，平面 $y=t$ が V_3 と共有点をもつような t の範囲は

$$1-r\leqq t\leqq 1+r$$

であるから，$\frac{1}{2}<r<1$ より

$$-r<1-r<r<1+r$$

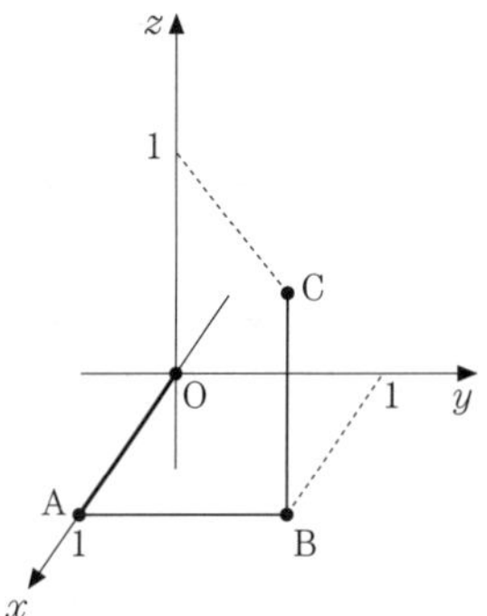

であることに注意して，平面 $y=t$ が V_1，V_3 双方と共有点をもつような t の範囲は，

$$\boldsymbol{1-r\leqq t\leqq r} \quad \cdots\cdots①$$

である。

このとき，平面 $y=t$ と V_1 の共通部分は，点Qが2点 $(0,\ t,\ 0)$，$\mathrm{T}(1,\ t,\ 0)$ を端点とする線分上を動くときに点Qを中心とする半径 $\sqrt{r^2-t^2}$ の円板が通過する部分であり，下図の網目部分（境界を含む）になる。また，平面 $y=t$ と V_3 の共通部分は，点Qが2点T，$(1,\ t,\ 1)$ を端点とする線分上を動くときに点Qを中心とする半径 $\sqrt{r^2-(t-1)^2}$ の円板が通過する部分であり，下図の打点部分（境界を含む）になる。

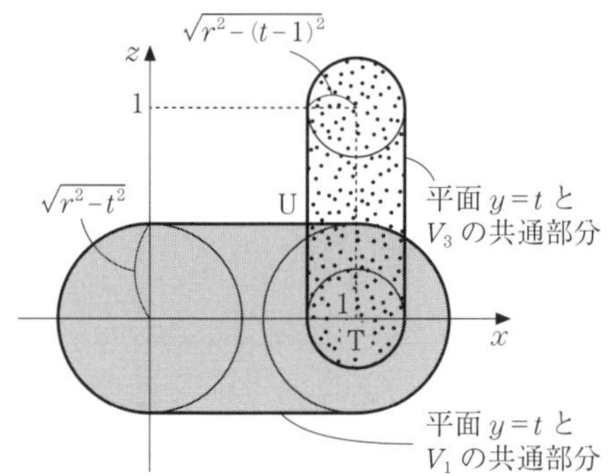

(2) ①のとき，平面 $y=t$ と V_2 の共通部分は，点Tを中心とする半径 r の円板（D とする）であるから，V_1 と V_3 の共通部分が V_2 に含まれるための条件は，①の範囲のすべての t に対して，(1)の図の網目部分と打点部分の共通部分が D に含まれること，すなわち，

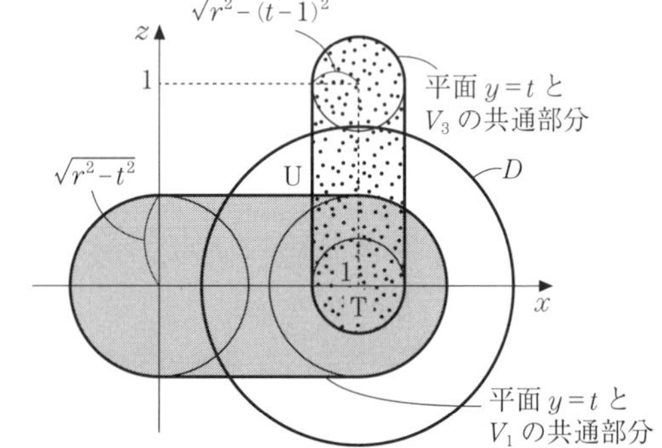

①の範囲のすべての t に対して，(1)の図の点Uが $\mathrm{TU} \leqq r$ を満たす　……②

ことである。

$$\mathrm{TU} \leqq r \iff \mathrm{TU}^2 \leqq r^2 \iff (r^2-t^2)+\{r^2-(t-1)^2\} \leqq r^2$$
$$\iff r^2 \leqq t^2+(t-1)^2$$

より，

② $\iff$ $r^2 \leqq$（①における $t^2+(t-1)^2$ の最小値）

であり，①における

$$t^2+(t-1)^2=2t^2-2t+1$$
$$=2\left(t-\frac{1}{2}\right)^2+\frac{1}{2}$$

の最小値は $\frac{1}{2}$ であるから，求める条件は，

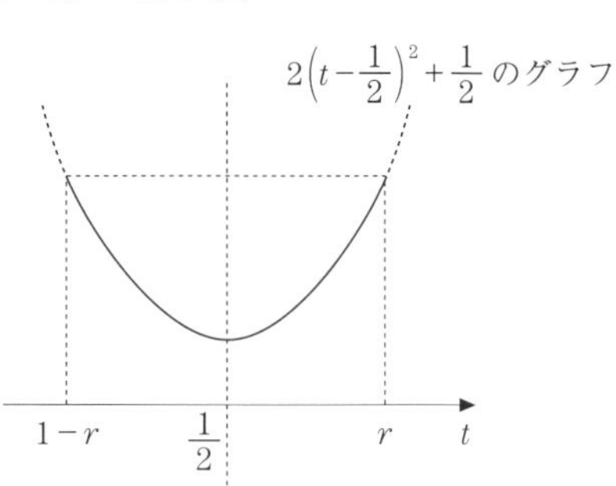

$$\left(\frac{1}{2}<r<1 \text{ かつ}\right) r^2 \leqq \frac{1}{2}$$

$$\therefore \quad \boldsymbol{\frac{1}{2}<r \leqq \frac{1}{\sqrt{2}}}$$

となる。

(3)　V_1 と V_3 の共通部分が V_2 に含まれるとき，V の体積は，

$$(V_1\text{の体積})+(V_2\text{の体積})+(V_3\text{の体積})$$
$$-(V_1\text{と}V_2\text{の共通部分の体積})-(V_2\text{と}V_3\text{の共通部分の体積})$$

である。

ここで，線分 OA，AB，BC の長さが等しいことから，V_2 の体積，V_3 の体積はともに V_1 の体積 S と等しく，さらに，∠OAB＝∠ABC より，V_2 と V_3 の共通部分の体積は V_1 と V_2 の共通部分の体積 T と等しい。

以上から，V の体積を S と T を用いて表すと，

$$\boldsymbol{3S-2T}$$

となる。

(4)　まず，S は，半径 r の球の体積と，底面の半径が r，高さが 1 の円柱の体積の和に等しく，

$$\boldsymbol{S}=\frac{4}{3}\pi r^3+\pi r^2\cdot 1=\boldsymbol{\frac{4}{3}\pi r^3+\pi r^2}$$

となる。

次に，平面 $z=u$（ただし，$-r \leqq u \leqq r$）による V_1 と V_2 の共通部分の切り口は右図の網目部分であり，その面積は，$s=\sqrt{r^2-u^2}$ とおくと，

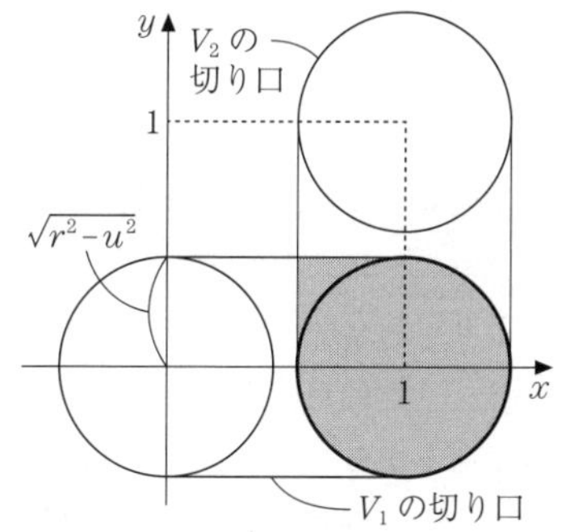

$$\frac{3}{4}\pi s^2+s^2=\left(\frac{3}{4}\pi+1\right)s^2$$

となる。これは，平面 $z=u$ による中心 A，半径 r の球の切り口（右図の太線で囲まれた部分）の面積 πs^2 の $\dfrac{\frac{3}{4}\pi+1}{\pi}$ 倍であるから，

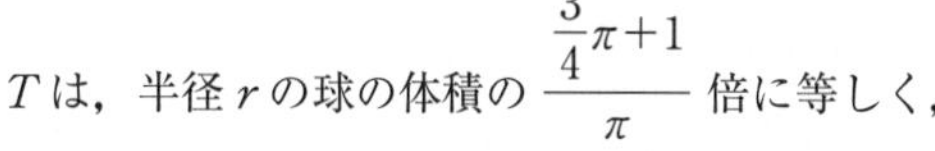
T は，半径 r の球の体積の $\dfrac{\frac{3}{4}\pi+1}{\pi}$ 倍に等しく，

$$\boldsymbol{T}=\frac{\frac{3}{4}\pi+1}{\pi}\cdot\frac{4}{3}\pi r^3=\left(\boldsymbol{\pi}+\frac{\mathbf{4}}{\mathbf{3}}\right)\boldsymbol{r}^3$$

となる。

よって，(3) より，V の体積は，

$$3S-2T=3\left(\frac{4}{3}\pi r^3+\pi r^2\right)-2\left(\pi+\frac{4}{3}\right)r^3$$
$$=\left(\mathbf{2}\boldsymbol{\pi}-\frac{\mathbf{8}}{\mathbf{3}}\right)\boldsymbol{r}^3+\mathbf{3}\boldsymbol{\pi}\boldsymbol{r}^2$$

となる。

解説

1°　解決に少々の立体感覚と時間を要するが，特に難しい部分はない。第 5 問と同様，しっかりと学習しておきたい。

2°　以下，**解** **答** の補足をいくつかしておこう。

まず，(1) の図示については，$\sqrt{r^2-t^2}$ と $\sqrt{r^2-(t-1)^2}$ の大小によって図の様子が変わるが，その違いは (2) 以降の解決には影響しない。場合分けして図示する必要はないだろう。

次に，(3) については，一般に，立体 X の体積を $v(X)$ と表すと，3 つの立体 V_1，V_2，V_3 に対して，

$$\begin{aligned}v(V_1\cup V_2\cup V_3)=&v(V_1)+v(V_2)+v(V_3)\\&-v(V_1\cap V_2)-v(V_2\cap V_3)-v(V_1\cap V_3)\\&+v(V_1\cap V_2\cap V_3)\end{aligned}$$

が成り立つが，本問では，

$$V_1\cap V_3\subset V_2$$

より

$$V_1\cap V_2\cap V_3=V_1\cap V_3$$

であるから，

$$v(V_1\cup V_2\cup V_3)=v(V_1)+v(V_2)+v(V_3)-v(V_1\cap V_2)-v(V_2\cap V_3)$$

が成り立つことになる。

また，(4) の $V_1\cap V_2$ の体積 T を求めるところについては，平面 $z=u$（ただし，$-r\leqq u\leqq r$）による $V_1\cap V_2$ の切り口の面積

$$\frac{3}{4}\pi(\sqrt{r^2-u^2})^2+(\sqrt{r^2-u^2})^2=\left(\frac{3}{4}\pi+1\right)(r^2-u^2)$$

を求めた後は，素直に積分して，

$$T=\int_{-r}^{r}\left(\frac{3}{4}\pi+1\right)(r^2-u^2)\,du=2\int_{0}^{r}\left(\frac{3}{4}\pi+1\right)(r^2-u^2)\,du$$

$$=2\left(\frac{3}{4}\pi+1\right)\left[r^2u-\frac{1}{3}u^3\right]_0^r=2\left(\frac{3}{4}\pi+1\right)\cdot\frac{2}{3}r^3$$

$$=\left(\pi+\frac{4}{3}\right)r^3$$

としてもよい。

2017年

第 1 問

解 答

(1) 3倍角と2倍角の公式により，

$$f(\theta)=\cos 3\theta+a\cos 2\theta+b\cos\theta$$
$$=(4\cos^3\theta-3\cos\theta)+a(2\cos^2\theta-1)+b\cos\theta$$
$$=4\cos^3\theta+2a\cos^2\theta+(b-3)\cos\theta-a$$

と表されるので，$x=\cos\theta$ のとき，

$$\boldsymbol{f(\theta)=4x^3+2ax^2+(b-3)x-a} \qquad \cdots\cdots ①$$

と x の整式で表される。

このとき，① をあらためて $F(x)$ とおくと，$0<\theta<\pi$ のもとで，

$$\boldsymbol{g(\theta)}=\frac{f(\theta)-f(0)}{\cos\theta-1}$$
$$=\frac{F(x)-F(1)}{x-1}$$
$$=\frac{(x-1)\{4x^2+2(a+2)x+2a+b+1\}}{x-1}$$
$$\boldsymbol{=4x^2+2(a+2)x+2a+b+1} \qquad \cdots\cdots ②$$

と x の整式で表される。

(2) ② をあらためて $G(x)$ とおくと，

「$g(\theta)$ が $0<\theta<\pi$ の範囲で最小値 0 をとる」

$\Longleftrightarrow$ 「$G(x)$ が $-1<x<1$ の範囲で最小値 0 をとる」 ……Ⓐ

であるから，Ⓐ となる a，b の条件が求めるものである。

ここで，

$$G(x)=4\left(x+\frac{a+2}{4}\right)^2-\frac{(a+2)^2}{4}+2a+b+1$$
$$=4\left(x+\frac{a+2}{4}\right)^2-\frac{1}{4}a^2+a+b$$

であり，$y=G(x)$ のグラフは軸が $x=-\dfrac{a+2}{4}$ で下に凸の放物線であるから，

$-1<x<1$ が開区間であることに注意すると，

$$\begin{cases} \cdot\ -1<-\dfrac{a+2}{4}<1 \text{ のとき，最小値は } G\left(-\dfrac{a+2}{4}\right) \text{ である。} \\ \cdot\ -\dfrac{a+2}{4}\leqq -1 \text{ または } -\dfrac{a+2}{4}\geqq 1 \text{ のとき，最小値は存在しない。} \end{cases}$$

よって，

$$\text{Ⓐ} \iff -1<-\frac{a+2}{4}<1 \quad \text{かつ} \quad G\left(-\frac{a+2}{4}\right)=0$$

$$\iff -6<a<2 \text{ かつ } b=\frac{1}{4}a^2-a$$

である。

したがって，求める条件は，

$$\boldsymbol{-6<a<2 \text{ かつ } b=\frac{1}{4}(a-2)^2-1}$$

であり，これを図示して，点 $(a,\ b)$ が描く図形は右図の放物線の一部（端点は除く）となる。

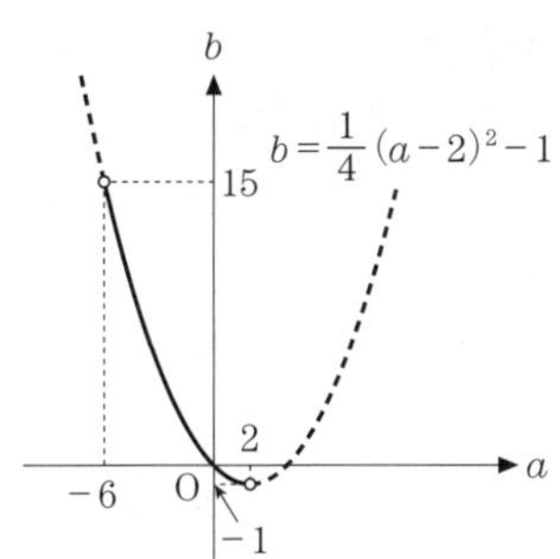

2017

解説

1°　素直に考え計算すればよいだけであり，確実に完答したい問題である。

2°　(1) は三角関数の 2 倍角・3 倍角の公式を利用するだけである。一般に，$\cos n\theta$（n は自然数）は $\cos\theta$ の整式として表されることが知られている。これをベースとした問題になっている。

また，「整式」とは，単項式と多項式を合わせたものであり，単項式を項が 1 つだけの多項式とみれば，整式は多項式と同義である。それゆえ，$g(\theta)$ は見かけ上分数式になっているが，分数形は必ず解消されることが問題文からわかる。このことは，**解答** のように $g(\theta)$ が $\dfrac{F(x)-F(1)}{x-1}$ の形であることに注目すれば，因数定理により $F(x)-F(1)$ が $x-1$ で割り切れることから当然のことである。

3°　(2) は (1) の結果を利用して Ⓐ のように言い換えることはよいだろう。単なる 2 次関数の最小値問題であるが，最小値を求めるのではなく，最小値が 0 となるような条件を求める問題であることに注意する。最小値を求めるつもりになって $G(x)$ のグラフ（軸が $x=-\dfrac{a+2}{4}$ で下に凸の放物線）

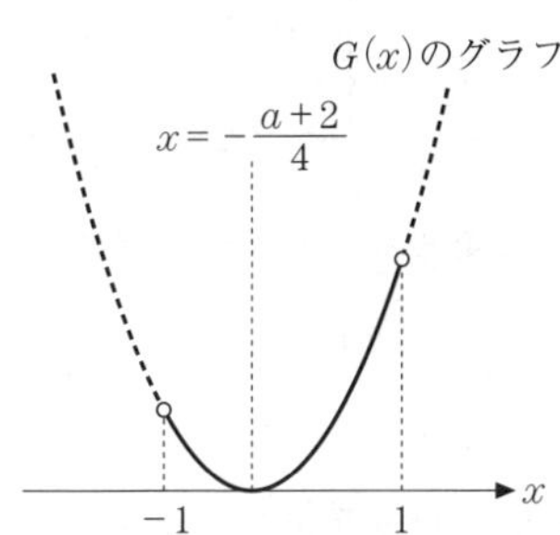

を考察し，軸の位置で分類すると，**解答**のようになることがわかる。x の変域が開区間 $-1<x<1$ であり，この区間で単調減少または単調増加の場合は最大値・最小値ともに存在しない。このことを意識して，丁寧に答案を記述することが肝腎である。

第 2 問

解答

点Pの座標 $(x,\ y)$ について，

$$X=(1\text{秒ごとの}x-y\text{の増分}),\qquad Y=(1\text{秒ごとの}x+y\text{の増分})$$

とおく。

規則(b)により，ある時刻で $\mathrm{P}(m,\ n)$ の1秒後の点Pは，

$$(m+1,\ n),\ (m,\ n+1),\ (m-1,\ n),\ (m,\ n-1)$$

のいずれかにそれぞれ確率 $\dfrac{1}{4}$ で移動するので，それぞれの場合に対応して順に $(X,\ Y)$ は，

$$(+1,\ +1),\ (-1,\ +1),\ (-1,\ -1),\ (+1,\ -1)$$

のそれぞれが確率 $\dfrac{1}{4}$ で起こる。 ……(＊)

(1)　規則(a)と，(＊)により $X=+1$ または $X=-1$ のいずれかであることに注意すると，

「点Pが，最初から6秒後に直線 $y=x$ 上にある」 ……Ⓐ

$\Longleftrightarrow$ 「最初から6秒後までの X の和が0となる」

$\Longleftrightarrow$ 「6回中，$X=+1$ と $X=-1$ が3回ずつ起こる」

である。

ここで，(＊)により

$$\begin{cases} \cdot\ P(X=+1)=2\cdot\dfrac{1}{4}=\dfrac{1}{2} \\ \cdot\ P(X=-1)=2\cdot\dfrac{1}{4}=\dfrac{1}{2} \end{cases}$$

であるから，Ⓐの確率は，

$${}_6\mathrm{C}_3\left(\frac{1}{2}\right)^3\left(\frac{1}{2}\right)^3=\boldsymbol{\frac{5}{16}}$$

である。

(2)　やはり規則(a)と，(＊)により $Y=+1$ または $Y=-1$ のいずれかであることに

注意すると,

「点 P が，最初から 6 秒後に原点 O にある」　……Ⓑ

$\Longleftrightarrow$ 「最初から 6 秒後までの X の和と Y の和がともに 0 となる」

である。

ここで，(＊)により

$$\begin{cases} \cdot\ P(Y=+1)=2\cdot\dfrac{1}{4}=\dfrac{1}{2} \\ \cdot\ P(Y=-1)=2\cdot\dfrac{1}{4}=\dfrac{1}{2} \end{cases}$$

であるから，(1) と同様に考えて最初から 6 秒後までの Y の和が 0 となる確率も $\dfrac{5}{16}$ になる。

さらに，X と Y は独立である。なぜなら，s と t は ±1 のいずれかとして,

$$P(X=s \text{ かつ } Y=t)=\frac{1}{4}\quad (\because\ (*))$$

$$P(X=s)\cdot P(Y=t)=\frac{1}{2}\cdot\frac{1}{2}=\frac{1}{4}$$

であって,

$$P(X=s \text{ かつ } Y=t)=P(X=s)\cdot P(Y=t)$$

が成り立つからである。

よって Ⓑ の確率は,

$$\left(\frac{5}{16}\right)^2=\mathbf{\frac{25}{256}}$$

である。

解説

1° 例年であれば“n 秒後”として出題されてもおかしくない確率の問題である。“6 秒後”と具体的な場合であるので，非常に取り組みやすくなっている。センター試験レベルといってもよいかも知れないが，試験場では必ずしも安心できなかったのではないだろうか。着想が良ければ簡単な問題であり，そうでなくても処理能力に長けていれば解決でき，やみくもにやるだけでは失敗しかねないという，いかにも東大らしい問題である。合否のカギを握る問題の一つといってよい。

2° (1), (2) ともに，**解** **答** のように“x 座標と y 座標の差の値及び和の値の変化”に着目すると，反復試行の確率の公式 ${}_n\mathrm{C}_r p^r(1-p)^{n-r}$ が使えて容易に解決する。

これは結局，0点の状態から始めて，コインを投げて表が出れば＋1点，裏が出れば－1点として，(1)では1枚のコインを6回投げて合計得点が0点となる確率，(2)では2枚のコインを6回ずつ投げてそれぞれのコインについての合計得点が0点となる確率を求めることと同じである。このように言い替える“数学的読解力”がポイントになるが，この着想はなかなか気付きにくいであろう。本問は文科第3問と同じ設定であり，文科の問題では(1)で**解答**のXが＋1となる確率を求める設問が用意してある（文科の(2)は本問の(1)と同じ）。出題者は文科と同じ着想を期待していたのかもしれない。

3° **解答**の方針でいく場合，(2)において確率変数XとYが独立であることに注意する。独立であることは，規則(b)を**解答**の(＊)のように捉えなおせば，ほぼ自明であるが，**解答**では確率変数の独立の定義に戻って確認した。これは数学Bの「確率分布と統計的推測」で学ぶことであり，一般に，

「2つの確率変数X，Yが独立であるとは，

$$P(X=x_i \text{ かつ } Y=y_j)=P(X=x_i)\cdot P(Y=y_j)$$

がすべての$(i,\ j)$について成立することである。」

というのが定義である。これは事象A，Bの独立についても

$P(A\cap B)=P(A)\cdot P(B)$ が成立することとして定義されるのと同様である。ただ，答案上ではここまで厳密にしなくても許容される可能性もあり，**解答**の(＊)の言い替えをきちんと述べておけばよいであろう。

4° **解答**の方針とは別に，規則(b)の4通りの移動の回数を考えて処理するのが素直な方法であろう。1秒ごとの移動は独立試行であるから，6秒後に直線 $y=x$ 上にある移動の仕方，6秒後に原点にある移動の仕方をそれぞれm通り，n通りとすれば，

$$(1)\text{ の確率は } m\left(\frac{1}{4}\right)^6,\quad (2)\text{ の確率は } n\left(\frac{1}{4}\right)^6$$

で与えられる。あとはm，nを求めればよいだけであるが，漏れなく重複なくm，nを求めるためには，つぎの**別解**のように，4通りの各移動の回数を文字でおいて定式化するとよい。

別解

1つの格子点から隣接する右，上，左，下の格子点への移動を，6秒間でそれぞれa，b，c，d回行ったとすると，規則(a)に注意して，6秒後の点Pの座標は，

$$(0,\ 0)+a(1,\ 0)+b(0,\ 1)+c(-1,\ 0)+d(0,\ -1)=(a-c,\ b-d)$$
……①

である。

ここに，a，b，c，d は，

$$a+b+c+d=6$$ ……②

を満たす非負整数である。

(1)　① より

「点 P が，最初から 6 秒後に直線 $y=x$ 上にある」 ……Ⓐ

$\iff$ $b-d=a-c$

$\iff$ $a+d=b+c$ ……③

であり，② かつ ③ より，

$a+d=3$ かつ $b+c=3$ ……④

となる。

④ を満たす非負整数 a，b，c，d は，

$(a,\ d)=(0,\ 3)，(1,\ 2)，(2,\ 1)，(3,\ 0)$ ……⑤

$(b,\ c)=(0,\ 3)，(1,\ 2)，(2,\ 1)，(3,\ 0)$ ……⑥

に限られ，⑤ のおのおのに対し，⑥ のおのおのの場合がある。

⑤ と ⑥ は a と d，b と c に関してそれぞれ対称であるから，Ⓐ となる移動の仕方は，⑤ と ⑥ のうち，$a<d$ かつ $b<c$ の場合の数，すなわち，

$(a,\ b,\ c,\ d)$

$=(0,\ 0,\ 3,\ 3)，(0,\ 1,\ 2,\ 3)，(1,\ 0,\ 3,\ 2)，(1,\ 1,\ 2,\ 2)$

の場合の数を 4 倍すればよいから，Ⓐ の確率は，

$$\left(\frac{6!}{3!3!}+\frac{6!}{1!2!3!}+\frac{6!}{1!3!2!}+\frac{6!}{1!1!2!2!}\right)\cdot 4\cdot\left(\frac{1}{4}\right)^6=(20+60+60+180)\cdot\frac{1}{4^5}$$

$$=\mathbf{\frac{5}{16}}$$

である。

(2)　やはり ① より，

「点 P が，最初から 6 秒後に原点 O にある」 ……Ⓑ

$\iff$ $a-c=0$ かつ $b-d=0$

$\iff$ $a=c$ かつ $b=d$ ……⑦

であり，② かつ ⑦ より，

$a+b=3$ かつ $a=c$ かつ $b=d$

となるから，これを満たす非負整数 a，b，c，d は，

$$(a,\ b,\ c,\ d)$$
$$=(0,\ 3,\ 0,\ 3),\ (1,\ 2,\ 1,\ 2),\ (2,\ 1,\ 2,\ 1),\ (3,\ 0,\ 3,\ 0) \quad \cdots\cdots⑧$$

に限られる。

⑧の4組の対称性を考えて，Ⓑとなる移動の仕方は⑧の $a<b$ の場合の数を2倍すればよいから，Ⓑの確率は，

$$\left(\frac{6!}{3!3!}+\frac{6!}{1!2!1!2!}\right)\cdot 2\cdot\left(\frac{1}{4}\right)^6=(20+180)\cdot\frac{1}{2\cdot 4^5}$$
$$=\mathbf{\frac{25}{256}}$$

である。

5° 本問の“6秒後”を“n 秒後”に変えるとどうなるであろうか。これは読者の研究問題としておこう。

第 3 問

解答

原点以外の点 z に対して，

$$w=\frac{1}{z} \quad \cdots\cdots①$$

とする。

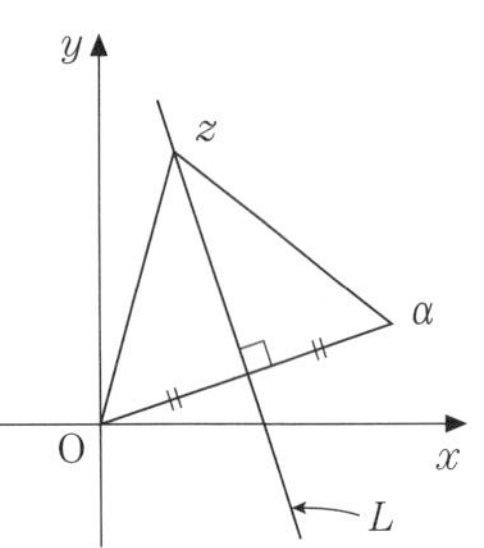

(1) 点 z が直線 L 上を動くとき，点 z は点 $\alpha\ (\neq 0)$ と原点Oの双方から等距離にあるので，

$$|z-\alpha|=|z| \quad \cdots\cdots②$$

を満たしながら z は変化する。

よって，点 w の軌跡は，

「①かつ②を満たす z が存在する」……Ⓐ

ような点 w 全体の集合である。

ここで，

$$① \iff zw=1$$
$$\iff z=\frac{1}{w} \quad \cdots\cdots③$$

であるから，③を②に代入し，

$$Ⓐ \iff \left|\frac{1}{w}-\alpha\right|=\left|\frac{1}{w}\right|$$

$$\iff |1-\alpha w|=1 \text{ かつ } w \neq 0$$

$$\iff |\alpha|\left|w-\frac{1}{\alpha}\right|=1 \text{ かつ } w \neq 0 \quad (\because \ \alpha \neq 0)$$

$$\iff \left|w-\frac{1}{\alpha}\right|=\frac{1}{|\alpha|} \text{ かつ } w \neq 0$$

である。

よって，点 w の軌跡は，

中心が $\boldsymbol{\frac{1}{\alpha}}$，半径が $\boldsymbol{\frac{1}{|\alpha|}}$ の円から１点Ｏを除いたもの

である。

(2)　β は１の３乗根のうち，虚部が正であるものであるから，

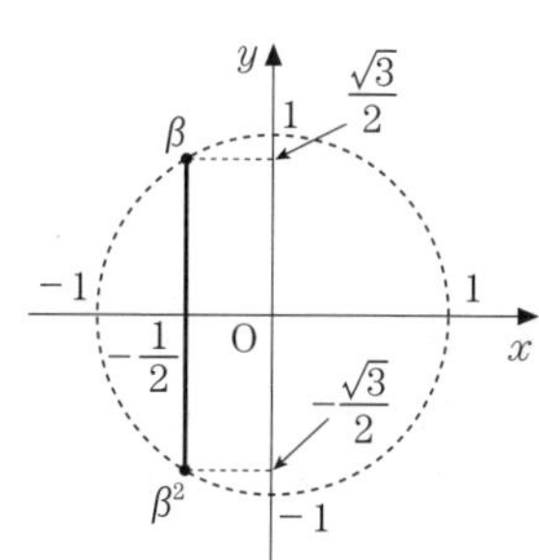

$$\beta=\frac{-1+\sqrt{3}\,i}{2}, \quad \beta^2=\frac{-1-\sqrt{3}\,i}{2}$$

である。

したがって，点 β と点 β^2 を結ぶ線分とは，

“点 -1 と原点Ｏを結ぶ線分の垂直二等分線のうち，原点Ｏを中心とする単位円の周及び内部の部分”

であり，これは

“(1) において $\alpha=-1$ としたときの直線 L のうち，

$|z| \leqq 1$　……④

を満たす部分”

である。

(1) において $\alpha=-1$ としたときの点 w の軌跡は，(1) の結果より，

中心が -1，半径が１の円から１点Ｏを除いたもの　……⑤

である。

また，点 z が ④ を満たしながら動くときの点 w の軌跡は，(1) と同様に考えて ③ を ④ に代入し，

$$\left|\frac{1}{w}\right| \leqq 1, \text{ すなわち，} |w| \geqq 1$$

となるから，

中心が原点Ｏ，半径が１の円の周及び外部　……⑥

である。

よって，求める w の軌跡は“⑤ かつ ⑥”，すなわち，

$$|\boldsymbol{w}+\boldsymbol{1}|=\boldsymbol{1} \text{ かつ } |\boldsymbol{w}| \geqq \boldsymbol{1}$$

を満たす点 w 全体であり，下図太線部の円弧である。ただし，弧の端点を含む。

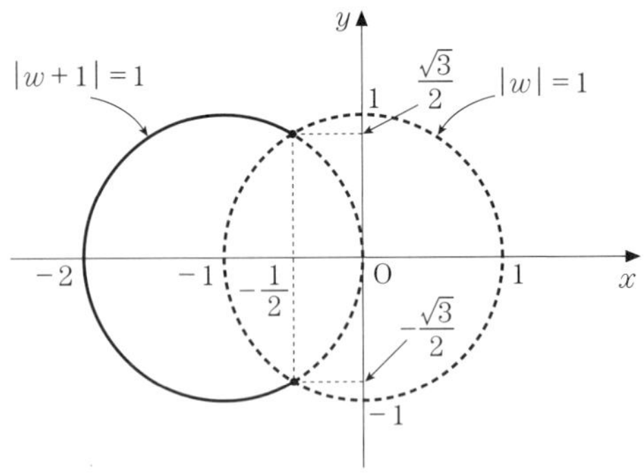

解説

1°　複素数平面分野の出題は 2 年連続である。複素数平面は苦手にしている受験生が比較的多く，また東大では難問も出題されるので，敬遠されがちであるが，本問は手の付けやすい問題である。類題の経験もあったのではないだろうか。特に (1) は，結論が明示されていなくても基本的問題であり，確実に完答したい。(2) も (1) が利用できることに着目すれば短時間で解決できるはずである。問題全体をよく見渡して (1) と (2) の関連，あるいは設問に分けられている意図を意識することも，問題解決のための大事な観点なのである。

2°　問題文では (1), (2) いずれも“点 w の軌跡”が要求されているが，これは複素数平面上の 1 次分数変換 $w=\dfrac{1}{z}$ による「直線 L」及び「点 β と点 β^2 を結ぶ線分 (以下これを S と呼ぶ)」の“像”を求めることにほかならない。$w=\dfrac{1}{z}$ の場合，z について $z=\dfrac{1}{w}$ と容易に解くことができるので，これを z の満たすべき直線 L 及び線分 S の式に代入してやればよい。

一般に，複素数平面上の変換 $w=f(z)$ による図形 $F(z)=0$ の像は，$w=f(z)$ が $z=f^{-1}(w)$ と解ける場合は,これを $F(z)=0$ に代入することで,像 $F(f^{-1}(w))=0$ が得られる。これは，**解** **答** の Ⓐ のように「$w=f(z)$ かつ $F(z)=0$ を満たす z が存在する」条件を求めていることにほかならない。これは変換の像に関する基

本的考え方である。

3° (1)では問題文の“垂直二等分線”を“2点から等距離にある点の集合”と読み替えて，L の方程式を②のように定式化してやればよい。②をさらに変形すると $|z-\alpha|^2=|z|^2$ より，$\overline{\alpha}z+\alpha\overline{z}=|\alpha|^2$ の形となるが，ここまでの変形は必要ない。あとは③を代入するだけである。

細かいことであるが，Ⓐの同値変形において，分母の w を払う際は，$w\neq 0$ の条件が加わることに注意しよう。「$\dfrac{A}{B}=C \iff$ “$A=BC$ かつ $B\neq 0$”」である。

4° (2)では，線分 S を，(1)の利用を考え，“点 -1 と原点Oを結ぶ線分の垂直二等分線のうち，原点Oを中心とする単位円の周及び内部の部分”と捉えることがポイントである。(1)を利用できることに気付かなくても解決はできるが，それでは二度手間になり時間的に不利になる。

β と β^2 は“1の虚立方根”と呼ばれるもので，一般に ω，ω^2 という記号で表されることが多い。すなわち，

$$\left.\begin{matrix}\omega\\ \omega^2\end{matrix}\right\}=\frac{-1\pm\sqrt{3}\,i}{2}=\cos\left(\pm\frac{2}{3}\pi\right)+i\sin\left(\pm\frac{2}{3}\pi\right)\quad(\text{複号同順})$$

である。これらは当然絶対値が1であるから，線分 S を，(1)で $\alpha=-1$ としたときの直線 L のうち“$|z|\leqq 1$ の部分”と捉えるのが自然であろう。$|z|\leqq 1$ の代わりに偏角に注目して，“$\dfrac{2}{3}\pi\leqq\arg z\leqq\dfrac{4}{3}\pi$ の部分”としても同様に解決できる。このときは，

$$\arg z=\arg\frac{1}{w}=-\arg w$$

に注意する。

また，線分 S を，

・直交座標系を入れて，$S: x=-\dfrac{1}{2}$ かつ $-\dfrac{\sqrt{3}}{2}\leqq y\leqq\dfrac{\sqrt{3}}{2}$

・極座標系を入れて，$S: r\cos\theta=-\dfrac{1}{2}$ かつ $\dfrac{2}{3}\pi\leqq\theta\leqq\dfrac{4}{3}\pi$

などと定式化しても，困難なく解決できる。これらの別解は読者の練習問題としよう。

5° $w=\dfrac{1}{z}$ による点 z から点 w への複素数平面上の変換は，東大受験生であれば一度は経験があるはずである。

この変換は，

“中心O，半径1の円による反転と実軸に関する対称移動（鏡映）の合成変換”

……(＊)

という幾何的意味を持つ。

ここで「中心O，半径rの円による反転」とは，平面上の原点O以外の点Pに対して，

“O，P，QはOを端点とする半直線上”かつ $\mathrm{OP}\cdot\mathrm{OQ}=r^2$

を満たすような点Qを対応させる変換のことをいう。

$w=\dfrac{1}{z}$ で対応する点zと点wは，

$$w=\frac{\overline{z}}{z\overline{z}}=\frac{\overline{z}}{|z|^2}=\overline{\left(\frac{1}{|z|^2}z\right)}$$

を満たすので，$w=\overline{w'}$ とおくと，$w'=\dfrac{1}{|z|^2}z$ であり，$|w'||z|=1$ であるから，

“O，z，w'はOを端点とする半直線上”

かつ $\mathrm{O}z\cdot\mathrm{O}w'=1$

であり，点w'は点zの“中心O，半径1の円による反転”による像である。そして，点wは点w'の実軸に関する対称点を表すことから，(＊)がわかる。

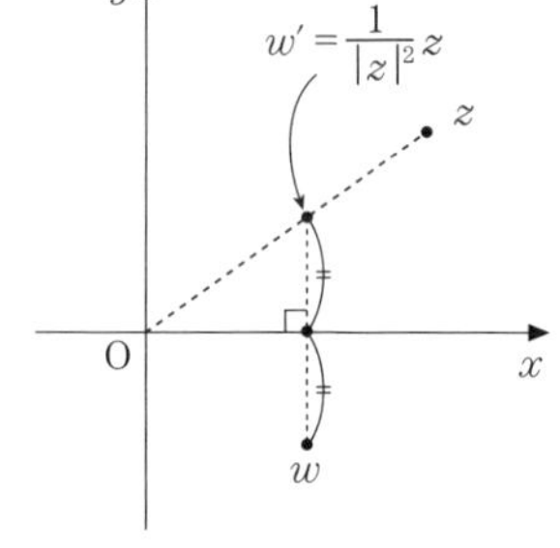

一般に，反転は“円を円に変換する”（円円対応）という性質を持つ。ただし，直線は半径が∞の円とみなし，円に含めることにする。もう少し細かくいえば，反転によって，

（ア）　反転中心を通らない直線は，反転中心を通る円に移る

（イ）　反転中心を通る直線は，反転中心を通る直線に移る

（ウ）　反転中心を通る円は，反転中心を通らない直線に移る

（エ）　反転中心を通らない円は，反転中心を通らない円に移る

という性質がある（ただし(ア)～(ウ)において反転中心を通る図形の場合は，反転中心を除く部分とする)，本問ではこのうちの(1)で(ア)が，(2)では(ア)と(エ)が問題とされていたのである。

第 4 問

解　答

$p=2+\sqrt{5}$ に対して，

$$q=-\frac{1}{p}=2-\sqrt{5}$$

とおくと，

$$a_n=p^n+q^n \quad (n=1,\ 2,\ 3,\ \cdots\cdots) \qquad \cdots\cdots ①$$

と表される。

(1)　$\boldsymbol{a_1=4,\quad a_2=18}$

(2)　$n \geqq 2$ のもとで，① を用いて計算すると，

$$\begin{aligned} a_1a_n &= (p+q)(p^n+q^n) \\ &= p^{n+1}+q^{n+1}+pq(p^{n-1}+q^{n-1}) \\ &= p^{n+1}+q^{n+1}-(p^{n-1}+q^{n-1}) \end{aligned}$$

となるので，

$$\boldsymbol{a_1a_n=a_{n+1}-a_{n-1}} \qquad \cdots\cdots ②$$

と表される。

(3)　$n=1,\ 2,\ 3,\ \cdots\cdots$ に対して，

「a_n は自然数である」　……(＊)

ことを，n に関する数学的帰納法によって証明する。

(Ⅰ)　$n=1$ と $n=2$ のとき，(1)の結果より，(＊)は成り立つ。

(Ⅱ)　ある $n\,(\geqq 2)$ に対して，a_{n-1} と a_n がともに自然数であると仮定する。

このとき，② と (1)の結果より，

$$a_{n+1}=4a_n+a_{n-1} \quad (n \geqq 2) \qquad \cdots\cdots ②'$$

であって，自然数は加法と乗法について閉じているから，a_{n+1} も自然数である。

(Ⅰ)，(Ⅱ)より，$n=1,\ 2,\ 3,\ \cdots\cdots$ に対して，(＊)が成り立つ。

(4)　2つの自然数 A と B に対して，A と B の最大公約数を $\gcd(A,\ B)$ で表すことにする。

ここで，自然数 a，b，q，r について，

$$a=qb+r \qquad \cdots\cdots ③$$

なる関係が成り立つとき，

$$\gcd(a,\ b)=\gcd(b,\ r) \qquad \cdots\cdots ④$$

であることが，つぎのようにして示される。

いま，集合 S と T を，

$S=\{s \mid s$ は a と b の正の公約数$\}$

$T=\{t \mid t$ は b と r の正の公約数$\}$

とおくと，

$s\in S \implies a=a's,\ b=b's$ となる自然数 $a',\ b'$ が存在する

$\implies r=(a'-qb')s$ となる自然数 $a'-qb'$ が存在する

(∵ ③ より)

$\implies s$ は b の約数であり，かつ，r の約数である

$\implies s\in T$

であるから，

$$S\subset T \quad \cdots\cdots⑤$$

である。

逆に，

$t\in T \implies b=b''t,\ r=r''t$ となる自然数 $b'',\ r''$ が存在する

$\implies a=(qb''+r'')t$ となる自然数 $qb''+r''$ が存在する

(∵ ③ より)

$\implies t$ は a の約数であり，かつ，b の約数である

$\implies t\in S$

であるから，

$$T\subset S \quad \cdots\cdots⑥$$

である。

よって，⑤ と ⑥ より，

$$S=T$$

であるから，このことより ④ も成り立つ。

しかるに，②′ は ③ の形であるから，④ により，

$$\gcd(a_{n+1},\ a_n)=\gcd(a_n,\ a_{n-1}) \quad (n\geqq 2)$$

が成り立ち，これと (1) の結果より，求める最大公約数は，

$$\gcd(a_{n+1},\ a_n)=\gcd(a_2,\ a_1)=\gcd(18,\ 4)=\mathbf{2}$$

である。

解説

1°　頻出の数列と整数の融合問題であり，過去問にも似たような設定の出題がある。本問のように (1) から (4) まで設問が小分けにされた出題も過去にないわけではないが，東大理科では少ない。(3) までは難なく進むはずで，(4) だけが少し悩ましい問題である。理科としては完答を目指したいが，少なくとも (3) までの得点は確実に確保したい。東大理科の 2 次試験で (1) のように結論のみを書け，という指示は初めてである。

2° (1)は単純な計算である。$p=2+\sqrt{5}$ を用いて $-\dfrac{1}{p}$ を計算してみると，

$-\dfrac{1}{p}=2-\sqrt{5}$ となり，$q=-\dfrac{1}{p}$ とおくと，$a_n=p^n+q^n$ と見栄えよく表される。

$$p+q=4,\quad pq=-1$$

であるから，

$$a_1=p+q=4,$$
$$a_2=p^2+q^2=(p+q)^2-2pq=4^2-2\cdot(-1)=18$$

となる。

3° (2)は問題文に「積 a_1a_n を」とあるので，素直に $a_1=p+q$，$a_n=p^n+q^n$ を掛け合わせればよい。ここで(1)の結果を用いて，$a_1a_n=4a_n=4(p^n+q^n)=\cdots\cdots$ などとやり出すと回り道になる。

一般に，

$$a_n=A\alpha^n+B\beta^n\quad (A,\ B,\ \alpha,\ \beta \text{ は } n \text{ によらない定数})\qquad\cdots\cdots㋐$$

と表される数列 $\{a_n\}$ は，定数 A，B によらず，3項間漸化式

$$a_{n+2}-(\alpha+\beta)a_{n+1}+\alpha\beta a_n=0\qquad\cdots\cdots㋑$$

を満たす。さらに，$\alpha\neq\beta$ のときは，逆に ㋑ を満たす数列の一般項が ㋐ の形で表される。漸化式の学習において，これらのことも習得してあれば，(2)の結果は自明のものとなる。

4° (3)を数学的帰納法で証明すればよいことは，(2)から直ちにわかるであろう。ただし，a_n は3項間漸化式を満たすのであるから，数学的帰納法の第1段階では $n=1$ と $n=2$ の場合の成立を述べ，第2段階では，“前2つ”の成立を仮定して証明する形式になる。この点が唯一注意することである。数学的帰納法によらず，$a_n=(2+\sqrt{5})^n+(2-\sqrt{5})^n$ の右辺を2項展開して示すことも可能であるが，試験場では問題の誘導にうまく乗ることも考えるべきである。

5° ところで，数列 a_n の一般項 p^n+q^n は p と q の対称式である（p と q を入れ替えても式の形が変わらない）。

一般に，「対称式は基本対称式の整式として表される」という定理がある。高校数学では一般には扱わないが，特に2文字 x と y の対称式は基本対称式 $x+y$ と xy の整式として表されることは経験的に知っていることだろう。2文字の場合の対称式は xy，$x+y$，x^2+y^2，x^3+y^3，$\cdots\cdots$ の整式として表されるので，x^n+y^n $(n=1,\ 2,\ 3,\ \cdots\cdots)$ が $x+y$ と xy の整式で表されることを示せば，2文字の場合の定理が証明されたことになる。その証明は，x^n+y^n の満たす3項間漸化式を用

意し，前2つを仮定する数学的帰納法による。本問の(1)，(2)，(3)はこの証明とよく似ている。

6° さて，(4)が本問の考えどころである。**解答**の記号を使えば，$a_{n+1}=4a_n+a_{n-1}$ のとき，ユークリッドの互除法により，

$$\gcd(a_{n+1},\ a_n)=\gcd(a_n,\ a_{n-1})\quad (n\geqq 2)$$

としたいところであるが，ユークリッドの互除法は，割られる数と割る数の最大公約数が，割る数と余りの最大公約数に一致することを利用して最大公約数を求めるアルゴリズムである。$a_{n+1}=4a_n+a_{n-1}$ において，a_{n+1} を a_n で割った余りが a_{n-1} であるということはどこにも示されていない。実際は，$0<a_{n-1}<a_n$ $(n\geqq 2)$ が示せるので（これを示すのは読者の練習問題としておこう），ユークリッドの互除法を直接利用することも可能である。**解答**では互除法を利用する代わりに，互除法の原理の証明をすることによって，より一般に，③ のもとで ④ が成り立つことを示しそれを利用した。互除法の原理を既知とすれば，証明は不要となり，(4)の解答は大幅に簡略化されるが，どこまでの記述を要求しているかは主観に左右されるのも否めない。時間が許せば丁寧に記述するに越したことはない。

7° (4)は互除法の原理に基づく以外に，(3)と同様に数学的帰納法を利用して解決することもできる。この方法では，以下の帰納法の第2段階において，k と l が互いに素な自然数であるとき，$4k+l$ と k も互いに素な自然数であることを論証することがポイントになる。

【(4)の **別解**】

$n=1,\ 2,\ 3,\ \cdots\cdots$ に対して，

a_{n+1} と a_n の最大公約数が2である。　……◎

ことを，n に関する数学的帰納法で示す。

(I)　$n=1$ のとき，(1)の結果より，◎は成り立つ。

(II)　ある $n\,(\geqq 1)$ に対して，◎が成り立つと仮定すると，

$$a_{n+1}=2k,\quad a_n=2l\quad (k \text{ と } l \text{ は互いに素な自然数})$$

となる k，l が存在する。

このとき，②′ より，

$$\begin{aligned}a_{n+2}&=4a_{n+1}+a_n\\&=4\cdot 2k+2l\\&=2(4k+l)\end{aligned}$$

と表される。

ここで，$4k+l$ は自然数で，これは k と互いに素である。

なぜなら，$4k+l$ と k が互いに素でないと仮定すると，両者は2以上の公約数 g をもつことになり，

$$4k+l=\alpha g,\ k=\beta g \quad (\alpha,\ \beta \text{は自然数})$$

となる α，β が存在するが，このとき，

$$l=\alpha g-4k=\alpha g-4\beta g=(\alpha-4\beta)g$$

と表され，l は約数 g をもつことになって，“k と l は互いに素”に矛盾するからである。

よって，$4k+l$ と k は互いに素な自然数であり，a_{n+2} と a_{n+1} の最大公約数は2であるから，◎は n を $n+1$ に代えても成り立つ。

(I)，(II) より，求める最大公約数は**2**である。

第 5 問

解答

$$C:y=x^2+k \qquad \cdots\cdots①$$

$$D:x=y^2+k \qquad \cdots\cdots②$$

(1)　直線 $y=ax+b$ を

$$L:y=ax+b \qquad \cdots\cdots③$$

とおく。

まず，L が C に接する条件を求める。

それは，③と①から y を消去して得られる x の2次方程式

$$ax+b=x^2+k,\quad \text{すなわち，}\quad x^2-ax+k-b=0 \qquad \cdots\cdots④$$

が重解をもつことであるから，(④の判別式)$=0$ より，

$$(-a)^2-4(k-b)=0 \qquad \therefore\quad b=k-\frac{a^2}{4} \qquad \cdots\cdots⑤$$

次に，L が D に接する条件を求める。

$a=0$ のときの L は D の接線にならないので $a\neq 0$ が必要であり，このもとで，

$$L:x=\frac{1}{a}y-\frac{b}{a} \qquad \cdots\cdots③'$$

と変形できるから，求める条件は，⑤において a を $\dfrac{1}{a}$ に，b を $-\dfrac{b}{a}$ に置き換えればよく，

$$-\frac{b}{a}=k-\frac{1}{4a^2} \qquad \therefore \quad b=-ak+\frac{1}{4a} \qquad \cdots\cdots⑥$$

$a\neq 0$ のもとで，L が C と D の共通接線となる条件は，「⑤ かつ ⑥ 」である。

そこで，$a\neq 0$ かつ $a\neq -1$ のもとで ⑤ と ⑥ を連立させ，a を用いて k と b を表せばよい。

⑤，⑥ より，

$$k-\frac{a^2}{4}=-ak+\frac{1}{4a} \qquad \therefore \quad (a+1)k=\frac{a^3+1}{4a} \qquad \cdots\cdots⑦$$

$$\therefore \quad \boldsymbol{k=\frac{a^2-a+1}{4a}} \quad (\because \quad a\neq -1) \qquad \cdots\cdots⑧$$

⑧ を ⑤ に代入して，

$$b=\frac{a^2-a+1}{4a}-\frac{a^2}{4} \qquad \therefore \quad \boldsymbol{b=\frac{-a^3+a^2-a+1}{4a}}$$

(2)　$a=2$ を ⑧ に代入すると $k=\frac{3}{8}$ を得るので，「$k=\frac{3}{8}$ のときの ⑤ かつ ⑥」を満たす実数の組 $(a,\ b)$ が3組あることを示し，そのときの a と b を求めればよい。

$k=\frac{3}{8}$ のとき，

$$⑤ \text{ かつ } ⑥ \iff ⑤ \text{ かつ } ⑦$$

$$\iff \begin{cases} b=\dfrac{3}{8}-\dfrac{a^2}{4} \\ \dfrac{3}{8}(a+1)=\dfrac{a^3+1}{4a} \end{cases}$$

$$\iff \begin{cases} b=\dfrac{3}{8}-\dfrac{a^2}{4} \\ 2(a+1)(a^2-a+1)-3a(a+1)=0 \end{cases}$$

（$a\neq 0$は満たされる）

$$\iff \begin{cases} b=\dfrac{3}{8}-\dfrac{a^2}{4} \\ (a+1)(a-2)(2a-1)=0 \end{cases}$$

$$\iff \boldsymbol{(a,\ b)=\left(-1,\ \frac{1}{8}\right),\ \left(2,\ -\frac{5}{8}\right),\ \left(\frac{1}{2},\ \frac{5}{16}\right)} \cdots\cdots⑨$$

であるから，傾きが2の共通接線が存在するように k の値を定めたとき，共通接線は3本存在し，それらの傾き a と y 切片 b は，⑨ の3組である。

解説

1°　“対称性”が活用できる問題（後述）であり，これは東大理科の数学によく見られる特徴である。対称性を活用しなくとも，実直に計算すれば解決できる計算主体の問題であり，やはり，完答を目指したい問題である。

2°　直線 L が2曲線 C と D の共通接線となる条件を求めるにはいくつかの方法が考えられる。すなわち，

1)　C と D の一方の接線を微分法などを利用して求めておき，それが他方と接する条件を考える

2)　C の接線と D の接線を個別に微分法などを利用して求めておき，両者が一致する条件を考える

3)　L の傾きと y 切片を設定しておき，それが C と D の両方に接する条件を考える

等である。本問の場合は，L に相当する直線の傾きと y 切片が a，b のように問題に設定されていることから，3)の方針がよいであろう。しかも C と D が両方とも放物線であることから，接する条件は，微分法よりも重解条件の方が効率がよい。それに加えて，本問では，C と D の方程式が x と y を入れ替えた形であることから，L が C に接する条件（⑤）を求めてしまえば，L で x と y の立場を逆にした式（③′）に注目することで，L が D に接する条件（⑥）は計算せずに求めることができる。⑤ かつ ⑥ を掴むことが本問の最大のポイントであり，あとは⑤と⑥を連立させるだけである。このように，本問は計算の要領が問われているといってもよい問題である。

なお，1)や2)の方針でも解決は可能である。たとえば，1)の場合は次のような流れになる。

$y=x^2+k$ のとき，$y'=2x$ であるから，C 上の点 $(t,\ t^2+k)$ での接線は，

$$y=2t(x-t)+t^2+k,\ \text{すなわち，}\ y=2tx-t^2+k$$

と表されるから，これが $L:y=ax+b$ であるとき，

$$a=2t\ \text{かつ}\ b=-t^2+k$$

が成立し，この2式から t を消去することで，**解答** の ⑤ 式を得る。これ以降は **解答** と同様である。

3°　(2)で3本の共通接線が存在することは，C と D が直線 $y=x$ に関して対称（これは C と D の方程式が x と y を入れ替えた形であることから読み取れる）であるから，直線 $y=2x+b$ が共通接線ならば直線 $x=2y+b$ も共通接線になること，

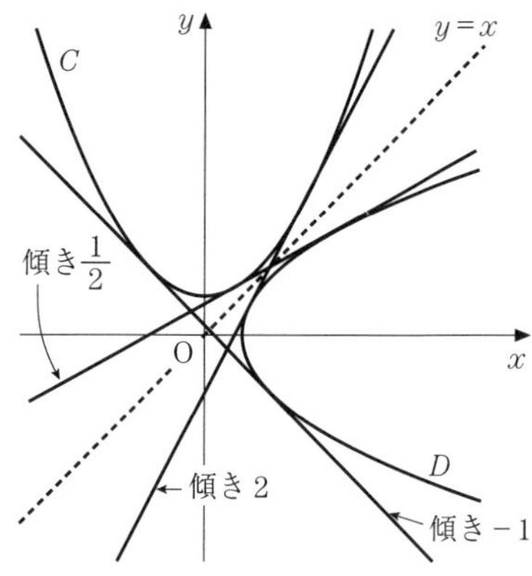

及び直線 $y=x$ に垂直な直線（傾きが -1 の直線）が接線になることからわかる。このことは図を描いてみるとさらによくわかるであろう。(2) を解決するに当たっては初めにこのことを見抜いておくのがよい。

実際に 3 本あることを証明するには，傾きと y 切片の組が 3 組定まることを示せばよく，実質的には証明問題ではなく求値問題である。$a=2$ の共通接線が存在するように k の値を定めるのであるから，$a=2$ を (1) の結果の ⑧ に代入して k の値だけを定め，そのもとで「⑤ かつ ⑥」に戻って実数の組 $(a,\ b)$ が 3 組定まることを示せばよい。$a=2$ 以外にも a の値は定まるはずなので，$a=2$ を ⑤ や ⑥ に代入してしまうと，何をすればよいのかわからなくなってしまう可能性がある。目標をしっかり見据えることが肝腎である。

結局，$k=\dfrac{3}{8}$ のときの a と b に関する連立方程式 ⑤ かつ ⑥ を解くことに帰着する。本項の初めに考察したように，C と D の対称性に着目しておけば，$a=2$ 以外に $a=\dfrac{1}{2}$，$a=-1$ が定まるはずで，これに応じて b の値は ⑤ から求められる。導いた結果がこれらと一致しなければ計算ミスを疑うべきで，このように (2) は別の角度からも検証可能なのである。

第 6 問

解答

(1) △OPQ は一辺の長さが 1 の正三角形であるから，点 Q が $(0,\ 0,\ 1)$ にあるとき，

P から辺 OQ への垂線の足は $\mathrm{H}\left(0,\ 0,\ \dfrac{1}{2}\right)$，

その垂線の長さは $\dfrac{\sqrt{3}}{2}$

である。

よって，△OPQ を動かすとき，P は平面 $z=\dfrac{1}{2}$ 上で点 H を中心とする半径

$\dfrac{\sqrt{3}}{2}$ の円を描くから，P$(x,\ y,\ z)$とおくと，点Pの x 座標がとり得る値の範囲は，

$$-\frac{\sqrt{3}}{2} \leqq x \leqq \frac{\sqrt{3}}{2} \quad \cdots\cdots ①$$

である。

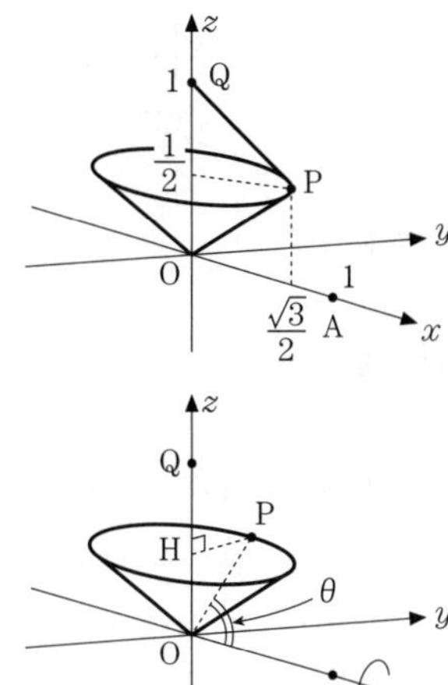

また，

$$\cos\theta = \frac{\overrightarrow{\mathrm{OA}} \cdot \overrightarrow{\mathrm{OP}}}{|\overrightarrow{\mathrm{OA}}||\overrightarrow{\mathrm{OP}}|} = x \quad \cdots\cdots ②$$

であるから，①と②より，$0° \leqq \theta \leqq 180°$ のもとで θ のとりうる値の範囲は，

$$\mathbf{30° \leqq \theta \leqq 150°} \quad \cdots\cdots ③$$

である。

(2)　点Qが平面 $x=0$ 上を動くとき，Qは平面 $x=0$ 上で x 軸のまわりを回転するから，

　辺OPが通過しうる範囲 K は x 軸のまわりの回転体

である。

そこで，まず θ を固定して $\angle\mathrm{AOP}=\theta$ とすると，辺OPの通過しうる範囲は，図1のような xz 平面上の線分 $\mathrm{OP_0}$ を x 軸のまわりに回転してできる立体である。

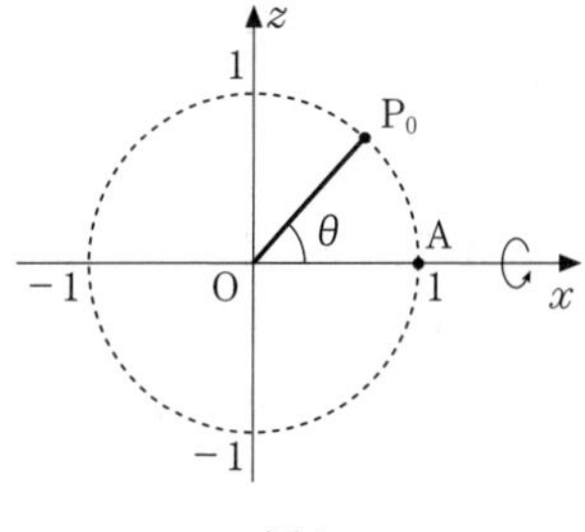

図1

ついで，θ を③の範囲で変化させると，線分 $\mathrm{OP_0}$ は図2斜線部のような xz 平面上の扇形

$$x^2+z^2 \leqq 1 \text{ かつ } z \geqq \frac{1}{\sqrt{3}}|x|$$

を描くので，結局 K はこの斜線部を x 軸のまわりに回転してできる回転体である。

図2

よって，求める体積を V とすると，①と yz 平面に関する対称性を考慮し，

$$V = \int_{-\frac{\sqrt{3}}{2}}^{\frac{\sqrt{3}}{2}} \pi\left\{(\sqrt{1-x^2})^2 - \left(\frac{x}{\sqrt{3}}\right)^2\right\}dx$$

$$= 2\pi\int_0^{\frac{\sqrt{3}}{2}} \left(1 - \frac{4}{3}x^2\right)dx$$

$$=2\pi\left[x-\frac{4}{9}x^3\right]_0^{\frac{\sqrt{3}}{2}}$$

$$=\frac{\mathbf{2\sqrt{3}}}{\mathbf{3}}\pi$$

である。

解説

1° 東大理科では定番の体積問題であり，3 年連続の回転体の体積である。落ち着いて考察すれば決して難問ではないであろうが，他の問題との比較からは多少難度が高いといえる。第 6 問に配置されているため，余裕がなくなった受験生もいたかもしれない。立体 K がどんな図形かは想像できるであろうが，たとえ想像できなくても体積は計算できるのが定積分の威力である。本問は過去の出題を研究してきた受験生には得点源になるだろうし，努力の報われる問題である。

2° まずは幾何的考察から立体のイメージを掴んでみよう。(1) では正三角形 OPQ の 3 頂点のうち，2 点 O と Q が固定されているので，正三角形 OPQ が動いてできる図形は辺 OQ のまわりの回転体で，辺 OP が通過しうる範囲は頂点が O，底面が "P の軌跡である円" の円錐面（これを L と名付けることにする）である。ついで (2) では点 Q が平面 $x=0$（yz 平面）上を動くので，点 Q の軌跡は yz 平面上の原点を中心とする半径 1 の円であり，これに応じて点 P も動くので，辺 OP の通過しうる範囲 K は，円錐面 L を x 軸のまわりに回転してできる回転体であることがわかる。K は "回転体の回転体" であり，このような立体の体積を求めさせる問題は東大に限らず過去にも出題が見られる。本問は (1) が (2) の準備となるように工夫されている。

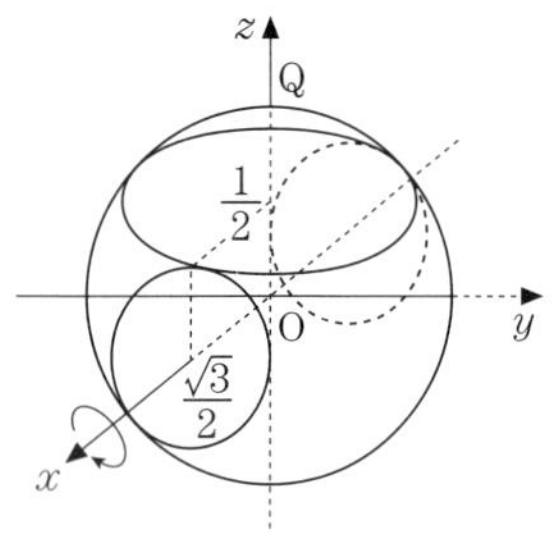

3° 幾何的考察により，(1) の前半の点 P の x 座標の値域は直ちにわかる。仮に幾何的考察をしなくても，点 P の座標を $(x,\ y,\ z)$ とおき，$\mathrm{Q}(0,\ 0,\ 1)$ のもとで $\mathrm{OP}=\mathrm{PQ}=1$ を定式化すれば，

$$x^2+y^2+z^2=1 \text{ かつ } x^2+y^2+(z-1)^2=1$$

が得られ，これらを連立させることで，

$$z=\frac{1}{2} \text{ かつ } x^2+y^2=\frac{3}{4}$$

を得るので，この第2式から点Pのx座標の値域がわかる。(1)の後半のθの値域は，空間における2つのベクトルのなす角を求めることと同じである。

4°　さて，(2)は幾何的考察により，**2°**で述べた円錐面Lのx軸まわりの回転体の体積を求めればよいが，ここで(1)がその準備になっていることを見抜きたい。それは円錐面L全体を回転させる前に，Lの母線の一つ（これをlと名付ける）を固定して回転させてみることでわかる。lはx軸と角度θをなすことから，lがxz平面上にくる場合を考察してみると（xz平面の代わりにxy平面でもよい），(1)の結果から，図2のようなxz平面上の扇形を回転させてできる立体がKであり，これは球の一部であるとわかる。それゆえ，定積分を要することになり，(1)の点Pのx座標の値域が積分区間に相当していることもわかる。**解答**ではこのことを踏まえて計算したが，Kがyz平面に関して対称であること，及び，Kは球の一部から直円錐をくり抜いたような概形であることから，

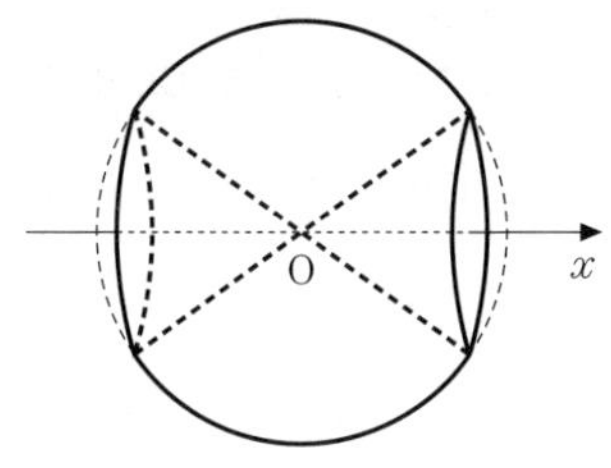

$$V=2\left\{\int_0^{\frac{\sqrt{3}}{2}}\pi(\sqrt{1-x^2})^2dx-\frac{1}{3}\cdot\pi\left(\frac{1}{2}\right)^2\cdot\frac{\sqrt{3}}{2}\right\}$$

$$=2\pi\left\{\left[x-\frac{x^3}{3}\right]_0^{\frac{\sqrt{3}}{2}}-\frac{\sqrt{3}}{24}\right\}$$

$$=\frac{2\sqrt{3}}{3}\pi$$

と計算してもよいだろう。

5°　ところで，(2)は，Kが円錐面Lのx軸まわりの回転体であることが掴めれば，その後はx軸に垂直な平面による断面積を求めそれを定積分する，という体積計算の基本に戻ってもよいだろう。その方針の場合は円錐面Lの方程式を用意しておく必要があるが，機械的計算だけで処理できるというメリットもある。Kの断面積を求める際に，Lを回転する前にLの切り口を考え，その切り口だけを抜き出して回転させる点がちょっとしたポイントである。

【(2)の**別解**】

(1)での点Pは，平面$z=\frac{1}{2}$上で点Hを中心とする半径$\frac{\sqrt{3}}{2}$の円（これをCとする）を描くので，このとき辺OPの通過しうる範囲は，頂点が原点Oで底面が

円 C の円錐面 L である。

よって，点 Q が平面 $x=0$ 上を動くとき，Q は平面 $x=0$ 上で x 軸のまわりを回転するから，辺 OP が通過しうる範囲 K は x 軸のまわりに L を回転してできる回転体である。

そこで，$x=$一定 なる平面 α_x による K の断面積を $S(x)$ とすると，切り口の存在条件は ① であるから，求める体積 V は，

$$V=\int_{-\frac{\sqrt{3}}{2}}^{\frac{\sqrt{3}}{2}} S(x)\,dx \qquad \cdots\cdots ㋐$$

で与えられる。

ここで，点 B を (0, 0, 1) とし，辺 OP 上の点を R$(x,\ y,\ z)$ とすると，R$\neq$O のとき，$\overrightarrow{\mathrm{OB}}$ と $\overrightarrow{\mathrm{OR}}$ のなす角はつねに 60° で，点 R の z 座標は 0 以上 $\frac{1}{2}$ 以下の範囲にあるから，

$$\overrightarrow{\mathrm{OB}}\cdot\overrightarrow{\mathrm{OR}}=|\overrightarrow{\mathrm{OB}}||\overrightarrow{\mathrm{OR}}|\cos 60^\circ \text{ かつ } 0\leqq z\leqq\frac{1}{2}$$

より，

$$z=\sqrt{x^2+y^2+z^2}\cdot\frac{1}{2} \text{ かつ } 0\leqq z\leqq\frac{1}{2}$$

$$\therefore\quad x^2+y^2=3z^2 \text{ かつ } 0\leqq z\leqq\frac{1}{2} \qquad \cdots\cdots ㋑$$

これは R$=$O のときも通用し，この ㋑ が L を表す。

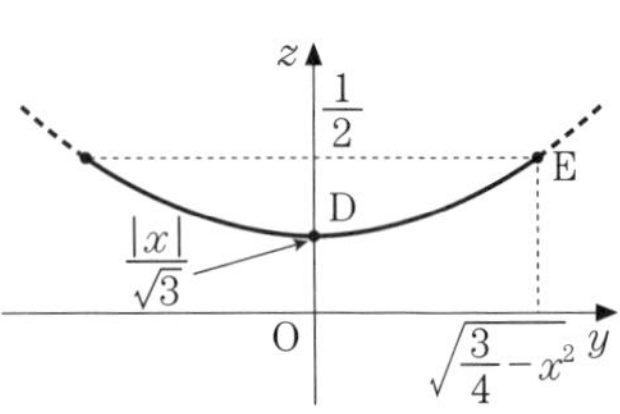

α_x による L の切り口の yz 平面上への正射影は，㋑ において，x を定数とみなしたときの y と z の式を yz 平面上に図示して得られる，右図のような双曲線の一部（$x=0$ のときは折れ線分）となる。

よって，$S(x)$ は図の双曲線の一部を yz 平面上で原点のまわりに回転してできる図形（同心円で囲まれる円環領域）の面積に等しく，図の記号を用いると，

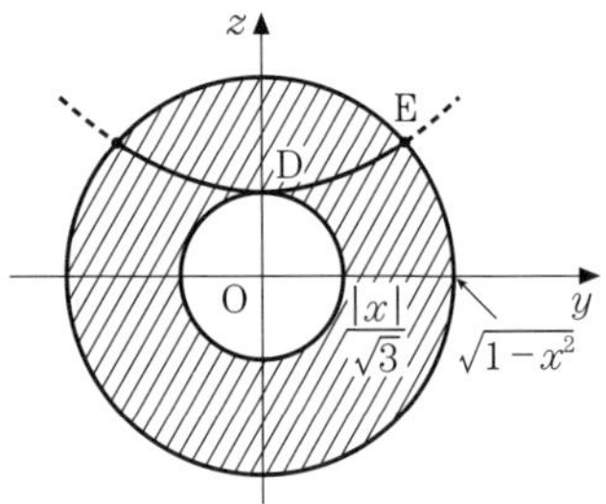

$$S(x)=\pi(\mathrm{OE}^2-\mathrm{OD}^2)$$

$$=\pi\left[\left\{\left(\sqrt{\frac{3}{4}-x^2}\right)^2+\left(\frac{1}{2}\right)^2\right\}-\left(\frac{|x|}{\sqrt{3}}\right)^2\right]$$

$$=\pi\left(1-\frac{4}{3}x^2\right) \quad \cdots\cdots ㋒$$

と表される。

したがって，㋒ を ㋐ に代入し，対称性も考慮すると，

$$V=2\pi\int_0^{\frac{\sqrt{3}}{2}}\left(1-\frac{4}{3}x^2\right)dx$$

$$=2\pi\left[x-\frac{4}{9}x^3\right]_0^{\frac{\sqrt{3}}{2}}$$

$$=\boldsymbol{\frac{2\sqrt{3}}{3}}\pi$$

である。

2016年

第 1 問

解 答

$x>0$ のとき，証明すべき不等式を変形すると，

$$\left(1+\frac{1}{x}\right)^x<e<\left(1+\frac{1}{x}\right)^{x+\frac{1}{2}}$$

$$\iff \quad x\log\left(1+\frac{1}{x}\right)<1<\left(x+\frac{1}{2}\right)\log\left(1+\frac{1}{x}\right)$$

$$\iff \quad \log\left(1+\frac{1}{x}\right)<\frac{1}{x} \text{ かつ } \frac{1}{x+\frac{1}{2}}<\log\left(1+\frac{1}{x}\right) \qquad \cdots\cdots①$$

となり，$t=\dfrac{1}{x}$ とおくと，

① の第 1 式は，$\log(1+t)<t$ ……②

① の第 2 式は，$\dfrac{1}{\frac{1}{t}+\frac{1}{2}}<\log(1+t)$，すなわち，$\dfrac{2t}{2+t}<\log(1+t)$ ……③

となるから，$t>0$ において ②，③ が成り立つことを証明すればよい。

まず，$f(t)=t-\log(1+t)$ $(t\geqq 0)$ とおくと，$t>0$ において

$$f'(t)=1-\frac{1}{1+t}>0$$

であるから，$t\geqq 0$ において $f(t)$ は増加し，

$$f(0)=0$$

であるから，$t>0$ において，$f(t)>0$，すなわち，② が成り立つ。

次に，$g(t)=\log(1+t)-\dfrac{2t}{2+t}$ $(t\geqq 0)$ とおくと，$t>0$ において

$$g'(t)=\frac{1}{1+t}-2\cdot\frac{1\cdot(2+t)-t\cdot 1}{(2+t)^2}=\frac{1}{1+t}-\frac{4}{(2+t)^2}$$

$$=\frac{(2+t)^2-4(1+t)}{(1+t)(2+t)^2}=\frac{t^2}{(1+t)(2+t)^2}>0$$

であるから，$t\geqq 0$ において $g(t)$ は増加し，

$$g(0)=0$$

であるから，$t>0$ において，$g(t)>0$，すなわち，③ が成り立つ。

以上で証明された。

解説

1°　証明すべき不等式は，指数部分に変数 x を含むから，対数をとって証明しようとするのは自然であろう。① の 1 行上の不等式を直接証明することもできるが（**解説** 2° を参照），さらに，対数 $\log\left(1+\dfrac{1}{x}\right)$ にかかっている x や $x+\dfrac{1}{2}$ で割って，① のように変形しておくと，微分した際，対数が残らなくなり，見通しよく解決できる。この手法は，身に付けていなければならない。

2009 年度の第 5 問に，似たタイプの問題がある。研究しておくとよい。

2°　次のようにして証明することもできる。

別解

以下，$x>0$ とする。

まず，

$$h(x)=\left(1+\frac{1}{x}\right)^x$$

とおくと，$h(x)>0$ であり，

$$\log h(x)=x\log\left(1+\frac{1}{x}\right)=x\{\log(x+1)-\log x\}$$

を微分すると，

$$\frac{h'(x)}{h(x)}=1\cdot\{\log(x+1)-\log x\}+x\cdot\left(\frac{1}{x+1}-\frac{1}{x}\right)$$

$$=\log(x+1)-\log x-\frac{1}{x+1}$$

となる。これを $H(x)$ とおくと，

$$H'(x)=\frac{1}{x+1}-\frac{1}{x}+\frac{1}{(x+1)^2}=\frac{x(x+1)-(x+1)^2+x}{x(x+1)^2}$$

$$=-\frac{1}{x(x+1)^2}<0$$

より，$H(x)$ は減少関数である。このことと，

$$\lim_{x\to\infty}H(x)=\lim_{x\to\infty}\left\{\log\left(1+\frac{1}{x}\right)-\frac{1}{x+1}\right\}=0$$

であることから，$H(x)>0$，したがって，$h'(x)>0$ となる。よって，$h(x)$ は増加

関数であり，

$$\lim_{x\to\infty}h(x)=\lim_{x\to\infty}\left(1+\frac{1}{x}\right)^x=e$$

であるから，$h(x)<e$ が成り立つ。

次に，

$$k(x)=\left(1+\frac{1}{x}\right)^{x+\frac{1}{2}}=h(x)\left(1+\frac{1}{x}\right)^{\frac{1}{2}}$$

とおくと，$k(x)>0$ であり，

$$\log k(x)=\log h(x)+\frac{1}{2}\{\log(x+1)-\log x\}$$

を微分すると，

$$\frac{k'(x)}{k(x)}=\frac{h'(x)}{h(x)}+\frac{1}{2}\left(\frac{1}{x+1}-\frac{1}{x}\right)=H(x)+\frac{1}{2}\left(\frac{1}{x+1}-\frac{1}{x}\right)$$

となる。これを $K(x)$ とおくと，

$$K'(x)=H'(x)+\frac{1}{2}\left\{-\frac{1}{(x+1)^2}+\frac{1}{x^2}\right\}$$

$$=-\frac{1}{x(x+1)^2}+\frac{1}{2}\left\{-\frac{1}{(x+1)^2}+\frac{1}{x^2}\right\}$$

$$=\frac{-2x-x^2+(x+1)^2}{2x^2(x+1)^2}=\frac{1}{2x^2(x+1)^2}>0$$

より，$K(x)$ は増加関数である。このことと，

$$\lim_{x\to\infty}K(x)=\lim_{x\to\infty}\left\{H(x)+\frac{1}{2}\left(\frac{1}{x+1}-\frac{1}{x}\right)\right\}=0$$

であることから，$K(x)<0$，したがって，$k'(x)<0$ となる。よって，$k(x)$ は減少関数であり，

$$\lim_{x\to\infty}k(x)=\lim_{x\to\infty}h(x)\left(1+\frac{1}{x}\right)^{\frac{1}{2}}=e\cdot 1=e$$

であるから，$k(x)>e$ が成り立つ。

以上で証明された。

3° **解説** **2°** で紹介した **別解** から分かるように，$x>0$ の範囲で x を増加させながら $x\to\infty$ とすると，$\left(1+\frac{1}{x}\right)^x$ は増加しながら e に収束し，$\left(1+\frac{1}{x}\right)^{x+\frac{1}{2}}$ は減少しながら e に収束する。

4° どのような方法で証明するにせよ，難しい問題ではない。しっかり得点したい。

第 2 問

解　答

(1)　例えば，AとBが対戦してAが勝つことを，Ⓐ対Bと表すことにする。

Aが優勝するのは，1試合目にA，Bのどちらが勝つかに着目すると，

(i)　「Ⓐ対B→A対Ⓒ→Ⓑ対C」を0回以上繰り返した後，

Ⓐ対B→Ⓐ対Cとなる。

または

(ii)　「A対Ⓑ→B対Ⓒ→Ⓐ対C」を1回以上繰り返した後，

Ⓐ対Bとなる。

のいずれかの場合であるから，Aの優勝が決まるのがn試合目であるとすると，

$n=3k+2(k=0,\ 1,\ 2,\ \cdots\cdots)$ または $n=3k+1(k=1,\ 2,\ 3,\ \cdots\cdots)$

すなわち，nは2以上の3の倍数でない整数

であり，いずれの場合もAが優勝するまでの各試合の勝敗は1通りに決まる。

よって，$n \geqq 2$のとき，ちょうどn試合目でAが優勝する確率をp_nとおくと，

$$p_n=\begin{cases} \left(\dfrac{1}{2}\right)^n & (n\text{が3の倍数でないとき}) \\ 0 & (n\text{が3の倍数のとき}) \end{cases}$$

である。

(2)　(i)の場合，Aの最後の対戦相手はCであり，(ii)の場合，Aの最後の対戦相手はBである。よって，総試合数が$3m$回以下でAが優勝し，かつ，Aの最後の対戦相手がCである確率をPとおくと，

$$P=\sum_{k=0}^{m-1} p_{3k+2}=\sum_{k=0}^{m-1}\left(\frac{1}{2}\right)^{3k+2}=\frac{\dfrac{1}{4}\left\{1-\left(\dfrac{1}{8}\right)^m\right\}}{1-\dfrac{1}{8}}$$

$$=\frac{2}{7}\left\{1-\left(\frac{1}{8}\right)^m\right\}$$

であり，総試合数$3m$回以下でAが優勝し，かつ，Aの最後の対戦相手がBである確率をQとおくと，$m \geqq 2$のとき，

$$Q=\sum_{k=1}^{m-1} p_{3k+1}=\sum_{k=1}^{m-1}\left(\frac{1}{2}\right)^{3k+1}=\frac{\dfrac{1}{16}\left\{1-\left(\dfrac{1}{8}\right)^{m-1}\right\}}{1-\dfrac{1}{8}}$$

$$=\frac{1}{14}\left\{1-8\left(\frac{1}{8}\right)^m\right\}$$

である。$m=1$ のとき $Q=0$ であるから，上の表式は $m=1$ のときも成り立つ。したがって，総試合数が $3m$ 回以下で A が優勝する確率は，

$$P+Q=\frac{2}{7}\left\{1-\left(\frac{1}{8}\right)^m\right\}+\frac{1}{14}\left\{1-8\left(\frac{1}{8}\right)^m\right\}$$
$$=\frac{1}{14}\left\{5-12\left(\frac{1}{8}\right)^m\right\}$$

である。

以上から，求める条件付き確率は，

$$\frac{Q}{P+Q}=\frac{\mathbf{1-8\left(\frac{1}{8}\right)^m}}{\mathbf{5-12\left(\frac{1}{8}\right)^m}}$$

である。

解説

1° いわゆる“巴戦”を題材にした確率の問題であるが，少し手を動かしてみれば，状況が掴めるはずである。

解 答 中と同じく，例えば，A と B が対戦して A が勝つことを，Ⓐ対B と表すことにすると，A が優勝する場合のはじめの数試合の結果は，次のようになる。

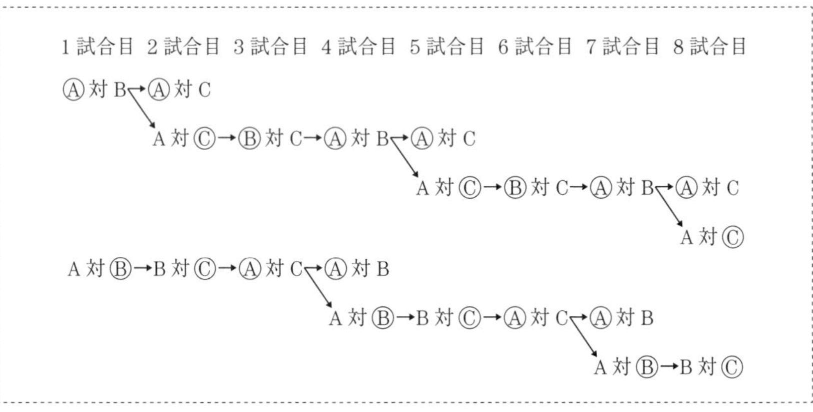

1 試合目に A が勝つ場合，2 試合目にも A が勝つとそこで A の優勝が決まり，2 試合目に A が負けると 4 試合目がⒶ対Bとなり 1 試合目と同じ結果になる。

1 試合目に A が負ける場合，3 試合目がⒶ対Cとなり，4 試合目に A が勝つと

そこでAの優勝が決まり，4試合目にAが負けると1試合目と同じ結果になる。

以上のことから，1試合目にAが勝つ場合，Aの優勝が決まるのは2，5，8，…試合目であり最後の対戦相手はC，1試合目にAが負ける場合，Aの優勝が決まるのは，4，7，10，…試合目であり最後の対戦相手はBであることが分かる。

2° (2)は，条件付き確率の問題であるが，基本的である。

事象E，Fを，

E：総試合数が$3m$回以下でAが優勝する

F：Aの最後の対戦相手がBである

と定めるとき，求める条件付き確率は，$P_E(F)=\dfrac{P(E\cap F)}{P(E)}$ である。

$E\cap F$は，Aの優勝が決まるのが4，7，…，$3m-2$試合目のときであり，その確率は**解答**中のQである。$E\cap\overline{F}$は，Aの優勝が決まるのが，2，5，…，$3m-1$試合目のときであり，その確率は**解答**中のPである。そして，Eの確率は$P+Q$である。

P，Qともに，公比が$\dfrac{1}{8}$の等比数列の和に過ぎない。

和をとる範囲を間違えないことなどに気をつけて，この問題もしっかり得点したい。

3° なお，総試合数が$3m$回以下でAが優勝する確率$P(E)$は，次のようにして求めることもできる。

$P(E)$は，2以上$3m$以下で3の倍数でない整数nに対する$\left(\dfrac{1}{2}\right)^n$の和であるから，

$$P(E)=\sum_{n=1}^{3m}\left(\frac{1}{2}\right)^n-\frac{1}{2}-\sum_{k=1}^{m}\left(\frac{1}{2}\right)^{3k}$$

$$=\frac{\frac{1}{2}\left\{1-\left(\frac{1}{2}\right)^{3m}\right\}}{1-\frac{1}{2}}-\frac{1}{2}-\frac{\frac{1}{8}\left\{1-\left(\frac{1}{8}\right)^m\right\}}{1-\frac{1}{8}}$$

$$=1-\left(\frac{1}{8}\right)^m-\frac{1}{2}-\frac{1}{7}\left\{1-\left(\frac{1}{8}\right)^m\right\}=\frac{5}{14}-\frac{6}{7}\left(\frac{1}{8}\right)^m$$

となる。

第 3 問

解 答

$1<a<3$ であることに注意する。

R_1 は x 軸上にあり，P_1 から z 軸に下ろした垂線の足を H_1 とすると，OR_1 の長さは，H_1P_1 の長さ 1 の

$$\frac{QR_1}{QP_1}=\frac{QO}{QH_1}=\frac{a}{a-1} \quad \cdots\cdots①$$

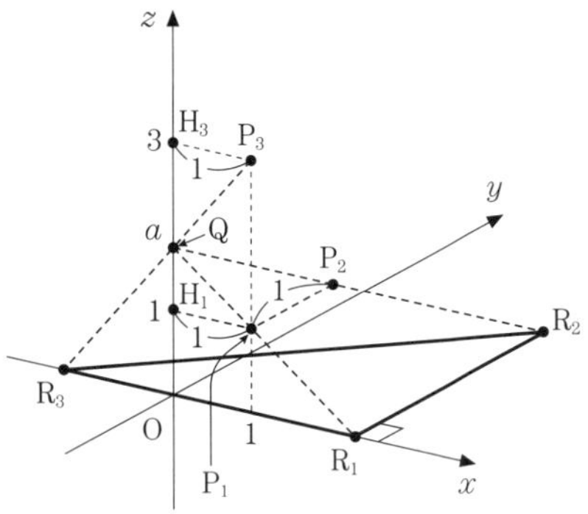

倍であるから，

$$OR_1=\frac{a}{a-1}$$

となる。また，R_3 も x 軸上にあり，P_3 から z 軸に下ろした垂線の足を H_3 とすると，OR_3 の長さは，H_3P_3 の長さ 1 の

$$\frac{QR_3}{QP_3}=\frac{QO}{QH_3}=\frac{a}{3-a}$$

倍であるから，

$$OR_3=\frac{a}{3-a}$$

となる。さらに，P_1，P_2 はともに xy 平面に平行な平面 $z=1$ 上にあるから，R_1R_2 の長さは，P_1P_2 の長さ 1 の①と同じ $\dfrac{a}{a-1}$ 倍であり，R_1R_2 は，P_1P_2 に平行である。よって，

$$R_1R_2=\frac{a}{a-1}$$

となり，R_1R_2 は，x 軸に垂直である。

以上から，三角形 $R_1R_2R_3$ の面積 $S(a)$ は，

$$S(a)=\frac{1}{2}R_1R_3\cdot R_1R_2=\frac{1}{2}\left(\frac{a}{a-1}+\frac{a}{3-a}\right)\frac{a}{a-1}$$

$$=\frac{a^2}{(a-1)^2(3-a)}$$

と表される。

これより，

$$\log S(a)=2\log a-2\log(a-1)-\log(3-a)$$

となり，両辺を微分すると，

$$\frac{S'(a)}{S(a)}=\frac{2}{a}-\frac{2}{a-1}+\frac{1}{3-a}$$

$$=\frac{2(a-1)(3-a)-2a(3-a)+a(a-1)}{a(a-1)(3-a)}$$

$$=\frac{a^2+a-6}{a(a-1)(3-a)}=\frac{(a+3)(a-2)}{a(a-1)(3-a)}$$

となるから，$S'(a)$ の符号は，$a-2$ の符号と一致する。

a	(1)		2		(3)
$S'(a)$		$-$	0	$+$	
$S(a)$		↘		↗	

よって，$S(a)$ は，

$$a=\mathbf{2}$$

のとき最小になり，最小値は，

$$S(2)=\mathbf{4}$$

である。

解説

1°　図を描いてみれば，すぐに状況が掴めるであろう。

2°　上の **解答** では，三角形 $R_1R_2R_3$ の形状を比（三角形の相似）を用いて捉えた。図形の問題で比（三角形の相似）を利用することは，東大ではよく出題されてきた内容である。

しかし，空間座標の計算を用いても大したことはなく，次のようになる。

$$\overrightarrow{OR_1}=\overrightarrow{OQ}+t_1\overrightarrow{QP_1}=(0,\ 0,\ a)+t_1(1,\ 0,\ 1-a)$$

$$\overrightarrow{OR_2}=\overrightarrow{OQ}+t_2\overrightarrow{QP_2}=(0,\ 0,\ a)+t_2(1,\ 1,\ 1-a)$$

$$\overrightarrow{OR_3}=\overrightarrow{OQ}+t_3\overrightarrow{QP_3}=(0,\ 0,\ a)+t_3(1,\ 0,\ 3-a)$$

とおくことができ，R_1，R_2，R_3 が xy 平面上にあることから，

$$a+t_1(1-a)=0,\ \ a+t_2(1-a)=0,\ \ a+t_3(3-a)=0$$

$$\therefore\ \ t_1=\frac{a}{a-1},\ \ t_2=\frac{a}{a-1},\ \ t_3=-\frac{a}{3-a}$$

となり，

$$R_1\left(\frac{a}{a-1},\ 0,\ 0\right),\ R_2\left(\frac{a}{a-1},\ \frac{a}{a-1},\ 0\right),\ R_3\left(-\frac{a}{3-a},\ 0,\ 0\right)$$

が得られる。

3°　上の **解答** では，$S(a)$ を a を用いて表した後，“対数微分法”を用いている

が，素直に商の微分法を用いて微分しても大した計算量ではない。

4°　この問題も，完答すべき問題である。

第 4 問

解答

2点A，Bが異なることから，

$$z \neq 1 \quad \cdots\cdots ①$$

である。

①のもとで，

$$\frac{z^2-1}{z-1}=z+1=\frac{z-(-1)}{0-(-1)}$$

であるから，3点A(1)，B(z)，C(z^2)と3点A′(−1)，B′(0)，C′(z)に対して，$\overrightarrow{\mathrm{AB}}$から$\overrightarrow{\mathrm{AC}}$までの角と$\overrightarrow{\mathrm{A'B'}}$から$\overrightarrow{\mathrm{A'C'}}$までの角は等しく，また，AB：ACとA′B′：A′C′も等しい。よって，3点A′，B′，C′が鋭角三角形をなすようなzの範囲を求め，図示すればよい。

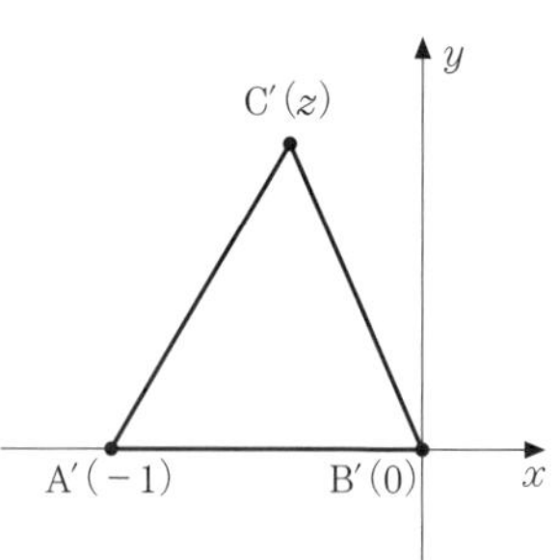

まず，3点A′，B′，C′が三角形をなすのは，点C′が直線A′B′上にない，すなわち，

zが実軸上にない　……②

ときであり，このとき，①は成り立つ。

次に，②のもとで，

∠C′A′B′が鋭角

⟺　zの実部が−1より大きい　……③

∠C′B′A′が鋭角

⟺　zの実部が0より小さい　……④

∠A′C′B′が鋭角

⟺　zがA′B′を直径とする円の外部にある　……⑤

であるが，③かつ④かつ⑤が成り立つとき，②も成り立つ。

以上から，zの範囲は，③かつ④かつ⑤を満たす範囲であり，図示すると，**右図の網目部分**になる。ただし，**境界は含まない**。

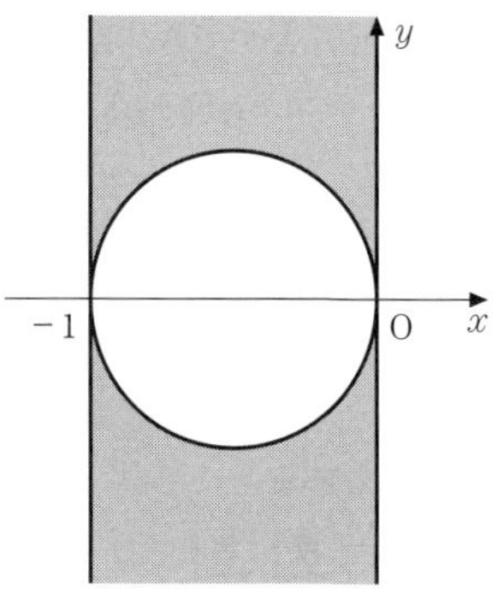

解説

1°　学習指導要領変更後の入試2年目にして初めての複素数平面の分野の出題である。複素数平面の問題としては標準的なレベルであるが，準備不足の受験生にとっては難しく感じられたであろう。

2°　上の**解** **答**では，3点A(α)，B(β)，C(γ)（ただしA$\neq$B）と3点A$'(\alpha')$，B$'(\beta')$，C$'(\gamma')$（ただしA$'\neq$B$'$）に対して，

$$\frac{\gamma-\alpha}{\beta-\alpha}=\frac{\gamma'-\alpha'}{\beta'-\alpha'}$$

$$\iff (\overrightarrow{\mathrm{AB}}\text{から}\overrightarrow{\mathrm{AC}}\text{までの角})=(\overrightarrow{\mathrm{A'B'}}\text{から}\overrightarrow{\mathrm{A'C'}}\text{までの角})$$

$$\text{かつ}\ \mathrm{AB}:\mathrm{AC}=\mathrm{A'B'}:\mathrm{A'C'}$$

を利用している。

複素数の商を利用して点の位置関係を捉えることは，複素数平面の学習で達成しなければいけないことのうち最も重要なものの1つである。

3°　その他にもいくつかの方法が考えられる。例えば，

正の実数a，b，cに対して，

$$a,\ b,\ c\text{が鋭角三角形の3辺の長さである}\iff\begin{cases}a^2<b^2+c^2\\b^2<c^2+a^2\\c^2<a^2+b^2\end{cases}$$

を用いる方法がある（a，b，cが正の実数のとき，

$$a^2<b^2+c^2\ \text{かつ}\ b^2<c^2+a^2\ \text{かつ}\ c^2<a^2+b^2$$

ならば

$$a<b+c\ \text{かつ}\ b<c+a\ \text{かつ}\ c<a+b$$

が成り立ち，三角形の成立条件が満たされることに注意しよう）。この方針による解答は，次のようになる。

別解

3点A(1)，B(z)，C(z^2)が相異なる条件は，

$$z\neq1\ \text{かつ}\ z^2\neq1\ \text{かつ}\ z^2\neq z$$

すなわち，

$$z\neq0,\ \pm1 \qquad \cdots\cdots Ⓐ$$

である。以下，Ⓐのもとで考える。

$$\mathrm{AB}^2=|z-1|^2,$$

$$\mathrm{BC}^2=|z^2-z|^2=|z|^2|z-1|^2,$$

$$\mathrm{CA}^2=|z^2-1|^2=|z+1|^2|z-1|^2$$

より，3点A，B，Cが鋭角三角形をなす条件は，

$$\begin{cases}|z-1|^2<|z|^2|z-1|^2+|z+1|^2|z-1|^2\\|z|^2|z-1|^2<|z+1|^2|z-1|^2+|z-1|^2\\|z+1|^2|z-1|^2<|z-1|^2+|z|^2|z-1|^2\end{cases}$$

であり，Ⓐより $|z-1|^2>0$ であることに注意すると，

$$\begin{cases}1<|z|^2+|z+1|^2\\|z|^2<|z+1|^2+1\\|z+1|^2<1+|z|^2\end{cases}$$

となる。

ここで，

$$|z|^2=z\overline{z},$$
$$|z+1|^2=(z+1)(\overline{z+1})=(z+1)(\overline{z}+1)=z\overline{z}+z+\overline{z}+1$$

に注意すると，

$$1<|z|^2+|z+1|^2 \iff 1<2z\overline{z}+z+\overline{z}+1 \iff z\overline{z}+\frac{1}{2}z+\frac{1}{2}\overline{z}>0$$
$$\iff \left(z+\frac{1}{2}\right)\left(\overline{z}+\frac{1}{2}\right)>\frac{1}{4}$$
$$\iff \left|z+\frac{1}{2}\right|^2>\left(\frac{1}{2}\right)^2 \qquad \cdots\cdots Ⓑ$$
$$|z|^2<|z+1|^2+1 \iff z\overline{z}<z\overline{z}+z+\overline{z}+2 \iff z+\overline{z}>-2$$
$$\iff \frac{z+\overline{z}}{2}>-1$$
$$\iff \mathrm{Re}(z)>-1 \qquad \cdots\cdots Ⓒ$$
$$|z+1|^2<1+|z|^2 \iff z\overline{z}+z+\overline{z}+1<z\overline{z}+1 \iff z+\overline{z}<0$$
$$\iff \frac{z+\overline{z}}{2}<0$$
$$\iff \mathrm{Re}(z)<0 \qquad \cdots\cdots Ⓓ$$

となる。

以上から，z の範囲は，Ⓐ かつ Ⓑ かつ Ⓒ かつ Ⓓ を満たす範囲であり，図示すると，**解** **答** の図のようになる。

4° いずれの解法をとるにせよ，$z-1$，z^2-1，z^2-z のいずれもが $z-1$ を因数にもつことに着目することが，見通しよく解決するカギになるだろう。

第 5 問

解 答

簡単のため，$a=0.a_1a_2\cdots a_k$ とおく。a_1，a_2，…，a_k は 0 から 9 までの整数で，$a_k\neq 0$ であるから，$10^{-k}\leqq a\leqq 1-10^{-k}$ であることに注意する。

(1) 与えられた不等式

$$a\leqq\sqrt{n}-10^k<a+10^{-k}$$

を変形すると，

$$10^k+a\leqq\sqrt{n}<10^k+a+10^{-k}$$

となり，この各辺が正であることに注意してさらに変形すると，

$$(10^k+a)^2\leqq n<(10^k+a+10^{-k})^2$$

すなわち，

$$10^{2k}+2\cdot10^ka+a^2\leqq n<10^{2k}+2\cdot10^ka+2+(a+10^{-k})^2 \quad \cdots\cdots①$$

となる。

10^ka が整数であること，および，$0<a^2<(a+10^{-k})^2\leqq 1$ に注意すると，① を満たす正の整数 n は，

$$10^{2k}+2\cdot10^ka+1,\ 10^{2k}+2\cdot10^ka+2$$

すなわち，

$$\mathbf{10^{2k}+2(a_1\cdot10^{k-1}+a_2\cdot10^{k-2}+\cdots+a_k)+1,}$$

$$\mathbf{10^{2k}+2(a_1\cdot10^{k-1}+a_2\cdot10^{k-2}+\cdots+a_k)+2}$$

の 2 つである。

(2) (1) と同様にして，与えられた不等式

$$a\leqq\sqrt{m}-p<a+10^{-k}$$

を変形すると，

$$p^2+2pa+a^2\leqq m<p^2+2pa+2p\cdot10^{-k}+(a+10^{-k})^2 \quad \cdots\cdots②$$

となる。

②の右辺と左辺の差は，$2p\cdot10^{-k}+(a+10^{-k})^2-a^2$ であり，$p\geqq5\cdot10^{k-1}$ および $(a+10^{-k})^2-a^2>0$ より，

$$2p\cdot10^{-k}+(a+10^{-k})^2-a^2>2\cdot(5\cdot10^{k-1})\cdot10^{-k}=1$$

であるから，② を満たす正の整数 m が存在する。

(3) $$\sqrt{s}-[\sqrt{s}]=a \quad \cdots\cdots③$$

すなわち，$\sqrt{s}=[\sqrt{s}]+a$ を満たす正の整数 s が存在するとすると，

$$s=([\sqrt{s}]+a)^2 \qquad \therefore\ s=[\sqrt{s}]^2+2[\sqrt{s}]a+a^2$$

$$\therefore\ s-[\sqrt{s}]^2=(2[\sqrt{s}]+a)a \quad \cdots\cdots④$$

となる。

④の左辺は整数であるが，$2[\sqrt{s}]+a$，a の小数部分はともに a であるから，④の右辺は小数点以下 $2k$ 桁（小数第 $2k$ 位は 0 でない）の実数であり，④は成り立たない。

よって，③を満たす正の整数 s は存在しない。

解説

1° 見た目は難しそうに感じられるが，数学的な内容は，2016 年度の問題の中で最も単純である。このような見かけ倒しの問題を，実は簡単な問題であると見抜けることが，本物の力の証であろう。

2° (1)では n を求めることが，(2)では m の存在を示すことが問われているから，(1)では与えられた不等式を n について解いてみることが，(2)では与えられた不等式を m について解いてみることが，解決のための最大のポイントである。

3° (1)では，**解答**以上の解説は不要であろう。

4° (2)は，与えられた不等式を m について解くと，

$A \leqq m < B$（A，B は，$A<B$ を満たす正の実数）

の形の不等式が得られるから，正の整数 m の存在を示すには，$B-A \geqq 1$ を示せば十分であることに着目することができればよい。

5° (3)は，見た目は(1)，(2)と異なるが，方針は(1)，(2)と同様である。すなわち，与えられた等式に含まれる $\sqrt{s}$ を 2 乗すると根号が解消することに着目すればよいのである。

解答の式④から矛盾を導く部分が分かりにくければ，次のように考えてもよい。

④の直前の式の両辺に 10^{2k} をかけて，$b=10^k a$ とおくと，

$$10^{2k}s=10^{2k}[\sqrt{s}]^2+2\cdot 10^k[\sqrt{s}]\cdot b+b^2$$

となる。ここで，b は 1 の位が 0 でない整数であることに注意すると，上式の左辺は 1 の位が 0 の整数，右辺は 1 の位が 0 でない整数となり，矛盾である。

6° (3)は，$[\sqrt{s}]+a$ が整数でない有理数であることに着目して，(1)，(2)とは無関係に，次のように証明することもできる。

【(3)の**別解**】

$$\sqrt{s}-[\sqrt{s}]=a \qquad \cdots\cdots③$$

すなわち，$\sqrt{s}=[\sqrt{s}]+a$ を満たす正の整数 s が存在するとすると，$\sqrt{s}$ は整数で

ない有理数になるから，

$$\sqrt{s}=\frac{M}{N}\quad (M,\ N\text{は互いに素な正の整数で，}N\geqq 2)$$

とおくことができる。ところが，このとき，

$$s=\frac{M^2}{N^2},\ \text{すなわち，}\ sN^2=M^2$$

より，N の任意の素因数は M の素因数でもあり，M，N が互いに素であることに矛盾する。

よって，③ を満たす正の整数 s は存在しない。

第 6 問

解　答

K と不等式 $z\geqq 1$ の表す範囲との共通部分を L とする。L は $1\leqq z\leqq 2$ の範囲にある。

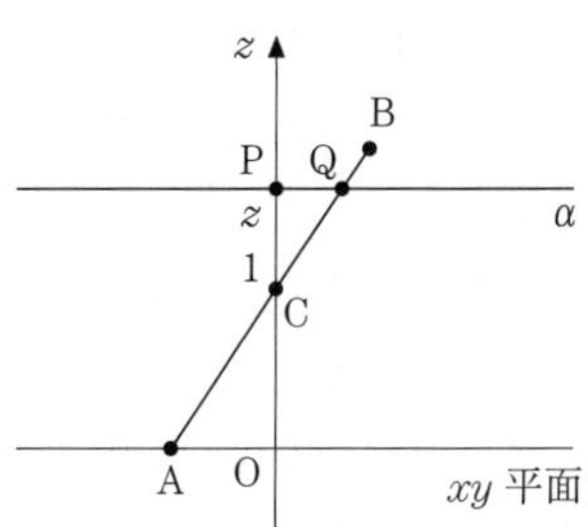

z 軸上の点 P$(0,\ 0,\ z)$ $(1\leqq z\leqq 2)$ を通り z 軸に垂直な平面 α と線分 AB の交点を Q とする。

AQ の長さの変域は，

$$z\leqq \mathrm{AQ}\leqq 2$$

であり，CQ の長さは，AQ の長さの

$$\frac{\mathrm{CQ}}{\mathrm{AQ}}=\frac{\mathrm{CP}}{\mathrm{OP}}=\frac{z-1}{z}$$

倍であるから，CQ の長さの変域は，

$$z-1\leqq \mathrm{CQ}\leqq 2\cdot\frac{z-1}{z}$$

となり，

$$\mathrm{PQ}^2=\mathrm{CQ}^2-\mathrm{CP}^2=\mathrm{CQ}^2-(z-1)^2$$

とから，PQ の長さの 2 乗の変域は，

$$0\leqq \mathrm{PQ}^2\leqq 4\left(\frac{z-1}{z}\right)^2-(z-1)^2$$

となる。

よって，L の α による切り口は円板であり，その面積 $S(z)$ は，

$$S(z)=\pi\left\{4\left(\frac{z-1}{z}\right)^2-(z-1)^2\right\}$$

$$=\pi\left\{4\left(1-\frac{2}{z}+\frac{1}{z^2}\right)-(z-1)^2\right\}$$

となる。

以上から，求める体積は，

$$\int_1^2 S(z)\,dz=\pi\left[4\left(z-2\log z-\frac{1}{z}\right)-\frac{1}{3}(z-1)^3\right]_1^2$$

$$=\left(\boldsymbol{\frac{17}{3}-8\log 2}\right)\pi$$

である。

解説

1°　東大が好んで出題する，立体の体積の問題である。東大の体積の問題としては，標準的なレベルといえるが，2016 年度の中ではやや高いレベルである。

2°　点 A を平面 $z=0$ 上で原点 O のまわりに回転させると，線分 AB が z 軸のまわりに回転することから，線分 AB が通過することのできる範囲 K が z 軸のまわりの回転体であることが分かる。よって，K と不等式 $z\geqq 1$ の表す範囲との共通部分 L も z 軸のまわりの回転体である。このことから，L を z 軸に垂直な平面 α で切ったときの切り口の面積を積分することにより，L の体積を求められるということを掴むことが，解決への第 1 歩である。

3°　上の **解** **答** では，L の α による切り口を捉えるのに，α と z 軸の交点 P，α と線分 AB の交点 Q に対して，線分 PQ の長さの範囲を調べている。その際，第 3 問と同様，比（三角形の相似）に着目している。

4°　L は線分 CB が通過することのできる範囲であるから，点 A が xz 平面上にあるときの点 B の軌跡を求めることにより，L の体積を求めることもできる。その方針による解答は，例えば，次のようになる。

別解

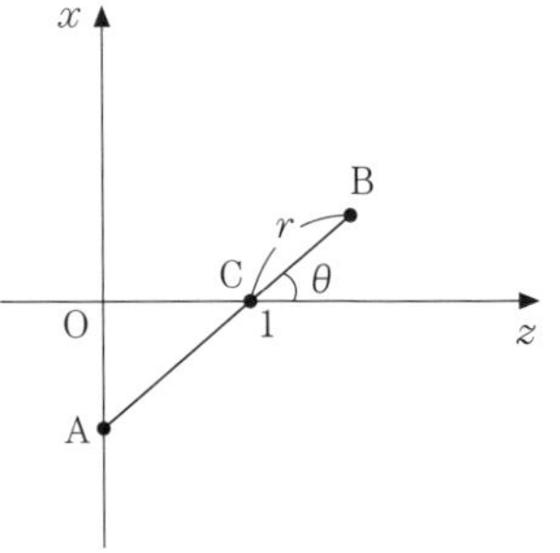

点 A が x 軸上の $x\leqq 0$ の部分にあるとき，右図のように r，θ を定めると，

$$r=\mathrm{AB}-\mathrm{AC}=2-\frac{1}{\cos\theta}$$

であるから，点 B の座標を $(x,\ 0,\ z)$ とすると，

$$\begin{cases} z=1+r\cos\theta=2\cos\theta \\ x=r\sin\theta=\left(2-\dfrac{1}{\cos\theta}\right)\sin\theta \end{cases}$$

となる。ただし，$r\geqq 0$ かつ $0\leqq\theta<\dfrac{\pi}{2}$ より，θ

の変域は，

$$0 \leqq \theta \leqq \frac{\pi}{3}$$

である。このとき，

$$1 \leqq z \leqq 2,\ x \geqq 0 \quad \cdots\cdots ①$$

であり，さらに，

$$x^2 = \left(2 - \frac{1}{\cos\theta}\right)^2 \sin^2\theta$$

$$= \left(2 - \frac{2}{z}\right)^2 \left\{1 - \left(\frac{z}{2}\right)^2\right\}$$

$$= \left(1 - \frac{1}{z}\right)^2 (4 - z^2) \quad \cdots\cdots ②$$

である。

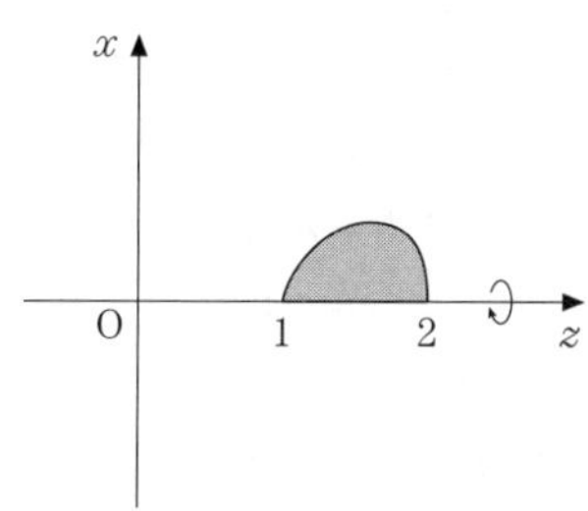

点Aの x 座標を増加させると θ が減少することから，線分CBの通過範囲は，xz 平面上で，曲線②のうち①の範囲に含まれる部分と z 軸で囲まれる領域であり，それを z 軸のまわりに回転してできる回転体の体積が，求めるべきものである。

以上から，求める体積は，

$$\int_1^2 \pi \left(1 - \frac{1}{z}\right)^2 (4 - z^2)\,dz = \pi \int_1^2 \left\{4\left(1 - \frac{1}{z}\right)^2 - (z-1)^2\right\} dz$$

$$= \pi \int_1^2 \left\{4\left(1 - \frac{2}{z} + \frac{1}{z^2}\right) - (z-1)^2\right\} dz$$

$$= \pi \left[4\left(z - 2\log z - \frac{1}{z}\right) - \frac{1}{3}(z-1)^3\right]_1^2$$

$$= \boldsymbol{\left(\frac{17}{3} - 8\log 2\right)}\pi$$

である。

2015年

第 1 問

解答

$a>0$ ……① のもとで,

$$C : y=ax^2+\frac{1-4a^2}{4a} \quad \cdots\cdots②$$

が通過する領域は,

「① かつ ② を満たす a が存在する」 ……Ⓐ

ような点 $(x,\ y)$ 全体の集合である。

① のもとでは, ② は分母を払って整理して得られる

$$4(x^2-1)a^2-4ya+1=0 \quad \cdots\cdots②'$$

と同値であるから,

Ⓐ $\iff$ 「a の方程式 ②′ が ① を満たす解をもつ」 ……Ⓑ

である。そこで Ⓑ となる x と y の条件を求めればよい。

(i) $x^2-1=0$ のとき, ②′ は $-4ya+1=0$ となるので, Ⓑ の条件は,

$$y\neq 0 \text{ かつ } \frac{1}{4y}>0, \quad \text{すなわち,} \quad y>0$$

である。

(ii) $x^2-1\neq 0$ のとき, ②′ は $a^2-\dfrac{y}{x^2-1}a+\dfrac{1}{4(x^2-1)}=0$ と同値であり, この左辺を $f(a)$ とおき

$$f(a)=\left\{a-\frac{y}{2(x^2-1)}\right\}^2+\frac{x^2-y^2-1}{4(x^2-1)^2}$$

のグラフ（下に凸の放物線）を考察すると, 軸の位置で分類して,

ア） $\dfrac{y}{2(x^2-1)}>0$ のとき, Ⓑ の条件は,

$$f\left(\frac{y}{2(x^2-1)}\right)\leqq 0, \text{ すなわち, } \frac{x^2-y^2-1}{4(x^2-1)^2}\leqq 0$$

である。

イ） $\dfrac{y}{2(x^2-1)}\leqq 0$ のとき, Ⓑ の条件は,

$$f(0)<0, \text{ すなわち, } \frac{1}{4(x^2-1)}<0$$

である。

以上をまとめると，

Ⓑ $\iff$ “$x^2-1=0$ かつ $y>0$”

または “$\dfrac{y}{2(x^2-1)}>0$ かつ $\dfrac{x^2-y^2-1}{4(x^2-1)^2}\leqq 0$”

または “$\dfrac{y}{2(x^2-1)}\leqq 0$ かつ $\dfrac{1}{4(x^2-1)}<0$”

$\iff$ “$x^2-1=0$ かつ $y>0$”

または “$y(x^2-1)>0$ かつ $x^2-y^2-1\leqq 0$”

または “$y(x^2-1)\leqq 0$ かつ $x^2-1<0$”

であり，これを図示して，求める領域は**右図斜線部**のようになる。ただし，境界線上の点は，実線上の点のみを含み，破線上の点と○印の点は除く。

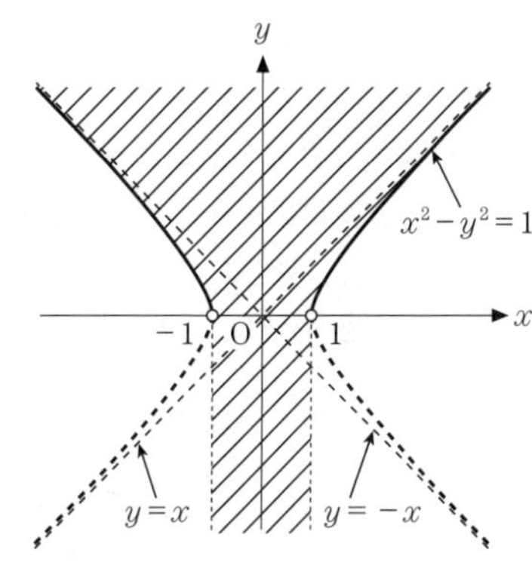

解説

1°　2014年度第6問でも出題された通過領域の問題であり，東大では頻出タイプの問題であるが，通過領域の問題が2年連続で出題されるのは極めて珍しい。本問は通過領域の基本的な考え方が習得されていれば解決できる問題であり，2015年度の6題の中でも基本的である。第1問に配置されていることからも，確実に得点しておきたい。

2°　基本となる考え方は，Ⓐである。Ⓐを考えるために，①の分母を払ってaについて整理すると，aについての“高々2次”の方程式となることから解決が容易となるのである（いわゆる解の配置問題となる）。aの1次以下の方程式となる場合と2次方程式となる場合に分け，特に2次方程式となる場合は②′の左辺のグラフを考察するのが常套手段である。その際，a^2の係数で両辺を割り，a^2の係数を1にしてから考察すれば，下に凸の放物線だけを考察すればよいことになる。その後は“軸の位置で分類”が基本である。

この方法で処理すると，x，yの条件を整理するところで分数不等式を扱うこと

になる。分数不等式は，安易に分母を払わずに，

　(ア)　まず一辺に集めて通分する

　(イ)　ついで同値変形「$\dfrac{P}{Q} \geqq 0 \iff PQ \geqq 0$ かつ $Q \neq 0$」を適用する

という手順に従う方が紛れがない。

また，②′ が a の 2 次方程式となる場合，実数解をもつ条件

$$4y^2-4(x^2-1) \geqq 0\text{，すなわち，} x^2-y^2 \leqq 1 \qquad \cdots\cdots ㋐$$

のもとで，“2 解とも 0 以下” となる場合を除くと考えてもよい。“2 解とも 0 以下” となる条件は，解と係数の関係より，

$$\frac{y}{x^2-1} \leqq 0 \text{ かつ } \frac{1}{4(x^2-1)} \geqq 0 \qquad \cdots\cdots ㋑$$

である。(㋐ から ㋑ を除いて図示し，結果が一致することを確かめてみよ。)

さらに，図示するときには，正領域・負領域の考え方を用いると手早い。すなわち，不等式の等号が成り立つ場合が境界線であり，不等式を満たす領域とそうでない領域が境界線を挟んで交互に隣接することを利用するとよい。② が y 軸に関して対称な放物線を表すので，求める通過領域も y 軸に関して対称になることに注意しておくと，間違いを防げるであろう。

なお，② の放物線は，境界線に現れる双曲線 $x^2-y^2=1$ につねに接している。(放物線 ② の「包絡線」が双曲線 $x^2-y^2=1$ であり，接点は $\left(\pm\dfrac{\sqrt{1+4a^2}}{2a},\ \dfrac{1}{2a}\right)$ である。これは大学以上で学ぶ。)

3°　Ⓑ の条件を求めるには，**解** **答** と別に，②′ の左辺の定数項が 1 であることに注目するのもよい。すなわち，②′ の左辺を $g(a)$ とおくと x，y によらず

$$g(0)=1$$

である。このことに注意して $g(a)$ のグラフを考えると，a^2 の係数が 0 か否か，0 でない場合はその符号，で場合を分けて（この場合分けが肝心！），Ⓑ の条件は，

$$\begin{cases} \cdot\ x^2-1=0 \text{ なら，} g(a) \text{ のグラフの傾きが負，すなわち } -4y<0 \text{ より，} \\ \qquad y>0 \\ \cdot\ x^2-1>0 \text{ なら，} g(a) \text{ のグラフは下に凸の放物線で，} \\ \qquad g(a)=4(x^2-1)\left\{a-\dfrac{y}{2(x^2-1)}\right\}^2+\dfrac{x^2-y^2-1}{x^2-1} \\ \text{の軸と頂点の位置に注目して，} \dfrac{y}{2(x^2-1)}>0 \text{ かつ } \dfrac{x^2-y^2-1}{x^2-1}\leqq 0 \text{ より，} \\ \qquad y>0 \text{ かつ } x^2-y^2\leqq 1 \\ \cdot\ x^2-1<0 \text{ なら，} g(a) \text{ のグラフは上に凸の放物線となるので，} \\ \qquad y \text{ は任意} \end{cases}$$

である。これを図示すればよい。

4° 解答の方法とは別に，2014年度第6問と同様の考え方で解くこともできる。別解として挙げておこう。

別解

解答の Ⓐ の条件を求めるためには，② の y を a の関数 $F(a)$ とみて，

「a を ① で変化させたときの $y=F(a)$ の値域」　……(＊)

を求めればよい。そこで，② を a について整理すると，

$$F(a)=(x^2-1)a+\frac{1}{4a}$$

となり，

$$\lim_{a\to+0}F(a)=\infty,\qquad \lim_{a\to\infty}F(a)=\begin{cases}\infty & (x^2-1>0 \text{ のとき})\\ 0 & (x^2-1=0 \text{ のとき})\\ -\infty & (x^2-1<0 \text{ のとき})\end{cases}\qquad\cdots\cdots㋐$$

である。また，

$$F'(a)=x^2-1-\frac{1}{4a^2}\qquad\cdots\cdots㋑$$

$$=\frac{4(x^2-1)a^2-1}{4a^2}\qquad\cdots\cdots㋒$$

であるから，

・$x^2-1>0$ のとき，さらに ㋒ より，

$$F'(a)=\frac{(2\sqrt{x^2-1}a+1)(2\sqrt{x^2-1}a-1)}{4a^2}$$

となることから，右表を得る。

a	(0)	$\cdots$	$\frac{1}{2\sqrt{x^2-1}}$	$\cdots$	(∞)
$F'(a)$		$-$	0	$+$	
$F(a)$	(∞)	↘		↗	(∞)

・$x^2-1\leqq 0$ のとき，㋑ より，

$$F'(a)<0$$

であるから，$F(a)$ は減少関数である。

よって，㋐ に注意すると，$F(a)$ の増減により，（＊）は，

$$\begin{cases} x^2-1>0 \text{ のとき，} F\left(\frac{1}{2\sqrt{x^2-1}}\right)\leqq F(a)<\infty \text{，つまり，} \sqrt{x^2-1}\leqq F(a)<\infty \\ x^2-1=0 \text{ のとき，} 0<F(a)<\infty \\ x^2-1<0 \text{ のとき，} -\infty<F(a)<\infty \end{cases}$$

となり，これを図示して結果を得る。（図は **解答** と同じ。）

第 2 問

解答

さいころを 1 回投げて，

文字列 AA を書く確率は $\frac{1}{2}$，文字 B，C，D を書く確率はそれぞれ $\frac{1}{6}$

であり，文字が B または C または D であることを X と書くことにすると，

文字 X を書く確率は $\frac{1}{2}$

である。

(1) 求める確率を p_n とおく。

n を 3 以上の整数として，n 回さいころを投げ，文字列を作るとき，文字列の左から n 番目の文字が A となるのは，

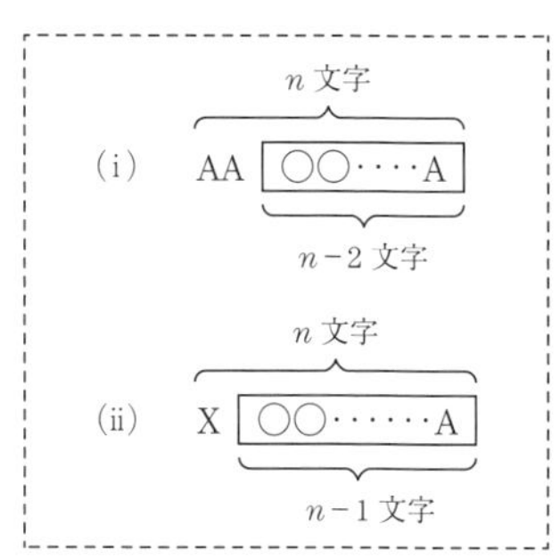

(i) 1 回目で左端に AA を書き $\left(\text{確率 } \frac{1}{2}\right)$，かつ，残りの文字列の中で左から $n-2$ 番目の文字が A となる（確率 p_{n-2}）

(ii) 1 回目で左端に X を書き $\left(\text{確率 } \frac{1}{2}\right)$，かつ，

　残りの文字列の中で左から $n-1$ 番目がAとなる（確率 p_{n-1}）

のいずれかの場合に限られ，(i)，(ii)は排反であるから，

$$p_n=\frac{1}{2}p_{n-2}+\frac{1}{2}p_{n-1} \quad \cdots\cdots①$$

が成り立つ。

　ここで，p_1 はAAとなる確率，p_2 はAA△（△はAAまたはX）またはXAAとなる確率であるから，

$$p_1=\frac{1}{2}，\ p_2=\frac{1}{2}\cdot1+\frac{1}{2}\cdot\frac{1}{2}=\frac{3}{4} \quad \cdots\cdots②$$

である。

　①は2通りに変形できて，

$$p_n+\frac{1}{2}p_{n-1}=p_{n-1}+\frac{1}{2}p_{n-2}$$

$$p_n-p_{n-1}=-\frac{1}{2}(p_{n-1}-p_{n-2})$$

より，$\left\{p_{n+1}+\frac{1}{2}p_n\right\}$，$\{p_{n+1}-p_n\}$ はそれぞれ公比1，$-\frac{1}{2}$ の等比数列をなすので，

②を用い，

$$p_{n+1}+\frac{1}{2}p_n=p_2+\frac{1}{2}p_1，\text{すなわち，}p_{n+1}+\frac{1}{2}p_n=1 \quad \cdots\cdots③$$

$$p_{n+1}-p_n=(p_2-p_1)\left(-\frac{1}{2}\right)^{n-1}，\text{すなわち，}p_{n+1}-p_n=\frac{1}{4}\left(-\frac{1}{2}\right)^{n-1} \quad \cdots\cdots④$$

が1以上のすべての整数 n に対して成り立つ。

　よって，③－④より p_{n+1} を消去し，

$$\frac{3}{2}p_n=1-\frac{1}{4}\left(-\frac{1}{2}\right)^{n-1}$$

$$\therefore \quad p_n=\boldsymbol{\frac{2}{3}\left\{1-\frac{1}{4}\left(-\frac{1}{2}\right)^{n-1}\right\}} \quad (n=1,\ 2,\ 3,\ \cdots)$$

(2)　求める確率を q_n とおく。

　(1)と同様に左端がAAかXかで場合分けすることにより，

$$q_n=\frac{1}{2}q_{n-2}+\frac{1}{2}q_{n-1} \quad \cdots\cdots⑤$$

が4以上のすべての整数 n に対して成り立つ（次頁右上図）。

　ここで，q_2 は空事象の確率，q_3 はAABとなる確率であるから，

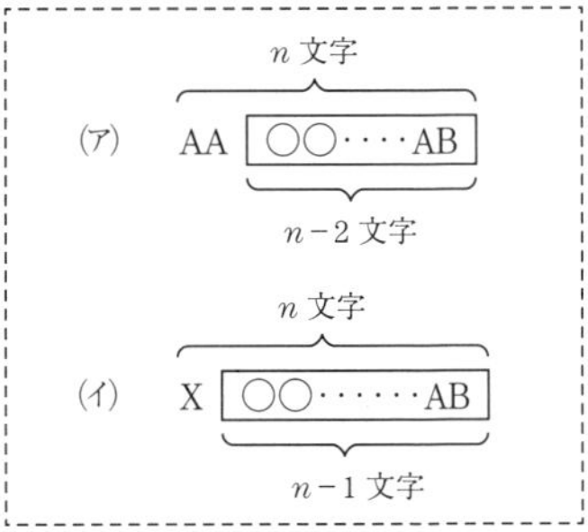
n 文字
(ア)
AA
○○・・・・AB
n−2 文字
n 文字
(イ)
X
○○・・・・・・AB
n−1 文字

$$q_2=0,\ \ q_3=\frac{1}{2}\cdot\frac{1}{6}=\frac{1}{12} \qquad \cdots\cdots⑥$$

である。

(1) と同様に，⑥ のもとで ⑤ を解くと，

$$q_{n+1}+\frac{1}{2}q_n=q_3+\frac{1}{2}q_2,$$

すなわち，

$$q_{n+1}+\frac{1}{2}q_n=\frac{1}{12} \qquad \cdots\cdots⑦$$

$$q_{n+1}-q_n=(q_3-q_2)\left(-\frac{1}{2}\right)^{n-2},\ \text{すなわち，}\ q_{n+1}-q_n=\frac{1}{12}\left(-\frac{1}{2}\right)^{n-2} \quad \cdots\cdots⑧$$

が 2 以上のすべての整数 n に対して成り立つ。

よって，③−④ より q_{n+1} を消去し，

$$\frac{3}{2}q_n=\frac{1}{12}\left\{1-\left(-\frac{1}{2}\right)^{n-2}\right\}$$

$$\therefore\quad q_n=\boldsymbol{\frac{1}{18}\left\{1-\left(-\frac{1}{2}\right)^{n-2}\right\}} \quad (n=2,\ 3,\ 4,\ \cdots)$$

解説

1°　2014 年度第 2 問に引き続いて，漸化式を利用して確率を求める問題である。東大理科の入試において漸化式を利用して確率を求める問題が 2 年連続で出題されたのは初めてである。“超” 頻出のタイプの問題とはいえ，2 年連続では出題されないとタカをくくっていると，方針を誤ってしまいかねない。そうでなくても本問は 2014 年度のような単純な型にはまる問題ではなく，2 文字 AA と 1 文字 B，C，D が混在する点，n 回目の試行と左から n 番目とが直接関連するわけではない点などから，やや難しい問題といえる。しかし，先入観なしに素直に手を動かしてみさえすれば解法の突破口は見えてくるという点では，東大らしい工夫された出題で，決して難問ではない。今後の受験生にはこのような問題をじっくり研究することを勧める。

2°　解決の最大のポイントは (1)(2) ともに漸化式を立式しようという方針を採ることにある。そしてこのことは，n を 1，2，3，4，… などとおいて “実験” してみれば容易に気付けるはずである。たとえば，$n=4$ としてみよう。4 回さいころを投げるので文字列は 4 文字以上あることが保証される。(1) では左から 4 番目の文字が A となる事象，(2) では左から 3 番目の文字が A でかつ 4 番目の文字が B とな

る事象がそれぞれ問題であるから，5番目以降を気にする必要はない。文字列の左端を AA と書いた場合（さいころの出た目が 3 以下の場合），条件をみたすように残りの文字列を書いてみようとすると，$n=2$ の場合の条件をみたす文字列を AA の右側に書けばよいだけであるし，左端を X と書いた場合（さいころの出た目が 4 以上の場合）は，$n=3$ の場合の条件をみたす文字列を X の右側に書けばよいだけである（右上図）。このことから帰納的に条件を満たす文字列を書けることがわかり，確率を数列として捉えればよいこともわかる。(1)(2) ともに同じ形の漸化式を，初期条件の違いに注意して解くだけである。**解答**はこの考え方に基づくものである。

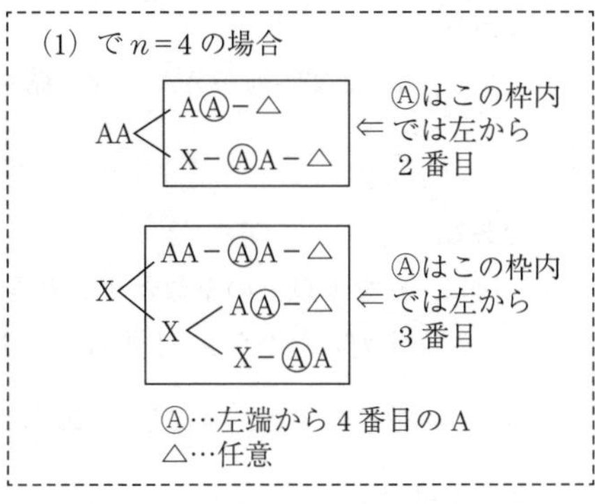

3° 漸化式を立式するポイントは，排反な分類を行うことである。分類を行うには分類の基準を設定する必要があり，この種の問題では，最初か最後に注目して基準を設定するのがよくある考え方である。**解答**は“最初”，すなわち左端の文字が A か否かで分類したのである。

これとは別に，(1) では“最後”，すなわち条件をみたす文字 A の一歩手前の文字が何かで分類する方針も考えられる。確率と漸化式の問題ではこの方針で解決する問題の方が圧倒的に多い。ただし，本問をこの方針で解決しようとすると，3 以下の目が出たときに書く文字列 AA の“左 A”と“右 A”を区別して考える必要がある。この着想がこの方針のポイントであるとともに難所でもある。そうすると (2) は (1) を利用して瞬時に解決する。以下に別解として記そう。

別解

(1)　求める確率を p_n とする。

さいころを 1 回投げて，出た目が 1，2，3 のときに書く文字列 AA を A_1A_2 と表す。

n 回さいころを投げ，文字列を作るとき，文字列の左から n 番目の文字が A_1 である確率を x_n ($n=1,\ 2,\ 3,\ \cdots$) とおくと，左から n 番目の文字が A_2 である確率は x_{n-1} ($n=2,\ 3,\ 4,\ \cdots$) であるから，

$$p_n=\begin{cases} x_1 & (n=1\ のとき) \\ x_{n-1}+x_n & (n=2,\ 3,\ 4,\ \cdots\ のとき) \end{cases}$$

である。

まず，x_1 は文字列が AA となる確率であるから，

$$x_1=\frac{1}{2} \quad \cdots\cdots㋐$$

である。

次に，n を1以上の整数とするとき，$n+1$ 回さいころを投げ，文字列を作るときに文字列の左から $n+1$ 番目の文字が A_1 となるのは，

n 番目の文字が A_1 以外（確率 $1-x_n$）で，かつその右側が A_1 $\left(確率\ \frac{1}{2}\right)$

となる場合に限られるから，

$$x_{n+1}=(1-x_n)\cdot\frac{1}{2}，すなわち，x_{n+1}=-\frac{1}{2}x_n+\frac{1}{2} \quad (n=1,\ 2,\ 3,\ \cdots) \quad \cdots\cdots㋑$$

が成り立つ。

㋑を変形して㋐のもとで解くと，

$$x_{n+1}-\frac{1}{3}=-\frac{1}{2}\left(x_n-\frac{1}{3}\right) より，\quad x_n-\frac{1}{3}=\left(x_1-\frac{1}{3}\right)\left(-\frac{1}{2}\right)^{n-1}$$

$$\therefore \quad x_n=\frac{1}{3}\left\{1-\left(-\frac{1}{2}\right)^n\right\} \quad \cdots\cdots㋒$$

よって，n を2以上の整数とするとき，求める確率は，

$$x_n+x_{n-1}=\frac{1}{3}\left\{1-\left(-\frac{1}{2}\right)^n+1-\left(-\frac{1}{2}\right)^{n-1}\right\}=\frac{2}{3}\left\{1-\frac{1}{4}\left(-\frac{1}{2}\right)^{n-1}\right\}$$

である。この式で $n=1$ とおくと $\frac{1}{2}$ となるので，これは $n=1$ でも通用する。

したがって，

$$p_n=\boldsymbol{\frac{2}{3}\left\{1-\frac{1}{4}\left(-\frac{1}{2}\right)^{n-1}\right\}} \quad (n=1,\ 2,\ 3,\ \cdots)$$

である。

(2)　求める確率を q_n とする。

q_n は n 回さいころを投げ，文字列を作るとき，文字列の左から $n-1$ 番目の文字が A_2 で，かつ n 番目の文字が B となる確率であるから，n を3以上の整数とすると，㋒より，

$$x_{n-2}\cdot\frac{1}{6}=\frac{1}{3}\left\{1-\left(-\frac{1}{2}\right)^{n-2}\right\}\cdot\frac{1}{6}=\frac{1}{18}\left\{1-\left(-\frac{1}{2}\right)^{n-2}\right\}$$

である。この式で $n=2$ とおくと0となるので，これは $n=2$ でも通用する。

よって，

$$q_n=\frac{1}{18}\left\{1-\left(-\frac{1}{2}\right)^{n-2}\right\}\quad (n=2,\ 3,\ 4,\ \cdots)$$

である。

4° **別解** の着想は，左から $n+1$ 番目の文字が A であるとき，その左側の n 番目の文字がどうなるかを考えることで得られる。$n+1$ 番目の文字 A が文字列 AA の“左 A”の場合は，n 番目の文字は A，B，C，D のいずれも可能性があるが (ただし，$n=1$ のときは B，C，D の可能性しかない)，“右 A”の場合は，n 番目の文字は必然的に A になる。この 2 つの場合を分けようとすると，“左 A”“右 A”と区別せざるを得ない。そこでそれぞれを A_1，A_2 と名付けたのである。

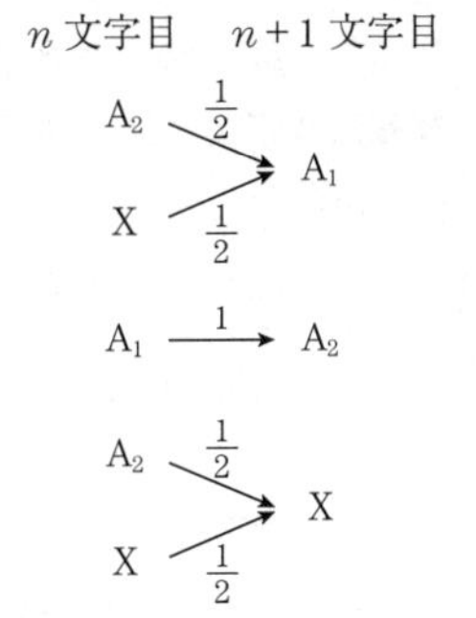

n 文字目　$n+1$ 文字目

$A_2 \xrightarrow{\frac{1}{2}} A_1$，$X \xrightarrow{\frac{1}{2}} A_1$

$A_1 \xrightarrow{1} A_2$

$A_2 \xrightarrow{\frac{1}{2}} X$，$X \xrightarrow{\frac{1}{2}} X$

各枝の数字は確率を表す

この着想に基づいて，x_n とともに，左から n 番目の文字が A_2，X である確率をそれぞれ y_n，z_n とおくと，右図より，

$$x_{n+1}=\frac{1}{2}y_n+\frac{1}{2}z_n \qquad \cdots\cdots ㋓$$

$$y_{n+1}=x_n \qquad \cdots\cdots ㋔$$

$$z_{n+1}=\frac{1}{2}y_n+\frac{1}{2}z_n \qquad \cdots\cdots ㋕$$

が 1 以上の整数 n に対して成り立ち，文字は A_1，A_2，X 以外にはありえないから，

$$x_n+y_n+z_n=1 \qquad \cdots\cdots ㋖$$

が n によらず成り立つ。ここで，

$$x_1=\frac{1}{2},\ y_1=0,\ z_1=\frac{1}{2} \qquad \cdots\cdots ㋗$$

である。

㋗のもとで，㋓，㋔，㋕を連立させれば x_n，y_n，z_n は求められるが，㋖を用意すれば，㋕は不要になる。p_n を求めるには x_n と y_n だけわかればよいが，さらに㋔より x_n だけを求めればよく，㋖と㋓から，

$$x_{n+1}=\frac{1}{2}(1-x_n)$$

となる。これが 別解 の ㋑ であり，別解 では以上のことを x_n だけを用いて表したのである。

5° 解答 や 別解 における漸化式の解法の詳しい説明は不要だろうが，老婆心ながら 解答 の3項間漸化式の2通りの変形についてだけ付言しておこう。

解答における ① 式が，

$$p_n-\alpha p_{n-1}=\beta(p_{n-1}-\alpha p_{n-2}) \qquad \cdots\cdots(*)$$

の形に変形できるとすると，$\{p_{n+1}-\alpha p_n\}$ が公比 β の等比数列となって解決に向かう。$(*)$は

$$p_n-(\alpha+\beta)p_{n-1}+\alpha\beta p_{n-2}=0$$

と同値であるから，①，すなわち，$p_n-\frac{1}{2}p_{n-1}-\frac{1}{2}p_{n-2}=0$ と見比べて，

$$\alpha+\beta=\frac{1}{2} \text{ かつ } \alpha\beta=-\frac{1}{2}$$

をみたす α，β を見つければよいことになる。それゆえ，α，β は2次方程式

$$x^2-\frac{1}{2}x-\frac{1}{2}=0 \quad \left(\iff \quad x^2=\frac{1}{2}x+\frac{1}{2}\right) \qquad \cdots\cdots◎$$

の解であるから，これを解いて，

$$(\alpha,\ \beta)=\left(-\frac{1}{2},\ 1\right),\ \left(1,\ -\frac{1}{2}\right)$$

を得る。◎を漸化式 ① の特性方程式ということがある。

第 3 問

解答

$$y=ax^p \quad (x>0) \qquad \cdots\cdots①$$

$$y=\log x \quad (x>0) \qquad \cdots\cdots②$$

(1)　2つの曲線 ① と ② の共有点が1点のみであるとは，① と ② から y を消去して得られる x の方程式

$$ax^p=\log x,\ \text{すなわち，}\ \frac{\log x}{x^p}=a \qquad \cdots\cdots③$$

をみたす正の数 x がただ1つだけとなることである。

そこで，③ の左辺を $f(x)$ とおき，曲線 $y=f(x)$ と直線 $y=a$ が $x>0$ の範囲で共有点をただ1つもつような $a(>0)$ の条件とそのときの共有点の x 座標を p を用いて表せばよい。

ここで，

$$\lim_{x\to+0} f(x)=-\infty,\ \lim_{x\to\infty} f(x)=\lim_{x\to\infty}\frac{1}{\dfrac{x^p}{\log x}}=0$$

であり，

$$f'(x)=\frac{\dfrac{1}{x}\cdot x^p-(\log x)\cdot px^{p-1}}{x^{2p}}$$

$$=\frac{1-p\log x}{x^{p+1}}$$

であることから，$p>0$ に注意して右表を得る。

x	(0)	$\cdots$	$e^{\frac{1}{p}}$	$\cdots$	(∞)
$f'(x)$		$+$	0	$-$	
$f(x)$	$(-\infty)$	$\nearrow$		$\searrow$	(0)

よって，曲線 $y=f(x)$ は右図のようになるので，求める条件は，

$$a=f(e^{\frac{1}{p}})=\boldsymbol{\frac{1}{ep}}$$

であり，点Qの x 座標は，

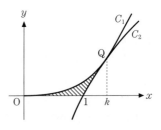

$\boldsymbol{e^{\frac{1}{p}}}$

である。

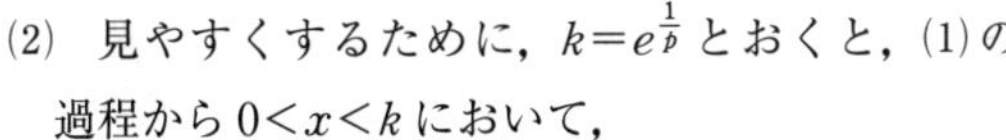

(2)　見やすくするために，$k=e^{\frac{1}{p}}$ とおくと，(1)の過程から $0<x<k$ において，

$$a>f(x),\ すなわち,\ ax^p>\log x$$

であるから，求める体積を V とすると，

$$V=\int_0^k \pi(ax^p)^2dx-\int_1^k \pi(\log x)^2dx \quad \cdots\cdots④$$

で与えられる。

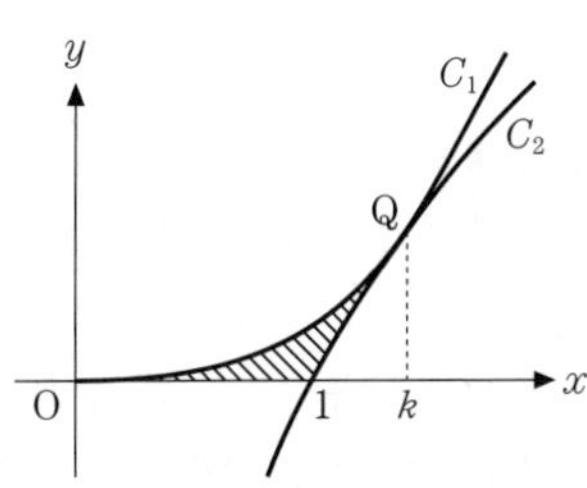

ここで，(1)の結果も用いると，

$$\int_0^k (ax^p)^2dx=\left[\frac{a^2}{2p+1}x^{2p+1}\right]_0^k$$

$$=\frac{a^2}{2p+1}k^{2p+1}$$

$$=\frac{1}{e^2p^2(2p+1)}e^{\frac{2p+1}{p}}$$

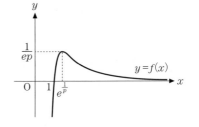

$$=\frac{1}{p^2(2p+1)}e^{\frac{1}{p}} \quad \cdots\cdots⑤$$

$$\int_1^k (\log x)^2 dx=\Big[x(\log x)^2\Big]_1^k-\int_1^k \left\{x\cdot(2\log x)\cdot\frac{1}{x}\right\}dx$$

$$=k(\log k)^2-2\Big[x\log x-x\Big]_1^k$$

$$=k(\log k)^2-2(k\log k-k+1)$$

$$=\left(\frac{1}{p^2}-\frac{2}{p}+2\right)e^{\frac{1}{p}}-2 \quad \cdots\cdots⑥$$

となるので，⑤，⑥ と ④ から，

$$V=\pi\left[\left\{\frac{1}{p^2(2p+1)}-\left(\frac{1}{p^2}-\frac{2}{p}+2\right)\right\}e^{\frac{1}{p}}+2\right]$$

$$=\boldsymbol{2\pi\left(\frac{-2p+1}{2p+1}e^{\frac{1}{p}}+1\right)}$$

である。

(3)　(2) の結果より，

$$V=2\pi \iff -2p+1=0$$

$$\iff p=\boldsymbol{\frac{1}{2}}$$

であり，これは確かに正の有理数である。

解説

1°　計算力が問われる問題であり，2015 年度の中では第 1 問とともに，確実に得点しておきたい問題である。(1) は 2013 年度第 2 問と同様に文字定数 a を分離してグラフを考察するとよく，(2) は 2012 年度第 3 問と同じ計算レベルの回転体の体積である。(3) は (2) が正解できた人へのボーナス問題である。定型的な微積分の問題であるが，分数形が多く現れ，特に (2) は書き間違い等の些細なミスも誘発しやすい。東大の求める計算力が少なくともこの程度にあるという点は近年繰り返し述べてきたことであり，2015 年度もそれが踏襲されたといってよい。

2°　(1) は「共有点が 1 点のみ」の条件を「方程式の実数解がただ 1 つ」と読み替え，さらにそれを同値変形した方程式の両辺のグラフの共有点が 1 点のみと捉えなおす，という 2013 年度第 2 問とまったく同様の考え方をするものである。**解答**のように文字定数 a を分離する方が見通しがよいが，それをせずに

$$ax^p=\log x \iff ax^p-\log x=0$$

と同値変形して，曲線 $y=ax^p-\log x$ と x 軸の共有点がただ1つである条件を求めてもよい。**解答**とほぼ同様の手間で解決する。

後述するように，実は「共有点が1点のみ」という条件は，2曲線①と②が接する（共有点をもち，かつ，その点での接線が一致する）という条件と結果的に同じになる。しかし，何の断りもなしに接する条件だけから結果を得ても，それでは(1)を正しく解いたことにはならないだろう。

3° (2)では，2曲線の上下関係を確認しておくことに注意する。(1)の過程からわかるのであるが，その確認をグラフあるいは言葉できちんと記述しておきたい。実際は曲線①は下図のように p の値で凹凸が変わってくるが，上下関係は不変であるので，場合分けは不要である。

定積分の計算では，“log を含む積分は部分積分”という定石に従うだけでよい。$e^{\frac{1}{p}}$ は分数べきが小さくて見づらいので，**解答**の k のように1文字で置き換えるとよい。このような工夫は数学的にはあまり意味がないかもしれないが，試験で確実に得点するという観点からは大事な工夫であり，日頃から意識しておきたい。

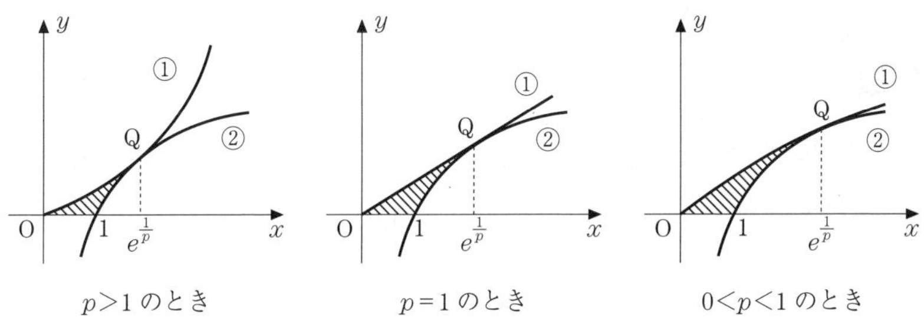

4° 問題文に提示されている極限は，べき関数と対数関数の発散速度の大小を表すもので，理系の受験生としては常識としておきたい。実は p を正の有理数に限定せず，正の実数としても与えられた極限は成り立つ（本問では p が有理数という条件は本質的な部分では効いてこない）。

$p>0$ のとき，$\displaystyle\lim_{x\to\infty}\frac{x^p}{\log x}=\infty$ であることは，たとえば次のような流れで示される。

まず，不等式“$t>0$ のとき $e^t>\dfrac{t^2}{2}$”が成り立つことを利用すれば，

$$(☆)\quad \lim_{t\to\infty}\frac{e^t}{t}=\infty$$

が示される。

ついで，$e^t=x^p$ と置換すれば（☆）を利用することで，

$$(☆☆)\quad \lim_{x\to\infty}\frac{x^p}{\log x}=\infty$$

が示される。以上の証明の流れは詳細をあえて省いてある。きちんとした証明は各自の簡単な練習問題としよう。

（☆☆）によれば，右の無限遠方で曲線①は曲線②の下側に入り込むことはない（$a>0$ に注意）。それゆえ，2 曲線①と②の共有点が 1 点 Q のみであるとき，共有点 Q の左側では曲線①が曲線②の上側であるので，仮に点 Q の前後で曲線①と曲線②の上下関係が逆になるとすると，やがては曲線①と曲線②が Q 以外に共有点をもち，上下関係が再び逆にならなければならない。これは共有点が 1 点 Q のみであることに矛盾する。したがって，2 曲線①と②の共有点が 1 点 Q のみであるとは，Q において 2 曲線①と②が接していることにほかならない。

第 4 問

解答

$$p_1=1,\ p_2=2,\ p_{n+2}=\frac{p_{n+1}^2+1}{p_n}\quad (n=1,\ 2,\ 3,\ \cdots)\qquad \cdots\cdots①$$

(1)　$a_n=\dfrac{p_{n+1}^2+p_n^2+1}{p_{n+1}p_n}$ とおくと，①の漸化式を用い，

$$\begin{aligned}a_{n+1}&=\frac{p_{n+2}^2+p_{n+1}^2+1}{p_{n+2}p_{n+1}}\\&=\frac{\left(\dfrac{p_{n+1}^2+1}{p_n}\right)^2+p_{n+1}^2+1}{\dfrac{p_{n+1}^2+1}{p_n}\cdot p_{n+1}}\\&=\frac{(p_{n+1}^2+1)^2+(p_{n+1}^2+1)\cdot p_n^2}{(p_{n+1}^2+1)\cdot p_{n+1}\cdot p_n}\\&=\frac{(p_{n+1}^2+1)+p_n^2}{p_{n+1}p_n}\end{aligned}$$

すなわち，

$$a_{n+1}=a_n$$

が n によらず成り立つ。

よって，$\dfrac{p_{n+1}^2+p_n^2+1}{p_{n+1}p_n}$ は n によらない。　（証明終わり）

(2)　(1) で示した事実と $p_1=1$，$p_2=2$ を用いると，

$$\frac{p_{n+1}^2+p_n^2+1}{p_{n+1}p_n}=\frac{p_2^2+p_1^2+1}{p_2p_1}\text{，すなわち，}\frac{p_{n+1}^2+p_n^2+1}{p_{n+1}p_n}=3 \quad \cdots\cdots②$$

が n によらず成り立つ。

一方，① の漸化式より，

$$p_{n+1}^2+1=p_{n+2}p_n \quad (n=1,\ 2,\ 3,\ \cdots) \quad \cdots\cdots③$$

であるから，③ を ② に用いると，

$$\frac{p_{n+2}p_n+p_n^2}{p_{n+1}p_n}=3 \qquad \therefore \quad \frac{p_{n+2}+p_n}{p_{n+1}}=3$$

$$\therefore \quad p_{n+2}+p_n=3p_{n+1} \quad (n=1,\ 2,\ 3,\ \cdots)$$

よって，すべての $n=2,\ 3,\ 4,\ \cdots$ に対し，

$$p_{n+1}+p_{n-1}=\boldsymbol{3p_n} \quad \cdots\cdots④$$

と表される。

(3)　数列 $\{q_n\}$ が

$$q_1=1,\ q_2=1,\ q_{n+2}=q_{n+1}+q_n \quad (n=1,\ 2,\ 3,\ \cdots) \quad \cdots\cdots⑤$$

で定められるとき，すべての $n=1,\ 2,\ 3,\ \cdots$ に対し，

$$p_n=q_{2n-1} \quad \cdots\cdots(*)$$

であることを，n に関する数学的帰納法で示す。

(I)　$n=1$，$n=2$ のとき，①，⑤ より，

$$p_1=1,\ q_1=1 \qquad \therefore \quad p_1=q_1$$

$$p_2=2,\ q_3=q_2+q_1=2 \qquad \therefore \quad p_2=q_3$$

よって，$(*)$ が成り立つ。

(II)　ある n と $n+1\,(n\geqq 1)$ に対し $(*)$ が成り立つ，すなわち，

$$p_n=q_{2n-1} \text{ かつ } p_{n+1}=q_{2n+1}$$

と仮定する。

この仮定と ④，および ⑤ を用いると，

$$\begin{aligned} p_{n+2}&=3p_{n+1}-p_n && (\leftarrow ④\text{ による}) \\ &=3q_{2n+1}-q_{2n-1} && (\leftarrow \text{帰納法の仮定による}) \quad \cdots\cdots⑥ \\ &=2q_{2n+1}+(q_{2n+1}-q_{2n-1}) && (\leftarrow \text{式変形}) \\ &=2q_{2n+1}+q_{2n} && (\leftarrow ⑤\text{ による}) \end{aligned}$$

$= q_{2n+1} + (q_{2n+1} + q_{2n})$　　(←式変形)

$= q_{2n+1} + q_{2n+2}$　　(←⑤による)

$= q_{2n+3}$　　(←⑤による)　　……⑦

となり，(＊)の n を $n+2$ に代えたものも成り立つ。　　(証明終わり)

解説

1° 漸化式で定められる数列に関する論証問題であり，漸化式とは何かがきちんと理解されていれば，それほど難しい問題ではない。完答を狙いたい問題であるが，短時間に論理的な答案を記述できるか否かで充分に差がつく問題でもある。洞察力と表現力が試される，東大らしい問題である。2014 年度も第 4 問では漸化式が題材となっていた。

ところで第 2 問も漸化式を利用する問題であり，第 5 問，第 6 問もある意味で数列が関連している。2015 年度は数列色・解析色が非常に強い。過去にも同様に分野が偏ったセットの年度があった。したがって，数学において得意な分野と不得意な分野に極端な開きのある受験生の場合，不得意な分野が集中して出題されると極めて不利な闘いとなる（2015 年度は数列が不得意であると厳しい)。どの分野も平均以上の力をつけるよう学習計画を立てて対策しておきたい。

2° 漸化式が与えられると，条件反射的に漸化式を解いて一般項を求めようとする受験生を多く見受ける。しかし，解ける漸化式は僅かであり，解けない漸化式の方が圧倒的多数なのである。本問でも一般項を求める必要は全くない。このことは，過去にも何度か出題されている話題である。重要なことは漸化式が数列の帰納的定義を定式化したものであって，その構造を押えることである。

もっとも，(3) の結果を見ると，$\{p_n\}$ はフィボナッチ数列の奇数番号の項であることがわかる。フィボナッチ数列の一般項は求められるので，（形は煩雑であるが）求めてしまい，その奇数番号の項が与えられた初期条件と漸化式をみたすことを示せば，$\{p_n\}$ の一般項が得られたことになる。それを用いて本問全体を解決することも不可能ではないが，試験向きの方法ではない。ただし，この手法でも解決できることがわかることは，やはり漸化式の構造の理解に基づくものである。

3° (1) は，少し実験（数列では特に実験が重要！）してみると，$\dfrac{p_{n+1}^2 + p_n^2 + 1}{p_{n+1}p_n}$ が n によらず 3 という値をとることが予想できる。そこで，それを数学的帰納法で証明しようと方針を立ててもよい。しかし，「n によらない」ということは，n を変え

ても $\dfrac{p_{n+1}^2+p_n^2+1}{p_{n+1}p_n}$ は不変であるということ，そして $\{p_n\}$ が漸化式で定まる数列であることを考え合わせれば，$a_n=\dfrac{p_{n+1}^2+p_n^2+1}{p_{n+1}p_n}$ とおくとき，「$a_{n+1}=a_n$」が成り立つことにほかならないということである。ここを掴むのが(1)のポイントである。このことは帰納法による証明の第2段階の意味を考えてみれば当然のことだと理解されよう。

4° (2)は(1)の結果の利用を考えることがポイントになる。n によらず $\dfrac{p_{n+1}^2+p_n^2+1}{p_{n+1}p_n}=3$ がわかるので，これと与えられた漸化式を組んで，$p_{n+1}+p_{n-1}$ を p_n のみで表そうと考えればよい。**解答**のように ${p_{n+1}}^2+1$ を消去しようとしてもよいし，問題が $p_{n+1}+p_{n-1}$ を求めることを要求しているので，漸化式でこれを変形していき，

$$p_{n+1}+p_{n-1}=\frac{p_n^2+1}{p_{n-1}}+p_{n-1}$$
$$=\frac{p_n^2+1+p_{n-1}^2}{p_{n-1}}$$

としてから，(1)より得られる $\dfrac{p_n^2+p_{n-1}^2+1}{p_np_{n-1}}=3$ と組んで，p_{n-1} を消去しようとしてもよい。

5° (3)は2つの数例 $\{p_n\}$ と $\{q_{2n-1}\}$ が同一であることを示す問題であるが，どちらの数列も漸化式で定義されている。漸化式をみたす数列は無限に存在するが，初期条件を決めると一つに定まる。そこで，どちらの数列も同じ構造の漸化式と初期条件をみたすことを示せばよい，と捉えることが第一のポイントである。その際，$\{p_n\}$ はもともと ① で定義されているが，(2)の結果により，

$$p_1=1,\ p_2=2,\ p_{n+2}=3p_{n+1}-p_n\quad (n=1,\ 2,\ 3,\ \cdots)\qquad \cdots\cdots ㋐$$

によって定義されると言い換えることができる。① と ㋐ は見かけ上異なる漸化式であるが，いずれの漸化式においても $\{p_n\}$ は一つに定まるのであり，同一になる。この点を押えておくことが第二のポイントである。そうすると，$\{q_{2n-1}\}$ が ㋐ と同じ形の構造，すなわち，

$$q_1=1,\ q_3=2,\ q_{2(n+2)-1}=3q_{2(n+1)-1}-q_{2n-1}\quad (n=1,\ 2,\ 3,\ \cdots)\qquad \cdots\cdots ㋑$$

をみたすことを示せば証明が終わる。**解答**ではこのことを数学的帰納法を利用して記述したが，核心は ⑥ と ⑦ で示されているように，$\{q_{2n-1}\}$ が ㋑ をみたす

ことを示すことにある。そして，$\{q_{2n-1}\}$ が ㋑ の構造をみたすことを“見抜いて”おくことが第三のポイントである。必ずしも帰納法のスタイルで記述しなければならないわけではない。

6° $\{q_n\}$ はいわゆるフィボナッチ数列として有名であるが，その予備知識は本問を解決する上では一切不要である。ただ，フィボナッチ数列は様々な性質を有する数列であり，入試問題の題材として使われることも多い。東大でもたとえば，1992年文科第3問がフィボナッチ数列を題材にしており，本問(3)と実質的に同じ考え方の問題となっている。本問に関連していえば，フィボナッチ数列 $\{q_n\}$ が一般に，

$$q_nq_{n+2}-q_{n+1}^2=(-1)^{n+1}\quad (n=1,\ 2,\ 3,\ \cdots)$$

をみたすことが，漸化式 ① の背景になっている。これを示すことは簡単な練習問題である。

第 5 問

解答

$${}_{2015}\mathrm{C}_m=\frac{2015}{1}\cdot\frac{2014}{2}\cdot\frac{2013}{3}\cdot\cdots\cdot\frac{2016-m}{m} \qquad \cdots\cdots①$$

は正の整数であり，右辺の積を構成する各分数の左から k 番目は，

$$\frac{2016-k}{k}\quad (k=1,\ 2,\ 3,\ \cdots,\ m) \qquad \cdots\cdots②$$

と表される。

そこで，① が偶数か否かを調べるために，各 k に対し ② の分子と分母，すなわち，$2016-k$ と k のそれぞれが2で何回割り切れるかを考察する。

いま，

$$2016=2^5\cdot 63$$

であり，正整数 k に対して，

$$k=2^nd\quad (n\text{ は非負整数，}d\text{ は正の奇数}) \qquad \cdots\cdots③$$

となる n，d の組がただ1組存在することを用いると，

$$2016-k=2^5\cdot 63-2^nd=2^n(63\cdot 2^{5-n}-d) \qquad \cdots\cdots④$$

となる。

ここで，

$n<5$ のときは，2^{5-n} は偶数，それゆえ，$63\cdot 2^{5-n}-d$ は奇数

であるから，③ と ④ より，

$n<5$ のときは，$2016-k$ と k はともに2でちょうど n 回割り切れる

ことがわかり，したがって，

「$k<2^5$，すなわち，$k\leqq 31$ のときは，② の分子と分母は2で割り切れる回数が等しい。」 ……Ⓐ

一方，

$32=2^5$

$2016-32=2^5\cdot 63-2^5=2^5(63-1)=2^6\cdot 31$

であるから，

「$k=32$ のときは，② の分子は分母より1回多く2で割り切れる。」 ……Ⓑ

よって，Ⓐ と Ⓑ および ① の形より，

${}_{2015}C_k\,(k=1,\ 2,\ 3,\ \cdots,\ 31)$ はすべて奇数，${}_{2015}C_{32}$ は偶数

であるから，求める最小の m は

32

である。

解説

1°　もはや東大理科では必出といってよい整数問題である。2015年度は現行課程入試への変わり目の年であり，現行課程では「整数の性質」を数学Aで学ぶので，整数問題の難易度は特にこれ以前の課程で学んだ受験生に大きく影響を及ぼしかねなかった。本問はやや難しく感じられるものの，2012年度・2013年度のような難問ではなく，2014年度と同程度の難易度であり，これまで出題されてきた整数問題を想定して対策してきた受験生であれば，特に違和感はなかったであろう。適切な配慮がなされたといってよい。

本問のような二項係数を素材とする問題は，過去2009年度第1問，1999年度第5問でも出題されており，長いスパンでみると東大理科の好むところといえるようである。本問は，特に後者の問題を徹底的に研究してあればそのときの考察が活きてくるものではあるが，必ずしもそれが有利に働くとも思えない。それよりも問題を前にして素朴に実験していく方が結果の予想につながったのではないだろうか。"2015" は出題年度というだけのように見受けられるが，2016が絶妙の整数となっていることで上手く作題されている。結果を見抜くとともにそれが正しい結果であることを論理的に記述する表現力も問われていて，東大らしい良問ということができる。

2°　$${}_{2015}\mathrm{C}_m=\frac{2015!}{m!(2015-m)!}=\frac{2015\cdot2014\cdot\cdots\cdot(2016-m)}{m(m-1)\cdot\cdots\cdot2\cdot1}$$

のように ${}_n\mathrm{C}_r$ の式を書いて，何か解法のパターンらしきものに当てはめようとしても，すぐにはわからない。そこで前述のように，小さい m から実験してみるとよい。すなわち，

$${}_{2015}\mathrm{C}_1=\frac{2015}{1}，\ {}_{2015}\mathrm{C}_2=\frac{2015}{1}\cdot\frac{2014}{2}，\ {}_{2015}\mathrm{C}_3=\frac{2015}{1}\cdot\frac{2014}{2}\cdot\frac{2013}{3}，\ \cdots$$

を計算してみると，まず $\frac{2015}{1}$ は奇数，次にこれに $\frac{2014}{2}$ が掛かりこれは偶数のように見えるが分子・分母が2で1回ずつ割り切れて奇数，さらにこれに $\frac{2013}{3}$ が掛かりこれは奇数，さらに $\frac{2012}{4}$ も偶数のように見えるが分子・分母は2で2回ずつ割り切れてやはり奇数，…，と続いていく。${}_{2015}\mathrm{C}_m$ が偶数になるためには，① の分子の素因数2の個数が分母の素因数2の個数よりも多くなくてはならない。そのようになる最小の正整数 m を求めればよい，という状況が掴めると，**解答** の ② の分子・分母の素因数2の個数を考察すればよいことに気付くだろうし，$2016=2^5\cdot63$ の分解にも注目できるであろう。

3°　注意すべきは，上のような実験過程から，求める最小の m について，

$${}_{2015}\mathrm{C}_m={}_{2015}\mathrm{C}_{m-1}\cdot\frac{2016-m}{m}$$

の左辺は偶数，右辺の ${}_{2015}\mathrm{C}_{m-1}$ は奇数であるから，$\frac{2016-m}{m}$ が初めて偶数となる m を求めればよい，と方針立てする誤りである。**解答** の ②，つまり $\frac{2016-k}{k}$ $(k=1,\ 2,\ 3,\ \cdots,\ m)$ はつねに整数とは限らない。実際，$\frac{2016-5}{5}=\frac{2011}{5}$ や $\frac{2016-10}{10}=\frac{1003}{5}$ は整数ではない。したがって，

『$\frac{2016-k}{k}=\frac{2016}{k}-1$ より，$\frac{2016}{k}=\frac{2^5\cdot63}{k}$ が奇数になる最小の k を求めて，答えは32』

とやるのは誤った論法である。

4°　“$2016-k$ に含まれる素因数2の個数”が“k に含まれる素因数2の個数”よりも多くなる最小の k が求める m であることを掴んだ後は，**解答** の ③ がポイン

トになる。③となるような n と d がただ1組存在することは，k を商が奇数になるまで2で割り続けることで納得できるであろう。なお，③以降は2進法で表せば見通しがよくなる。すなわち，2進展開すると，

$$2016-m=11111\underbrace{00000}_{0\text{が}5\text{個}}{}_{(2)}-m$$

であるから，

$m<1\underbrace{00000}_{0\text{が}5\text{個}}{}_{(2)}$ のときは，$2016-m$ と m をそれぞれ割り切る2の個数は等しい

$m=1\underbrace{00000}_{0\text{が}5\text{個}}{}_{(2)}$ のときは，$2016-m=11111\underbrace{000000}_{0\text{が}6\text{個}}{}_{(2)}$ となり，$2016-m$ を割り切る2の個数は m を割り切る2の個数より1個多い

とわかる。これは実質的に解答と全く同様のことである。

5° 力技（ちからわざ）で，$2016-k$ と k のそれぞれが2で何回割り切れるかを小さい k から順にすべて調べて書き出せば，解決はする。しかし，限られた時間内では困難であろう。コンピューターが使えれば一瞬であるが，試験場ではまだコンピューターは使えない。コンピューターの数値計算の基礎となる構造を掴むことこそ重要なのである。

また，前述の1999年度第5問に関連して，パスカルの三角形を作り，偶奇を捉えていくやり方も考えられる（下図）。

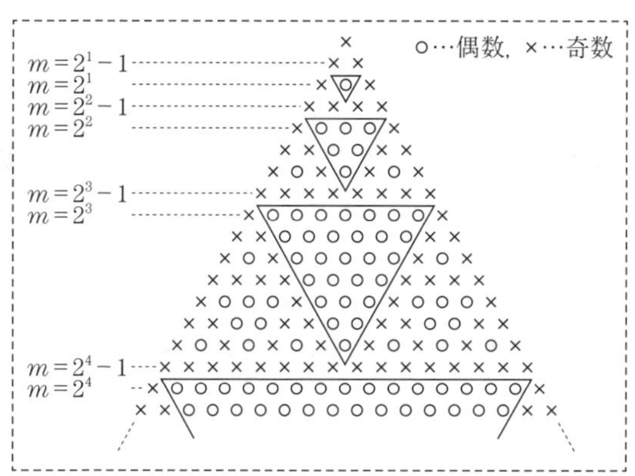

これを書き続けていけば，本問も解決するが，やはり現実的ではない（これを書き続けて本問の結果を発見することは是非やってみていただきたい。それは読者の研

究に任せよう)。

なお，1999 年度第 5 問の本書の解説では，次の **(発展)** を述べた。これは本問とも密接に関わる事柄であり，確認してみるとよい。二項係数が二項定理で展開した係数であることに注意して確認してみてほしい。上の 2 進法による解説に納得がいくであろう。[以下の記述において「(1)の事実より」とあるのは，「k を自然数として m を $m=2^k$ とおくとき，$0<n<m$ を満たすすべての整数 n について，二項係数 ${}_m\mathrm{C}_n$ は偶数である」という事実を指す。これが 1999 年度第 5 問(1)の内容であり，合わせて証明してみるとよい。]

(発展)　任意の自然数 M が

$$M=2^{a_1}+2^{a_2}+\cdots+2^{a_s}$$

(各 a_i は $0\leqq a_1<a_2<\cdots<a_s$ を満たす整数，s はある自然数)

の形にただ一通りに表せることを認めれば (2 進法を考えれば当然！)，特定の m，n に対して ${}_m\mathrm{C}_n$ が奇数となる必要十分条件は，下の ★ のように表せる。このことを示そう。

$$m=2^{e_1}+2^{e_2}+\cdots+2^{e_s}$$

(各 e_i は $0\leqq e_1<e_2<\cdots<e_s$ を満たす整数，s はある自然数)

のとき，(1) の事実により

$$\left[\begin{array}{l}(x+1)^m=(x+1)^{2^{e_1}}(x+1)^{2^{e_2}}\cdots(x+1)^{2^{e_s}}\\ \text{を展開して整理したときの各項の係数の偶奇}\end{array}\right]$$

$$=\left[\begin{array}{l}(x^{2^{e_1}}+1)(x^{2^{e_2}}+1)\cdots(x^{2^{e_s}}+1)\qquad\cdots\cdots\text{◉}\\ \text{を展開して整理したときの各項の係数の偶奇}\end{array}\right]$$

である。したがって，

$$n=2^{f_1}+2^{f_2}+\cdots+2^{f_t}$$

(各 f_t は $0\leqq f_1<f_2<\cdots<f_t$ を満たす整数，t はある自然数)

とおけば，

${}_m\mathrm{C}_n$ が奇数

$$\Longleftrightarrow\quad \{e_1,\ e_2,\ \cdots,\ e_s\}\supset\{f_1,\ f_2,\ \cdots,\ f_t\}\qquad\cdots\cdots\text{★}$$

である ($(x+1)^m$ の二項展開と，◉ の展開を考えてみよ)。

第 6 問

解答

(1)　まず，$g(x)$ の定義から任意の実数 x に対して $g(x) \geqq 0$ であり，したがって，

任意の実数 x と任意の正の整数 n に対して $g(nx) \geqq 0$　……①

である。

次に，やはり $g(x)$ の定義から，$|nx|>1$，すなわち，$|x|>\dfrac{1}{n}$ においては $g(nx)=0$ であるから，

$$\int_{-1}^{1} g(nx)f(x)\,dx=\int_{-\frac{1}{n}}^{\frac{1}{n}} g(nx)f(x)\,dx \quad \cdots\cdots②$$

である。

さて，$|x| \leqq \dfrac{1}{n}$ をみたす x に対して $p \leqq f(x) \leqq q$ である連続関数 $f(x)$ について，① に注意すると，

$|x| \leqq \dfrac{1}{n}$ において，$pg(nx) \leqq g(nx)f(x) \leqq qg(nx)$

であり，それゆえ，

$$\int_{-\frac{1}{n}}^{\frac{1}{n}} pg(nx)\,dx \leqq \int_{-\frac{1}{n}}^{\frac{1}{n}} g(nx)f(x)\,dx \leqq \int_{-\frac{1}{n}}^{\frac{1}{n}} qg(nx)\,dx$$

$$\therefore\quad p\int_{-\frac{1}{n}}^{\frac{1}{n}} ng(nx)\,dx \leqq \int_{-\frac{1}{n}}^{\frac{1}{n}} ng(nx)f(x)\,dx \leqq q\int_{-\frac{1}{n}}^{\frac{1}{n}} ng(nx)\,dx \quad \cdots\cdots③$$

ここで，$nx=t$ と置換すると，

$$\int_{-\frac{1}{n}}^{\frac{1}{n}} ng(nx)\,dx=\int_{-1}^{1} g(t)\,dt=\left[\frac{1}{2}\left\{\frac{\sin(\pi t)}{\pi}+t\right\}\right]_{-1}^{1}=1 \quad \cdots\cdots④$$

であるから，③，④ と ② より，

$$p \leqq n\int_{-1}^{1} g(nx)f(x)\,dx \leqq q$$

が成り立つ。　（証明終わり）

(2)　$h(x)$ と $g(x)$ の定義より，

$$g'(x)=h(x) \quad \cdots\cdots(*)$$

がわかるので，

$$\{g(nx)\}'=nh(nx)$$

である。

そこで，$F(x)=\log(1+e^{x+1})$ とし，$I_n=n^2\int_{-1}^{1} h(nx)F(x)\,dx$ とおくと，部分積分法により，

$$I_n=n\left\{\left[g(nx)F(x)\right]_{-1}^{1}-\int_{-1}^{1}g(nx)F'(x)\,dx\right\}$$
$$=-n\int_{-1}^{1}g(nx)F'(x)\,dx\quad(\because\ g(x)\text{の定義より}\ g(n)=g(-n)=0)\quad\cdots\cdots⑤$$

となる。

ここに，

$$F'(x)=\frac{e^{x+1}}{1+e^{x+1}}=1-\frac{1}{1+e^{x+1}}$$

であり，これは連続な単調増加関数であるから，

「$|x|\leqq\dfrac{1}{n}$ をみたす x に対して $F'\left(-\dfrac{1}{n}\right)\leqq F'(x)\leqq F'\left(\dfrac{1}{n}\right)$ が成り立つ。」 ……⑥

よって，⑤と⑥により，(1)で示した事実を用いることができて，

$$-F'\left(\frac{1}{n}\right)\leqq I_n\leqq -F'\left(-\frac{1}{n}\right)\quad\cdots\cdots⑦$$

が成り立ち，$F'(x)$ は連続関数ゆえ

$$\lim_{n\to\infty}F'\left(\pm\frac{1}{n}\right)=F'(0)=\frac{e}{1+e}\quad\cdots\cdots⑧$$

であるから，⑦，⑧とはさみうちの原理により，

$$\lim_{n\to\infty}I_n=-\boldsymbol{\frac{e}{1+e}}$$

である。

解説

1°　仰々しい関数式が与えられて圧倒されてしまう感じであるが，(1)で定積分を評価し，(2)で定積分で与えられた数列の極限を求めるという“(1)を利用して(2)を解く”という流れがよく見える問題である。しかし，(2)は(1)が直接使えるわけではなく，ある発見がポイントになる。他の問題と比較すると，試験場では，特に(2)は，難しく感じる問題であろう。それでも(1)は，近年の東大理科に頻出の「評価」の問題であるので，対策してきた受験生には見通しが持てたのではないだろうか。一般に評価の問題は難問であることが多いが，東大理科では好まれる出題であることを頭に留めておこう。

2°　(1)で評価すべき定積分は，抽象関数の定積分であって計算不可能であるから，定積分と不等式に関する定理によって証明するしかない。その定理とは，

> $a<b$ のとき，区間 $[a,\ b]$ で連続な関数 $f(x)$，$g(x)$ について，
> 区間 $[a,\ b]$ において　$f(x) \leqq g(x)$　ならば　$\int_a^b f(x)\,dx \leqq \int_a^b g(x)\,dx$
> が成り立つ。
> 等号は，区間 $[a,\ b]$ でつねに $f(x)=g(x)$ であるときに限って成り立つ。

である。この定理の応用上の意義は，定積分を評価したいときには，その被積分関数を評価すればよい，ということである。本問では，問題で与えられた仮定

$$|x| \leqq \frac{1}{n}\ \text{をみたす}\ x\ \text{に対して}\ p \leqq f(x) \leqq q\ \text{である連続関数}\ f(x)$$

を用いて，

$$|x| \leqq \frac{1}{n}\ \text{において，}\ pg(nx) \leqq g(nx)f(x) \leqq qg(nx)$$

のように被積分関数を評価することがポイントになるが，これは $|x| \leqq \dfrac{1}{n}$ においての評価であるから，その前に **解答** の②，すなわち，積分区間を $[-1,\ 1]$ から $\left[-\dfrac{1}{n},\ \dfrac{1}{n}\right]$ に変えておく必要がある。これは与えられた関数 $g(x)$ の定義と

$$\int_{-1}^{1} g(nx)f(x)\,dx = \int_{-1}^{-\frac{1}{n}} g(nx)f(x)\,dx + \int_{-\frac{1}{n}}^{\frac{1}{n}} g(nx)f(x)\,dx + \int_{\frac{1}{n}}^{1} g(nx)f(x)\,dx$$

であることからすぐにわかるであろう。また，評価する際は，つねに $g(nx) \geqq 0$（**解答** の①）にも注意が必要である。

3°　(2)の $h(x)$ の定義は，区間によって表式が三角関数によるものと0とに分かれ，その点で(1)の $g(x)$ の定義とよく似ている。そこで，(1)の事実を利用できるのではないか，と考えられる。しかし，(2)の $h(x)$ は(1)の $g(x)$ のように，つねに0以上ではなく，またつねに0以下でもない。したがって，単純に(1)の $g(x)$ を $h(x)$ に代えて利用することはできない。それゆえ何らかの工夫が必要になるが，ここでは，

$$\left\{\frac{\cos(\pi x)+1}{2}\right\}' = -\frac{\pi}{2}\sin(\pi x)$$

を発見することがカギになる。すなわち，$h(x)$ が $g(x)$ の導関数であることを見抜くことである。導関数との積の定積分が与えられているので，部分積分することにより(1)が利用できる形になる。気付いてしまえば簡単であるが，これが東大理科らしさといってもよい。結局，“積の積分は部分積分”という基本事項がポイント

となるのである。

なお，(1) の p，q に相当する値は，関数 $F(x)=\log(1+e^{x+1})$ の導関数

$$F'(x)=\frac{e^{x+1}}{1+e^{x+1}}=1-\frac{1}{1+e^{x+1}}$$

が単調増加関数であることから，$p=F'\left(-\frac{1}{n}\right)$，$q=F'\left(\frac{1}{n}\right)$ にとればよいことはすぐにわかるであろう。極限を求める際は，-1 倍されることにも注意を払いたい。

4°　細かいことをいえば，$g(x)$，$f(x)$ は x の区間によって表式の異なる“つぎはぎ関数”であるから，$h(x)$ が $g(x)$ の導関数であることをいうには，区間の“つなぎ目 $x=\pm1$”における微分可能性は別に調べる必要がある。それは次のようにして確認できる。

$g(1)=0$ であることに注意して，

$h\to+0$ のとき，$g(1+h)=0$ であるから，

$$\lim_{h\to+0}\frac{g(1+h)-g(1)}{h}=0 \quad\cdots\cdots㋐$$

$h\to-0$ のとき，$g(1+h)=\dfrac{\cos\{\pi(1+h)\}+1}{2}$ であるから，

$$\lim_{h\to-0}\frac{g(1+h)-g(1)}{h}=\lim_{h\to-0}\frac{\cos\{\pi(1+h)\}+1}{2h}=\lim_{h\to-0}\frac{1-\cos(\pi h)}{2h}$$

$$=\lim_{h\to-0}\left\{\frac{\sin\left(\frac{\pi h}{2}\right)}{\frac{\pi h}{2}}\right\}^2\frac{\pi^2 h}{4}=1^2\cdot0=0 \quad\cdots\cdots㋑$$

であり，㋐ と ㋑ より，$g(x)$ は $x=1$ で微分可能で，

$$g'(1)=0=h(1)$$

である。このことと $g(x)$ が偶関数（つねに $g(-x)=g(x)$）であることから，

$$g'(-1)=0=h(-1)$$

もわかる。

しかし，以上のことは，(2) を解くうえで本質的部分ではない。$x=\pm1$ において $g(x)$ が“なめらか”であることは，$g(x)$ の表式からほぼ自明であるし，(2) は別に考察しなければならない部分があるからである。上の **解** **答** ではこれを省いて書いた。

5° 以下は，大学の教養課程を超える話であり，理解する必要は全くないが，本問の背景として少しだけ触れておこう。

本問は，ディラックのデルタ関数とよばれる「関数」が背景となっている。それは，ディラックの著書『量子力学』に現れる，

$$\begin{cases} \int_{-\infty}^{\infty} \delta(x)\,dx = 1 \\ x \neq 0 \text{ に対しては } \quad \delta(x) = 0 \end{cases}$$

という $\delta(x)$ である。$x=0$ 以外では値が 0 なのに，積分すると 0 でない，というのは通常の関数では考えられない。それゆえ $\delta(x)$ を「関数」とよぶのも奇妙であるが，ディラックによると $\delta(x)$ は $x=0$ のごく近くだけに集中した値をもつ関数の一種の極限として得られるという。$\delta(x)$ の最も大切な性質を示すよい例は，勝手な連続関数 $f(x)$ に対して，

$$\int_a^b f(x)\delta(x)\,dx = f(0) \quad (a<0<b)$$

が成り立つことである。

本問 (1) の $g(x)$ について，$\lim_{n\to\infty} ng(nx)$ が $\delta(x)$ に相当し，(1) の $f(x)$ と (2) の **解答** の $F(x)$ について，(1)，(2) から，

$$\int_{-1}^{1} \delta(x) f(x)\,dx = f(0)$$

$$\int_{-1}^{1} \delta'(x) F(x)\,dx = -\int_{-1}^{1} \delta(x) F'(x)\,dx = -F'(0)$$

が得られる。実は関数概念の拡張を合理的に扱う枠組みが，解析学の世界には広がっているのである。

2014年

第 1 問

解 答

(1)　(平面 OAED)∥(平面 CBFG) ゆえ,

$$\{(\text{平面 OAED})\cap(\text{平面 OPQR})\}\,/\!/\,\{(\text{平面 CBFG})\cap(\text{平面 OPQR})\}$$

すなわち,

$$(\text{直線 OP})\,/\!/\,(\text{直線 RQ})$$

であり，同様にして,

$$(\text{直線 PQ})\,/\!/\,(\text{直線 OR})$$

であるから，切り口の四角形 OPQR は平行四辺形である。

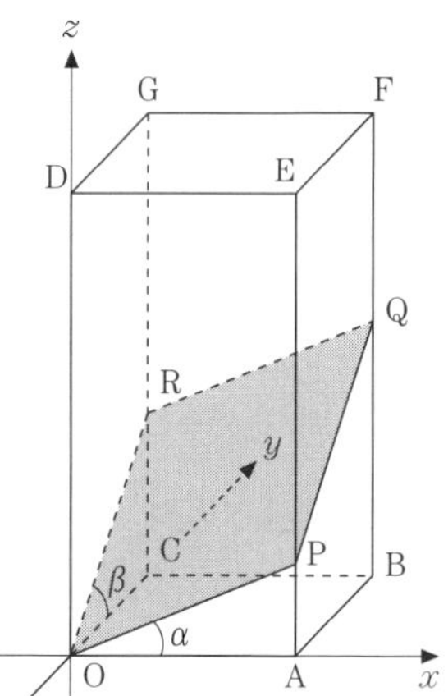

さて,四角柱 OABC-DEFG は1辺の長さ1の正方形を底面とするから,頂点 O を原点とし,A(1, 0, 0), C(0, 1, 0), D(0, 0, d)[$d>0$]であるような xyz 座標系を設定することができる。このとき,

$$\overrightarrow{OP}=\begin{pmatrix}1\\0\\\tan\alpha\end{pmatrix},\quad \overrightarrow{OR}=\begin{pmatrix}0\\1\\\tan\beta\end{pmatrix}$$

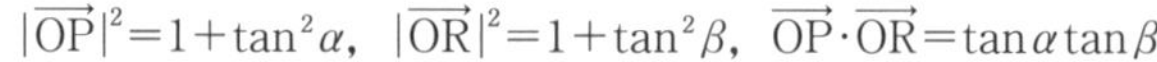

$$|\overrightarrow{OP}|^2=1+\tan^2\alpha,\quad |\overrightarrow{OR}|^2=1+\tan^2\beta,\quad \overrightarrow{OP}\cdot\overrightarrow{OR}=\tan\alpha\tan\beta$$

であるから,

$$\begin{aligned}S&=\sqrt{|\overrightarrow{OP}|^2|\overrightarrow{OR}|^2-(\overrightarrow{OP}\cdot\overrightarrow{OR})^2}\\&=\sqrt{(1+\tan^2\alpha)(1+\tan^2\beta)-(\tan\alpha\tan\beta)^2}\\&=\boldsymbol{\sqrt{1+\tan^2\alpha+\tan^2\beta}}\end{aligned}$$

と表される。

(2)　$\alpha+\beta=\dfrac{\pi}{4}$ より,

$$\tan(\alpha+\beta)=\tan\frac{\pi}{4}\qquad\therefore\quad \frac{\tan\alpha+\tan\beta}{1-\tan\alpha\tan\beta}=1 \qquad\cdots\cdots①$$

$S=\dfrac{7}{6}$ より $S^2=\dfrac{49}{36}$ であるから，(1)の結果を用い,

$$1+\tan^2\alpha+\tan^2\beta=\frac{49}{36}$$

$$\therefore\quad (\tan\alpha+\tan\beta)^2-2\tan\alpha\tan\beta=\frac{13}{36} \qquad \cdots\cdots②$$

ここで,

$$u=\tan\alpha+\tan\beta,\qquad v=\tan\alpha\tan\beta$$

とおくと，$\alpha\geqq 0$ かつ $\beta\geqq 0$ かつ $\alpha+\beta=\frac{\pi}{4}$ より $u>0$ であり，このもとで,

$$① \iff \frac{u}{1-v}=1 \iff v=1-u \qquad \cdots\cdots①'$$

$$② \iff u^2-2v=\frac{13}{36} \qquad \cdots\cdots②'$$

である。①′ を ②′ に代入して v を消去すると,

$$u^2-2(1-u)=\frac{13}{36}$$

$$\therefore\quad (u+1)^2=\frac{121}{36} \qquad \therefore\quad u+1=\frac{11}{6}\ (\because\ u>0)$$

よって，$u=\frac{5}{6}$ であるから,

$$\mathbf{\tan\alpha+\tan\beta=\frac{5}{6}}$$

である。

このとき，①′ より $v=\frac{1}{6}$ であるから，$\tan\alpha$ と $\tan\beta$ は 2 次方程式

$$x^2-\frac{5}{6}x+\frac{1}{6}=0,\ \text{すなわち},\ \left(x-\frac{1}{3}\right)\left(x-\frac{1}{2}\right)=0$$

の 2 解であり，$0\leqq\alpha\leqq\beta\leqq\frac{\pi}{4}$ より $\tan\alpha\leqq\tan\beta$ であるから,

$$\mathbf{\tan\alpha=\frac{1}{3}}$$

である。

解説

1° (1) は 2014 年度唯一の空間図形に関する問題であり，図が問題文にあるのは東大理科として希少である。

また，(2) は $\tan\alpha$ と $\tan\beta$ について対称性を有する式が問題とされており，東大

理科では頻出の対称性を利用した数式処理の問題である。(1)，(2)ともに基本的であり，第1問に配置されていることからも，確実に得点したい。

2° 与えられた四角柱は直方体であり，四角形OPQRが平行四辺形であることはほぼ自明であるが，(1)では平行四辺形であることに言及しておくとよいだろう。

面積の計算では，**解答**のように空間座標を設定するのが機械的に処理できる点で実戦的である。しかし，座標設定は必須ではない。たとえば，直角三角形OAP，OCRに注目すれば，三平方の定理より，

$$|\overrightarrow{\mathrm{OP}}|^2=1+\tan^2\alpha,\quad |\overrightarrow{\mathrm{OR}}|^2=1+\tan^2\beta$$

であり，台形ACRPに注目すれば，

$$|\overrightarrow{\mathrm{PR}}|^2=\left(\sqrt{2}\right)^2+|\tan\alpha-\tan\beta|^2,\text{ すなわち，}|\overrightarrow{\mathrm{PR}}|^2=2+(\tan\alpha-\tan\beta)^2$$

であるから，

$$\overrightarrow{\mathrm{OP}}\cdot\overrightarrow{\mathrm{OR}}=\frac{1}{2}(|\overrightarrow{\mathrm{OP}}|^2+|\overrightarrow{\mathrm{OR}}|^2-|\overrightarrow{\mathrm{PR}}|^2)\text{ より，}\overrightarrow{\mathrm{OP}}\cdot\overrightarrow{\mathrm{OR}}=\tan\alpha\tan\beta$$

とわかる。これを面積公式 $S=\sqrt{|\overrightarrow{\mathrm{OP}}|^2|\overrightarrow{\mathrm{OR}}|^2-(\overrightarrow{\mathrm{OP}}\cdot\overrightarrow{\mathrm{OR}})^2}$ に用いればよい。

また，外積ベクトルを知っている人は，座標設定して，

$$S=|\overrightarrow{\mathrm{OP}}\times\overrightarrow{\mathrm{OR}}|$$

から容易に結果を得る。これら以外にもいくつかの方法があるが，いずれにしても(1)は短時間で処理したい。

3° (2)では，(1)の結果と与えられた条件 $\alpha+\beta=\frac{\pi}{4}$ が α と β に関して対称であること，および，求めたい値が $\tan\alpha+\tan\beta$ であることから，$\tan\alpha$ と $\tan\beta$ の基本対称式 $\tan\alpha+\tan\beta$ と $\tan\alpha\tan\beta$ をカタマリとして議論するとよいことを見抜きたい。そのためには $\alpha+\beta=\frac{\pi}{4}$ の両辺のtanを考えて，加法定理により

$$\frac{\tan\alpha+\tan\beta}{1-\tan\alpha\tan\beta}=1$$

を準備しておくことがカギである。その後の議論展開については**解答**以上の解説は不要であろう。計算ミスに注意するだけである。

第 2 問

解 答

(1)　はじめに袋Uの中に，白球が $a+2$ 個，赤球が1個入っているので，

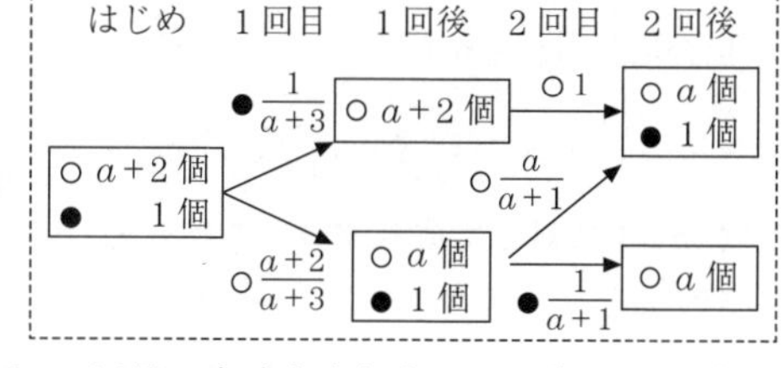

$$p_1=\boldsymbol{\frac{1}{a+3}}$$

である。

また，2回目に赤球を取り出すのは，1回目に白球を取り出して，袋Uの中身が白球 a 個，赤球1個の状態から赤球を取り出す場合に限られるから，

$$p_2=\frac{a+2}{a+3}\cdot\frac{1}{a+1}=\boldsymbol{\frac{a+2}{(a+3)(a+1)}}$$

である。

(2)　初期状態と操作(∗)の定義により，操作(∗)を n 回 $(n\geqq 1)$ 繰り返し行った後の袋Uの中身は，

A：「赤球1個と白球が a 個」

B：「白球のみ」

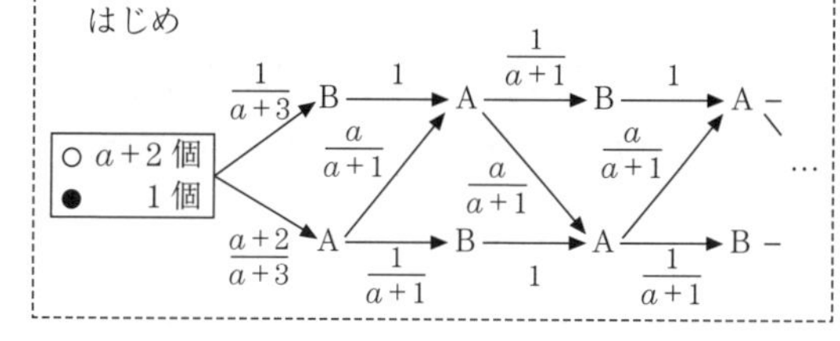

のどちらか一方の状態に限られ，

「n 回目に取り出した球が赤球である」

ことは，

「n 回後にBの状態である」

ことにほかならない。それゆえ，

n 回後にBの状態である確率が p_n，

n 回後にAの状態である確率が $1-p_n$

である。

ここで，操作(∗)の定義により，

Aの状態で操作(∗)を行うと，確率 $\frac{1}{a+1}$ でBとなり，

確率 $\frac{a}{a+1}$ でAとなる。

Bの状態で操作(∗)を行うと，確率1でAとなる。

したがって，$n+1$ 回後にＢとなるのは，

“確率 $1-p_n$ で n 回後にＡとなり，かつ，確率 $\dfrac{1}{a+1}$ でＢとなる”

場合に限られるから，

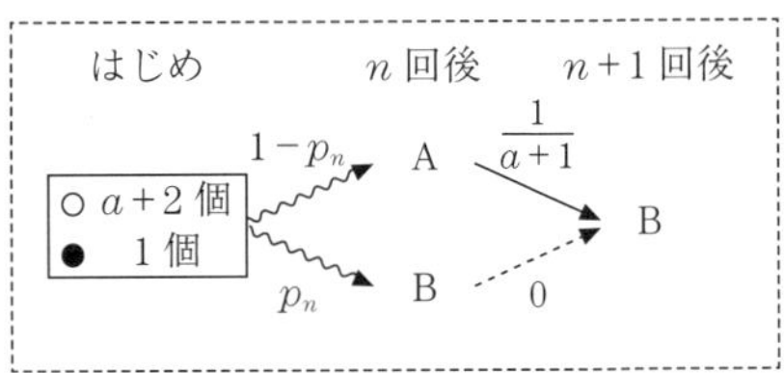

$$p_{n+1}=(1-p_n)\cdot\frac{1}{a+1}$$

が $n\geqq1$ に対して成り立つ。これを変形すると，

$$p_{n+1}-\frac{1}{a+2}=-\frac{1}{a+1}\left(p_n-\frac{1}{a+2}\right)$$

となるので，数列 $\left\{p_n-\dfrac{1}{a+2}\right\}$ は公比 $-\dfrac{1}{a+1}$ の等比数列をなし，$p_1=\dfrac{1}{a+3}$ を用いると，

$$p_n-\frac{1}{a+2}=\left(p_1-\frac{1}{a+2}\right)\left(-\frac{1}{a+1}\right)^{n-1}$$

$$\therefore\quad p_n=\boldsymbol{\frac{1}{a+2}-\frac{1}{(a+3)(a+2)}\left(-\frac{1}{a+1}\right)^{n-1}}$$

これは $n\geqq1$ に対して成り立つので，$n\geqq3$ に対しても成り立つ。

(3)　(2)の結果より，

$$\frac{1}{m}\sum_{n=1}^{m}p_n=\frac{1}{m}\sum_{n=1}^{m}\left\{\frac{1}{a+2}-\frac{1}{(a+3)(a+2)}\left(-\frac{1}{a+1}\right)^{n-1}\right\}$$

$$=\frac{1}{a+2}-\frac{1}{m}\left\{\frac{1}{(a+3)(a+2)}\sum_{n=1}^{m}\left(-\frac{1}{a+1}\right)^{n-1}\right\}\quad\cdots\cdots①$$

であり，a は自然数ゆえ $\left|-\dfrac{1}{a+1}\right|<1$ であることに注意すると，

無限等比級数 $\displaystyle\sum_{n=1}^{\infty}\left(-\frac{1}{a+1}\right)^{n-1}$ は和をもつ。　……②

よって，①，②より，

$$\lim_{m\to\infty}\frac{1}{m}\sum_{n=1}^{m}p_n=\boldsymbol{\frac{1}{a+2}}$$

である。

解説

1°　東大では“超”頻出といってよい，漸化式を利用して確率を求めることを主眼とする問題である。近年でいえば，2012 年度第 2 問と同様に本問もいくつかの状態

がその直前の状態に依存して確率的に定まっていく推移過程（マルコフ過程の特別な場合）に関する確率である。同様とはいえ，2012 年度の問題よりも状態数が少なく，問題の問い方も“n 回後に特定の状態となる確率”ではなく“n 回目に特定の事象が起こる確率”というように，過去問とは異なる設定や異なる問いの表現にして工夫して出題されている。東大が要求する「数学的読解力」の有無も試されているといえよう。それでも過去問の研究をしっかり行うなど対策を充分に行ってきた受験生には高得点を期待できる問題であろう。

2°　まず，操作(＊)を正確に理解することが最初のポイントである。特に，袋 U の中が白球だけになると，操作(＊)の(i)を必ず行うことになり，赤球が U の中に復活するという点に注意したい。いったん U の中が白球だけになっても，その後に赤球を取り出すことがある，ということである。(＊)を正確に理解するためには，やはり実際に手を動かして，取り出される球の色と袋 U の中の状態の推移を描き出してみることが肝心である（実験してみる！）。少なくとも(1)はそれだけで解決できるはずである。

3°　次に袋 U の中の赤球は常に 0 個か 1 個かのどちらかであること，それゆえ，赤球の個数に注目すると U の中の状態は排反な 2 つの状態に分類できることを押さえ，漸化式で処理する方針を採ることが第二のポイントである。赤球 1 個であるのは初期状態（白球 $a+2$ 個，赤球 1 個）を除けば，白球 a 個，赤球 1 個の状態だけである。それ以外は赤球が 0 個，つまり，白球だけの状態である。ただし，白球だけの状態のとき，1 回後だけが白球 $a+2$ 個であり，それ以外は白球 a 個である。**解答**ではこのことを掴んで，A，B と記号化して説明したのである。取り出す直前の状態に依存して次の状態の確率が帰納的に定まるので，確率を数列と捉え漸化式を立てて処理しようとするのが自然である。

4°　漸化式の立式について，さらに説明を加えておく。

起こりうる状態は A と B の 2 つの状態しかなく，n 回後に B の状態となる確率が p_n である。そこで，n 回後に A の状態となる確率を q_n とすると，$n+1$ 回後に B，A それぞれの状態となるのは，下図のように推移する場合に限られるので，

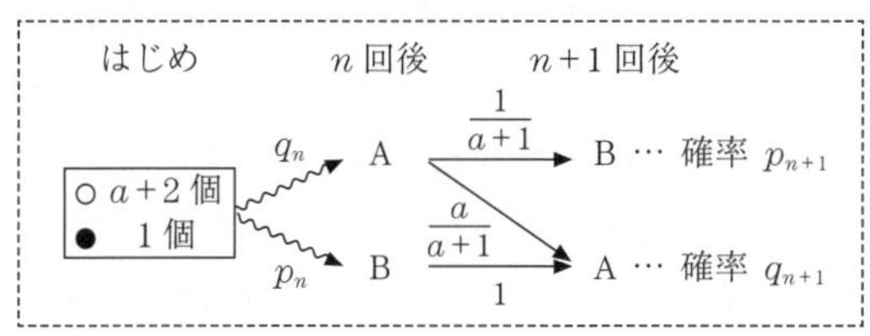

$$\begin{cases} p_{n+1}=q_n\cdot\dfrac{1}{a+1} & \cdots\cdots③ \\ q_{n+1}=q_n\cdot\dfrac{a}{a+1}+p_n\cdot 1 & \cdots\cdots④ \end{cases}$$

という p_n と q_n に関する連立漸化式が $n\geqq 1$ に対して成り立つ。これを

$$p_1=\frac{1}{a+3},\quad q_1=\frac{a+2}{a+3}$$

のもとで解き，p_n を求めればよいのであるが，n 回後は必ずAとBのいずれかの状態であるから，確率の性質により，

$$p_n+q_n=1 \quad\cdots\cdots⑤$$

が $n\geqq 1$ に対して成り立つ。そこで，⑤を $q_n=1-p_n$ として，③に代入して q_n を消去すれば，

$$p_{n+1}=(1-p_n)\cdot\frac{1}{a+1}$$

を得る。確率の問題では，⑤に相当する「（全事象の確率）$=1$」という性質を積極的に利用するのがよく，そうすれば③と④の一方は不要となる。**解** **答** では初めから余事象の確率として $q_n=1-p_n$ を利用して，p_n だけで記述したのである。

5°　もっとも，A，Bのように状態を記号化することは必然ではない。袋Uの中の赤球が常に0個か1個かのどちらかであることを掴んでしまえば，赤球が2回連続して取り出されることはなく，取り出す球は赤か白かのいずれかであるから，$n+1$ 回目に赤球を取り出すのは，

“n 回目に白球を確率 $1-p_n$ で取り出して，Uの中が白球 a 個，赤球1個となり，かつ，$n+1$ 回目に確率 $\dfrac{1}{a+1}$ で赤球を取り出す”

場合に限られる。このことから，

$$p_{n+1}=(1-p_n)\cdot\frac{1}{a+1}$$

と立式できる。ここでも，余事象の確率を積極的に利用している。

6°　(2)の問題文の「$n\geqq 3$ に対して」が気になった受験生もいるかもしれない。「$n\geqq 3$」とあるので，3回目に取り出す場合から考えねばならないとか，漸化式を解く際は p_3 を初項として解かねばならないとか，無用の心配をすると時間をロスしかねない。**解** **答** からわかるように，漸化式は $n\geqq 1$ に対して成り立つので，p_3 を個別に計算する必要はないし，漸化式を解く際も p_1 を初項として解けばよい。$n\geqq 1$ に対して成り立つならば $n\geqq 3$ に対して成り立つのは当然である。問題文の「$n\geqq 3$

に対して」は“$n \geqq 3$ に対して正しい p_n を求めよ”という意味であり，$n \geqq 3$ が漸化式の成立範囲までを束縛するものではない。

7° (3)は(2)の結果を用いると，

$$\frac{1}{m}\sum_{n=1}^{m} p_n = \frac{1}{m}\left\{\frac{m}{a+2} - \frac{1}{(a+3)(a+2)} \cdot \frac{1-\left(-\frac{1}{a+1}\right)^m}{1-\left(-\frac{1}{a+1}\right)}\right\}$$

$$= \frac{1}{a+2} - \frac{1}{m}\left\{\frac{1}{(a+3)(a+2)} \cdot \frac{1-\left(-\frac{1}{a+1}\right)^m}{1-\left(-\frac{1}{a+1}\right)}\right\} \qquad \cdots\cdots⑥$$

となり，具体的に Σ の計算ができる。ここで，a は自然数，つまり $a \geqq 1$ であることから $\left|-\frac{1}{a+1}\right| < 1$ であり，

$$m \to \infty \text{ のとき，} \left(-\frac{1}{a+1}\right)^m \to 0$$

であるから，⑥の第2項の｛　｝内は

$$\frac{1}{(a+3)(a+2)} \cdot \frac{1}{1-\left(-\frac{1}{a+1}\right)}$$

に収束する。この過程は無限等比級数の和の公式の証明過程と同じである。

しかし，⑥の第2項の｛　｝内が収束することがわかれば，$m \to \infty$ のとき⑥の第2項は0に収束することが，Σ の計算を経由せずにわかる。**解** **答** ではこれを見越して処理したのである。その際は，$\left|-\frac{1}{a+1}\right| < 1$ の理由付けが不可欠である。

なお，得られた結果は $\lim_{n \to \infty} p_n$ の値に一致する。このことは，一般に，

$$n \to \infty \text{ のとき，} a_n \to \alpha \text{ ならば，} \frac{a_1 + a_2 + \cdots\cdots + a_n}{n} \to \alpha$$

であることから当然の帰結である。(これは大学初年級で学ぶ初歩的事実である。)

第 3 問

解 答

$C_1 : y = -x^2+1$ ……①

$C_2 : y = (x-u)^2+u$ ……②

(1) C_1 と C_2 が共有点をもつ条件は，① と ② から y を消去して得られる x の 2 次方程式

$$-x^2+1=(x-u)^2+u, \text{ すなわち，} 2x^2-2ux+u^2+u-1=0 \quad \cdots\cdots③$$

が実数解をもつことである。

その条件は，③ の判別式が 0 以上となることで，

$$u^2-2(u^2+u-1) \geqq 0 \qquad \therefore \quad u^2+2u-2 \leqq 0$$

$$\therefore \quad -1-\sqrt{3} \leqq u \leqq -1+\sqrt{3} \quad \cdots\cdots④$$

よって，

$$\boldsymbol{a=-1-\sqrt{3}}, \ \boldsymbol{b=-1+\sqrt{3}}$$

である。

(2) P_1，P_2 は C_1 上の点であるから，

$$y_1=-x_1{}^2+1, \ y_2=-x_2{}^2+1$$

であり，これを用いると，

$$\begin{aligned} 2|x_1y_2-x_2y_1| &= 2|x_1(-x_2{}^2+1)-x_2(-x_1{}^2+1)| \\ &= 2|(x_1x_2+1)(x_1-x_2)| \\ &= 2|x_1x_2+1||x_1-x_2| \quad \cdots\cdots⑤ \end{aligned}$$

と表される。

ここで，④ のもとで ③ の 2 実解が x_1，x_2 であるから，解と係数の関係および解の公式により，

$$x_1x_2=\frac{u^2+u-1}{2}, \ x_1=\frac{u+\sqrt{-u^2-2u+2}}{2}, \ x_2=\frac{u-\sqrt{-u^2-2u+2}}{2} \quad \cdots\cdots⑥$$

としてよく，⑥ を ⑤ に代入して整理すると，

$$\begin{aligned} 2|x_1y_2-x_2y_1| &= 2\left|\frac{u^2+u-1}{2}+1\right| \cdot \left|\sqrt{-u^2-2u+2}\right| \\ &= \boldsymbol{(u^2+u+1)\sqrt{-u^2-2u+2}} \quad \left(\because \quad u^2+u+1=\left(u+\frac{1}{2}\right)^2+\frac{3}{4}>0\right) \end{aligned}$$

と表される。

(3) (2) の結果より，

$$f(u)=(u^2+u+1)\sqrt{3-(u+1)^2}$$

と表される。そこで，定積分 I において $u+1=\sqrt{3}\sin\theta\left(-\frac{\pi}{2}\leqq\theta\leqq\frac{\pi}{2}\right)$ と置換すると，

$$\begin{cases} u^2+u+1=\left(\sqrt{3}\sin\theta-1\right)^2+\sqrt{3}\sin\theta \\ \qquad\qquad =3\sin^2\theta-\sqrt{3}\sin\theta+1 \\ \sqrt{3-(u+1)^2}=\sqrt{3}\,|\cos\theta| \\ \qquad\qquad =\sqrt{3}\cos\theta \quad \left(\because\ -\frac{\pi}{2}\leqq\theta\leqq\frac{\pi}{2}\right) \\ du=\sqrt{3}\cos\theta\, d\theta \end{cases}$$

u	a	→	b
θ	$-\frac{\pi}{2}$	→	$\frac{\pi}{2}$

と対応するので，

$$I=\int_{-\frac{\pi}{2}}^{\frac{\pi}{2}}\left(3\sin^2\theta-\sqrt{3}\sin\theta+1\right)\cdot 3\cos^2\theta\, d\theta$$

となる。さらに，

$(3\sin^2\theta+1)\cos^2\theta$ は偶関数，$\sin\theta\cos^2\theta$ は奇関数

であるから，

$$\begin{aligned} I&=2\int_0^{\frac{\pi}{2}}(3\sin^2\theta+1)\cdot 3\cos^2\theta\, d\theta \\ &=3\int_0^{\frac{\pi}{2}}(6\sin^2\theta\cos^2\theta+2\cos^2\theta)\, d\theta \\ &=3\int_0^{\frac{\pi}{2}}\left(\frac{3}{2}\sin^2 2\theta+2\cos^2\theta\right)d\theta \\ &=3\int_0^{\frac{\pi}{2}}\left(\frac{3}{2}\cdot\frac{1-\cos 4\theta}{2}+1+\cos 2\theta\right)d\theta \\ &=3\left[\frac{7}{4}\theta-\frac{3}{16}\sin 4\theta+\frac{1}{2}\sin 2\theta\right]_0^{\frac{\pi}{2}} \\ &=\mathbf{\frac{21}{8}}\pi \end{aligned}$$

となる。

解説

1°　計算力が問われる問題である。(1) と (2)は易しく，(3)も決して難しい問題ではない。確実に得点したい問題であるが，闇雲に計算するのでは時間もかかるしミスも犯しやすい。試験場における独特の緊張感の中で，見通しよく計算することはそう容易(たやす)くはない。特に (3) では大いに差がついたことであろう。定積分の計算は面積

や体積に絡めて出題されることが多いものの，本問や 2011 年度第 3 問のように，定積分の計算が単独で出題されることもある。式の形に注目するなど，正確で要領のよい計算を日頃から遂行しているか否か，が肝心である。

2° (1) の解説は不要であろう。判別式を利用するだけであるが，(2) も踏まえると，解の公式で先に解いておき，根号の中身（これが判別式に相当する）が 0 以上，とやるのもよい。

(2) は，x_1，y_1，x_2，y_2 がすべて u の式で表せるからといって，先に u の式で表してから計算し出すと大変である。まず y_1，y_2 を x_1 と x_2 で表して，$2|x_1y_2-x_2y_1|$ を x_1 と x_2 の対称式として表してから，u の式に書き直すとよい。絶対値記号の中身の交代式は差で括り出せて，残りの因数は対称式になるので，解と係数の関係を利用すれば解決する。その際，x_1-x_2 の計算では，**解** **答** のように解の公式で解いて直接 2 解の差を計算する方が手早いが，一般に，2 次方程式 $ax^2+bx+c=0$ の判別式 D は，2 解を α，β として

$$D=a^2(\alpha-\beta)^2\ \ (=b^2-4ac)$$

と表されることが身についていれば，

$$D=2^2(x_1-x_2)^2\ \text{より，}\ |x_1-x_2|=\sqrt{\frac{D}{4}}=\sqrt{-u^2-2u+2}$$

と直ちに計算できる。

3° (3) では，$f(u)$ の式が何やら煩雑で難しそうに見える。(2) の計算に自信が持てないと安心して (3) には取り組めない。この点が試験の難しさである。普段のドリルのように，定積分の式が与えられているのとは異なるのである。

(2) の結果が正しいと自信が持てたなら，$\sqrt{\quad}$ を含む定積分の定石「$\sqrt{a^2-x^2}$ を含む積分では $x=a\sin\theta$ と置換する」に基づけばよい。ただし，本問は $\sqrt{-u^2-2u+2}$ を含むので，$\sqrt{\quad}$ の中身を平方完成して，

$$-u^2-2u+2=3-(u+1)^2$$

と変形しておくことがポイントである。絶対値記号を外すときは中身の符号も確認しておこう。

その後は，偶関数・奇関数の性質

$f(x)$ が偶関数ならば，$\displaystyle\int_{-a}^{a}f(x)\,dx=2\int_{0}^{a}f(x)\,dx$

$f(x)$ が奇関数ならば，$\displaystyle\int_{-a}^{a}f(x)\,dx=0$

($f(-x)=f(x)$ がつねに成り立つ関数 $f(x)$ を偶関数，

$f(-x)=-f(x)$ がつねに成り立つ関数 $f(x)$ を奇関数という)

を利用することで計算が軽減できる。これは関数の対称性を利用することにほかならず，これもポイントの一つである。その後の三角関数の積分は，半角公式・倍角公式による次数下げ，という基本的手順で処理できる。

4° (3)の定積分では $\sqrt{\quad}$ の中身を平方完成すると $u+1$ がカタマリとして見えること，および積分区間が $u=-1$ に関して対称であることから，$u+1=t$ と置換して，次のように計算するのもよい。

定積分 I において，$u+1=t$ と置換すると，

$$\begin{cases} u^2+u+1=(t-1)^2+t=t^2-t+1 \\ \sqrt{3-(u+1)^2}=\sqrt{3-t^2} \\ du=dt \end{cases}$$

u	a	→	b
t	$-\sqrt{3}$	→	$\sqrt{3}$

と対応するので

$$I=\int_{-\sqrt{3}}^{\sqrt{3}}(t^2-t+1)\sqrt{3-t^2}\,dt$$

となる。さらに，

$(t^2+1)\sqrt{3-t^2}$ は偶関数，$t\sqrt{3-t^2}$ は奇関数

であるから，

$$I=2\int_0^{\sqrt{3}}(t^2+1)\sqrt{3-t^3}\,dt$$

$$=2\left(\int_0^{\sqrt{3}}t^2\sqrt{3-t^2}\,dt+\int_0^{\sqrt{3}}\sqrt{3-t^2}\,dt\right) \quad \cdots\cdots㋐$$

である。

ここで，$\int_0^{\sqrt{3}}t^2\sqrt{3-t^2}\,dt$ において，$t=\sqrt{3}\sin\theta\left(-\frac{\pi}{2}\leqq\theta\leqq\frac{\pi}{2}\right)$ と置換すると，

$$\begin{cases} t^2\sqrt{3-t^2}=3\sin^2\theta\cdot\sqrt{3}\,|\cos\theta| \\ \qquad\qquad\quad =3\sin^2\theta\cdot\sqrt{3}\cos\theta \quad \left(\because\ 0\leqq\theta\leqq\frac{\pi}{2}\right) \\ dt=\sqrt{3}\cos\theta d\theta \end{cases}$$

t	0	→	$\sqrt{3}$
θ	0	→	$\frac{\pi}{2}$

と対応するので，

$$\int_0^{\sqrt{3}}t^2\sqrt{3-t^2}dt=\int_0^{\frac{\pi}{2}}3\sin^2\theta\cdot\sqrt{3}\cos\theta\cdot\sqrt{3}\cos\theta d\theta$$

$$=9\int_0^{\frac{\pi}{2}}\sin^2\theta\cos^2\theta d\theta$$

$$=\cdots\cdots$$

$$=\frac{9}{16}\pi \quad \cdots\cdots㋑$$

となる。また，

$$\int_0^{\sqrt{3}} \sqrt{3-t^2}\,dt = (\text{半径}\sqrt{3}\text{ の四分円の面積})$$

$$= \frac{3}{4}\pi \qquad \cdots\cdots ㋒$$

となるので，㋑ と ㋒ を ㋐ に代入して，

$$I = 2\left(\frac{9}{16}\pi + \frac{3}{4}\pi\right) = \frac{21}{8}\pi$$

となる。

この計算においても，偶関数・奇関数の性質など，対称性に着目することがポイントとなっている。

第 4 問

解答

(1)　$0<p<1$ のとき，$0<1-p<1$ であるから，この各辺に $x(>0)$ を掛けると，

$$0<(1-p)x<x \qquad \cdots\cdots①$$

を得る。

また，$q>0$ のとき，$0<1-e^{-qx}<1$ であるから，この各辺に $1-x(>0)$ を掛けると，

$$0<(1-x)(1-e^{-qx})<1-x \qquad \cdots\cdots②$$

を得る。

① と ② を辺々加えることにより，

$$0<(1-p)x+(1-x)(1-e^{-qx})<x+(1-x)$$

すなわち，$0<x<1$ のとき，

$$0<f(x)<1$$

である。　　　　（証明終わり）

(2)　まず，

$$0<x_n<1 \quad (n=0,\ 1,\ 2,\ \cdots\cdots) \qquad \cdots\cdots③$$

である。なぜならば，数列 $\{x_n\}$ が $x_n=f(x_{n-1})$ によって定められているとき，(1) より，

$$0<x_n<1 \implies 0<f(x_n)<1 \text{ すなわち } 0<x_{n+1}<1$$

であるから，$0<x_0<1$ であることと合せて，帰納的に ③ が成り立つからである。

次に，

$$x_n<(1-p+q)x_{n-1}\quad(n=1,\ 2,\ 3,\ \cdots\cdots)\qquad\cdots\cdots④$$

であることを示そう。

$x_n=f(x_{n-1})$ より，

$$x_n=(1-p)x_{n-1}+(1-x_{n-1})(1-e^{-qx_{n-1}})\qquad\cdots\cdots⑤$$

であり，不等式 $1+x\leqq e^x$ がすべての実数 x に対して成り立つことから，

$$1+(-qx_{n-1})\leqq e^{-qx_{n-1}},\ つまり，1-e^{-qx_{n-1}}\leqq qx_{n-1}$$

が成り立つので，

$$(1-x_{n-1})(1-e^{-qx_{n-1}})\leqq(1-x_{n-1})qx_{n-1}\quad(\because\ ③ より\ 1-x_{n-1}>0)$$

$$\begin{aligned}\therefore\quad(1-p)x_{n-1}+(1-x_{n-1})(1-e^{-qx_{n-1}})&\leqq(1-p)x_{n-1}+(1-x_{n-1})qx_{n-1}\\&<(1-p)x_{n-1}+1\cdot qx_{n-1}\quad(\because\ qx_{n-1}>0)\\&=(1-p+q)x_{n-1}\qquad\cdots\cdots⑥\end{aligned}$$

よって，⑤と⑥より，④が成り立つ。

さて，③と④より，

$$0<x_n<(1-p+q)x_{n-1}\quad(n=1,\ 2,\ 3,\ \cdots\cdots)$$

であり，したがって

$$0<x_n<(1-p+q)^nx_0\quad(n=1,\ 2,\ 3,\ \cdots\cdots)\qquad\cdots\cdots⑦$$

が成立する。$0<q<p<1$ より $0<1-p+q<1$ であるから，

$n\to\infty$ のとき，(⑦の右端)$\to0=$(⑦の左端)

となり，はさみうちの原理により，

$$\lim_{x\to\infty}x_n=0$$

となる。　　　　(証明終わり)

(3)　$g(x)=f(x)-x$ とおくと，まず，

$$g(0)=0,\ g(1)=-p<0\qquad\cdots\cdots⑧$$

である。

次に，$x\leqq1$ のもとでは，

$$g'(x)=-p-(1-e^{-qx})+(1-x)\cdot qe^{-qx}$$

$$g''(x)=-qe^{-qx}-qe^{-qx}+(1-x)\cdot(-q^2e^{-qx})<0\quad(\because\ q>0)$$

より，$g'(x)$ は単調に減少し，

$$g'(0)=-p+q>0\quad(\because\ p<q)$$

$$g'(1)=-p-(1-e^{-q})<0\quad(\because\ q>0\ より\ e^{-q}<1)$$

である。このことと $g'(x)$ が連続であることから，中間値の定理により，

$$g'(\alpha)=0\ かつ\ 0<\alpha<1$$

となるαが唯一つ存在し，$0 \leqq x \leqq 1$において右表を得る。

x	0	$\cdots$	α	$\cdots$	1
$g'(x)$		$+$	0	$-$	
$g(x)$	0	↗		↘	$-p$

したがって，⑧の$g(0)=0$を考え合わせると，

$$g(\alpha)>0 \text{ かつ } 0<\alpha<1 \quad \cdots\cdots ⑨$$

となるαが存在するので，⑧の$g(1)<0$と⑨および$g(x)$が連続であることから，中間値の定理により，

$$g(c)=0 \text{ かつ } 0<c<1$$

すなわち，

$$c=f(c) \text{ かつ } 0<c<1$$

をみたす実数cが存在する。　（証明終わり）

解説

1°　受験生の出来具合を見る限り，2014年度では最も出来のよくない問題である。(1)不等式の証明（評価），(2)極限の証明，(3)存在証明，と受験生の弱点を突いている問題ばかりであり，実戦的には後回しにすることが得策であったことだろう。(1)において関数$f(x)$を微分して行き詰まっている人が多く，また，問題文に提示された基本不等式$1+x \leqq e^x$を(1)で利用するはずだ，などと思い込むと話が脇道にそれかねない。試験場では受験生泣かせの問題であったが，決して難問ではないので，通常の学習素材として充分に研究しておくとよい。

2°　(1)は，$f(x)$をxで微分して$f(x)$の増減を調べる方針でも解決不可能ではないが，見通しは悪い。関数$f(x)$がxについて整理された形ではなくxと$1-x$が表式に現れていることから，式の意味を考えると容易に解決する。すなわち，$f(x)$は数直線上の2点$1-p$と$1-e^{-qx}$を$(1-x):x$に分ける点の座標であり，$0<1-p<1$，$0<1-e^{-qx}<1$，$0<x<1$であることを考えれば$0<f(x)<1$は自明である。

解答ではこのことを述べる代わりに，各項の大小を示すことで証明した。

また，右側の不等式は定石通り“差”を変形して，

$$\begin{aligned}1-f(x)&=1-\{(1-p)x+(1-x)(1-e^{-qx})\}\\&=1-\{x-px+1-x-(1-x)e^{-qx}\}\\&=px+(1-x)e^{-qx}\end{aligned}$$

とすれば，これが$0<x<1$において正であることはすぐにわかる。いずれにしてもまず$f(x)$を直接評価してみようと考えることがポイントである。

3°　(1)ではつぎのような考え方でも解決する。

【(1)の 別解1】

関数 $f(x)$ を p の関数 $F(p)$ とみると，

$$F(p)=-xp+x+(1-x)(1-e^{-qx})$$

は，$0<x<1$ のとき p について連続な減少関数であり，

$$F(0)=x+(1-x)(1-e^{-qx})=1-(1-x)e^{-qx}<1$$

$$F(1)=(1-x)(1-e^{-qx})>0$$

であることから，$0<p<1$ において $0<F(p)<1$ である。それゆえ，$0<x<1$ のとき，$0<f(x)<1$ である。　　　　　　　　　　　　　　　　　（証明終わり）

【(1)の 別解2】

関数 $f(x)$ を q の関数 $G(q)$ とみると，

$$G(q)=-(1-x)e^{-xq}+1-px$$

は，$0<x<1$ のとき q について連続な増加関数であり，

$$G(0)=-(1-x)+1-px=(1-p)x>0$$

$$\lim_{q\to\infty}G(q)=-(1-x)\cdot 0+1-px=1-px<1$$

であるから，$q>0$ において $0<G(q)<1$ である。それゆえ，$0<x<1$ のとき，$0<f(x)<1$ である。　　　　　　　　　　　　　　　　　（証明終わり）

このような考え方は，近年では2012年度第6問(2)とよく似た考え方である。多変数関数の処理は東大理科のオハコであり，東大理科の伝統ともいえる。別解1 別解2 のように考えると簡単であるが，“$f(x)$”という表記があるため，別の文字の関数とみる着想の転換はしにくいかもしれない。

4° (2)は“解けない漸化式で定められる数列の極限”という，受験生であれば演習を積んでいるであろうと想定されるタイプの問題である。x_n を n の簡単な式で表すことはできないので，x_n を評価して極限値が0になることを示そうとするしかない。そのためには，x_n と0との距離がどんどん縮まること，すなわち，

1より小さい正の定数 r を用いて，$|x_n|\leqq r|x_{n-1}|$ ……㋐

という形の不等式を導くことを目標とすればよい。この目標を設定することが一つのポイントである。(1)によれば，$x_n>0$ がわかるので［(1)はここでしか用いられない］，㋐の絶対値記号は外すことができて，

1より小さい正の定数 r を用いて，$x_n\leqq r\cdot x_{n-1}$ ……㋑

のように，x_n を x_{n-1} で評価してやればよい。㋐や㋑のタイプの不等式を導くには平均値の定理を利用することが多いが，ここでは，問題文に与えられている不等

式

$$1+x \leqq e^x \quad \cdots\cdots ㋒$$

が役立つ。㋒ は e^x に関する基本的な不等式であり，知っていなければならない。㋒ を用いると，容易に ㋑ の r として

$$r=1-p+q$$

がとれることがわかる（実際は ㋑ の等号も排除できることがわかる）。㋑ を繰り返し用いると，

$$x_n \leqq r^n \cdot x_0$$

を得て，解決に向かうのであるが，このとき重要なのは，r が 1 より小さい正の定数であること，すなわち，

$$0<1-p+q<1$$

である。$p>q$ と $0<p<1$，$q>0$ からこれがいえることを答案にきちんと明示しておきたい。

5°　上の **4°** でも言及したように，(2) は平均値の定理を利用すれば，不等式 ㋒ は不要である。実際，$f(x)$ は微分可能であるから，区間 $[0,\ x_{n-1}]$ で平均値の定理を用いることができて，

$$f(x_{n-1})-f(0)=f'(c)(x_{n-1}-0) \text{ かつ } 0<c<x_n$$

を満たす c が存在し，$f(0)=0$，$x_n=f(x_{n-1})$ であることから，

$$x_n=f'(c)\cdot x_{n-1} \text{ かつ } 0<c<x_{n-1} \quad \cdots\cdots ㋓$$

を満たす c が存在する。

ここで［(3) の **解答** でも計算しているが］，区間 $[0,\ x_{n-1}]$ において，

$$f''(x)=-2qe^{-qx}-(1-x)q^2e^{-qx}<0$$

であるから $f'(x)$ は単調に減少し，

$$f'(x)<f'(0)=1-p+q, \quad ゆえに, \quad f'(c)<1-p+q \quad \cdots\cdots ㋔$$

である。つねに $x_n>0$ であることに注意すると，㋓ と ㋔ から，

$$x_n<(1-p+q)x_{n-1}$$

を得て，**解答** の ④ を得る。

平均値の定理を利用する問題は，東大理科 2005 年度や 1997 年度にも出題があるので研究しておくとよい。

6°　(3) は (2) とは全く別の問題である。p，q に課された条件が (2) は $p>q$，(3) は $p<q$，と異なるからである。(3) は (2) と独立に解くことができる問題であり，このような設定は東大では珍しい。

(3)の解決の基礎になるのは，連続関数の重要性質である「中間値の定理」である。$g(x)=f(x)-x$ とおけば，$g(x)$ は連続関数であり，**解答** の ⑧ は直ちにわかるので，⑨を満たす α の存在を示せば中間値の定理によって証明が終わる。⑨となる α の存在の証明がポイントである。そのためには $g(x)$ の増減を調べようとすればよい。**解答** のように $g''(x)$ まで計算すれば，$g'(x)$ の符号変化がわかり ⑨ を得るが，$g'(x)$ の計算で止めておいてもよい。なぜなら $g'(x)$ は連続関数であって，

$$g'(0)=-p+q>0$$

であることから，十分小さな正の数 α をとれば，区間 $[0,\ \alpha]$ において $g'(x)>0$ となり，やはり ⑨ を得るからである。答案をこのように記述してもよいだろう。

第 5 問

解答

この解答において，

「整数 a，b に対して $a-b$ が p の倍数である」　……(＊)

ことを，

$$a\equiv b$$

と表記する。このとき，整数 a_1，a_2，b_1，b_2 に対して，

$$\begin{cases} a_1\equiv b_1 \\ a_2\equiv b_2 \end{cases} \Longrightarrow \begin{cases} a_1+a_2\equiv b_1+b_2 \\ a_1\cdot a_2\equiv b_1\cdot b_2 \end{cases} \quad \cdots\cdots☆$$

であることが，つぎのように証明される。

[☆の証明]

$\begin{cases} a_1\equiv b_1 \\ a_2\equiv b_2 \end{cases}$ であることより，

$$a_1-b_1=pk \text{ かつ } a_2-b_2=pl \quad \cdots\cdots◎$$

となる整数 k，l が存在する。

◎の2式の辺々を加えると，

$$(a_1-b_1)+(a_2-b_2)=pk+pl \qquad \therefore \quad (a_1+a_2)-(b_1+b_2)=p(k+l) \quad \cdots\cdots①$$

また，◎より $a_1=b_1+pk$，$a_2=b_2+pl$ であるから，

$$a_1a_2=(b_1+pk)(b_2+pl) \qquad \therefore \quad a_1a_2-b_1b_2=p(pkl+b_1l+b_2k) \quad \cdots\cdots②$$

①，② の右辺の（　）内は整数であるから，

$$\begin{cases} a_1+a_2\equiv b_1+b_2 \\ a_1\cdot a_2\equiv b_1\cdot b_2 \end{cases}$$

が成り立つ。（☆の証明終わり）

また，任意の整数 a に対して $a\equiv a$ であるから，☆により，

$$a\equiv b \implies \begin{cases} a\equiv b \\ -b\equiv -b \end{cases} \implies a-b\equiv 0,$$

つまり，

$$a\equiv b \implies a-b\equiv 0$$

なども成立することに注意する。

(1)　b_n の定義により，n によらず $a_n\equiv b_n$ であり，☆も利用すると，

$$a_{n+2}\equiv b_{n+2} \text{ かつ } a_{n+1}(a_n+1)\equiv b_{n+1}(b_n+1)$$

である。よって，これと与えられた漸化式

$$a_{n+2}=a_{n+1}(a_n+1)$$

により，

$$b_{n+2}\equiv b_{n+1}(b_n+1)$$

すなわち，b_{n+2} は $b_{n+1}(b_n+1)$ を p で割った余りと一致する。（証明終わり）

(2)　$a_1=2$，$a_2=3$，$p=17$ より，

$$\boldsymbol{b_1=2,\ b_2=3}$$

である。さらに(1)で示した事実により，

$b_2(b_1+1)=9\equiv 9$ より，$\boldsymbol{b_3=9}$

$b_3(b_2+1)=36\equiv 2$ より，$\boldsymbol{b_4=2}$

$b_4(b_3+1)=20\equiv 3$ より，$\boldsymbol{b_5=3}$

であり，以下同様にして，

$$\boldsymbol{b_6=9,\ b_7=2,\ b_8=3,\ b_9=9,\ b_{10}=2}$$

となる。

(3)　(1)より，

$$b_{n+2}\equiv b_{n+1}(b_n+1) \text{ かつ } b_{m+2}\equiv b_{m+1}(b_m+1)$$

であり，$b_{n+2}=b_{m+2}$ であるから，

$$b_{n+1}(b_n+1)\equiv b_{m+1}(b_m+1)$$

である。

さらに，$b_{n+1}=b_{m+1}>0$ であるから，これを $b_{n+1}=b_{m+1}=s$ (>0) とおくと，

$$s(b_n+1)\equiv s(b_m+1) \qquad \therefore\ s(b_n-b_m)\equiv 0 \qquad \cdots\cdots③$$

ここに，$0<s<p$ であるから，p が素数であることに注意すると，

sとpは互いに素　……④

である。

よって，③と④より

$b_n-b_m\equiv 0$　∴　$b_n\equiv b_m$　……⑤

さらに，b_nの定義により，

$0\leqq b_n<p$ かつ $0\leqq b_m<p$　……⑥

であるから，⑤と⑥より，$b_n=b_m$ が成り立つ。　（証明終わり）

(4)　a_2，a_3，a_4，……にpで割り切れる数が現れない　……⑦

とき，b_n($n=2$, 3, 4, ……)に現れる相異なる数は$p-1$個以下であるから，

$(b_n,\ b_{n+1})$($n=2$, 3, 4, ……)に現れる相異なる組は

$(p-1)^2$ 個以下で有限個

である。

しかるに，$(b_n,\ b_{n+1})$($n=2$, 3, 4, ……)は無限にあるので，その中には同じ数の組が存在する，すなわち，

$(b_{n+1},\ b_{n+2})=(b_{m+1},\ b_{m+2})$ かつ $1\leqq n<m$　……⑧

となる自然数n，mが存在する。

さらに，⑦より，⑧のb_{n+1}は$b_{n+1}>0$であるから，(3)で示した事実により，

$b_n=b_m$

が成り立つ。

これを繰り返すと，

$(b_1,\ b_2)=(b_{m-n+1},\ b_{m-n+2})$

となり，$m-n+1\geqq 2$であることと⑦より，

$b_1=b_{m-n+1}>0$

である。よって，a_1もpで割り切れない。　（証明終わり）

解説

1°　東大理科では恒例の整数問題である。2013年度，2012年度と整数問題では難問が続いたが，2014年度は細かく設問に分かれ，(4)がやや解きにくいものの類題等もあるので東大理科としては難問とまではいえない。

本問のような漸化式で定められる整数をある整数で割った余りの列に関する証明問題は過去の東大にも出題があり，周期性がポイントになる。周期性という観点では2011年度第2問の連分数の小数部分に関する問題も少し関連するが，整数の余りの列が周期をもつという点で

・2003 年度第 4 問の線型 3 項間漸化式を作り一の位の数を求める問題
・1993 年度第 2 問の線型 3 項間漸化式で定められる整数が 10 の倍数となる条件を求める問題
・1979 年度第 4 問の線型 3 項間漸化式で定められる整数が 4 の倍数とならない条件を求める問題

などは，本問とよく似た趣旨の問題である。ただし，本問は線型ではない 3 項間漸化式で定義される整数の列であることや，設問(3)，(4)が数列の後項の条件から前項の条件を示す問いであることなど，これまでに見られない問題の斬新さはある。きちんと論述できるか否か等も含めて，受験生間の実力差を測るうえで適度な問題だったのではなかろうか。

2°　2015 年から始まる新課程入試では，高校数学 A において「整数」を学習済みの受験生が受験する。そのような受験生は「整数の合同式」を学んでおり，合同式を使いこなすことができるであろう。そこで，本問の**解答**も合同式を用いて記述した。しかし，設問(1)を，**解答**における合同式の性質☆を既知として記述したのでは証明にならないであろう。(1)は，まさに性質☆の証明を要求していると解釈できるからである。合同式を形式的にのみ使うことへの警鐘ともいえる設問である。合同式を用いない場合はつぎのようになろう。

割り算の原理により，a_n を p で割った余りが b_n のとき，

$$a_n = pQ_n + b_n$$

となる整数 Q_n が存在する（Q_n を，a_n を p で割ったときの商という）。よって，与えられた漸化式より

$$\begin{aligned} a_{n+2} &= (pQ_{n+1} + b_{n+1})(pQ_n + b_n + 1) \\ &= p(pQ_{n+1}Q_n + Q_{n+1}b_n + Q_{n+1} + b_{n+1}Q_n) + b_{n+1}(b_n + 1) \quad \cdots\cdots ㋐ \end{aligned}$$

と表せて，㋐の第 1 項の（　）内は整数であるから，

$$p(pQ_{n+1}Q_n + Q_{n+1}b_n + Q_{n+1} + b_{n+1}Q_n) \text{ は} p \text{の倍数} \quad \cdots\cdots ㋑$$

である。したがって，㋐と㋑より b_{n+2} は $b_{n+1}(b_n+1)$ を p で割った余りと一致する。

(1)だけなら，合同式を利用しない方が簡潔に記述できるが，合同式は(2)や(3)でも使える。

3°　(2)は(1)で示した事実を積極的に利用すればよい。このとき，b_5 まで求めた段階で，残りもすべて求められたことになる。なぜなら，$\{a_n\}$ は 3 項間漸化式で定義される数列であり，前 2 項が決まれば次の項も決まる。したがって，$\{b_n\}$ については，前 2 項が同じであれば次の項も同じになる。それゆえ，b_5 まで求めて

$(b_4,\ b_5)=(b_1,\ b_2)$ となった瞬間に，$\{b_n\}$ は周期 3 をもち，2，3，9 という数をこの順にくり返しとることがわかるからである。(2) は $p=17$ という特定の素数の場合であるが，この実験的考察が後に (4) を考える際の助けになる。

一般に，漸化式で定められる整数を一定の自然数で割った余りの列は，繰り返しをもつ。そして，初期条件と同じ余りの組が現れれば，周期をもつことになる。

4° (2) では $\{b_n\}$ について，前 2 項が同じであれば次の項も同じであることを見たのだが，(3) は後 2 項が同じ（であって特にそのうちの前者が正）であれば，前の項も同じであることを証明する問題である。後ろから前に遡ることに注意しなければならず，(2) のように単純ではない。

まず，与えられた条件のうちの一方の $b_{n+2}=b_{m+2}$ と (1) より，
$b_{n+1}(b_n+1)\equiv b_{m+1}(b_m+1)$ がわかる。それゆえ，

$$b_{n+1}(b_n+1)-b_{m+1}(b_m+1) \text{ は } p \text{ の倍数} \qquad \cdots\cdots ㋒$$

である。さらに与えられたもう一方の条件 $b_{n+1}=b_{m+1}$（見やすくするためにこれを $b_{n+1}=b_{m+1}=s$ とおく）より，㋒ は

$$b_{n+1}(b_n+1)-b_{m+1}(b_m+1)=s(b_n-b_m) \text{ は } p \text{ の倍数} \qquad \cdots\cdots ㋓$$

となる。ここで，与えられた条件の“$s>0$”と“p は素数”が効く。すなわち，s は p で割った余りであるから $0\leqq s<p$ を満たす整数であり，“$s>0$”とは“$s\neq 0$”を意味する。すると，p が素数であることから，p と s は共通の素因数を持たず（これを「s と p は互いに素」という），㋓ であるならば，

$$b_n-b_m \text{ が } p \text{ の倍数} \qquad \cdots\cdots ㋔$$

となる。あとは b_n，b_m が p で割った余りなので $0\leqq b_n<p$ かつ $0\leqq b_m<p$ であり，$-p<b_n-b_m<p$ であるから，㋔ は $b_n=b_m$ を意味し，証明が終わる。このことを部分的に合同式を用いて記述したのが **解** **答** であり，本質的には全く同じことを述べている。合同式を用いれば解けるようになるというのは誤解である。それよりも，与えられた条件をどう用いたか，また「s と p は互いに素」，「p が素数」，「$0\leqq b_n<p$ かつ $0\leqq b_m<p$」に相当する理由付けを丁寧に記述することが証明のポイントである。

5° (4) の証明のカギは **解** **答** の ⑧ となる自然数 n，m の存在を示すことである。それがクリアできれば (3) の事実の使い方がわかる。逆に言えば，(3) を如何に使うかを思考することによって，⑧ のような自然数 n，m の存在を示せばよい，とわかる。このとき，条件「a_2，a_3，a_4，…… に p で割り切れる数が現れない」は「$b_2>0$，$b_3>0$，$b_4>0$……」を意味することを押さえておかなければならない。

さて，⑧となる自然数n，mの存在を示すには，いわゆる部屋割り論法（鳩ノ巣原理，ディリクレの引き出し論法）に依ることになる。すなわち，与えられた条件⑦より，$n \geqq 2$ではb_nに現れる数は高々$p-1$通りで有限個であり，それゆえ$(b_n,\ b_{n+1})$ $(n=2,\ 3,\ 4,\ \cdots\cdots)$が組として相異なるのは高々$(p-1)^2$個でやはり有限個である。したがって，多くとも$(p-1)^2+1$個の組$(b_n,\ b_{n+1})$ $(n=2,\ 3,\ \cdots\cdots,\ (p-1)^2+2)$をとってくれば，この中には同一の組が存在して⑧となる自然数n，mの存在が示される。部屋割り論法は数の大小を利用して存在を示す方法であり，使い方のポイントは，上で述べた$(p-1)^2$と$(p-1)^2+1$のような“数の大小”を提示することにある。解答ではこのような数の大小を“有限と無限の対比”によって示したのである。いずれにしても，このような論法の経験の有無で差がついたことであろう。

第 6 問

解答

(1)　$\mathrm{P}\left(p,\ \sqrt{3}\,p\right)$，$\mathrm{Q}\left(q,\ -\sqrt{3}\,q\right)$とおくと，

$$0 \leqq p \leqq 2 \cdots\cdots ①,\quad -2 \leqq q \leqq 0 \cdots\cdots ②$$

であり，このとき，$\mathrm{OP}=2p$，$\mathrm{OQ}=-2q$であるから，

$$\mathrm{OP}+\mathrm{OQ}=6 \iff p-q=3 \cdots\cdots ③$$

である。

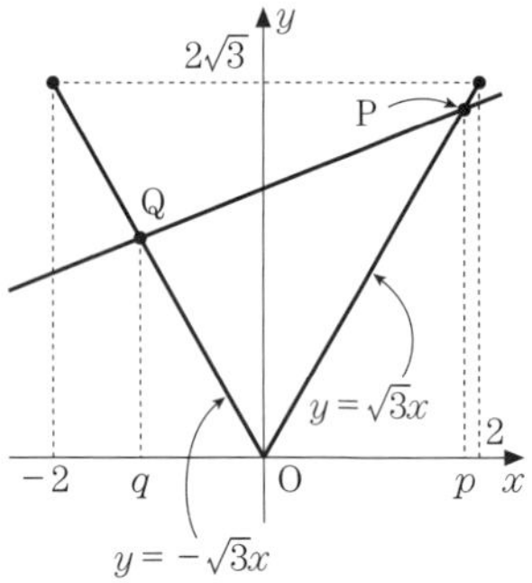

また，このとき線分PQは，

$$y=\frac{\sqrt{3}\,p-\left(-\sqrt{3}\,q\right)}{p-q}(x-p)+\sqrt{3}\,p$$

かつ　$q \leqq x \leqq p$

と表されるので，点$(s,\ t)$がDに入る条件は，

「①　かつ　②　かつ　③

かつ　$t=\dfrac{\sqrt{3}\,(p+q)}{p-q}(s-p)+\sqrt{3}\,p$ $\cdots\cdots$④　かつ　$q \leqq s \leqq p$ $\cdots\cdots$⑤

をみたすp，qが存在する」　$\cdots\cdots$Ⓐ

ことである。

そこで，③より，

$$q=p-3$$

として，②，④，⑤に代入し q を消去して整理すると，

$-2 \leqq p-3 \leqq 0 \quad \therefore \quad 1 \leqq p \leqq 3$ ……⑥

$t=\dfrac{\sqrt{3}(2p-3)}{3}(s-p)+\sqrt{3}p$

$\therefore \quad t=\dfrac{\sqrt{3}(2p-3)}{3}s-\dfrac{2\sqrt{3}}{3}p^2+2\sqrt{3}p$ ……⑦

$p-3 \leqq s \leqq p \quad \therefore \quad s \leqq p \leqq s+3$ ……⑧

よって，

Ⓐ $\iff$「① かつ ⑥ かつ ⑦ かつ ⑧ をみたす p が存在する」

$\iff$「$1 \leqq p \leqq 2$ ……⑨ かつ ⑦ かつ ⑧ をみたす p が存在する」

……Ⓑ

である。

Ⓑ の条件を求めるには，⑦ の t を p の関数 $f(p)$ とみて，

「p を ⑧ かつ ⑨ のもとで変化させたときの $t=f(p)$ の値域」

を求めればよく，そのために，

$$f(p)=-\frac{2\sqrt{3}}{3}p^2+\frac{2\sqrt{3}(s+3)}{3}p-\sqrt{3}s$$

$$=-\frac{2\sqrt{3}}{3}\left(p-\frac{s+3}{2}\right)^2+\frac{\sqrt{3}}{6}s^2+\frac{3\sqrt{3}}{2}$$

のグラフ$\left(\text{軸が } p=\dfrac{s+3}{2} \text{ で上に凸の放物線}\right)$を考察する。

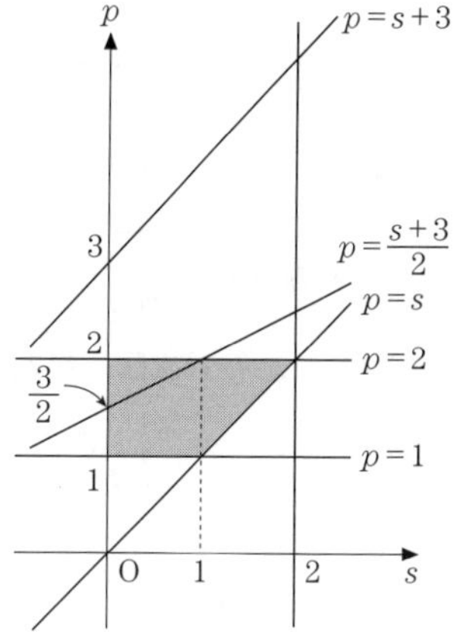

ここで，$0 \leqq s \leqq 2$ のもとで ⑧ かつ ⑨ を sp 平面上に図示すると右のような領域（境界線上の点をすべて含む）になり，

(i) $0 \leqq s \leqq 1$ のとき，$1 \leqq p \leqq 2$

(ii) $1 \leqq s \leqq 2$ のとき，$s \leqq p \leqq 2$

となることがわかる。

また，直線 $p=\dfrac{s+3}{2}$ は(i)のときだけこの領域内を通るので，放物線 $t=f(p)$ の軸は(i)のときだけ ⑧ かつ ⑨ に含まれる。このことに注意して(i)，(ii)に分類して調べると，$t=f(p)$ の値域は，

(i)の場合，$\dfrac{3}{2} \leqq \dfrac{s+3}{2} \leqq 2$ であるから，

$$f(1) \leqq t \leqq f\left(\frac{s+3}{2}\right),$$

つまり，

$$-\frac{\sqrt{3}}{3}s+\frac{4\sqrt{3}}{3} \leqq t \leqq \frac{\sqrt{3}}{6}s^2+\frac{3\sqrt{3}}{2}$$

(ii)の場合，$\dfrac{s+3}{2} \geqq 2$ であることから，

$$f(s) \leqq t \leqq f(2),$$

つまり，

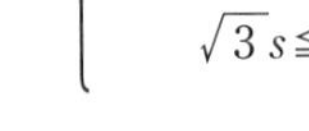

$$\sqrt{3}s \leqq t \leqq \frac{\sqrt{3}}{3}s+\frac{4\sqrt{3}}{3}$$

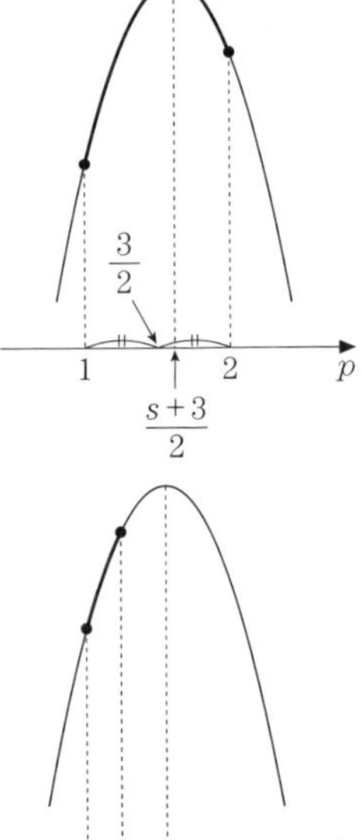

となる。

したがって，求める t の範囲は，

$0 \leqq s \leqq 1$ のとき，

$$\boldsymbol{-\frac{\sqrt{3}}{3}s+\frac{4\sqrt{3}}{3} \leqq t \leqq \frac{\sqrt{3}}{6}s^2+\frac{3\sqrt{3}}{2}}$$

$1 \leqq s \leqq 2$ のとき，

$$\boldsymbol{\sqrt{3}s \leqq t \leqq \frac{\sqrt{3}}{3}s+\frac{4\sqrt{3}}{3}}$$

である。

(2)　(1)の結果の s，t をそれぞれ x，y に替えて図示したものが D の $x \geqq 0$ の部分であり，さらに D が y 軸に関して対称であること，および放物線 $y=\dfrac{\sqrt{3}}{6}x^2+\dfrac{3\sqrt{3}}{2}$ と 2 直線 $y=\pm\dfrac{\sqrt{3}}{3}x+\dfrac{4\sqrt{3}}{3}$ は点 $\left(\pm 1,\ \dfrac{5\sqrt{3}}{3}\right)$［複号同順］で接することにも注意すると，$D$ は**次図**（**境界線上の点はすべて含む**）のようになる。

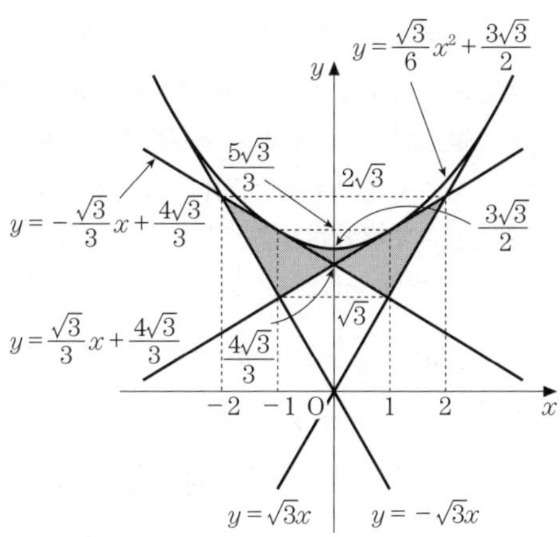

解説

1°　線分の通過領域を 2 次関数の議論に帰着させて解決する問題で，東大理科 2007 年度第 3 問のそっくりさんである。コツコツやればよいのだが，場合分けなど煩雑な作業が多く，第 6 問に配置されていることから苦戦させられた受験生も多かったことだろう。煩雑とはいえ，(2) で D を図示するために対称性に注目させようとするヒントが(1)の「$0 \leqq s \leqq 2$」という限定に現れており，2007 年度の問題よりもずっと親切な出題である。東大理科ではこの程度を能率よく正確に処理できるだけの能力を鍛えてきてもらいたい，ということなのであろう。本問も伝統的な東大らしい問題である。

2°　(1) の解決に向かうための第一のポイントは，

$(s,\ t) \in D \iff$ ① かつ ② かつ ③ かつ ④ かつ ⑤ をみたす $p,\ q$ が存在する ……Ⓐ

$\iff$ ① かつ ⑥ かつ ⑦ かつ ⑧ をみたす p が存在する

$\iff$ ⑨ かつ ⑦ かつ ⑧ をみたす p が存在する ……Ⓑ

という同値関係を押えることである。線分 PQ は 2 つのパラメタ $p,\ q$ を用いて表され，その通過領域 D は Ⓐ となる点$(s,\ t)$全体の集合である。$p,\ q$ には従属関係 ③ があるので，q を代入によって消去する（q の存在条件を考えたことになる）ことで，Ⓐ を Ⓑ としてとらえ直すことができる。すなわち，st 平面上の線分 ⑦ かつ ⑧ が，⑨ のもとで通過する領域としてとらえるのである。結局 1 つのパラメタをもつ線分の通過領域の問題となる。

第二のポイントは，Ⓑの考え方が理解されているかである。**解答**のように，⑦の t を p の2次関数とみて（すなわち，s を固定して p を変化させて）値域を求める方法は，st 平面上の線分⑦かつ⑧の通過領域を，s 軸に垂直な直線で切って考えていることにほかならない。これとは別に，p の存在条件を，次の**3°**のように，⑦を p の2次方程式とみて解の存在条件として求める方法もある。

第三のポイントは，⑨かつ⑧を(i)，(ii)のように s の値で場合分けして，p の変域を正確に押えることと，$p=\dfrac{s+3}{2}$ が⑨かつ⑧に含まれるか否かを確認することである。これが本問の最大の難所であり，誤りやすいところである。これを計算だけで処理しようとすると大変厄介である。**解答**のように不等式を平面上に図示して考える習慣をつけておくとよい。

3°　(1)では，Ⓑ以降をつぎのように処理してもよい。

⑦を書き直すと，

$$p^2-(s+3)p+\frac{3}{2}s+\frac{\sqrt{3}}{2}t=0,\ \text{すなわち},\ \left(p-\frac{s+3}{2}\right)^2-\frac{s^2+9}{4}+\frac{\sqrt{3}}{2}t=0 \quad \cdots\cdots ⑦'$$

となるので，

Ⓑ　$\Longleftrightarrow$　「p の2次方程式⑦′が⑧かつ⑨をみたす解を持つ」　……Ⓒ

である。

そこで，⑦′の左辺を $g(p)$ とおき，$g(p)$ のグラフを考察する。

⑧かつ⑨が**解答**の(i)，(ii)のようになり，$g(p)$ のグラフである放物線の軸 $p=\dfrac{s+3}{2}$ が(i)の場合だけ⑧かつ⑨に含まれることに注意して，(i)，(ii)に分類して調べると，Ⓒの条件は，

(i)の場合，$g(p)$ の軸 $p=\dfrac{s+3}{2}$ が区間 $1\leqq p\leqq 2$ の中央より右に寄っているので，

$$g\left(\frac{s+3}{2}\right)\leqq 0 \text{ かつ } g(1)\geqq 0$$

(ii)の場合，$g(p)$ の軸 $p=\dfrac{s+3}{2}$ が区間 $s\leqq p\leqq 2$ の右側にあるので，

$$g(s)\geqq 0 \text{ かつ } g(2)\leqq 0$$

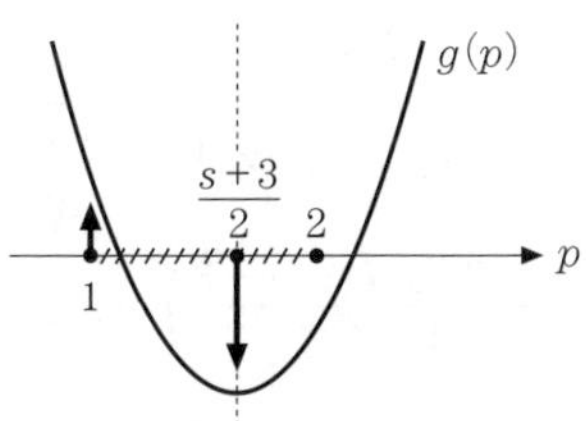

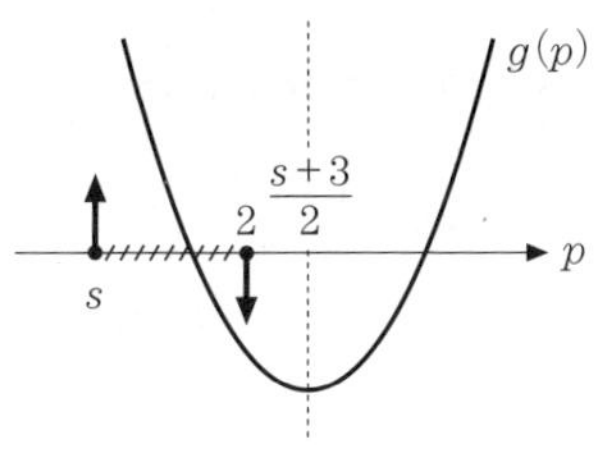

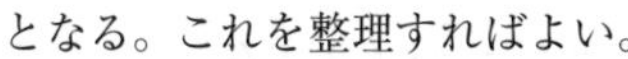
となる。これを整理すればよい。

4°　本問が考えにくいのは“直線PQ”の通過領域ではなく，その部分的な図形の“線分PQ”の通過領域が問題とされているからである。そこで，いったん直線PQ全体の通過領域を求め，そのうち線分PQの存在範囲である $y\geqq\sqrt{3}|x|$ が表す領域との共通部分をとればよい，という方針で取り組むと煩雑さが軽減できて解きやすくなる。この方針による解答は，上の **解** **答** が理解できる人であれば独力で作成できるはずである。これは読者の練習問題としておこう。

5°　“線分”という直線的な図形の通過領域の境界線に“放物線”という曲線が現れることから推察されるように，実は直線 PQ：$y=\dfrac{\sqrt{3}(2p-3)}{3}x-\dfrac{2\sqrt{3}}{3}p^2+2\sqrt{3}p$ は，放物線 $y=\dfrac{\sqrt{3}}{6}x^2+\dfrac{3\sqrt{3}}{2}$ に接しながら動き，その接点の x 座標は $x=2p-3$ である。このことを先に掴み直線PQの通過領域を求めて，その後 **4°** のように線分PQの存在範囲に限定すれば，(2)が(1)よりも先に解決できることになる。そして(2)の図を見ながら(1)の結果を整理すればよい。本問はこのように解くのが最も手早い。

直線 $y=\dfrac{\sqrt{3}(2p-3)}{3}x-\dfrac{2\sqrt{3}}{3}p^2+2\sqrt{3}p$ が放物線 $y=\dfrac{\sqrt{3}}{6}x^2+\dfrac{3\sqrt{3}}{2}$ に接していることは，⑦ を p の関数として平方完成した式

$$t=-\frac{2\sqrt{3}}{3}\left(p-\frac{s+3}{2}\right)^2+\frac{\sqrt{3}}{6}s^2+\frac{3\sqrt{3}}{2} \qquad \cdots\cdots㋐$$

や，**3°** で考察した ⑦′ の式

$$\left(p-\frac{s+3}{2}\right)^2-\frac{s^2+9}{4}+\frac{\sqrt{3}}{2}t=0 \qquad \cdots\cdots㋑$$

をみるとわかる。

なぜなら，㋐と $t=\dfrac{\sqrt{3}}{6}s^2+\dfrac{3\sqrt{3}}{2}$ を連立させれば

$-\dfrac{2\sqrt{3}}{3}\left(p-\dfrac{s+3}{2}\right)^2=0$ となって，$p=\dfrac{s+3}{2}$，すなわち，$s=2p-3$ が重解となる。

また，㋑と $-\dfrac{s^2+9}{4}+\dfrac{\sqrt{3}}{2}t=0$ を連立させれば $\left(p-\dfrac{s+3}{2}\right)^2=0$ となって，やはり $s=2p-3$ が重解となる。これは st 平面上の直線㋐（$\Longleftrightarrow$　㋑）が放物線 $t=\dfrac{\sqrt{3}}{6}s^2+\dfrac{3\sqrt{3}}{2}$ $\left(\Longleftrightarrow\quad -\dfrac{s^2+9}{4}+\dfrac{\sqrt{3}}{2}t=0\right)$ に $s=2p-3$ で接することを意味するからである。（大学以上で学ぶ「包絡線」の考え方である。）

2013年

第 1 問

解答

数列 $\{x_n\}$，$\{y_n\}$ は

$$\begin{pmatrix}x_0\\y_0\end{pmatrix}=\begin{pmatrix}1\\0\end{pmatrix},\ \begin{pmatrix}x_{n+1}\\y_{n+1}\end{pmatrix}=A\begin{pmatrix}x_n\\y_n\end{pmatrix},\ \text{ただし，}A=\begin{pmatrix}a & -b\\b & a\end{pmatrix}$$

で定められ，条件(i)，(ii)を満たすには $(a,\ b)\neq(0,\ 0)$ でなければならない。

2013

このもとで，$r=\sqrt{a^2+b^2}$ とおくと，

$$\cos\theta=\frac{a}{r},\ \sin\theta=\frac{b}{r}\quad(0\leqq\theta<2\pi)\qquad\cdots\cdots(*)$$

を満たす θ が存在して，行列 A は

$$A=r\begin{pmatrix}\cos\theta & -\sin\theta\\ \sin\theta & \cos\theta\end{pmatrix}$$

と表される。よって，A の表す1次変換は，

「原点のまわりの角 θ の回転と，原点を中心とする r 倍の相似拡大の合成」

という幾何的意味を持ち，点 P_n の座標は

$$P_n(r^n\cos n\theta,\ r^n\sin n\theta)\quad(n=0,\ 1,\ 2,\ 3,\ \cdots\cdots)\qquad\cdots\cdots①$$

と表される。

さて，条件(i)と①により，r と θ は

$$r^6=1 \text{ かつ } 6\theta=2m\pi\quad(m\text{ は整数})$$

を満たすことが必要で，$r>0$，$0\leqq\theta<2\pi$ も考慮すると，

$$r=1 \text{ かつ}$$

$$\theta=\frac{m}{3}\pi\quad(m=0,\ 1,\ 2,\ 3,\ 4,\ 5)\qquad\cdots\cdots②$$

でなければならない。

②の r と θ を用いると，$P_n(\cos n\theta,\ \sin n\theta)$ と表され，条件(ii)を満たすのは，

$$\theta=\frac{\pi}{3} \text{ と } \theta=\frac{5}{3}\pi \text{ のみ}\qquad\cdots\cdots③$$

である。なぜなら，

$$\theta=\frac{0}{3}\pi=0 \text{ のときは } P_0=P_1,$$

$\theta=\dfrac{2}{3}\pi$ のときは $P_0=P_3$,

$\theta=\dfrac{3}{3}\pi=\pi$ のときは $P_0=P_2$,

$\theta=\dfrac{4}{3}\pi$ のときは $P_0=P_3$

となり,

$\theta=\dfrac{\pi}{3}$ のときは図 1，$\theta=\dfrac{5}{3}\pi$ のときは図 2

のような点列となるからである。

図 1

②の r の値と③を $(*)$ に代入して計算し，求める $(a,\ b)$ は

$$\left(\boldsymbol{\frac{1}{2}},\ \boldsymbol{\frac{\sqrt{3}}{2}}\right),\ \left(\boldsymbol{\frac{1}{2}},\ \boldsymbol{-\frac{\sqrt{3}}{2}}\right)$$

がすべてである。

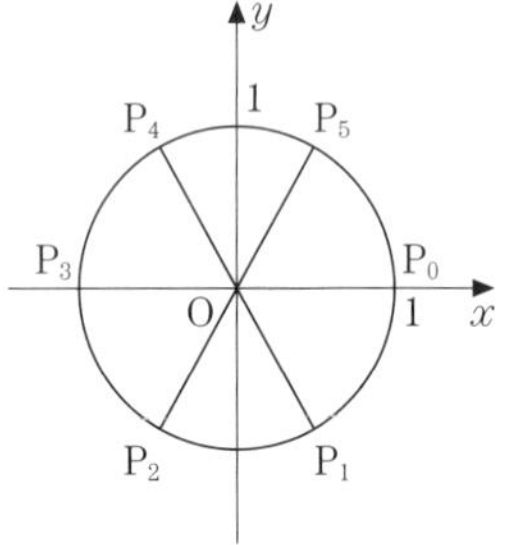

図 2

解説

1°　行列と 1 次変換が高校課程の数学に含まれていた，現課程より前の時代には，本問のような回転拡大を素材とする問題が東大で頻繁に出題されていた。また，行列 $A=\begin{pmatrix} a & -b \\ b & a \end{pmatrix}$ で表される 1 次変換については，理系入試の必須事項といってよい。したがって，本問は理系の受験生であれば完答したい易しい問題であり，第 1 問に取り組みやすい問題を配置し，落ち着いてもらおう，という配慮がみられる。

しかし，行列ではなく，点列を漸化式で与えているので，漸化式の問題と認識してひたすら座標計算をするというような，面倒な方針を採ると（それでも解決は可能であるが），試験場では慌ててしまうだろう。

また，1 次変換として捉えても，条件(i)を満たすために，$A^6=E$（E は単位行列）が十分であることは直ちに分かるが，必要であることは（結果的には正しいが）それなりの説明を要することなど，解答の書き方にも注意せねばならない問題である。

2°　点列を定める漸化式をみて，これが特徴のある 1 次変換で定められていることを見抜くことが最大のポイントである。行列 $\begin{pmatrix} a & -b \\ b & a \end{pmatrix}$ で表される 1 次変換が，原点

を中心とする回転と相似拡大の合成変換を表すことは，**解答**のようにして示される。その基礎となるのは，

「x，y が実数で，$x^2+y^2=1$ が成り立つ」
$\Longleftrightarrow$「$x=\cos\theta$，$y=\sin\theta$ となる実数 θ が存在する」

という基本定理である。**解答**の $r=\sqrt{a^2+b^2}$ を用いると，$\dfrac{a}{r}$，$\dfrac{b}{r}$ は

$\left(\dfrac{a}{r}\right)^2+\left(\dfrac{b}{r}\right)^2=1$ を満たす実数であることから，$A=r\begin{pmatrix}\cos\theta & -\sin\theta \\ \sin\theta & \cos\theta\end{pmatrix}$ と書き直すことができるのである。このことは，平面上の点について，直交座標（a，b）を極座標（r，θ）で表したときの，直交座標と極座標の関係と等価である。

原点中心の回転拡大で定められる点列であることを掴めば，あとは拡大率と回転角を求めることで解決する。条件(i)により拡大率は1，条件(ii)により回転角は $\pm\dfrac{\pi}{3}$（$0\leqq\theta<2\pi$ の範囲では $\dfrac{\pi}{3}$ と $\dfrac{5\pi}{3}$）であることは直観的に分かるので，それをきちんと論証するつもりになればよく，**解答**のように必要条件として候補を求め，後で十分性を確認するという流れが，答案を書きやすいだろう。

3°　②を得た後，③を得るには，**解答**とは別につぎのように直接的に考えてもよい。

すなわち，$r=1$ のもとで，$\theta=\dfrac{m}{3}\pi$ を6倍して初めて 2π の整数倍になるような m（$m=0$，1，2，3，4，5）を求めればよく，$m=0$ が条件を満たさず，$m=1$ が条件を満たすことは自明である。

そこで，$\theta=\dfrac{m}{3}\pi$（$m=2$，3，4，5）のときを考えると，

「6倍する前に 2π の整数倍になる」
$\Longleftrightarrow$「$k\theta=2N\pi$（k，N は整数で，$1\leqq k\leqq5$）となる k，N が存在する」
$\Longleftrightarrow$「$km=6N$（k，N は整数で，$1\leqq k\leqq5$）となる k，N が存在する」
$\Longleftrightarrow$「m と6は共通の素因数をもつ」

であるから，

「6倍して初めて 2π の整数倍となる」
$\Longleftrightarrow$「m と6は互いに素」
$\Longleftrightarrow$ $m=5$

である。

したがって，条件(i)，(ii)を満たす $(r,\ \theta)$ は $\left(1,\ \dfrac{\pi}{3}\right)$ と $\left(1,\ \dfrac{5}{3}\pi\right)$ の2組であることが分かる。

4° 2015年の入試から新課程入試になり，そこでは複素数平面が扱われる。複素数を用いると，本問はつぎのように言い換えて考察できる。

すなわち，$z=a+bi$ として，z を6乗して初めて1となるような a，b を求めればよい（このような z を1の原始6乗根という)。これを解決するには z を極形式 $r(\cos\theta+i\sin\theta)$ で表して，ド・モアブルの定理を利用すればよい。本質的には上の **解答** と全く同様である。

第 2 問

解答

$f(x)=\dfrac{\cos x}{x}$，$g(x)=\sin x+ax$ のとき，

$$f(x)=g(x) \iff \frac{\cos x}{x^2}-\frac{\sin x}{x}=a$$

であるから，

$$F(x)=\frac{\cos x}{x^2}-\frac{\sin x}{x}$$

とおくと，

「$y=f(x)$ のグラフと $y=g(x)$ のグラフが $x>0$ において共有点をちょうど3つ持つ」

$\iff$「$y=F(x)$ のグラフと $y=a$ のグラフが $x>0$ において共有点をちょうど3つ持つ」 ……Ⓐ

という同値関係が成立する。そこで，Ⓐ であるような a をすべて求めればよい。

ここで，

$$F'(x)=\frac{-x^2\sin x-2x\cos x}{x^4}-\frac{x\cos x-\sin x}{x^2}$$

$$=\frac{-(x^2+2)\cos x}{x^3}$$

であるから，

$x>0$ においては，$F'(x)$ の符号は $-\cos x$ の符号に一致する

ことに注意すると，

$F'(x)$ は，$x=\dfrac{4n+1}{2}\pi$ の前後で負から正へ，$x=\dfrac{4n+3}{2}\pi$ の前後で正から負へ，符号を変える（$n=0$，1，2，3，……）。

よって，$F(x)$ は $x>0$ において，

極小値　$F\left(\dfrac{4n+1}{2}\pi\right)=-\dfrac{2}{(4n+1)\pi}$　（$n=0$，1，2，3，……），

極大値　$F\left(\dfrac{4n+3}{2}\pi\right)=\dfrac{2}{(4n+3)\pi}$　（$n=0$，1，2，3，……）

をとり，

$\left\{\left|-\dfrac{2}{(4n+1)\pi}\right|\right\}$，$\left\{\left|\dfrac{2}{(4n+3)\pi}\right|\right\}$　（$n=0$，1，2，3，……）は

ともに n の減少数列，

$\displaystyle\lim_{x\to+0}F(x)=\infty$

であることから，$y=F(x)$ のグラフは下図のようになる。

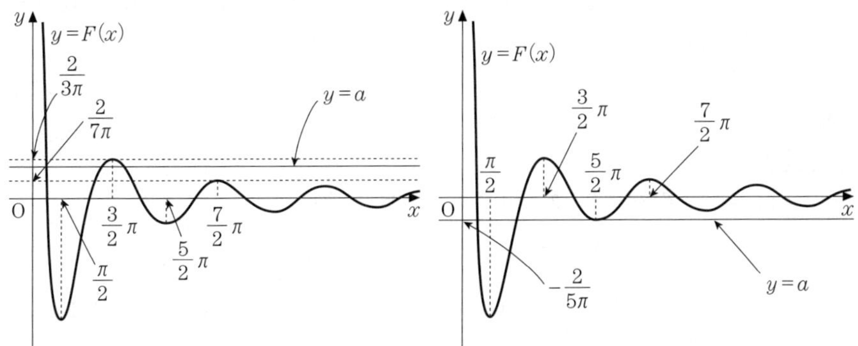

したがって，Ⓐ であるような a は，上図を参照して，

$$\boldsymbol{a=-\frac{2}{5\pi}}\ \text{または}\ \boldsymbol{\frac{2}{7\pi}<a<\frac{2}{3\pi}}$$

がすべてである。

解説

1°　2013年度の中では取り組みやすい問題であり，完答したい問題である。問題で与えられた2つのグラフの共有点を，方程式の実数解と捉え直し，さらにその方程式を同値変形することにより再び2つのグラフの共有点として捉える，というステ

ップを要する点で，取り組みやすいとはいえ検定教科書を超えるレベルである。このレベルが東大数学の最低ラインであり，いわゆる“受験勉強”が効を奏する問題である。

2°　ポイントは，方程式を同値変形する際に文字定数 a だけを一方の辺に残し，a を含まない部分を他方の辺に集めるという「文字定数の分離」を行ってからグラフを考察することにある。これはグラフを考察する際に，一方のグラフを直線にして直線のグラフを動かすことを目的とする操作である。曲線同士のままでは，共有点がどのようになるかが明確でないからである。

3°　文字定数 a を分離した後は，**解答** における $F(x)$ について，$y=F(x)$ のグラフを精密に描き，直線 $y=a$ との共有点の個数を，直線 $y=a$ を動かしながら見るだけである。その際，導関数 $F'(x)$ の符号が見える形にしてその符号変化を述べること（もちろん増減表を作ればよい）や，$F(x)$ の極値の絶対値が減少していくこと $\left(\text{極値は曲線 } y=\pm\dfrac{1}{x} \text{ 上にある}\right)$，$x$ が 0 に近づくときには $F(x)$ が ∞ に発散することなどの記述は，結果を得る上で必要不可欠である。きちんと記述するように注意したい。

第 3 問

解答

(1)　以下，コインの表を○，裏を×で表すことにする。

投げたときに○×の出る確率がそれぞれ $\dfrac{1}{2}$ のコインであるから，

「A，B あわせてちょうど n 回コインを投げ終えたときに A の勝利となる」　……(＊)

ような○×の出方の場合の数を N とすると，

$$p(n)=N\left(\frac{1}{2}\right)^n \quad \cdots\cdots ①$$

で与えられる。そこで，N を求めよう。

B の得点の有無に注目すると，(＊)となるのは，コインを投げ終えたときに

(i)　A が 2 点，B が 0 点

(ii)　A が 2 点，B が 1 点

となる 2 通りの場合に限られる。

ここで，×が出るときは，AB 間でコインを渡しあうだけであり，

・×が偶数回出ること（これをEで表す）は，AからBへ，BからAへ渡す回数が同数なので，コインを持ち続けることと同じ

・×が奇数回出ること（これをFで表す）は，AからBへ，BからAへ渡す回数に1回の差があるので，コインを相手に渡すことと同じ

である。このことと，点を獲得するときには獲得者がコインを投げて○を出すことに注意すると，n回のコインの○×の出方は，

(i)　E○E○　[全部で偶数回]

(ii)　(ア) E○F○F○　または　(イ) F○F○E○

[(ア)，(イ)ともに全部で奇数回]

であり，(i)になるか(ii)になるかはnの偶奇によって決まる。

(I)　$n=2m$ ($m=1,\ 2,\ \cdots\cdots$) のとき：

(＊)となるのは(i)の場合であり，初めて○が出る奇数回目が，

$1,\ 3,\ 5,\ \cdots\cdots,\ 2m-1$ の m 通り

であるから，

$$N=m=\frac{n}{2} \qquad \cdots\cdots②$$

である。

(II)　$n=2m+1$ ($m=2,\ 3,\ \cdots\cdots$) のとき：

(＊)となるのは(ii)の場合であり，

(ア)は，○が出る初めの2回の奇数回目が，
　$1,\ 3,\ 5,\ \cdots,\ 2m-1$ の m 通り中，どの2回かと考え，${}_m\mathrm{C}_2$ 通り

(イ)は，○が出る初めの2回の偶数回目が，
　$2,\ 4,\ 6,\ \cdots\cdots,\ 2m$ の m 通り中，どの2回かと考え，${}_m\mathrm{C}_2$ 通り

であるから，

$$N=2\cdot{}_m\mathrm{C}_2=m(m-1)=\frac{(n-1)(n-3)}{2^2} \qquad \cdots\cdots③$$

である。

また，$n=1$と$n=3$のときは(＊)となることはないが，この場合も③は通用する。

①，②，③より，

$$p(n)=\begin{cases}\dfrac{n}{2}\left(\dfrac{1}{2}\right)^n & (n\text{が偶数のとき})\\[2ex] \dfrac{(n-1)(n-3)}{2^2}\left(\dfrac{1}{2}\right)^n & (n\text{が奇数のとき})\end{cases}$$

$$\therefore\quad p(n)=\begin{cases}\dfrac{\boldsymbol{n}}{\boldsymbol{2^{n+1}}} & (\boldsymbol{n}\text{ が偶数のとき})\\[2mm] \dfrac{\boldsymbol{(n-1)(n-3)}}{\boldsymbol{2^{n+2}}} & (\boldsymbol{n}\text{ が奇数のとき})\end{cases}$$

(2)　$S_M=\sum_{n=1}^{M}p(n)$ とおくと，$\sum_{n=1}^{\infty}p(n)=\lim_{M\to\infty}S_M$ である。

(1)より，

$$p(2m)=m\left(\frac{1}{4}\right)^m,\quad p(2m+1)=\frac{1}{2}m(m-1)\left(\frac{1}{4}\right)^m$$

であることに注意する。

(a)　$M=2j+1$ ($j=0$, 1, ……) のとき，$p(0)=0$ に注意すると，

$$S_{2j+1}=\sum_{m=0}^{j}\{p(2m)+p(2m+1)\}$$
$$=\sum_{m=0}^{j}m\left(\frac{1}{4}\right)^m+\frac{1}{2}\sum_{m=0}^{j}m(m-1)\left(\frac{1}{4}\right)^m \qquad \cdots\cdots④$$

である。ここで，$x\neq1$ のとき，

$$\sum_{k=0}^{j}x^k=\frac{1-x^{j+1}}{1-x}=\frac{1}{1-x}-\frac{x^{j+1}}{1-x}$$

であり，これを関数等式とみて両辺を x で微分することを繰り返すと

$$\sum_{k=0}^{j}kx^{k-1}=\frac{1}{(1-x)^2}-\frac{(j+1)x^j(1-x)+x^{j+1}}{(1-x)^2}$$
$$=\frac{1}{(1-x)^2}-\frac{x^{j+1}}{(1-x)^2}-\frac{(j+1)x^j}{1-x}$$
$$\to\frac{1}{(1-x)^2}\quad(j\to\infty) \qquad \cdots\cdots㋐$$

$$\sum_{k=0}^{j}k(k-1)x^{k-2}=\frac{2}{(1-x)^3}-\frac{(j+1)x^j(1-x)^2+2x^{j+1}(1-x)}{(1-x)^4}$$
$$-\frac{(j+1)jx^{j-1}(1-x)+(j+1)x^j}{(1-x)^2}$$
$$=\frac{2}{(1-x)^3}-\frac{2x^{j+1}}{(1-x)^3}-\frac{2(j+1)x^j}{(1-x)^2}-\frac{(j+1)jx^{j-1}}{1-x}$$
$$\to\frac{2}{(1-x)^3}\quad(j\to\infty) \qquad \cdots\cdots㋑$$

$\left(\because\quad |x|<1\text{ のとき，}\lim_{j\to\infty}x^j=0,\ \lim_{j\to\infty}jx^j=0,\ \lim_{j\to\infty}j^2x^j=0\right)$

であるから，

$$\lim_{j\to\infty}\sum_{m=0}^{j} m\left(\frac{1}{4}\right)^{m}=\lim_{j\to\infty}\frac{1}{4}\sum_{m=0}^{j} m\left(\frac{1}{4}\right)^{m-1}$$

$$=\frac{1}{4}\cdot\frac{1}{\left(1-\frac{1}{4}\right)^{2}}=\frac{4}{9} \qquad \cdots\cdots⑤$$

$$\lim_{j\to\infty}\sum_{m=0}^{j} m(m-1)\left(\frac{1}{4}\right)^{m}=\lim_{j\to\infty}\frac{1}{16}\sum_{m=0}^{j} m(m-1)\left(\frac{1}{4}\right)^{m-2}$$

$$=\frac{1}{16}\cdot\frac{2}{\left(1-\frac{1}{4}\right)^{3}}=\frac{8}{27} \qquad \cdots\cdots⑥$$

であり，④，⑤，⑥より，

$$\lim_{j\to\infty} S_{2j+1}=\frac{4}{9}+\frac{1}{2}\cdot\frac{8}{27}=\frac{16}{27}$$

となる。

(b)　$M=2j$ $(j=1,\ 2,\ \cdots\cdots)$ のとき，“$|x|<1$ のとき，$\lim_{j\to\infty} jx^j=0$，$\lim_{j\to\infty} j^2x^j=0$” に注意すると，

$$\lim_{j\to\infty} S_{2j}=\lim_{j\to\infty}\{S_{2j+1}-p(2j+1)\}$$

$$=\lim_{j\to\infty}\left\{S_{2j+1}-\frac{1}{2}j(j-1)\left(\frac{1}{4}\right)^{j}\right\}=\frac{16}{27}$$

となる。

以上から，

$$\sum_{n=1}^{\infty} p(n)=\lim_{M\to\infty} S_M=\mathbf{\frac{16}{27}}$$

である。

解説

1°　確率と無限級数の問題が(1)と(2)でセットになっている。(1)では操作を正しく把握し数学的に解釈するとともに，場合分けして処理せねばならず，(2)ではハードな計算が待ち受けている。(1)と(2)を単独で問題にしても，大問1題分として通用しそうなレベルであり，難問である。とはいえ，(1)は意味が分かってしまえば簡単な東大らしい問題であり，(2)もやることは決まっていて，2012年度のセットに比べれば計算量は大したことはない。**解** **答** のように解いた場合，(1)が正解できないと(2)には手がつけられないという点で，戦略上(1)を慎重に解いて，(2)は後回しにすることも考えられる。

2° (1)は，実質的に場合の数を求める問題である。ポイントは，どのような場合の数を求めればよいかを掴むことと，それを求めるために n の偶奇で分類することにある。

まず，ルールをしっかり把握しよう。点を獲得するのは○を出したときだけであり，点を獲得するとき以外，つまり，×を出し続ける間はAB間でコインを渡しあうだけである。したがって，得点の合計は○の出る回数と一致し，得点の推移は○×の配列によって捉えられる。このとき，問題文の例示がヒントになる。すなわち，「コインが○，×，○，○と出た場合，この時点でAは1点，Bは2点を獲得しているのでBの勝利となる」という例示は，○と×の配列だけでA，Bのどちらがコインを投げたのかが分かる，ということを示唆している。また，実験して様子を掴むのもよいだろう。いずれにしても，“A，B”という記号は問題を複雑にするだけのダミーであり，核心は(＊)となるような○と×の配列（出方）の場合の数を考えることにある。

具体的に，(＊)となるのは，n 回目にAが○を出しており，それ以前の $n-1$ 回目までに○を出す回数が，Aが1回でBが1回以下でなければならないので，

“Aが1回，Bが0回”または“Aが1回，Bが1回”

のいずれかであることになる。このそれぞれが**解答**の(i)，(ii)に対応する。得点の推移で表すと，(Aの得点，Bの得点）として，下図のようになる。×の部分は×が0回以上連続することを表す。(＊)を，「(i)，(ii)となる○×の配列の場合の数」と言い換えることが第一のポイントである。

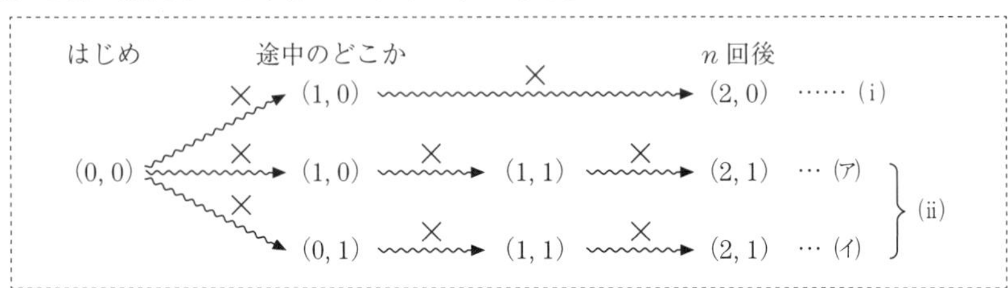

3° 次に，×が出続ける場合において，×の出る回数の偶奇によって，コインを所持する人が決まることを押えることが肝心である。×が偶数回であれば，コインをA→B，B→Aと渡す回数が同数になるので，結局初めに所持していた人に戻る。×が奇数回であれば，コインをA→B，B→Aと渡す回数がどちらかが1回だけ多い（他方が1回だけ少ない）ので，結局初めに所持していなかった人に渡る。(たとえば×が2回出る場合と3回出る場合を考えてみよ。）ただし，偶数回には0回も含むことに注意する。

したがって，(i)は上図の2カ所の×の部分がともに偶数回で，○2回を加えて全体で偶数回だけコインを投げていることになる。また，(ii)は上図(ア)，(イ)の経路のそれぞれに現れる3カ所の×の部分のうち“偶数回が1か所と奇数回が2カ所”で，○3回を加えて全体で奇数回だけコインを投げていることになる。それゆえ，(i)，(ii)の場合分けは n の偶奇による場合分けをすることと同じであることを掴むことが第二のポイントである。○×の配列を実直に描けば次図のようになる。

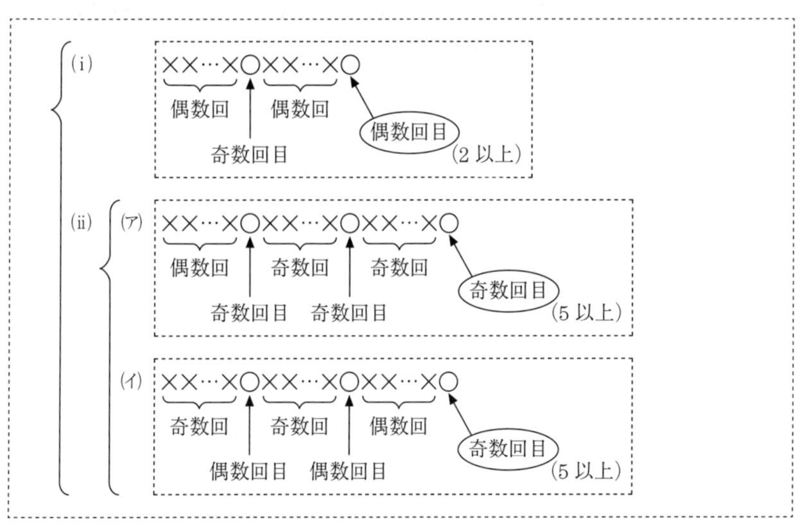

以上をまとめたものが**解答**である。

なお，偶奇絡みの確率の問題は，過去2004，2008，2010，2012年度と出題されており，2013年度も加えれば東大理科では頻出であるといえよう。

4° (2)はこのゲームにおいてAが勝利となる確率を求めよ，ということであり，無限級数の和を求める問題である。無限級数の和は部分和の極限として定義されており，無限等比級数の公式を使える場合を除けば，部分和を計算する以外に無限級数の和を求める方法はない。

そこで**解答**では部分和を $S_M=\sum_{n=1}^{M} p(n)$ とおき，これを計算したのである。$p(n)$ の表式が n の偶奇によって異なるので，部分和 S_M を計算する場合にも M の偶奇で分類が必要となり，$M\to\infty$ としたとき，M の偶奇に依らず同じ極限値に収束する場合に無限級数の和が定まることになる。**解答**の(a)の場合だけでなく，(b)の場合の考察も省くわけにはいかない。

実は，$p(n)$ の各項は負になることがないので，

$$\sum_{n=1}^{\infty} p(n)=\sum_{m=0}^{\infty} p(2m)+\sum_{m=0}^{\infty} p(2m+1) \quad (\because \quad p(0)=0)$$

$$=\sum_{m=0}^{\infty} m\left(\frac{1}{4}\right)^m+\frac{1}{2}\sum_{m=0}^{\infty} m(m-1)\left(\frac{1}{4}\right)^m$$

$$=\frac{1}{4}\cdot\frac{1}{\left(1-\frac{1}{4}\right)^2}+\frac{1}{2}\cdot\frac{1}{16}\cdot\frac{2}{\left(1-\frac{1}{4}\right)^3} \quad (\because \text{ 解答 の ㋐, ㋑ による})$$

$$=\frac{16}{27}$$

と計算してもよいことになる。

5°　部分和を求めるためには，$\sum_{m=0}^{j} mr^{m-1}$，$\sum_{m=0}^{j} m(m-1)r^{m-2}$ $\left(r=\frac{1}{4}\right)$ を計算する必要があり，**解答** では

$$\sum_{k=0}^{j} x^k=\frac{1-x^{j+1}}{1-x}=\frac{1}{1-x}-\frac{x^{j+1}}{1-x} \quad (|x|<1)$$

を微分して得られる等式を利用した。これはよく知られた手法であるから経験のある人もいるだろう。実は，大学以上では，$|x|<1$ のとき，

$$\sum_{k=0}^{\infty} x^k=\frac{1}{1-x}$$

の各項を微分して，

$$\sum_{k=0}^{\infty} kx^{k-1}=\frac{1}{(1-x)^2}, \quad \sum_{k=0}^{\infty} k(k-1)x^{k-2}=\frac{2}{(1-x)^3}$$

としてよいことを学ぶ。

微分を利用する手法よりも，つぎのように等比数列の和の公式の導出手法を模倣して計算する方法に馴染んでいる人の方が多いだろう。すなわち，

$$S_{2j+1}=\sum_{m=1}^{j} \{p(2m)+p(2m+1)\} \quad (\because \quad p(1)=0)$$

$$=\sum_{m=1}^{j}\left\{m+\frac{1}{2}m(m-1)\right\}\left(\frac{1}{4}\right)^m$$

$$=\frac{1}{2}\sum_{m=1}^{j} m(m+1)\left(\frac{1}{4}\right)^m$$

であり，$r=\frac{1}{4}$，$S=\sum_{m=1}^{j} m(m+1)r^m$ とおくと，

$$S=1\cdot2r+2\cdot3r^2+3\cdot4r^3+\cdots+j(j+1)r^j$$
$$-)\ rS=\qquad 1\cdot2r^2+2\cdot3r^3+\cdots+(j-1)jr^j+j(j+1)r^{j+1}$$
$$\therefore\ (1-r)S=2r+4r^2+6r^3+\cdots+2jr^j-j(j+1)r^{j+1}\quad\cdots\cdots Ⓐ$$

さらに，$T=\sum_{k=1}^{j}kr^k$ とおくと，

$$T=1\cdot r+2r^2+3r^3+\cdots+jr^j$$
$$-)\ rT=\qquad 1\cdot r^2+2r^3+\cdots+(j-1)r^j+jr^{j+1}$$
$$\therefore\ (1-r)T=r+r^2+r^3+\cdots+r^j-jr^{j+1}$$
$$=r\cdot\frac{1-r^j}{1-r}-jr^{j+1}\quad\cdots\cdots Ⓑ$$

Ⓐ と Ⓑ により，

$$S_{2j+1}=\frac{1}{2}S=\frac{1}{2}\left\{\frac{2}{1-r}T-\frac{j(j+1)r^{j+1}}{1-r}\right\}$$
$$=\frac{1}{2}\left[\frac{2}{1-r}\left\{r\cdot\frac{1-r^j}{(1-r)^2}-\frac{jr^{j+1}}{1-r}\right\}-\frac{j(j+1)r^{j+1}}{1-r}\right]$$
$$\to\ \frac{r}{(1-r)^3}=\frac{16}{27}\quad(n\to\infty)$$

となる。ここでも，

$|x|<1$ のとき，$\lim_{j\to\infty}x^j=0$，$\lim_{j\to\infty}jx^j=0$，$\lim_{j\to\infty}j^2x^j=0$

であることを用いている。これは本問の場合，既知としてよいであろう。

6°　$\sum_{n=1}^{\infty}p(n)$ が収束することを前提とすれば，(2) を次のように解くこともできる。

A，B あわせてちょうど n 回コインを投げ終えたときに勝者が決まらない確率 Q_n は，n 回中○が 2 回以下となる確率以下であるから，

$$0\leqq Q_n\leqq({}_n\mathrm{C}_0+{}_n\mathrm{C}_1+{}_n\mathrm{C}_2)\left(\frac{1}{2}\right)^n=(n^2+n+2)\left(\frac{1}{2}\right)^{n+1}\to0\quad(n\to\infty)$$

より，$\lim_{n\to\infty}Q_n=0$ となり，いつかは勝者が決まることになる。

そこで，(A の得点，B の得点) を $(a,\ b)$ で表すことにし，(0, 0)，(1, 0)，(0, 1)，(1, 1) の各状態において A からコインを投げ始めたときに A が勝者となる確率を順に p，q，r，s とする。

(0, 0) から A が勝者となるのは，1 回目に A が○を出して (1, 0) の状態となって勝者となる場合か，または×を出して A と B の立場が入れ替わり，B が (0, 0) の状態から勝者とならない場合であるから，

$$p=\frac{1}{2}q+\frac{1}{2}(1-p)$$

が成り立つ。同様にして,

$$q=\frac{1}{2}+\frac{1}{2}(1-r)$$

$$r=\frac{1}{2}s+\frac{1}{2}(1-q)$$

$$s=\frac{1}{2}+\frac{1}{2}(1-s)$$

が成り立つので，これらを連立させることにより,

$$\sum_{n=1}^{\infty}p(n)=p=\frac{16}{27}$$

を得る。

第 4 問

解 答

$\overrightarrow{a}=\frac{\overrightarrow{\mathrm{PA}}}{|\overrightarrow{\mathrm{PA}}|}$, $\overrightarrow{b}=\frac{\overrightarrow{\mathrm{PB}}}{|\overrightarrow{\mathrm{PB}}|}$, $\overrightarrow{c}=\frac{\overrightarrow{\mathrm{PC}}}{|\overrightarrow{\mathrm{PC}}|}$ とおくと，それぞれは単位ベクトルで,

$$\overrightarrow{a}+\overrightarrow{b}+\overrightarrow{c}=\overrightarrow{0} \quad \cdots\cdots①$$

$$|\overrightarrow{a}|=|\overrightarrow{b}|=|\overrightarrow{c}|=1 \quad \cdots\cdots②$$

である。

(1)　① より,

$$\overrightarrow{c}=-\overrightarrow{a}-\overrightarrow{b} \quad \cdots\cdots①'$$

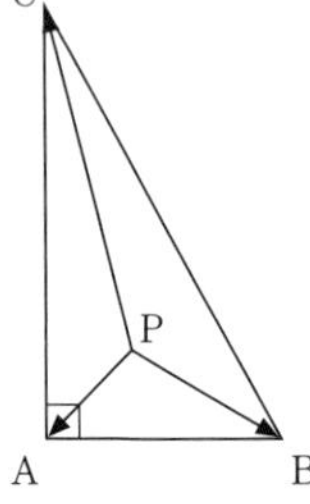

であるから，これを ② の $|\overrightarrow{c}|=1$ に代入すると,

$$|-\overrightarrow{a}-\overrightarrow{b}|=1 \qquad \therefore \quad |\overrightarrow{a}+\overrightarrow{b}|^2=1$$

$$\therefore \quad |\overrightarrow{a}|^2+2\overrightarrow{a}\cdot\overrightarrow{b}+|\overrightarrow{b}|^2=1$$

② より，$|\overrightarrow{a}|=|\overrightarrow{b}|=1$ であるから,

$$2+2\overrightarrow{a}\cdot\overrightarrow{b}=1 \qquad \therefore \quad \overrightarrow{a}\cdot\overrightarrow{b}=-\frac{1}{2}$$

よって,

$$\cos\angle\mathrm{APB}=\frac{\overrightarrow{a}\cdot\overrightarrow{b}}{|\overrightarrow{a}||\overrightarrow{b}|}=-\frac{1}{2} \qquad \therefore \quad \boldsymbol{\angle\mathrm{APB}=120^\circ}$$

同様にして,

$$\boldsymbol{\angle\mathrm{APC}=120^\circ}$$

である。

(2)　$\angle BAC=90^\circ$, $|\overrightarrow{AB}|=1$, $|\overrightarrow{AC}|=\sqrt{3}$ であることより，右図のように xy 座標系を設定することができる。

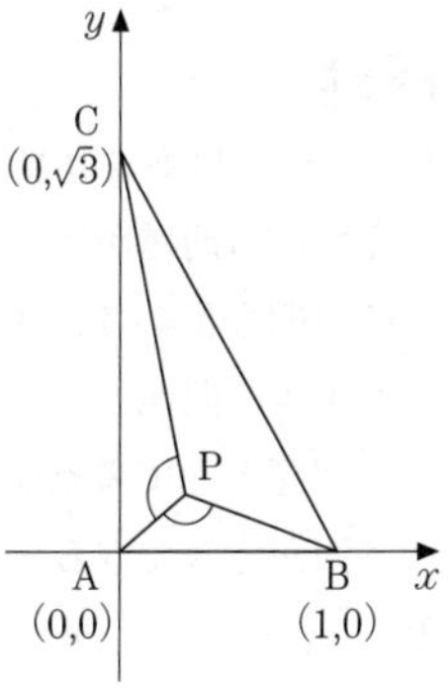

ここで，$P(x,\ y)$ とおくと，点Pは $\triangle ABC$ の内部の点なので，

$$x\neq 0 \text{ かつ } x\neq 1$$

であり，このもとで，PA，PB，PC の傾きを順に m_1, m_2, m_3 とすると

$$m_1=\frac{y}{x},\quad m_2=\frac{y}{x-1},\quad m_3=\frac{y-\sqrt{3}}{x}\quad \cdots\cdots③$$

である。

このとき，

$$\angle APB=120^\circ \text{ より，}\quad \tan 120^\circ=\frac{m_2-m_1}{1+m_2\cdot m_1}\quad \cdots\cdots④$$

$$\angle APC=120^\circ \text{ より，}\quad \tan 120^\circ=\frac{m_1-m_3}{1+m_1\cdot m_3}\quad \cdots\cdots⑤$$

が成り立ち，③を④，⑤に代入して整理すると，

$$\begin{cases}-\sqrt{3}=\dfrac{xy-(x-1)y}{x(x-1)+y^2}\\[2ex]-\sqrt{3}=\dfrac{xy-x(y-\sqrt{3})}{x^2+y(y-\sqrt{3})}\end{cases}\quad \therefore\quad \begin{cases}x^2+y^2-x+\dfrac{1}{\sqrt{3}}y=0 & \cdots\cdots⑥\\[2ex] x^2+y^2+x-\sqrt{3}\,y=0 & \cdots\cdots⑦\end{cases}$$

⑥－⑦より，

$$-2x+\frac{4}{\sqrt{3}}y=0\qquad \therefore\quad y=\frac{\sqrt{3}}{2}x\quad \cdots\cdots⑧$$

⑧と⑥を連立させ，$x\neq 0$ に注意して解くと，

$$(x,\ y)=\left(\frac{2}{7},\ \frac{\sqrt{3}}{7}\right)$$

を得る。

よって，

$$|\overrightarrow{\mathbf{PA}}|=\sqrt{x^2+y^2}=\frac{\sqrt{7}}{7},$$

$$|\overrightarrow{\mathbf{PB}}|=\sqrt{(x-1)^2+y^2}=\frac{2\sqrt{7}}{7},$$

$$|\overrightarrow{\mathbf{PC}}|=\sqrt{x^2+(y-\sqrt{3})^2}=\frac{4\sqrt{7}}{7}$$

である。

解説

1°　かつてはあまり見られなかったが，ここのところ，問題文にベクトルの記号が見えている問題が目立つ（2010，2009，2006年度等）。(1)はベクトルの問題としてほぼ自明な問いで，東大理科の受験生であればできて当然である。しかし，(2)をベクトルの問題として処理するのは困難であり，ベクトルの問題というより平面図形の問題として考察すべき問題である。今年度のセットでは，数学だけで考えれば，本問が完答できるか否かが合否の分岐点といえるようなレベルの問題である。

2°　$\vec{a}$，$\vec{b}$，$\vec{c}$ が単位ベクトルであることなど，(1)の解説は不要であろう。①，②により，右図を考えれば120°は自明である。ただし，答案としては何らかの図の説明を加えるのがよい。

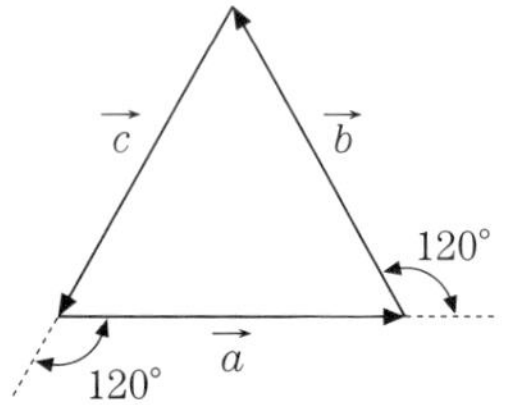

なお，①′の両辺を“2乗”して，

$|\vec{c}|^2=|-\vec{a}-\vec{b}|^2$ より，$|\vec{a}+\vec{b}|^2=1$

を得ることもできるが，平面ベクトルであるから，線型独立な2つのベクトル $\vec{a}$ と $\vec{b}$ のみで議論しようとすれば，自然に**解答**のようにできる。

3°　(2)は点Pの位置を求める問題である。(1)で ∠APB，∠APC の大きさが分かったので，この結果を利用して求められないかと考えるのが自然であろう。**5°**で示すように，余弦定理等を利用する方法や，初等幾何で考察する方法もあり得る。解法は一つに決まるものではないし，特に図形問題では尚更である。東大ではそのような問題も伝統的によく出題されている。

解答では，座標平面上の傾きを利用して tan で捉える方法を採った。平面上で“なす角”を捉える際に，計算量が比較的少ない方法として，想起したい方法の一つだからである。また，$|\overrightarrow{PA}|$，$|\overrightarrow{PB}|$，$|\overrightarrow{PC}|$ を求めることは2点間の距離を求めることと同じであり，距離は座標で直接扱えること及び直角三角形が題材であることにより，座標設定するのも自然な方法だからである。

さて，点Pの位置を知りたいのであるから，Pの座標を $(x,\ y)$ とおき，x と y を求めようとするのはよいだろう。このとき利用する公式は（**解答**の m_1，m_2 とは全く無関係に m_1，m_2 という記号を用いると），

$$\tan\theta=\frac{m_1-m_2}{1+m_1m_2}\ \cdots\cdots(*)$$

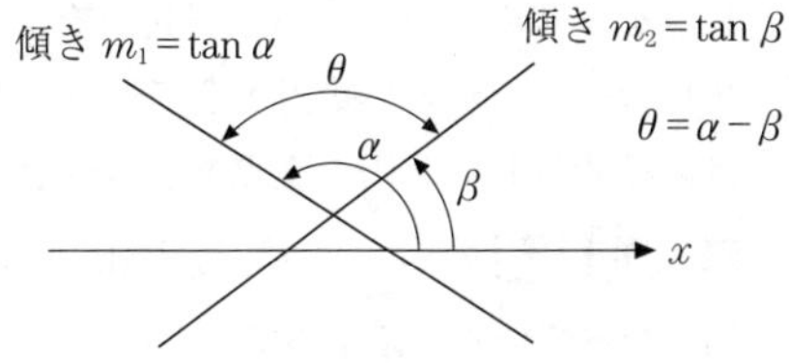

である。これはセンター試験においても必須公式であり，右辺に絶対値を付けて

$$\tan\theta=\left|\frac{m_1-m_2}{1+m_1m_2}\right|$$

を丸暗記している人を見受けるが，絶対値を付けるのはなす角 θ を鋭角として捉えるためであった。この公式の証明の経験があれば，傾き m_2 の直線を基準にして傾き m_1 の直線まで反時計回りに測った角を θ とするときに(＊)となる，という理解ができているはずである。

本問では，直線PAから直線PBまで反時計回りに測った角が120°であり，直線PCから直線PAまで反時計回りに測った角が120°であることから④と⑤を得る。あとはこれらを整理すれば，簡単な連立方程式の問題となって容易に解決する。

4° 解答の⑥，⑦は xy 平面上でそれぞれ円を表す方程式であるが，これは偶然ではない。(1)の結果は，点Pから2定点AとB，2定点CとAを見込む角がそれぞれ120°で一定であることを示す。したがって，点Pは点AとBを弧の両端とする劣弧上にあり，かつ点CとAを弧の両端とする劣弧上にある。⑥，⑦はそれぞれの弧を含む円の方程式である。このことを利用して，円の方程式として直接⑥，⑦を導いてもよいだろう。円⑥，⑦のそれぞれの中心 K_1，K_2 の座標と半径 $\frac{1}{\sqrt{3}}$，1は右図から読み取ることができる。

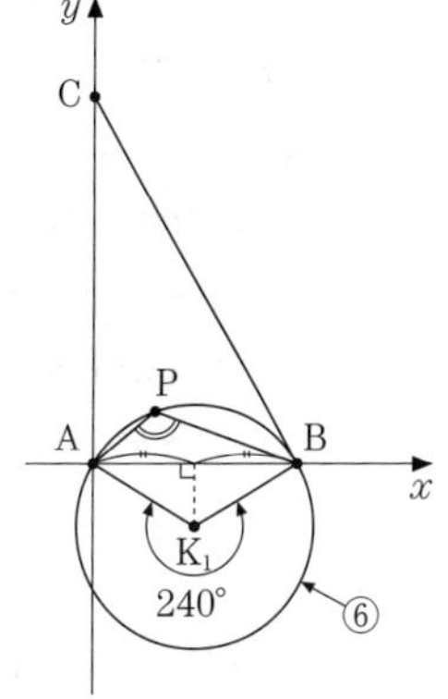

実は，本問の点Pをフェルマー点という。一般に，三角形のフェルマー点とは，120°以上の内角を持たない三角形において，3頂点からの距離の和が最小となる点のことをいう。

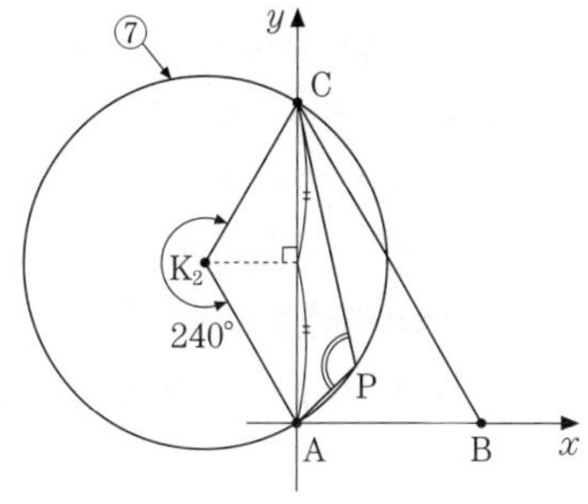

フェルマー点は，120°以上の内角を持たない三角形を△ABCとして，△ABCの各辺の

長さを一辺の長さとする正三角形を △ABC の各辺の外側に作るとき，3つの正三角形のそれぞれの外接円が全て通る点として得られる。このような観点からは，(2)は座標設定して2円の交点として点Pを捉えるのが自然に感じられるであろう。実際，**解答**の⑥，⑦は，辺AB，ACの長さを一辺の長さとする正三角形の外接円となっている（確かめてみよ）。

5° **解答**や**4°**で述べた方法以外に，つぎのように(2)を解決することもできる。概略を示すので，各自確かめてみよう。

【(2)の**別解1**】

∠ABC＝60° という特殊性に注目すると，(1)の結果から，

$$\triangle PAB \backsim \triangle PBC$$

が分かるから，$|\overrightarrow{PA}|=x$ とおけば，$|\overrightarrow{PB}|=2x$，$|\overrightarrow{PC}|=4x$ となり，△PAB での余弦定理により，

$$1^2=x^2+(2x)^2-2x\cdot 2x\cos 120^\circ \qquad \therefore \quad x=\frac{1}{\sqrt{7}}$$

これにより(2)は解決する。

【(2)の**別解2**】

$|\overrightarrow{PA}|=a$，$|\overrightarrow{PB}|=b$，$|\overrightarrow{PC}|=c$ とおくと，(1)の結果と △PAB，△PBC，△PCA でのそれぞれの余弦定理により，

$$a^2+b^2+ab=1 \qquad \cdots\cdots ㋐$$

$$b^2+c^2+bc=4 \qquad \cdots\cdots ㋑$$

$$c^2+a^2+ca=3 \qquad \cdots\cdots ㋒$$

が成り立つので，これらを連立方程式として解けばよいが，その計算は簡単ではない。

一つの方法としては，㋐－㋑，㋑－㋒を作り

$$(a-c)(a+b+c)=-3 \qquad \cdots\cdots ㋓$$

$$(b-a)(a+b+c)=1 \qquad \cdots\cdots ㋔$$

として辺々割ることにより，

$$c=3b-2a$$

を得るので，これと㋐，㋑，㋒を連立させることで解決に向かう。

【(2)の**別解2**の部分的別解】

上の㋐，㋑，㋒に加えて，△ABC の面積の関係を考え，

$$\frac{1}{2}ab\sin 120^\circ+\frac{1}{2}bc\sin 120^\circ+\frac{1}{2}ca\sin 120^\circ=\frac{1}{2}\cdot 1\cdot\sqrt{3}$$

より得られる

$$ab+bc+ca=2 \quad \cdots\cdots㋕$$

を組めば，㋐+㋑+㋒ と ㋕ より

$$a^2+b^2+c^2=3 \quad \cdots\cdots㋖$$

を得るので，㋕ と ㋖ より，

$$a+b+c=\sqrt{7}$$

を得て，これと ㋓，㋔ を組むことで見通しよく解決する。

【(2) の **別解 3**】

$\angle\text{PAB}=\theta$ として，$\triangle\text{PBC}$，$\triangle\text{PCA}$ での正弦定理により，

$$\text{PC}=\frac{4}{\sqrt{3}}\sin\theta,\quad \text{PC}=2\sin(90^\circ-\theta)$$

を得るので，これらを等置して

$$\frac{4}{\sqrt{3}}\sin\theta=2\cos\theta \text{ より，} \sin\theta=\frac{\sqrt{3}}{\sqrt{7}},\quad \cos\theta=\frac{2}{\sqrt{7}}$$

となり，これと $\triangle\text{PAB}$ での正弦定理を組んで解決する。

第 5 問

解答

(1)
$$(x+y-1)(x+y)(x+y+1)=(x+y)^3-(x+y)$$
$$=x^3+3yx^2+(3y^2-1)x+y^3-y$$

であるから，

$$x^3+3yx^2<(x+y-1)(x+y)(x+y+1)<x^3+(3y+1)x^2$$
$$\iff 0<(3y^2-1)x+y^3-y<x^2$$
$$\iff (3y^2-1)x+y^3-y>0 \quad \cdots\cdots①$$
$$\text{かつ}\quad x^2-(3y^2-1)x-y^3+y>0 \quad \cdots\cdots②$$

である。

ここで，y は自然数であるから，$y\geqq 1$ であり，

$$3y^2-1>0,\quad y^3-y=y(y-1)(y+1)\geqq 0 \quad \cdots\cdots③$$

ある。

したがって，① は任意の正の実数 x に対して成立する。

また，③ に注意すると，

$$② \iff (x-\alpha)(x-\beta)>0,$$

ただし，$\left.\begin{matrix}\alpha\\ \beta\end{matrix}\right\}=\dfrac{3y^2-1\pm\sqrt{(3y^2-1)^2+4(y^3-y)}}{2}$，$\alpha\leqq 0<\beta$

であるから，② が成り立つような正の実数 x の範囲は

$$x>\beta$$

である。

以上から，① かつ ② が成り立つような正の実数 x の範囲は，

$$x>\frac{3y^2-1+\sqrt{(3y^2-1)^2+4(y^3-y)}}{2}$$

$$\therefore\quad \boldsymbol{x>\frac{3y^2-1+\sqrt{9y^4+4y^3-6y^2-4y+1}}{2}} \qquad \cdots\cdots④$$

(2) 99 は 3 の倍数であるから，

$\underbrace{111\cdots11}_{1\text{が}99\text{個}}$ は 3 の倍数

である。よって，

$$\underbrace{111\cdots11}_{1\text{が}99\text{個}}=3y \qquad \cdots\cdots⑤$$

であるような自然数 y が存在する。

このyに対して，④ を満たすような x として，

$x=10^n$　(n は 99 以上の十分大きな自然数)　……⑥

であるような自然数 x をとると，

$$x^3=1\underbrace{000\cdots00}_{0\text{が}3n\text{個}},\quad x^2=1\underbrace{000\cdots00}_{0\text{が}2n\text{個}},\quad 3yx^2=\underbrace{111\cdots11}_{1\text{が}99\text{個}}\underbrace{000\cdots00}_{0\text{が}2n\text{個}}$$

であるから，

$$x^3+3yx^2=1\underbrace{000\cdots00}_{0\text{が}n-99\text{個}}\underbrace{111\cdots11}_{1\text{が}99\text{個}}\underbrace{000\cdots00}_{0\text{が}2n\text{個}}$$

$$x^3+(3y+1)x^2=1\underbrace{000\cdots00}_{0\text{が}n-99\text{個}}\underbrace{111\cdots1}_{1\text{が}98\text{個}}2\underbrace{000\cdots00}_{0\text{が}2n\text{個}}$$

である。このとき，

$$x^3+3yx^2<(x+y-1)(x+y)(x+y+1)<x^3+(3y+1)x^2$$

が成り立ち，連続する 3 つの自然数 $x+y-1$，$x+y$，$x+y+1$ の積は，

$$(x+y-1)(x+y)(x+y+1)=1\underbrace{000\cdots00}_{0\text{が}n-99\text{個}}\underbrace{111\cdots11}_{1\text{が}99\text{個}}\underbrace{**\,*\cdots**}_{\text{数字が}2n\text{個}}$$

となる。

したがって，⑤，⑥であるような自然数x，yに対して，

$$A=(x+y-1)(x+y)(x+y+1)$$

が条件(a)，(b)を満たす自然数として存在するので，命題Pは証明された。

（証明終わり）

解説

1° 東大頻出の整数問題である。本問の(2)は2013年度の最難問である。2012年度も整数問題の(2)が最難問であったが，本問は(1)が(2)の直接的な準備になっているので，2012年度の整数問題と比較すれば与しやすい。また，2012年度，2011年度と，整数論の背景がある問題であったが，本問はそのような背景がある問題とは考えにくい。問題集等で見られるような問題ではないために，知識や経験ではなく試験場での発想力・着想力が大いに試される問題で，「分かってしまえば簡単」な難問である。数学を得点源にしたい受験生は本問のような思考力を問う問題の解決能力を培っておきたい。

2° (1)はxについての連立不等式①かつ②を解くだけの問題であり，しかも①は正の実数xの範囲で常に成立するので，実質的にxの2次不等式②を正の範囲で解くだけの問題である。結果の表現にはあまり意味がない。(2)の準備のためには，与えられた不等式が十分大きなxに対して成立することを確認すればよいだけであり，それは $0<(3y^2-1)x+y^3-y<x^2$ からほぼ自明である。

もっとも，問題文の「yを自然数とする」に戸惑った受験生もいたようである。このyはある特定の自然数ということであり，任意の自然数yに対して成立するような正の実数xの範囲を求めるのではない。

3° (2)は条件(a)，(b)を満たす自然数Aの“存在”を証明する問題である。それには条件を満たすAの実例（またはその構成方法）を1つ提示すればおしまいである。つまり条件を満たすAを1つ求めようとしてみればよい。

そこで(1)が利用できないかと考え，99個の1の和は3の倍数であることより，(1)の不等式に見えている$3y$が“1が連続して99回以上現れるところ”に関係しそうだと発想することが第一手である。

実際，$3y=\underbrace{111\cdots11}_{1\text{が}99\text{個}}$ とおいてみると，

$$x^3+3yx^2=x^3+\underbrace{111\cdots11}_{1\text{が}99\text{個}}\cdot x^2$$

となるので，これを10進法で表したときに $\underbrace{111\cdots11}_{1\text{が}99\text{個}}$ がそのまま残るためには，

x を10の累乗の形にすればよい，と気付くことが第二手である。(途中で1が99個並ぶ自然数 $\underbrace{\bullet\bullet\bullet\cdots\bullet\bullet}_{\text{数字が}p\text{個}}\underbrace{111\cdots11}_{1\text{が}99\text{個}}\underbrace{***\cdots**}_{\text{数字が}q\text{個}}$ を評価してみると，

$$\underbrace{\bullet\bullet\bullet\cdots\bullet\bullet}_{\text{数字が}p\text{個}}\underbrace{111\cdots11}_{1\text{が}99\text{個}}\underbrace{000\cdots00}_{0\text{が}q\text{個}}$$
$$\leqq \underbrace{\bullet\bullet\bullet\cdots\bullet\bullet}_{\text{数字が}p\text{個}}\underbrace{111\cdots11}_{1\text{が}99\text{個}}\underbrace{***\cdots**}_{\text{数字が}q\text{個}}$$
$$< \underbrace{\bullet\bullet\bullet\cdots\bullet\bullet}_{\text{数字が}p\text{個}}\underbrace{111\cdots1}_{1\text{が}98\text{個}}2\underbrace{000\cdots00}_{0\text{が}q\text{個}}$$

となるからである。)

そうすると，あとは累乗のオーダーをどの程度にとればよいか，それを示唆するために(1)があったのだと，自然に着想できるであろう。

具体的には，$x=10^n$ としてみると，

$$x^3=1\underbrace{000\cdots00}_{0\text{が}3n\text{個}},\quad 3yx^2=\underbrace{111\cdots11}_{1\text{が}99\text{個}}\underbrace{000\cdots00}_{0\text{が}2n\text{個}},$$
$$(3y+1)x^2=\underbrace{111\cdots11}_{1\text{が}99\text{個}}\underbrace{000\cdots00}_{0\text{が}2n\text{個}}+1\underbrace{000\cdots00}_{0\text{が}2n\text{個}}$$

となるので，

$$3n-(99+2n)=n-99$$

が0以上の整数となるように，n を99以上の自然数にとっておけばよいことがわかる。しかし，存在を証明するためには，n の範囲を精密に絞っておく必要はなく，④を満たしさえすれば何でもよい。つまり，

$$10^n>\frac{3y^2-1+\sqrt{9y^4+4y^3-6y^2-4y+1}}{2}$$

を満たす n であれば何でもよいので，n は十分に大きな自然数としておけばよい。このような概算的な考えは，近年頻出の評価を要する問題と，根底で通じるものがあるといえよう。

4° (1)がなければ，(2)は素朴につぎのように考えることもできよう。

1が連続して99回以上現れる自然数 $111\cdots11$ が，連続する3つの自然数 $m-1$，m，$m+1$ (m は2以上の自然数) の積で表されたとすると，

$$(m-1)m(m+1)=111\cdots11,\quad \text{すなわち，}\quad m^3-m=111\cdots11$$

である。

そこで，1が連続して十分にたくさんの回数だけ現れる自然数111…11を考え，これをBとする。$\sqrt[3]{B}$ が自然数であれば，これをmにとればよい。$\sqrt[3]{B}$ が自然数でなければ，$m=[\sqrt[3]{B}]$ ([ ]はガウス記号) とすることでmは自然数となり，m^3がほぼBに等しいので，下の方の位を無視すれば，m^3-m も首位の数字から1が連続して現れることになる。その回数が99回以上となるようにBに現れる1の回数を設定すればよい。ただし，答案にするにはもう少し緻密に論じる必要があろう。

5° なお，**解答**から分かるように，99という数に固有の意味はない。3の倍数であれば何であっても問題として成立することになる。

第 6 問

解答

(1) 座標空間内の任意の点を P$(x,\ y,\ z)$とすると，P≠B のとき，

$$\angle \mathrm{PBO} \leqq \frac{\pi}{4} \iff \cos\angle \mathrm{PBO} \geqq \frac{1}{\sqrt{2}}$$

$$\iff \frac{\overrightarrow{\mathrm{BP}}\cdot\overrightarrow{\mathrm{BO}}}{|\overrightarrow{\mathrm{BP}}||\overrightarrow{\mathrm{BO}}|} \geqq \frac{1}{\sqrt{2}}$$

$$\iff \frac{-(x-1)-(y-1)}{\sqrt{(x-1)^2+(y-1)^2+z^2}\cdot\sqrt{2}} \geqq \frac{1}{\sqrt{2}}$$

$$\iff -(x-1)-(y-1) \geqq \sqrt{(x-1)^2+(y-1)^2+z^2} \quad \cdots\cdots◎$$

であり，◎は P=B のときも成立する。

ここで，

$$|x|\leqq 1 \text{ かつ } |y|\leqq 1 \quad \cdots\cdots(*)$$

のもとでは，◎の左辺は0以上であるから，平方しても同値で，

$$◎ \iff \{-(x-1)-(y-1)\}^2 \geqq (x-1)^2+(y-1)^2+z^2$$

$$\iff z^2 \leqq 2(1-x)(1-y) \quad \cdots\cdots①$$

であり，原点に関する対称性から①のx，yをそれぞれ$-x$，$-y$に置き換えて，(＊)のもとでは，

$$\angle \mathrm{PDO} \leqq \frac{\pi}{4} \iff z^2 \leqq 2(1+x)(1+y) \quad \cdots\cdots②$$

である。

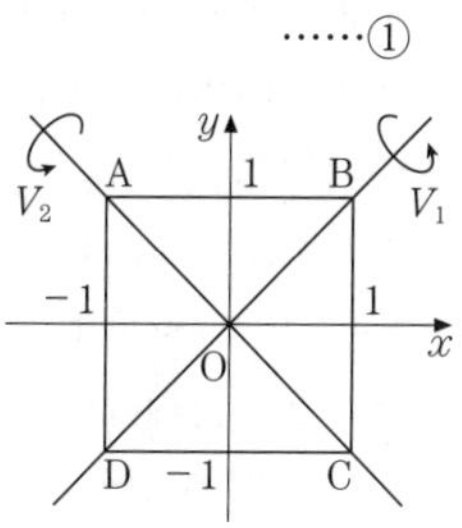

よって，

$P \in V_1 \iff$ （＊）かつ「"$y \geqq -x$ かつ①"または"$y \leqq -x$ かつ②"」 ……(#)

であるから，平面 $x=t$ $(0 \leqq t < 1)$ による V_1 の切り口（の zy 平面への正射影）は，

"$-t \leqq y \leqq 1$ かつ $z^2 \leqq 2(1-t)(1-y)$"

または "$-1 \leqq y \leqq -t$ かつ $z^2 \leqq 2(1+t)(1+y)$"

$\therefore$ "$-t \leqq y \leqq 1$ かつ $y \leqq -\dfrac{z^2}{2(1-t)}+1$"

または

"$-1 \leqq y \leqq -t$ かつ $y \geqq \dfrac{z^2}{2(1+t)}-1$"

これを図示すると図1斜線部のようになるので，

$\alpha=-\sqrt{2(1-t^2)}$，$\beta=\sqrt{2(1-t^2)}$ ……③

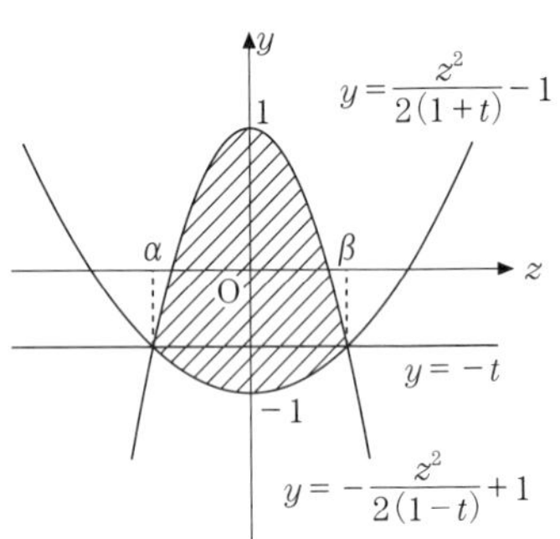

図1

として，求める面積は，

$$\int_{\alpha}^{\beta}\left\{\left(-\frac{z^2}{2(1-t)}+1\right)-\left(\frac{z^2}{2(1+t)}-1\right)\right\}dz$$

$$=-\frac{1}{1-t^2}\int_{\alpha}^{\beta}(z-\alpha)(z-\beta)\,dz \quad \cdots\cdots④$$

$$=\frac{1}{1-t^2}\cdot\frac{1}{6}(\beta-\alpha)^3$$

$$=\boldsymbol{\frac{8}{3}\sqrt{2(1-t^2)}} \quad \cdots\cdots⑤$$

である。

(2)　V_1 と V_2 は xz 平面に関して対称であるから，平面 $x=t$ $(0 \leqq t < 1)$ による V_2 の切り口は，図1の斜線部を z 軸に関して対称移動した図2の斜線部となる。

したがって，V_1 と V_2 の共通部分の平面 $x=t$ $(0 \leqq t < 1)$ による切り口は，図1の斜線部と図2の斜線部の共通部分であり，図3（次頁）の斜線部のようになる。この面積を $T(t)$ とすると，$T(t)$ は，図3の γ，δ が③の t^2 を t に置

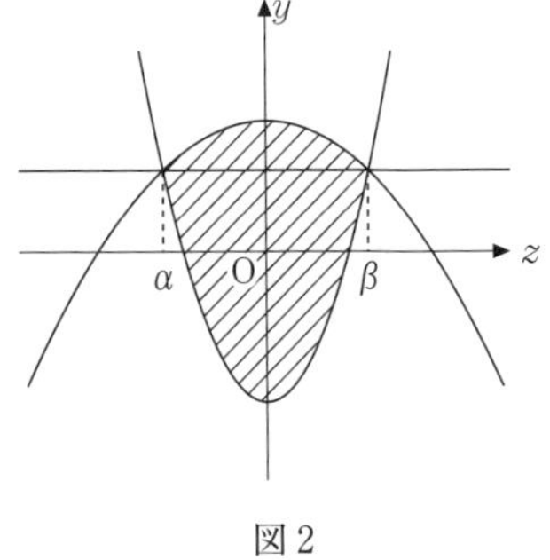

図2

き換えたものであり，④の t^2 を t で置き換えたものとなるから，⑤で t^2 を t に置き換えて

$$T(t)=\frac{8}{3}\sqrt{2(1-t)}$$

と表される。

さらに，V_1 と V_2 は yz 平面に関しても対称であるから，V_1 と V_2 の共通部分の $x \geqq 0$ の部分の体積を2倍すれば求める体積が得られる。

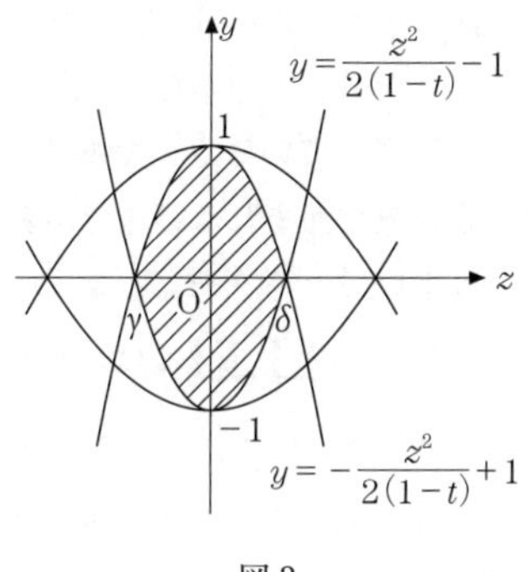

図3

よって，求める体積は，

$$2\int_0^1 T(t)\,dt=\frac{16\sqrt{2}}{3}\int_0^1 (1-t)^{\frac{1}{2}}dt$$

$$=\frac{16\sqrt{2}}{3}\left[-\frac{2}{3}(1-t)^{\frac{3}{2}}\right]_0^1$$

$$=\boldsymbol{\frac{32\sqrt{2}}{9}}$$

である。

解説

1°　東大理科では頻出の，定積分による立体の求積問題である。頻出であることから充分な対策をしてきたとしても，2013年度のセットにおいては本問は難問である。⑴では実質的に円錐面の方程式を立てることと同じ作業をせねばならず，現行の高校課程では空間座標の扱いが軽いため，なおさら受験生にとっては厳しい問題といえよう。また⑵では，⑴と同じ作業を実直に繰り返していたのではとても制限時間内には処理しきれず，対称性や類似計算の結果を活用することが重要になる。2012年度もそうであったように，このような効率的な処理能力も東大理科では重視されている。いかにも伝統的な東大らしい問題である。

2°　回転体の体積を定積分で求めるには，回転軸に垂直な断面積を回転軸方向に積分するのが基本である。ところが⑴では，回転軸ではない x 軸に垂直な平面による断面積を要求されており，この段階で戸惑いを感じることもあろう。

定積分を利用するか否かによらず，図形の問題であるからには，まず幾何的考察を活用できないかを考えてみるべきであろう。そうすると，V_1 は2つの円錐面を合せた曲面とその内部（ただし，$|x|\leqq 1$ かつ $|y|\leqq 1$ を満たす部分）であり，平

面 $x=t$ $(0 \leqq t<1)$ はその母線に平行な平面であるから，切り口に放物線が現れることが分かる（数学Ｃで学ぶ２次曲線はもともと円錐面の切り口として円錐曲線と呼ばれているものである）。したがって，(1)で面積を求めるべき部分は，２つの放物線で囲まれる領域であることも同時に分かる。あとはその放物線の式を求めればよい，と考えれば，**5°** のようにしてその方程式を求めて結果を導いてもよいであろう。**解** **答** ではこれを精密に論じているのである。

3° 円錐面は，頂点において中心軸の直線と一定の角度で交わる直線を，中心軸のまわりに回転してできる曲面である $\left(\text{特に } \dfrac{\pi}{2} \text{ の角度で交わる場合は平面になる}\right)$。空間において，なす角が一定であることを捉えるには，ベクトルの内積を利用して cos で扱うとよい。このことを利用して V_1 を x，y，z の式で表したものが（#）である。（#）では，V_1 が円錐面の内部も含むことを考えて不等式で表しているが，①，② の等号の場合，つまり，

$$z^2=2(1-x)(1-y) \qquad \cdots\cdots①'$$

$$z^2=2(1+x)(1+y) \qquad \cdots\cdots②'$$

が，直線 BD を中心軸とし，頂点をそれぞれ B，D とするような円錐面を表す方程式である。ただし，①′，②′ のままでは，右図のような頂点の両側に伸びる円錐面全体を表してしまう。本問では（＊）が前提であり，さらに V_1 は $y \geqq -x$ と $y \leqq -x$ で区切られることに注意する。

あとは機械的に（#）において $x=t$ と置き換え，それを y と z の関係式をみて zy 平面上に図示すれば，それが V_1 の平面 $x=t$ による断面（の zy 平面上への正射影）を表す。面積を求める定積分の計算は容易である。

4° 円錐面の方程式を求める方法は **解** **答** 以外にも考えられる。円錐面は中心軸のまわりの回転曲面であるから，回転半径がわかれば定式化できる。例えばつぎのようにできる。

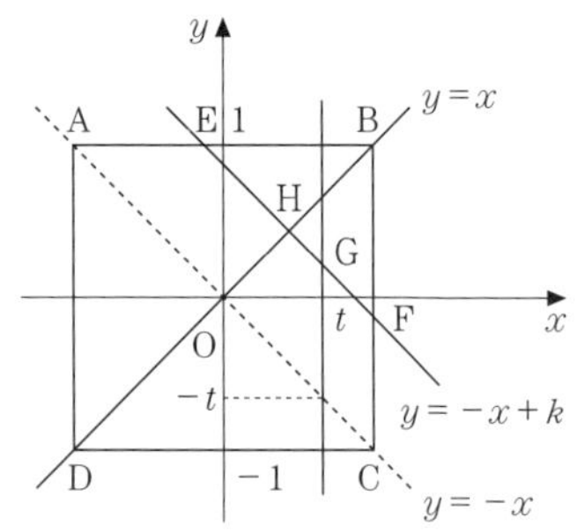

xy 平面上で直線 $y=x$ に垂直な直線 $y=-x+k$ $(k \geqq 0)$ による正方形 S の切り口を右図のように線分 EF とし，直線 $x=t$，$y=x$ との交点をそれぞれ G，H とすると，簡単な計

算により

$$\mathrm{EH}=\mathrm{FH}=\sqrt{2}\left(1-\frac{k}{2}\right),\ \mathrm{GH}=\sqrt{2}\left|t-\frac{k}{2}\right|$$

が分かる。V_1（$y \geqq -x$ を満たす部分）の平面 $y=-x+k$ による切り口は中心 H，半径 EH の円板であるから，

$$z^2 \leqq \mathrm{EH}^2-\mathrm{GH}^2 \qquad \therefore\ z^2 \leqq 2(1-t)(1+t-k) \qquad \cdots\cdots(**)$$

この式で，t，k をそれぞれ x，$x+y$ で置き換えれば，① が得られる。② も同様にして得られる。

5°　上の **4°** のような計算をするのであれば，**2°** で言及したように切り口に放物線が現れることを認めて，その放物線の式を直接求めてしまうのがよい。

すなわち，**4°** において，$k=0$ とした場合の xy 平面上の直線 $y=-x+k$ と $x=t$ の交点の y 座標が，切り口に現れる 2 つの放物線の交点の y 座標を表し，それは $-t$ であるから，$(**)$ よりそのとき $z=\pm\sqrt{2(1-t^2)}$ である。また，幾何的考察により切り口の 2 つの放物線（の zy 平面上への正射影）は $y=az^2+1$，$y=bz^2-1$ とおけるので，これが $(y,\ z)=(-t,\ \sqrt{2(1-t^2)})$ を通るように a，b を定めると，

$$y=\mp\frac{z^2}{2(1\mp t)}\pm 1 \quad （複号同順）$$

を得る。

6°　(2) では **1°** でも述べたように「対称性の活用」が大きなポイントである。これにより，V_2 の断面が容易に分かり，V_1 と V_2 の共通部分の断面も分かる。その際，“共通部分の切り口” が “切り口の共通部分” であることを利用していることに注意しよう。共通部分の概形が想像できなくても体積の計算には全く支障ないのである。さらに，体積の計算においても対称性が活用される。対称性を活用したり，対称性を崩したり，というような考察は，平素の学習において意識して練習しておきたい。

7°　なお，初めから円錐の底面が座標平面上にくるように（たとえば xy 平面上に底面がくるように）円錐を配置し直してから解くことも考えられる。このように本問は様々な角度から考察可能である。これは各自の研究課題としておこう。

2012年

第 1 問

解答

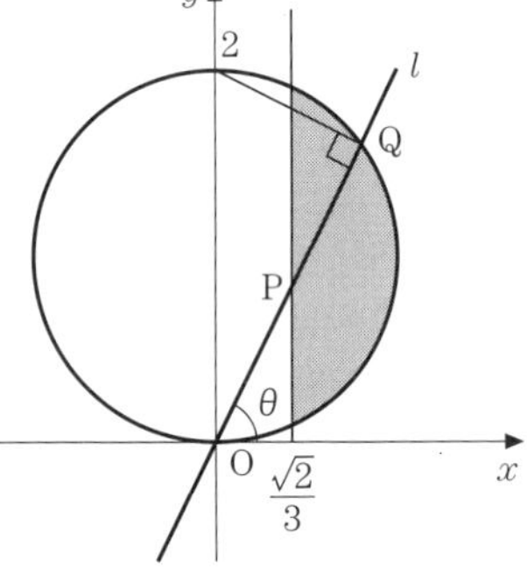

右図のように，l と直線 $x=\dfrac{\sqrt{2}}{3}$，円 $x^2+(y-1)^2=1$ との交点をそれぞれ P，Q とすると，

$$\mathrm{OP}=\frac{\frac{\sqrt{2}}{3}}{\cos\theta}=\frac{\sqrt{2}}{3\cos\theta},$$

$$\mathrm{OQ}=2\cos\left(\frac{\pi}{2}-\theta\right)=2\sin\theta$$

であるから，

$$L=\mathrm{OQ}-\mathrm{OP}=2\sin\theta-\frac{\sqrt{2}}{3\cos\theta} \qquad \cdots\cdots①$$

と表される。

ここで，θ の変域は

$$0<\theta<\frac{\pi}{2} \text{ かつ } 2\sin\theta-\frac{\sqrt{2}}{3\cos\theta}>0 \qquad \cdots\cdots②$$

で与えられるので，② のもとで ① の最大値とそのときの $\cos\theta$ の値を求めればよい。

そこで，① を $f(\theta)$ とおくと，

$$f'(\theta)=2\cos\theta-\frac{\sqrt{2}\sin\theta}{3\cos^2\theta}$$

$$=\frac{\sqrt{2}}{3}\cos\theta\left\{3\sqrt{2}-\tan\theta(1+\tan^2\theta)\right\}$$

$$=-\frac{\sqrt{2}}{3}\cos\theta(\tan\theta-\sqrt{2})(\tan^2\theta+\sqrt{2}\tan\theta+3)$$

より，$0<\theta<\dfrac{\pi}{2}$ における $f(\theta)$ の増減は右表のようになる。

θ	(0)		α		$\left(\dfrac{\pi}{2}\right)$
$f'(\theta)$		$+$	0	$-$	
$f(\theta)$		↗		↘	

ただし，α は

$$\tan\alpha=\sqrt{2}\ \text{かつ}\ 0<\alpha<\frac{\pi}{2}$$

を満たす唯一の定角(右図)であり，このとき，

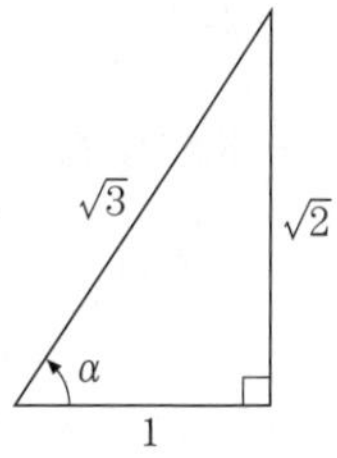

$$2\sin\alpha-\frac{\sqrt{2}}{3\cos\alpha}=2\cdot\frac{\sqrt{2}}{\sqrt{3}}-\frac{\sqrt{2}}{3\cdot\frac{1}{\sqrt{3}}}=\frac{\sqrt{2}}{\sqrt{3}}>0$$

であるから，α は ② を満たす。

よって，L は $\theta=\alpha$ のときに最大値

$$f(\alpha)=\frac{\sqrt{2}}{\sqrt{3}}=\boldsymbol{\frac{\sqrt{6}}{3}}$$

をとり，このときの $\cos\theta$ は

$$\cos\alpha=\boldsymbol{\frac{1}{\sqrt{3}}}$$

である。

2012

解説

1° 東大理系に頻出の，図形を素材とする最大最小問題である。L が最大値をとるとき，解答の点 P は線分 OQ の中点となるが，そのことを初等幾何的に直ちに求めるのは困難である。

2° そこで，何を変数にとるかが最初のポイントとなるが，これは問題文の θ を変数にとるのが素直であろう。このとき，解答の線分 OP，OQ の長さを θ で表すことは，それぞれ直線 $x=\frac{\sqrt{2}}{3}$，円 $x^2+(y-1)^2=1$ の極方程式を求めることにほかならない。

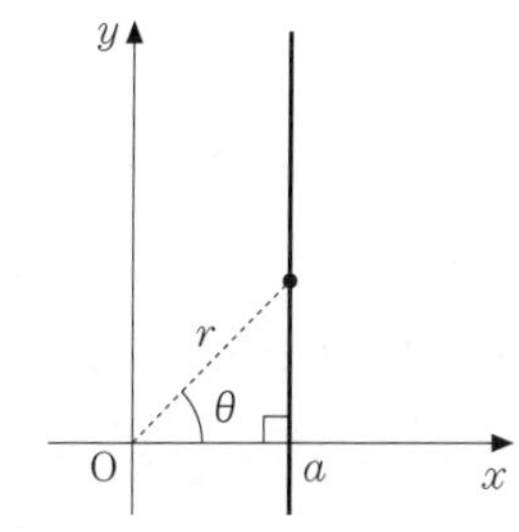

一般に，極座標平面において，極座標が $(a,\ 0)$ $[a>0]$ の点 A を通り始線に垂直な直線の極方程式は $r\cos\theta=a$，中心が点 A で半径が a の円の極方程式は $r=2a\cos\theta$，と表されることは基本事項である。本問の OQ は円 $r=2\cos\theta$ を極 O を中心として角 $\frac{\pi}{2}$ だけ回転したものであるから，

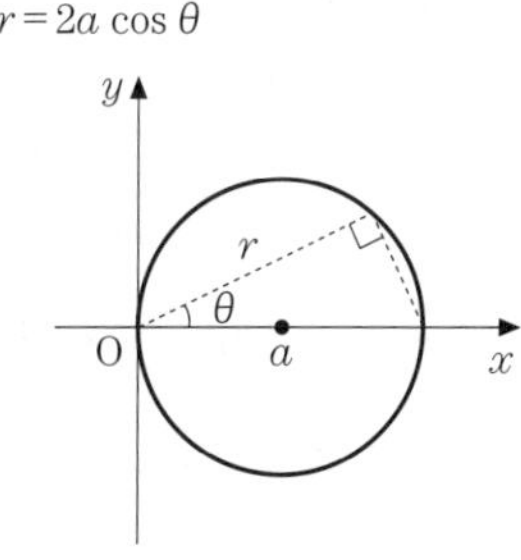

$$OQ=2\cos\left(\theta-\frac{\pi}{2}\right)=2\cos\left(\frac{\pi}{2}-\theta\right)$$

となる。

極方程式を考えなくても，**解答**の図を参照し，R(0, 2)，$H\left(\frac{\sqrt{2}}{3},\ 0\right)$として，直角三角形OPH，直角三角形OQRに注目してOP，OQの長さを求めてもよいのはもちろんであるが，直線 l を $y=x\tan\theta$ として図のP，Qの座標を計算して①の形に表すのはやや迂遠である。

3° L を θ で表した後は，θ で微分することになる。このとき，単に導関数が0になる θ を求めるだけでなく，導関数の符号を調べることが第2のポイントである。そのためには，

$$f'(\theta)=-\frac{\sqrt{2}}{3}\cos\theta(\tan\theta-\sqrt{2})(\tan^2\theta+\sqrt{2}\tan\theta+3)$$

のように積の形にして符号が見える形にするのが一つの方法である。また，これとは別に，

$$f'(\theta)=\frac{6\cos^3\theta-\sqrt{2}\sin\theta}{3\cos^2\theta}$$

と通分して，$f'(\theta)$ の符号が分子の符号と一致することを述べ，分子が②の範囲で θ の減少関数であることに言及するか，$y=6\cos^3\theta$ と $y=\sqrt{2}\sin\theta$ のグラフの上下関係を図で示すなどの方法も考えられる。

$$f'(\theta)=2\cos\theta-\frac{\sqrt{2}\sin\theta}{3\cos^2\theta}$$

のまま $f'(\theta)=0$ とするだけでは，$f'(\theta)$ の符号はわからないのである。

4° 第3のポイントは，θ の変域に注意することである。θ の変域は $0<\theta<\frac{\pi}{2}$ ではなく，**解答**の②で与えられる。これは，右図の点A，Bを l が通るときが，変域の限界となることを示すものである。右図のOA，OBの傾きを計算することにより，それは，

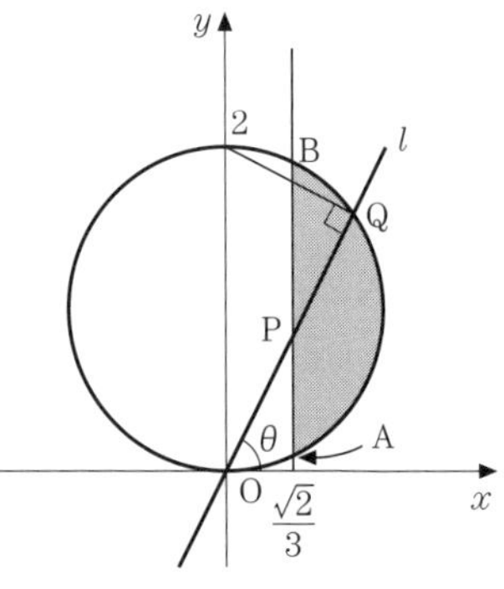

$\frac{3-\sqrt{7}}{\sqrt{2}}<\tan\theta<\frac{3+\sqrt{7}}{\sqrt{2}}$ を満たす鋭角であることがわかるが，②のようにとらえておき，

$\theta=\alpha$ が②を満たすことを後で確認すればよい。いずれにしても，θ の変域内に L の最大値を与える θ が存在することに言及しておかねばならない。

5° 解答のように θ を変数にとらずに，直線 l の傾き m を変数にとって P，Q の座標を計算し，L を m で表して処理することも可能ではある。しかし，この場合の計算はやや大変になる。

第 2 問

解答

図1のように部屋Rを定め，求める確率を q_n $(n=0,\ 1,\ 2,\ \cdots\cdots)$ とおく。

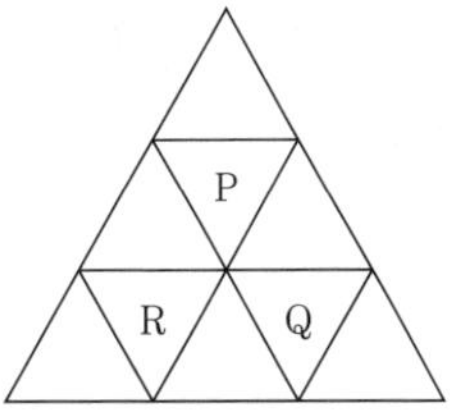

球は1秒ごとに必ず部屋を移動するので，部屋Pから出発するとき，

・奇数秒後にはP，Q，R以外の部屋

・偶数秒後にはP，Q，Rのいずれかの部屋

にある

図1

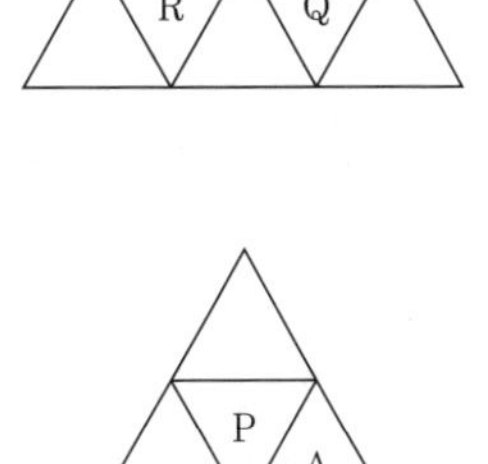

図2

したがって，n が奇数のときは，

$$q_n=0 \quad (n=1,\ 3,\ 5,\ \cdots\cdots)$$

である。

そこで，以下 n が偶数のときを考える。

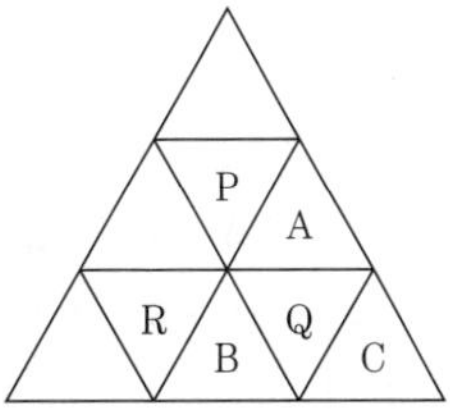

$m=0,\ 1,\ 2,\ \cdots\cdots$ として，球が $2(m+1)$ 秒後に部屋Qにあるのは，

(i) $2m$ 秒後にQの部屋にあり，その後Qの部屋に移動する

(ii) $2m$ 秒後にQ以外の部屋にあり，その後Qの部屋に移動する

のいずれかに限られる。

図2のように部屋A，B，Cを定めると，

(i)の確率は，図3のように推移する場合であるから，

$$q_{2m}\cdot\left(\frac{1}{3}\cdot\frac{1}{2}+\frac{1}{3}\cdot\frac{1}{2}+\frac{1}{3}\cdot 1\right)=\frac{2}{3}q_{2m}$$

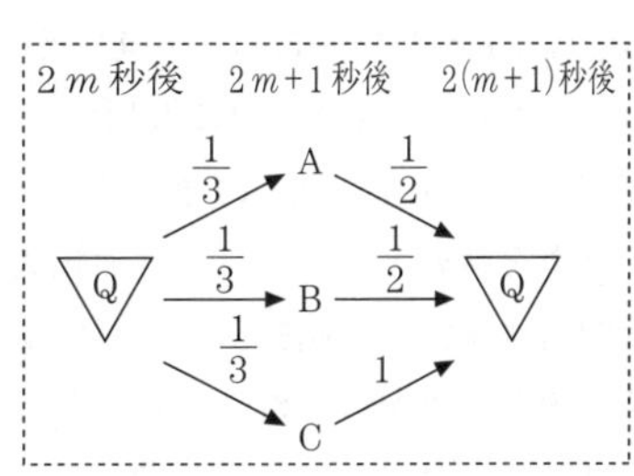

図3

(ii) の確率は，図形の対称性より P から Q へ移動する確率と R から Q へ移動する確率は等しいので，図 4 を参照し，

$$(1-q_{2m})\cdot\frac{1}{3}\cdot\frac{1}{2}=\frac{1}{6}(1-q_{2m})$$

である。(図 3・図 4 の各枝に確率を記入してある。)

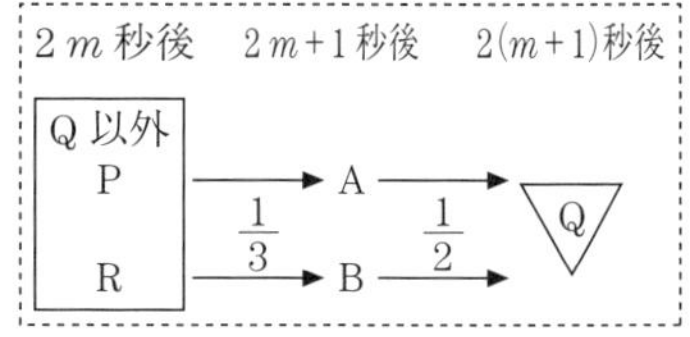

図 4

(i) と (ii) は排反であるから，

$$q_{2(m+1)}=\frac{2}{3}q_{2m}+\frac{1}{6}(1-q_{2m})\quad(m=0,\ 1,\ 2,\ \cdots\cdots)\qquad\cdots\cdots(*)$$

すなわち，

$$q_{2(m+1)}=\frac{1}{2}q_{2m}+\frac{1}{6}\quad(m=0,\ 1,\ 2,\ \cdots\cdots)$$

が成り立つ。これを $q_0=0$ のもとで解くと，

$$q_{2(m+1)}-\frac{1}{3}=\frac{1}{2}\left(q_{2m}-\frac{1}{3}\right)$$

より，

$$q_{2m}-\frac{1}{3}=\left(q_0-\frac{1}{3}\right)\left(\frac{1}{2}\right)^m\qquad\therefore\quad q_{2m}=\frac{1}{3}\left\{1-\left(\frac{1}{2}\right)^m\right\}\quad(m=0,\ 1,\ 2,\ \cdots\cdots)$$

以上から，求める確率は，

$$\begin{cases}\boldsymbol{n}\text{ **が奇数のときは，**}\quad \mathbf{0}\\ \boldsymbol{n}\text{ **が偶数のときは，**}\quad \boldsymbol{\frac{1}{3}\left\{1-\left(\frac{1}{2}\right)^{\frac{n}{2}}\right\}}\end{cases}$$

である。

解説

1°　本問は 2004 年度第 6 問と考え方が極めてよく似た問題であり，n の偶奇で分ける点では 2008 年度第 2 問にも類似する。いくつかの状態がその直前の状態に依存して確率的に定まっていく推移過程（マルコフ過程の特別な場合）に関する確率は，確率を数列としてとらえ，漸化式を利用して解くことが多い。確率と漸化式の融合問題は東大では超頻出といってよい。過去問の研究をしっかり行ったか否かで受験生の間に差がついたことだろう。

2°　実際に手を動かして球の移動の様子を描き出してみると（これが大事！），n の偶奇で状況が異なることにはすぐ気付くはずである。9 つの部屋のどこにいるかを

逐一考えようとすると，9 通りの状態を考慮せねばならないが，n の偶奇に注目することで，偶数秒後に P，Q，R のどの部屋にいるかの 3 通りの状態を考えるだけでよいことになる。これが解決への第一歩である。

3° 漸化式を利用して偶数秒後に Q の部屋にある確率を求めよう，と方針を立てることは難しくない。漸化式を作るポイントは，$n+1$ の状態を n の状態で排反に分類することであり，一歩手前の状態に注目して分類するのが最も基本的である。本問はまさにそのタイプで，偶数秒後には，P，Q，R のいずれかの部屋にあるので，各部屋にある確率を順に p_{2m}，q_{2m}，r_{2m} $(m=0,\ 1,\ 2,\ \cdots\cdots)$ とすれば，図 3，図 4 を参照することで，

$$q_{2(m+1)}=\frac{1}{6}p_{2m}+\frac{2}{3}q_{2m}+\frac{1}{6}r_{2m}\quad (m=0,\ 1,\ 2,\ \cdots\cdots)\qquad \cdots\cdots①$$

が成り立つことは容易にわかる。ここで，偶数秒後には P，Q，R のいずれかの部屋にあることと，全事象の確率が 1 であることから，

$$p_{2m}+q_{2m}+r_{2m}=1\quad (m=0,\ 1,\ 2,\ \cdots\cdots)\qquad \cdots\cdots②$$

である。② より，$p_{2m}+r_{2m}=1-q_{2m}$ であるから，これを ① に代入し，

$$q_{2(m+1)}=\frac{2}{3}q_{2m}+\frac{1}{6}(p_{2m}+r_{2m})=\frac{2}{3}q_{2m}+\frac{1}{6}(1-q_{2m})$$

となり，**解答** の (＊) を得る。このような q_{2m} についての簡単な 2 項間漸化式が得られたのは，$2m$ 秒後から $2(m+1)$ 秒後への移動において，部屋 P から Q に移動する確率 $\left(\frac{1}{3}\cdot\frac{1}{2}=\frac{1}{6}\right)$ と部屋 R から Q に移動する確率 $\left(\frac{1}{3}\cdot\frac{1}{2}=\frac{1}{6}\right)$ が等しいからである。これは「辺を共有する隣の部屋に等確率で移動する」という前提のもとで，P と R が正三角形の中線の一つに関して対称だからである。**解答** ではこのことを先に掴んで，球が P，Q，R のどの部屋にあるかの 3 通りの状態を，部屋 Q にあるか Q 以外の部屋にあるかの 2 通りの状態に初めから分けて考察したのである。問題の設定を変えて，部屋 P から Q に移動する確率と部屋 R から Q に移動する確率を異なるようにすると，**解答** のような 2 通りの状態の場合分けでは成功しないことに注意しておこう。

4° 漸化式 (＊) の解法の解説は不要であろう。また，正三角形の中心に関する回転対称性より，上の記号 p_{2m}，q_{2m}，r_{2m} を用いると，

$$\lim_{m\to\infty}p_{2m}=\lim_{m\to\infty}q_{2m}=\lim_{m\to\infty}r_{2m}=\frac{1}{3}$$

が予想されることから，得られた結果が妥当であることも納得できるだろう。

第 3 問

解答

$$y=\frac{1}{2}x^2 \qquad \cdots\cdots①$$

$$\frac{x^2}{4}+4y^2=\frac{1}{8} \qquad \cdots\cdots②$$

①，②を連立させて，実数の組の解を求めると，

$$(x,\ y)=\left(\pm\frac{1}{2},\ \frac{1}{8}\right)$$

を得るので，領域Sは右図のようになる。

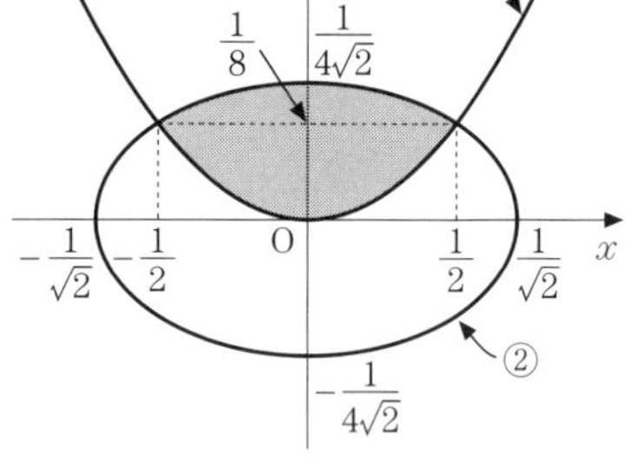

(1)　図より，y軸に関する対称性も考え，$a=\frac{1}{2}$ とおくと，

$$\frac{V_1}{\pi}=2\int_0^{\frac{1}{2}}\left\{\frac{1}{4}\left(\frac{1}{8}-\frac{x^2}{4}\right)-\left(\frac{1}{2}x^2\right)^2\right\}dx$$

$$=a\int_0^a(a^3-a^2x^2-x^4)\,dx$$

$$=a\left[a^3x-\frac{a^2}{3}x^3-\frac{x^5}{5}\right]_0^a$$

$$=a^5\left(1-\frac{a}{3}-\frac{a}{5}\right)$$

$$=a^5\cdot\frac{15-8a}{15}$$

$$=\frac{1}{2^5}\cdot\frac{11}{15}$$

$$\therefore\quad \boldsymbol{V_1=\frac{11}{480}\pi}$$

また，やはり上図を参照して，

$$\frac{V_2}{\pi}=\int_0^{\frac{1}{8}}2y\,dy+\int_{\frac{1}{8}}^{\frac{1}{4\sqrt{2}}}4\left(\frac{1}{8}-4y^2\right)dy$$

$$=\int_0^{a^3}2y\,dy+\int_{a^3}^{\sqrt{2}a^3}\left(a-\frac{y^2}{a^4}\right)dy$$

$$=\Big[y^2\Big]_0^{a^3}+\left[ay-\frac{y^3}{3a^4}\right]_{a^3}^{\sqrt{2}a^3}$$

$$=a^6+\left\{(\sqrt{2}\,a^4-a^4)-\left(\frac{2\sqrt{2}}{3}a^5-\frac{a^5}{3}\right)\right\}$$

$$=a^4\left(a^2-1+\frac{a}{3}+\frac{3\sqrt{2}-2\sqrt{2}a}{3}\right)$$

$$=\frac{1}{2^4}\left(\frac{1}{4}-1+\frac{1}{6}+\frac{2\sqrt{2}}{3}\right)$$

$$=\frac{1}{2^4}\cdot\frac{8\sqrt{2}-7}{12}$$

$$\therefore\quad \boldsymbol{V_2=\frac{8\sqrt{2}-7}{192}\pi}$$

(2)

$$V_1-V_2=\frac{11}{480}\pi-\frac{8\sqrt{2}-7}{192}\pi$$

$$=\frac{22-(40\sqrt{2}-35)}{960}\pi$$

$$=\frac{57-40\sqrt{2}}{960}\pi$$

$$=\frac{\sqrt{3249}-\sqrt{3200}}{960}\pi$$

より，

$$V_1-V_2>0$$

であり，$V_1>0$ であるから，

$$\boldsymbol{\frac{V_2}{V_1}<1}$$

である。

解説

1°　2012年度最易問である。放物線と楕円という，数Cの題材を用いている点に工夫が見られるものの，教科書傍用問題集に毛の生えた程度の問題で確実に満点を取りたい。計算ミスに注意するだけであるが，本問は正しい数値結果を得ることこそが重要である。試験場の独特の雰囲気の中では計算ミスをしやすい。確実な計算力は伝統的に東大の要求するところである。

2°　①，② の連立方程式を解くのは容易だろう。① を直接 ② に代入して y を消去してもよいし，① を $x^2=2y$ と変形して x^2 を消去してもよい。前者の場合は複2次方程式 $8x^4+2x^2-1=0$ を $x^2\geqq0$ に注意して解くことになり，後者の場合は $32y^2+4y-1=0$ を $y\geqq0$ に注意して解くことになる。

3°　回転体の体積の求め方をここに記す必要はないだろう。**解答**では，$\frac{1}{2}$ がカタマリで何度も現れることに注目し，$a=\frac{1}{2}$ とおいて計算しているが，これは必然ではない。文字で置き換えずに直接数値計算すればよい。なお，V_2 の計算においては，円筒分割による求積法（1989年度東大理科第5問参照）を用いて，

$$V_2=\int_0^{\frac{1}{2}}2\pi x\left(\sqrt{\frac{1}{32}-\frac{x^2}{16}}-\frac{x^2}{2}\right)dx$$

$$=\pi\int_0^{\frac{1}{2}}\left\{(-16)\left(\frac{1}{32}-\frac{x^2}{16}\right)^{\frac{1}{2}}\left(\frac{1}{32}-\frac{x^2}{16}\right)'-x^3\right\}dx$$

を計算してもよい。

4° (2)は V_1 と V_2 の大小を比較する問いである。**解答**のように比較する以外に，直接比をとって $\sqrt{2}<\sqrt{2.0164}=1.42$ であることを用い，

$$\frac{V_2}{V_1}=\frac{40\sqrt{2}-35}{22}<\frac{40\cdot 1.42-35}{22}=\frac{21.8}{22}<1$$

とするのもよい。

第 4 問

解答

一般に，

「連続する自然数 N と $N+1$ は互いに素である」　……(＊)

ことに注意する。なぜならば，

$$(N+1)-N=1$$

であり，N と $N+1$ の最大公約数は，右辺の約数であることにより1だからである。

(1) 背理法で示す。

ある連続する2個の自然数の積が n 乗数であると仮定する。

このとき，

$$l(l+1)=m^n \quad (l,\ m \text{ は自然数で } m\geqq 2) \qquad \cdots\cdots①$$

となる l, m が存在する。

ここで(＊)より l と $l+1$ は互いに素であるから，l と $l+1$ に共通の素因数はない。それゆえ，① ならば，l と $l+1$ がともに n 乗数でなければならず，

$$l=a^n,\ l+1=b^n \quad (a,\ b \text{ は自然数で } b\geqq 2)$$

となる a, b が存在して，

$$b^n-a^n=(l+1)-l=1 \qquad \cdots\cdots②$$

である。

ところが,

$$b^n-a^n=(b-a)(b^{n-1}+b^{n-2}a+\cdots\cdots+ba^{n-2}+a^{n-1})$$
$$\geqq 1\cdot(2^{2-1}+1^{2-1})$$
$$>2 \qquad \cdots\cdots③$$

であるから，② は ③ に矛盾する。

よって，はじめの仮定は誤りで，連続する2個の自然数の積は n 乗数ではない。

（証明終わり）

(2) $n=2$ の場合は(1)で示してあるので，以下 $n\geqq 3$ とする。

背理法で示す。

ある連続する n 個の自然数の積が n 乗数であると仮定する。

このとき,

$$l(l+1)\cdots\cdots(l+n-1)=m^n \quad (l,\ m \text{ は自然数で } m\geqq 2) \qquad \cdots\cdots④$$

となる l, m が存在する。

ここで，④ の左辺について,

$$l^n<l(l+1)\cdots\cdots(l+n-1)<(l+n-1)^n$$

であるから，④ のとき,

$$l^n<m^n<(l+n-1)^n \qquad \therefore\ l<m<l+n-1$$

すなわち,

$$l+1<m+1\leqq l+n-1$$

となるので，$m+1$ ($\geqq 3$) は ④ の左辺の約数になり，それゆえ ④ の右辺 m^n の約数になる。

ところが，(＊) より m と $m+1$ は互いに素であるから，m^n と $m+1$ に共通の素因数はなく，$m+1$ が m^n の約数ならば $m+1=1$ でなければならないが，これは $m+1\geqq 3$ に矛盾する。

よって，はじめの仮定は誤りで，連続する n 個の自然数の積は n 乗数ではない。

（証明終わり）

解説

1° 東大頻出の整数問題である。解決のポイントとなる（＊）の事実は，2005年度第4問でもポイントとなっており，知っている受験生は少なくないはずである。しかし，知識として身につけているだけでなく，問題に応じて適切に使いこなせなければならない。思考力が試されており，(1)は何とかなるとしても，(2)は試験時間内では厳しい，2012年度の最難問である。

2° 「互いに素」の定義を確認しておこう。

整数 a, b について，a と b の最大公約数が 1 であるとき，「a と b は互いに素(そ)」であるという。これは，2 以上の公約数がない，あるいは正の公約数が 1 以外にない，と言い換えることもできる。

連続する整数が互いに素であることは，**解答**のように差をとることで容易に証明される。より一般には，次の定理が成り立つことも，東大受験生であれば，証明とともに押えておきたい。

> 定理
>
> 　　　　整数 a と b が互いに素である
>
> $\Longleftrightarrow$ $ax+by=1$ を満たす整数 x, y の組が存在する

この定理において，$a=N$, $b=N+1$, $x=-1$, $y=1$ とした場合が解答の(＊)の証明になっている。

3° (1), (2) ともに否定命題の論証であるから，背理法で示そうとする方針が自然である。実際，背理法で証明は成功する。

背理法に依ると，(1) は ① に相当する式を用意するところまでは問題ないだろう。その後，l と $l+1$ がともに n 乗数でなければならないのであるが，その理由(＊) を示すことが(1) の証明の核心である。この部分についてさらに詳しく述べると，次のようになる。すなわち，m を素因数分解して

$$m=p_1^{e_1}\cdot p_2^{e_2}\cdots\cdots p_r^{e_r}$$

$$(p_1,\ p_2,\ \cdots\cdots,\ p_r \text{ は異なる素数},\ e_1,\ e_2,\ \cdots\cdots,\ e_r \text{ は自然数})$$

であるとすると，

$$m^n=p_1^{ne_1}\cdot p_2^{ne_2}\cdots\cdots p_r^{ne_r}$$

となるが，“l と $l+1$ が互いに素” のもとで ① が成り立つとすると，素因数分解の一意性により，m^n の各因数 $p_1^{ne_1}$, $p_2^{ne_2}$, ……, $p_r^{ne_r}$ は l と $l+1$ のどちらか一方のみに含まれることになる。したがって，l と $l+1$ はともに n 乗数となる。ここで，素因数分解の一意性とは，次のような定理である。

> 素因数分解の一意性
>
> 2 以上の自然数は，素因数の順序を無視すれば，ただ一通りに素因数分解される。

l と $l+1$ がともに n 乗数でなければならないとすると，これは “差が 1 の n 乗数” が存在することを意味するが，$n \geqq 2$ より，n 乗数 1^n, 2^n, 3^n, …… のうち

異なるものの差は少なくとも3以上で，矛盾が生じていることはほぼ自明であろう。

4° (2)も背理法に依れば，④に相当する式を作ることはできるだろう。このとき，連続する“n個”の積が“n乗数”という「積の個数の一致」に注目したい。つまり，④が成立するとすれば，右辺のmは，l，$l+1$，……，$l+n-1$のn個の自然数のどれか一つに一致するハズ，という感覚が解決のカギになる。そして，どれか一つに一致するとすれば，④の左辺の積をなす自然数の最大数$l+n-1$にmが一致することはないだろう，とも考えられる。そうだとすれば，左辺の積にはmとともに$m+1$も含まれ，(＊)により矛盾が生じる，という流れで解決することになる。

このような考察を，**解** **答**では不等式で④の左辺を評価して，

$$l<m<l+n-1 \quad \cdots\cdots⑤$$

を導くことにより，

$$l+1<m+1\leqq l+n-1 \quad \cdots\cdots⑥$$

とすることで答案の形にしたのである。⑥の右側の不等式では，⑤の右側の不等式の両辺が自然数であることに注意しよう。

どんな答案を記述するにせよ，なんらかの形でこのような大小感覚を必要とする点が，本問の難しさである。わかってしまえば簡単であるが，試験現場では極めて難しく感じるものである。近年の東大理科でよく狙われる評価の問題の一種とみることもできよう。

なお，(2)の冒頭で$n=2$の場合を別扱いしたのは，$n=2$とすると，⑤を満たす自然数mが存在しなくなるからであるが，これは瑣末なことにすぎない。

5° 本問に関連して，一般に連続する2個以上の自然数の積はn乗数にならないことが証明されていることを付言しておく（P. Erdös and J.L. Selfridge Illinois J. Math. Volume 19, Issue 2（1975), 292-301.)。意欲ある読者は証明に挑戦してみるのも悪くない。

第 5 問

解 **答**

$A=\begin{pmatrix} a & b \\ c & d \end{pmatrix}$のとき，条件(D)は，$\det A=ad-bc$とすると，

“a，b，c，dは整数” ……① かつ $|\det A|=1$ ……②

であることと同値である。

(1)　$B=\begin{pmatrix}1 & 1\\ 0 & 1\end{pmatrix}$ のとき，

$$BA=\begin{pmatrix}1 & 1\\ 0 & 1\end{pmatrix}\begin{pmatrix}a & b\\ c & d\end{pmatrix}=\begin{pmatrix}a+c & b+d\\ c & d\end{pmatrix} \quad \cdots\cdots③$$

$$B^{-1}A=\begin{pmatrix}1 & -1\\ 0 & 1\end{pmatrix}\begin{pmatrix}a & b\\ c & d\end{pmatrix}=\begin{pmatrix}a-c & b-d\\ c & d\end{pmatrix} \quad \cdots\cdots④$$

であり，

①より，“$a\pm c$，$b\pm d$，c，d は整数”（複号同順）

②より，$|\det BA|=|(a+c)d-(b+d)c|=|ad-bc|=1$

$|\det B^{-1}A|=|(a-c)d-(b-d)c|=|ad-bc|=1$

であるから，行列 BA と $B^{-1}A$ も条件 (D) を満たす。　（証明終わり）

(2)　$c=0$ ならば，

① かつ ②　$\Longleftrightarrow$　“a，b，d は整数” かつ $|ad|=1$

$\Longleftrightarrow$　“b は整数” かつ $(a,\ d)=(\pm 1,\ \pm 1)$（複号任意）

であるから，

(i)　$(a,\ d)=(\pm 1,\ 1)$ の場合，

$$A=\begin{pmatrix}\pm 1 & b\\ 0 & 1\end{pmatrix},\ BA=\begin{pmatrix}\pm 1 & b+1\\ 0 & 1\end{pmatrix},\ B^{-1}A=\begin{pmatrix}\pm 1 & b-1\\ 0 & 1\end{pmatrix}$$

であって，

A に左から B をかけると A の (1，2) 成分が 1 だけ増える

A に左から B^{-1} をかけると A の (1，2) 成分が 1 だけ減る

から，

$b\geqq 0$ のときは，A に左から B^{-1} を b 回かけると $\begin{pmatrix}\pm 1 & 0\\ 0 & 1\end{pmatrix}$，

$b\leqq 0$ のときは，A に左から B を $-b$ 回かけると $\begin{pmatrix}\pm 1 & 0\\ 0 & 1\end{pmatrix}$

にできる。

(ii)　$(a,\ d)=(\pm 1,\ -1)$ の場合，

$$A=\begin{pmatrix}\pm 1 & b\\ 0 & -1\end{pmatrix},\ BA=\begin{pmatrix}\pm 1 & b-1\\ 0 & -1\end{pmatrix},\ B^{-1}A=\begin{pmatrix}\pm 1 & b+1\\ 0 & -1\end{pmatrix}$$

であって，

A に左から B をかけると A の (1，2) 成分が 1 だけ減る

A に左から B^{-1} をかけると A の (1，2) 成分が 1 だけ増える

から，

$b \geqq 0$ のときは，A に左から B を b 回かけると $\begin{pmatrix} \pm 1 & 0 \\ 0 & -1 \end{pmatrix}$，

$b \leqq 0$ のときは，A に左から B^{-1} を $-b$ 回かけると $\begin{pmatrix} \pm 1 & 0 \\ 0 & -1 \end{pmatrix}$

にできる。（証明終わり）

(3)　③，④ より，$x=a\pm c$，$z=c$ であるから，示すべき不等式は

$$|a+c|<|a| \text{ または } |a-c|<|a| \quad \cdots\cdots ⑤$$

と同値である。そこで ⑤ を示そう。

$|a| \geqq |c| > 0$ のとき，$0<\left|\dfrac{c}{a}\right| \leqq 1$ であるから，

ア）$0<\dfrac{c}{a} \leqq 1$ ならば，$0 \leqq 1-\dfrac{c}{a}<1$ であり，それゆえ，$\left|1-\dfrac{c}{a}\right|<1$ が成り立つ。

イ）$-1 \leqq \dfrac{c}{a}<0$ ならば，$0 \leqq 1+\dfrac{c}{a}<1$ であり，それゆえ，$\left|1+\dfrac{c}{a}\right|<1$ が成り立つ。

すなわち，

$$\left|1+\frac{c}{a}\right|<1 \text{ または } \left|1-\frac{c}{a}\right|<1$$

が成り立つから，この両辺に $|a|(>0)$ を掛ければ，⑤ が成立する。

（証明終わり）

解説

1°　行列を題材にした標準的な証明問題である。条件 (D) をしっかり押えておけば，(1)，(2) は容易に解決する。(3) は (1)，(2) とは独立に解くことができ，若干戸惑う受験生もいたことだろう。全体として特別に難しいところはないが，(2) の「どれかにできる」とか，(3) の「少なくともどちらか一方は」等のファジーな表現を含む問題は受験生の弱点であり，答案をきちんとまとめるのは意外に苦労するかもしれない。丁寧に論述し，確実に得点したい問題である。

2°　(1) は素直に成分計算すれば容易に証明される。条件 (D) にある平行四辺形の面積が $|ad-bc|$ で与えられることは基本公式であり，また $|\det A|$ がこのような平行四辺形の面積を表すことや，行列 A による 1 次変換によって図形の面積が $|\det A|$ 倍されることも基本事項である。

なお，“面積 1”を示すには，行列式の性質 $\det(AB)=(\det A)(\det B)$ を利用すると，

$$|\det(BA)|=|(\det B)(\det A)|=|1\cdot(ad-bc)|=|\det A|=1$$
$$|\det(B^{-1}A)|=|(\det B^{-1})(\det A)|=|1\cdot(ad-bc)|=|\det A|=1$$

（$\det(B^{-1})=(\det B)^{-1}$ も成り立つ）

と示せるし，B，B^{-1} を左から A に掛けることは A の第 1 行に第 2 行を足したり引いたりする操作を表すので，平行四辺形の 2 頂点が第 2 行のベクトル $(c,\ d)$ 分だけ平行移動され，これによって平行四辺形の面積が不変であることからも示せる。

3°　B, B^{-1} を左から A に掛ける操作が **2°** に述べたようなものなので，(2) は **解答** のように定性的に説明して証明すればよいであろう。$c=0$ で a，d が整数であることから，行列 A は

$$\begin{pmatrix}1 & b\\ 0 & 1\end{pmatrix},\ \begin{pmatrix}1 & b\\ 0 & -1\end{pmatrix},\ \begin{pmatrix}-1 & b\\ 0 & 1\end{pmatrix},\ \begin{pmatrix}-1 & b\\ 0 & -1\end{pmatrix}$$

の 4 つに限られるので，B または B^{-1} を $|b|$ 回左からかけることで示される。これを定量的に示そうとして，

$$B^nA=\begin{pmatrix}a & b+nd\\ 0 & d\end{pmatrix},\ (B^{-1})^nA=\begin{pmatrix}a & b-nd\\ 0 & d\end{pmatrix}\qquad\cdots\cdots◎$$

となることを数学的帰納法等で証明しようとするのは迂遠である（証明なしで◎となる，とするのはもっといけない）。

4°　(3) は **解答** の ⑤ を示すことに他ならず，“数直線上の 2 点間の距離”という絶対値の意味を考えれば⑤は自明な不等式である。かといって「明らか」で済ませたのでは証明にならない。$|a|\geqq|c|>0$ という前提があるので，a と c の符号によって場合分けして示すのが最も素直であろうが，要するに a と c が同符号か否かで ⑤ の一方のみが成立する，ということがポイントである。そこで **解答** では，a と c の比をとることでそのポイントを反映させたのである。

また **解答** とは別に，背理法で証明することもできる。すなわち，

$$|a+c|\geqq|a|\quad かつ\quad |a-c|\geqq|a|$$

と仮定すると，辺々の積を取って

$$|a^2-c^2|\geqq|a|^2,\ つまり,\ a^2-c^2\geqq a^2$$

となって矛盾を生じる（$|c|>0$ に注意）。これも簡単である。

第 6 問

解答

(1)
$$U(t)AU(-t)=\begin{pmatrix}\cos t & -\sin t\\ \sin t & \cos t\end{pmatrix}\begin{pmatrix}a & 0\\ 0 & b\end{pmatrix}\begin{pmatrix}\cos t & \sin t\\ -\sin t & \cos t\end{pmatrix}$$
$$=\begin{pmatrix}\cos t & -\sin t\\ \sin t & \cos t\end{pmatrix}\begin{pmatrix}a\cos t & a\sin t\\ -b\sin t & b\cos t\end{pmatrix}$$
$$=\begin{pmatrix}a\cos^2 t+b\sin^2 t & (a-b)\sin t\cos t\\ (a-b)\sin t\cos t & a\sin^2 t+b\cos^2 t\end{pmatrix} \quad\cdots\cdots①$$

であり，① において t を x，a を 1，b を -1 と置き換えることにより，

$$U(x)\begin{pmatrix}1 & 0\\ 0 & -1\end{pmatrix}U(-x)=\begin{pmatrix}\cos^2 x-\sin^2 x & 2\sin x\cos x\\ 2\sin x\cos x & -(\cos^2 x-\sin^2 x)\end{pmatrix}$$
$$=\begin{pmatrix}\cos 2x & \sin 2x\\ \sin 2x & -\cos 2x\end{pmatrix}$$

となる。よって，

$$(U(t)AU(-t)-B)U(x)\begin{pmatrix}1 & 0\\ 0 & -1\end{pmatrix}U(-x)$$
$$=\begin{pmatrix}a\cos^2 t+b\sin^2 t-b & (a-b)\sin t\cos t\\ (a-b)\sin t\cos t & a\sin^2 t+b\cos^2 t-a\end{pmatrix}\begin{pmatrix}\cos 2x & \sin 2x\\ \sin 2x & -\cos 2x\end{pmatrix}$$
$$=(a-b)\cos t\begin{pmatrix}\cos t & \sin t\\ \sin t & -\cos t\end{pmatrix}\begin{pmatrix}\cos 2x & \sin 2x\\ \sin 2x & -\cos 2x\end{pmatrix} \quad\cdots\cdots②$$

となり，② の対角成分を計算し，和をとると，

$$f(x)=2(a-b)\cos t\cdot(\cos t\cos 2x+\sin t\sin 2x)$$
$$=2(a-b)\cos t\cos(2x-t) \quad\cdots\cdots③$$

と表される。

ここで，x は任意の実数値をとり，$a\geqq b$ より $a-b\geqq 0$ であるから，③ より，

$$m(t)=\mathbf{2(a-b)|\cos t|} \quad\cdots\cdots④$$

である。

(2) ① において a を a^c，b を b^c と置き換えることにより，

$$U(t)CU(-t)=\begin{pmatrix}a^c\cos^2 t+b^c\sin^2 t & (a^c-b^c)\sin t\cos t\\ (a^c-b^c)\sin t\cos t & a^c\sin^2 t+b^c\cos^2 t\end{pmatrix}$$

となるので，

$$U(t)CU(-t)D=\begin{pmatrix}a^c\cos^2 t+b^c\sin^2 t & (a^c-b^c)\sin t\cos t\\ (a^c-b^c)\sin t\cos t & a^c\sin^2 t+b^c\cos^2 t\end{pmatrix}\begin{pmatrix}b^{1-c} & 0\\ 0 & a^{1-c}\end{pmatrix}$$

の対角成分を計算し，和をとると，

$$\mathrm{Tr}(U(t)CU(-t)D)=(a^c\cos^2 t+b^c\sin^2 t)\,b^{1-c}+(a^c\sin^2 t+b^c\cos^2 t)\,a^{1-c}$$
$$=(a+b)\sin^2 t+(a^cb^{1-c}+a^{1-c}b^c)\cos^2 t \qquad \cdots\cdots⑤$$

と表される。

一方，① より，

$$U(t)AU(-t)+B=\begin{pmatrix} a\cos^2 t+b\sin^2 t+b & * \\ * & a\sin^2 t+b\cos^2 t+a \end{pmatrix}$$

[＊ は以後の計算に不要なので書かない]

であるから，

$$\mathrm{Tr}(U(t)AU(-t)+B)=2(a+b) \qquad \cdots\cdots⑥$$

と表される。

よって，④，⑤，⑥ より，示すべき不等式の

$$(\text{左辺})-(\text{右辺})=2(a+b)(\sin^2 t-1)+2(a^cb^{1-c}+a^{1-c}b^c)\cos^2 t$$
$$+2(a-b)|\cos t|$$
$$=2|\cos t|\left\{(a^cb^{1-c}+a^{1-c}b^c-a-b)|\cos t|+(a-b)\right\}$$
$$\cdots\cdots⑦$$

となる。

ここで，すべての実数 t に対し

$$0\leqq|\cos t|\leqq 1 \qquad \cdots\cdots⑧$$

である。

また，a，b，c は $a\geqq b>0$，$0\leqq c\leqq 1$ を満たすので，

$$a^cb^{1-c}\geqq b^cb^{1-c}=b,\quad a^{1-c}b^c\geqq b^{1-c}b^c=b$$

が成り立ち，それゆえ，

$$a^cb^{1-c}+a^{1-c}b^c-a-b\geqq b+b-a-b=-(a-b)$$

が成り立つので，$-(a-b)\leqq 0$ に注意すると，⑧ も用い，

$$(a^cb^{1-c}+a^{1-c}b^c-a-b)|\cos t|\geqq-(a-b)\cdot 1=-(a-b)$$
$$\therefore\quad (a^cb^{1-c}+a^{1-c}b^c-a-b)|\cos t|+(a-b)\geqq 0 \qquad \cdots\cdots⑨$$

したがって，⑦，⑧，⑨ により，すべての実数 t に対し

$$2\mathrm{Tr}(U(t)CU(-t)D)\geqq\mathrm{Tr}(U(t)AU(-t)+B)-m(t)$$

が成り立つ。（証明終わり）

解説

1°　第5問に引き続き行列を題材とする問題で，びっくりさせられる。行列が2題も

あるセットは東大理科では初めてである。新課程間近で，行列が高校数学から消え去ることが影響しているのだろうか。第5問は行列式（determinant），第6問はトレース（trace）を話題にしており，いずれも行列を特徴づける値である。本問は，問題文を一見すると非常に難解な印象を受けるが，実直に成分計算等をしてみると，(1)は拍子抜けするぐらい単純である。また，(2)も示すべき不等式を書き直すところまでは一本道で，最後の論証部分に考える点があるだけである。しかし，試験場では計算ミスも起こしやすく，それほど単純とは感じないであろう。第3問と同様に緊張した状況での計算処理能力も試されている。受験生にとっては難問の部類に入るだろう。

2°　問題文を見て気付くのは，行列の積として同じ形が4カ所（2カ所は同一）にも現れていることである。すなわち，$U(t)AU(-t)$，$U(x)\begin{pmatrix}1 & 0\\ 0 & -1\end{pmatrix}U(-x)$，$U(t)CU(-t)$ という形である。これらの成分計算をその都度やっていたのではとても大変である。このように同じ形が何カ所にも現れる場合，最も一般的な形について成分計算をしておき，残りはその結果を利用するというような計算の要領を会得しておきたい。はじめの計算を慎重にやりさえすれば，随分と見通しよく解決に向かえるはずである。

3°　$U(x)$ は原点のまわりの角 x の回転を表し，A は原点を中心に x 軸方向に a 倍，y 軸方向に b 倍の伸縮を表す行列であるから，特に $U(x)\begin{pmatrix}1 & 0\\ 0 & -1\end{pmatrix}U(-x)$ は，原点を通る方向角 x の直線に関する対称移動を表す行列であることが，幾何的意味を考えることによってもわかる $\left(\begin{pmatrix}1 & 0\\ 0 & -1\end{pmatrix}\text{は } x \text{ 軸に関する対称移動を表す行列}\right)$。しかしながら，このような幾何的考察だけによって本問のすべてを解決するのは困難である。

また，行列のトレースの性質，たとえば，2次行列 A，B，P に対し，

$$\mathrm{Tr}(A+B)=\mathrm{Tr}(A)+\mathrm{Tr}(B)$$
$$\mathrm{Tr}(kA)=k\mathrm{Tr}(A)\quad (k\text{ はスカラー})$$
$$\mathrm{Tr}(AB)=\mathrm{Tr}(BA)$$
$$\mathrm{Tr}(P^{-1}AP)=\mathrm{Tr}(A)$$

などが成り立つ。これらの性質を用いると若干計算が軽減されるが，これらの性質を知っているか否かは本問の解決にほとんど影響を与えない。知らなくても全く問題ないのである。（これらの性質の証明は簡単な練習問題である。）

4°　(1)は②のすぐ上の左側の行列 $\begin{pmatrix} a\cos^2 t+b\sin^2 t-b & (a-b)\sin t\cos t \\ (a-b)\sin t\cos t & a\sin^2 t+b\cos^2 t-a \end{pmatrix}$ を②の左側のように $(a-b)\cos t\begin{pmatrix} \cos t & \sin t \\ \sin t & -\cos t \end{pmatrix}$ と整理しておくことが，見通しよく解決するちょっとしたポイントである。それ以外は真面目に成分を計算すればよい。

5°　(2)も⑦までは問題ないだろう。その後はいくつかの証明が考えられるが，要するに，⑦のような a, b, c, $\cos t$ という4つの変数をもつ4変数関数の，$a \geqq b>0$ かつ $0 \leqq c \leqq 1$ かつ $0 \leqq |\cos t| \leqq 1$ のもとでの最小値（が存在しなければ下限の値）が0以上となることを示せばよいのである（$d=\cos t$ などと1文字 d で置き換えると見やすくなる）。不等式の成立を示すことは，最大最小問題を考察することとほぼ同じである。

そうすると，a, b, c, $\cos t$ は $a \geqq b>0$ かつ $0 \leqq c \leqq 1$ かつ $0 \leqq |\cos t| \leqq 1$ を満たす限りにおいて独立に変化するので，1文字だけを変数とみて他はすべて固定する（定数とみる）として最小値を調べ，その後固定しておいた文字を変数とみて変化させ，最小値の最小値が全体の最小値という考え方が使える。いわゆる“予選決勝法”である。

⑦において $2|\cos t| \geqq 0$ であるから，実質的に

$$(a^c b^{1-c}+a^{1-c}b^c-a-b)|\cos t|+(a-b) \geqq 0$$

つまり，$(a^c b^{1-c}+a^{1-c}b^c-a-b)|\cos t|+(a-b)$ の最小値を求めることと同じである。**解答**では，まず，b, c, $|\cos t|$ を固定し a を変化させることにより，

$$a^c b^{1-c} \geqq b \text{ かつ } a^{1-c}b^c \geqq b$$

を得ておいて，

$$a^c b^{1-c}+a^{1-c}b^c-a-b \geqq -(a-b)$$

とした後，$|\cos t|$ を変化させて，⑨を得ているのである。

これとは別に，式の特徴に注目した別法を2つだけ挙げておこう。

[⑨を導く別法その1]

$a \geqq b>0$, $0 \leqq c \leqq 1$ に注意すると，

$$\begin{aligned}
&(a^c b^{1-c}+a^{1-c}b^c-a-b)|\cos t|+(a-b) \\
&=-(a^c-b^c)(a^{1-c}-b^{1-c})|\cos t|+(a-b) \\
&\geqq -(a^c-b^c)(a^{1-c}-b^{1-c})\cdot 1+(a-b) \\
&=a^c b^{1-c}+a^{1-c}b^c-2b \\
&\geqq 2\sqrt{a^c b^{1-c}\cdot a^{1-c}b^c}-2b \quad (\because \text{ 相加・相乗平均の関係}) \\
&=2\sqrt{ab}-2b
\end{aligned}$$

$$=2\sqrt{b}(\sqrt{a}-\sqrt{b})$$
$$\geqq 0$$

であることから ⑨ を得る。

[⑨ を導く別法その 2]

$(a^c b^{1-c}+a^{1-c}b^c-a-b)|\cos t|+(a-b)$ は，$|\cos t|$ を変数とみると，$|\cos t|$ の高々 1 次関数であるから，$0\leqq|\cos t|\leqq 1$ に注意すると $|\cos t|=1$ または $|\cos t|=0$ において最小となり

$$(a^c b^{1-c}+a^{1-c}b^c-a-b)|\cos t|+(a-b)$$
$$\geqq \min\left\{(a^c b^{1-c}+a^{1-c}b^c-a-b)+(a-b),\ a-b\right\} \quad \cdots\cdots ㋐$$

である。

ここで，

$$a^c b^{1-c}\geqq b^c b^{1-c}=b,\ a^{1-c}b^c\geqq b^{1-c}b^c=b$$

であることから，

$$\min\{(a^c b^{1-c}+a^{1-c}b^c-a-b)+(a-b),\ a-b\}$$
$$\geqq \min\{(b+b-a-b)+(a-b),\ a-b\}$$
$$=\min\{0,\ a-b\}$$
$$=0 \quad \cdots\cdots ㋑$$

である。

㋐ と ㋑ より，⑨ を得る。

これ以外にも，種々の方法が考えられる。証明方法に自由度がありすぎることが問題を難しくしているのである。

2011年

第 1 問

解答

(1) 中心P(0, 1)から直線 $y=a(x+1)$ への垂線の足をHとし，$d=\mathrm{PH}$ とすると，$0<a<1$ に注意し，

$$d=\frac{|a-1|}{\sqrt{a^2+(-1)^2}}=\frac{1-a}{\sqrt{a^2+1}}$$

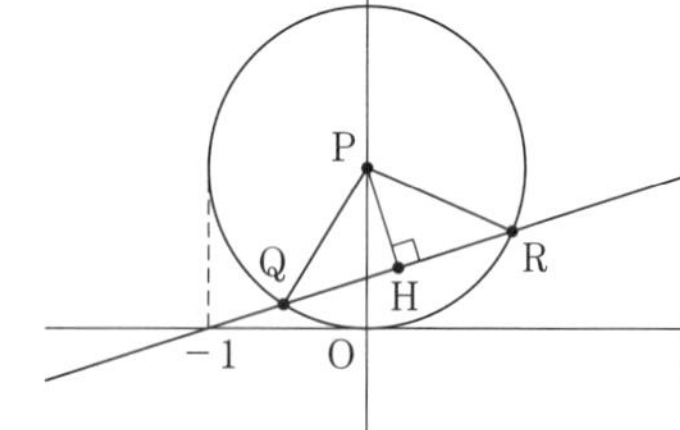

である。さらに，HはQRの中点となるから，

$$\begin{aligned}\mathrm{QR}&=2\sqrt{(C\text{の半径})^2-d^2}\\&=2\sqrt{1-\frac{(1-a)^2}{a^2+1}}\\&=2\sqrt{\frac{2a}{a^2+1}}\end{aligned}$$

と表される。よって，

$$S(a)=\frac{1}{2}\cdot\mathrm{QR}\cdot d=\boldsymbol{\frac{\sqrt{2a}(1-a)}{a^2+1}}$$

となる。

(2) $0<a<1$ のもとで，$S(a)>0$ であるから，

$$S(a)\text{が最大} \iff \{S(a)\}^2\text{が最大}$$

である。そこで，

$$\{S(a)\}^2=2f(a),\ \text{ただし，}f(a)=\frac{a(1-a)^2}{(a^2+1)^2} \qquad \cdots\cdots①$$

が最大になる a の値を求めればよい。

ここで，

$$f'(a)=\frac{g(a)}{(a^2+1)^4} \qquad \cdots\cdots②$$

ただし，

$$\begin{aligned}g(a)&=\{(1-a)^2-2a(1-a)\}(a^2+1)^2-a(1-a)^2\cdot2(a^2+1)\cdot2a\\&=(a^2+1)(1-a)\{(1-3a)(a^2+1)-4a^2(1-a)\}\end{aligned}$$

$$=(a^2+1)(1-a)(a^3-3a^2-3a+1)$$
$$=(a^2+1)(1-a)(a+1)(a-2-\sqrt{3})(a-2+\sqrt{3}) \quad \cdots\cdots③$$

であるから，②，③より右表を得る。

a	(0)	…	$2-\sqrt{3}$	…	(1)
$f'(a)$		$+$	0	$-$	
$f(a)$		↗		↘	

よって，①により，求める a の値は，

$$a=\mathbf{2-\sqrt{3}}$$

である。

解説

1°　2011年度の最易問が第1問の配置で，受験生は精神的に落ち着けたのではなかろうか。確実に得点しておきたい。

2°　(1)では，円の中心から弦へ下ろした垂線の足は弦の中点である，という幾何的事実を利用することがポイントである。この事実から，円の半径および中心から弦に至る距離が既知なら，弦の長さを三平方の定理により求められ，$S(a)$ も求められる。円と直線の2交点の座標を求めるのは迂遠となる。

3°　(2)は，試験場では(1)の結果を素直に微分することになろう。ただし，$S(a)$ は根号を含む式で正の値しかとらないので，平方して根号を含まない式の最大を調べるのがよい。これは，式全体を根号の中に入れて根号の中身を調べることと同じである。

なお，以下に記すように，本問は，微分を利用することなく解決できる。(1)の誘導がなければ，文科でも出題可能であり，微分の方針はとらないであろう。敢えて(1)を設け本問のような出題としたのは，(2)で微分の計算をさせたかったのではないかと推察される。

4°　(1)の d を用いれば，(2)は次のように解決できる。これは定石的な手法である。

【(2)の **別解1**】

$S(a)$ の表式は，(1)の d を用い，

$$S(a)=\frac{1}{2}d\cdot 2\sqrt{1-d^2}=\sqrt{d^2-d^4}=\sqrt{-\left(d^2-\frac{1}{2}\right)^2+\frac{1}{4}}$$

となる。

d^2 の変域は $0<a<1$ に対応して $0<d^2<1$ であるから，

$$d^2=\frac{1}{2}，すなわち，\frac{(a-1)^2}{a^2+1}=\frac{1}{2}$$

のときに $S(a)$ は最大となり，このとき，

2011

$$2(a-1)^2=a^2+1 \qquad \therefore \quad a^2-4a+1=0$$

$0<a<1$ に注意し，求める値は

$$a=\mathbf{2-\sqrt{3}}$$

である。

5° (2)は図形的に考えると，さらに容易に解決する。

【(2)の 別解2】

$\angle \mathrm{QPR}=\theta$ とおくと，$\mathrm{PQ}=\mathrm{PR}=1$ であるから，

$$S(a)=\frac{1}{2}\cdot 1^2\cdot\sin\theta=\frac{1}{2}\sin\theta$$

と表される。

ここで，$\sin\theta\leqq 1$ であるから，$\sin\theta=1$ となることがあれば，そのとき $S(a)$ は最大である。

しかるに，$\sin\theta=1$ $(0<\theta<\pi)$ となるのは，$\theta=\dfrac{\pi}{2}$ のときに限られ，このとき(1)の d は，$d=\dfrac{1}{\sqrt{2}}$ である。(以下，【(2)の 別解1】と同様)

第 2 問

解答

(1) $1<\sqrt{2}<2$ であるから，

$$\sqrt{2}-\langle\sqrt{2}\rangle=1 \qquad \therefore \quad a_1=\langle\sqrt{2}\rangle=\sqrt{2}-1 \qquad \cdots\cdots①$$

このとき，

$$\frac{1}{a_1}=\frac{1}{\sqrt{2}-1}=\sqrt{2}+1=2+(\sqrt{2}-1) \qquad \therefore \quad a_2=\left\langle\frac{1}{a_1}\right\rangle=\sqrt{2}-1 \quad \cdots\cdots②$$

ここで，a_n $(n=1,\ 2,\ 3,\ \cdots\cdots)$ の帰納的定義により，

$$a_1=a_2 \text{ ならば } a_{n+1}=a_n \quad (n=1,\ 2,\ 3,\ \cdots\cdots)$$

であるから，結局，

$$a_1=a_2 \text{ ならば } a_n=a_1 \quad (n=1,\ 2,\ 3,\ \cdots\cdots) \qquad \cdots\cdots③$$

である。

よって，①，②，③より，$a=\sqrt{2}$ のとき，

$$\boldsymbol{a_n=\sqrt{2}-1 \quad (n=1,\ 2,\ 3,\ \cdots\cdots)}$$

である。

(2) ③に注意すると，「任意の自然数 n に対して $a_n=a$ となるような $\dfrac{1}{3}$ 以上の実

数 a」とは，

$$a_1=a \ \cdots\cdots④ \quad かつ \quad a_2=a \ \cdots\cdots⑤ \quad かつ \quad a \geqq \frac{1}{3} \ \cdots\cdots⑥$$

を満たす a である。

④と $\langle a\rangle$ の定義，および，⑥とから，

$$0 \leqq a < 1 \ かつ \ a \geqq \frac{1}{3} \qquad \therefore \quad \frac{1}{3} \leqq a < 1 \qquad \cdots\cdots⑦$$

$$\therefore \quad 1 < \frac{1}{a} \leqq 3 \qquad \cdots\cdots⑦'$$

⑦′ より，$\dfrac{1}{a}-\left\langle\dfrac{1}{a}\right\rangle$ の値は 1，2，3 以外にはないので，場合を分けて調べる。

(i) $\dfrac{1}{a}-\left\langle\dfrac{1}{a}\right\rangle=1$ のとき，④と⑤より，

$$\frac{1}{a}-a=1 \qquad \therefore \quad a^2+a-1=0 \qquad \therefore \quad a=\frac{-1\pm\sqrt{5}}{2}$$

ここで，$2<\sqrt{5}<3$ より，

$$\frac{-1-\sqrt{5}}{2}<0, \quad \frac{-1+\sqrt{5}}{2}>\frac{-1+2}{2}=\frac{1}{2}>\frac{1}{3}, \quad \frac{-1+\sqrt{5}}{2}<\frac{-1+3}{2}=1$$

であるから，⑦を考え，$a=\dfrac{-1+\sqrt{5}}{2}$ である。

(ii) $\dfrac{1}{a}-\left\langle\dfrac{1}{a}\right\rangle=2$ のとき，④と⑤より，

$$\frac{1}{a}-a=2 \qquad \therefore \quad a^2+2a-1=0 \qquad \therefore \quad a=-1\pm\sqrt{2}$$

ここで，$1<\sqrt{2}<2$ より，

$$-1-\sqrt{2}<0, \quad -1+\sqrt{2}<-1+2=1,$$

$$-1+\sqrt{2}-\frac{1}{3}=\frac{3\sqrt{2}-4}{3}=\frac{\sqrt{18}-\sqrt{16}}{3}>0$$

であるから，⑦を考え，$a=-1+\sqrt{2}$ である。

(iii) $\dfrac{1}{a}-\left\langle\dfrac{1}{a}\right\rangle=3$ のとき，⑦′ より，$\dfrac{1}{a}=3$，$\left\langle\dfrac{1}{a}\right\rangle=0$ となるが，このとき $a_1=\dfrac{1}{3}$，$a_2=0$ で，④かつ⑤を満たさない。

以上から，求める a の値は，

$$\boldsymbol{\frac{-1+\sqrt{5}}{2}, \quad -1+\sqrt{2}}$$

がすべてである。

(3)　p，q は整数で，$q>0$ であるから，

$$p=b_1q+r_1 \quad \text{かつ} \quad 0 \leqq r_1 < q$$

を満たす整数の組 $(b_1,\ r_1)$ がただ 1 組存在する。

よって，$a=\dfrac{p}{q}$ のとき，

$$a=b_1+\frac{r_1}{q} \qquad \therefore \quad a_1=\langle a\rangle=\frac{r_1}{q}$$

$a_1=0$，すなわち，$r_1=0$ なら，a_2 以降 0 となる。

$a_1 \neq 0$，すなわち，$r_1>0$ なら，

$$q=b_2r_1+r_2 \quad \text{かつ} \quad 0 \leqq r_2 < r_1$$

を満たす整数の組 $(b_2,\ r_2)$ がただ 1 組存在し，

$$\frac{1}{a_1}=\frac{q}{r_1}=b_2+\frac{r_2}{r_1} \qquad \therefore \quad a_2=\left\langle \frac{1}{a_1}\right\rangle=\frac{r_2}{r_1}$$

以下，順次同様にして，$a_k=\dfrac{r_k}{r_{k-1}} \neq 0$ である限り，

$$r_{k-1}=b_{k+1}r_k+r_{k+1} \quad \text{かつ} \quad 0 \leqq r_{k+1} < r_k$$

を満たす整数の組 $(b_{k+1},\ r_{k+1})$ がただ 1 組存在し，

$$a_{k+1}=\left\langle \frac{1}{a_k}\right\rangle=\left\langle b_{k+1}+\frac{r_{k+1}}{r_k}\right\rangle=\frac{r_{k+1}}{r_k}$$

となる。ただし，$r_0=q$ とする。

このとき，整数の列 $\{r_k\}$ は，

$$q>r_1>r_2>\cdots\cdots \geqq 0$$

を満たす減少数列であるから，

$$r_N=0 \quad \text{かつ} \quad N \leqq q$$

となる自然数 N が存在して，

$$r_{N-2}=b_Nr_{N-1}+r_N，\ \text{すなわち，}\ r_{N-2}=b_Nr_{N-1}+0$$

$$\therefore \quad a_N=\left\langle \frac{1}{a_{N-1}}\right\rangle=\left\langle b_N+\frac{0}{r_{N-1}}\right\rangle=\langle b_N\rangle=0$$

よって，この番号 N に対して，

$$a_N=a_{N+1}=a_{N+2}=\cdots\cdots=0$$

となり，$q \geqq N$ であるから，q 以上のすべての自然数 n に対して $a_n=0$ である。

（証明終わり）

解説

1° (3)がやや難しい。(1), (2)は, $\langle x\rangle$の定義に基づいて丁寧に計算してみればよいであろう。$\langle x\rangle$の定義によれば, $x-\langle x\rangle$が実数xの整数部分であり, 通常ガウス記号と呼ばれる$[x]$という記号で表されるものである。ガウス記号は入試で問題とされることが多いが, 本問も間接的にはガウス記号に関連する問題ということがいえる。

2° (1)では, **解答**の③に言及しておく方がよいであろう。これは(2)にも効いてくる大事なポイントである。(2)は, ④かつ⑤かつ⑥が求めるaに対する必要十分条件であることを押さえることが解答の出発点となる。その後, ⑦あるいは⑦′のように“評価”して, $\dfrac{1}{a}$の整数部分の値を絞り込むことがポイントとなる。

さらに, **解答**の(i), (ii)の後半で示したように, 求めるべき値aが$\dfrac{1}{3}\leqq a<1$を満たすことを確認しておくことも忘れずにしておきたい。

なお, (2)のaは$a=\left\langle\dfrac{1}{a}\right\rangle$を満たすべきことから, $x=\dfrac{1}{a}$とおくと, $\dfrac{1}{x}=\langle x\rangle$, すなわち, $\dfrac{1}{x}=x-[x]$（$[x]$はガウス記号でx以下の最大の整数を表す）より, $y=\dfrac{1}{x}$と$y=x-[x]$のグラフの交点のx座標として視覚的に捉えることができる。下図の点Pと点Qのx座標の逆数が求めるaの値となる。

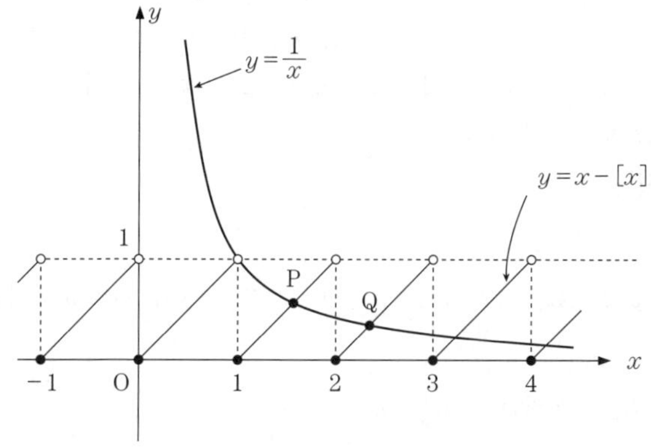

3° (3)は, 連分数をテーマとする整数問題である。具体的な有理数で実験してみれ

ば，数列の定まり方がどのような構造になっているかがつかめるだろう。しかし，それを答案にきちんと表現することはたやすくない。有理数の小数部分は有理数であり，逆数にすると分母が分子より必ず小さくなるので，多くとも初めの有理数の分母の q 回以上操作すれば，小数部分は0になっている，というのが直感的な説明だが，これでは解答にならない。この構造の基礎が次の定理にあることを明確に意識すべきである。

整数の割り算の原理

任意の整数 a，b について，$b>0$ ならば，

$$a=bq+r \quad \text{かつ} \quad 0 \leqq r<b$$

を満たす整数 q，r の組がただ一組存在する。

この定理において，q，r を，それぞれ a を b で割ったときの商，余りという。(3)では，p を q で割った余り r_1 が q より小さくなり，さらに，q を r_1 で割った余りは r_1 より小さくなり，……，と続く，すなわち，**解答** のように数列 $\{r_k\}$ を定めるとき，「整数」の列 $\{r_k\}$ が

$$q>r_1>r_2>\cdots\cdots \geqq 0$$

を満たすことから $r_N=0$ となる N の存在を示すことが，証明の核心である。答案にまとめるには，繰り返しの操作になるので，文字に添字を付けることにより，区別，順序をつけて **解答** のように記述するとよい。しかし，このような記述に受験生は慣れていないことだろう。

4° (3)は，受験生になじみやすい表現として解答をまとめるのであれば，つぎのように数学的帰納法によるとよい。ただし，n に関する帰納法ではなく，q に関する帰納法である点と，一つ前だけを仮定する帰納法ではなく前全部を仮定する帰納法である点に注意が必要である。

【(3)の **別解**】

$q=1$，2，3，…… に対して，

「$a=\dfrac{p}{q}$ （p は整数）であるとき，q 以上のすべての自然数 n に対して，

$a_n=0$ である」　　……(＊)

ことを，q に関する数学的帰納法で示す。

(I)　$q=1$ のとき，

$$a_1=\left\langle \frac{p}{1} \right\rangle=0$$

であり，それゆえ，$a_2=a_3=\cdots\cdots=0$ であるから，(＊)は成立する。

(II) ある $k(\geqq 1)$ に対して，$q\leqq k$ なるすべての q について(＊)が成り立つと仮定して，$q=k+1$ のときも(＊)が成り立つことを示す。

このとき，p，$k+1$ は整数で，$k+1>0$ であるから，

$$p=b_1(k+1)+r_1 \quad \text{かつ} \quad 0\leqq r_1<k+1$$

を満たす整数の組 $(b_1,\ r_1)$ がただ1組存在する。

よって，$a=\dfrac{p}{k+1}$ のとき，

$$a=b_1+\frac{r_1}{k+1} \qquad \therefore \quad a_1=\langle a\rangle=\frac{r_1}{k+1}$$

(i) $a_1=0$，すなわち，$r_1=0$ なら，a_2 以降0となるので，(＊)は $q=k+1$ のときにも成り立つ。

(ii) $a_1\neq 0$，すなわち，$r_1>0$ なら，

$$k+1=b_2r_1+r_2 \quad \text{かつ} \quad 0\leqq r_2<r_1$$

を満たす整数の組 $(b_2,\ r_2)$ がただ1組存在し，

$$\frac{1}{a_1}=\frac{k+1}{r_1}=b_2+\frac{r_2}{r_1} \qquad \therefore \quad a_2=\left\langle\frac{1}{a_1}\right\rangle=\frac{r_2}{r_1}$$

ここで，$r_1<k+1$，つまり，$r_1\leqq k$ であるから，帰納法の仮定により，r_1+1 以上のすべての自然数 n に対して $a_n=0$ である。すなわち，$k+1$ 以上のすべての自然数 n に対して $a_n=0$ であるから，(＊)は $q=k+1$ のときにも成立する。　　　　(証明終わり)

第 3 問

解答

(1) $\overrightarrow{\mathrm{OP}}$ から $\overrightarrow{\mathrm{OQ}}$ まで反時計回りに測った角を θ とすると，点Pから点Qまでの，中心Oで半径 t の円弧の道のりが L であることから，

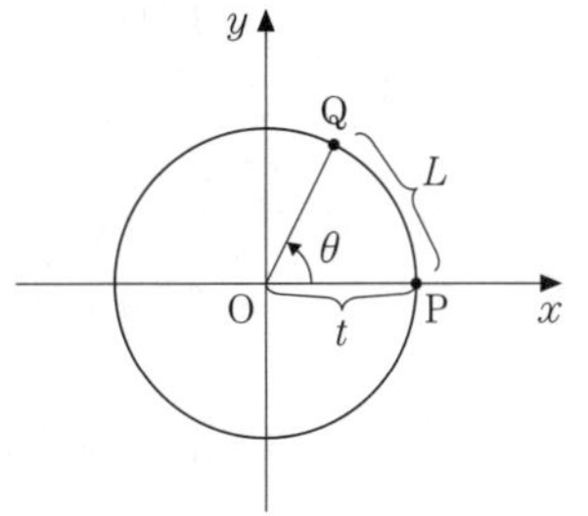

$$t\theta=L \qquad \therefore \quad \theta=\frac{L}{t}$$

よって，$\mathrm{P}(t,\ 0)$，$\mathrm{Q}(u(t),\ v(t))$ のとき，

$$\boldsymbol{u(t)=t\cos\frac{L}{t},\ v(t)=t\sin\frac{L}{t}}$$

と表される。

(2) (1)の結果より，

$$u'(t)=\cos\frac{L}{t}+t\left(-\sin\frac{L}{t}\right)\left(-\frac{L}{t^2}\right)=\cos\frac{L}{t}+\frac{L}{t}\sin\frac{L}{t}$$

$$v'(t)=\sin\frac{L}{t}+t\left(\cos\frac{L}{t}\right)\left(-\frac{L}{t^2}\right)=\sin\frac{L}{t}-\frac{L}{t}\cos\frac{L}{t}$$

となるので，

$$\begin{aligned}\{u'(t)\}^2+\{v'(t)\}^2&=\left(\cos\frac{L}{t}+\frac{L}{t}\sin\frac{L}{t}\right)^2+\left(\sin\frac{L}{t}-\frac{L}{t}\cos\frac{L}{t}\right)^2\\&=1+\frac{L^2}{t^2}\end{aligned}$$

となり，$0<a<1$ に注意すると，

$$f(a)=\int_a^1\sqrt{1+\frac{L^2}{t^2}}\,dt=\int_a^1\frac{\sqrt{t^2+L^2}}{t}\,dt$$

となる。ここで，$s=\sqrt{t^2+L^2}$ と置換すると，

$$\begin{cases}t^2=s^2-L^2\\ 2t\,dt=2s\,ds \quad \text{より} \quad dt=\dfrac{s}{t}\,ds\\ \begin{array}{|c||c|c|c|}\hline t & a & \to & 1\\\hline s & \alpha & \to & \beta\\\hline\end{array}\\ \text{ただし，}\alpha=\sqrt{a^2+L^2}\text{，}\beta=\sqrt{1+L^2}\end{cases}$$

と対応するので，

$$\begin{aligned}f(a)&=\int_\alpha^\beta\frac{s}{t}\cdot\frac{s}{t}\,ds=\int_\alpha^\beta\frac{s^2}{t^2}\,ds\\&=\int_\alpha^\beta\frac{s^2}{s^2-L^2}\,ds=\int_\alpha^\beta\left(1+\frac{L^2}{s^2-L^2}\right)ds\\&=\int_\alpha^\beta\left\{1+\frac{L}{2}\left(\frac{1}{s-L}-\frac{1}{s+L}\right)\right\}ds\\&=\left[s+\frac{L}{2}\log\frac{s-L}{s+L}\right]_\alpha^\beta\\&=\beta-\alpha+\frac{L}{2}\log\left(\frac{\beta-L}{\beta+L}\cdot\frac{\alpha+L}{\alpha-L}\right)\\&=\beta-\alpha+\frac{L}{2}\log\left\{\frac{\beta^2-L^2}{(\beta+L)^2}\cdot\frac{(\alpha+L)^2}{\alpha^2-L^2}\right\}\\&=\beta-\alpha+\frac{L}{2}\log\left(\frac{\alpha+L}{\beta+L}\cdot\frac{1}{a}\right)^2 \quad (\because\ \ \beta^2-L^2=1,\ \alpha^2-L^2=a^2)\end{aligned}$$

$$=\beta-\alpha+L\log\frac{\alpha+L}{\beta+L}+L\log\frac{1}{a}$$

$$=\boldsymbol{\sqrt{1+L^2}-\sqrt{a^2+L^2}+L\log\frac{\sqrt{a^2+L^2}+L}{\sqrt{1+L^2}+L}-L\log a}$$

となる。

(3)　(2)の結果より，

$$\frac{f(a)}{\log a}=\frac{1}{\log a}\left(\sqrt{1+L^2}-\sqrt{a^2+L^2}+L\log\frac{\sqrt{a^2+L^2}+L}{\sqrt{1+L^2}+L}\right)-L \quad \cdots\cdots①$$

であり，$a\to+0$ のとき，

$$\sqrt{1+L^2}-\sqrt{a^2+L^2}+L\log\frac{\sqrt{a^2+L^2}+L}{\sqrt{1+L^2}+L}\to\sqrt{1+L^2}-L+L\log\frac{2L}{\sqrt{1+L^2}+L} \quad \cdots\cdots②$$

$$\log a\to-\infty \quad \cdots\cdots③$$

であるから，①，②，③ より，

$$\lim_{a\to+0}\frac{f(a)}{\log a}=\boldsymbol{-L}$$

である。

解説

1°　(1)は易しい。(2)の定積分は淡々と計算するだけとはいえ，試験場では方針に戸惑うだろうし，結果もきれいではないので，非常に難しく感じるであろう。(2)ができれば(3)は難なくできる。(1)及び(2)の定積分以前までの部分点を確保し，あとは他の問題の出来具合次第というのが標準的なところであろう。数学で稼ぎたい受験生は是非得点しておきたい問題である。

2°　(2)の定積分は，$t=a$ から $t=1$ まで t が変化するときの動点Qのえがく曲線（双曲螺線［hyperbolic spiral］と呼ばれる）の長さを表すものである。しかし，それを知っても計算には役立たない。比較的楽な計算法としては，**解** **答** のように根号を含む部分を置換して置換積分し，その後有理関数の積分に帰着させる方法がある。“根号を含む部分をまるごと置換する”のは置換積分の一つの指針である。結果は(3)を見据えて整理しておくのがよい。

3°　(2)の積分において，$\sqrt{t^2+L^2}$ を含む形をみて，$t=L\tan\theta$ の置換を考えるのも定石の一つである。この置換をすれば次のように解決することができる。

【(2)の **別解**】

$f(a)=\int_a^1 \frac{\sqrt{t^2+L^2}}{t}dt$ において，$t=L\tan\theta$ $\left(-\frac{\pi}{2}<\theta<\frac{\pi}{2}\right)$ と置換すると，

$0<a<1$ に注意し，

$\sqrt{t^2+L^2}=\sqrt{L^2(\tan^2\theta+1)}=\frac{L}{|\cos\theta|}$

$dt=\frac{L}{\cos^2\theta}d\theta$

t	a	→	1
θ	φ_1	→	φ_2

ただし，φ_1，φ_2 はそれぞれ $\tan\varphi_1=\frac{a}{L}$，$\tan\varphi_2=\frac{1}{L}$ を満たす鋭角の定角

のように対応するので，

$$f(a)=\int_{\varphi_1}^{\varphi_2}\frac{L}{|\cos\theta|}\cdot\frac{1}{L\tan\theta}\cdot\frac{L}{\cos^2\theta}d\theta$$

$$=L\int_{\varphi_1}^{\varphi_2}\frac{1}{\sin\theta\cos^2\theta}d\theta \quad (\because\ \ \varphi_1\leqq\theta\leqq\varphi_2 \text{ において，} \cos\theta>0)$$

$$=-L\int_{\varphi_1}^{\varphi_2}\frac{(\cos\theta)'}{(1-\cos^2\theta)\cos^2\theta}d\theta$$

$$=-L\int_{\varphi_1}^{\varphi_2}\left(\frac{1}{\cos^2\theta}+\frac{1}{1-\cos^2\theta}\right)(\cos\theta)'d\theta$$

$$=-L\int_{\varphi_1}^{\varphi_2}\left\{\frac{1}{\cos^2\theta}+\frac{1}{2}\left(\frac{1}{1+\cos\theta}+\frac{1}{1-\cos\theta}\right)\right\}(\cos\theta)'d\theta$$

$$=L\left[\frac{1}{\cos\theta}-\frac{1}{2}\log\frac{1+\cos\theta}{1-\cos\theta}\right]_{\varphi_1}^{\varphi_2}$$

$$=L\left\{\frac{1}{\cos\varphi_2}-\frac{1}{\cos\varphi_1}-\frac{1}{2}\left(\log\frac{1+\cos\varphi_2}{1-\cos\varphi_2}-\log\frac{1+\cos\varphi_1}{1-\cos\varphi_1}\right)\right\}$$

となる。ここで，右図より，

$$\cos\varphi_2=\frac{L}{\sqrt{1+L^2}},$$

$$\cos\varphi_1=\frac{L}{\sqrt{a^2+L^2}},$$

$$\frac{1+\cos\varphi_2}{1-\cos\varphi_2}=\frac{\sqrt{1+L^2}+L}{\sqrt{1+L^2}-L}=(\sqrt{1+L^2}+L)^2,$$

$$\frac{1+\cos\varphi_1}{1-\cos\varphi_1}=\frac{\sqrt{a^2+L^2}+L}{\sqrt{a^2+L^2}-L}=\left(\frac{\sqrt{a^2+L^2}+L}{a}\right)^2$$

であるから,

$$f(a)=L\left\{\frac{\sqrt{1+L^2}-\sqrt{a^2+L^2}}{L}-\log(\sqrt{1+L^2}+L)+\log\frac{\sqrt{a^2+L^2}+L}{a}\right\}$$

$$=L\left\{\frac{\sqrt{1+L^2}-\sqrt{a^2+L^2}}{L}+\log\frac{\sqrt{a^2+L^2}+L}{\sqrt{1+L^2}+L}-\log a\right\}$$

$$=\boldsymbol{\sqrt{1+L^2}-\sqrt{a^2+L^2}+L\log\frac{\sqrt{a^2+L^2}+L}{\sqrt{1+L^2}+L}-L\log a}$$

となる。

4°　(3)は, $\dfrac{\infty}{-\infty}$ の不定形の極限であるが, その不定形は約分するだけで解消される。式変形や評価を全く必要とせず, (2)の結果をきちんと整理できた人にとっては拍子抜けするほど簡単である。しかし, (2)の結果を整理できなくて躓くこともあろう。普段から最終結果まで手を動かして解ききることが大事であることを示唆している。

もっとも, 仮に(2)ができなくとも, 結果は予想できて, 解決も可能である。すなわち, $a\leqq t\leqq 1$ における被積分関数 $\dfrac{1}{t}\times\sqrt{t^2+L^2}$ は, $t=a\to+0$ のとき, $\sqrt{t^2+L^2}$ よりも $\dfrac{1}{t}$ の影響が強くなり, $t\fallingdotseq 0$ のとき, $\dfrac{1}{t}\times\sqrt{t^2+L^2}\fallingdotseq\dfrac{L}{t}$ と考えてよい。それゆえ, $\dfrac{f(a)}{\log a}\fallingdotseq\dfrac{1}{\log a}\displaystyle\int_a^1\frac{L}{t}\,dt=L\frac{\log\frac{1}{a}}{\log a}=-L$ とみることができる。このことを正当化するには,

$$\frac{L}{t}<\sqrt{1+\frac{L^2}{t^2}}<1+\frac{L}{t}$$

と評価し, 各辺を a から 1 まで t で積分し, はさみうちの原理に依ればよい。

第 4 問

解　答

まず, $\mathrm{P}\left(\dfrac{1}{2},\ \dfrac{1}{4}\right)$, $\mathrm{Q}(\alpha,\ \alpha^2)$, $\mathrm{R}(\beta,\ \beta^2)$ を 3 頂点とする $\triangle\mathrm{PQR}$ の重心 $\mathrm{G}(X,\ Y)$ は,

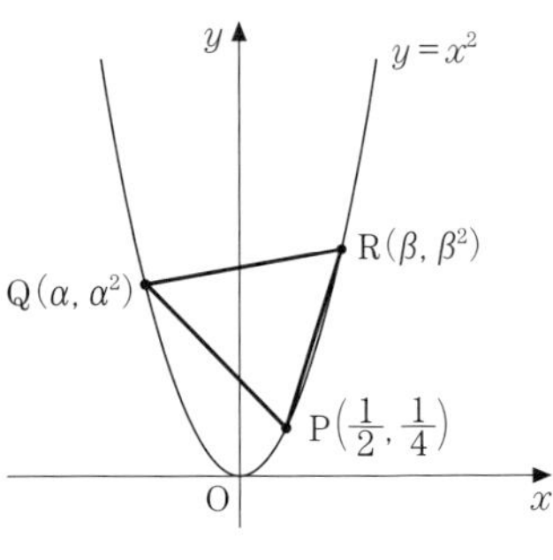

$$X=\frac{1}{3}\left(\frac{1}{2}+\alpha+\beta\right) \qquad \cdots\cdots①$$

$$Y=\frac{1}{3}\left(\frac{1}{4}+\alpha^2+\beta^2\right) \qquad \cdots\cdots②$$

と表される。

次に，3 点 P，Q，R が QR を底辺とする二等辺三角形をなす条件は，P，Q，R が放物線 $y=x^2$ 上にあり，相異なれば同一直線上でないことに注意すると，

PQ＝PR　かつ　“P，Q，R が相異なる 3 点”

すなわち，α，β が

$$\left(\alpha-\frac{1}{2}\right)^2+\left(\alpha^2-\frac{1}{4}\right)^2=\left(\beta-\frac{1}{2}\right)^2+\left(\beta^2-\frac{1}{4}\right)^2 \qquad \cdots\cdots③$$

$$\text{かつ}\quad \alpha\neq\beta \qquad \cdots\cdots④$$

を満たす実数となることである（③ かつ ④ のもとでは $\alpha\neq\dfrac{1}{2}$，$\beta\neq\dfrac{1}{2}$ であることに注意する）。

よって，重心 G の軌跡は，

「① かつ ② かつ ③ かつ ④ を満たす実数 α，β が存在する」　……Ⓐ

ような点 $(X,\ Y)$ 全体の集合である。

ここで，③ を書き直すと，

$$\left(\alpha-\frac{1}{2}\right)^2-\left(\beta-\frac{1}{2}\right)^2+\left(\alpha^2-\frac{1}{4}\right)^2-\left(\beta^2-\frac{1}{4}\right)^2=0$$

$$\therefore\quad (\alpha-\beta)(\alpha+\beta-1)+(\alpha^2-\beta^2)\left(\alpha^2+\beta^2-\frac{1}{2}\right)=0$$

$$\therefore\quad \alpha+\beta-1+(\alpha+\beta)\left(\alpha^2+\beta^2-\frac{1}{2}\right)=0 \quad (\because\ ④)$$

$$\therefore\quad (\alpha+\beta)\left(\alpha^2+\beta^2+\frac{1}{2}\right)-1=0 \qquad \cdots\cdots⑤$$

さらに

$$u=\alpha+\beta,\ v=\alpha^2+\beta^2 \qquad \cdots\cdots(*)$$

とおくと，

$$① \iff X=\frac{1}{6}+\frac{1}{3}u \iff u=3\left(X-\frac{1}{6}\right) \qquad \cdots\cdots⑥$$

$$② \iff Y=\frac{1}{12}+\frac{1}{3}v \qquad \cdots\cdots⑦$$

$$⑤ \iff u\left(v+\frac{1}{2}\right)-1=0 \iff v=\frac{1}{u}-\frac{1}{2} \qquad \cdots\cdots⑧$$

"α, β は実数" かつ ④ $\iff$ "u, v は実数" かつ $2v-u^2>0$

……⑨

である。ただし，⑨は，(＊)より

$$(\alpha-\beta)^2=2(\alpha^2+\beta^2)-(\alpha+\beta)^2=2v-u^2$$

であることから同値関係が得られる。

したがって，

Ⓐ $\iff$ 「⑥かつ⑦かつ⑧かつ⑨を満たす実数 u, v が存在する」

……Ⓑ

であり，⑧を⑦と⑨にそれぞれ代入して v を消去すると，

$$Y=\frac{1}{3u}-\frac{1}{12} \qquad \cdots\cdots⑩$$

$$\frac{2}{u}-1-u^2>0 \qquad \cdots\cdots⑪$$

を得るので，

Ⓑ $\iff$ 「⑥かつ⑩かつ⑪を満たす実数 u が存在する」　……Ⓒ

である。そして，

$$⑪ \iff \frac{(u-1)(u^2+u+2)}{u}<0$$

$$\iff u(u-1)<0 \quad \left(\because \quad u^2+u+2=\left(u+\frac{1}{2}\right)^2+\frac{7}{4}>0\right)$$

$$\iff 0<u<1 \qquad \cdots\cdots⑪'$$

であることより，⑥を⑩，⑪′に代入して u を消去し，

Ⓒ $\iff$ 「⑥かつ⑩かつ⑪′を満たす実数 u が存在する」

$$\iff Y=\frac{1}{9\left(X-\frac{1}{6}\right)}-\frac{1}{12} \quad かつ \quad 0<3\left(X-\frac{1}{6}\right)<1$$

$$\iff Y=\frac{1}{9\left(X-\frac{1}{6}\right)}-\frac{1}{12} \quad かつ \quad \frac{1}{6}<X<\frac{1}{2}$$

すなわち，重心Gの軌跡は，

曲線 $y=\dfrac{1}{9\left(x-\frac{1}{6}\right)}-\dfrac{1}{12}$ の $\dfrac{1}{6}<x<\dfrac{1}{2}$ の部分

である。

解説

1°　東大としては標準的であるが，軌跡の限界を忘れやすく，意外に完答しにくい。文字に対称性のある式の扱いは，近いところでは2010年度第1問に出題されている。また，存在条件を考える点で類似の問題が最近では2007年度第3問に出題されている。本問は伝統的に東大の好むタイプの問題といえよう。高得点しておきたいところである。なお，放物線上の動点，放物線上に頂点をもつ三角形，という問題設定は，近年ではそれぞれ2008年度第4問，2004年度第1問にもある。

2°　3点P，Q，RがQRを底辺とする二等辺三角形をなす条件は，**解答**のように PQ=PR を座標で書き直すのがもっとも素直である。これ以外にも，辺QRの垂直二等分線が点Pを通る条件を定式化したり，∠PQR=∠PRQ の条件を定式化するなど，いろいろ考えられる。たとえば，放物線 $y=x^2$ 上の2点を通る直線の傾きは，その2点の x 座標の和で表されるので，∠PQR=∠PRQ の条件を，傾きと tan で定式化するのも簡単である。実際，PQの傾き $\alpha+\dfrac{1}{2}$，PRの傾き $\beta+\dfrac{1}{2}$，QRの傾き $\alpha+\beta$ を用い，**解答**の図のようにQ，Rが位置しているとすれば，$\tan\angle\mathrm{PQR}=\tan\angle\mathrm{PRQ}$ より，

$$\frac{(\alpha+\beta)-\left(\alpha+\frac{1}{2}\right)}{1+(\alpha+\beta)\left(\alpha+\frac{1}{2}\right)}=\frac{\left(\beta+\frac{1}{2}\right)-(\alpha+\beta)}{1+\left(\beta+\frac{1}{2}\right)(\alpha+\beta)}$$

(分母が0になるのはなす角が90°のときだが，それはあり得ない)

$$\iff \left(\beta-\frac{1}{2}\right)\left\{1+\left(\beta+\frac{1}{2}\right)(\alpha+\beta)\right\}=\left(\frac{1}{2}-\alpha\right)\left\{1+(\alpha+\beta)\left(\alpha+\frac{1}{2}\right)\right\}$$

$$\iff (\alpha+\beta)\left(\alpha^2+\beta^2+\frac{1}{2}\right)-1=0$$

となり，⑤が直接得られる。また，

QR⊥PM　(MはQRの中点)

に注目して，これをベクトルの内積で定式化するともっと簡単である。これは各自の練習問題としておこう。

3°　X, Yは①, ②のようにα, βを用いてパラメタ表示されるので，パラメタα, βが③, ④を満たしながら変化するときのX, Yの関係式を導けばよい。それは，Ⓐの必要十分条件としてX, Yの関係式を求めることにほかならない，という点を押さえることが第1のポイントである。①, ②と，③すなわち⑤の式を見れば，α, βを消去し$\left(3X-\frac{1}{2}\right)\left(3Y+\frac{1}{4}\right)=1$が直ちに得られるが，これはⒶであるための必要条件にすぎず，これだけで十分ではない。問題は，Ⓐの必要十分条件としてX, Yの関係式を導くこと，すなわち，$\left(3X-\frac{1}{2}\right)\left(3Y+\frac{1}{4}\right)=1$以外にどのような条件があれば十分であるか，を調べることにある。いわゆる軌跡の限界を調べることであり，これが第2のポイントである。それは④の条件をX, Yの式に反映させることによって得られることになる。

4°　**解答**では，①, ②, ⑤に$\alpha+\beta$, $\alpha^2+\beta^2$がカタマリとして見えていることに注目し，(＊)の置き換えを行った。このとき重要なことは，「αとβがともに実数$\Longrightarrow u$, vがともに実数」は成立するが，この逆は成立しない，ということである。vの式のように2次式を置き換えるときは充分注意しなければならず，ここが本問の急所である。逆も成立するためには，(＊)より，

$$\alpha\beta=\frac{1}{2}\{(\alpha+\beta)^2-(\alpha^2+\beta^2)\}=\frac{1}{2}(u^2-v)$$

であることから，解と係数の関係よりαとβはtの2次方程式

$$t^2-ut+\frac{1}{2}(u^2-v)=0$$

の2解となるので，判別式を考え，

$$u^2-4\cdot\frac{1}{2}(u^2-v)\geqq 0,\ \text{すなわち，}\ 2v-u^2\geqq 0$$

を付加すればよい。本問では$\alpha\neq\beta$ゆえ，$2v-u^2>0$を付加すればよいのである。このようにいったん2次方程式の2解としてα, βを捉えてもよいのだが，そもそも2次方程式$ax^2+bx+c=0$の判別式Dは，2解をα, βとすれば

$$D=a^2(\alpha-\beta)^2\quad(=b^2-4ac)$$

と表されるものであった。**解答**では，このことにもとづいて⑨を得ている。

なお，このように“α, βが相異なる実数”という条件を考えねばならないこと，および，①～④がαとβに関し対称であることを見据え，初めから，

$$u=\alpha+\beta,\ v=\alpha\beta \qquad \cdots\cdots(＊＊)$$

と置き換える方が受験生には馴染み深いであろう。その場合，

$$\alpha^2+\beta^2=(\alpha+\beta)^2-2\alpha\beta=u^2-2v$$

として議論しなければならない点がやや迂遠であるが，(**)のもとでは，

$$\text{“}\alpha,\ \beta \text{ は実数”かつ ④} \iff \text{“}u,\ v \text{ は実数”かつ } u^2-4v>0$$

という同値関係が直ぐにわかる点で見通しがよい。

5°　Ⓑ と Ⓒ の同値関係，および，Ⓒ と結果の式との同値関係は，それぞれ v，u を“代入し消去”していることから保証される。これとは別に，u，v を同時に代入して消去しようと考え，

$$\text{⑥ より } u=3\left(X-\frac{1}{6}\right),\ \text{⑦ より } v=3\left(Y-\frac{1}{12}\right)$$

として，⑧，⑨ に代入して，

$$\text{Ⓑ} \iff \left(3X-\frac{1}{2}\right)\left(3Y-\frac{1}{4}+\frac{1}{2}\right)-1=0$$

$$\text{かつ}\quad 6Y-\frac{1}{2}-9\left(X-\frac{1}{6}\right)^2>0$$

$$\iff Y=\frac{1}{9\left(X-\frac{1}{6}\right)}-\frac{1}{12}\quad\text{かつ}\quad Y>\frac{3}{2}\left(X-\frac{1}{6}\right)^2+\frac{1}{12}$$

としても構わない。これら 2 式から，$\frac{1}{6}<X<\frac{1}{2}$ も得られる。

6°　「軌跡を求めよ」という問題文なので，図示は要求していないと想定される。しかし，図示しようとすれば，自ずから軌跡の限界に注意が向くはずである。そもそも，計算を始める前に，放物線 $y=x^2$ の上側にしか軌跡は現れないし，もう少しよく図を観察すると直線 $x=\frac{1}{2}$ の左側にしか軌跡は現れないことにも気付くだろう。それを意識すれば，$\frac{1}{6}<X<\frac{1}{2}$ を得ることは難しくない。参考までに，軌跡を図示すると右図のような双曲線の一部となる。

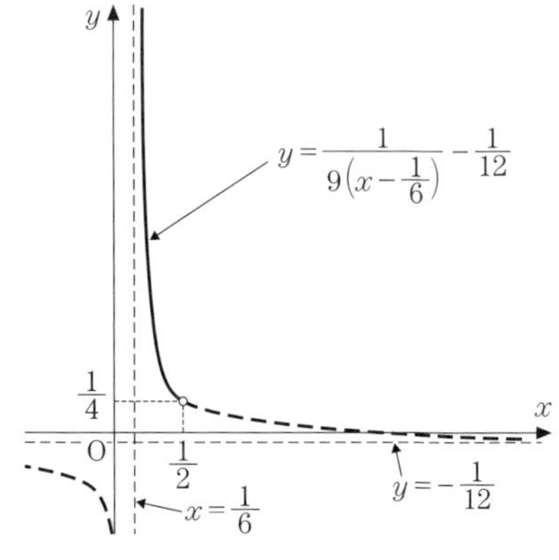

第 5 問

解答

$$\begin{cases} -q \leqq b \leqq 0 \leqq a \leqq p & \cdots\cdots① \\ b \leqq c \leqq a & \cdots\cdots② \\ w([a,\ b\ ;\ c]) = p-q-(a+b) & \cdots\cdots③ \end{cases}$$

(1) まず，③より，

$$w([a,\ b\ ;\ c]) = -q \iff a+b=p \quad \cdots\cdots④$$

であり，①かつ④を満たす整数の組 $(a,\ b)$ の個数は，

$(a,\ b)=(p,\ 0)$ の1個　（$\because$　$a \leqq p$ かつ $b \leqq 0$ と④より）

である。この a，b に対し，②，すなわち，$0 \leqq c \leqq p$ を満たす整数 c が $p+1$ 個あるので，求める $(p,\ q)$ パターンの個数は，

$p+1$ 個

である。

次に，③より，

$$w([a,\ b\ ;\ c]) = p \iff a+b=-q \quad \cdots\cdots⑤$$

であるから，①かつ⑤を満たす整数の組 $(a,\ b)$ の個数は，

$(a,\ b)=(0,\ -q)$ の1個　（$\because$　$a \geqq 0$ かつ $b \geqq -q$ と⑤より）

である。この a，b に対し，②，すなわち，$-q \leqq c \leqq 0$ を満たす整数 c が $q+1$ 個あるので，求める $(p,\ q)$ パターンの個数は，

$q+1$ 個

である。

(2) $p=q$ の場合，①と③はそれぞれ，

$$-p \leqq b \leqq 0 \leqq a \leqq p \quad \cdots\cdots⑥$$

$$w([a,\ b\ ;\ c]) = -(a+b) \quad \cdots\cdots⑦$$

となり，⑦より，

$$w([a,\ b\ ;\ c]) = -p+s \iff a+b=p-s$$

であるので，見やすくするために $t=p-s$ とおくと，

$$w([a,\ b\ ;\ c]) = -p+s \iff a+b=t \quad \cdots\cdots⑧$$

となる。

⑥かつ⑧を満たす整数の組 $(a,\ b)$ の個数は，ab 平面上で領域⑥（次図斜線部[境界線上の点を含む]）と直線⑧の共通部分（次図太線部）の格子点の個数に一致するので，次図を参照し，t の値により分類する。

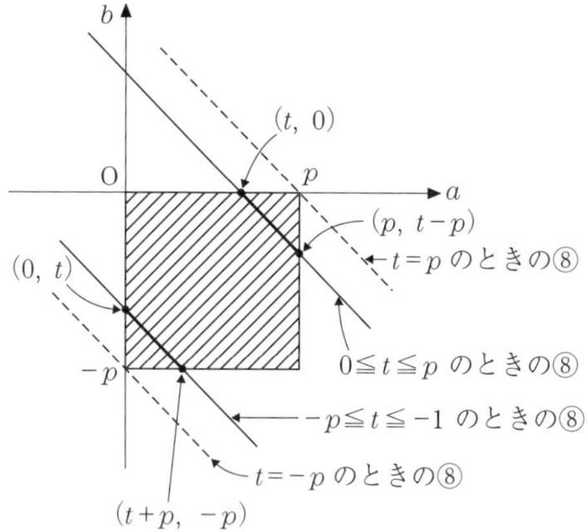

(i)　$t<-p$ または $t>p$ のとき，

上図より，⑥ かつ ⑧ を満たす整数の組 $(a,\ b)$ は，存在しない。

(ii)　$-p\leqq t\leqq -1$ のとき，

上図より，⑥ かつ ⑧ を満たす整数の組 $(a,\ b)$ は，

$(k,\ t-k)$　$[k=0,\ 1,\ 2,\ \cdots\cdots,\ t+p]$

であり，各 $(k,\ t-k)$ に対して，②，すなわち，$t-k\leqq c\leqq k$ を満たす c が

$k-(t-k)+1=2k-t+1$ (個)

あるので，このときの $(p,\ p)$ パターンの個数は，

$$\sum_{k=0}^{t+p}(2k-t+1)=\frac{1}{2}\{(-t+1)+(t+2p+1)\}(t+p+1)$$
$$=(p+1)(t+p+1)\ (個)$$

である。

(iii)　$0\leqq t\leqq p$ のとき，

上図より，⑥ かつ ⑧ を満たす整数の組 $(a,\ b)$ は，

$(k,\ t-k)$　$[k=t,\ t+1,\ t+2,\ \cdots\cdots,\ p]$

であり，各 $(k,\ t-k)$ に対して，②，すなわち，$t-k\leqq c\leqq k$ を満たす c が

$k-(t-k)+1=2k-t+1$ (個)

あるので，このときの $(p,\ p)$ パターンの個数は，

$$\sum_{k=t}^{p}(2k-t+1)=\frac{1}{2}\{(t+1)+(2p-t+1)\}(p-t+1)$$
$$=(p+1)(p-t+1)\ (個)$$

である。

以上から，t を $p-s$ に戻して s を用いて書き直し，求める $(p,\ p)$ パターンの個数は，

$$\begin{cases} \boldsymbol{s<0} \text{ または } \boldsymbol{s>2p} \text{ のとき，} & \textbf{0 個} \\ \boldsymbol{0 \leqq s \leqq p} \text{ のとき，} & \boldsymbol{(p+1)(s+1)} \text{ 個} \\ \boldsymbol{p+1 \leqq s \leqq 2p} \text{ のとき，} & \boldsymbol{(p+1)(2p-s+1)} \text{ 個} \end{cases}$$

である。

(3)　$(p,\ p)$ パターンの総数は，s を変化させたときの (2) の結果の総和であるから，

$$\sum_{s=0}^{p}(p+1)(s+1)+\sum_{s=p+1}^{2p}(p+1)(2p-s+1)$$
$$=(p+1)\cdot\frac{1}{2}\{1+(p+1)\}(p+1)+(p+1)\cdot\frac{1}{2}p(p+1)$$
$$=\boldsymbol{(p+1)^3}$$

である。

解説

1°　2011年度は確率の問題がなく，その代わりといえるのが本問の「場合の数」の問題である。東大理科で確率が出題されなかったのは2002年度以来である。また，場合の数の問題は，2000年度，2001年度と出題されて以来である。本問は落ち着いて考えれば決して難しくなく，むしろ易しい部類に属するともいえようが，問題文に圧倒された受験生も多かったことであろう。

2°　解決の最初のポイントは，$(p,\ q)$ パターンという用語や関数 $w([a,\ b\ ;\ c])$ 等の定義を理解すること，および，結局は $[a,\ b\ ;\ c]$ の組の個数を求める問題であることなど，題意の正確な把握にある。$(p,\ q)$ パターンとは，与えられた $p,\ q$ に対して ① かつ ② を満たす整数の組 $(a,\ b,\ c)$ のこと，すなわち，① かつ ② において $p,\ q$ を固定したときの ① かつ ② を満たす整数の組 $(a,\ b,\ c)$ のことである。その組を問題文では $[a,\ b\ ;\ c]$ と表現している。そして，関数 $w([a,\ b\ ;\ c])$ は，与えられた $p,\ q$ とそのときの $(p,\ q)$ パターンの組 $(a,\ b,\ c)$ を用いて値が定まるものであり，(1)，(2) はその値が特定の値になるような $(p,\ q)$ パターンの個数（(2) は $(p,\ p)$ パターンの個数）を求める問題である。個数を求めるには，① を満たす整数の組 $(a,\ b)$ に応じて ② から整数 c が定まることを押さえ，和をとればよい，と理解することが2番目のポイントである。

3°　(1) も (2) の 解 答 のように ab 平面上で格子点を考えてももちろんよいが（右図参照），式から直接にわかる。それに対して (2) は，式の操作だけで解決することも可能であるが，解 答 のように格子点の個数に関連させて視覚的に数える方がわかりやすいであろう。その際，s は与えられた p，q に対してパラメタの役割をしており，s の値によって場合分けが生じる点を押さえることが 3 番目のポイントである。解 答 では見やすくするために $t=p-s$ と置き換えたが，この t は ab 平面上の直線 ⑧ の a 切片でもあり b 切片でもある。それゆえ，t と $-p$，0，p との大小で場合が分かれることは，一目瞭然である。なお，(2) の 解 答 の (ii)，(iii) におけるシグマ計算では，等差数列の和の公式

「$\dfrac{1}{2}$×(初項＋末項)×(加える項数)」を用いている。

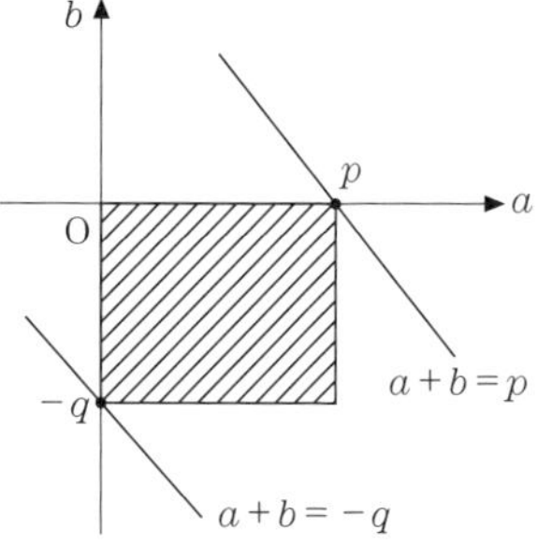

4°　(2) を不等式の操作だけで処理すると，つぎのようになる。

$t=p-s$ と置き換えると，⑥ かつ ⑧ かつ ② を満たす b が存在する条件は，⑧ を $b=t-a$ と変形し ⑥ と ② に代入して b を消去し，

$$-p \leqq t-a \leqq 0 \leqq a \leqq p \quad \text{かつ} \quad t-a \leqq c \leqq a$$

すなわち，

$$t \leqq a \leqq t+p \quad \text{かつ} \quad 0 \leqq a \leqq p \quad \text{かつ} \quad t-a \leqq c \leqq a \qquad \cdots\cdots(*)$$

が成立することである。

ここで，a が存在する条件は，$(*)$ のはじめの 2 つの不等式が共通部分をもつこと，すなわち，

$$t \leqq p \quad \text{かつ} \quad 0 \leqq t+p \quad \text{つまり} \quad -p \leqq t \leqq p$$

である。

このもとで，$(*)$ のはじめの 2 つの不等式の重なり方に注目して場合を分けて，

(ア)　$-p \leqq t \leqq -1$ のとき，$(*)$ は，

$$0 \leqq a \leqq t+p \quad \text{かつ} \quad t-a \leqq c \leqq a$$

となる。a を一つ決めると整数 c は $a-(t-a)+1=2a-t+1$（個）定まり，b はただ一つに定まるので，このときの $(p,\ p)$ パターンの個数は，

$$\sum_{a=0}^{t+p}(2a-t+1)=\frac{1}{2}\{(-t+1)+(t+2p+1)\}(t+p+1)$$

$$=(p+1)(t+p+1)$$

(イ)　$0 \leqq t \leqq p$ のとき，($*$)は，

$$t \leqq a \leqq p \quad \text{かつ} \quad t-a \leqq c \leqq a$$

となり，(ア)と同様に考えて，

$$\sum_{a=t}^{p}(2a-t+1)=\frac{1}{2}\{(t+1)+(2p-t+1)\}(p-t+1)$$

$$=(p+1)(p-t+1)$$

となる。これ以後は，**解** **答** と同様に整理できる。

5°　(3)は，(2)の s を変化させて和をとるだけである。(2)ができれば容易だが，仮に(2)ができなくとも，つぎのようにして直接に(3)だけを解決することもできる。

すなわち，⑥ かつ ② を満たす整数の組 $(a,\ b,\ c)$ を求めればよく，それは，

$$-p \leqq b \leqq c \leqq a \leqq p$$

を満たす整数の組 $(a,\ b,\ c)$ の個数 N_1 から，

$$-p \leqq b \leqq c \leqq a \leqq -1 \quad \text{または} \quad 1 \leqq b \leqq c \leqq a \leqq p$$

を満たす整数の組 $(a,\ b,\ c)$ の個数 N_2 を除いたものである。$a'=a+1$，$b'=b-1$ と置き換えれば，N_1 は，

$$-p-1 \leqq b' < c < a' \leqq p+1$$

を満たす整数の組 $(a',\ b',\ c)$ の個数に一致するから，これは $-p-1$ 以上 $p+1$ 以下の相異なる $2p+3$ 個の整数から 3 個の整数を取り出す組合せの数に等しい。N_2 についても同様に考えて，求める総数は，

$$N_1-N_2={}_{2p+3}\mathrm{C}_3-2\cdot{}_{p+2}\mathrm{C}_3=\cdots\cdots=(p+1)^3$$

となる。

また，abc 空間で ⑥ かつ ② の表す立体を考えて，平面 $c=k$ 上の格子点の個数 $S(k)$ を数え，

$-p \leqq k \leqq -1$ のとき，$0 \leqq a \leqq p$ かつ $-p \leqq b \leqq k$ より，

$$S(k)=(p+1)(k+p+1)$$

$0 \leqq k \leqq p$ のとき，$k \leqq a \leqq p$ かつ $-p \leqq b \leqq 0$ より，

$$S(k)=(p+1)(p-k+1)$$

より，求める総数を

$$\sum_{k=-p}^{p}S(k)=(p+1)\left\{\sum_{k=-p}^{-1}(k+p+1)+\sum_{k=0}^{p}(p-k+1)\right\}=\cdots\cdots=(p+1)^3$$

と求めることもできる。

第 6 問

解答

(1)　$x>0$ のもとでは，

$$f(t)=xt^2+yt$$
$$=x\left(t+\frac{y}{2x}\right)^2-\frac{y^2}{4x}$$

と変形できるので，$0\leqq t\leqq 1$ における $f(t)$ の最大値を M，最小値を m とおくと，

$f(t)$ のグラフ（軸が $t=-\dfrac{y}{2x}$ であるような下に凸の放物線）を思い浮かべて，

$$(*)\begin{cases}-\dfrac{y}{2x}\leqq 0,\ \text{すなわち},\ y\geqq 0\ \text{のとき}, & M=f(1),\ m=f(0)\\ 0\leqq-\dfrac{y}{2x}\leqq\dfrac{1}{2},\ \text{すなわち},\ -x\leqq y\leqq 0\ \text{のとき}, & M=f(1),\ m=f\left(-\dfrac{y}{2x}\right)\\ \dfrac{1}{2}\leqq-\dfrac{y}{2x}\leqq 1,\ \text{すなわち},\ -2x\leqq y\leqq -x\ \text{のとき}, & M=f(0),\ m=f\left(-\dfrac{y}{2x}\right)\\ 1\leqq-\dfrac{y}{2x},\ \text{すなわち},\ y\leqq -2x\ \text{のとき}, & M=f(0),\ m=f(1)\end{cases}$$

である。よって，

$$f(0)=0,\qquad f(1)=x+y,\qquad f\left(-\frac{y}{2x}\right)=-\frac{y^2}{4x}$$

であることを用い，最大値と最小値の差を計算して，

$$\boldsymbol{M-m=\begin{cases}x+y & (y\geqq 0\ \text{のとき})\\ x+y+\dfrac{y^2}{4x} & (-x\leqq y\leqq 0\ \text{のとき})\\ \dfrac{y^2}{4x} & (-2x\leqq y\leqq -x\ \text{のとき})\\ -x-y & (y\leqq -2x\ \text{のとき})\end{cases}}$$

となる。

(2)　(1)の $f(t)$ を用いると，領域 S は

$x>0$

かつ，

「実数 z で $0\leqq t\leqq 1$ の範囲の全ての実数 t に対して

$0\leqq f(t)+z\leqq 1$

を満たすようなものが存在する」　……①

と表される。そして，(1)で定義した M，m を用いると，(1)の結果も用い，

① $\iff$ 「実数zで $0 \leqq m+z$ かつ $M+z \leqq 1$ を満たすようなものが存在する」

$\iff$ 「実数zで $-m \leqq z \leqq 1-M$ を満たすようなものが存在する」 ……◎

$\iff$ $-m \leqq 1-M$

$\iff$ $M-m \leqq 1$

$\iff$ "$y \geqq 0$ かつ $x+y \leqq 1$"

または "$-x \leqq y \leqq 0$ かつ $x+y+\dfrac{y^2}{4x} \leqq 1$"

または "$-2x \leqq y \leqq -x$ かつ $\dfrac{y^2}{4x} \leqq 1$"

または "$y \leqq -2x$ かつ $-x-y \leqq 1$" ……②

である。ここで，$x>0$ のもとでは，

$$x+y+\frac{y^2}{4x} \leqq 1 \iff 4x^2+4xy+y^2 \leqq 4x$$

$$\iff (2x+y)^2 \leqq 4x$$

$$\iff -2x-2\sqrt{x} \leqq y \leqq -2x+2\sqrt{x}$$

$$\frac{y^2}{4x} \leqq 1 \iff y^2 \leqq 4x$$

$$\iff -2\sqrt{x} \leqq y \leqq 2\sqrt{x}$$

であることを考え，② を図示しやすい形に整理すると，

② $\iff$ "$0 \leqq y \leqq -x+1$"

または "$-x \leqq y \leqq 0$ かつ $-2x-2\sqrt{x} \leqq y \leqq -2x+2\sqrt{x}$"

または "$-2x \leqq y \leqq -x$ かつ $-2\sqrt{x} \leqq y \leqq 2\sqrt{x}$"

または "$-x-1 \leqq y \leqq -2x$"

$\iff$ "$0 \leqq y \leqq -x+1$"

または "$-x \leqq y \leqq 0$ かつ $y \leqq -2x+2\sqrt{x}$"

または "$-2x \leqq y \leqq -x$ かつ $-2\sqrt{x} \leqq y$"

または "$-x-1 \leqq y \leqq -2x$" ……③

($\because$ $x>0$ のもとでは $-2x-2\sqrt{x}<-x$，$-x<2\sqrt{x}$)

となる。

さらに，$x>0$ のもとで

$$-x+1-(-2x+2\sqrt{x})=(\sqrt{x}-1)^2 \geqq 0$$

$$-2\sqrt{x}-(-x-1)=(\sqrt{x}-1)^2\geqq 0$$

であることなどにも注意して，$x>0$ かつ ③ を図示し，領域 S は右図斜線部のようになる。ただし，境界線上は，y 軸上の点を除き，それ以外はすべて含む。

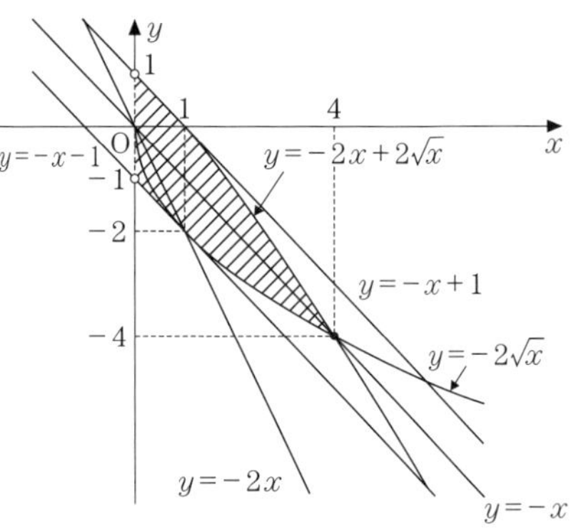

(3)　(1)の $f(t)$ を用いると，領域 V は，

$0\leqq x\leqq 1$ かつ，

「$0\leqq t\leqq 1$ の範囲の全ての実数 t に対して $0\leqq f(t)+z\leqq 1$ が成り立つ」

であるから，V の $x>0$ の部分は，◎に注意すると，

$$0<x\leqq 1 \text{ かつ } -m\leqq z\leqq 1-M \qquad \cdots\cdots④$$

と表される。

したがって，$x=$一定 $(0<x\leqq 1)$ なる平面による V の断面積 $T(x)$ は，④と(＊)より，

“$y\geqq 0$ かつ $0\leqq z\leqq 1-x-y$”

または“$-x\leqq y\leqq 0$ かつ $\dfrac{y^2}{4x}\leqq z\leqq 1-x-y$”

または“$-2x\leqq y\leqq -x$ かつ $\dfrac{y^2}{4x}\leqq z\leqq 1$”

または“$y\leqq -2x$ かつ $-x-y\leqq z\leqq 1$”

で表される yz 平面上の右図斜線部の領域の面積に等しい。

よって，

$T(x)=$(平行四辺形 ABCD)

$-$(図形 ECO)

$$=1\cdot 1-\left(\int_{-2x}^{0}\frac{y^2}{4x}dy-\frac{1}{2}x\cdot x\right)$$

$$=1-\frac{1}{4x}\left[\frac{1}{3}y^3\right]_{-2x}^{0}+\frac{1}{2}x^2$$

$$=1-\frac{1}{6}x^2$$

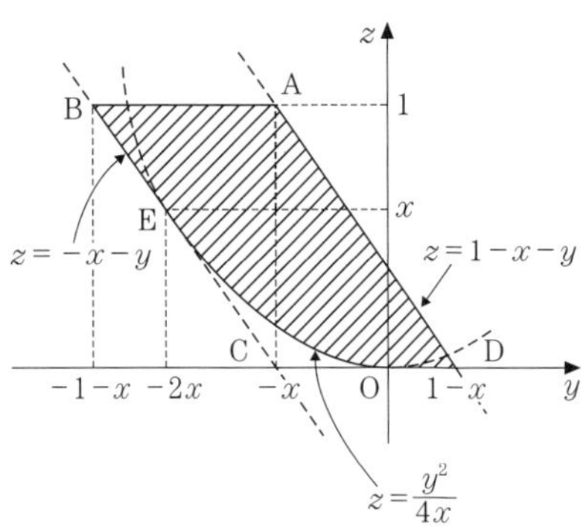

であるから，求める体積は，

$$\int_0^1 T(x)\,dx=\left[x-\frac{1}{18}x^3\right]_0^1$$
$$=\frac{\mathbf{17}}{\mathbf{18}}$$

である。

解説

1°　2010年度，2009年度に引き続き，第6問は図形に関連する重厚な問題である。(1)は2次関数の基本問題であるが，(2)，(3)は問題文の表現からして難しく感じる問題であり，受験生全体の出来具合は芳しくないであろう。もっとも，(3)は東大理科で頻出の立体の体積問題であり，(2)に引きずられることなく素直に考えればごく標準的である。小設問を独立に考えることも功を奏する場合がある。

2°　(2)の領域Sの定義を確認しておこう。特に

「実数zで $0\leqq t\leqq 1$ の範囲の全ての実数tに対して
$0\leqq xt^2+yt+z\leqq 1$ を満たすようなものが存在する」

という部分は，“存在”と“全て”という論理的な表現が同時に含まれている。一昔前の高校数学で扱っていた程には論理を学習していない現行課程の受験生には，やや酷な表現であったかもしれない。これは，(1)の$f(t)$を用いて表現すると，

「実数zをうまく選べば，$0\leqq t\leqq 1$ なるどんなtに対しても
$0\leqq f(t)+z\leqq 1$ にできる」

ということである。注意するのは，実数zをうまく選んできた段階でzは固定される，という点である。すなわち，$0\leqq t\leqq 1$ なるtの値に応じてうまくzをとればよい，ということではない点である。それゆえ，$0\leqq f(t)+z\leqq 1$ の区間の幅が1であることから，この部分は**解答**のように，$M-m\leqq 1$ と同値になるのである。この同値関係を押さえることが一つのポイントであり，そうすれば，(1)の結果がうまく利用できることがわかる。

3°　(2)は領域Sを正しくxとyの不等式で捉えることができたとしても，それを図示するのがまた難点の一つである。特に，不等式 $x+y+\dfrac{y^2}{4x}\leqq 1$ や $\dfrac{y^2}{4x}\leqq 1$ の表す領域の境界線を図示する際，**解答**のように同値変形すれば $y=-2x\pm 2\sqrt{x}$ や $y=\pm 2\sqrt{x}$ のグラフの図示を考えることになる。後者が放物線であることは常識であるものの，前者が放物線を表すことはすぐにはわからないであろう。微分法を駆使して精密に描くことはできるが（実際，前者は原点でy軸に接するような放

物線である)，問題セット全体を見ると，そこまでする余裕はないはずであるし，出題者もそこまでは要求していないと思われる。座標平面上で，直線 $y=-2x$ と放物線 $y=\pm2\sqrt{x}$ を“合成”しておおよその形を図示すればよいであろう。問題文も「Sを図示せよ」ではなく「Sの概形を図示せよ」となっている。ただし，他の境界線となる直線との位置関係（上下関係等）はしっかり調べておくべきである。いくつかの直線や曲線が点 (1, 0)，点 (1, −2) や点 (4, −4) で交わることを押さえておくと概ね正しい図が描けるであろう。

4° (3) は不等式で表される立体の体積を求める問題で，定積分による体積計算の基本手順に従えばよいだろう。Vの定義の一部である「$0\leqq t\leqq1$ の範囲の全ての実数 t に対して $0\leqq xt^2+yt+z\leqq1$ が成り立つ」という部分は，素直に考えれば，t の関数 xt^2+yt+z の $0\leqq t\leqq1$ における最小値が 0 以上かつ最大値が 1 以下，ということであるから，(1) がなくても (1) と類似の考察をすることになる。

解答では，x 軸に垂直に切った切り口の面積を考えて解いたが，(2) からの流れで z 軸に垂直に切って考えるのも自然であろう。すなわち，$z=$一定 なる平面による V の $x>0$ の部分の切り口の xy 平面への正射影は，**解答**の

“$y\geqq0$ かつ $0\leqq z\leqq1-x-y$”

または“$-x\leqq y\leqq0$ かつ $\dfrac{y^2}{4x}\leqq z\leqq1-x-y$”

または“$-2x\leqq y\leqq-x$ かつ $\dfrac{y^2}{4x}\leqq z\leqq1$”

または“$y\leqq-2x$ かつ $-x-y\leqq z\leqq1$”

を x と y の不等式とみて，$0<x\leqq1$ のもとで xy 平面上に図示すればよく，この不等式から切り口の存在条件が $0\leqq z\leqq1$ であることもわかる。実際，図示すると右図のようになり，断面積を $U(z)$ とすれば，

$U(z)=$(平行四辺形 ABCD)$-$(図形 CEF)

$$=1\cdot1-\int_z^1\{-2\sqrt{z}\sqrt{x}-(-x-z)\}dx$$

$$=1-\left[-2\sqrt{z}\cdot\frac{2}{3}x^{\frac{3}{2}}+\frac{1}{2}x^2+zx\right]_z^1$$

$$=\frac{1}{2}+\frac{4}{3}\sqrt{z}-z+\frac{1}{6}z^2$$

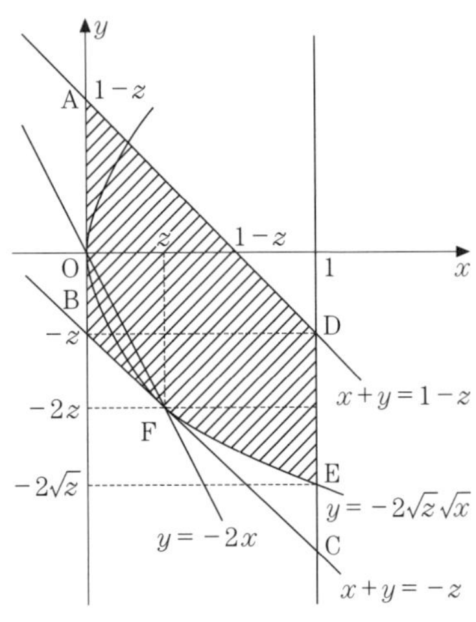

となるので，求める体積は，

$$\int_0^1 U(z)\,dz=\int_0^1\left[\frac{1}{2}+\frac{4}{3}\sqrt{z}-z+\frac{1}{6}z^2\right]dz$$

$$=\left[\frac{1}{2}z+\frac{4}{3}\cdot\frac{2}{3}z^{\frac{3}{2}}-\frac{1}{2}z^2+\frac{1}{6}\cdot\frac{1}{3}z^3\right]_0^1$$

$$=\frac{17}{18}$$

となる。

なお，V の境界面である $x=0$ は，**解** **答** や上の計算で除いて考えているが，境界面を含むか否かは体積計算に影響を与えない。すなわち，含んでも含まなくても体積は同じである。このことは大学の数学で厳密に証明される。

2010年

第 1 問

解 答

(1) Vは，右図のように，底面の面積が

（半径 $\sqrt{a^2+c^2}$ の四分円の面積）

＋2·（直角をはさむ2辺の長さが a と c の直角三角形の面積）

$$=\frac{\pi}{4}(a^2+c^2)+ac$$

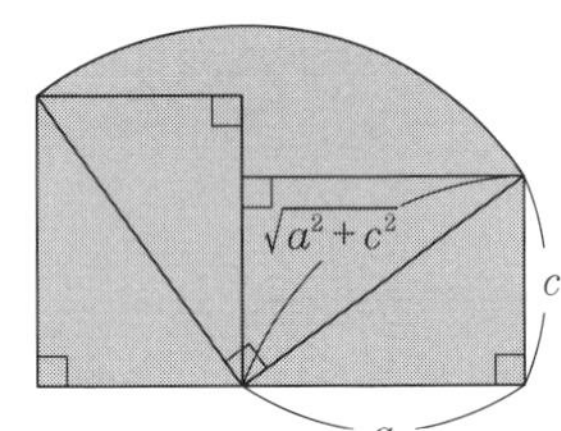

であり，高さが b の柱であるから，その体積を Tとすると，

$$\boldsymbol{T=\left\{\frac{\pi}{4}(a^2+c^2)+ac\right\}b} \qquad \cdots\cdots ①$$

である。

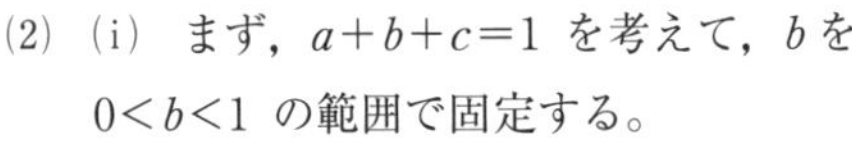

(2) (i) まず，$a+b+c=1$ を考えて，bを $0<b<1$ の範囲で固定する。

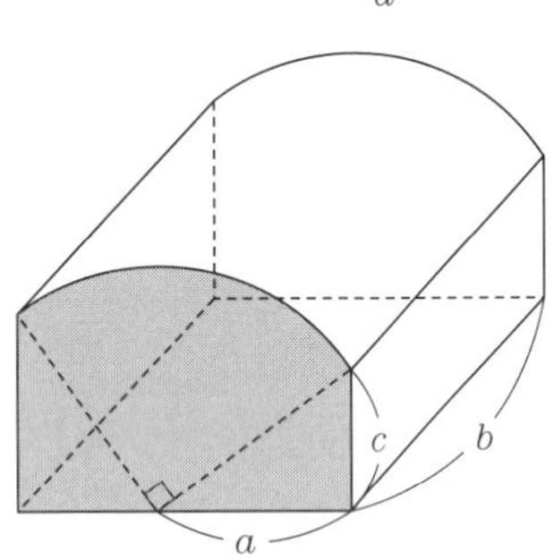

$a+c=1-b$ であるから，① の｛ ｝内は，

$$\frac{\pi}{4}(a^2+c^2)+ac$$

$$=\frac{\pi}{4}\{(a+c)^2-2ac\}+ac$$

$$=\frac{\pi}{4}(1-b)^2+\left(1-\frac{\pi}{2}\right)ac \qquad \cdots\cdots ②$$

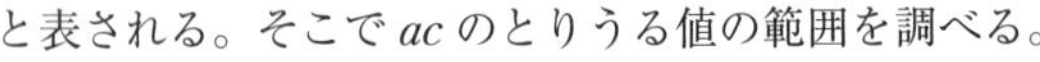

と表される。そこで ac のとりうる値の範囲を調べる。

$c=1-b-a$ であるから，

$$ac=a(1-b-a)=-a^2+(1-b)a$$

$$=-\left(a-\frac{1-b}{2}\right)^2+\frac{(1-b)^2}{4} \qquad \cdots\cdots ③$$

と表され，$c>0$ より，aは，

$$a>0 \text{ かつ } 1-b-a>0\text{，すなわち，} 0<a<1-b \qquad \cdots\cdots ④$$

の範囲を変化する。よって，③，④ より，ac のとりうる値の範囲は，

$$0<ac\leqq\frac{1}{4}(1-b)^2 \quad \cdots\cdots⑤$$

である。

したがって，$1-\frac{\pi}{2}<0$ に注意すると，①，②，⑤ より，T のとりうる値の範囲は，

$$\frac{\pi+2}{8}b(1-b)^2\leqq T<\frac{\pi}{4}b(1-b)^2 \quad \cdots\cdots⑥$$

である。

(ii) 次に，b を $0<b<1$ の範囲で変化させる。

$f(b)=b(1-b)^2$ とおくと，

$$f'(b)=(1-b)^2-2b(1-b)$$
$$=(1-b)(1-3b)$$

より，右表を得る。

b	(0)		$\frac{1}{3}$		(1)
$f'(b)$		＋	0	－	
$f(b)$		↗		↘	

ここに，

$$f(0)=f(1)=0,\quad f\left(\frac{1}{3}\right)=\frac{4}{27} \quad \cdots\cdots⑦$$

であるから，$f(b)$ の増減と，⑥，⑦ より，求める T のとりうる値の範囲は，

$$\boldsymbol{0<T<\frac{\pi}{27}}$$

である。

解説

1° 2010 年度の問題の中では比較的取り組みやすい問題であった。しかしながら，受験生の出来具合は必ずしも芳しくないようである。多変数関数の取り扱いは伝統的に東大が好んで出題してきた題材ではあるものの，近年は出題されていなかったためか，試験場では(2)の途中でダウンという受験生も少なくなかったようである。過去問の研究は最低でも最近 10 年分，できればそれ以上過去に遡ってできるだけ多くしておくことを勧める。

2° (1)は問題なかろう。柱の体積であるから，底面積と高さが分かれば解決するのであって，定積分は必要ない。立体図形を題材にしている点で，東大の図形重視の姿勢が窺える。

3° (2)は条件付き 3 変数関数の値域問題である。2 変数以上が変化する場合の多変数関数の最大値・最小値や値域は，いわゆる「予選決勝法」によって求められる。す

なわち，(i) まずある文字だけを変数と見て変化させ，他の文字は固定して最大値・最小値や値域を求め（これが“予選”に相当する），(ii) ついで固定しておいた文字を変化させて(i)で求めた最大値の最大値，最小値の最小値，値域の値域を求めることにより（これが“決勝”に相当する），全体の最大値・最小値や値域を求めるという方法である。

本問では，(1)の結果である $T=\left\{\frac{\pi}{4}(a^2+c^2)+ac\right\}b$ を見ると，a と c については対称な形であるのに対して b についてはそうなっていない。そこで，“予選”として，まず b を固定して a と c を変化させようと考えたのが**解答**である。b を固定すれば，$a+c$ が一定という条件のもとで，$a+c$ と ac で表される関数の値域を求めることに帰着し，$a+c$ が一定なのであるから結局 ac で表される関数の値域を求めることに帰着する。“予選”の結果が $\frac{\pi+2}{8}b(1-b)^2\leqq T<\frac{\pi}{4}b(1-b)^2$ のように，値域の上下の限界が 1 変数 b の同じ形の関数 $b(1-b)^2$ で表されることに気をつけておきたい。そうすれば“決勝”は簡単な 3 次関数の値域を調べるだけで，容易である。

「予選決勝法」という呼称は受験の世界での俗称であるが，大学で学ぶ偏微分にも通じる，数学的にも極めて重要な考え方であり，習熟しておくべき必須事項である。

4° (2)では等式の条件が 1 つあるのであるから，それを利用してまず 1 文字を消去しようとするのも自然な着想である。実質的には 2 変数関数の問題となる。その際は，$T=\left\{\frac{\pi}{4}(a^2+c^2)+ac\right\}b$ の形に注目すると，やはり b を消去するのが自然な流れであろう。すると，体積 T は a と c の対称式として表されるので，その後は定石どおり基本対称式 $a+c$ と ac をかたまりにして議論すればよい。

すなわち，$a+b+c=1$ より，$b=1-a-c$ であるから，これを(1)の結果に代入し，b を消去すると，

$$T=\left\{\frac{\pi}{4}(a^2+c^2)+ac\right\}(1-a-c)$$

$$=\left[\frac{\pi}{4}\{(a+c)^2-2ac\}+ac\right]\{1-(a+c)\}$$

と表される。そこで，

$$u=a+c,\quad v=ac$$

とおくと，

$$T=\left\{\frac{\pi}{4}(u^2-2v)+v\right\}(1-u)$$

$$=\left\{\frac{\pi}{4}u^2+\left(1-\frac{\pi}{2}\right)v\right\}(1-u) \quad \cdots\cdots㋐$$

となる。a, b, c が

$a>0$ かつ $b>0$ かつ $c>0$ かつ $a+b+c=1$

をみたしながら変化することより，u と v は，

$u>0$ かつ $v>0$ かつ $1-u>0$ かつ $u^2-4v\geqq 0$ ……㋑

をみたしながら変化する（㋑の第4式は a, c が2次方程式 $t^2-ut+v=0$ の2実解であることによる)。

このあとは，㋑を考えて u を $0<u<1$ の範囲で固定し，v のみを

$0<v\leqq \dfrac{u^2}{4}$ ……㋒

の範囲で変化させれば，T のとりうる値の範囲として，㋐，㋒より，

$$\frac{\pi+2}{8}u^2(1-u)\leqq T<\frac{\pi}{4}u^2(1-u)$$

を得る。これは解答の⑥と同じものであり，上の議論全体は実質的に解答と同じことをしていることになる。

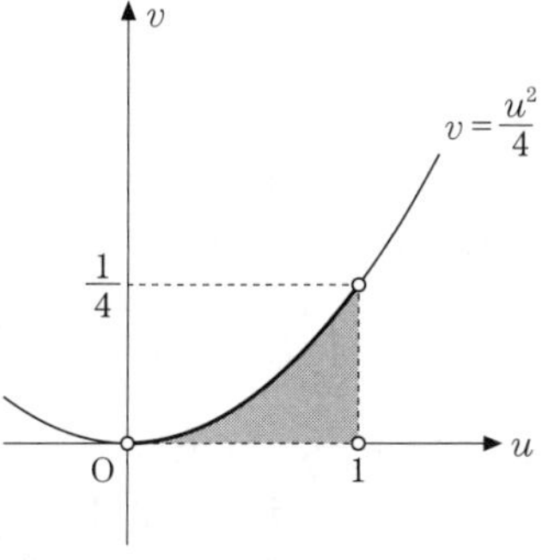

5° 解説 4°において，$u=a+c$, $v=ac$ と変数変換した後の u, v の制約条件に注意が必要である。㋑のうち，$u>0$ かつ $v>0$ かつ $1-u>0$ 以外に，a と c の実数条件である $u^2-4v\geqq 0$ が加わることを忘れやすい。

6° (2)は「とりうる値の範囲」という値域問題であって最大値・最小値を求める問題ではないので，相加平均・相乗平均の関係などの絶対不等式を使っただけでは，原則として解答として通用しない。絶対不等式は単なる大小関係であって，とりうる値の範囲を表すものではないからである。

また，(2)の結果には等号が含まれないことにも注意しておこう。とりうる値の範囲を問われているのであり，単なる大小関係ではないので，等号の有無は些細なように見えて実は数学的に決定的な相違になってしまうのである。

第 2 問

解 答

(1) すべての自然数 k に対して，

$$0 \leqq x \leqq 1 \implies \frac{1-x}{k+1} \leqq \frac{1-x}{k+x} \leqq \frac{1-x}{k} \quad \cdots\cdots①$$

であるから，① の各辺を $x=0$ から $x=1$ まで積分し，

$$\int_0^1 \frac{1-x}{k+1}dx \leqq \int_0^1 \frac{1-x}{k+x}dx \leqq \int_0^1 \frac{1-x}{k}dx \quad \cdots\cdots②$$

が成り立つ。① の等号は $x=0$，$x=1$ 以外では成立しないので，② の等号は外すことができて，

$$\int_0^1 \frac{1-x}{k+1}dx < \int_0^1 \frac{1-x}{k+x}dx < \int_0^1 \frac{1-x}{k}dx$$

すなわち，

$$\frac{1}{k+1}\int_0^1 (1-x)\,dx < \int_0^1 \frac{1-x}{k+x}dx < \frac{1}{k}\int_0^1 (1-x)\,dx \quad \cdots\cdots③$$

が成り立つ。ここで，

$$\int_0^1 (1-x)\,dx = \left[x-\frac{x^2}{2}\right]_0^1 = \frac{1}{2} \quad \cdots\cdots④$$

であるから，③，④ より，すべての自然数 k に対して，不等式

$$\frac{1}{2(k+1)} < \int_0^1 \frac{1-x}{k+x}dx < \frac{1}{2k} \quad \cdots\cdots⑤$$

が成り立つ。　　　　（証明終わり）

(2) ⑤ の定積分を計算すると，

$$\begin{aligned}\int_0^1 \frac{1-x}{k+x}dx &= \int_0^1 \left(-1+\frac{k+1}{k+x}\right)dx \\ &= \Big[-x+(k+1)\log|k+x|\Big]_0^1 \\ &= (k+1)\{\log(k+1)-\log k\}-1\end{aligned}$$

となるので，⑤ の各辺を $k+1(>0)$ で割ることにより，

$$\frac{1}{2(k+1)^2} < \log(k+1)-\log k-\frac{1}{k+1} < \frac{1}{2k(k+1)}$$

を得る。さらに，$\dfrac{1}{2(k+1)(k+2)} < \dfrac{1}{2(k+1)^2}$ であることから，

$$\frac{1}{2(k+1)(k+2)} < \log(k+1)-\log k-\frac{1}{k+1} < \frac{1}{2k(k+1)} \quad \cdots\cdots⑥$$

がすべての自然数kに対して成り立つ。

⑥で $k=n,\ n+1,\ n+2,\ \cdots\cdots,\ m-1$ として辺々加えると，

$$\sum_{k=n}^{m-1}\frac{1}{2(k+1)(k+2)}=\frac{1}{2}\sum_{k=n}^{m-1}\left(\frac{1}{k+1}-\frac{1}{k+2}\right)=\frac{1}{2}\left(\frac{1}{n+1}-\frac{1}{m+1}\right)$$

$$=\frac{m-n}{2(m+1)(n+1)},$$

$$\sum_{k=n}^{m-1}\frac{1}{2k(k+1)}=\frac{m-n}{2mn},$$

$$\sum_{k=n}^{m-1}\{\log(k+1)-\log k\}=\log m-\log n=\log\frac{m}{n},$$

$$\sum_{k=n}^{m-1}\frac{1}{k+1}=\sum_{k=n+1}^{m}\frac{1}{k}$$

であることから，$m>n$ であるようなすべての自然数mとnに対して，不等式

$$\frac{m-n}{2(m+1)(n+1)}<\log\frac{m}{n}-\sum_{k=n+1}^{m}\frac{1}{k}<\frac{m-n}{2mn}$$

が成り立つ。　　　　（証明終わり）

解説

1° (1)のような定積分を評価する問題は，2007年度第6問にも出題されており，また，(1), (2)ともに不等式の証明という形で式や数値を評価する問題は2009年度第5問にも出題されている。このように評価に関わる出題は東大に頻出であり，発見的考察を必要とする点で，決して易しくはない。ただし，本問については，2007年度のような問題で対策をしてきた受験生にとって解きやすいものであったであろう。合否の選抜に充分機能したと思われる。

2° (1)は，定積分が計算可能であるにも関わらず，定積分のままで不等式の証明を要求していることがヒントの一つである。定積分を計算するのではなく，定積分と不等式についての定理を利用するか，あるいは定積分の図形的意味を考えることで証明できる，という示唆であることを読み取りたい。解答は前者の方針で示している。後者の方針は**別解**として**3°**に掲げておく。

解答の基礎は，定積分と不等式に関する定理

> $a<b$ のとき，区間$[a,\ b]$で連続な関数$f(x)$，$g(x)$について，
>
> 区間$[a,\ b]$において　$f(x)\leqq g(x)$　ならば　$\int_a^b f(x)\,dx\leqq\int_a^b g(x)\,dx$

が成り立つ。

等号は，区間 $[a,\ b]$ でつねに $f(x)=g(x)$ であるときに限って成り立つ。

である。この定理の応用上の意義は，定積分を評価したいときには，その被積分関数をはさむ不等式を用意すればよい，ということである。本問では ① を用意することが証明のポイントとなる。

3° 【(1) の 別解】

$f(x)=\dfrac{1-x}{k+x}=-1+\dfrac{k+1}{k+x}$ とおくと，

$y=f(x)$ のグラフは，$x=-k$ と $y=-1$ を漸近線とする右図のような直角双曲線である。

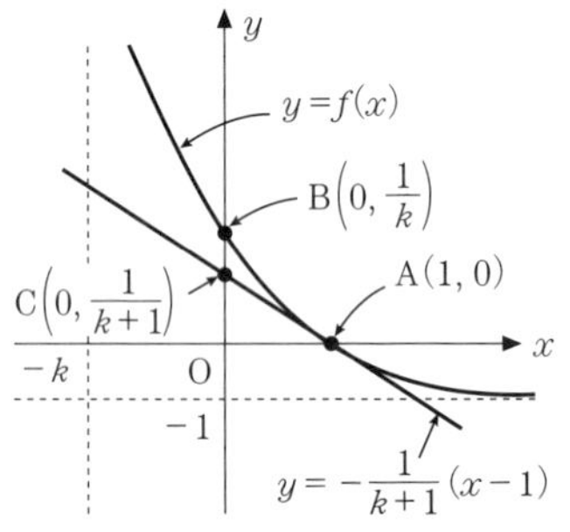

ここで，図のように点 A$(1,\ 0)$，B$\left(0,\ \dfrac{1}{k}\right)$，C$\left(0,\ \dfrac{1}{k+1}\right)$ をとる。ただし，C は，点 A における曲線 $y=f(x)$ の接線

$$y=f'(1)(x-1)$$

すなわち，

$$y=-\frac{k+1}{(k+1)^2}(x-1)=-\frac{1}{k+1}(x-1)$$

と y 軸との交点である。

このとき，面積を比較することにより，すべての自然数 k に対して，

$$\triangle\mathrm{OAC}<\begin{pmatrix}0\leqq x\leqq 1 \text{ において曲線 } y=f(x)\\ \text{と } x \text{ 軸とで囲まれる部分の面積}\end{pmatrix}<\triangle\mathrm{OAB}$$

すなわち，

$$\triangle\mathrm{OAC}<\int_0^1\frac{1-x}{k+x}dx<\triangle\mathrm{OAB}$$

が成り立つ。そして，

$$\triangle\mathrm{OAC}=\frac{1}{2}\cdot 1\cdot\frac{1}{k+1}=\frac{1}{2(k+1)},\quad \triangle\mathrm{OAB}=\frac{1}{2}\cdot 1\cdot\frac{1}{k}=\frac{1}{2k}$$

であることから，すべての自然数 k に対して，不等式

$$\frac{1}{2(k+1)}<\int_0^1\frac{1-x}{k+x}dx<\frac{1}{2k}$$

が成り立つ。　　（証明終わり）

△OABによって上から評価することは，図を描くと $y=f(x)$ の y 切片が $\dfrac{1}{k}$ であることから，すぐに気づくであろう。しかし，△OACによって下から評価することは，すぐには気づきにくい。上からの評価が“y 切片 $\dfrac{1}{k}$”で成功しているので，y 軸上の点 $\mathrm{C}\left(0,\ \dfrac{1}{k+1}\right)$ と点A$(1,\ 0)$を結び△OACで下から評価すればよい，としても，それだけでは証明にならない。線分ACと曲線 $y=f(x)$ の上下関係を確かめておかねばならないからである。この部分を【(1)の **別解**】では，直線ACが点A$(1,\ 0)$における接線であることを示すことで不合理なく説明しているのである。厳密には，曲線 $y=f(x)$ が下に凸であることも効くのであるが，曲線 $y=f(x)$ が直角双曲線であることを述べておけば“下に凸”は自明であるので，“直角双曲線”か“下に凸”かのいずれかを述べておけばよかろう。

4°　(2)では，(1)を利用しようと考え，(1)の不等式の定積分を計算してみることがポイントの一つである。logを導くには積分計算をするしかないからである。

計算した結果の $(k+1)\{\log(k+1)-\log k\}-1$ と，証明すべき不等式の中辺の $\log\dfrac{m}{n}-\sum\limits_{k=n+1}^{m}\dfrac{1}{k}=\log m-\log n-\sum\limits_{k=n+1}^{m}\dfrac{1}{k}$ を見比べれば，$k+1$ で割ってシグマをとればよい，と見通せるだろう。実際，それを丁寧に実行するだけでよく，それほど難しい問題ではない。ただし，左側の不等式については，(1)から直接導かれる $\dfrac{1}{2(k+1)^2}<\log(k+1)-\log k-\dfrac{1}{k+1}$ のままでは証明に成功せず，シグマ計算を実行するために，さらに左端を $\dfrac{1}{2(k+1)(k+2)}<\log(k+1)-\log k-\dfrac{1}{k+1}$ としておくことがもう一つのポイントである。$\sum$の中身が階差の形に変形できれば，シグマは容易に計算できる，という基本を確認しておこう。

5°　ところで，(2)の不等式は何を意味しているのであろうか。証明すべき不等式の中辺が，

$$\log\frac{m}{n}-\sum_{k=n+1}^{m}\frac{1}{k}=\int_n^m\frac{1}{x}dx-\sum_{k=n}^{m-1}\frac{1}{k+1}$$
$$=\sum_{k=n}^{m-1}\left(\int_k^{k+1}\frac{1}{x}dx-\frac{1}{k+1}\right)$$

と変形できることに注目して図形的意味を考えれば，右図の綱目部の面積を表すことがわかる。そ

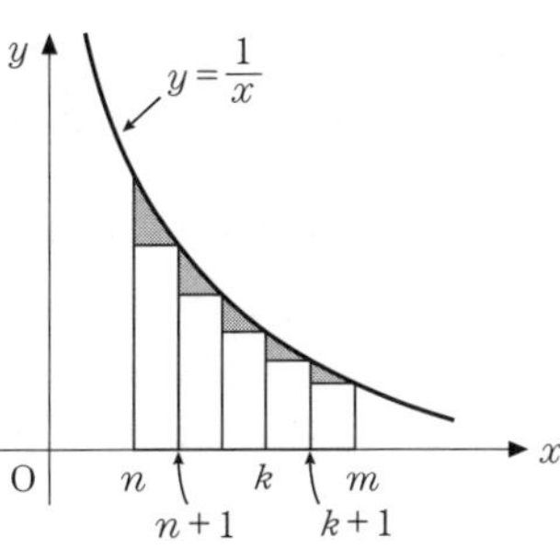

れゆえ(2)の不等式は，$n \leqq x \leqq m$ において曲線 $y=\dfrac{1}{x}$ と x 軸とで囲まれる部分の面積を，幅 1 の区間ごとに長方形の面積で近似したときの誤差を評価したものと考えられる。

このような意味を考えることによって，【(1)の 別解 】と同様に(2)の不等式を証明することもできる。

第 3 問

解答

箱Lに入っているボールの個数が x（したがって，箱Rに入っているボールの個数は $30-x$）である状態を $\boxed{x}$ で表すことにする。

操作(#)において，$K(0)=K(30)=0$ であるから，$\boxed{0}$ 及び $\boxed{30}$ になると，それ以後操作(#)を繰り返しても，状態は変化しないことに注意する。

(1) $m \geqq 2$ のもとで，x の値により分類する。

(i) $0 \leqq x \leqq 15$ のとき，$K(x)=x$ であるから，$\boxed{x}$ から操作(#)を繰り返して m 回後に $\boxed{30}$ となるのは，

「コインを投げて表が出て $\boxed{2x}$ となり $\left(確率\ \dfrac{1}{2}\right)$,

かつ, $\boxed{2x}$ から操作(#)を繰り返して $m-1$ 回後に $\boxed{30}$ となる（確率 $P_{m-1}(2x)$）」

場合に限られる（図 1）。

よって，

$$P_m(x)=\frac{1}{2}P_{m-1}(2x)$$

が成り立つ。

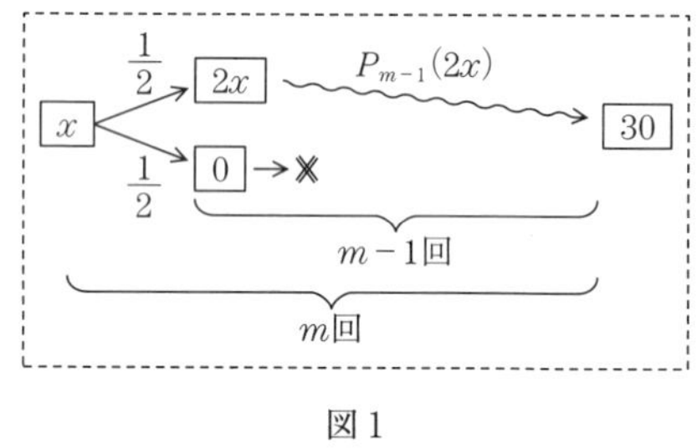

図 1

(ii) $16 \leqq x \leqq 30$ のとき，$K(x)=30-x$ であるから，$\boxed{x}$ から操作(#)を繰り返して m 回後に $\boxed{30}$ となるのは，

「“コインを投げて表が出て $\boxed{30}$ となる $\left(確率\ \dfrac{1}{2}\right)$”

または

“コインを投げて裏が出て $\boxed{2x-30}$ となり $\left(確率\ \dfrac{1}{2}\right)$,

かつ, $\boxed{2x-30}$ から操作(#)を繰り返して $m-1$ 回後に $\boxed{30}$ となる

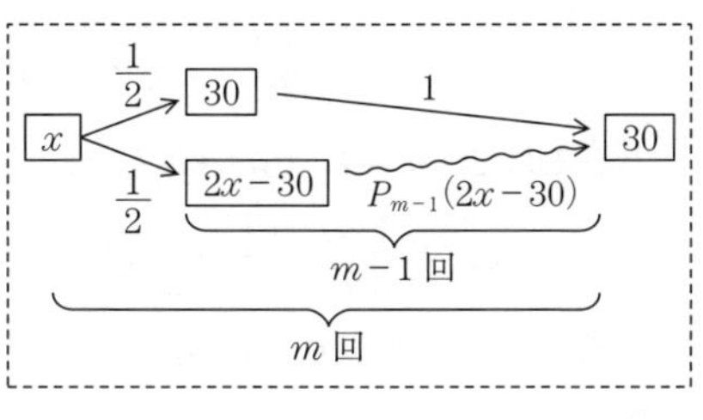

図2

（確率 $P_{m-1}(2x-30)$）”」

場合に限られる（図2）。

よって，

$$P_m(x)=\frac{1}{2}+\frac{1}{2}P_{m-1}(2x-30)$$

が成り立つ。

以上，(i)，(ii)から，$m \geqq 2$ のとき，

$$\boldsymbol{P_m(x)=\begin{cases}\frac{1}{2}P_{m-1}(2x) & (0 \leqq x \leqq 15 \text{ のとき}) \\ \frac{1}{2}+\frac{1}{2}P_{m-1}(2x-30) & (16 \leqq x \leqq 30 \text{ のとき})\end{cases}}$$

である。

(2)　n を自然数とするとき，(1)の結果を繰り返し用いると，

$$P_{2(n+1)}(10)=\frac{1}{2}P_{2n+1}(20)=\frac{1}{2}\left\{\frac{1}{2}+\frac{1}{2}P_{2n}(10)\right\}$$

となるので，$a_n=P_{2n}(10)$ とおくと，

$$a_{n+1}=\frac{1}{2}\left(\frac{1}{2}+\frac{1}{2}a_n\right),\quad \text{すなわち，}\quad a_{n+1}=\frac{1}{4}a_n+\frac{1}{4} \qquad \cdots\cdots①$$

が成り立つ。ここで，$a_0=0$ と定めれば，①は $n=0,\ 1,\ 2,\ \cdots\cdots$ に対して成立する。

①は，

$$a_{n+1}-\frac{1}{3}=\frac{1}{4}\left(a_n-\frac{1}{3}\right)$$

と変形できて，$\left\{a_n-\frac{1}{3}\right\}$ が公比 $\frac{1}{4}$ の等比数列をなすことから，

$$a_n-\frac{1}{3}=\left(a_0-\frac{1}{3}\right)\left(\frac{1}{4}\right)^n \qquad \therefore\quad a_n=\frac{1}{3}-\frac{1}{3}\left(\frac{1}{4}\right)^n$$

つまり，n を自然数とするとき，

$$\boldsymbol{P_{2n}(10)=\frac{1}{3}\left\{1-\left(\frac{1}{4}\right)^n\right\}}$$

である。

(3)　n を自然数とするとき，(1)の結果を繰り返し用いると，

$$P_{4(n+1)}(6)=\frac{1}{2}P_{4n+3}(12)=\frac{1}{2}\cdot\frac{1}{2}P_{4n+2}(24)$$

$$=\frac{1}{4}\left\{\frac{1}{2}+\frac{1}{2}P_{4n+1}(18)\right\}=\frac{1}{8}\left[1+\left\{\frac{1}{2}+\frac{1}{2}P_{4n}(6)\right\}\right]$$

となるので，$b_n=P_{4n}(6)$ とおくと，

$$b_{n+1}=\frac{1}{8}\left\{1+\left(\frac{1}{2}+\frac{1}{2}b_n\right)\right\},\quad \text{すなわち，}\quad b_{n+1}=\frac{1}{16}b_n+\frac{3}{16} \qquad \cdots\cdots②$$

が成り立つ。ここで，$b_0=0$ と定めれば，② は $n=0$，1，2，…… に対して成立する。

② は，

$$b_{n+1}-\frac{1}{5}=\frac{1}{16}\left(b_n-\frac{1}{5}\right)$$

と変形できて，$\left\{b_n-\frac{1}{5}\right\}$ が公比 $\frac{1}{16}$ の等比数列をなすことから，

$$b_n-\frac{1}{5}=\left(b_0-\frac{1}{5}\right)\left(\frac{1}{16}\right)^n \qquad \therefore\quad b_n=\frac{1}{5}-\frac{1}{5}\left(\frac{1}{16}\right)^n$$

つまり，n を自然数とするとき，

$$\boldsymbol{P_{4n}(6)=\frac{1}{5}\left\{1-\left(\frac{1}{16}\right)^n\right\}}$$

である。

解説

1°　2009 年度も第 3 問が確率の問題であったが，2009 年度の易しさからは一変して，試験場では多くの受験生が難しいと感じたようである。確率と漸化式の融合問題は東大では頻出であるにも関わらず，そのように認識されたのは，試験場における独特の緊張感の中で，落ち着いて問題文の内容を頭に入れることができなかったからではないだろうか。また，(1) の問題文の「x に対してうまく y を選び」という見慣れない表現に戸惑ったのかもしれず，(1) ができずに (2) や (3) に手をつけようという気さえ起きない状況であったのかもしれない。しかし，題意を把握してしまえば容易に満点が取れる問題であり，実際そのような受験生も見られる。問題設定に応じて素直に考えればよいだけの“簡単な”難問ともいうことができ，大きく差がついたことであろう。

2°　解決のポイントは，問題内容と記号を正確に理解することがすべてといってよい。そこで，問題文に即して解説していこう。

まず，2 つの箱 L と R が用意され，ボール 30 個がある。コイン投げは要するに

確率 $\frac{1}{2}$ を与えるための装飾にすぎない。L に x 個，R に $30-x$ 個のボールを入れて操作(#)を繰り返すのであるが，ボールは全部で 30 個と決まっているのであるから，L の個数を定めれば R の個数も定まることに注意しておきたい。そこで **解** **答** では，L の個数だけに注目して議論を進めるように準備したのである。

次に，操作(#)は，**解** **答** の記号を用いると，確率 $\frac{1}{2}$ ずつで，$\boxed{z}\to\boxed{z+K(z)}$，$\boxed{z}\to\boxed{z-K(z)}$ のいずれかの状態推移が起こることを表している。ここで，

$$K(z)=\begin{cases} z & (0\leqq z\leqq 15 \text{ のとき}) \\ 30-z & (16\leqq z\leqq 30 \text{ のとき}) \end{cases}$$

であり，これは移動するボールの個数が，L と R に入っているボールの個数の少ない方であることを意味している。したがって，$\boxed{z}$ の状態からは，$z\leqq 15$ であれば確率 $\frac{1}{2}$ ずつで $\boxed{2z}$ か $\boxed{0}$ になり（$\because$ $z+z=2z$，$z-z=0$），$z\geqq 16$ であれば確率 $\frac{1}{2}$ ずつで $\boxed{30}$ か $\boxed{2z-30}$ になる（$\because$ $z+(30-z)=30$，$z-(30-z)=2z-30$）。(1) で分類が必要なことは，このことを踏まえれば必然的である。

さらに，記号 $P_m(x)$ は，「m 回の操作の後，箱 L のボールの個数が 30 である確率」と記されているが，これを $\boxed{x}$ をスタート状態として理解することが肝心である。つまり，出発点の状態が $\boxed{x}$ であるとしたとき，m 回の操作を行って $\boxed{30}$ となっている確率なのである。それゆえ，(1) で $P_m(x)$ を $P_{m-1}(y)$ で表そうとすれば，$y=x$ でない限り，$P_{m-1}(y)$ が $P_m(x)$ における 2 回目から m 回目までの $m-1$ 回の操作の確率を表していること，したがって，y とは 1 回の操作後に L の箱に入っているボールの個数を表していることが理解できるはずである。この点で，「x に対してうまく y を選び」という表現は暗に $y\fallingdotseq x$ を示唆しており，ヒントにもなっていると考えられる。

そして，問題文の $P_1(15)=P_2(15)=\frac{1}{2}$ も大きなヒントである。$K(15)=15$ であるから，$\boxed{15}$ からスタートした場合，1 回の操作後は確率 $\frac{1}{2}$ ずつで $\boxed{30}$ か $\boxed{0}$ になる。ゆえに $P_1(15)=\frac{1}{2}$ は自明である。ついで，$\boxed{15}$ をスタート状態として，2 回の操作後に $\boxed{30}$ となるのは，1 回の操作後に確率 $\frac{1}{2}$ で $\boxed{30}$ となり，2 回目の

操作で確率1で$\boxed{30}$が$\boxed{30}$になる場合である。よって，$P_2(15)=\frac{1}{2}\cdot 1=\frac{1}{2}$ となるのである。

結局，図3のような状態推移をとらえ，いったん$\boxed{30}$か$\boxed{0}$になればそれ以後の操作では状態が変化しないことを $P_1(15)=P_2(15)=\frac{1}{2}$ の例示から読み取れるかが(1)を解くカギになる。

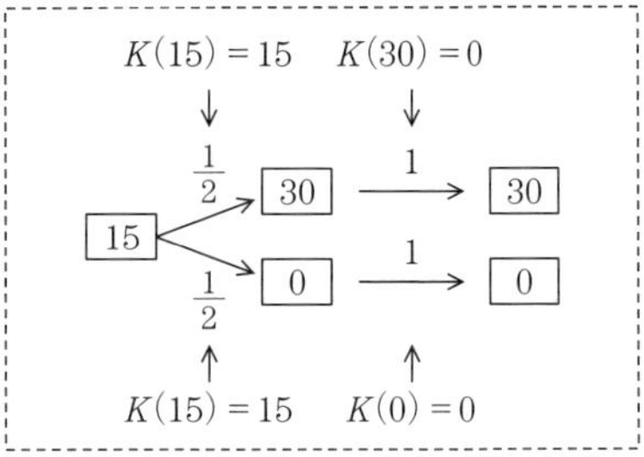

$K(15)=15$　$K(30)=0$

$\boxed{15}$ →($\frac{1}{2}$) $\boxed{30}$ →(1) $\boxed{30}$

$\boxed{15}$ →($\frac{1}{2}$) $\boxed{0}$ →(1) $\boxed{0}$

$K(15)=15$　$K(0)=0$

図3

3° 以上のように理解できれば，(1)は，$0\leqq x\leqq 15$ と $16\leqq x\leqq 30$ とで分類し，それぞれ，操作(#)の初めの1回後の状態に注目して，m 回後$\boxed{30}$になる状態推移の仕方をとらえればよい（図1・図2）。

漸化式を利用する確率過程の問題では，最初か最後の操作に着目して漸化式を作る，あるいは一歩手前の状態に着目して漸化式をつくる等，立式手法のパターン化が可能である。しかし，意味を考えずに暗記しただけでは応用が効かない（本問(1)は初めの1回の操作(#)後の状態に着目して漸化式を作っている）。より根本的な理解として，n に関する事象を，ある基準を導入することで $n-1$ に関する排反な事象の和事象としてとらえ，確率の加法定理を利用することで漸化式が立式されること，“ある基準”は問題に応じて導入すべきものであること，という問題解決への基本構造を体得しておくことが重要である。

4° (2), (3)は，(1)の結果を利用しようとすれば簡単な2項間漸化式が得られ，それを解けば容易に解決する問題である。漸化式の解き方を解説する必要はあるまい。

(2)では初めの状態が$\boxed{10}$，(3)では初めの状態が$\boxed{6}$であり，操作(#)の0回後は$\boxed{30}$ではないのであるから，$n=0$ のときの確率を0と定めれば，$n=0,\ 1,\ 2,\ \cdots\cdots$ に対して，導いた漸化式が成り立つことは納得できよう。

5° ところで，(2), (3)は(1)が解けなければ解けないという訳ではない。仮に(1)が解決できなくとも，直接(2), (3)を解くことができる。すなわち，(2)であれば，次頁の図4のように状態推移の様子を樹形状に描き出してみれば，2回後に$\boxed{10}$が現れた時点で，それ以後最初の状態からの推移と同じ状態推移が繰り返されるだけである。

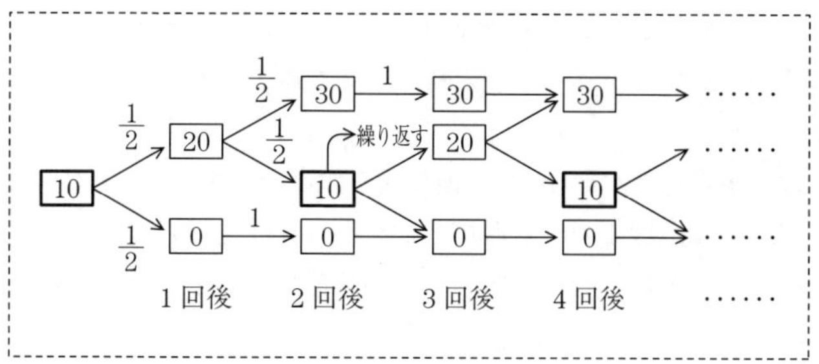

図4

したがって，図4より

$$P_{2n}(10)=\left(\frac{1}{2}\right)^2+\left(\frac{1}{2}\right)^2P_{2n-2}(10)\quad (n=2,\ 3,\ 4,\ \cdots\cdots)$$

が成り立ち，**解答**と同じ漸化式が得られる。これを $P_2(10)=\left(\frac{1}{2}\right)^2=\frac{1}{4}$ のもとで解けばよい。

同様に，(3)についても，図5のように状態推移することから，

$$P_{4n}(6)=\left(\frac{1}{2}\right)^3+\left(\frac{1}{2}\right)^4+\left(\frac{1}{2}\right)^4P_{4n-4}(6)\quad (n=2,\ 3,\ 4,\ \cdots\cdots)$$

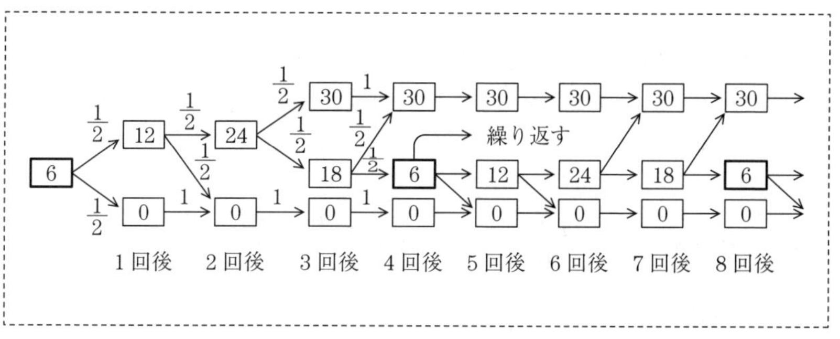

図5

が成り立ち，やはり**解答**と同じ漸化式が得られる。これを

$P_4(6)=\left(\frac{1}{2}\right)^3\cdot 1+\left(\frac{1}{2}\right)^4=\frac{3}{16}$ のもとで解けばよい。

このように，実験してみることは，問題解決への極めて有効なアプローチとなる。(2)，(3)が上のような実験により，(1)に先んじて解決できたのであれば，その

考察を踏まえてあらためて(1)を考えることにより，(1)のポイントに気づくのではないだろうか。試験の現場でも手を動かして具体的に調べてみることは大切である。

6° (2)，(3)だけが問題なのであれば，漸化式を作ることさえ実は不要である。

たとえば，(2)は，図4の繰り返しを見ると，初めて 30 になるのは偶数回の操作後のみである。そして，0 及び 30 の状態になると，それ以後状態は変化しないことに注意すれば，事象 E_k を

E_k：「10 から始めてちょうど $2k$ 回後に 30 になる」（k は自然数）

と定義すると，

$$P(E_k)=\left(\frac{1}{2}\right)^{2k}=\left(\frac{1}{4}\right)^{k}$$

である。求める確率は $P_{2n}(10)=P(E_1\cup E_2\cup\cdots\cdots\cup E_n)$ であり，各 E_k は排反であるから，

$$P_{2n}(10)=P(E_1\cup E_2\cup\cdots\cdots\cup E_n)=\sum_{k=1}^{n}P(E_k)$$

$$=\frac{1}{4}\cdot\frac{1-\left(\frac{1}{4}\right)^n}{1-\frac{1}{4}}=\frac{1}{3}\left\{1-\left(\frac{1}{4}\right)^n\right\}$$

と求められる。

同様に，(3)は図5の繰り返しを見て，事象 F_k，G_k を

F_k：「6 から始めてちょうど $4k$ 回後に 30 になる」（k は自然数）

G_k：「6 から始めてちょうど $4k-1$ 回後に 30 になる」（k は自然数）

と定義すると，F_k と G_k は排反で，

$$P(F_k)=\left(\frac{1}{2}\right)^{4k}=\left(\frac{1}{16}\right)^{k},\quad P(G_k)=\left(\frac{1}{2}\right)^{4k-1}=\frac{1}{8}\left(\frac{1}{16}\right)^{k-1},$$

$$P(F_k\cup G_k)=\left(\frac{1}{16}\right)^{k}+\frac{1}{8}\left(\frac{1}{16}\right)^{k-1}=\frac{3}{16}\left(\frac{1}{16}\right)^{k-1}$$

である。$H_k=F_k\cup G_k$ とおけば，求める確率は $P_{4n}(6)=P(H_1\cup H_2\cup\cdots\cdots\cup H_n)$ であり，各 H_k は排反であるから，

$$P_{4n}(6)=P(H_1\cup H_2\cup\cdots\cdots\cup H_n)=\sum_{k=1}^{n}P(H_k)$$

$$=\frac{3}{16}\cdot\frac{1-\left(\frac{1}{16}\right)^n}{1-\frac{1}{16}}=\frac{1}{5}\left\{1-\left(\frac{1}{16}\right)^n\right\}$$

と求められる。

7° 以上のような考察からわかるように，操作(#)を含む本問の内容を正確に理解すれば，状態 $\boxed{x}$ は，x が偶数のときは周期的に繰り返すことがわかるし，x が奇数のときは1回の操作後から周期的に繰り返すことがわかる。周期2で繰り返すのは $x=10$ と $x=20$ のときのみであり，$x=0$ と $x=30$ 及び $x=15$ を除けば，繰り返しの周期は4であることもわかる。理由は読者に任せよう。

第 4 問

解答

$f(x)=\dfrac{1}{2}x+\sqrt{\dfrac{1}{4}x^2+2}$ とおくと，$f(x)$ はすべての実数 x に対して定義され，

$$f(x)>\frac{1}{2}x+\sqrt{\frac{1}{4}x^2}=\frac{1}{2}x+\frac{1}{2}|x|\geqq 0$$

$$\begin{aligned}f(x)-x&=-\frac{1}{2}x+\sqrt{\frac{1}{4}x^2+2}\\&=\frac{\left(\frac{1}{4}x^2+2\right)-\left(\frac{1}{2}x\right)^2}{\sqrt{\frac{1}{4}x^2+2}+\frac{1}{2}x}\\&=\frac{2}{f(x)}>0\qquad\cdots\cdots①\end{aligned}$$

$C:y=f(x)$
$y=x$
$\sqrt{2}$
y
x
O

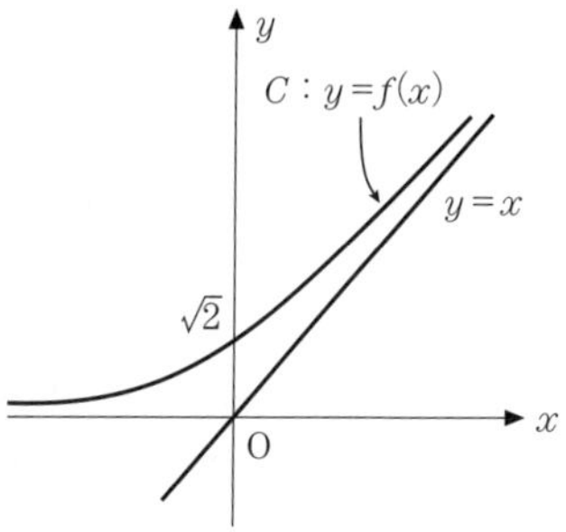

であることから，

「曲線 C は $y>0$ かつ $y>x$ なる領域内にある。」　……②

また，① により

$$\lim_{x\to-\infty}f(x)=\lim_{x\to-\infty}\frac{2}{f(x)-x}=\lim_{x\to-\infty}\frac{2}{\sqrt{\frac{1}{4}x^2+2}-\frac{1}{2}x}=0$$

$$\lim_{x\to\infty}\{f(x)-x\}=\lim_{x\to\infty}\frac{2}{\frac{1}{2}x+\sqrt{\frac{1}{4}x^2+2}}=0$$

であることから，

「曲線 C は左の遠方で x 軸に，右の遠方で直線 $y=x$ に漸近する。」　……③

さらに，

$$f'(x)=\frac{1}{2}\left(1+\frac{x}{\sqrt{x^2+8}}\right)=\frac{\sqrt{x^2+8}+x}{2\sqrt{x^2+8}}>\frac{|x|+x}{2\sqrt{x^2+8}}\geqq 0$$

より，

「$f(x)$は全域で単調増加関数である。」　……④

(1)　$i=1$，2 として $P_i(x_i,\ y_i)$ とおくと，$H_i(y_i,\ y_i)$ であり，② に注意すると，

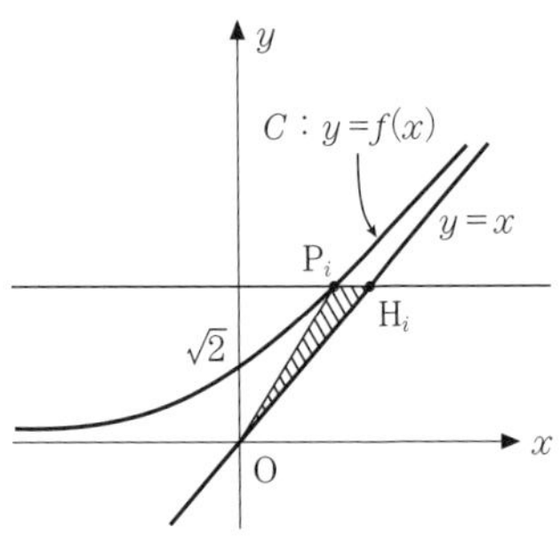

$$\triangle OP_iH_i=\frac{1}{2}(y_i-x_i)y_i$$

であり，さらに，① を用いると，

$$\triangle OP_iH_i=\frac{1}{2}\{f(x_i)-x_i\}f(x_i)$$

$$=\frac{1}{2}\cdot\frac{2}{f(x_i)}f(x_i)=1$$

である。これは i によらず成立するので，

$\triangle OP_1H_1$ と $\triangle OP_2H_2$ の面積は等しく 1 である。　（証明終わり）

(2)　②，④ より，$y=f(x)$ は逆関数 $x=f^{-1}(y)$ をもち，その定義域は $y>0$ である。このとき，① により

$$y-f^{-1}(y)=\frac{2}{y},\qquad つまり，\quad f^{-1}(y)=y-\frac{2}{y}$$

であり，曲線 C は $x=f^{-1}(y)$ で表される。

②，③，④ などにより，右下図網目部の面積 S が求めるものであり，(1)の結果を利用すると

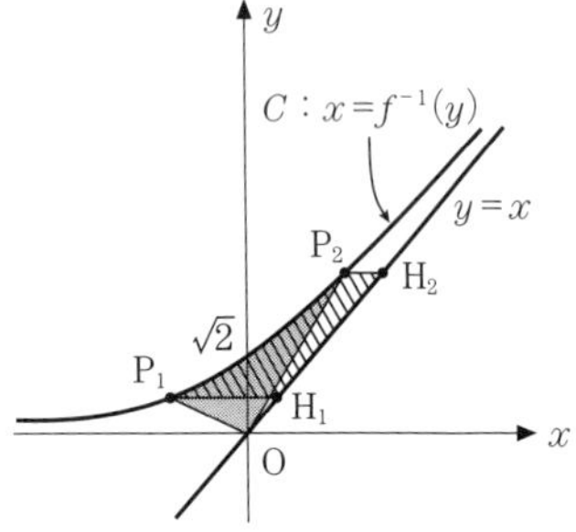

$$S=S+\triangle OP_2H_2-\triangle OP_1H_1$$

$=$（図の斜線部の図形 $P_1H_1H_2P_2$ の面積）

$$=\int_{y_1}^{y_2}\{y-f^{-1}(y)\}dy=\int_{y_1}^{y_2}\frac{2}{y}dy$$

$$=\mathbf{2\log\frac{y_2}{y_1}}$$

である。

解説

1°　洒落た問題である。(1)が巧妙かつ絶妙なヒントを与えており，受験生の柔軟な思考力を試すために大変よく練られている。というのは，(1)が問題とされている理由や意味を考えると，(2)ではほとんど計算なしで結果を導くことができ，思わずニンマリとして楽しめるのに対して，(1)の誘導を無視して闇雲に(2)をやりだすと計算地獄に陥ったり，余事記載をしたりなどして，内容的にも時間的にも大きな

差がつくからである。このような出題は東大ならではであり，特別なテクニックや知識を必要とせず，かといって易しくも難しくもないという点で，良問である。とはいえ，この種の問題は試験場では受験生に難しく感じられるのが常であろう。また，採点基準によっては，完答したつもりが減点されている，ということが起こりかねない問題でもあり，どこまで正確に記述すればよいかの判断に迷う点もある。受験生としては，まず最終結果を出すことを優先し，さらに余裕があれば細かい点について検討するという姿勢で臨むのがよいであろう。

2° (1)は素直にやれば難なく解決できる。ただし，点 P_i と点 H_i の位置関係が不明な段階では，

$$\triangle \mathrm{OP}_i\mathrm{H}_i=\frac{1}{2}|(y_i-x_i)y_i|$$

のように，絶対値を付けておかねばならない。実際に絶対値の中身を計算してみると，

$$\begin{aligned}(y_i-x_i)y_i&=\left(\frac{1}{2}x_i+\sqrt{\frac{1}{4}{x_i}^2+2}-x_i\right)\left(\frac{1}{2}x_i+\sqrt{\frac{1}{4}{x_i}^2+2}\right)\\&=\left(\sqrt{\frac{1}{4}{x_i}^2+2}\right)^2-\left(\frac{1}{2}x_i\right)^2=2\end{aligned}$$

となり，結果として絶対値は不要であることがわかる。**解** **答** では，この点を意識し，さらに(2)が面積問題であり，曲線 C と直線 $y=x$ や x 軸などの位置関係も考慮せねばならないことを見込んで，(1)の前に曲線 C の概形をある程度正確に調べたのである。

3° (1)の結果は，点 P_i の位置によらず成立する。ということは，曲線 C 上の任意の点 $\mathrm{P}(x,\ y)$ について，

$$\frac{1}{2}(y-x)y=1,\quad つまり，\quad (y-x)y=2 \qquad \cdots\cdots(*)$$

が成立することになる。すなわち，曲線 C は(＊)で表される曲線の一部（(＊)は C 上の点の座標の満たすべき必要条件であるから，この段階では“全体”と断定できず“一部”）となっている。

一般に，平行でない異なる2直線 $l：ax+by+c=0$，$m：a'x+b'y+c'=0$ に対して，

$$(ax+by+c)(a'x+b'y+c')=k \quad (ただし\ k\ は定数で\ k\neq 0)$$

で表される図形は，l と m を漸近線とする双曲線である（意欲ある読者は証明を試みよ)。それゆえ，(＊)で表される図形は，2直線 $y-x=0$ と $y=0$ を漸近線と

する双曲線であり，$y>0$ ゆえ，曲線 C は2直線 $y-x=0$ と $y=0$ を漸近線とする双曲線の一方の枝である。(1)は暗にこのことを仄めかしており，(2)を解く際には，この事実をつかんでから曲線 C の概形を描けば，より正確に描けるだろう。**解答** の(1)の前段階の記述も，先立ってこの事実をつかみ，あらためてまとめたものである。

4° C が双曲線の一方の枝であることをつかめば，(1)は双曲線の有名性質「双曲線上の任意の点Pから2本の漸近線に平行に引いた2本の直線と漸近線とで囲まれる平行四辺形の面積はPの位置によらず一定である」において，平行四辺形の対角線で二等分した三角形の面積も一定であることを示す問題でもあることがわかる。この有名性質の証明は読者の練習問題としておこう。

5° (2)は，東大頻出の求積問題である。平面上の曲線で囲まれる部分の面積を求めるには，曲線どうしの上下関係を確認しておくことが基本である。それには，曲線 C の概形を描くのがよく，**3°** で触れたように，概形を描くのに(1)が資する。

(2)のキーポイントは，問題文の「y_1，y_2 を用いて表せ」に敏感になって，y 軸方向に積分しようと発想することと，(1)の事実を図形的に反映させて，$y_1 \leqq y \leqq y_2$ の範囲で曲線 C と直線 $y=x$ とで囲まれる部分の面積を求めればよい，といいかえることにある。

y 軸方向に積分しようとすれば，$y=f(x)$ を x について解かねばならないが，ここでも(＊)から容易に $x=y-\dfrac{2}{y}$ を導くことができ，やはり(1)が効いている。y 軸方向を横軸と見たときは，直線 $x=y$ が曲線 C：$x=y-\dfrac{2}{y}$ かつ $y>0$ の“上側”にあるので，面積は

$$\int_{y_1}^{y_2}\left\{y-\left(y-\frac{2}{y}\right)\right\}dy=\int_{y_1}^{y_2}\frac{2}{y}dy$$

を計算するだけで求められる。

(1)を利用せずに，x 軸方向に積分をして余分な部分を除くと考えると，面積は

$$\int_{x_1}^{x_2}f(x)\,dx+\frac{1}{2}x_1y_1-\frac{1}{2}x_2y_2$$

を計算することで得られる。第1項の積分において $x=y-\dfrac{2}{y}$ と置換すれば，これは $x=f^{-1}(y)$ と置換することにほかならないから，

$$\int_{y_1}^{y_2}y\left(1+\frac{2}{y^2}\right)dy+\frac{1}{2}\left(y_1-\frac{2}{y_1}\right)y_1-\frac{1}{2}\left(y_2-\frac{2}{y_2}\right)y_2$$

$$=\int_{y_1}^{y_2}\left(y+\frac{2}{y}\right)dy+\frac{1}{2}(y_1{}^2-y_2{}^2)$$

$$=2\log\frac{y_2}{y_1}$$

と求められるが，迂遠である。

6° 逆関数の積分は，2006 年度第 6 問でも扱われている。

逆関数については 2006 年度第 6 問の **解説** を参照してもらいたい。

また，逆関数とは別に，問題文で与えられた式から直接同値変形すると，

$$y=\frac{1}{2}x+\sqrt{\frac{1}{4}x^2+2} \iff y-\frac{1}{2}x=\sqrt{\frac{1}{4}x^2+2}$$

$$\iff \left(y-\frac{1}{2}x\right)^2=\frac{1}{4}x^2+2 \quad \text{かつ} \quad y-\frac{1}{2}x\geqq 0$$

$$\iff y^2-yx=2 \quad \text{かつ} \quad y\geqq\frac{1}{2}x$$

$$\iff y-x=\frac{2}{y} \quad \text{かつ} \quad y\geqq\frac{1}{2}x$$

となる。

一般に，実数 A，B に対して，

$$A=\sqrt{B} \iff A^2=B \quad \text{かつ} \quad A\geqq 0$$

である。安易に平方すると同値性は崩れることが多く，同値の記号 ⟺ を気軽に使うことは慎もう。

7° ところで，(2) では，素朴にやり始めると，線分 OP_i が，点 P_i 以外に曲線 C と共有点を持たないかが心配になる。上述のように，C が双曲線の一方の枝であると知れば，そのような心配は無用だとすぐにわかるが，仮に双曲線であることが認識されていなくとも，つぎのようにしてわかる。すなわち，線分 OP_i が点 $\mathrm{P}_i(x_i,\ y_i)$ 以外に曲線 C と共有点 $\mathrm{P}_j(x_j,\ y_j)$ を持つとすれば，

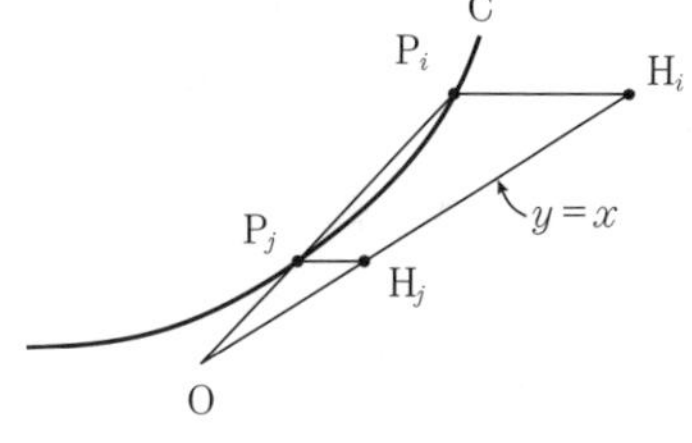

$\triangle\mathrm{OP}_i\mathrm{H}_i \backsim \triangle\mathrm{OP}_j\mathrm{H}_j$ であるが，$y_j<y_i$ であることから，$\triangle\mathrm{OP}_j\mathrm{H}_j<\triangle\mathrm{OP}_i\mathrm{H}_i$ となり，(1) の事実に矛盾する。ここでも (1) が生きてくるのである。

以上見てきたように，本問は (1) 及びその解決過程で得られる (＊) が，数式的にも図形的にも陰に陽に (2) に効いてくる。双曲線が題材という点では，数学 C の分野にも触れていることになり，全体としてバランスのよいセットとなるように工夫

されていることが窺える。

第 5 問

解答

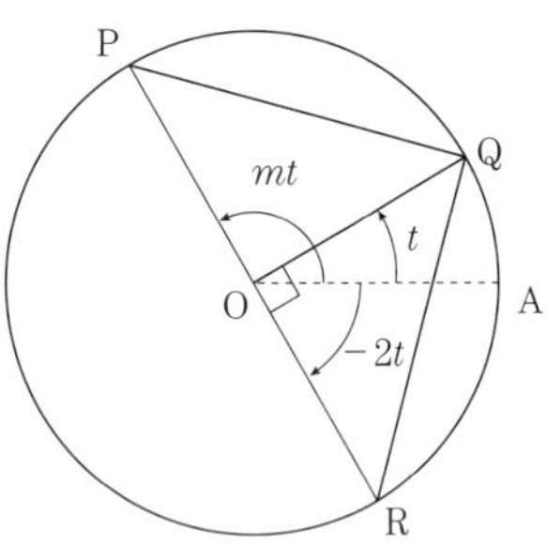

円 C の中心を O とする。

与えられた条件のもとでは，

「△PQR が PR を斜辺とする直角二等辺三角形となる」

⟺「“PR が円 C の直径” かつ “OQ⊥OR”」

⟺「ある整数 k，l に対して，

$$\begin{cases} mt-(-2t)=\pi+2k\pi & \cdots\cdots① \\ t-(-2t)=\dfrac{\pi}{2}+l\pi & \cdots\cdots② \end{cases}$$

が成立する」　……Ⓐ

であるから，Ⓐとなるような整数 m $(1\leqq m\leqq 10)$ と，t $(0\leqq t\leqq 2\pi)$ をすべて求めればよい。

①，② を整理すると，

$$①\text{ かつ }② \iff \begin{cases} (m+2)t=(2k+1)\pi & \cdots\cdots①' \\ t=\dfrac{2l+1}{6}\pi & \cdots\cdots②' \end{cases}$$

となるから，②′ を ①′ に代入し，t を消去して整理することにより，

「ある整数 k，l に対して，

$$Ⓐ \iff \begin{cases} t=\dfrac{2l+1}{6}\pi & \cdots\cdots②' \\ (m+2)(2l+1)=6(2k+1) & \cdots\cdots③ \end{cases}$$

が成立する」　……Ⓑ

である。

ここで，k，l が整数のとき，

$2l+1=$(奇数)，$2k+1=$(奇数)，$6=2\times3=2\times$(奇数)

であるから，③ の両辺の素因数2の個数を考えることにより，Ⓑであるためには，

$m+2=2\times$(奇数)$=2(2n+1)=4n+2$　(n はある整数)

すなわち，

$m=4n=$(4の倍数)　……④

であることが必要である。それゆえ，$1 \leqq m \leqq 10$ も考えると，

$m=4$ または $m=8$

でなければならない。

(i) $m=4$ のとき，③ は $k=l$ となるので，Ⓑ となる t は ②′ の形で表されるもののうち，$0 \leqq t \leqq 2\pi$ をみたすものすべてである。

$0 \leqq \dfrac{2l+1}{6}\pi \leqq 2\pi$ より，整数 l は，

$l=0,\ 1,\ 2,\ 3,\ 4,\ 5$

に限定されるから，求める t は，

$$t=\frac{\pi}{6},\ \frac{\pi}{2},\ \frac{5}{6}\pi,\ \frac{7}{6}\pi,\ \frac{3}{2}\pi,\ \frac{11}{6}\pi$$

である。

(ii) $m=8$ のとき，③ は，

$5(2l+1)=3(2k+1)$

となり，“3 と 5 は互いに素”であるから，Ⓑ であるためには，

$2l+1=3N$　かつ　$2k+1=5N$　(N はある整数)　……⑤

となることが必要である。

このもとで，②′ かつ $0 \leqq t \leqq 2\pi$ を考えて，

⑤　かつ　$0 \leqq \dfrac{2l+1}{6}\pi \leqq 2\pi$

をみたす整数 k と l が存在するのは，

$N=1,\ 3$

に限定され，これに対応して，$l=1,\ 4,\ k=2,\ 7$ となる。よって，$l=1,\ 4$ のときの ②′ で表される t が求めるすべてで，

$$t=\frac{\pi}{2},\ \frac{3}{2}\pi$$

である。

以上から，求める速さ m と時刻 t の組 $(m,\ t)$ は，

$$\left(\mathbf{4},\ \frac{\pi}{\mathbf{6}}\right),\ \left(\mathbf{4},\ \frac{\pi}{\mathbf{2}}\right),\ \left(\mathbf{4},\ \frac{\mathbf{5}}{\mathbf{6}}\pi\right),\ \left(\mathbf{4},\ \frac{\mathbf{7}}{\mathbf{6}}\pi\right),\ \left(\mathbf{4},\ \frac{\mathbf{3}}{\mathbf{2}}\pi\right),\ \left(\mathbf{4},\ \frac{\mathbf{11}}{\mathbf{6}}\pi\right),\ \left(\mathbf{8},\ \frac{\pi}{\mathbf{2}}\right),\ \left(\mathbf{8},\ \frac{\mathbf{3}}{\mathbf{2}}\pi\right)$$

の全部で 8 組である。

解説

1°　2010 年度の問題の中では本問だけが(1)(2)等の小設問に分かれていなかったが，何かしら記述できそうな問題であろう。図形的に考えてもいくつかの結果を発見することができるので，「すべて求めよ」という問いに応えて，どれだけ論理的に解いたかで，他の問題と同様に差がついたことだろう。採点がとても大変であったろうと推測される。

2°　まず，PR を斜辺とする直角二等辺三角形 PQR をどうとらえるかが第一のポイントである。「すべて求める」ためには定式化するのが有効である。円周上の 3 動点が頂点をなすことに注意すれば，辺の長さの比が $1:1:\sqrt{2}$ であるとか，PQ＝QR かつ PQ⊥QR に基づいて立式するよりも，直径に対する円周角が直角であることを利用し，中心角に着目して立式するのがよい。

問題の設定をみると，単位円 C を座標平面上にのせ，A(1，0) として P，Q，R の座標を三角関数で表したくなるであろうが，三角関数を用いても，結局は角度の関係を導くのであり，そうだとすれば，初めから OR を基準にして OQ や OP までの回転角を考える方が無駄がなくてよい。いずれにせよ角度の関係で定式化することがポイントである。

その際，速さ m，1，2 が角速度の大きさを表していることに気をつけよう。弧度法が理解されていれば問題なかろうが，念のため説明を加えておく。すなわち，弧度法とは円の弧の長さが中心角の大きさに比例することを利用して角度を測る方法であった。弧の長さを半径の大きさで割った値をその弧に対する角度として定めるのであり，それゆえ，半径が 1 であれば弧の長さそのものが角度を表すことになる。いま，C の半径は 1 であるから，時刻 1 の間に進む角度の大きさが m，1，2（ラジアン）である。このことは，問題文にも速さ 1 の点 Q について，「(したがって，Q は C をちょうど一周する)」とカッコ書きがしてある。物理選択者なら問題なかろうが，出題者の親心がみてとれる。

以上から，PR を斜辺とする直角二等辺三角形 PQR を，「“PR が円 C の直径” かつ “OQ⊥OR”」として定性的にとらえ，それを定式化すればよい。動点の動く向きに注意すれば，OR を基準にして OP や OQ まで計った角度は，反時計回りを正として，$mt-(-2t)$，$t-(-2t)$ と表せる。つまり，P は R から見ると反時計回りに速さ $m+2$ で進み，Q は R から見ると反時計回りに速さ 3 で進むから，あとは周期性を考え，①，② のように立式すればよい。“OQ⊥OR” の条件は Q が弧 $\overset{\frown}{\mathrm{PR}}$ の中点であることを意味し，② のように周期 π の整数倍が加わることに注意しておこう。

3°　次に，Ⓐの処理が問題になる。要するに「①かつ②が成立するような整数 k，l が存在する」ような整数 m と実数 t を求めればよいのである。m と t の連立方程式を解くつもりになればよいのだが，k，l が整数として定まることを確認せねばならない。**解答**では，はじめに t を消去することによって，そのことを実践している。

もっとも，②で t の形が $\dfrac{\text{奇数}}{6}\times\pi$ と限定されるので，この段階で $0\leqq t\leqq 2\pi$ を考えて t の候補を絞り込む筋道もありうる。そうすれば

$$l=0,\ 1,\ 2,\ 3,\ 4,\ 5$$

だけに限定できて，

$$t=\frac{\pi}{6},\ \frac{\pi}{2},\ \frac{5}{6}\pi,\ \frac{7}{6}\pi,\ \frac{3}{2}\pi,\ \frac{11}{6}\pi$$

の6個が得られ，それぞれの t に対して，適する整数 m を求めることで解決する。実戦的にはこの方針でもよい。

さて，t を代入によって消去すると，③が得られ，不定方程式の整数解問題に帰着する。③の両辺が整数の積の形であること，$2l+1$ や $2k+1$ がすぐに奇数と気づくことなどから，両辺の各因数の偶奇性に注目するとよい。これは整数問題の定石の一つである。より根本的には，両辺の素因数分解を考え，素因数分解の一意性に基づいて素因数2の個数を議論する，ということである。そうすると，$m=(4\text{の倍数})$ という，一般解が得られる。**解答**は $1\leqq m\leqq 10$ の制限がなくても解決できるような，一般性を有するものになっている。

整数問題の扱いも含めてⒶを論理的に処理することが第二のポイントである。

4°　第三のポイントは，$1\leqq m\leqq 10$ と $0\leqq t\leqq 2\pi$ の制約に注意して，m と t を絞り込むことである。これは，**解答**のような流れであれば，難しくないであろう。試験場では慌てることが多々あるので，計算ミスに注意したい。

解答のような流れとは逆に，$1\leqq m\leqq 10$ と $0\leqq t\leqq 2\pi$ の制約から考えていく方針もありうる。すなわち，整数 m の候補はたった10個しかないのであるから，それぞれの m について，$0\leqq t\leqq 2\pi$ の範囲で，PR を斜辺とする直角二等辺三角形 PQR が実現するか否かを丹念に調べていけばよい。その際，t が②′の形であることも押さえておけば，容易に解決に向かう。いわゆるシラミツブシによる解法である。

たとえば，$m=1$ はあり得ないことはすぐわかる。PとQが常に一致するからである。また，$m=2$ があり得ないこともほとんど自明である。PとRが同じ速さで反対向きに動き，直径の両端となるときQは弧$\overparen{\mathrm{PR}}$の中点となることがない。このように調べていくと，結局中心角に着目すればよいことに気づくであろう。手を動かせば何とかなるのであり，試験現場ではこのような泥臭さを厭わないことも肝心である。

5°　参考までに，求めた結果の8組の場合の直角二等辺三角形PQRは次図のようになっている。

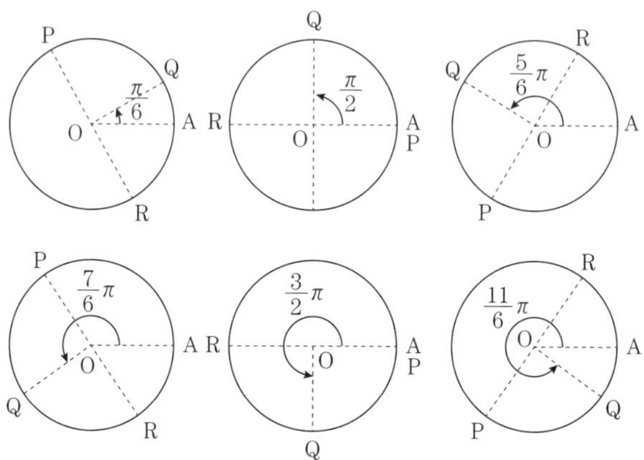

第 6 問

解 答

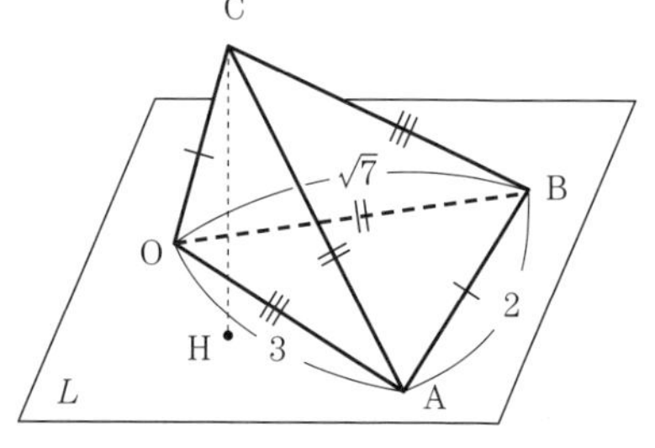

4つの面はすべて合同なので，

$$\mathrm{OA}=\mathrm{BC}=3,\ \mathrm{OB}=\mathrm{CA}=\sqrt{7},$$
$$\mathrm{AB}=\mathrm{CO}=2$$

である。

(1)　まず，Hは平面 L 上にあるので，

$$\overrightarrow{\mathrm{OH}}=\alpha\overrightarrow{\mathrm{OA}}+\beta\overrightarrow{\mathrm{OB}} \quad \cdots\cdots①$$

となる実数 α，β が存在する。

次に，CHは平面 L に垂直であるから，

$$\overrightarrow{\mathrm{CH}}\cdot\overrightarrow{\mathrm{OA}}=0 \quad かつ \quad \overrightarrow{\mathrm{CH}}\cdot\overrightarrow{\mathrm{OB}}=0 \quad \cdots\cdots②$$

である。

ここで，

$$\overrightarrow{OA}\cdot\overrightarrow{OB}=\frac{|\overrightarrow{OA}|^2+|\overrightarrow{OB}|^2-|\overrightarrow{AB}|^2}{2}=\frac{3^2+(\sqrt{7})^2-2^2}{2}=6$$

$$\overrightarrow{OC}\cdot\overrightarrow{OA}=\frac{|\overrightarrow{OC}|^2+|\overrightarrow{OA}|^2-|\overrightarrow{AC}|^2}{2}=\frac{2^2+3^2-(\sqrt{7})^2}{2}=3$$

$$\overrightarrow{OC}\cdot\overrightarrow{OB}=\frac{|\overrightarrow{OC}|^2+|\overrightarrow{OB}|^2-|\overrightarrow{BC}|^2}{2}=\frac{2^2+(\sqrt{7})^2-3^2}{2}=1$$

であるから，① を用いて ② を書き直すと，

$$\{(\alpha\overrightarrow{OA}+\beta\overrightarrow{OB})-\overrightarrow{OC}\}\cdot\overrightarrow{OA}=0 \quad かつ \quad \{(\alpha\overrightarrow{OA}+\beta\overrightarrow{OB})-\overrightarrow{OC}\}\cdot\overrightarrow{OB}=0$$

$$\therefore\ \alpha|\overrightarrow{OA}|^2+\beta\overrightarrow{OB}\cdot\overrightarrow{OA}-\overrightarrow{OC}\cdot\overrightarrow{OA}=0 \quad かつ \quad \alpha\overrightarrow{OA}\cdot\overrightarrow{OB}+\beta|\overrightarrow{OB}|^2-\overrightarrow{OC}\cdot\overrightarrow{OB}=0$$

$$\therefore\ 9\alpha+6\beta-3=0 \quad かつ \quad 6\alpha+7\beta-1=0$$

$$\therefore\ \alpha=\frac{5}{9} \quad かつ \quad \beta=-\frac{1}{3}$$

よって，

$$\boldsymbol{\overrightarrow{OH}=\frac{5}{9}\overrightarrow{OA}-\frac{1}{3}\overrightarrow{OB}}$$

と表される。

(2)　$0<t<1$ のとき，(1)の結果と $\overrightarrow{OP_t}=t\overrightarrow{OA}$，$\overrightarrow{OQ_t}=t\overrightarrow{OB}$ であることから，

$$\overrightarrow{OH}=\frac{5}{9}\cdot\frac{1}{t}\overrightarrow{OP_t}-\frac{1}{3}\cdot\frac{1}{t}\overrightarrow{OQ_t}$$

と表され，$\overrightarrow{OP_t}$ と $\overrightarrow{OQ_t}$ が線型独立であることから，直線 P_tQ_t が点 H を通るときの t は，

$$\frac{5}{9t}-\frac{1}{3t}=1 \qquad \therefore\ t=\frac{2}{9} \qquad \cdots\cdots③$$

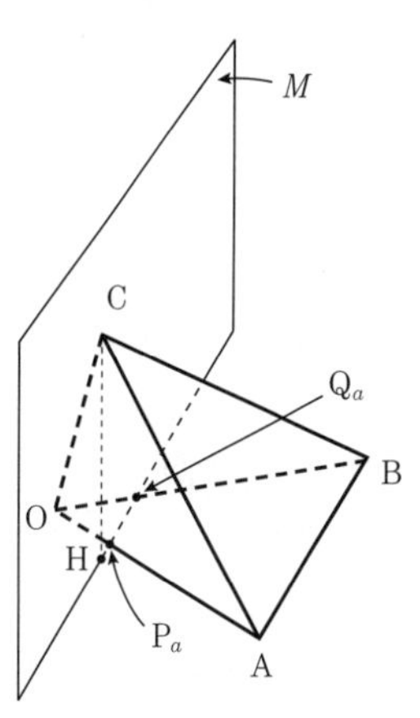

したがって，$a=\frac{2}{9}$ とおくと，平面 M による四面体 OABC の切り口は，$0<t\leqq a$ のとき三角形，$a<t<1$ のときは四角形である。

ここで，

$$|\overrightarrow{CH}|^2=\left|\frac{5}{9}\overrightarrow{OA}-\frac{1}{3}\overrightarrow{OB}-\overrightarrow{OC}\right|^2$$

$$=\frac{1}{9^2}|5\overrightarrow{OA}-3\overrightarrow{OB}-9\overrightarrow{OC}|^2$$

$$=\frac{1}{3^4}(25|\overrightarrow{OA}|^2+9|\overrightarrow{OB}|^2+81|\overrightarrow{OC}|^2-30\overrightarrow{OA}\cdot\overrightarrow{OB}+54\overrightarrow{OB}\cdot\overrightarrow{OC}-90\overrightarrow{OC}\cdot\overrightarrow{OA})$$

$$=\frac{1}{3^4}(25\cdot 9+9\cdot 7+81\cdot 4-30\cdot 6+54\cdot 1-90\cdot 3)$$

$$=\frac{2^3\cdot 3^3}{3^4}=\frac{2^2\cdot 6}{3^2}$$

$$\therefore\quad |\overrightarrow{CH}|=\frac{2\sqrt{6}}{3}$$

また，t によらず，

$P_tQ_t /\!/ AB$ かつ $P_tQ_t=t\cdot AB=2t$

であることに注意する。

(i)　$0<t\leqq a$ のとき，平面 M と直線 OC の交点を C_t（$C_a=C$ である）とすると，切り口の三角形 $\triangle C_tP_tQ_t$ は $\triangle CP_aQ_a$ と相似であり，相似比は $t:a$ であるから，

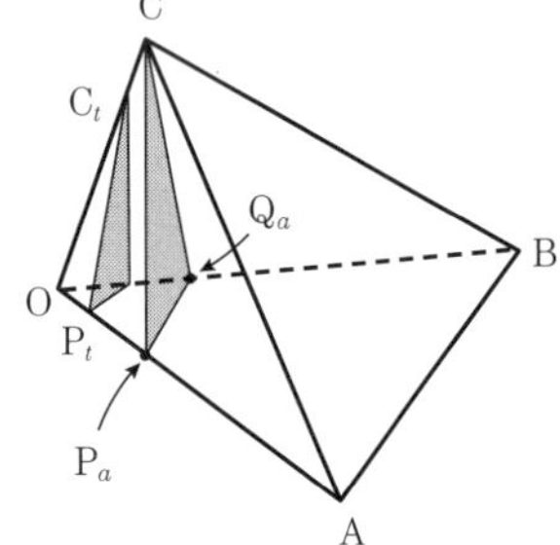

$$S(t)=\left(\frac{t}{a}\right)^2 S(a)=\left(\frac{t}{a}\right)^2\cdot\triangle CP_aQ_a$$

$$=\left(\frac{t}{a}\right)^2\cdot\frac{1}{2}\cdot P_aQ_a\cdot CH$$

$$=\frac{t^2}{a^2}\cdot\frac{1}{2}\cdot 2a\cdot\frac{2\sqrt{6}}{3}=3\sqrt{6}\,t^2\quad\cdots\cdots④$$

である。

(ii)　$a<t<1$ のとき，平面 M と辺 BC，AC との交点をそれぞれ R_t，T_t とすると，

$P_tQ_t /\!/ AB$ かつ $T_tR_t /\!/ AB$ により，

$P_tQ_t /\!/ T_tR_t$

であるから，切り口の四角形 $P_tQ_tR_tT_t$ は台形である。

このとき，台形の高さを h とすると，

$P_tQ_t=2t$ であることと，

$$T_tR_t=\frac{t-a}{1-a}AB=\frac{t-a}{1-a}\cdot 2,$$

$$h=\frac{1-t}{1-a}CH=\frac{1-t}{1-a}\cdot\frac{2\sqrt{6}}{3}$$

であることから，

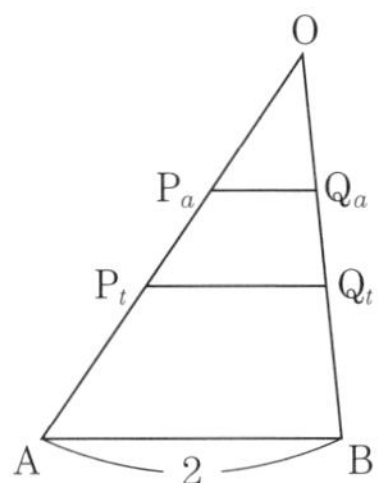

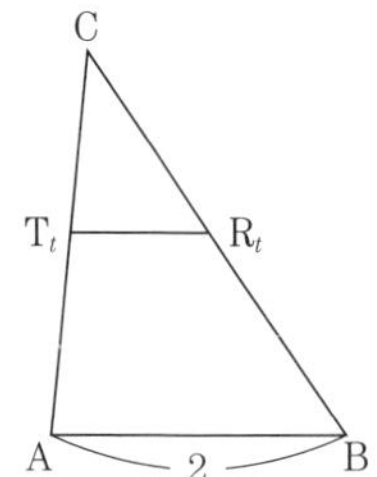

$$S(t)=\frac{1}{2}(\mathrm{T}_t\mathrm{R}_t+\mathrm{P}_t\mathrm{Q}_t)\cdot h$$

$$=\frac{1}{2}\left(\frac{t-a}{1-a}\cdot 2+2t\right)\cdot\frac{1-t}{1-a}\cdot\frac{2\sqrt{6}}{3}$$

$$=\frac{2\sqrt{6}}{3}\cdot\frac{(2-a)t-a}{(1-a)^2}(1-t)$$

$$=\frac{12\sqrt{6}}{49}(8t-1)(1-t) \quad \cdots\cdots⑤$$

である。

④，⑤で $t=\frac{2}{9}$ とした場合の値はともに $\frac{4\sqrt{6}}{27}$ で一致するので，(i)，(ii)をまとめて，

$$\boldsymbol{S(t)=\begin{cases} 3\sqrt{6}\,t^2 & \left(0<t\leqq\frac{2}{9}\ \text{のとき}\right) \\ \frac{12\sqrt{6}}{49}(8t-1)(1-t) & \left(\frac{2}{9}\leqq t<1\ \text{のとき}\right) \end{cases}}$$

である。

(3)　(2)の結果より，$0<t\leqq\frac{2}{9}$ のとき

$S(t)$ は増加関数であり，$\frac{2}{9}\leqq t<1$ のときは，

$$S(t)=\frac{12\sqrt{6}}{49}\left\{-8\left(t-\frac{9}{16}\right)^2+\frac{49}{32}\right\}$$

と変形できるので，$S(t)$ は，最大値

$$S\left(\frac{9}{16}\right)=\boldsymbol{\frac{3\sqrt{6}}{8}}$$

をとる。

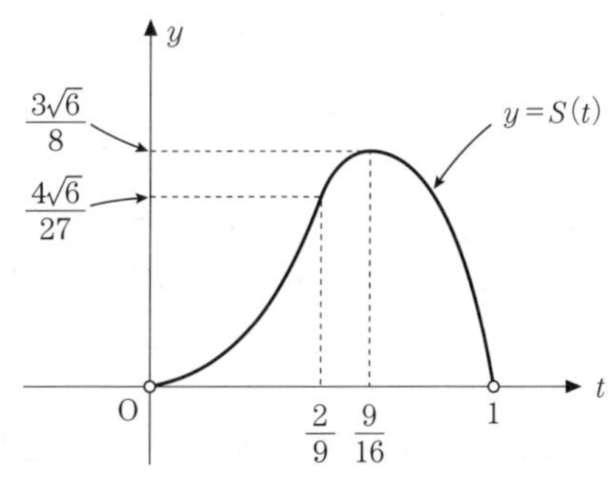

解説

1°　4つの面がすべて合同な四面体，いわゆる等面四面体は過去にも題材にされたことがあり（1993 年度前期第 1 問，1996 年度後期第 2 問），そのときには体積が問題とされていて，“等面四面体は直方体の 4 隅を切り取ることで作られる”という知識の有無が大きく影響した。本問でもその知識を利用しようとする受験生がいたよ

うであるが，本問は切り口の面積を求めることが主な問題であり，直接的には役に立たない。等面四面体が出たら直方体を考える，というような短絡的な思考は戒めておきたい。

立体図形は，例年，体積問題として定積分に絡めて出題されることが多く，問題によっては立体の概形が分からなくとも体積は求められる，という点で積分の威力を感じられるものである。しかしながら，ある程度の立体感覚を身につけておくように，というのが頻繁に出題されることから読み取れるメッセージであると受け止めておきたい。この点で，本問は，正確な立体図形の把握能力が問われており，加えて計算の要領も問われている。試験場では難問といえる出題であった。もっとも，通常の学習素材としては全く手がつかないような難しさはなく，数学で得点を稼ぎたい受験生のための問題であるといえよう。オマケのように(3)があるのも，そのことを示しているのではないだろうか。普通の受験生であれば，(1)だけ解いて後は他の問題に全力を注ぐ，ということで十分に合格の競争に入っていけたであろう。

2° (1)は，センター試験でよく出題されるような問題である。ほとんど解説は不要と思うが，① の 4 点の共面条件（三角形をなす 3 点の作る平面上に第 4 の点がある条件），② の垂直条件（直線 l と平面 π が垂直である必要十分条件は，π 上の平行でない 2 直線がともに l と垂直となること）を用意し，それらを連立して，① の係数を決定すればよい，という流れは即座に頭に描けなければならない。係数を決定するには，ベクトルの内積の値が必要となる。たとえば，$\overrightarrow{OA}\cdot\overrightarrow{OB}$ の値は，内積の定義 $\overrightarrow{OA}\cdot\overrightarrow{OB}=|\overrightarrow{OA}||\overrightarrow{OB}|\cos\angle AOB$ と，余弦定理を組むことで，

$\overrightarrow{OA}\cdot\overrightarrow{OB}=\dfrac{|\overrightarrow{OA}|^2+|\overrightarrow{OB}|^2-|\overrightarrow{AB}|^2}{2}$ を計算することで得られる。これは公式とはされていないが，形のよい式なので，記憶に値する。また，ここで等面四面体の知識を用い，直方体を補助にして各点の空間座標を設定して，内積の値を計算するという方法もある。

なお，(1)の結果を見ると，点 H は △OAB の外部にあることがわかる。四面体の各面は鋭角三角形なのに，垂線の足が底面の外部にある，ということで戸惑いを持った受験生もいただろう。

3° (2)のポイントは，平面 M が頂点 C を通る前後で，切り口の形が異なることを押さえること，断面積の計算を，比を利用して要領よく行うこと，の 2 点にある。いずれのポイントにおいても，立体図形を眺めると同時に，平面 L 上に四面体を正射影した平面図形を補助的に利用すると分かりやすい。

(1)をヒントにすると，平面Mが頂点Cを通るのは，直線P_tQ_tが点Hを通るときである。3点の共線条件（異なる2点を通る直線上に第3の点がある条件）により，$\overrightarrow{OH}$を$\overrightarrow{OP_t}$と$\overrightarrow{OQ_t}$で表せば，(係数の和)=1 により，③が得られる。そこで，$t=\dfrac{2}{9}$ で場合分けすることになる。解答では見やすくするために $a=\dfrac{2}{9}$ とおきかえた。

$0<t\leqq a$ のときの面積計算は，(面積比)=(相似比)^2 を利用すれば，比較的容易である。そのためには$\triangle CP_aQ_a$の面積が必要となり，その面積を求めるには $|\overrightarrow{CH}|=\dfrac{2\sqrt{6}}{3}$ が必要となる。

$a<t<1$ のときの面積計算では，まず，切り口の2辺が辺ABに平行であることから台形であることをつかむことである。そして，台形の面積計算では，(上底＋下底)×(高さ)÷2 の公式で素直に計算するのが早くて実戦的である。もちろん，上底，下底，高さを計算する際には，比の関係を利用するのである。

これとは別に，(面積比)=(相似比)^2 を利用しようと考え，台形の場合の面積計算をつぎのようにする方法もある。

すなわち，解答のC_tを用いると，$\triangle CP_aQ_a \backsim \triangle C_tT_tR_t \backsim \triangle C_tP_tQ_t$ であって，

$\triangle CP_aQ_a$ と $\triangle C_tP_tQ_t$ の相似比は，$a:t$

$\triangle C_tT_tR_t$ と $\triangle C_tP_tQ_t$ の相似比は，

$$T_tR_t : P_tQ_t=\frac{t-a}{1-a}\cdot 2 : 2t=\frac{t-a}{1-a} : t$$

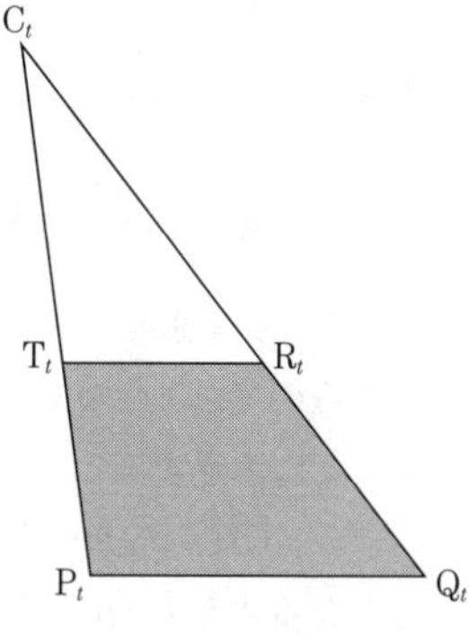

であるから，

$$S(t)=\triangle C_tP_tQ_t-\triangle C_tT_tR_t$$
$$=\left[1-\left\{\frac{t-a}{t(1-a)}\right\}^2\right]\triangle C_tP_tQ_t$$
$$=\frac{t^2(1-a)^2-(t-a)^2}{t^2(1-a)^2}\cdot\left(\frac{t}{a}\right)^2\triangle CP_aQ_a$$
$$=\frac{\{t(1-a)+(t-a)\}\{t(1-a)-(t-a)\}}{a^2(1-a)^2}\cdot S(a)$$
$$=\frac{\{(2-a)t-a\}a(1-t)}{a^2(1-a)^2}\cdot 3\sqrt{6}\,a^2$$
$$=3\sqrt{6}\,a\frac{(2-a)t-a}{(1-a)^2}(1-t)$$

$$=\frac{12\sqrt{6}}{49}(8t-1)(1-t)$$

となる。

4° (1)の問題文にはベクトルが用いられているので，解答のようにベクトルで議論するのが素直な方針であるが，辺の長さがすべて与えられた立体図形であること，平面Mが平面Lに垂直な平面であることに着目して，平面Lがxy平面となるようなxyz空間座標を設定すると，計算の手間をぐっと減らすことができる。(3)は解答と同じなので(1)，(2)についてこの方針による別解を掲げておこう。

別解

与えられた四面体の条件より，O(0，0，0)，A(3，0，0)，Lがxy平面であるようなxyz空間座標を設定する。

B$(u,\ v,\ 0)$ $[v>0]$とすると，OB$=\sqrt{7}$，AB$=2$ より，

$$u^2+v^2=7,\ (u-3)^2+v^2=4,\ v>0$$

から，B$(2,\ \sqrt{3},\ 0)$と定まる。

また，C$(x,\ y,\ z)$ $[z>0]$ とすると，OC$=2$，AC$=\sqrt{7}$，BC$=3$ より，

$$x^2+y^2+z^2=4,\ (x-3)^2+y^2+z^2=7,$$
$$(x-2)^2+(y-\sqrt{3})^2+z^2=9,\ z>0$$

から，C$\left(1,\ -\frac{\sqrt{3}}{3},\ \frac{2\sqrt{6}}{3}\right)$と定まる。

(1) 上の考察より，H$\left(1,\ -\frac{\sqrt{3}}{3},\ 0\right)$である。

そして，4点O，A，B，Hは平面L上にあるので，3点O，A，Bが三角形を作ることに注意すると，

$$\overrightarrow{\mathrm{OH}}=\alpha\overrightarrow{\mathrm{OA}}+\beta\overrightarrow{\mathrm{OB}}$$

となる実数α，βが存在する。この成分を考えると，

$$1=3\alpha+2\beta,\qquad -\frac{\sqrt{3}}{3}=\sqrt{3}\beta$$

$$\therefore\quad \alpha=\frac{5}{9},\ \beta=-\frac{1}{3}$$

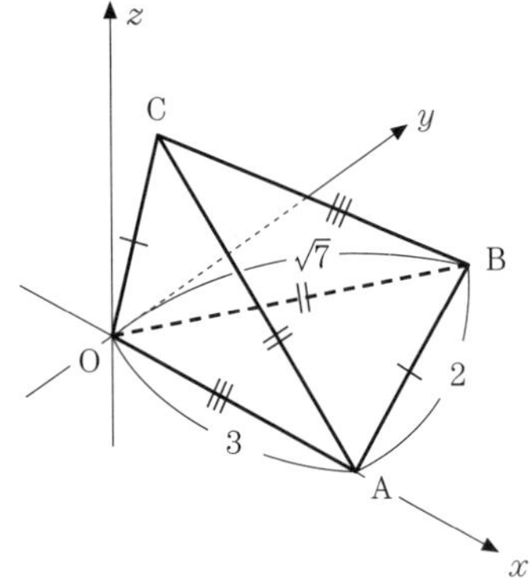

$\therefore\quad \overrightarrow{\mathbf{OH}}=\dfrac{5}{9}\overrightarrow{\mathbf{OA}}-\dfrac{1}{3}\overrightarrow{\mathbf{OB}}$

(2)　$P_t(3t,\ 0,\ 0)$，$Q_t(2t,\ \sqrt{3}t,\ 0)$ と表されるので，xy 平面上の直線 P_tQ_t の方程式は，

$$\sqrt{3}x+y=3\sqrt{3}t$$

であり，これが点 H を通るとき，

$$\sqrt{3}-\frac{\sqrt{3}}{3}=3\sqrt{3}t,\quad \text{すなわち，}\quad t=\frac{2}{9}$$

である。よって，$a=\dfrac{2}{9}$ とおくと，$0<t\leqq a$ のとき切り口は三角形，$a<t<1$ のとき切り口は四角形である。

ここで，t によらず

$$P_tQ_t /\!/ AB \quad \text{かつ} \quad P_tQ_t=t\cdot AB=2t$$

であることに注意する。

(i)　$0<t\leqq a$ のとき，切り口は底辺が $P_tQ_t=2t$ であり，高さが

$$\frac{t}{a}\cdot CH=\frac{9}{2}t\cdot\frac{2\sqrt{6}}{3}=3\sqrt{6}t$$

の三角形であるから，

$$S(t)=\frac{1}{2}\cdot 2t\cdot 3\sqrt{6}t=3\sqrt{6}t^2$$

である。

(ii)　$a<t<1$ のとき，切り口の四角形は 1 組の対辺が辺 AB に平行な台形で，下底が $P_tQ_t=2t$，上底が

$$\frac{t-a}{1-a}AB=\frac{t-a}{1-a}\cdot 2$$

であり，高さが

$$\frac{1-t}{1-a}CH=\frac{1-t}{1-a}\cdot\frac{2\sqrt{6}}{3}$$

であるから，

$$S(t)=\frac{1}{2}\left(\frac{t-a}{1-a}\cdot 2+2t\right)\cdot\frac{1-t}{1-a}\cdot\frac{2\sqrt{6}}{3}$$
$$=\frac{12\sqrt{6}}{49}(8t-1)(1-t)$$

である。

以上，$t=a$ での連続性にも注意し，(i)，(ii) をまとめて，

$$\boldsymbol{S(t)=\begin{cases} 3\sqrt{6}\,t^2 & \left(0<t\leqq\dfrac{2}{9}\ \text{のとき}\right) \\ \dfrac{12\sqrt{6}}{49}(8t-1)(1-t) & \left(\dfrac{2}{9}\leqq t<1\ \text{のとき}\right) \end{cases}}$$

である。

2009年

2009

第 1 問

解答

(1) まず，${}_m\mathrm{C}_1=m$ が素数であることから，

$$d_m=1 \quad または \quad d_m=m \qquad \cdots\cdots①$$

でなければならない。

次に，${}_m\mathrm{C}_r$ $(r=1,\ 2,\ \cdots\cdots,\ m-1)$ は二項係数であるから，

$${}_m\mathrm{C}_r\ (r=1,\ 2,\ \cdots\cdots,\ m-1)\ はすべて整数 \qquad \cdots\cdots②$$

である。そして，$r=1,\ 2,\ \cdots\cdots,\ m-1$ に対して，

$${}_m\mathrm{C}_r=\frac{m(m-1)\cdot\cdots\cdots\cdot(m-r+1)}{r(r-1)\cdot\cdots\cdots\cdot 2\cdot 1}$$

の分子の因数 m は素数であり，しかも $m>r$ であるから，

$$m\ と分母\ r!\ とは互いに素 \qquad \cdots\cdots③$$

である。② と ③ より，

$$m\ は\ {}_m\mathrm{C}_r\ (r=1,\ 2,\ \cdots\cdots,\ m-1)\ をすべて割り切る。 \qquad \cdots\cdots④$$

よって，①，④ により，m が素数ならば，

$$d_m=m$$

である。　　　　(証明終わり)

(2) すべての自然数 k に対し，

$$k^m-k\ が\ d_m\ で割り切れる \qquad \cdots\cdots(*)$$

ことを，k に関する数学的帰納法によって示す。

(i) $k=1$ のとき

$1^m-1=0=0\cdot d_m$ は d_m で割り切れる。すなわち，$(*)$が成り立つ。

(ii) ある $k(\geqq 1)$ に対し$(*)$が成り立つと仮定する。

二項定理により，

$$\begin{aligned}(k+1)^m-(k+1)&={}_m\mathrm{C}_0k^m+{}_m\mathrm{C}_1k^{m-1}+\cdots\cdots+{}_m\mathrm{C}_{m-1}k+{}_m\mathrm{C}_m-k-1\\&=(k^m-k)+({}_m\mathrm{C}_1k^{m-1}+\cdots\cdots+{}_m\mathrm{C}_{m-1}k) \qquad \cdots\cdots⑤\end{aligned}$$

であり，

帰納法の仮定より，k^m-k は d_m で割り切れる
d_m の定義により，${}_m\mathrm{C}_1k^{m-1}+\cdots\cdots+{}_m\mathrm{C}_{m-1}k$ は d_m で割り切れる　} $\cdots\cdots⑥$

であるから，⑤，⑥より(＊)はkを $k+1$ に代えても成り立つ。

（証明終わり）

(3)　(＊)は $k=0$ でも成り立つことに注意すると，とくに $k=d_m-1$ とおくことにより，

$(d_m-1)^m-(d_m-1)$ は d_m で割り切れる。　……⑦

一方，二項定理により，m が偶数のとき，

$$\begin{aligned}(d_m-1)^m-(d_m-1)&={}_m\mathrm{C}_0 d_m{}^m+{}_m\mathrm{C}_1 d_m{}^{m-1}(-1)+\cdots\cdots+{}_m\mathrm{C}_{m-1}d_m(-1)^{m-1}\\&\qquad+{}_m\mathrm{C}_m(-1)^m-d_m+1\\&=(d_m{}^m-d_m)+\{{}_m\mathrm{C}_1 d_m{}^{m-1}(-1)+\cdots\cdots\\&\qquad+{}_m\mathrm{C}_{m-1}d_m(-1)^{m-1}\}+(-1)^m+1\\&=d_m\{d_m{}^{m-1}-1+{}_m\mathrm{C}_1 d_m{}^{m-2}(-1)+\cdots\cdots\\&\qquad+{}_m\mathrm{C}_{m-1}(-1)^{m-1}\}+2\end{aligned}$$

すなわち，

$(d_m-1)^m-(d_m-1)=d_m\times$(整数)$+2$　……⑧

である。

したがって，⑦と⑧より，d_m は2を割り切る自然数であるから，d_m は1または2である。　（証明終わり）

解説

1°　(1)，(2)は平易であり，他大学の入試問題に類題もある。しかし，(3)は試験場では難しく感じられ，これが第1問に配置されている点は，2004年度や2007年度と同様に，第1問が最も取り組みやすい問題であるとはいえないことを示している。

2°　(1)は，素数の定義：「2以上の自然数のうち，1と自分自身のほかに正の約数をもたないもの」と ${}_m\mathrm{C}_1=m$ より，①がすぐわかる。あとは④を示すことを目標にすればよい。④の理由を明確に述べることがポイントである。

解答では，②を前提にして，${}_m\mathrm{C}_r$ の式 $\dfrac{m(m-1)\cdot\cdots\cdots\cdot(m-r+1)}{r(r-1)\cdot\cdots\cdots\cdot2\cdot1}$ と $m>r$ により③を示すことで④を示した。これとは別に，二項係数に関する公式

$r\,{}_m\mathrm{C}_r=m\,{}_{m-1}\mathrm{C}_{r-1}$

に基づいて，$m>r$ により，

m と r は互いに素

であることから，④を示してもよい。

なお，“互いに素”とは，最大公約数が1であることをいう。

3° (2)は，「k に関する数学的帰納法によって」と証明方法が指示されているのでこれに従えばよい。この指示がなくても「すべての自然数」に対して成立することを証明する問題なので，数学的帰納法を想起するのは自然である。

解法が指示されることは東大理科の問題ではめずらしい。

4° (3)は(2)の利用を考え，(2)の k に適当な値を代入して考察してみるのが素直な方針である。しかし，どのような値を代入するとよいかは，なかなか気づきにくい。**解答**のように，$k=d_m-1$ とおくと容易に解決するが，その基礎となるのは，

m が偶数のとき，　$(-1)^m=1$

である。このことに着眼すると，つぎのように示すこともできる。

【(3)の **別解1**】

a を3以上の任意の自然数として，$(*)$で $k=a-1$ とおくと，

$(a-1)^m-(a-1)$ は d_m で割り切れる。　……㋐

一方，二項定理により，m が偶数のとき，**解答**と同様に

$(a-1)^m-(a-1)=a\times(\text{整数})+2$　……㋑

であり，$a\geqq3$ に注意すると，㋑より，

$(a-1)^m-(a-1)$ は a で割り切れない。　……㋒

㋐と㋒より，d_m は a で割り切れないので，$d_m\leqq2$，すなわち，d_m は1または2である。　（証明終わり）

5° (3)は，**解答**や**別解1**の着眼とは別に，二項定理

$$(1+x)^n={}_n\mathrm{C}_0+{}_n\mathrm{C}_1x+{}_n\mathrm{C}_2x^2+\cdots\cdots+{}_n\mathrm{C}_{n-1}x^{n-1}+{}_n\mathrm{C}_nx^n \quad \cdots\cdots◎$$

において，$x=-1$ とおくことで，つぎのように示す方法も考えられる。

【(3)の **別解2**】

◎により，m が偶数のとき，

$$(1-1)^m={}_m\mathrm{C}_0-{}_m\mathrm{C}_1+{}_m\mathrm{C}_2-\cdots\cdots-{}_m\mathrm{C}_{m-1}+{}_m\mathrm{C}_m$$

すなわち，

$${}_m\mathrm{C}_1-{}_m\mathrm{C}_2+{}_m\mathrm{C}_3-\cdots\cdots-{}_m\mathrm{C}_{m-2}+{}_m\mathrm{C}_{m-1}=2$$

が成立する。よって，d_m は2を割り切る自然数となるから，d_m は1または2である。　（証明終わり）

6° 二項係数に関する整数問題は1999年度第6問にも出題されている（これは本格的な難問)。

また，フェルマーの小定理の系である

pが素数のとき，すべての自然数nに対して n^p-n はpで割り切れる。

(特にnがpで割り切れないときは，$n^{p-1}-1$ はpで割り切れる。これをフェルマーの小定理という。)

の証明は，本問の(1)，(2)と同様の手法でできる。

第 2 問

解答

(1)　$A=\begin{pmatrix} a & b \\ c & d \end{pmatrix}$ のとき，

$$A\begin{pmatrix} 1 \\ 0 \end{pmatrix}=\begin{pmatrix} a \\ c \end{pmatrix} \quad \cdots\cdots①$$

であり，条件(ii)より

$$A\begin{pmatrix} r \\ 1 \end{pmatrix}=\begin{pmatrix} sr \\ s \end{pmatrix} \quad \cdots\cdots②$$

であるから，①，②より

$$A\begin{pmatrix} 1 & r \\ 0 & 1 \end{pmatrix}=\begin{pmatrix} a & sr \\ c & s \end{pmatrix} \quad \cdots\cdots③$$

となる。よって，③を用い，

$$B=\begin{pmatrix} 1 & r \\ 0 & 1 \end{pmatrix}^{-1}A\begin{pmatrix} 1 & r \\ 0 & 1 \end{pmatrix} \quad \cdots\cdots④$$

$$=\begin{pmatrix} 1 & -r \\ 0 & 1 \end{pmatrix}\begin{pmatrix} a & sr \\ c & s \end{pmatrix}$$

$$=\begin{pmatrix} \boldsymbol{a-rc} & \boldsymbol{0} \\ \boldsymbol{c} & \boldsymbol{s} \end{pmatrix} \quad \cdots\cdots⑤$$

と表される。

(2)　$P=\begin{pmatrix} 1 & r \\ 0 & 1 \end{pmatrix}$ とおくと，④のとき，

$$B^n=(P^{-1}AP)^n$$

$$=\underbrace{(P^{-1}AP)(P^{-1}AP)\cdot\cdots\cdots\cdot(P^{-1}AP)}_{n\text{ 個の }P^{-1}AP\text{ の積}}$$

$$=P^{-1}A^nP$$

となるので，

$$B^n\begin{pmatrix}1\\0\end{pmatrix}=P^{-1}A^nP\begin{pmatrix}1\\0\end{pmatrix}$$

$$=P^{-1}A^n\begin{pmatrix}1\\0\end{pmatrix}\quad \left(\because\quad P\begin{pmatrix}1\\0\end{pmatrix}=\begin{pmatrix}1\\0\end{pmatrix}\right)$$

$$=P^{-1}\begin{pmatrix}x_n\\y_n\end{pmatrix}\quad (\because\quad \text{条件(iii)})$$

$$=\begin{pmatrix}1&-r\\0&1\end{pmatrix}\begin{pmatrix}x_n\\y_n\end{pmatrix}=\begin{pmatrix}x_n-ry_n\\y_n\end{pmatrix}$$

すなわち，

$$z_n=x_n-ry_n,\qquad w_n=y_n \qquad \cdots\cdots⑥$$

と表される。

条件(iii)より，$\lim_{n\to\infty}x_n=\lim_{n\to\infty}y_n=0$ であるから，⑥の2式より，

$$\lim_{n\to\infty}z_n=0-r\cdot 0=0 \qquad \cdots\cdots⑦_1$$

$$\lim_{n\to\infty}w_n=0 \qquad \cdots\cdots⑦_2$$

となる。　（証明終わり）

(3)　$t=a-rc$ とおくと，⑤より，$B=\begin{pmatrix}t&0\\c&s\end{pmatrix}$ であり，

$$B\begin{pmatrix}1\\0\end{pmatrix}=\begin{pmatrix}t\\c\end{pmatrix}$$

$$B^2\begin{pmatrix}1\\0\end{pmatrix}=\begin{pmatrix}t^2\\c(t+s)\end{pmatrix}$$

$$B^3\begin{pmatrix}1\\0\end{pmatrix}=\begin{pmatrix}t^3\\c(t^2+ts+s^2)\end{pmatrix}$$

となることから，

$$B^n\begin{pmatrix}1\\0\end{pmatrix}=\begin{pmatrix}t^n\\c(t^{n-1}+t^{n-2}s+\cdots\cdots+ts^{n-2}+s^{n-1})\end{pmatrix}$$

つまり，

$$\begin{cases}z_n=t^n & \cdots\cdots⑧_1\\ w_n=c(t^{n-1}+t^{n-2}s+\cdots\cdots+ts^{n-2}+s^{n-1}) & \cdots\cdots⑧_2\end{cases}$$

と表される。

$⑦_1$ と $⑧_1$ より，

$$|t|=|a-rc|<1 \qquad \cdots\cdots⑨$$

が必要である。⑨と条件(i)より $t<s$ がわかるから，$⑧_2$ より

$$w_n = c\cdot\frac{t^n - s^n}{t - s} \quad \cdots\cdots ⑩$$

と表され，⑨より $\lim_{n\to\infty} t^n = 0$，条件(i)より $\lim_{n\to\infty} s^n = \infty$ であるから，⑩より

$$c > 0 \implies \lim_{n\to\infty} w_n = \infty$$

$$c < 0 \implies \lim_{n\to\infty} w_n = -\infty$$

となり，いずれにしても $⑦_2$ と矛盾する。

よって，

$$c = 0$$

でなければならず，このとき⑨より

$$|a| < 1$$

すなわち，条件(i)，(ii)，(iii)のもとで，$c=0$ かつ $|a|<1$ が成り立つ。

（証明終わり）

解説

1° 標準的問題であり，とくに(1)，(2)は基本的である。(3)も全く難しくはなく，用いる知識は基本的であるものの論理的に正しく記述できるか否かで差がつきやすい問題といえる。

2° (1)は，一般に2次行列 A について

$$A\begin{pmatrix}\alpha\\ \gamma\end{pmatrix} = \begin{pmatrix}p\\ r\end{pmatrix} \text{ かつ } A\begin{pmatrix}\beta\\ \delta\end{pmatrix} = \begin{pmatrix}q\\ s\end{pmatrix} \iff A\begin{pmatrix}\alpha & \beta\\ \gamma & \delta\end{pmatrix} = \begin{pmatrix}p & q\\ r & s\end{pmatrix}$$

という基本事項と逆行列の公式を用いるだけで解決する。

3° (2)は，一般に，

$$B = P^{-1}AP \text{ のとき } B^n = P^{-1}A^nP$$

であることを用いてよいであろう。これは数学的帰納法により証明されるが，行列の積について結合法則が成り立つことから，

$$\begin{aligned} B^n &= \underbrace{(P^{-1}AP)(P^{-1}AP)\cdot\cdots\cdots\cdot(P^{-1}AP)}_{n\text{ 個の }P^{-1}AP\text{ の積}} \\ &= P^{-1}A(PP^{-1})A(PP^{-1})A\cdot\cdots\cdots\cdot A(PP^{-1})AP \\ &= P^{-1}A\cdot A\cdot\cdots\cdots\cdot AP \\ &= P^{-1}A^nP \end{aligned}$$

とわかる。そうすると，条件(iii)より z_n，w_n が x_n，y_n を用いて表され，その極限

もわかることになる。

4° (3) は (2) の利用を考え，z_n，w_n の一般項を求めてみるとよい。そのためには $B^n\begin{pmatrix}1\\0\end{pmatrix}$ の成分がわかるとよく，$B^2\begin{pmatrix}1\\0\end{pmatrix}$，$B^3\begin{pmatrix}1\\0\end{pmatrix}$，$B^4\begin{pmatrix}1\\0\end{pmatrix}$ あたりを具体的に計算してみると予想できる。より厳密には数学的帰納法により証明しなければならないが，それは読者の練習問題としておこう。

また，$B^n\begin{pmatrix}1\\0\end{pmatrix}$ を求めるかわりに，z_n，w_n のみたす漸化式を作る方針も考えられる。すなわち，

$$\begin{pmatrix}z_{n+1}\\w_{n+1}\end{pmatrix}=B^{n+1}\begin{pmatrix}1\\0\end{pmatrix}=B\cdot B^n\begin{pmatrix}1\\0\end{pmatrix}=B\begin{pmatrix}z_n\\w_n\end{pmatrix}$$

であることから，上式の右端の成分を計算し，

$$\begin{cases}z_{n+1}=tz_n & \cdots\cdots㋐\\ w_{n+1}=cz_n+sw_n & \cdots\cdots㋑\end{cases}$$

を得る。㋐ と $z_1=t$ より ⑧$_1$ が得られ，そのもとでは ㋑ より

$$w_{n+1}=ct^n+sw_n \qquad \cdots\cdots㋒$$

を得る。$w_1=c$ であることと，㋒ を繰り返し用いることにより ⑧$_2$ が得られる。もちろん漸化式 ㋒ を $w_1=c$ のもとで解いてもよい。㋒ を解くには，㋒ の両辺を s^{n+1} で割り，数列 $\left\{\dfrac{w_n}{s^n}\right\}$ の階差数列が $\left\{\dfrac{c}{s}\left(\dfrac{t}{s}\right)^n\right\}$ となることを利用するのが 1 つの方法である。これも読者の手に任せよう。

5° (3) のポイントは，⑧$_1$，⑧$_2$ を得たあとの論証の進め方にある。

基本事項として，等比数列 $\{r^n\}$ について，

$$\lim_{n\to\infty}r^n=\begin{cases}0 & (|r|<1 \text{ のとき})\\ 1 & (r=1 \text{ のとき})\\ \text{発散} & (\text{それ以外のとき})\end{cases} \qquad \cdots\cdots㋓$$

である。また，因数分解の公式

$$x^n-y^n=(x-y)(x^{n-1}+x^{n-2}y+x^{n-3}y^2+\cdots\cdots+xy^{n-2}+y^{n-1}) \qquad \cdots\cdots㋔$$

において，$x=1$，$y=r$ とおくことで $r\neq1$ のときの等比数列の和の公式

$$1+r+r^2+\cdots\cdots+r^{n-1}=\frac{1-r^n}{1-r}$$

が得られることも基本事項である。

本問では ㋓ により ⑨ の必要性がわかり，㋔ により ⑩ を得て再び ㋓ に基づいて $c=0$ を導くことになる。本問の要求は，条件 (i)，(ii)，(iii) のもとで $c=0$ かつ

$|a|<1$ を示すこと，すなわち，(i)，(ii)，(iii) の必要条件として $c=0$ かつ $|a|<1$ を導くことである。したがって，$c=0$ かつ $|a|<1$ のときに ⑦$_1$ や ⑦$_2$ が成り立つことを示しても，解いたことにはならない。

第 3 問

解 答

(1) 操作 (**A**) を 5 回おこない，さらに操作 (**B**) を 5 回おこなうとき，L にも R にも 4 色すべての玉が入るのは，

「5 回の (**A**) で 4 色の玉がそれぞれ少なくとも 1 回出る」　……①

かつ

「5 回の (**B**) で 4 色の玉がそれぞれ少なくとも 1 回出る」　……②

ような場合である。

① は，

「5 回の (**A**) で 4 色中 1 色の玉が 2 回，
その他の色の玉が各 1 回ずつ出る」

ことであるから，その確率は，2 回出る色と出る色の順番を考え，

$$ {}_4C_1\cdot\frac{5!}{2!1!1!1!}\left(\frac{1}{4}\right)^5=4\cdot\frac{5!}{2!}\left(\frac{1}{4}\right)^5 \quad \cdots\cdots③$$

である。

② は，① において (**A**) を (**B**) にしただけで，その確率は ③ と全く同じである。

したがって，

$$P_1=\left\{4\cdot\frac{5!}{2!}\left(\frac{1}{4}\right)^5\right\}^2=5^2\cdot4^4\cdot3^2\left(\frac{1}{4}\right)^{10}=\boldsymbol{\frac{225}{4096}} \quad \cdots\cdots④$$

である。

(2) 操作 (**C**) を 5 回おこなうとき，L に 4 色すべての玉が入るのは，

「5 回の (**C**) で 4 色の玉がそれぞれ少なくとも 1 回出る」

ような場合であり，これは ① の (**A**) を (**C**) にしただけで，その確率 P_2 は ① の確率に等しい。

したがって，③ を計算し，

$$P_2=\boldsymbol{\frac{15}{64}}$$

である。

(3) 操作 (**C**) を 10 回おこない，L にも R にも 4 色すべての玉が入るのは，

「10 回の (C) で 4 色の玉がそれぞれ少なくとも 2 回出る」 ……⑤

ような場合である。

⑤ は，4 色の玉が 2 回ずつで計 8 回となり，残り 2 回で出る玉の色が同色か否かに注目すると，

「10 回の (C) で，4 色中 1 色の玉が 4 回，
その他の色の玉が各 2 回ずつ出る」 ……⑥

または

「10 回の (C) で，4 色中 2 色の玉が各 3 回ずつ，
その他の色の玉が各 2 回ずつ出る」 ……⑦

ような場合に分類される。

⑥ の確率は，4 回出る色と出る色の順番を考え，

$${}_4C_1\cdot\frac{10!}{4!2!2!2!}\left(\frac{1}{4}\right)^{10}=4\cdot\frac{10!}{4!(2!)^3}\left(\frac{1}{4}\right)^{10} \quad \cdots\cdots⑧$$

であり，⑦ の確率も同様に計算して，

$${}_4C_2\cdot\frac{10!}{3!3!2!2!}\left(\frac{1}{4}\right)^{10}=6\cdot\frac{10!}{(3!)^2(2!)^2}\left(\frac{1}{4}\right)^{10} \quad \cdots\cdots⑨$$

であるから，⑧，⑨ より，

$$\begin{aligned}P_3&=4\cdot\frac{10!}{4!(2!)^3}\left(\frac{1}{4}\right)^{10}+6\cdot\frac{10!}{(3!)^2(2!)^2}\left(\frac{1}{4}\right)^{10}\\&=\frac{10!}{(2!)^2}\left\{4\cdot\frac{1}{4!2!}+6\cdot\frac{1}{(3!)^2}\right\}\left(\frac{1}{4}\right)^{10}\\&=\frac{10!}{2^2}\cdot\frac{1}{2^2}\left(\frac{1}{4}\right)^{10} \quad \cdots\cdots⑩\end{aligned}$$

である。

したがって，④ と ⑩ より，

$$\frac{P_3}{P_1}=\frac{10!}{2^2\cdot2^2}\cdot\frac{1}{5^2\cdot4^4\cdot3^2}=\mathbf{\frac{63}{16}}$$

となる。

解説

1° 反復試行の確率の問題で，文科第 3 問と共通であり，適当な空欄を設けて問題を書き直せばセンター試験にも使えると思われるほど基本的である。しかし，数値計算でミスや勘違いを起こしやすく，とくに(3)の出来具合で差がついたことであろう。

ところで，理科第3問は，理科第6問と同様に，解答用紙のスペースが他の各問のスペースの2倍ある。しかるに文科第3問は理科第1，2，4，5問の各問と同じスペースしかない。この相違には何か意味があるのだろうか。受験生の試験場での心理状態や各問ごとの解答の分量を考慮すれば，2009年度の第1問を第4問に，第4問を第3問に，第3問を第1問にして配列する方が適切だったのではなかろうか。

2° まず，操作 **(A)**，**(B)**，**(C)** の約束事を正確に理解することが第一のポイントである。

操作 **(A)** を連続しておこなうことは，出てきた玉をLの箱に入れ続けることにほかならない。操作 **(B)** も同様に，出てきた玉をRの箱に入れ続けることになる。したがって，(1)の P_1 は，③の2乗という値になることがすぐわかる。

操作 **(C)** を連続しておこなうことは，4色すべてがLの箱に入るまでは，すでにLに入っている玉の色と同色か否かによって，RかLの箱に玉を入れ分けるが，4色すべてがLに入った後には，玉をRに入れ続けることになる（それゆえ，Lには最大で4個の玉しか入らない）。したがって，(2)の P_2 は，(1)の①（あるいは②）と同じ確率であり，(1)を解けば(2)も解けたことになる。

3° 次に，(3)で P_3 となる事象が⑤，すなわち，⑥または⑦の2通りに分類されることが第二のポイントである。いきなり P_3 の計算式を答案に記すのではなく，⑥または⑦の場合以外にないことを明確に記述すべきである。**解答** のように余剰の2回の玉の色が同色か否かに注目するとよい。

4° さらに，数値計算を見通しよく行うことが第三のポイントである。(3)を視野に入れると，$\dfrac{P_3}{P_1}$ を求める際は $\left(\dfrac{1}{4}\right)^{10}$ が約分されて，確率が P_1 および P_3 となるような事象の起こる場合の数の比になることがわかる。それゆえ途中で各場合の数を1つの数値になるまで計算せずに，あとで約分することを念頭において計算を進めるのがよい。

5° 用いられる基本事項は，場合の数についての積の法則，組合せ，同じものを含む順列，独立な試行の確率，確率の加法定理等，どれも教科書にあるものばかりである。とくに，反復試行の確率の公式 ${}_n\mathrm{C}_r p^r(1-p)^{n-r}$ が成立する理由が理解されていれば，本問もどのような計算をすればよいかはすぐにわかるはずである。

なお，同じものを含む順列の公式を用いずに組合せを用いて

$$P_1=\left\{{}_4\mathrm{C}_1\cdot{}_5\mathrm{C}_2\cdot{}_3\mathrm{C}_1\cdot{}_2\mathrm{C}_1\left(\frac{1}{4}\right)^5\right\}^2$$

$$P_2 = {}_4C_1 \cdot {}_5C_2 \cdot {}_3C_1 \cdot {}_2C_1 \left(\frac{1}{4}\right)^5$$

$$P_3 = {}_4C_1 \cdot {}_{10}C_4 \cdot {}_6C_2 \cdot {}_4C_2 \left(\frac{1}{4}\right)^{10} + {}_4C_2 \cdot {}_{10}C_3 \cdot {}_7C_3 \cdot {}_4C_2 \left(\frac{1}{4}\right)^{10}$$

のように計算しても，もちろんよい。

第 4 問

解 答

(1)　$F=\{(x,\ y,\ z)\,|\,x \geqq 0\}$ とおき，E と F の共通部分を G とすると，G の体積が $W(a)$ である。

　$y=$一定 なる平面 α_y による G の断面積を $S(y)$ とすると，断面の存在条件は

$$-1 \leqq y \leqq 1$$

であるから，

$$W(a) = \int_{-1}^{1} S(y)\,dy \qquad \cdots\cdots ①$$

である。

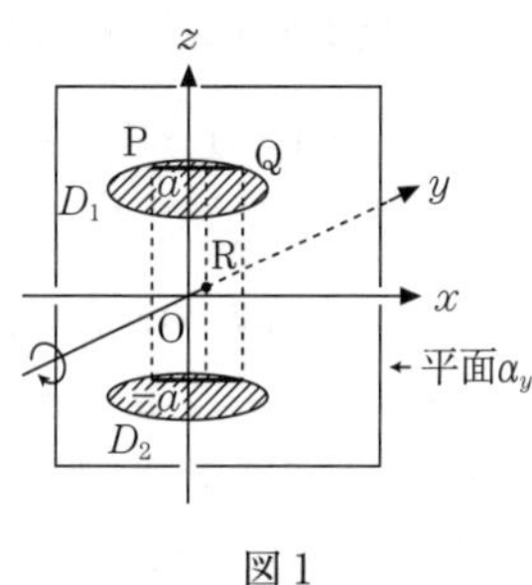

図 1

　ここで，α_y による D_1 の切り口は，図 2 の線分 PQ となるので，α_y による E の切り口は，線分 PQ を点 R のまわりに回転させたときの通過領域となり，図 3 の斜線部のようになる。

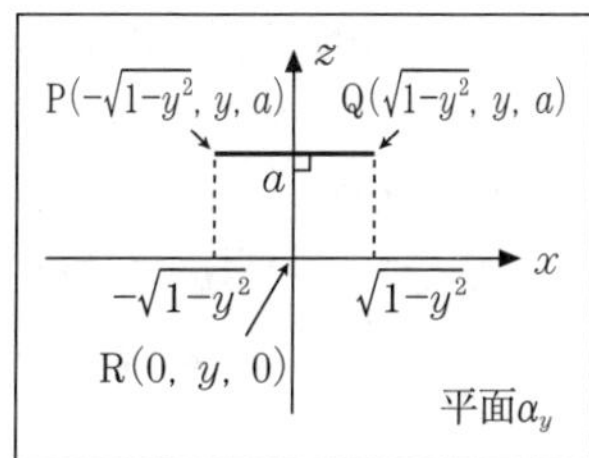

図 2

　したがって，α_y による G の断面は，図 4（次頁）の斜線部のようになるから，図 4 の記号を用いると，

$$S(y) = \frac{1}{2} \cdot \pi (\mathrm{RQ}^2 - \mathrm{RM}^2)$$

$$= \frac{\pi}{2}\mathrm{MQ}^2 \quad (\because \quad \text{三平方の定理})$$

$$= \frac{\pi}{2}(1-y^2) \qquad \cdots\cdots ②$$

と表される。

　よって，①，② より，

$$W(a) = \frac{\pi}{2}\int_{-1}^{1}(1-y^2)\,dy$$

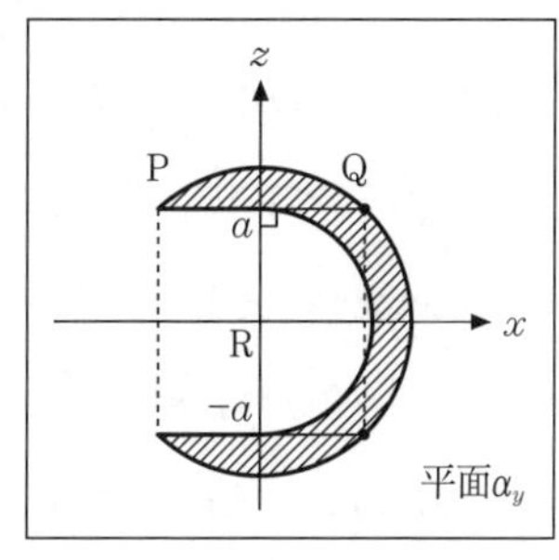

図 3

$$=\frac{\pi}{2}\cdot 2\int_0^1 (1-y^2)\,dy$$

（∵　$1-y^2$ は偶関数）

$$=\pi\left[y-\frac{y^3}{3}\right]_0^1=\frac{\mathbf{2}}{\mathbf{3}}\pi$$

となる。

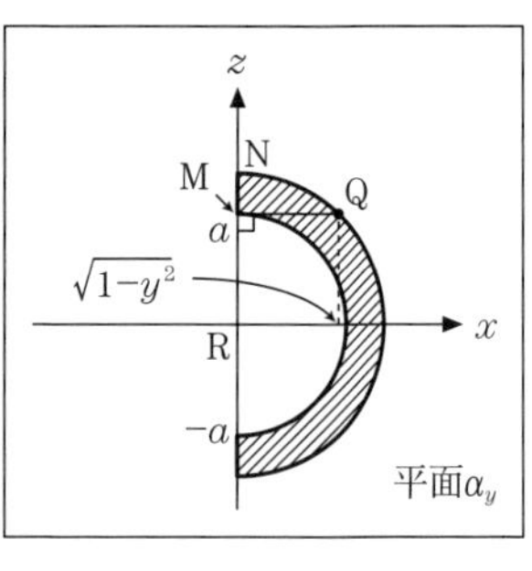

図4

(2)　E と $\overline{F}$ の共通部分を H とすると，H の体積が $V(a)-W(a)$ である。

α_y による H の断面積を $T(y)$ とすると，

$$V(a)-W(a)=\int_{-1}^{1} T(y)\,dy \qquad \cdots\cdots③$$

で与えられる。

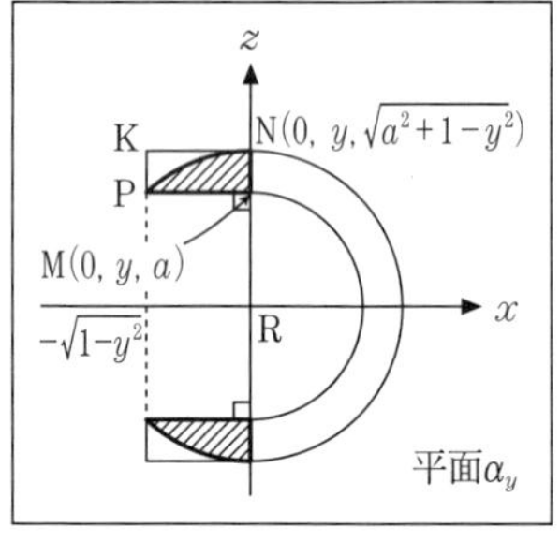

図5

α_y による H の断面は，図3の斜線部から図4の斜線部を除いた部分，つまり，図5の斜線部となるから，図5の記号を用いると，

$$0\leqq T(y)\leqq 2\times(\text{長方形 PMNK})$$

すなわち，

$$0\leqq T(y)\leqq 2\sqrt{1-y^2}\left(\sqrt{a^2+1-y^2}-a\right) \qquad \cdots\cdots④$$

が成り立つ。

ここで，$-1\leqq y\leqq 1$ のもとでは，

$$(④\text{ の右端})\leqq 2\cdot 1\cdot\left(\sqrt{a^2+1}-a\right)$$

$$=2\cdot\frac{1}{\sqrt{a^2+1}+a}$$

$$<2\cdot\frac{1}{\sqrt{a^2}+a}=\frac{1}{a} \qquad \cdots\cdots⑤$$

が成り立つので，③，④，⑤ より，

$$0<V(a)-W(a)<\int_{-1}^{1}\frac{1}{a}\,dy \qquad \cdots\cdots⑥$$

が成り立つ。そして，$a\to\infty$ のとき，

$$(⑥\text{ の右端})=\frac{2}{a}\ \to\ 0=(⑥\text{ の左端})$$

となるので，はさみうちの原理により，

$$\lim_{a\to\infty}\{V(a)-W(a)\}=0$$

$$\therefore\quad \lim_{a\to\infty}\left\{V(a)-\frac{2}{3}\pi\right\}=0$$

$$\therefore\quad \lim_{a\to\infty}V(a)=\frac{\mathbf{2}}{\mathbf{3}}\pi$$

解説

1° (1)は東大で頻出の立体の体積問題である。しかし(2)は，取り組みにくく難しく感じるであろう。**解答**のように評価してもよいし，後の**4°**に述べるように角度θを用いて評価してもよい。評価の方法は1通りではない。図形量に絡む極限を，他の図形で評価して求めてもよいし，角度θを用いて求めてもよい，という点で，1989年度の第2問と雰囲気が似ている。

2° 体積を求めるときに把握しなければならないのは，とくに回転体の場合，回転軸に垂直な断面である。その断面をとらえるコツは，回転前の段階で回転軸に垂直な平面による切り口を考え，その切り口のみを回転させて考察することである。すなわち，回転後に切るのではなく，先に切ってから回転するのである（図1参照)。また，2つの立体の共通部分の体積を求めるときも，共通部分を考えてから切るのではなく，各立体を先に切ってからその断面の共通部分を考えるとわかりやすい。

解答では，回転前の図形D_1を平面α_yで先に切り，その切り口の線分PQを回転させてEの断面を図3のように把握した。また，図3の斜線部とFのα_yによる断面との共通部分が図4の斜線部であり，これがEとFの共通部分Gのα_yによる断面である。線分を点のまわりに回転すると円環状の図形ができ，面積の計算には三平方の定理が使えることにも注意したい。

3° (2)は$V(a)$自身ではなく，その極限$\displaystyle\lim_{a\to\infty}V(a)$を要求している。$W(a)$が$a$の値によらず一定なこと，及び，極端に大きな$a$に対する様子を想像してみることにより，(2)の結果は(1)の結果と同じであろうと予想できる。そこで，$V(a)$を求めるのではなく，

$$a\to\infty \text{ のとき，}\quad V(a)-W(a)\to 0$$

を示そうとするとよい。そのために，$V(a)-W(a)$を，$a\to\infty$のとき0に近づくもので評価しようと考えることがポイントである。

$V(a)-W(a)$は③のように定積分で表されるので，定積分を評価するにはその被積分関数$T(y)$を評価すればよい。これは

> 区間 $a \leqq x \leqq b$ において連続な関数 $f(x)$, $g(x)$ が
> $$a \leqq x \leqq b \text{ において } f(x) \leqq g(x)$$
> を満たすならば
> $$\int_a^b f(x)\,dx \leqq \int_a^b g(x)\,dx$$
> が成り立つ。

という定積分と不等式の基本事項に基づく。

そして，$T(y)$ を評価するには，図5を参照し，長方形PMNKの面積の2倍で上から押え込めばよいだろう。④の右端はさらに $y=0$ のときを考えることで，⑤のように押えられることがわかれば，難なく解決する。

4° $T(y)$ は図5からわかるように，円弧を境界線の一部にもつ図形の面積である。したがって，$T(y)$ は y で直接は表せず，右の図6における角 θ を用いないと表せない。この場合，

$$T(y)=2\cdot\left\{\frac{1}{2}(\sqrt{a^2+1-y^2})^2\theta-\frac{1}{2}a\sqrt{1-y^2}\right\}$$
$$=(a^2+1-y^2)\theta-a\sqrt{1-y^2} \quad \cdots\cdots ㋐$$

と表される。ただし，θ は

$$\tan\theta=\frac{\sqrt{1-y^2}}{a} \text{ かつ } 0<\theta<\frac{\pi}{2} \quad \cdots\cdots ㋑$$

をみたす唯一の角である。

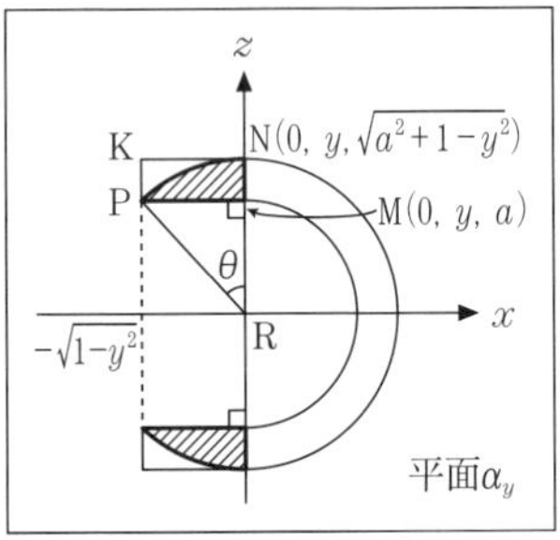

図6

しかし，㋐と㋑を用いて $V(a)-W(a)$ を a で表すのは困難である。㋐と㋑を用いる場合は，一般に，

$$0\leqq\theta<\frac{\pi}{2} \implies 0\leqq\theta\leqq\tan\theta$$

が成り立つことを利用し，

$$0\leqq T(y)\leqq(a^2+1-y^2)\tan\theta-a\sqrt{1-y^2}$$
$$=(a^2+1-y^2)\cdot\frac{\sqrt{1-y^2}}{a}-a\sqrt{1-y^2}$$
$$=\frac{(1-y^2)^{\frac{3}{2}}}{a}\leqq\frac{1}{a}$$

のようにして，**解答**の④，⑤に相当する評価をすることになる。

第 5 問

解答

(1)　$-1<x<1$ かつ $x\neq 0$ のもとでは,

$$(1-x)^{1-\frac{1}{x}}<(1+x)^{\frac{1}{x}} \qquad \cdots\cdots(*)$$

の両辺は正であるから，両辺の自然対数をとり，

$$\left(1-\frac{1}{x}\right)\log(1-x)<\frac{1}{x}\log(1+x) \qquad \cdots\cdots①$$

を示せばよい。

そのためには,

$$(①\text{ の右辺})-(①\text{ の左辺})$$
$$=\frac{\log(1+x)+(1-x)\log(1-x)}{x} \qquad \cdots\cdots②$$

であることを考えて，② の分子を $f(x)$ $(-1<x<1)$ とおき,

$$\left.\begin{array}{l}-1<x<0 \implies f(x)<0\\ \ \ 0<x<1 \implies f(x)>0\end{array}\right\} \qquad \cdots\cdots③$$

を示せばよい。

ここで,

$$f'(x)=\frac{1}{1+x}+(-1)\log(1-x)+(1-x)\frac{-1}{1-x}$$
$$=\frac{1}{1+x}-\log(1-x)-1 \qquad \cdots\cdots④$$

$$f''(x)=-\frac{1}{(1+x)^2}-\frac{-1}{1-x}$$
$$=\frac{x(x+3)}{(1+x)^2(1-x)} \qquad \cdots\cdots⑤$$

であり，⑤ より，下表を得る。

x	(-1)		0		(1)
$f''(x)$		$-$	0	$+$	
$f'(x)$		↘		↗	

$f'(x)$ の増減と，④ より $f'(0)=0$ であることから,

$$-1<x<1 \text{ かつ } x\neq 0 \text{ において } f'(x)>0$$

であり，したがって,

$$-1<x<1 \text{ において } f(x) \text{ は増加関数} \qquad \cdots\cdots⑥$$

である。この ⑥ と $f(0)=0$ であることから，

$$\left.\begin{array}{l} -1<x<0 \implies f(x)<0 \\ \ \ 0<x<1 \implies f(x)>0 \end{array}\right\}$$

すなわち，③ が示されたことから，(＊)が成り立つ。　(証明終わり)

(2) (i) $-1<x<1$ かつ $x \neq 0$ のとき，(＊)の両辺に $(1-x)^{\frac{1}{x}}$ (>0) をかけると

$$1-x<(1-x^2)^{\frac{1}{x}}$$

となるので，この不等式において $x=\dfrac{1}{100}=0.01$ とおけば，

$$0.99<0.9999^{100}$$

を得る。

(ii) $-1<x<1$ かつ $x \neq 0$ のとき，(＊)の両辺に $(1+x)^{1-\frac{1}{x}}$ (>0) をかけると

$$(1-x^2)^{1-\frac{1}{x}}<1+x$$

となるので，この不等式において $x=-\dfrac{1}{100}=-0.01$ とおけば，

$$0.9999^{101}<0.99$$

を得る。

以上，(i)，(ii) より，

$$0.9999^{101}<0.99<0.9999^{100}$$

が成り立つ。　(証明終わり)

解説

1° 標準的問題であるが，試験場では意外にてこずるのではなかろうか。数学だけでいえば2009 年度の合否を分ける問題のひとつであるといえよう。

2° (1) は，直接に示すべき不等式(＊)の両辺の差をとってその符号を示そうとしても，微分の計算を誤りやすく，導関数の符号を見るのも困難である。(＊)のように“べき”の形をしている場合には，対数をとって証明しようとするのは常套手段である。① のように両辺の自然対数をとった不等式を証明しようと方針を定めることが第一のポイントである。対数をとることは同値変形をすることにほかならない。第二のポイントは，不等式の定義される範囲が $x=0$ の前後で分断されることから，$-1<x<0$ と $0<x<1$ の範囲に分けて示そうとすることである。そうすれば，② の分子だけに注目すればよく，微分の計算を丁寧にすることで，証明されることになる。ただし，導関数の符号がわかるためには，第 2 次導関数まで計算する必要がある。

3°　(2)は，(1)の不等式の利用を考えるのは当然であるが，直接的に利用したのでは示しにくい。

$$0.99=1-0.01=1-\frac{1}{100},\quad 0.9999=1-0.0001=1-(\pm 0.01)^2=1-\left(\pm\frac{1}{100}\right)^2,$$

$100=\dfrac{1}{\dfrac{1}{100}}$，　$101=1+100=1+\dfrac{1}{\dfrac{1}{100}}=1-\dfrac{1}{-\dfrac{1}{100}}$ であることなどに注目すれば，

(1)の不等式で $x=\dfrac{1}{100}=0.01$，　$x=-\dfrac{1}{100}=-0.01$ とおくのではなかろうか，ということにはすぐ気づく。そこで，この数値計算と証明すべき不等式とを踏まえ，(1)の不等式を**解答**のように変形して利用することがポイントとなる。**解答**を理解するのは容易であるが，不等式の変形の仕方は一通りとは限らず，発見的考察が必要な点で差がつきやすい問題といえよう。

第 6 問

解答

(1)　点 $P_n(t)$ $(n=1,\ 2,\ 3)$ は，時刻0に A_n を出発し，単位ベクトル $\overrightarrow{e_n}$ の向きに速さ1で直進したときの t 秒後の点であることから，

$$\begin{aligned}\overrightarrow{P_1(t)P_2(t)}&=\overrightarrow{A_1P_2(t)}-\overrightarrow{A_1P_1(t)}\\&=\overrightarrow{A_1A_2}+\overrightarrow{A_2P_2(t)}-\overrightarrow{A_1P_1(t)}\\&=\overrightarrow{a_1}+t\overrightarrow{e_2}-t\overrightarrow{e_1}\\&=\overrightarrow{a_1}-t(\overrightarrow{e_1}-\overrightarrow{e_2})\qquad\cdots\cdots(*)\end{aligned}$$

と表される。ここで，$\overrightarrow{e}=\overrightarrow{e_1}-\overrightarrow{e_2}$ とおき，$\overrightarrow{A_1Q}=t\overrightarrow{e}$ となる点Qをとると，

$$\overrightarrow{P_1(t)P_2(t)}=\overrightarrow{A_1A_2}-\overrightarrow{A_1Q}=\overrightarrow{QA_2}$$

となるので，

$$d(P_1(t),\ P_2(t))\leqq 1 \iff |\overrightarrow{QA_2}|\leqq 1 \qquad\cdots\cdots①$$

である。

さらに，$t\geqq 0$ であることに注意すれば，

Qは，点 A_1 から $\overrightarrow{e}$ の方向に伸びる半直線 l 上の点　……②

である。

したがって，①，②より，

ある時刻 t で　$d(P_1(t),\ P_2(t))\leqq 1$

$\iff$ ある時刻 t で　$|\overrightarrow{QA_2}|\leqq 1$

$\Longleftrightarrow$　$A_2H \perp l$ なる点 H が l 上に存在し，
かつ　$A_2H \leqq 1$

$\Longleftrightarrow$　$0 \leqq \theta < \dfrac{\pi}{2}$ かつ $A_2H \leqq 1$

であるから，

$$|\sin\theta| = \sin\theta = \frac{A_2H}{A_1A_2} \leqq \frac{1}{1000}$$

となる。　　　　　　　　　（証明終わり）

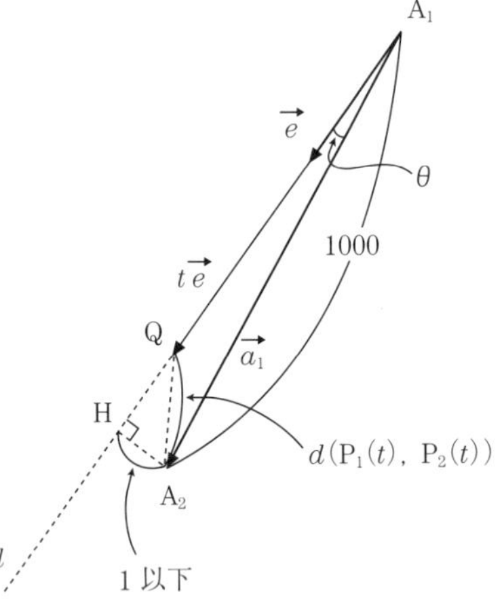

図 1

(2)　図 2 において，$\vec{a_1}$ の方向から反時計回りを正として，$\vec{e_1}$，$-\vec{e_2}$ の方向まで測った角をそれぞれ，φ_1，φ_2 とすると，

$$\varphi_1 = \theta_1$$

$$\varphi_2 = \frac{2}{3}\pi + \theta_2 - \pi = \theta_2 - \frac{\pi}{3}$$

である。

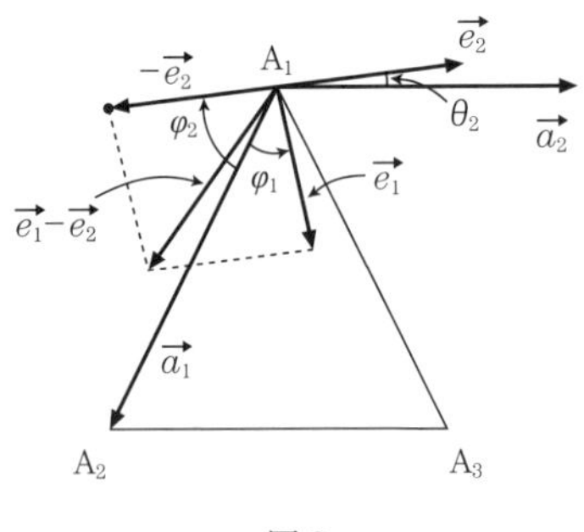

図 2

また，$|\vec{e_1}| = |-\vec{e_2}|$ に注意すると，
$\vec{e_1} - \vec{e_2} = \vec{e_1} + (-\vec{e_2})$ は $\vec{e_1}$ と $-\vec{e_2}$ のつくる角を二等分する

ので，

$$\theta = \left|\frac{1}{2}(\varphi_1 + \varphi_2)\right| = \left|\frac{1}{2}(\theta_1 + \theta_2) - \frac{\pi}{6}\right|$$

となる。

(1) と同じ仮定のもとでは，(1) の考察により $0 \leqq \theta \leqq \alpha$ となるから，

$$\left|\frac{1}{2}(\theta_1 + \theta_2) - \frac{\pi}{6}\right| \leqq \alpha$$

つまり，$\theta_1 + \theta_2$ の値のとる範囲は，

$$\boldsymbol{\frac{\pi}{3}-2\alpha \leqq \theta_1+\theta_2 \leqq \frac{\pi}{3}+2\alpha}$$

である。

(3)　時刻 t_1，t_2，t_3 のそれぞれにおいて，

$$d(\mathrm{P}_2(t_1),\ \mathrm{P}_3(t_1)) \leqq 1,\quad d(\mathrm{P}_3(t_2),\ \mathrm{P}_1(t_2)) \leqq 1,$$
$$d(\mathrm{P}_1(t_3),\ \mathrm{P}_2(t_3)) \leqq 1$$

が成立したことから，(2) と同様にして，

$$\frac{\pi}{3}-2\alpha \leqq \theta_2+\theta_3 \leqq \frac{\pi}{3}+2\alpha \quad \cdots\cdots ③$$

$$\frac{\pi}{3}-2\alpha \leqq \theta_3+\theta_1 \leqq \frac{\pi}{3}+2\alpha \quad \cdots\cdots ④$$

$$\frac{\pi}{3}-2\alpha \leqq \theta_1+\theta_2 \leqq \frac{\pi}{3}+2\alpha \quad \cdots\cdots ⑤$$

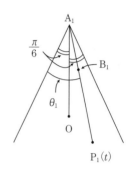

図3

が成り立つ。

③×(−1) より　$$-\frac{\pi}{3}-2\alpha \leqq -\theta_2-\theta_3 \leqq -\frac{\pi}{3}+2\alpha \quad \cdots\cdots ⑥$$

$\dfrac{④+⑤+⑥}{2}$ より　$$\frac{\pi}{6}-3\alpha \leqq \theta_1 \leqq \frac{\pi}{6}+3\alpha \quad \cdots\cdots ⑦$$

を得るから，この ⑦ と図3を参照すると，

$$\angle \mathrm{OA_1P_1}(t) \leqq 3\alpha \quad \cdots\cdots ⑧$$

がわかる。

ここで，O は正三角形 $\mathrm{A_1A_2A_3}$ の重心でもあるから，

$$\mathrm{A_1O}=\frac{\sqrt{3}}{2}\cdot 1000\cdot\frac{2}{3}=\frac{1000}{\sqrt{3}}$$

であり，

$$\mathrm{A_1P_1}(T)=|T\overrightarrow{e_1}|=T|\overrightarrow{e_1}|=\frac{1000}{\sqrt{3}}$$

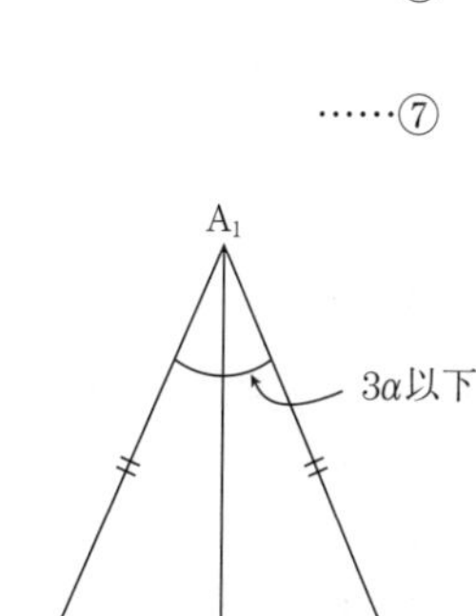

図4

であるから，⑧ に注意して図4の二等辺三角形 $\triangle \mathrm{A_1OP_1}(T)$ を考察すると，

$$d(\mathrm{P_1}(T),\ \mathrm{O})=2\mathrm{A_1O}\sin\frac{\angle \mathrm{OA_1P_1}(T)}{2}$$
$$\leqq 2\cdot\frac{1000}{\sqrt{3}}\sin\frac{3\alpha}{2}$$

$$<\frac{2000}{\sqrt{3}}\sin 2\alpha \quad \left(\because \quad 0<\alpha<\frac{\pi}{2} \text{ かつ } \sin\alpha=\frac{1}{1000}<\frac{1}{\sqrt{2}}=\sin\frac{\pi}{4} \text{ より，} 0<\alpha<\frac{\pi}{4}，\text{つまり } 0<\frac{3}{2}\alpha<2\alpha<\frac{\pi}{2}\right)$$

$$=\frac{4000}{\sqrt{3}}\sin\alpha\cos\alpha$$

$$<\frac{4000}{\sqrt{3}}\sin\alpha \quad \left(\because \quad 0<\alpha<\frac{\pi}{2} \text{ より } \cos\alpha<1\right)$$

$$=\frac{4000}{\sqrt{3}}\cdot\frac{1}{1000}=\frac{4}{\sqrt{3}}<3$$

が成立する。すなわち，

$$d(\mathrm{P}_1(T),\ \mathrm{O})\leqq 3$$

が成立し，同様に考察することにより，$T=\dfrac{1000}{\sqrt{3}}$ において同時に

$$d(\mathrm{P}_1(T),\ \mathrm{O})\leqq 3,\quad d(\mathrm{P}_2(T),\ \mathrm{O})\leqq 3,\quad d(\mathrm{P}_3(T),\ \mathrm{O})\leqq 3$$

が成立する。　（証明終わり）

解説

1° 制限時間のある入学試験の問題としては難問である。これを他の5問とセットにして出題されたのであれば，実戦的戦略として本問を“捨てる”あるいは(1)のみを解き(2)，(3)はないものだと思うのが得策であろう。精密に解答するには，相当な時間を要するからである。このような場合，精密さをある程度犠牲にし，直観的な考察で結論を導いたとしても，それなりに評価されるだろうと考えて取り組むのがよい。

2° (1)は，(＊)を導くことはたやすい。その後，(＊)の $\overrightarrow{a_1}$ の始点が A_1 であることに注目して，$t(\overrightarrow{e_1}-\overrightarrow{e_2})$ の始点も A_1 に統一して幾何的考察を加えようという方針による処理が **解 答** である。

解 答 のように点Qをとると，$t\geqq 0$ であることから，Qは「半」直線 l 上にあることになり，θ が $0\leqq\theta<\dfrac{\pi}{2}$ をみたすことも幾何的にわかる。

この考え方とは別に，(＊)のあと，(1)を機械的計算で証明することもできる。

【(1)の 別解 】

$\overrightarrow{e}=\overrightarrow{e_1}-\overrightarrow{e_2}$ とおくと，

$$d(\mathrm{P}_1(t),\ \mathrm{P}_2(t))\leqq 1 \iff |\overrightarrow{a_1}-t(\overrightarrow{e_1}-\overrightarrow{e_2})|\leqq 1$$
$$\iff |\overrightarrow{a_1}-t\overrightarrow{e}|^2\leqq 1$$
$$\iff |\overrightarrow{e}|^2t^2-2(\overrightarrow{a_1}\cdot\overrightarrow{e})t+|\overrightarrow{a_1}|^2-1\leqq 0 \qquad \cdots\cdots ㋐$$

であり，$|\overrightarrow{e}|^2\neq 0$ であることに注意すると，

ある時刻 t で　$d(\mathrm{P}_1(t),\ \mathrm{P}_2(t))\leqq 1$

$\iff$ ㋐をみたす $t(\geqq 0)$ が存在する

$\Longrightarrow$ $(\overrightarrow{a_1}\cdot\overrightarrow{e})^2-|\overrightarrow{e}|^2(|\overrightarrow{a_1}|^2-1)\geqq 0$

（∵　㋐の左辺を $f(t)$ として $y=f(t)$ のグラフを考察すると，
㋐の左辺の(判別式)$\geqq 0$ が必要である）

すなわち，

$$|\overrightarrow{e}|^2|\overrightarrow{a_1}|^2-(\overrightarrow{e}\cdot\overrightarrow{a_1})^2\leqq|\overrightarrow{e}|^2 \qquad \cdots\cdots ㋑$$

が成立する。

一方，$\overrightarrow{e}$ と $\overrightarrow{a_1}$ のなす角が θ であるから，

$$\cos\theta=\frac{\overrightarrow{e}\cdot\overrightarrow{a_1}}{|\overrightarrow{e}||\overrightarrow{a_1}|}$$

$$\therefore\quad |\sin\theta|=\sqrt{1-\cos^2\theta}=\frac{\sqrt{|\overrightarrow{e}|^2|\overrightarrow{a_1}|^2-(\overrightarrow{e}\cdot\overrightarrow{a_1})^2}}{|\overrightarrow{e}||\overrightarrow{a_1}|} \qquad \cdots\cdots ㋒$$

よって，㋑，㋒と $|\overrightarrow{a_1}|=1000$ であることから，

$$|\sin\theta|\leqq\frac{\sqrt{|\overrightarrow{e}|^2}}{|\overrightarrow{e}||\overrightarrow{a_1}|}=\frac{|\overrightarrow{e}|}{|\overrightarrow{e}||\overrightarrow{a_1}|}=\frac{1}{1000}$$

となる。　　（証明終わり）

3°　(1)を幾何的考察を加えて証明する場合や(2)を解く場合に大切なことは，ベクトルの基礎を深く理解しておくことである。ベクトルは有向線分とは異なり，方向と大きさだけで決まる。すなわち，方向と大きさを同じくする有向線分は，すべて同じベクトルであり，ベクトルは“平行移動”を定める。それゆえ，解答の(1)，(2)のように，ベクトルの始点をすべて1点 A_1 に集めて考えることができる。

あるいは(2)では，次のように各ベクトルの始点をすべて1点Oに集めて考えることもできる。

【(2) の 別解】

$\overrightarrow{\mathrm{OE}_n}=\overrightarrow{e_n}$　$(n=1,\ 2,\ 3)$

をみたす点 E_n をとると，E_n は，図 5 の単位円の弧 $\mathrm{C}_n\mathrm{D}_n$（両端除く）上にある。ただし，C_1，D_1，C_2，D_2，C_3，D_3 は単位円を図 5 のように六等分する点である。

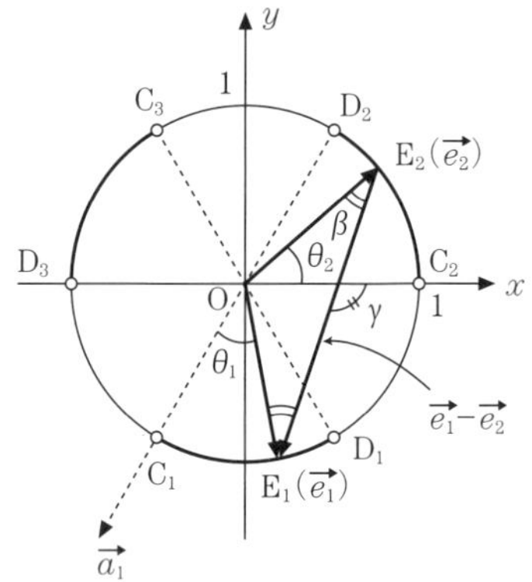

図 5

したがって，θ_1，θ_2 は図 5 のような角度となり，図 5 において，

$$\beta=\frac{1}{2}\left\{\pi-\left(\frac{2}{3}\pi-\theta_1\right)-\theta_2\right\}$$

$$=\frac{\pi}{6}+\frac{1}{2}(\theta_1-\theta_2)$$

$$r=\pi-(\beta+\theta_2)=\frac{5}{6}\pi-\frac{1}{2}(\theta_1+\theta_2)$$

であるから，x 軸の正方向から $-\pi$ より大きく π 以下の範囲で測った角を方向角と呼ぶと，

$$\overrightarrow{e_1}-\overrightarrow{e_2}\ \text{の方向角は}\ -r,\quad \overrightarrow{a_1}\ \text{の方向角は}\ -\frac{2}{3}\pi$$

である。よって，

$$\theta=\left|-\frac{2}{3}\pi-(-\gamma)\right|=\left|\frac{\pi}{6}-\frac{1}{2}(\theta_1+\theta_2)\right|$$

である。(以下 解 答 と同様)

(1)，(2) のポイントは，問題文に掲載された正三角形の図にとらわれすぎずに，ベクトルの本質に基づいた議論ができるかどうかにある。

4° (3) は (2) の結果を利用し，③，④，⑤ を用意する方針はすぐにとれるであろう。そうすると，⑦ のように θ_1，θ_2，θ_3 の各値のとる範囲を導くことも容易である。解決のためのキーポイントは，⑦ を ⑧ のように言い換えることである。これにより，二等辺三角形 $\mathrm{A_1OP_1}(T)$ に必然的に着目することになる。その後は平易とはいえないものの，示すべき不等式の評価が“ゆるい”ために，比較的困難なく結論に到達する。

ところで，解 答 のように $\dfrac{④+⑤+⑥}{2}$ をつくるのではなく，$\dfrac{③+④+⑤}{2}$ をつくり，

$$\frac{\pi}{2}-3\alpha \leqq \theta_1+\theta_2+\theta_3 \leqq \frac{\pi}{2}+3\alpha \qquad \cdots\cdots \text{㊞}$$

としてから，⑥+㊞をつくると，

$$\frac{\pi}{6}-5\alpha \leqq \theta_1 \leqq \frac{\pi}{6}+5\alpha \qquad \cdots\cdots \text{㋔}$$

を得て，

$$\angle \mathrm{OA_1P_1}(t) \leqq 5\alpha \qquad \cdots\cdots \text{㋕}$$

がわかる。この㋕によれば，

$$d(\mathrm{P_1}(T),\ \mathrm{O})=2\mathrm{A_1O}\sin\frac{\angle \mathrm{OA_1P_1}(T)}{2}$$

$$\leqq 2\cdot\frac{1000}{\sqrt{3}}\sin\frac{5\alpha}{2} \qquad \cdots\cdots \text{㋖}$$

となり，この先は**解** **答**のように簡潔に評価できない。こうなってしまうのは，不等式を連立させて得られる不等式は，あくまで必要条件にすぎず，つねに同一の不等式が得られるとは限らないからである。

なお，㋖から結論を得ようとするには，

$$0<x<\frac{\pi}{2}\ \text{において}\quad \sin\frac{5x}{2}<\frac{5}{2}\sin x$$

を微分法を利用して証明し，この不等式を利用すればよいが，**解** **答**に比べると迂遠である。

2008 年

第 1 問

解答

(1) f により点 $(x,\ y)$ が点 $(x',\ y')$ に移るとすると,

$$\begin{cases} x'=3x+y \\ y'=-2x \end{cases}$$

$$\therefore \quad \begin{cases} x=-\dfrac{1}{2}y' \\ y=x'+\dfrac{3}{2}y' \end{cases} \quad \cdots\cdots①$$

であるから，点 P が

$$l_n : a_nx+b_ny=1 \quad \cdots\cdots②$$

上を動くとき，$f(\mathrm{P})$ が描く直線 l_{n+1} は，① を ② に代入して，x' を x に，y' を y に書き直して整理した方程式

$$a_n\left(-\frac{1}{2}y\right)+b_n\left(x+\frac{3}{2}y\right)=1$$

すなわち,

$$l_{n+1} : b_nx+\left(-\frac{1}{2}a_n+\frac{3}{2}b_n\right)y=1$$

で表される。

これが $l_{n+1} : a_{n+1}x+b_{n+1}y=1$ であることから,

$$\begin{cases} \boldsymbol{a_{n+1}=b_n} & \cdots\cdots③ \\ \boldsymbol{b_{n+1}=-\dfrac{1}{2}a_n+\dfrac{3}{2}b_n} & \cdots\cdots④ \end{cases} \quad (n=0,\ 1,\ 2,\ \cdots\cdots)$$

が成り立つ。ただし,

$$a_0=3, \quad b_0=2 \quad \cdots\cdots⑤$$

である。

(2) ③ より，$b_n=a_{n+1}$，$b_{n+1}=a_{n+2}$ であるから，これらを ④ に代入し,

$$a_{n+2}=-\frac{1}{2}a_n+\frac{3}{2}a_{n+1}$$

$$\therefore \quad a_{n+2}-\frac{3}{2}a_{n+1}+\frac{1}{2}a_n=0 \quad (n=0,\ 1,\ 2,\ \cdots\cdots) \quad \cdots\cdots⑥$$

が成り立つ。⑥は

$$\begin{cases} a_{n+2}-a_{n+1}=\dfrac{1}{2}(a_{n+1}-a_n) \\ a_{n+2}-\dfrac{1}{2}a_{n+1}=a_{n+1}-\dfrac{1}{2}a_n \end{cases}$$

のように2通りに変形できて，③，⑤より $a_1=b_0=2$ であることも用いると，それぞれの式より

$$\begin{cases} a_{n+1}-a_n=\left(\dfrac{1}{2}\right)^n(a_1-a_0)=-\left(\dfrac{1}{2}\right)^n \\ a_{n+1}-\dfrac{1}{2}a_n=a_1-\dfrac{1}{2}a_0=\dfrac{1}{2} \end{cases}$$

を得る。この2式より a_{n+1} を消去し，③も用いると

$$a_n=1+\left(\frac{1}{2}\right)^{n-1},\quad b_n=1+\left(\frac{1}{2}\right)^n\quad(n=0,\ 1,\ 2,\ \cdots\cdots)$$

となる。したがって，l_n の方程式は,

$$\left\{1+\left(\frac{1}{2}\right)^{n-1}\right\}x+\left\{1+\left(\frac{1}{2}\right)^n\right\}y=1$$

すなわち,

$$y=-\frac{2^n+2}{2^n+1}(x+1)+2$$

と表されるから，l_n は点 $(-1,\ 2)$ を通り，傾き $-\dfrac{2^n+2}{2^n+1}$ の直線である。

このとき，D_n は直線 l_n を境界線として，l_n よりも上側の領域を表す。

そして，n の増加とともに，$-\dfrac{2^n+2}{2^n+1}=-\left(1+\dfrac{1}{2^n+1}\right)$ は増加し,

$n\to\infty$ のとき,

$$-\frac{2^n+2}{2^n+1}=-\left(1+\frac{1}{2^n+1}\right)\to -1$$

であること，及び，l_n の n の増加に伴う動きを見ることにより，D_0，D_1，D_2，…… すべてに含まれるような点の範囲は，**右図の網目部**のようになる。すなわち，直線 l_0：$3x+2y=1$ の上側の領域と，直線 $x+y=1$ 上及びその上側の領域の共通部分である（**境界線上の点は，○印と破線部分を除き，実線部分は含む**）。

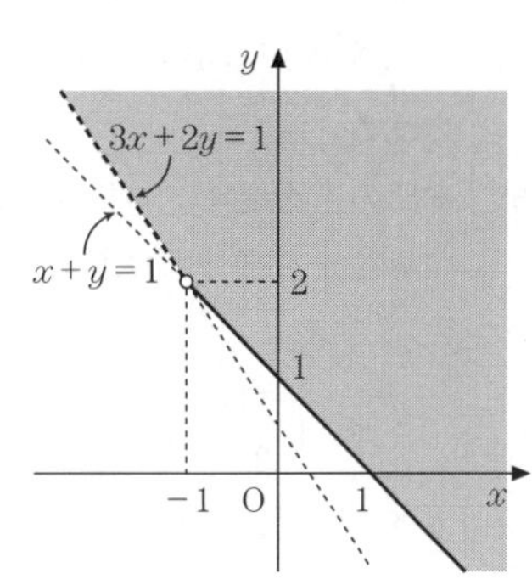

解説

1°　f は行列 $A=\begin{pmatrix}3 & 1\\ -2 & 0\end{pmatrix}$ で表される1次変換である。1次変換による直線の像を求める方法はいろいろある。**解答**では，$f:(x,\ y)\longmapsto(x',\ y')$ とするとき，A^{-1} が存在する場合には，

$$(x',\ y')\in l_{n+1} \iff (x,\ y)\in l_n$$

という同値関係が成り立つことを用いている。これは基礎的事柄である。

2°　(1)で③，④を導く際に，$b_nx+\left(-\frac{1}{2}a_n+\frac{3}{2}b_n\right)y=1$ と $a_{n+1}x+b_{n+1}y=1$ の係数を比較している。右辺が両式ともに1であることから係数比較できるということに注意しておこう。

3°　(2)では，(1)で得られた連立漸化式をまず解いている。連立漸化式の解法もいくつか考えられるが，本問では③で $\{a_n\}$ と $\{b_n\}$ が直接関係づけられることに注目して，$\{a_n\}$ の満たす3項間漸化式を導き，それを解くことで a_n，b_n の一般項を求めた。3項間漸化式の解法にもいろいろな道筋があるが，連立漸化式の解法とあわせて，基本的漸化式の解法は是非とも身につけておきたい。

4°　(2)で l_n の方程式を $\left\{1+\left(\frac{1}{2}\right)^{n-1}\right\}x+\left\{1+\left(\frac{1}{2}\right)^n\right\}y=1$ と表した後に，どう考えるかが1つのポイントであろう。この方程式を n を含む部分とそうでない部分に分けて，

$$(x+y-1)+\left(\frac{1}{2}\right)^n(2x+y)=0$$

と変形できれば，l_n が n によらず $x+y-1=0$ と $2x+y=0$ の交点，すなわち，点$(-1,\ 2)$を通ることがわかる（$(-1,\ 2)$は f による不動点）。さらに，$n\to\infty$ のときに直線 $x+y-1=0$ に近づくこともわかるであろう。あとは n の増加に伴う l_n の動きがわかれば解決へ向かう。**解答**はこのような考察の下に記したものである。

5°　本問の1次変換 f の構造を調べると，f による変換で平面上の点がどのように移っていくかを幾何的にも見ることができるが，ここでは深入りは避ける。

たとえば，

$$A\begin{pmatrix}-1\\ 2\end{pmatrix}=\begin{pmatrix}-1\\ 2\end{pmatrix},\quad A\begin{pmatrix}1\\ -1\end{pmatrix}=2\begin{pmatrix}1\\ -1\end{pmatrix}$$

であることに注目して，l_0 を

$$\begin{pmatrix} x \\ y \end{pmatrix}=(1-t)\begin{pmatrix} -1 \\ 2 \end{pmatrix}+t\begin{pmatrix} 1 \\ -1 \end{pmatrix} \quad (-\infty<t<+\infty)$$

とベクトル表示すれば，l_n は

$$A^n\begin{pmatrix} x \\ y \end{pmatrix}=(1-t)\begin{pmatrix} -1 \\ 2 \end{pmatrix}+t\begin{pmatrix} 2^n \\ -2^n \end{pmatrix} \quad (-\infty<t<+\infty)$$

と表されることから，(2)は(1)を利用せずに解決できる。

第 2 問

解答

(1) 事象 E，F，G を，それぞれ次のように定める。

E：4枚のうち，2枚が白，2枚が黒のカード

F：4枚のうち，3枚が同じ色，残りの1枚が違う色のカード

G：4枚とも同じ色のカード

操作(**A**)を1回行うと，

(i) E は，必ず F に移り，

(ii) F は，確率 $\frac{3}{4}$ で E に移り，確率 $\frac{1}{4}$ で G に移る。

1回の操作における白黒のカードの枚数の変化は ±1 であるから，4枚とも同じ色のカードになるのは n が偶数のときに限られる。

よって，**n が奇数のとき**，求める確率は **0** である。

n が偶数のとき，操作(**A**)を n 回繰り返した後に初めて，4枚とも同じ色のカードになるのは，

はじめ　　　　　　　　　　　　　　　n 回後

$$E\to F\to E\to F\to E\to\cdots\cdots\to E\to F\to E\to F\to G$$

（奇数回後は F，n 回後以外の偶数回後は E）

となるときであるから，求める確率は，

$$1\cdot\frac{3}{4}\cdot1\cdot\frac{3}{4}\cdot\cdots\cdots\cdot1\cdot\frac{3}{4}\cdot1\cdot\frac{1}{4}=\left(1\cdot\frac{3}{4}\right)^{\frac{n-2}{2}}\cdot1\cdot\frac{1}{4}=\boldsymbol{\frac{1}{4}\left(\frac{3}{4}\right)^{\frac{n-2}{2}}}$$

である。

(2) 事象 S，T，U，V を，それぞれ次のように定める。

S：6枚のうち，3枚が白，3枚が黒のカード

T：6枚のうち，4枚が同じ色，残りの2枚が違う色のカード

U：6枚のうち，5枚が同じ色，残りの1枚が違う色のカード

V：6枚とも同じ色のカード

操作(**A**)を1回行うと，

(a) Sは，必ずTに移り，

(b) Tは，確率 $\frac{4}{6}=\frac{2}{3}$ でSに移り，確率 $\frac{2}{6}=\frac{1}{3}$ でUに移り，

(c) Uは，確率$\frac{5}{6}$でTに移り，確率$\frac{1}{6}$でVに移る。

(1)と同様の理由で，6枚とも同じ色のカードになるのはnが奇数のときに限られるが，1回後は必ずTが起こることに注意する。

よって，**nが偶数または1のとき**，求める確率は**0**である。

nが3以上の奇数のとき，操作(**A**)をn回繰り返した後に初めて，6枚とも同じ色のカードになるのは，

はじめ　　　　　　　　　　　　　　　　n回後

$$S\to T\begin{smallmatrix}\nearrow S\searrow\\ \searrow U\nearrow\end{smallmatrix}T\begin{smallmatrix}\nearrow S\searrow\\ \searrow U\nearrow\end{smallmatrix}T\cdots\cdots T\begin{smallmatrix}\nearrow S\searrow\\ \searrow U\nearrow\end{smallmatrix}T\to U\to V$$

(n回後以外の奇数回後はT，$n-1$回後以外の偶数回後はSまたはU)

となるときであるから，求める確率は，

$$1\cdot\left(\frac{2}{3}\cdot1+\frac{1}{3}\cdot\frac{5}{6}\right)\cdot\left(\frac{2}{3}\cdot1+\frac{1}{3}\cdot\frac{5}{6}\right)\cdot\cdots\cdots\cdot\left(\frac{2}{3}\cdot1+\frac{1}{3}\cdot\frac{5}{6}\right)\cdot\frac{1}{3}\cdot\frac{1}{6}$$

$$=1\cdot\left(\frac{2}{3}\cdot1+\frac{1}{3}\cdot\frac{5}{6}\right)^{\frac{n-3}{2}}\cdot\frac{1}{3}\cdot\frac{1}{6}=\boldsymbol{\frac{1}{18}\left(\frac{17}{18}\right)^{\frac{n-3}{2}}}$$

である。

解説

1° 東大の問題としては比較的平易な問題である。少なくとも(1)は完答したい。

2° (1), (2)とも，少し手を動かして，白黒のカードの枚数の変化を書き出してみれば，状況がつかめるだろう。

(1)の場合，白色のカードがa枚，黒色のカードがb枚であることを$(a,\ b)$と表すと，次のようになる。

はじめ　1回後　2回後　3回後　4回後　5回後　6回後

$$(2,\ 2)\begin{smallmatrix}\nearrow(3,\ 1)\begin{smallmatrix}\nearrow(4,\ 0)\\ \searrow(2,\ 2)\end{smallmatrix}\\ \searrow(1,\ 3)\begin{smallmatrix}\nearrow(2,\ 2)\\ \searrow(0,\ 4)\end{smallmatrix}\end{smallmatrix}\begin{smallmatrix}\nearrow(3,\ 1)\begin{smallmatrix}\nearrow(4,\ 0)\\ \searrow(2,\ 2)\end{smallmatrix}\\ \searrow(1,\ 3)\begin{smallmatrix}\nearrow(2,\ 2)\\ \searrow(0,\ 4)\end{smallmatrix}\end{smallmatrix}\begin{smallmatrix}\nearrow(3,\ 1)\begin{smallmatrix}\nearrow(4,\ 0)\\ \searrow(2,\ 2)\end{smallmatrix}\\ \searrow(1,\ 3)\begin{smallmatrix}\nearrow(2,\ 2)\\ \searrow(0,\ 4)\end{smallmatrix}\end{smallmatrix}$$

解答では，(2, 2)であることをE，(3, 1)または(1, 3)であることをまとめてF，(4, 0)または(0, 4)であることをまとめてGと表して記述を簡略化しているが，要は，“Eから2回でEに戻る”ということを繰り返した後，最後の2回でEからGに移る確率を求めればよいということがつかめるかどうかである。

(2)についても同様である。各自，状態の変化を樹形状に書いてみよ。

いずれにせよ，

操作を繰り返した後にどのような状態があり得るか

ということと，

各状態に操作を1回行うとどのような状態にどのような確率で移るのか

ということをしっかりと押さえることがポイントである。

第 3 問

解答

(1) いずれの正八面体についても，この平面図どうしは相似な図形になるので，1辺の長さ1の正八面体ABC-DEFについて考える。

右図において，四角形ACEDは1辺の長さ1の正方形となるから，

$$\mathrm{CD}=\mathrm{AE}=\sqrt{2}$$

である。

この正八面体をxyz空間の$z\geqq 0$である部分に

$$\mathrm{A}\left(0,\ \frac{1}{2},\ 0\right),\quad \mathrm{B}\left(0,\ -\frac{1}{2},\ 0\right),\quad \mathrm{C}\left(\frac{\sqrt{3}}{2},\ 0,\ 0\right)$$

となるようにおく。D$(p,\ q,\ r)$とおくと，$r>0$ ……① であり，

$$\mathrm{AD}=1 \quad \text{より，} \quad p^2+\left(q-\frac{1}{2}\right)^2+r^2=1 \qquad \cdots\cdots②$$

$$\mathrm{BD}=1 \quad \text{より，} \quad p^2+\left(q+\frac{1}{2}\right)^2+r^2=1 \qquad \cdots\cdots③$$

$$\mathrm{CD}=\sqrt{2} \quad \text{より，} \quad \left(p-\frac{\sqrt{3}}{2}\right)^2+q^2+r^2=2 \qquad \cdots\cdots④$$

である。

②−③より

$$-2q=0 \qquad \therefore \quad q=0$$

であり，このとき，②－④ より

$$\sqrt{3}p-\frac{3}{4}+\frac{1}{4}=-1 \qquad \therefore \quad p=-\frac{\sqrt{3}}{6}$$

である。よって，①，② より

$$r>0 \quad \text{かつ} \quad \frac{1}{12}+\frac{1}{4}+r^2=1 \qquad \therefore \quad r=\frac{\sqrt{6}}{3}$$

であるから，$\mathrm{D}\left(-\frac{\sqrt{3}}{6},\ 0,\ \frac{\sqrt{6}}{3}\right)$ である。また，同様にして E，F を求めると，$\mathrm{E}\left(\frac{\sqrt{3}}{3},\ -\frac{1}{2},\ \frac{\sqrt{6}}{3}\right)$，$\mathrm{F}\left(\frac{\sqrt{3}}{3},\ \frac{1}{2},\ \frac{\sqrt{6}}{3}\right)$ である。

△ABC は xy 平面上にあるので，この八面体を真上から，すなわち，z 軸方向から見た図を考える。D，E，F を xy 平面に正射影した点を順に，

$$\mathrm{D'}\left(-\frac{\sqrt{3}}{6},\ 0,\ 0\right),\quad \mathrm{E'}\left(\frac{\sqrt{3}}{3},\ -\frac{1}{2},\ 0\right),$$

$$\mathrm{F'}\left(\frac{\sqrt{3}}{3},\ \frac{1}{2},\ 0\right)$$

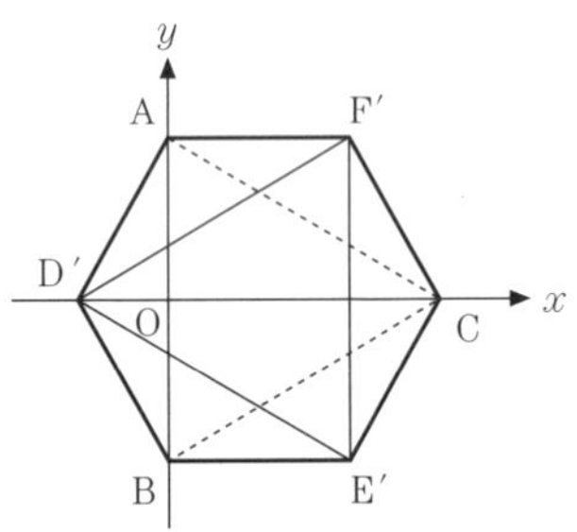

とすると，**求める平面図は右図の正六角形**

AD′BE′CF′（1 辺の長さは正八面体の 1 辺の長さの $\frac{\sqrt{3}}{3}$ 倍）である。

(2)　△ABC，△DEF の重心をそれぞれ $\mathrm{G_1}$，$\mathrm{G_2}$ とすると，

$$\mathrm{G_1}\left(\frac{\sqrt{3}}{6},\ 0,\ 0\right),\quad \mathrm{G_2}\left(\frac{\sqrt{3}}{6},\ 0,\ \frac{\sqrt{6}}{3}\right)$$

であり，$\overrightarrow{\mathrm{G_1G_2}}=\left(0,\ 0,\ \frac{\sqrt{6}}{3}\right)$ は z 軸と平行で，△ABC，△DEF に垂直である。

$\mathrm{G_1G_2}$ を軸とする 120° ずつの回転で A，B，C と D，E，F はそれぞれ

$$\mathrm{A}\longrightarrow\mathrm{B}\longrightarrow\mathrm{C}\longrightarrow\mathrm{A},\quad \mathrm{D}\longrightarrow\mathrm{E}\longrightarrow\mathrm{F}\longrightarrow\mathrm{D}$$

とうつるから，同じ回転で線分については

$$\mathrm{AD}\longrightarrow\mathrm{BE}\longrightarrow\mathrm{CF}\longrightarrow\mathrm{AD},\quad \mathrm{BD}\longrightarrow\mathrm{CE}\longrightarrow\mathrm{AF}\longrightarrow\mathrm{BD}$$

とうつる。したがって，AD を $t:1-t$ に内分する点 I を通り $\mathrm{G_1G_2}$ に垂直な平面 α と BD，BE，CE，CF，AF，$\mathrm{G_1G_2}$ との交点を順に J，K，L，M，N，O′ とおくと，

$$\mathrm{O'I}=\mathrm{O'K}=\mathrm{O'M},\quad \mathrm{O'J}=\mathrm{O'L}=\mathrm{O'N}$$

である。さらに，I，J は O′ を含む xz 平面に関して対称であるから，

$$\mathrm{O'I}=\mathrm{O'J}$$

であり，結局

$$\mathrm{O'I}=\mathrm{O'J}=\mathrm{O'K}=\mathrm{O'L}=\mathrm{O'M}=\mathrm{O'N} \qquad \cdots\cdots⑤$$

である。⑤より，回転体の α による断面は中心 O′，半径O′I の円である。ここで，

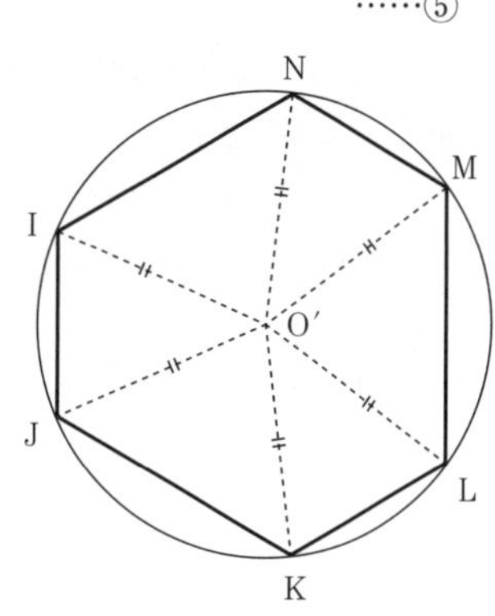

$$\overrightarrow{\mathrm{OI}}=(1-t)\overrightarrow{\mathrm{OA}}+t\overrightarrow{\mathrm{OD}}$$
$$=(1-t)\left(0,\ \frac{1}{2},\ 0\right)+t\left(-\frac{\sqrt{3}}{6},\ 0,\ \frac{\sqrt{6}}{3}\right)$$
$$=\left(-\frac{\sqrt{3}}{6}t,\ \frac{1}{2}(1-t),\ \frac{\sqrt{6}}{3}t\right)$$
$$\overrightarrow{\mathrm{OO'}}=\overrightarrow{\mathrm{OG_1}}+t\overrightarrow{\mathrm{G_1G_2}}$$
$$=\left(\frac{\sqrt{3}}{6},\ 0,\ \frac{\sqrt{6}}{3}t\right)$$

であるから，断面の円の面積を S とすると

$$S=\pi|\overrightarrow{\mathrm{O'I}}|^2=\pi\left[\left\{\frac{\sqrt{3}}{6}(t+1)\right\}^2+\left\{\frac{1}{2}(1-t)\right\}^2\right]=\frac{\pi}{3}(t^2-t+1)$$

となる。求める体積を V とおくと

$$V=\int_0^{\frac{\sqrt{6}}{3}}S\,dz$$

であり，$z=$(O′ の z 座標)$=\dfrac{\sqrt{6}}{3}t$ と置換すると

$$V=\int_0^1 S\cdot\frac{\sqrt{6}}{3}dt=\int_0^1\frac{\pi}{3}(t^2-t+1)\cdot\frac{\sqrt{6}}{3}dt$$
$$=\frac{\sqrt{6}}{9}\pi\left[\frac{1}{3}t^3-\frac{1}{2}t^2+t\right]_0^1=\boldsymbol{\frac{5\sqrt{6}}{54}}\pi$$

となる。

解説

1° 正八面体という，普段じっくりと見る機会が多くはない立体を素材にしているだけに，受験生にとって難しく感じられた問題であろう。東大では，1990年度前期に理文共通問題として正八面体に関する問題が出題されている。このときの問題も，正八面体の1つの平面に平行な平面による切り口が，周の長さが一定であるような形の良い六角形（**解** **答** 中の六角形 IJKLMN に対応するもの）であること

の証明が要求されており，本問と類似する面がある。この過去問を研究済みであったなら，極めて有利だったであろう。立体図形・空間図形を素材とする出題が他大学に比して多い東大の受験生にとって，過去問の研究が有効な対策となる好例といえる。

2° 正八面体は，正四面体の各辺の中点を結ぶことによって得られることを利用して解くこともできる。

正四面体の1つの面を下にして水平な台の上に置き，各辺の中点を結んで正八面体を作れば，その正八面体は1つの面を下にして水平な台の上に置かれたものとなる。

実際，正四面体XYZWの辺XY，YZ，ZX，YW，ZW，XWの中点を順にA，B，C，D，E，Fとおくと，正八面体ABC-DEFができる。

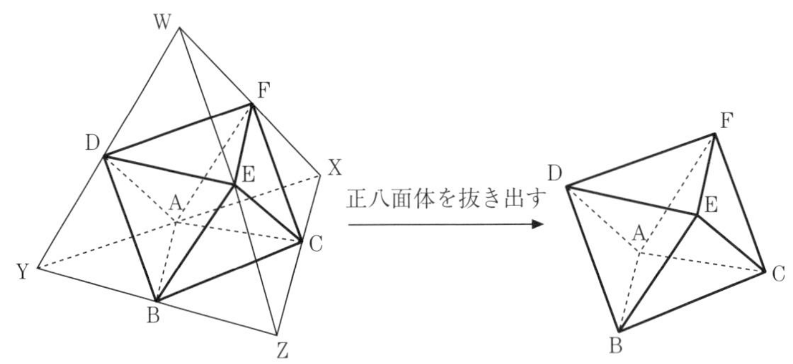

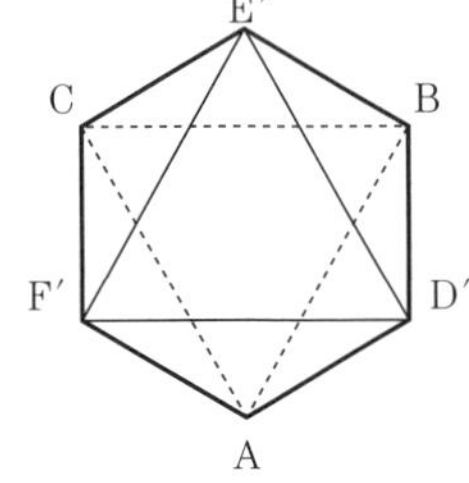

△ABCを底面と考えて，真上から見たときを考える。D，E，Fを底面に正射影した点を順にD′，E′，F′とすると，正四面体の性質から，D′，E′，F′はそれぞれ正三角形YAB，ZBC，XCAの重心と一致する。したがって，

$$\angle \mathrm{AD'B}=\angle \mathrm{BE'C}=\angle \mathrm{CF'A}=120^\circ$$

$$\mathrm{D'A}=\mathrm{D'B}=\mathrm{E'B}=\mathrm{E'C}=\mathrm{F'C}=\mathrm{F'A}$$

となり，△ABCが正三角形であることとあわせると，正八面体の平面図である六角形AD′BE′CF′は正六角形であることがわかる。

次に，正四面体XYZWの1辺の長さを2として，座標空間に

$$\mathrm{X}\left(-1,\ -\frac{\sqrt{3}}{3},\ 0\right),\quad \mathrm{Y}\left(1,\ -\frac{\sqrt{3}}{3},\ 0\right),\quad \mathrm{Z}\left(0,\ \frac{2\sqrt{3}}{3},\ 0\right),$$

$$\mathrm{W}\left(0,\ 0,\ \frac{2\sqrt{6}}{3}\right)$$

となるようにおくと，A，B，C，D，E，F の座標は

$$\mathrm{A}\left(0,\ -\frac{\sqrt{3}}{3},\ 0\right),\quad \mathrm{B}\left(\frac{1}{2},\ \frac{\sqrt{3}}{6},\ 0\right),\quad \mathrm{C}\left(-\frac{1}{2},\ \frac{\sqrt{3}}{6},\ 0\right),$$

$$\mathrm{D}\left(\frac{1}{2},\ -\frac{\sqrt{3}}{6},\ \frac{\sqrt{6}}{3}\right),\quad \mathrm{E}\left(0,\ \frac{\sqrt{3}}{3},\ \frac{\sqrt{6}}{3}\right),\quad \mathrm{F}\left(-\frac{1}{2},\ -\frac{\sqrt{3}}{6},\ \frac{\sqrt{6}}{3}\right)$$

となる。また，△ABC，△DEF の重心を $\mathrm{G_1}$，$\mathrm{G_2}$ とすると，

$$\mathrm{G_1}(0,\ 0,\ 0)=\mathrm{O}\ (\text{原点}),\quad \mathrm{G_2}\left(0,\ 0,\ \frac{\sqrt{6}}{3}\right)$$

となる。

$0\leqq z\leqq\frac{\sqrt{6}}{3}$ とし，$\mathrm{O'}(0,\ 0,\ z)$ を通り，z 軸に垂直な平面 α による回転体の断面積を $S(z)$ とすると，求める体積 V は

$$V=\int_0^{\frac{\sqrt{6}}{3}} S(z)\,dz$$

である。平面 α と線分 AD，BD，BE，CE，CF，AF との交点を順に I，J，K，L，M，N とおくと，**解** **答** に示したのと同様の理由で

$$\mathrm{O'I}=\mathrm{O'J}=\mathrm{O'K}=\mathrm{O'L}=\mathrm{O'M}=\mathrm{O'N}$$

が成り立つ。さらに，

$$\begin{aligned}\overrightarrow{\mathrm{OI}}&=\overrightarrow{\mathrm{OA}}+\overrightarrow{\mathrm{AI}}\\&=\overrightarrow{\mathrm{OA}}+\frac{z}{\frac{\sqrt{6}}{3}}\overrightarrow{\mathrm{AD}}\\&=\left(\frac{\sqrt{6}}{4}z,\ \frac{\sqrt{2}}{4}z-\frac{\sqrt{3}}{3},\ z\right)\end{aligned}$$

であるから

$$\begin{aligned}S(z)&=\pi\mathrm{O'I}^2\\&=\pi\left\{\left(\frac{\sqrt{6}}{4}z\right)^2+\left(\frac{\sqrt{2}}{4}z-\frac{\sqrt{3}}{3}\right)^2\right\}\\&=\frac{\pi}{6}(3z^2-\sqrt{6}\,z+2)\end{aligned}$$

となる。よって，

$$V=\frac{\pi}{6}\int_0^{\frac{\sqrt{6}}{3}}(3z^2-\sqrt{6}\,z+2)\,dz$$

$$=\frac{5\sqrt{6}}{54}\pi$$

となる。

3°　正四面体を媒介にせずに，正八面体を直接考察することによって解決することもできる。たとえば次のようにできる。

【(1)の **別解**】

正八面体の頂点を，右図のように A，B，C，D，E，F とし，面 ABC の重心を G_1，面 DEF の重心を G_2 とする。正八面体の 1 辺の長さを 1 として，面 ABC を下にして水平な台の上に置くとする。

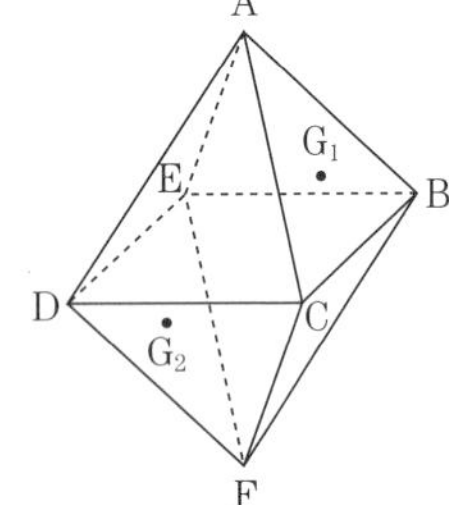

辺 BC の中点を M，辺 DE の中点を N，正八面体の中心（MN の中点）を K とすると，△AMN は右図のようになり，

$$AM=AN=\frac{\sqrt{3}}{2},\ MN=1,\ KM=\frac{1}{2}$$

であるから，

$$AM : MK=\sqrt{3} : 1 \qquad \cdots\cdots Ⓐ$$

である。

他方，

$$MG_1=\frac{1}{3}AM=\frac{\sqrt{3}}{6}$$

より，

$$KM : MG_1=\sqrt{3} : 1 \qquad \cdots\cdots Ⓑ$$

である。

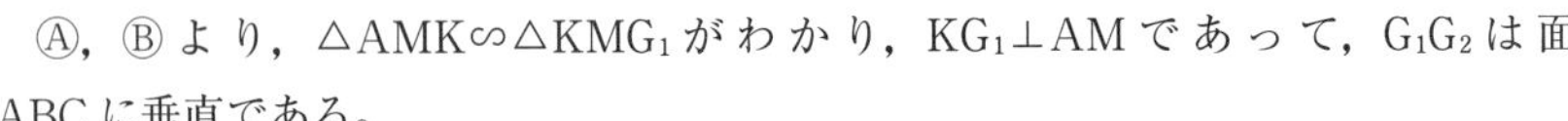
Ⓐ，Ⓑより，$\triangle AMK \backsim \triangle KMG_1$ がわかり，$KG_1 \perp AM$ であって，G_1G_2 は面 ABC に垂直である。

したがって，正八面体を真上から見ると G_1 と G_2 は一致して見えて，△ABC を $G_1(G_2)$ を中心に 180° 回転した三角形として △FDE が見える。ゆえに，正八面体を真上から見た図は，**右図のような正六角形 AEBFCD** である。

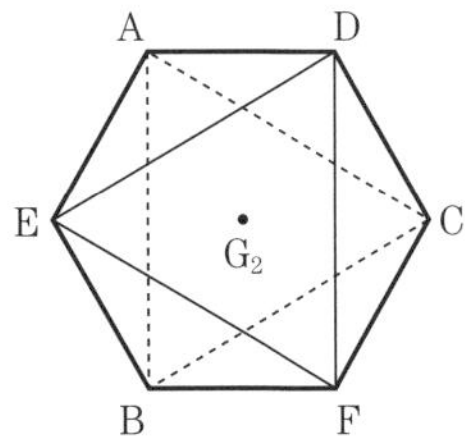

4°　(2)において，座標を設定することは必須ではない。たとえば次のようにして解決することもできる。

【(2)の 別解 】

(1)の 別解 と同じ記号を用いる。

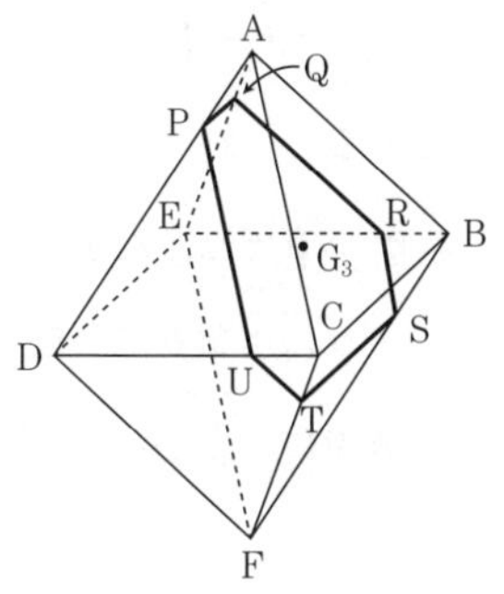

$\triangle KMG_1$ が直角三角形であることから，

$$KG_1=\sqrt{\left(\frac{1}{2}\right)^2-\left(\frac{\sqrt{3}}{6}\right)^2}=\frac{\sqrt{6}}{6} \quad \cdots\cdots Ⓒ$$

である。線分 G_1G_2 上の点 G_3 を通り G_1G_2 に垂直な平面 α と辺 AD，AE，BE，BF，CF，CD の交点を順に P，Q，R，S，T，U とすると，

$$PQ /\!/ DE, \quad QR /\!/ AB, \quad RS /\!/ EF,$$
$$ST /\!/ BC, \quad TU /\!/ FD, \quad UP /\!/ CA$$

である。ここで，

$$G_1G_3 : G_3G_2 = t : 1-t \quad \cdots\cdots Ⓓ$$

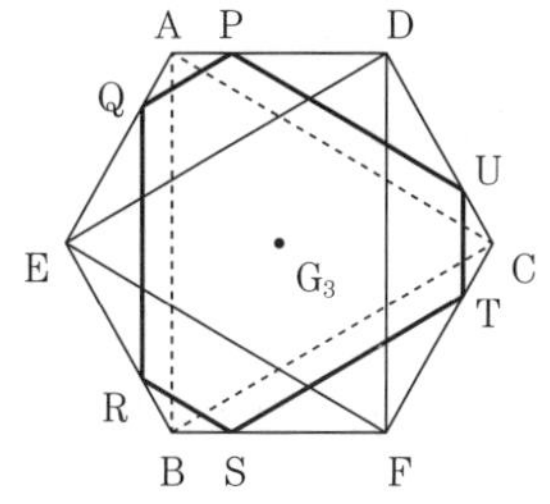

とおくと，

$$PQ=RS=TU=t$$
$$QR=ST=UP=1-t$$

であるから，G_1G_2 を軸として正八面体を1回転させてできる立体の平面 α による切り口は，半径

$$G_3P(=G_3Q=G_3R=G_3S=G_3T=G_3U)$$

の円である。

よって，その面積を $T(t)$ とおくと，

$$T(t)=\pi G_3P^2$$

である。

ここで，$\triangle PQR$ に着目すると，余弦定理より，

$$PR^2=t^2+(1-t)^2-2t(1-t)\cos 120^\circ=t^2-t+1$$

であり，$\triangle G_3PR$ が $\angle PG_3R=120^\circ$ の二等辺三角形であることに注意すると，

$$G_3P=\frac{1}{\sqrt{3}}PR$$

であるから，

$$T(t)=\frac{\pi}{3}(t^2-t+1)$$

が得られる。

切り口の存在条件は $0 \leqq t \leqq 1$ であり，Ⓒ より $G_1G_3=\frac{\sqrt{6}}{3}t$ であることに注意

して，求める体積 V は，

$$V=\int_0^1 T(t)\cdot\frac{\sqrt{6}}{3}dt=\frac{\sqrt{6}}{9}\pi\left[\frac{1}{3}t^3-\frac{1}{2}t^2+t\right]_0^1=\boldsymbol{\frac{5\sqrt{6}}{54}}\pi$$

である。

別解 では，最後の定積分を $\int_0^1 T(t)dt$ と誤らないように注意しよう。t は Ⓓ のように比を表す変数であるから，t が微小量 Δt だけ増加すると，平面 α は回転軸方向に $\frac{\sqrt{6}}{3}\Delta t$ だけ平行移動する。すなわち，“厚み” が $\frac{\sqrt{6}}{3}\Delta t$ だけ増すのである。

第 4 問

解答

(1) P，Q の x 座標を α，β（ただし，$\alpha<\beta$）とおくと，PQ の傾き m は

$$m=\frac{\beta^2-\alpha^2}{\beta-\alpha}=\alpha+\beta \quad \cdots\cdots①$$

であり，PQ の傾きが m であることに注意すると，PQ の長さ L は

$$L=(\beta-\alpha)\sqrt{1+m^2} \quad \cdots\cdots②$$

である。

PQ の中点の y 座標 h は

$$h=\frac{1}{2}(\alpha^2+\beta^2)=\frac{1}{4}\{(\alpha+\beta)^2+(\beta-\alpha)^2\}$$

であるから，①，② を用いて，h を L と m で表すと，

$$\boldsymbol{h=\frac{1}{4}\left(m^2+\frac{L^2}{m^2+1}\right)}$$

となる。

(2) L を固定したとき，m がどのような実数であっても，① かつ ②，すなわち，

$$\alpha+\beta=m \quad かつ \quad \beta-\alpha=\frac{L}{\sqrt{1+m^2}}$$

を満たす実数 α，β（ただし，$\alpha<\beta$）が存在するから，m の変域は，実数全体である。

$t=m^2+1$ とおくと，t の変域は

$$t\geqq 1 \quad \cdots\cdots③$$

であり，

$$h=\frac{1}{4}\left(t-1+\frac{L^2}{t}\right)$$

を $f(t)$ とおくと，

$$f'(t)=\frac{1}{4}\left(1-\frac{L^2}{t^2}\right)=\frac{(t+L)(t-L)}{4t^2}$$

となる。

(i) **$0<L\leqq 1$ のとき**

③において $f'(t)\geqq 0$ となるから，$h=f(t)$ がとり得る値の最小値は，

$$f(1)=\boldsymbol{\frac{1}{4}L^2}$$

である。

(ii) **$1\leqq L$ のとき**

$1\leqq t\leqq L$ において $f'(t)\leqq 0$，$L\leqq t$ において $f'(t)\geqq 0$ となるから，$h=f(t)$ がとり得る値の最小値は，

$$f(L)=\boldsymbol{\frac{1}{4}(2L-1)}$$

である。

解説

1° 平易な問題であり，完答したい。

2° (1)では，P，Q の x 座標を設定して，PQ の傾き m，長さ L，中点の y 座標 h を表してから，h を L，m で表すことを考えればよい。

P，Q の x 座標を α，β（ただし，$\alpha<\beta$）とおくと，m が①と表されることは問題ないだろう。L については，

$$\begin{aligned}L&=\sqrt{(\beta-\alpha)^2+(\beta^2-\alpha^2)^2}\\&=(\beta-\alpha)\sqrt{1+(\alpha+\beta)^2}\\&=(\beta-\alpha)\sqrt{1+m^2}\end{aligned}$$

としてもよいが，PQ の傾きが m であることから，P，Q の y 座標の差が $m(\beta-\alpha)$ であることに着目して，

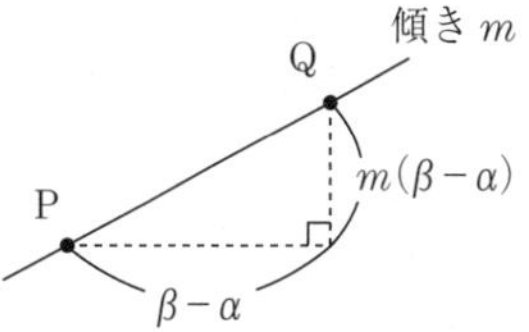

$$\begin{aligned}L&=\sqrt{(\beta-\alpha)^2+\{m(\beta-\alpha)\}^2}\\&=(\beta-\alpha)\sqrt{1+m^2}\end{aligned}$$

とすると見通しがよい。

$$h=\frac{1}{2}(\alpha^2+\beta^2) \qquad \cdots\cdots Ⓐ$$

であるから，実直には，α，β を L，m で表せば解決する。

①，② より

$$\alpha+\beta=m,\quad \beta-\alpha=\frac{L}{\sqrt{1+m^2}} \qquad \cdots\cdots Ⓑ$$

であるから

$$\alpha=\frac{1}{2}\left(m-\frac{L}{\sqrt{1+m^2}}\right),\quad \beta=\frac{1}{2}\left(m+\frac{L}{\sqrt{1+m^2}}\right) \qquad \cdots\cdots Ⓒ$$

であり，これを Ⓐ に代入すれば解決する。

実際に Ⓑ を α，β について解かなくても，$\alpha^2+\beta^2$ が $\alpha+\beta$，$\beta-\alpha$ を用いて

$$\alpha^2+\beta^2=\frac{1}{2}\{(\alpha+\beta)^2+(\beta-\alpha)^2\}$$

と表されることに着目すれば，見通しよく h を L，m で表すことができる。

3° (2)では，まず m の変域が実数全体であることに注意する。このことは，P，Q が y 軸に関して対称な位置にあるときから P，Q を放物線上で動かしていけば直観的に納得できるが，L を固定したとき，m がどのような実数であっても Ⓒ のように α，β が存在することから厳密にわかる。

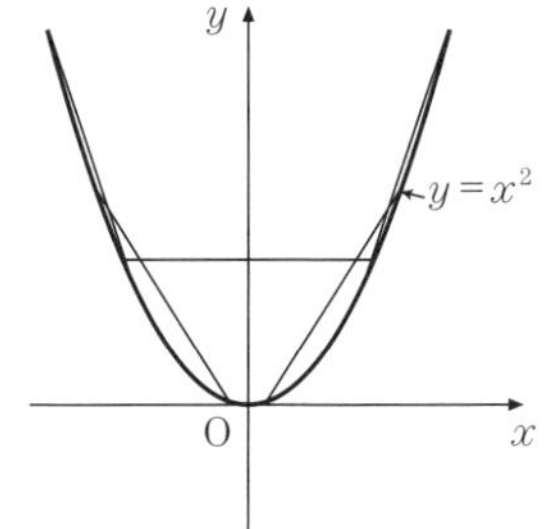

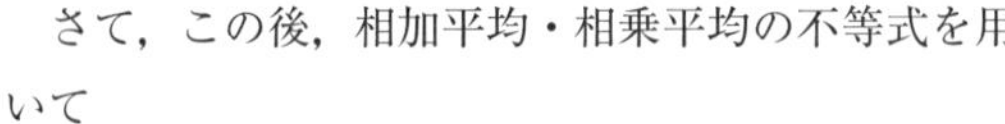

さて，この後，相加平均・相乗平均の不等式を用いて

$$\begin{aligned}h&=\frac{1}{4}\left(m^2+\frac{L^2}{m^2+1}\right)\\&=\frac{1}{4}\left\{(m^2+1)+\frac{L^2}{m^2+1}-1\right\}\\&\geqq\frac{1}{4}\left\{2\sqrt{(m^2+1)\cdot\frac{L^2}{m^2+1}}-1\right\}=\frac{1}{4}(2L-1)\end{aligned}$$

として，安易に h の最小値を $\frac{1}{4}(2L-1)$ としてしまうのが典型的な誤りである。上の不等式で等号が成り立つような実数 m が存在すれば，h の最小値は確かに $\frac{1}{4}(2L-1)$ ということになるが，上の不等式で等号が成り立つのは，

$$m^2+1=\frac{L^2}{m^2+1}\quad \text{すなわち}\quad m^2+1=L$$

のときであるから，$L<1$ のとき，このような実数 m は存在しない！

したがって，$L\geqq 1$ のときには，相加平均・相乗平均の不等式を用いて最小値を求めることができるが，$L<1$ のときには，相加平均・相乗平均の不等式を用いて最小値を求めることはできないのである。

そこで，微分法を用いて h の最小値を求めることになるが，$t=m^2+1$ とおくと見通しよく計算できる。あとは，**解答**をみてもらえば十分だろう。

第 5 問

解答

(1) $m=0,\ 1,\ 2,\ \cdots\cdots$ に対して，命題 (P_m) を次のように定める。

(P_m) $\boxed{3^m}$ は 3^m で割り切れるが，3^{m+1} では割り切れない。

数学的帰納法によって，(P_m) を証明する。

(I) $\boxed{3^0}=\boxed{1}=1$ は $3^0=1$ が割り切れるが，$3^1=3$ では割り切れないので，(P_0) は成り立つ。

(II) k を 0 以上の整数として，(P_k) が成り立つ，つまり，$3^k=p$ とおくとき，

$\boxed{3^k}=\boxed{p}=\dfrac{10^p-1}{9}$ は 3^k で割り切れるが，　……Ⓐ

3^{k+1} では割り切れない

とする。このとき，$\boxed{3^{k+1}}$ について調べる。

$$\boxed{3^{k+1}}=\boxed{3p}=\frac{10^{3p}-1}{9}=\frac{10^p-1}{9}\cdot(10^{2p}+10^p+1) \quad\cdots\cdots①$$

であり，10^{2p}，10^p，1 はいずれも 3 で割ると 1 余り，9 で割っても 1 余るから，$10^{2p}+10^p+1$ を 3，9 で割った余りは $1+1+1=3$ を 3，9 で割った余りと一致し，それぞれ 0，3 となるので，

$10^{2p}+10^p+1$ は 3 で割り切れるが，9 では割り切れない。　……Ⓑ

したがって，① においてⒶ，Ⓑ が成り立つことから，$\boxed{3^{k+1}}$ は 3^{k+1} で割り切れるが，3^{k+2} では割り切れない。すなわち，(P_{k+1}) が成り立つ。

(I)，(II) より，$m=0,\ 1,\ 2,\ \cdots\cdots$ に対して，(P_m) は成り立つ。

（証明終わり）

(2) n が 27 で割り切れるとき，$n=27l$（l は正の整数）と表され，

$$\boxed{n}=\boxed{27l}=\frac{10^{27l}-1}{9}=\frac{(10^{27})^l-1}{9}$$
$$=\frac{10^{27}-1}{9}\cdot\{(10^{27})^{l-1}+(10^{27})^{l-2}+\cdots\cdots+10^{27}+1\}$$
$$=\boxed{27}\cdot\{(10^{27})^{l-1}+(10^{27})^{l-2}+\cdots\cdots+10^{27}+1\}$$

となる。ここで，(1) より $\boxed{27}=\boxed{3^3}$ は $3^3=27$ で割り切れるから，$\boxed{n}$ は 27 で割り切れる。

逆に，$\boxed{n}$ が 27 で割り切れるとき，n を

$n=3^a\cdot l'$　(a は 0 以上の整数，l' は 3 と互いに素な正の整数)

と表し，さらに，$3^a=q$ とおくと

$$\boxed{n}=\boxed{3^a\cdot l'}=\boxed{ql'}=\frac{10^{ql'}-1}{9}=\frac{(10^q)^{l'}-1}{9}$$
$$=\frac{10^q-1}{9}\cdot\{(10^q)^{l'-1}+(10^q)^{l'-2}+\cdots\cdots+10^q+1\}$$
$$=\boxed{q}\cdot\{(10^q)^{l'-1}+(10^q)^{l'-2}+\cdots\cdots+10^q+1\} \qquad \cdots\cdots②$$

となる。ここで，

$$L=(10^q)^{l'-1}+(10^q)^{l'-2}+\cdots\cdots+10^q+1$$

とおくと，右辺の l' 個の整数 $(10^q)^{l'-1}$，$(10^q)^{l'-2}$，……，10^q，1 を 3 で割った余りはすべて 1 であるから，L を 3 で割った余りは $1+1+\cdots\cdots+1+1=l'$ を 3 で割った余りに等しいが，l' は 3 と互いに素であるから，

"L は 3 では割り切れない"。　……Ⓒ

② に戻ると，

$$\boxed{n}=\boxed{q}\cdot L=\boxed{3^a}\cdot L$$

であるから，$\boxed{n}$ が 27 で割り切れることと Ⓒ より，$\boxed{3^a}$ が $27=3^3$ で割り切れる。したがって，(1) より $a\geqq3$ であり，$n=3^al'$ は 27 の倍数である。

以上より，n が 27 で割り切れることが，$\boxed{n}$ が 27 で割り切れるための必要十分条件である。　(証明終わり)

解説

1°　正の整数 N を

$$N=a_n\cdot10^n+a_{n-1}\cdot10^{n-1}+\cdots\cdots+a_1\cdot10+a_0$$

(a_n，a_{n-1}，……，a_1，a_0 は 0 以上，9 以下の整数)

と表し，N の各位の数の和を S とおく，つまり

$$S = a_n + a_{n-1} + \cdots\cdots + a_1 + a_0$$

とするとき，N を 3，9 で割った余りは，それぞれ S を 3，9 で割った余りと一致する。**解答**では，このよく知られた事実を用いている。

2° (2)では，最初から $n=3^a\cdot l'$ とおいて，② を導いたあとで，後半の証明と同様にして，

$\boxed{n}$ が 27 で割り切れる　$\Longleftrightarrow$　$\boxed{q} = \boxed{3^a}$ が 27 で割り切れる

を示すことによって，(2)の 2 つの条件が同値であることを示してもよい。

3° 10^3 を 27 で割った余りが 1 であることに気がつくと，(2)は次のように示すこともできる。

【(2)の **別解**】

$$111 = 27\cdot 4 + 3,\quad 10^3 = 27\cdot 37 + 1$$

であるから，i を 0 以上の整数とするとき

$$\begin{aligned} 111\cdot 10^{3i} &= (27\cdot 4+3)(27\cdot 37+1)^i \\ &= (27\cdot 4+3)(27M+1) \quad (M \text{ は 0 以上の整数}) \\ &= 27N+3 \quad (N \text{ は正の整数}) \end{aligned}$$

より，

“$111\cdot 10^{3i}$ を 27 で割った余りは 3 である”。　……(＊)

これを用いて，2 つの条件が同値であることを示す。

n が 27 で割り切れるとき，$n=27l$（l は正の整数）と表され，

$$\boxed{n} = \overbrace{\underbrace{111}\ \underbrace{111}\cdots\cdots\underbrace{111}}^{27l\text{ 個}} \quad (\text{ここで，}\underbrace{111}\text{ が }9l\text{ 個ある})$$

$$= 111\cdot 10^{3(9l-1)} + 111\cdot 10^{3(9l-2)} + \cdots\cdots + 111\cdot 10^3 + 111 \quad \cdots\cdots③$$

となるが，(＊)より ③ の右辺に現れる $9l$ 個の数はいずれも 27 で割ると 3 余るから，$\boxed{n}$ を 27 で割った余りは，これら $9l$ 個の余り 3 の和，つまり，$27l$ を 27 で割った余り 0 に等しい。したがって，$\boxed{n}$ は 27 で割り切れる。

逆に，$\boxed{n} = \overbrace{11\cdots\cdots 11}^{n\text{ 個}}$ が 27 で割り切れるとき，$\boxed{n}$ は 3 で割り切れるから，$\boxed{n}$ の各位の数の和 $1+1+\cdots\cdots+1+1=n$ も 3 で割り切れるので，$n=3j$（j は正の整数）と表される。さらに

$$\boxed{n} = \overbrace{\underbrace{111}\ \underbrace{111}\cdots\cdots\underbrace{111}}^{3j\text{ 個}} \quad (\text{ここで，}\underbrace{111}\text{ が }j\text{ 個ある})$$

$$= 111\cdot 10^{3(j-1)} + 111\cdot 10^{3(j-2)} + \cdots\cdots + 111\cdot 10^3 + 111 \quad \cdots\cdots④$$

において，(＊)より ④ の右辺に現れる j 個の数はいずれも 27 で割ると 3 余るか

ら，$\boxed{n}$が27で割り切れることより，これらj個の余り3の和，つまり，$3j$も27で割り切れる。つまり，$n=3j$が27で割り切れる。

以上より，nが27で割り切れることが，$\boxed{n}$が27で割り切れるための必要十分条件である。　（証明終わり）

4°　10^3を27で割った余りが1であることより，10^i（$i=0,\ 1,\ 2,\ \cdots\cdots$）を27で割った余りは1，10，19の繰り返しであることがわかる。そこで，2つの正の整数a，bを27で割った余りが等しいことを$a\equiv b$と表すことにすると，$j=0,\ 1,\ 2,$ …… に対して

$$10^{3j}\equiv 1, \quad 10^{3j+1}\equiv 10, \quad 10^{3j+2}\equiv 19$$

となる。したがって

$$\boxed{1}=1, \quad \boxed{2}=10+1=11, \quad \boxed{3}=10^2+10+1\equiv 19+10+1\equiv 3$$

$$\boxed{4}=10^3+\boxed{3}\equiv 1+3=4$$

$$\boxed{5}=10^4+10^3+\boxed{3}\equiv 10+1+3=14$$

$$\boxed{6}=10^5+10^4+10^3+\boxed{3}\equiv 19+10+1+3\equiv 6$$

となる。さらに続けることにより，$k=0,\ 1,\ 2,$ …… に対して

$$\boxed{3k+1}\equiv 3k+1, \quad \boxed{3k+2}\equiv 3k+11=3(k+3)+2, \quad \boxed{3k+3}\equiv 3(k+1)$$

となるので，$\boxed{n}\equiv 0$となる最小の正の整数nが27であり，$\boxed{n}$（$n=1,\ 2,\ 3,$ ……）を27で割った余りは27個の整数

1，11，3，4，14，6，……，25，8，0

の繰り返しであることがわかる。以上のことをキチンと説明することによって(2)の証明を完成させることもできる。

第 6 問

解答

$0\leqq t\leqq 2\pi$ ……① において

$$x(t)=\cos 2t, \quad y(t)=t\sin t$$

とおき，点$\mathrm{P}_t(x(t),\ y(t))$の描く曲線を$C$とする。

①における$x(t)$の増減は次の通りである。

t	0	……	$\frac{\pi}{2}$	……	π	……	$\frac{3}{2}\pi$	……	2π
$x(t)$	1	↘	-1	↗	1	↘	-1	↗	1

$0<t<\dfrac{\pi}{2}$ とすると,

$$t<\frac{\pi}{2}<\pi-t<\pi,\quad \sin t>0$$

であり

$$\begin{aligned}x(\pi-t)&=\cos 2(\pi-t)\\&=\cos 2t=x(t)\\y(\pi-t)&=(\pi-t)\sin(\pi-t)\\&=(\pi-t)\sin t\\&>t\sin t=y(t)>0\end{aligned}$$

であるから, P_t と $\mathrm{P}_{\pi-t}$ の x 座標は等しく, $\mathrm{P}_{\pi-t}$ は P_t の上方にある。したがって, $0\leqq t\leqq\pi$ における P_t の軌跡は図1のようになる。

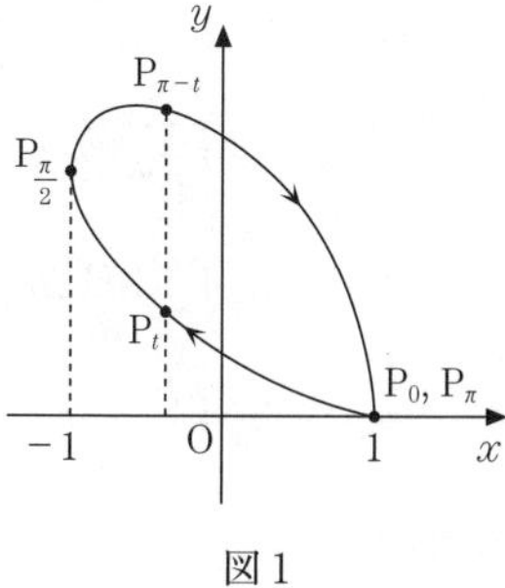

図1

また, $\pi<t<\dfrac{3}{2}\pi$ とすると,

$$t<\frac{3}{2}\pi<3\pi-t<2\pi,\quad \sin t<0$$

であるから,

$$\begin{aligned}x(3\pi-t)&=\cos 2(3\pi-t)\\&=\cos 2t=x(t)\\y(3\pi-t)&=(3\pi-t)\sin(3\pi-t)\\&=(3\pi-t)\sin t\\&<t\sin t=y(t)<0\end{aligned}$$

であるから, P_t と $\mathrm{P}_{3\pi-t}$ の x 座標は等しく, $\mathrm{P}_{3\pi-t}$ は P_t の下方にある。したがって, $\pi\leqq t\leqq 2\pi$ における P_t の軌跡は図2のようになる。

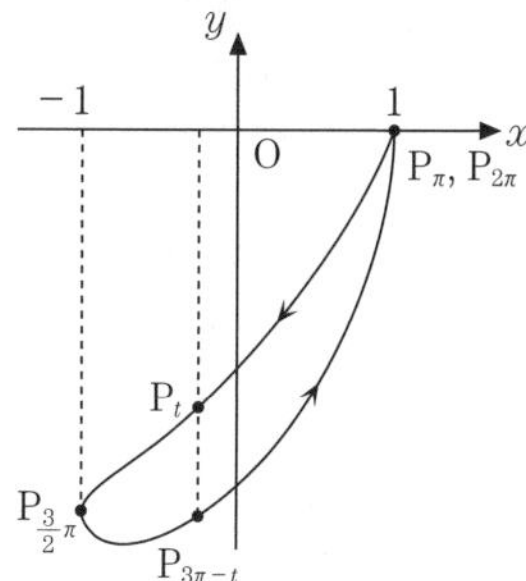

図2

以上より, C の概形は図1, 図2の曲線を合わせたものである (図3)。したがって, C の $0\leqq t\leqq\dfrac{\pi}{2}$, $\dfrac{\pi}{2}\leqq t\leqq\pi$, $\pi\leqq t\leqq\dfrac{3}{2}\pi$, $\dfrac{3}{2}\pi\leqq t\leqq 2\pi$ に対応する部分の y 座標を順に y_1, y_2, y_3, y_4 と表すことにすると, 求める面積 S は

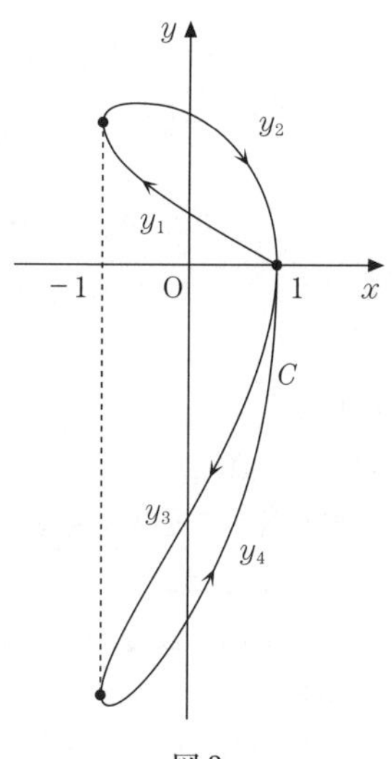

図3

$$S=\int_{-1}^{1} y_2\,dx-\int_{-1}^{1} y_1\,dx+\int_{-1}^{1}(-y_4)\,dx-\int_{-1}^{1}(-y_3)\,dx$$

$$=\int_{\frac{\pi}{2}}^{\pi} y\frac{dx}{dt}dt-\int_{\frac{\pi}{2}}^{0} y\frac{dx}{dt}dt-\left(\int_{\frac{3}{2}\pi}^{2\pi} y\frac{dx}{dt}dt-\int_{\frac{3}{2}\pi}^{\pi} y\frac{dx}{dt}dt\right)$$

$$=\int_{\frac{\pi}{2}}^{\pi} y\frac{dx}{dt}dt+\int_{0}^{\frac{\pi}{2}} y\frac{dx}{dt}dt-\left(\int_{\frac{3}{2}\pi}^{2\pi} y\frac{dx}{dt}dt+\int_{\pi}^{\frac{3}{2}\pi} y\frac{dx}{dt}dt\right)$$

$$=\int_{0}^{\pi} y\frac{dx}{dt}dt-\int_{\pi}^{2\pi} y\frac{dx}{dt}dt$$

である。ここで，

$$\int y\frac{dx}{dt}dt=\int y(t)\,x'(t)\,dt$$

$$=\int t\sin t(-2\sin 2t)\,dt$$

$$=-4\int t\sin^2 t\cos t\,dt$$

$$=-4\left(t\cdot\frac{1}{3}\sin^3 t-\frac{1}{3}\int\sin^3 t\,dt\right)$$

$$=-\frac{4}{3}\left\{t\sin^3 t+\int(1-\cos^2 t)(\cos t)'\,dt\right\}$$

$$=-\frac{4}{3}\left(t\sin^3 t+\cos t-\frac{1}{3}\cos^3 t\right)+C$$

であるから，これを $F(t)$ とおくと，

$$S=\Big[F(t)\Big]_0^{\pi}-\Big[F(t)\Big]_{\pi}^{2\pi}$$

$$=2F(\pi)-F(0)-F(2\pi)$$

$$=2\cdot\frac{8}{9}-\left(-\frac{8}{9}\right)-\left(-\frac{8}{9}\right)=\boldsymbol{\frac{32}{9}}$$

となる。

解説

1°　この曲線 C が囲む部分の面積を求めるためには，C が C 自身と交叉する点の有無を調べる必要がある。まず，x 座標 $x=\cos 2t$ の変化は簡単であり，そこから，点 P_t は $t=0,\ \pi,\ 2\pi$ のときにはいずれも $(1,\ 0)$ に一致することがわかる。また，$0<t<\pi$ では $y>0$ の部分にあり，$\pi<x<2\pi$ では $y<0$ の部分にあることもわかる。

したがって，$0<t<\pi$，$\pi<t<2\pi$ それぞれにおいて，交叉する点の有無が問題

となる。そこで，たとえば，$0<t<\pi$，$t \neq \dfrac{\pi}{2}$ において

$$\frac{dy}{dt}=\sin t+t\cos t=\cos t(t+\tan t)$$

であるから，$\dfrac{\pi}{2}<\alpha<\pi$，$\tan\alpha=-\alpha$ を満たす α をとり，

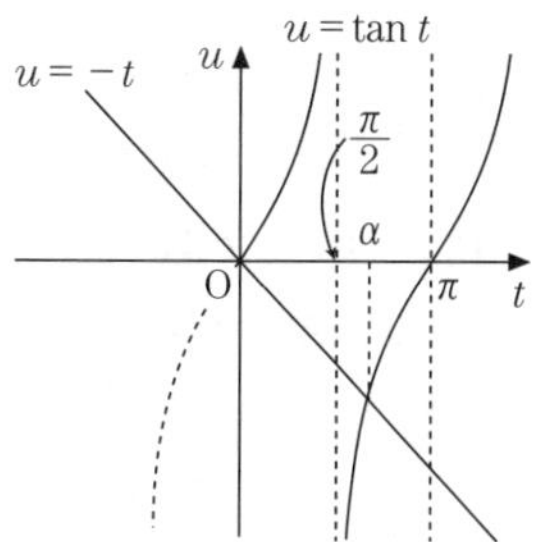

$$\begin{cases} 0<t<\alpha \text{ のとき，} & \dfrac{dy}{dt}>0 \text{ より } y \text{ は増加} \\ \alpha<t<\pi \text{ のとき，} & \dfrac{dy}{dt}<0 \text{ より } y \text{ は減少} \end{cases}$$

となることがわかったとしても，交叉する点がないとはいえない。実際，x，y の増減だけでは右図のような可能性を排除できないからである。

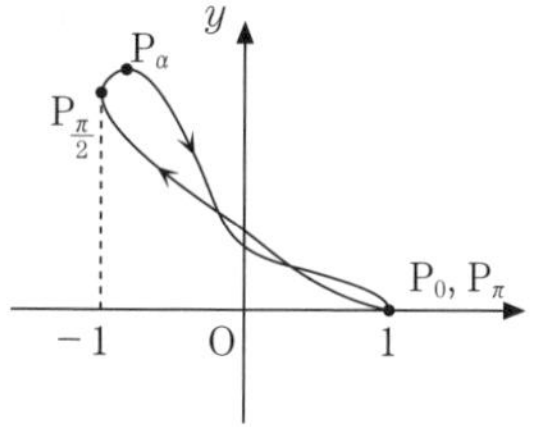

2° 解 答 では，不定積分 $\displaystyle\int y\frac{dx}{dt}dt$ を用意して面積を計算したが，定積分のままでの計算なども考えられる。

C によって囲まれる部分のうち，$y \geqq 0$，$y \leqq 0$ の部分の面積をそれぞれ S_1，S_2 とおくと，

$$S_1=\int_0^{\pi} y\frac{dx}{dt}dt, \quad S_2=-\int_{\pi}^{2\pi} y\frac{dx}{dt}dt$$

である。S_1 をたとえば，

$$\begin{aligned} S_1&=\int_0^{\pi} t\sin t(-2\sin 2t)\,dt \\ &=\int_0^{\pi}(-4t\sin^2 t\cos t)\,dt \\ &=\left[-4t\cdot\frac{1}{3}\sin^3 t\right]_0^{\pi}+\int_0^{\pi}\frac{4}{3}\sin^3 t\,dt \\ &=\int_0^{\pi}\left(\sin t-\frac{1}{3}\sin 3t\right)dt \\ &=\left[-\cos t+\frac{1}{9}\cos 3t\right]_0^{\pi}=\frac{16}{9} \end{aligned}$$

と計算してもよい。S_2 についても同様である。

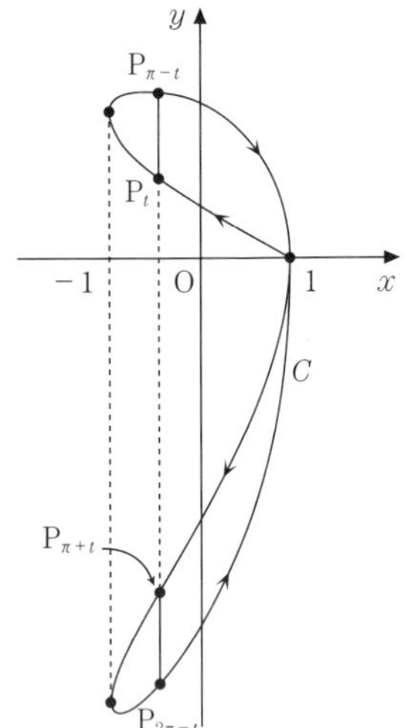

3°　$0 \leqq t \leqq \dfrac{\pi}{2}$ のとき，P_t を通り x 軸に垂直な直線と C との交点は y 座標が大きい方から順に，$P_{\pi-t}$，P_t，$P_{\pi+t}$，$P_{2\pi-t}$ であり，

$$\begin{aligned} P_{\pi-t}P_t &= y(\pi-t)-y(t) \\ &= (\pi-t)\sin(\pi-t)-t\sin t \\ &= (\pi-2t)\sin t \end{aligned}$$

$$\begin{aligned} P_{\pi+t}P_{2\pi-t} &= y(\pi+t)-y(2\pi-t) \\ &= (\pi+t)\sin(\pi+t)-(2\pi-t)\sin(2\pi-t) \\ &= -(\pi+t)\sin t+(2\pi-t)\sin t \\ &= (\pi-2t)\sin t \end{aligned}$$

より，

$$P_{\pi-t}P_t = P_{\pi+t}P_{2\pi-t}$$

である。これより，**2°** で定めた面積 S_1，S_2 について

$$S_1 = S_2$$

が成り立つことがわかる。

2007年

第 1 問

解答

整式 $P(x)$ を

$$P(x)=\sum_{i=0}^{N} a_i x^i \quad (N \geqq n,\ a_N \neq 0)$$

とおくと，整式 $(1+x)^k P(x)$ は，

$$(1+x)^k P(x)=\sum_{j=0}^{N+k} b_j x^j$$

とおくことができて，$(1+x)^k=\sum_{r=0}^{k} {}_k\mathrm{C}_r x^r$ ［二項定理］であることから，

$(1+x)^k P(x)$ の n 次以下の項の係数 b_m $(m=0,\ 1,\ 2,\ \cdots\cdots,\ n)$ は，

$$\begin{cases} b_m=\sum_{j=0}^{m} {}_k\mathrm{C}_j a_{m-j} \\ \text{ただし，} j>k \text{ のときは } {}_k\mathrm{C}_j=0 \text{ と定める} \end{cases} \quad \cdots\cdots①$$

と表される。

このとき，示すべき命題は，

「$b_0,\ b_1,\ b_2,\ \cdots\cdots,\ b_n$ がすべて整数ならば，

a_l $(l=0,\ 1,\ 2,\ \cdots\cdots,\ n)$ はすべて整数である」 ……Ⓐ

となり，これを a_l の番号 l についての数学的帰納法により証明する。

(i) まず，$l=0$ のとき，① より

$$a_0=b_0$$

であるから，b_0 が整数ならば，a_0 は整数である。

(ii) 次に，ある l $(0 \leqq l \leqq n-1)$ について，$a_0,\ \cdots\cdots,\ a_l$ がすべて整数であると仮定する。

ここで，a_{l+1} は，① より，

$$b_{l+1}=\sum_{j=0}^{l+1} {}_k\mathrm{C}_j a_{l+1-j}$$

$$=a_{l+1}+\sum_{j=1}^{l+1} {}_k\mathrm{C}_j a_{l+1-j}$$

すなわち，

2007

$$a_{l+1}=b_{l+1}-\sum_{j=1}^{l+1}{}_k\mathrm{C}_j a_{l+1-j} \quad \cdots\cdots②$$

であり，② の右辺の第2項 $\sum_{j=1}^{l+1}{}_k\mathrm{C}_j a_{l+1-j}$ は，二項係数 ${}_k\mathrm{C}_j$ が整数であることと帰納法の仮定により，整数である。

よって，b_{l+1} が整数ならば，a_{l+1} も整数となる。

以上，(i)，(ii) より Ⓐ が示された。　　　　（証明終わり）

解説

1° 第1問は，その年度で最も取り組みやすい問題が配置されていることが多かったが，本問は第1問にしては取り組みにくく，受験生は戸惑ったことだろう。解答が書きにくいという点で，2007年度の合否を分けた問題の1つといえよう。

2° 素直な着想は，n 次以上の整式 $P(x)$ を具体的に

$$P(x)=a_0+a_1x+a_2x^2+\cdots\cdots+a_nx^n+\cdots\cdots+a_Nx^N$$

と設定して，$(1+x)^k$ を二項展開した整式との積を作り，

$$(1+x)^kP(x)=({}_k\mathrm{C}_0+{}_k\mathrm{C}_1x+{}_k\mathrm{C}_2x^2+\cdots\cdots+{}_k\mathrm{C}_kx^k)$$
$$\times(a_0+a_1x+a_2x^2+\cdots\cdots+a_nx^n+\cdots\cdots+a_Nx^N)$$

を展開していくことにより，$(1+x)^kP(x)$ の n 次以下の項の係数と，$P(x)$ の n 次以下の項の係数の関係を探っていくことであろう。k，n，N を具体的な数字に置き換えてみるとわかりやすい。上の **解答** はこの方針によるものである。

ポイントは，$(1+x)^kP(x)$ の n 次以下の項の係数の構造 ① をつかむことであり，それを表現するために，“$j>k$ のときは ${}_k\mathrm{C}_j=0$ と定める” というように便宜的な定義をしておくとよい。そうすれば，あとは，（$(1+x)^kP(x)$ の定数項）=（$P(x)$ の定数項）であることから，昇べきの順に帰納的に $P(x)$ の各項の係数が整数として定められていくことがわかるだろう。そのことを数学的帰納法で示せばよい。整数は積と和について閉じている（整数どうしの積は整数，整数どうしの和は整数）ことは自明である。

3° k を具体的な数字にして1つずつ増やしていくと，k についての数学的帰納法による方が，解答を書きやすいことに気づくだろう。すなわち，上の素直な着想とは表現を変えると，次のような **別解** が得られる。

別解

整式 $P(x)$ を

$$P(x)=\sum_{i=0}^{N} a_i x^i \quad (N \geqq n,\ a_N \neq 0)$$

とおき，すべての正の整数 k に対し，

「整式 $(1+x)^k P(x)$ の n 次以下の係数がすべて整数ならば，
$P(x)$ の n 次以下の項の係数はすべて整数である」　……Ⓑ

ことを，k についての数学的帰納法により証明する。

(ア)　まず，$k=1$ のとき，

$$(1+x)P(x)=a_0+\sum_{j=0}^{N-1}(a_j+a_{j+1})x^{j+1}+a_N x^{N+1}$$

の n 次以下の項の係数は，

$a_0,\ a_0+a_1,\ a_1+a_2,\ \cdots\cdots,\ a_{n-1}+a_n$

であり，これらがすべて整数であるならば，

$a_0,\ a_1,\ a_2,\ \cdots\cdots,\ a_n$

はすべて整数であるから，Ⓑ が成立する。

(イ)　次に，ある $k(\geqq 1)$ についてⒷが成立すると仮定する。

このとき，$Q(x)=(1+x)P(x)$ とおくと，$Q(x)$ は次数が n 次以上の整式であるから，帰納法の仮定により，

$(1+x)^k Q(x)=(1+x)^{k+1}P(x)$

の n 次以下の項の係数がすべて整数ならば，$Q(x)$ の n 次以下の項の係数もすべて整数である。すると，(ア)により $P(x)$ の n 次以下の項の係数も整数である。

よって，Ⓑ の k を $k+1$ で置き換えた命題も成立する。　（証明終わり）

第 2 問

解答

$$\begin{cases} ①\quad \angle \mathrm{P}_{k-1}\mathrm{OP}_k=\dfrac{\pi}{n}\quad (1\leqq k\leqq n), \\ \quad\ \ \angle \mathrm{OP}_{k-1}\mathrm{P}_k=\angle \mathrm{OP}_0\mathrm{P}_1 \\ \qquad\qquad\qquad\qquad (2\leqq k\leqq n) \\ ②\quad \mathrm{OP}_0=1,\quad \mathrm{OP}_1=1+\dfrac{1}{n} \end{cases}$$

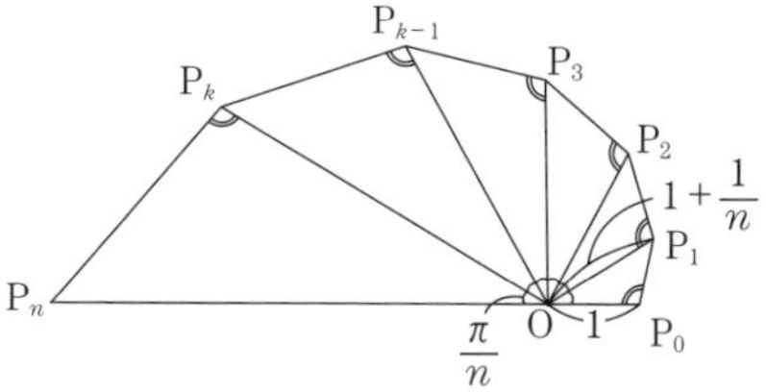

① の条件より

$\triangle \mathrm{OP}_0\mathrm{P}_1 \backsim \triangle \mathrm{OP}_{k-1}\mathrm{P}_k$

であることと，条件 ② より

$$\mathrm{OP}_{k-1} : \mathrm{OP}_k = \mathrm{OP}_0 : \mathrm{OP}_1 \quad \text{すなわち} \quad \mathrm{OP}_{k-1} : \mathrm{OP}_k = 1 : \left(1+\frac{1}{n}\right)$$

であることから，

$\triangle \mathrm{OP}_{k-1}\mathrm{P}_k$ $(1 \leqq k \leqq n)$ は互いに相似であり，

$\triangle \mathrm{OP}_{k-1}\mathrm{P}_k$ と $\triangle \mathrm{OP}_k\mathrm{P}_{k+1}$ $(1 \leqq k \leqq n-1)$ の相似比は $1 : \left(1+\dfrac{1}{n}\right)$

である。

よって，$a_k = \mathrm{P}_{k-1}\mathrm{P}_k$ $(1 \leqq k \leqq n)$ は，公比 $1+\dfrac{1}{n}$ の等比数列をなし，

$$\begin{aligned} s_n &= \sum_{k=1}^{n} a_k \\ &= a_1 \cdot \frac{1-\left(1+\frac{1}{n}\right)^n}{1-\left(1+\frac{1}{n}\right)} \\ &= na_1\left\{\left(1+\frac{1}{n}\right)^n - 1\right\} \end{aligned} \quad \cdots\cdots ③$$

と表される。

ここで，$\triangle \mathrm{OP}_0\mathrm{P}_1$ での余弦定理により，

$$\begin{aligned} {a_1}^2 &= 1^2 + \left(1+\frac{1}{n}\right)^2 - 2\cdot 1 \cdot \left(1+\frac{1}{n}\right)\cos\frac{\pi}{n} \\ &= 2\left(1+\frac{1}{n}\right)\left(1-\cos\frac{\pi}{n}\right) + \frac{1}{n^2} \end{aligned}$$

であるから，$n \to \infty$ のとき

$$\begin{aligned} na_1 &= n\sqrt{2\left(1+\frac{1}{n}\right)\left(1-\cos\frac{\pi}{n}\right) + \frac{1}{n^2}} \\ &= \sqrt{2\left(1+\frac{1}{n}\right)\cdot\pi^2\cdot\frac{1-\cos\frac{\pi}{n}}{\left(\frac{\pi}{n}\right)^2} + 1} \\ &\to \sqrt{2(1+0)\cdot\pi^2\cdot\frac{1}{2}+1} = \sqrt{\pi^2+1} \end{aligned} \quad \cdots\cdots ④$$

となる。ただし，$\theta \to 0$ のとき，

$$\frac{1-\cos\theta}{\theta^2} = \frac{1}{2}\cdot\left(\frac{\sin\frac{\theta}{2}}{\frac{\theta}{2}}\right)^2 \to \frac{1}{2}\cdot 1^2 = \frac{1}{2}$$

となることを用いた。

また，$n\to\infty$ のとき，

$$\left(1+\frac{1}{n}\right)^n \to e \qquad \cdots\cdots⑤$$

であるから，③，④，⑤ より

$$\lim_{n\to\infty} s_n = \boldsymbol{\sqrt{\pi^2+1}\,(e-1)}$$

である。

解説

1°　図形と極限の融合問題は，東大の過去問にもしばしば見られる。本問は，評価を必要とするわけでもなく，ストレートに極限計算ができるという点で，比較的易しい問題ということができる。

2°　与えられた条件 ①，② より，相似な三角形が次々にできていくことは，手を動かせばすぐにわかるであろう。すると，a_k が等比数列をなすこと，したがって s_n が等比数列の和であることがわかり，**解答** の ③ までは一本道である。

あとは，a_1 を求めて極限計算するだけであり，$\triangle OP_0P_1$ で 2 辺夾角が既知であることから余弦定理を適用することと，基本極限として

(i)　$\displaystyle\lim_{\theta\to0}\frac{\sin\theta}{\theta}=1$　$\left(\text{(ii)}\quad \displaystyle\lim_{\theta\to0}\frac{1-\cos\theta}{\theta^2}=\frac{1}{2}\right)$

(iii)　$\displaystyle\lim_{n\to\infty}\left(1+\frac{1}{n}\right)^n=e$

を用いるだけで結果に到達する。

(i) は基本中の基本であり，(ii) も，$\displaystyle\lim_{\theta\to0}\frac{\tan\theta}{\theta}=1$ とともに，公式として身につけておきたい。

また，自然対数の底 e の高校数学における定義は

$$\lim_{x\to0}(1+x)^{\frac{1}{x}}=e$$

であるが，(iii) も公式であり，

$$\lim_{x\to0}\frac{e^x-1}{x}=1,\quad \lim_{x\to0}\frac{\log_e(1+x)}{x}=1,\quad \lim_{n\to-\infty}\left(1+\frac{1}{n}\right)^n=e$$

なども使えるようにしておきたい。これらは互いに同値である。

3°　本問は，極方程式で $r=e^{\frac{\theta}{\pi}}$ と表される対数螺線の，$0\leqq\theta\leqq\pi$ に対応する部分の弧長を求めていることになる。弧長計算は，現在の高校数学の範囲外であるものの，本問のような形式であれば，何の支障もない。2002年度理系第5問も同様の趣旨であった。

一般に，$r=f(\theta)$ と極方程式表示される曲線の $\alpha\leqq\theta\leqq\beta$ に対応する部分の弧長は，$\displaystyle\int_\alpha^\beta\sqrt{r^2+\left(\frac{dr}{d\theta}\right)^2}\,d\theta$ で与えられる。$r=e^{\frac{\theta}{\pi}}$，$0\leqq\theta\leqq\pi$ についてこの定積分を計算し，本問の結果と一致することを確かめてみよ。

第 3 問

解答

(1)　$\mathrm{P}(p,\ p^2)$，$\mathrm{Q}(q,\ q^2)$ とおくと $\mathrm{R}\left(\dfrac{2p+q}{3},\ \dfrac{2p^2+q^2}{3}\right)$ と表されるので，

点 $(a,\ b)$ が D に属するための条件は，$-1\leqq a\leqq 1$ のもとで，

「　$a=\dfrac{2p+q}{3}$ ……①　かつ　$b=\dfrac{2p^2+q^2}{3}$ ……②

かつ　$-1\leqq p\leqq 1$ ……③　かつ　$-1\leqq q\leqq 1$ ……④

をみたす p，q が存在する」　……Ⓐ

ことである。

ただし，PとQは，y 軸対称の曲線 $y=x^2$ $(-1\leqq x\leqq 1)$ 上を自由に動くので，D は y 軸対称であることがわかる。そこで，はじめに $0\leqq a\leqq 1$ のもとで考える。

①より，

$$q=3a-2p \quad \cdots\cdots①'$$

として，②，④に代入し q を消去して整理すると，

$$b=2p^2-4ap+3a^2=2(p-a)^2+a^2 \quad \cdots\cdots⑤$$

$$\frac{3a-1}{2}\leqq p\leqq\frac{3a+1}{2} \quad \cdots\cdots⑥$$

を得るので，

Ⓐ　$\Longleftrightarrow$　「⑤かつ③かつ⑥をみたす p が存在する」　……Ⓑ

である。

それには，⑤の b を p の関数 $f(p)$ とみて，p を③かつ⑥のもとで変化させたときの b の値域を求めればよく，そのために⑤のグラフ（軸が $p=a$ で下に凸の放物線）を考察する。

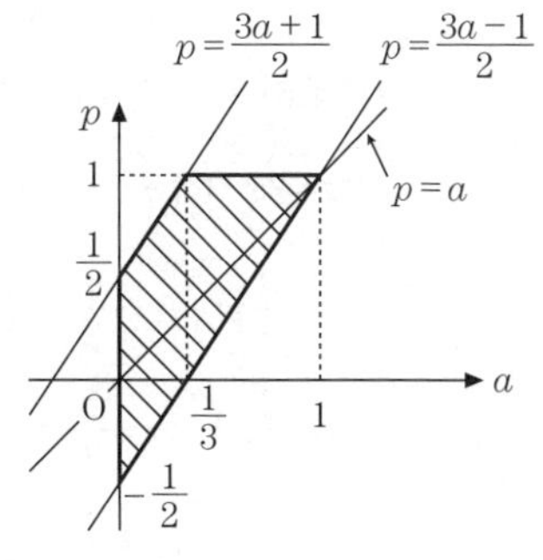

ここで，③ かつ ⑥ は，ap 平面上に図示すると右のような領域になり，

(i)　$0 \leqq a \leqq \frac{1}{3}$ のとき，　$\frac{3a-1}{2} \leqq p \leqq \frac{3a+1}{2}$

(ii)　$\frac{1}{3} \leqq a \leqq 1$ のとき，　$\frac{3a-1}{2} \leqq p \leqq 1$

となることがわかる。

また，この領域内に線分 $p=a$ $(0 \leqq a \leqq 1)$ が含まれることから，放物線 ⑤ の軸 $p=a$ が，つねに ③ かつ ⑥ に含まれることに注意して，(i)，(ii) に分類して調べると，$b=f(p)$ の値域は，

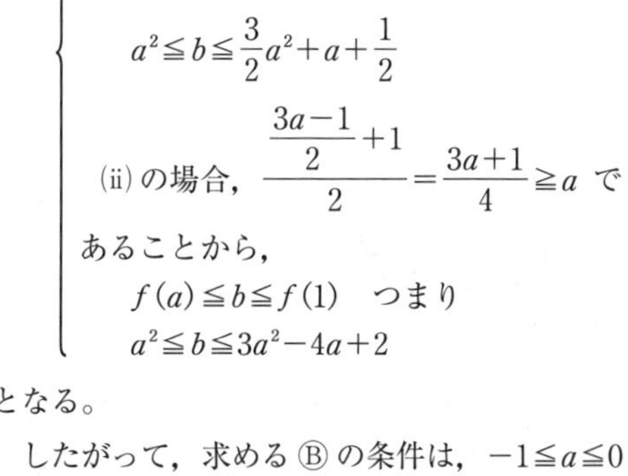

(i) の場合，$\dfrac{\frac{3a-1}{2}+\frac{3a+1}{2}}{2}=\frac{3}{2}a \geqq a$ であることから，

$f(a) \leqq b \leqq f\left(\frac{3a+1}{2}\right)$　つまり

$a^2 \leqq b \leqq \frac{3}{2}a^2+a+\frac{1}{2}$

(ii) の場合，$\dfrac{\frac{3a-1}{2}+1}{2}=\frac{3a+1}{4} \geqq a$ であることから，

$f(a) \leqq b \leqq f(1)$　つまり

$a^2 \leqq b \leqq 3a^2-4a+2$

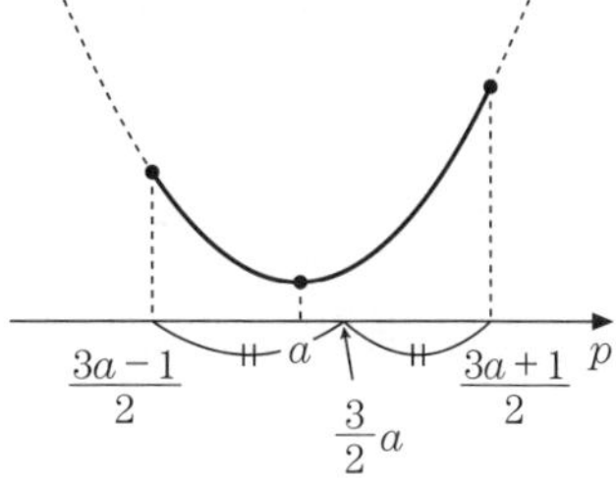

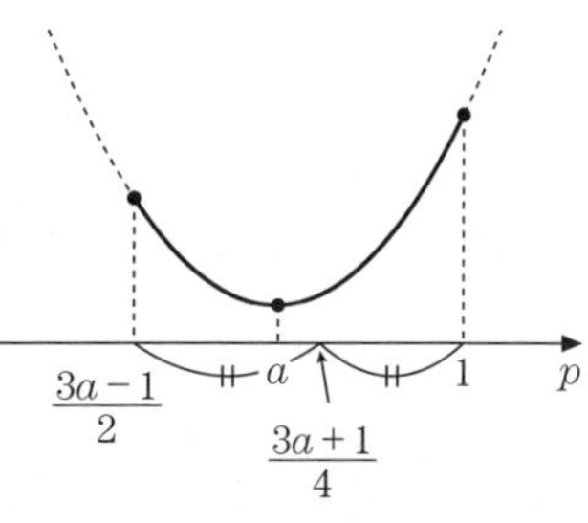

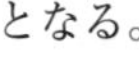

となる。

したがって，求める Ⓑ の条件は，$-1 \leqq a \leqq 0$ の場合には上の (i)，(ii) の結果の a を $-a$ で置き換えればよいので，

$$
\begin{cases}
\boldsymbol{-1 \leqq a \leqq -\frac{1}{3}} \text{ のとき，} \boldsymbol{a^2 \leqq b \leqq 3a^2+4a+2} \\
\boldsymbol{-\frac{1}{3} \leqq a \leqq 0} \text{ のとき，} \boldsymbol{a^2 \leqq b \leqq \frac{3}{2}a^2-a+\frac{1}{2}} \\
\boldsymbol{0 \leqq a \leqq \frac{1}{3}} \text{ のとき，} \boldsymbol{a^2 \leqq b \leqq \frac{3}{2}a^2+a+\frac{1}{2}} \\
\boldsymbol{\frac{1}{3} \leqq a \leqq 1} \text{ のとき，} \boldsymbol{a^2 \leqq b \leqq 3a^2-4a+2}
\end{cases}
$$

となる。

(2) (1)の結果の a, b を x, y に替えて図示すればよい。

$$y=3x^2+4x+2=3\left(x+\frac{2}{3}\right)^2+\frac{2}{3}$$

$$y=\frac{3}{2}x^2-x+\frac{1}{2}=\frac{3}{2}\left(x-\frac{1}{3}\right)^2+\frac{1}{3}$$

$$y=\frac{3}{2}x^2+x+\frac{1}{2}=\frac{3}{2}\left(x+\frac{1}{3}\right)^2+\frac{1}{3}$$

$$y=3x^2-4x+2=3\left(x-\frac{2}{3}\right)^2+\frac{2}{3}$$

であることから，各境界線の放物線の頂点と軸がわかる。

また，放物線 $y=x^2$ と放物線 $y=3x^2+4x+2$，放物線 $y=\frac{3}{2}x^2+x+\frac{1}{2}$ は $x=-1$ で接しており，放物線 $y=x^2$ と放物線 $y=3x^2-4x+2$，放物線 $y=\frac{3}{2}x^2-x+\frac{1}{2}$ は $x=1$ で接していることに注意して，D は**下図**のようになる。

ただし，境界線上の点はすべて含む。

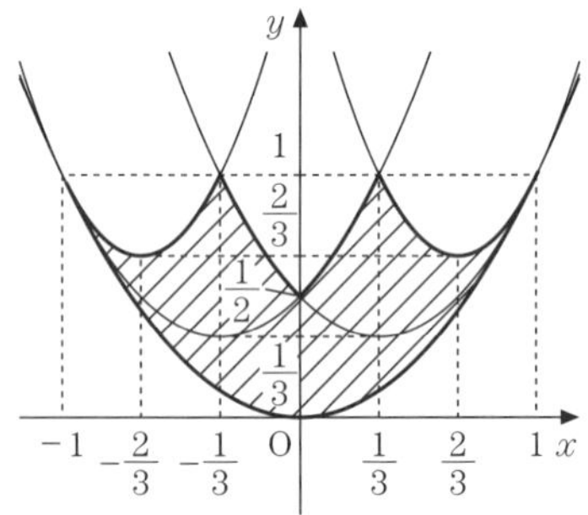

解説

1° 点の通過領域を，2次関数あるいは2次方程式の議論に帰着させて解決する問題で，コツコツやればよいのだが，場合分けなど煩雑な作業が多く，試験場では苦戦させられたことだろう。しかし，この程度は強引にでも処理できるだけの腕力を備えておきたい。

2° 煩雑さを少しでも避けるためには，はじめに上の **解** **答** のようにPとQの対称性に注目するとよい。PとQは曲線 $y=x^2$ $(-1\leqq x\leqq 1)$ 上を自由に動くのであるから，PとQは，ある位置にある場合と y 軸に関し対称な位置にくることができる。それゆえ，PQを1：2に内分する点Rの通過領域 D も y 軸に関し対称になる。いくつか図を描いてみると実感できるであろう。

解決に向かうための第1のポイントは

$(a,\ b)\in D$ $\Longleftrightarrow$ ① かつ ② かつ ③ かつ ④ をみたす p，q が存在する ……Ⓐ

$\Longleftrightarrow$ ⑤ かつ ③ かつ ⑥ をみたす p が存在する ……Ⓑ

という同値関係を押えることである。p，q という2つの変数で媒介変数表示された点 $\mathrm{R}(a,\ b)$ の通過領域 D を，q を代入して消去することにより，媒介変数 p をもつ ab 平面上の曲線 ⑤ の通過領域としてとらえるのである。

第2のポイントは，③ かつ ⑥ を(i)，(ii)のように a の値で場合分けして正確に押えること，$p=a$ がつねに ③ かつ ⑥ に含まれていることを確認しておくことである。これを計算だけで処理しようとするとやっかいである。解答のように，不等式を平面上に図示して考える習慣をつけておくとよい。

第3のポイントは，Ⓑ の条件の考え方が理解されているかである。解答のように，⑤ の b を p の2次関数とみて（すなわち，a を固定して p を変化させて）値域を求める方法は，ab 平面上の曲線 ⑤ の通過領域を，a 軸に垂直な直線で切って考えていることにほかならない。これとは別に，p の存在条件を，次の **3°** のようにして ⑤ を p の2次方程式とみて解の存在条件として求める方法もある。

3° (1)の解答で，Ⓑ 以降をつぎのように処理してもよい。

⑤ を書き直すと

$$2p^2-4ap+3a^2-b=0 \quad \text{つまり} \quad 2(p-a)^2+a^2-b=0 \qquad \cdots\cdots⑤'$$

となるので，

Ⓑ $\Longleftrightarrow$ 「p の2次方程式 ⑤′ が ③ かつ ⑥ をみたす解をもつ」 …Ⓒ

である。

そこで，⑤′ の左辺を $g(p)$ とおき，$g(p)$ のグラフを考察する。

③ かつ ⑥ が(i) or (ii)のようになるので，(i)，(ii)に放物線 $g(p)$ の軸 $p=a$ がつねに ③ かつ ⑥ に含まれることに注意して，分類して調べると，Ⓒ の条件は，

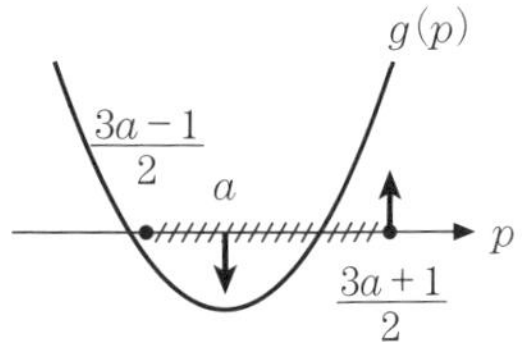

$$\begin{cases} \text{(i)の場合} \\ \quad g(a) \leqq 0 \quad \text{かつ} \\ \quad \text{“}g\left(\dfrac{3a-1}{2}\right) \geqq 0 \text{ または } g\left(\dfrac{3a+1}{2}\right) \geqq 0\text{”} \\ \text{(ii)の場合} \\ \quad g(a) \leqq 0 \quad \text{かつ} \\ \quad \text{“}g\left(\dfrac{3a-1}{2}\right) \geqq 0 \text{ または } g(1) \geqq 0\text{”} \end{cases}$$

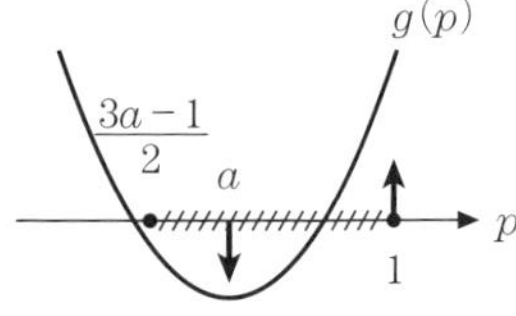

となる。これを整理すればよい。

ただし，放物線 $g(p)$ の軸 $p=a$ が，(i)，(ii)の各区間の中央かそれよりも左側に寄っていることに注意すれば，上の条件は，

$$\begin{cases} \text{(i)の場合} \\ \quad g(a) \leqq 0 \quad \text{かつ} \quad g\left(\dfrac{3a+1}{2}\right) \geqq 0 \\ \text{(ii)の場合} \\ \quad g(a) \leqq 0 \quad \text{かつ} \quad g(1) \geqq 0 \end{cases}$$

とするだけでよい。

4°　2 次関数の値域や 2 次方程式の解の配置問題をグラフを考察して解く場合，軸の位置や頂点，変域・解の範囲の端点に着目することは初歩的事柄である。詳述する必要はないだろう。

5°　(2)で図示する際，放物線どうしが共有点をもつだけでなく，接することに注意しておこう。共有点での各放物線の微分係数を確かめておくとよい。

第 4 問

解 答

(1)　$$A=aP+(a+1)Q \quad \cdots\cdots①$$

であるとき，

$$\begin{aligned}(P+Q)A&=PA+QA\\&=P\{aP+(a+1)Q\}+Q\{aP+(a+1)Q\}\\&=aP^2+(a+1)PQ+aQP+(a+1)Q^2\end{aligned}$$

であり，ここで，

$$P^2=P, \quad Q^2=Q, \quad PQ=O, \quad QP=O \quad \cdots\cdots②$$

であることを用いると，

$$(P+Q)A=aP+(a+1)Q$$

すなわち

$$(P+Q)A=A \qquad \cdots\cdots ③$$

が成り立つ。　　　　　　　　　　　　　　　　　　　　（証明終わり）

(2)　$A=\begin{pmatrix} a & 0 \\ 1 & a+1 \end{pmatrix}$ のとき，$a>0$ により，

$$\det A=a(a+1)-0\cdot 1$$
$$=a(a+1)\neq 0$$

であるから，A^{-1} が存在する。

　この A が(1)の5つの条件，すなわち，①，②をすべてみたすならば③が成立するので，③の両辺に右から A^{-1} をかけると，$E=\begin{pmatrix} 1 & 0 \\ 0 & 1 \end{pmatrix}$ として

$$P+Q=E \qquad \cdots\cdots ④$$

を得る。

　そこで，④より $Q=E-P$ として①に代入すると

$$A=aP+(a+1)(E-P)$$
$$=(a+1)E-P$$

より，

$$\boldsymbol{P}=(a+1)E-A=\begin{pmatrix} \mathbf{1} & \mathbf{0} \\ \mathbf{-1} & \mathbf{0} \end{pmatrix}$$

$$\boldsymbol{Q}=E-P=\begin{pmatrix} \mathbf{0} & \mathbf{0} \\ \mathbf{1} & \mathbf{1} \end{pmatrix}$$

を得る。この P，Q は，確かに②の4つの条件をみたしている。

(3)　(2)で求めた P，Q を用いると

$$A_k=\begin{pmatrix} k & 0 \\ 1 & k+1 \end{pmatrix}=kP+(k+1)Q \quad (2\leqq k\leqq n)$$

と表される。

　ここで，一般に，P，Q が②をすべてみたすとき，α，β，γ，δ を任意の実数として

$$(\alpha P+\beta Q)(\gamma P+\delta Q)=\alpha\gamma P^2+\alpha\delta PQ+\beta\gamma QP+\beta\delta Q^2$$
$$=\alpha\gamma P+\beta\delta Q \qquad \cdots\cdots ⑤$$

が成り立つので，この⑤の関係をくり返し用いると，

$$A_nA_{n-1}A_{n-2}\cdots\cdots A_2$$

$$=\{nP+(n+1)Q\}\{(n-1)P+nQ\}\{(n-2)P+(n-1)Q\}\cdot\cdots\cdots\cdot(2P+3Q)$$
$$=\{n(n-1)P+(n+1)nQ\}\{(n-2)P+(n-1)Q\}\cdot\cdots\cdots\cdot(2P+3Q)$$
$$=\{n(n-1)(n-2)P+(n+1)n(n-1)Q\}\cdot\cdots\cdots\cdot(2P+3Q)$$
$$=\cdots\cdots\cdots\cdots\cdots\cdots\cdots\cdots\cdots$$
$$=n(n-1)(n-2)\cdot\cdots\cdots\cdot 2P+(n+1)n(n-1)\cdot\cdots\cdots\cdot 3Q$$
$$=n!\begin{pmatrix}1 & 0\\ -1 & 0\end{pmatrix}+\frac{(n+1)!}{2}\begin{pmatrix}0 & 0\\ 1 & 1\end{pmatrix}$$
$$=\frac{n!}{2}\begin{pmatrix}2 & 0\\ -2+(n+1) & n+1\end{pmatrix}$$
$$=\boldsymbol{\frac{n!}{2}\begin{pmatrix}2 & 0\\ n-1 & n+1\end{pmatrix}}$$

となる。

解説

1°　行列の問題は東大では久しぶりである。しかし，本問は“似たような問題を見たことがあるな”と思った受験生も多かったのではないだろうか。大学の線型代数で学ぶ行列の射影分解を背景として，東大に限らず大学入試でよく出題されるタイプの問題なのである。駿台のテキストにも類題がある。そのような点で，本問はあまり東大らしくない。確実に得点を確保しておくべき問題である。

2°　とはいえ，(2)で $P+Q=E$ を導くところがちょっとしたポイントで，そのために(1)の設問が用意されているものの，A^{-1} をかけることは，$P+Q=E$ であることを“知って”いないと気づきにくいかもしれない。もっとも，問題の $a>0$ の条件が何のためにあるかを考えあわせれば，A^{-1} をかけることに気づくことは困難ではない。

また，(3)ではどこまで解答を丁寧に書くかで迷うところだが，あまり神経質にならず，結果を正しく導くことに専念すればよいだろう。解答の⑤のように一般的な式で説明しておくとよい。

3°　(3)を解くことで直ちに察しがつくように，$A=\begin{pmatrix}a & 0\\ 1 & a+1\end{pmatrix}=aP+(a+1)Q$ のとき，

$$A^n=a^nP+(a+1)^nQ\quad(n=1,\ 2,\ \cdots\cdots)$$

が成立する。行列を射影分解することのメリットの1つは，このように A^n が簡単に計算できることにある。このことは帰納的にわかるが，二項定理を使ってもすぐ

にわかる。

なお，$A=\begin{pmatrix} a & 0 \\ 1 & a+1 \end{pmatrix}=aP+(a+1)Q$ であるとき，a と $a+1$ は A の固有値と呼ばれる値である。また，P，Q は“任意のベクトルを，A の2つの線型独立な固有ベクトルと呼ばれるベクトル $\begin{pmatrix} 1 \\ -1 \end{pmatrix}$，$\begin{pmatrix} 0 \\ 1 \end{pmatrix}$ 上にそれぞれ射影する”，という幾何的意味をもつ行列である。P，Q の幾何的意味から $P^2=P$，$Q^2=Q$，$PQ=Q$，$QP=O$，$P+Q=E$ は明らかになるのだが，現在のところ詳しいことは高校では学ばないことになっている。余裕のある人は大学の線型代数の入門書を読んでみるとよい。

第 5 問

解答

ルール (R) では，裏が出るとブロックを取り除いて高さ0の状態，すなわち，最初の状態に戻るので，裏が少なくとも1回出るか否か，に分類して考える。このことは，n 回硬貨を投げたとき，最後のブロックの高さが n 未満か n かで分類することにほかならない。つまり，最後にブロックの高さが m となる硬貨の出方は次図のようである。

	1回目	2回目	……	n-m-1回目	n-m回目	n-m+1回目	……	n回目	
$m\neq n \Longrightarrow$	△ →	△ →	……→	△ →	× →	○ →	……→	○	……①
						(m 回)			
$m=n \Longrightarrow$	○ →	○ →	……→	○ →	○ →	○ →	……→	○	……②

△：任意（確率1），○：表（確率 p），×：裏（確率 $1-p$）

(1) (i) $m\neq n$，つまり $\boldsymbol{0\leqq m\leqq n-1}$ **のとき**，上図①より，

$$\boldsymbol{p_m}=1^{n-m-1}\cdot(1-p)\cdot p^m=\boldsymbol{(1-p)\,p^m}$$

となる。

(ii) $\boldsymbol{m=n}$ **のとき**，上図②より，

$$\boldsymbol{p_n=p^n}$$

となる。

(2) (i) $m\neq n$，つまり $\boldsymbol{0\leqq m\leqq n-1}$ **のとき**，

$$\boldsymbol{q_m}=\sum_{k=0}^{m}p_k=\sum_{k=0}^{m}(1-p)\,p^k=\frac{(1-p)(1-p^{m+1})}{1-p}=\boldsymbol{1-p^{m+1}}$$

である。

(ii) $\boldsymbol{m=n}$ **のとき**，つねに高さは n 以下だから

$$\boldsymbol{q_n=1}$$

である。

(3) 2度のうち，高い方のブロックの高さが m であるのは，

「2度とも m 以下」のうち，

「2度とも $m-1$ 以下」でない場合

であるから，

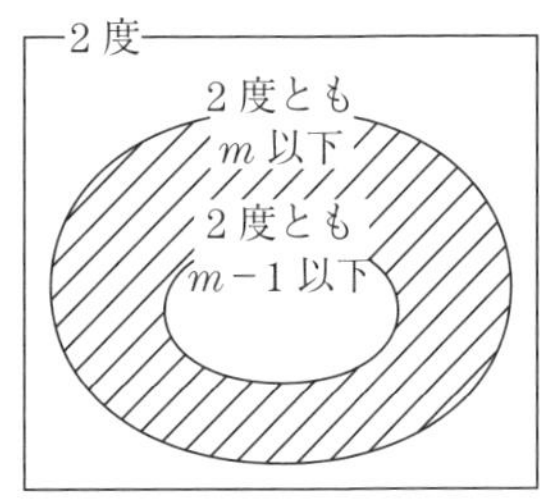

(i) $m \neq n$，つまり $\boldsymbol{0 \leqq m \leqq n-1}$ **のとき**，$m \neq 0$ ならば

$$\begin{aligned}\boldsymbol{r_m} &= q_m{}^2 - q_{m-1}{}^2 \\ &= (1-p^{m+1})^2 - (1-p^m)^2 \\ &= \boldsymbol{(1-p)\,p^m(2-p^m-p^{m+1})}\end{aligned}$$

であり，$q_{-1}=1-p^0=0$ であるから，これは $m=0$ でも通用する。

(ii) $\boldsymbol{m=n}$ **のとき**，

$$\begin{aligned}\boldsymbol{r_n} &= q_n{}^2 - q_{n-1}{}^2 \\ &= 1-(1-p^n)^2 \\ &= \boldsymbol{p^n(2-p^n)}\end{aligned}$$

である。

解説

1°　東大の確率の問題としては，とても取り組みやすいものである。$m=n$ の場合を別扱いすることが肝心で，これを忘れると(1)，(2)，(3)のすべてに影響するので痛手が大きくなる。

2°　硬貨投げは独立試行であるから，(1)を考える際は，最後から逆に考えていくとよい。つまり n 回目から遡って m 回○（表）が出て，次に1回×（裏）が出て，それ以外は△（任意）でよいので，$m \neq n$ であれば

$$p_m = p^m(1-p)$$

とわかる。

解答では1回目から順に考察しているが，いずれにせよ，解答のような tree 状の図を描いて視覚化するとよい。

3°　(2)は高さ k が $k=0,\ 1,\ 2,\ \cdots\cdots,\ m$ である各事象の和事象の確率であり，

$q_m=\sum_{k=0}^{m} p_k$ はすぐわかるだろう。$m=n$ のときも，計算で

$$q_n=\sum_{k=0}^{n} p_k=\sum_{k=0}^{n-1}(1-p)p^k+p^n$$
$$=q_{n-1}+p^n=(1-p^n)+p^n=1$$

と求められるが，q_n の意味を考えればこれは自明である。

他方，$m \neq n$ のときを意味を考えて求めることができる。すなわち，最後にブロックの高さが $m+1$ 以上になる事象の余事象の確率として求めればよく，最後の高さが $m+1$ 以上になるのは，最後から $m+1$ 回○（表）が出て，それ以前は△（任意）でよいので，

$$q_m=1-p^{m+1}$$

となる。

4° (3)は，たとえば次のような問題を考えることと同じである。

「サイコロを独立に n 回振って，出た目の最大値が5である確率を求めよ。」

通常の受験のための学習をしていれば，一度は経験するような問題であろう。

右図を参考にすれば，この確率は

$$\left(\frac{5}{6}\right)^n-\left(\frac{4}{6}\right)^n=\frac{5^n-4^n}{6^n}$$

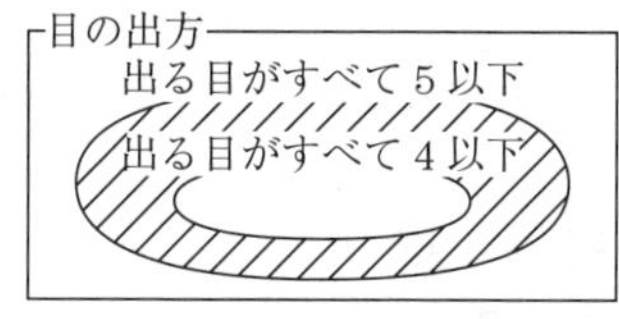

と直ちにわかるだろう。“n 回”が“2度”に替わり，“最大値5”が“高い方の高さが m”に替わっただけの問題である。

5° (3)は**解答**の方法以外に次のような方法で解決することもできる。

2度のうち，高い方のブロックの高さが m であるのは，

(a)　1度目の最後の高さが m で，2度目の最後の高さが m 以下 …… 確率 p_mq_m

(b)　1度目の最後の高さが m 以下で，2度目の最後の高さが m …… 確率 q_mp_m

の場合で，(a)と(b)は排反でなく，積事象は

2度とも最後の高さが m …… 確率 ${p_m}^2$

の場合であるから，

(i)　$m \neq n$，つまり $0 \leqq m \leqq n-1$ のとき，

$$r_m=2p_mq_m-{p_m}^2$$
$$=p_m(2q_m-p_m)$$
$$=(1-p)p^m\{2(1-p^{m+1})-(1-p)p^m\}$$
$$=(1-p)p^m(2-p^m-p^{m+1})$$

である。

(ii)　$m=n$ のとき，

$$\begin{aligned} r_n &= 2p_nq_n-p_n{}^2 \\ &= p_n(2q_n-p_n) \\ &= p^n(2-p^n) \end{aligned}$$

である。

6°　また，**5°** の場合分けを排反になるようにして，

(ア)　1 度目の最後の高さが m で，2 度目の最後の高さが $m-1$ 以下 …… 確率 p_mq_{m-1}

(イ)　1 度目の最後の高さが $m-1$ 以下で，2 度目の最後の高さが m …… 確率 $q_{m-1}p_m$

(ウ)　1 度目も 2 度目もともに最後の高さが m …… 確率 $p_m{}^2$

のように分類すれば

$$r_m=2p_mq_{m-1}+p_m{}^2$$

で与えられる。これを $m\neq n$ と $m=n$ とで計算すれば正しい結果を得る。

第 6 問

解答

(1)

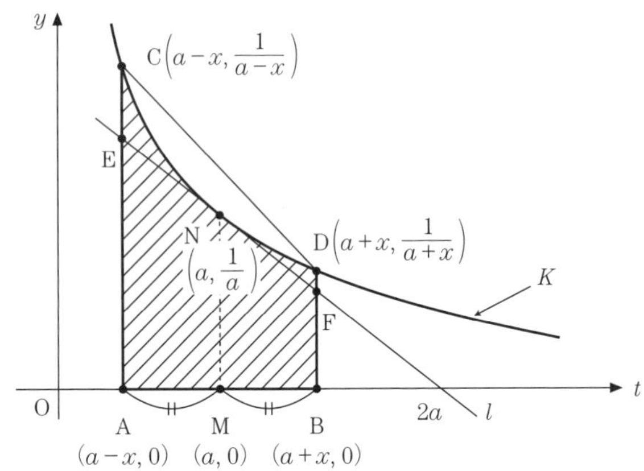

$0<x<a$ のもとで，上図のように，ty 平面上に点 A，B，C，D，M，N をとり，曲線 $K:y=\frac{1}{t}$ $(t>0)$ 上の点 N における接線 l と直線 AC，BD との交点をそれぞれ E，F とする。

$y=\dfrac{1}{t}$ $(t>0)$ のとき，$y''=\dfrac{2}{t^3}>0$ $(t>0)$ であるから，曲線 K は下に凸であり，l 上の点は N を除いてすべて K の下側にある。

よって，前頁の図において面積を比較すると

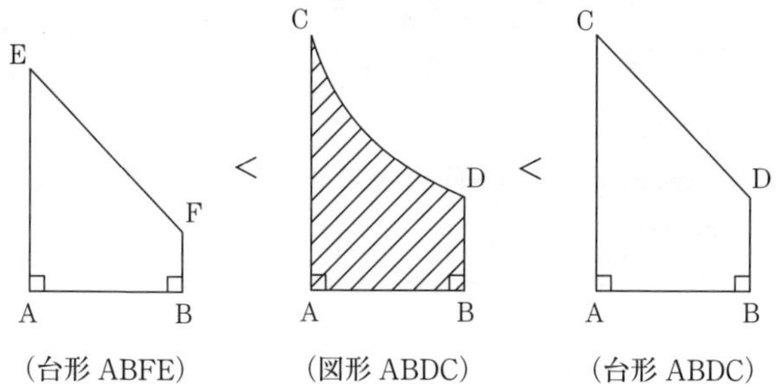

(台形 ABFE)　(図形 ABDC)　(台形 ABDC)

が成り立つ。

ここで，

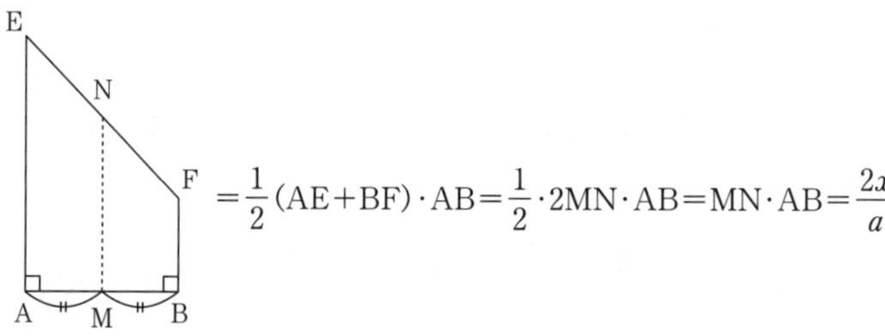

$$=\frac{1}{2}(\mathrm{AE}+\mathrm{BF})\cdot\mathrm{AB}=\frac{1}{2}\cdot 2\mathrm{MN}\cdot\mathrm{AB}=\mathrm{MN}\cdot\mathrm{AB}=\frac{2x}{a}$$

(台形 ABFE)

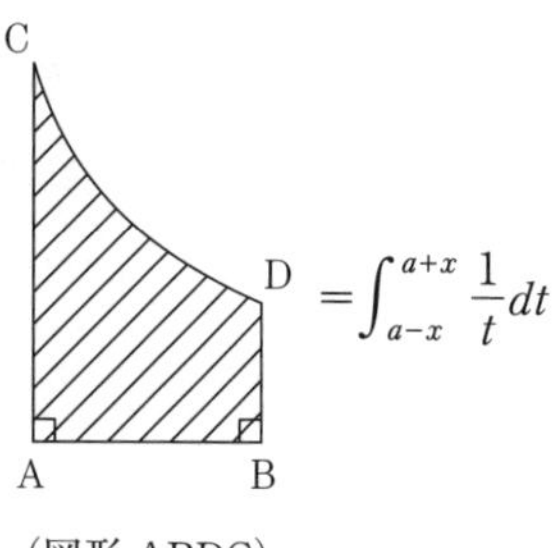

$$=\int_{a-x}^{a+x}\frac{1}{t}dt$$

(図形 ABDC)

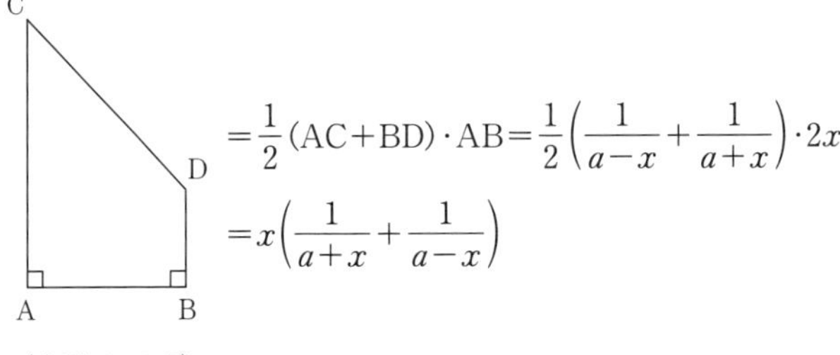

$$=\frac{1}{2}(\mathrm{AC}+\mathrm{BD})\cdot\mathrm{AB}=\frac{1}{2}\left(\frac{1}{a-x}+\frac{1}{a+x}\right)\cdot 2x$$

$$=x\left(\frac{1}{a+x}+\frac{1}{a-x}\right)$$

（台形 ABDC）

であるから，$0<x<a$ をみたす実数 x，a に対し

$$\frac{2x}{a}<\int_{a-x}^{a+x}\frac{1}{t}dt<x\left(\frac{1}{a+x}+\frac{1}{a-x}\right) \quad \cdots\cdots①$$

が成り立つ。　（証明終わり）

(2)
$$\int_{a-x}^{a+x}\frac{1}{t}dt=\Big[\log t\Big]_{a-x}^{a+x}=\log\frac{a+x}{a-x}$$

であるから，① は

$$\frac{2x}{a}<\log\frac{a+x}{a-x}<x\left(\frac{1}{a+x}+\frac{1}{a-x}\right) \quad \cdots\cdots②$$

と書き直すことができる。

ここで，$x=(3-2\sqrt{2})a$ とおくと，これは $0<x<a$ をみたすので，② を利用することができて，代入すると

$$2(3-2\sqrt{2})<\log\frac{1+(3-2\sqrt{2})}{1-(3-2\sqrt{2})}<(3-2\sqrt{2})\left(\frac{1}{4-2\sqrt{2}}+\frac{1}{2\sqrt{2}-2}\right)$$

つまり

$$2(3-2\sqrt{2})<\log\sqrt{2}<\frac{\sqrt{2}}{4}$$

となるので，結局，

$$4(3-2\sqrt{2})<\log 2<\frac{\sqrt{2}}{2} \quad \cdots\cdots③$$

が成り立つ。

そして，

$$(12-0.68)^2-(8\sqrt{2})^2=128.1424-128>0$$
$$(2\cdot 0.71)^2-(\sqrt{2})^2=2.0164-2>0$$

であることから，

$$\left.\begin{array}{lll} 12-0.68>8\sqrt{2} & \text{つまり} & 0.68<4(3-2\sqrt{2}) \\ 2\cdot 0.71>\sqrt{2} & \text{つまり} & \dfrac{\sqrt{2}}{2}<0.71 \end{array}\right\} \quad \cdots\cdots ④$$

が成り立つので，③，④より

$$0.68<\log 2<0.71$$

が成り立つ。　（証明終わり）

解説

1°　定積分の不等式の証明と，それを利用して $\log 2$ を評価する問題である。

(1)の定積分の不等式の証明は標準的であるが，(2)の $\log 2$ の評価は「(1)を利用して」というヒントが問題文にあっても，試験場では難問であろう。(2)のような発見的考察を要する問題は，試行錯誤をくり返さねばならない場合もあり，時間に制約のある試験では，必ずしも発見できるとは限らないからである。

2°　(1)は，定積分が面積を表すことに注目して図形的に示そうとすれば，台形で評価すればよいことに気付きやすい。右側の不等式は右辺が台形の面積公式を想起させる形なので示しやすいが，左側の不等式はそれほど単純ではない。$\dfrac{2x}{a}$ が **解答** 中の図の AB と MN の積であることに着眼して，曲線 K 上の点 N での接線 l を考えたのである。

3°　(1)を図形的に証明することができなくとも，x についての不等式とみて，次のように計算で示すことができる。

【(1)の**別解**】

(i)　<u>左側の不等式の証明：</u>

$$f(x)=\int_{a-x}^{a+x}\frac{1}{t}dt-\frac{2x}{a}$$

とおくと，

$$f'(x)=\frac{1}{a+x}(a+x)'-\frac{1}{a-x}(a-x)'-\frac{2}{a}$$
$$=\frac{1}{a+x}+\frac{1}{a-x}-\frac{2}{a}$$
$$=\frac{2x^2}{a(a+x)(a-x)}$$

であるから，

$$0<x<a \implies f'(x)>0$$

である。このことと，

$$f(0)=0$$

であること，および $x=0$ での連続性から，

$$0<x<a \implies f(x)>0$$

すなわち，$0<x<a$ において

$$\frac{2x}{a}<\int_{a-x}^{a+x}\frac{1}{t}dt$$

が成り立つ。

(ii)　右側の不等式の証明：

$$g(x)=x\left(\frac{1}{a+x}+\frac{1}{a-x}\right)-\int_{a-x}^{a+x}\frac{1}{t}dt$$

とおくと，

$$g'(x)=\frac{1}{a+x}+\frac{1}{a-x}+x\left\{\frac{-1}{(a+x)^2}+\frac{(-1)\cdot(-1)}{(a-x)^2}\right\}$$

$$-\left\{\frac{1}{a+x}(a+x)'-\frac{1}{a-x}(a-x)'\right\}$$

$$=\frac{1}{a+x}+\frac{1}{a-x}+x\left\{\frac{1}{(a-x)^2}-\frac{1}{(a+x)^2}\right\}-\left(\frac{1}{a+x}+\frac{1}{a-x}\right)$$

$$=\frac{4ax^2}{(a-x)^2(a+x)^2}$$

であるから，

$$0<x<a \implies g'(x)>0$$

である。このことと

$$g(0)=0$$

であること，および $x=0$ での連続性から，

$$0<x<a \implies g(x)>0$$

すなわち，$0<x<a$ において

$$\int_{a-x}^{a+x}\frac{1}{t}dt<x\left(\frac{1}{a+x}+\frac{1}{a-x}\right)$$

が成り立つ。　　　　（証明終わり）

なお，上の **別解** において，いわゆる微積分学の基本定理

$$\frac{d}{dx}\int_{v(x)}^{u(x)}f(t)\,dt=f(u(x))\,u'(x)-f(v(x))\,v'(x)$$

を用いている。

4° (2)は，まず，(1)で示した不等式の中央の定積分を計算し，解答の②を用意するのが素直な方針であろう。その後，log2が現れるように $\dfrac{a+x}{a-x}=2$，すなわち $x=\dfrac{a}{3}$ とおいてみても，

$$\frac{2}{3}<\log 2<\frac{3}{4}\quad つまり\quad 0.666\cdots<\log 2<0.75$$

が得られるだけで解決しない。問題の要求は，もっと厳しくlog2の値を評価せよ，ということなのである。

そこで，(1)の定積分で表される図形ABDCの面積が小さいほど誤差も小さいことに注目し，log2より小さい値を考えよう，という方針に基づいて作ったのが解答である。つまり，log2より小さい値でありながらlog2を用いて表される数を考えるのである。たとえば，$\dfrac{1}{2}\log 2=\log 2^{\frac{1}{2}}=\log\sqrt{2}$ がある。そこで，

$$\frac{a+x}{a-x}=\sqrt{2}\quad すなわち\quad x=\frac{\sqrt{2}-1}{\sqrt{2}+1}a=(\sqrt{2}-1)^2a=(3-2\sqrt{2})a$$

とおいてみると，解答のように証明に成功する。これで成功しなければ，$\dfrac{1}{3}\log 2$，$\dfrac{1}{4}\log 2$，…… などを考えていこうとする方針である。この場合，根号を用いた数でlog2が評価されることになるので，0.68や0.71との大小比較を数値計算によって行うことを避けることができず，煩雑である。

5° 着想を転換して，(1)の不等式の定積分の区間幅が小さいほど図形ABDCの面積も小さくなることに注目し，結果がlog2となるような定積分の区間を分割して考える次のような方法もある。

【(2)の別解】

$$\log 2=\int_1^2\frac{1}{t}dt=\int_1^{\frac{3}{2}}\frac{1}{t}dt+\int_{\frac{3}{2}}^2\frac{1}{t}dt$$

であることに注目し，①で

$$(a-x,\ a+x)=\left(1,\ \frac{3}{2}\right),\ \left(\frac{3}{2},\ 2\right)\quad つまり\quad (a,\ x)=\left(\frac{5}{4},\ \frac{1}{4}\right),\ \left(\frac{7}{4},\ \frac{1}{4}\right)$$

とおいてみると，

$$\begin{cases} \dfrac{2\cdot\dfrac{1}{4}}{\dfrac{5}{4}} < \displaystyle\int_1^{\frac{3}{2}} \frac{1}{t}dt < \frac{1}{4}\left(\frac{2}{3}+1\right) \\ \dfrac{2\cdot\dfrac{1}{4}}{\dfrac{7}{4}} < \displaystyle\int_{\frac{3}{2}}^{2} \frac{1}{t}dt < \frac{1}{4}\left(\frac{1}{2}+\frac{2}{3}\right) \end{cases}$$

すなわち

$$\begin{cases} \dfrac{2}{5} < \displaystyle\int_1^{\frac{3}{2}} \frac{1}{t}dt < \frac{5}{12} \\ \dfrac{2}{7} < \displaystyle\int_{\frac{3}{2}}^{2} \frac{1}{t}dt < \frac{7}{24} \end{cases}$$

を得るので，これら２式を辺々加えることにより

$$\frac{24}{35} < \int_1^2 \frac{1}{t}dt < \frac{17}{24}$$

を得る。これは

$$0.6857\cdots < \log 2 < 0.7083\cdots$$

となるので，確かに

$$0.68 < \log 2 < 0.71$$

が成り立つ。　（証明終わり）

この方法によれば，$\log 2$ が有理数だけで評価できるので，**解** **答** の最後の部分の煩雑な数値計算を回避することができて好都合である。もちろん，a と x の値のおき方は上の値が唯一ではない。たとえば，

$$(a-x,\ a+x) = \left(\frac{1}{2},\ \frac{3}{4}\right),\ \left(\frac{3}{4},\ 1\right) \quad \text{つまり} \quad (a,\ x) = \left(\frac{5}{8},\ \frac{1}{8}\right),\ \left(\frac{7}{8},\ \frac{1}{8}\right)$$

とおいても同様の結果を得る。いろいろ試してみるとよいだろう。

2006年

第 1 問

解答

(1) $P_1\left(s,\ \frac{1}{s}\right)$, $P_2\left(t,\ \frac{1}{t}\right)$ $(st \neq 0)$ とおくことができて,

$$\overrightarrow{OP_3}=\frac{3}{2}\overrightarrow{OP_2}-\overrightarrow{OP_1}=\frac{3}{2}\left(t,\ \frac{1}{t}\right)-\left(s,\ \frac{1}{s}\right)$$

の成分を計算し，$P_3\left(\frac{3}{2}t-s,\ \frac{3}{2t}-\frac{1}{s}\right)$ となる。

ここで，P_3 が曲線 $xy=1$ 上であるとすると,

$$\left(\frac{3}{2}t-s\right)\left(\frac{3}{2t}-\frac{1}{s}\right)=1 \quad \text{つまり} \quad \frac{t}{s}+\frac{s}{t}=\frac{3}{2} \qquad \cdots\cdots①$$

が成立する。$X=\frac{t}{s}$ とおいて ① を整理すると,

$$X+\frac{1}{X}=\frac{3}{2} \quad \text{より} \quad 2X^2-3X+2=0 \qquad \cdots\cdots②$$

を得て,

$$(X\text{ の 2 次方程式 ② の判別式})=(-3)^2-4\cdot2\cdot2<0$$

となるので，② を満たす実数 X は存在せず，したがって ① を満たす s，t がともに実数となることはない。

よって，P_1，P_2 が曲線 $xy=1$ 上にあるとき，P_3 はこの曲線上にはない。

（証明終わり）

(2) $P_1(\cos\alpha,\ \sin\alpha)$，$P_2(\cos\beta,\ \sin\beta)$ $(0 \leqq \alpha < 2\pi,\ 0 \leqq \beta < 2\pi)$ とおくことができて,

$$\overrightarrow{OP_3}=\frac{3}{2}\overrightarrow{OP_2}-\overrightarrow{OP_1}=\frac{3}{2}(\cos\beta,\ \sin\beta)-(\cos\alpha,\ \sin\alpha)$$

の成分を計算し，$P_3\left(\frac{3}{2}\cos\beta-\cos\alpha,\ \frac{3}{2}\sin\beta-\sin\alpha\right)$ となる。

さらに P_3 も円周 $x^2+y^2=1$ 上にあることから,

$$\left(\frac{3}{2}\cos\beta-\cos\alpha\right)^2+\left(\frac{3}{2}\sin\beta-\sin\alpha\right)^2=1$$

つまり,

2006

$$\frac{9}{4}+1-3(\cos\alpha\cos\beta+\sin\alpha\sin\beta)=1$$

より，

$$\cos\alpha\cos\beta+\sin\alpha\sin\beta=\frac{3}{4} \qquad \cdots\cdots③$$

が成立する。

一方，

$$\overrightarrow{\mathrm{OP_4}}=\frac{3}{2}\overrightarrow{\mathrm{OP_3}}-\overrightarrow{\mathrm{OP_2}}$$
$$=\frac{3}{2}\left(\frac{3}{2}\cos\beta-\cos\alpha,\ \frac{3}{2}\sin\beta-\sin\alpha\right)-(\cos\beta,\ \sin\beta)$$

の成分を計算し，

$$\mathrm{P_4}\left(\frac{5}{4}\cos\beta-\frac{3}{2}\cos\alpha,\ \frac{5}{4}\sin\beta-\frac{3}{2}\sin\alpha\right)$$

となるから，③のもとでは，

$$\left(\frac{5}{4}\cos\beta-\frac{3}{2}\cos\alpha\right)^2+\left(\frac{5}{4}\sin\beta-\frac{3}{2}\sin\alpha\right)^2$$
$$=\frac{25}{16}+\frac{9}{4}-\frac{15}{4}(\cos\alpha\cos\beta+\sin\alpha\sin\beta)=\frac{61}{16}-\frac{15}{4}\cdot\frac{3}{4}=1$$

となる。

よって，$\mathrm{P_1}$，$\mathrm{P_2}$，$\mathrm{P_3}$ が円周 $x^2+y^2=1$ 上にあるとき，$\mathrm{P_4}$ もこの円周上にある。

（証明終わり）

解説

1°　東大の問題文においてベクトルが現れているのは珍しい。問題を解く方針を立てる上でベクトルを道具として用いるか否か，その判断を受験生に要求していることが従来の問題に見られた傾向であり，“これはベクトルの問題ですよ”と教えるようなことはしないのが東大の特徴であった。とはいえ，本問はベクトルというよりも，**解答**のように点の座標を設定してしまえば座標を用いた計算問題にすぎなくなり，まったく難しくない。確実に得点しておきたい問題である。

2°　(1)では①を得たあと，**解答**のように比 $\frac{t}{s}$ を“カタマリ”とみるのが自然な方法であるが，次のようにして示すこともできる。

(i)　s と t が異符号のときは，$\frac{t}{s}<0$，$\frac{s}{t}<0$ ゆえ，①が成り立つことはない。

(ii) s と t が同符号のときは，$\dfrac{t}{s}>0$，$\dfrac{s}{t}>0$ であり，相加・相乗平均の関係により，

$$\frac{t}{s}+\frac{s}{t}\geqq 2\sqrt{\frac{t}{s}\cdot\frac{s}{t}}\quad つまり\quad \frac{t}{s}+\frac{s}{t}\geqq 2$$

となるので，やはり ① が成り立つことはない。

3°　なお，(1)は与えられたベクトルの関係式の両辺を2で割り，

$$\frac{\overrightarrow{\mathrm{OP_1}}+\overrightarrow{\mathrm{OP_3}}}{2}=\frac{3}{4}\overrightarrow{\mathrm{OP_2}}$$

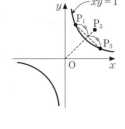

の表す幾何的意味を考えると，$\mathrm{P_3}$ が曲線 $xy=1$ 上にあるとすると，$\mathrm{P_2}$ が曲線 $xy=1$ 上にはありえないことになり，仮定と矛盾することから示すこともできる。

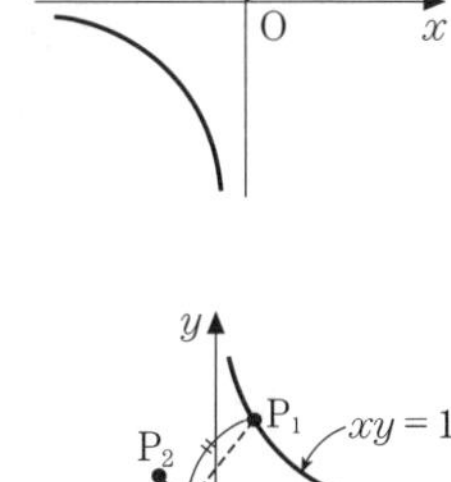

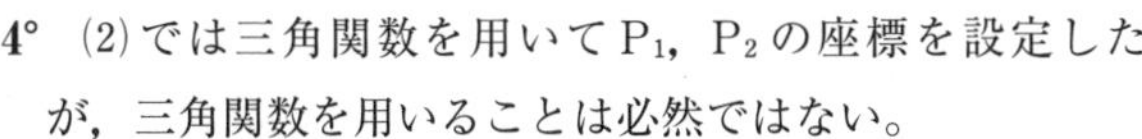

4°　(2)では三角関数を用いて $\mathrm{P_1}$，$\mathrm{P_2}$ の座標を設定したが，三角関数を用いることは必然ではない。

$\mathrm{P_1}(a_1,\ b_1)$，$\mathrm{P_2}(a_2,\ b_2)$ とおき，

$$a_1{}^2+b_1{}^2=1,\quad a_2{}^2+b_2{}^2=1$$

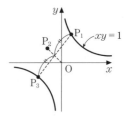

という条件のもとで **解** **答** と同様の作業をすれば，容易に証明することができる。

5°　(2)は $\mathrm{P_1}$，$\mathrm{P_2}$ の座標を設定せずに，ベクトルのまま議論しても次のように示すことができる。

$\mathrm{P_1}$，$\mathrm{P_2}$，$\mathrm{P_3}$ が円周 $x^2+y^2=1$ 上にあるとき，

$$|\overrightarrow{\mathrm{OP_1}}|=|\overrightarrow{\mathrm{OP_2}}|=|\overrightarrow{\mathrm{OP_3}}|=1$$

であるから，

$$|\overrightarrow{\mathrm{OP_3}}|^2=\left|\frac{3}{2}\overrightarrow{\mathrm{OP_2}}-\overrightarrow{\mathrm{OP_1}}\right|^2$$

より，

$$|\overrightarrow{\mathrm{OP_3}}|^2=\frac{9}{4}|\overrightarrow{\mathrm{OP_2}}|^2-3\overrightarrow{\mathrm{OP_1}}\cdot\overrightarrow{\mathrm{OP_2}}+|\overrightarrow{\mathrm{OP_1}}|^2$$

すなわち，

$$1=\frac{9}{4}-3\overrightarrow{\mathrm{OP_1}}\cdot\overrightarrow{\mathrm{OP_2}}+1\quad つまり\quad \overrightarrow{\mathrm{OP_1}}\cdot\overrightarrow{\mathrm{OP_2}}=\frac{3}{4}\qquad\cdots\cdots④$$

を得る（③ は ④ を成分で表したものに相当する）。

一方，

$$\overrightarrow{OP_4}=\frac{3}{2}\overrightarrow{OP_3}-\overrightarrow{OP_2}$$
$$=\frac{3}{2}\left(\frac{3}{2}\overrightarrow{OP_2}-\overrightarrow{OP_1}\right)-\overrightarrow{OP_2}$$
$$=\frac{5}{4}\overrightarrow{OP_2}-\frac{3}{2}\overrightarrow{OP_1}$$

であるから，④のもとでは

$$|\overrightarrow{OP_4}|^2=\left|\frac{5}{4}\overrightarrow{OP_2}-\frac{3}{2}\overrightarrow{OP_1}\right|^2$$
$$=\frac{25}{16}|\overrightarrow{OP_2}|^2-\frac{15}{4}\overrightarrow{OP_1}\cdot\overrightarrow{OP_2}+\frac{9}{4}|\overrightarrow{OP_1}|^2$$
$$=\frac{25}{16}-\frac{15}{4}\cdot\frac{3}{4}+\frac{9}{4}=1$$

となる。すなわち，$|\overrightarrow{OP_4}|=1$ ゆえ，P_4 も円周 $x^2+y^2=1$ 上にある。

第 2 問

解答

(1)　記号×が3個出るよりも前に，記号○が2個出るのは，

×○○，　×○×○，　××○○

の3通りで，それぞれの確率は

$(1-p)p$，　$(1-p)^3$，　$p(1-p)p$

であるから，求める確率 P_2 は，

$$\boldsymbol{P_2}=(1-p)p+(1-p)^3+p(1-p)p$$
$$=\boldsymbol{(1-p)(1-p+2p^2)}$$

である。

(2)　記号×が3個出るよりも前に，記号○が n 個出るのは，次の(i)，(ii)，(iii)の3通りの場合である。

(i)　記号×が1個のみの場合

×$\underbrace{○○○\cdots\cdots○○}_{n\text{ 個の○}}$

と出る場合であるから，この確率は

$(1-p)p^{n-1}$

である。

(ii)　記号×が2個のみで，2つの×の間に少なくとも1つの○がある場合

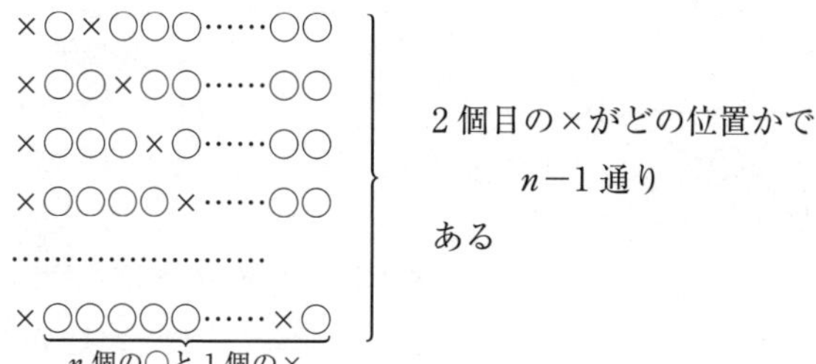

と出る場合であり，いずれの場合も直前の記号と異なる記号を表示する箇所が3箇所であるから，この確率は

$$(1-p)^3p^{n-2}\times(n-1)=(n-1)(1-p)^3p^{n-2}$$

である。

(iii)　記号×が2個のみで，2つの×の間に○がない場合

$$\times\times\underbrace{\bigcirc\bigcirc\bigcirc\cdots\cdots\bigcirc\bigcirc}_{n\text{個の}\bigcirc}$$

と出る場合であるから，この確率は，

$$p(1-p)p^{n-1}=(1-p)p^n$$

である。

以上(i)〜(iii)より，求める確率 P_n は，

$$\boldsymbol{P_n}=(1-p)p^{n-1}+(n-1)(1-p)^3p^{n-2}+(1-p)p^n$$
$$=\boldsymbol{(1-p)p^{n-2}\{n-1-(2n-3)p+np^2\}}$$

である。

解説

1°　従来であれば(1)なしで直接(2)が問われていたであろうと思われる問題である。(1)の実験をして，記号×が3個出るよりも前に記号○が何個か出る記号列のパターンをつかむことがポイントである。確実に得点しておきたい問題である。

2°　(1)では，次図のような樹形図を描いて調べると，漏れなく重複なく自信をもって答えることができるであろう。各枝に記した値は，その枝をたどる確率である。

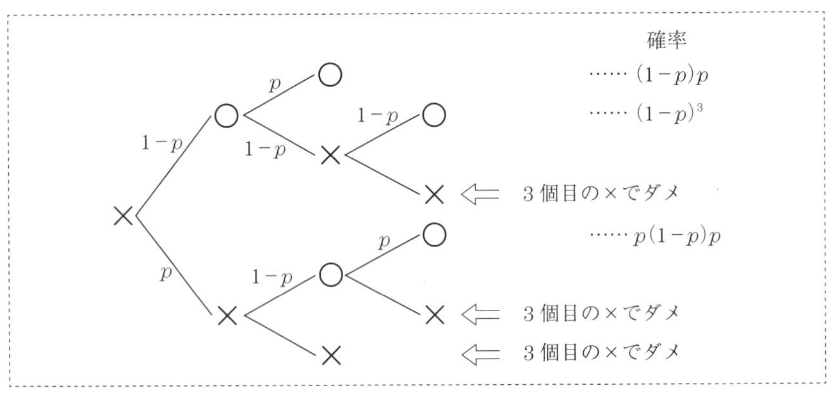

3°　(1) の調査の後なら，(2) は **解** **答** のようにするのが自然であろうが，次のように P_n に関する漸化式をつくって処理することもできる。漸化式を利用して求める確率の問題は東大では頻出である。

【(2) の **別解**】

記号×が 3 個出るよりも前に記号○が $n+1$ 個出るのは，下図のように

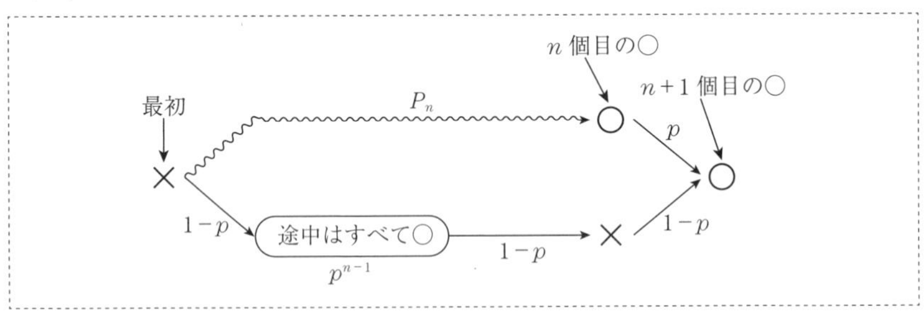

(ア)　$n+1$ 個目の○の 1 つ前が○のとき

記号×が 3 個出るよりも前に記号○が n 個出て，ついで○が出るという場合であるから，この確率は

$$P_n \times p = pP_n$$

である。

(イ)　$n+1$ 個目の○の 1 つ前が×のとき

$$\times\underbrace{\bigcirc\bigcirc\bigcirc\cdots\cdots\bigcirc}_{n\text{ 個の}\bigcirc}\times\bigcirc$$

という場合であるから，この確率は，

$$(1-p)\,p^{n-1}(1-p)^2 = (1-p)^3 p^{n-1}$$

である。

以上(ア), (イ)より

$$P_{n+1}=pP_n+(1-p)^3p^{n-1}\quad(n\geqq 1)\qquad\cdots\cdots①$$

が成り立つ。

ここで，記号×が3個出るよりも前に，記号○が1個出るのは，

×○，　××○

の場合で，それぞれの確率は

$1-p$,　$p(1-p)$

であるから

$$P_1=1-p+p(1-p)=1-p^2\qquad\cdots\cdots②$$

である。

① を変形すると

$$\frac{P_{n+1}}{p^{n+1}}=\frac{P_n}{p^n}+\frac{(1-p)^3}{p^2}$$

となるので，数列 $\left\{\dfrac{P_n}{p^n}\right\}$ は公差 $\dfrac{(1-p)^3}{p^2}$ の等差数列であり，② を用いて

$$\frac{P_n}{p^n}=\frac{P_1}{p}+(n-1)\frac{(1-p)^3}{p^2}=\frac{1-p^2}{p}+(n-1)\frac{(1-p)^3}{p^2}$$

より

$$\boldsymbol{P_n}=(1-p^2)p^{n-1}+(n-1)(1-p)^3p^{n-2}$$
$$=\boldsymbol{(1-p)p^{n-2}\{n-1-(2n-3)p+np^2\}}\quad(n\geqq 1)$$

となる。

第 3 問

解 答

(1)　まず，Q は第1象限内の直線 $y=1$ 上の点，R は第1象限内の直線 $m : y=(\tan\theta)x$ 上の点であることから，

$\mathrm{Q}(q,\ 1)\quad(q>0)$,

$\mathrm{R}(r,\ r\tan\theta)\quad(r>0)$

とおくことができる。

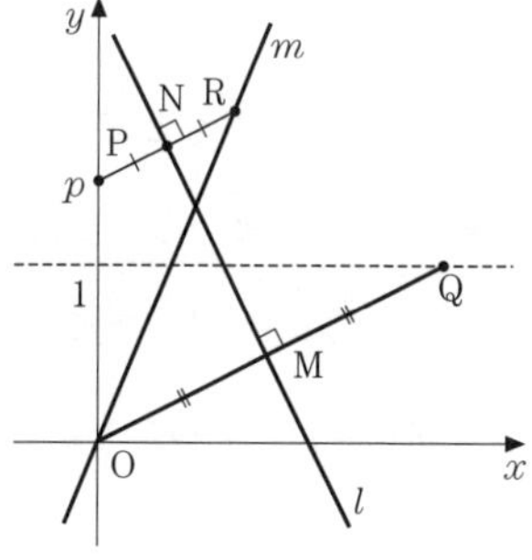

次に，原点 O と点 Q が直線 l に関し対称であることから，

$$\mathrm{OQ}\perp l\qquad\cdots\cdots①$$

かつ “OQの中点 $M\left(\frac{q}{2},\ \frac{1}{2}\right)$ が l 上” ……②

である。

さらに，点 $P(0,\ p)$ と点Rが直線 l に関し対称であることから，

$PR\perp l$ ……③

かつ “PRの中点 $N\left(\frac{r}{2},\ \frac{p+r\tan\theta}{2}\right)$ が l 上” ……④

である。

そして，l の傾きが α であることから，

① より $\frac{1}{q}\cdot\alpha=-1$ 　つまり　$q=-\alpha$ ……⑤

③ より $\frac{r\tan\theta-p}{r}\cdot\alpha=-1$ 　つまり　$r=\frac{p\alpha}{\alpha\tan\theta+1}$ ……⑥

② と ④ より “MNの傾きが α” すなわち $\frac{p+r\tan\theta-1}{r-q}=\alpha$ ……⑦

である。

そこで，⑤ と ⑥ を ⑦ に代入して $\tan\theta$ について解くと，

$$\frac{p+\frac{p\alpha\tan\theta}{\alpha\tan\theta+1}-1}{\frac{p\alpha}{\alpha\tan\theta+1}+\alpha}=\alpha$$

より，

$$2p\alpha\tan\theta+p-\alpha\tan\theta-1=\alpha(p\alpha+\alpha^2\tan\theta+\alpha)$$

すなわち，

$$\boldsymbol{\tan\theta=\frac{-(p+1)\alpha^2+p-1}{\alpha^3-(2p-1)\alpha}} \quad \cdots\cdots⑧$$

を得る。

(2) $0<\theta<\frac{\pi}{2}$ のもとで，$\varphi=\frac{\theta}{3}$，$t=\tan\varphi$ とおくと，“原点を通り直線 l に垂直な直線が $y=tx$ となる” とは，

$\alpha t=-1$ 　つまり　$\alpha=-\frac{1}{t}$ ……⑨

となることであるから，⑨ を ⑧ に代入して α を消去し整理すると，

$$\tan\theta=\frac{-(p+1)\dfrac{1}{t^2}+p-1}{-\dfrac{1}{t^3}+(2p-1)\dfrac{1}{t}}$$

すなわち

$$\tan\theta=\frac{(p-1)t^3-(p+1)t}{(2p-1)t^2-1} \qquad \cdots\cdots ⑩$$

となる。

ここで,

$$\tan\theta=\tan3\varphi=\frac{\sin3\varphi}{\cos3\varphi}=\frac{3\sin\varphi-4\sin^3\varphi}{4\cos^3\varphi-3\cos\varphi}$$

$$=\frac{3\cdot\dfrac{\sin\varphi}{\cos\varphi}\cdot\dfrac{1}{\cos^2\varphi}-4\left(\dfrac{\sin\varphi}{\cos\varphi}\right)^3}{4-\dfrac{3}{\cos^2\varphi}}$$

$$=\frac{3\tan\varphi(1+\tan^2\varphi)-4\tan^3\varphi}{4-3(1+\tan^2\varphi)}$$

$$=\frac{t^3-3t}{3t^2-1} \qquad \cdots\cdots ⑪$$

であるから，⑪ を ⑩ に代入すると

$$\frac{t^3-3t}{3t^2-1}=\frac{(p-1)t^3-(p+1)t}{(2p-1)t^2-1} \qquad \cdots\cdots ⑫$$

を得る。

$0<\theta<\dfrac{\pi}{2}$ のとき $0<\varphi<\dfrac{\pi}{6}$ であるから，$0<t<\dfrac{1}{\sqrt{3}}$ であることに注意すると，与えられた条件を満たすとは,

⑫ が $0<t<\dfrac{1}{\sqrt{3}}$ なるすべての t に対して成立する　……(＊)

ことである。

そこで ⑫ を整理すると

$$t(t^2-3)\{(2p-1)t^2-1\}=t(3t^2-1)\{(p-1)t^2-(p+1)\}$$

より,

$$(p-2)t(t^2+1)^2=0$$

となるので,

$$(*)\iff p=2$$

である。

よって，与えられた条件を満たす点Pは存在し，そのときのpの値は

2

である。　　　　　　　　　　　　　　　　　　　　　　　（証明終わり）

解説

1°　基本事項の組合せにすぎない問題とはいえ，正解するためには相当な計算力を必要とし，試験場では難しく感じるであろう。日頃から細かい計算を省略しないで，所要時間を意識して効率のよい計算を心がけるべきであり，そのようなトレーニングをすべきである。

2°　一般に，2点A，Bが直線lに関して対称とは，

$$\begin{cases} \text{(i)}\quad AB\perp l \\ \text{(ii)}\quad AB\text{の中点が}\,l\,\text{上} \end{cases}$$

がともに成立することであり，この捉え方が基本である。

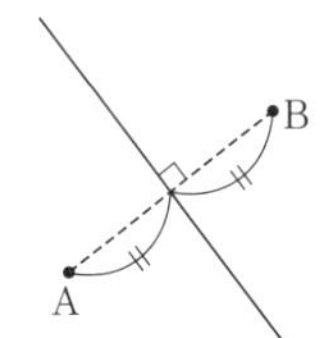

(1)の**解答**では，(i)に相当する①，③を，

(傾きの積)$=-1$ として⑤，⑥のように定式化し，(ii)に相当

する②，④を，lの傾きが既知であることに注目して⑦のように定式化した。**解答**のようにする以外にも(1)は様々な筋道がありうる。たとえば，次のようにして求めることもできる。

OQ$\perp l$より，OQの傾きは $-\dfrac{1}{\alpha}$ であり，Q$(-\alpha,\ 1)$とおくことができる。

OQの中点 $M\left(-\dfrac{\alpha}{2},\ \dfrac{1}{2}\right)$ がl上にあることから，lの方程式は

$$y=\alpha\left(x+\frac{\alpha}{2}\right)+\frac{1}{2}\quad\text{つまり}\quad y=\alpha x+\frac{\alpha^2+1}{2}$$

と表される。

また，PR$\perp l$より，PR$/\!/$OQであり，直線PRのy切片はpであるから，直線PRの方程式は，

$$y=-\frac{1}{\alpha}x+p$$

と表され，これと直線mの方程式 $y=(\tan\theta)x$ とを連立して交点Rを求めると，

$$R\left(\frac{p\alpha}{\alpha\tan\theta+1},\ \frac{p\alpha\tan\theta}{\alpha\tan\theta+1}\right)$$

となる。そこで，PR の中点 $N\left(\dfrac{p\alpha}{2(\alpha\tan\theta+1)},\ \dfrac{1}{2}\left(\dfrac{p\alpha\tan\theta}{\alpha\tan\theta+1}+p\right)\right)$ が l 上にあることから

$$\frac{1}{2}\left(\frac{p\alpha\tan\theta}{\alpha\tan\theta+1}+p\right)=\alpha\cdot\frac{p\alpha}{2(\alpha\tan\theta+1)}+\frac{\alpha^2+1}{2}$$

が成立し，これを $\tan\theta$ について解き，

$$\tan\theta=\frac{-(p+1)\alpha^2+p-1}{\alpha^3-(2p-1)\alpha}$$

を得る。

3°　(1)では OQ の中点 $M\left(-\dfrac{\alpha}{2},\ \dfrac{1}{2}\right)$ を導いた後，点 R の座標を，正射影ベクトルの公式を用いて求めることもできる。すなわち，l の方向ベクトルを $\vec{l}=(1,\ \alpha)$ とすると，

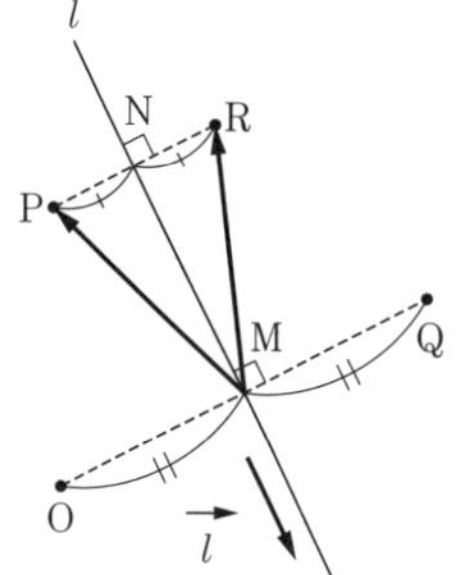

$$\begin{aligned}\overrightarrow{OR}&=\overrightarrow{OM}+\overrightarrow{MR}=\overrightarrow{OM}+2\overrightarrow{MN}-\overrightarrow{MP}\\&=\overrightarrow{OM}+2\cdot(\overrightarrow{MP}\text{ の }\vec{l}\text{ 上への正射影})-\overrightarrow{MP}\\&=\overrightarrow{OM}+2\cdot\frac{\overrightarrow{MP}\cdot\vec{l}}{|\vec{l}|^2}\vec{l}-\overrightarrow{MP}\\&=\left(-\frac{\alpha}{2},\ \frac{1}{2}\right)+2\cdot\frac{\frac{\alpha}{2}+\left(p-\frac{1}{2}\right)\alpha}{\alpha^2+1}(1,\ \alpha)-\left(\frac{\alpha}{2},\ p-\frac{1}{2}\right)\\&=\left(\frac{-\alpha^3+(2p-1)\alpha}{\alpha^2+1},\ \frac{(p+1)\alpha^2-(p-1)}{\alpha^2+1}\right)\end{aligned}$$

とわかり，R が $m：y=(\tan\theta)x$ 上にあることから，$\tan\theta$ は直線 OR の傾きで

$$\tan\theta=\frac{\dfrac{(p+1)\alpha^2-(p-1)}{\alpha^2+1}}{\dfrac{-\alpha^3+(2p-1)\alpha}{\alpha^2+1}}=\frac{-(p+1)\alpha^2+p-1}{\alpha^3-(2p-1)\alpha}$$

である。

4°　(2)を解決するには，どのような方法によっても tan の 3 倍角の公式が必要になる。“公式” と記したが，これは覚えておくべきものではなく，必要に応じて独力でつくることができるようになっていれば十分である。**解** **答** では，sin と cos の 3 倍角の公式を利用した。これ以上に，$3\varphi=2\varphi+\varphi$ とみて，tan の加法定理と倍角公式を利用してもよい。すなわち，

$$\tan 3\varphi=\tan(2\varphi+\varphi)=\frac{\tan 2\varphi+\tan\varphi}{1-\tan 2\varphi\cdot\tan\varphi}$$

$$=\frac{\dfrac{2\tan\varphi}{1-\tan^2\varphi}+\tan\varphi}{1-\dfrac{2\tan\varphi}{1-\tan^2\varphi}\cdot\tan\varphi}=\frac{\tan^3\varphi-3\tan\varphi}{3\tan^2\varphi-1}$$

となる。

5° (2)で考えるべき“条件”は，「どのような $\theta\left(0<\theta<\dfrac{\pi}{2}\right)$ に対しても～となる」というものなので，それを素直に捉え，θ に関する等式⑫をつくり，これが $\theta\left(0<\theta<\dfrac{\pi}{2}\right)$ についての恒等式となるような p の値を求めようとすればよい。このように計算で考えていくのとは別に，次のように幾何的考察によっても(2)を解決することができる。

直線OQの方向角（x 軸の正方向から反時計まわりに測った角）を γ とすると，O，Pの l に関する対称点がそれぞれQ，Rであるから，四角形OQRPは等脚台形であり，

$$\angle\mathrm{OQR}=\angle\mathrm{QOP}=\frac{\pi}{2}-\gamma \qquad \cdots\cdots㋐$$

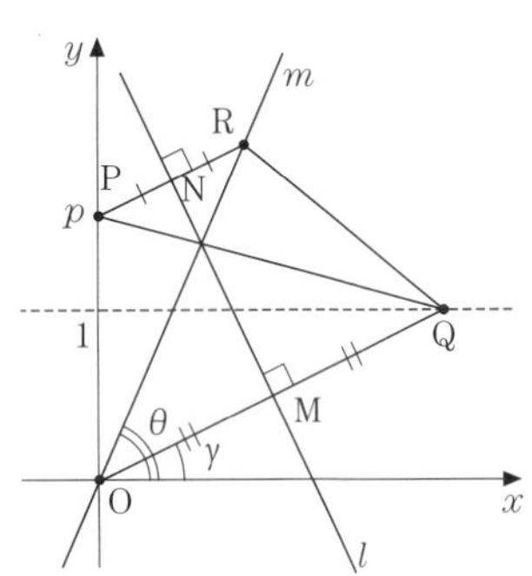

である。したがって

$$\angle\mathrm{ORQ}=\pi-(\angle\mathrm{OQR}+\angle\mathrm{QOR})$$
$$=\pi-\left(\frac{\pi}{2}-\gamma+\theta-\gamma\right)$$
$$=\frac{\pi}{2}-\theta+2\gamma \qquad \cdots\cdots㋑$$

である。

考えるべき条件は，

任意の $\theta\left(0<\theta<\dfrac{\pi}{2}\right)$ に対して $\gamma=\dfrac{\theta}{3}$ となる　　……(＊)

ことであり，㋐，㋑より

$$\gamma=\frac{\theta}{3} \iff \angle\mathrm{OQR}=\angle\mathrm{ORQ} \qquad \cdots\cdots㋒$$

であるから，

(＊) $\iff$ 任意の $\theta\left(0<\theta<\dfrac{\pi}{2}\right)$ に対して，$\angle\mathrm{OQR}=\angle\mathrm{ORQ}$ となる

$\iff$ 任意の $\theta\left(0<\theta<\dfrac{\pi}{2}\right)$ に対して，$\angle QOP=\angle QPO$ となる

(四角形OQRPは等脚台形なので $\triangle OQR\equiv\triangle QOP$ で

$\angle OQR=\angle QOP$，$\angle ORQ=\angle QPO$ である)

$\iff$ 点Qはつねに線分OPの垂直2等分線上にある

であり，点Oは直線 $y=1$ 上にあることに注意すると

(＊)　$\iff$ 点Pの座標は(0，2)である。

とわかる。

6° (2)の事実により，与えられた鋭角 θ の3等分線が，以下の(i)~(iii)の手順で折り紙を折ることによってできることがわかる。このことが本問の背景になっている。

角の3等分線は定規とコンパスだけでは作図できないことが知られており，折り紙による作図はユークリッドによる作図で可能な作図とともに，ユークリッドによる作図では不可能な作図までできるのである。

(i) FF′∥ABとなるようにF，F′をとり，ABがFF′に重なるように折って，折り目GG′をつける。

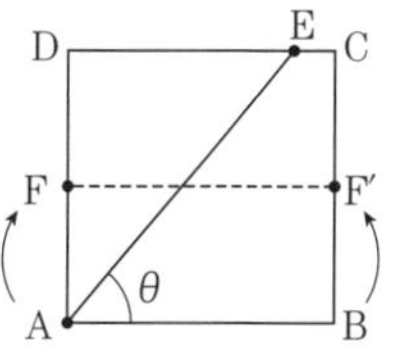

(ii) AがGG′上に，FがAE上にのるように折って，折り目XYをつける(この折り方が定規とコンパスでは作図できない方法である)。

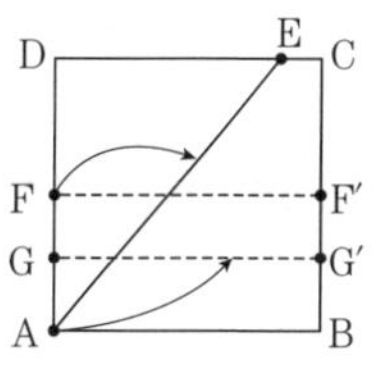

(iii) 折り目XYによってADを折ったとき，Aの移る点をA′，Gの移る点をG″とすると，直線AA′と直線AG″が∠EABの3等分線となる。

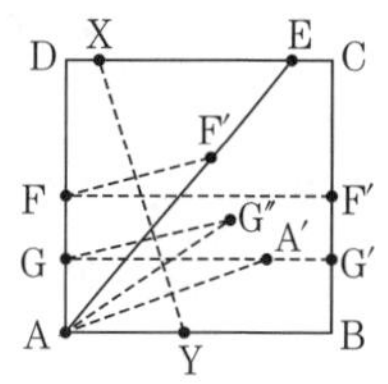

この折り方は，阿部恒氏によって発見されたものであり，他にも折り紙は数学的に様々な面白い事実を内包している(参考文献①：『すごいぞ折り紙』阿部恒著(日本評論社)，②：『折紙の数学―ユークリッドの作図法を超えて』ロベルト・ゲレトシュレーガー著，深川英俊訳(森北出版))。

第 4 問

解 答

(A)　x，y，z は正の整数で，

$$x^2+y^2+z^2=xyz \quad \cdots\cdots①$$

および

$$x \leqq y \leqq z \quad \cdots\cdots②$$

を満たす。

(1)　① を z についての2次方程式

$$z^2-xy\cdot z+x^2+y^2=0 \quad \cdots\cdots①'$$

とみると，条件(A)を満たすためには，①′ を満たす実数 z が存在することが必要であるから，(①′ の判別式)$\geqq 0$ より

$$x^2y^2-4(x^2+y^2)\geqq 0 \quad \cdots\cdots③$$

でなければならない。

条件(A)を満たし，$y \leqq 3$ となるものは，$y=1$，2，3 以外にはあり得ず，それぞれを ③ に代入すると

$$\begin{cases} y=1 \text{ のとき③は } -3x^2-4\geqq 0 \text{ となり，成り立たない。} \\ y=2 \text{ のとき③は } -16\geqq 0 \text{ となり，成り立たない。} \\ y=3 \text{ のとき③は } 5x^2-36\geqq 0 \text{ となる。} \end{cases}$$

よって，求める組 $(x,\ y,\ z)$ があるとすれば，

$$x=3 \quad \text{かつ} \quad y=3$$

でなければならず，このとき ①′ は

$$z^2-9z+18=0 \quad \text{つまり} \quad (z-3)(z-6)=0$$

となるので，結局求める $(x,\ y,\ z)$ の組は

(3，3，3)　または　(3，3，6)

の2組である。

(2)　組 $(a,\ b,\ c)$ が条件(A)を満たすとき，

$$a^2+b^2+c^2=abc \quad \cdots\cdots④$$

$$a \leqq b \leqq c \quad \cdots\cdots⑤$$

が成立するので，a，b，c が ④ かつ ⑤ を満たす正の整数であるという条件のもとで，組 $(b,\ c,\ z)$ が条件(A)を満たすような z の存在を示せばよい。

そこで，$z=bc-a$ とおくと，z は整数であり，④のもとで，

$$\begin{aligned} b^2+c^2+z^2-bcz &= b^2+c^2+(bc-a)^2-bc(bc-a) \\ &= b^2+c^2+(b^2c^2-2abc+a^2)-b^2c^2+abc \end{aligned}$$

$$=a^2+b^2+c^2-abc$$
$$=0$$

となるので，組$(b,\ c,\ z)$は

$$b^2+c^2+z^2=bcz \qquad \cdots\cdots⑥$$

を満たす。

そして，$z=bc-a$ とおけば，(1)より，④かつ⑤を満たす正の整数bは$b \geqq 3$であるから，

$$\begin{aligned} z-c&=(bc-a)-c \\ &\geqq (3c-a)-c \quad (b\geqq 3 \text{ であることを用いた}) \\ &\geqq (3c-c)-c \quad (⑤\text{ より } -a\geqq -c \text{ であることを用いた}) \\ &=c>0 \end{aligned} \qquad \cdots\cdots⑦$$

すなわち，$z=bc-a$ とおけば，組$(b,\ c,\ z)$は⑤も考え，

$$b\leqq c\leqq z \qquad \cdots\cdots⑧$$

を満たす。

したがって，⑥，⑧より，組$(a,\ b,\ c)$が条件(A)を満たすとすれば，組$(b,\ c,\ z)$が条件(A)を満たすようなzとして，$z=bc-a$ が存在する。

（証明終わり）

(3)　正の整数の組の列$(a_n,\ b_n,\ c_n)$ $(n=1,\ 2,\ 3,\ \cdots\cdots)$を

$$\begin{cases} a_1=3, \quad b_1=3, \quad c_1=3 \\ a_{n+1}=b_n, \quad b_{n+1}=c_n, \quad c_{n+1}=b_nc_n-a_n \quad (n=1,\ 2,\ 3,\ \cdots\cdots) \end{cases}$$

によって定めると，(1)，(2)で示した事実により，組$(a_n,\ b_n,\ c_n)$ $(n=1,\ 2,\ 3,\ \cdots\cdots)$は条件(A)を満たす。

さらに，⑦により，

$$c_n<c_{n+1} \quad (n=1,\ 2,\ 3,\ \cdots\cdots)$$

であるから，組$(a_n,\ b_n,\ c_n)$ $(n=1,\ 2,\ 3,\ \cdots\cdots)$に同じ組は存在しない。

したがって，条件(A)を満たす組$(x,\ y,\ z)$は，無数に存在する。

（証明終わり）

解説

1°　整数問題も東大では頻出である。2005年度と違って(1)，(2)，(3)と小分けにされて問われているが，大小評価が必要になる，という点で2005年度よりもやや難度を増しているといえよう。整数の大小に注目して値を絞り込んでいく手法は，整数

問題の典型手法の1つである。

2°　(1)では$y \leqq 3$と限定されているので，$x \leqq y$であることも考えると，可能性のある組$(x,\ y)$は6組に限られる。それぞれを条件(A)の等式①に直接代入して調べていってもよい。すなわち，

$(x,\ y)=(1,\ 1)$ のとき　$z^2-z+2=0$　となり，これを満たす整数zはない。
$(x,\ y)=(1,\ 2)$ のとき　$z^2-2z+5=0$　となり，これを満たす整数zはない。
$(x,\ y)=(1,\ 3)$ のとき　$z^2-3z+10=0$ となり，これを満たす整数zはない。
$(x,\ y)=(2,\ 2)$ のとき　$z^2-4z+8=0$　となり，これを満たす整数zはない。
$(x,\ y)=(2,\ 3)$ のとき　$z^2-6z+13=0$ となり，これを満たす整数zはない。
$(x,\ y)=(3,\ 3)$ のとき　$z^2-9z+18=0$ となり，$(z-3)(z-6)=0$ より，これを満たす整数zは $z=3,\ 6$ があり，これらは $x \leqq y \leqq z$ を満たす。

ということから解決される。このようにみると，結局ポイントは，条件(A)の等式①をzについての2次方程式とみて，zの存在条件を考えることにあることがわかる。そこで**解答**では初めから①をzの2次方程式とみて，実数解条件によって組$(x,\ y)$を絞り込み，ついでzを定めたのである。

3°　(2)の**解答**において，「そこで，$z=bc-a$ とおくと，……」というのは唐突に見えるであろう。これは，もし組$(b,\ c,\ z)$が条件(A)を満たすとするなら，

$$b^2+c^2+z^2=bcz \quad \cdots\cdots ⑨$$

が成立するので，⑨−④ より

$$z^2-a^2=bc(z-a) \quad \text{つまり} \quad (z-a)(z+a-bc)=0$$

となって，

$$z=a \quad \text{または} \quad z=bc-a$$

以外にはありえないことがわかるので，特に $z=bc-a$ として，組$(b,\ c,\ z)$が条件(A)を満たすことを示そうとしたのである。問題では，“zの存在”の論証を要求されているだけなので，具体的に条件(A)を満たすzの実例を一つ挙げさえすればよいのである。

なお，$z=a$ とした場合にも，$b=c=a$ のときには，組$(b,\ c,\ z)$が条件(A)を満たすことになるが，これでは(3)につながらない。

4°　(3)のように，無数に存在することを証明させる問題は，他大学の過去問にはあるものの，よく見かける問題とはいえず受験生を戸惑せたのではないだろうか。(2)を利用して示そうとすればよく，そのためには**解答**のように数列a_n，b_n，c_nを定義して表現するとよいであろう。最大のポイントは，**解答**のようにa_n，

b_n，c_n を定義した場合に，「$c_n<c_{n+1}$」をきちんと示しておくことである。解答では(2)の⑦でそれが示されているのであるが，(2)では $c\leqq z$ でよくとも，(3)に使えるようにするには，$c<z$ のように等号なしの不等式を示しておく必要がある。

第 5 問

解答

$$a_1=\frac{1}{2},\quad a_{n+1}=\frac{a_n}{(1+a_n)^2}\quad (n=1,\ 2,\ 3,\ \cdots\cdots) \qquad \cdots\cdots①$$

(1)　$b_n=\dfrac{1}{a_n}$ とおくとき，$n>1$ に対して

$$b_n>2n \qquad \cdots\cdots②$$

であることを，n についての数学的帰納法によって示す。

ここで，①の両辺の逆数をとると，

$$\frac{1}{a_{n+1}}=\frac{1+2a_n+a_n{}^2}{a_n}$$

すなわち，

$$\frac{1}{a_{n+1}}=\frac{1}{a_n}+2+a_n\quad (n=1,\ 2,\ 3,\ \cdots\cdots) \qquad \cdots\cdots③$$

を得るので，

$$b_{n+1}=b_n+2+\frac{1}{b_n}\quad (n=1,\ 2,\ 3,\ \cdots\cdots) \qquad \cdots\cdots④$$

が成り立つことに注意する。

(i)　$n=2$ のとき，$b_1=\dfrac{1}{a_1}=2$ であることと④より

$$b_2=b_1+2+\frac{1}{b_1}>b_1+2=4=2\times 2$$

であるから，$n=2$ のとき②は成立する。

(ii)　ある n に対して $b_n>2n$ であると仮定すると，④より

$$b_{n+1}=b_n+2+\frac{1}{b_n}>b_n+2>2n+2=2(n+1)$$

となり，②で n を $n+1$ におきかえた場合も成立する。

以上(i)，(ii)より，$n>1$ に対して②は成立する。　（証明終わり）

(2)　まず，$a_1=\dfrac{1}{2}$ と漸化式①の形より，すべての n に対して

$$a_n>0$$

であるから，

$$\frac{1}{n}(a_1+a_2+\cdots\cdots+a_n)>0 \qquad \cdots\cdots⑤$$

である。

次に，② より，$n>1$ のとき，

$$a_n=\frac{1}{b_n}<\frac{1}{2n}$$

であるから，$a_1=\frac{1}{2}$ にも注意し，

$$\frac{1}{n}(a_1+a_2+\cdots\cdots+a_n)<\frac{1}{2n}\left(1+\frac{1}{2}+\cdots\cdots+\frac{1}{n}\right) \qquad \cdots\cdots⑥$$

である。

さて，関数 $\frac{1}{x}$ $(x>0)$ は減少関数であるから，k を 2 以上の整数として，

$$k-1\leqq x\leqq k \implies \frac{1}{k}\leqq\frac{1}{x}\leqq\frac{1}{k-1}$$

$$\implies \frac{1}{k}<\int_{k-1}^{k}\frac{1}{x}dx<\frac{1}{k-1} \qquad \cdots\cdots⑦$$

が成立する。⑦ の左側の不等式において $k=2,\ 3,\ \cdots\cdots,\ n$ として辺々加え，さらにその両辺に 1 を加えると，

$$1+\frac{1}{2}+\frac{1}{3}+\cdots\cdots+\frac{1}{n}<1+\sum_{k=2}^{n}\int_{k-1}^{k}\frac{1}{x}dx$$

つまり，

$$1+\frac{1}{2}+\frac{1}{3}+\cdots\cdots+\frac{1}{n}<1+\int_{1}^{n}\frac{1}{x}dx$$

を得て，

$$\int_{1}^{n}\frac{1}{x}dx=\Big[\log x\Big]_1^n=\log n$$

であるから，結局，

$$1+\frac{1}{2}+\frac{1}{3}+\cdots\cdots+\frac{1}{n}<1+\log n \qquad \cdots\cdots⑧$$

が成立する。

よって，⑤，⑥，⑧ より

$$0<\frac{1}{n}(a_1+a_2+\cdots\cdots+a_n)<\frac{1}{2}\left(\frac{1}{n}+\frac{\log n}{n}\right) \qquad \cdots\cdots⑨$$

が成り立ち，

$n\to\infty$ のとき，(⑨ の右端) $\to 0=$ (⑨ の左端)

であるから，はさみうちの原理により

$$\lim_{n\to\infty}\frac{1}{n}(a_1+a_2+\cdots\cdots+a_n)=\mathbf{0} \qquad \cdots\cdots⑩$$

である。

(3) ③ より

$$b_{n+1}=b_n+2+a_n$$

すなわち，

$$b_{n+1}-b_n=2+a_n \quad (n=1,\ 2,\ 3,\ \cdots\cdots)$$

が成り立つので，数列 $\{b_n\}$ の階差数列が $\{2+a_n\}$ であり，

$$b_{n+1}=b_1+\sum_{k=1}^{n}(2+a_k)$$

すなわち，

$$b_{n+1}=2+2n+a_1+a_2+\cdots\cdots+a_n \quad (n=1,\ 2,\ 3,\ \cdots\cdots)$$

である。この両辺を n で割り，⑩ を用いると

$$\frac{b_{n+1}}{n}=\frac{2}{n}+2+\frac{1}{n}(a_1+a_2+\cdots\cdots+a_n)\ \to\ 2 \quad (n\to\infty)$$

となるので，

$$\lim_{n\to\infty}\frac{b_{n+1}}{n}=\lim_{n\to\infty}\frac{b_n}{n-1}=2 \qquad \cdots\cdots⑪$$

である。

よって，⑪ より

$$\lim_{n\to\infty}na_n=\lim_{n\to\infty}\frac{1}{\frac{b_n}{n}}=\lim_{n\to\infty}\frac{n}{n-1}\cdot\frac{1}{\frac{b_n}{n-1}}$$

$$=\lim_{n\to\infty}\frac{1}{1-\frac{1}{n}}\cdot\frac{1}{\frac{b_n}{n-1}}=\frac{\mathbf{1}}{\mathbf{2}}$$

である。

解説

1° (1) は易しい。a_n の一般項を求めることは困難なので，数学的帰納法によればよいことはすぐに気づくであろう。$n>1$ のときを証明したいのだから，帰納法の出

発点が $n=2$ の場合になることに注意するだけである。

2° (2)のポイントは $1+\dfrac{1}{2}+\dfrac{1}{3}+\cdots\cdots+\dfrac{1}{n}$ を上から評価することである。これは標準的な受験勉強をしていれば，一度は経験するはずのことである。解答では，$\dfrac{1}{x}$ $(x>0)$ が減少関数であることと，

定理

$a \leqq x \leqq b$ において連続な関数 $f(x)$，$g(x)$ について

$$f(x) \leqq g(x) \implies \int_a^b f(x)\,dx \leqq \int_a^b g(x)\,dx$$

が成り立つ。

を用いて ⑦ を導いた。$k-1 \leqq x \leqq k$ において，$\dfrac{1}{k} \leqq \dfrac{1}{x} \leqq \dfrac{1}{k-1}$ の不等式の等号が恒等的に成り立つわけではないので，定積分した段階で等号をはずしてよい。

また，面積の大小を比較して ⑦ を導くこともできる。すなわち，$1+\dfrac{1}{2}+\dfrac{1}{3}+\cdots\cdots+\dfrac{1}{n}$ は右図斜線部の面積を表すので，右図太線部の囲む部分の面積よりも小さく，

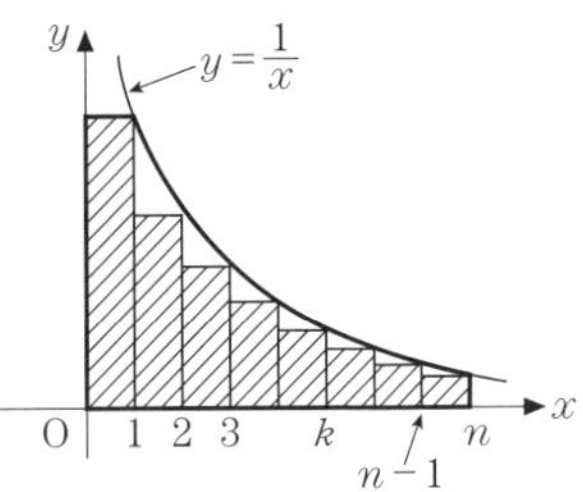

$$1+\frac{1}{2}+\frac{1}{3}+\cdots\cdots+\frac{1}{n}<1+\int_1^n \frac{1}{x}dx$$

が成り立つ。実戦的にはこのように評価する方が手早いだろう。

3° (2)では，基本極限

$$\lim_{x\to\infty}\frac{\log x}{x}=0$$

を証明なしで用いた。$\log x$，x はともに $x\to\infty$ のとき無限大に発散するが，$\log x$ の発散速度は x の発散速度よりずっと遅いので，$\dfrac{\log x}{x}$ は 0 に収束するのである。過去の東大の問題でも，この極限を用いるものが出題されており，東大では“公式”として証明なしで用いてよいとされているようである。

ちなみに，証明の一例として，微分法を利用して

$x>1$ のとき，$0<\log x<2\sqrt{x}$

が成り立つことを示し，$x>1$ において

$$0<\frac{\log x}{x}<\frac{2}{\sqrt{x}}$$

であることから，はさみうちの原理による方法がある。

4° 解 答 をみると簡単に見えるかもしれないが，(3) は難問である。(1)，(2) に結びつけて考えようとすればよい，という方針は立つにしても，どのように結びつければよいかが難しい。(1) で利用した $\{b_n\}$ についての漸化式 ④ を見て，$\{b_n\}$ の階差数列が $\left\{2+\frac{1}{b_n}\right\}$，つまり，$\{2+a_n\}$ であることに気づくと (2) との関連も見えてくるが，a_n と b_n の入り混ざった漸化式を考えることは“柔軟な”発想が要求されるからである。

第 6 問

解 答

$$f(x)=\frac{12(e^{3x}-3e^{x})}{e^{2x}-1}\quad (x>0)$$

(1)

$$f'(x)=12\frac{(3e^{3x}-3e^{x})(e^{2x}-1)-(e^{3x}-3e^{x})\cdot 2e^{2x}}{(e^{2x}-1)^2}=\frac{12(e^{5x}+3e^{x})}{(e^{2x}-1)^2}$$

より，

$$x>0 \implies f'(x)>0$$

$\implies$ $f(x)$ は単調増加関数 ……①

である。

また，$x>0$ のとき $e^x>1$ で，$\lim_{x\to+0}e^x=1$，$\lim_{x\to+\infty}e^x=+\infty$ であることから，

$$\lim_{x\to+0}f(x)=\lim_{x\to+0}\frac{12(e^{3x}-3e^{x})}{e^{2x}-1}=-\infty$$

$$\lim_{x\to+\infty}f(x)=\lim_{x\to+\infty}\frac{12\left(e^{x}-\frac{3}{e^{x}}\right)}{1-\frac{1}{e^{2x}}}=+\infty$$

であり，それゆえ

$x>0$ における $f(x)$ の値域は実数全体 ……②

である。

以上 ①，② より，関数 $y=f(x)$ $(x>0)$ は実数全体を定義域とする逆関数をもつ。

（証明終わり）

(2) $X=e^x$ とおいて，$f(x)=8$，$f(x)=27$ となる x を求めると，

・$\dfrac{12(X^3-3X)}{X^2-1}=8$ より，

$$3X^3-2X^2-9X+2=0$$

つまり　$(X-2)(3X^2+4X-1)=0$

となり，これを満たす $X(>1)$ は $X=2$ のみ。よって，

$$x=\log 2$$

・$\dfrac{12(X^3-3X)}{X^2-1}=27$ より，

$$4X^3-9X^2-12X+9=0$$

つまり　$(X-3)(4X^2+3X-3)=0$

となり，これを満たす $X(>1)$ は $X=3$ のみ。よって，

$$x=\log 3$$

となる。

したがって，

$$I=\int_8^{27} g(x)\,dx=\int_8^{27} f^{-1}(x)\,dx=\int_8^{27} f^{-1}(y)\,dy$$

において，$y=f(x)$ と置換すると，

$$\begin{cases} f^{-1}(y)=f^{-1}(f(x))=x \\ dy=f'(x)\,dx \end{cases}$$

y	8	→	27
x	$\log 2$	→	$\log 3$

のように対応するので，

$$I=\int_{\log 2}^{\log 3} xf'(x)\,dx$$

$$=\Big[xf(x)\Big]_{\log 2}^{\log 3}-\int_{\log 2}^{\log 3} f(x)\,dx \quad \text{（部分積分）}$$

$$=27\log 3-8\log 2-12J \quad \cdots\cdots③$$

となる。ただし，

$$J=\int_{\log 2}^{\log 3}\frac{e^{3x}-3e^x}{e^{2x}-1}\,dx$$

であり，$X=e^x$ と置換すると，

$$\begin{cases} \dfrac{e^{3x}-3e^x}{e^{2x}-1}=\dfrac{X(X^2-3)}{X^2-1} \\ dX=e^x dx \quad \text{より} \quad dx=\dfrac{dX}{X} \end{cases}$$

x	$\log 2$	→	$\log 3$
X	2	→	3

のように対応するので，

$$J=\int_2^3 \frac{X(X^2-3)}{X^2-1}\cdot\frac{dX}{X}$$
$$=\int_2^3 \frac{X^2-3}{X^2-1}dX$$
$$=\int_2^3\left(1+\frac{1}{X+1}-\frac{1}{X-1}\right)dX$$
$$=\Big[X+\log(X+1)-\log(X-1)\Big]_2^3$$
$$=1+\log 2-\log 3 \qquad \cdots\cdots④$$

となる。

よって，③，④ より

$$\boldsymbol{I=39\log 3-20\log 2-12}$$

となる。

解説

1°　逆関数の存在条件を確認しておこう。

一般に，集合 X から集合 Y への関数 f が逆関数 f^{-1} をもつための必要十分条件は，

Y のどの要素 y に対しても，$y=f(x)$ となる x が
X の要素としてただ 1 つ存在する　……(＊)

ことである。もともと f が関数であるのだから，X の要素 x に対して Y の要素 y がただ 1 つ対応しており，このことと(＊)とから，f が逆関数をもつ条件は，

f が 1 対 1 の関数であり，値域が Y 全体である

ということである。値域が Y 全体であることを「上への関数」という。すなわち，f が逆関数をもつ条件は，「上への 1 対 1 の関数」ということである。

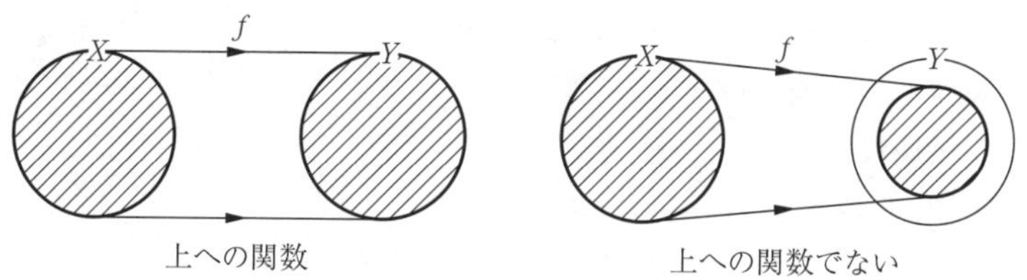

上への関数　　　上への関数でない

本問(1)では，$X=\{x|x>0\}$，$Y=\boldsymbol{R}=\{y|-\infty<y<+\infty\}$ に対して，X から Y

への関数 $f(x)=\dfrac{12(e^{3x}-3e^{x})}{e^{2x}-1}$ が逆関数をもつことの証明を問われており，そのためには(＊)を示せばよいのである。(＊)を言い換えているのが，問題文の「任意の実数 a に対して，$f(x)=a$ となる $x>0$ がただ1つ存在する」という記述なのである。

2° (1)では $f'(x)$ を計算し，$f(x)$ が $x>0$ において単調増加関数であることを示すのはたやすいであろう。その際，$X=e^x$ とおいて合成関数の微分法を用い，

$$
\begin{aligned}
f'(x)&=12\frac{d}{dX}\left(\frac{X^3-3X}{X^2-1}\right)\cdot\frac{dX}{dx}\\
&=12\cdot\frac{(3X^2-3)(X^2-1)-(X^3-3X)\cdot 2X}{(X^2-1)^2}e^x\\
&=\frac{12(X^4+3)}{(X^2-1)^2}\cdot e^x>0\quad(x>0)
\end{aligned}
$$

とするのもよいだろう。

注意せねばならないのは，$f'(x)>0$ $(x>0)$ を示しただけでは証明されたことにはならず，

$$\lim_{x\to+0}f(x)=-\infty,\quad \lim_{x\to+\infty}f(x)=+\infty$$

という極限を調べること，すなわち，実際に $f(x)$ がとる値（値域）が実数全体であることを示すことを忘れぬようにすることである。

3° (2)の逆関数の定積分の計算では，逆関数の表式を具体的に求めることができない場合，**解答**のように，$I=\displaystyle\int_8^{27}f^{-1}(y)dy$ において $y=f(x)$ と“もとの”関数で置換することが定石である。これは $f^{-1}(y)=x$ と置換していることにほかならない。その際，

$$f^{-1}(f(x))=x$$

であることに注意しておこう。これは逆関数の定義から当然のことなのだが，理解が不充分な受験生をよく見かける。

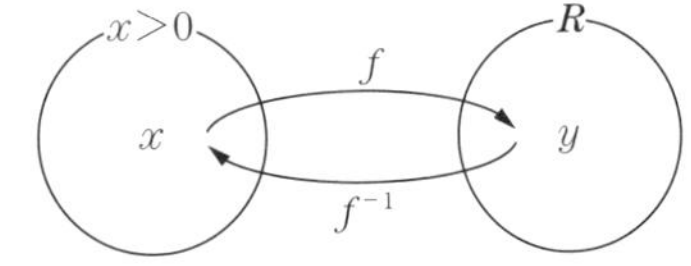

本来，逆関数とは，

$$g(f(x))=x,\quad f(g(x))=x$$

となるような g のことであり，これを f^{-1} と定義するのであった。

4° (2)を解くには，$f(x)=8$，$f(x)=27$ となるような x，あるいは e^x の値をどうしても求める必要があり，計算力が要求される。これらの値を求めたあとは，図形的

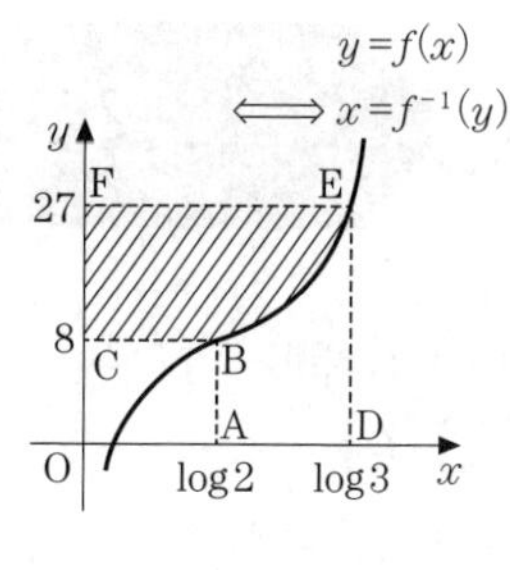

に考えて次のように処理してもよい。

つまり，

$$I=\int_8^{27} g(x)\,dx=\int_8^{27} f^{-1}(y)\,dy$$

は右図斜線部の面積を表すから，

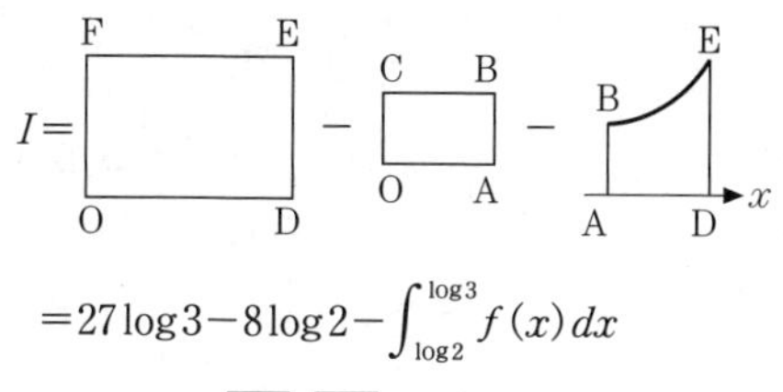

$$=27\log 3-8\log 2-\int_{\log 2}^{\log 3} f(x)\,dx$$

である。このあとは 解 答 と同様に計算していけばよい。

5° $\int_2^3 \frac{X^2-3}{X^2-1}dX$ のような分数関数の積分では，分子を分母で割り算し，(整式)＋(真分数式)の形にした上で，さらに真分数式を部分分数に分解するのが基本である。東大理系の問題では，ここのところいろいろなタイプの定積分の計算が要求されている。定積分の計算には十分習熟しておきたい。

2005年

第 1 問

解答

(1) $f(x)=\dfrac{\log x}{x}$ $(x>0)$ のとき，$n=1,\ 2,\ \cdots\cdots$ に対し，ある数列 $\{a_n\}$，$\{b_n\}$ を用いて

$$f^{(n)}(x)=\frac{a_n+b_n\log x}{x^{n+1}} \qquad \cdots\cdots(*)$$

と表されることを，n に関する数学的帰納法で証明する。

(i) $n=1$ のとき

$$f'(x)=\frac{\frac{1}{x}\cdot x-(\log x)\cdot 1}{x^2}$$

$$=\frac{1-\log x}{x^2}$$

であるから，$a_1=1$，$b_1=-1$ と定めれば，$(*)$ の形に表される。

(ii) $n=k$ のとき

$f^{(n)}(x)$ が $(*)$ の形で表されると仮定する。すなわち，ある a_k，b_k を用いて

$$f^{(k)}(x)=\frac{a_k+b_k\log x}{x^{k+1}}$$

と表されると仮定すると，

$$f^{(k+1)}(x)=\left(\frac{a_k+b_k\log x}{x^{k+1}}\right)'$$

$$=\frac{\frac{b_k}{x}\cdot x^{k+1}-(a_k+b_k\log x)\cdot(k+1)x^k}{(x^{k+1})^2}$$

$$=\frac{-(k+1)a_k+b_k-(k+1)b_k\log x}{x^{k+2}}$$

となる。したがって，

$$a_{k+1}=-(k+1)a_k+b_k, \quad b_{k+1}=-(k+1)b_k$$

と定めれば，$n=k+1$ のときも $(*)$ の形に表される。

よって，$n=1,\ 2,\ \cdots\cdots$ に対し（＊）の形で表され，求める漸化式は，

$$\begin{cases} \boldsymbol{a_{n+1}=-(n+1)a_n+b_n} & \cdots\cdots① \\ \boldsymbol{b_{n+1}=-(n+1)b_n} & \cdots\cdots② \end{cases}$$

である。**ただし，$\boldsymbol{a_1=1,\ b_1=-1}$** である。（証明終わり）

(2)　② を変形すると，

$$\frac{b_{n+1}}{(-1)^{n+1}(n+1)!}=\frac{b_n}{(-1)^n n!} \quad \cdots\cdots②'$$

となるので，$\left\{\dfrac{b_n}{(-1)^n n!}\right\}$ は定数数列であり，$b_1=-1$ も用いると，

$$\frac{b_n}{(-1)^n n!}=\frac{b_1}{(-1)^1 1!} \quad つまり \quad \frac{b_n}{(-1)^n n!}=1$$

となり，b_n の一般項は，

$$\boldsymbol{b_n=(-1)^n n!}$$

である。

また，このとき，① より，

$$a_{n+1}=-(n+1)a_n+(-1)^n n!$$

となるので，これを変形すると，

$$\frac{a_{n+1}}{(-1)^{n+1}(n+1)!}=\frac{a_n}{(-1)^n n!}-\frac{1}{n+1} \quad \cdots\cdots①'$$

となる。これは $\left\{\dfrac{a_n}{(-1)^n n!}\right\}$ の階差数列が $\left\{-\dfrac{1}{n+1}\right\}$ であることを示すので，$a_1=1$ を用い，$n \geqq 2$ のとき，

$$\begin{aligned}\frac{a_n}{(-1)^n n!}&=\frac{a_1}{(-1)^1 1!}+\sum_{k=1}^{n-1}\left(-\frac{1}{k+1}\right)\\ &=-\left(\frac{1}{1}+\frac{1}{2}+\frac{1}{3}+\cdots\cdots+\frac{1}{n}\right)\\ &=-h_n\end{aligned}$$

となるから，これより

$$\boldsymbol{a_n=-(-1)^n n!h_n}$$

となる。この式で $n=1$ とおくと $a_1=1$ を得るので，この結果は $n=1$ のときにも通用する。

2005

解説

1°　2004 年度と異なって，2003 年度までの恒例通り，第 1 問は取り組みやすい問題が置かれた。商の微分法や帰納法，漸化法の解法など基本的な事柄が問われている。本問は確実に高得点しておきたい。

2°　取り組みやすいとはいえ，受験生にとっては侮れない。(1) は帰納法の方針はすぐに立つであろうが，「何を」「どのようにして」示すのかを明確に日本語で表現しなければ得点にはならないであろう。「a_n，b_n の存在」を示すことがポイントであり，論述力が要求されている。(2) も，b_n については，② の漸化式を繰り返し用い，

$$
\begin{aligned}
b_n &= -nb_{n-1} = (-n)\{-(n-1)\}b_{n-2} \\
&= \cdots\cdots \\
&= (-n)\{-(n-1)\}\cdots\cdots(-2)b_1 \\
&= (-n)\{-(n-1)\}\cdots\cdots(-2)(-1)
\end{aligned}
$$

のようにして一般項を求めることができるが，a_n の方は単純でも定型的でもない。上手い方法が浮かばない場合は $n=1$，2，3 のような小さな n に対して a_n を求めてみると一般項が推測できるので，それを数学的帰納法で証明することで解答できる。b_n は h_n を用いて表されるわけではないので，問題文の「h_n を用いて a_n，b_n の一般項を求めよ」という表現に戸惑った受験生もいたのではないだろうか。

3°　一般に，2 項間漸化式

$$a_{n+1} = p(n)a_n + q(n) \quad (n=1,\ 2,\ \cdots\cdots)$$

を解くには，$p(n) \neq 0$ $(n=1,\ 2,\ \cdots\cdots)$ のとき，この漸化式の両辺を $p(n)\cdot p(n-1)\cdots\cdots p(1)$ で割るとよい。すると，漸化式は

$$
\begin{aligned}
\frac{a_{n+1}}{p(n)\cdot p(n-1)\cdots\cdots p(1)} &= \frac{a_n}{p(n-1)\cdot p(n-2)\cdots\cdots p(1)} \\
&\quad + \frac{q(n)}{p(n)\cdot p(n-1)\cdots\cdots p(1)}
\end{aligned}
$$

となり，数列 $\left\{\dfrac{a_n}{p(n-1)\cdot p(n-2)\cdots\cdots p(1)}\right\}$ の階差数列が $\left\{\dfrac{q(n)}{p(n)\cdot p(n-1)\cdots\cdots p(1)}\right\}$ であることを示すので，階差数列の Σ 計算をすることにより a_n の一般項を知ることができる。このことを実行したのが上の **解答** における ②，① から ②′，①′ への変形なのであるが，これは必ずしも受験生必須の知識ではない。

第 2 問

解答

集合 T に属する複素数 w とは，

$$w=z^2-2z \text{ をみたすすべての複素数 } z \text{ が } |z| \leqq \frac{5}{4} \text{ をみたす}$$

すなわち，

$$z \text{ の 2 次方程式 } z^2-2z-w=0 \text{ の 2 解がともに } |z| \leqq \frac{5}{4} \text{ をみたす} \quad \cdots Ⓐ$$

ような複素数 w である。

そこで，z の 2 次方程式

$$z^2-2z-w=0 \quad \cdots\cdots ①$$

の 2 解を α，β とすると，① の解と係数の関係を考え，

Ⓐ $\iff$ $\alpha+\beta=2$ かつ $\alpha\beta=-w$ を満たす α と β が

$|\alpha| \leqq \frac{5}{4}$ かつ $|\beta| \leqq \frac{5}{4}$ をみたす

$\iff$ $w=-\alpha(2-\alpha)$ であるような α が

$|\alpha| \leqq \frac{5}{4}$ かつ $|2-\alpha| \leqq \frac{5}{4}$ をみたす　$\cdots\cdots$Ⓐ′

である。

よって，Ⓐ であるような複素数 w は

$$|w|=|\alpha||2-\alpha| \leqq \frac{5}{4}\cdot\frac{5}{4} \quad \text{つまり，} \quad |w| \leqq \frac{25}{16} \quad \cdots\cdots ②$$

をみたし，② の等号は

$$|\alpha|=|2-\alpha|=\frac{5}{4}$$

のとき，すなわち，右図を参照して，

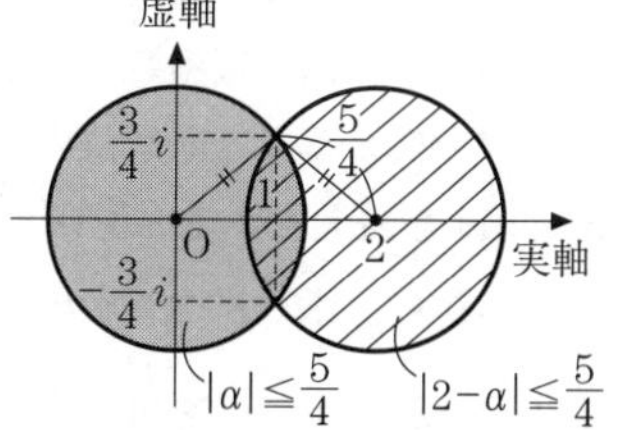

$$\alpha=1\pm\frac{3}{4}i$$

のときに成立するので，Ⓐ であるような複素数 w のうち，$|w|$ が最大であるような w は，

$$w=-\left(1\pm\frac{3}{4}i\right)\left(1\mp\frac{3}{4}i\right)=-\mathbf{\frac{25}{16}} \quad \text{（複号同順）}$$

である。

解説

1°　複素数平面は2006年度の新課程入試からは消え去る運命にあるが，東大では良質な複素数平面の問題を極めて高い頻度で出題し続けてきた。それだけ数学において重要な分野であるとのメッセージが込められていると考えられる。理科系に進むからには，高校で学ばないからやらない，というのではなく，大学入学以降も見据えて，基礎的な素養を是非身につけておいてもらいたい。

2°　問題文の1行目「$|z|>\frac{5}{4}$ となるどのような複素数zに対しても $w=z^2-2z$ とは表されない複素数w全体の集合をT」のようにTを定義されただけでは難しい問題になる。これが，

$$T=\left\{w \,\middle|\, w=z^2-2z \text{ ならば } |z|\leqq\frac{5}{4}\right\} \qquad \cdots\cdots(*)$$

のように言い換えられていることが，大きなヒントである。

一般に，xの条件$p(x)$，$q(x)$について「$p(x)\Longrightarrow q(x)$が成立する」とは「$p(x)$を真にする（xが存在するときはその）すべてのxに対して$q(x)$が真になる」ということである。これと同様に$(*)$の集合の条件を言い換えて考えると，**解答**のⒶがつかめる。そうすれば，結局，

「2次方程式 $z^2-2z-w=0$ の2解が**ともに** $|z|\leqq\frac{5}{4}$ をみたすときの

$|w|$の最大値とそのときのwの値」

を要求されていることがわかるであろう。これが実数解だけを対象にしていれば，いわゆる“2次方程式の解の配置問題”という入試数学では初歩的な問題になる。本問はいわば“複素数解の配置問題”であり，このように論理の転換を図って問題を言い換えることが解決のためのキーポイントになる。

3°　$|w|$を最大にするαを求めるためには必ず図を利用せねばならない，というわけではない。素朴に $z=a+bi$（a，bは実数）とおいてもよい。これを用いて

$|\alpha|=|2-\alpha|=\frac{5}{4}$ を書き直すと，

$$a^2+b^2=\left(\frac{5}{4}\right)^2 \quad \text{かつ} \quad (2-a)^2+b^2=\left(\frac{5}{4}\right)^2$$

となるので，これより $a=1$，$b=\pm\frac{3}{4}$ を得て結果を得る。

第 3 問

解答

(1) $f(x)=\dfrac{1}{2}x\{1+e^{-2(x-1)}\}$ のとき,

$$f'(x)=\frac{1}{2}\{1+e^{-2(x-1)}+x\cdot(-2)e^{-2(x-1)}\}$$
$$=\frac{1}{2}\{1+(1-2x)e^{-2(x-1)}\}$$

であることと，$x>\dfrac{1}{2}$ のとき，$(1-2x)e^{-2(x-1)}<0$ であることから $f'(x)<\dfrac{1}{2}$ である。

さらに,

$$f''(x)=\frac{1}{2}\{-2e^{-2(x-1)}+(1-2x)\cdot(-2)e^{-2(x-1)}\}$$
$$=2(x-1)e^{-2(x-1)}$$

であることより右表を得て，これと $f'(1)=0$ であることより，$x>\dfrac{1}{2}$ ならば $f'(x)\geqq 0$ である。

x	$\left(\frac{1}{2}\right)$		1		$(+\infty)$
$f''(x)$		$-$	0	$+$	
$f'(x)$		↘		↗	

以上から，$x>\dfrac{1}{2}$ ならば $0\leqq f'(x)<\dfrac{1}{2}$ である。　（証明終わり）

(2) $f(1)=1$ であることに注意すると，$x_{n+1}=f(x_n)$ とから,

$$x_{n+1}-1=f(x_n)-f(1)\quad (n=0,\ 1,\ 2,\ \cdots\cdots) \qquad \cdots\cdots ①$$

が成り立つ。

ここで，$f(x)$ は微分可能であるから平均値の定理が使えて，$x_n\neq 1$ のとき

$$f(x_n)-f(1)=f'(c)(x_n-1) \qquad \cdots\cdots ②$$

となるような c が x_n と 1 の間に存在する。$x_n=1$ のときは $c=1$ とすれば，② はつねに成り立つとしてよい。

よって，① と ② より,

$$x_{n+1}-1=f'(c)(x_n-1)\quad (n=0,\ 1,\ 2,\ \cdots\cdots) \qquad \cdots\cdots ③$$

が成り立つ。

さらに，(1) より $f(x)$ は増加関数であることと,

$$f\left(\frac{1}{2}\right)=\frac{1+e}{4}>\frac{1+1}{4}=\frac{1}{2}$$

であることから，$x_0>\frac{1}{2}$ であれば，

$$f(x_0)>f\left(\frac{1}{2}\right) \quad \text{つまり} \quad x_1>\frac{1}{2}$$

となり，帰納的に

$$x_n>\frac{1}{2} \quad (n=0,\ 1,\ 2,\ \cdots\cdots)$$

である。

したがって，$c>\frac{1}{2}$ であり，このとき，やはり (1) より

$$0\leqq f'(c)<\frac{1}{2} \qquad \cdots\cdots④$$

である。

③，④ および，$x_n=1$ の場合も考慮し

$$|x_{n+1}-1|\leqq\frac{1}{2}|x_n-1| \quad (n=0,\ 1,\ 2,\ \cdots\cdots) \qquad \cdots\cdots⑤$$

が成立するので，⑤ をくり返し用いると，

$$|x_n-1|\leqq\left(\frac{1}{2}\right)^n|x_0-1| \quad (n=0,\ 1,\ 2,\ \cdots\cdots) \qquad \cdots\cdots⑥$$

を得て，

$n\to\infty$ のとき，（⑥ の右辺）$\to 0$

であるから，はさみうちの原理により，

$$\lim_{n\to\infty}|x_n-1|=0$$

であり，ゆえに，

$$\lim_{n\to\infty}x_n=1$$

である。　（証明終わり）

解説

1° (1) は $f'(x)$ のグラフを（実際に描く必要はないが）描くつもりになって考えればよい。$x>\frac{1}{2}$ において $f'(x)<\frac{1}{2}$ であることは上の **解答** のように $f'(x)$

の式の形からすぐにわかるが，$f'(x)$ の増減表と $\lim_{x\to\frac{1}{2}+0} f'(x)=\frac{1}{2}$，$\lim_{x\to+\infty} f'(x)=\frac{1}{2}$ であることから示してもよい。ここで，後者の極限においては基本極限

$$\lim_{x\to+\infty}\frac{x}{e^x}=0$$

を用いていることに注意したい。

2° (2)は(1)がなくても解決できるようになっておくべき，入試では典型といってよい問題である。数列 $\{x_n\}$ の一般項を求めることはできないものの，右図のように x_n の定まる様子を xy 平面上でとらえることができ，$f(1)=1$ であることを考えると，1に近づくことは容易に予想できる。そこで，x_n と1との“距離” $|x_n-1|$ が0に収束することを示そう，と方針を立てればよい。

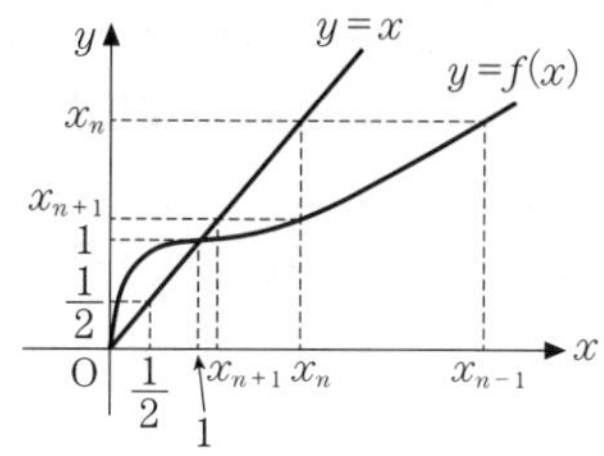

3° (2)の解決のポイントになるのは，(1)の事実と「平均値の定理」を用いて **解答** の⑤のような不等式を用意することにある（つまり $|x_{n+1}-1|$ を $|x_n-1|$ で評価することである）。平均値の定理は，理論上増減表の基礎になる重要な定理であるとともに，問題解決の道具として本問のように関数値の差 $f(x_n)-f(1)$ を変数値の差 x_n-1 で表現したい場面で有効なものである。すると **解答** の③はすぐに得られ，(1)とあわせて⑤がすぐに得られそうであるが，ちょっとした注意が必要である。(1)は $x>\frac{1}{2}$ のもとで成立する事実なので，$c>\frac{1}{2}$ をいう必要があり，そのためには $x_n>\frac{1}{2}$ $(n=1,\ 2,\ \cdots\cdots)$ をいわねばならない。また，$x_0=1$ のときは $x_n=1$ $(n=1,\ 2,\ \cdots\cdots)$ であり，⑤には等号がつく。

ここでの議論をよく観察してみれば，方程式 $f(x)=x$ が解をもつことを前提として，$f(x)$ が $|f'(x)|\leqq r$（r は $0<r<1$ の定数）をみたすことが本質的であるとわかる。

4° 平均値の定理を用いる問題は1997年度前期にも出題されている。研究に値する問題であるので是非取り組んでみてほしい。

第 4 問

解答

まず，$a^2-a=a(a-1)$，$10000=2^4\cdot 5^4$ であるから，「a^2-a が 10000 で割り切れる」とは

$a(a-1)$ が $2^4\cdot 5^4$ で割り切れる　……①

ことである。

次に，a が奇数のとき $a-1$ は偶数であるから，① より

$a-1$ は 2^4 で割り切れる。　……②

ここで，a が 5 で割り切れないと仮定すると，① より $a-1$ が 5^4 で割り切れるから，“2 と 5 が互いに素” であることと ② より

$a-1$ は $2^4\cdot 5^4$ で割り切れる

ことになるが，このとき，ある整数 m を用いて

$a-1=2^4\cdot 5^4\cdot m$　つまり　$a=10000m+1$

と表され，$3\leqq a\leqq 9999$ を満たすような a は存在しない。つまり，仮定は誤りである。

したがって，a は 5 で割り切れることになり，このとき a と隣り合う整数の $a-1$ は 5 で割り切れないから，① より

a は 5^4 で割り切れる。　……③

よって，③ と ② から，

$$\begin{cases} a=5^4p & \cdots\cdots④ \\ a-1=2^4q & \cdots\cdots⑤ \end{cases}$$

となるような整数 p，q が存在し，この 2 式から a を消去すると，

$5^4p-1=2^4q$　つまり　$625p-16q=1$　……⑥

を得る。この ⑥ は，$625\cdot 1-16\cdot 39=1$ であることに注意すると

$625(p-1)=16(q-39)$　……⑥′

と変形できて，“$625(=5^4)$ と $16(=2^4)$ が互いに素” であることから，

$p-1=16n$，　$q-39=625n$

となるような整数 n が存在する。このとき，④（あるいは ⑤）より

$a=10000n+625$

と表され，$3\leqq a\leqq 9999$ を満たすのは，$n=0$ の場合に限られる。

以上から，求める a は

625

だけである。

解説

1° 2004年度よりも取り組みやすい整数問題である。「625」という値を求めることはたやすい。ただし，それは不完全な議論でも得られるので，如何に論理的に結論づけるかという論述力・記述力も試されていると考えるべきである。受験生が思っている以上に得点差がついたのではないだろうか。

2° $a^2-a=a(a-1)$ が素因数2を4個，5を4個もち，素因数2と5が a と $a-1$ のどちらに含まれるかを考えるという方針はすぐに立つことだろう。a が奇数なので素因数2はもたず，$a-1$ が素因数2の全てをもつこともすぐわかる。最も大事なポイントは，「素因数5が全て a に含まれることを証明すること」である。a が奇数だからといって，a が 5^4 の倍数であるとは即断できない。素因数5が，a と $a-1$ の両方に含まれているかもしれないし，$a-1$ に全て含まれているかもしれないからである。しかし，$3 \leqq a \leqq 9999$ のもとで後者はありえないことが 解 答 のように背理法で示され，前者は，a と $a-1$ が隣り合う整数（**a と $a-1$ は互いに素**）であることから両方とも5の倍数となることはなく，やはりありえないのである。このことを明確に述べることが肝心である。

3° 解 答 では④，⑤を導いたあと，⑥のような1次不定方程式の整数解問題に帰着させて解決したが，つぎのように実直に処理するのも簡明である。つまり，a が 5^4 の倍数であることと a が奇数であること，および，$3 \leqq a \leqq 9999$ を考慮すれば，可能性のある a は④の p が1，3，5，7，……，15のときだけであり，それぞれについて $a-1$ を 2^4 で割った余りを計算すると次表のようになる。

a	$5^4\cdot1$	$5^4\cdot3$	$5^4\cdot5$	$5^4\cdot7$	$5^4\cdot9$	$5^4\cdot11$	$5^4\cdot13$	$5^4\cdot15$
$a-1$	624	1874	3124	4374	5624	6874	8124	9374
$a-1$ を 2^4 で割った余り	0	2	4	6	8	10	12	14

この表より，625のみが求める a であることがわかる。実は，$5^4(=625)$ を $2^4(=16)$ で割った余りが1であるから，5^4p-1 を 2^4 で割った余りは $p-1$ を 2^4 で割った余りに等しいことが証明できる（各自考えてみよ）。したがって，上表の2行目を計算しなくとも3行目の余りはわかるのである。

4°　⑥を⑥′のように変形し，“625$(=5^4)$と16$(=2^4)$が互いに素”であることを用いて⑥の整数解 p，q を求める手筋は基本として押さえておいてもらいたい。一般に，整数論において有名な次の定理は関連事項として知っておくとよいし，余裕のある人は証明に挑んでみるのもよい。

> **定理**　整数 a と b が互いに素である。
> $\iff$　$ax+by=1$ を満たす整数 x，y の組が存在する

第 5 問

解答

(1)　甲が2回目にカードをひかないことにしたとき，$b=0$ であるから，甲が勝つような c，d は

$$c \leqq a \quad \text{かつ} \quad \text{“}c+d \leqq a \quad \text{または} \quad c+d > N\text{”} \qquad \cdots\cdots ①$$

をみたす場合である。

ここで，まず c を $1 \leqq c \leqq a$ において固定すると，その c のカードがひかれる確率は，

$$\frac{1}{N}$$

である。

ついで，各 c に対して①をみたす d の値は，

$$c+d \leqq a \quad \text{または} \quad c+d > N \quad \text{すなわち} \quad 1 \leqq d \leqq a-c \quad \text{または} \quad N-c < d \leqq N$$

をみたすもので，その個数は

$$(a-c)+\{N-(N-c)\}=a \ (\text{個})$$

であるから，そのような d のカードがひかれる確率は，

$$\frac{a}{N}$$

である（$c=a$ のとき，$1 \leqq d \leqq a-c$ をみたす d は0個なので，このときも $a-c$ 個としてよい）。

したがって，c を固定したときの甲が勝つ確率は，

$$\frac{1}{N} \cdot \frac{a}{N}$$

であるから，c が $1 \leqq c \leqq a$ をみたす値をとり得ることを考え，求める確率は，

$$\sum_{c=1}^{a}\frac{1}{N}\cdot\frac{a}{N}=\frac{a}{N^2}\sum_{c=1}^{a}1=\boldsymbol{\frac{a^2}{N^2}}$$

である。

(2) 甲が2回目にカードをひくことにしたとき，甲が勝つような b，c，d は

$$a+b\leqq N \quad \text{かつ} \quad c\leqq a+b \quad \text{かつ} \quad \text{“}c+d\leqq a+b \quad \text{または} \quad c+d>N\text{”} \qquad \cdots\cdots②$$

をみたす場合である。

ここで，まず b を $1\leqq b\leqq N-a$ において固定すると，その b のカードがひかれる確率は，

$$\frac{1}{N}$$

である。

ついで，各 b に対して②をみたす c，d の値は，

$$c\leqq a+b \quad \text{かつ} \quad \text{“}c+d\leqq a+b \quad \text{または} \quad c+d>N\text{”} \qquad \cdots\cdots③$$

をみたすもので，③は①において a を $a+b$ で置き換えたものにほかならないから，このような c，d のカードがひかれる確率は，(1)より，

$$\frac{(a+b)^2}{N^2}$$

である。

したがって，b を固定したときの甲が勝つ確率は，

$$\frac{1}{N}\cdot\frac{(a+b)^2}{N^2}$$

であるから，b が $1\leqq b\leqq N-a$ をみたす値をとり得ることを考え，求める確率は，

$$\begin{aligned}\sum_{b=1}^{N-a}\frac{1}{N}\cdot\frac{(a+b)^2}{N^2}&=\frac{1}{N^3}\sum_{k=a+1}^{N}k^2\\&=\frac{1}{N^3}\left(\sum_{k=1}^{N}k^2-\sum_{k=1}^{a}k^2\right)\\&=\boldsymbol{\frac{N(N+1)(2N+1)-a(a+1)(2a+1)}{6N^3}}\end{aligned}$$

である（$a=N$ のとき，$1\leqq b\leqq N-a$ をみたす b は存在しないので甲の勝つ確率は0であるが，このときも得られた結果は通用する）。

解説

1° ブラックジャックというトランプゲームをモデルにした確率の問題といえよう(ブラックジャックは $N=21$ の場合)。ブラックジャックそのものを知っているか否かは問題ではない。与えられたルールをしっかり頭に入れることが肝心である。要するに，a の値に応じて，甲が勝つような b，c，d の値がどのようなもので，それらのカードがひかれる確率がどうなるかを調べることが核心である。つまり，甲が勝つとはどういう場合であるかを理解し，(1)は①をみたすような整数の組$(c,\ d)$の個数，(2)は②をみたすような整数の組$(b,\ c,\ d)$の個数を求めることと同じである，と問題を理解することが解決のポイントである（甲が勝たない場合，つまり，余事象を考えてもよい)。東大の入試問題としては標準的であろうが，実際の試験場では混乱しかねない。

2° ①をみたす整数の組$(c,\ d)$の個数を求めるには，cd 平面上で格子点の個数を数えるつもりになるとわかりやすい。①の表す領域を図示し，$c=$一定 という直線による領域の切り口上にのっている格子点の個数を数え，c を変化させて和をとる，というのが基本的である。(1)で求める確率は，直観的に，$0<c\leqq N$ かつ $0<d\leqq N$ の表す領域内の格子点の個数に対する，①をみたす領域内の格子点の個数の割合であり，結局は各領域の面積の割合である。このことは，格子点1個に対して“面積1”を対応させればわかることだろう。

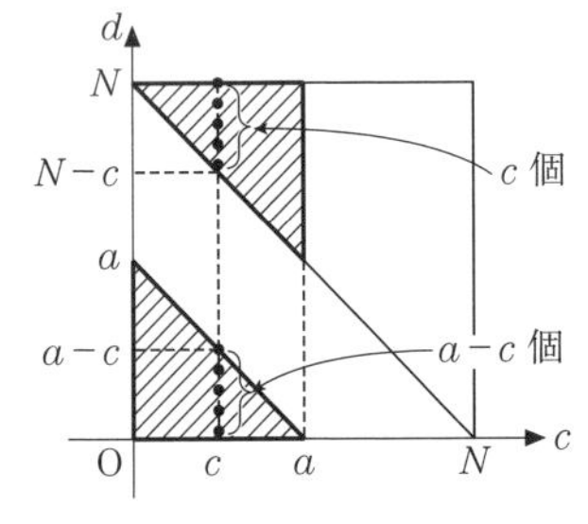

ただし，問題文では「各カードがひかれる確率は等しい」とあるだけで，$(c,\ d)$の組の個数 N^2 通りのおのおのが等確率でひかれるということは述べていない。結果的には等確率である（さいころを繰り返し振ることと同じ）のだが，**解答**では問題文の設定に忠実に解いている。このことについては(2)も同様である。

3° (2)では(1)の結果を利用できることに気付かないとつらいことになるだろう。その着眼ができるかどうかが(2)の要点といってもよい。

ところで，問題文には「(ii)の段階で，甲にとってどちらの選択が有利であるかを，a の値に応じて考える」とある。a の値に応じてどのように選択するのが有利なのであろうか？　本問を解いただけではすぐにはわからない。有利性の判定をしようとしても，有利・不利の境目となる a の値を N で具体的に表すことは難しい。

第 6 問

解答

xyz 空間において,

不等式 $x^2+y^2 \leqq r^2$ は，中心軸が z 軸で半径 r の円柱面の表面と内部

不等式 $y^2+z^2 \geqq r^2$ は，中心軸が x 軸で半径 r の円柱面の表面と外部

不等式 $z^2+x^2 \leqq r^2$ は，中心軸が y 軸で半径 r の円柱面の表面と内部

を表すので，体積を求めるべき立体を K_r とすると，$r=1$ のときの立体 K_1 の体積 V_1 を求め，それを r^3 倍したものが K_r の体積 V_r である。そこで，まず V_1 を求める。

立体 K_1 の対称性から，K_1 のうち $x \geqq 0$ かつ $y \geqq 0$ かつ $z \geqq 0$ をみたす部分 L の体積を求め，それを8倍したものが V_1 である。

$x=$一定 なる平面による立体 L の断面積 $S(x)$ は,

$$\begin{cases} y^2 \leqq 1-x^2 \\ z^2 \leqq 1-x^2 \\ y^2+z^2 \geqq 1 \\ y \geqq 0 \text{ かつ } z \geqq 0 \end{cases}$$

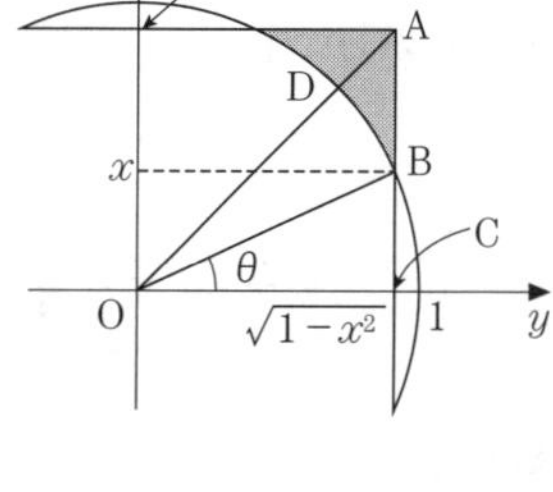

が yz 平面上で表す右図の領域の面積に等しく，切り口の存在条件は,

$$x \geqq 0 \quad \text{かつ} \quad \sqrt{2}\sqrt{1-x^2} \geqq 1$$

より,

$$0 \leqq x \leqq \frac{1}{\sqrt{2}} \qquad \cdots\cdots①$$

である。このもとで，図の ∠BOC，すなわち,

$$x=\sin\theta \qquad \cdots\cdots②$$

をみたす鋭角 θ を用いると,

$$S(x)=2(\triangle\text{OAB}-\text{扇形 ODB})$$

$$=2\left\{\frac{1}{2}(\sqrt{1-x^2}-x)\sqrt{1-x^2}-\frac{1}{2}\left(\frac{\pi}{4}-\theta\right)\right\}$$

$$=1-x^2-x\sqrt{1-x^2}-\frac{\pi}{4}+\theta \qquad \cdots\cdots③$$

と表される。

よって，①，③より,

$$V_1=8\int_0^{\frac{1}{\sqrt{2}}} S(x)\,dx$$

$$=8\int_0^{\frac{1}{\sqrt{2}}}\left(1-\frac{\pi}{4}-x^2-x\sqrt{1-x^2}+\theta\right)dx$$

$$=8\left[\int_0^{\frac{1}{\sqrt{2}}}\left\{1-\frac{\pi}{4}-x^2+\frac{1}{2}(1-x^2)'(1-x^2)^{\frac{1}{2}}\right\}dx+\int_0^{\frac{1}{\sqrt{2}}}\theta\,dx\right]$$

で与えられる。

ここで，

$$\int_0^{\frac{1}{\sqrt{2}}}\left\{1-\frac{\pi}{4}-x^2+\frac{1}{2}(1-x^2)'(1-x^2)^{\frac{1}{2}}\right\}dx$$

$$=\left[\left(1-\frac{\pi}{4}\right)x-\frac{1}{3}x^3+\frac{1}{3}(1-x^2)^{\frac{3}{2}}\right]_0^{\frac{1}{\sqrt{2}}}$$

$$=\frac{1}{\sqrt{2}}-\frac{1}{3}-\frac{\pi}{4\sqrt{2}}$$

$$\int_0^{\frac{1}{\sqrt{2}}}\theta\,dx=\int_0^{\frac{\pi}{4}}\theta\frac{dx}{d\theta}d\theta=\int_0^{\frac{\pi}{4}}\theta\cos\theta\,d\theta\quad(\because\ ②)$$

$$=\Big[\theta\sin\theta+\cos\theta\Big]_0^{\frac{\pi}{4}}=\frac{\pi}{4\sqrt{2}}+\frac{1}{\sqrt{2}}-1$$

であるから，

$$V_1=8\left(\sqrt{2}-\frac{4}{3}\right)=8\sqrt{2}-\frac{32}{3}$$

$$\therefore\quad V_r=\boldsymbol{\left(8\sqrt{2}-\frac{32}{3}\right)r^3}$$

解説

1°　立体図形の体積を定積分で求める問題も東大では“定番”である。特にいくつかの立体の共通部分を題材とする問題は2003年度にも出題されたばかりであり，1998年度や1994年度にも出ている。また，直交する3つの円柱の共通部分の体積であれば他大学でも出題されており，類題を経験していた受験生もいたことだろう。どれも考え方は同じであり，計算力で差がつきやすく，短時間での処理能力が問われている。過去問の研究は受験生必須の学習といえよう。

2°　相似な2つの立体の体積比は相似比の3乗であることを考え，**解答**では$r=1$と設定し，さらに立体の対称性も利用して計算を進めた。このような工夫は日頃から心掛けていなければすぐにはできるようにはならない。特に，$r=1$とする工夫には注目してもらいたい。

3°　x軸に垂直な平面による断面積さえ計算できれば，あとは積分するだけであり，その断面積を求めるために **解** **答** のような角 θ を導入し，x と θ の関係を用意することがカギになる。扇形の面積を求めるにはどうしても中心が必要だからである。

断面を考察するには，各不等式の表す立体の x 軸に垂直な平面による切り口を個別に調べ，それらを重ね合わせればよい。このことは，与えられた連立不等式を y と z の不等式とみて，その表す領域を機械的に yz 平面上に図示することと同じである。その図が $x=$一定 なる平面による立体の断面の yz 平面上への正射影を表すのである。わかりにくい場合は x に具体的な数字を代入して図示してみるとよい。立体の概形を思い浮かべる必要は一切ない。なお，断面積を求める際の図形の分割の仕方は **解** **答** 以外にもいろいろある。

4° **解** **答** では断面積を x と θ の混合形で表して積分計算に持ち込んだ。これとは別に，断面積を全て θ で表して積分する方法も考えられる。θ が $x=\sin\theta$ を満たす鋭角であるとき，$\sqrt{1-x^2}=\cos\theta$ であるから，

$$
\begin{aligned}
S(x)&=2(\triangle\mathrm{OAB}-\text{扇形 ODB})\\
&=2\left\{\frac{1}{2}(\cos\theta-\sin\theta)\cos\theta-\frac{1}{2}\left(\frac{\pi}{4}-\theta\right)\right\}\\
&=\cos^2\theta-\sin\theta\cos\theta-\frac{\pi}{4}+\theta
\end{aligned}
$$

と表される。これを用いて

$$
\begin{aligned}
V_1&=8\int_0^{\frac{1}{\sqrt{2}}}S(x)\,dx=8\int_0^{\frac{\pi}{4}}S(x)\frac{dx}{d\theta}d\theta\\
&=8\int_0^{\frac{\pi}{4}}\left(\cos^2\theta-\sin\theta\cos\theta-\frac{\pi}{4}+\theta\right)\cos\theta\,d\theta
\end{aligned}
$$

を計算することになるが，**解** **答** に比べると若干面倒である。どの方法で積分するにせよ，② による置換積分をせざるを得ず，積分区間の対応と $\dfrac{dx}{d\theta}=\cos\theta$ に注意せねばならない。

5° $y=$一定，$z=$一定 なる平面による断面積を計算して解くことも不可能ではないが，断面積の計算に y や z の値による分類が必要となり，得策ではない。$x=$一定 なる平面による断面積だけが分類を必要としない。

6° 次のような別解も考えられる。

$x^2+y^2\leqq1$ かつ $z^2+x^2\leqq1$ の表す立体 M_1 の体積を U_1

$x^2+y^2\leqq1$ かつ $y^2+z^2\leqq1$ かつ $z^2+x^2\leqq1$ の表す立体 N_1 の体積を W_1

とすると，

$$V_1 = U_1 - W_1$$

で与えられる。そこで U_1，W_1 を求めればよいが，その考え方は**解答**の手順と同じであるから，U_1，W_1 を求めることは意欲ある読者の練習問題としておこう。結果だけを記しておけば，

$$U_1 = \frac{16}{3}, \quad W_1 = 16 - 8\sqrt{2}$$

$$\therefore \quad V_1 = \frac{16}{3} - (16 - 8\sqrt{2}) = 8\sqrt{2} - \frac{32}{3}$$

となる（いずれも $x=$一定 なる平面による断面積を考えればよく，特に N_1 の断面積の計算では x の値による分類が起こる）。

ちなみに，M_1，N_1 の概形は次図のようになる。

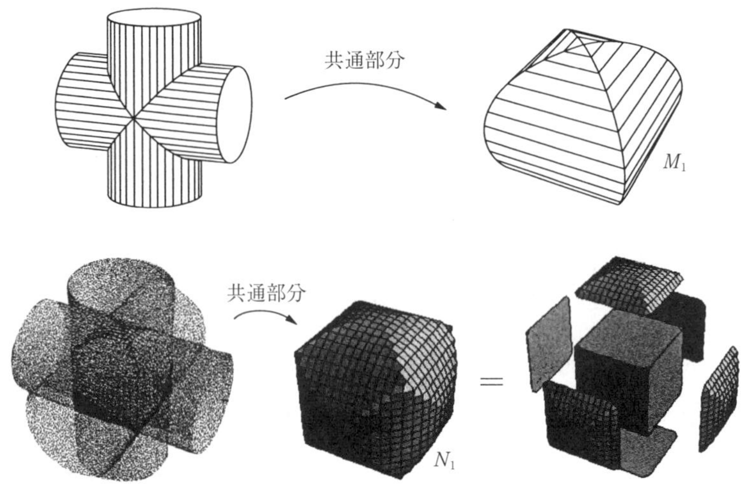

2004年

第 1 問

解答

$\mathrm{P}(p,\ p^2)$ とおき，θ を $\tan\theta=\sqrt{2}$ をみたす鋭角とする。このとき，図1より，

$$\cos\theta=\frac{1}{\sqrt{3}},\quad \sin\theta=\frac{\sqrt{2}}{\sqrt{3}} \qquad \cdots\cdots①$$

である。

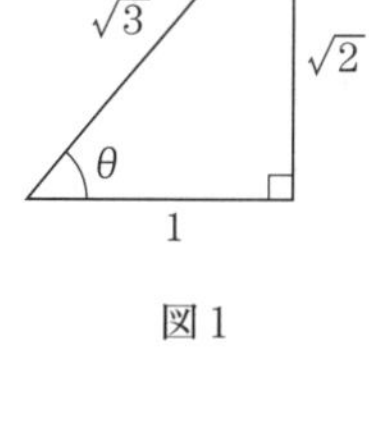

図1

まず，線分 PQ は傾き $\sqrt{2}$ であるから P，Q は図2のような位置関係にあるとしてよく，長さ a なので，

$$\mathrm{Q}(p+a\cos\theta,\ p^2+a\sin\theta) \qquad \cdots\cdots②$$

と表せる。これが $y=x^2$ 上にあるので，

$$p^2+a\sin\theta=(p+a\cos\theta)^2$$

$$\therefore\quad a\sin\theta=2ap\cos\theta+a^2\cos^2\theta$$

① を代入して整理し，a は辺の長さゆえ $a>0$ に注意すると，

$$p=\frac{1}{2}\left(\sqrt{2}-\frac{a}{\sqrt{3}}\right) \qquad \cdots\cdots③$$

を得る。

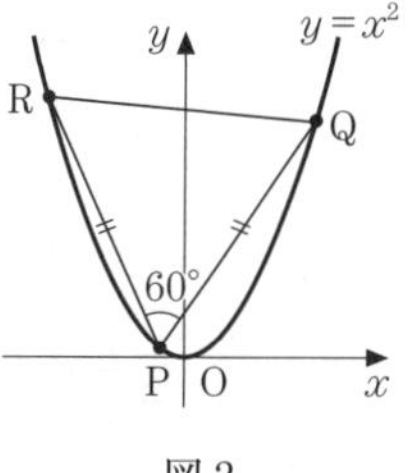

図2

次に，

$$\overrightarrow{\mathrm{PQ}} \text{ を } 60^\circ \text{ または } -60^\circ \text{ 回転すると } \overrightarrow{\mathrm{PR}}$$

となるから，$\mathrm{R}(x,\ y)$ とおき，② を用いて複素数平面上で考え，

$$(x-p)+(y-p^2)i=(\cos60^\circ\pm i\sin60^\circ)\{a\cos\theta+(a\sin\theta)i\}$$

が成立する。両辺を展開して実部・虚部を比較し，①，③ を代入して整理すると，以下複号同順として

$$x=\frac{1}{2}a\cos\theta\mp\frac{\sqrt{3}}{2}a\sin\theta+p,\quad y=\pm\frac{\sqrt{3}}{2}a\cos\theta+\frac{1}{2}a\sin\theta+p^2$$

$$\therefore\quad x=\frac{\sqrt{2}}{2}(1\mp a),\quad y=\frac{1}{12}a^2\pm\frac{1}{2}a+\frac{1}{2}$$

これが $y=x^2$ をみたすので，

2004

$$\frac{1}{12}a^2\pm\frac{1}{2}a+\frac{1}{2}=\left\{\frac{\sqrt{2}}{2}(1\mp a)\right\}^2 \qquad \therefore\quad \frac{1}{12}a^2\pm\frac{1}{2}a+\frac{1}{2}=\frac{1}{2}a^2\mp a+\frac{1}{2}$$

$$\therefore\quad \frac{5}{12}a^2\mp\frac{3}{2}a=0$$

やはり $a>0$ に注意すると，これより

$$a=\mathbf{\frac{18}{5}}$$

を得る。

別解

$P(p,\ p^2)$，$Q(q,\ q^2)$ $(p<q)$ とおく。

線分 PQ の傾きが $\sqrt{2}$ であるから，

$$\frac{q^2-p^2}{q-p}=\sqrt{2} \qquad \therefore\quad p+q=\sqrt{2} \qquad \cdots\cdots ㋐$$

線分 PQ の長さが a であるから，

$$\sqrt{1+(\sqrt{2})^2}(q-p)=a \qquad \therefore\quad q-p=\frac{a}{\sqrt{3}} \qquad \cdots\cdots ㋑$$

㋐，㋑のとき，

$$p^2+q^2=\frac{1}{2}\{(p+q)^2+(p-q)^2\}=1+\frac{1}{6}a^2$$

であるから，PQ の中点を M とすると，

$$\overrightarrow{PQ}=\frac{a}{\sqrt{3}}(1,\ \sqrt{2})$$

$$\overrightarrow{OM}=\left(\frac{p+q}{2},\ \frac{p^2+q^2}{2}\right)=\left(\frac{\sqrt{2}}{2},\ \frac{1}{2}+\frac{1}{12}a^2\right)$$

である。

さて，点 R は

$$\overrightarrow{PQ}\perp\overrightarrow{MR} \quad かつ \quad |\overrightarrow{MR}|=\frac{\sqrt{3}}{2}|\overrightarrow{PQ}|$$

をみたす点であるから，以下複号同順として，

$$\begin{aligned}\overrightarrow{OR}&=\overrightarrow{OM}+\overrightarrow{MR}\\&=\left(\frac{\sqrt{2}}{2},\ \frac{1}{2}+\frac{1}{12}a^2\right)+\frac{\sqrt{3}}{2}\cdot\frac{a}{\sqrt{3}}(\mp\sqrt{2},\ \pm1)\\&=\left(\frac{\sqrt{2}}{2}(1\mp a),\ \frac{1}{2}+\frac{1}{12}a^2\pm\frac{1}{2}a\right)\end{aligned}$$

であり，このRが $y=x^2$ 上にあるから，

$$\frac{1}{12}a^2 \pm \frac{1}{2}a + \frac{1}{2} = \left\{\frac{\sqrt{2}}{2}(1 \mp a)\right\}^2$$

が成り立つ。これより，解答と同様にして，

$$a = \mathbf{\frac{18}{5}}$$

と定まる。

解説

1°　見かけは易問に見えて，以外に躓（つまず）きやすい。その要因は，解法の自由度が高い，数値が煩雑である，の2点にある。第2，4，5，6問には小設問があるのに対して本問にはないのも心理的に影響するかもしれない。例年第1問は他問題に比べてたやすい問題が置かれていたので，そのつもりでいた受験生は戸惑ったであろう。ただし，問題自体は，放物線上に置かれた正三角形の一辺の長さを，一辺の傾きを条件に与えることによって上手く求められるように作問されており，ピリッと小粒の東大らしい問題といえよう。

2°　定義に従えば，△PQRが正三角形であるとは，

(i)　PQ＝QR＝RP

が成立することであるが，座標計算する場合，これに基づいた表式を扱うことは必ずしも効率的でない。そこで，同値な条件として，

(ii)　PQ＝PR　かつ　∠QPR＝60°

(iii)　RM⊥PQ　かつ　$\mathrm{RM} = \frac{\sqrt{3}}{2}\mathrm{PQ}$　（MはPQの中点）

が浮かぶようにしておきたい。(ii)，(iii)に基づく表式で処理すると比較的容易に解決できることが多い。(ii)，(iii)いずれも方向と大きさが関連するためベクトルと結びつけやすいからである。上の解答は(ii)に基づいてベクトルの回転を利用し，別解は(iii)に基づいてベクトルをつないで考察した。解答の p，別解の p と q のようにいったんパラメタを導入して立式する必要がある。正三角形の条件，3頂点が放物線上にある条件，PQの傾きが $\sqrt{2}$ である条件を立式して連立させれば a は定まるはずだ，という見通しをもつのが第一歩である。

3°　下手にやると計算ミスを犯しやすい。例えば，③を通分して

$$p = \frac{\sqrt{6}-a}{2\sqrt{3}} = \frac{3\sqrt{2}-\sqrt{3}a}{6}$$

のように整理して代入すると頗(すこぶ)るやっかいである。腕力一辺倒でなく，“形のよい”見やすい計算を心掛けたい。

4°　別解 で㋐，㋑を連立させれば，

$$p=\frac{1}{2}\left(\sqrt{2}-\frac{a}{\sqrt{3}}\right),\quad q=\frac{1}{2}\left(\sqrt{2}+\frac{a}{\sqrt{3}}\right)$$

を得るので，これらを用いて，解答 の方針や 別解 の方針で解くこともできる。本問はさまざまな解法が考えられる。ここでは解答を2通りだけ掲げた。他の解法を研究してみるとよいだろう。

第 2 問

解答

(1)　10の位の数がa，1の位の数がbであるような10進法で3桁以上の自然数mが，ある自然数nを用いて　$m=n^2$　と表されるとき，nは2桁以上で，

$n=10N+c$　(N，cは整数，$N>0$，$0\leqq c\leqq 9$)

と表せる。このとき，

$$n^2=100N^2+20Nc+c^2$$

となり，このn^2において，

$100N^2$ は10の位の数が0，　1の位の数が0

$20Nc$　は10の位の数が偶数，1の位の数が0

であるから，$m=n^2$　のとき，

$a+b$ が偶数　$\Longleftrightarrow$　c^2の10の位の数と1の位の数の和が偶数 ……(＊)

である。

ここで，c^2の10の位の数と1の位の数は下表のようになる。

c	0	1	2	3	4	5	6	7	8	9
c^2	00	01	04	09	16	25	36	49	64	81

したがって，(＊)に注意すると，

$a+b$ が偶数　$\Longrightarrow$　$c=0$ または 2 または 8

　　　　　　$\Longrightarrow$　c^2 の1の位の数は0または4

　　　　　　$\Longrightarrow$　$b=0$ または 4

である。　　　　　　　　　　　　　　　　　　　　　　　　　　　（証明終わり）

(2) 1000の位の数，100の位の数，10の位の数，および1の位の数の4つすべてが同じ数であるような10進法で5桁以上の自然数pが，ある自然数qを用いて$p=q^2$と表されるとき，q^2の10の位の数と1の位の数の和は偶数であるから，(1)より，

q^2の1の位の数は0または4

である。

したがって，

(i) $q^2=10000L$　または　(ii) $q^2=10000L+4444$　（Lは整数，$L>0$）

と表される。

(i)の場合，q^2は10000で割り切れる。

(ii)の場合，qは偶数となるので，

$q=2r$　（rは整数，$r>0$）

となるrが存在し，

$$q^2=10000L+4444 \iff r^2=2500L+1111 \quad \cdots\cdots◎$$

である。◎は，3桁以上の平方数r^2について，10の位の数1と1の位の数1の和2が偶数であるにも関わらず，1の位の数が0または4でない，つまり，(1)で示した事実に矛盾することを示す。

よって，(ii)の場合はありえない。

以上から，q^2は10000で割り切れる。　　　　　　　　　　　　（証明終わり）

解説

1°　整数問題は東大でもよく出題され，短時間では厳しい問題であることがしばしばである。しかし，本問は整数問題としては決して難しくはなく，中学レベルの知識だけで解決可能である。それでも証明のアイディアに気づいたか否かで十分に差がついたものと思われるし，そのアイディアを相手に論理的に伝える表現力も試されている。試験問題として適切な難度の問題であったといえよう。

2°　(1)の証明は，題意の平方数が$(10N+c)^2$（N，cは整数，$N>0$，$0\leqq c\leqq 9$）という形である。というように文字を用いて設定することがポイントである。そうすれば**解答**の(＊)に気付くことは容易だからである。受験生の中には，他分野の問題ではすぐに文字が使えるのに整数問題となるとそれができなくて立ち往生したり，答案が上手く書けないでいる人が少なくない。文字の利用が整数問題克服の一

つのカギである。問題文の“10進法”という表現もヒントの一つである。一般に10進法で l 桁の数は

$$\sum_{k=0}^{l-1} a_k \cdot 10^k = a_{l-1}\cdot 10^{l-1} + a_{l-2}\cdot 10^{l-2} + \cdots\cdots + a_2\cdot 10^2 + a_1\cdot 10 + a_0$$

（a_k は整数，$0 \leqq a_k \leqq 9$，$k=0$，1，……，$l-1$，$a_{l-1} \neq 0$）

と表される数である。したがって，3桁以上の平方数が2桁以上の自然数の平方だとわかれば，平方する数を，10の位以上の部分は一まとめにして，$n=10N+c$ のようにおけることにすぐ気付くだろう。

3° (2)は(1)の結果を利用するのがポイントである。解 答の，$q^2=10000L$ または $q^2=10000L+4444$ であるというところまではすぐわかるだろう。

$q^2=10000L+4444$ がありえないことを示すのが考えどころだ。ここで(1)と同様に $q=100K+10d+e$（K，d，e は整数，$K>0$，$0 \leqq d \leqq 9$，$0 \leqq e \leqq 9$）のように設定しても解決への道は遠い。発想を転換して $q^2=10000L+4444$ の右辺に注目し，

$$\begin{aligned} 10000L+4444 \text{ は偶数} &\Longrightarrow q^2 \text{ は偶数} \\ &\Longrightarrow q \text{ は偶数} \end{aligned}$$

というように q の偶奇性に着眼すると再び(1)が利用できて容易に解決する。

4° (2)で $q^2=10000L+4444$ がありえないことを示すのに，仮に解 答のような着眼がすぐにできない場合は，(1)の考察過程を参考にするとよい。(1)の解 答の表を見ると，平方数の1の位の数が4となるのは，平方する数の1の位の数が2または8のときである。そこで，

$q=10J+2$　または　$q=10J+8$　（J は整数，$J \geqq 10$）

とおくことができて，

$$\begin{aligned} q^2=10000L+4444 &\Longleftrightarrow (10J+2)^2=10000L+4444 \\ &\qquad \text{または}\quad (10J+8)^2=10000L+4444 \\ &\Longleftrightarrow (5J+1)^2=2500L+1111 \\ &\qquad \text{または}\quad (5J+4)^2=2500L+1111 \end{aligned}$$

であることから，やはり(1)に矛盾することがわかる。これは，結局解 答と同様の議論である。

第 3 問

解答

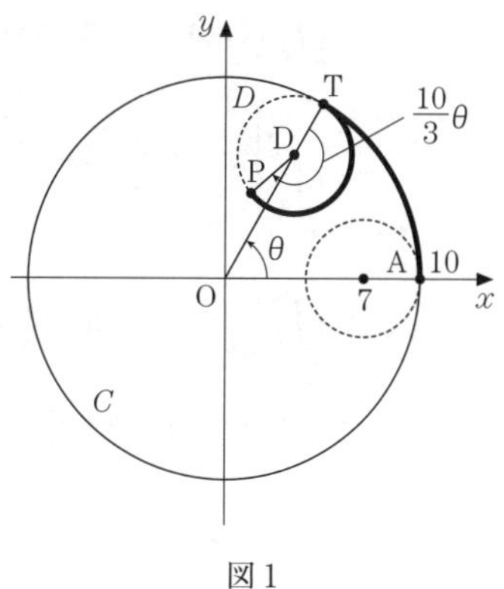

図1

図1のようにxy座標をとり，はじめ円板D上の点Pと円Cとが点A(10, 0)で接しているとする。

また，Dの中心をD，CとDの接点をTとし，$\overrightarrow{\mathrm{OD}}$の偏角を$\theta$とする。

“滑ることなく転がす”ことから，Dの周の弧長$\overset{\frown}{\mathrm{TP}}$と$C$の弧長$\overset{\frown}{\mathrm{AT}}$は等しく，

$$\overset{\frown}{\mathrm{TP}}=\overset{\frown}{\mathrm{AT}}=10\theta$$

である。このことに注意すると，

$$\begin{aligned}\overrightarrow{\mathrm{OP}}&=\overrightarrow{\mathrm{OD}}+\overrightarrow{\mathrm{DP}}\\&=7(\cos\theta,\ \sin\theta)\\&\quad+3\left(\cos\left(\theta-\frac{10}{3}\theta\right),\ \sin\left(\theta-\frac{10}{3}\theta\right)\right)\\&=\left(7\cos\theta+3\cos\frac{7}{3}\theta,\ 7\sin\theta-3\sin\frac{7}{3}\theta\right)\end{aligned}$$

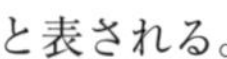

と表される。

さて，P$(x,\ y)$が再びCに接する点をB$(10\cos\varphi,\ 10\sin\varphi)$とすると，$D$の周長は$6\pi$であるから，

$$10\varphi=6\pi \qquad \therefore \quad \varphi=\frac{3}{5}\pi$$

よって，Pの軌跡と線分OA，OBで囲まれる部分の面積Sは，H$(10\cos\varphi,\ 0)$とし，図2を参照して，

$$\begin{aligned}S&=\int_{10\cos\varphi}^{10}y\,dx-\triangle\mathrm{OBH}\\&=\int_{\varphi}^{0}y\frac{dx}{d\theta}d\theta-\triangle\mathrm{OBH}\end{aligned}$$

で与えられる。

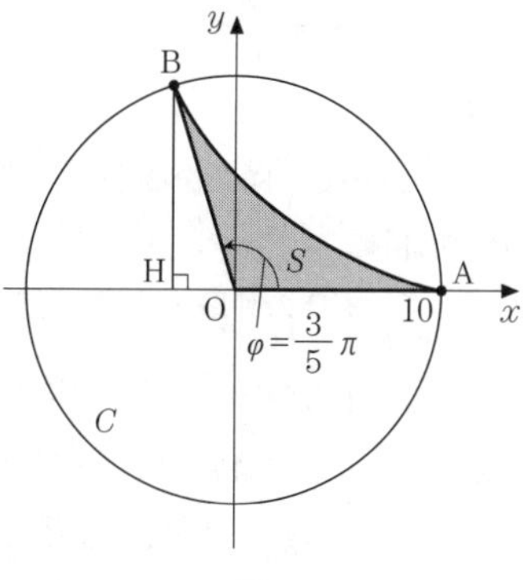

図2

ここで，

$$\begin{aligned}&\int_{\varphi}^{0}y\frac{dx}{d\theta}d\theta\\&=\int_{\varphi}^{0}\left(7\sin\theta-3\sin\frac{7}{3}\theta\right)\left(-7\sin\theta-7\sin\frac{7}{3}\theta\right)d\theta\end{aligned}$$

$$=7\int_0^{\varphi}\left(7\sin\theta-3\sin\frac{7}{3}\theta\right)\left(\sin\theta+\sin\frac{7}{3}\theta\right)d\theta$$

$$=7\int_0^{\varphi}\left(7\sin^2\theta+4\sin\theta\sin\frac{7}{3}\theta-3\sin^2\frac{7}{3}\theta\right)d\theta$$

$$=7\int_0^{\varphi}\left\{7\cdot\frac{1-\cos 2\theta}{2}+4\cdot\frac{1}{2}\left(\cos\frac{4}{3}\theta-\cos\frac{10}{3}\theta\right)-3\cdot\frac{1-\cos\frac{14}{3}\theta}{2}\right\}d\theta$$

$$=7\int_0^{\varphi}\left(2-\frac{7}{2}\cos 2\theta+2\cos\frac{4}{3}\theta-2\cos\frac{10}{3}\theta+\frac{3}{2}\cos\frac{14}{3}\theta\right)d\theta$$

$$=7\left[2\theta-\frac{7}{4}\sin 2\theta+\frac{3}{2}\sin\frac{4}{3}\theta-\frac{3}{5}\sin\frac{10}{3}\theta+\frac{9}{28}\sin\frac{14}{3}\theta\right]_0^{\varphi}$$

$$=\frac{42}{5}\pi+25\sin\frac{4}{5}\pi$$

$$\left(\begin{array}{l}\because\quad \sin 2\varphi=-\sin\frac{4}{5}\pi,\ \sin\frac{4}{3}\varphi=\sin\frac{4}{5}\pi,\\ \qquad \sin\frac{10}{3}\varphi=\sin 2\pi=0,\ \sin\frac{14}{3}\varphi=\sin\frac{4}{5}\pi\end{array}\right)$$

$$\triangle\mathrm{OBH}=\frac{1}{2}\cdot 10\cos\frac{2}{5}\pi\cdot 10\sin\frac{2}{5}\pi$$

$$=25\sin\frac{4}{5}\pi$$

であるから，

$$S=\frac{42}{5}\pi$$

である。

したがって，図3を参照し，求める2つの部分の面積は，

$$\begin{cases}\text{Pの軌跡の上側の部分が，}\\ \frac{1}{2}\cdot 10^2\cdot\varphi-S=30\pi-\frac{42}{5}\pi=\mathbf{\frac{108}{5}}\pi\\ \text{Pの軌跡の下側の部分が，}\\ 10^2\pi-\frac{108}{5}\pi=\mathbf{\frac{392}{5}}\pi\end{cases}$$

である。

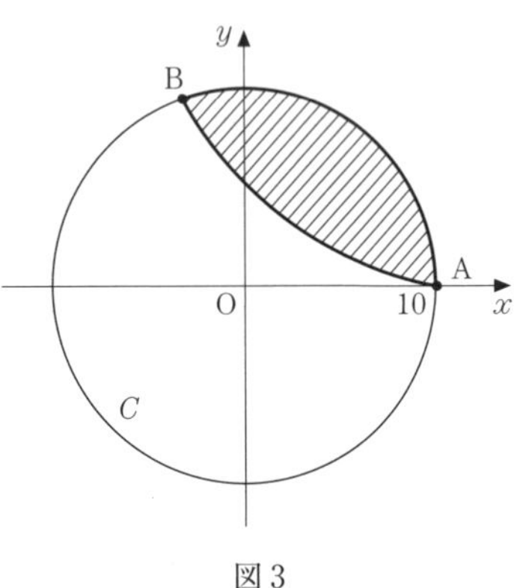

図3

解説

1° 2003年度の第3問に引き続き，積分の計算力が問われる問題である。東大が要求している微積分の力はここ数年の出題をみるとよくわかる。考え方は型通りであっても，長くやや煩雑な計算を短時間に正確に遂行できる能力・腕力が必要である。ただし，特殊な知識は必要としない。基本に忠実になるだけでよい。難問というよりも，日頃の成果がよく現れる，努力が報われる問題といえよう。

2° まずは，座標軸を設定した上で適当なパラメタを導入し，Pの座標を表さねばならない。**解答**のように$\overrightarrow{\mathrm{OD}}$の偏角を$\theta$とおくのが普通であろう。はじめのポイントは，Pの座標を表すために$\overrightarrow{\mathrm{OP}}$の成分を考える，しかも成分がすぐにわかるベクトルをつないで$\overrightarrow{\mathrm{OP}}=\overrightarrow{\mathrm{OD}}+\overrightarrow{\mathrm{DP}}$のように考えることである。$\overrightarrow{\mathrm{DP}}$は$\overrightarrow{\mathrm{DT}}$を$-\dfrac{10}{3}\theta$だけ“回転”したものと考えることで，**解答**のように成分がすぐにわかる。なお，$\overrightarrow{\mathrm{OD}}$の偏角を$3\theta$とおくとパラメタ表示に分数形が現れず少し見やすくなる。

3° 二番目のポイントは，面積を計算する上で，パラメタθの積分に持ち込むことである。基本は置換積分で，$\displaystyle\int_{10\cos\varphi}^{10} y\,dx=\int_{\varphi}^{0} y\frac{dx}{d\theta}d\theta$であることは，教科書の例題でも扱われていることである。xの積分をθの積分にする際，積分区間の対応に注意しておこう。面積の計算の立式をする際に曲線の上下関係の確認をすることはいうまでもない。

4° 三番目のポイントは，三角関数の積分計算である。本問で必要なのは，

$$\int\sin^2\theta\,d\theta=\int\frac{1-\cos2\theta}{2}d\theta$$

$$\int\sin\alpha\theta\sin\beta\theta\,d\theta=\int\frac{1}{2}\{\cos(\alpha-\beta)\theta-\cos(\alpha+\beta)\theta\}\,d\theta$$

のように，三角関数の半角公式や積を和に直す公式で被積分関数のsin，cosの次数を下げて積分する，という基本だけである。あとは定積分の数値計算をしっかりやることで，△OBHの面積を考慮するとSは三角関数を用いずにきれいな値になる（「面積を求めよ」という問いかけであることからもこのことは予想できる)。ここで計算ミスをおかしかねない。三角関数の周期性など十分注意しておきたい。

5° **解答**のように点Pの軌跡を考えた場合，点Aから点Bまでの点Pのx，y座標は単調に変化する。実際，P$(x,\ y)$とするとき，

$$\frac{dx}{d\theta}=-7\sin\theta-7\sin\frac{7}{3}\theta=-7\left(\sin\theta+\sin\frac{7}{3}\theta\right)=-14\sin\frac{5}{3}\theta\cos\frac{2}{3}\theta$$

$$\frac{dy}{d\theta}=7\cos\theta-7\cos\frac{7}{3}\theta$$

$$=7\left(\cos\theta-\cos\frac{7}{3}\theta\right)$$

$$=14\sin\frac{5}{3}\theta\sin\frac{2}{3}\theta$$

であることから，$0<\theta<\frac{3}{5}\pi$ において，

$\frac{dx}{d\theta}<0$，$\frac{dy}{d\theta}>0$，つまり，この範囲で x は減少し，y は増加する。図4のようなことにはならないのである。

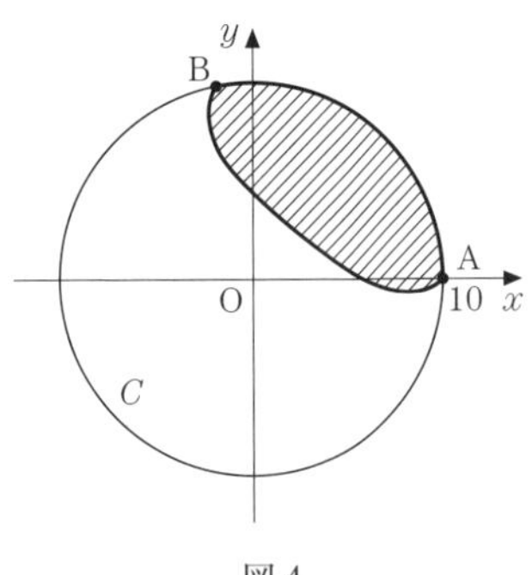

図4

6°　直線上を滑らず回転する円の周上の点の描く軌跡はサイクロイドとして有名であるが，本問のように，与えられた円の内側を滑らずに回転する円周上の軌跡も内サイクロイド（ハイポサイクロイド）と呼ばれる。外側の円の半径を r，内側の動円の半径を1とすると，内サイクロイドは

$$x=(r-1)\cos\theta+\cos(r-1)\theta,\quad y=(r-1)\sin\theta-\sin(r-1)\theta$$

とパラメタ表示される。特に，$r=4$ のときは有名なアステロイド(星芒形(せいぼう))である。

7°　極表示された曲線についてよく知られている面積公式 $\int_{\alpha}^{\beta}\frac{1}{2}r^2\,d\theta$ は，本問では使えない。**解答** の θ は $\overrightarrow{\mathrm{OP}}$ の偏角ではないからである。

第 4 問

解答

関数 $f_n(x)$ は，$f(x)=x^3-3x$ とおくと，

$$f_1(x)=f(x),\quad f_{n+1}(x)=f(f_n(x))\quad (n=1,\ 2,\ 3,\ \cdots\cdots)\qquad\cdots\cdots(*)$$

で定められる。以下，$f(x)$ を用いて記述する。

(1)　求める実数 x の個数は，曲線 $y=f(x)$ と直線 $y=a$ の共有点の個数に等しい。

ここで，

$$f'(x)=3x^2-3=3(x+1)(x-1)$$

であることから，右の増減表を得て，曲線

x		-1		-1	
$f'(x)$	$+$	0	$-$	0	$+$
$f(x)$	↗	2	↘	-2	↗

$y=f(x)$ は図1のようになる。

よって，求める実数 x の個数は

$$\begin{cases} \boldsymbol{a<-2} \text{ または } \boldsymbol{a>2} \text{ のとき,} & \textbf{1 個} \\ \boldsymbol{a=\pm 2} \text{ のとき,} & \textbf{2 個} \\ \boldsymbol{-2<a<2} \text{ のとき,} & \textbf{3 個} \end{cases}$$

である。

図1

(2)　$f_2(x)=a \iff \begin{cases} f(x)=b & \cdots\cdots① \\ f(b)=a & \cdots\cdots② \end{cases}$

であるから，② をみたす実数 b に対して，① から定まる実数 x の個数を求めればよい。

図1を参照すると，② をみたす実数 b の範囲と個数は，

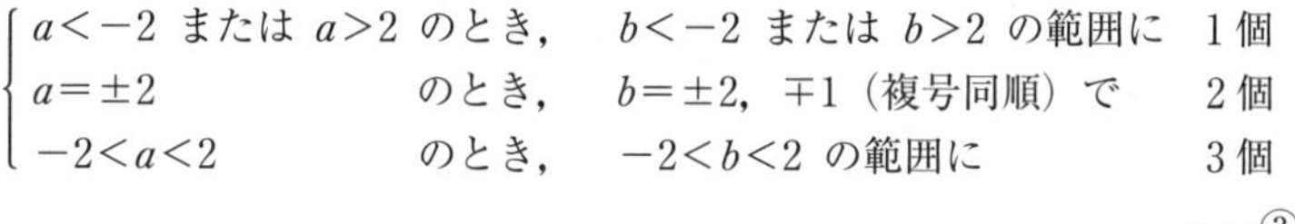

$$\begin{cases} a<-2 \text{ または } a>2 \text{ のとき,} & b<-2 \text{ または } b>2 \text{ の範囲に} & 1 \text{ 個} \\ a=\pm 2 \text{ のとき,} & b=\pm 2,\ \mp 1 \text{（複号同順）で} & 2 \text{ 個} \\ -2<a<2 \text{ のとき,} & -2<b<2 \text{ の範囲に} & 3 \text{ 個} \end{cases}$$

……③

である。

再び図1を参照すると，① を満たす実数 x の個数は

$$\begin{cases} b<-2 \text{ または } b>2 \text{ のとき,} & 1 \text{ 個} \\ b=\pm 2 \text{ のとき,} & 2 \text{ 個} \\ -2<b<2 \text{ のとき,} & 3 \text{ 個} \end{cases} \quad \cdots\cdots④$$

であり，相異なる b の値に対応する x の値はすべて相異なる。

よって，③，④ より，求める実数 x の個数は

$$\begin{cases} \boldsymbol{a<-2} \text{ または } \boldsymbol{a>2} \text{ のとき,} & \textbf{1 個} \\ \boldsymbol{a=\pm 2} \text{ のとき,} & \textbf{5 個} \\ \boldsymbol{-2<a<2} \text{ のとき,} & \textbf{9 個} \end{cases}$$

である。

(3)　a を $-2<a<2$ をみたす任意の実数として，$n=1,\ 2,\ 3,\ \cdots\cdots$ に対して，

$f_n(x)=a$ をみたす実数 x の個数は 3^n である　……◎

ことを，n に関する数学的帰納法で証明する。

(I)　$n=1$ のとき，(1)の結果より，◎は成立している。

(II)　ある $n(\geqq 1)$ に対して◎を仮定する。すなわち，b を $-2<b<2$ をみたす任意の実数として，

$f_n(x)=b$ をみたす実数 x の個数は 3^n である　……※

と仮定する。

さて，

$$f_{n+1}(x)=a \iff \begin{cases} f_n(x)=b & \cdots\cdots⑤ \\ f(b)=a & \cdots\cdots⑥ \end{cases}$$

であるから，$f_{n+1}(x)=a$ をみたす実数 x の個数は，⑥をみたす実数 b に対して⑤から定まる実数 x の個数にほかならない。

$-2<a<2$ のとき，(1)の結果より⑥をみたす実数 b は $-2<b<2$ の範囲に3個ある。そして，各々の b に対して⑤をみたす実数 x は帰納法の仮定※より 3^n 個ずつあり，それらはすべて相異なる。

したがって，$f_{n+1}(x)=a$ $(-2<a<2)$ をみたす実数 x は全部で $3\cdot3^n=3^{n+1}$ 個あり，◎は $n+1$ のときにも成立する。

以上，(I)，(II)より◎は示されたので，特に◎において $a=0$ とすれば，示すべき命題を得る。　　(証明終わり)

解説

1° 関数列の難しそうな問題に見えるかもしれないが，事態は単純である。(1)，(2)はどこかにありそうな問題であり，得点源にすべき問題である。唯一(3)だけが“頭を使う”問題といえよう。本問のように(1)，(2)，(3)と小設問に細かく分けて出題するのは従来の東大らしくなくつまらない。解決の糸口を自ら発見させ自由な思索をさせるような，興味深い問題を期待したい。とはいえ本問でいきなり(3)を出題したのでは難しすぎて選抜試験としては役立たないだろうし，数学の不得手な受験生の立場でいえば，親切な誘導はありがたい。解答用紙のスペースも考慮すれば，(2)，(3)だけを問題にしてもよかったのではなかろうか。

2° (3)は精密に論じようとすれば帰納法によることになろう。ところが，与えられた命題のままでは帰納法で証明できない。帰納法の第2段階で「帰納法の仮定」がうまく使えないからである。ここをうまくクリアするところが頭の使いどころである。(2)の議論を参考にし，$f(x)=0$ の3実数解がすべて $-2<x<2$ の範囲にあることに注目して命題をやや一般化し，$f_n(x)=a$ $(-2<a<2)$ をみたす実数 x の個数を論じればよい，と方針立てすることが急所である。

3° **解答**で導入した記号 $f(x)$ を用いれば，関数列は，(∗)で定義されている。つまり $f_n(x)$ は，同一の関数 $f(x)$ を n 回合成したものなので，漸化式を $f_{n+1}(x)=f_n(f(x))$ としても同じである。このように考えると，(3)の帰納法の第

2段階は次のようにすることもできる。

$$f_{n+1}(x)=a \iff \begin{cases} f(x)=b & \cdots\cdots⑦ \\ f_n(b)=a & \cdots\cdots⑧ \end{cases}$$

であり，$-2<a<2$ のとき帰納法の仮定より ⑧ をみたす実数 b は 3^n 個，すべて $-2<b<2$ の範囲にあり相異なる。そして ⑦ をみたす実数 x の個数は各 b に対し 3 個ずつあるので，全部で $3^n \cdot 3=3^{n+1}$ 個ある。ただし，⑧ をみたす実数 b がすべて $-2<b<2$ の範囲にあることは **解 答** の◎を仮定しただけではいえない。この論法の場合，示すべき命題を◎よりさらに強く，『$f_n(x)=a$ をみたす実数 x の個数は 3^n であり，すべて $-2<x<2$ の範囲にある』として帰納法で示すことになる。

4°　$-2<x<2$ の範囲の x は $x=2\cos\theta$ $(0<\theta<\pi)$ とおくことができる。このとき，

$$f_1(x)=8\cos^3\theta-3\cdot 2\cos\theta=2(4\cos^3\theta-3\cos\theta)=2\cos 3\theta$$

$$f_2(x)=\{f_1(x)\}^3-3f_1(x)=2(4\cos^3 3\theta-3\cos 3\theta)=2\cos 3^2\theta$$

一般に，

$$f_n(x)=2\cos 3^n\theta$$

となる。(3) ではこのことを利用して証明することもできる。

第 5 問

解 答

(1)　(i)　$0<r\leqq 2$ の場合，V は図 1 の 2 円板の和集合の x 軸まわりの回転体の体積であり，2 球の体積の和から共通部分の体積を除くと考えて次のようになる。

$$V=2\cdot\frac{4}{3}\pi-2\int_{\frac{r}{2}}^{1}\pi(1-x^2)\,dx$$

$$=\frac{8}{3}\pi-2\pi\left[x-\frac{1}{3}x^3\right]_{\frac{r}{2}}^{1}$$

$$=\frac{8}{3}\pi-2\pi\left(\frac{2}{3}-\frac{1}{2}r+\frac{1}{24}r^3\right)$$

$$=\frac{\pi}{12}(-r^3+12r+16)$$

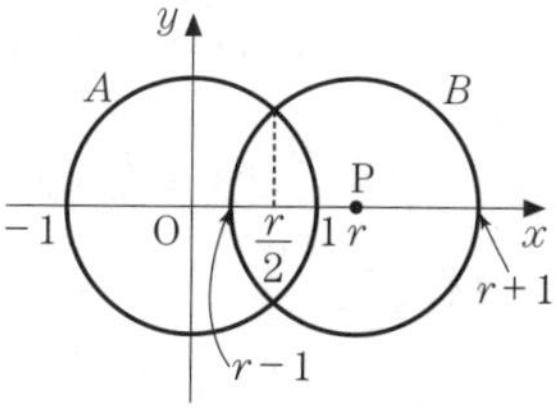

図 1

(ii)　$r\geqq 2$ の場合，V は 2 球の体積の和であるから次のようになる。

$$V=2\cdot\frac{4}{3}\pi=\frac{8}{3}\pi$$

以上をまとめて，

$$\boldsymbol{V}=\begin{cases}\dfrac{\pi}{12}(-r^3+12r+16) & (0<r\leqq 2)\\[2mm] \dfrac{8}{3}\pi & (2\leqq r)\end{cases}$$

と表される。

ここで，グラフの概形をかくために

$$f(r)=\frac{\pi}{12}(-r^3+12r+16)$$

とおくと，

$$f'(r)=\frac{\pi}{12}(-3r^2+12)=-\frac{\pi}{4}(r-2)(r+2)$$

の符号を考えて，$f(r)$ は $0<r\leqq 2$ において単調に増加する。

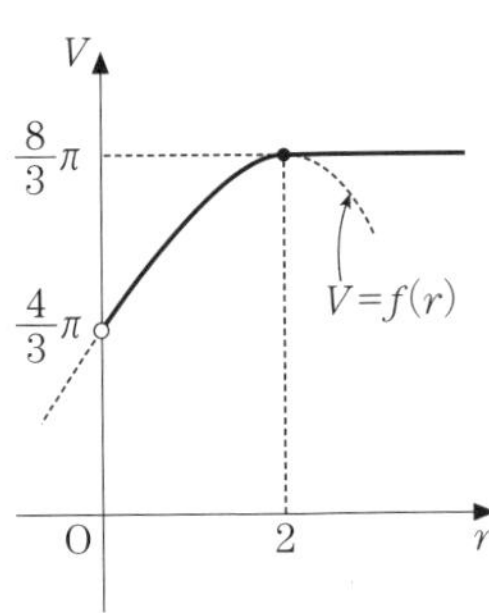

図 2

したがって，r の関数 V の**グラフは図 2** のようになる。

(2)　　$\dfrac{8}{3}\pi>\dfrac{8}{3}\cdot 3=8,\quad \dfrac{4}{3}\pi<\dfrac{4}{3}\cdot 6=8$

であることと，(1) のグラフから，$V=8$ となる r はただ一つ存在し，

$$V=8 \iff f(r)=8 \text{ かつ } 0<r<2$$

である。

ここで，$3.14<\pi<3.15$ に注意すると，

$$f(1.5)=\frac{\pi}{12}(-1.5^3+12\cdot 1.5+16)=\frac{\pi}{12}(-3.375+18+16)$$

$$=\frac{\pi}{12}\cdot 30.625>\frac{3.14}{12}\cdot 30.625=\frac{96.1625}{12}>\frac{96}{12}=8$$

$$f(1.45)=\frac{\pi}{12}(-1.45^3+12\cdot 1.45+16)=\frac{\pi}{12}(-3.048625+17.4+16)$$

$$=\frac{\pi}{12}\cdot 30.351375<\frac{3.15}{12}\cdot 30.351375=\frac{95.60683125}{12}<\frac{96}{12}=8$$

である。

したがって，$f(r)=8$ かつ $0<r<2$ をみたす r は

$$1.45<r<1.5$$

をみたすので，四捨五入して小数第 1 位まで求めると，**1.5** である。

解説

1°　(1) は東大頻出の体積問題であるとはいえ，教科書の章末問題程度で特筆するに値しない。それに比べ (2) は，電卓など使えない試験場では格段にやっかいである。

本問の意図が，現在の我が国の小学校指導要領における円周率が3である，という規約に異を唱えることにあることは容易に想像される。円周率を3とすると，本問の場合，$V=8$ をみたす r は2であるが，実際は**解** **答**からわかるように1.5よりほんの少し小さい値で，その差は0.5以上にもなる。円周率を3と覚えるのはとんでもないこと，というわけである。円周率に関する問題は2002年度から3年連続して出題されており，入試問題を通して教育是正を図ろうとする東大のこだわりが垣間見られる。

2° (2)では，四捨五入して小数第1位まで求めるのだから，$f(r)=8$ かつ $0<r<2$ をみたすような r の近似値 α を，$\alpha-0.05\leqq r<\alpha+0.05$，つまり，$r-0.05<\alpha\leqq r+0.05$ をみたす範囲で求めなければならない。(1)のグラフを考察すると，そのような α は1と2の間であることはすぐにわかる（図3参照）。しかし，そのあとが手数がかかる。肝心なのは，求める近似値が大体1.5らしい，という見当をつけることである。この見当をつけるにはグラフを見るとともに，いくつかの値 1.4，1.5，1.6，1.7，…… などについて実際に $f(r)$ の値を計算し実験してみる必要がある。これは時間がかかるけれども，計算の工夫を考えるよりは，どんどん手を動かして計算する方が実戦的であろう。1.5らしい，という見当をつけた上で，$r=1.5$ のとき $V>8$ がわかれば，あとは $r=1.45$ について $V<8$ を確かめておしまいである。π を含む数についての大小感覚がモノをいい，評価をきちんとせねばならない。

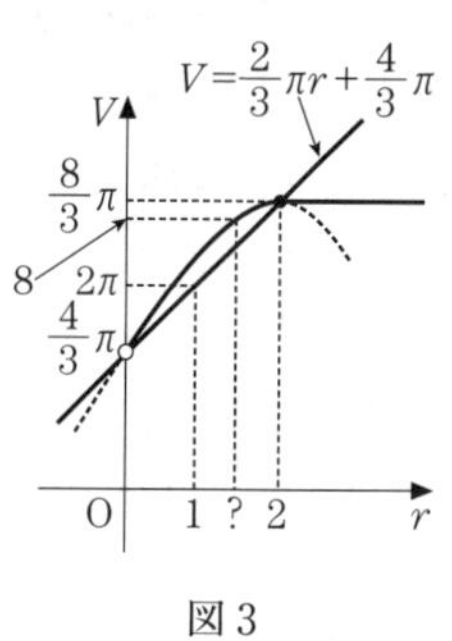

図3

3° 余裕があれば，$f(r)=8$ を同値変形して計算を工夫するのもよい。例えば，

$$f(r)=8 \iff 16+12r-r^3=\frac{96}{\pi}$$

であるから，$g(r)=16+12r-r^3$ とおき，

$$g(1.5)=16+12\cdot1.5-1.5^3=30.625$$
$$g(1.45)=16+12\cdot1.45-1.45^3=30.351375$$
$$\frac{96}{3.14}=30.5\cdots,\quad \frac{96}{3.15}=30.4\cdots$$

を計算すれば結果が得られる。ただし，どんな工夫をするにせよ，3.14と3.15を用いた手計算は避けられないだろう。

第 6 問

解答

白をW，黒をBで表すことにする。

1回の操作で，左端，まん中，右端の板が裏返る確率は

それぞれ $\frac{1}{3}$ ずつである　……(＊)

(1) WWWから始めて，3回の操作の結果BWWとなるのは，

3回とも左端が裏返る

または

3回中，左端が1回裏返り，まん中が2回裏返る

または

3回中，左端が1回裏返り，右端が2回裏返る

という場合だけであるから，求める確率は，

$$\left(\frac{1}{3}\right)^3+{}_3C_1\frac{1}{3}\left(\frac{1}{3}\right)^2+{}_3C_1\frac{1}{3}\left(\frac{1}{3}\right)^2=\mathbf{\frac{7}{27}}$$

である。

(2) 3枚中，Wの面が3，2，1，0枚であるという状態を，それぞれ[3]，[2]，[1]，[0]で表す。

初めは[3]であり，1回の操作でWとBが入れ替わる面の数は1であるから，

$$\begin{cases}\text{偶数回の操作後は [3] または [1]}\\ \text{奇数回の操作後は [2] または [0]}\end{cases}\quad\cdots\cdots①$$

である。また，(＊)より，

n 回後，BWW，WBW，WWBとなる確率はすべて等しく，

それぞれ[2]となる確率の $\frac{1}{3}$　……②

である。

よって，求める確率を p_n とすると，①，②より，

$$\begin{cases}n\text{が偶数のときは，}\quad p_n=(n\text{回後 [3] となる確率})\\ n\text{が奇数のときは，}\quad p_n=\frac{1}{3}\cdot(n\text{回後 [2] となる確率})\end{cases}\quad\cdots\cdots③$$

である。そこで，以下，n の偶奇で分類して p_n を求める。

(i) $n=2k$ のとき，$p_{2k}=q_k$ $(k=0,\ 1,\ 2,\ \cdots\cdots)$ とおく。q_k は $2k$ 回後に[3]となる確率である。

$2(k+1)$ 回後に[3]となるのは，図1（次頁）のように

2k 回後に 3 で，2k+1 回後に 2 の状態を経て 3 となる

または

2k 回後に 1 で，2k+1 回後に 2 の状態を経て 3 となる

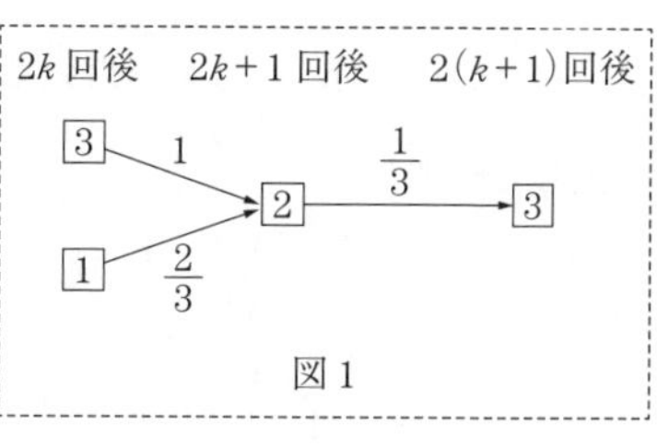

図 1

という場合だけであるから，図 1 に記入した確率と ① に注意し，

$$q_{k+1}=q_k\cdot1\cdot\frac{1}{3}+(1-q_k)\cdot\frac{2}{3}\cdot\frac{1}{3}\quad\text{すなわち}\quad q_{k+1}=\frac{1}{9}q_k+\frac{2}{9}\qquad\cdots\cdots④$$

が成立する。これは

$$q_{k+1}-\frac{1}{4}=\frac{1}{9}\left(q_k-\frac{1}{4}\right)$$

と変形できて，数列 $\left\{q_k-\frac{1}{4}\right\}$ は公比 $\frac{1}{9}$ の等比数列をなすので，$q_0=p_0=1$ より，

$$q_k-\frac{1}{4}=\left(q_0-\frac{1}{4}\right)\left(\frac{1}{9}\right)^k$$

$$\therefore\quad q_k=\frac{3}{4}\left(\frac{1}{9}\right)^k+\frac{1}{4}\qquad\therefore\quad p_{2k}=\frac{3}{4}\left(\frac{1}{9}\right)^k+\frac{1}{4}\qquad\cdots\cdots⑤$$

(ii)　$n=2k+1$ のとき，$p_{2k+1}=\frac{1}{3}r_k$ $(k=0,\ 1,\ 2,\ \cdots\cdots)$ とおく，r_k は 2k+1 回後に 2 となる確率である。

2k+1 回後に 2 となるのは，図 2 のように

2k 回後に 3 で，2k+1 回後に 2 となる

または

2k 回後に 1 で，2k+1 回後に 2 となる

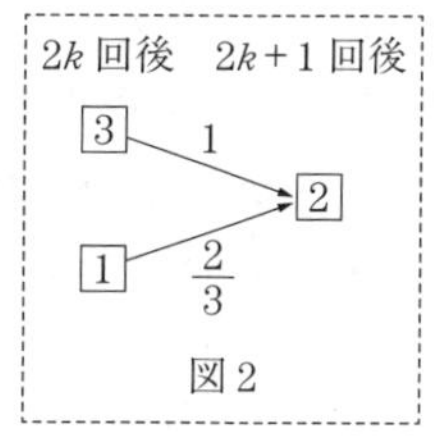

図 2

という場合だけであるから，図 2 に記入した確率と ① に注意し，

$$r_k=q_k\cdot1+(1-q_k)\cdot\frac{2}{3}\quad\text{すなわち}\quad r_k=\frac{1}{3}q_k+\frac{2}{3}$$

が成立する。よって，

$$r_k=\frac{1}{3}\left\{\frac{3}{4}\left(\frac{1}{9}\right)^k+\frac{1}{4}\right\}+\frac{2}{3}=\frac{1}{4}\left(\frac{1}{9}\right)^k+\frac{3}{4}$$

$$\therefore\quad p_{2k+1}=\frac{1}{12}\left(\frac{1}{9}\right)^k+\frac{1}{4}\qquad\cdots\cdots⑥$$

以上の p_{2k}，p_{2k+1} を n を用いて表すと，⑤，⑥の k にそれぞれ $\frac{n}{2}$，$\frac{n-1}{2}$ を代入して整理し，

$$p_n=\begin{cases}\dfrac{3}{4}\left(\dfrac{1}{3}\right)^n+\dfrac{1}{4} & (n\text{が偶数のとき})\\ \dfrac{1}{4}\left(\dfrac{1}{3}\right)^n+\dfrac{1}{4} & (n\text{が奇数のとき})\end{cases}$$

となる。

解説

1° 本問のように，いくつかの状態がその直前の状態に依存して確率的に定まっていく推移過程をマルコフ過程という（正確にはマルコフ過程の特別な場合である）。確率を数列としてとらえ，漸化式を利用して解く問題が多い。このような問題は過去，例えば，理科では2001年度第6問，1993年度第5問，1991年度第1問などにも見られる。文科の過去の出題も考慮すれば，東大では頻出といってよい。過去問の研究が入試対策上効果的であることを示す一例である。この種の問題を研究してきた受験生にとって手はつけやすかったであろうが，一筋縄ではいかず，決して易しくはない。類型化された問題であっても十分錬られている良問である。

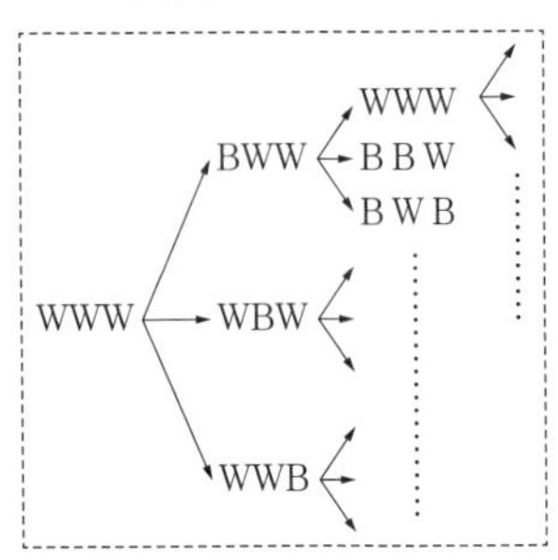

2° (1)は，3回目までの状態推移の仕方が $3^3=27$ 通りであり，その推移の様子をすべて樹形状に描いても大したことはない。実際はすべて描き出すまでもないだろう。しかし，ここでの考察から，1回の操作でWとBが入れ替わる面の数は1，したがって，(2)の **解答** に記した①，②が成り立つことをしっかりつかんでおきたい。

3° (2)では漸化式を利用して解こうとする方針をとることは難しくない。ところが，考えられる状態をすべて実直に網羅すると，3枚の正方形の板がWとBの2面ずつもつので $2^3=8$ 通りの状態があり，8通りの推移をとらえるのは，限られた時間内では難しい。解決の核心は，これら8通りの状態が，W（またはB）の枚数に注目することで4通りの状態に帰着でき，さらに n の偶奇で分けることでそれぞれ2通りの状態に帰着できる，ということ，すなわち，考えるべき状態数を減らせる，ということである。図3（次頁）のような推移をしっかりとらえることである。

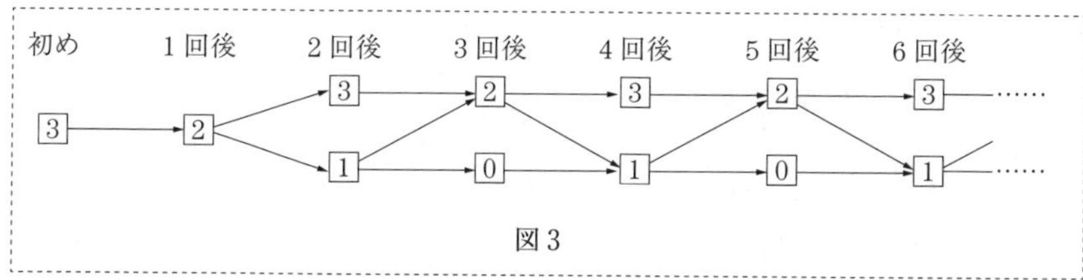

図3

4° 漸化式をつくるには“直前の状態に注目して分類”する，という型通りのことを実践すればよい。ただし，解答の方針における“直前”とは直前の偶数回目または奇数回目ということである。答案をまとめる際は，解答にあるような“局所的な状態推移の tree”を描いて説明するとよい。漸化式④を解くのはたやすいはずである。解答では先にq_kを求め，それを利用してr_kを求めたが，逆にr_kを先に求め，それを用いてq_kを求めてもよい。ちなみに，r_kのみたす漸化式は，

$$r_{k+1}=r_k\cdot\frac{1}{3}\cdot 1+r_k\cdot\frac{2}{3}\cdot\frac{2}{3}+(1-r_k)\cdot 1\cdot\frac{2}{3}\quad すなわち\quad r_{k+1}=\frac{1}{9}r_k+\frac{2}{3}$$

であり，$q_k=\dfrac{1}{3}r_{k-1}$ である。

5° 偶奇で分類することに気付かず，3，2，1，0 の4つの状態推移を考えると次のようになる。

n 回の操作の結果，3，2，1，0 になる確率をそれぞれ a_n，b_n，c_n，d_n とおくと，図4より，

$$a_{n+1}=\frac{1}{3}b_n \quad\cdots\cdots㋐$$

$$b_{n+1}=a_n+\frac{2}{3}c_n \quad\cdots\cdots㋑$$

$$c_{n+1}=\frac{2}{3}b_n+d_n \quad\cdots\cdots㋒$$

$$d_{n+1}=\frac{1}{3}c_n \quad\cdots\cdots㋓$$

が成り立つ。ただし，$n=0$，1，2，…… であり，

$$a_0=1,\quad b_0=c_0=d_0=0$$

である。

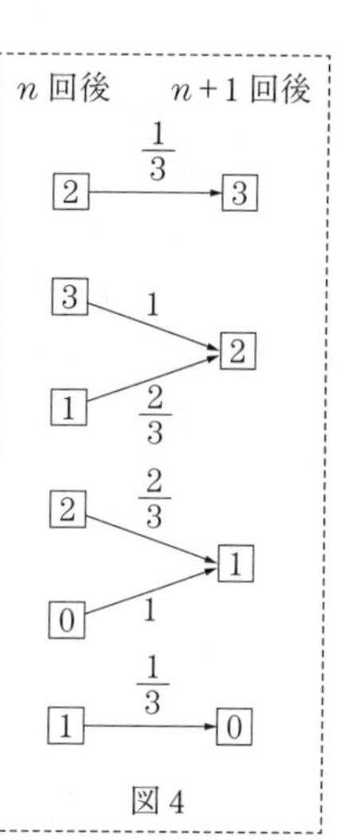

図4

㋐〜㋓ の形に注目して ㋐±㋓，㋑±㋒ を作ると，

$$a_{n+1}+d_{n+1}=\frac{1}{3}(b_n+c_n)$$

$$b_{n+1}+c_{n+1}=\frac{2}{3}(b_n+c_n)+(a_n+d_n)$$

$$a_{n+1}-d_{n+1}=\frac{1}{3}(b_n-c_n)$$

$$b_{n+1}-c_{n+1}=-\frac{2}{3}(b_n-c_n)+(a_n-d_n)$$

が成り立つので，$x_n=b_n+c_n$，$y_n=b_n-c_n$ とおくと，x_n，y_n は

$$x_{n+1}=\frac{2}{3}x_n+\frac{1}{3}x_{n-1},\quad y_{n+1}=-\frac{2}{3}y_n+\frac{1}{3}y_{n-1}$$

をみたす。これらを $x_0=0$，$x_1=1$，$y_0=0$，$y_1=1$ のもとで解くと，

$$x_n=\frac{3}{4}\left\{1-\left(-\frac{1}{3}\right)^n\right\},\quad y_n=\frac{3}{4}\left\{-(-1)^n+\left(\frac{1}{3}\right)^n\right\}$$

を得て，これより，

$$b_n=\frac{1}{2}(x_n+y_n)=\frac{3}{8}\left\{1-(-1)^n+\left(\frac{1}{3}\right)^n-\left(-\frac{1}{3}\right)^n\right\}$$

を得る。よって，求める確率 p_n は，①，② と ㋐ に注意し，

$$p_n=\frac{1}{3}b_{n-1}+\frac{1}{3}b_n=\frac{1}{4}\left\{1+2\left(\frac{1}{3}\right)^n+\left(-\frac{1}{3}\right)^n\right\}$$

と表される。だが，この方法は試験場ではやや無理がある。n の偶奇に注目することが如何に肝心であるかが見て取れよう。

6°　上の **5°** の方法において，n によらず，

$$a_n+b_n+c_n+d_n=1 \quad \cdots\cdots ㋔$$

が成立することに注意すると，㋑＋㋒ より

$$b_{n+1}+c_{n+1}=\frac{2}{3}(b_n+c_n)+(a_n+d_n)$$

$$=\frac{2}{3}(b_n+c_n)+\{1-(b_n+c_n)\}$$

を得るので，$x_n=b_n+c_n$ は

$$x_{n+1}=-\frac{1}{3}x_n+1$$

をみたすことがわかる。x_n だけならこれを解く方がはやい。

また，㋐＋㋒，㋑＋㋓ を作り，㋔ を用いると，

$$a_{n+1}+c_{n+1}=1-(a_n+c_n),\quad b_{n+1}+d_{n+1}=1-(b_n+d_n)$$

を得るので，これらを $a_0+c_0=1$，$b_0+d_0=0$ のもとで解くと，

$$a_n+c_n=\frac{1}{2}\{1+(-1)^n\},\quad b_n+d_n=\frac{1}{2}\{1-(-1)^n\}$$

となる。しかし，これだけでは求める確率 p_n は得られない。このあとは，やはり n の偶奇に注目して分類するのがよい。

2003年

第 1 問

解 答

条件(A)より

$$\begin{cases} a-b+c=-1 \\ a+b+c=1 \end{cases} \quad \therefore \quad \begin{cases} c=-a \\ b=1 \end{cases} \qquad \cdots\cdots ①$$

このもとでは，

$$f(x) \leqq 3x^2-1 \iff (3-a)x^2-x+a-1 \geqq 0 \qquad \cdots\cdots ②$$

であるから，条件(B)は

「$-1 \leqq x \leqq 1$ を満たすすべての x に対し，② が成り立つ」　……(＊)

と言い換えることができる。そこで，(＊) となる a の条件を，② の左辺を $g(x)$ とおき，$g(x)$ のグラフを考察することにより求めよう。

まず，(＊) であるためには

$$g(-1) \geqq 0 \quad \text{かつ} \quad g(1) \geqq 0 \qquad \cdots\cdots ③$$

が必要であるが，これは

$$g(-1)=3>0, \quad g(1)=1>0$$

であることにより，つねに成立している。

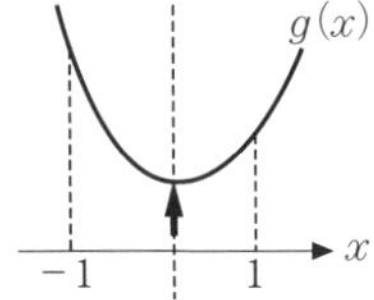

次に，$a \neq 3$ のとき，

$$g(x)=(3-a)\left\{x-\frac{1}{2(3-a)}\right\}^2-\frac{4a^2-16a+13}{4(3-a)}$$

であることに注意すると，

(i) $3-a>0$ かつ $-1 \leqq \dfrac{1}{2(3-a)} \leqq 1$，つまり，$a \leqq \dfrac{5}{2}$ ……④ のとき，$g(x)$ のグラフは，〝下に凸の放物線で軸が $-1 \leqq x \leqq 1$ に含まれる〟から，(＊) となる条件は

$$g\left(\frac{1}{2(3-a)}\right)=-\frac{4a^2-16a+13}{4(3-a)} \geqq 0 \qquad \therefore \quad 4a^2-16a+13 \leqq 0$$

$$\therefore \quad \frac{4-\sqrt{3}}{2} \leqq a \leqq \frac{4+\sqrt{3}}{2} \qquad \cdots\cdots ⑤$$

であり，④ かつ ⑤ より，$\dfrac{4-\sqrt{3}}{2} \leqq a \leqq \dfrac{5}{2}$ となる。

(ii) ④ 以外のときは，$g(x)$ のグラフは，〝直線〟または〝上に凸の放物線〟または

〝下に凸の放物線で軸が $-1\leqq x\leqq 1$ に含まれない〟から，③がつねに成立していることに注意すると，(＊)は無条件に成り立つ。

よって，(i)，(ii)から，

$$(*) \iff a\geqq\frac{4-\sqrt{3}}{2} \quad \cdots\cdots⑥$$

である（⑥は $a\neq 0$ を満たしている）。

さて，①のもとでは

$$I=\int_{-1}^{1}(2ax+1)^2dx=\int_{-1}^{1}(4a^2x^2+4ax+1)\,dx$$

$$=2\int_{0}^{1}(4a^2x^2+1)\,dx \quad \text{（偶関数・奇関数の定積分の性質より）}$$

$$=2\left[\frac{4a^2}{3}x^3+x\right]_0^1=\frac{8}{3}a^2+2 \quad \cdots\cdots⑦$$

となるので，⑥のもとで⑦の値域を求めればよく，

$$I\geqq\frac{8}{3}\left(\frac{4-\sqrt{3}}{2}\right)^2+2 \quad \text{つまり} \quad \boldsymbol{I\geqq\frac{44-16\sqrt{3}}{3}}$$

が求める範囲である。

解説

1°　第1問は毎年易しい問題が配置されている。2003年度も他の問題に比べれば易しいが，案外躓いた人も少なくないかもしれない。主テーマは，上の**解答**の(＊)が成立する a の条件を求めることにある。2次以下の不等式の成立条件を求める問題は，過去，例えば，1996年度理科第6問，1987年度文科第1問などでも出題されている。

2003

2°　(＊)の条件を，②の左辺を $g(x)$ とおいてそのグラフを考察して調べる際，場合分けを手際よく行うことが解決のポイントである。グラフが放物線であるか直線であるか，さらに放物線の場合は上に凸か下に凸か，軸が $-1\leqq x\leqq 1$ に含まれるか否か，と分類するのは実直ではあるが，効率が悪い。下に凸の放物線で軸が $-1\leqq x\leqq 1$ に含まれる場合のみ，③だけでは不十分であることをとらえたい。

3°　(＊)の条件を，つぎのように定数 a を分離して調べる方法もある。

③がつねに成立していることに注意すると，

(＊) $\iff$ 「$-1<x<1$ を満たすすべての x に対し，

$a(1-x^2)+3x^2-x-1\geqq 0$ が成り立つ」

$\iff$ 「$-1<x<1$ を満たすすべての x に対し，

$a \geqq \dfrac{3x^2-x-1}{x^2-1}$ が成り立つ」　……(◎)

であり，$h(x)=\dfrac{3x^2-x-1}{x^2-1}=3-\dfrac{x-2}{x^2-1}$ とおくと，

$$h'(x)=-\frac{1\cdot(x^2-1)-(x-2)\cdot 2x}{(x^2-1)^2}=\frac{x^2-4x+1}{(x^2-1)^2}$$

$$=\frac{\{x-(2-\sqrt{3})\}\{x-(2+\sqrt{3})\}}{(x^2-1)^2}$$

より，次の表を得る。

x	(-1)		$2-\sqrt{3}$		(1)
$h'(x)$		$+$	0	$-$	
$h(x)$	$(-\infty)$	↗		↘	$(-\infty)$

よって，

(◎) $\iff$ $a \geqq (-1<x<1$ での $h(x)$ の最大値$)$

$\iff$ $a \geqq h(2-\sqrt{3})$

$\iff$ $a \geqq \dfrac{4-\sqrt{3}}{2}$

となる。

第 2 問

解答

(1) 点Pの表す複素数を

$$p=\frac{14(t-3)}{(1-i)t-7}=\frac{14(t-3)}{(t-7)-ti}$$

とおくと，$\overrightarrow{\mathrm{PA}}$ の向きから $\overrightarrow{\mathrm{PB}}$ の向きへ測った角 θ は

$$\theta=\arg\frac{7+7i-p}{6-p}=\arg\frac{(7+7i)\{(t-7)-ti\}-14(t-3)}{6\{(t-7)-ti\}-14(t-3)}$$

$$=\arg\frac{7[(1+i)\{(t-7)-ti\}-2(t-3)]}{-8t-6ti}=\arg\frac{7(-1-7i)}{-8t-6ti}$$

$$=\arg\frac{-7(1+7i)}{-2t(4+3i)}=\arg\frac{1+7i}{4+3i}\quad\left(\because\ \ \frac{7}{2t}>0\right)$$

$$=\arg\frac{(1+7i)(4-3i)}{(4+3i)(4-3i)}=\arg(1+i)=\frac{\pi}{4}$$

である。よって，$\angle\mathrm{APB}=\boldsymbol{\frac{\pi}{4}}$ である。

(2)　(1)の θ は $0<\theta<\pi$ の範囲にあるので，点Pは

点Aのまわりに点Bを角 $\frac{\pi}{4}$ 回転し，Aを中心に $\frac{1}{\sqrt{2}}$ 倍した点Cを中心とする半径CAの円周のうち，直線ABに関してCと同じ側にある円弧上　……(＊)

にある。ここに，Cの表す複素数は

$$\frac{1}{\sqrt{2}}\left(\cos\frac{\pi}{4}+i\sin\frac{\pi}{4}\right)\{(7+7i)-6\}+6=3+4i$$

であり，

半径 $\mathrm{CA}=|(3+4i)-6|=|-3+4i|=5$

であるから，(＊)の円弧は原点を通る。

　したがって，右図を参照すると，線分OPの長さは，線分OPが点Cを通るとき，つまり，OPが円の直径となるときがあれば，そのとき最大である。

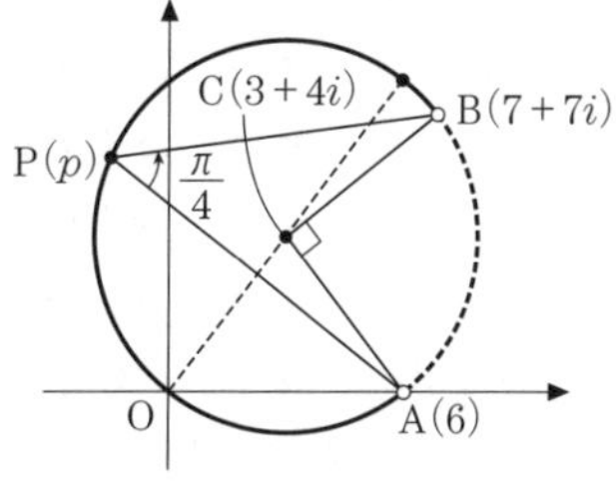

　線分OPが点Cを通るときの t は

$$p=2(3+4i)$$

を満たす値で，これを解くと，

$$(6+8i)\{(t-7)-ti\}=14(t-3)$$

$$\therefore\quad 14t-42+(2t-56)i=14t-42$$

$$\therefore\quad t=\mathbf{28}$$

これは $t>0$ を満たすので，これが求めるものである。

解説

1°　(1)，(2)とも複素数平面の問題としてはよく話題にされるテーマで標準的ではあるが，十分に差がついたものと思われる。点Pの表す複素数がきれいでないのもその一因であろう。複素数の商の偏角で角度が捉えられること，その角度には“向き”があること，2定点から見込む角が一定の点の軌跡など，基本事項の理解が試されている（実は，1次分数変換の“円円対応”が背景にある）。

2° (1)は角度を求めよ，という問いなので，結果は一定の値であろうと推測される。そこで，tにいくつかの正の数，例えば，$t=3$ や $t=7$ を代入してみるとそれぞれ P(0)，P($8i$)となり，$\angle\mathrm{APB}=\dfrac{\pi}{4}$ が予想できる。見通しをつけておけば，複素数の煩雑な商の計算を遂行する勇気が出てくるであろう。また，このことから(2)の解決の手掛かりも得られるのである。

3° (2)は(1)の結果を利用するのが自然な解法であろう。(1)から，点Pは**解答**の(＊)の円弧「上」にあることがわかるが，円弧「全体」を動くかどうかはすぐにはわからない。実は，点Pが円弧全体を動くことがつぎのようにしてわかる。

点Pの軌跡は，複素数平面をxy平面とみると，

$$x+yi=p \quad (x,\ y\text{は実数})$$

つまり

$$x+yi=\frac{14(t-3)}{(t-7)-ti} \quad (x,\ y\text{は実数}) \qquad \cdots\cdots①$$

を満たす正の実数tが存在するような点$(x,\ y)$の集合である。

$$\begin{aligned}① &\iff \{(t-7)-ti\}(x+yi)=14(t-3)\\ &\iff (x+y)t-7x+\{(y-x)t-7y\}i=14(t-3)\\ &\iff (x+y)t-7x=14(t-3) \quad \text{かつ} \quad (y-x)t-7y=0\\ &\iff (x+y-14)t=7(x-6) \cdots\cdots② \quad \text{かつ} \quad (y-x)t=7y \cdots\cdots③\end{aligned}$$

であるから，② かつ ③ を満たす正の実数tが存在するようなx，yの条件を求めればよい。その条件は

(i)　$y-x\neq0$ のとき，③ より得られる $t=\dfrac{7y}{y-x}$ を ② と $t>0$ に代入してtを消去し，

$$(x+y-14)\frac{7y}{y-x}=7(x-6) \quad \text{かつ} \quad \frac{7y}{y-x}>0$$

$$\therefore\ y(x+y-14)=(y-x)(x-6) \quad \text{かつ} \quad y(y-x)>0$$

$$\therefore\ x^2+y^2-6x-8y=0 \quad \text{かつ} \quad y(y-x)>0$$

$$\therefore\ (x-3)^2+(y-4)^2=25 \quad \text{かつ} \quad y(y-x)>0$$

である。

(ii)　$y-x=0$ のとき，③ を満たす正の実数tが存在するためには $y=0$ が必要で，このとき ② を満たす正の実数tとして $t=3$ が存在する。

以上，(i)，(ii)をまとめて

円弧“$(x-3)^2+(y-4)^2=25$ かつ $y(y-x)>0$”または“$(x,\ y)=(0,\ 0)$”が点Pの動く範囲を表す。この円弧は 解 答 の（＊）の円弧全体にほかならない。

このように点Pの軌跡問題と考えると，(1)，(2)は同時に解けてしまう。

4° (2)を計算のみで機械的に処理することもできる。

$$p=\frac{14(t-3)}{(t-7)-ti}$$

であるから，

$$(\text{線分 OP の長さの 2 乗})=|p|^2=\frac{|14(t-3)|^2}{|(t-7)-ti|^2}=\frac{14^2(t-3)^2}{(t-7)^2+t^2}$$

であり，$f(t)=\dfrac{(t-3)^2}{(t-7)^2+t^2}$ とおくと，

$$f'(t)=\frac{g(t)}{\{(t-7)^2+t^2\}^2}$$

ただし，

$$\begin{aligned}g(t)&=2(t-3)(2t^2-14t+49)-(t-3)^2(4t-14)\\&=2(t-3)\{(2t^2-14t+49)-(t-3)(2t-7)\}\\&=-2(t-3)(t-28)\end{aligned}$$

より，右表を得る。

t	(0)		3		28		$(+\infty)$
$f'(t)$		$-$	0	$+$	0	$-$	
$f(t)$	$\left(\dfrac{9}{49}\right)$	↘		↗	$\dfrac{25}{49}$	↘	$\left(\dfrac{1}{2}\right)$

よって，線分 OP の長さが最大になる t は **28** である。

第 3 問

解 答

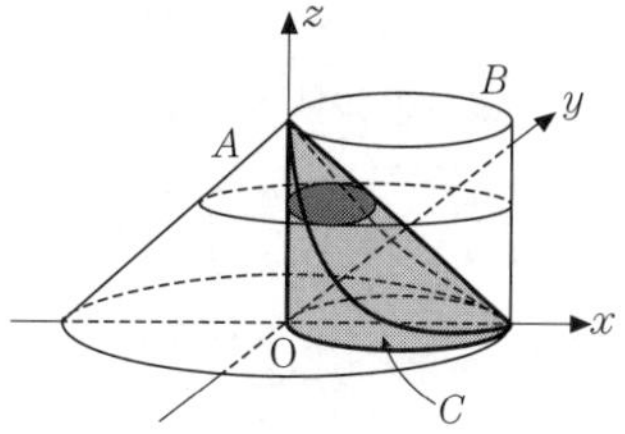

(1) 平面 $z=t$ $(0\leqq t\leqq 1)$ を α とすると，α による C の切り口は，

α による円錐 A の切り口 D と α による円柱 B の切り口 E の共通部分

である。

D は中心が点 $(0,\ 0,\ t)$ の円であり，その半径 r は次頁の図1を参照すると

$$1-t:r=1:2\quad\text{より}\quad r=2(1-t)$$

であるから，$t=1-\cos\theta$ $\left(0\leqq\theta\leqq\dfrac{\pi}{2}\right)$ のとき，

$$r=2\cos\theta$$

である。

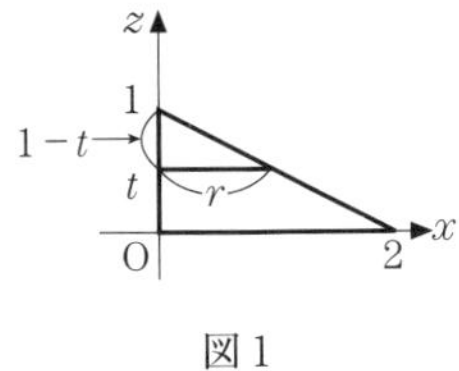

図1

E は中心が点 $(1,\ 0,\ t)$，半径が1の円である。

したがって，α による C の切り口を xy 平面に正射影した図形は，図2の斜線部分のようになり，この図形の面積が $S(t)$ である。

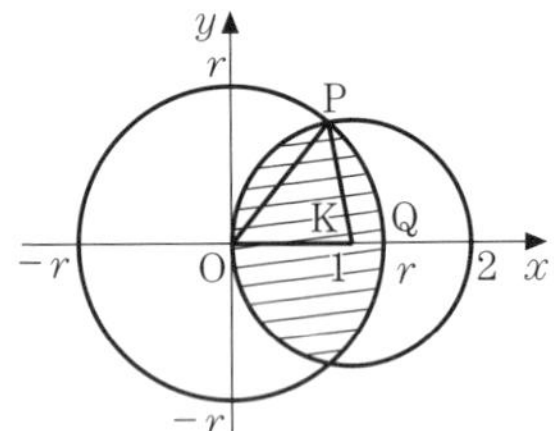

図2

ここで，図2の二等辺三角形OKPに注目すると，

$$\mathrm{OK}=\mathrm{KP}=1,\quad \mathrm{OP}=2\cos\theta$$

であることから，

$$\angle\mathrm{KOP}=\theta,\quad \angle\mathrm{OKP}=\pi-2\theta$$

である。

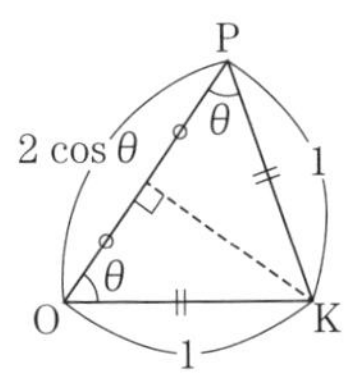

よって，x 軸に関する対称性に注意し，

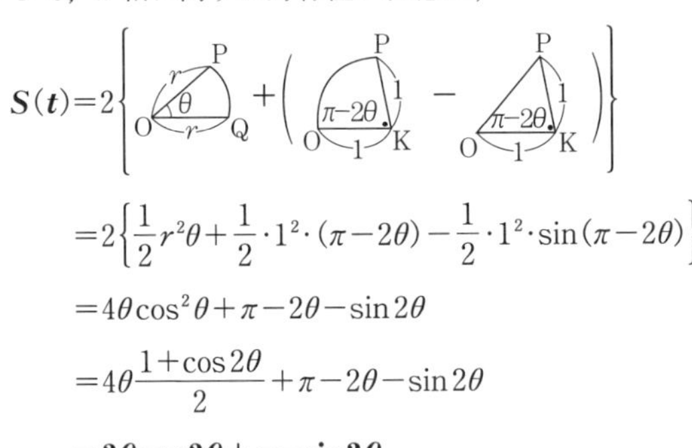

$$=2\left\{\frac{1}{2}r^2\theta+\frac{1}{2}\cdot1^2\cdot(\pi-2\theta)-\frac{1}{2}\cdot1^2\cdot\sin(\pi-2\theta)\right\}$$

$$=4\theta\cos^2\theta+\pi-2\theta-\sin2\theta$$

$$=4\theta\frac{1+\cos2\theta}{2}+\pi-2\theta-\sin2\theta$$

$$\boldsymbol{=2\theta\cos2\theta+\pi-\sin2\theta}$$

となる。

(2)　(1)の結果の $S(t)$ の式を $F(\theta)$ とおくと，$t=1-\cos\theta\ \left(0\leqq\theta\leqq\dfrac{\pi}{2}\right)$ のもとで

$$(C\text{の体積})=\int_0^1 S(t)\,dt=\int_0^{\frac{\pi}{2}}F(\theta)\frac{dt}{d\theta}d\theta$$

$$=\int_0^{\frac{\pi}{2}}(2\theta\cos2\theta+\pi-\sin2\theta)\sin\theta\,d\theta$$

$$=\int_0^{\frac{\pi}{2}}2\theta\cos2\theta\sin\theta\,d\theta+\int_0^{\frac{\pi}{2}}\pi\sin\theta\,d\theta-\int_0^{\frac{\pi}{2}}\sin2\theta\sin\theta\,d\theta$$

で与えられる。

ここで，

$$\int_0^{\frac{\pi}{2}}2\theta\cos2\theta\sin\theta\,d\theta=\int_0^{\frac{\pi}{2}}\theta(\sin3\theta-\sin\theta)\,d\theta$$

$$=\left[\theta\left(-\frac{1}{3}\cos 3\theta+\cos\theta\right)\right]_0^{\frac{\pi}{2}}-\int_0^{\frac{\pi}{2}}1\cdot\left(-\frac{1}{3}\cos 3\theta+\cos\theta\right)d\theta$$

$$=-\left[-\frac{1}{9}\sin 3\theta+\sin\theta\right]_0^{\frac{\pi}{2}}=-\frac{10}{9}$$

$$\int_0^{\frac{\pi}{2}}\pi\sin\theta\,d\theta=\left[-\pi\cos\theta\right]_0^{\frac{\pi}{2}}=\pi$$

$$\int_0^{\frac{\pi}{2}}\sin 2\theta\sin\theta\,d\theta=\int_0^{\frac{\pi}{2}}2\sin^2\theta\cos\theta\,d\theta=\left[\frac{2}{3}\sin^3\theta\right]_0^{\frac{\pi}{2}}=\frac{2}{3}$$

であるから，

$$(C\text{ の体積})=-\frac{10}{9}+\pi-\frac{2}{3}=\pi-\boldsymbol{\frac{16}{9}}$$

である。

解説

1°　立体図形の体積を定積分で求める問題は東大に頻出であり，本問とよく似た誘導は 1994 年度第 3 問でも出題されている。本問はさらに(2)の問題文で定積分 $\int_0^1 S(t)\,dt$ が示されており，より一層“親切”な出題になっている。考え方は型通りであるが，相当な計算力が要求されており，腕力も鍛えておかねばならない。きちんとトレーニングしてきた受験生にとっては恰好の得点源であっただろうし，そうでない受験生には難問に見えたことだろう。

2°　(1)のポイントは，C の概形を思い浮かべることではなく，共通部分の切り口を切り口の共通部分と考えて断面を考察すること，問題で与えられた角 θ が図 2 の $\angle$KOP を表すことを捉えることにある。特に，面積の計算をする段階で，後者のポイントを押さえることが重要である。θ の図形的意味がわからなくとも，面積を定積分で求めることができるが，限られた時間内では不利なことになろう。

なお，図 2 の点 P の座標が $(2\cos^2\theta,\ 2\cos\theta\sin\theta)$ であることからも $\angle\mathrm{KOP}=\theta$ がわかる。

3°　(1)の面積は，**解答**のように（扇形）＋（弓形）と分解し，弓形の部分を（扇形）－（三角形）として計算する方法が分類が起こらなくてよい。そうはせず，例えば［図］＋［図］のように 2 つの弓形に分解して計算し始めると，（結果的には同じになるが）$\theta\leqq\frac{\pi}{4}$ か $\theta\geqq\frac{\pi}{4}$ かで分類が必要になってきて面倒である。

4° (2)では，まず置換積分の基本がわかっていなくては話にならない。(1)の結果をそのまま θ で積分するような初歩的ミスは避けたい。(1)の結果の表現は一意的でなく，計算方法も様々考えられる。例えば，(1)の結果を

$S(t)=4\theta\cos^2\theta+\pi-2\theta-\sin 2\theta$ としておくと，

$$\begin{aligned}(C\text{の体積})&=\int_0^1 S(t)\,dt=\int_0^{\frac{\pi}{2}} F(\theta)\frac{dt}{d\theta}d\theta\\&=\int_0^{\frac{\pi}{2}}(4\theta\cos^2\theta+\pi-2\theta-\sin 2\theta)\sin\theta\,d\theta\\&=4\int_0^{\frac{\pi}{2}}\theta\cos^2\theta\sin\theta\,d\theta+\int_0^{\frac{\pi}{2}}(\pi-2\theta)\sin\theta\,d\theta\\&\quad-2\int_0^{\frac{\pi}{2}}\sin^2\theta\cos\theta\,d\theta\end{aligned}$$

で与えられ，

$$\begin{aligned}\int_0^{\frac{\pi}{2}}\theta\cos^2\theta\sin\theta\,d\theta&=\left[\theta\left(-\frac{1}{3}\cos^3\theta\right)\right]_0^{\frac{\pi}{2}}-\int_0^{\frac{\pi}{2}}1\cdot\left(-\frac{1}{3}\cos^3\theta\right)d\theta\\&=\frac{1}{3}\int_0^{\frac{\pi}{2}}(1-\sin^2\theta)\cos\theta\,d\theta\end{aligned}$$

$$\begin{aligned}\int_0^{\frac{\pi}{2}}(\pi-2\theta)\sin\theta\,d\theta&=\Big[(\pi-2\theta)(-\cos\theta)\Big]_0^{\frac{\pi}{2}}-\int_0^{\frac{\pi}{2}}(-2)(-\cos\theta)\,d\theta\\&=\pi-2\int_0^{\frac{\pi}{2}}\cos\theta\,d\theta\end{aligned}$$

であることから

$$\begin{aligned}(C\text{の体積})&=4\cdot\frac{1}{3}\int_0^{\frac{\pi}{2}}(1-\sin^2\theta)\cos\theta\,d\theta+\pi-2\int_0^{\frac{\pi}{2}}\cos\theta\,d\theta\\&\quad-2\int_0^{\frac{\pi}{2}}\sin^2\theta\cos\theta\,d\theta\\&=\pi-\frac{2}{3}\int_0^{\frac{\pi}{2}}(1+5\sin^2\theta)\cos\theta\,d\theta\\&=\pi-\frac{2}{3}\left[\sin\theta+\frac{5}{3}\sin^3\theta\right]_0^{\frac{\pi}{2}}=\pi-\mathbf{\frac{16}{9}}\end{aligned}$$

と運ぶこともできる。

どのような計算の筋道をとるにせよ，部分積分法の公式と置換積分の特殊な場合である公式

$$\int\{f(x)\}^{\alpha}f'(x)\,dx=\frac{1}{\alpha+1}\{f(x)\}^{\alpha+1}+C\quad(\alpha\neq-1)$$

を使いこなすことが要領よく計算するポイントである。また，三角関数の積分では，半角の公式や積を和に直す公式を用いてなるべく小さい次数にして計算する，

という基本なども確認しておきたい。

第 4 問

解答

2次方程式 $x^2-4x-1=0$ は相異なる2つの実数解をもち，それらが α，β $(\alpha>\beta)$ であるから，

$$\begin{cases}\alpha=2+\sqrt{5}\\ \beta=2-\sqrt{5}\end{cases}\ \cdots\cdots①,\quad \begin{cases}\alpha+\beta=4\\ \alpha\beta=-1\end{cases}\ \cdots\cdots②$$

である。

(1) ② を用いると

$$\boldsymbol{s_1}=\alpha+\beta=\mathbf{4}$$

$$\boldsymbol{s_2}=\alpha^2+\beta^2=(\alpha+\beta)^2-2\alpha\beta=16+2=\mathbf{18}$$

$$\boldsymbol{s_3}=\alpha^3+\beta^3=(\alpha+\beta)^3-3\alpha\beta(\alpha+\beta)=64+12=\mathbf{76}$$

であり，$n\geqq3$ に対し，

$$\alpha^n+\beta^n=(\alpha+\beta)(\alpha^{n-1}+\beta^{n-1})-\alpha\beta(\alpha^{n-2}+\beta^{n-2})$$

であることから，

$$\boldsymbol{s_n=4s_{n-1}+s_{n-2}}\qquad\cdots\cdots③$$

が成り立つ。

(2) $2<\sqrt{5}<3$ であるから，① より，$-1<\beta<0$ である。よって，

$$-1<\beta^3<0$$

であるから，β^3 以下の最大の整数は $\mathbf{-1}$ である。

(3) (1) の結果より s_1，s_2 は整数であり，③ より s_{n-2}，s_{n-1} が整数なら s_n も整数であるから，数学的帰納法により，$n=1, 2, 3, \cdots\cdots$ に対し，s_n は整数である。

一方，(2) の考察から

$$-1<\beta^{2003}<0\qquad\therefore\quad 0<-\beta^{2003}<1$$

がわかるので，s_n が整数であることを考えると，

$$\alpha^{2003}\quad すなわち\quad s_{2003}-\beta^{2003}\ 以下の最大の整数は\ s_{2003}$$

である。そこで，s_{2003} の1の位の数を求めればよい。

ここで，2整数 a，b について，$a-b$ が10の倍数であることを $a\equiv b$ で表すことにする。このとき，

$$\begin{cases}a\equiv b\\ c\equiv d\end{cases}\Longrightarrow\begin{cases}a+c\equiv b+d\\ ac\equiv bd\\ na\equiv nb\quad(n\ は整数)\end{cases}\qquad\cdots\cdots(*)$$

などが成り立つ。

(＊)の証明：

$a \equiv b$，$c \equiv d$ より，$a=10k+b$，$c=10l+d$ となる整数 k，l が存在して，

$$(a+c)-(b+d)=\{(10k+b)+(10l+d)\}-(b+d)=10(k+l)$$
$$=(10\text{ の倍数})$$
$$ac-bd=(10k+b)(10l+d)-bd=10(10kl+kd+bl)=(10\text{ の倍数})$$
$$na-nb=n(10k+b)-nb=10nk=(10\text{ の倍数})$$

であることから，$a+c \equiv b+d$，$ac \equiv bd$，$na \equiv nb$ が成り立つ。

さて，(1)の結果より，

$$s_1 \equiv 4,\quad s_2 \equiv 8,\quad s_3 \equiv 6$$

であり，③と(＊)の性質より，

$$s_4=4s_3+s_2 \equiv 4\cdot 6+8 \equiv 32 \equiv 2$$
$$s_5=4s_4+s_3 \equiv 4\cdot 2+6 \equiv 14 \equiv 4$$
$$s_6=4s_5+s_4 \equiv 4\cdot 4+2 \equiv 18 \equiv 8$$

となり，

$$s_5 \equiv s_1 \quad\text{かつ}\quad s_6 \equiv s_2$$

であることと③より，整数列 s_n の1の位の数は，4，8，6，2をこの順に繰り返す。

したがって，$2003=4\cdot 500+3$ より，s_{2003} の1の位の数は s_3 の1の位の数に等しく，それは**6**である。

解説

1°　漸化式で定まる整数列の周期性に関する問題で，過去1993年度理科第2問，文科第2問，1979年度理科第4問などにも類題が出題されている。過去問の研究をしていれば落ち着けるだろうが，そうでなくともこの程度はその場で考えて解決できる力を養っておきたい。整数問題は一般に難しいことが多いが，本問は標準的である。少なくとも(1)，(2)は確実に得点すべきである。

2°　(1)で s_n の満たす漸化式を作る方法は，**解答**以外に，α，β が与えられた2次方程式の解だから

$$\begin{cases}\alpha^2=4\alpha+1\\ \beta^2=4\beta+1\end{cases} \text{ より } \begin{cases}\alpha^n=4\alpha^{n-1}+\alpha^{n-2}\\ \beta^n=4\beta^{n-1}+\beta^{n-2}\end{cases}$$

の辺々を加えて作る方法もある。

また，(2)は直接 β^3 を計算しても解決できるが，それでは(3)につながらない。

$-1<\beta<0$ であることに着眼し，一般に

n が奇数のとき，　$-1<\beta^n<0$

n が偶数のとき，　$0<\beta^n<1$

を押さえることがカギである。特に本問では，n が奇数のときが問題にされている。

3° (3)では(1), (2)がどのように関連するのかを考えると，α^{2003} 以下の最大整数が s_{2003} に等しいことはすぐにわかるだろう。小設問に分かれた問題では，いつもそれ以前の設問との関連を考慮しておきたい。そして，最大のポイントは，整数の数列 $\{s_n\}$ （$n=1$，2，3，……）の1の位の数が周期4で循環することを見抜くことである。はじめの方の s_n を書き出していけば規則性にはすぐに気付くだろうし，s_n が(1)で用意した3項間漸化式で帰納的に定まることに注目すると，“前2つの項”の1の位の数が同じなら次の項の1の位の数が同じになることがわかる。このことをきちんと論述する力が試されているといってもよいだろう。

解答で用いた記号は，一般に「合同式」と呼ばれるものであり，正確な定義は，

2整数 a，b について，$a-b$ が整数 m の倍数であることを，

$a\equiv b \pmod{m}$ と表す

というものである。このとき

a と b は m を法として合同

という。これは，m が正の整数のときは，a を m で割った余りと，b を m で割った余りが等しいことを示している。**解答**で証明したのと同様に，2つの合同式の辺々の和・積をとっても合同，両辺を定整数倍しても合同，という性質 (＊) は，mod m であっても成り立つ（本問では積をとっても合同という性質は用いていない）。本問では mod10 で考えているにすぎない。高校の教科書では扱われていないが，使い慣れると便利である（教科書のコンピュータ分野で扱われている BASIC 言語には MOD という命令がある）。

第 5 問

解答

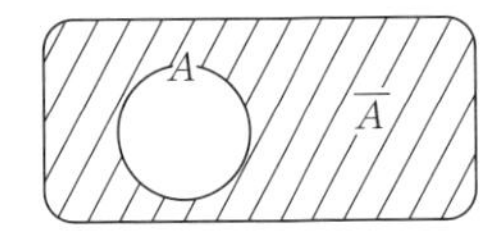

(1)　事象 A を

A：「X_n が 5 で割り切れる」

とおくと，

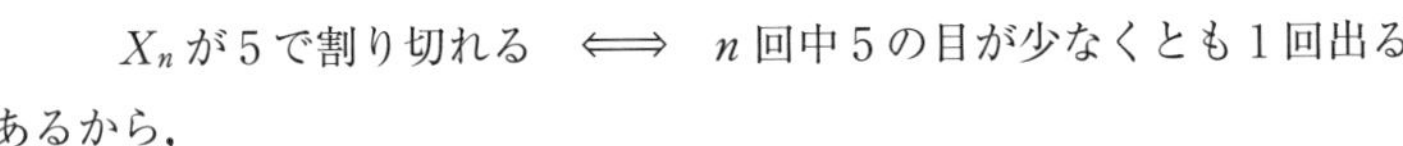

X_n が 5 で割り切れる　$\Longleftrightarrow$　n 回中 5 の目が少なくとも 1 回出る

であるから，

$\overline{A}$：「n 回とも 5 以外の目が出る」

である。この確率は $\left(\dfrac{5}{6}\right)^n$ であるから，求める確率 $P(A)$ は，

$$P(A)=1-P(\overline{A})=\mathbf{1}-\left(\frac{\mathbf{5}}{\mathbf{6}}\right)^n$$

である。

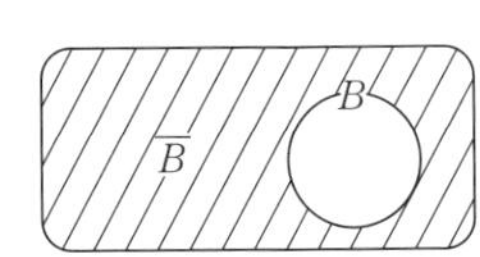

(2)　事象 B を

B：「X_n が 4 で割り切れる」

とおくと，

X_n が 4 で割り切れる

$\Longleftrightarrow$　“n 回中 4 の目が少なくとも 1 回出る”

または

“n 回中 2，6 の目が合わせて少なくとも 2 回出る”

であるから，

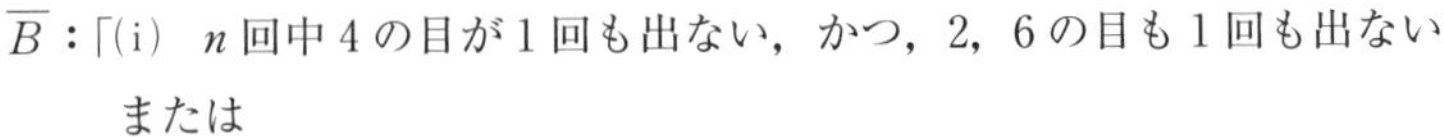

$\overline{B}$：「(i)　n 回中 4 の目が 1 回も出ない，かつ，2，6 の目も 1 回も出ない

または

(ii)　n 回中 4 の目が 1 回も出ない，かつ，2，6 の目が合わせて 1 回だけ出る」

つまり，

$\overline{B}$：「(i)　n 回とも 2，4，6 以外の目が出る

または

(ii)　n 回中，$n-1$ 回 2，4，6 以外の目が出て，1 回だけ 2 か 6 の目が出る」

である。ここで，

(i) の確率は $\left(\dfrac{3}{6}\right)^n$，　(ii) の確率は ${}_n\mathrm{C}_1\left(\dfrac{3}{6}\right)^{n-1}\cdot\dfrac{2}{6}$

であるから，

$$P(\overline{B})=\left(\frac{3}{6}\right)^n+{}_n\mathrm{C}_1\left(\frac{3}{6}\right)^{n-1}\cdot\frac{2}{6}$$

$$=\left(1+\frac{2}{3}n\right)\left(\frac{1}{2}\right)^n$$

である。よって，求める確率 $P(B)$ は，

$$P(B)=1-P(\overline{B})=\boldsymbol{1-\left(1+\frac{2}{3}n\right)\left(\frac{1}{2}\right)^n}$$

である。

(3)　5 と 4 は互いに素であるから，

X_n が 20 で割り切れる

$\Longleftrightarrow$　“X_n が 5 で割り切れる”

かつ

“X_n が 4 で割り切れる”

A　B　$A\cap B$　$\overline{A}\cap\overline{B}$

であり，$p_n=P(A\cap B)$ となるから，

$$1-p_n=P(\overline{A\cap B})=P(\overline{A}\cup\overline{B})=P(\overline{A})+P(\overline{B})-P(\overline{A}\cap\overline{B})$$

である。

ここで，(1) の $\overline{A}$，(2) の $\overline{B}$ に注意すると

$\overline{A}\cap\overline{B}$：「(ア)　n 回とも 2，4，5，6 以外の目が出る

または

(イ)　n 回中，$n-1$ 回 2，4，5，6 以外の目が出て，

1 回だけ 2 か 6 の目が出る」

であり，

(ア) の確率は $\left(\frac{2}{6}\right)^n$，　(イ) の確率は ${}_n\mathrm{C}_1\left(\frac{2}{6}\right)^{n-1}\cdot\frac{2}{6}$

であるから，

$$P(\overline{A}\cap\overline{B})=\left(\frac{2}{6}\right)^n+{}_n\mathrm{C}_1\left(\frac{2}{6}\right)^{n-1}\cdot\frac{2}{6}=(1+n)\left(\frac{1}{3}\right)^n$$

である。よって，(1)，(2) で考察した $P(\overline{A})$，$P(\overline{B})$ も用い，

$$1-p_n=\left(\frac{5}{6}\right)^n+\left(1+\frac{2}{3}n\right)\left(\frac{1}{2}\right)^n-(1+n)\left(\frac{1}{3}\right)^n=\left(\frac{5}{6}\right)^n q_n$$

ただし　$q_n=1+\left(1+\frac{2}{3}n\right)\left(\frac{3}{5}\right)^n-(1+n)\left(\frac{2}{5}\right)^n$

となるので，

$$\log(1-p_n)=n\log\frac{5}{6}+\log q_n$$

より，

$$\lim_{n\to\infty}\frac{1}{n}\log(1-p_n)=\lim_{n\to\infty}\left(\log\frac{5}{6}+\frac{1}{n}\log q_n\right)=\mathbf{\log\frac{5}{6}}$$

［ ∵ $n\to\infty$ のとき，$\left(1+\frac{2}{3}n\right)\left(\frac{3}{5}\right)^n\to 0$，$(1+n)\left(\frac{2}{5}\right)^n\to 0$ であるから，

$\lim_{n\to\infty}q_n=1$ で，$\lim_{n\to\infty}\log q_n=0$ である。よって，$\lim_{n\to\infty}\frac{1}{n}\log q_n=0$ である。］

である。

解説

1° 東大の確率の問題としては，他大学の過去問にある題材を用いている，という点でめずらしい。(1)，(2)は確実に得点すべき問題で，どちらも余事象の確率を考えることになる。(3)では余事象の確率とともにド・モルガンの法則がカギになる。(3)で差がついたと思われ，試験場ではやや難しく感じる問題であろう。

2° (3)では

$p_n=P(A\cap B)=P(A)\cdot P(B)=$((1)で求めた確率)×((2)で求めた確率)　…◎

と計算したくなるだろうが，これは誤りである。その理由は，事象 A と事象 B が独立ではないことに起因する。2つの事象が独立であるとは，直観的には，一方の事象が起こることが他方の事象が起こることに影響を与えない，ということである。より厳密には2つの事象 A，B において，

$$P(A\cap B)=P(A)\cdot P(B)$$

が成り立つとき，A と B は独立であるという。

例えば，1つのサイコロを振って

A：「奇数の目が出る」，B：「3以下の目が出る」

とおくと，

$$P(A)=\frac{3}{6}=\frac{1}{2},\ P(B)=\frac{3}{6}=\frac{1}{2},\ P(A\cap P)=P(1\text{か}3\text{の目が出る})$$

$$=\frac{2}{6}=\frac{1}{3}$$

であり，$P(A\cap B)\neq P(A)\cdot P(B)$ であるから，A と B は独立ではない。

このように，独立か否かを調べるには，$P(A\cap B)$ と $P(A)\cdot P(B)$ を別々に計算して，両者が等しいか否かをみるのが筋である。数学Bの確率を出題範囲に含

めていないのでは，◎の誤りを犯してしまうのも無理もないといえよう。

3° (3)の最後の極限の計算では，

$$-1<r<1 \text{ のとき } \lim_{n\to\infty} r^n=0,\quad -1<r<1 \text{ のとき } \lim_{n\to\infty} nr^n=0$$

であることを用いている。前者の極限は教科書で学んでおり常識だろうが，後者についても知っておきたい。本問では既知として用いてよいだろう。後者の証明は，$r=0$ のときは自明で，$r\neq 0$ のときはつぎのようにしてできる。

$|r|<1$ より，$|r|=\dfrac{1}{1+h}$ となる正の数 h が存在して，$n\geqq 2$ のとき，二項定理より

$$\begin{aligned}(1+h)^n&={}_n\mathrm{C}_0+{}_n\mathrm{C}_1h+{}_n\mathrm{C}_2h^2+\cdots\cdots+{}_n\mathrm{C}_nh^n\\&>{}_n\mathrm{C}_2h^2=\frac{n(n-1)}{2}h^2\quad(>0)\end{aligned}$$

であるから，

$$0<\frac{1}{(1+h)^n}<\frac{2}{n(n-1)h^2}\qquad \therefore\quad 0<\frac{n}{(1+h)^n}<\frac{2}{(n-1)h^2}$$

すなわち，

$$0<n|r|^n<\frac{2}{(n-1)h^2}$$

が成り立つ。ここで，$\displaystyle\lim_{n\to\infty}\frac{2}{(n-1)h^2}=0$ であるから，はさみうちの原理により，

$$\lim_{n\to\infty} n|r|^n=0\qquad \therefore\quad \lim_{n\to\infty}|nr^n|=0\qquad \therefore\quad \lim_{n\to\infty} nr^n=0$$

である。

第 6 問

解答

半径1の円 C の周の長さを l_C とし，C に内接する正十二角形 S の周の長さを l_S とすると，

$$l_C>l_S \qquad \cdots\cdots①$$

が成り立つ。これを利用して，(円周率)>3.05 を証明する。

まず，

$$\text{円周率}=\frac{\text{円の周の長さ}}{\text{円の直径}} \qquad \cdots\cdots(*)$$

であり，これを π で表すので，

$$l_C=2\pi \qquad \cdots\cdots ②$$

である。

次に，S の一辺の長さは，右図を参照すると，加法定理により，

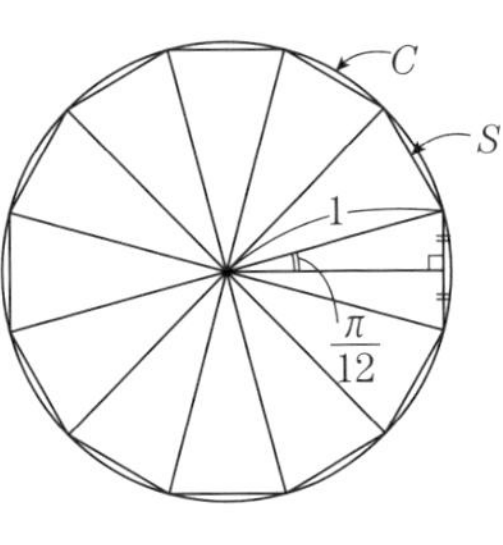

$$\begin{aligned}2\sin\frac{\pi}{12}&=2\sin\left(\frac{\pi}{3}-\frac{\pi}{4}\right)\\&=2\left(\sin\frac{\pi}{3}\cos\frac{\pi}{4}-\cos\frac{\pi}{3}\sin\frac{\pi}{4}\right)\\&=2\left(\frac{\sqrt{3}}{2}\cdot\frac{\sqrt{2}}{2}-\frac{1}{2}\cdot\frac{\sqrt{2}}{2}\right)\\&=\frac{\sqrt{6}-\sqrt{2}}{2}\end{aligned}$$

となるので，

$$l_S=12\cdot\frac{\sqrt{6}-\sqrt{2}}{2}=6(\sqrt{6}-\sqrt{2}) \qquad \cdots\cdots ③$$

である。

ここで，

$2.44^2=5.9536<6$　であることから　$\sqrt{6}>2.44$

$1.42^2=2.0164>2$　であることから　$\sqrt{2}<1.42$　　$\therefore\ -\sqrt{2}>-1.42$

であるから，

$\sqrt{6}-\sqrt{2}>2.44-1.42$　　$\therefore\ \sqrt{6}-\sqrt{2}>1.02$　　$\therefore\ 6(\sqrt{6}-\sqrt{2})>6.12$

よって，③ より

$$l_S>6.12 \qquad \cdots\cdots ④$$

であり，①，②，④ より，

$2\pi>6.12$　　$\therefore\ \pi>3.06>3.05$

つまり，円周率は 3.05 より大きい。　　（証明終わり）

解説

1°　2003 年度の特徴的な問題である。このようなユニークでかつ数学的には基本的な事柄を問うような論述問題は，パターン化された問題の反復練習に明け暮れた受験生には相当難しく感じたであろう。逆に，正統的な数学の学習をしている人にとってはとても易しい問題に見えたはずであり，最終的には無理数の評価の問題であることも見抜けたであろう。この問題が解答スペースの広い第 6 問に配置されてい

るのは，発想の斬新さも然る事ながら，自分の考えを相手に正しく伝える表現力・論述力を特に見ようとしたものだからではなかろうか。日本語も正しく書くようにしたい。

2°　円周率の定義は，**解** **答** の（＊）であることを我が国では小学校で学んでいるはずである。これは定積分を用いて $\lim_{t\to1-0} 2\int_0^t \frac{dx}{\sqrt{1-x^2}}$ で定義されるといってもよい（なぜか？）が，まずは（＊）の定義に基づいて証明を試みようとするのが自然であろう。円周の長さを小さい方から評価することが目標なので，円の周長がその円に内接する正多角形の周長よりも大きい，という事実を用いることがポイントである。問題は，正多角形としてどのようなものを選べばよいか，ということにある。**解** **答** では正十二角形を用いた。これは，無理数の評価のしやすさから選んだものである。なお，12まで細分せず，正八角形を用いてもつぎのように証明できる。

C に内接する正八角形を T とし，その周の長さを l_T とすると，T の一辺の長さは，右図を参照し，余弦定理により，

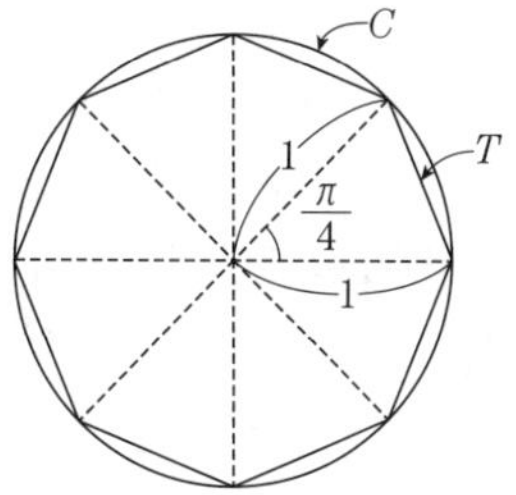

$$\sqrt{1^2+1^2-2\cdot1\cdot1\cos\frac{\pi}{4}}=\sqrt{2-\sqrt{2}}$$

であるから，

$$l_T=8\sqrt{2-\sqrt{2}} \qquad \cdots\cdots⑤$$

である。ここで，

$$l_C>l_T$$

であるから，②，⑤より

$$2\pi>8\sqrt{2-\sqrt{2}} \qquad \therefore \quad \pi>4\sqrt{2-\sqrt{2}}=\sqrt{16(2-\sqrt{2})} \qquad \cdots\cdots⑥$$

一方，

$$1.415^2=2.002225>2 \quad より \quad \sqrt{2}<1.415 \quad よって \quad -\sqrt{2}>-1.415$$

であるから，

$$16(2-\sqrt{2})>16(2-1.415) \qquad \therefore \quad 16(2-\sqrt{2})>9.36$$

これと，⑥より

$$\pi>\sqrt{9.36} \qquad \cdots\cdots⑦$$

が成り立つ。

さらに，$3.05^2=9.3025$ であるから，⑦とあわせて

$$\pi>3.05$$

が成り立つ。

この方法では $\sqrt{2}$ を上から 1.415 で評価せねばならず，**解** **答** よりも精密な評価が必要となる。

一般には，次のことが知られている。直径 1 の円に内接する正 n 角形の周長を l_n，外接する正 n 角形の周長を L_n とするとき，

$$l_n<\pi<L_n,\quad \frac{2}{L_{2n}}=\frac{1}{L_n}+\frac{1}{l_n},\quad l_{2n}=\sqrt{l_nL_{2n}}$$

が成り立つ。アルキメデスは円に内接および外接する正 96 角形の周長を計算し，$3\frac{10}{71}<\pi<3\frac{1}{7}$ を得たという。

3° 証明には無理数の評価が不可欠である。「$\sqrt{2}=1.414\cdots\cdots$ なので」というように近似値を用いた記述では得点できないであろう。また，細かいことであるが，負の無理数を評価する際には，不等号の向きに注意する必要がある。たとえば，

$$\sqrt{6}>2.44,\quad \sqrt{2}>1.41 \quad \text{より} \quad \sqrt{6}-\sqrt{2}>2.44-1.41$$

と間違えてしまうのはよくあることである。

4° 単なる π の評価問題とみなせば，いろいろな方法が考えられる。そのうちのいくつかを挙げておこう。

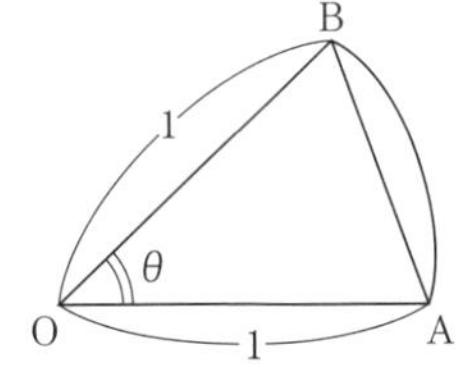

(ア) 右図において，$0<\theta<\frac{\pi}{2}$ のとき，

(扇形 OAB の面積)＞(△OAB の面積)

より，

$$\frac{1}{2}\cdot1^2\cdot\theta>\frac{1}{2}\cdot1^2\cdot\sin\theta \qquad \therefore\quad \theta>\sin\theta$$

が成り立つので，$\theta=\frac{\pi}{12}$ とおくと（**解** **答** の計算も用い），

$$\frac{\pi}{12}>\frac{\sqrt{6}-\sqrt{2}}{4}$$

を得て，あとは **解** **答** と同様に証明される。

(イ) $$\int_0^{\frac{1}{\sqrt{3}}}\frac{1}{1+x^2}dx=\int_0^{\frac{\pi}{6}}\cos^2\theta\cdot\frac{1}{\cos^2\theta}d\theta \quad (x=\tan\theta \text{ と置換した})$$

$$=\int_0^{\frac{\pi}{6}} d\theta=\Big[\theta\Big]_0^{\frac{\pi}{6}}=\frac{\pi}{6}$$

であることに注目する。ここに,

$$0\leqq x\leqq\frac{1}{\sqrt{3}} \text{ において } \frac{1}{1+x^2}\geqq 1-x^2 \quad \left(\because \quad \frac{1}{1+x^2}-(1-x^2)=\frac{x^4}{1+x^2}\geqq 0\right)$$

であることから,

$$\int_0^{\frac{1}{\sqrt{3}}}\frac{1}{1+x^2}dx>\int_0^{\frac{1}{\sqrt{3}}}(1-x^2)\,dx \qquad \therefore \quad \frac{\pi}{6}>\frac{8}{9\sqrt{3}}$$

$$\therefore \quad \pi>\frac{16\sqrt{3}}{9} \qquad \cdots\cdots ⑧$$

ここで,

$$1.73^2=2.9929<3 \quad \text{より} \quad \sqrt{3}>1.73$$

であるから,

$$\frac{16\sqrt{3}}{9}>\frac{16}{9}\cdot 1.73 \qquad \therefore \quad \frac{16\sqrt{3}}{9}>\frac{27.68}{9}$$

$$\therefore \quad \frac{16\sqrt{3}}{9}>3.075>3.05 \qquad \cdots\cdots ⑨$$

よって，⑧，⑨ より，円周率は 3.05 より大きいことが示された。

2002年

第 1 問

解答

$$y=2\sqrt{3}(x-\cos\theta)^2+\sin\theta \qquad \cdots\cdots①$$

$$y=-2\sqrt{3}(x+\cos\theta)^2-\sin\theta \qquad \cdots\cdots②$$

が相異なる2点で交わる条件は，①，②から y を消去して得られる x の2次方程式

$$2\sqrt{3}(x-\cos\theta)^2+\sin\theta=-2\sqrt{3}(x+\cos\theta)^2-\sin\theta$$

すなわち，

$$2\sqrt{3}\,x^2=-2\sqrt{3}\cos^2\theta-\sin\theta \qquad \cdots\cdots③$$

が相異なる2つの実数解をもつことである。その条件は，③より

$$-2\sqrt{3}\cos^2\theta-\sin\theta>0 \qquad \therefore \quad -2\sqrt{3}(1-\sin^2\theta)-\sin\theta>0$$

$$\therefore \quad (\sqrt{3}\sin\theta-2)(2\sin\theta+\sqrt{3})>0 \qquad \cdots\cdots④$$

が成り立つことであり，θ によらず $\sqrt{3}\sin\theta-2<0$ であることに注意すると，④は

$$\sin\theta<-\frac{\sqrt{3}}{2}$$

と同値である。したがって，求める一般角 θ の範囲は

$$\boldsymbol{\frac{4}{3}\pi+2n\pi<\theta<\frac{5}{3}\pi+2n\pi}$$

(n は任意の整数)

である。

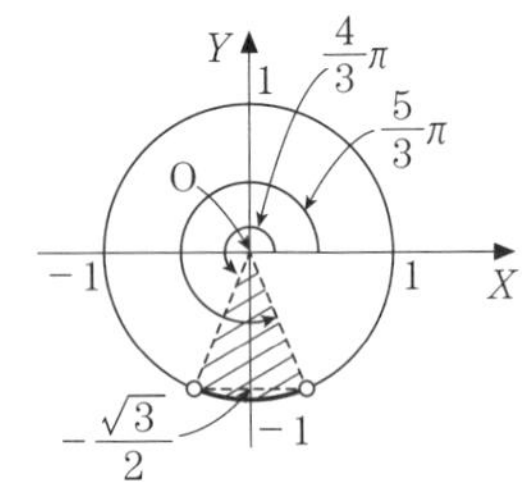

解説

1° センター試験レベルの短時間で処理できる極めて基本的な問題で，確実に満点を取りたい。第1問は毎年易しい問題が配置されている。

2° ③が相異なる2つの実数解をもつ条件として判別式をとるのは，誤りではないがやや大げさである。**解答**では，実数 A に対して「$x^2=A$ が相異なる2つの実数解をもつ」 $\Longleftrightarrow$ 「$A>0$」という同値関係を用いた。

3° 2つの放物線①，②は，その式の形から原点対称である。したがって，①，②が相異なる2点で交わるとしたら，その2交点の中点はつねに原点となる。この事実に注目すると，①，②が相異なる2点で交わる条件は，「原点が放物線①の上側にある」と言い換えることができ，このことからも④が得られる。

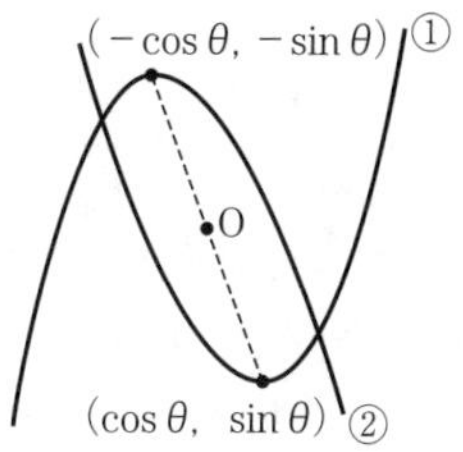

図を描いてみると，頂点の y 座標 $\sin\theta$ が負であることも予想できる。

第 2 問

解答

x^{n+1} を x^2-x-1 で割ったときの商を $Q_n(x)$ とおくと，余りが a_nx+b_n であるから

$$x^{n+1}=(x^2-x-1)Q_n(x)+a_nx+b_n \quad (n=1,\ 2,\ 3,\ \cdots\cdots) \qquad \cdots\cdots ①$$

が成り立つ。

(1) ①を用いると，

$$\begin{aligned} x^{n+2}=x\cdot x^{n+1}&=x(x^2-x-1)Q_n(x)+a_nx^2+b_nx \\ &=x(x^2-x-1)Q_n(x)+a_n\{(x^2-x-1)+(x+1)\}+b_nx \\ &=(x^2-x-1)\{xQ_n(x)+a_n\}+(a_n+b_n)x+a_n \qquad \cdots\cdots ② \end{aligned}$$

となり，この②は，x^{n+2} を x^2-x-1 で割った余りが

$(a_n+b_n)x+a_n$

であることを示している。よって，数列 a_n，b_n は，

$$\begin{cases} a_{n+1}=a_n+b_n & \cdots\cdots ③ \\ b_{n+1}=a_n & \cdots\cdots ④ \end{cases} \quad (n=1,\ 2,\ 3,\ \cdots\cdots)$$

を満たす。（証明終わり）

(2) $n=1,\ 2,\ 3,\ \cdots\cdots$ に対して，

a_n，b_n が共に正の整数で，互いに素である　……(＊)

ことを，n に関する数学的帰納法で証明する。

(i) まず，x^2 を x^2-x-1 で割ると，余りが $x+1$（商は1）であるから，

$a_1=1,\quad b_1=1$

であり，$n=1$ のとき，たしかに(＊)が成り立つ。

(ii) 次に，ある n に対して(＊)が成り立つと仮定する。

このとき，③，④より a_{n+1}，b_{n+1} は共に正の整数である。

また，この仮定のもとで a_{n+1}，b_{n+1} が互いに素でないとすると，

2002

$$a_{n+1}=kd,\quad b_{n+1}=ld\quad(k,\ l,\ d\text{ は正の整数で，}d\geqq 2)$$

を満たす k，l，d が存在して，③ と ④ より

$$\begin{cases}a_n+b_n=kd\\ a_n=ld\end{cases}\quad\therefore\quad\begin{cases}a_n=ld\\ b_n=(k-l)d\end{cases}$$

を得る。しかし，これらは a_n と b_n が公約数 $d(\geqq 2)$ をもつことを示しており，a_n，b_n が互いに素であるという仮定に矛盾する。

よって，a_{n+1}，b_{n+1} も互いに素であり，(＊) は n を $n+1$ に代えても成立する。

（証明終わり）

解説

1° a_n，b_n が x^{n+1} を x^2-x-1 で割ったときの余りの式の係数として定義されているので，割り算の原理（商と余りの関係）に基づく ① の式が出発点である。(1) を示すには，式 ② のように，① を利用して

$$x^{n+2}=(x^2-x-1)Q_{n+1}(x)+(1\text{ 次以下の式})$$

を導くことで，n のときと $n+1$ のときの関係を導けばよい。その際，x^2 を $(x^2-x-1)+(x+1)$ と変形することはひらめきやテクニックというものではなく，単に x^2 を x^2-x-1 で割った商 1 と余り $x+1$ を求めたにすぎない。

2° (2) で数学的帰納法を用いる方針はすぐにとれるだろう。証明すべきことが 2 つ，すなわち「a_n，b_n が共に正の整数である」ことと「a_n，b_n が互いに素である」ことの両方を示さねばならないことにまず注意したい。

このうち前者は容易にわかるだろう。後者の証明が問題であるが，“2 つの整数が互いに素であるとは，2 つの整数の最大公約数が 1 であること” という「互いに素」の定義を知らなくては始まらない。これは換言すれば，正の公約数が 1 以外にないことであり，その証明は **解答** のように背理法によるのがよく知られた方法である。それとは別につぎのように議論を運ぶこともできる。

帰納法の仮定と a_{n+1}，b_{n+1} が共に正の整数であるという条件のもとで，a_{n+1}，b_{n+1} の最大公約数を $g(\geqq 1)$ とすると，

$$a_{n+1}=\alpha g,\quad b_{n+1}=\beta g\quad(\alpha,\ \beta\text{ は互いに素である正の整数})$$

となる α，β が存在して，③，④ より

$$a_n=\beta g,\quad b_n=(\alpha-\beta)g$$

を得る。それゆえ，g は a_n，b_n の公約数となるので，

$$g\leqq(a_n,\ b_n\text{ の最大公約数})$$

が成り立つ。ここに，

$(a_n,\ b_n \text{の最大公約数})=1$

であるから，結局，$g=1$ が得られ，a_{n+1}，b_{n+1} の最大公約数は 1，すなわち，a_{n+1}，b_{n+1} は互いに素である。

3° (1)で示した漸化式は $a_1=1$，$b_1=1$ のもとで解くことができる（有名なフィボナッチ数列となっている）が，a_n，b_n の一般項を求めても(2)を解くのには役立たない。

第 3 問

解答

球面 S は z 軸のまわりの回転体であり，2 点 O，A はともに z 軸上にあるので，「求める範囲 V は z 軸のまわりの回転体」となる。そこで，まず点 P が xz 平面上にある場合を考え，ついで xz 平面上での点 P の動く範囲を z 軸のまわりに回転させて V を求める。

$\mathrm{P}(x_\mathrm{P},\ 0,\ z_\mathrm{P})$ とおくと，P は S の外側にあるから，

$$x_\mathrm{P}{}^2+z_\mathrm{P}{}^2>1 \qquad \cdots\cdots①$$

を満たし，S および OP を直径とする球面の xz 平面による切り口は，それぞれ

$$x^2+z^2=1 \qquad \cdots\cdots②$$

$$x(x-x_\mathrm{P})+z(z-z_\mathrm{P})=0 \qquad \cdots\cdots③$$

と表される。

さらに，平面 L は OP に垂直だから L は xz 平面にも垂直であり，2 点 Q，R も xz 平面上にある。よって，L の xz 平面による切り口は，②，③の 2 交点を通る直線として，②−③より

$$x_\mathrm{P}x+z_\mathrm{P}z=1 \qquad \cdots\cdots④$$

と表され，

$$\mathrm{PQ}=(xz\text{ 平面上で点 P から直線④へ至る距離})=\frac{|x_\mathrm{P}{}^2+z_\mathrm{P}{}^2-1|}{\sqrt{x_\mathrm{P}{}^2+z_\mathrm{P}{}^2}}$$

$$\mathrm{AR}=(xz\text{ 平面上で点 A から直線④へ至る距離})=\frac{|-z_\mathrm{P}-1|}{\sqrt{x_\mathrm{P}{}^2+z_\mathrm{P}{}^2}}$$

となる。

したがって，xz 平面上では，

P が S の外部 かつ PQ≦AR

$\iff$ ① かつ $\dfrac{|x_P{}^2+z_P{}^2-1|}{\sqrt{x_P{}^2+z_P{}^2}} \leqq \dfrac{|-z_P-1|}{\sqrt{x_P{}^2+z_P{}^2}}$

$\iff$ ① かつ $x_P{}^2+z_P{}^2-1 \leqq |z_P+1|$

$\iff$ ① かつ $\begin{cases} z_P \geqq -1 \text{ かつ } x_P{}^2+z_P{}^2-1 \leqq z_P+1 \\ z_P < -1 \text{ かつ } x_P{}^2+z_P{}^2-1 \leqq -z_P-1 \end{cases}$

$\iff$ ① かつ $\begin{cases} z_P \geqq -1 \text{ かつ } x_P{}^2+\left(z_P-\dfrac{1}{2}\right)^2 \leqq \dfrac{9}{4} & \cdots\cdots⑤ \\ z_P < -1 \text{ かつ } x_P{}^2+\left(z_P+\dfrac{1}{2}\right)^2 \leqq \dfrac{1}{4} & \cdots\cdots⑥ \end{cases}$

$\iff$ ① かつ $z_P \geqq -1$ かつ $x_P{}^2+\left(z_P-\dfrac{1}{2}\right)^2 \leqq \dfrac{9}{4}$

（∵　⑥ を満たす実数 x_P，z_P は存在しない）

$\iff$ ① かつ $x_P{}^2+\left(z_P-\dfrac{1}{2}\right)^2 \leqq \dfrac{9}{4}$ ……⑦

（∵　$x_P{}^2+\left(z_P-\dfrac{1}{2}\right)^2 \leqq \dfrac{9}{4}$ のもとで $z_P \geqq -1$ はつねに成立する）

である。

以上から，求める範囲 V は，xz 平面上の領域 ① かつ ⑦（右図斜線部分）を，z 軸のまわりに回転した部分，つまり，

球面 S の外部で，かつ中心 $\left(0,\ 0,\ \dfrac{1}{2}\right)$，

半径 $\dfrac{3}{2}$ の球面 T の内部および表面

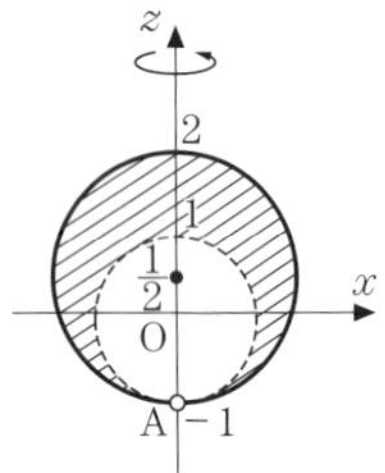

である。その体積は，S が T の内部にあることに注意すると，

$$\frac{4}{3}\pi\left(\frac{3}{2}\right)^3-\frac{4}{3}\pi\cdot 1^3=\frac{19}{6}\pi<\frac{19}{6}\cdot 3.15=9.975$$

であり，10 より小さい。　　（証明終わり）

解説

1°　東大の好む立体や空間図形の問題であり，特に昨今の受験生にとって難しさを感じるものであろう。しかし，要求されるのは健全な立体感覚だけである。ポイントは，図形全体が z 軸に関する回転対称性をもつことを見抜き，z 軸を含む平面によ

る断面図を考えて，平面図形の問題に帰着させることにある。**解** **答** では xz 平面上で考えたが，たとえば yz 平面上で考えてもよいのである。

一般に，立体図形で，特にある平面に関して対称な立体が問題にされている場合，その対称面を含む平面による断面図を考察すると解決に役立つことが多い。

2°　xz 平面上で，2円②，③の2交点を通る直線の方程式④が②−③から得られることは，東大を目指す受験生には常識であろう。②と③を共に満たす点は④を満たし，④は x，z の1次方程式で直線を表すからである。

また，絶対値のついた不等式 $x_P{}^2+z_P{}^2-1 \leqq |z_P+1|$ は，①のもとでは両辺を2乗しても同値であるが，上のように素直に絶対値の中身の符号による場合分けをして同値変形する方がわかりやすい。

3°　体積の計算では積分不要である。あわてて積分する前に V がどのような範囲なのか（たとえ積分を必要とする場合でも），丁寧に図を描いてみるべきである。そうすれば，単に2球の体積の差として求められることがわかる。なお，境界線上の点を含むか否かは体積計算に影響を与えない（このことは大学の数学で証明される）。

V の体積が10より小さいことを示すのに，$\pi=3.141592\cdots\cdots$ という近似値を用いた。これを用いずに，π を評価しようとすると，限られた時間内では証明が困難になる。問題文に明示されてないため，近似値を用いてよいのか否か戸惑った受験生もいただろうが，逆に明示されていたなら問題としての意味がない。小学校では円周率3が常識になりつつある風潮へのアンチテーゼか？

4°　現在の高校課程では扱われていないが，xyz 空間における平面，球面の方程式や点と平面の距離の公式などを用いると，平面図形の問題に帰着させずとも直接処理できる。参考までに示すと，

$$S : x^2+y^2+z^2=1 \qquad \cdots\cdots㋐$$

と表され，OPを直径とする球面の方程式は，$P(x_P,\ y_P,\ z_P)$ とすると，

$$x(x-x_P)+y(y-y_P)+z(z-z_P)=0 \qquad \cdots\cdots㋑$$

と表される。さらに，平面 L の方程式は㋐−㋑より，

$$x_Px+y_Py+z_Pz=1$$

と得られ，この方程式および点と平面の距離の公式より

$$PQ=\frac{|x_P{}^2+y_P{}^2+z_P{}^2-1|}{\sqrt{x_P{}^2+y_P{}^2+z_P{}^2}}$$

$$AR=\frac{|-z_P-1|}{\sqrt{x_P{}^2+y_P{}^2+z_P{}^2}}$$

と求められる。これらを PQ≦AR に代入し，“S の外部” の条件 $x_P{}^2+y_P{}^2+z_P{}^2>1$ と組んで同値変形すれば，

$$V : x_P{}^2+y_P{}^2+z_P{}^2>1 \text{ かつ } x_P{}^2+y_P{}^2+\left(z_P-\frac{1}{2}\right)^2\leqq\frac{9}{4}$$

が得られる。

第 4 問

解 答

問題文の「条件」を満たす直線 PQ は，C 上の点 Q における C の法線であり，a はその法線の y 切片である。したがって，C 上の原点以外の点における C の法線の y 切片の値域が求める範囲である。

さて，

$$y=\frac{x^2}{x^2+1}=1-\frac{1}{x^2+1}$$

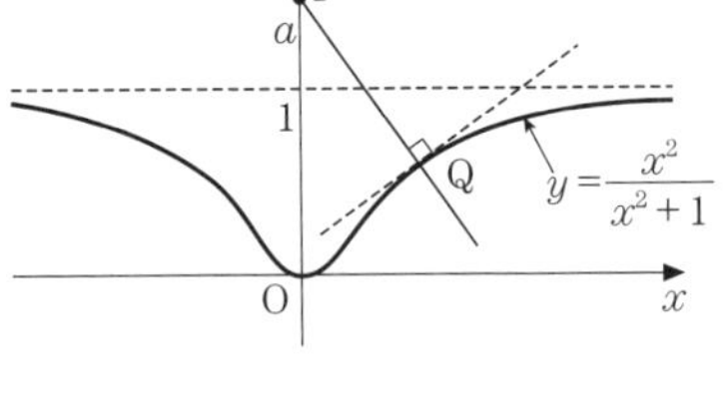

のとき，

$$y'=\frac{2x}{(x^2+1)^2}$$

であるから，C 上の点 $\left(t,\ \frac{t^2}{t^2+1}\right)$ $(t\neq0)$

における C の法線の方程式は，

$$y=-\frac{(t^2+1)^2}{2t}(x-t)+\frac{t^2}{t^2+1}$$

すなわち，

$$y=-\frac{(t^2+1)^2}{2t}x+\frac{(t^2+1)^2}{2}+\frac{t^2}{t^2+1}$$

と表される。この y 切片を $f(t)$ とおくと，

$$f(t)=\frac{(t^2+1)^2}{2}+\frac{t^2}{t^2+1}=\frac{(t^2+1)^2}{2}+1-\frac{1}{t^2+1} \qquad \cdots\cdots①$$

であり，$f(-t)=f(t)$ がつねに成り立つのでこれは偶関数である。そこで，以下 $t>0$ における $f(t)$ の値域を求めればよい。

$t>0$ において，$\frac{(t^2+1)^2}{2}$ は増加し，$\frac{1}{t^2+1}$ は減少するので，① の形から

$t>0$ において，$f(t)$ は増加する連続関数 $\cdots\cdots②$

さらに，

$$\lim_{t\to+0} f(t)=\frac{1}{2},\quad \lim_{t\to\infty} f(t)=\infty \qquad \cdots\cdots③$$

であるから，②，③ より，求める a の範囲は

$$\boldsymbol{a>\frac{1}{2}}$$

である。

解説

1° 第1問と同様に基本的ではあるが，案外差がついたのではないだろうか。問題文にある「条件」を 解 答 では“法線”として解釈したが，実直に接線が直交する条件を定式化して，

$$\frac{2t}{(t^2+1)^2}\cdot\frac{\dfrac{t^2}{t^2+1}-a}{t-0}=-1 \qquad \cdots\cdots④$$

← (傾きの積)＝−1

を満たす0以外の実数 t が存在するような a の条件から求めてもよい。④ のようにした場合は，変形して

$$a=\frac{(t^2+1)^2}{2}+\frac{t^2}{t^2+1} \qquad \cdots\cdots⑤$$

のように“文字定数 a を分離”するのがよく，これは定石的手法である。この ⑤ の右辺が 解 答 の $f(t)$ にほかならない。

2° $f(t)$ の増減を調べるためには微分するのが普通であるが，① の右端の形に変形すれば，微分しなくても $t>0$ において増加することがわかる。たとえ微分するにせよ，(分子の次数)≧(分母の次数) であるような分数関数を含む場合，いったん分子を分母で割り算して，分子の次数を分母の次数より低くしておくと計算が楽になる。ちょっとしたことではあっても，試験場では心のゆとりに影響する。日頃から要領よい計算を心掛けるようにしたい。ちなみに

$$f'(t)=\frac{2t\{(t^2+1)^3+1\}}{(t^2+1)^2}$$

となる。

3° 要求されている a の範囲とは，a のとり得る値の範囲，つまり a の値域のことである。ポイントは，a の値域を求めるのであるから，$f(t)$ の増減を調べるだけでは不十分で，連続であることを確かめたうえで（微分できるのであるから連続であることは明らか），$t\to+0$，$t\to\infty$ の極限も調べねばならない，ということである。

たとえ増加関数でも，右図のような場合，a の値域は $a>\dfrac{1}{2}$ とはいえない。"値域"とは，実際にとり得る値の範囲であることを再度確認しよう$\left(本来は \left\{a \middle| a>\dfrac{1}{2}\right\} の\right.$ように，集合の記号を用いて記述すべきものである$\left.\right)$。

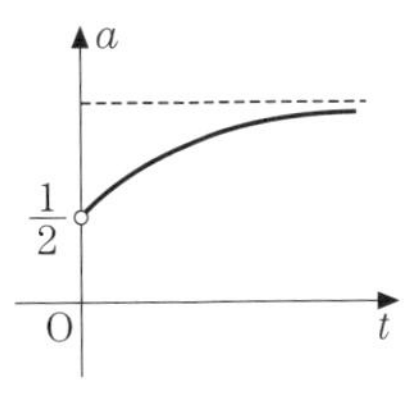

第 5 問

解 答

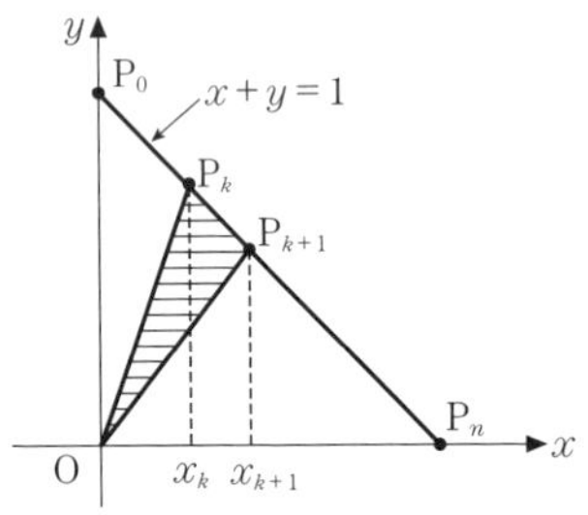

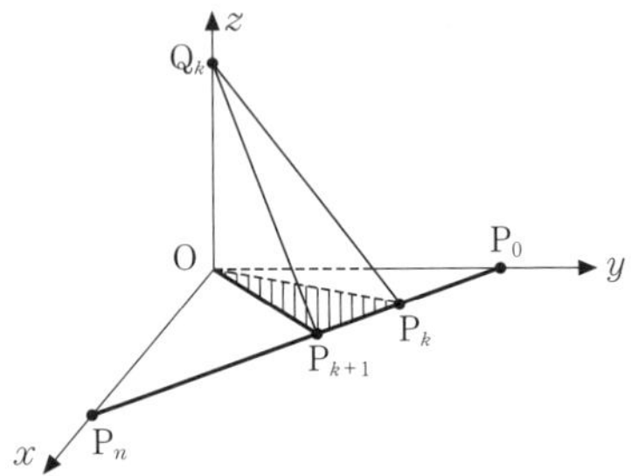

$Q_k(0,\ 0,\ q_k)$ $(q_k \geqq 0)$，$\dfrac{k}{n}=x_k$ とおくと，$P_kQ_k=1$ より，

$$x_k{}^2+(1-x_k)^2+q_k{}^2=1$$

であり，$q_k \geqq 0$ に注意すると，

$$q_k=\sqrt{2x_k-2x_k{}^2} \quad \text{つまり} \quad Q_k(0,\ 0,\ \sqrt{2(x_k-x_k{}^2)})$$

である。

よって，点 P_k $(k=1,\ 2,\ \cdots\cdots,\ n-1)$ が線分 P_0P_n を n 等分していることも考え，

$$V_k=\frac{1}{3}\triangle OP_kP_{k+1}\cdot OQ_k=\frac{1}{3}\cdot\frac{P_kP_{k+1}}{P_0P_n}\triangle OP_0P_n\cdot OQ_k$$

$$=\frac{1}{3}\cdot\left(\frac{1}{n}\cdot\frac{1}{2}\right)\cdot q_k=\frac{\sqrt{2}}{6}\cdot\frac{1}{n}\sqrt{x_k-x_k{}^2}$$

$$\therefore \quad \lim_{n\to\infty}\sum_{k=0}^{n-1}V_k=\lim_{n\to\infty}\frac{\sqrt{2}}{6}\cdot\frac{1}{n}\sum_{k=0}^{n-1}\sqrt{x_k-x_k{}^2}$$

$$=\frac{\sqrt{2}}{6}\int_0^1\sqrt{x-x^2}\,dx$$

$$=\frac{\sqrt{2}}{6}\int_0^1\sqrt{\frac{1}{4}-\left(x-\frac{1}{2}\right)^2}\,dx$$

$$=\frac{\sqrt{2}}{6}\times(\text{右図半円の面積})$$
$$=\frac{\sqrt{2}}{6}\cdot\frac{1}{2}\pi\left(\frac{1}{2}\right)^2$$
$$=\boldsymbol{\frac{\sqrt{2}}{48}\pi}$$

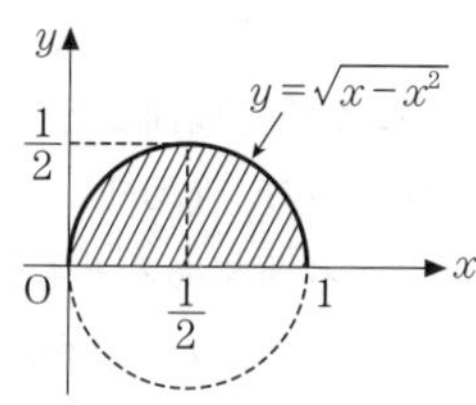

解説

1°　第4問と同様に数Ⅲの基本問題で，区分求積法による数列和の極限計算が問われている。いかに手早く正確に処理するか，という問題である。

区分求積法の基本形は

$$\lim_{n\to\infty}\sum_{k=1}^{n}f(x_k)\Delta x=\int_a^b f(x)\,dx\quad\left(\text{ただし，}\Delta x=\frac{b-a}{n},\ x_k=a+k\Delta x\right)$$

であり，この式において，$a=0$，$b=1$ とした場合の

$$\lim_{n\to\infty}\frac{1}{n}\sum_{k=1}^{n}f\left(\frac{k}{n}\right)=\int_0^1 f(x)\,dx$$

が用いられることが多い。$\sum$ 記号の上端・下端の値のズレは有限値なら気にする必要はなく，$k=1$ から $k=n$ までの和が $k=0$ から $k=n-1$ までの和になっていても極限は変わらない。

2°　$\triangle OP_kP_{k+1}$ の面積の計算は，**解答**以外に

$$\triangle OP_kP_{k+1}=\frac{1}{2}\cdot OP_0\cdot(x_{k+1}-x_k)\qquad\leftarrow OP_0\text{を底辺とみた}$$

のようにするなどの方法もあるがどれも大差ない。それよりも，意外に受験生の躓きのもとになったのが，定積分 $\int_0^1\sqrt{x-x^2}\,dx$ の計算ではなかろうか。$\sqrt{x-x^2}$ の中身を“平方完成”するという少しの工夫で事足りるし，普通に学習していれば経験するはずの計算である。仮に平方完成に気づかなくとも，$y=\sqrt{x-x^2}$ のグラフを描いてみようとすれば，何をすればよいかがわかるだろう。平方完成した後は，$x-\frac{1}{2}=\frac{1}{2}\sin\theta$ と置換するよりも**解答**のようにする方が早い。教科書にないような高級な“テクニック”ばかりを覚えるのが入試対策ではなく，その場で解決するために自分でできる限りのことをするという「自分でものを考える力」をつけることが重要である。

3°　直観的には，長さが1の線分PQを，Pが xy 平面上の線分 $x+y=1$ かつ $x\geqq0$

かつ $y\geqq 0$ 上に，Qが z 軸上の $z\geqq 0$ の部分にあるように動かしたときに，線分PQが描く曲面と3つの座標平面で囲まれた部分の体積を求めよ，というような問題である。しかし，この設定のままでは体積計算は困難で，計算可能な設定にしたのが本問であるともいえる。体積などの求積計算はやはり東大の頻出テーマであり，ここにもそれが垣間見られる。

第 6 問

解答

(1) 8個の項からなる数列 $\{1,\ 2,\ 3,\ 4,\ 5,\ 6,\ 7,\ 8\}$ を1回シャッフルすると

$$\{5,\ 1,\ 6,\ 2,\ 7,\ 3,\ 8,\ 4\}$$

となり，もう1回シャッフルすると

$$\{7,\ 5,\ 3,\ 1,\ 8,\ 6,\ 4,\ 2\}$$

となり，さらにもう1回シャッフルすると

$$\{\mathbf{8},\ \mathbf{7},\ \mathbf{6},\ \mathbf{5},\ \mathbf{4},\ \mathbf{3},\ \mathbf{2},\ \mathbf{1}\}$$

となる。

(2) シャッフルの定義により，

$1\leqq k\leqq N$ のときは，$f(k)$ は k 番目の正の偶数，つまり，

$$f(k)=2k$$

$N+1\leqq k\leqq 2N$ のときは，$f(k)$ は $k-N$ 番目の正の奇数，つまり，

$$f(k)=2(k-N)-1=2k-(2N+1)$$

である。したがって，

$$f(k)-2k=0 \quad または \quad -(2N+1)$$

であり，いずれにしても，$1\leqq k\leqq 2N$ を満たす任意の整数 k に対し，$f(k)-2k$ は $2N+1$ で割り切れる。　　　　（証明終わり）

(3) 証明を記述しやすくするために，記号を2つ導入する。

まず一つは，整数 a，b，m に対して，「$a-b$ が m で割り切れる」ことを，

$$a\equiv b \pmod{m}$$

で表す。このとき，任意の整数 a，b，c，m に対して

$$a\equiv b \pmod{m} \Longrightarrow ca\equiv cb \pmod{m} \qquad \cdots\cdots(*)$$

が成り立つ。

（∵　$a\equiv b \pmod{m}$ ならば，$a-b=lm$ となる整数 l が存在する。この両辺に c をかけると $ca-cb=clm$ となり $ca-cb$ は m で割り切れるので，$ca\equiv cb \pmod{m}$ が成り立つ。）

次にもう一つは，数列 $\{1,\ 2,\ \cdots\cdots,\ 2N\}$ を n 回シャッフルしたときに得られる数列において，数 k が現れる位置を $f_n(k)$ で表す。つまり，数列 $\{f_n(k)\}$ は

$$f_1(k)=f(k),\quad f_{n+1}(k)=f(f_n(k))\quad (n=1,\ 2,\ \cdots\cdots)$$

で定義されるものである。

さて，(2) で示したことは，$1\leqq k\leqq 2N$ を満たす任意の整数 k に対し，

$$f_1(k)\equiv 2k \pmod{2N+1} \qquad \cdots\cdots①$$

が成り立つことである。

ここで，$1\leqq f_1(k)\leqq 2N$ であることに注意すれば，① と (＊) の性質より

$$f_2(k)\equiv 2f_1(k)\equiv 2\cdot 2k \pmod{2N+1} \quad \text{つまり} \quad f_2(k)\equiv 2^2k \pmod{2N+1} \qquad \cdots\cdots②$$

が成り立つ。さらに，$1\leqq f_2(k)\leqq 2N$ であることに注意すれば，② と (＊) の性質より

$$f_3(k)\equiv 2f_2(k)\equiv 2\cdot 2^2k \pmod{2N+1} \quad \text{つまり} \quad f_3(k)\equiv 2^3k \pmod{2N+1}$$

が成り立つ。これを繰り返すと，

$$f_{2n}(k)\equiv 2f_{2n-1}(k)\equiv 2\cdot 2^{2n-1}k \pmod{2N+1}$$

つまり

$$f_{2n}(k)\equiv 2^{2n}k \pmod{2N+1} \qquad \cdots\cdots③$$

が成立することがわかる。

一方，任意の正の整数 n に対し，

$$2^{2n}\equiv 1 \pmod{2N+1}$$

（$\because$　$2^{2n}-1=(2^n+1)(2^n-1)=(2N+1)(2^n-1)$ は $2N+1$ で割り切れる）

であるから，(＊) の性質より，任意の整数 k に対して

$$2^{2n}k\equiv k \pmod{2N+1} \qquad \cdots\cdots④$$

が成り立つ。

したがって，③ と ④ より，$1\leqq k\leqq 2N$ を満たす任意の整数 k に対し，

$$f_{2n}(k)\equiv k \pmod{2N+1} \qquad \cdots\cdots⑤$$

が成り立つ。

さらに，$1\leqq f_{2n}(k)\leqq 2N$，$1\leqq k\leqq 2N$ より，

$$-(2N-1)\leqq f_{2n}(k)-k\leqq 2N-1 \qquad \cdots\cdots⑥$$

であるから，⑤ と ⑥ より，$1\leqq k\leqq 2N$ を満たす任意の整数 k に対し，

$$f_{2n}(k)-k=0 \quad \text{つまり} \quad f_{2n}(k)=k$$

が成り立つ。これは，数列 $\{1,\ 2,\ 3,\ \cdots\cdots,\ 2N\}$ を $2n$ 回シャッフルすると，$\{1,\ 2,\ 3,\ \cdots\cdots,\ 2N\}$ にもどることを示している。　　　　（証明終わり）

解説

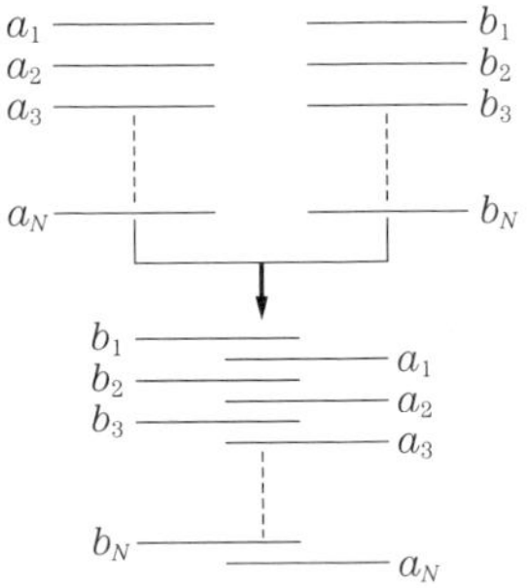

1° トランプのカードを2つの山に分け，1枚おきに重ねるようにして1つの山をつくるという，おなじみの“シャッフル”が題材とされている。(3)がメインであり，大学で学ぶ数学の言葉でいうと，シャッフルという「置換」が，何回かくり返すと「恒等置換」になっていることを論証する（大学では有名な）問題である。

(3)を直接問われたら難問となってしまうが，(1)，(2)のヒントあるいは誘導があるので，試験問題としては無理のないものである。(1)，(2)は問題の意味がわかっていますか，という問いであり，たとえ数学が不得手でもこの部分だけは得点を確保したい。

2° (3)の証明はやや書きにくい。**解答**で導入した記号を用いて解説を加えよう。

まず，示すべき目標を明確にしよう。目標は

$1\leqq k\leqq 2N$ を満たす任意の整数 k に対し，$f_{2n}(k)=k$ を導く

ことである。

次に，(2)の事実を積極的に利用することを考えよう。シャッフルを繰り返すことでずれていく数 k の位置は，問題文に与えられた記号 f を数 k にどんどん“かぶせて”いくことで表されるから，(2)の事実を繰り返し用いるとよいことに気づくだろう。そうすれば**解答**の③がわかる。ここが第1のポイントである。

さらに，③と目標を結びつけるために，**解答**の④を示す必要がでてくる。これは，$2N+1=2^n+1$ であることに注意すればたやすい。すると**解答**の⑤，つまり「$f_{2n}(k)-k$ が $2N+1$ で割り切れる」ことが示される。これが第2のポイントである。

そして，目標を達成するために⑥を示しておくことが第3のポイントである。⑥でわかるように，$f_{2n}(k)-k$ の絶対値は $2N-1$ 以下なので，“$2N-1$ より大きい整数”で割り切れるとしたらそれは0しかない，というわけである。“$2N-1$ より大きい整数”として(2)で $2N+1$ を提示してくれており，(2)が絶妙のヒントになっているのである。

結局，(2)の事実の利用による⑤を示すまでの流れと，⑤に⑥を組むことが解決のキーポイントである。

なお，(1)も参考にすると，目標を，「$1\leqq k\leqq 2N$ を満たす任意の k に対し

$f_n(k)=2N+1-k$ を導くこと」に設定してもよい（n 回のシャッフルで逆順になることを示せばよい）。

3° (3)の **解** **答** で導入した記号について触れておこう。

記号 $a\equiv b \pmod{m}$ は「合同式」と呼ばれるもので教科書にはないが，数学の世界ではよく知られたものであり，使い慣れると便利である。**解** **答** で示した性質以外にも

$$a\equiv b \pmod{m} \text{ かつ } c\equiv d \pmod{m} \implies a\pm c\equiv b\pm d \pmod{m}$$

$$a\equiv b \pmod{m} \text{ かつ } c\equiv d \pmod{m} \implies ac\equiv bd \pmod{m}$$

なども成立する（各自証明してみよ）。東大の問題ではしばしば合同式が有効な場合がある。

また，n 回シャッフルした後の数 k の位置は $\underbrace{f(f(\cdots(f}_{n\text{ 個の }f}(k))\cdots))$ で表されるが，これでは煩雑なので記号 $f_n(k)$ を導入した。これは単に書く手間を省くためで本質的ではない。

合同式を用いないで **解** **答** の ③ を示そうとするとつぎのようになる（記号 $f_n(k)$ は用いることにする）。

(2)より，$1\leqq k\leqq 2N$ を満たす任意の整数 k に対し，

$f_1(k)-2k$ は $2N+1$ で割り切れる　つまり　$f_1(k)-2k=A_1(2N+1)$ ……㋐

となる整数 A_1 が存在し，$1\leqq f_1(k)\leqq 2N$ であることに注意して，この k のところに $f_1(k)$ を代入すると，

$f_2(k)-2f_1(k)$ は $2N+1$ で割り切れる　つまり　$f_2(k)-2f_1(k)=A_2(2N+1)$ ……㋑

となる整数 A_2 が存在する。同様にして，

$f_3(k)-2f_2(k)$ は $2N+1$ で割り切れる　つまり　$f_3(k)-2f_2(k)=A_3(2N+1)$ ……㋒

$f_4(k)-2f_3(k)$ は $2N+1$ で割り切れる　つまり　$f_4(k)-2f_3(k)=A_4(2N+1)$ ……㋓

$f_{2n}(k)-2f_{2n-1}(k)$ は $2N+1$ で割り切れる

つまり　$f_{2n}(k)-2f_{2n-1}(k)=A_{2n}(2N+1)$ ……㋔

となる整数 A_3，A_4，……，A_{2n} が存在するので，

㋐$\times 2^{2n-1}+$㋑$\times 2^{2n-2}+$㋒$\times 2^{2n-3}+\cdots\cdots+$㋔ より，

$$f_{2n}(k)-2^{2n}k=(2^{2n-1}A_1+2^{2n-2}A_2+2^{2n-3}A_3+\cdots\cdots+A_{2n})(2N+1)$$

を得る。つまり，$f_{2n}(k)-2^{2n}k$ は $2N+1$ で割り切れ，③でわかる。

このように書くと，時間もかかり見通しがあまりよくない。これを回避するには合同式を用いるか，または数学的帰納法を用いるのがよい。後者については各自の論述演習としておこう。

2001年

第 1 問

解答

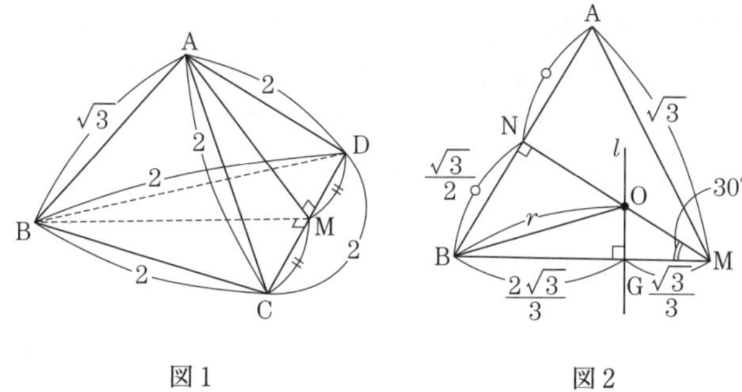

図1　　　　図2

半径rの球面の中心をOとすると，Oは

$$OA=OB=OC=OD$$

を満たす点である。

← Oは四面体ABCDの外接球の中心。

まず，OC=OD より，Oは線分CDの垂直二等分面α上にあり，CDの中点をMとすると，△ACD，△BCDが正三角形であることから，

$$AM\perp CD,\ BM\perp CD$$

であり，A，B，Mもα上にある。

次に，OA=OB より，Oはα上で線分ABの垂直二等分線上にあり，ABの中点をNとすると，△ABMは正三角形であることから，Oは直線MN上にある。

さらに OB=OC=OD より，Oは△BCDの外心Gを通り平面BCDに垂直な直線l上にある。

△BCDは正三角形だから，Gは△BCDの重心でもあり，△ABMが1辺の長さ$\sqrt{3}$の正三角形なので，図2のようになっている。

よって，

$$r=OB=\sqrt{BG^2+OG^2}$$

2001

$$=\sqrt{\left(\frac{2\sqrt{3}}{3}\right)^2+\left(\frac{\sqrt{3}}{3}\tan 30^\circ\right)^2}=\boldsymbol{\frac{\sqrt{13}}{3}}$$

である。

解説

1°　立体を素材とした東大らしい問題である。内容は平易で，確実に完答しておきたい。

与えられた四面体が，図 1 のように，線分 CD の垂直二等分面に関して対称な立体であることに着目し，対称面による切り口上で考察することがポイントの 1 つである。このことは，OA＝OB＝OC＝OD の条件のうち，OC＝OD の条件を考えれば必然的であるが，一般に面対称な立体は，対称面で切って，平面図形化を図ると見通しよく解決できることが多い。本問の場合，対称面による切り口の △ABM が，1 辺の長さ $\sqrt{3}$ の正三角形となっていることが，さらに問題を解きやすくしている。

2°　四面体 ABCD の外接球の中心が，各面の三角形の外心を通り，各面に垂直な直線上にあることを押えることも，もう 1 つのポイントであろう。

直線 l 上だけでなく，△ACD の外心 H を通り，平面 ACD に垂直な直線 m 上にも O があることに注目すれば，やはり ∠OMG＝30° がわかって，**解 答** と同様に解決する。

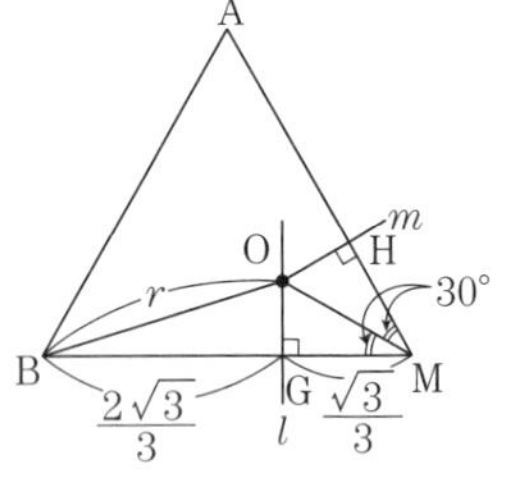

3°　O が直線 MN 上にあることを押えた上で，OM＝x とおけば，ON＝$\frac{3}{2}-x$ となるので，

$$\text{OA}(=\text{OB})=r \quad \text{より} \quad \left(\frac{3}{2}-x\right)^2+\left(\frac{\sqrt{3}}{2}\right)^2=r^2$$

$$\text{OC}(=\text{OD})=r \quad \text{より} \quad x^2+1=r^2$$

が成り立ち，これらを連立させて，$r>0$ を考え

$$x=\frac{2}{3},\quad r=\frac{\sqrt{13}}{3}$$

を得ることもできる。**2°** のポイントに気づかない場合は，このように処理することになろう。

4° 空間座標を設定して解くのもよい。

四面体 ABCD が平面 ABM に関して対称な立体であることに注目し，右図のように座標設定すると，

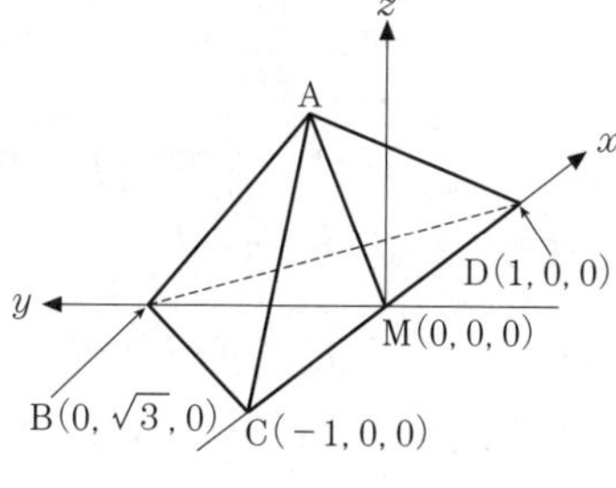

$$\mathrm{A}(0,\ p,\ q)\quad [q>0]$$

とおくことができ，

$\mathrm{AB}=\sqrt{3}$　より　$(p-\sqrt{3})^2+q^2=3$　……①

$\mathrm{AC}(=\mathrm{AD})=2$　より　$1+p^2+q^2=4$　……②

が成立する。①，② を連立し，$q>0$ も考えると，

$$\mathrm{A}\left(0,\ \frac{\sqrt{3}}{2},\ \frac{3}{2}\right)$$

とわかる。

半径 r の球面の中心 O は

$$\mathrm{O}(0,\ s,\ t)$$

とおけて，

$\mathrm{OA}=r$　より　$\left(s-\dfrac{\sqrt{3}}{2}\right)^2+\left(t-\dfrac{3}{2}\right)^2=r^2$　……③

$\mathrm{OB}=r$　より　$(s-\sqrt{3})^2+t^2=r^2$　……④

$\mathrm{OC}(=\mathrm{OD})=r$　より　$1+s^2+t^2=r^2$　……⑤

が成立するので，③，④，⑤ を連立させて，$r>0$ を考え

$$s=\frac{1}{\sqrt{3}},\quad t=\frac{1}{3},\quad r=\frac{\sqrt{13}}{3}$$

を得る。

この方法は，座標設定しさえすれば，機械的に処理できるメリットがある。

第 2 問

解 答

与えられた等式は，

$$\sin(x+y)=\sin x\cos y+\cos x\sin y$$
$$\cos(x-y)=\cos x\cos y+\sin x\sin y$$

であることを用いると，

$$f(x)=\frac{a}{2\pi}\sin x\int_0^{2\pi}\cos y f(y)\,dy+\frac{a}{2\pi}\cos x\int_0^{2\pi}\sin y f(y)\,dy$$
$$+\frac{b}{2\pi}\cos x\int_0^{2\pi}\cos y f(y)\,dy+\frac{b}{2\pi}\sin x\int_0^{2\pi}\sin y f(y)\,dy+\sin x+\cos x$$

と変形できる。そこで，

$$A=\int_0^{2\pi}\cos y f(y)\,dy \quad \cdots\cdots①,\quad B=\int_0^{2\pi}\sin y f(y)\,dy \quad \cdots\cdots②$$

とおくと，A，B は x によらない定数で，

$$f(x)=C\sin x+D\cos x \qquad \cdots\cdots(*)$$

ただし，

$$C=\frac{a}{2\pi}A+\frac{b}{2\pi}B+1 \quad \cdots\cdots③,\quad D=\frac{b}{2\pi}A+\frac{a}{2\pi}B+1 \quad \cdots\cdots④$$

と表される。

ここで，$(*)$を ①，② に代入すると，

$$A=C\int_0^{2\pi}\cos y\sin y\,dy+D\int_0^{2\pi}\cos^2 y\,dy$$
$$=\frac{C}{2}\int_0^{2\pi}\sin 2y\,dy+\frac{D}{2}\int_0^{2\pi}(1+\cos 2y)\,dy$$
$$=\frac{C}{2}\left[-\frac{1}{2}\cos 2y\right]_0^{2\pi}+\frac{D}{2}\left[y+\frac{1}{2}\sin 2y\right]_0^{2\pi}=D\pi \qquad \cdots\cdots⑤$$

$$B=C\int_0^{2\pi}\sin^2 y\,dy+D\int_0^{2\pi}\sin y\cos y\,dy$$
$$=\frac{C}{2}\int_0^{2\pi}(1-\cos 2y)\,dy+\frac{D}{2}\int_0^{2\pi}\sin 2y\,dy$$
$$=\frac{C}{2}\left[y-\frac{1}{2}\sin 2y\right]_0^{2\pi}+\frac{D}{2}\left[-\frac{1}{2}\cos 2y\right]_0^{2\pi}=C\pi \qquad \cdots\cdots⑥$$

となるので，④ と ⑤，③ と ⑥ より，

$$\begin{cases} A=\dfrac{b}{2}A+\dfrac{a}{2}B+\pi \\[2mm] B=\dfrac{a}{2}A+\dfrac{b}{2}B+\pi \end{cases} \qquad \therefore\quad \begin{pmatrix}2-b & -a\\ -a & 2-b\end{pmatrix}\begin{pmatrix}A\\ B\end{pmatrix}=\begin{pmatrix}2\pi\\ 2\pi\end{pmatrix} \qquad \cdots\cdots⑦$$

与えられた等式を満たす $f(x)$ $(0\leqq x\leqq 2\pi)$ がただ 1 つ定まるためには，C，D の組がただ 1 組に定まることが必要十分で，その条件は，⑤，⑥ を考えると，⑦ を満たす A，B の組がただ 1 組定まることにほかならない。

よって，求める条件は，

$$\det\begin{pmatrix}2-b & -a\\ -a & 2-b\end{pmatrix}\neq 0$$

← 行列 A に対して $\det A$ は，A の行列式を表す。

$\therefore\quad (2-b)^2-a^2\neq 0$ ……⑧

$\therefore\quad \boldsymbol{(2-b+a)(2-b-a)\neq 0}$

⑧のもとでは，⑦より

$$\begin{pmatrix}A\\ B\end{pmatrix}=\begin{pmatrix}2-b & -a\\ -a & 2-b\end{pmatrix}^{-1}\begin{pmatrix}2\pi\\ 2\pi\end{pmatrix}=\frac{2\pi}{(2-b)^2-a^2}\begin{pmatrix}2-b & a\\ a & 2-b\end{pmatrix}\begin{pmatrix}1\\ 1\end{pmatrix}$$

$$\therefore\quad A=B=\frac{2(2-b+a)\pi}{(2-b+a)(2-b-a)}=\frac{2\pi}{2-(a+b)}$$

このとき，⑤，⑥より

$$C=D=\frac{A}{\pi}\left(=\frac{B}{\pi}\right)=\frac{2}{2-(a+b)}$$

となるので，(＊)より，

$$\boldsymbol{f(x)=\frac{2}{2-(a+b)}(\sin x+\cos x)}$$

と定まる。

解説

1°　与えられた等式に圧倒され，難しそうに見えるが，実はごく標準的な問題である。関数 $f(x)$ についての関数方程式であり，特に積分を含む積分方程式である。

$f(x)$ が未知である以上，たとえば，$\int_0^{2\pi}\cos y f(y)dy$ などは計算することはできないが，積分の上端，下端が定数なので，この定積分は定数である。この着眼がポイントで，①，②のように A，B などと文字において，未定の係数を定めようとしていけばよい。その際，③，④のように置き換えておくと見通しがよい。

2°　⑧を導くところでは，次の定理を用いている。

［定理］　任意の α，β に対して x と y の連立方程式

$$\begin{cases}ax+by=\alpha\\ cx+dy=\beta\end{cases}$$

がただ一組だけの解をもつための条件は，係数行列の行列式 $ad-bc$ が 0 でないことである。

第 3 問

解答

まず，

$$a(t)=\frac{1}{2}\left|1\cdot\frac{1}{t}-t\cdot 1\right|$$
$$=\frac{1}{2}\left|\frac{1-t^2}{t}\right|$$
$$=\frac{t^2-1}{2t}\quad(\because\quad t>1)$$

← O(0, 0), A(x_1, y_1) B(x_2, y_2)のとき，△OABの面積は，$\frac{1}{2}\left|x_1y_2-x_2y_1\right|$

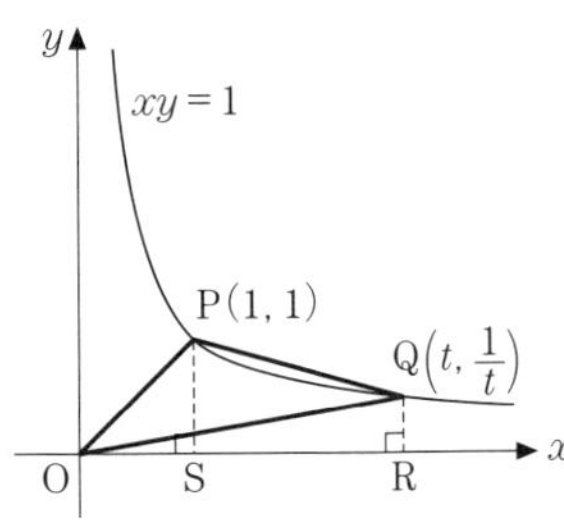

である。

次に，右上図のように点R，Sをとると，

$$b(t)=(\triangle\text{OPS})+(\text{図形PQRS})-(\triangle\text{OQR})$$
$$=\frac{1}{2}\cdot 1\cdot 1+\int_1^t\frac{1}{x}dx-\frac{1}{2}\cdot t\cdot\frac{1}{t}$$
$$=\Big[\log|x|\Big]_1^t=\log t\quad(\because\quad t>1)$$

である。

よって，$t>1$ において，

$$c(t)=\frac{b(t)}{a(t)}=\frac{2t\log t}{t^2-1}$$

と表され，

$$c'(t)=\frac{2d(t)}{(t^2-1)^2}\qquad\cdots\cdots①$$

ただし，

$$d(t)=(t\log t)'(t^2-1)-(t\log t)(t^2-1)'$$
$$=(\log t+1)(t^2-1)-2t^2\log t$$
$$=t^2-1-(t^2+1)\log t$$
$$=(t^2+1)\left(\frac{t^2-1}{t^2+1}-\log t\right)\qquad\cdots\cdots②$$

← ①より，$c'(t)$は$d(t)$と同符号。

となる。そこで，

$$e(t)=\frac{t^2-1}{t^2+1}-\log t$$

← ②より，$d(t)$は$e(t)$と同符号。

とおくと，

$$e'(t)=\frac{(t^2-1)'(t^2+1)-(t^2-1)(t^2+1)'}{(t^2+1)^2}-\frac{1}{t}$$

$$= \frac{4t}{(t^2+1)^2} - \frac{1}{t}$$

$$= \frac{4t^2-(t^2+1)^2}{t(t^2+1)^2} = -\frac{(t^2-1)^2}{t(t^2+1)^2}$$

となるから,

$t>1 \implies e'(t)<0$

$\implies e(t)$ は減少関数

であり, $e(1)=0$ であることを考えると,

$t>1 \implies e(t)<0$

$\implies d(t)<0$ （∵ ②）

$\implies c'(t)<0$ （∵ ①）

である。

したがって, 関数 $c(t)$ は $t>1$ においてつねに減少する。

← $e(t)$ は $t=1$ で連続な減少関数なので, $e(1)=0$ なら $t>1$ で $e(t)<0$

（証明終わり）

解説

1° 2001年度の問題の中では最も易しい。解答用紙のスペースも考慮すれば, 本問を第1問にし, もとの第1問・第2問をそれぞれ第2問・第3問に配置した方が受験生に対してより良心的であったのではなかろうか。

近年の出題をみると, 数学Ⅲの微積分の基本的計算能力をしっかり身につけておくことが必要であるし, 大学側もそれを望んでいることが窺える。

2° ある区間で減少関数であることを示すには, その区間で導関数の符号が負であることを示せばよいが, 本問の場合, 一度微分しただけではそれがすぐに示せない。そこで何らかの工夫を要するのだが, 微分を繰り返していくことで符号を調べてみようとすればよい。

解答 では, ② の形に変形したが, そうしなくとも,

$$d(t)=t^2-1-(t^2+1)\log t$$

をさらに微分していき, $t>1$ のもとで

$$d'(t)=2t-2t\log t-(t^2+1)\cdot\frac{1}{t}$$

$$d''(t)=2-2\log t-2t\cdot\frac{1}{t}-1+\frac{1}{t^2}$$

$$=\frac{1-t^2-2t^2\log t}{t^2}<0$$

（∵　$t>1$ のとき，$1-t^2<0$，$-2t^2\log t<0$）

であることと，$d'(1)=0$ であることから $d'(t)<0$ を示し，ついで $d(1)=0$ であることから，$d(t)<0$ を示してもよい。

第 4 問

解 答

$$\begin{cases} a_1=1, \quad a_2=i & \cdots\cdots① \\ a_{n+2}=a_{n+1}+a_n \quad (n=1,\ 2,\ \cdots\cdots) & \cdots\cdots② \end{cases}$$

$$b_n=\frac{a_{n+1}}{a_n} \quad (n=1,\ 2,\ \cdots\cdots) \qquad \cdots\cdots③$$

(1)　①，② より，

$$a_3=1+i, \qquad a_4=1+2i$$

であり，③ より，

$$b_1=\frac{a_2}{a_1}=i, \qquad b_2=\frac{a_3}{a_2}=1-i, \qquad b_3=\frac{a_4}{a_3}=\frac{3}{2}+\frac{1}{2}i$$

となる。

いま，

$$\frac{b_2-b_3}{b_1-b_3}=\frac{-\frac{1}{2}-\frac{3}{2}i}{-\frac{3}{2}+\frac{1}{2}i}=i$$

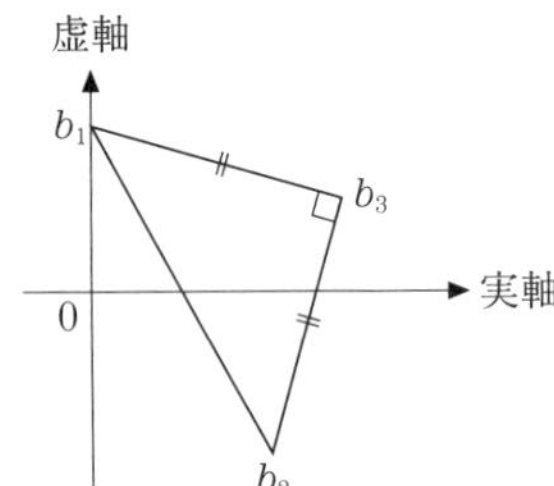

より，$\triangle b_1b_2b_3$ は右図のような直角二等辺三角形であるから，円 C の

中心は　$\dfrac{b_1+b_2}{2}=\mathbf{\dfrac{1}{2}}$

半径は　$\dfrac{1}{2}|b_1-b_2|=\mathbf{\dfrac{\sqrt{5}}{2}}$

である。

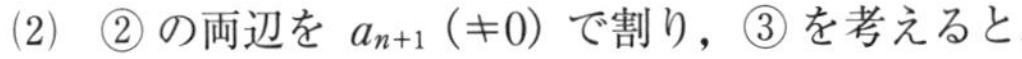
(2)　② の両辺を a_{n+1} $(\neq 0)$ で割り，③ を考えると，

$$\frac{a_{n+2}}{a_{n+1}}=1+\frac{a_n}{a_{n+1}} \qquad \therefore \quad b_{n+1}=1+\frac{1}{b_n} \qquad \cdots\cdots④$$

ここで，複素数 z $(\neq 0)$ に対して，

$$w=1+\frac{1}{z} \qquad \cdots\cdots⑤$$

とおくと，$w\neq 1$ であり，

$$z=\frac{1}{w-1} \qquad \cdots\cdots⑥$$

であるから，z が円 C 上にあるとき，w は，⑥を $\left|z-\frac{1}{2}\right|=\frac{\sqrt{5}}{2}$ に代入して，

$$\left|\frac{1}{w-1}-\frac{1}{2}\right|=\frac{\sqrt{5}}{2}$$

を満たす。これより，

$$|2-(w-1)|=\sqrt{5}\,|w-1|$$

$$\therefore\quad |w-3|^2=5|w-1|^2$$

$$\therefore\quad (w-3)(\overline{w}-3)=5(w-1)(\overline{w}-1)$$

$$\therefore\quad \left(w-\frac{1}{2}\right)\left(\overline{w}-\frac{1}{2}\right)=\frac{5}{4}$$

すなわち

$$\left|w-\frac{1}{2}\right|=\frac{\sqrt{5}}{2}$$

を得るので，w も円 C 上にある。

よって，ある n に対して点 b_n が C 上にあるならば，④で定まる点 b_{n+1} は，⑤で $z=b_n$ としたときの w であるから，やはり C 上にある。

そして，(1)より点 b_1 は C 上にあるので，帰納的にすべての点 b_n ($n=1$，2，……) は C 上にある。　（証明終わり）

解説

1° (1)はたやすい。実際に点 b_1，b_2，b_3 を複素数平面上にプロットしてみると，$\triangle b_1b_2b_3$ が直角二等辺三角形らしいとわかるので，**解答**ではそのことを利用した。もちろん，中心を $p+qi$，半径を r とおいて

$$|i-(p+qi)|=r \quad \text{より} \quad p^2+(q-1)^2=r^2$$

$$|(1-i)-(p+qi)|=r \quad \text{より} \quad (p-1)^2+(q+1)^2=r^2$$

$$\left|\left(\frac{3}{2}+\frac{1}{2}i\right)-(p+qi)\right|=r \quad \text{より} \quad \left(p-\frac{3}{2}\right)^2+\left(q-\frac{1}{2}\right)^2=r^2$$

という p，q，r の連立方程式を解く，という実直な方法でも容易に解決する。

2° (2)は，帰納的に定義された a_n を用いて b_n が定義されているので，b_n も帰納的に定義されることに注目し，帰納的に証明しようとするのが自然な着想であろう。そのために，b_n の満たす漸化式④を用意するのが第一手である。

3° 漸化式④を導くには，$a_n \neq 0$ ($n=1, 2, \cdots\cdots$) の保証（厳密には $n=3, 4, \cdots\cdots$ に対して $a_n \neq 0$ であればよい）が必要であるが，このことは次のようにして示される。

ある $N(\geqq 1)$ で $a_{N+2}=0$ とすると，② より

$$a_{N+1}+a_N=0 \qquad \therefore \quad a_{N+1}=-a_N$$

となるので，再び ② より

$$-a_N=a_N+a_{N-1} \qquad \therefore \quad a_N=-\frac{1}{2}a_{N-1}$$

これと同様にして，② を繰り返し用いると，

$$a_{N-1}=-\frac{2}{3}a_{N-2}, \quad a_{N-2}=-\frac{3}{5}a_{N-3}, \quad \cdots\cdots, \quad a_2=ta_1 \quad (t \text{は実数})$$

となり，① に矛盾する。よって，① も考えあわせると，$n=1, 2, \cdots\cdots$ に対して $a_n \neq 0$ であることがわかる。

4° 漸化式④を直接的に利用すれば，(2) は次のようにして示される。

ある n に対して，点 b_n が円 C 上にあると仮定すると，

$$\left|b_n-\frac{1}{2}\right|=\frac{\sqrt{5}}{2} \qquad \cdots\cdots ㋐$$

が成り立つ。このとき，

$$\left|b_{n+1}-\frac{1}{2}\right|=\left|\left(1+\frac{1}{b_n}\right)-\frac{1}{2}\right| \quad (\because \ ④)$$

$$=\left|\frac{1}{b_n}+\frac{1}{2}\right|=\left|\frac{b_n+2}{2b_n}\right| \qquad \cdots\cdots ㋑$$

であり，

$$\left|\frac{b_n+2}{2b_n}\right|^2-\left(\frac{\sqrt{5}}{2}\right)^2=\frac{b_n+2}{2b_n}\cdot\frac{\overline{b_n}+2}{2\overline{b_n}}-\frac{5}{4}$$

$$=\frac{(b_n\overline{b_n}+2b_n+2\overline{b_n}+4)-5b_n\overline{b_n}}{4b_n\overline{b_n}}$$

$$=-\frac{b_n\overline{b_n}-\frac{1}{2}b_n-\frac{1}{2}\overline{b_n}-1}{|b_n|^2}=-\frac{\left(b_n-\frac{1}{2}\right)\left(\overline{b_n}-\frac{1}{2}\right)-\frac{5}{4}}{|b_n|^2}$$

$$=-\frac{\left|b_n-\frac{1}{2}\right|^2-\left(\frac{\sqrt{5}}{2}\right)^2}{|b_n|^2}=0 \quad (\because \ ㋐) \qquad \cdots\cdots ㋒$$

であるから，㋑ と ㋒ より

$$\left|b_{n+1}-\frac{1}{2}\right|=\frac{\sqrt{5}}{2}$$

が成り立ち，点 b_{n+1} も C 上にある。

よって，(1)とあわせて，数学的帰納法により，すべての点 b_n $(n=1,\ 2,\ \cdots\cdots)$ は C 上にあることが示された。

5° (2)を **4°** のようにして証明してもよいのだが，より本質的には，漸化式④に対応する複素数平面上の1次分数変換

$$f(z)=1+\frac{1}{z} \qquad \cdots\cdots(*)$$

について，「z が C 上ならば $f(z)$ も C 上である」を示すことにほかならない。**解** **答** はその方針を踏襲した。

一般に，複素数平面上の1次分数変換

$$f(z)=\frac{az+b}{cz+d} \quad (a,\ b,\ c,\ d \text{ は定数で } ad-bc\neq 0)$$

は，「z が円周上を動くならば，$f(z)$ も円周上を動く」という性質をもっていることはよく知られている。これを〈円円対応〉という。ただし，ここでいう円には，直線（半径 ∞ の円と考える）も含まれる。

$(*)$の1次分数変換は，

点 z を，中心0，半径1の円に関して反転し，それを実軸に関して
対称移動してから，実軸方向に1だけ平行移動する

という図形的意味をもつ。

6° 実は，b_n の一般項を求めることができる。天下り的であるが，④の形に注目して，次の x の2次方程式を考える。

$$x=1+\frac{1}{x} \qquad \therefore\ x^2-x-1=0 \qquad \therefore\ x=\frac{1\pm\sqrt{5}}{2}$$

ここで，$\alpha=\dfrac{1+\sqrt{5}}{2}$，$\beta=\dfrac{1-\sqrt{5}}{2}$ とおき，④を用いると

$$\begin{cases} b_{n+1}-\alpha=\dfrac{1+b_n}{b_n}-\alpha=\dfrac{1+b_n-\alpha b_n}{b_n} \\ b_{n+1}-\beta=\dfrac{1+b_n}{b_n}-\beta=\dfrac{1+b_n-\beta b_n}{b_n} \end{cases}$$

となる。さらに，α，β は，$x=\dfrac{1}{x-1}$ を満たすことに注意し，

$$\frac{b_{n+1}-\alpha}{b_{n+1}-\beta}=\frac{1+(1-\alpha)b_n}{1+(1-\beta)b_n}=\frac{1-\alpha}{1-\beta}\cdot\frac{b_n-\dfrac{1}{\alpha-1}}{b_n-\dfrac{1}{\beta-1}}$$

$$=\frac{1-\alpha}{1-\beta}\cdot\frac{b_n-\alpha}{b_n-\beta} \qquad \cdots\cdots(**)$$

を得るので，$\left\{\dfrac{b_n-\alpha}{b_n-\beta}\right\}$ は公比 $\dfrac{1-\alpha}{1-\beta}$ の等比数列をなし，

$$\frac{b_n-\alpha}{b_n-\beta}=\frac{b_1-\alpha}{b_1-\beta}\left(\frac{1-\alpha}{1-\beta}\right)^{n-1}$$

と表される。これを b_n について解けば，b_n の一般項がわかることになる。

しかし，(2)を示すだけなら，b_n の一般項は必要なく，上の$(**)$を用いることで事足りる。α，β は円 C と実軸との2交点を表し，点 b_n が C 上なら，$(**)$より

$$\left|\arg\left(\frac{b_{n+1}-\alpha}{b_{n+1}-\beta}\right)\right|=\left|\arg\left(\frac{b_n-\alpha}{b_n-\beta}\right)\right|=\frac{\pi}{2}$$

となって，点 b_{n+1} も C 上となるからである$\left(\dfrac{1-\alpha}{1-\beta}\right.$ は負の実数であることに注意$\Big)$。

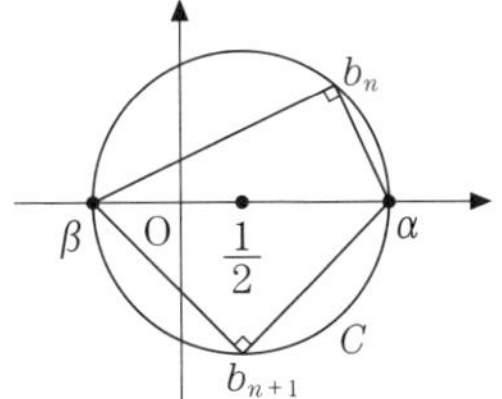

第 5 問

解答

最初に x リットルの水が入っているビーカーをAとする。(以下，単位はすべてリットルとし，省略することにする)。

Aの最終状態として起こり得るのは，次の三つの状態である。

(i)　Aは取り除かれている。

(ii)　Aは残り，水の量が x のままである。

(iii)　Aは残り，水の量が増えている。

(1)　$x<\dfrac{1}{3}$ のもとで，

最終状態が(ii)であった　$\cdots\cdots(*)$　← 背理法による。

と仮定する。

最終状態の1回手前，すなわち，ビーカーが3個である場合を考え，A以外のビーカーの水量を y，z $(y\geqq z)$ とすると，水の　← $y\geqq z$ としても一般性は失われない。

総量の条件から

$$x+y+z=1 \quad \cdots\cdots①$$

であり，(ii) の状態となるには

$$x \geqq y \geqq z \quad \cdots\cdots②$$

が必要である。ところが ② のとき，

$$x+y+z \leqq x+x+x=3x<3\cdot\frac{1}{3}=1 \quad \cdots\cdots③$$

となり，① に矛盾する。

よって，(＊)はあり得ず，最終状態は (i) または (iii) となる。　(証明終わり)

(2)　$x>\dfrac{2}{5}$ のもとで，

最終状態が (i) または (iii) であった　……(＊＊)　← やはり背理法による。

と仮定する。このとき，A は操作の過程で (a) または (b) の操作の対象となっており，はじめ A 以外はすべて水量 x 未満であったことから，途中で水量 x 以上のビーカーが作られたことになる。したがって，はじめに 4 個以上のビーカーがあったことも考慮すると，

← 問題の前提。

← 問題の前提。

ある正整数 n が存在して，ビーカーが $(n+3)$ 個から $(n+2)$ 個になるときに，はじめて A 以外で水量 x 以上のビーカーができる　……◎

が成立する。

そこで，$(n+3)$ 個のときの各ビーカーの水量を x，a_1，a_2，……，a_{n+1}，a_{n+2} として，

$$x>a_1 \geqq a_2 \geqq \cdots\cdots \geqq a_n \geqq a_{n+1} \geqq a_{n+2} \quad \cdots\cdots④$$

← このようにしても一般性は失われない。

とすると，水の総量の条件から

$$x+a_1+a_2+\cdots\cdots+a_n+a_{n+1}+a_{n+2}=1 \quad \cdots\cdots⑤$$

であり，◎より，

$$a_{n+1}+a_{n+2} \geqq x>a_1 \geqq a_2 \geqq \cdots\cdots \geqq a_n \quad \cdots\cdots⑥$$

である。④，⑥ より

$$x \leqq a_{n+1}+a_{n+2} \leqq a_n+a_n$$

$$\therefore\ x \leqq 2a_n \qquad \therefore\ a_n \geqq \frac{x}{2} \quad \cdots\cdots⑦$$

がわかるので，④，⑥，⑦ と $x>\dfrac{2}{5}$，$n \geqq 1$ より

$$x+a_1+a_2+\cdots\cdots+a_n+(a_{n+1}+a_{n+2})$$
$$\geqq x+\underbrace{\frac{x}{2}+\frac{x}{2}+\cdots\cdots+\frac{x}{2}}_{n\text{個の}\frac{x}{2}}+x$$
$$=\left(2+\frac{n}{2}\right)x>\left(2+\frac{1}{2}\right)\cdot\frac{2}{5}=1$$

となるが，これは⑤に矛盾する。

よって，(＊＊)はあり得ず，最終状態は(ii)のみである。　(証明終わり)

解説

1°　予備知識をほとんど必要としない論証問題で，まるでパズルのようである。そのため，一見手をつけやすく，何となくわかってくるのだが，精密に論述し相手を説得するのは，特に(2)の場合，難しいであろう。「できた」つもりになっていて，しかし得点はほとんどない，という受験生が多かったのではなかろうか。

直観的には，(1)では，$x<\frac{1}{3}$ なら，ビーカーが3個になったとき，平均未満なので必ず(a)または(b)の操作の対象になる，(2)では，$x>\frac{2}{5}$ なら，ビーカーが4個のとき，水量 x 以外のビーカーの水量は平均 $\frac{1}{5}$ 未満なので，水量 x のビーカーは最後まで操作の対象にならない，ということである。もちろんこれでは解答にはならない。

2°　きちんと論証するカギは「定式化」にある。言葉をいくら連ねても，的(まと)を射ていなければ意味がない。

解答のように，x 以外に(1)では，y，z，(2)では，a_1，a_2，……，a_{n+2} などと記号を準備し，不等式の議論にもちこむと曖昧さがなくなり，見通しがよくなる。与えられた条件（水の総量1リットル，はじめビーカー4個以上，1個を除いてすべて x リットル未満など）をすべて使いきっているかどうかも，検証しておくとよい。

3°　(2)において，ビーカーAは，ビーカーが3個になるまで水量 x のまま残っていることは簡単に示せる。なぜなら，ビーカーが k 個 ($k\geqq4$) あるときにAが(a)，(b)の操作の対象になると仮定すると，A以外の少なくとも $k-2$ 個のビーカーはすべて水量が x 以上だから，

$$
\begin{aligned}
(\text{水の総量}) &\geqq x+(k-2)x \\
&=(k-1)x \\
&>(4-1)\cdot\frac{2}{5}=\frac{6}{5}>1
\end{aligned}
$$

となり，水の総量が1であることに矛盾するからである。

ところが，このあと，3個から2個になるところで，Aが操作の対象にならないことを示すのは容易ではない。その際のポイントになるのが，「水量 x 以上のビーカーが作られる」場合に注目することである。解答もその着眼に基づいている。

第 6 問

解答

(1) n 回コインを投げたときのA，Bの座標を a_n，b_n とする。

与えられた規則により，$n\geqq 0$ において，

$$a_n=b_n+1 \quad \text{または} \quad a_n=b_n \quad \text{または} \quad a_n=b_n-1$$

以外はありえない。なぜなら，

$$a_0=b_0(=0)$$

であり，n 回後から $n+1$ 回後への推移は下図のようになるからである。ただし，表を○，裏を×で表してある。

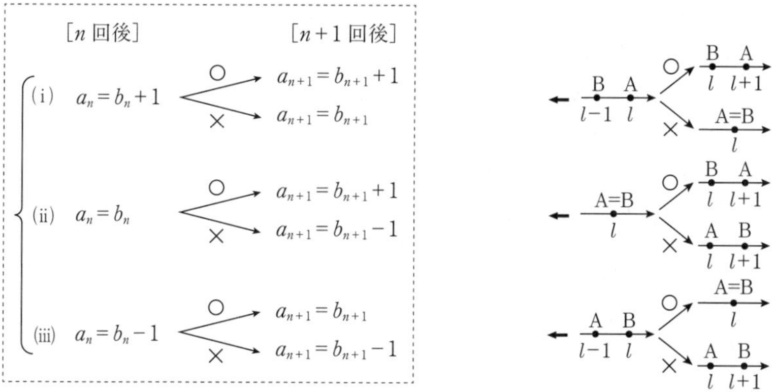

	[n 回後]		[$n+1$ 回後]
(i)	$a_n=b_n+1$	○	$a_{n+1}=b_{n+1}+1$
		×	$a_{n+1}=b_{n+1}$
(ii)	$a_n=b_n$	○	$a_{n+1}=b_{n+1}+1$
		×	$a_{n+1}=b_{n+1}-1$
(iii)	$a_n=b_n-1$	○	$a_{n+1}=b_{n+1}$
		×	$a_{n+1}=b_{n+1}-1$

そこで，上図の(i)，(ii)，(iii)となる場合の数を順に Y_n，X_n，Z_n とすると，

$$X_n+Y_n+Z_n=2^n \quad (n=0,\ 1,\ 2,\ \cdots\cdots) \qquad \cdots\cdots①$$

であり，$a_{n+1}=b_{n+1}$ となるのは(i)，(iii)の各状態に対してそれぞれ1通りずつあるから

$$X_{n+1}=Y_n+Z_n \quad (n=0,\ 1,\ 2,\ \cdots\cdots) \qquad \cdots\cdots②$$

である。よって，①，②より

$$\boldsymbol{X_{n+1}=2^n-X_n}\quad (\boldsymbol{n=0,\ 1,\ 2,\ \cdots\cdots}) \qquad \cdots\cdots③$$

が成り立つ。

(2) ③の両辺を 2^{n+1} で割り，$p_n=\dfrac{X_n}{2^n}$ とおくと

$$p_{n+1}=\frac{1}{2}-\frac{1}{2}p_n \qquad \therefore\quad p_{n+1}-\frac{1}{3}=-\frac{1}{2}\left(p_n-\frac{1}{3}\right)$$

$X_0=1$ より $p_0=\dfrac{X_0}{2^0}=1$ だから，

$$p_n-\frac{1}{3}=\left(p_0-\frac{1}{3}\right)\left(-\frac{1}{2}\right)^n$$

$$\therefore\quad p_n=\frac{1}{3}+\frac{2}{3}\left(-\frac{1}{2}\right)^n \qquad \cdots\cdots④$$

よって，

$$\boldsymbol{X_n}=2^np_n\boldsymbol{=\frac{1}{3}\{2^n+2(-1)^n\}}$$

となる。

(3) 確率変数 N_k $(k=1,\ 2,\ 3,\ \cdots\cdots,\ n)$ を

$$N_k=\begin{cases}1 & \cdots\ k\text{ 回目にAの座標が1増えるとき}\\ 0 & \cdots\ k\text{ 回目にAの座標が増えないとき}\end{cases}$$

とおくと，求める a の値の平均 E は，N_k の和の期待値，すなわち，

$$E=E(N_1+N_2+\cdots\cdots+N_n)$$
$$=E(N_1)+E(N_2)+\cdots\cdots+E(N_n) \qquad \cdots\cdots⑤$$

← 解説 4°

である。ただし，$E(N_k)$ は N_k の期待値である。

ここで，与えられた規則より

(ア) $a_{k-1}>b_{k-1}$ ならば，確率 $\dfrac{1}{2}$ で $N_k=1$，確率 $\dfrac{1}{2}$ で $N_k=0$

(イ) $a_{k-1}=b_{k-1}$ ならば，確率 $\dfrac{1}{2}$ で $N_k=1$，確率 $\dfrac{1}{2}$ で $N_k=0$

(ウ) $a_{k-1}<b_{k-1}$ ならば，確率1で $N_k=1$，確率0で $N_k=0$

であり，事象 X の確率を $P(X)$ とすると，AとBの対称性により，(2)の記号 p_n を用いて，

$$P(a_{k-1}=b_{k-1})=p_{k-1}$$

$$P(a_{k-1}>b_{k-1})=P(a_{k-1}<b_{k-1})=\frac{1-p_{k-1}}{2}$$

と表される。よって，

$$E(N_k)=\frac{1-p_{k-1}}{2}\left(1\cdot\frac{1}{2}+0\cdot\frac{1}{2}\right)$$
$$+p_{k-1}\left(1\cdot\frac{1}{2}+0\cdot\frac{1}{2}\right)$$
$$+\frac{1-p_{k-1}}{2}(1\cdot1+0\cdot0)$$

← **解説** 4°

$$=\frac{3}{4}-\frac{1}{4}p_{k-1} \qquad \cdots\cdots⑥$$

である。

したがって，④，⑤，⑥より

$$E=\sum_{k=1}^{n}\left(\frac{3}{4}-\frac{1}{4}p_{k-1}\right)=\sum_{k=1}^{n}\left\{\frac{2}{3}-\frac{1}{6}\left(-\frac{1}{2}\right)^{k-1}\right\}$$
$$=\frac{2}{3}n-\frac{1}{6}\cdot\frac{1-\left(-\frac{1}{2}\right)^n}{1-\left(-\frac{1}{2}\right)}$$
$$=\boldsymbol{\frac{2}{3}n-\frac{1}{9}\left\{1-\left(-\frac{1}{2}\right)^n\right\}}$$

である。

解説

1° (1), (2)は標準的である。しかし，与えられた規則がわかりにくく，試験場では易しくはないだろう。さらに，(3)は大学の出題指定範囲内では難問であろう。問題文には「場合の数 2^n 通りについての」とあり，「数学Ｉの確率」の範囲を意識した出題であることは読み取れるが，「数学Ｂの確率」を学習しておけば有利である(**解説** 4°)。ただし，それでも易しくはないかもしれない。

2° (1)では，与えられた規則から，Aの座標とBの座標の差が1以下であることをとらえるのが第1のポイントである。このことは，はじめに実験してみるとわかり

やすい。たとえば，（A の座標，B の座標）というように表すと下図のようになる。ただし，表を○，裏を×とする。

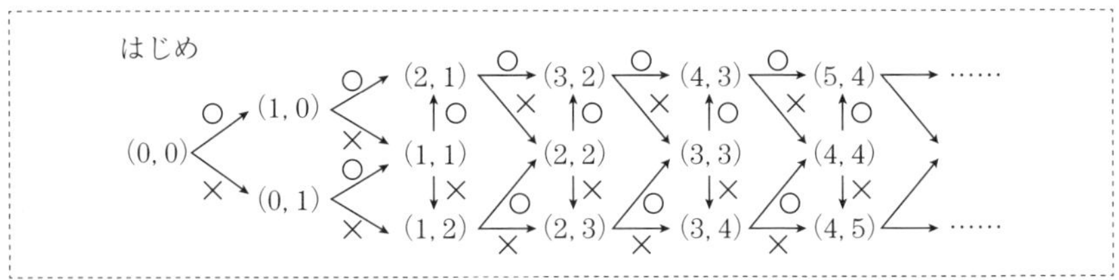

そして，ある回数の試行後に $(l,\ l)$ となるのは，その 1 回手前の試行後に $(l-1,\ l)$ または $(l,\ l-1)$ となる場合の数に等しいことを押えるのが第 2 のポイントである。

なお，A と B の対称性を考慮して，$(l-1,\ l)$ および $(l,\ l-1)$ となる場合の数がそれぞれ等しいことを認めれば，

$$X_{n+1}=\frac{2^n-X_n}{2}+\frac{2^n-X_n}{2}\quad \text{つまり}\quad X_{n+1}=2^n-X_n$$

とすることもできる。

3°　(2) は，(1) で求めた漸化式を解くだけである。解答以外に，

・③ の両辺を $(-1)^{n+1}$ で割って，$\dfrac{X_n}{(-1)^n}=q_n$ とおく

・③ を変形して，$X_{n+1}-\dfrac{2^{n+1}}{3}=-\left(X_n-\dfrac{2^n}{3}\right)$ とする

などの方法がある。各自試(こころ)みてもらいたい。

ところで，**解答** のように $\dfrac{X_n}{2^n}=p_n$ とおくと，この p_n は，n 回の試行後に $a_n=b_n$ となる確率を表す。そこで，(1) において確率 p_n についての漸化式を先に作り，その後 $X_n=2^n p_n$ として X_n の漸化式に書きかえる，という手順も考えられる。右図より

はじめ　　n 回後　　$n+1$ 回後

$a_0=b_0$ →(p_n)→ $a_n=b_n$ →(0)→ $a_{n+1}=b_{n+1}$

$a_0=b_0$ →($1-p_n$)→ $a_n\neq b_n$ →($\frac{1}{2}$)→ $a_{n+1}=b_{n+1}$

$$p_{n+1}=p_n\cdot 0+(1-p_n)\cdot\frac{1}{2}$$

$$\therefore\quad p_{n+1}=\frac{1}{2}-\frac{1}{2}p_n$$

が直ちにわかる。

4°　(3) の解答では，期待値に関する次の定理を用いている。

定理1　確率変数 X_1, X_2, ……, X_n に対して

$$E(X_1+X_2+\cdots\cdots+X_n)=E(X_1)+E(X_2)+\cdots\cdots+E(X_n)$$

が成り立つ。

定理2　全事象 U が $U=A_1\cup A_2\cup\cdots\cdots\cup A_n$ (A_1, A_2, ……, A_n は互いに排反) であるとき,

$$E(X)=P(A_1)E_{A_1}(X)+P(A_2)E_{A_2}(X)+\cdots\cdots+P(A_n)E_{A_n}(X)$$

が成り立つ。ただし, $E_A(X)$ は全事象を A としたときの X の期待値を表す。

これらは数学Bの範囲の内容であり, 知らない人もいるだろうが, 記憶に値する定理である。また, これらの定理を用いて, n 回の試行後の a の平均 E_n に関する漸化式を作ってもよい。⑥を導くのと同様にして

$$E(N_{n+1})=\frac{3}{4}-\frac{1}{4}p_n$$

であるから,

$$E_{n+1}=E_n+\frac{3}{4}-\frac{1}{4}p_n \qquad \therefore \quad E_{n+1}-E_n=\frac{2}{3}-\frac{1}{6}\left(-\frac{1}{2}\right)^n \qquad \cdots\cdots⑦$$

が成り立ち, ⑦を解いて結果を得る。

5° (3)を数学Iの確率の範囲内で解くと, 次のように極めて面倒である。

$a_n=l$ となる場合の数を $S(n,\ l)$ とおき, $S(n,\ l)$ のうち,

$a_n>b_n$ である場合の数を $S_1(n,\ l)$

$a_n=b_n$ である場合の数を $S_2(n,\ l)$

$a_n<b_n$ である場合の数を $S_3(n,\ l)$

とおくと, 与えられた規則により,

$$\begin{aligned}S(n+1,\ l)&=\{S_1(n,\ l-1)+S_1(n,\ l)\}+\{S_2(n,\ l-1)+S_2(n,\ l)\}\\&\quad+S_3(n,\ l-1)\cdot 2\\&=\{S_1(n,\ l-1)+S_2(n,\ l-1)+2S_3(n,\ l-1)\}\\&\quad+\{S_1(n,\ l)+S_2(n,\ l)\}\\&=\{S(n,\ l-1)+S_3(n,\ l-1)\}+\{S(n,\ l)-S_3(n,\ l)\}\end{aligned}$$

が成り立つので, a の平均を E_n とおくと,

$$E_{n+1}=\sum l\,\frac{S(n+1,\ l)}{2^{n+1}}$$

(Σは, 可能性のあるすべての l の値についての和)

$$=\sum \frac{l}{2^{n+1}}\Big[\{S(n,\ l-1)+S_3(n,\ l-1)\}+\{S(n,\ l)-S_3(n,\ l)\}\Big]$$

$$=\sum\Big[\frac{1}{2}\{(l-1)+1\}\frac{S(n,\ l-1)}{2^n}+\frac{1}{2^{n+1}}\{(l-1)+1\}S_3(n,\ l-1)$$

$$+\frac{1}{2}l\,\frac{S(n,\ l)}{2^n}-\frac{1}{2^{n+1}}lS_3(n,\ l)\Big]$$

$$=\frac{1}{2}\sum(l-1)\frac{S(n,\ l-1)}{2^n}+\frac{1}{2}\sum\frac{S(n,\ l-1)}{2^n}$$

$$+\frac{1}{2^{n+1}}\sum(l-1)S_3(n,\ l-1)+\frac{1}{2^{n+1}}\sum S_3(n,\ l-1)$$

$$+\frac{1}{2}\sum l\,\frac{S(n,\ l)}{2^n}-\frac{1}{2^{n+1}}\sum lS_3(n,\ l)$$

$$=\frac{1}{2}E_n+\frac{1}{2}\cdot1+\frac{1}{2^{n+1}}\sum(l-1)S_3(n,\ l-1)+\frac{1}{2^{n+1}}\sum S_3(n,\ l-1)$$

$$+\frac{1}{2}E_n-\frac{1}{2^{n+1}}\sum lS_3(n,\ l)$$

$$=E_n+\frac{1}{2}+\frac{1}{4}(1-p_n)$$

$$\left(\begin{array}{l}\because\quad \sum(l-1)S_3(n,\ l-1)=\sum lS_3(n,\ l),\\ \quad\ \ \sum S_3(n,\ l-1)=(a_n<b_n\text{ となる場合の数})=\dfrac{2^n-X_n}{2}\end{array}\right)$$

となり，これより ⑦ を得る。

2000年

第 1 問

解答

A(0, 1), B(−1, 0), C(1, 0) となるような xy 座標系を設定する。

← このとき確かに AB=AC, BC=2 の直角二等辺三角形となる。

このとき，ひとつの軸が辺 BC に平行で △ABC の各辺に接する楕円は

$$\frac{x^2}{a^2}+\frac{(y-b)^2}{b^2}=1 \quad (a>0,\ b>0) \quad \cdots\cdots ①$$

と表され，この面積 S は

$$S=\pi ab \quad \cdots\cdots ②$$

である。また，直線 AB は

$$y=x+1 \quad \cdots\cdots ③$$

と表される。

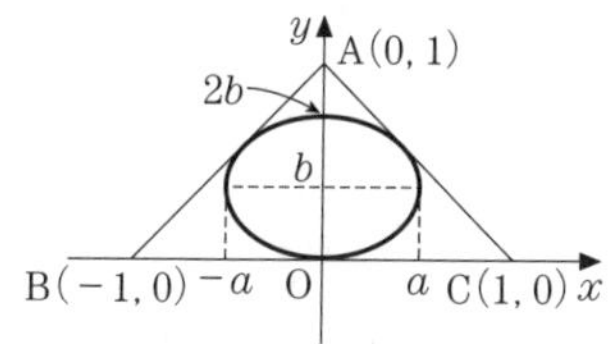

△ABC の各辺に接する楕円は OA に関し対称で，O が接点の 1 つになる。

③ を ① に代入し y を消去すると，

$$\frac{x^2}{a^2}+\frac{(x+1-b)^2}{b^2}=1$$

$$\therefore \quad (a^2+b^2)x^2+2a^2(1-b)x+a^2(1-2b)=0 \quad \cdots\cdots ④$$

を得て，

楕円 ① が △ABC の各辺に接する

$\iff$ ① と ③ が接する　← 辺 AB と接すれば辺 AC とも接する。

$\iff$ x の 2 次方程式 ④ が重解をもつ

$\iff$ $a^4(1-b)^2-(a^2+b^2)a^2(1-2b)=0$　← (④ の判別式)=0 より。

$\iff$ $b=\dfrac{1-a^2}{2}$ $(\because\ a>0,\ b>0)$ $\cdots\cdots ⑤$

である。この ⑤ を ② に代入し，

$$S=\frac{\pi}{2}a(1-a^2)=\frac{\pi}{2}(a-a^3) \quad \cdots\cdots ②'$$

の最大を調べればよい。ただし，a の変域は，$a>0$, $b>0$ と ⑤ を考え，

2000

$a>0$ かつ $1-a^2>0$ より　$0<a<1$　……⑥

である。

$$\frac{dS}{da}=\frac{\pi}{2}(1-3a^2)$$

より右表を得るので，S は $a=\frac{1}{\sqrt{3}}$ のとき，

$$最大値=\frac{\sqrt{3}}{9}\pi$$

をとる。

a	(0)		$\frac{1}{\sqrt{3}}$		(1)
$\frac{dS}{da}$		+	0	−	
S		↗		↘	

解説

1°　2000年度の6題の中では，第5問とともに，大変取り組みやすい問題である。楕円が△ABCに内接する条件を捉えるには，座標系を設定するのがよい。その後は一本道の計算にすぎない。変数の変域にも注意しておこう。

2°　楕円の接線の公式を用いても解決可能だが，上の**解答**に比べて楽になるわけではない。接線の公式を用いるには，接点の座標を設定する必要があるからである。

3°　楕円①の面積が πab で表されることを念のため確認しておこう。楕円①は，円 $x^2+y^2=a^2$（この円の面積は πa^2）を y 軸方向に $\frac{b}{a}$ 倍したものと合同である。したがって，面積は $\pi a^2\times\frac{b}{a}=\pi ab$ となるのである。

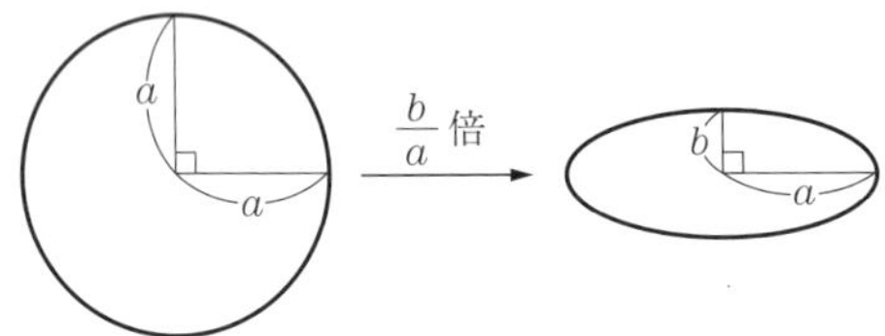

4°　正三角形に内接し，ひとつの軸が底辺に平行な楕円のうち，面積が最大のものは“円”である（証明してみよ)。本問の△ABCをBCに垂直な方向に $\sqrt{3}$ 倍すれば1辺の長さが2の正三角形となり，その内接円の面積は $\frac{\pi}{3}$ であるから，求める楕円の面積の最大値は逆に $\frac{1}{\sqrt{3}}$ 倍して，$\frac{\pi}{3}\times\frac{1}{\sqrt{3}}=\frac{\sqrt{3}}{9}\pi$ となる。このようにすれば，本問のような直角二等辺三角形に限らず，一般の二等辺三角形の場合でも考

察できる。

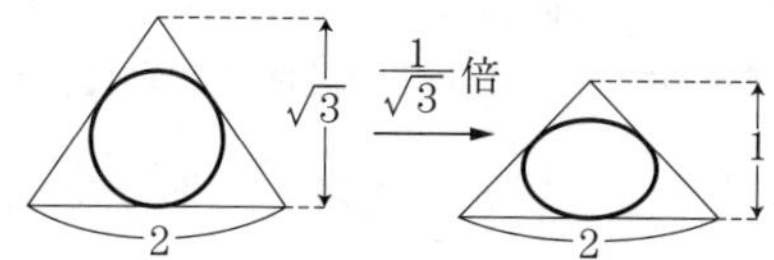

第 2 問

解 答

S($\alpha\beta$) とおくと，S は原点 O と一致せず，

$w=\alpha\beta$

$\Longleftrightarrow$ 原点から l に引いた垂線と l の交点 R が S と一致する

$\Longleftrightarrow$ l は，S を通り OS に垂直な直線 m と一致する

$\Longleftrightarrow$ P，Q が m 上にある　　　　　　……(＊)

である。

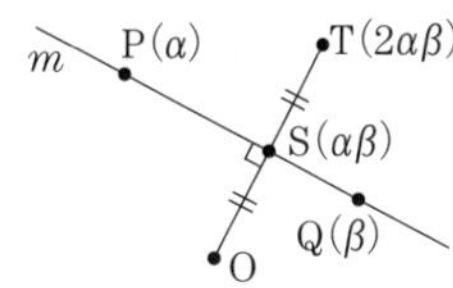

ここで，T($2\alpha\beta$) とおくと，

P が m 上にある

$\Longleftrightarrow$ PT＝OP　　　　← m は線分 OT の垂直二等分線である。

$\Longleftrightarrow$ $|2\alpha\beta-\alpha|=|\alpha|$

$\Longleftrightarrow$ $2|\alpha|\left|\beta-\frac{1}{2}\right|=|\alpha|$

$\Longleftrightarrow$ $\left|\beta-\frac{1}{2}\right|=\frac{1}{2}$　　　　← $\alpha\neq0$ に注意。

$\Longleftrightarrow$ Q が中心 $\mathrm{A}\left(\frac{1}{2}\right)$，半径 $\frac{1}{2}$ の円周 C 上にある

であり，同様にして

Q が m 上にある　$\Longleftrightarrow$　P が C 上にある

であるから，

(＊)　$\Longleftrightarrow$　P，Q が C 上にある

となる。

以上で証明された。　　　　　　(証明終わり)

解説

1°　着想の難しい問題である。実直には，「まず w を α，β で表して，……」と考えるところだが，その方針の場合，必要性の証明において，1つの等式 $w=\alpha\beta$ から2つの等式 $\left|\alpha-\frac{1}{2}\right|=\frac{1}{2}$，$\left|\beta-\frac{1}{2}\right|=\frac{1}{2}$ を導くことになり，難しくなる（**解説** 2° を見よ）。

発想を転換して，$\mathrm{S}(\alpha\beta)\,(\neq \mathrm{O})$ を通り OS に垂直な直線 m を考え

$$\mathrm{R}=\mathrm{S} \iff \mathrm{P},\ \mathrm{Q}\text{ が } m \text{ 上にある}$$

と言い換えられれば，見通しよく解決できる。

P が m 上にあることは，**解** **答** の方法以外に，

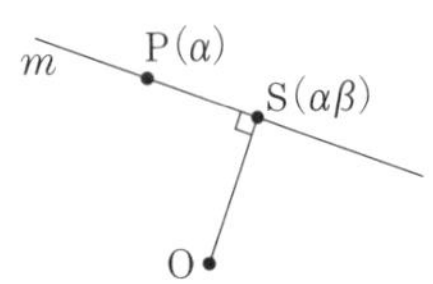

P が m 上にある

$\iff$ $\angle\mathrm{OSP}=90^\circ$ または $\mathrm{P}=\mathrm{S}$

$\iff$ $\dfrac{\alpha-\alpha\beta}{\alpha\beta}$ が純虚数または0

$\iff$ $\dfrac{1-\beta}{\beta}$ が純虚数または0　　……◉

$\iff$ $\dfrac{1-\beta}{\beta}+\dfrac{1-\overline{\beta}}{\overline{\beta}}=0$

$\iff$ $2\beta\overline{\beta}-\beta-\overline{\beta}=0$

$\iff$ $\left|\beta-\dfrac{1}{2}\right|^2=\dfrac{1}{4}$

と言い換えていくこともできる。

なお，E(1) として，

◉ $\iff$ $\angle\mathrm{OQE}=90^\circ$ または $\mathrm{Q}=\mathrm{E}$

$\iff$ $\mathrm{Q}(\neq\mathrm{O})$ が OE を直径とする円周上にある

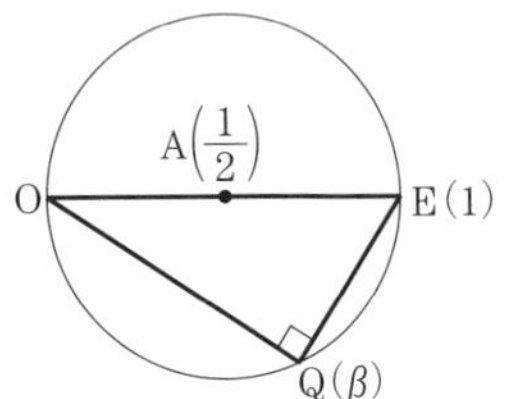

であることに着目してもよい(これは，

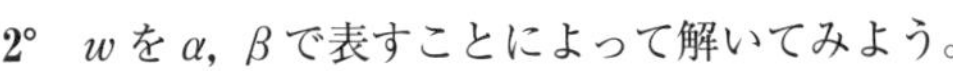

△OSP∽△OQE に着目していることと同じことである)。

← Q(β)，　E(1)
　↓α倍　↓α倍
S(αβ)，　P(α)

2°　w を α，β で表すことによって解いてみよう。

R は l 上にあるから，$\dfrac{w-\alpha}{\beta-\alpha}$ は実数であり，

$$\frac{w-\alpha}{\beta-\alpha}=\frac{\overline{w}-\overline{\alpha}}{\overline{\beta}-\overline{\alpha}}$$

$$\therefore\quad (\overline{\beta}-\overline{\alpha})w-(\beta-\alpha)\overline{w}=\alpha\overline{\beta}-\overline{\alpha}\beta \qquad \cdots\cdots ㋐$$

また，Rは原点を通り l に垂直な直線上にあるから，$\dfrac{w}{\beta-\alpha}$ は純虚数または0であり，

$$\frac{w}{\beta-\alpha}+\frac{\overline{w}}{\overline{\beta}-\overline{\alpha}}=0$$

$$\therefore\quad (\overline{\beta}-\overline{\alpha})w+(\beta-\alpha)\overline{w}=0 \qquad \cdots\cdots ㋑$$

㋐，㋑より，$w=\dfrac{1}{2}\cdot\dfrac{\alpha\overline{\beta}-\overline{\alpha}\beta}{\overline{\beta}-\overline{\alpha}}$ であるから，

$$\begin{aligned}
w=\alpha\beta \iff\ & \frac{1}{2}\cdot\frac{\alpha\overline{\beta}-\overline{\alpha}\beta}{\overline{\beta}-\overline{\alpha}}=\alpha\beta\\
\iff\ & \alpha\overline{\beta}-\overline{\alpha}\beta=2\alpha\beta(\overline{\beta}-\overline{\alpha})\\
\iff\ & (2\alpha\overline{\alpha}-\overline{\alpha})\beta=(2\beta\overline{\beta}-\overline{\beta})\alpha\\
\iff\ & (2\alpha\overline{\alpha}-\alpha-\overline{\alpha})\beta=(2\beta\overline{\beta}-\beta-\overline{\beta})\alpha\\
\iff\ & \left(\left|\alpha-\frac{1}{2}\right|^2-\frac{1}{4}\right)\beta=\left(\left|\beta-\frac{1}{2}\right|^2-\frac{1}{4}\right)\alpha \qquad \cdots\cdots ㋒
\end{aligned}$$

となる。

(i)　$w=\alpha\beta$ とすると，㋒が成り立つ。このとき，㋒の両辺の α，β の係数はともに実数であるから，どちらかが0でないとすると，3点O，P，Qは同一直線上にあり，RはOと一致することになるが，これは $w=\alpha\beta\neq 0$ に矛盾する。したがって，㋒の α，β の係数はともに0であり，

$$\left|\alpha-\frac{1}{2}\right|=\frac{1}{2}\quad \text{かつ}\quad \left|\beta-\frac{1}{2}\right|=\frac{1}{2} \qquad \cdots\cdots ㋓$$

となる。よって，P，Qは中心 $\mathrm{A}\left(\dfrac{1}{2}\right)$，半径 $\dfrac{1}{2}$ の円周上にある。

(ii)　P，Qが中心 $\mathrm{A}\left(\dfrac{1}{2}\right)$，半径 $\dfrac{1}{2}$ の円周上にあるとすると，㋓が成り立つ。このとき，㋒の両辺はともに0となり成り立つから，$w=\alpha\beta$ が成り立つ。

3°　極形式，極方程式を利用して，次のように解くこともできる。

$$w=\alpha\beta \qquad \cdots\cdots Ⓐ$$

$$\iff \text{P，Qが中心 } \mathrm{A}\left(\frac{1}{2}\right)\text{，半径 } \frac{1}{2} \text{ の円周 } C \text{ 上にある} \qquad \cdots\cdots Ⓑ$$

を示すのであるが，Ⓐ，Ⓑのいずれを仮定しても l は原点を通らない，すなわち，$w\neq 0$ であることに注意する。

$$\begin{cases}|\alpha|=r_1\\ \arg\alpha=\theta_1\end{cases},\quad \begin{cases}|\beta|=r_2\\ \arg\beta=\theta_2\end{cases},\quad \begin{cases}|w|=r_0\\ \arg w=\theta_0\end{cases}$$

← $r_1>0$,　$r_2>0$,　$r_0>0$ である。

とおくと，P，Q が R を通り OR に垂直な直線上にあることから

$$r_1\cos(\theta_1-\theta_0)=r_0,\quad r_2\cos(\theta_2-\theta_0)=r_0 \quad \cdots Ⓒ$$

←

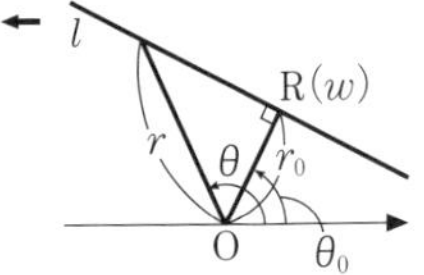

であり，

$$w=\alpha\beta$$

$$\iff \begin{cases}r_0=r_1r_2\\ \theta_0=\theta_1+\theta_2+2n\pi \ (n\text{は整数})\end{cases} \quad \cdots\cdots Ⓓ$$

また，

P，Q が C 上にある

$$\iff \begin{cases}r_1=\cos\theta_1\\ r_2=\cos\theta_2\end{cases} \quad \cdots\cdots Ⓔ$$

である。

(i)　$w=\alpha\beta$ とする。Ⓓ を Ⓒ に代入すると

$$\begin{cases}r_1\cos\theta_2=r_1r_2\\ r_2\cos\theta_1=r_1r_2\end{cases} \quad \therefore \quad \begin{cases}r_2=\cos\theta_2\\ r_1=\cos\theta_1\end{cases}$$

← $r_1>0$，$r_2>0$ に注意。

となり，Ⓔ が得られるから，P，Q は C 上にある。

(ii)　P，Q が C 上にあるとする。Ⓔ を Ⓒ に代入して

$$\begin{cases}\cos\theta_1\cos(\theta_1-\theta_0)=r_0 & \cdots\cdots Ⓕ\\ \cos\theta_2\cos(\theta_2-\theta_0)=r_0\end{cases}$$

$$\therefore \quad \cos\theta_1\cos(\theta_1-\theta_0)=\cos\theta_2\cos(\theta_2-\theta_0)$$

$$\therefore \quad \cos(2\theta_1-\theta_0)+\cos\theta_0=\cos(2\theta_2-\theta_0)+\cos\theta_0$$

← 積→和の公式を用いた。

$$\therefore \quad 2\theta_1-\theta_0=\pm(2\theta_2-\theta_0)+2m\pi \quad (m\text{ は整数})$$

← $\cos\varphi_1=\cos\varphi_2 \iff \varphi_1=\pm\varphi_2+2m\pi$ (m は整数)

$$\therefore \quad \begin{cases}\theta_1=\theta_2+m\pi & \cdots\cdots Ⓖ\\ \text{または}\quad \theta_0=\theta_1+\theta_2-m\pi & \cdots\cdots Ⓗ\end{cases}$$

を得る。ここで，Ⓔ のとき

$$-\frac{\pi}{2}<\theta_1<\frac{\pi}{2},\quad -\frac{\pi}{2}<\theta_2<\frac{\pi}{2},\quad \theta_1\neq\theta_2$$

← $\alpha\neq0$，$\beta\neq0$，$\alpha\neq\beta$ に注意。

としてよいから，Ⓖ となることはなく，Ⓗ のとき，Ⓕ より

$$(-1)^m\cos\theta_1\cos\theta_2=r_0$$

← $\cos(m\pi-\theta_2)=(-1)^m\cos\theta_2$

となるから，

m は偶数　かつ　$\cos\theta_1\cos\theta_2=r_0$ ……Ⓘ

である。Ⓔ，Ⓗ，Ⓘ より Ⓓ が得られるから，$w=\alpha\beta$ が成り立つ。

第 3 問

解答

$$\begin{cases} f_n(0)=c & \cdots\cdots① \\ \dfrac{f_n((k+1)h)-f_n(kh)}{h}=\{1-f_n(kh)\}f_n((k+1)h) & \cdots\cdots② \\ \qquad (k=0,\ 1,\ \cdots\cdots,\ n-1) \end{cases}$$

(1)　$p_k=\dfrac{1}{f_n(kh)}$ $(k=0,\ 1,\ \cdots\cdots,\ n)$ とおくと，①，② は

$$\begin{cases} \dfrac{1}{p_0}=c \\ \dfrac{1}{h}\left(\dfrac{1}{p_{k+1}}-\dfrac{1}{p_k}\right)=\left(1-\dfrac{1}{p_k}\right)\dfrac{1}{p_{k+1}} \end{cases}$$

すなわち

$$\begin{cases} p_0=\dfrac{1}{c} & \cdots\cdots①' \\ p_{k+1}=(1-h)p_k+h & \cdots\cdots②' \\ \qquad (k=0,\ 1,\ \cdots\cdots,\ n-1) \end{cases}$$

← 3行上の等式の両辺に hp_kp_{k+1} をかけて整理した。

と書き直される。

②′ は

$$p_{k+1}-1=(1-h)(p_k-1)$$

←
$$\begin{array}{rl} & p_{k+1}=(1-h)p_k+h \\ -) & 1=(1-h)\cdot 1+h \\ \hline & p_{k+1}-1=(1-h)(p_k-1) \end{array}$$

と変形できるから，数列 $\{p_k-1\}$ は公比 $1-h$ の等比数列であり，①′ とから

$$p_k-1=(p_0-1)(1-h)^k=\left(\frac{1}{c}-1\right)(1-h)^k$$

$$\therefore\quad \boldsymbol{p_k=1+\left(\frac{1}{c}-1\right)(1-h)^k} \quad\cdots\cdots③$$

$$\boldsymbol{(k=0,\ 1,\ \cdots\cdots,\ n)}$$

を得る。

(2)　$h=\dfrac{a}{n}$，$a=nh$ であるから，③ で $k=n$ のときを考えることにより，

$$\frac{1}{f_n(a)}=p_n=1+\left(\frac{1}{c}-1\right)\left(1-\frac{a}{n}\right)^n$$

となる。

ここで，

$$\lim_{n\to\infty}\left(1-\frac{a}{n}\right)^n=e^{-a}$$

← 一般に，
$\lim_{n\to\infty}\left(1+\frac{x}{n}\right)^n=e^x$
が成り立つ。
解説 **2°** を参照。

であるから，

$$\lim_{n\to\infty}\frac{1}{f_n(a)}=1+\left(\frac{1}{c}-1\right)e^{-a}$$

となり，したがって，

$$\boldsymbol{g(a)}=\lim_{n\to\infty}f_n(a)=\boldsymbol{\frac{1}{1+\left(\frac{1}{c}-1\right)e^{-a}}}$$

を得る。

(3)　$b=\frac{1}{c}-1$ とおくと，

$$g(x)=\frac{1}{1+be^{-x}}$$

$$g'(x)=\frac{be^{-x}}{(1+be^{-x})^2},\quad g''(x)=\frac{be^{-x}(be^{-x}-1)}{(1+be^{-x})^3}$$

← 商の微分法などを用いて計算する。

であり，また，

$$\lim_{x\to+0}g(x)=\frac{1}{1+b}=c,\quad \lim_{x\to+\infty}g(x)=1$$

である。

$c=2,\ 1,\ \frac{1}{4}$ に応じて $b=-\frac{1}{2},\ 0,\ 3$ であるから，

それぞれの場合について，$y=g(x)$ $(x>0)$ のグラフは次のようになる。

← 例えば，$c=\frac{1}{4}$ のとき

x	(0)		$\log 3$		$(+\infty)$
$g'(x)$		+	+	+	
$g''(x)$		+	0	−	
$g(x)$	$\left(\frac{1}{4}\right)$	↗	$\frac{1}{2}$	↗	(1)

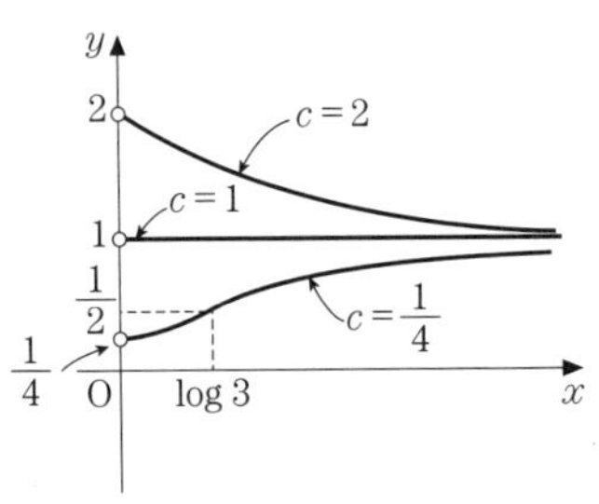

解説

1° 見かけはおどろおどろしいが，(1)で指示されたおきかえを行うと，p_k ($k=0,\ 1,\ \cdots\cdots,\ n$) についての簡単な漸化式が得られ，それを解くことによって，p_k が，したがって，特に $p_n\left(=\dfrac{1}{f_n(a)}\right)$ が求まる。

2° (2)を解決するためには，自然対数の底に関する極限値

$$\lim_{n\to\infty}\left(1+\frac{x}{n}\right)^n=e^x \qquad \cdots\cdots(*)$$

（の $x=-a$ の場合）が必要になる。念のため，

$$\lim_{h\to 0}(1+h)^{\frac{1}{h}}=e$$

を e の定義として，(＊) が成り立つことを確かめておこう。

$x=0$ のときは，(＊) の両辺はともに1であるから (＊) は成り立ち，$x\neq 0$ のときは，

$$\left(1+\frac{x}{n}\right)^n=\left\{\left(1+\frac{x}{n}\right)^{\frac{n}{x}}\right\}^x$$

と変形して，$n\to\infty$ のとき $\dfrac{x}{n}\to 0$ であることに注意すれば，(＊) が成り立つことがわかる。

3° (3)では，(2)まで定数扱いしていた a を変数とみることによって，関数 $g(x)$ が得られる。そのことが明記されていないため，戸惑った受験生もいたことだろう。

なお，$y=g(x)$ のグラフを描くのは，微分法の簡単な応用にすぎない。

4° 問題の背景について，簡単に触れておこう。

$x\geqq 0$ において定義された関数 $\varphi(x)$ で

$$\begin{cases}\varphi(0)=c & \cdots\cdots㋐\\ \varphi'(x)=\{1-\varphi(x)\}\varphi(x) & \cdots\cdots㋑\end{cases}$$

を満たすものを求めることを考える。

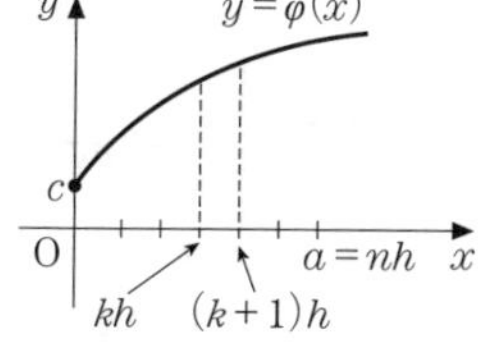

$a>0$ とし，区間 $[0,\ a]$ を n 等分して，小区間 $[kh,\ (k+1)h]$ ($k=0,\ 1,\ \cdots\cdots,\ n-1$) に分ける。$h$ が十分小さければ，各小区間 $[kh,\ (k+1)h]$ において，㋑ の左辺を，平均変化率

$$\frac{\varphi((k+1)h)-\varphi(kh)}{h}$$

で，㋑ の右辺を

$$\{1-\varphi(kh)\}\varphi((k+1)h)$$

で近似することができる。したがって，①，② を満たす関数 $f_n(x)$ は，n が十分大きければ，区間 $[0,\ a]$ において $\varphi(x)$ を十分よく近似すると考えられる。そこで，

$$g(0)=c,\ a>0 \text{ のとき } g(a)=\lim_{n\to\infty} f_n(a)$$

として，a を変数とみて $g(x)$ を定めれば，㋐，㋑ で φ を g でおきかえた等式が成り立つことが期待される。実際，(2) の結果より

$$g(x)=\frac{1}{1+\left(\frac{1}{c}-1\right)e^{-x}} \quad (x=0 \text{ のとき，右辺は } c \text{ となる})$$

であり，これが㋐，㋑ で φ を g でおきかえた等式を満たすことは容易に確かめられる。

第 4 問

解答

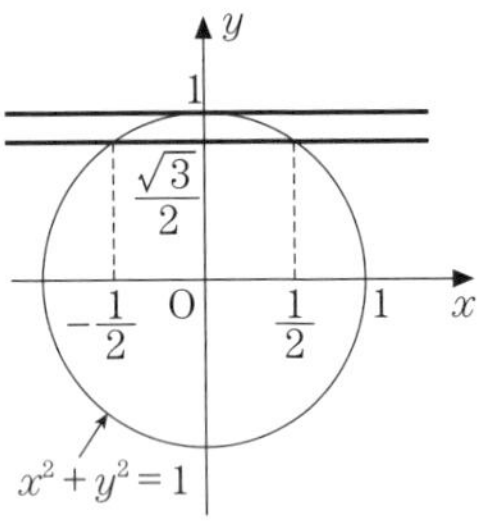

点 P は円 $x^2+y^2=1$ 上を動く。点 Q は直線 $y=\frac{\sqrt{3}}{2}$ 上を，点 R は直線 $y=1$ 上を，線分 QR が y 軸に平行であるように動く。このことから，

点 P と線分 QR がぶつかる

$$\iff \begin{cases} \cos t=1-vt \\ \frac{\sqrt{3}}{2}\leqq \sin t\leqq 1 \end{cases} \text{ を満たす } t \text{ が存在する}$$

$$\iff \begin{cases} \frac{1-\cos t}{t}=v & \cdots\cdots① \\ \frac{\pi}{3}+2n\pi\leqq t\leqq \frac{2}{3}\pi+2n\pi & \\ (n=0,\ 1,\ 2,\ \cdots\cdots) & \cdots\cdots② \end{cases}$$

を満たす t が存在する

である。

$\left(\frac{\sqrt{3}}{2}\leqq \sin t\leqq 1\right.$ より $t\neq 0$ であり，$v>0$ に注意すると，① を満たす t は $t>0$ であるから，$n=0,\ 1,\ 2,\ \cdots\cdots$ としてよい。$\left.\right)$

← $v>0$ は前提である。

そこで，① の左辺を $f(t)$ とおくと，

$$\begin{cases} f'(t)=\dfrac{g(t)}{t^2} \\ \text{ただし，}\quad g(t)=t\sin t+\cos t-1 \end{cases} \quad \cdots\cdots③$$

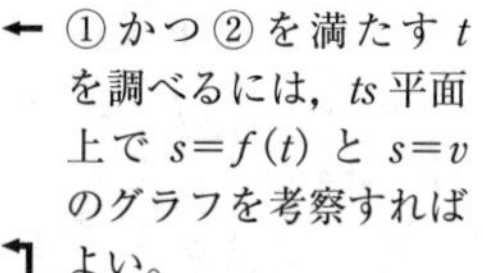
← ①かつ②を満たす t を調べるには，ts 平面上で $s=f(t)$ と $s=v$ のグラフを考察すればよい。

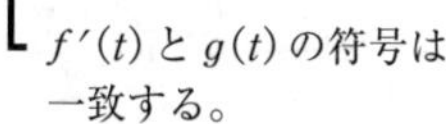
$f'(t)$ と $g(t)$ の符号は一致する。

であり，

$$g'(t)=t\cos t$$

であることから，② において $g(t)$ は下表のように変化する。

t	$\dfrac{\pi}{3}+2n\pi$		$\dfrac{\pi}{2}+2n\pi$		$\dfrac{2}{3}\pi+2n\pi$
$g'(t)$		$+$	0	$-$	
$g(t)$		↗		↘	

さらに，$n=0,\ 1,\ 2,\ \cdots\cdots$ のとき

$$g\left(\frac{\pi}{3}+2n\pi\right)=\frac{\sqrt{3}}{6}\pi-\frac{1}{2}+\sqrt{3}\,n\pi$$
$$>\frac{\sqrt{3}}{6}\cdot 3-\frac{1}{2}+\sqrt{3}\,n\pi$$
$$=\frac{1}{2}(\sqrt{3}-1)+\sqrt{3}\,n\pi>0$$

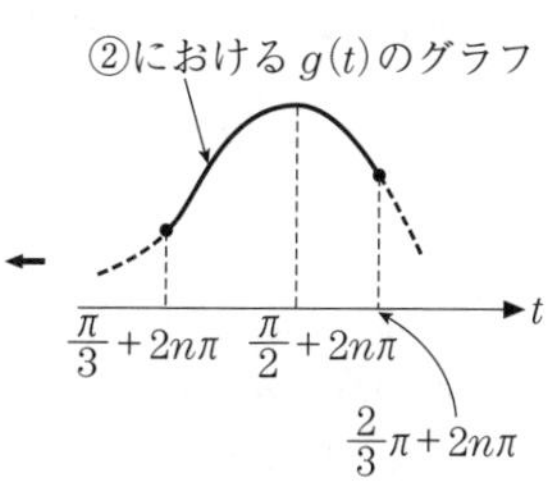

$$g\left(\frac{2}{3}\pi+2n\pi\right)=\frac{\sqrt{3}}{3}\pi-\frac{3}{2}+\sqrt{3}\,n\pi$$
$$>\frac{\sqrt{3}}{3}\cdot 3-\frac{3}{2}+\sqrt{3}\,n\pi$$
$$=\sqrt{3}-\frac{3}{2}+\sqrt{3}\,n\pi>0$$

であるから，

② において　$g(t)>0$

がわかり，③ より

② において　$f'(t)>0$

すなわち，

② において $f(t)$ は単調増加関数

である。

(1)　$n=0$ のときの ② における $s=f(t)$ のグラフを参照すると，

点 P と線分 QR が $0 \leqq t \leqq 2\pi$ でぶつからない

$$\iff \begin{cases} f(t)=v \\ \dfrac{\pi}{3} \leqq t \leqq \dfrac{2}{3}\pi \end{cases} \text{を満たす } t \text{ が存在しない}$$

$$\iff \boldsymbol{0<v<\frac{3}{2\pi}} \quad \textbf{または} \quad \boldsymbol{v>\frac{9}{4\pi}}$$

である。

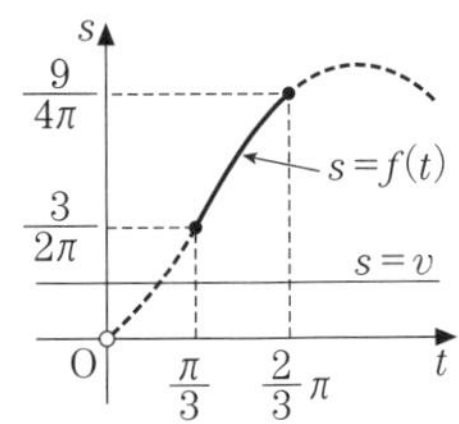

(2)　$n=0, 1, 2, \cdots\cdots$ に対して,

$$a_n=f\left(\frac{\pi}{3}+2n\pi\right)=\frac{3}{2(1+6n)\pi}$$

$$b_n=f\left(\frac{2}{3}\pi+2n\pi\right)=\frac{9}{4(1+3n)\pi}$$

とおき，区間 $[a_n, b_n]$ を I_n とおく。

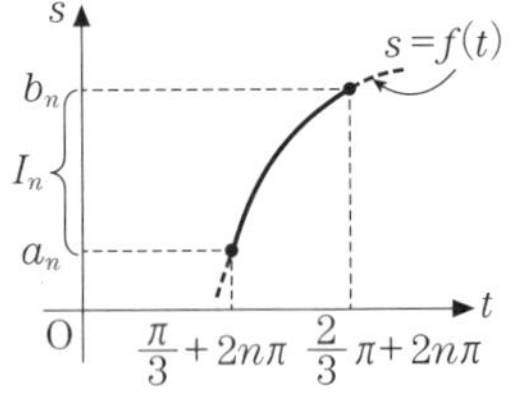

まず，$I_0=\left[\dfrac{3}{2\pi}, \dfrac{9}{4\pi}\right]$ と $I_1=\left[\dfrac{3}{14\pi}, \dfrac{9}{16\pi}\right]$ は共通部分をもたない。

次に，a_n，b_n は単調減少数列であり,

$$b_{n+2}>a_n \iff \frac{9}{4\{1+3(n+2)\}\pi}>\frac{3}{2(1+6n)\pi}$$

$$\iff n>\frac{11}{12}$$

であることから,

$n \geqq 1$ のとき，I_{n+1} は $I_n \cup I_{n+2}$ に含まれる。

← $n \geqq 1$ では
$a_{n+2}<a_{n+1}<a_n$
$<b_{n+2}<b_{n+1}<b_n$
であり，
$I_{n+1} \subset I_n \cup I_{n+2}$

したがって,

$n \geqq 2$ のとき，区間 I_n に含まれる値は I_n 以外の少なくとも 1 つの区間に含まれる　　……④

ことがわかる。

よって，次頁の図を参照して

点 P と線分 QR がただ 1 度だけぶつかる

$\iff$ ① かつ ② を満たす t が 1 つだけ存在する

$\iff$ v が I_0，I_1，I_2 のうち I_0 のみ
または I_1 のみに含まれる

$$\iff \boldsymbol{\frac{9}{28\pi}<v \leqq \frac{9}{16\pi}} \quad \textbf{または} \quad \boldsymbol{\frac{3}{2\pi} \leqq v \leqq \frac{9}{4\pi}}$$

である。

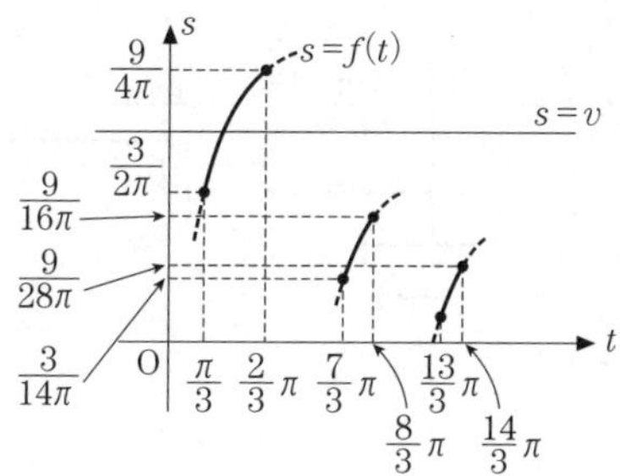

解説

1°　結果を予想するだけならたやすいかもしれない。しかし，精密に論じようとすると意外に大変である。上の**解答**では丁寧に書いたが，細かい部分にとらわれていると時間がかかるので，解答用紙のスペース（第1，2，4，5問は第3，6問の半分）から考えて，要点を簡潔に記すだけでよいのではないだろうか。要点は，運動の様子をつかんだ上で，(1)では $0\leqq t\leqq 2\pi$ における t の方程式 $\cos t=1-vt$ の実数解を2つのグラフの共有点として考察すること，(2)では「ただ1度だけ」を区間の交わりの有無の問題としてとらえることである。

2°　**解答**では，(1)，(2)とも，$s=f(t)$ のグラフを部分的にしか描かなかった。必要なのは，区間 $\frac{\pi}{3}+2n\pi\leqq t\leqq\frac{2}{3}\pi+2n\pi$ におけるグラフの様子だけだからである。念のため全体の様子を描いてみると下図のようになる。

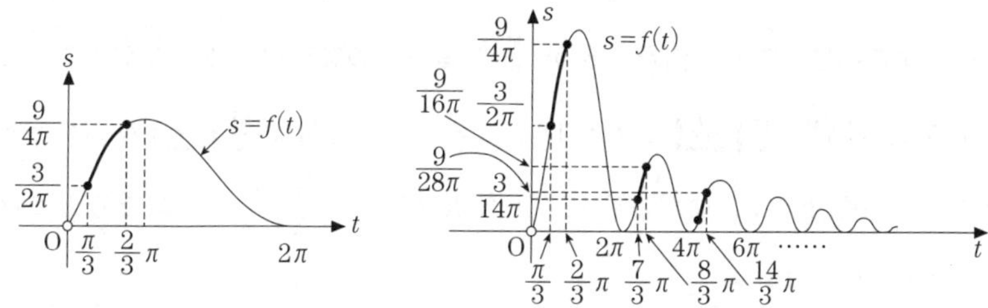

3°　(2)の**解答**における区間 I_n については，次のように図示してみると事情がはっきりするであろう。

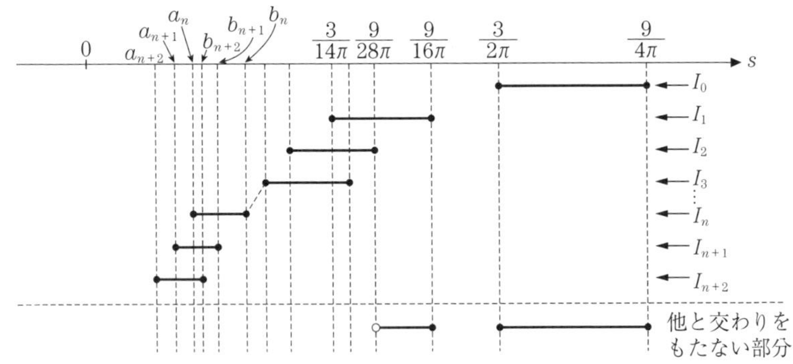

4° 解 答 では方程式 $\cos t = 1 - vt$ を，文字定数 v を分離して $\dfrac{1-\cos t}{t} = v$ と変形して考察したが，直接 ts 平面において $s=\cos t$ と $s=1-vt$ のグラフを考察してもよいだろう。$-v$ は直線 $s=1-vt$ の傾きである。

この方針の場合，(1) では，

“$\dfrac{\pi}{3} \leqq t \leqq \dfrac{2}{3}\pi$ において曲線 $s=\cos t$ と

直線 $s=1-vt$ が接することはないこと”

を論じなければならない。曲線 $s=\cos t$ 上の点 $(\alpha,\ \cos\alpha)$ での接線

$$s = -\sin\alpha(t-\alpha) + \cos\alpha$$

が点 $(0,\ 1)$ を通るとき

$$\alpha\sin\alpha + \cos\alpha - 1 = 0 \qquad \cdots\cdots⑤$$

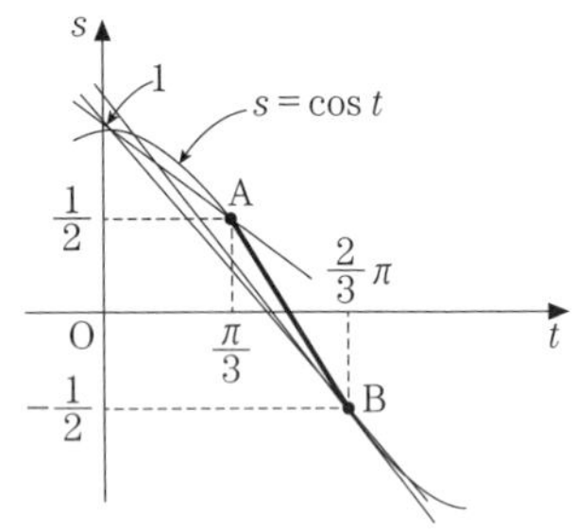

が成立するので，これを満たす α が $\dfrac{\pi}{3} \leqq t \leqq \dfrac{2}{3}\pi$ の範囲にあるか否かを調べようとすると，結局，解 答 とほぼ同様になる（⑤の左辺は 解 答 の $g(t)$ と同じ形 !）。着想を変えて，曲線 $s=\cos t$ 上の点 $\left(\dfrac{2}{3}\pi,\ -\dfrac{1}{2}\right)$ での接線を考えてみると，その方程式は

$$s = -\frac{\sqrt{3}}{2}\left(t - \frac{2}{3}\pi\right) - \frac{1}{2} \quad \text{すなわち} \quad s = -\frac{\sqrt{3}}{2}t + \frac{\sqrt{3}}{3}\pi - \frac{1}{2}$$

であり，この接線の s 切片は

$$\frac{\sqrt{3}}{3}\pi - \frac{1}{2} > \frac{\sqrt{3}}{3}\cdot 3 - \frac{1}{2} = \sqrt{3} - \frac{1}{2} > 1.7 - 0.5 > 1$$

のように1より大きいので，図も参照すると，曲線 $s=\cos t$ 上の $\dfrac{\pi}{3}\leqq t\leqq\dfrac{2}{3}\pi$ の部分の接線で点(0, 1)を通るものはないことがわかる。

一方，(2)では，この方針をとって図からある程度直観的に判断（下図の網目部の範囲が求める条件に適する範囲）したとしても，解答の④に相当するような論述を省くことはできないだろう。それが(2)の核心なのである。

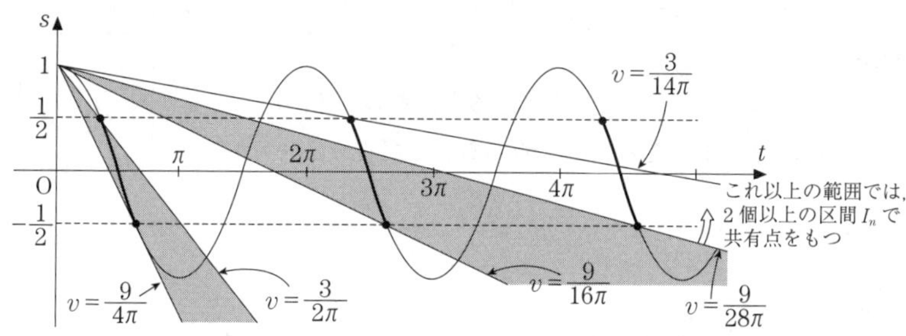

5° (2)では，3点の運動の様子を思い浮かべて次のように考えることもできる。

線分QRが円 $x^2+y^2=1$ と共有点をもつのは，x 座標を考え，t が

$$-\frac{1}{2}\leqq 1-vt\leqq\frac{1}{2}\quad\text{すなわち}\quad\frac{1}{2v}\leqq t\leqq\frac{3}{2v}\qquad\cdots\cdots⑥$$

の範囲にあるときである。

⑥の時間の“幅”は $\dfrac{3}{2v}-\dfrac{1}{2v}=\dfrac{1}{v}$ であるから，この間に点Pが円 $x^2+y^2=1$ 上を3周以上すると，点Pと線分QRは2回以上ぶつかることになる。

したがって，ただ一度ぶつかるためには，点Pの角速度が1だから

$$6\pi>\frac{1}{v}\quad\text{つまり}\quad v>\frac{1}{6\pi}$$　← あくまで必要条件。

であることが必要である。よって，解答のように区間 $I_n=[a_n,\ b_n]$ をとるとき，$I_n\subseteqq\left[0,\ \dfrac{1}{6\pi}\right]$ であるような区間 I_n では，2回以上ぶつかることがわかる。

ここで，a_n，b_n が単調に減少し0に収束することから，

$$I_n\subseteqq\left[0,\ \frac{1}{6\pi}\right]\iff b_n\leqq\frac{1}{6\pi}$$

$$\iff\frac{9}{4(1+3n)\pi}\leqq\frac{1}{6\pi}$$

$$\iff \quad n \geqq \frac{25}{6}$$

$$\iff \quad n \geqq 5$$

である。よって，I_0，I_1，I_2，……のうち I_0，I_1，I_2，I_3，I_4 の１つだけに含まれる範囲を具体的に数値計算して求め，求める v の値の範囲は

$$\frac{9}{28\pi} < v \leqq \frac{9}{16\pi} \quad \text{または} \quad \frac{3}{2\pi} \leqq v \leqq \frac{9}{4\pi}$$

とわかる。

← $I_0=\left[\frac{3}{2\pi}, \frac{9}{4\pi}\right]$
$I_1=\left[\frac{3}{14\pi}, \frac{9}{16\pi}\right]$
$I_2=\left[\frac{3}{26\pi}, \frac{9}{28\pi}\right]$
$I_3=\left[\frac{3}{38\pi}, \frac{9}{40\pi}\right]$
$I_4=\left[\frac{3}{50\pi}, \frac{9}{52\pi}\right]$

このように考えても，(1)，(2)とあると，やはり相当のボリュームである。受験生には酷であっただろう。

第 5 問

解答

(1) 4けたの S の要素を $abcd$ と表すと，

← a，b，c，d は各けたの数字を表す。

(i) a の定め方は，0以外の9通り

(ii) (i)のおのおのに対して，b の定め方は，

a，$9-a$ を除く8通り

← a，$9-a$ は相異なる。

(iii) (ii)のおのおのに対して，c の定め方は，

a，$9-a$，b，$9-b$ を除く6通り

← a，$9-a$，b，$9-b$ はすべて相異なる。

(iv) (iii)のおのおのに対して，d の定め方は，

a，$9-a$，b，$9-b$，c，$9-c$ を除く4通り

← a，$9-a$，b，$9-b$，c，$9-c$ はすべて相異なる。

であるから，求める個数は，

$$9\times8\times6\times4=\mathbf{1728}\ \textbf{(個)}$$

である。

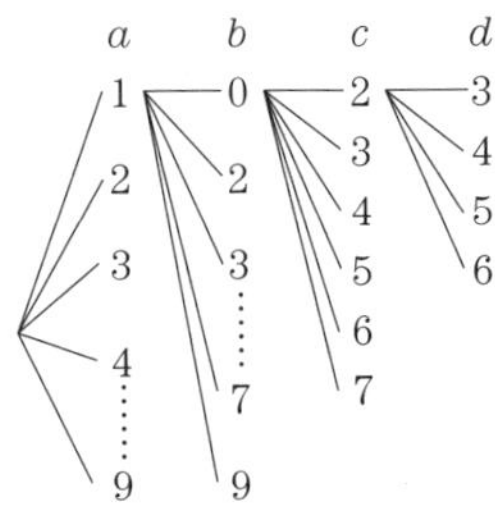

(2) (1)と同様に調べると，Sの要素のうち，

　　ちょうど1けたのものは　9個
　　ちょうど2けたのものは　$9\times8=72$（個）
　　ちょうど3けたのものは　$9\times8\times6=432$（個）

であるから，

　　3けた以下のものは　$9+72+432=513$（個）
　　4けた以下のものは　$513+1728=2241$（個）

← $513<2000<2241$

である。よって，小さい方から2000番目のSの要素は4けたである。

そこで，4けたのSの要素$abcd$を大きい方から数えると，

　　$9bcd$の形のものが　$8\times6\times4=192$（個）
　　$89cd$の形のものが　$6\times4=24$（個）
　　$87cd$の形のものが　$6\times4=24$（個）

← $2241-192=2049>2000$ より，$a\leqq8$ がわかる。

であり，

$$2241-(192+24+24)=2001>2000$$

であるから，求めるSの要素は，

　　$86cd$の形のもののうち大きい方から2番目

← $86cd$の形のものは大きい方から，8695，8694，……

すなわち

　　8695

である。

解説

1°　何かうまい手はないかと考えるより，コツコツ数えた方が安全確実である。樹形図を描くつもりになって各けたの数字を定めていこうとすれば，計算の見通しがたつであろう。

また，(2)では1けたのSの要素として“9”を忘れないように注意しよう。「和が9でない」につられて“9”を忘れやすいが，問題文に「1けたの正の整数はSに含まれるとする」とある。

2°　和が9であるような2つの数字の組は

$$\{0,\ 9\},\ \{1,\ 8\},\ \{2,\ 7\},\ \{3,\ 6\},\ \{4,\ 5\} \qquad \cdots\cdots(*)$$

の5組だけである。Sの要素を構成していくとき，各組の2つの数字のうち，一方を用いれば他方の数字を用いることはできない。このことに注目して次のように数えることもできる。

(1)　Sの要素の各けたの数字は(＊)の各組から1つずつしかとれないから，4けたのものは，千の位に0があってもよいとすると，

$${}_5C_4 \quad \times \quad 2^4 \quad \times \quad 4! \qquad (={}_5P_4\times 2^4)\ (個)$$

↑ (5組から4組選ぶ場合の数)　↑ (選んだ4組で，各組のどちらの数字を用いるか，その選び方の数)　↑ (選んだ4数の並べ方の数)

ある。このうち，千の位が0であるものは

$${}_4C_3 \quad \times \quad 2^3 \quad \times \quad 3! \qquad (={}_4P_3\times 2^3)\ (個)$$

↑ ({0，9}以外の4組から3組選ぶ場合の数)　↑ (選んだ3組で各組のどちらの数字を用いるか，その選び方の数)　↑ (選んだ3数の並べ方の数)

あるから，求める個数は

$${}_5C_4\times 2^4\times 4!-{}_4C_3\times 2^3\times 3!=2^3\times 4!\times(5\times 2-1)=1728\ (個)$$

である。

(2)　(1)と同様に数えると，Sの要素のうち，

ちょうど1けたのものは　9個

ちょうど2けたのものは　${}_5C_2\times 2^2\times 2!-4\times 2=72$ (個)

ちょうど3けたのものは　${}_5C_3\times 2^3\times 3!-{}_4C_2\times 2^2\times 2!=432$ (個)

である。

[以下，**解** **答**と同様にして解決する。]

3°　**2°**のような数え方において，首位の位に数字0を許した場合，首位の数字が0，1，2，……，9であるものは同数ずつあるはずなので，Sの要素のうち，

ちょうど4けたのものは　${}_5C_4\times 2^4\times 4!\times\dfrac{9}{10}=1728$ (個)

ちょうど3けたのものは　${}_5C_3\times 2^3\times 3!\times\dfrac{9}{10}=432$ (個)

ちょうど2けたのものは　${}_5C_2\times 2^2\times 2!\times\dfrac{9}{10}=72$ (個)

のように計算することもできる。これも効率がよい。

4°　(2)で，4けたの数を大きい方から数えたのは，その方が2000番目に早く到達するからである。4けたの数を小さい方から数えてももちろんよい。実際に小さい方

から数えると，4けたの数を $abcd$ として，

$1bcd$ の形のものは，$8\times6\times4=192$（個）

$2bcd$，$3bcd$，$4bcd$，……，$7bcd$ の形のものも，192個ずつ

であるから，ここまでで S の要素は小さい方から

$513+192\times7=1857$（番目）

となる。よって，2000番目は

$8bcd$ の形のもので小さい方から143番目

であり，

$80cd$ の形のものは，$6\times4=24$（個）

$82cd$，$83cd$，$84cd$，$85cd$ の形のものも，24個ずつ

合計：$24\times5=120$（個）

であるから，求める数は

$86cd$ の形のもので小さい方から23番目，すなわち8695

とわかる。こちらの方法の方が若干手間がかかるが，コツコツ数える点は同じである。

第 6 問

解答

(1)
$$\begin{pmatrix}1&a&0\\0&1&0\\0&0&1\end{pmatrix}\begin{pmatrix}1&0&0\\0&1&b\\0&0&1\end{pmatrix}\begin{pmatrix}1&c&0\\0&1&0\\0&0&1\end{pmatrix}=\begin{pmatrix}1&a&ab\\0&1&b\\0&0&1\end{pmatrix}\begin{pmatrix}1&c&0\\0&1&0\\0&0&1\end{pmatrix}$$

← 与えられた等式の左辺を計算している。
行列 A, B, C に対して $(AB)C=A(BC)$ であるから，左の2つの積を先に計算しても，右の2つの積を先に計算してもどちらでもよい。

$$=\begin{pmatrix}1&a+c&ab\\0&1&b\\0&0&1\end{pmatrix}\quad\cdots①$$

$$\begin{pmatrix}1&0&0\\0&1&x\\0&0&1\end{pmatrix}\begin{pmatrix}1&y&0\\0&1&0\\0&0&1\end{pmatrix}\begin{pmatrix}1&0&0\\0&1&z\\0&0&1\end{pmatrix}=\begin{pmatrix}1&y&0\\0&1&x\\0&0&1\end{pmatrix}\begin{pmatrix}1&1&0\\0&1&z\\0&0&1\end{pmatrix}$$

← 右辺を計算している。

$$=\begin{pmatrix}1&y&yz\\0&1&x+z\\0&0&1\end{pmatrix}\quad\cdots②$$

であるから，①，②が一致することより，

$a+c=y$　かつ　$ab=yz$　かつ　$b=x+z$

x, y, z について解いた。

$$\therefore\quad \boldsymbol{x=\frac{bc}{a+c},\quad y=a+c,\quad z=\frac{ab}{a+c}}$$

← $a>0$，$b>0$，$c>0$ より，分母は0にならない。

(2)　$1 \leqq a \leqq 2,\quad 1 \leqq b \leqq 2,\quad 1 \leqq c \leqq 2$ ……③

のもとで

$y=t$　すなわち　$a+c=t$（一定） ……④

$[2 \leqq t \leqq 4]$

← $t<2$，$t>4$ のときは，切り口は存在しない。

とおくときの点

$$(x,\ y,\ z)=\left(\frac{bc}{t},\ t,\ \frac{ab}{t}\right)$$

全体の集合が，立体 K の平面 $y=t$ による切り口 D_t である。

D_t の xz 平面への正射影は，xz 平面上の点

$$(x,\ z)=\left(\frac{b}{t}c,\ \frac{b}{t}a\right)$$

← 点 $(c,\ a)$ を原点を中心に $\dfrac{b}{t}$ 倍に相似拡大した点。

全体の集合でその面積 $S(t)$ が D_t の面積に等しい。

(i)　まず，点 $(c,\ a)$ の動く範囲は，③ より図1の正方形の領域であり，④ のとき，点 $(c,\ a)$ は

$2 \leqq t \leqq 3$ なら，図1の線分AB

$3 \leqq t \leqq 4$ なら，図1の線分CD

を動く。

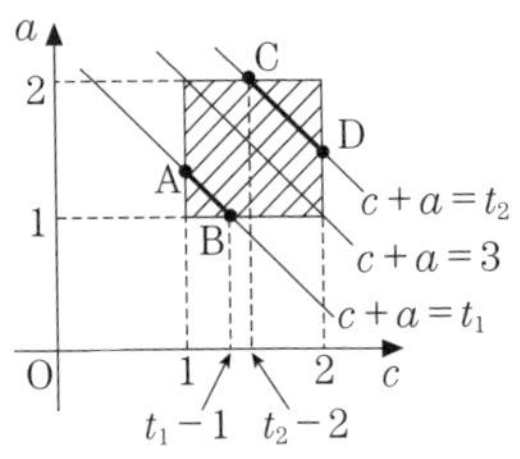

図1

(ii)　次に，原点を中心に線分AB，CDのそれぞれを $\dfrac{b}{t}$ 倍に相似拡大すると，$1 \leqq b \leqq 2$ であることに注意し，

$2 \leqq t \leqq 3$ なら，図2の台形A′B′B″A″

$3 \leqq t \leqq 4$ なら，図3の台形C′D′D″C″

となる。この面積が $S(t)$ である。

← 図1の ca 平面と図2，図3の xz 平面を同一視する。

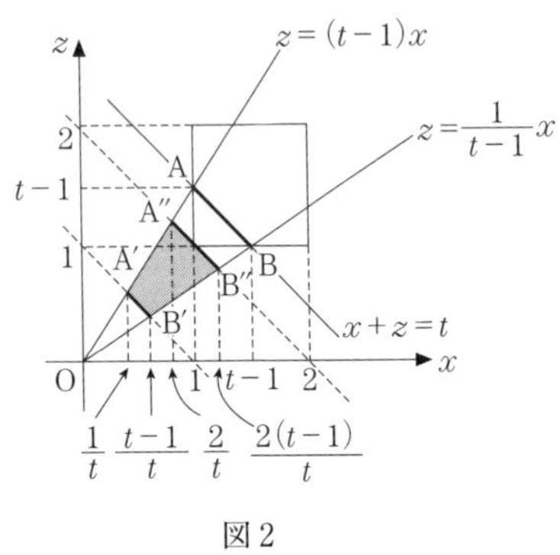

図2

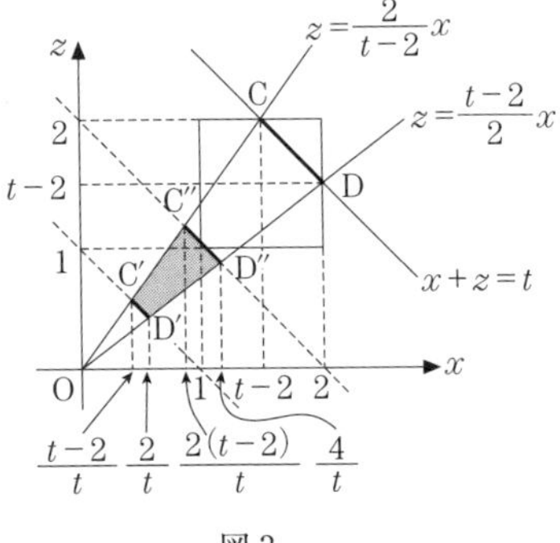

図3

$$\left(\begin{array}{l}\mathrm{A}'\left(\dfrac{1}{t},\ \dfrac{t-1}{t}\right),\ \mathrm{B}'\left(\dfrac{t-1}{t},\ \dfrac{1}{t}\right),\ \mathrm{A}''\left(\dfrac{2}{t},\ \dfrac{2(t-1)}{t}\right),\ \mathrm{B}''\left(\dfrac{2(t-1)}{t},\ \dfrac{2}{t}\right)\\ \mathrm{C}'\left(\dfrac{t-2}{t},\ \dfrac{2}{t}\right),\ \mathrm{D}'\left(\dfrac{2}{t},\ \dfrac{t-2}{t}\right),\ \mathrm{C}''\left(\dfrac{2(t-2)}{t},\ \dfrac{4}{t}\right),\ \mathrm{D}''\left(\dfrac{4}{t},\ \dfrac{2(t-2)}{t}\right)\end{array}\right)$$

以上から，図2，図3を参照すると，

$$S(t)=\begin{cases}(2^2-1^2)\triangle\mathrm{OA'B'} & (2\leqq t\leqq 3)\\ (2^2-1^2)\triangle\mathrm{OC'D'} & (3\leqq t\leqq 4)\end{cases}$$

← (面積比)＝(相似比)^2

$$=\begin{cases}3\cdot\dfrac{1}{2}\left|\left(\dfrac{1}{t}\right)^2-\left(\dfrac{t-1}{t}\right)^2\right|=\boldsymbol{\dfrac{3}{2}\left(1-\dfrac{2}{t}\right)}\\ \hfill\boldsymbol{(2\leqq t\leqq 3)}\\ 3\cdot\dfrac{1}{2}\left|\left(\dfrac{t-2}{t}\right)^2-\left(\dfrac{2}{t}\right)^2\right|=\boldsymbol{\dfrac{3}{2}\left(\dfrac{4}{t}-1\right)}\\ \hfill\boldsymbol{(3\leqq t\leqq 4)}\end{cases}$$

←

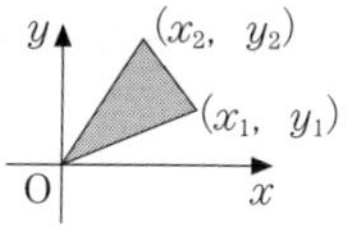

面積 $=\dfrac{1}{2}|x_1y_2-x_2y_1|$

$t<2$，$t>4$ のときは $S(t)=0$

と表される。

(3)　(2)の結果より，求める体積は，

$$\int_2^4 S(t)\,dt=\frac{3}{2}\int_2^3\left(1-\frac{2}{t}\right)dt+\frac{3}{2}\int_3^4\left(\frac{4}{t}-1\right)dt$$

$$=\frac{3}{2}\left\{\Big[t-2\log t\Big]_2^3+\Big[4\log t-t\Big]_3^4\right\}$$

$$\boldsymbol{=15\log 2-9\log 3}$$

← 積分区間内では $t>0$ ゆえ，$\log|t|=\log t$

である。

解説

1°　(1)，(3)はオマケにすぎず，(2)の，パラメタ表示された点 $\left(\dfrac{bc}{t},\ \dfrac{ab}{t}\right)$ の存在領域を考察することが主な問題である。複数のパラメタで表される動点についての問題も過去によくみられ，1986年度の第4問に本問(2)と極めてよく似た例がある。

2°　(1)の結果を直接利用しようとすれば，(2)は 解 答 のように点 $(c,\ a)$ を $\dfrac{b}{t}$ 倍した点の動く領域を調べるのが自然であろう。その際，a，c は $a+c=t$，$1\leqq a\leqq 2$，$1\leqq c\leqq 2$ を満たしながら変化するのに対して，b は $1\leqq b\leqq 2$ を満たして変化するだけ，すなわち，$(a,\ c)$ と b との間には従属関係がないことに着目して調べることがポイントである。分類が起こることに注意しよう。

3°　解 答 とは別に，次のようにすると(2)を機械的に処理できる。

a，b，c を x，y，z で表し，$y=t$ とおくと，

$$a=\frac{tz}{x+z},\quad b=x+z,\quad c=\frac{tx}{x+z}\qquad\cdots\cdots⑤$$

← (1) より $x>0$, $y>0$, $z>0$ なので分母は 0 にならない。

となるので，立体 K の平面 $y=t$ による切り口 D_t は

③ かつ ⑤ を満たす a, b, c が存在する　……Ⓐ

ような点 $(x,\ t,\ z)$ 全体の集合である。

そこで，⑤ を ③ に代入して，a, b, c を消去し，

Ⓐ $\iff$ $1\leqq\dfrac{tz}{x+z}\leqq 2$

かつ　$1\leqq x+z\leqq 2$

かつ　$1\leqq\dfrac{tx}{x+z}\leqq 2$

$\iff$ $\left.\begin{array}{l}\dfrac{t-2}{2}z\leqq x\leqq(t-1)z\\ \text{かつ}\quad 1\leqq x+z\leqq 2\\ \text{かつ}\quad \dfrac{t-2}{2}x\leqq z\leqq(t-1)x\end{array}\right\}$　……Ⓑ

である。このⒷを満たす点 $(x,\ z)$ 全体の集合は，xz 平面上で直線 $z=x$ に関し対称であり，Ⓑの第 1 式と第 3 式から

$\dfrac{1}{t-1}\geqq\dfrac{t-2}{2}$　すなわち　$2\leqq t\leqq 3$ のとき

← Ⓑを xz 平面上に図示してみようとすれば必然的にわかる。

と

$\dfrac{1}{t-1}\leqq\dfrac{t-2}{2}$　すなわち　$3\leqq t\leqq 4$ のとき

とで場合が分かれる（次図)。

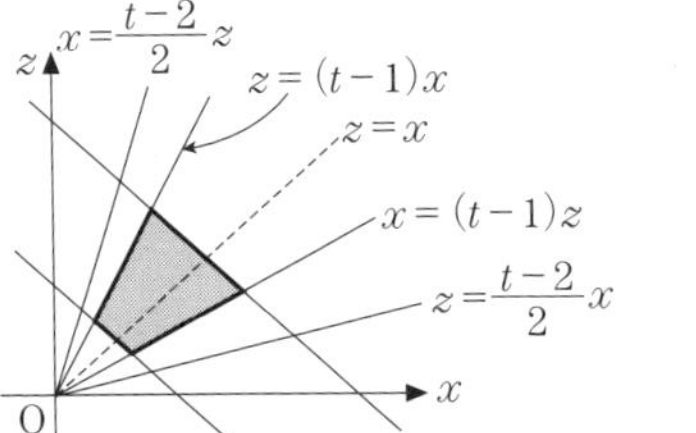

$2\leqq t\leqq 3$ のとき

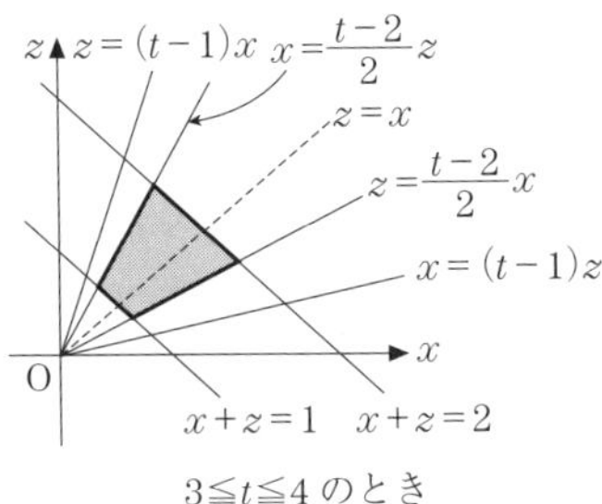

$3\leqq t\leqq 4$ のとき

この方法の場合，(1)の結果はそのままでは役立たないところが少し気持ち悪いが，計算だけで切り口がとらえられるところが利点である。

1999年

第 1 問

解 答

(1)　座標平面において，原点Oを中心とする半径1の円（単位円）を C とする。一般角 θ を表す動径OXと円 C との交点を $\mathrm{P}(x,\ y)$ とするとき，θ に対して $\sin\theta$，$\cos\theta$ を

$$\sin\theta=y,\quad \cos\theta=x$$

と定義する。

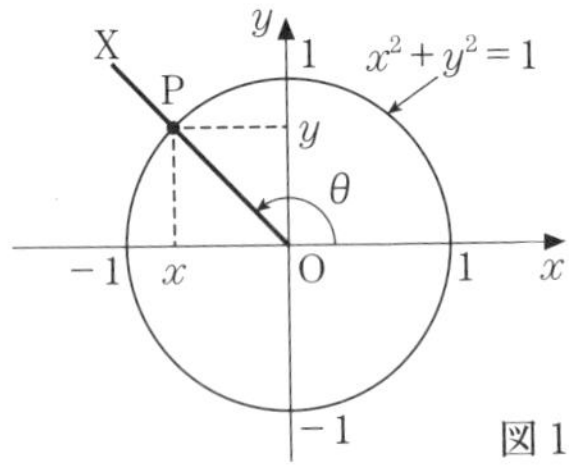

図1

(2)　まず，一般角 θ に対して，定義より

$$\left.\begin{array}{l}\cos(-\theta)=\cos\theta\\ \sin(-\theta)=-\sin\theta\end{array}\right\}\quad\cdots\cdots①$$

$$\left.\begin{array}{l}\cos\left(\dfrac{\pi}{2}-\theta\right)=\sin\theta\\ \sin\left(\dfrac{\pi}{2}-\theta\right)=\cos\theta\end{array}\right\}\quad\cdots\cdots②$$

が成り立つことに注意する。

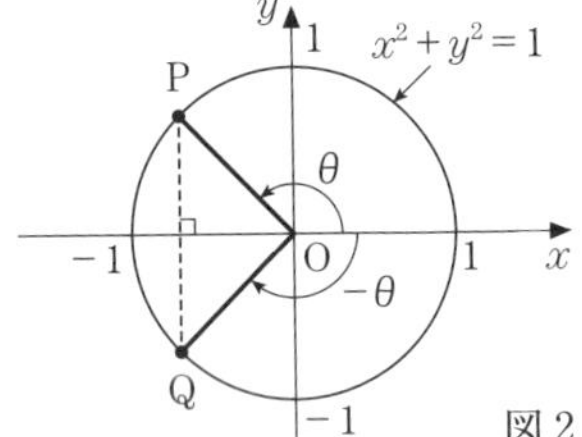

図2

（∵　①は，図2で角 $-\theta$ を表す動径OQと角 θ を表す動径OPとが x 軸に関して対称な位置にあることからわかる。②は，図3で角 $\dfrac{\pi}{2}-\theta$ を表す動径ORと角 θ を表す動径OPとが直線 $y=x$ に関して対称な位置にあることからわかる。）

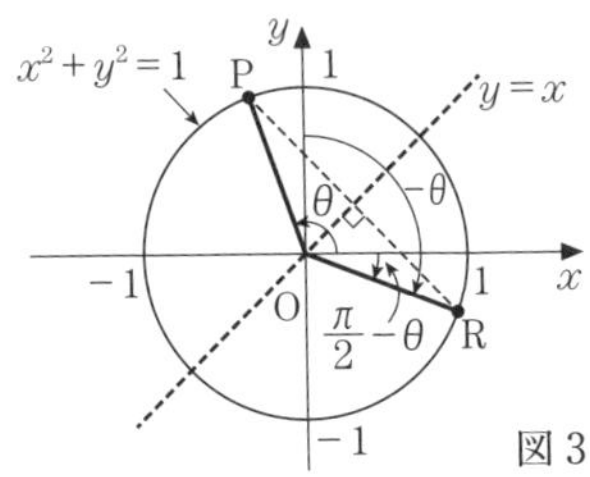

図3

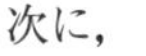
次に，

$$\cos(\alpha+\beta)=\cos\alpha\cos\beta-\sin\alpha\sin\beta\quad\cdots\cdots③$$

が成り立つことを示そう。

(1)の円 C において，図4のように角 $\alpha+\beta$ を表す動径をOBとすると，Bの座標は

$$\mathrm{B}(\cos(\alpha+\beta),\ \sin(\alpha+\beta))$$

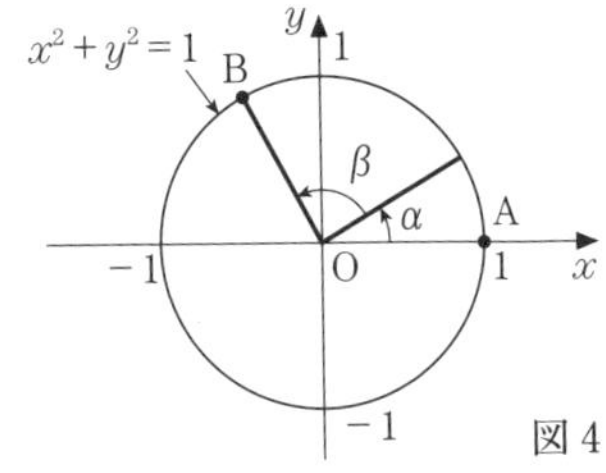

図4

と表される。また，A(1, 0) とすると，2点間の距離の公式により

$$\begin{aligned}AB^2&=\{\cos(\alpha+\beta)-1\}^2+\sin^2(\alpha+\beta)\\&=2-2\cos(\alpha+\beta)\qquad\cdots\cdots④\end{aligned}$$

となる。

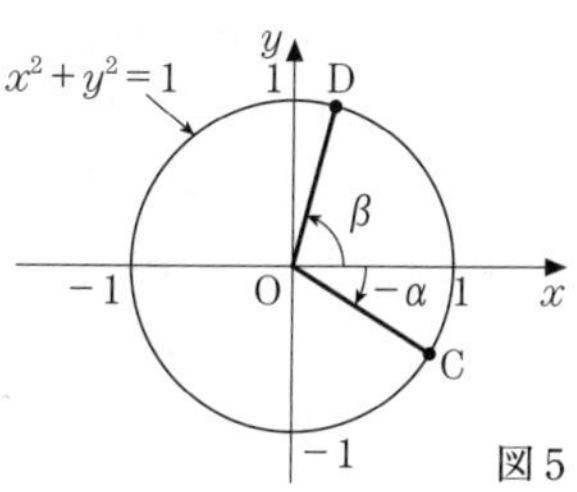

図5

一方，円 C において，図5のように角 $-\alpha$, β を表す動径をそれぞれOC, ODとすると，C, Dの座標は，① も考え，

$$C(\cos\alpha,\ -\sin\alpha),\quad D(\cos\beta,\ \sin\beta)$$

と表されるので，2点間の距離の公式により，

$$\begin{aligned}CD^2&=(\cos\beta-\cos\alpha)^2+(\sin\beta+\sin\alpha)^2\\&=2-2(\cos\alpha\cos\beta-\sin\alpha\sin\beta)\qquad\cdots\cdots⑤\end{aligned}$$

となる。

ここで，2点C, Dを原点Oのまわりに角 α だけ回転すると，それぞれA, Bに一致するから，AB=CD である。よって，④，⑤ より ③ が成り立つ。

さらに，③ および ①，② を用いると，

$$\begin{aligned}\sin(\alpha+\beta)&=\cos\left\{\frac{\pi}{2}-(\alpha+\beta)\right\}=\cos\left\{\left(\frac{\pi}{2}-\alpha\right)+(-\beta)\right\}\\&=\cos\left(\frac{\pi}{2}-\alpha\right)\cos(-\beta)-\sin\left(\frac{\pi}{2}-\alpha\right)\sin(-\beta)\\&=\sin\alpha\cos\beta+\cos\alpha\sin\beta\end{aligned}$$

が成り立つ。　（証明終わり）

解説

1°　基本問題であるが，“きちんと書け”と言われると，なかなかスラスラとはいかないかもしれない。日頃の学習において，定理や公式の導出，解答の論理の大切さをあらためて認識しておきたい。

2°　(1)は，教科書では半径 r の円で定義してある。もちろんそれを解答にしても構わないが，単位円で定義しておくと好都合なことが多い。要するに，点(1, 0)を原点の周りに角 θ だけ回転した点の x 座標，y 座標が，それぞれ $\cos\theta$, $\sin\theta$ である。

3°　(2)は，教科書にあるように，2点間の距離の公式を用いる証明がよく知られており，それに沿って解答した。これとは別に，次のようにベクトルを用いるのもよい。

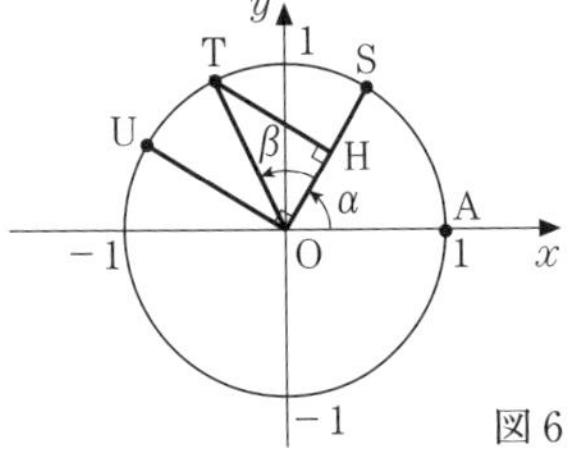

図6

図6において，

$S(\cos\alpha,\ \sin\alpha),\quad T(\cos(\alpha+\beta),\ \sin(\alpha+\beta))$

とし，Tから直線OSに垂線THを下ろすと，(1)の定義より

$$\overrightarrow{OH}=\cos\beta\overrightarrow{OS}=(\cos\alpha\cos\beta,\ \sin\alpha\cos\beta)$$

である。また，一般に

$$\cos\left(\theta+\frac{\pi}{2}\right)=-\sin\theta,\quad \sin\left(\theta+\frac{\pi}{2}\right)=\cos\theta$$

が成り立つ（←示せ）ので，SをOの周りに $\frac{\pi}{2}$ 回転した点をUとすると，

$$U(-\sin\alpha,\ \cos\alpha)$$

であり，(1)の定義から，

$$\overrightarrow{HT}=\sin\beta\overrightarrow{OU}=(-\sin\alpha\sin\beta,\ \cos\alpha\sin\beta)$$

となる。よって，$\overrightarrow{OT}=\overrightarrow{OH}+\overrightarrow{HT}$ の両辺の成分を比較することにより，示すべき式を得る。

4° (2)を，$z=\cos\alpha+i\sin\alpha$，$w=\cos\beta+i\sin\beta$ とおき，

$$zw=\cos(\alpha+\beta)+i\sin(\alpha+\beta) \qquad \cdots\cdots(*)$$

となることを利用して“証明”するのはよくない。(1)で**解答**のように定義した場合，(2)の問題文にある「定義にもとづいて」という指示に反するからである。そもそも(＊)は，教科書では，三角関数の加法定理を利用して導出されている。

第 2 問

解答

$$z_1=1,\quad z_{n+1}=(3+4i)z_n+1 \qquad \cdots\cdots①$$
$$(n=1,\ 2,\ 3,\ \cdots\cdots)$$

(1)　①を変形すると，

$$z_{n+1}+\frac{1}{2+4i}=(3+4i)\left(z_n+\frac{1}{2+4i}\right) \qquad \cdots\cdots①'$$

← $\alpha=(3+4i)\alpha+1$ を満たす定数 α を用いて，①は $z_{n+1}-\alpha=(3+4i)(z_n-\alpha)$ と変形できる。$\alpha=-\frac{1}{2+4i}$ である。

となるので，$\left\{z_n+\frac{1}{2+4i}\right\}$ は公比 $3+4i$ の等比数列をなす。よって，

$$z_n+\frac{1}{2+4i}=(3+4i)^{n-1}\left(z_1+\frac{1}{2+4i}\right)$$

$$\therefore \quad z_n=\frac{(3+4i)^n-1}{2+4i} \qquad \cdots\cdots②$$

この ② を用いると，三角不等式より，　← 解説 2°

$$\frac{|(3+4i)^n|-1}{|2+4i|} \leqq |z_n| \leqq \frac{|(3+4i)^n|+1}{|2+4i|}$$

$$\therefore \quad \frac{|3+4i|^n-1}{2\sqrt{5}} \leqq |z_n| \leqq \frac{|3+4i|^n+1}{2\sqrt{5}}$$

すなわち，

$$\frac{5^n-1}{2\sqrt{5}} \leqq |z_n| \leqq \frac{5^n+1}{2\sqrt{5}} \qquad \cdots\cdots③$$

が成立する。

ここで，$n=1,\ 2,\ \cdots\cdots$ に対して，

$$\frac{5^n-1}{2\sqrt{5}}-\frac{3\times5^{n-1}}{4}=\frac{(10-3\sqrt{5})\cdot5^{n-1}-2}{4\sqrt{5}}$$

$$\geqq \frac{(10-3\sqrt{5})\cdot5^0-2}{4\sqrt{5}}$$

← $10-3\sqrt{5}>0$ に注意。
$[10^2-(3\sqrt{5})^2=55>0]$

$$=\frac{8-3\sqrt{5}}{4\sqrt{5}}>0$$

$$(\because \quad 8^2-(3\sqrt{5})^2=19>0)$$

であるから，

$$\frac{3\times5^{n-1}}{4}<\frac{5^n-1}{2\sqrt{5}} \qquad \cdots\cdots④$$

が成り立つ。

また，$n=2,\ 3,\ \cdots\cdots$ に対して，

$$\frac{5^n}{4}-\frac{5^n+1}{2\sqrt{5}}=\frac{(\sqrt{5}-2)\cdot5^n-2}{4\sqrt{5}}$$

$$\geqq \frac{(\sqrt{5}-2)\cdot5^2-2}{4\sqrt{5}}$$

← $\sqrt{5}-2>0$ に注意。

$$=\frac{25\sqrt{5}-52}{4\sqrt{5}}>0$$

$$(\because \quad (25\sqrt{5})^2-52^2=421>0)$$

であるから，

$$\frac{5^n+1}{2\sqrt{5}}<\frac{5^n}{4} \qquad \cdots\cdots ⑤$$

が成り立つ。

したがって，③，④，⑤と $|z_1|=1<\frac{5}{4}$ であることより，すべての自然数 n について，

$$\frac{3\times5^{n-1}}{4}<|z_n|<\frac{5^n}{4} \qquad \cdots\cdots ⑥$$

が成り立つ。　（証明終わり）

(2)　⑥より，n の増加とともに $|z_n|$ は増加し，$|z_n|$ はすべて相異なる。そして，数直線上で各 $|z_n|$ は，下図のように分布している。

← $f(r)$ は非減少関数。

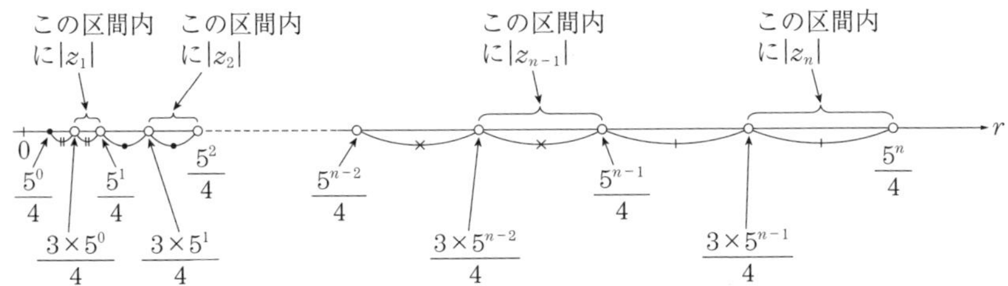

よって，実数 $r\left(\geqq\frac{5}{4}\right)$ に対して，

$$\frac{5^{n-1}}{4}\leqq r<\frac{5^n}{4} \qquad \cdots\cdots ⑦$$

を満たす自然数 n をとると，

← このような自然数 n は，r を与えるとただ1つに定まる。

$$f(r)=n-1 \quad または \quad n$$

つまり，

$$n-1\leqq f(r)\leqq n \qquad \cdots\cdots ⑧$$

が成り立つ。ここで，

$$⑦ \iff \frac{\log r+\log 4}{\log 5}<n\leqq\frac{\log r+\log 4}{\log 5}+1 \qquad \cdots\cdots ⑦'$$

← ⑦を n について解いた。

であるから，⑦′と⑧より

$$\frac{\log r+\log 4}{\log 5}-1<f(r)\leqq\frac{\log r+\log 4}{\log 5}+1$$

が成立し，これより

$$\frac{1}{\log 5}\left(1+\frac{\log 4}{\log r}\right)-\frac{1}{\log r}<\frac{f(r)}{\log r}\leqq\frac{1}{\log 5}\left(1+\frac{\log 4}{\log r}\right)+\frac{1}{\log r}\quad\cdots\cdots⑨$$

← $r\geqq\frac{5}{4}$ のとき $\log r>0$

が成り立つ。

$r\to+\infty$ のとき（⑨の両端）$\to\frac{1}{\log 5}$ となるので，

← $r\to+\infty$ のとき，$\log r\to+\infty$

はさみうちの原理により

$$\lim_{r\to+\infty}\frac{f(r)}{\log r}=\boldsymbol{\frac{1}{\log 5}}$$

となる。

解説

1°　不等式の証明や大小の評価を要する極限の問題を苦手とする受験生は多い。短時間できちんとした解答をつくるのは大変だろう。しかし，理科系にすすむからには，この種の議論に習熟しておくのが望ましい。大学へ入れば頻繁に出会うはずである。

2°　(1)はどんな解法をとるにせよ。三角不等式

> 任意の複素数 α，β に対して
>
> $$\big||\alpha|-|\beta|\big|\leqq|\alpha+\beta|\leqq|\alpha|+|\beta|$$
>
> が成り立つ。

← 証明してみよう。

の上手な利用がカギである。ただし，z_n あるいは $|z_n|$ についての考察が必要である。**解答**は，漸化式①が解けることに着目し，一般項を求め，それを三角不等式で評価するという，泥臭いが自然な考え方によるものである。また，少し工夫して z_n を，

$$z_n=\sum_{k=1}^{n}(3+4i)^{k-1}$$

← z_n の階差を考えるなどして導くことができる。

の形で表し，

$$|z_n|=\left|\sum_{k=1}^{n}(3+4i)^{k-1}\right|\leqq\sum_{k=1}^{n}|(3+4i)^{k-1}|$$

← 三角不等式

$$=\sum_{k=1}^{n}|3+4i|^{k-1}=\sum_{k=1}^{n}5^{k-1}$$

$$=\frac{5^n-1}{4}<\frac{5^n}{4}$$

とする方法や，① に直接三角不等式を適用し，

$$|3+4i||z_n|-1\leqq|z_{n+1}|\leqq|3+4i||z_n|+1$$

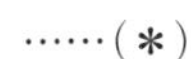

$$\therefore\ \begin{cases}|z_{n+1}|-\dfrac{1}{4}\geqq5\left(|z_n|-\dfrac{1}{4}\right)\\[2ex]|z_{n+1}|+\dfrac{1}{4}\leqq5\left(|z_n|+\dfrac{1}{4}\right)\end{cases}$$

← この変形が巧妙。

として，これを繰り返し用いることにより

$$\begin{cases}|z_n|-\dfrac{1}{4}\geqq5^{n-1}\left(|z_1|-\dfrac{1}{4}\right)=\dfrac{3\times5^{n-1}}{4}\\[2ex]|z_n|+\dfrac{1}{4}\leqq5^{n-1}\left(|z_1|+\dfrac{1}{4}\right)=\dfrac{5^n}{4}\end{cases}$$

とする方法なども考えられる。

3°　z_n について図形的考察をするのもよい。

$$\begin{cases}3+4i=5(\cos\theta+i\sin\theta)\\[1ex]\text{ただし，}\theta\text{は }\cos\theta=\dfrac{3}{5},\ \sin\theta=\dfrac{4}{5}\\[1ex]\text{を満たす定角}\end{cases}$$

であることと，漸化式より，複素数平面上で

点 z_{n+1} は，点 z_n を原点の周りに角 θ 回転し，

さらに実軸方向に 1 だけ平行移動した点

となっている。図示してみると右図のようになるので，3 点 O，$(3+4i)z_n$，z_{n+1} の作る三角形（つぶれる場合も含む）に注目すると，

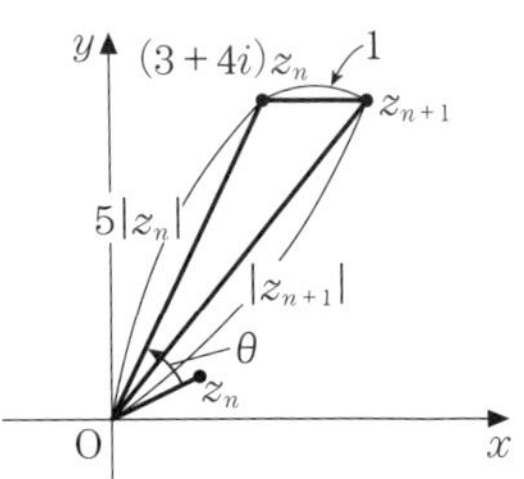

$$5|z_n|-1\leqq|z_{n+1}|\leqq5|z_n|+1$$

つまり，**解説** 2° の（＊）がわかる。

また，**解 答** の ①′ より，複素数平面上で

$$\begin{cases}\text{点 }z_{n+1}\text{ は，点 }z_n\text{ を点 }-\dfrac{1}{2+4i}\text{ の周りに}\\[2ex]\text{角 }\theta\text{ 回転し，さらに点 }-\dfrac{1}{2+4i}\text{ を中心}\\[2ex]\text{として 5 倍に拡大した点}\end{cases}$$

となっている。図示してみると右図のようになるので，3点O，z_n，$-\dfrac{1}{2+4i}$ の作る三角形（つぶれる場合も含む）に注目すると

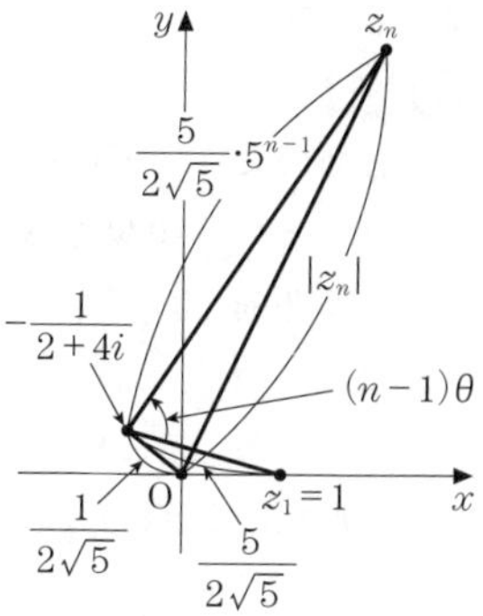

$$\frac{5^n}{2\sqrt{5}}-\frac{1}{2\sqrt{5}} \leqq |z_n| \leqq \frac{5^n}{2\sqrt{5}}+\frac{1}{2\sqrt{5}}$$

つまり，**解 答**の ③ の成立がわかる。

このように，視覚的に三角不等式に気づくことができる。

4° (2)は，$f(r)$ を，(1)を利用して調べようとしてみればよい。すると，**解 答**の数直線の図からわかるように

$$\frac{5^{n-1}}{4} \leqq r \leqq \frac{3\times 5^{n-1}}{4} \quad \text{なら} \quad f(r)=n-1 \qquad \cdots\cdots㋐$$

$$\frac{3\times 5^{n-1}}{4} < r < \frac{5^n}{4} \quad \text{なら} \quad f(r)=n-1 \text{ または } n \qquad \cdots\cdots㋑$$

となっている。いずれにせよ，$f(r)$ を r の式で具体的に表すことはできないので，評価する（大小関係をつくる）ことにより，極限を求めようと考えるのが筋であろう。その際，上の“㋐だけ”あるいは“㋑だけ”を用いて結果を導いたのでは不完全である。特定の r に対する極限しか考えないことになるからである。**解 答**の ⑦ のように r の区間をとっていけば，任意の $r\left(\geqq \dfrac{5}{4}\right)$ に対する極限を考えることになる。

5° **解 答**では，⑨ のように $\dfrac{f(r)}{\log r}$ を r の式で評価したが，⑦ より

$$\log\frac{5^{n-1}}{4} \leqq \log r < \log\frac{5^n}{4}$$

であるから，これと ⑧ より

$$\frac{n-1}{\log\dfrac{5^n}{4}} < \frac{f(r)}{\log r} \leqq \frac{n}{\log\dfrac{5^{n-1}}{4}}$$

のように n の式で評価してもよい。$r\to+\infty$ のとき $n\to\infty$ であるから，同じ論法によって解決する。

第 3 問

解 答

(1) 右図のように各辺を X_1～X_6 とし，辺 X_k に電流が流れるという事象を X_k，辺 X_k に電流が流れないという事象を $\overline{X_k}$ で表すことにする（$k=1,\ 2,\ 3,\ 4,\ 5,\ 6$）。

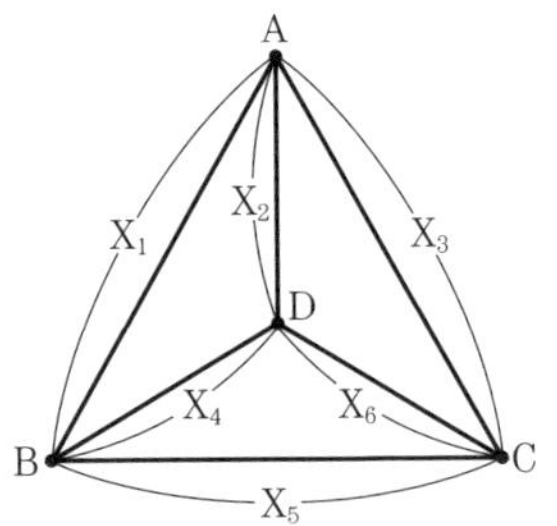

このとき，起こり得るすべての場合は，下図のように樹形状にまとめられる。

ただし，左から順に枝をたどり，それ以降枝が続かない場合は，そこまでに現れた辺以外の辺を電流が流れるか流れないかは任意とする。

頂点 A から B に電流が流れるのは，下図の ①～⑥ の場合である。各事象の起こる確率が下図の[ ]内のようになることに注意して，①～⑥ それぞれの確率を計算する。

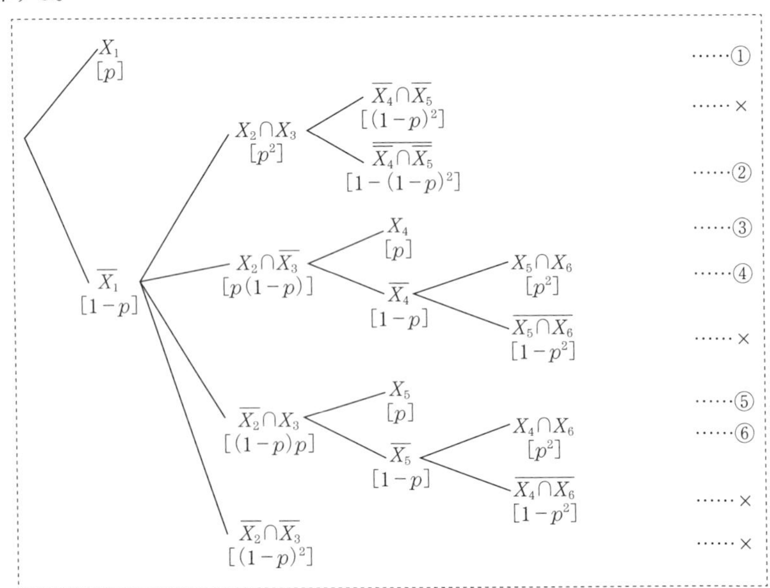

① の確率$=p$

② の確率$=(1-p)p^2\{1-(1-p)^2\}\quad=(1-p)p^3(2-p)$

③ の確率$=(1-p)p(1-p)p\quad=(1-p)^2p^2$

④ の確率$=(1-p)p(1-p)(1-p)p^2=(1-p)^3p^3$

⑤ の確率$=(1-p)(1-p)pp \qquad =(1-p)^2p^2$

⑥ の確率$=(1-p)(1-p)p(1-p)p^2=(1-p)^3p^3$

①～⑥ は互いに排反だから，求める確率はこれらを加えあわせて，

$$p+(1-p)p^3(2-p)+2(1-p)^2p^2+2(1-p)^3p^3$$

$$=\boldsymbol{-2p^6+7p^5-7p^4+2p^2+p}$$

となる。

(2) 頂点 B から F に電流が流れるのは，

頂点 B から A に電流が流れ，かつ A から F に電流が流れる

という場合である。

そして，B から A に電流が流れる確率，A から F に電流が流れる確率はともに (1) の確率に等しいので，求める確率は

$$\boldsymbol{(-2p^6+7p^5-7p^4+2p^2+p)^2}$$

となる。

解説

1° 新課程入試になって初の確率の問題である。コツコツと場合分けすればよいだけなので，難しくはない。ただし，「頂点 A から B に電流が流れる」「頂点 B から F に電流が流れる」という問題文に若干戸惑った人もいただろう。電流が流れる“方向”が指定されているのだが，ここでは次のように解釈するとよい。四面体の各辺上に ON・OFF が切り替わるスイッチが設けてあり，各スイッチは独立に確率 p で ON になる。このとき A から B に，B から F に電流が流れるようなスイッチの状態となる確率はいくらか，のように。したがって，A から B に電流が流れるような状態であれば，逆に B から A へも電流が流れる状態にもなっている，と理解できよう。

2° コツコツと場合分け，とはいえ，排反ですべてを尽くすように分類するのは意外に面倒である。**解** **答** の樹形状の図のように，目に見える形にしてみるのが安全であろう。また，A から B に電流が流れる状態を調べるかわりに，余事象の「A から B に電流が流れない状態」を調べてもよい。そのように方針をとった場合には，まず CD 間に電流が流れるか否かで分類していくとわかりやすい。この方針による解答は読者の演習問題としておこう。

3° (2) は，(1) ができれば一瞬である。問題の原案が (2) だけであったことが窺(うかが)い知れる。

第 4 問

解答

円板 A は xy 平面上，円板 B は xz 平面上にあるから，A と B が共有点をもつとき，その共有点は x 軸上にある。

← xy 平面と xz 平面の交わりは x 軸。

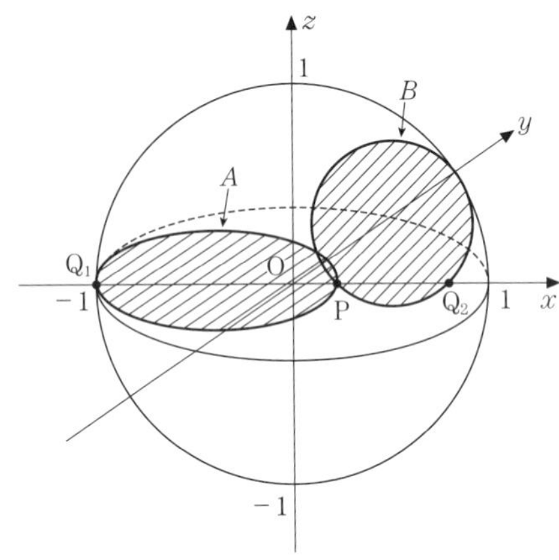

よって，条件(b)により，点 P は x 軸上にあり，

A と x 軸の交わりは線分 PQ_1

($P=Q_1$ の場合も含む)

B と x 軸の交わりは線分 PQ_2

($P=Q_2$ の場合も含む)

線分 PQ_1 と線分 PQ_2 の共有点は一点 P のみである。このとき，

3点 Q_1, P, Q_2 はこの順に x 軸上にある。そこで，

$P(p,\ 0,\ 0)$,　$Q_1(q_1,\ 0,\ 0)$,　$Q_2(q_2,\ 0,\ 0)$

とおくとき，条件(a)と，適当な平面に関する対称移動を考えることにより，

$-1 \leqq q_1 \leqq p \leqq q_2 \leqq 1$　かつ　$p \geqq 0$

← 対称性を考える。

としても一般性を失わない。さらに，A の半径を r_1，B の半径を r_2 とすると，条件(a)より

$0<r_1\leqq 1,\quad 0<r_2\leqq 1$

である。

(i)　まず，p を固定して，半径の和の最大を考える。

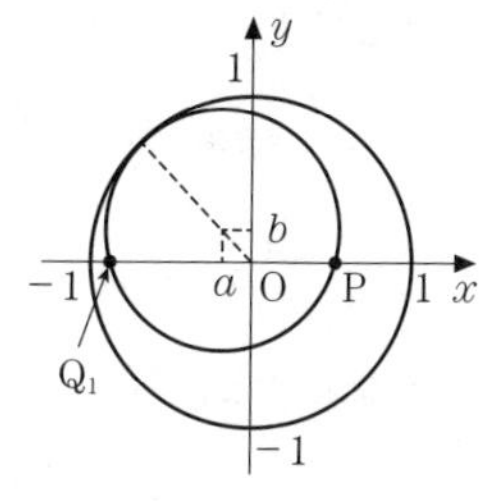

条件(a)，(b)および半径の和の最大値を求めることを考慮すると，

A は，P を通り，xy 平面上の円 $x^2+y^2=1$ かつ $z=0$ に内接する　……①

としてよく，このもとで r_1 の最大を調べる。

A の中心を $(a,\ b,\ 0)$ とおくと，① の条件は，

$$(p-a)^2+b^2={r_1}^2 \qquad \cdots\cdots②$$

$$\sqrt{a^2+b^2}=1-r_1 \qquad \cdots\cdots③$$

← (中心間距離)＝(半径の差)が2円の内接条件。

がともに成立することである。

③ を

$$a^2+b^2=(1-r_1)^2 \qquad \cdots\cdots③'$$

と書き直して，②−③′ をつくり，整理すると

$$r_1=-pa+\frac{p^2+1}{2} \qquad \cdots\cdots④$$

← p を $p\geqq 0$ の範囲で固定しているので，r_1 は，中心の x 座標 a の減少（非増加）関数となる。

を得る。

ここで，$-1\leqq q_1\leqq p$ より，$a=\dfrac{q_1+p}{2}$ は

$$\frac{-1+p}{2}\leqq a\leqq\frac{p+p}{2}\quad つまり\quad \frac{-1+p}{2}\leqq a\leqq p \qquad \cdots\cdots⑤$$

を満たす。

よって，$p\geqq 0$ に注意すると，④，⑤ より，

$a=\dfrac{-1+p}{2}$ のとき r_1 は最大値

$$-p\cdot\frac{-1+p}{2}+\frac{p^2+1}{2}=\frac{p+1}{2} \qquad \cdots\cdots⑥$$

← $q_1=-1$ のときに最大になることはほぼ自明。

をとる。

同様に

B はPを通り，xz 平面上の円

$x^2+z^2=1$ かつ $y=0$ に内接する

としてよく，このとき B の中心を $(c,\ 0,\ d)$ とおくと

$$p \leqq c \leqq \frac{p+1}{2}$$

$$r_2=-pc+\frac{p^2+1}{2}$$

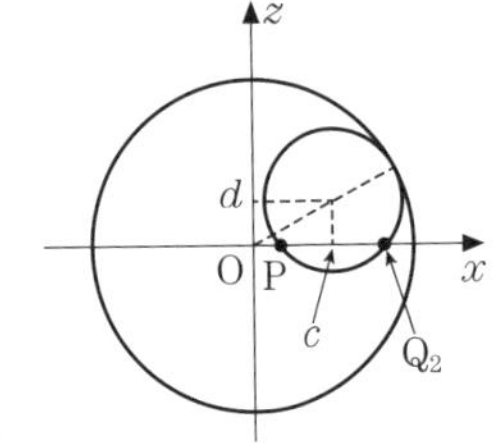

やはり，r_2 は中心の x 座標 c の減少（非増加）関数となる。

となることから，$c=p$ のとき，r_2 は最大値

$$-p^2+\frac{p^2+1}{2}=\frac{1-p^2}{2} \qquad \cdots\cdots⑦$$

をとる。

したがって，p を固定するときの半径の和の最大値 $f(p)$ は ⑥，⑦ より

$$f(p)=\frac{p+1}{2}+\frac{1-p^2}{2}$$

$$=-\frac{1}{2}\left(p-\frac{1}{2}\right)^2+\frac{9}{8} \qquad \cdots\cdots⑧$$

と表される。

(ii)　次に，p を $0 \leqq p \leqq 1$ の範囲で変化させ，$f(p)$ の最大値を求めればよく，⑧ からわかるように

$$f(p) \text{ の最大値}=f\left(\frac{1}{2}\right)=\boldsymbol{\frac{9}{8}}$$

となる。

解説

1°　空間図形の出題は，東大の好むところである。鋭い立体感覚を要求される問題もないわけではないが，本問の場合，ごく普通の立体感覚があれば十分である。新課程での空間座標の扱いが軽いとはいえ，東大に向けて学習を積んできた受験生には，取り組み甲斐のある良問である。

2°　解決の第1のポイントは，円板 A と B の接点Pを固定して考えることである。このことにより，円板 A と円板 B を個別に考察することが可能になるからである。平面図形化を図ること，といってもいいだろう。

第2のポイントは，単位円の直径上の定点を通り，単位円に内接する円の最大半径を正しく捉えることである。**解** **答** のように，Pを固定して，A と B の位置

関係を設定した場合，A の半径 r_1 の最大値が $\dfrac{p+1}{2}$ であることは幾何的にほぼ自明であろう。ただし，B の方は自明とはいえず，きちんとした考察が必要である。解 答では，A の方を精密に論じ，それと同じ議論を B の方にも適用すればよいことを述べて，B の方は簡略にすませている。なお，r_1，r_2 が最大になるときの A，B の様子は，それぞれ xy 平面上，xz 平面上で次図のようになっている。

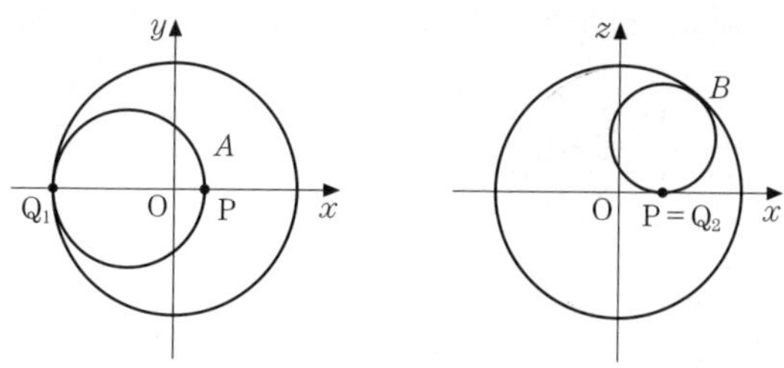

3°　Pを通り単位円に内接する円の最大半径を考察する際，条件を定式化するために，解 答では，内接円の中心の座標を利用した。

それとは別に，次のような方法㈠㈡も考えられる。

㈠

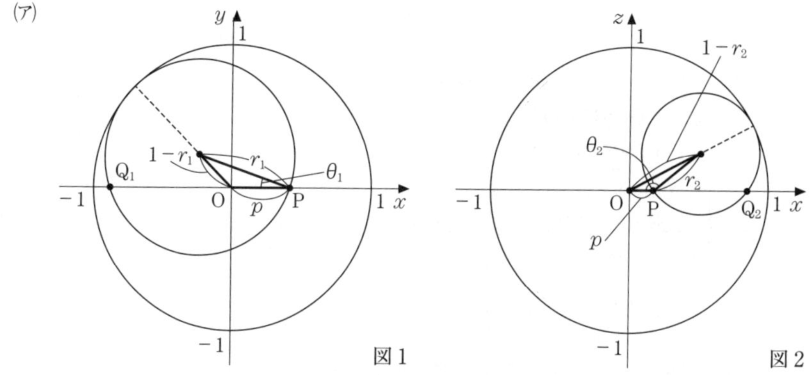

図1，図2のように角 θ_1，θ_2 をとると，A，B がそれぞれPを通り単位円に内接する条件は，余弦定理により

$$\begin{cases}(1-r_1)^2=p^2+r_1{}^2-2pr_1\cos\theta_1\\(1-r_2)^2=p^2+r_2{}^2-2pr_2\cos\theta_2\end{cases}$$

$$\therefore \quad \begin{cases} r_1 = \dfrac{1-p^2}{2(1-p\cos\theta_1)} \\ r_2 = \dfrac{1-p^2}{2(1-p\cos\theta_2)} \end{cases}$$

このことと，

$0^\circ \leqq \theta_1 \leqq 90^\circ$，$90^\circ \leqq \theta_2 \leqq 180^\circ$

としてよいことから，r_1，r_2 の最大値がわかる（なお，A，B の中心の軌跡は，それぞれ xy 平面上，xz 平面上で，O，P を焦点とする楕円となる）。

(イ)

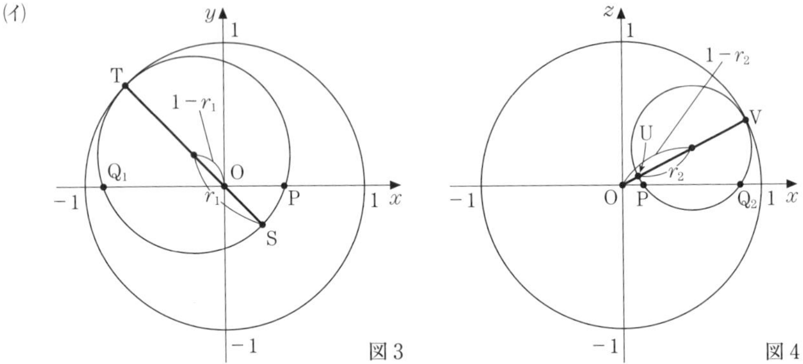

図 3，図 4 のように，S，T，U，V をとると，A，B がそれぞれ P を通り単位円に内接する条件は，「方べきの定理」により

$$\begin{cases} \mathrm{OP}\cdot\mathrm{OQ_1} = \mathrm{OS}\cdot\mathrm{OT} \\ \mathrm{OP}\cdot\mathrm{OQ_2} = \mathrm{OU}\cdot\mathrm{OV} \end{cases}$$

$$\therefore \quad \begin{cases} p\cdot(-q_1) = \{r_1-(1-r_1)\}\cdot 1 \\ \text{[O が } A \text{ の外部のときもこの式で通用する]} \\ p\cdot q_2 = \{(1-r_2)-r_2\}\cdot 1 \end{cases}$$

$$\therefore \quad r_1 = \frac{1-pq_1}{2}, \quad r_2 = \frac{1-pq_2}{2}$$

このことと，A，B の中心の x 座標を a，c とすると，

$q_1 = 2a-p$，　$q_2 = 2c-p$

であることから，**解** **答** と同様にして r_1，r_2 の最大値がわかる。

ここで，「方べきの定理」とは次をいう。

円上に異なる4点A，B，C，Dがあり，2直線AB，CDは点Pで交わるものとする。このとき，

$$\mathrm{PA}\cdot\mathrm{PB}=\mathrm{PC}\cdot\mathrm{PD} \quad \cdots\cdots(*)$$

が成り立つ。

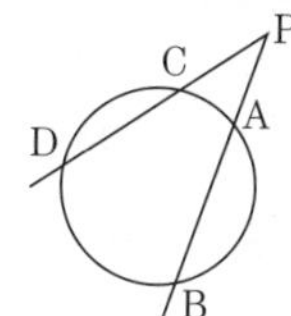

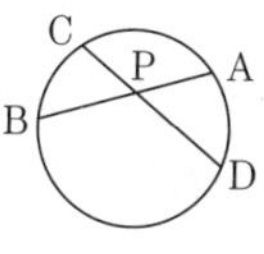

(＊)は，4点A，B，C，Dが同一円周上にあるための必要十分条件である。

第 5 問

解 答

(1)　一般に，整数 m，n $(0<n<m)$ に対して，等式

$$n\,{}_m\mathrm{C}_n=m\,{}_{m-1}\mathrm{C}_{n-1} \quad \cdots\cdots①$$
　← 解説 2°

が成立する。

ここで，$m=2^k$ とおくとき，$0<n<m$ を満たすすべての整数 n について，

$m\,{}_{m-1}\mathrm{C}_{n-1}$ は素因数2を k 個以上もつ整数
n は素因数2を高々 $k-1$ 個もつ整数
${}_m\mathrm{C}_n$ は整数
　$\cdots\cdots②$

である。

②のもとで①が成り立つことを考えると，

${}_m\mathrm{C}_n$ は素因数2を少なくとも1つもつ整数

すなわち，

${}_m\mathrm{C}_n$ は偶数

である。　(証明終わり)

(2)　問題の条件を満たすすべての自然数 m は，

$m=2^k-1$　(k は任意の自然数)　$\cdots\cdots③$　← 解説 4°

と表される。このことを十分性と必要性に分けて示そう。

ここで，一般に，整数 m，n $(0 \leqq n < m)$ に対して，等式

$$ {}_{m+1}C_{n+1} = {}_mC_n + {}_mC_{n+1} \quad \cdots\cdots ④ $$

← 解説 4°

が成り立つことに注意する。

(i)　十分性の証明（③ ならば，問題の条件を満たすことの証明）

③ ならば，$m+1=2^k$ であるから，(1) より

$0 \leqq n < m$ を満たすすべての整数 n について，

${}_{m+1}C_{n+1}$ は偶数

である。したがって，このとき ④ より，

${}_mC_n$ が奇数ならば ${}_mC_{n+1}$ も奇数

← ${}_{m+1}C_{n+1}$ が偶数のとき，${}_mC_n$ と ${}_mC_{n+1}$ の偶奇は一致する。

が成立する。このことと，

${}_mC_0=1$ （奇数）

であることから，数学的帰納法により

$0 \leqq n \leqq m$ を満たすすべての整数 n について

${}_mC_n$ は奇数

となり，問題の条件を満たす。

(ii)　必要性の証明（問題の条件を満たすならば ③ であることの証明）

対偶を示す。つまり，k を任意の自然数として固定したとき，

← 対偶は「③ でなければ，${}_mC_n$ $(0 \leqq n \leqq m)$ の中に奇数でないものが存在する」

$2^k \leqq m \leqq 2^{k+1}-2$ を満たすすべての整数 m について，${}_mC_n$ $(0 \leqq n \leqq m)$ の中に偶数が存在する　……Ⓐ

ことを示す。以下，簡単のため $2^k=l$ とおく。

ところで，(1) の事実と ④ を考えあわせると，

$0 \leqq i \leqq l-2$ のとき，${}_{l+i}C_n$ $(i+1 \leqq n \leqq l-1)$ はすべて偶数　……Ⓑ

と推定できる。

← 解説 4°

Ⓐ を示すには Ⓑ を示せば十分なので，Ⓑ を i に関する数学的帰納法で示す。

← Ⓑ $\Longrightarrow$ Ⓐ

(ア)　$i=0$ のとき，(1) より Ⓑ は成立する。

(イ) ある i に対して Ⓑ が成り立つと仮定すると，

$${}_{l+i}C_n \ (i+1 \leqq n \leqq l-1),$$

$${}_{l+i}C_{n+1} \ (i+1 \leqq n+1 \leqq l-1)$$

はすべて偶数であるから，④ より

${}_{l+i+1}C_{n+1}$ $(i+2 \leqq n+1 \leqq l-1)$ もすべて偶数となる。すなわち，$i+1$ のときも Ⓑ が成立する。

以上(ア)，(イ)より，Ⓑ が示された。

← $\begin{cases} i+1 \leqq n \leqq l-1 \\ i+1 \leqq n+1 \leqq l-1 \end{cases}$ をともに満たすのは $i+2 \leqq n+1 \leqq l-1$ のときである。

解説

1° 二項係数と偶奇という無理のない題材ではあるが，（特に(2)は）難問である。精密に論述するには相当の実力を要する。1998年度の第3問と同様，試験としてよりも通常の学習素材として，時間をかけてじっくり取り組むに値する問題である。

2° (1)で用いた ① の等式は，必須事項である。証明は

$$\begin{aligned} {}_mC_n &= \frac{m!}{n!(m-n)!} \\ &= \frac{m}{n} \cdot \frac{(m-1)!}{(n-1)!(m-n)!} \\ &= \frac{m}{n} {}_{m-1}C_{n-1} \end{aligned}$$

のように計算で示すか，

「m 人から n 人のグループを作り，そのグループのリーダーを決める場合の数が，

(a) まず，m 人から n 人を選び（${}_mC_n$ 通り），次に選ばれた n 人のうち誰がリーダーになるか（n 通り）と考える（① の左辺）。

(b) まず，m 人のうちからリーダーとなる人を選び（m 通り），次にそのリーダーを除いた $m-1$ 人から $n-1$ 人を選んで（${}_{m-1}C_{n-1}$ 通り），n 人のグループをつくると考える（① の右辺）。

の2通りに考えられる」

というように，① の両辺の意味づけから示すことができる。

① を利用すれば，(1)の証明は難しくない。$m=2^k$，$(0<)n<m$ の仮定から，m，n に含まれる素因数2の個数に着目することがポイントである。

3° (1)は 解 答 の方法が簡明であるが，次のように，k に関する数学的帰納法で示すこともできる。

(i) $k=1$ のときは，$m=2$ で，${}_2\mathrm{C}_1=2$ はたしかに偶数である。

(ii) ある k に対して，${}_{2^k}\mathrm{C}_n$ $(0<n<2^k)$ がすべて偶数であると仮定する。

$2^k=l$ とおくと，$2^{k+1}=2l$ であり，

$$\begin{cases} (1+x)^{2l}=\{(1+x)^l\}^2 \\ \qquad =\{(1+x^l)+P(x)\}^2 \\ \qquad =(1+x^l)^2+2P(x)(1+x^l)+P(x)^2 \\ \qquad =1+x^{2l}+2\{x^l+P(x)(1+x^l)\}+P(x)^2 \qquad \cdots\cdots(*) \\ \text{ただし，}\quad P(x)={}_l\mathrm{C}_1x+{}_l\mathrm{C}_2x^2+\cdots\cdots+{}_l\mathrm{C}_{l-1}x^{l-1} \end{cases}$$

となる。帰納法の仮定より，$P(x)$ の各項の係数は偶数であるから，$(*)$を展開して整理したとき，定数項と x^{2l} の項以外の項の係数はすべて偶数となる。したがって $(1+x)^{2l}$ の二項展開を考えれば，定数項と x^{2l} の項以外の項の係数 ${}_{2l}\mathrm{C}_n$ $(0<n<2l)$，すなわち ${}_{2^{k+1}}\mathrm{C}_n$ $(0<n<2^{k+1})$ はすべて偶数である。

4° (2)は，パスカルの三角形を偶奇について作ってみるとわかりやすいだろう。

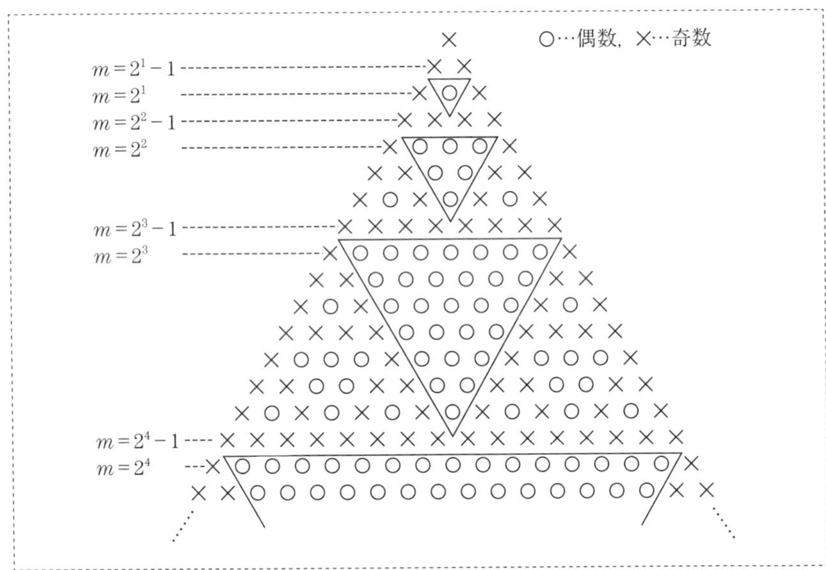

上図から，○(偶数)と×(奇数)の並びの規則性が見え，(2)の結果が $m=2^k-1$ と予想できる。パスカルの三角形の基礎が **解 答** の④だから，④にもとづけば予想した結果が正しいことを証明できそうだ，というのが，**解 答** の着想である。

$m=2^k-1$ が十分であることは，(1)の事実と，パスカルの三角形の両端がつね

に奇数であることに注目すればすぐわかる。**解答**では，このことを④にもとづいて表現している。

また，$m=2^k-1$ の必要性について示す際に，上図の▽で囲まれた部分に偶数が現れることを表現したのが**解答**のⒷである。やはり，(1)の事実に注目して，▽のように各段の中央部分の偶数の個数が推移していくことを，④にもとづいて帰納法で示したのである。

いずれも④がキー・ポイントである。

5° (1)に引き続いて素因数2の個数に注目すれば，(2)を次のように解決することもできる。

まず，${}_m\mathrm{C}_1=m$ が奇数でなければならないことから，

$$m+1=2^k\cdot j \quad (k\text{ は自然数，}j\text{ は奇数})$$

つまり

$$m=2^k\cdot j-1 \quad (k\text{ は自然数，}j\text{ は奇数})$$

とおくことができる。簡単のため，$l=2^k$ とおく。

ここで，$0<r<l$ なる整数 r について

$$(r\text{ がもつ素因数2の個数})=(l\cdot j-r\text{ がもつ素因数2の個数}) \quad \cdots\cdots㋐$$

であるから，

$$\frac{l\cdot j-r}{r}=\frac{a}{b}\ (a\text{ と }b\text{ は互いに素})\text{ とおくとき，}a,\ b\text{ は奇数} \quad \cdots\cdots㋑$$

となる。このことと，二項係数が整数であることから，

$$\begin{cases} j\geqq 3\text{ なら，}0<l<m\text{ であり，} \\ {}_m\mathrm{C}_l={}_{l\cdot j-1}\mathrm{C}_l=\dfrac{l\cdot j-1}{1}\cdot\dfrac{l\cdot j-2}{2}\cdot\dfrac{l\cdot j-3}{3}\cdot \\ \qquad\qquad \underbrace{\cdots\cdots\cdot\dfrac{(l\cdot j-l+1)}{l-1}}\cdot\underbrace{(j-1)} \\ \qquad =(\text{奇数})\quad\times\quad(\text{偶数}) \\ \qquad =(\text{偶数}) \\ j=1\text{ なら，}0\leqq n\leqq m\text{ を満たすすべての }n\text{ について} \\ {}_m\mathrm{C}_n={}_{l-1}\mathrm{C}_n=\underbrace{\dfrac{l-1}{1}\cdot\dfrac{l-2}{2}\cdot\dfrac{l-3}{3}\cdot\cdots\cdots\cdot\dfrac{l-n}{n}} \\ \qquad =(\text{奇数}) \end{cases}$$

← 最後の項は $\dfrac{l\cdot j-1-l+1}{l}=j-1$ となることに注意。

となる。したがって，求めるすべての m は

$$m=2^k-1 \quad (k\text{ は任意の自然数})$$

と結論される。

㋐については，$r=2^e\cdot f$（$0\leqq e<k$，fは奇数）

← $0<r<l=2^k$ より，$0\leqq e<k$

とおけば

$$l\cdot j-r=2^k\cdot j-2^e\cdot f=2^e(2^{k-e}\cdot j-f)=2^e\times(\text{奇数})$$

となることからわかるし，このとき㋑もただちにわかる。ただし，書いてあることがわかることと，これらを自ら発想することの間には雲泥の差がある。なお，(1)もこれと同様の方法で示すことができる。

(発展)　任意の自然数Mが

$$M=2^{a_1}+2^{a_2}+\cdots\cdots+2^{a_s}$$

（各a_iは$0\leqq a_1<a_2<\cdots\cdots<a_s$を満たす整数，$s$はある自然数）

の形にただ一通りに表せることを認めれば（2進法を考えれば当然！），特定のm，nに対して${}_m\mathrm{C}_n$が奇数となる必要十分条件は，下の★のように表せる。このことを示そう。

$$m=2^{e_1}+2^{e_2}+\cdots\cdots+2^{e_s}$$

（各e_iは$0\leqq e_1<e_2<\cdots\cdots<e_s$を満たす整数，$s$はある自然数）

のとき，(1)の事実により

$$\begin{bmatrix}(x+1)^m=(x+1)^{2^{e_1}}(x+1)^{2^{e_2}}\cdot\cdots\cdots\cdot(x+1)^{2^{e_s}}\\ \text{を展開して整理したときの各項の係数の偶奇}\end{bmatrix}$$

$$=\begin{bmatrix}(x^{2^{e_1}}+1)\cdot(x^{2^{e_2}}+1)\cdot\cdots\cdots\cdot(x^{2^{e_s}}+1)\quad\cdots\cdots◉\\ \text{を展開して整理したときの各項の係数の偶奇}\end{bmatrix}$$

である。したがって

$$n=2^{f_1}+2^{f_2}+\cdots\cdots+2^{f_t}$$

（各f_tは$0\leqq f_1<f_2<\cdots\cdots<f_t$を満たす整数，$t$はある自然数）

とおけば，

${}_m\mathrm{C}_n$が奇数

$\iff\ \{e_1,\ e_2,\ \cdots\cdots,\ e_s\}\supseteqq\{f_1,\ f_2,\ \cdots\cdots,\ f_t\}$　……★

である。（$(x+1)^m$の二項展開と，◉の展開を考えてみよ）。

★を(2)に適用すれば，

${}_m\mathrm{C}_n$ $(0\leqq n\leqq m)$ がすべて奇数

$\iff\ m=1+2+2^2+\cdots\cdots+2^{k-1}$（$k$は任意の自然数）

$\iff\ m=2^k-1$（kは任意の自然数）

となる。

第 6 問

解答

$$I=\int_0^{\pi} e^x \sin^2 x\,dx$$

とおくと，

$$I=\int_0^{\pi} e^x \frac{1-\cos 2x}{2}dx$$

← 半角公式

$$=\frac{1}{2}\int_0^{\pi} e^x\,dx-\frac{1}{2}\int_0^{\pi} e^x \cos 2x\,dx \quad \cdots\cdots①$$

と変形できる。

ここで

$$J=\int_0^{\pi} e^x \cos 2x\,dx$$

とおくと，部分積分法により，

$$J=\Big[e^x \cos 2x\Big]_0^{\pi}+2\int_0^{\pi} e^x \sin 2x\,dx$$

$$=e^{\pi}-1+2\left(\Big[e^x \sin 2x\Big]_0^{\pi}-2\int_0^{\pi} e^x \cos 2x\,dx\right)$$

$$=e^{\pi}-1-4J$$

← $J=\int_0^{\pi}(e^x)'\cos 2x\,dx$ とみて部分積分。

← $\int_0^{\pi} e^x \sin 2x\,dx=\int_0^{\pi}(e^x)'\sin 2x\,dx$ とみて部分積分。

となるので，

$$J=\frac{e^{\pi}-1}{5} \quad \cdots\cdots②$$

となる。② を ① に代入すると

$$I=\frac{1}{2}\Big[e^x\Big]_0^{\pi}-\frac{e^{\pi}-1}{10}$$

$$=\frac{2}{5}(e^{\pi}-1)$$

と定積分 I が求められる。

したがって，$I>8$ を示すには，$e^{\pi}>21$ を示せばよい。

← $\frac{2}{5}(e^{\pi}-1)>8 \iff e^{\pi}>21$

ところで，$(e^x)''=e^x>0$ より，曲線 $y=e^x$ は下に凸であるから，この曲線上の点 $(3,\ e^3)$ における接線

$$y=e^3(x-3)+e^3$$

$$=e^3(x-2)$$

は，点 $(3,\ e^3)$ を除いて曲線 $y=e^x$ の下側にある。つまり，

$$e^x \geqq e^3(x-2) \quad \cdots\cdots③$$

が成り立つ。

③で $x=\pi$ とおき，$\pi>3.1$，$e>2.7$ であることに注意すると，

$$
\begin{aligned}
e^{\pi} &\geqq e^{3}(\pi-2)\\
&>2.7^{3}\times(3.1-2)\\
&=19.683\times1.1\\
&=21.6513>21
\end{aligned}
$$

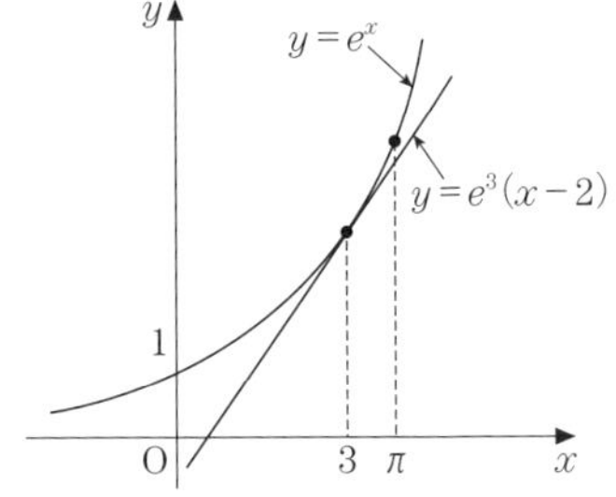

となる。

よって，$I>8$ が示された。　　　（証明終わり）

解説

1°　$\displaystyle\int_0^{\pi} e^{x}\sin^2 x\,dx=\frac{2}{5}(e^{\pi}-1)$ を導くまではたやすい。結局，$e^{\pi}>21$ という不等式を証明することに帰着するが，その証明は容易ではない。他大学なら，$e^{\pi}>21$ を示すためのヒントとなるような小設問がつく可能性が高いだろう。日頃の問題演習では，(1)，(2)，……と小設問に分けられたものを解くだけで満足せずに，仮に小設問がなかったらどう考えるか，などの学習も積んでおきたい。

2°　受験生であれば，微分法の応用として，

「$e^{x}\geqq1+x$」や「$x\geqq0$ のとき $e^{x}\geqq1+x+\dfrac{x^2}{2!}$」

という不等式を証明した経験があるだろう。これらの不等式の右辺は，$x=0$ の近くでの e^{x} のよい近似式となっている。つまり

$x\fallingdotseq0$ のとき　$e^{x}\fallingdotseq1+x$　　　（1次近似）

$x\fallingdotseq0$ のとき　$e^{x}\fallingdotseq1+x+\dfrac{x^2}{2!}$　（2次近似）

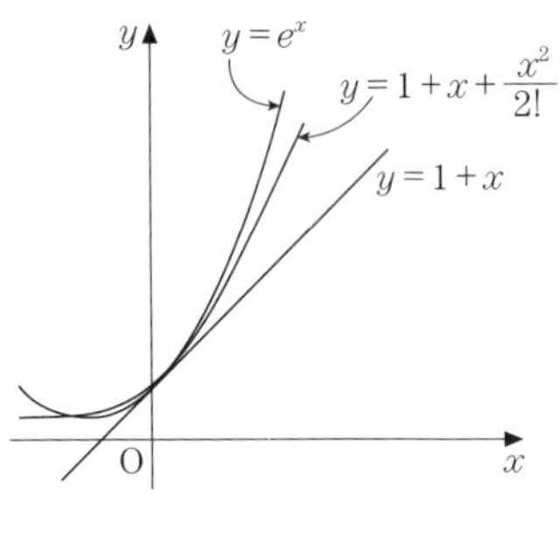

である。図形的には，右図のように，曲線 $y=e^{x}$ 上の点 $(0,\ 1)$ での接線，点 $(0,\ 1)$ で接する放物線となっている。**解答**で，$x=\pi$ に近い $x=3$ での接線を用意したのは，これと同様な近似の考えによるものである。また，直接 $e^{x}\geqq1+x$ を利用しようと考えれば

$$
\begin{aligned}
e^{\pi}&>e^{3.1}=e^{3}\times e^{0.1}\\
&>2.7^{3}\times(1+0.1)\\
&=19.683\times1.1
\end{aligned}
$$

← ここに $e^{x}\geqq1+x$ を利用。

$=21.6513>21$

とできる。

なお，大学ではもっと一般に

$$e^x=e^a+e^a(x-a)+\frac{e^a}{2!}(x-a)^2+\cdots\cdots+\frac{e^a}{n!}(x-a)^n+\cdots\cdots$$

(e^x の a のまわりのテイラー展開)

$$\left(\begin{array}{l}\text{とくに } a=0 \text{ とおくと}\\ e^x=1+x+\dfrac{x^2}{2!}+\dfrac{x^3}{3!}+\cdots\cdots+\dfrac{x^n}{n!}+\cdots\cdots\ (e^x\text{ のマクローリン展開})\end{array}\right)$$

を学ぶことになる。この式で $x=\pi$，$a=3$ とおき，第 2 項で打ち切ったものが，**解答** の $e^\pi \geqq e^3(\pi-2)$ の右辺にほかならない。

3° **解答**のようなアイディアに気づかなくても，上手な数値計算による評価をすれば，証明は可能である。$2.72^3=20.123648$ であるから，“3 乗”ではうまくいきそうにない。そこで“3 乗”より“π 乗”に近いものとして“$3.125=\dfrac{25}{8}$乗”を考えてみる。

$$2.7^{\frac{25}{8}}=2.7^3\times2.7^{\frac{1}{8}}=19.683\times2.7^{\frac{1}{8}}$$

と

$$19.683\times1.1=21.6513$$

を考えあわせ，

$$2.7^{\frac{1}{8}}>1.1$$

であれば証明に成功する。これは $2.7>1.1^8$ と同値なので，1.1^8 を計算してみると，

$$1.1^8=\{(1.1^2)^2\}^2=\{(1.21)^2\}^2$$
$$=1.4641^2<1.5^2=2.25$$

となることから，めでたく解決する。しかし，これも受験生にとって容易ではないだろう。

東大入試詳解25年　数学〈理科〉〈第3版〉

編　　者	駿台予備学校
発行者	山﨑良子
印刷・製本	三美印刷株式会社
発行所	駿台文庫株式会社

〒101-0062　東京都千代田区神田駿河台1-7-4
小畑ビル内
TEL. 編集　03(5259)3302
販売　03(5259)3301
《第3版①－724pp.》

落丁・乱丁がございましたら，送料小社負担にてお取替えいたします。

ISBN978-4-7961-2413-3　Printed in Japan

駿台文庫 Webサイト
https://www.sundaibunko.jp